混凝土性能

（原著第五版）
Properties of Concrete (Fifth Edition)

［英］A. M. 内维尔（A. M. Neville） 著

郝挺宇　韩　松　曹擎宇　王　月　安明喆　译

中国建筑工业出版社

著作权合同登记图字：01-2012-8003号

图书在版编目（CIP）数据

混凝土性能：原著第五版／（英）A.M. 内维尔
（A.M.Neville）著；郝挺宇等译. — 北京：中国建筑
工业出版社，2020.10（2023.9重印）
　书名原文：Properties of Concrete（Fifth
Edition）
　ISBN 978-7-112-25457-6

　Ⅰ.①混… Ⅱ.①A… ②郝… Ⅲ.①混凝土—性能
Ⅳ.①TU528

中国版本图书馆CIP数据核字（2020）第178410号

Authorized translation from the English language edition, entitled：PROPERTIES OF CONCRETE, Fifth Edition, ISBN 9780273755807 by A. M. Neville, Copyright © A. M. Neville, 1963, 1973, 1975, 1977, 1981, 1995, 2011.

This Licensed Edition PROPERTIES OF CONCRETE, Fifth Edition is published by arrangement with Pearson Education Limited.

Chinese simplified language edition published by China Architecture & Building Press, Copyright © 2021.

责任编辑：何玮珂　董苏华
责任校对：赵　菲

混凝土性能（原著第五版）
Properties of Concrete (Fifth Edition)
[英] A. M. 内维尔（A. M. Neville）　著
郝挺宇　韩　松　曹擎宇　王　月　安明喆　译

＊
中国建筑工业出版社出版、发行（北京海淀三里河路9号）
各地新华书店、建筑书店经销
北京建筑工业印刷厂制版
建工社（河北）印刷有限公司印刷
＊
开本：787毫米×1092毫米　1/16　印张：37¾　字数：941千字
2021年9月第一版　　2023年9月第二次印刷
定价：**188.00**元
ISBN 978-7-112-25457-6
　　　　（36344）

目 录

第 11 章 冻融和氯化物的影响 403

原著第五版前言

这一版的格式、架构和风格与前面的版本一样。之所以如此说是因本书的这些特点已被其销量证明是非常成功的：直到 2011 年本书的销售量依然强劲。本书的英文版，加上被翻译为 12 种文字的其他版本，在近 50 年的时间内销售超过 50 万册。

标准随着时间推移而进化，有的修订，有的撤销，有的被取代。这就使《混凝土性能》之类的技术书籍有更新的必要，在既有版本上做些小的改动从而呈现新气象，就像我在第四版时对全书 14 章所做的更新，本来我以为那应该是最后一版。这也类似于美国标准，如 ASTM 对标准的周期性审查、确认和取代都有严格的规定。

另外，英国标准的情况要更复杂一些。有些新的英国标准，同时也是欧洲标准，用了代号 BS EN。有些传统的英国标准仍在强制使用，代号为 BS。有时候把一些英国标准称之为废弃的、逐步废弃的，同时也标之以"再用，将被取代"。这些都令人非常困惑。但也许是新引进标准时带来的不可避免的后果，因新标准不是简单地一对一取代老标准。有句老话说"某委员会要设计一匹马，最终拿出了骆驼"，要知道，欧洲标准是由国际化委员会编制的！

即使一些老的英国标准被撤销，我仍保留了一些来自它们中的表格和限值信息，因为这些信息对理解相关的性能非常重要。我认为这种方法对一本科技书来说是有价值的，具备百科全书式的特点。尤其是对下述情况显得更为必要：某些 BS EN 标准只给出如何测试混凝土的某些性能然后"给出"结果，但对结果不做任何解释。这种做法无助于必需知识的掌握，更不用说理解相关性能了。

在《混凝土性能》（原著第五版）中已经引用了新的标准，目的是告诉读者检测的方法或原则。然而，因为标准不断更新，当有专门需要时，读者还需找到实际标准的全文并按标准小心操作。毕竟本书不想编成一本指南或手册，更不能像一本菜谱。

再者，我没有删除引用的早期文献，原因有二。第一，本书是一本成功著作的新版本而不是一本新书；第二，老的参考文献包含了我们知识的发展，很多是基础知识。而且，许多近期的论文记述了特定条件下的特定性能的细枝末节，对于归纳形成我们的知识库贡献甚少。

或许与我的年龄有关，但我发现，一篇由 6 位作者共同完成的论文，若作者间没有很好的合作和归纳，其结论对服务于设计人员、承包商和供应商的知识库的贡献并不大。与之类似，如果论文中描述混凝土性能时使用的粉煤灰是单一来源，则该论文对混凝土领域贡献很小，其主要价值在于商业或者个人方面。

这一版增加了一些新的内容：延迟钙矾石反应，再生骨料混凝土，自密实混凝土，碳硫硅钙石侵蚀等，当然还有对不同章节的修正和更改。

书中没有包含时下的时髦话题：可持续性（似乎人们感兴趣 10 年了）。我认为，如果可持续的混凝土作为一种材料（要与混凝土建成的结构区别开）是为了保障耐久性，那当然是很重要的；为此第 10 章和第 11 章都是写混凝土的耐久性。

　　然而，耐久性并不意味着服役寿命尽可能长。我们应关心的目标是需要的服役年限，这是由结构的功能决定的：一个花园的棚子服役年限没那么长，而大的桥梁、大坝就需要很长的耐久性。住宅很好地说明了社会需求随时间在变，如电梯（升降机）或者浴室。同样，写字楼可能是大开间布局或者由一些单独分开的房间组成。当社会需求变化时，"老"样式可能是短板，例如对结构进行更改可能比拆除重建更昂贵。在初次建造时为更昂贵的结构提前花钱也是不经济的，而且可能对施工有不利影响。但这些讨论超出了本书范围。所以，如果说我不热衷于可持续性，并非我的忽视。

　　在第五版写作过程中，尤其是在参考文献中列入新标准时，Robert Thomas、Rose Marney和 Debra Francis 给予了极大帮助，3 位分别是结构工程师学会图书馆和信息服务部主任、土木工程师学会图书馆主任和馆员。对他们的高效和友好的帮助诚挚感谢。

　　我要感谢 Simon Lake 处理第五版合同事务的工作，以及 Patrick Bond、Robert Sykes 和 Helen Leech 负责本书的制作。

　　当然，我还要深感自豪地感谢我终身的技术伙伴和严厉的批评者（我妻子）——Mary Neville 博士。

　　最后祝愿读者朋友（按 19 世纪说法是"温柔的读者"）能造出好的混凝土及耐久的混凝土结构。

A. M. 内维尔

伦敦，2011 年

原著第四版前言

混凝土和钢材是最常用的两种结构工程材料。它们有时相互补充协同作用，有时相互对立单独作为结构工程材料使用。实际上，这两种材料可以建造成有着相似类型和功能的结构。然而，工程师对混凝土结构的了解往往少于钢结构。

钢材在严格控制的条件下生产，它的性能在实验室中测定，并在制造商的证书中标明。因此，设计师只需要指定钢材是否符合相关标准，现场工程师的监督对象仅限于单个钢构件之间的连接工艺。

在混凝土建筑工地，情况则完全不同。虽然说，水泥的质量控制类似于钢材，是由制造商来保证的，而且，只要选择了合适的胶凝材料，它几乎不会成为混凝土结构失效的原因。但建筑结构所使用的材料是混凝土，而不是水泥。结构构件通常是就地制造的，它们的质量几乎完全取决于混凝土现场的制备和浇筑工艺。

钢材和混凝土的生产方法是明显不同的，同时，现场混凝土质量控制工作的重要性是显而易见的。此外，由于混凝土浇筑工人还没有像其他一些建筑工种一样，有着培训的传统，所以，工程师在现场的监督是必不可少的。设计者必须牢记这些事实，因为如果实际混凝土的性能指标与设计计算中假定的混凝土性能指标不同，那么精心而复杂的设计就很容易破坏。结构设计几乎只取决于结构所使用的材料。

从上面论述我们不能马上下结论：制备优质混凝土是困难的。"劣质"混凝土——通常表现为稠度不合适，硬化后成蜂窝状、不均匀质量——仅仅是通过将水泥、骨料和水混合而制成。奇怪的是，优质混凝土也是用上述材料制成的，只有通过理解本质这一"专有技术"，才能理解优质混凝土与"劣质"混凝土的不同。

那么，什么是优质混凝土？有两个主要标准：第一，硬化后的混凝土必须满足使用要求；第二，在搅拌机运输和模板浇筑过程中的混凝土拌合物也必须满足使用要求。良好的混凝土拌合物状态要求是：拌合物保证均匀性，这样它可以轻松振捣密实，同时拌合物在运输和浇筑过程中保持足够黏聚力，以免成形后出现分层和均匀性差的问题。优质混凝土硬化后的主要性能要求是合格的抗压强度和足够的耐久性。

自从 1963 年本书的第一版出版以来，所有这些问题都得到了明确的说明。在前面出版发行的 3 个版本以及 12 种语言翻译版本期间，本书为混凝土业界提供了很好的服务，混凝土仍然是最重要和最广泛使用的建筑材料。然而，近年来混凝土行业在学术和实践方面发生了非常重大的变化，这是编写本书第四版的原因。这些变化的程度如此之大，以至于通过"添加附录"的方法是不合适的，因此，除了其基本核心概念之外，这是一本新书。它的覆盖面已大大扩大，并提供了一个广泛和详细的视角去观察混凝土这一种建筑材料。但是，本书并没有为了改变而改变，和以前版本相比，材料的形式、风格、方法和组织都得到了保留，所以那些熟悉早期版本的读者将不会在新书中遇到困难。

第四版包含了许多新型胶凝材料，其中有一些在过去没有使用，或很少使用。这些材料应该成为工程师知识储备的一部分。对混凝土在各种暴露条件（包括碳化和碱－硅反应）下的耐久性能进行了细致的论述。尤其讨论了混凝土在世界上炎热的沿海地区这一极端条件下的性能，那里正在进行大规模建设。其他新主题包括：高性能混凝土、新型外加剂、低温条件下的混凝土，以及骨料－基体界面的特性，这仅是其中的主要内容。

必须承认，各种胶凝材料的处理使用是一个巨大的挑战，并且引发了以下的题外话。在20世纪80年代，关于这些材料和其他一些主题的论文大量发表，并在20世纪90年代继续发表。许多有价值的论文阐明了各种材料的性能及其对混凝土性能的影响。但更多的研究报告只是对单一参数的影响进行了狭义的解释，而其他一些条件则不切实际地保持不变。有时人们忘记了，在混凝土配合比中，通常是不能单独改变一种成分而不改变配合比的其他成分。

从这种零零碎碎的研究中得出的广义推论，往好里说是困难的，往坏里说是危险的。我们不需要更多这样的浅层研究项目，每个项目仅是作者简历中的研究履历。我们也不需要无穷无尽的公式，每个公式都来自一小组数据。一些看似令人印象深刻的分析显示，与最初导出表达式的实验数据库中的数据有很好的相关性：这种相关性并不令人惊讶。但是，如果在原始分析中忽略了某些因素的情况下，用这些表达式来预测未试验过的行为，却不幸地失败了，这也不应该令人惊讶。

通过统计分析，可以进一步探讨各种因素对混凝土性能的影响。虽然在评价测试结果和建立结果与实验的关系过程中，使用数值统计的方法是有价值的，而且往往是必要的，但是，没有物理解释的统计关系本身并不是声称两个或两个以上因素之间存在真正关系的健全基础。同样，不能假定有效关系的外推是自动有效的。这是显而易见的，但有时会被热情的作者遗忘，因为他或她觉得自己发现了一个普遍的"规则"。

虽然我们必须考虑现有的研究成果，但是收集大量的研究成果或对每个研究主题进行概述是几乎没有价值的。相反，这本书努力地将不同的主题结合起来，以显示它们在具体的制作和使用混凝土上的相互依赖。对所涉及的物理和化学现象的理解是解决这些不熟悉问题的关键基础，而不是从过去的经验中寻找线索的特定方法，这种方法只能到目前为止有效，有时可能导致灾难。混凝土是一种耐久性的材料，但即便如此，在确定配合比时也应避免出现不必要的问题。

必须记住，现在使用的各种混凝土是在传统混凝土基础上的衍生和发展，因此了解混凝土的基本性质仍然是必不可少的。因此，本书的大部分内容都是关于这些基本原理的。混凝土行业的先驱们在科学基础上解释了混凝土的基本行为，并保留了经典文献：它们使我们对我们的知识有了正确的看法。

这本书的最终目的是促进用混凝土建成更好的建筑。为了达到这一目的，不仅要在实验室里理解、掌握和控制混凝土的行为，而且同时在现场结构中也要做到。正是基于此，对作者来说，拥有结构专业的知识背景是一个优势。此外，在施工方面的经验、在实际工程耐久性、适用性不足等方面的处理经验对于本书的创作也是有利的。

因为本书在很多国家都被使用，所以本书同时使用国际单位制（SI）和英制（现被称美制）单位两种计量单位。本书中所有的数据、图表和表格都可以方便地供给所有国家的读者阅读使用。

　　这本书耗费一整年的时间写成，因此，它应该对混凝土的性能表现作出严密的解释，而不是一系列不连贯的章节。这种连贯性可能对读者有好处，因为他们经常不得不阅读那些名义编辑们编写的由各种不关联协调文章拼凑而成的书。

　　在一本著作中，不可能涵盖整个混凝土领域所有内容，有些特殊混凝土，如纤维筋混凝土、聚合物混凝土和硫化混凝土等，本书没有涉及。另外，作者的知识范围虽然随着年龄和经验的增长而增长，但还是不可避免地选择他认为最重要或最有趣的东西，或者仅仅是他知道的最多的东西。本书的重点是对混凝土性能的综合看法，以及现象背后的科学原因，因为，正如 Henri Poincaré 所说，堆积现象并不是一门科学，正如一堆石头并不是一所房子。

A. M. 内维尔

致　谢

感谢 HM 文具室的管理者：

以下插图和表格的版权归英国王室所有，允许复制：图 2.5、图 3.2、图 3.15、图 3.16、图 4.1、图 7.25、图 8.11、图 12.10、图 12.39、图 14.3、图 4.10、图 14.12、图 14.13 和图 14.14；表 2.9、表 3.8、表 3.9、表 8.4、表 13.14、表 14.9 和表 14.10。

谨对以下单位授权我引用他们已公开发表的资料致谢：

国家标准局（华盛顿特区）；美国填海管理局；美国测试与材料学会（ASTM）；水泥和混凝土协会（伦敦）；硅酸盐水泥协会（伊利诺伊州斯科基）；美国预拌混凝土协会（马里兰州，银泉）；美国陶瓷协会；美国混凝土协会；化学工业学会（伦敦）；土木工程师学会（伦敦）；结构工程师学会（伦敦）；瑞典水泥和混凝土研究所；能源、矿业和资源部（渥太华）；爱德华·阿诺德（出版商）有限公司（伦敦）；莱茵霍尔德出版公司图书部（纽约）；巴特沃斯科学出版物（伦敦）；德国标准化研究所（柏林）；帕加马出版社（牛津）；马丁纳斯·尼霍夫（Martinus Nijhoff）出版社（海牙）；《土木工程》（伦敦）；《水泥》（*Il Cemento*）（罗马）；德国钢混凝土委员会（柏林）；水泥和混凝土研究机构（宾夕法尼亚大学帕克分校）；《水泥和混凝土》杂志（维也纳）；《材料和结构》，RILEM（巴黎）；水泥公报（瑞士威尔德格）；美国土木工程师学会（纽约）；《混凝土研究》杂志（伦敦）；《混凝土世界》（克劳索恩）；《达姆施塔特混凝土》（达姆施塔特）；道桥中央实验室（巴黎）；英国陶瓷协会（特伦特河畔斯托克）；《混凝土》（伦敦）。英国标准协会（伦敦、W1A 2BS 帕克街 2 号，完整标准的副本可在此购买）许可复制的源自标准 BS 812、BS 882 和标准 BS 5328 的表格。已故 J. F. Kirkaldy 教授提供了表 3.7 的数据。

每一章的末尾都注明了详细的资料来源；引用顺序编号在插图和表格的标题旁边注明。

我很感激在诉讼和仲裁方面的各种各样的客户，同样也感谢他们的对立各方，正是他们使我能够更好地了解服役中混凝土的各种性能表现，这些通常是通过观察其"不当行为"来得到的。

土木工程师学会图书馆的工作人员，特别是 Robert Thomas 先生，为查找参考文献提供了很大的帮助，他不知疲倦地寻找各种资料来源。最后，我希望在此表明 Mary Hallam Neville 的巨大努力和成就，她把资料和参考文献汇集成一份有凝聚力的手稿，最终写成一本具体的书。如果没有她的鼓励（一个比"唠叨"更好的词），这本书可能在作者去世之前也不会出版。

第 1 章

硅酸盐水泥

一般来讲，水泥是一种具有黏结作用能够将矿质碎料黏结成密实整体的材料。这一定义也适用于许多胶凝材料。

在建筑工程中，"水泥"这一术语特指与石、砂、砖及建筑砌块等共同使用的黏结材料。这类水泥的主要成分是石灰的化合物，因而在建筑与土木工程领域，我们关注的是钙质水泥。在混凝土的制备过程中，水泥能与水发生化学反应并能在水中凝结硬化，因此，我们也将其称为水硬性水泥。

水硬性水泥主要由硅酸钙和铝酸钙组成，可大致分为普通水泥、硅酸盐水泥和高铝水泥。在这一章，我们主要介绍硅酸盐水泥的生产及其在水化前和硬化后的结构和特性。不同种类的硅酸盐水泥和其他水泥将在第 2 章中介绍。

1.1 历史回顾

胶凝材料的使用历史悠久。古埃及人曾使用煅烧不纯的石膏；希腊人和罗马人曾使用煅烧的石灰石，后来又学会了在石灰和水中添加砂和碎石或者砖和碎瓦片，这是历史上最早的混凝土。由于石灰砂浆在水中不能硬化，罗马人将石灰和火山灰或磨细的烧黏土瓦共同用于水下结构中。火山灰和烧黏土瓦中的活性二氧化硅和氧化铝能够与石灰结合制备出众所周知的火山灰水泥——它是以维苏威火山附近的村庄"Pozzuoli"（意为"火山灰"——译者注）命名的，这是最早发现火山灰的地方。"火山灰水泥"这个名字现在仍然适用，通常是指在常温下通过磨细天然原料而制得的水泥。一些罗马建筑的砌体结构是采用砂浆胶结的，比如古罗马竞技场、尼姆附近的加尔河桥以及保存至今的古罗马万神庙，其胶凝材料至今仍然坚硬和牢固。在庞贝遗址中，砂浆的风化程度普遍比软石小得多。

中世纪，水泥的质量和使用出现了全面的衰退。直到 18 世纪，人们对于水泥的认识才有所发展。1756 年，John Smeaton 被委任重建康沃尔（Cornish）海岸的埃迪斯通（Eddystone）灯塔时发现最好的砂浆是由火山灰与含大量黏性物质的石灰石拌合制备而成的。由于过去从未发现黏土的这种作用，Smeaton 是第一个了解水硬性石灰化学性质的人，这是一种通过煅烧石灰和黏土混合物得到的材料。

随后，其他水硬性胶凝材料也相继产生，如 James Parker 通过烧结黏土质石灰石而制备的"罗马水泥"，直到 1824 年，Leeds 的泥瓦匠 Joseph Aspdin 获得了"硅酸盐水泥"的专利，水泥的发展达到了高峰。这种硅酸盐水泥是将细黏土和硬石灰粉末混合后在炉窑中加热，直至 CO_2 被分解后制得的，这个加热的温度比煅烧的温度低得多。1845 年，Isaac Johnson 将黏土和白垩的混合料煅烧，直至生成了牢固的胶凝化合物，这就是现代水泥的原型。

硅酸盐水泥硬化后的颜色和质量与在多塞特（Dorset）开采的波特兰（Portland）石相似，

因此最初命名为波特兰水泥。该名在世界范围内沿用至今，用以表示将石灰质和黏土质材料或其他氧化硅、氧化铝及氧化铁的材料充分混合，在烧结温度下煅烧后再磨细而制得的熟料。不同标准中的硅酸盐水泥还要求在煅烧产物中掺入石膏；现如今，也可以掺入一些其他材料。

1.2 硅酸盐水泥的生产

从以上对于硅酸盐水泥的定义我们可以了解到：硅酸盐水泥主要由石灰质材料（如石灰石或白垩，黏土或页岩中的矾土和硅石）制备而来，也有使用石灰质和黏土质材料混合而成的泥灰岩来制备的。几乎所有国家都有制备硅酸盐水泥的原材料，这使得水泥厂遍布世界各地。

水泥生产的基本过程是将原材料粉磨，按照一定的比例混合，放入回转窑中高温煅烧，温度达 1450℃ 左右，直至材料烧结部分融合成球状物的熟料，熟料冷却后加入石膏磨成细粉所得到的产品就是全世界广泛应用的商用硅酸盐水泥。

下面我们通过生产过程示意图（图 1.1）来说明水泥生产的一些细节。

原材料的混合和粉磨既可以在水中也可以在干燥的条件下进行，因此我们分别称之为"湿法"和"干法"工艺。在实际生产中，采用的方法取决于原料的硬度及其含水量。

首先来介绍湿法过程。当使用白垩时，将其破碎成细粒并分散在陶泥池（带有用于打碎硬块的耙齿悬臂的循环池）的水中。通常黏土也会在类似的陶泥池中破碎并与水拌合。采用泵送的方式将两种材料按照预定的比例混合并通过一系列筛网，最终将所得生料浆注入储罐中。

当使用石灰石时，宜先将其爆破后再在两级逐渐变小的破碎机中破碎，接着将其与分散在水中的黏土同时加入球磨机中，直至石灰石粉碎至粉状细度后，将所得的生料浆泵送至储罐中。此后的生产过程中，无论原材料的初始特性如何，生产工艺都是相同的。

生料浆是一种乳脂状黏稠性液体，含水量为 35%～50%，只有一小部分粒径大于 90μm（No. 170 ASTM）的颗粒，含量约为 2%。通常有许多储罐来存储生料浆，通过机械搅拌法或压缩空气鼓泡法来防止悬浮固体沉淀。正如前面所提到的，生料浆中石灰含量受原生石灰质和黏土质材料比例的影响。最后，可以通过调整不同储罐中生料浆的混合比例获得所需的化学组成，有时也可以采用精细的掺合罐系统获得所需的化学组成。偶尔也会出现像位于世界最北部挪威工厂这样的情况，生产生料浆的原材料只有一种岩石，这种岩石的组成成分使得生产该生料浆只需要将其粉碎而无需再与其他材料混合。

最后，石灰含量达标的生料浆进入回转窑——这是一个直径可达 8m（26 英寸）的大型耐火内衬钢筒，有的甚至长达 230m，绕着与水平位置保持略微倾斜的轴慢慢地旋转。从回转窑的上端加入生料浆，而煤粉从窑的底部用鼓风机吹入，其底部温度可达到 1450℃。在考虑水泥价格时需要特别注意，煤粉的含灰量不能太高，因为生产每吨水泥通常需要 220kg 的煤，也有用燃油（每吨水泥需要 125L）或天然气的，但是自从 20 世纪 80 年代以来，大多数的燃油工厂的燃料都改成全球应用更为普遍的煤。值得我们注意的是，高硫煤是在窑内燃烧，因而不会产生有害物排放问题。

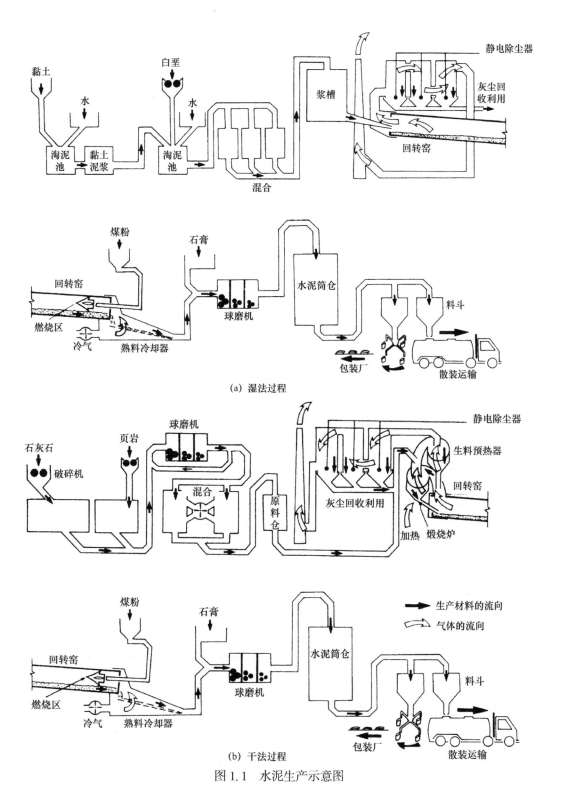

图 1.1 水泥生产示意图

　　生料浆在窑内向下移动过程中温度逐渐升高，首先是排出水分、释放 CO_2，接着干料经过一系列的化学反应，直到最后，在窑内最热的部位，20%～30% 的材料变成液体，氧化钙、二氧化硅和氧化铝的重新融合成直径为 3~25mm 的球状熟料。熟料落入各种类型的冷却器中进行冷却，它可以使随后用于煤粉燃烧的空气与熟料进行热交换。为了保证生产制度的稳定性、熟料的均匀性以及减少耐火炉衬的劣化，回转窑需要持续运转。需要注意的是火焰温度可达到 1650℃。目前湿法生产厂最大的回转窑每天可以生产 3600t 熟料。由于湿法生产工艺耗能较大，现已不再建新的湿法生产厂。

在干法和半干法制备水泥的生产过程中，粉碎后的原料按照正确比例加入球磨机中，原料在球磨机中干燥并磨成干粉磨——也被称作生料粉，然后被泵送至混合筒仓中，最后调整生产水泥所需材料的比例。为了获得均匀密实的混合料，生料粉通常采用压缩空气法进行混合，该法可使粉末向上运动并降低粉末的表观密度。采用压缩空气法每次对筒仓的一个扇形体进行充气，可以使得比较重的材料从未充气部分横向移动到充气部分，充气的材料就像液体一样。轮流对所有筒仓的扇形体充气大约 1h，就可以得到均匀的混合料。有些水泥厂也会采用连续混合法。

半干法生产水泥时，将筛分后的混合生料粉及生料粉质量 12% 的水同时注入旋转盘，即盘式成球机，从而形成直径约 15mm 的硬球颗粒。这个过程是十分必要的，这是因为若直接将粉末投入回转窑中，不利于水泥熟料形成过程中化学反应所需的气流流动和热交换。

窑内预热格栅中的热气能够将生料球烘成干硬状，然后将其送入窑内，接下来的工艺流程与湿法生产工艺相同。然而，与湿法工艺中生料浆中 40% 的含水率相比，生料球的含水率仅为 12%，因此半干法的回转窑通常小得多。同时，由于只有约 12% 的水分需要排除，所需的热量也就低得多，但是排除原材料的初始含水量（一般为 6%~10%）也会消耗一些额外的热量。在原材料相对干燥的情况下，这种方法十分经济，在这种情况下生产每吨水泥的总耗煤量可降至 100kg。

在干法制备工艺中（见图 1.1b），含水率约 0.2% 的生料粉将通过悬浮式的预热器，这就意味着生料粉颗粒悬浮在上升的气体中。生料粉在送入回转窑之前在此处加热到 800℃ 左右。由于生料粉中不含需要排除的水分，并且已经被预热过，此法采用的回转窑可以比湿法生产水泥所用的回转窑短一些。预热用的热气来自窑内，且该气体含有较多的挥发性碱（见第 1.3 节）和氯化物，因此为确保水泥中碱含量不会太高，需要放掉一部分热气。

大部分生料粉都要通过位于预热炉和回转窑之间的硫化煅烧炉（使用单独热源），其温度应保持在约 820℃，以确保煅烧均匀且具有较高的热交换效率。

部分生料粉按照通常的方法直接注入窑内，但总的来说，硫化煅烧炉的作用是提高生料粉入窑前的脱碳作用（$CaCO_3$ 的分解），极大地提高窑的产量。全球最大的干法生产厂使用的是一个直径 6.2m、长 105m 的窑，日产量为 10000t。美国 80% 以上的水泥采用干法工艺生产。

需要强调的是，所有的水泥生产工艺都需要将原材料均匀混合，这是因为窑内的部分反应需要在固体材料熔融状态下才能发生。原材料的均匀分布是保证产品质量至关重要的因素。

无论采用哪种生产工艺，熟料在出窑后都要经过冷却，所释放的热量可以用来预热燃烧气体。冷却后的熟料特点是黑色的、有光泽、坚硬的，将其与石膏一同研磨是为了防止水泥的闪凝。粉磨是球磨机中进行的，球磨机由多个隔仓组成，隔仓内的小球渐次缩小。大多数水泥厂采用的是封闭式粉磨系统：水泥从球磨机中排出进入选粉机中，细颗粒被气流送入储仓而粗颗粒再次进入球磨机中粉磨。封闭系统能够防止产生大量过细材料和少量过粗材料的问题，这些问题在开路粉磨系统中是常见的。在研磨过程中可以加入少量的助磨剂，如乙二醇、丙二醇。Massazza 和 Testolin 提出了一些助磨剂的资料[1.90]。将熟料在横向冲击式破碎机中预磨后再用球磨机粉磨可以提高球磨机的粉磨性能。

当水泥粉磨到满意的程度时，每千克水泥中颗粒含量可达到 1.1×10^{12} 个，便可进行包装运输了。水泥很少采用袋装或者桶装，但是，有些类型通常会采用袋装或者桶装，如白水泥、防潮水泥、膨胀水泥、控凝水泥、油井水泥及高铝水泥。在英国，每袋水泥的标准容量为 50kg，美国为 42.6kg，当然也可以使用其他容量的包装袋。现在多使用容量为 25kg 的包装袋。

除非原材料必须使用湿法生产，现在普遍使用的是干法生产，以便最大限度地降低烧制水泥所需要的热量。通常，烧制过程约占生产成本的 40%～60%，而原材料的开采仅仅只占到总成本的 10%。

1990 年前后，美国采用干法生产每吨水泥的平均耗能为 1.6MWh。在现在的工厂中，该指标更低，澳大利亚甚至低于 0.8MWh[1.96]。耗电量约占总耗能的 6%～8%，大体耗能情况如下：原材料的破碎 10kWh、生料粉的准备 28kWh、烧制 24kWh 以及磨细 41kWh[1.18]。建设水泥厂的花费也很高：每年生产 1t 水泥大约需要 200 美元的建设费用。

除了以上几种生产水泥的主要工艺外，还有一些其他的生产工艺，其中值得一提的是用石膏代替石灰。将石膏、黏土、焦炭、砂、氧化铁在回转炉中烧制，最终产物便是硅酸盐水泥和二氧化硫，后者用于制备硫酸。

在水泥需求量不大或者资金有限的地区，可以采用 Gottlieb 型的立窑生产水泥。将生料浆小颗粒和细煤粉混合煅烧成块状后再将其磨细。一个高 10m 的立窑每天可以生产水泥 300t，这种窑在中国大概有几千座。同时，中国还拥有大型现代化水泥产业，年产水泥达 10 亿 t。

1.3　硅酸盐水泥的化学组成

硅酸盐水泥生产的原材料主要是由氧化钙、二氧化硅、氧化铝和氧化钙组成。在回转窑中，除了少量由于没有足够时间反应的氧化钙残留下来外，这些组分相互作用生成一系列更复杂的产物，进而达到化学平衡状态。然而，在冷却过程中却无法保持平衡状态，冷却速率会影响冷却熟料的结晶程度和无定形材料的数量。这种无定形材料（如玻璃体）与那些具有相似化学成分的结晶化合物的性能差异显著。而熟料中的液态部分与原有的结晶化合物的相互作用将会带来更为复杂的问题。

然而，我们仍然认为水泥处于冻结平衡状态，也就是说我们假定冷却后的产物是烧结温度时稳定状态的再现。事实上，这个假定已经用于商品水泥的化合物组成的计算中：假定平衡产物完全结晶，"潜在的"组成是通过测定熟料中的氧化物的含量计算得来的。

通常情况下，水泥主要是由表 1.1 中的四种化合物组成，其缩写符号也在表中列出。水泥化学家使用这些一个字母的缩写符号来形容一种氧化物，即：$CaO = C$、$SiO_2 = S$、$Al_2O_3 = A$、$Fe_2O_3 = F$。同样的，在水化水泥中 H 和 $\overline{S}$ 分别代表 H_2O 和 SO_3。

表 1.1   硅酸盐水泥的主要矿物成分

矿 物 名 称	氧化物成分	简　　写
硅酸三钙	$3CaO \cdot SiO_2$	C_3S
硅酸二钙	$2CaO \cdot SiO_2$	C_2S
铝酸三钙	$3CaO \cdot Al_2O_3$	C_3A
铁铝酸四钙	$4CaO \cdot Al_2O_3 \cdot Fe_2O_3$	C_4AF

事实上，水泥中的硅酸盐并不是纯净的化合物，而是含有少量氧化物的固溶体。这些氧化物对硅酸盐的原子排列、晶型组成以及水化特性有显著影响。

计算硅酸盐水泥中可能的组分是以 R. H. Bogue 等人的研究结果为基础的，这就是通常所指的"博格组分"。下面给出了计算水泥主要化合物组成百分比的 Bogue 等式[1.2]，括号内的化学式是指给定氧化物，数字是指所占水泥总质量的百分比。

$$C_3S = 4.07\,(CaO) - 7.60\,(SiO_2) - 6.72\,(Al_2O_3) - 1.43\,(Fe_2O_3) - 2.85\,(SO_3)$$

$$C_2S = 2.87\,(SiO_2) - 0.75\,(CaO \cdot SiO_2)$$

$$C_3A = 2.65\,(Al_2O_3) - 1.69\,(Fe_2O_3)$$

$$C_4AF = 3.04\,(Fe_2O_3)$$

当然，也有一些其他计算组分的方法[1.1]，但是这些都超出本书的涉及范围。需要注意的是，由于一些其他氧化物置换了 C_3S 中的 CaO，使得用博格组成计算得到的 C_3S 的值比真实值低（而 C_2S 的计算值比其真实值高）；如前所述，从化学的角度讲，硅酸盐水泥熟料中并没有纯净的 C_3S 和 C_2S。

Taylor[1.84] 在博格组成的计算中，考虑了水泥中主要化合物的取代离子从而改进了现代水泥厂生产的速冷熟料的博格组成。

除了表 1.1 中所列举的几种主要化合物，水泥中还存在一些其他微量化合物，如：MgO、TiO_2、Mn_2O_3、K_2O 和 Na_2O；它们的含量通常不到水泥质量的百分之几。尤其值得我们注意的是 Na_2O 和 K_2O 这两种含量较少的碱性化合物（虽然水泥中还含有其他碱性氧化物）。研究发现，这些碱性氧化物不仅能与一些骨料发生反应，反应产物能够使混凝土劣化，还影响水泥强度的发展速率[1.3]。因此，需要指出的是：微量化合物主要说的是其含量少，而不是说其在水泥中的重要性低。我们可以利用分光光度计快速测得碱性氧化物和 Mn_2O_3 的含量。

水泥的化合物组成主要是根据三元体系 C-A-S、C-A-F 和四元体系 C-C_2S-C_5A_3-C_4AF 及其他体系的相平衡建立的。我们研究过熔融或结晶过程，也计算过不同温度下的液相和固相组成。对于熟料实际组成的检测，除了使用化学分析方法外，还可以用显微镜来检测粉末制剂，并且通过测定折射率来进行鉴别。抛光面和侵蚀面都能用于反射光和投射光中去。还有一些其他需要进行复杂校准的方法可用，这就包括利用 X 射线粉末衍射来鉴别结晶相并研究一些结晶相的晶体结构，还可采用差热分析进行定量分析[1.68]。当然，也可以利用包括扫描电子显微镜进行物相分析以及利用光学显微镜或扫描电子显微镜进行图像分析在内的一些现代分析技术。

我们可以利用一些快速检测元素组成的分析方法来估量水泥的组成，如：X 射线荧光、X 射线光谱、原子吸收、火焰光度以及电子探针等分析方法。利用 X 射线衍射不仅有助于测

定不同于 $Ca(OH)_2$ 的游离氧化钙 CaO，还有助于对回转窑的工作性能进行控制[1.67]。

通常硅酸盐水泥中含量最多的是 C_3S——一种等尺寸的无色小颗粒。当冷却到 1250℃以下时，它会慢慢地分解，但是如果冷却速度不是很慢，它便不会分解并在常温下保持相对稳定。

C_2S 有三到四种存在形式，高温下 C_2S 是以 α-C_2S 的形式存在的，当温度为 1450℃左右时，α-C_2S 转化为 β-C_2S，当温度为 670℃左右时，β-C_2S 进一步转化为 γ-C_2S。但若以商品水泥的冷却速率冷却，熟料中的 C_2S 是以双晶型的圆形颗粒 β-C_2S 的形式存在的。

C_3A 是一种矩形晶体，但是在过冷的玻璃中它是以无定形的中间相形式存在的。

C_4AF 则是一种在 C_2F 和 C_6A_2F 之间变化的固溶体，通常用 C_4AF 来简化代替[1.4]。

不同水泥间各种化合物的实际比例大不相同，实际上，不同类型的水泥是由不同原材料经过适当比例混合而制成的。在美国，人们曾试图通过氧化物分析来明确限定水泥中四种主要化合物的含量，从而达到控制不同用途水泥性能的目的。分析步骤中去除了大量的常用物理试验，但遗憾的是：这种方法计算得到的化合物组成并不十分精确，也没有把水泥所有的相关性能考虑在内，因而该法不能作为直接测试某种水泥是否具有特定性能的方法。

表 1.2 列出了硅酸盐水泥中氧化物的一般组成及其含量的范围。表 1.3 列出了 20 世纪 60 年代典型水泥的氧化物组成及利用 Bogue 等式（见第 1.3 节）计算得到的化合物组成[1.5]。

表 1.2　常用硅酸盐水泥的组成范围

氧　化　物	含量（%）
CaO	60 ～ 67
SiO_2	17 ～ 25
Al_2O_3	3 ～ 8
Fe_2O_3	0.5 ～ 6.0
MgO	0.5 ～ 4.0
碱（Na_2O 当量）	0.3 ～ 1.2
SO_3	2.0 ～ 3.5

表 1.3　20 世纪 60 年代典型硅酸盐水泥的化学组成和矿物组成[1.5]

典型的化学组成（%）		计算而得矿物组成（%）	
CaO	63	C_3A	10.8
SiO_2	20	C_3S	54.1
Al_2O_3	6	C_2S	16.6
Fe_2O_3	3	C_4AF	9.1
MgO	$1\frac{1}{2}$	微量成分	—
SO_3	2		
K_2O 、 Na_2O	1		

典型的化学组成（%）		计算而得矿物组成（%）
其他	1	
烧失量	2	
不溶残余物	$\frac{1}{2}$	

我们需要对表1.3中的两个名词进行解释。"不溶残余物"大多来自石膏的杂质，需要用盐酸处理法（测定水泥杂质的方法）进行测定。英国标准BS 12：1991（已撤销）规定不溶残余物含量不应超过水泥质量的1.5%。标准BS EN 197-1：2000规定允许掺入5%含量的填料（见第2.13节），并且限定除了填料外不溶性残渣含量不应超过水泥质量的5%。

烧失量则是指暴露于大气中的水泥，其游离氧化钙和游离氧化镁的碳化和水化程度。BS EN 197-1：2000规定最大烧失量为5%（1000℃），而ASTM C150-09的规定是3%（特别指出：I型水泥烧失量为2.5%），热带地区则为4%。由于水化游离氧化钙是无害的（见第1.12.4节），所以当水泥中游离氧化钙含量一定时，较大的烧失量是有利的。对于含有钙质填料的水泥，有必要适当放宽对烧失量的限制：BS EN 197-1：2000允许烧失量为水泥质量的5%。

值得注意的是，我们观察到氧化物组成的改变对水泥化合物组成有很大的影响。表1.4是Czernin[1.5]所获得的一些数据：第1列是典型的快硬水泥的组成，如果CaO的含量减少了3%，其他氧化物的含量则相应地有所增加（第2列），结果使得C_3S与C_2S的比值变化明显。与第1列相比，第3列中水泥的氧化铝和氧化铁的含量均发生1.5%的变化，而氧化钙和氧化硅的含量没有发生变化，同时，两种硅酸盐的比值以及C_3A和C_4AF的含量变化明显。显然，强调控制水泥中氧化物含量的重要性并不过分。对于通常使用的普通和快硬硅酸盐水泥，两种硅酸盐的含量之和只在很小的范围内变化，这种组分的变化主要取决于原材料中CaO与SiO_2的比值。

欧盟的一些国家规定可溶性六价铬在干燥水泥中的含量控制在2ppm以内，与新拌混凝土中过量的铬接触会引起类似皮炎的不良反应。

在此，我们能够很容易地总结出水泥的形成和水化过程，如图1.2所示。

表1.4　化物组成变化对水泥熟料矿物组成的影响[1.5]

	含量（%）		
	（1）	（2）	（3）
氧化物			
CaO	66.0	63.0	66.0
SiO_2	20.0	22.0	20.0
Al_2O_3	7.0	7.7	5.5
Fe_2O_3	3.0	3.3	4.5
其他	4.0	4.0	4.0
化合物			
C_3S	65	33	73

续表

	含量（%）		
	（1）	（2）	（3）
C₂S	8	38	2
C₃A	14	15	7
C₄AF	9	10	14

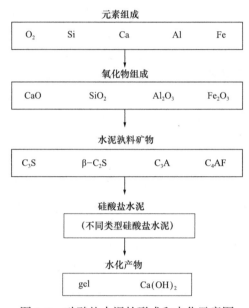

图 1.2　硅酸盐水泥的形成和水化示意图

1.4　水泥的水化

水泥浆体中水与水泥的反应，使得硅酸盐水泥成为胶结剂。换句话说，表 1.1 中的硅酸盐和铝酸盐能够在有水的情况下形成水化产物，与此同时生成坚硬的物质——水化水泥浆。

水泥中的化合物与水发生的反应有两种形式。第一种反应是水分子同化合物的直接反应，这是真正的水化反应；第二种反应是水解反应。然而，为了使用的方便，我们将水泥与水所发生的水化和水解反应统称为水化反应。

大约 130 年以前，Le Chatelier 首先发现：在相同的条件下，水泥水化反应产物与水泥中单个化合物和水反应生产的产物在化学上是相同的。Steinour[1.6]、Bogue 和 Lerch[1.7] 在随后的研究中也证实了 Le Chatelier 的这个发现，更进一步的是，他们还发现了这些反应产物之间的相互影响以及产物与水泥中其他化合物的相互反应。两种硅酸钙是水泥化合物中主要胶凝成分，水泥在水化过程中的物理性能与这两种硅酸钙各自的物理性能相似[1.8]。后面的章节中，我们将会详细地讲到各种化合物的水化反应。

水泥水化水泥浆与水接触时的稳定性表明：水泥的水化产物在水中的溶解度很低。水化的水泥与未反应的水泥紧密地结合在一起，只是我们还不能确定这种结合方式是如何形成的。它有可能是由于在渗入周围水化物薄膜中水的作用下，新的水化物形成一层包裹膜；或者是由于溶解的硅酸盐水化物能够透过包裹膜并作为外层沉淀下来；第三种可能是由于胶体溶液达到其饱和度后沉淀成块，结构内部的水化反应得以进一步进行。

无论水化产物以什么样的方式沉淀，水化速率都会保持持续减小，这就使得即使经过很长时间，都有大量的未水化水泥存在。例如，水泥颗粒在水的作用下 28d 和 1 年的水化深度分别为 4μm[1.9] 和 8μm。Powers[1.10] 推算得出：在一般条件下只有粒径小于 50μm 的水泥颗粒才能够完全水化，但是在水中持续研磨水泥 5d 同样能够完全水化。

在显微镜下观察水泥水化，并没有发现进入水泥颗粒中的水与在水泥颗粒中心的更有活性的化合物（如 C_3S）发生选择性水化。这似乎表明，水化是通过逐渐减小水泥粒径尺寸进行下去的。实际上，在数月龄期的未水化粗水泥颗粒中发现了 C_3S 和 C_2S[1.11]，并且可能是尺寸较大的 C_3S 完全水化之前，尺寸较小的 C_2S 就已经完全水化了。一般各种矿物都是混合在水泥颗粒中，并且一些研究表明：水化一定时间后剩余颗粒中各种矿物的百分比组成与原始颗粒相同[1.12]。然而，剩余组分的组成确实随着水泥水化龄期的变化而变化[1.49]，尤其是水化的前 24h，也有可能发生选择性水化。

主要的水化物大致可以分为水化硅酸钙和水化铝酸三钙。C_4AF 水化生成水化铝酸钙和一种可能是 $CaO \cdot Fe_2O_3 \cdot aq$ 的无定形相，这种无定形相也可能是 Fe_2O_3 以固溶体的形式存在于水化铝酸三钙中。

我们可以用不同的方法来测定水泥的水化过程，例如测定：（a）浆体中 $Ca(OH)_2$ 的含量；（b）水化热的变化；（c）浆体的相对密度；（d）化学结合水的含量；（e）（利用 X 射线定量分析）测定未水化水泥含量；（f）水泥石强度的间接测定。还可以利用热重技术和连续的 X 射线衍射扫描技术研究水化浆体的早期反应[1.50]，利用扫描电子显微镜上的背散射成像技术研究水化水泥浆的微观结构。

1.4.1　水化硅酸钙

不含杂质的 C_3S 和 C_2S 的水化速率差别很大，如图 1.3 所示。水泥中多种矿物混合在一起时，它们的水化速率会受矿物之间相互作用的影响。对于商品水泥，熟料中的硅酸钙会含有少量氧化物杂质。"不纯的" C_3S 和 C_2S 就是我们所熟知的阿特利（alite）和贝特利（belite）。这些杂质会对硅酸钙水化物的性能产生很大的影响（见第 1.11.1 节）。

当水化过程中水的含量有限，如在水泥浆、砂浆和混凝土中的情况，C_3S 会发生水解反应生成一种低碱度的硅酸钙，其最终产物为 $C_3H_2S_3$，并且释放出 $Ca(OH)_2$。然而，我们还未搞清楚 C_3S 和 C_2S 最终是否能够生成相同的水化产物的问题。从水化热[1.6] 和水化产物表面积[1.13] 的角度来考虑，似乎就是这样的。但是物理观察结果表明可能存在不止一种（也可能多种）水化硅酸钙存在。如果一些氧化钙被吸收或保留在固溶体中，这将会影响到 C:S 比，这可以从 C_2S 最终水化产物的氧化钙和氧化硅的比为 1.65 处得到强有力的证明。这可能是由于 C_3S 的水化速率受离子通过表面水化物薄膜的扩散速率控制，而 C_2S 的水化是受其缓慢的自身反应速率控制[1.14]。同时，由于凝胶的渗透性受温度影响，这两种硅酸盐的水化产物也受温度的影响。

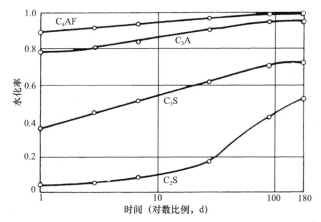

图 1.3 典型纯矿物的水化发展速率[1.47]

由于不同的测定方法得到的结果不同，C∶S 的比值还无法准确确定[1.74]。其范围可能在化学萃取法的 1.5 和热重分析法的 2.0 之间[1.66]。而电子光学测得的 C∶S 值会偏低[1.72]。它们的比值随着时间变化，同时也受到水泥中其他元素或化合物的影响。目前，水化硅酸钙通常用 C-S-H 来描述，并且认为 C∶S 约为 2[1.19]。由于水化生成的晶体不完整且非常细小，水与氧化硅的摩尔比不一定是整数。C-S-H 中通常含有少量的 Al、Fe、Mg 和其他一些离子。由于 C-S-H 的结构与莫来石这种矿物非常相似，人们曾经一度认为 C-S-H 是托勃莫来石（tobermorite）凝胶。但是这并不正确[1.60]，现在也很少使用这种描述。

我们可以做这样一个近似假设：C_3S 和 C_2S 的最终水化产物都是 $C_3S_2H_3$，那么它们水化反应可以写成下面这样（虽然并不是确切的化学计量方程，但可以作为参考）。

对于 C_3S：

$$2C_3S + 6H \rightarrow C_3S_2H_3 + 3Ca(OH)_2$$

相应的质量为：

$$100 + 24 \rightarrow 75 + 49$$

对于 C_2S：

$$2C_2S + 4H \rightarrow C_3S_2H_3 + Ca(OH)_2$$

相应的质量为：

$$100 + 21 \rightarrow 99 + 22$$

因此，就质量而言，两种硅酸钙水化所需的用水量近似相等，只是 C_3S 水化产生的 $Ca(OH)_2$ 比 C_2S 多 2 倍。

水化硅酸钙的物理性能与水泥的凝结和硬化性能密切相关。这些水化产物好像是无定形的，但是电子显微镜观察结果表明它们能够表现出晶体特性。需要注意的是，Taylor[1.15] 指出在多种水化产物中，存在一种类似于蒙脱土和叙永石这类黏土矿物的层状结构 CSH（I）。a 轴和 b 轴平面上各层结晶良好，只是它们之间的距离并没有严格的限定。这样的晶格既能够适应氧化钙含量的变化，又不会发生根本性的变化——与前面所提及的氧化钙/氧化硅比值变化的观点相关。事实上，粉末衍射图也表明，每一个氧化硅分子上都有一个以上的氧化钙以随机方式存在[1.15]。Steinour[1.16] 称之为固溶体和吸附的结合。

固体硅酸钙不会发生水化，但是无水硅酸盐却有可能首先被溶解，然后反应生成不易溶解的硅酸盐水化物从过饱和溶液中析出[1.17]。Le Chaerlier 在 1881 年首先提出了这种水化机理。

Diamond[1.60]的研究表明，水化硅酸钙的存在形式多种多样：纤维颗粒状、扁平颗粒状、蜂窝网状、不规则颗粒状，所以很难对它的存在形式给出明确的定义。然而，水化硅酸钙主要是以纤维颗粒状的形式存在，这种颗粒可能是实心的，可能是空心的，也可能是扁平的，有时还会在末端分叉。通常，这些颗粒长 0.5~2μm，宽不到 0.2μm。当然，这种描述并不严谨，这是因为水化硅酸钙的结构极其不规则，使我们无法用扫描电子显微镜和 X 射线能量色散谱等现有技术来确定它的存在形式。

C_3S 的水化情况在很大程度上能够决定水泥的性能，用 C_3S 的水化来描述水泥的性能也许是合理的。水化过程并不是以不变的速率或者恒定的变化速率进行的。初始阶段氢氧化钙快速地释放到溶液中，并形成一个约 10nm 厚的水化硅酸钙表层[1.61]。这个表层将阻碍进一步的水化，一段时间以后，就几乎不会发生水化。

由于水泥水化是放热反应，可以用放热的速率来表征水泥的水化速率。这就说明，从干燥水泥与水接触开始，在水泥水化的前三天将出现三个峰值。图 1.4 表示的是放热速率随时间的变化关系图[1.81]。从图中我们可以看到，第一个峰特别高，它对应着表面水泥颗粒的初始水化，主要取决于 C_3A。这种高水化速率的持续时间非常短，随后便进入所谓的潜伏期，有时也称为诱导期。潜伏期会持续一到两个小时，在此期间，水泥浆有很好的工作性能。

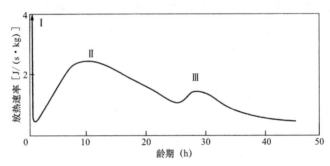

图 1.4　水灰比为 0.4 的硅酸盐水泥放热速率
[第一个峰 3200J/（s·kg）未在图中给出][1.81]

最终，可能是由于受到了渗透机制或氢氧化钙结晶生长的作用，表面层破裂。水化速率（水化热的变化）也以非常缓慢的速率增加，水泥颗粒的水化产物相互连接，之后便开始凝结。水化放热速率通常在约 10h 时达到第二个峰值，当然有时在 4h 时便会达到第二个峰值。

第二个峰值之后，很长一段时间内水化速率都会减慢，水化反应在水化产物孔隙中的扩散成为主要控制因素[1.62]。绝大多数水泥的水化速率都会在 18~30h 之间出现第三个较低的峰值。此峰值与石膏消耗完之后 C_3A 的再次水化密切相关。

碱的存在、更细的水泥颗粒以及更高的温度都会使第二个峰值更早地出现。

由于纯的硅酸钙和商品硅酸盐水泥具有相似的水化过程，所以它们具有相同的强度发展趋势[1.20]。在水化反应完成之前水泥试块就已具有很高的强度，这可能是由于少量水化产物与未水化残留物的粘结；进一步水化对强度增长的贡献很小。

Ca（OH）$_2$ 在硅酸钙的水解过程中释放出来，形成宽约 10μm 的六方薄片，之后便聚集在一起形成大量沉淀[1.60]。

1.4.2 水化铝酸三钙和石膏的作用

虽然在多数水泥中 C$_3$A 含量都相对较少，但是它的行为以及与水泥中其他相的结构关系都非常重要。水化铝酸三钙是一种黑色的棱柱形多孔物质，它有可能存在于固溶体中，通常以板状形式包裹于水化硅酸钙中。

纯的 C$_3$A 与水反应非常剧烈使得水泥浆立即变硬，即闪凝。为了防止闪凝的发生，实际中通常在水泥熟料中加入石膏（CaSO$_4$·2H$_2$O）。石膏和 C$_3$A 反应生成不溶性的硫铝酸钙（3CaO·Al$_2$O$_3$·3CaSO$_4$·32H$_2$O），虽然消耗掉原有的高硫型硫铝酸钙后会产生亚稳态的 3CaO·Al$_2$O$_3$·CaSO$_4$·12H$_2$O，但是最终产物是水化铝酸三钙[1.6]。随着 C$_3$A 的逐渐溶解，成分发生变化，硫酸盐含量也持续降低。铝酸盐反应速率很快，而如果组分重新组合的速率不够快，C$_3$A 很有可能发生直接水化反应。特别是在水加入水泥的前 5min 内，放热速率达到第一个峰值，这也就意味着在这个过程中生成了一些铝酸钙水化物，石膏的缓凝环境还未建立起来。

除了石膏以外，其他形式的硫酸钙（如半水石膏 CaSO$_4$·1/2H$_2$O 和无水石膏 CaSO$_4$）也可以用到水泥的生产中去。

有研究表明，C$_3$A 水解释放出的 Ca（OH）$_2$ 能够阻碍 C$_3$A 的水化[1.62]，这主要是由于 Ca（OH）$_2$ 能够与 C$_3$A 和水反应生成 C$_4$AH$_{19}$，进而在未水化的 C$_3$A 颗粒表面形成一层保护膜。减缓 C$_3$A 水化速率也可能是由于 Ca（OH）$_2$ 降低了溶液中铝酸盐离子的浓度[1.62]。

水化水泥浆中水化硅酸钙的稳定形式可能是立方晶体 C$_3$AH$_6$，也可能是首先变为六面体的 C$_4$AH$_{12}$ 后转变为立方体。反应的最终形式可以写成：

$$C_3A + 6H \rightarrow C_3AH_6$$

需要说明的是：这只是一个近似式，而非化学计量方程。

分子量表示为：100 份质量的 C$_3$A 和 40 份质量的水发生反应，这比硅酸盐用水量要高很多。

C$_3$A 对水泥来说是不利的：除了早期以外，C$_3$A 对水泥强度几乎没有贡献。当硬化水泥浆受到硫酸盐侵蚀时，C$_3$A 反应形成的硫铝酸钙，使得体积增大，产生膨胀作用，最终导致硬化浆体的破裂。然而，作为助熔剂，C$_3$A 能够降低煅烧熟料时的温度、促进石灰和二氧化硅的结合，因此在它在水泥生产中也是有用的。C$_4$AF 也可以作为助熔剂。在煅烧过程中，如果没有形成液态，窑内的反应可能进行得很慢，也可能反应并不完全。另一方面，较高的 C$_3$A 含量提高了熟料粉磨过程中的耗能。

C$_3$A 的另一个有利的作用是它与氯化物的结合能力，可参考第 11.10.1 节。

石膏不仅与 C$_3$A 反应，还与 C$_4$AF 反应生成硫铁酸钙和硫铝酸钙，石膏的存在也会加速硅酸盐的水化。

水泥熟料中石膏的含量要严格控制，这是由于过量的石膏可能使凝结水泥浆膨胀而破裂。石膏的最优掺量可从水化放热规律得来。正如前面提到的，水化放热速率的第一个峰出现后，接着在水加入水泥中约 4～8h 内将会出现第二峰。若石膏掺量合适，石膏结合完毕后 C$_3$A 不会继续反应，也不会再出现放热峰。由此，合适的石膏掺量不仅能够使早期反应速率适中，还能防止水化产物的局部高浓度聚集（见第 8.1 节）。最终结果是，水化水泥浆的孔隙尺寸减小，强度提高[1.78]。

所需的石膏量随着水泥中 C_3A 和碱含量的增加而增加。水泥细度越细，早期参与反应的 C_3A 数量就越多，这也会增加所需的石膏量。ASTM C543-85（已撤销）规定了硅酸盐水泥中 SO_3 的最佳掺量，它是基于 1d 强度的最优化，通常也能够使收缩最小。

通常用 SO_3 的质量百分数来表示水泥熟料中石膏的掺量，标准 BS EN 197-1:2000 将其含量限制在 3.5% 以内，当然有些情况下稍高的含量也是允许的。SO_3 是来自石膏中的可溶性硫酸盐而不是熟料煅烧中的高硫燃料；这就是为什么现在总的 SO_3 含量限值比以前高的原因。ASTM C 150-94 中 SO_3 最大掺量是根据 C_3A 含量来确定的，因此在快硬水泥中可以更高。

1.4.3 凝结

"凝结"一词是用来描述水泥浆体的硬化，虽然用它来定义浆体硬化有点不恰当。广义上说，凝结是指从流态到固态的一种转变。虽然在凝结过程中浆体具有一定的强度，但是在实际中我们应当区分凝结和硬化，硬化是指凝结水泥浆体的强度增加。

实际中，初凝和终凝是人为划分确定的凝结阶段。测定凝结时间的方法详见第 1.12.2 节。

凝结似乎是由于水泥矿物的选择性水化引起的，首先反应的两种矿物是 C_3A 和 C_3S。前者的闪凝特性我们已经在前面的章节提到过，但是由于石膏的加入延缓了铝酸钙水化物的形成，因此 C_3S 首先凝结。纯的 C_3S 与水混合后也有初凝现象，而 C_2S 是以逐渐变硬的方式凝结的。

在缓凝适宜的水泥中，水化水泥浆是以水化硅酸钙为框架形成的，而一旦 C_3A 首先凝结，就会形成多孔的水化铝酸钙。剩余的水泥化合物就会在这种多孔框架下水化，水泥浆体的强度将受到不利影响。

除了结晶产物的迅速形成外，水泥颗粒周围薄膜的发展和浆体化合物的相互凝结也是影响凝结发展的因素。

终凝期间，水泥浆体的导电性突然下降，人们也尝试过采用电子手段测定凝结过程。

水泥的凝结时间随着温度的升高而缩短，但是 30℃ 以上观察到的结果却是相反的[1.1]。水泥在低温下凝结缓慢。

1.4.4 假凝

假凝是指水泥和水混合后的几分钟内发生的不正常的过早硬化现象。它与闪凝不同的是没有明显的热量变化，并且不加水继续拌合又会重新恢复塑性，直至正常凝结且无强度损失。

引起假凝的原因可能是石膏与过热熟料共同粉磨时脱水形成了半水石膏（$CaSO_4 \cdot \frac{1}{2}$ H_2O）和无水石膏（$CaSO_4$），当这种水泥和水混合就会生成针状石膏晶体。此时发生的浆体硬化也就是所谓的"塑凝"。

另一种引起假凝的原因可能与水泥中的碱有关。水泥在贮存期间可能发生碳化，碱金属

碳酸盐与由 C_3S 水解产生的 Ca（OH）$_2$ 发生反应生产 $CaCO_3$。这些沉淀会引起浆体的硬化。

也有人说假凝是由于在高湿度的条件下，空气使得 C_3S 活化。水泥颗粒吸收了水分，这些活化的新鲜表面在拌合期间会很快与水结合：这种快速水化将会产生假凝现象[1.21]。

在水泥厂实验室进行试验时，基本上可以保证水泥不出现假凝的现象。但是，当出现假凝时，我们可以通过不加水继续搅拌混凝土来解决这个问题。虽然这并不十分容易，但采用这种方法可以改善混凝土的和易性，并且混凝土可以正常浇筑。

1.5 水泥细度

前文提到，水泥生产的最后一步是将掺有石膏的熟料粉磨。由于水化是从水泥颗粒表面开始的，水泥的总表面积就代表着材料可用于水化的量。所以，水化速率依赖于水泥颗粒的细度，同时，为了使强度发展迅速，高细度是必要的条件（图 1.5），但是颗粒细度对长期强度没有影响。当然，早期水化速率越快也就意味着早期水化放热速率越快。

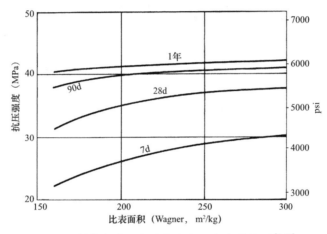

图 1.5 龄期与水泥细度与混凝土强度的关系[1.43]

另一方面，粉磨所得的水泥颗粒越细，成本就越高，并且水泥越细在大气中的劣化速率越快，与碱骨料反应越强烈[1.44]，使水泥浆产生更大的收缩，更容易开裂。但与粗水泥相比，细水泥更不易泌水。

水泥越细，参与早期水化的 C_3A 越多，因此，水泥越细缓凝所需的石膏用量就越大。标准稠度浆体用水量也随着水泥细度的增加而增大，但增大水泥细度反而能够略微改善混凝土拌合物的工作性。产生这种异常现象的部分原因是水泥浆体稠度和工作性试验测定的是新拌浆体的不同性质；水泥浆体的工作性也会受到偶然引入的空气影响，不同细度水泥的空气含量不同。

由此可见，细度是水泥至关重要的特性，水泥的细度应当严格控制。ASTM C 430-08 中规定了水泥 45μm（No. 325 ASTM）试验筛的筛余百分数（不同筛子筛孔尺寸见表 3.14）。由于过大水泥颗粒的比表面积相对较小，这对水化和强度发展过程的作用并不明显，筛分百分数的方法就能够确保水泥中不含过大的颗粒。

然而，筛分试验并不能得出 45μm 以下颗粒尺寸的分布状况（No. 325 ASTM），而较细的颗粒对早期水化的作用是最大的。

因此，现代标准规定了测试水泥细度的试验方法，通过测定水泥总比表面积，以单位质量的总表面积的方法来表示。直接的测试方法是用沉淀法和淘洗法测定粒径分布；这些方法主要是以颗粒自由下落速率与其直径的关系为基础的。斯托克斯定律给出了在重力作用下球形颗粒在流体介质中的极限下落速率；事实上，水泥颗粒并不是球形的。当然，在化学上，这种介质对水泥来说必须是惰性的。由于水泥颗粒的部分聚凝使得实测表观比表面积偏小，因此水泥颗粒的分散程度需要满足要求。

美国科研人员利用 Wagner 浊度计（ASTM C115-10）对这些方法进行了改进。试验中，利用光束测定煤油中某一给定平面上悬浮液里的颗粒浓度，用光电池来测量透过光的百分数。浊度计的测定结果通常是稳定的，但由于假设小于 7.5μm 的粒径是均匀分布，会引入误差。正是这些最细的颗粒对水泥比表面积的贡献最大，现在使用的水泥粒度较细，这种方法会产生明显的误差。然而，如果可以测定 5μm 颗粒的浓度并且做计算修正，就可以对标准方法进行改进[1.51]。粒径尺寸分布的典型曲线见图 1.6，图中也同样给出了这些颗粒对试样总表面分布情况的贡献。正如前文提到的，粒径尺寸分布取决于研磨方法，因此，不同工厂的粒径分布不同。

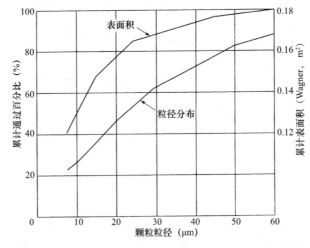

图 1.6　典型颗粒粒径分布和 1g 水泥任意粒径颗粒累计表面积

然而，对于水泥级配是否良好的问题还不是十分清楚：所有的颗粒应该是尺寸相同还是应该使它们能够紧密地堆积在一起？现在认为，水泥比表面积一定时，如果至少有 50% 的颗粒的粒径位于 3～30μm 之间，并且极细和极粗的颗粒较少的话，早期发展会更好。当 3～30μm 的粒径比例增大至 95% 时，这种水泥所制备的混凝土早期强度和极限强度将会提高。为了获得这种基准颗粒尺寸分布，我们需要在闭路粉磨熟料时使用高效筛分机，这种筛分机可以减少粉磨过程中的耗能[1.80]。

Aïtcin 等[1.91] 研究发现粉磨水泥会使一定量的矿物分离，并且该研究表明中等尺寸粒径的水泥颗粒是有利的。需要特别指出的是，小于 4μm 的颗粒富含 SO_3 和碱，大于 30μm 的颗粒中 C_2S 的比例相当高，而粒径在 4～30μm 之间的颗粒则富含 C_3S。

需要注意的是强度和水泥粒径分布的关系远非如此简单。例如，风化或部分水化的熟料，粉磨后也会使水泥具有较高的表观表面积。

利用 Lea 和 Nurse 开发的仪器，可以用空气渗透法测定水泥的比表面积。颗粒层流体的流量和颗粒层中颗粒的表面积之间存在一定的关系，该方法正是基于此提出的。单位质量的颗粒层材料的表面积与给定孔隙度的颗粒层（即颗粒层的总体积中孔隙体积是固定的）的渗透性有关。

渗透装置如图 1.7 所示。若已知水泥密度，我们就可以计算出孔隙率为 0.475、10mm 厚水泥的质量。将此质量的水泥置于圆柱形容器中，然后干燥的空气气流以恒定的速率通过水泥的颗粒层，再用连接圆柱形容器顶部和底部的压力计测定压差值。用流量表测定气流速率，该流量表由回路中的毛细管和连接两端的压力计组成。

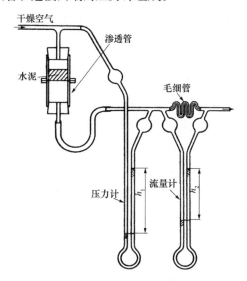

图 1.7　Lea 和 Nurse 的渗透装置示意图

Carman 给出了一个比表面积的计算公式，单位为 cm^2/g：

$$S_w = \frac{14}{\rho(1-\varepsilon)}\sqrt{\frac{\varepsilon^3 A h_1}{KL h_2}}$$

式中　ρ——水泥的密度（g/cm^3）；

ε——水泥层的孔隙率（在 BS 试验中为 0.475）；

A——散粒层的横截面积（$5.066cm^2$）；

L——散粒层高度（1cm）；

h_1——散粒层的压差；

h_2——毛细管流速计的压差（煤油：25～55cm）；

K——流速计常数。

在给定装置并且孔隙率确定的情况下，等式可以简化为：

$$S_w = \frac{K_1}{\rho}\sqrt{\frac{h_1}{h_2}}$$

式中，K_1 为常数。

现在美国和欧洲所使用的方法是 Blaine 对 Lea 和 Nurse 的方法改进后的，该方法在 ASTM C 204-07 和 BS EN 196-6:2010 中均有规定。改进的方法中空气不是以恒定的速率通过颗粒层，而是让已知体积的空气在规定的平均压力下通过，使流动速率逐步变小。测定气体流动时间 t，并且在给定装置和标准孔隙率 0.500 的条件下，比表面积采用下式计算：

$$S_w = K_2 \sqrt{t}$$

式中，K_2 为常数。

Lea 与 Nurse 的方法以及 Blaine 的方法所获得比表面积的值十分接近，但是却比 Wagner 方法获得的值高很多。这是因为 Wagner 方法假设水泥颗粒粒径分布小于 7.5μm，这一点前面已经提到了。Wagner 认为这些粒径范围内颗粒的实际分布的平均值是 3.75μm，这个假设低估了这些颗粒的表面积。在透气法中，粒径的表面积都是直接测定的，其所测得的比表面积的值比 Wagner 法所估算的值高 1.8 倍。实际换算系数在 1.6~2.2 之间变化，这取决于水泥的细度和石膏含量。

两种方法都能很好地反映水泥细度的相对变化，在实际应用中已经足够了。Wagner 法能够获得更多关于颗粒尺寸分布的信息。Brunauer、Emmett 以及 Teller 的研究[1.45]表明利用氮吸附法可以测定比表面积的绝对值。透气法所测定的是持续通过水泥颗粒层的表面积，而氮吸附法还可以进入"内部"区域。因此，氮吸附法所测得的比表面积值远高于透气法测定的值。表 1.5 中给出了几种方法的一些典型值。

表 1.5　不同方法测得的水泥比表面积（m^2/kg）[1.1]

水泥	Wagner 方法	Lea 和 Nurse 方法	氮吸附法
A	180	260	790
B	230	415	1000

比硅酸盐水泥细得多的颗粒，如硅粉、粉煤灰，这一类颗粒的表面积不能用透气法测定，需要采用气体吸附法，如氮吸附法。但气体吸附法较为费时，所以应当优先采用压汞法[1.69]，但遗憾的是该方法还未被广泛采纳。

当前规范中没有限定硅酸盐水泥比表面积的最小值，而是在适当情况下由早期强度要求间接控制。然而，值得说明的是，典型普通硅酸盐水泥的比表面积约为 $350\sim380m^2/kg$，快硬硅酸盐水泥的比表面积通常更高。

1.6　硬化水泥石的结构

从胶体尺度来看，水化产物的物理结构对硬化水泥石和混凝土的许多力学性能的影响远远大于水泥石化学组成对其的影响。因此，认识水泥凝胶体的物理性质非常重要。

新拌水泥浆是水泥颗粒在水中的塑性网状结构，然而，一旦水泥浆体凝结，它的表观体积或总体积就几乎保持不变。在整个水化过程中，水泥石是由多种化合物共同组成的低结晶度的水化物（统称为凝胶体）、$Ca(OH)_2$ 晶体、一些次要成分、未水化的水泥和新拌水泥浆中残留的充满水的孔隙所组成。这些孔隙称为毛细孔，而凝胶体本身，其内部也有孔，称为凝胶孔。凝胶孔隙的公称直径大约为 3nm，而毛细孔的直径要比它大一到两个数量级。图 1.8 为水泥浆中两种不同孔隙的示意图。

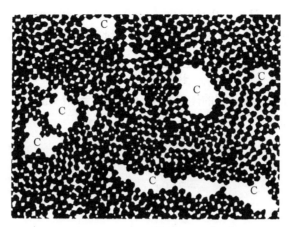

图 1.8　水泥浆结构简化模型[1.22]

（实心圆点代表凝胶颗粒，空隙是凝胶孔，标有 C 的为毛细孔，凝胶孔的尺寸放大了）

由于水化过程中，多数水化产物是胶状的［水化硅酸钙与 $Ca(OH)_2$ 的质量比为 $7:2^{[1.60]}$］，固体相表面积大大增加，大量游离水吸附在这些表面上。如果没有外部水流入或水泥浆流出，水化反应几乎会耗尽水分，只有很少的水分剩下来湿润固体的表面，并且浆体内的相对湿度降低，这个过程称为"自干燥"。由于胶体仅能在充满水的空间内生成，所以与湿养护浆体相比，自干燥会降低水化程度。然而，在水灰比超过 0.5 的自干燥浆体中，拌合水的用量足够使其水化速率与湿养护相同。

1.7　水化产物的体积

可供水化产物所用的总空间是由干燥水泥的绝对体积和加入拌合物中水的体积组成。水泥浆体在塑性阶段由于泌水和收缩所损失的少量水是可以忽略不计的。C_3S 和 C_2S 通过化学方式所结合的水分别约占这两种硅酸盐质量的 24% 和 21%，相应地，C_3A 和 C_4AF 则分别为 40% 和 37%。后者的值是在假设 C_4AF 的最终水化反应为下式的情况下计算得到的，这是一个近似表达式。

$$C_4AF + 2Ca(OH)_2 + 10H \rightarrow C_3AH_6 + C_3FH_6$$

如前面所说，公式中的这些数字并不是准确的，因为我们对水泥水化产物的化学计量的认识还不足以确定化学结合水量。因此，我们建议使用某种方法（见第 1.10 节）测定不可蒸发的水量。在特定条件下[1.48]，该水量为无水水泥质量的 23%（尽管在 II 型水泥中该水量可能低至 18%）。

水泥水化产物所占的体积比未水化水泥的绝对体积大，但小于干燥水泥和不可蒸发水的体积之和，不可蒸发水的体积为水总体积的 0.254 倍。饱和状态的水化产物（包括密实结构可能存在的孔隙）相对密度的平均值是 2.16。

这里我们以 100g 水泥的水化为例。水泥的相对密度取 3.15，未水化水泥的绝对体积则为

100/3.15 ＝ 31.8mL。正如前面提到的，不可蒸发水占水泥质量的23%，也就是23mL。水化的固相所占用的体积等于无水水泥和水的总体积减去0.254倍的不可蒸发水体积，即：

$$31.8 ＋ 0.23×100（1－0.254）＝ 48.9mL$$

在这种情况下，浆体的特征孔隙率约为28%，凝胶水的体积为 W_g，则：

$$\frac{W_g}{48.9＋W_g}＝0.28$$

从而 W_g ＝ 19.0mL，水化水泥的体积为 48.9 ＋ 19.0 ＝ 67.9mL。

将上述结果归纳如下：

干燥水泥质量	＝ 100.0g
干燥水泥的绝对体积	＝ 31.8mL
结合水的质量	＝ 23.0g
凝胶水的体积	＝ 19.0mL
总拌合水	＝ 42.0mL
水灰比（质量比）	＝ 0.42
水灰比（体积比）	＝ 1.32
硬化水泥的体积	＝ 67.9mL
水泥和水的初始体积	＝ 73.8mL
水化引起的体积减小值	＝ 5.9mL
1mL 干燥水泥水化产物的体积	＝ 2.1mL

需要注意的是，上述水化过程是假设在密闭试验管内发生的，没有水分进出该系统。图 1.9 为其体积变化示意图。"体积减小"的5.9mL是分布在整个硬化水泥浆中的空毛细孔。

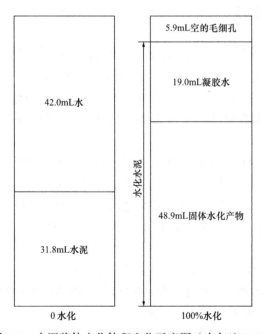

图 1.9   水泥浆体水化体积变化示意图（水灰比 0.42）

上面给出的数值仅仅是近似值，只有当水足以进行化学反应和充满凝胶孔时，胶体才可以形成，因而当总水量少于42mL时，水泥就不能完全水化。凝胶水被牢固的束缚着，这部分水不能进入毛细孔，因此不能用作未水化水泥的水化反应。

因此，对于密封的试样，当水化发展到结合水量接近初始水量的一半时，水化反应就不会继续进行。所以只有当拌合水为化学反应所需水的2倍以上时（即：质量水灰比约为0.5），密封试样才可能完全水化。实际上，在上述例子中，由于在毛细管变空之前水化就已经停止，水化反应不可能进行完全。研究表明当水蒸气压力降低至饱和水压力大约0.8倍以下时，水化反应进行地就会非常缓慢[1.23]。

如果水泥浆水化时是在水中养护的，那么由于水化引起的变空的毛细孔就可以再吸收水分。前面已经介绍了，100g（31.8mL）水泥完全水化体积为67.9mL。因而，为了使水泥完全水化并且毛细孔完全消除，最初的拌合水用量大约（67.9−31.8）＝36.1mL，相当于水灰比为1.14（体积比）或0.36（质量比）。也有其他研究给出的这两个值分别为1.2和0.38[1.22]。

若考虑泌水的情况下，拌合水的水灰比（质量比）小于0.38时，由于没有足够的空间容纳水化产物，水泥不可能完全水化。这里再次强调，水化反应只能在含水的毛细孔中进行。例如，若我们将100g（31.8mL）水泥和30g水拌合，水能够满足x（g）水泥的水化，由下式计算。

水化的体积收缩：

$$0.23x \times 0.254 = 0.0585x$$

水化的固体产物所占体积：

$$\frac{x}{3.15} + 0.23x - 0.0585x = 0.489x$$

孔隙率：

$$\frac{W_g}{0.489x + W_g} = 0.28$$

总水量为$0.23x + W_g = 30$。因此，$x = 71.5g = 22.7mL$，$W_g = 13.5g$。所以硬化水泥的体积为：

$$0.489 \times 71.5 + 13.5 = 48.5mL$$

未水化水泥体积为31.8−22.7＝9.1mL。此时，空的毛细孔的体积为：

$$(31.8 + 30) - (48.5 + 9.1) = 4.2mL$$

若可以从外部获得水分，部分水泥就能够进一步水化，这部分水化产物的体积比干水泥多4.2mL。研究发现22.7mL的水泥水化会占48.5mL的体积，也就是说1mL水泥的水化产物所占体积为48.5/22.7＝2.13mL。这样，y mL水泥的水化可以充满4.2mL的空间，由此$(4.2 + y)/y = 2.13$，因此，$y = 3.7mL$。所以，未水化水泥的体积为31.8−（22.7＋3.7）＝5.4mL，即它的质量为17g。也就是说，初始水泥质量的19%仍未水化且不会水化，这是因为凝胶已经占据了所有的空间，也就是水化净浆的胶体/孔隙比（见第6.1节）为1.0。

补充一点，未水化水泥对强度是无害的，实际上，凝胶体/孔隙比为1.0的水泥浆体中，未水化水泥的比例越高（即较低的水胶比），其强度越高，这可能是由于在这种浆体中，包裹着未水化水泥颗粒的水化净浆层更薄的缘故[1.24]。

Abrams 采用水灰比为 0.08（质量比）的混合料制得的浆体的强度达到 280MPa，但是要使该配合比的拌合物完全结成一体，显然需要很大的压力。后来 Lawrence[1.52] 利用粉末冶金学的知识，在高达 672MPa 的高压下使水泥粉末在钢模内紧密地压实在一起。随后经过 28d 的水化，所测的抗压和抗拉强度分别可达 375MPa 和 25MPa。这种混合物的孔隙率及其对应的"等效"水灰比都很低。在高温和高压下，还可以获得高达 655MPa 的强度。然而，这些密实物的反应产物与水泥常规水化反应的产物并不相同[1.89]。

与这些具有极低水灰比的密实物相比，如果水灰比（质量比）高于 0.38，所有的水泥都会水化，但也会有毛细孔存在。有些毛细孔中含有混合物中多余的水，有些则充满来自外界的水分。图 1.10 表示不同水灰比拌合物中未水化水泥、水化产物及毛细管的相对体积。

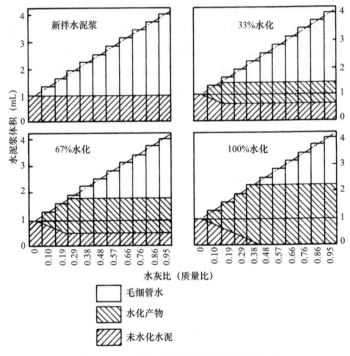

图 1.10　不同水化阶段水泥浆体的组成
（各阶段具有足够的充满水的空间来容纳水化产物）[1.10]

下面是一个特殊的例子，水灰比为 0.475 的水泥净浆在密封管中水化。干燥水泥的质量为 126g，对应的体积为 40mL。那么水的体积为 0.475×126 = 60mL。图 1.11 左半部分给出了混合物的组成，事实上水泥和水是混合在一起的，水在未水化的水泥颗粒之间形成毛细管系统。

如果水泥完全水化：化学结合水为 0.23×126 = 29.0mL，凝胶水为 W_g，于是：

$$\frac{W_g}{40+29.0(1-0.254)+W_g}=0.28$$

由此可得凝胶水的体积为 24mL，水化水泥的体积为 85.6mL。所以剩余 60－（29.0＋24.0）= 7.0mL 作为浆体中的毛细水。另外，还有 100－（85.6＋7.0）= 7.4mL 的空毛细孔形成。在养护期间，水泥浆中有水进入，这些毛细孔就会吸水填满。

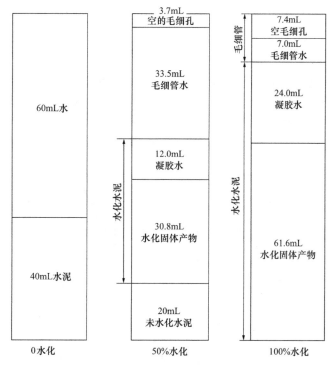

图 1.11 不同水化阶段水泥浆组成（体积）示意图

这样当胶体／空隙比为 0.856 时水泥就可以 100% 水化，如图 1.11 右半部分所示。此外，中间的图表示水化程度为 50% 时不同组分的体积，其胶体／空隙比为：

$$\frac{\frac{1}{2}[40+29(1-0.254)+24]}{100-20}=0.535$$

掺入石灰石填料的水泥水化可以采用与前面介绍的 Powers 方法类似的方法来进行计算（见第 2.13 节）[1.97]。

1.7.1 毛细孔

在水泥水化的任一阶段，毛细孔指的是水泥浆总体积中未被水化产物所占据的那一部分。水化产物的体积是初始固体（也就是水泥）体积的 2 倍多，随着水化的进行，毛细孔体积逐渐减小。

所以，浆体的毛细管孔隙率取决于拌合物的水灰比和水化程度。水泥的水化速率本身并不重要，但是水泥的类型会影响一定龄期的水化程度。如前所述，水灰比大于 0.38 时，凝胶体无法充满整个空间，因此即使水化完全也会有一些毛细孔存在。

肉眼无法观察到毛细孔，但是从蒸汽压测定结果中可以看出中等尺寸毛细孔的粒径约为 1.3μm。实际上，水泥石中孔隙尺寸分布很广。Glasser[1.85] 的研究表明，水化程度高的水泥浆体中大于 1μm 的孔隙很少，大多数孔隙尺寸都小于 100nm。透气性测定显示，这些形状各不相同的孔相互连通，形成一个随机分布在水泥浆体中相互关联的系统[1.25]。这些相互连通的毛细管决定着水泥石的渗透性和抗冻性。

然而，水化会增加浆体中的固体含量，水化程度高、密实的浆体中，凝胶体会阻塞、隔断这些毛细孔，从而使它们变为仅与凝胶孔相连的毛细孔。如果水灰比适宜并且长期湿养护，不会存在连续毛细孔。图 1.12 表示不同水灰比普通硅酸盐水泥不产生连续毛细孔水化反应需要达到的程度（成熟度）。达到所需成熟度的实际时间取决于所使用的水泥，所需时间的近似值可以从表 1.6 中来估量。当水灰比大于 0.7 时，即使完全水化所产生的凝胶体也不足以隔断所有的毛细孔。对于极细水泥，最大水灰比会高一些，能够达到 1.0；相反，对于粗水泥，最大水灰比则在 0.7 以下。消除连续毛细管是很重要的，它可能是评定优质混凝土的必要条件。

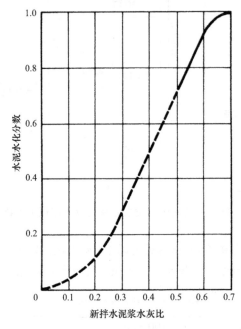

图 1.12   毛细管隔断时水灰比与水化程度的关系[1.26]

表 1.6   毛细管隔断时的大致龄期[1.26]

水灰比（质量比）	龄 期
0.40	3d
0.45	7d
0.50	14d
0.60	6 个月
0.70	1 年
大于 0.70	不可能

1.7.2   凝胶孔

现在考虑凝胶体本身，从它能够贮存大量的可蒸发水这一事实来看，凝胶体具有多孔性，凝胶孔是存在于凝胶颗粒（针状、板状及箔型）之间互相连接的孔隙。凝胶孔比毛细孔更小：公称直径小于 2 或 3nm。这比水分子只大一个数量级。因此，吸附水的蒸气压和流动性与游离水不同。可逆水（吸附水）量即为凝胶体的孔隙率[1.24]。

凝胶孔约占凝胶体总体积的 28%，标准条件[1.48]下干燥后的材料可视为无孔固体。实际的值与水泥的特性有关，而与拌合物的水灰比和水化程度几乎没有关系。这就表明，在任何阶段都会生成相似性质的凝胶，且进一步水化不会影响已有产物。所以，凝胶体的总体积随着水化进行而逐渐增加，与此同时，凝胶孔的总体积也增加。另一方面，如前所述，毛细孔的体积随着水化进行而逐步减小。

28% 的孔隙率意味着凝胶孔所占空间约为凝胶固体的 1/3。凝胶固体表面积与固体体积的比值等于直径约为 9nm 的球体的表面积与体积的比值。这并不意味着凝胶体由球形元素组成；凝胶体颗粒形状各异，这些颗粒形成一个交联的网状结构，或多或少地包含一些无定性多孔材料[1.27]。

还有另外一种描述凝胶孔隙率的方法：孔的体积大约是在整个凝胶表面形成大约一分子厚的水层体积的 3 倍。

从吸水性的测试来看，凝胶体的比表面积约为 $5.5 \times 10^8 \mathrm{m}^2/\mathrm{m}^3$，或近似为 $200000 \mathrm{m}^2/\mathrm{kg}$[1.27]。X 射线小角散射测定的值为 $600000 \mathrm{m}^2/\mathrm{kg}$，这表明颗粒存在很大的内表面[1.63]。与之相比，未水化水泥的比表面积是 $200 \sim 500 \mathrm{m}^2/\mathrm{kg}$，而另一个极端的例子是硅粉的比表面积为 $22000 \mathrm{m}^2/\mathrm{kg}$。

关于孔结构，需要注意的是高压蒸汽养护的水泥浆其比表面积仅仅约为 $7000 \mathrm{m}^2/\mathrm{kg}$。这表明在高温和高压下生成的水化产物颗粒尺寸完全不同，实际上，这种养护条件下水化反应生成的是一种几乎完全微结晶的材料，而不是凝胶。

水泥浆体在常规养护下，其比表面积取决于养护温度和水泥的化学组成。有研究人员提出[1.27]，比表面积与不可蒸发水的质量（与水泥水化浆的孔隙率成比例）之比成比例：

$$0.230（C_3S）+ 0.320（C_2S）+ 0.317（C_3A）+ 0.368（C_4AF）$$

其中，括号内符号代表水泥中矿物所占的百分比。后三种矿物的数字系数变化似乎很小，这表明水泥矿物组成的变化对水泥水化浆的比表面积影响很小。C_3S 的系数相对较小，这是因为它生成了大量微结晶的 $Ca（OH）_2$，其比表面积比凝胶的小得多。

凝胶体表面形成的单分子厚度水层的质量与浆体（给定水泥）中不可蒸发水质量之间存在一定的比例关系，这说明水化过程中形成了几乎相同比表面积的凝胶。换句话说，整个过程中始终形成相同尺寸的颗粒，并且已经形成的凝胶颗粒的尺寸不会再增大。然而，对于 C_2S 含量较高的水泥却并非如此[1.28]。

1.8　水泥凝胶的力学强度

有两种有关水泥硬化或强度发展的经典理论。1882 年 H. Le Chatelier 指出水泥水化产物的溶解度比其原始化合物低，这就使得水化产物从过饱和溶液中沉淀析出，该沉淀物形成一种高黏聚性的交织生长的纤长晶体。

W. Michaëlis 于 1893 年提出胶体理论，他认为初始强度是由结晶铝酸钙、硫铝酸钙和氢氧化钙提供的。然后饱和石灰水与硅酸盐共同作用形成一种几乎不溶的凝胶状物质——水化硅酸钙。由于外部干燥和内部未水化水泥颗粒的水化引起水分的减少，这就使得这种凝胶状物质逐渐硬化，并产生凝聚力。

根据现在对水泥的认识，很明显两种理论都包含正确的一面，并不是完全对立的。胶体化学家发现许多凝胶体是由极小的结晶颗粒组成的（即使不是大多数），它们具有很大的表面积，使得它与其他固体具有不同的性质。所以，胶体的特性基本上受其表面积的作用影响，而不是其内部颗粒结构的不规则性[1.42]。

我们发现，当硅酸盐水泥与大量水混合时，水泥在数小时内就形成了含 Ca（OH）$_2$ 的过饱和溶液与处于亚稳状态的水化硅酸钙聚合物[1.2]。这种水化物迅速沉淀，与 Le Charelier 的理论一致；按照 Michaëlis 假定，随后的硬化是由于水化物中水分减少而产生的。在这一时期之后，水化硅酸钙和氢氧化钙沉淀持续析出。

进一步的试验研究表明，水化硅酸钙实际上是由极小的（纳米级）、环环相扣的晶体组成的[1.20]，由于其尺寸极小，同样可以称之为凝胶。水泥与少量水拌合时，结晶程度更差，晶体很不规则。由此，当涉及由晶体组成的凝胶时，Le Charelier 和 Michaëlis 的争论便被缩小为一个术语的问题。此外，硅酸盐的溶解使得 pH 值很快达到 10 以上，因而我们可以用 Michaëlis 和 Le Charelier 的理论分别解释初期和后期现象。Baron 和 Santeray 对这两种理论进行了更为详细的讨论[1.94]。

为了方便起见，术语"水泥凝胶"包括氢氧化钙晶体，虽然这并不确切。所以，凝胶就是指最密实水泥浆中水化水泥的凝聚物，包含凝胶孔，其特征孔隙率约为 28%。

对于凝胶的实际强度来源还不十分清楚，但它很可能来源于两种黏结力[1.27]。第一种是作用在固体表面之间的物理作用力，这些固体仅仅被很小的凝胶孔（小于 3nm）隔开，这种作用力常称为范德华力。

第二种就是化学键。由于水泥凝胶的膨胀性有限（凝胶颗粒加水会不会扩散），凝胶颗粒应该是靠化学力交联的。化学键比范德华力要大得多，但是它只作用在凝胶体边界的很小一部分。另外，较大的水泥凝胶表面积并不是其高强度发展的必要条件。因为，在高压蒸汽养护下的较小表面积的水泥浆也表现出非常好的水硬性[1.14]。

因此，我们无法评估物理和化学作用力哪个相对更为重要，但不可否认的是这两种作用力对水泥石强度都有很大的影响。必须承认，目前对于水化水泥浆及其与骨料的黏结性的理解还不完善。正如 Nonat 和 Mutin[1.92] 指出的，还未建立起微观结构与力学性能之间的关系。

1.9　水化水泥浆中的水

前文多次提到水化水泥浆中的水。由于水泥的亲水性以及亚微观孔的存在，水泥浆实际上是呈吸湿性的。浆体的实际含水量取决于环境湿度。一般来说，由于毛细孔孔隙较大，当周围的相对湿度降低到 45% 以下时，毛细孔为空的[1.25]。但是凝胶孔在很低的环境湿度下也可以吸附水。

由此，我们可以知道，水化水泥中水的稳定程度各不相同。两个极端是游离水和形成水化物的化学结合水。在这两种状态之间，凝胶水还以多种其他方式存在。

我们称凝胶颗粒表面的水为吸附水，而那些吸附在晶体平面之间的水则称为层间水或沸石水。晶格水则是指未与晶格主成分以化学方式结合的那部分结晶水，如图 1.13 所示。

游离水存在于毛细管中，且在固相表面力的范围之外。

现今还没有任何技术手段可以用于确定各种状态下水分是如何分布的，并且，理论预测也是不容易实现的，这是因为水化物中结合水的结合能和吸附水的结合能数量级相同。然而，采用核

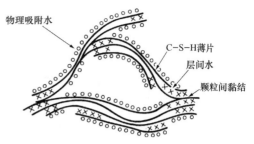

图 1.13　水化硅酸盐的大概结构[1.53]

磁共振手段进行的研究表明凝胶水与膨胀黏土中层间水的结合能相同，因此凝胶水可能是以层间水的形式存在的[1.54]。

为了便于研究，将水化水泥中的水划分为两类，即可蒸发水和不可蒸发水，虽然这并不十分确切。可以通过在特定蒸汽压下对水泥浆进行干燥直至平衡（即达到恒重）测得。此蒸汽压通常在 23℃下为 1Pa，可通过 $Mg(ClO_4)_2 \cdot H_2O$ 得到。也可在 −79℃的温度下的脱水器中进行真空干燥，相当于为 0.07Pa 的蒸汽压[1.48]。此外，可蒸发水可以通过高温度下的失重测定，通常为 105℃，或者采用冰冻法、溶剂除水法。

这些方法都是基于特定的低蒸汽压下是否能够被排出来划分水的类型的。这样的划分并不确切，这是因为蒸汽压和水泥的含水量具有连续性的关系，与结晶水化物相反，此过程中没有产生突变。然而，一般来说，不可蒸发水包括几乎所有的化学结合水和一些非化学结合水。这种水的蒸汽压低于环境压力，其含量实际上是环境压力的连续函数。

随着水化继续进行，不可蒸发水逐渐增加，但在饱和浆体中，不可蒸发水的含量绝不会达到总水量的一半。在水化较好的水泥中，不可蒸发水大约是无水材料质量的 18%，在完全水化的水泥中，其含量可达 23%[1.1]。从不可蒸发水和水泥浆体中固体体积的比例关系可知，前者的体积含量可以用来估算水泥凝胶的含量，即水泥的水化程度。

水泥浆中水的存在形式决定着结合能的大小。例如，1g 不可蒸发水的结合能是 1670J，而 1g $Ca(OH)_2$ 的结晶水能量为 3560J。并且，水的密度也会发生变化，不可蒸发水约为 1.2、凝胶水约为 1.1、游离水为 1.0[1.24]。也有人认为在低表面浓度下吸附水密度的增加并不是压缩的结果，而是在表面力作用下吸附相分子定向排列的结果[1.12]，这就是所谓的楔压。楔压是一种保持吸附分子薄膜不受外部作用的压力。通过测定水泥石微波吸附，证实了吸附水的性质与游离水不同[1.64]。

1.10　水泥的水化热

与一般化学反应一样，水泥矿物的水化反应也是放热反应，当释放出的能量达到 500J/g 时，水泥就会分解。由于混凝土的导热系数相对较低，可视为绝热体，在大体积混凝土的内部水化反应会导致温度的大幅度升高。同时，大体积混凝土表面热量散失，从而形成温度梯度，在内部混凝土冷却过程中会出现严重开裂。然而，这种现象又会随着混凝土的徐变或者通过对大体积混凝土的表面进行保温而得到缓解。

另一方面，水泥水化产生的热量能够防止在寒冷的气候条件下新浇筑混凝土内部毛细孔

中水的结冰，此时较高的放热量也是有利的。所以，对于特定用途的混凝土显然需要选择合适的水泥，那么就有必要研究不同水泥的放热特性。此外，早期混凝土的温度还受人工加热或降温的影响。

水化热是指在特定温度下每克未水化水泥完全水化的放热量（单位为 J/g）。最常用的测定水化热的方法是测定未水化和水化水泥在硝酸和氢氟酸混合物中的溶解热：这两个值的差即是水化热。该方法详见 BS 4550-3.8:1978，与 ASTM C 186-05 中的方法类似。此实验操作比较简单，但是要避免未水化水泥的碳化，这是因为吸收 1% 的 CO_2 就会使水化热显著降低，总的水化热为 250~420J/g 时，降低值可达 24.3J/g[1.29]。

水化时，温度对水化热的发展速率影响显著，表 1.7 给出了不同温度下 72h 的水化变化数据资料[1.30]。而温度对长期水化热的值几乎没有影响[1.82]。

表 1.7　不同温度下 72h 的水化热[1.30]

水泥类型	水化热（J/g）							
	4℃		24℃		32℃		41℃	
	J/g	cal/g	J/g	cal/g	J/g	cal/g	J/g	cal/g
I	154	36.9	285	68.0	309	73.9	335	80.0
II	221	52.9	348	83.2	357	85.3	390	93.2
III	108	25.7	195	46.6	192	45.8	214	51.2

严格地说，测得的水化热是由水化反应的化学热和水化过程中生成的胶体表面吸附水的热量共同组成的。后者约占总的水化热的 1/4，因而，水化热实质上是一个复合量[1.24]。

而实际应用中，不一定需要考虑总的水化热，但水化放热速率是必须要考虑的问题。产生相同的总热量，如果水化时间长，那么消散的更多，因而混凝土温度上升较少。采用绝热量热计可以很方便地测定水化热的发展速率，图 1.14 所示为绝热条件下典型的时间-温度曲线（1：2：4 的比值分别代表水泥质量：细骨料质量：粗骨料质量）。

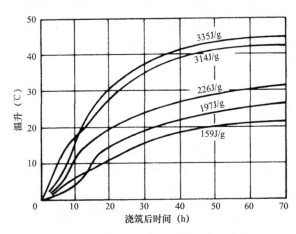

图 1.14　绝热条件下不同水泥配制的 1：2：4 混凝土（水灰比 0.6）的温升[1.31]，
图中给出了不同水泥 3d 总水化热数值（Crown copyright）

Bogue[1.2]观察到对于一般的硅酸盐水泥而言，其1~3d所释放的水化热约占其总水化热的1/2，7d约为3/4，6个月则会达到83%~91%。水化热的实际大小取决于水泥的化学组成，并且与各种矿物分别水化的热量总和接近。也就是说，如果已知硅酸盐水泥的矿物组成，其水化热就可以准确地计算出来。各种纯的单矿物的水化热见表1.8。

表1.8 单矿物水化热[1.32]

矿物成分	水 化 热	
	J/g	cal/g
C_3S	502	120
C_2S	260	62
C_3A	867	207
C_4AF	419	100

值得注意的是，每种矿物的胶凝性能与水化热无关。Woods、Steinour和Starke[1.33]对多种商品水泥进行了测定，并使用最小二乘法计算了每种化合物对水泥水化热的贡献，他们提出1g水泥水化热可用下式表示：

$$136（C_3S）+ 62（C_2S）+ 200（C_3A）+ 30（C_4AF）$$

括号内的符号表示水泥中每种化合物的质量百分比。随后的大量研究[1.83]也进一步证实了大量水泥中各种矿物对水化热的贡献，只有C_2S的贡献约为上式中的一半，其余均与上式接近。

由于在水化反应的早期不同矿物水化速率的不同，水化热速率的变化也与总热量一样取决于水泥的化学组成。因此，通过降低水化速率最快的化合物（C_3A和C_3S）的含量就能够降低混凝土早期较高的放热速率。水泥的细度也是影响放热速率的因素，细度的增大会加速水化反应从而加速水化放热。可以假定水泥中每种矿物的早期水化速率与水泥表面积成正比。然后，在后期其表面积的影响可以忽略不计，且总热量的变化不受水泥细度的影响。

从图1.15和图1.16中可以看出C_3A和C_3S含量对水化放热的影响。如前所述，控制水化热的发展对混凝土的很多方面都是有利的，并且已经研发了合适的水泥。低热硅酸盐水泥就是其中一种，这将在第2章进行详细介绍。这种水泥和其他水泥的放热速率如图1.17所示。

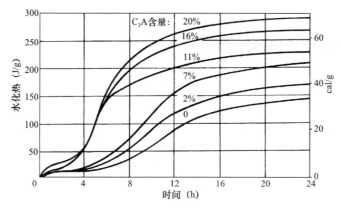

图1.15 C_3A含量对水化热的影响（C_3S含量几乎不变）[1.32]

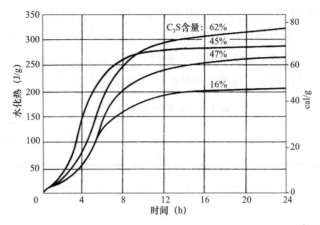

图 1.16 C₃S 含量对水化热的影响（C₃A 含量几乎不变）[1.32]

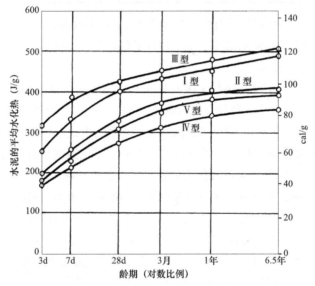

图 1.17 不同水泥（水灰比 0.40）在 21℃养护条件下的水化热发展 [1.34]

拌合物中的水泥用量也会影响水化热发展，因而可以通过控制水泥用量来控制水化热发展。

1.11 矿物组成对水泥性能的影响

上一节介绍水泥的水化热是其组成矿物水化热的简单叠加函数。因此，各种矿物在水泥凝胶中似乎依旧保持其特性，即可以认为水泥凝胶是其细颗粒的物理混合物或由水化物的共聚物组成的。这种假设可以通过测定不同 C₃S 和 C₂S 含量的已水化水泥的比表面积来做进一步的论证：其结果与纯 C₃S 和 C₂S 的水化产物比表面积一致。同时，水化所需要的水也与各种化合物所需水量的和一致。

然而，这个论证并不适用于水泥石的所有特性，尤其是：收缩、徐变和强度。尽管如此，我们还是可以从矿物组成中获得一些预期的特性。特别是水化放热速率和水泥的耐硫酸盐侵蚀能力受矿物物组成的控制，因此，一些规范中规定了不同类型水泥中氧化物和矿物组成的范围。ASTM C 150-09 的规定限值在以往的基础上放宽了一些（表 1.9）。

表 1.9　ASTM C 150-09 水泥矿物组成限值

矿　　物	水 泥 类 型				
	I	II	III	IV	V
C_3S 最大值				35	
C_2S 最小值				40	
C_3A 最大值		8	15	7	5
$C_4AF + 2C_3A$ 最大值					25*

*ASTM C 150-94。

之前我们已经提到了 C_3S 和 C_2S 早期水化速率的区别：这两种硅酸盐对水泥浆强度起主要作用。一个实用的假设是认为 C_3S 对前 4 周的强度发展贡献最大，而 C_2S 影响的是 4 周后的强度[1.35]。1 年左右龄期，质量相同的两种矿物对最终强度的贡献几乎相同[1.36]。研究表明，18 个月龄期的纯的 C_3S 和 C_2S 矿物强度可达 70MPa，而 C_2S 和 C_3S 的 7d 强度则分别为 0MPa 和 40MPa。各种矿物的强度发展规律见图 1.18。

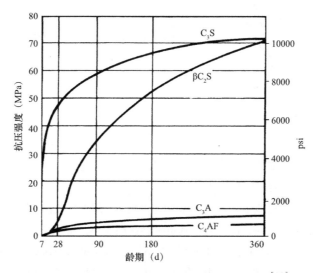

图 1.18　Bogue 给出的纯净矿物强度发展规律[1.2]

然而，人们对于硅酸盐水泥中每种矿物对强度发展贡献的相对值也存在质疑[1.87]。用粒径尺寸分布相同的颗粒且水固比为 0.45 的水泥浆进行测试，结果表明，至少 1 年龄期，C_2S 的强度比 C_3S 更低。并且，这两种硅酸盐的强度均高于 C_3A 和 C_4AF，尽管 C_3A 表现出较高的强度，但其强度几乎可以忽略[1.87]，如图 1.19 所示。

正如前文提到的，商品水泥中的硅酸钙是含有杂质的。这些杂质可能显著影响水化的反应速率和强度发展。例如，在纯的 C_3S 中加入 1% 的 Al_2O_3 会增强硬化浆体的早期强度，如图 1.20 所示。Verbeck[1.55] 指出，强度的增长可能是由于氧化铝（或氧化镁）进入晶格使其结构变化，引起硅酸盐晶格的活化。

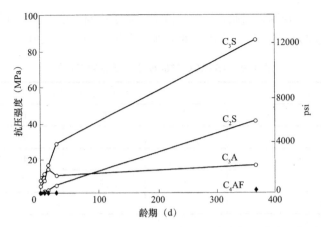

图 1.19   Beaudoin 和 Ramachandran 给出的纯净矿物强度发展规律[1.87]

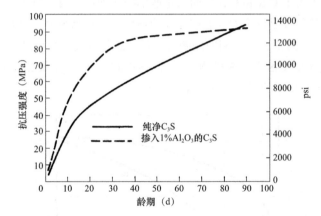

图 1.20   纯净 C_3S 和掺入 1% Al_2O_3 的 C_3S 强度发展规律[1.55]

水泥中其他矿物的存在能够增大 C_2S 的水化速率。但现代水泥中 C_2S 的含量很大（可达 30%），其水化速率受其他矿物的影响并不大。

我们还并不十分清楚其他主要矿物对水泥强度发展的影响。C_3A 对水泥强度的贡献主要在 1~3d，当然也有可能更长一些，但在后期其贡献会逐渐变小，特别是对 C_3A 和（C_3A + C_4AF）含量较高的水泥更是如此。C_3A 的作用仍然存在争议，但在实际中这对强度的影响并不重要。

C_4AF 对水泥强度发展的作用也同样存在争议，但可以肯定的是没有明显的促进作用。这很可能是由于胶状的 $CaO \cdot Fe_2O_3$ 沉积在水泥颗粒上，从而延缓了其他矿物水化的进行[1.7]。

根据每种矿物对水泥强度贡献，我们可以根据矿物组成预测水泥的强度，表达如下：

$$强度 = a（C_3S）+ b（C_2S）+ c（C_3A）+ d（C_4AF）$$

括号内的符号表示各种矿物的质量分数；a、b 等常数表示相应化合物的 1% 对水泥石强度的贡献。

使用该公式我们可以很容易地在生产时预测水泥的强度，并减少常规试验的需要。这种关系在实验室中采用纯的四种化合物制备的水泥中确实是存在的，而在实际中，不同矿物的贡献并不是简单的相加，还受到龄期和养护条件的影响。

总体上来看，C_3S 含量的增加一般可以增大 28d 强度[1.56]；图 1.21 给出的是采用不同工厂生产的不同组成水泥制备的标准砂浆 7d 强度[1.37]。C_2S 的含量仅对 5~10 年龄期的强度有积极作用；而 C_3A 对 7d 或 28d 强度有积极作用，而对以后龄期的强度产生消极影响[1.56][1.57]。碱对强度的影响参见第 1.11.1 节。Lea[1.38] 指出除硅酸盐以外的其他矿物对强度影响的预测是不可靠的，这种差异可能是由于熟料中存在玻璃体，后面的章节我们将会做更为全面的讨论。

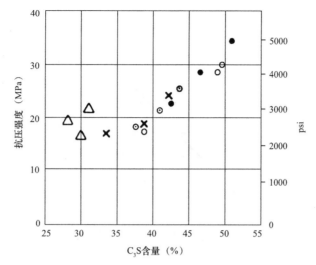

图 1.21 水泥 7d 强度与 C_3S 含量的关系（不同符号表示不同厂生产的水泥）[1.37]

另外，Odler[1.79] 的研究表明商品水泥的一般强度预测公式不能被广泛应用的原因有很多。主要包括：矿物之间的相互影响；碱和石膏的影响；水泥颗粒尺寸分布的影响。作为熟料的其余部分，玻璃体中所有矿物的含量与熟料中的比例并不相同，它与游离石灰一样会影响活性，都是不同水泥（名义上四种主要矿物的组成相同）之间的影响因素。

在考虑主要矿物影响的基础上，还有 SO_3、CaO、MgO 以及水灰比的影响，研究人员对砂浆强度的预测方程进行了诸多尝试[1.93]，但预测的可信度并不高。

综上所述，我们可以大致总结出硅酸盐水泥的强度和矿物组成之间的关系在本质上具有随机性。这些关系之间存在偏差是由于忽略了一些相关变量[1.14]。无论如何，就水化产物可以填充孔隙使孔隙率减小而言，水化硅酸盐水泥的所有组成在一定程度上都有助于提高强度。

此外，人们还没有充分认识外加剂的作用。Powers[1.22] 指出水泥浆体在水化的任何阶段所形成的产物相同；这是因为对于特定的水泥，水化水泥的表面积与水化水用量成正比，而与水灰比和龄期无关。所以对于特定水泥，所有矿物的水化速率是相同的。这只有在透过凝胶层的扩散速率成为速率的决定性因素后才能出现，但不会出现在早期[1.65]，即 7d 内[1.49]。Khalil 和 Wardy[1.70] 研究证明了相同水化速率这一说法，但我们现在普遍认为不同矿物早期的水化速率并不相同，而后来的速率可能相同。

还有另一个影响水化速率的因素：事实上孔隙中不同的位置其溶液组成并不相同。这是因为溶液将从仍未水化水泥颗粒的表面向外部发生扩散（见第 1.4 节），其离子浓度一定不相同：外部空间是饱和的，但是内部是过饱和的。这种扩散影响了水化速率。

因此，很可能水化速率相等的说法和每种矿物的水化速率都与其他矿物无关的假设都是不正确的。事实上，我们必须承认对水化速率的理解还并不尽如人意。

例如，单位质量的水化材料在任意龄期的水化热都是恒定的[1.34]（图 1.22），这就表明水化产物的性能不随时间变化。因而，对于普通和快硬硅酸盐水泥而言，同等水化速率的假设是合理的。然而，对于 C_2S 含量比普通或快硬硅酸盐水泥高的水泥而言，就不存在这种特性。水化热的测定表明 C_3S 水化较早，而 C_2S 水化较晚。

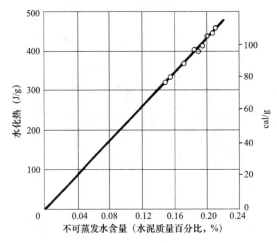

图 1.22   普通硅酸盐水泥水化热与不可蒸发水量之间的关系[1.22]

此外，凝结时所建立的浆体初始框架在很大程度上都会影响水化产物的后期结构，该初始框架尤其影响收缩和强度的发展[1.14]。因此，水化程度和强度之间有确定的关系就并不奇怪了。例如，图 1.23 给出了通过试验得到的水灰比为 0.25 的混凝土抗压强度和水泥浆体中结合水含量之间的关系[1.39]。这组数据与 Powers 关于凝胶／孔隙比率的研究相吻合，该研究表明，水泥强度的增长是凝胶相对体积增长量的函数，它与龄期、水灰比或水泥的矿物组成无关。但是，固相的总表面积与矿物组成有关，它会影响最终的实际强度[1.22]。

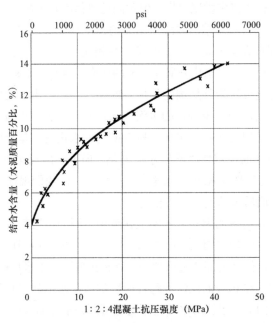

图 1.23   抗压强度与结合水含量之间的关系[1.1]

1.11.1 碱的影响

微量组分对水泥浆体强度的影响十分复杂，目前还无法完全建立起它们之间的联系。有关碱影响的试验[1.3]表明，28d 以后的强度增长受碱含量的影响为：碱含量越高，所得强度越低，这在几百种商品水泥强度的两个统计学试验中得到了证实[1.56][1.57]。一方面，3～28d强度增长很小，主要是因为水泥中存在的可溶性 K_2O[1.58]。另一方面，在完全无碱的情况下，水泥浆体的早期强度异常低[1.58]。快速强度试验表明（见第 12.13 节），Na_2O 含量达到 0.4%时，强度随碱含量的增加而增加[1.75]（图 1.24）。

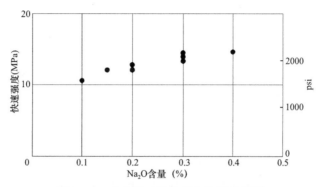

图 1.24 碱含量对快速强度的影响[1.75]

碱对强度的影响非常复杂，这主要是因为它们可能融入水化硅酸钙中或者以可溶性硫酸盐的形式存在，这两种情况下它们的作用也不一样。研究认为 K_2O 取代了 C_2S 中的一个 CaO分子从而使 C_3S 的含量高于计算值[1.6]。但是，一般情况下，碱会提高早期强度发展而降低长期强度[1.79]。Osbaeck[1.95] 在较高碱含量的硅酸盐水泥中证实了这一结论。

我们已经知道碱能够引起所谓的碱-骨料反应（见第 3.15 节），这种情况下水泥中的碱含量限制在 0.6% 以下（以 Na_2O 当量表示）。这种水泥就是低碱水泥。

我们也需要注意，水泥中碱的存在可能导致的另外一种后果。新拌硅酸盐水泥浆体碱度通常很高（pH 值在 12.5 以上），但含碱量高的水泥，其 pH 值会更高。这样高的 pH 值会使人体的皮肤腐蚀或引起皮炎或烧伤，眼睛也有可能受伤。因此，必须穿着防护服。

碱是水泥的重要组成部分，但可惜的是我们还没有完全掌握碱的影响。需要注意的是，在原材料不变的条件下，在现代的干法水泥厂中使用预加热器会导致制成的水泥的碱含量增大。因此，必须控制碱含量，但过分地控制碱含量会增加能耗[1.76]。由于粉尘含有大量的碱，因此当粉尘被重新吸入水泥中时，较高的收尘效率也会增大水泥的含碱量，可能高达 15%，因此应当将粉尘全部去除或部分去除。

1.11.2 熟料中玻璃体的影响

我们回顾一下，水泥熟料在回转窑内的形成过程中，约有 20%～30% 的材料变为液体；在随后的冷却过程中会发生结晶现象，但总有一些材料会因过冷而形成玻璃体。实际上，熟料的冷却速率对水泥性能具有显著的影响：在冷却速率很慢的情况下，能够形成完全的结晶物（例如在实验室中），β-C_2S 会转变为 γ-C_2S，这种转变伴随着膨胀和粉化，就是我们熟知的尘化。此外，γ-C₂S 水化速率太慢，无法成为一种有用的胶凝材料。然而，在所有的实际情况下，即使冷却非常缓慢，Al_2O_3、MgO 和碱都可以稳固 β-C₂S。

玻璃体的存在是有益的，其中一个原因是其对晶相的影响。铝和铁的氧化物在烧结温度下完全被液化，在冷却过程中生成 C_3A 和 C_4AF。玻璃体的形成在很大程度上会影响这些矿物，与之相反的是以固体形式存在的硅酸盐受此影响相对较小。我们还可以注意到，玻璃体中含有大量的如碱和 MgO 等的微量化合物，这样后者不会引起膨胀性水化[1.40]。因此，高镁熟料的快速冷却是有好处的。铝酸盐易受硫酸盐的侵蚀，因而它们存在于玻璃体中也是有益的。玻璃体形式存在的 C_3A 和 C_4AF 可水化形成能够抵抗硫酸盐侵蚀的固态溶液 C_3AH_6 和 C_3FH_6。但是玻璃体含量过高会对熟料的易磨性产生不利影响。

另一方面，玻璃体含量较低也是有一些好处的。在一些水泥中，较高的结晶程度会促进 C_3S 的大量生成。

由此可见，为了获得理想的结晶程度，严格地控制熟料的冷却速率是非常重要的。用溶解热法测定商品熟料中玻璃体的含量为 2%～21%[1.41]，而用光学显微镜测得的值要低一些。

回忆一下 Bogue 的矿物组成假设熟料完全结晶产生了它的平衡产物，并且玻璃体的活性与其组成相同的晶体不同。

由此可见，熟料的冷却速率与水泥生产过程中的其他特征都可能影响水泥的强度，这就使得建立强度和水泥组成之间的函数关系变得非常困难。尽管如此，如果生产工艺相同且熟料的冷却速率恒定，则矿物组成和强度之间存在着一定关系。

1.12 水泥性能的测试

水泥的生产需要严格的控制，并且为了保证水泥质量符合国家相关标准，要在水泥厂的实验室里进行大量的试验。尽管如此，对于用户或独立实验室依然需要做验收试验，要对特殊用途的水泥的性能进行更多的测试。标准 BS EN 196-1：2005 和 BS EN 196-6：2010 分别对水泥的化学成分和细度的试验做了规定；BS 4550-3：1978 对普通和快硬硅酸盐水泥的试验做了进一步的规定。我们将在第 2 章讨论其他水泥时提到一些其他相关标准。

1.12.1 净浆标准稠度

进行初凝和终凝时间的测定试验和 Le Chatelier 安定性试验（雷氏夹试验），必须使用标准稠度的水泥净浆。因此，对于给定水泥，必须测定期望稠度时的净浆用水量。

图 1.25 是测定稠度的维卡仪装置，使用一个 10mm 直径的冲杆，装在持针器中。使用时，先按规定方式将水泥和水的试验浆体置于铸模中。然后使冲杆与浆体的表面接触后再松开。之后在重力的作用下，冲杆会沉入净浆中，沉入的深度则取决于稠度。BS EN 196-3：2005 规定的标准稠度是冲杆沉入到距模子底部 6±1mm 的深度。标准稠度浆体的需水量是用干燥水泥质量的百分比来表示的，该值通常为 26%～33%。

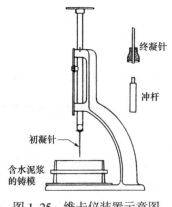

图 1.25 维卡仪装置示意图

1.12.2　凝结时间

前文（见第 1.4.3 节）我们已经讨论过凝结的物理过程，在此我们所讨论的是凝结时间的实际测定方法。使用带有不同沉入附件的维卡仪（图 1.25）测定水泥的凝结时间。BS EN 196-3：2005 对实验方法做了规定。

为了测定初凝时间，需要使用直径为 1.13±0.05mm 的圆针。这个针在规定重量的作用下沉入置于铸模中的标准稠度净浆中。当浆体充分硬化使得圆针距模底 5±1mm 的时候，我们认为发生初凝。初凝用从加入拌合水到初凝发生的时间来表示。BS EN 197-1：2000 规定强度为 42.5MPa 的水泥其初凝时间不得少于 60min；而强度为 52.5MPa 的水泥则为 75min。美国标准 ASTM C 150-09 中规定使用 ASTM C 191-08 中的维卡仪测定的初凝时间不得小于45min。若采用 Gillmore 针则测得的初凝时间应更长一些。

BS 915：1972（1983）规定高铝水泥的初凝时间为 2～6h。

终凝时间也是用一个相似的针进行测定的，在这个针末端 0.5mm 处安装有直径为 5mm 的圆形金属附件。当针平缓的下降到净浆表面，沉入深度为 0.5mm 时，并且圆形尖没有在浆体上面留下压痕，这种情况下，则说明发生终凝。终凝时间也是从拌合水的加入开始算起。欧洲和 ASTM 标准对终凝时间已经不作限制了。

如果需要确定终凝时间，但没有可用的试验数据，则可以利用经验来确定。对大多数美国商品硅酸盐水泥或快硬硅酸盐水泥在常温下的初凝和终凝时间的近似关系为终凝时间（min）＝ 90 ＋ 1.2× 初凝时间（min）。

由于水泥的凝结受周围空气的温度和湿度的影响，BS EN 196-3：2005 对此作了规定：温度为 20±2℃，最低相对湿度为 65%。

试验研究[1.59]表明：水泥净浆的凝结过程中伴随着超声脉冲速度的变化，但这并没有成为测定水泥凝结时间的一种替代方法。利用电测法测定凝结时间的尝试没有成功，主要是因为掺合料影响了电学性能[1.73]。

凝结速率与硬化的速率（即强度增长的速率）之间是互相独立的。例如，虽然快硬水泥和普通硅酸盐水泥具有不同的硬化速率，但对它们凝结时间的规定却没有不同。

这里还要指出，混凝土的凝结时间也是可以测定的，只是混凝土凝结的特性与水泥是不同的。ASTM 标准 C403-08 对混凝土凝结时间作了规定，即将普式贯入探针应用于从给定的混凝土筛分出来的砂浆中。对混凝土凝结时间的定义带有一定的主观性，这是因为实际中凝结是一个连续的过程[1.73]。俄罗斯人曾经试图将两个金属电极埋置在混凝土中，两个电极间通过高频电流用金属电极间的最小电阻来定义混凝土的凝结时间[1.77]。

1.12.3　安定性

水泥浆体一旦凝结，它的体积就不会发生大的变化，这是至关重要的。特别是在有约束的条件下，水泥浆体不允许产生明显的膨胀，否则最终会导致硬化水泥浆体的开裂。这种膨胀的产生是由于硬化水泥中一些化合物（即游离石灰、氧化镁和硫酸钙）的存在所引起的延迟、缓慢水化或发生的一些其他反应。

如果送入窑中的原材料中含有的石灰多于它与酸性氧化物结合所需石灰，或者煅烧或冷却过程并不充分时，过量的石灰就将以游离态存在。这种过火石灰的水化极慢，并且由于熟石灰所占体积比初始游离氧化钙所占体积更大，这样就会发生膨胀。水泥所呈现出的这种膨胀被称为水泥的体积安定性不良。

由于在水泥浆体硬化前石灰水化的速率非常快，水泥中所加入的石灰并不会产生安定性不良。另一方面，熟料中的游离氧化钙与其他化合物结晶，且在浆体凝结期间仅有部分暴露于水中。

我们不能通过化学分析的方法来测定游离氧化钙，这是因为当水泥暴露于大气中时，无法分辨出未反应的 CaO 和硅酸盐部分水化所产生的 Ca（OH）$_2$。而对刚从窑中取出的熟料进行试验，则可以测出游离氧化钙的含量，这是因为没有硬化水泥的存在。

MgO 的存在也会引起水泥的安定性不良，MgO 与水的反应方式与 CaO 相似。然而，只有方镁石，也就是煅烧结晶的 MgO，才会发生有害反应，而玻璃体中的 MgO 是无害的。最多只有约 2% 的方镁石（水泥质量比）能够与水泥中主要的矿物结合，而过量的方镁石通常会引起膨胀，并最终导致缓慢开裂。

硫酸钙是第三种易引起膨胀的化合物：在这种情况下会形成硫铝酸钙。前面提到，为了防止闪凝，水泥熟料中会加入硫酸钙的水化物——石膏，但如果加入的石膏过量，它就会在凝结期间与 C$_3$A 发生反应，导致缓慢膨胀的安定性不良问题。因此，标准对熟料中加入的石膏量做了非常严格的限制，这种限制是防止水泥发生安定性不良的安全考虑[1.46]。

由于水泥的安定性不良是要经过数月或数年才能明显地表现出来，因此有必要采取加速的方法来测定水泥的安定性：BS EN 196-3:2005 规定了 Le Chatelier 提出的试验方法。Le Chatelier 试验装置如图 1.26 所示，它是一个铜制圆筒，沿圆筒母线方向断开。两个含有尖头的指示器与圆筒断开的两边相连；水泥膨胀时就可以使断口变宽，指示器的端头放大了膨胀宽度，易于测量。将装满标准稠度水泥净浆的圆筒置于玻璃板上，并用另一个玻璃片覆盖。然后将整个装置放在 20±1℃和相对湿度不低于 98% 的柜橱中。在此阶段的最后，测量两个指示器之间的距离，然后将模具浸没于水中，在 30min 内逐渐升温至煮沸。沸腾 3h 后，取出装置冷却并再次测定冷却后指示器间的距离。距离的增长就代表水泥的膨胀，BS EN 197-1:2000 规定普通硅酸盐水泥的膨胀值应在 10mm 以内。若膨胀值超出限制，就需要将水泥摊开并暴露于大气中 7d 后再进一步试验。在此期间，一些氧化钙可能会水化甚至碳化，还会发生物理损坏。7d 后，再次进行 Le Chatelier 试验，暴露于大气中的水泥的膨胀值不能超出规定值，即 5mm。若某种水泥两次试验都不能满足要求，则这种水泥就不能使用。

Le Chatelier 试验只能检测游离氧化钙所引起的安定性不良问题。英国生产的水泥原材料很少含有大量氧化镁的，但一些其他国家存在这样的情况。例如在印度，低镁石灰石有限，因此，水泥中 MgO 的含量很高，但在加入一些活性硅质材料如粉煤灰或磨细烧结黏土后，膨胀会显著地降低。

避免水泥延迟膨胀是非常重要的，在美国，要用热压膨胀试验来检验水泥的安定性，这种方法对游离氧化镁和游离氧化钙都很敏感。ASTM C 151-09 规定使用横截面为 25mm×25mm、长 250mm 的水泥净浆棒，在湿空气中养护 24h。然后将水泥净浆棒

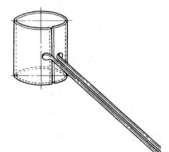

图 1.26　Le Chatelier 试验装置示意图

放在蒸压器（高压蒸汽锅）中，在 60±15min 内使温度升至 216℃（蒸汽压为 2±0.07MPa），保持 3h。这种高蒸压环境加速了氧化镁和氧化钙的水化。在高压蒸汽作用下水泥砂浆棒的膨胀不得超过 0.8%。

热压膨胀试验的结果不仅受能够引起膨胀的化合物的影响，还受到 C_3A 含量、水泥混合料的影响[1.71]，同时还受到一些其他异常情况的影响。因此，试验只能表明实际中长期膨胀存在的风险[1.1]，但是由于一些 MgO 仍然保持惰性，所以这种试验方法会高估危害性，其结果是偏安全的[1.86]。

目前还没有用于检测过量的硫酸钙所引起的安定不良问题的方法，但其含量用化学分析方法就可以很容易测定出来。

1.12.4　水泥的强度

硬化水泥的力学强度可能是结构应用中最重要的材料性能。所以，所有关于水泥的规范中都对强度试验作了规定。

砂浆和水泥的强度取决于水泥浆的内聚力及其与骨料颗粒的黏结，在一定程度上也取决于骨料自身的强度。在此我们并不考虑骨料自身强度这个影响因素，并且在试验中我们采用标准骨料就可以消除这种影响。

由于水泥净浆成形困难并且测试结果波动性很大，所以强度试验不会采用水泥净浆。为了达到确定水泥强度的目的，通常采用的是水泥砂浆试件，某些情况下，也会采用一定配合比的混凝土来测定水泥的强度，同时必须严格控制该混凝土的环境条件，使用特定的原材料。

强度试验的形式有很多：直接拉伸、直接压缩以及弯曲。而弯曲实际上测定的是弯曲条件下的抗拉强度，众所周知，混凝土的抗压强度比抗拉强度大得多。

过去通常采用直拉试验来测定抗拉强度，但是施加纯拉力十分困难，试验结果离散性非常大。此外，由于结构设计主要利用的混凝土较高的抗压强度，因此与水泥的抗压强度比起来，抗拉强度没有那么重要。

同样，混凝土的抗折强度也不如抗压强度那样重要，尽管对道路混凝土的抗拉强度更为重要一些。因此，目前，普遍认为水泥的抗压强度是非常重要的，并且水泥强度的砂浆试验也得到公认。

标准 BS EN 196-1:2005 规定了砂浆试件的抗压强度试验。测试的试件为 40mm 的等效立方体试件，这些试件是从尺寸为 40mm×40mm×160mm 的棱柱体试块上取得的，先对棱柱体试块进行抗折试验使其变为两半，或通过其他方法使其变为两半。因此，抗折强度试验通常采用中心点试验测定，两端跨距为 100mm。

试验中砂浆试件采用固定配合比和 CEN 标准砂制备（CEN 是"欧洲标准委员会"法语名的简称）。标准砂采用来源广泛的天然硅质圆砂。这种砂与 Leighton Buzzard 砂（后面会介绍）不同，其粒径虽然并不一致，但都分布在 80μm～1.6mm。砂灰比为 3，水灰比为 0.50。砂浆首先在搅拌机中搅拌，然后在落差为 15mm 的跳桌上振捣压实；如果能够保证获得相同的密实度，也可以使用振动台。试件在潮湿的空气中放置 24h 后脱模，然后在温度为 20℃的水中养护。

有些国家使用早期英国的试验方法或其他类似的方法，因而有必要对这些试验方法进行简要的介绍。从根本上讲，测定水泥抗压强度只有两种英国标准试验方法：一种是砂浆，另一种是混凝土。

砂浆试验采用灰砂比为 1 : 3 的砂浆。砂子是标准 Leighton Buzzard 砂，取自英国 Bedfordshire 的小镇附近的矿场，其粒径相同。水的用量为干燥材料用量的 10%，用水灰比 0.4 表示（质量比）。BS 4550-3.4 : 1978 对标准工序作了规定，搅拌后，在振动频率为 200Hz 的振动台上振动 2min 制成边长为 70.7mm 的立方体试块。放置 24h 后脱模并在水中继续养护直至测试，测试时要保证试件表面湿润。

振捣砂浆试验所得到的结果还是十分可靠的，但也有人提出采用单一粒径的骨料所制备的砂浆所得到的强度值比相同条件下制备的混凝土所得到的强度值离散型更大。也可以说我们更关心的是混凝土中水泥的性能而不是砂浆中水泥的性能，特别是采用单一尺寸的骨料的情况在实际中是绝对不会出现的。因此，英国标准引入了混凝土的试验。

混凝土试验中依据水泥类型的不同，采用三种水灰比：0.60、0.55 和 0.45。BS 4550-4 & 5 : 1978 中规定了由指定的采石场提供的粗骨料和细骨料的用量。按照规定的方式手工制备几个边长为 100mm 的立方体试块；搅拌室、养护室以及压力实验室的温度和湿度以及养护池的温度均要满足规定要求。除了满足指定龄期的最小强度的要求外，后期强度必须比前期强度高，这是因为强度降低是水泥安定性不良或其他问题的标志。强度随龄期增长的要求也适用于振捣砂浆立方体试块，但这并不包含在 BS EN 197-1 : 2000 之内。水泥根据其特征强度分为 3 类：32.5、42.5 和 52.5，这些均是 28d 强度值，后两者需要在 2d 时达到正常或早期强度。BS 1881 : 131 : 1998 明确规定了混凝土立方体的测试方法，其骨料的级配在 BS EN 196-1 : 2005 中作了规定。

ASTM C 109-08 规定了测定水泥平均强度的 ASTM 方法，采用标准级配砂以 1 : 2.75 的配比配置的 50mm 的立方体砂浆试件，水灰比为 0.485。

现在应该考虑这样一个问题：水泥强度试验应该采用的是水泥净浆、砂浆还是混凝土试样？前面已经提到过，纯的水泥净浆试件难以成形。就混凝土而言，它比较适合用作强度测试，但是混凝土样的强度受到所用的骨料特性的影响。在同一国家的各个地区采用相同的标准骨料制备混凝土用于测试是非常困难的，更是不现实的，更不用说在不同的国家了。因此使用合适的标准骨料制备的砂浆进行测试是非常明智的。在任何情况下，所有的测试本质上都具有相对性，而不是直接测试硬化水泥浆的抗压强度。此外，水泥特性对砂浆和混凝土的影响本质上都是相同的，并且这两种材料对应试件的强度之间的关系也是线性的。如图 1.27 所示：砂浆和混凝土的配合比固定，水灰比都是 0.65。每组试件的强度也不相同，产生这样的结果至少部分原因是所选用试件的形状和尺寸的不同，但也有可能是由于砂浆中混入了更多的空气，砂浆和混凝土强度之间的内在差异所引起的。

另外一个比较重要的对比是根据 BS 4550-3.4 : 1978 制备的水灰比为 0.60 的混凝土强度和根据 BS EN 196-1 : 2005 制备的水灰比为 0.50 的砂浆强度。这两种试验中不仅水灰比不同，其他条件也不同，这些都会导致试验强度值不同。但是 Harrison[1.88] 发现了如下关系：

$$Ln(M/C) = 0.28M/d + 0.25$$

式中　　C——BS 4550 混凝土立方体试块的抗压强度（MPa）；

　　　　M——BS EN 196 砂浆棱柱体的抗压强度（MPa）；

　　　　d——测试龄期（d）。

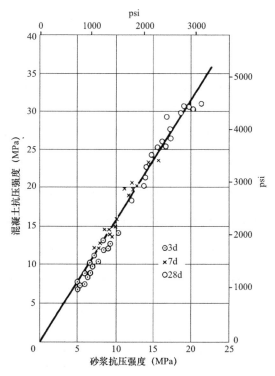

图 1.27 相同水灰比的混凝土试件与砂浆试件强度之间的关系[1.37]

为了方便起见，将 M/C 的比列于下表中：

龄期（d）	2	3	7	28
M/C 的比值	1.48	1.41	1.34	1.30

除了测试试件的特征外，标准 BS EN 196-1:2005 和早期的英国标准以及大多数其他标准所获得的抗压强度值的意义也有很大的差异：这些均与"最小强度"的定义有关。传统标准中规定最小值必须超过所有的试验结果。此外，BS EN 196-1:2005 中规定最小强度代表的是特征值（见第14.4节），即超过95%的试验结果；即低于该特定强度值的百分比不能超过5%。

参考文献

1.1 F. M. LEA, *The Chemistry of Cement and Concrete* (London, Arnold, 1970).

1.2 R. H. BOGUE, *Chemistry of Portland Cement* (New York, Reinhold, 1955).

1.3 A. M. NEVILLE, Role of cement in creep of mortar, *J. Amer. Concr. Inst.*, **55**, pp. 963–84 (March 1959).

1.4 M. A. SWAYZE, The quaternary system CaO–C_5A_3–C_2F–C_2S as modified by saturation with magnesia, *Amer. J. Sci.*, **244**, pp. 65–94 (1946).

1.5 W. CZERNIN, *Cement Chemistry and Physics for Civil Engineers* (London, Crosby Lockwood, 1962).

1.6 H. H. STEINOUR, The reactions and thermochemistry of cement hydration at ordinary temperature, *Proc. 3rd Int. Symp. on the Chemistry of Cement*, pp. 261–89 (London, 1952).

1.7 R. H. BOGUE and W. LERCH, Hydration of portland cement compounds, *Industrial and Engineering Chemistry*, **26**, No. 8, pp. 837–47 (Easton, Pa., 1934).

1.8 E. P. FLINT and L. S. WELLS, Study of the system CaO–SiO_2–H_2O at 30℃ and the reaction of water on the anhydrous calcium silicates, *J. Res. Nat. Bur. Stand.*, **12**, No. 687, pp. 751–83 (1934).

1.9　S. GIERTZ-HEDSTROM, The physical structure of hydrated cements, *Proc. 2nd Int. Symp. on the Chemistry of Cement*, pp. 505–34 (Stockholm, 1938).

1.10　T. C. POWERS, The non-evaporable water content of hardened portland cement paste: its significance for concrete research and its method of determination, *ASTM Bul. No.* 158, pp. 68–76 (May 1949).

1.11　L. S. BROWN and R. W. CARLSON, Petrographic studies of hydrated cements, *Proc. ASTM*, **36**, Part II, pp. 332–50 (1936).

1.12　L. E. COPELAND, Specific volume of evaporable water in hardened portland cement pastes, *J. Amer. Concr. Inst.*, 52, pp. 863–74 (1956).

1.13　S. BRUNAUER, J. C. HAYES and W. E. HASS, The heats of hydration of tricalcium silicate and beta-dicalcium silicate, *J. Phys. Chem.*, **58**, pp. 279–87 (Ithaca, NY, 1954).

1.14　F. M. LEA, Cement research: retrospect and prospect, *Proc. 4th Int. Symp. on the Chemistry of Cement*, pp. 5–8 (Washington DC, 1960).

1.15　H. F. W. TAYLOR, Hydrated calcium silicates, Part I: Compound formation at ordinary temperatures, *J. Chem. Soc.*, pp. 3682–90 (London, 1950).

1.16　H. H. STEINOUR, The system CaO–SiO_2–H_2O and the hydration of the calcium silicates, *Chemical Reviews*, **40**, pp. 391–460 (USA, 1947).

1.17　J. W. T. SPINKS, H. W. BALDWIN and T. THORVALDSON, Tracer studies of diffusion in set Portland cement, *Can. J. Technol.*, **30**, Nos 2 and 3, pp. 20–8 (1952).

1.18　M. NAKADA, Process operation and environmental protection at the Yokoze cement works, *Zement-Kalk-Gips*, **29**, No. 3, pp. 135–9 (1976).

1.19　S. DIAMOND, C/S mole ratio of C-S-H gel in a mature C_3S paste as determined by EDXA, *Cement and Concrete Research*, **6**, No. 3, pp. 413–16 (1976).

1.20　J. D. BERNAL, J. W. JEFFERY and H. F. W. TAYLOR, Crystallographic research on the hydration of Portland cement: A first report on investigations in progress, *Mag. Concr. Res.*, **3**, No. 11, pp. 49–54 (1952).

1.21　W. C. HANSEN, Discussion on "Aeration cause of false set in portland cement", *Proc. ASTM*, **58**, pp. 1053–4 (1958).

1.22　T. C. POWERS, The physical structure and engineering properties of concrete, *Portl. Cem. Assoc. Res. Dept. Bul.* 39 pp. (Chicago, July 1958).

1.23　T. C. POWERS, A discussion of cement hydration in relation to the curing of concrete, *Proc. Highw. Res. Bd.*, **27**, pp. 178–88 (Washington, 1947).

1.24　T. C. POWERS and T. L. BROWNYARD, Studies of the physical properties of hardened Portland cement paste (Nine parts), *J. Amer. Concr. Inst.*, **43** (Oct. 1946 to April 1947).

1.25　G. J. VERBECK, Hardened concrete – pore structure, *ASTM Sp. Tech. Publ. No. 169*, pp. 136–42 (1955).

1.26　T. C. POWERS, L. E. COPELAND and H. M. MANN, Capillary continuity or discontinuity in cement pastes, *J. Portl. Cem. Assoc. Research and Development Laboratories*, **1**, No. 2, pp. 38–48 (May 1959).

1.27　T. C. POWERS, Structure and physical properties of hardened portland cement paste, *J. Amer. Ceramic Soc.*, **41**, pp. 1–6 (Jan. 1958).

1.28　L. E. COPELAND and J. C. HAYES, Porosity of hardened portland cement pastes, *J. Amer. Concr. Inst.*, **52**, pp. 633–40 (Feb. 1956).

1.29　R. W. CARLSON and L. R. FORBRICK, Correlation of methods for measuring heat of hydration of cement, *Industrial and Engineering Chemistry* (Analytical Edition), **10**, pp. 382–6 (Easton, Pa., 1938).

1.30　W. LERCH and C. L. FORD, Long-time study of cement performance in concrete, Chapter 3: Chemical and physical tests of the cements, *J. Amer. Concr. Inst.*, **44**, pp. 743–95 (April 1948).

1.31　N. DAVEY and E. N. Fox, Influence of temperature on the strength development of concrete, *Build. Res. Sta. Tech. Paper No. 15* (London, HMSO, 1933).

1.32　W. LERCH and R. H. BOGUE, Heat of hydration of portland cement pastes, *J. Res. Nat. Bur. Stand.*, **12**, No. 5, pp. 645–64 (May 1934).

1.33　H. WOODS, H. H. STEINOUR and H. R. STARKE, Heat evolved by cement in relation to strength, *Engng News Rec.*, **110**, pp. 431–3 (New York, 1933).

1.34　G. J. VERBECK and C. W. FOSTER, Long-time study of cement performance in concrete, Chapter 6: The heats of hydration of the cements, *Proc. ASTM*, **50**, pp. 1235–57 (1950).

1.35　H. WOODS, H. R. STARKE and H. H. Steinour, Effect of cement composition on mortar strength, *Engng News Rec.*, **109**, No. 15, pp. 435–7 (New York, 1932).

1.36　R. E. DAVIS, R. W. CARLSON, G. E. TROXELL and J. W. Kelly, Cement investigations for the Hoover Dam, *J. Amer. Concr. Inst.*, **29**, pp. 413–31 (1933).

1.37　S. WALKER and D. L. BLOEM, Variations in portland cement, *Proc. ASTM*, **58**, pp. 1009–32 (1958).

1.38   F. M. Lea, The relation between the composition and properties of Portland cement, *J. Soc. Chem. Ind.*, **54**, pp. 522–7 (London, 1935).

1.39   F. M. Lea and F. E. Jones, The rate of hydration of Portland cement and its relation to the rate of development of strength, *J. Soc. Chem. Ind.*, **54**, No. 10, pp. 63–70T (London, 1935).

1.40   L. S. Brown, Long-time study of cement performance in concrete, Chapter 4: Microscopical study of clinkers, *J. Amer. Concr. Inst.*, **44**, pp. 877–923 (May 1948).

1.41   W. Lerch, Approximate glass content of commercial Portland cement clinker, *J. Res. Nat. Bur. Stand.*, **20**, pp. 77–81 (Jan. 1938).

1.42   F. M. Lea, *Cement and Concrete*, Lecture delivered before the Royal Institute of Chemistry, London, 19 Dec. 1944 (Cambridge, W. Heffer and Sons, 1944).

1.43   W. H. Price, Factors influencing concrete strength, *J. Amer. Concr. Inst.*, **47**, pp. 417–32 (Feb. 1951).

1.44   US Bureau of Reclamation, Investigation into the effects of cement fineness and alkali content on various properties of concrete and mortar, *Concrete Laboratory Report No. C-814* (Denver, Colorado, 1956).

1.45   S. Brunauer, P. H. Emmett and E. Teller, Adsorption of gases in multi-molecular layers, *J. Amer. Chem. Soc.*, **60**, pp. 309–19 (1938).

1.46   W. Lerch, The influence of gypsum on the hydration and properties of portland cement pastes, *Proc. ASTM*, **46**, pp. 1252–92 (1946).

1.47   L. E. Copeland and R. H. Bragg, Determination of Ca(OH)$_2$ in hardened pastes with the X-ray spectrometer, *Portl. Cem. Assoc. Rep.* (Chicago, 14 May 1953).

1.48   L. E. Copeland and J. C. Hayes, The determination of non-evaporable water in hardened portland cement paste, *ASTM Bul. No. 194*, pp. 70–4 (Dec. 1953).

1.49   L. E. Copeland, D. L. Kantro and G. Verbeck, Chemistry of hydration of portland cement, *Proc. 4th Int. Symp. on the Chemistry of Cement*, pp. 429–65 (Washington DC, 1960).

1.50   P. Seligmann and N. R. Greening, Studies of early hydration reactions of portland cement by X-ray diffraction, *Highway Research Record*, No. 62, pp. 80–105 (Highway Research Board, Washington DC, 1964).

1.51   W. G. Hime and E. G. LaBonde, Particle size distribution of portland cement from Wagner turbidimeter data, *J. Portl. Cem. Assoc. Research and Development Laboratories*, **7**, No. 2, pp. 66–75 (May 1965).

1.52   C. D. Lawrence, The properties of cement paste compacted under high pressure, *Cement Concr. Assoc. Res. Rep. No. 19* (London, June 1969).

1.53   R. F. Feldman and P. J. Sereda, A model for hydrated Portland cement paste as deduced from sorption-length change and mechanical properties, *Materials and Structures*, No. 6, pp. 509–19 (Nov.–Dec. 1968).

1.54   P. Seligmann, Nuclear magnetic resonance studies of the water in hardened cement paste, *J. Portl. Cem. Assoc. Research and Development Laboratories*, **10**, No. 1, pp. 52–65 (Jan. 1968).

1.55   G. Verbeck, Cement hydration reactions at early ages, *J. Portl. Cem. Assoc. Research and Development Laboratories*, **7**, No. 3, pp. 57–63 (Sept. 1965).

1.56   R. L. Blaine, H. T. Arni and M. R. DeFore, Interrelations between cement and concrete properties, Part 3, *Nat. Bur. Stand. Bldg Sc. Series 8* (Washington DC, April 1968).

1.57   M. Von Euw and P. Gourdin, Le calcul prévisionnel des résistances des ciments Portland, *Materials and Structures*, **3**, No. 17, pp. 299–311 (Sept.–Oct. 1970).

1.58   W. J. McCoy and D. L. Eshenour, Significance of total and water soluble alkali contents of cement, *Proc. 5th Int. Symp. on the Chemistry of Cement*, **2**, pp. 437–43 (Tokyo, 1968).

1.59   M. Dohnalik and K. Flaga, Nowe spostrzezenia w problemie czasu wiazania cementu, *Archiwum Inzynierii Ladowej*, **16**, No. 4, pp. 745–52 (1970).

1.60   S. Diamond, Cement paste microstructure – an overview at several levels, *Proc. Conf. Hydraulic Cement Pastes: Their Structure and Properties*, pp. 2–30 (Sheffield, Cement and Concrete Assoc., April 1976).

1.61   J. F. Young, A review of the mechanisms of set-retardation in Portland cement pastes containing organic admixtures. *Cement and Concrete Research*, **2**, No. 4, pp. 415–33 (July 1972).

1.62   S. Brunauer, J. Skalny, I. Odler and M. Yudenfreund, Hardened portland cement pastes of low porosity. VII. Further remarks about early hydration. Composition and surface area of tobermorite gel, Summary, *Cement and Concrete Research*, 3, No. 3, pp. 279–94 (May 1973).

1.63   D. Winslow and S. Diamond, Specific surface of hardened portland cement paste as determined by small angle X-ray scattering, *J. Amer. Ceramic Soc.*, **57**, pp. 193–7 (May 1974).

1.64   F. H. Wittmann and F. Schlude, Microwave absorption of hardened cement paste, *Cement and Concrete Research*, **5**, No. 1, pp. 63–71 (Jan. 1975).

1.65   I. Odler, M. Yudenfreund, J. Skalny and S. Brunauer, Hardened Portland cement pastes of low porosity. III. Degree of hydration. Expansion of paste. Total porosity, *Cement and Concrete Research*, **2**, No. 4, pp. 463–81 (July 1972).

1.66　V. S. RAMACHANDRAN and C.-M. ZHANG, Influence of CaCO₃, *Il Cemento*, **3**, pp. 129–52 (1986).

1.67　D. KNÖFEL, Quantitative röntgenographische Freikalkbestimmung zur Produktionskontrolle im Zementwerk, *Zement-Kalk-Gips*, **23**, No. 8, pp. 378–9 (Aug. 1970).

1.68　T. KNUDSEN, Quantitative analysis of the compound composition of cement and cement clinker by X-ray diffraction, *Amer. Ceramic Soc. Bul.*, **55**, No. 12, pp. 1052–5 (Dec. 1976).

1.69　J. OLEK, M. D. COHEN and C. LOBO, Determination of surface area of portland cement and silica fume by mercury intrusion porosimetry, *ACI Materials Journal*, **87**, No. 5, pp. 473–8 (1990).

1.70　S. M. KHALIL and M. A. WARD, Influence of a lignin-based admixture on the hydration of Portland cements, *Cement and Concrete Research*, **3**, No. 6, pp. 677–88 (Nov. 1973).

1.71　J. CALLEJA, L' expansion des ciments, *Il Cemento*, **75**, No. 3, pp. 153–64 (July–Sept. 1978).

1.72　J. F. YOUNG et al., Mathematical modelling of hydration of cement: hydration of dicalcium silicate, *Materials and Structures*, **20**, No. 119, pp. 377–82 (1987).

1.73　J. H. SPROUSE and R. B. PEPPLER, Setting time, *ASTM Sp. Tech. Publ. No. 169B*, pp. 105–21 (1978).

1.74　I. ODLER and H. DÖRR, Early hydration of tricalcium silicate. I. Kinetics of the hydration process and the stoichiometry of the hydration products, *Cement and Concrete Research*, **9**, No. 2, pp. 239–48 (March 1979).

1.75　M. H. WILLS, Accelerated strength tests, *ASTM Sp. Tech. Publ. No. 169B*, pp. 162–79 (1978).

1.76　J. BROTSCHI and P. K. MEHTA, Test methods for determining potential alkali–silica reactivity in cements, *Cement and Concrete Research*, **8**, No. 2, pp. 191–9 (March 1978).

1.77　RILEM NATIONAL COMMITTEE OF THE USSR, Method of determination of the beginning of concrete setting time, *U.S.S.R. Proposal to RILEM Committee CPC-14*, 7 pp. (Moscow, July 1979).

1.78　R. SERSALE, R. CIOFFI, G. FRIGIONE and F. ZENONE, Relationship between gypsum content, porosity and strength in cement, *Cement and Concrete Research*, **21**, No. 1, pp. 120–6 (1991).

1.79　I. ODLER, Strength of cement (Final Report), *Materials and Structures*, **24**, No. 140, pp. 143–57 (1991).

1.80　ANON, Saving money in cement production, *Concrete International*, **10**, No. 1, pp. 48–9 (1988).

1.81　G. C. BYE, *Portland Cement: Composition, Production and Properties*, 149 pp. (Oxford, Pergamon Press, 1983).

1.82　Z. BERHANE, Heat of hydration of cement pastes, *Cement and Concrete Research*, **13**, No. 1, pp. 114–18 (1983).

1.83　M. KAMINSKI and W. ZIELENKIEWICZ, The heats of hydration of cement constituents, *Cement and Concrete Research*, **12**, No. 5, pp. 549–58 (1982).

1.84　H. F. W. TAYLOR, Modification of the Bogue calculation, *Advances in Cement Research*, **2**, No. 6, pp. 73–9 (1989).

1.85　F. P. GLASSER, Progress in the immobilization of radioactive wastes in cement, *Cement and Concrete Research*, **22**, Nos 2/3, pp. 201–16 (1992).

1.86　V. S. RAMACHANDRAN, A test for "unsoundness" of cements containing magnesium oxide, *Proc. 3rd Int. Conf. on the Durability of Building Materials and Components*, Espoo, Finland, **3**, pp. 46–54 (1984).

1.87　J. J. BEAUDOIN and V. S. RAMACHANDRAN, A new perspective on the hydration characteristics of cement phases, *Cement and Concrete Research*, **22**, No. 4, pp. 689–94 (1992).

1.88　T. A. HARRISON, New test method for cement strength, *BCA Eurocements*, Information Sheet No. 2, 2 pp. (Nov. 1992).

1.89　D. M. ROY and G. R. GOUDA, Optimization of strength in cement pastes, *Cement and Concrete Research*, **5**, No. 2, pp. 153–62 (1975).

1.90　F. MASSAZZA and M. TESTOLIN, Latest developments in the use of admixtures for cement and concrete, *Il Cemento*, **77**, No. 2, pp. 73–146 (1980).

1.91　P.-C. AÏTCIN, S. L. SARKAR, M. REGOURD and D. VOLANT, Retardation effect of superplasticizer on different cement fractions. *Cement and Concrete Research*, **17**, No. 6, pp. 995–9 (1987).

1.92　A. NONAT and J. C. MUTIN (eds), Hydration and setting of cements, *Proc. of Int. RILEM Workshop on Hydration*, Université de Dijon, France, 418 pp. (London, Spon, 1991).

1.93　M. RELIS, W. B. LEDBETTER and P. HARRIS, Prediction of mortar-cube strength from cement characteristics, *Cement and Concrete Research*, **18**, No. 5, pp. 674–86 (1988).

1.94　J. BARON and R. SANTERAY (Eds), *Le Béton Hydraulique – Connaissance et Pratique,* 560 pp. (Presses de l' Ecole Nationale des Ponts et Chaussées, Paris, 1982).

1.95　B. OSBÆCK, On the influence of alkalis on strength development of blended cements, in *The Chemistry and Chemically Related Properties of Cement*, British Ceramic Proceedings, No. 35, pp. 375–83 (Sept. 1984).

1.96　H. BRAUN, Produktion, Energieeinsatz und Emissionen im Bereich der Zementindustrie, *Zement + Beton*, pp. 32–34 (Jan. 1994).

1.97　D. P. BENTZ et al., Limestone fillers conserve cement, *ACI Journal*, **31**, No. 11, pp. 41–6 (2009).

第 2 章

不同类型的胶凝材料

第 1 章主要内容是硅酸盐水泥的一般性能，我们已经了解到化学组分和物理特征不同的水泥水化时，表现出的性能是不同的。这样，就可以通过选择不同的原材料来生产所需的不同性能的水泥。事实上，现在市场上已经可以买到各种各样的水泥了，包括一些特殊用途的水泥，甚至是一些非硅酸盐类水泥。

在讲述各种硅酸盐水泥之前，有必要先讨论一下混凝土中胶凝材料的性能。

2.1 胶凝材料的分类 *

起初，人们在制备混凝土时只用三种原材料：水泥、骨料和水，并且所用的水泥几乎都是第 1 章所讲的硅酸盐水泥。后来，人们为了提高新拌混凝土或已经硬化混凝土的某些性能，在拌合物中添加了少量化学产品。所加的这些化学产品叫作化学外加剂又简称为外加剂，将在第 5 章讨论。

接着，其他的一些材料，如天然无机材料，也开始加入混凝土的拌合物中。最初人们加入这些材料只是为了更加经济，因为它们比硅酸盐水泥便宜。它们有的来源于天然材料，几乎不需要加工；有的来源于工厂的副产品或废料，也不需要加工。20 世纪 70 年代耗能成本的飙升，进一步刺激人们在混凝土拌合物中掺入这些"辅助"材料。从前面的章节可知，耗能成本在水泥生产成本中占很大比重（见第 1.2 节）。

近年来人们开始关注生态环境，进一步推动了这些"辅助"材料在混凝土拌合物中的应用，一方面生产硅酸盐水泥的原材料需要开采矿石，另一方面大量的工业废料（如矿渣、粉煤灰或硅灰等）亟须处理。而且，硅酸盐水泥的生产过程本身就对环境有害，因为每生产 1t 的水泥熟料就要向大气中排放约 1t 的二氧化碳。

以往人们在混凝土中掺入辅助材料主要是为了经济原因，而如今人们掺入辅助材料是为了使混凝土具有更理想的性能，这些辅助材料有些用于新拌混凝土，但大多数用于硬化混凝土。在这两种原因的推动下，形成了当前混凝土的主流局面：在许多国家，大部分的混凝土都至少含有一种辅助添加材料，因此这些辅助材料也被称为水泥替代料或是添加料。

如前所说，我们将这种材料称为辅助材料，而且这种材料在配制混凝土时有良好的胶凝性，这样我们就需要一个确定的术语来定义它，但是目前在不同的文献中，该术语仍未统一。

对混凝土来说，胶凝材料一般指传统的硅酸盐水泥，而且只指硅酸盐水泥本身。这样，当其他材料加进来时，形成的混合胶凝材料就称为"硅酸盐复合水泥"，有时也称为"混合硅酸盐水泥"。

标准 BS EN 197-1：2000 用术语"CEM"表示"水泥"，指含有硅酸盐水泥的混合材料（高

* 本节中的大部分内容已发表在参考文献［2.5］中。

铝水泥除外）。然而这个术语并不明确而且也没有得到广泛的认同。从 CEM I 到 CEM V 就有五大类别，共计 27 种普通水泥。

美国现行标准 ASTM C 1157-10 用术语混合水硬性水泥表示，它涵盖了一般水硬性水泥和特殊水硬性水泥，并将混合水硬性水泥定义如下：水硬性水泥中含有两种或两种以上的无机组分，它们单独作用或与其他组分（经过处理的添加剂或功能性添加剂）共同作用来提高混凝土的强度。

比较而言，术语"混合水硬性水泥"较为合理，只是很难将混凝土中的无机组分与混凝土中的实际材料联系起来，典型的无机组分包括人工或天然火山灰、粉煤灰、硅灰以及磨细的炉渣。再者，着重强调"水硬性"可能会使水泥使用者产生错误的印象，况且美国混凝土协会（ACI）本身也未采用 ASTM 给出的术语。

综上所述，对这些不同的材料进行定义和分类是很困难的，因为缺少国际通用的命名法则。事实上，解决该问题并不是没有方法，但究竟如何对材料进行定义和分类，学者和专家的巨大分歧使得该问题很难解决。

考虑到本书的国际通用性，我们将采用以下术语。

由硅酸盐水泥熟料和占总量 5% 以内的其他无机材料组成的水泥称为硅酸盐水泥。这里需要指出，在 1991 年之前，硅酸盐水泥通常指的是纯净的硅酸盐水泥，也就是说，除了石膏或助磨剂之外，不含其他任何材料。

由硅酸盐水泥熟料和一种或一种以上的无机材料组成的水泥称为混合水泥。这个定义和 ASTM 1507-10 里的有些类似，但我们所说的"混合"是指单独粉料的混合以及不同材料粉磨后的混合，例如，硅酸盐水泥熟料与高炉矿渣磨细后混合到一起（见第 2.9 节）。

在选择混合水泥成分的术语时我们可能会遇到一些困难，因为术语"组分"和"成分"可能会使读者与水泥中的化学矿物相混淆。不过我们更关注这些材料共同的特性，用 ASTM C 1157-94a 中的话来说，它们都"有助于增强水泥的强度"。事实上，这些材料有些本身具备胶凝性，有些具备潜在的胶凝性，还有些是通过物理作用来增强混凝土的强度。因此，我们可以将这些材料统称为"胶凝材料"。纯物质主义者可能不同意这种看法，但是这样做在简化和分类上有明显的优势。

各类胶凝材料将在本章后面的内容中讨论，为了便于理解，表 2.1 中给出了相关性能。从表中可以看出，对水硬性，即真实的胶凝性能，难以清晰划分开。

表 2.1　混合水泥中材料的胶凝性

材　　料	胶　凝　性
硅酸盐水泥熟料	完全胶凝性（水硬性）
磨细的高炉矿渣	潜在水硬性，即部分水硬性
天然火山灰（N 类）	掺入硅酸盐水泥中时具有潜在水硬性
硅质粉煤灰（F 类）	掺入硅酸盐水泥中时具有潜在水硬性
高钙粉煤灰（C 类）	掺入硅酸盐水泥中时具有潜在水硬性，同时自身具备较低的水硬性
硅灰	掺入硅酸盐水泥中时具有潜在水硬性，同时自身物理作用很大
钙质填料	主要表现为物理作用，掺入硅酸盐水泥时也具有潜在的水硬性
其他填料	只表现物理作用，为化学惰性

如以上所说，所有已经定义的胶凝材料都有一个共同的特性：它们至少和硅酸盐水泥颗粒一样细，或者更细。但是其他方面特性却有很大不同，这种不同主要是材料的来源、化学成分和物理特性（如表面结构、相对密度）之间的巨大差异造成的。

混合水泥生产方式有以下几种：第一种是将水泥熟料与其他的胶凝材料拌合来制备整体型混合水泥；第二种是用两种或三种粉体材料直接混合；还有一种是将硅酸盐水泥和一种或一种以上的胶凝材料分别加入混凝土搅拌机中搅拌。

而且，混凝土中硅酸盐水泥的相对含量和其他胶凝材料的相对含量是有很大不同的：有时候其他胶凝材料所占比例较低，有时候则较高，有时甚至可以成为混合水泥的主要组成部分。

因此本书中，除了极细骨料颗粒外，"胶凝材料"这个术语将被用来指代所有包含水泥的粉末材料。这里我们所讲的水泥大多数情况下是硅酸盐水泥，而不是硫酸盐水泥和高铝水泥。因此，本书的胶凝材料可以是硅酸盐水泥，也可以是硅酸盐水泥和其他胶凝材料的混合物。

有些胶凝材料本身具有水硬性，它可以通过自身的水化作用来提高混凝土的强度。还有一些胶凝材料可能具有潜在的水硬性，只有当它与某些混合物发生化学反应时才能表现水硬性。第三种情况是有些胶凝材料本身是化学惰性的，但在其他材料水化时，它能够表现出催化作用，如促进成核、提高水泥浆体的密实度，或者对新拌混凝土性能有物理作用等，这类材料称为"填料"，有关"填料"的内容将会在本章后面几节进行讨论。

对于美国读者，需要指出的是，美国混凝土协会（American Concrete Institute）定义术语"矿物外加剂"为非水硬性辅助材料，而此术语不用于本书。另外，术语"外加剂"往往会使读者想到混凝土中某些掺量很小的组分，但是，正如前文所述，混凝土中有一些"辅助"材料的掺量是很大的。

后面的章节我们将会讨论不同类型的胶凝材料，包括它们在混凝土中的具体作用以及一些特殊应用，并且这部分内容将会贯穿于整本书中。

2.2 不同的水泥

在上一节里我们就胶凝材料的基本组分和合理分类进行了讨论。然而实际中，为了选择更合适的硅酸盐水泥或是混合水泥，我们常常按其物理性能或化学性能分类，而且这样的分类方法往往十分有用，例如，有些胶凝材料能使混凝土快速早强、水化放热低或是抗硫酸盐侵蚀。

为了便于讨论，表 2.2 中详细列出了不同类型的硅酸盐水泥，这些硅酸盐水泥中含有或不含有其他胶凝材料，并根据 ASTM 标准 C 150-09 和 C 595-10 进行了划分。表 1.9 根据 ASTM 给出了部分水泥矿物组分的限值，而表 2.3 中给出了不同类型硅酸盐水泥中各矿物组分的典型值[2.34]。

为了统一欧盟各国（也包括欧洲一些其他国家）的标准，欧洲标准委员会颁布了第一水泥常用标准，被英国引用后即为 BS EN 197-1:2000"水泥-组分、性能参数和验收标准"，表 2.4 简单给出了该规范对普通水泥的分类。

表 2.2　硅酸盐水泥的主要类型

传统英国分类名称	ASTM 分类名称
普通硅酸盐水泥	I 型
快硬硅酸盐水泥	III 型
超快硬硅酸盐水泥	—
超高早强硅酸盐水泥	正常凝结 *
低热硅酸盐水泥	IV 型
改良水泥	II 型
抗硫酸盐硅酸盐水泥	V 型
矿渣硅酸盐水泥	IS 型、I 型（SM）
白色硅酸盐水泥	—
火山灰硅酸盐水泥	IP 型、I 型（PM）
矿渣水泥	S 型

注：除了 IV 型和 V 型水泥外，所有的美国水泥都能掺加引气剂，这样的水泥以字母"A"标注，如 I A 型。
　　* 表示不属于 ASTM 分类名称。

表 2.3　不同种类硅酸盐水泥中矿物成分的典型值[2.34]

水泥类型	典型值	矿物成分（%）								样品数
		C_3S	C_2S	C_3A	C_4AF	$CaSO_4$	游离 CaO	MgO	烧失量	
I 型	最大	67	31	14	12	3.4	1.5	3.8	2.3	21
	最小	42	8	5	6	2.6	0.0	0.7	0.6	
	平均	49	25	12	8	2.9	0.8	2.4	1.2	
II 型	最大	55	39	8	16	3.4	1.8	4.4	2.0	28
	最小	37	19	4	6	2.1	0.1	1.5	0.5	
	平均	46	29	6	12	2.8	0.6	3.0	1.0	
III 型	最大	70	38	17	10	4.6	4.2	4.8	2.7	5
	最小	34	0	7	6	2.2	0.1	1.0	1.1	
	平均	56	15	12	8	3.9	1.3	2.6	1.9	
IV 型	最大	44	57	7	18	3.5	0.9	4.1	1.9	16
	最小	21	34	3	6	2.6	0.0	1.0	0.6	
	平均	30	46	5	13	2.9	0.3	2.7	1.0	
V 型	最大	54	49	5	15	3.9	0.6	2.3	1.2	22
	最小	35	24	1	6	2.4	0.1	0.7	0.8	
	平均	43	36	4	12	2.7	0.4	1.6	1.0	

表 2.4 根据标准 BS EN 197-1：2000 划分的主要水泥类型

类型 *	名称	胶凝材料的质量百分比†			
		硅酸盐水泥水泥	火山灰或粉煤灰‡	硅灰	磨细高炉矿渣§
I	硅酸盐水泥	95 ～ 100	—	—	—
Ⅱ/A	矿渣硅酸盐水泥	80 ～ 94	—	—	6 ～ 20
Ⅱ/B		65 ～ 79	—	—	21 ～ 35
Ⅱ/A	火山灰质或粉煤灰质硅酸盐水泥	80 ～ 94	6 ～ 20	—	—
Ⅱ/B		65 ～ 79	21 ～ 35	—	—
Ⅱ/A	硅灰硅酸盐水泥	90 ～ 94	—	6 ～ 10	—
Ⅱ/A	硅酸盐复合水泥	80 ～ 94	← 6 ～ 20 →		
Ⅱ/B		65 ～ 79	← 21 ～ 35 →		
Ⅲ/A	矿渣水泥	35 ～ 64	—	—	36 ～ 65
Ⅲ/B		20 ～ 34	—	—	66 ～ 80
Ⅲ/C		5 ～ 19	—	—	81 ～ 95
Ⅳ/A	火山灰水泥	65 ～ 89	← 11 ～ 35 →		
Ⅳ/B		45 ～ 64	← 36 ～ 55 →		

* 字母 A、B 表示第二种胶凝材料的含量；
† 允许添加 5% 的填料；
‡ 不是粉煤灰和硅灰；
§ 磨细矿渣粉。

为了保证混凝土结构在不同环境条件下具有良好的耐久性，已经研制出了许多种水泥。然而，对于混凝土耐久性的问题，单靠水泥的组分还不能完全解决。硬化混凝土的主要性能，如强度、收缩、渗透性、耐风化性和徐变等，这些性能除了受水泥组分的影响外，还会受到其他一些因素的影响，当然水泥成分是影响混凝土强度的主要因素[2.2]。图 2.1 给出了不同类型水泥制备的混凝土的强度发展规律：由该图可知，水泥类型不同，前期混凝土强度增长速率差别很大，但到 90 天以后[2.1]，所有混凝土强度差异减小，而在某些情况下（图 2.2），其强度值变化也会稍大些[2.4]。一般规律是硬化速度慢的水泥，其极限强度相对较高。例如，图 2.1 中Ⅳ型水泥的 28d 强度最低，但 5 年后强度变为第二高。由图 2.1 和图 2.2 的对比可知，不同水泥制备的混凝土之间的差别很难定量表示。

再看图 2.2，我们注意到用Ⅱ型水泥配制的混凝土会出现强度倒退现象，但这种现象并不是这类水泥本身的特性。其早期强度低，后期强度高，这与硬化水泥初期构架对极限强度发展的影响规律是一致的。具体来说，水泥构架形成的越慢，胶凝体就会越密实，其极限强度也就越高。然而，我们发现不同水泥，其主要物理特性的差别只表现在水化的初期阶段[2.3]。而且在水化良好的浆体中这种差别是很小的。

将水泥划分成不同类型还只是个粗略的分法，而且即使名义上是同一类型，也可能有很大的不同。另一方面，不同类型的水泥，其性能也可能不会有明显的突变，而且许多水泥又可以同时被划分为多个类型。

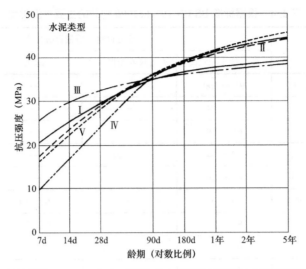

图 2.1　水泥用量 335kg/m³ 时不同类型水泥配制的混凝土强度发展规律[2.1]

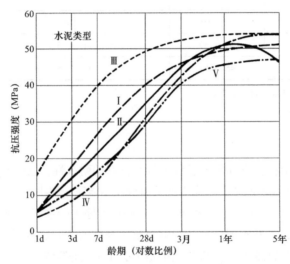

图 2.2　水灰比为 0.49 时不同类型水泥配制的混凝土强度发展规律[2.4]

　　制作水泥时，在得到其某个特殊性能的同时往往会产生一些我们不想要的附加性能。鉴于这个原因，我们需要寻求一个平衡点，而且制造过程中也必须考虑经济因素。Ⅱ型水泥就是一个典型的适用于多种用途的水泥。

　　近几年来水泥的制造工艺已经有了稳步提升，而且伴随着规范的不断更新，水泥制造业的发展，我们已经能够生产出满足不同要求的水泥。另一方面，水泥的发展需要结合混凝土的发展，否则就会产生不利的影响，这一点将在第 7 章中详细介绍。

2.3　普通硅酸盐水泥

　　目前普通硅酸盐水泥是人们最常用的水泥：在美国所有水泥的用量中，普通硅酸盐水泥就占到了 90%（2008 年美国水泥生产总量为 7300 万 t/ 年），这与英国所用硅酸盐水泥的比例相同（2005 年英国水泥生产总量为 1200 万 t/ 年）。2007 年英国人均水泥消耗量约为 250kg，与之相对应的美国则为 360kg。对于世界上所有人，包括男人、女人和儿童，2007 年人均水泥消耗量为 420kg，总排名第二，仅次于该年人均水的消耗量。这项数据变化最大的是在中国，因为从 1995～2004 年，人均水泥消耗量增长了 90%，而且目前中国水泥的消耗量可以达到世界总生产量的 50%。2013 年全球普通硅酸盐水泥的总产量将达到 35 亿 t。在水泥的生产中，作为胶凝材料的粉煤灰（fly ash），其用量正在显著增长，因此混凝土的消耗量再也不能仅依靠普通硅酸盐水泥的消耗量来表示了。

普通硅酸盐水泥（Ⅰ型）适用于一般的混凝土建筑，因为这类建筑大都建在无硫酸盐侵蚀的土壤上，也不会暴露于地下水中。标准 BS EN 197-1:2000 详细规定了这种水泥的规范。如今，人们更趋向于注重水泥的性能表现，很少去关注水泥的化学成分，如水泥的矿物组分和氧化物组分。事实上，该标准只是规定了该水泥需要由 95%～100% 的水泥熟料和 0～5% 的微量成分组成，这两个百分比为两种材料质量占总质量（硫酸钙和生产添加剂除外，如助磨剂）的百分比。

在水泥熟料中，C_3S 和 C_2S 两者的含量不得低于总量的 2/3，CaO 和 SiO_4 的含量不得低于总量的 2.0%。MgO 的最大含量应该控制在 5% 以内。

上文提到的微量成分，可以是一种或是几种其他类型的胶凝材料，也可以是填料。填料的定义是天然材料或无机矿物材料，而非胶凝材料。大多数填料为钙质材料，它的颗粒分布特性可以改善水泥的物理特性，如水泥的工作性能和保水性能等。填料将在本章后面讨论。

不同于英国其他标准，BS EN 197-1:2000 并没有给出熟料中各种氧化物具体的比例。考虑到有些国家仍在使用英国标准，所以有必要注意石灰饱和系数应为 0.66～1.02。对于水泥，该系数为：

$$\frac{1.0(CaO)-0.7(SO_3)}{2.8(SiO_2)+1.2(Al_2O_3)+0.65(Fe_2O_3)}$$

式中，括号内的氧化物表示其占水泥总量的质量百分比。

石灰饱和系数的上限保证了石灰的量不会过高，以免在烧结温度下液态平衡时产生游离的石灰。由第 1 章可知，游离石灰可以影响水泥的安定性，具体可以采用 Le Chatelier 试验控制方法。石灰饱和系数过低，不利于水泥熟料的煅烧，熟料中的 C_3S 比例也会降低，也不利于混凝土早期强度发展。

标准 BS EN 196-2:2005 给出了水泥具体的化学分析方法。

由于某些国家仍在使用英国标准 BS 12:1996（2000 年撤销），按照 BS EN 196-3:2005 的规定，Le Chatelier 试验中的膨胀量需要控制在 10mm 以内。英国标准 BS 12:1996 还要求 SO_3 的含量不得超过 3.5% 或 4.0%，氯化物的含量不得超过 0.10%，此外，还给出了不溶物的含量和烧失量。标准 ASTM C 150-09 没有具体给出 SO_3 的限量。

英国标准 BS 12:1996 根据抗压强度对硅酸盐水泥进行分类如表 2.5 所示。水泥的强度等级与其 28d 最小抗压强度相对应，即表中 32.5、42.5、52.5 和 62.5。同时该表也给出了低等级水泥 28d 后抗压强度的最大值和最小值，而且两者差值较大。32.5 和 42.5 强度等级的水泥还分为两个子类，一种是普通早强，另一种是高早强。高早强以字母 "R" 标注，属于快硬水泥，这部分内容将在下一节介绍。

表 2.5　BS 12:1996 对水泥抗压强度的要求

等　级	各龄期最小强度值（MPa）			28d 龄期最大强度值（MPa）
	2d	7d	28d	
32.5N	—	16	32.5	52.5
32.5R	10	—		
42.5N	10	—	42.5	62.5
42.5R	20	—		
52.5N	20	—	52.5	—
62.5N	20	—	62.5	—

在实际工程应用中，为了避免出现较大的强度波动，英国标准规定 32.5 和 42.5 强度等级的水泥强度跨度最大值为 20MPa。而且，如果 28d 水泥的强度过高，可能在配制规定混凝土强度时水泥的掺量就会下降，这类问题常在 20 世纪七八十年代出现，将在第 7 章讨论这部分内容。

2.4　快硬硅酸盐水泥

如上节内容介绍，这类水泥由标准 BS EN 197-1:2000 中 32.5 和 42.5 强度等级水泥的子类组成。所谓的快硬水泥（Ⅲ型），即强度增长很快的水泥，准确地说应该是高早强水泥。事实上，硬化速度和凝结速度是不同的，普通水泥和快硬水泥有相近的凝结时间，标准 BS 12:1996 规定水泥的初凝时间不得早于 45min，终凝时间没有特别要求。而标准 BS EN 197-1:2000 对水泥的细度没有规定。

快硬硅酸盐水泥强度增长率的提高主要是由于较高含量的 C_3S 和更细的水泥熟料，一般情况下 C_3S 的含量超过 55%，有时候甚至达到 70%。与以往的标准 BS 12 不同，英国标准 BS 12:1996 并没有规定水泥的细度，包括普通水泥和快硬水泥。然而，该标准和另一个标准 BS EN 197-1:2000 都给出了一种最优细度的硅酸盐水泥，这种最优细度水泥已经被水泥生产者和使用者广泛接受。在工程中这种水泥很实用，在振捣时可以将混凝土中多余的水分更轻易地排掉，显然，此时水泥的细度比抗压强度更重要。

实际上，快硬硅酸盐水泥的细度要比普通硅酸盐水泥高。最典型的是，用 Blaine 法则得的 ASTM Ⅲ 型水泥的表面积为 $450 \sim 600 kg/m^2$，而 Ⅰ 型水泥为 $300 \sim 400 kg/m^2$。通常更高细度的水泥可以显著提高其在水化后 $10 \sim 20h$ 的强度，而且这种提高效应可以一直延续 28d。在湿养护的条件下，水泥强度值在养护 2~3 月时达到稳定，但是在后期，低细度水泥的强度值要高于高细度水泥[2.9]。

这种现象可以这样解释：水泥的细度越低，其形成的拌合物用水量也就越高，在水泥用量和工作性能一定的情况下，水灰比必然增大。因此，高细度水泥除了有较高的早期强度之外并没有其他优势。

快硬硅酸盐水泥的安定性和化学性能与普通硅酸盐水泥的相同，因此不再赘述。

快硬硅酸盐水泥一般用在对早期强度要求较高的地方，如当需要较早拆除模板以便重复利用时，或是进行下一步施工前，结构需要有一定的强度时等。快硬硅酸盐水泥并不比普通硅酸盐水泥贵很多，但在英美两国，它只占到所有水泥生产总量的百分之几。快硬水泥强度增长很快，这也意味着其内部放热增长率较高，因此这种水泥不适用于大体积工程或断面较大的结构。另外，早期放热可以避免结构在低温条件下的早期冻害。

2.5 特种超快硬硅酸盐水泥

现在人们已经能够生产出许多特种超快硬水泥，超高早强水泥就是其中之一。虽然这种水泥还没有统一的标准，但是水泥生产厂商却可以提供这种产品。通常情况下，水泥强度的快速增长是靠磨细水泥颗粒来实现的，该水泥的比表面积可以达到 $700\sim900m^2/kg$。因此，其石膏含量也不得不比标准 BS EN 197-1:2000 规定的含量要高（以 SO_3 计占 4%），不过在其他方面，这种超高早强水泥都能满足该标准的要求。需要注意的是，含量过高的石膏并不会对水泥的长久安定性产生不利影响，因为石膏会在早期水泥水化作用时完全反应。

图 2.3 给出了水泥细度对水泥强度影响的变化状况，该研究[2.19]中，所有水泥 C_3S 的含量都为 45%～48%，C_3A 的含量为 14.3%～14.9%。

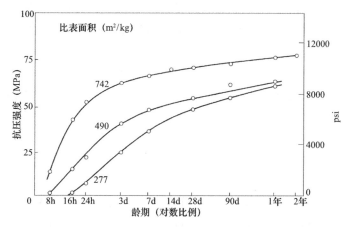

图 2.3　不同比表面积（透气法测定）硅酸盐水泥混凝土强度发展规律[2.19]

超高早强水泥是经过旋风分离器从快硬硅酸盐水泥中进行颗粒级配分选而生产的由于细度较高，超高早强水泥的堆积密度较低，暴露在空气中时容易变质。同时高细度可以使水泥水化作用较快，早期强度增高，不过水泥的水化热也较大。例如，超高早强水泥 16h 的强度相当于快硬硅酸盐水泥 3d 的强度，24h 的强度相当于快硬硅酸盐水泥 7d 的强度[2.35]。然而，28d 之后，强度几乎没有增长。表 2.6 给出了采用超高早强水泥配制的 1:3 混凝土的典型强度值（1:3 指的是水泥与骨料质量比）。

最近研究表明，超高早强水泥中 C_3S 的含量非常高，达到 60%，而 C_2S 的含量很低，只有 10%。这种水泥的初凝时间发生在 70min 左右，但终凝时间紧随其后，发生在 95min 左右[2.21]。需要指出的是，在相同的配合比条件下，使用超高早强水泥将引起混凝土工作性能的降低。

表 2.6   超高早强水泥混凝土典型强度值^[2.35]（其中水泥与骨料质量比为 1∶3）

龄　期	不同水灰比混凝土抗压强度（MPa）		
	0.40	0.45	0.50
8h	12	10	7
16h	33	26	22
24h	39	34	30
28h	59	57	52
1 年	62	59	57

超高早强水泥已经在许多工程结构中得到应用，如早期施加预应力的结构、需要早期服役的结构等。在配合比相同时，这种水泥的收缩、徐变与其他水泥的差别并不明显^[2.36]。对于徐变，应该在相同的应力 / 强度比的条件下比较（见第 9 章）。

以上我们讨论的超高早强水泥不含任何外加剂，而仅是普通硅酸盐水泥的变种。还存在其他含有特殊成分的水泥，如美国研制的调凝水泥或喷射水泥。这种水泥主要是由硅酸盐水泥、氟铝酸钙（$C_{11}A_7 \cdot CaF_2$）和适当的缓凝剂（通常是柠檬酸或是锂盐）混合而成。该水泥的凝结时间通常为 1～30min（强度增长越慢凝结时间越长），并且可以通过水泥生产过程加以控制，其包括原材料的混磨和烧结。不过由于原材料的硬度不同，这种水泥在粉磨时非常困难^[2.65]。

超高早强水泥早期强度的增长主要由水泥中氟铝酸钙的含量控制：当氟铝酸钙的含量为5% 时，1h 后的强度大约为 6MPa，当其含量为 50% 时，1h 后强度大约 20MPa（实验中水泥的用量为 330kg/m³）。后期强度增长与普通硅酸盐水泥相似，不过在室温条件下，1～3d 强度并未增长。

日本也有一种典型的喷射水泥^[2.23]，其 Blaine 比表面积为 590m²/kg，所含各种氧化物的百分比含量如下：

CaO	SiO₂	Al₂O₃	Fe₂O₃	SO₃
59	14	11	2	11

当水灰比为 0.30 时，2h 后该水泥的抗压强度可以达到 8MPa，6h 后为 15MPa^[2.30]。而且在相同水泥用量情况下，由喷射水泥配制的混凝土的干缩量比由硅酸盐水泥配制的要小，7d 后的渗透性也相对较低^[2.23]。而这些性质在修补紧急工程显得非常重要，因为它们能够快速凝结且早期强度增长较快。此外，这种水泥也必须有恰当的搅拌方式，在需要时可以适当添加缓凝剂^[2.23]。由于调凝水泥的铝酸钙含量较高，所以这种水泥很容易受到硫酸盐侵蚀^[2.37]。

还存在一些其他的特种超快硬水泥。它们通常独家供货销售，并且含有保密成分。所以这里我们讨论这些水泥略显不适，而且也不可靠。但又由于部分国家提供了少量的相关资料，专门指出了这种水泥的一些特性，所以接下来讨论其中的一种，并把这种水泥称为 X水泥。

X 水泥是一种混合水泥，它由 65% 的硅酸盐水泥（Blaine 比表面积通常是 500m²/kg），25% 的 C 类粉煤灰以及一些保密的化学外加剂组成。这些外加剂可能含有柠檬酸、碳酸钾和超塑化剂，但不会含有氯盐。通常，这种水泥的用量是 450kg 每立方混凝土［或 750lb/yd³（lb/yd³）（磅／码³）］，水灰比在 0.25 左右，凝结时间为 30min 或者更久。据称这种混凝土可以在略低于冰点的温度下浇筑，但需要做好保温隔热措施。

采用 X 水泥配制的混凝土强度发展极快，4h 的抗压强度可达 20MPa，28d 的抗压强度可达 80MPa。据说在不加入引气剂的情况下，这种混凝土就已经具有良好的抗硫酸盐侵蚀性能和抗冻性能，可能是因为水灰比低的缘故。除此之外，该混凝土的收缩量也很低。

由于这些特性，X 水泥常用于制作预应力混凝土结构和进行快速修补工作。但是需要指出的是，X 水泥的含碱量约为 2.4%，使用碱-活性骨料时需特别注意。又由于这种水泥的活性和细度都很高，所以需要在干燥条件下存储。

2.6 低热硅酸盐水泥

由于水泥水化时会产生大量的热量，可以引起大体积混凝土内部温度升高，而混凝土自身的导热性能很差，所以过高的热量可能会导致混凝土严重开裂（见第 8 章）。因此，用于此类结构中的水泥，其水化放热速度要加以严格限制。如提高水泥的散热性，使其温度上升缓慢等。

低放热水泥首先在美国使用，是为了建造大型重力坝而生产的，人们通常把它称为低热硅酸盐水泥（Ⅳ型）。然而，现在美国已经很久不生产使用这种水泥了。

在英国，标准 BS 1370:1979 对低热硅酸盐水泥的水化热有严格的规定，具体为 7d 的放热量为 250J/g，28d 的放热量为 290 J/g。

在对石灰与 SO_3 结合量校正后，低热硅酸盐水泥的石灰含量范围是：

$$\frac{CaO}{2.4(SiO_2)+1.2(Al_2O_3)+0.65(Fe_2O_3)} \leqslant 1$$

且

$$\frac{CaO}{1.9(SiO_2)+1.2(Al_2O_3)+0.65(Fe_2O_3)} \geqslant 1$$

由于水化较快的组分 C_3S 和 C_3A 的含量很低，低放热水泥的强度增长要比普通硅酸盐水泥的慢，但极限强度不受影响。在任何情况下，为了保证水泥强度的增长率，水泥的比表面积不应小于 320m²/kg。而标准 BS EN 197-1:2000 在这方面没有专门的规定。

美国的 P 型硅酸盐-火山灰水泥可以划定为低热水泥。另一种 IP 型硅酸盐-火山灰水泥具有中等程度的水化热，通常用后缀 MH 标注。标准 ASTM C 595-10 有涉及此方面的内容。

在实际应用中，早期强度很低可能是一个缺点，为此，美国又研制出了一种改性水泥（Ⅱ型）。这种改性水泥放热速度比低热水泥的略高，但强度增长速度和普通硅酸盐水泥相近，所以这种水泥成功地将低放热、早高强两种特性结合到一起。在中等放热或中等硫酸盐侵蚀的结构中推荐使用改性水泥，而且这种水泥已经在美国得到了广泛的应用。

标准 ASTM C150-09 对改性水泥（Ⅱ型）和低热水泥（Ⅳ型）给出了详细规定。

如前所述，Ⅳ型水泥已经很少在美国使用了，人们通常采用其他办法来减少水泥水化产生的热量，如掺加粉煤灰或是火山灰，或是控制水泥用量等。根据标准 ASTM C150-09，Ⅱ型水泥 7d 的水化热为 290J/g，相同时间下Ⅳ型水泥的水化热为 250 J/g。

2.7　抗硫酸盐水泥

我们在讨论水泥水化反应，特别是凝结过程时，曾提到 C_3A 能够与石膏（$CaSO_4 \cdot 2H_2O$）反应生成硫铝酸钙。在硬化水泥中，铝酸钙水化物可以与混凝土外表面的硫酸盐发生类似的反应，其产物也为硫铝酸钙，并在已经水化的水泥中形成。此过程会使混凝土固相体积增加 227%，导致混凝土逐渐破坏。另一种破坏反应是氢氧化钙和硫酸盐之间的盐基交换反应，生成的石膏也可以使混凝土固相体积增加 124%。

这些反应便称为硫酸盐侵蚀。这些硫酸盐中尤其硫酸镁和硫酸钠最为活泼，而且在干湿交替的环境下，硫酸盐侵蚀的速率更会大大提高。

对此，人们常见的补救办法是使用低 C_3A 含量的水泥，该水泥称为抗硫酸盐水泥。英国标准 BS 4027:1996 规定这种水泥的 C_3A 最高含量是 3.5%，SO_3 最高含量是 2.5%。其他方面，抗硫酸盐水泥与普通硅酸盐水泥大致相同，只是在标准 BS EN 197-1:2000 中没有特别指出。在美国，抗硫酸盐水泥即为 V 型水泥，美国标准 ASTM C150-09 对其有专门的规定，将 C_3A 的含量限制在 5% 以内，$C_4AF + 2C_3A$ 的含量限制在 25% 以内，氧化镁的含量限制在 6% 以内。美国标准 ASTM C595-10 还提到了中等抗硫酸盐水泥。

目前 C_4AF 的作用机制尚不清楚。单从化学角度讲，C_4AF 将会形成硫铝酸钙和硫铁酸钙，进而引起膨胀。其中 Al_2O_3 与 Fe_2O_3 的比值越低，$CaSO_4$ 对硬化水泥的作用似乎越小，而且形成了一些不易受到侵蚀的固溶体。铁铝酸四钙更不易被侵蚀，反而可以在游离的铝酸钙上形成一层保护薄膜[2.6]。

由于在初始原材料中减少 Al_2O_3 的含量是非常困难的，所以人们往往在混合物中加入 Fe_2O_3 来消耗 C_3A，从而使得 C_4AF 的含量增加[2.7]。

典型的具有较低 Al_2O_3 与 Fe_2O_3 比值的水泥是 Ferrari 水泥，在这种水泥的生产过程中，用氧化铁代替了部分黏土。在德国也生产了一种类似的水泥，人们称之为 Erz 水泥。通常，这一类型的水泥都称为铁矿水泥。

低 C_3A 含量和较低 C_4AF 含量的抗硫酸盐水泥意味着拥有较高的硅酸盐含量，这使得水泥强度较高，但由于硅酸盐中 C_2S 的比例相对较大，所以这种水泥的早期强度较低。抗硫酸盐水泥的水化热比低热水泥的水化热略高，但不是高很多。由此看来，理论上讲抗硫酸盐水泥是一种理想的水泥，然而生产这种水泥时对原材料组分有较高要求，所以这类水泥还没有广泛廉价地生产。

需要指出的是，在配筋或是埋设钢筋的混凝土中可能存在氯离子，该水泥在这种情况下使用效果不好。原因是水泥中的 C_3A 能够束缚氯离子，生成氯铝酸钙。但是随着氯离子的减少，钢筋变得不易锈蚀。这方面的内容将在第 11 章讨论。

标准 BS 4027:1996 中规定了一种低碱抗硫酸盐水泥，因为无论水泥中 C_3A 的含量是多少，低碱条件都有利于水泥抵抗硫酸盐侵蚀。低碱环境使得早期能与 C_3A 反应的硫酸根离子数量减少[2.12]，但是这种作用能够持续多久尚不明确。

2.8 白色水泥和颜料

为了建筑美观，人们有时会使用白色水泥或者彩色涂料来装饰建筑物。在使用白色水泥时，我们建议使用细骨料以便达到水泥的最佳效果。当然，如果建筑物表面另需处理时，也可以使用粗骨料。此外，白色水泥的另一个优点是它的可溶碱含量较低，所以建筑物的表面不易产生污点。

白色硅酸盐水泥的原材料含有非常少量的氯化铁（不到熟料质量的 0.3%）和氯化镁。在制造白色硅酸盐水泥时，通常掺入适量的瓷土和不含特定杂质的白垩或石灰石，烧制过程中要用燃油或者天然气，以免水泥被煤灰弄脏。另外，铁在烧制过程中起着助熔剂的作用，铁元素过少必然要求窑内有较高温度（可达 1650℃），所以人们通常会掺入适量的冰晶石（氟铝酸钠）作助熔剂。

在材料的研磨期间也要注意铁对水泥的污染，也是由于这个原因，人们不得不使用效率较低的卵石研磨或是银铝合金球磨，而不使用常用的球磨机。因此材料的磨细成本较高，再加上原材料成本高，使得白色水泥价钱较高（约为普通硅酸盐水泥价钱的 3 倍）。

白色水泥通常用于混凝土表面，用作饰面层，而且要特别注意两种材料的黏结问题。为了获得良好的色泽，白色混凝土拌合物的配合比种类很多，并且要求水灰比小于等于 0.4。在某些情况下，用浅色矿渣取代部分白色水泥可能会节约成本。

严格意义上讲，由于杂质的影响，白水泥呈淡绿色或浅黄色。铬、锰、铁等杂质分别会使白水泥呈现略微的绿色、蓝绿色、黄色[2.20]。

表 2.7 中给出了白色硅酸盐水泥的一种典型矿物组成，其中 C_3S 和 C_2S 的含量有很大差异。白色水泥的密度比普通硅酸盐水泥的密度略低，通常为 3.05～3.10。由于白色水泥的亮度随着水泥细度的提高而增加，所以通常将其研磨至 $400～450kg/m^2$。通常来讲，白色水泥的强度低于普通硅酸盐水泥的强度，但可以满足英国规范 BS 12:1996 的要求。

表 2.7 白色硅酸盐的典型矿物组成

矿　物	含量（%）
C_3S	51
C_2S	26
C_3A	11
C_4AF	1
SO_3	2.6
碱	0.25

也可以生产白色高铝水泥，这部分内容将在后面章节介绍。

当建筑物需要彩色装饰时，一种方法是将白色水泥用作上色的基层，另一种方法是将颜料粉末直接放入搅拌机中和水泥一起搅拌，这些颜料粉末的细度接近或略高于水泥的细度。颜料的种类很多，如用氧化铁可以生产黄色、红色、褐色以及黑色，用氧化铬可以生产绿色，用氧化钛可以生产白色等[2.38]。需要指出的是所用颜料不能对水泥的强度增长或加气处理产生不利影响。例如，极细的炭黑会提高拌合物的用水量，并降低含气量。因此，美国市场上销售的颜料一般都含有特定的引气剂，在用这类颜料做配合比设计时需要注意这一点。

由于制作颜色均匀的混凝土是很困难的，所以在混合混凝土和颜料时就不能按照普通方法进行。通常，人们使用减水剂来改善颜料的分散性[2.42]，但需要检验颜料和所用减水剂的相容性。例如当拌合物中含有硅灰时，由于极细的硅灰具有遮蔽效应，使得浅色颜料效果不佳。

英国标准 BS EN 12878:2005 对颜料使用给出了具体的要求，美国标准 ASTM C 979-05 也对彩色颜料和白色颜料使用有着具体的限制。其中，美国规范要求掺颜料的混凝土强度不得低于不掺颜料混凝土的90%，其用水量也不得高于标准拌合物的110%，还有颜料不能对混凝土的凝结时间产生影响，也不得溶于水，不能受光线影响。

获得颜色均匀、耐久性高的彩色混凝土的更好方法是使用彩色水泥。这种水泥是由白色水泥掺入2%~10%的彩色颜料（通常是无机氧化物）粉磨而成的。它的规格由生产厂商指定。因为颜料不具备胶凝性，通常需要更多的掺合料。Lynsdale 和 Cabrera 总结了彩色混凝土的应用现状[2.38]。

对用于铺路的彩色砌块，在浇筑之前有时先对颜料、水泥和硬质细骨料等拌合物进行"干振"。

2.9 硅酸盐矿渣水泥

硅酸盐矿渣水泥是由普通硅酸盐水泥熟料和高炉矿渣混合后粉磨制得。矿渣是生产生铁时产生的废料，大约每生产1t的生铁就会产生300kg矿渣。从化学上讲，矿渣是由 CaO、SiO_2 和 Al_2O_3 组成的混合物，也就意味着组成矿渣与硅酸盐水泥的氧化物种类相同，只是比例不同而已。当然，也有无铁矿渣，将来也会将其应用在混凝土中[2.39]。

不同种类的高炉矿渣在组成成分上和物理结构上有着很大的差异。这些差异取决于矿渣的生产过程和冷却方法。在生产矿渣水泥时，矿渣需要经过水淬，使其凝固成玻璃状，并要严格防止结晶。这种使用冷水快速冷却的方法可以使得材料迅速颗粒化。当然，如果水淬前先将矿渣磨细，可以减少用水量。

将矿渣制作成凝胶材料的办法有很多。第一种，用传统干法生产硅酸盐水泥时，矿渣可以与石灰石一起作为生产的原材料，而用这些材料生产的水泥即为硅酸盐矿渣水泥。这种方法不需要矿渣凝固成玻璃状，而且有着良好的经济效益。因为石灰石可以直接提供 CaO，不需要再为脱碳而消耗额外的能量。

第二种，将颗粒化的矿渣粉磨至一定的细度，在碱性催化剂的作用下，可以直接用作胶凝材料。也就是说，磨细高炉矿渣（简称 GGBS）是一种水硬性材料[2.41]，这种方法常用于砌筑砂浆以及其他建筑物，但是磨细高炉矿渣的单独应用不在本书的讨论范围之内。

第三种，也是绝大多数国家使用的方法，是将磨细高炉矿渣应用于硅酸盐矿渣水泥的生产中。这种水泥既可以通过硅酸盐水泥熟料和干燥的粒化高炉矿渣（以及石膏）粉磨制得，也可以通过硅酸盐水泥颗粒与粒化的高炉矿渣干混而得。目前这两种制备方法应用得都很成功。需要指出，矿渣颗粒比水泥熟料硬，在粉磨两种材料时应当注意这点。此外，如果将粒化的高炉矿渣继续单独粉磨，可以提高矿渣工作性能[2.45]。

还有一种方法是将干燥的粒化高炉矿渣与硅酸盐水泥同时加入搅拌机，现场制备硅酸盐矿渣水泥。制备过程可以参照英国标准 BS 5328:1991（已撤销，新标准为 BS EN 206-1:2000）。

比利时人提出了 Trief 法，将湿磨的颗粒状矿渣以浆体的形式和硅酸盐水泥熟料一同加入搅拌机中搅拌。这种方法可以省去烘干的费用，而且在相同功率下湿磨比干磨的细度更高。

在用矿渣水泥制作混凝土时，并没有对所用矿渣中各种氧化物的含量做特别要求。下表给出了一种符合规范要求的典型氧化物组成和含量[2.54]。

CaO	40%～50%
SiO_2	30%～40%
Al_2O_3	8%～18%
MgO	0～8%

也可以使用更低 CaO 含量和高 MgO 含量的矿渣[2.56]。MgO 不是晶体形态，不会引起水泥膨胀[2.58]。矿渣中还含有少量的氧化铁、氧化锰以及碱、硫磺等。

磨细的高炉矿渣相对密度约为 2.9，比普通硅酸盐水泥的相对密度（3.15）略低，相应的高炉矿渣水泥的相对密度也会受到影响。

当硅酸盐水泥加水搅拌时，硅酸盐水泥矿物首先开始水化（少量的粒化高炉矿渣也会参加反应），释放钙离子和铝离子[2.56]，接着粒化高炉矿渣与水泥释放的氢氧化钙反应，生成 C-S-H 凝胶体，然后再与其他碱性氢氧化物反应[2.56]。

标准 BS EN 197-1:2000 有专门涉及高炉矿渣的内容。英国标准 BS 146:1996 和 BS 4246:1996 也对其进行了规定，主要内容包括矿渣中玻璃体含量占到矿渣总量的 2/3 以上，MgO 加上 CaO 的质量至少要比 SiO_2 的质量多一倍等（用于保证水泥的高碱性）。粒化的高炉矿渣是多角形状，与粉煤灰相反，规范 BS EN 197-4:2004 没有涉及此方面内容。

美国标准 ASTM C 989-09a 规定：粒化高炉矿渣中，粒径大于 45μm 的颗粒的最大含量为 20%，不过英国标准没有该项要求。粒化高炉矿渣的比表面积不需要专门测量，其细度越高（SO_3 含量最佳），强度也越高。例如，如果将粒化高炉矿渣的比表面积从 250m^2/kg 提高到 500m^2/kg（Blaine 法）时，其强度至少翻一倍[2.59]。

根据美国标准 ASTM C 989-09a 的方法，高炉矿渣可以按水化活性分级，具体是用标准含量的矿渣的砂浆的强度与只含硅酸盐水泥的砂浆的强度之比值来确定，通常情况下将其分为三级。

标准 BS EN 197-1:2000 也将硅酸盐矿渣水泥分为三类：矿渣水泥Ⅲ/A 型、Ⅲ/B 型和Ⅲ/C 型。这三类水泥都允许含不超过 5% 的填料，只是粒化高炉矿渣的质量占总胶凝材料质量的比例不同。总胶凝材料包括硅酸盐水泥和粒化高炉矿渣，不包括硫酸钙和生产添加剂。具体矿渣含量如下所示：

Ⅲ/A 型	36%～65%
Ⅲ/B 型	66%～80%
Ⅲ/C 型	81%～95%

其中，Ⅲ/C 型矿渣水泥中粒化矿渣含量已经达到了这种水泥的上限，基本上是纯矿渣水泥。如前所述，这部分内容不在本书讨论范围之内。

矿渣含量高的水泥可以用作低热水泥，常用于大体积混凝土结构，而且水泥产生的水化热也比较容易控制。英国标准 BS 4246:2002（已被 BS EN 197-4:2004 取代）对这方面有具体限制，也为水泥购买者提供了诸多建议。特别强调，低热水泥强度增长较缓慢，所以高炉矿渣水泥在寒冷季节施工可能引起冰冻破坏。

高炉矿渣水泥的抗化学侵蚀能力较强，这部分内容将在第 13 章讨论。

粒化高炉矿渣的水化活性和它的细度有关，不过与其他种类水泥一样，英国标准在这方面没有具体要求。唯一提到的是粒化高炉矿渣和硅酸盐水泥干混时，矿渣要满足标准 BS 6699:1992（1998）的要求。实际上，粒化高炉矿渣的细度通常高于硅酸盐水泥。

除了上面讲到的硅酸盐矿渣水泥之外，标准 BS EN 197-1:2000 还介绍了两种矿渣含量相对较少的水泥：Ⅱ A-S 型（矿渣含量 6%～20%）和Ⅱ B-S 型（矿渣含量 21%～35%），属于Ⅱ型水泥。其组成成分大部分是硅酸盐水泥，当然也含有一些其他胶凝材料（表 2.4）。

英国标准 BS 146:1996 和 BS 4246:1996 还规定了一些有关矿渣水泥的其他要求，并将水泥按照抗压强度进行分类，这种分类方法与其他种类水泥的分类方法相同。但是需要注意的是，其中两类硅酸盐矿渣水泥还可以细分为三个子类：低早强、普通早强和高早强。这种分类标准也反映了矿渣水泥的水化过程，当龄期很短时，其水化速度要低于普通硅酸盐水泥。根据英国标准 BS 4246:1991 的规定，矿渣含量为 50%～85% 的水泥 7d 抗压强度低至 12MPa。

2.10　高抗硫酸盐水泥

高抗硫酸盐水泥是由 80%～85% 的粒状高炉矿渣和 10%～15% 的硫酸钙（过火石膏或是硬石膏）和约 5% 的硅酸盐水泥熟料一起粉磨而得。它与普硅酸盐水泥明显不同，因为普通硅酸盐水泥的主要成分是硅酸钙。高抗硫酸盐水泥的细度通常是 $400\sim500m^2/kg$，需要在非常干燥的环境下储藏，否则很容易劣化变质。

高抗硫酸盐水泥广泛应用于比利时和法国，并由德国最先生产。德国人称其为硫酸盐石膏矿渣水泥，比利时人称其为高硫酸钙石膏矿渣水泥。英国标准 BS 4248:2004（已撤销）收录了这种水泥，但由于生产困难，已经停产。标准 BS EN 15743:2010 也有这种水泥的相关内容，但都是物理和化学上的基本要求。

高抗硫酸盐水泥抗海水侵蚀的能力很强，而且能够抵挡普通土壤或者地下水中高浓度的硫酸盐，还可以抵抗泥煤酸和油。当混凝土的水灰比不大于 0.45 时，其与 pH 值为 3.5 的矿物酸溶液接触时不会退化变质。因此，高抗硫酸盐水泥常被用于下水道或受污染的地面。但是如果硫酸盐的浓度大于 1% 时，这种水泥的抗硫酸盐性不如抗硫酸盐水泥[2.31]。

高抗硫酸盐水泥的水化热非常低：7d 为 170～190J/g，28d 为 190～210J/g[2.6]。所以这种水泥非常适用于大体积混凝土工程，但特别注意在寒冷天气下施工时，低温会使水泥的强度增长很慢。当温度低于 50℃时，高抗硫酸盐水泥的硬化速度随温度升高而加快，当温度高于 50℃时，就没有明显的规律了。因此，如果未经试验，不应该在高于 50℃的温度下养护。此外，还需注意高抗硫酸盐水泥不能和普通硅酸盐水泥混用，因为硅酸盐水泥水化释放的石灰会阻碍矿渣和硫酸钙之间的反应。

在用高抗硫酸盐水泥浇筑施工后，需要进行4d以上的湿养护。如果水泥过早干燥，会在浇筑体上形成一种易碎的粉状表面层，夏天更是如此，但是这种表面层不会随时间的增加而增厚。

高抗硫酸盐水泥水化用水量比硅酸盐水泥多，因此不可用于配制水灰比小于0.4的混凝土，也不推荐使用小于1:6的拌合物。据报道，随着水灰比的增加，这种水泥强度的降低程度比其他种类的水泥要小。但是由于高抗硫酸盐水泥早期强度发展取决于所用矿渣的种类，所以建议使用前先测定该水泥实际的强度特性。表2.8给出了高抗硫酸盐水泥的典型强度值。标准BS EN 15743:2010将其按强度标准划分为三类：32.5、42.5和52.5。

表2.8 过硫酸盐水泥的典型强度值（MPa）[2.6]

龄　　期	抗 压 强 度	
	标准振捣砂浆试验	标准混凝土试验
1d	7	5～10
3d	28	17～28
7d	35～48	28～35
28d	38～66	38～45
6个月	—	52

2.11 火山灰

本书将火山灰定义为一种常见的胶凝材料，它是一种含有活性氧化硅的天然或人造材料。根据美国标准ASTM 618-08a，其更准确的定义为一种硅质或是硅铝质材料，且自身的胶凝性很小或是没有胶凝性，而在有水作用时，常温下磨细的火山灰可以与氢氧化钙反应并生成胶凝性产物，即火山灰中的氧化硅会与氢氧化钙（由水化的硅酸盐水泥提供）反应生成稳定的具有胶凝性的硅酸钙。需要注意的是，氧化硅是非结晶的，呈玻璃体状，结晶的氧化硅活性很低。玻璃体含量可以用X射线衍射测定或是由盐酸和氢氧化钾溶液测定[2.24]。

从广义上讲，火山灰可以是天然的，也可以是人造的。其中粉煤灰是主要的人造火山灰材料，这部分内容将在下节介绍。

最常见到的火山灰材料有：火山灰-天然火山灰-浮石、蛋白石页岩和燧石、烧成硅藻土、烧黏土、烟灰等。标准ASTM C 618-08a将这些材料划分到第N类。

由于物理特性方面的原因，有些天然火山灰在使用时会产生一些问题：如硅藻土是带角和多孔形状，用水量高。还有些天然石灰需要在550～1100℃温度范围内煅烧，以保证它的活性，具体温度视材料而定[2.63]。

稻壳是一种天然废料，我们对它在混凝土中的应用很感兴趣。由于稻壳氧化硅的含量很高，在500～700℃下缓慢燃烧可以产生一种无定形的多孔材料。即使生成的材料颗粒粒径较大（10～75μm），它的比表面积（氮吸附法测定）仍可高达50000m²/kg[2.26]。稻壳灰颗粒形状复杂[2.27]，反映了它们的植物起源。因此，它们需水量很大，除非与熟料混合研磨以破坏多孔结构。

研究表明稻壳灰能够提高混凝土 1～3d 的强度[2.26]。

然而，为了使混凝土获得良好的工作性能和足够的强度，我们需要掺入适量的减水剂[2.28]，但稻壳灰的收集加工会产生较高费用，所以在欠发达地区稻壳灰可能会产生经济问题。还有，使用稻壳灰可能会增大混凝土收缩[2.80]，但这还未经证实。

还有一些其他的无定形材料，偏高岭土就是其中之一。偏高岭土由高岭石黏土在 650～850℃ 下焙烧制得，然后将细度粉磨至 700～900m²/kg，也具有较高的火山灰活性[2.53][2.60]。

Kohno 等[2.61]认为极细（比表面积为 4000～12000m²/kg，氮吸附法测得）的硅质黏土也具有较高的火山灰活性。

为了评估火山灰与水泥反应时的活性，标准 ASTM C 311-07 给出了强度活性指数的测量方法。用一定量的火山灰取代水泥，然后测定砂浆的强度来获得该指标。试验结果受到所用水泥种类的影响，特别是水泥的细度和含碱量[2.25]。还有与石灰反应时火山灰的活性指数，该指数用来衡量火山灰的总活性。

根据标准 BS EN 197-1:2000，火山灰水泥中含有 11%～55% 的火山灰和硅灰，这种水泥的火山灰活性可以根据标准 BS EN 196-5:2005 来检测。具体方法是：将硬化火山灰水泥孔隙溶液中氢氧化钙的量与相同碱度氢氧化钙溶液中氢氧化钙的量进行比较，如果前者浓度小于后者，则水泥的火山灰活性可以满足要求。其基本原理为：火山灰活性的高低由火山灰吸收氢氧化钙的量而定，因此剩余的氢氧化钙越少，火山灰活性也就越高。

目前人们还没有对火山灰活性完全了解：只是知道火山灰的比表面积和化学组成起着重要作用，但由于二者相互联系，使得这个问题十分复杂。曾经有人提出，火山灰不仅与氢氧化钙有化学反应，还与 C_3A 或其他水化生成物反应[2.76]。Massazza 和 Costa 也曾对火山灰水泥的性质进行了综合论述[2.77]。

还有一种人造火山灰材料——硅灰，但它的性能决定它应该划分为另一类。为此，硅灰将单独作为一节内容介绍。

2.11.1   粉煤灰

粉煤灰也称为煤粉灰，是从火力发电厂的废烟中通过静电吸附的灰分，也是人们最常见到的人造火山灰。粉煤灰颗粒呈球形（从用水量上来讲，这是非常有利的），并且具有很高的细度，绝大多数的粉煤灰颗粒粒径小于 1～100μm，它的比表面积通常为 250～600m²/kg（Blaine 法）。较高的比表面积意味着它很容易与氢氧化钙反应。

粉煤灰的比表面积并不容易测定，因为在透气法试验中，球形颗粒比不规则的水泥颗粒堆积更为紧密，加大了粉煤灰对空气流动的阻力。另一方面，粉煤灰多孔的颗粒又使空气容易从中穿过，让人误以为气流较高[2.62]。而且，粉煤灰相对密度（包含在比表面积的计算中）的确定又会受到所含空心球体（相对密度小于 1）的影响[2.62]。此外，一些含有磁铁矿和赤铁矿的小颗粒具有很高的相对密度，其典型的相对密度平均值为 2.35。测量粉煤灰比表面积的重要应用之一是检测粉煤灰质量的波动[2.64]。

在美国，粉煤灰的分类由标准 ASTM C 618-08a 给出，分类标准主要是基于燃煤的类型。最常见的粉煤灰来自烟煤，其主要成分是氧化硅，称为 F 类粉煤灰。

来自次烟煤和褐煤的粉煤灰含有较多的氧化钙，称为 C 类粉煤灰。这部分内容将在本节后半部分讨论。

毫无疑问，F类粉煤灰的火山灰活性满足要求，而且这类粉煤灰有固定的细度和固定的含碳量。细度和含碳量是相互依存的，因为一般情况下碳颗粒比较粗。由现代火力发电厂废烟生产的粉煤灰的含碳量约为3%，来自老式火力发电厂的含碳量要高很多。通常假定含碳量等于烧失量，但后者还包括结合水和固定CO_2[2.64]。英国标准BS EN 450-1:2005 1:1997规定45μm筛余量最大不超过12%，该数值也是粒径分类的常用基数。

美国标准ASTM C618-08a的主要要求有：氧化硅、氧化铝和氧化铁总量不低于70%，SO_3的最大含量为5%，最大烧失量为12%。而且为了控制碱骨料反应，掺粉煤灰的混凝土14d的膨胀量不得比由低碱水泥制作的混凝土高。英国规范BS 3892-1:1997专门规定了SO_3的最大含量为2.5%，同时还有一些其他规定。MgO的含量不再有专门要求，因为MgO以非活性的形式存在。

需要注意的是粉煤灰会影响混凝土的颜色，里面的碳可以使混凝土变黑。从外观上讲，这一点很重要，特别是掺粉煤灰的混凝土和不掺粉煤灰的混凝土并排浇筑时更要注意。

现在我们再来讨论C类粉煤灰。这种粉煤灰来自褐煤，钙含量较高，其氧化钙含量可达24%[2.63]。C类粉煤灰自身有一定的胶凝性，即水硬性，因为它所含的氧化钙可以和氧化铝、氧化硅化合，相应的与水泥水化释放的氢氧化钙发生反应的氧化硅、氧化铝就会减少。C类粉煤灰含碳低、细度高，且颜色浅。其中MgO的含量略高，一部分MgO会和氢氧化钙反应引起有害膨胀[2.63]。

C类粉煤灰对温度特别敏感，尤其是在大体积混凝土施工时，过高的温度可能引起反应产物强度不足。但是粉煤灰的强度不仅和温度有关，因为不同温度下反应产物有很大差异，C类粉煤灰最适宜温度为120~150℃，而不是200℃[2.55]。

2.11.2 火山灰水泥

火山灰，作为一种潜在的胶凝材料，常与硅酸盐水泥一同使用。两种材料可以一起研磨，也可以直接混合使用，有时候会被一同加入搅拌机中。火山灰的这些特点和粒化高炉矿渣相似（见第2.9节）。目前最常用的火山灰是粉煤灰（F类），这种材料要特别关注。

标准BS EN 197-1:2000将硅酸盐粉煤灰水泥分为两类：Ⅱ/A-V型（粉煤灰含量6%~20%）和Ⅱ/B-V型（粉煤灰含量21%~35%）。英国标准BS 6588:1996规定，硅酸盐粉煤灰水泥中粉煤灰的最大含量为40%。粉煤灰掺量的精确上限意义不大。然而，BS 6610:1991允许火山灰水泥中加入更高含量的粉煤灰即53%。和高炉矿渣一样，火山灰水泥7d的强度较低，最小时只有12MPa；28d的强度也不高，最小时只有22.5MPa。火山灰水泥最大的优点是水化热较小，是低热水泥。此外，它的抗硫酸盐和抗弱酸的侵蚀能力比较高。

2.12 硅灰

硅灰是一种新型的胶凝材料，原本属于火山灰。然而，在混凝土中它不仅有很高的火山灰活性，而且在其他方面也表现出很多有益作用（见第2.9节）。但是需要补充的是硅灰这种材料价格昂贵。

硅灰又称作微硅灰和浓缩硅灰，但术语"硅灰"已被普遍接受。硅灰是在冶炼硅和硅铁合金时的副产品。在埋弧电炉中，高纯度石英和煤相互作用，溢出的 SiO 气体氧化，然后浓缩成细的无定形的二氧化硅（SiO_2）球形颗粒，硅灰由此得名。二氧化硅呈玻璃体形态时，其活性很高，细小的颗粒可以迅速和氢氧化钙（硅酸盐水泥水化产生）发生反应。而且，由于硅灰的细度极高，它可以很好地填充水泥颗粒间的空隙。当生产二氧化硅的熔炉中有一套高效热回收系统时，它可以让碳完全燃尽，使得硅灰中几乎不含有碳，颜色也较浅。而没有该系统的熔炉产生的硅灰会含有少量的碳，颜色也较暗。

其他的一些硅合金产品，如铁铬合金、铁锰合金和铁镁合金，以及部分无铁金属，在生产时也会形成硅灰，但这种硅灰在混凝土中的应用还没有得到验证[2.67]。

通常硅铁合金中硅含量为 50%、75% 和 90%。而且合金中的硅含量越高，产生的副产品二氧化硅也越多。由于同一熔炉可以生产不同的合金，所以弄清哪种硅灰将用于混凝土是十分重要的。尤其是硅含量只有 50% 的硅铁合金，其副产品中二氧化硅的含量仅占 80%。一般来讲质量稳定的合金其副产品也相对稳定[2.66]。各种典型合金的硅含量为：硅金属为 94%～98%，90% 的硅铁合金为 90%～96%，75% 的硅铁合金为 86%～90%[2.66]。

硅灰的相对密度通常为 2.20，如果 SiO_2 的含量较低时，其相对密度会有所提高[2.66]，该值的大小可与硅酸盐水泥（3.15）的相对密度比较。硅灰颗粒极细，粒径大多为 0.03～0.3μm，平均粒径在 0.1μm 以下。由于粒径过小，所以我们不能用 Blaine 法测量硅灰的比表面积，但氮吸附表明其比表面积约为 $20000m^2/kg$，比用相同方法测得的其他火山灰材料的比表面积大 13～20 倍。

像硅灰这样细的材料，其堆积密度都很小，硅灰的堆积密度约为 200～$300kg/m^3$。处理这些轻粉末材料既困难又昂贵，因此，通常做法是将硅灰压缩，即结块，堆积密度可以达到 500～$700kg/m^3$。还有一种做法是将硅灰和等质量的水配制成浆体，浆体的密度约为 1300～$1400kg/m^3$。浆体性质稳定，研究表明 pH 值在 5.5 左右，这对于其在混凝土中的应用并没有影响。为使硅灰在浆体中均匀分布，需要定期搅拌。一些外加剂，如减水剂、高效减水剂、缓凝剂等，都可以加入浆体中[2.69]。

硅灰的这两种形态有着各自优势，而且得到了成功的应用，但是在用硅灰配制混凝土时是否具有经济性还未得到证实[2.70]。

虽然硅粉一般作为混凝土拌合料中的一种掺合料，但也有一些国家生产含硅灰的水泥，硅灰的含量通常为 6.5%～8%[2.71]。这样的水泥显然可以简化混凝土的配料工序，但是，很明显，硅灰的含量在整个胶凝材料中是不能改变的，很难满足具体需求。

现行标准、规范中很少有涉及硅灰和其在混凝土中应用的内容。虽然美国标准 ASTM C 1204-05 有这方面的要求，但新标准 ASTM C 618-08a 去掉了这部分内容。实际上，该标准中硅灰无法满足有关需水量的要求。

2.13   填料

在对硅酸盐水泥分类时我们曾经提到过填料，包括一些有关其最大含量的规定。实际上，虽然很多国家很早就开始使用填料，但直到最近填料才在英国被允许使用。

填料是一种被磨得很细的材料，细度与硅酸盐水泥相同，其物理作用可以用来改善混凝土的一些性能，如工作性、表观密度、空隙特性、泌水和开裂趋势等。通常来讲，填料是化学惰性的，但如果它们具有一定的水硬性或者与水泥浆中的一些水化产物发生作用，这都不会对混凝土产生不利影响。实际上，Zielinska[2.44]研究发现，最常用的填料$CaCO_3$可以与C_3A和C_4AF反应生成无害的结晶$3CaO \cdot Al_2O_3 \cdot CaCO_3 \cdot 11H_2O$。

填料的成核作用可以促进硅酸盐水泥的水化。当混凝土中含有小于$1\mu m$的粉煤灰和二氧化钛颗粒时，我们可以观察到这种现象[2.72]。Ramachandran[2.74]研究发现，常用的填料$CaCO_3$在水泥水化中除了起成核作用外，还有部分嵌入C-S-H凝胶中，这对于水泥的水化是十分有益的。

填料通常是天然材料或是已经加工过的无机矿物材料。它们性质均匀（这一点很重要），尤其是细度。当用于混凝土时，如果不添加减水剂，填料不会增大用水量。而且，对于混凝土的抗环境作用侵蚀和钢筋混凝土的抗腐蚀能力，填料也不会产生不利影响。所以理论上填料不会引起混凝土长期强度的退化，并且这样的问题还未出现过。

因为填料主要表现为物理作用，所以在使用填料时要注意它与水泥的物理协调性。填料比矿渣更容易加工，而且为了适应一些早强水泥，有必要将其细度提高一些。

尽管规范BS EN 197-1:2000将填料的最大含量限制在5%以内，但是将石灰石的最大含量放宽至35%（仅限硅酸盐水泥）。这种水泥即为硅酸盐石灰石水泥（Ⅱ/B-L类），石灰石主要起到填料的作用，所以填料含量可达35%。在某些场合，含填料15%甚至是20%的混合水泥也可能得到广泛应用。较高的填料含量可能引起混凝土强度的降低：填料含量为10%时，混凝土强度降低10%；填料含量为12%时，混凝土强度降低20%[1.97]。强度的降低也可以通过降低水灰比来得到补偿。

2.14 其他水泥

在众多特殊用途的水泥中，比较有趣的是抗菌水泥。这种水泥是一种含有防止微生物发酵的抗菌剂硅酸盐水泥复合材料。这种细菌经常出现在食品加工厂的地板上，当水泥被酸侵蚀后，细菌在潮湿环境下引起发酵。此外，抗菌水泥也广泛应用于游泳池、公共浴池以及类似真菌或细菌存在的地方。

还有一种特殊水泥称为防潮水泥。它比较容易长期储存，即使在十分不利的条件下也不会蜕化变质。这种水泥是由硅酸盐水泥和0.1%～0.4%的油酸粉磨而得，也可以用硬脂酸或五氯酚代替油酸[2.10]。可能由于酸分子在水泥颗粒表面极性定向而产生静电力的缘故，这些添加剂可以提高水泥的可研磨性。油酸和水泥中的碱反应产生气泡，具有加气作用。同样的，如果不需要加气，就需要在研磨期间掺入脱气剂，如磷酸三丁醋[2.11]。

防潮水泥的工作原理是每个水泥颗粒表面都会形成一层防水薄膜，这样使水泥产生疏水性。但是，这层薄膜会在混凝土搅拌时被破坏，并发生正常水化作用，混凝土的早期强度也非常低。

外观上防潮水泥很像普通硅酸盐水泥，但它具有一种特殊的霉臭味。在使用时，这种水泥似乎比其他水泥更容易流动。

砌筑水泥常用于砌筑灰浆，是由硅酸盐水泥、石灰石和引气剂研磨而成，也可以由硅酸盐水泥、消石灰、粒状矿渣（或惰性填料）和引气剂研磨而成。用砌筑水泥配制的砂浆比用普通硅酸盐水泥配制的可塑性要好，保水性也较高，而收缩性较小。但是，砌筑水泥的强度比硅酸盐水泥低，尤其是在引气量高的时候。一般来说，低强度在砖石工程中是一个优点，但是它不能用于混凝土结构中。砌筑水泥的具体标准可参见 ASTM C 91-05。

还有三种水泥也需要介绍一下，第一种是膨胀水泥。它早期具有膨胀性，能弥补混凝土的干缩量。这种水泥将在第 9 章讨论。

第二种是油井水泥。它是一种基于硅酸盐水泥的特种产品，配制成砂浆或者净浆，泵送至数千米深的地壳处。地壳处的温度超过 150℃，压力可达 100MPa。典型的泵送深度是 5000m，有时也将砂浆泵送至 10000m 的深井中。

用这种水泥配制的砂浆，要在到达井底前不能凝结，而到达后必须快速获得强度，以便继续作业。通常来讲，这种水泥还需要有较高的抗硫酸盐侵蚀的能力。美国石油协会将油井水泥进行了分类，并逐一进行了详细说明[2.21]。

油井水泥还有一些其他的特性：（a）具有特定的细度（以便充分容纳水分）；（b）含缓凝剂或者促凝剂（见第 5 章）；（c）含有一定的减水剂（以保证流动性）；（d）含轻质添加剂（如膨润土）以降低浆体的密度，或者含有密实剂（如重金石或赤铁矿）以提高浆体的密度；（e）含火山灰或者硅灰（以提高高温下的强度）。

最后，我们介绍天然水泥。天然水泥是直接煅烧并研磨水泥岩而制得的水泥，这种岩石的黏土材料含量高达 25%，是一种泥质石灰石。天然水泥与硅酸盐水泥类似，准确地说是介于硅酸盐水泥和水硬石灰之间。由于煅烧天然水泥时温度不高，里面不含有 C_3S，因此凝结硬化缓慢。因为不能调节原材料的组成成分，所以天然水泥的质量变化很大，而且不一定经济。鉴于以上原因，天然水泥使用的很少。

2.15　水泥的选用

无论是水泥的类型（在美国不同水泥以类型划分）还是水泥的等级（在欧洲不同的水泥以等级划分），它们的种类都极其繁多；同样地，胶凝材料的种类也很复杂。因此，在选择水泥时我们可能会束手无策。究竟选什么水泥好呢？哪种水泥能够满足我们的设计要求呢？

对于这些问题，确实很难找到一个简单明确的答案，但也有一些合理的方法能达到令人满意的效果。

不过，没有哪种水泥可以适用于任何环境。即使忽略成本，纯硅酸盐水泥也不是万能水泥，虽然人们曾经把它赞为万能产品。到 1985 年，在西欧和中国的水泥中，混合水泥占到一半左右；印度和苏联的占到 2/3；而北美和英国的比例最少[2.29]，可能受到当地硅酸盐水泥的影响。

在 20 世纪 80 年代和 90 年代，混合水泥使用量稳步增长。可以预见的是，混合水泥将成为世界上最流行的水泥。用 Dutron[2.29] 的话来说："纯硅酸盐水泥是特种水泥，只有在有特殊要求的地方才会使用"，特别是就力学强度而言。即使这最后一个警告也不再有效，因为高性能混凝土最好是用混合水泥配制。此外，混合水泥的耐久性和硅酸盐水泥相同，甚至更高。

如果没有一种水泥能适用所有情况，那为了特定的目的，我们该如何选择水泥呢？

接下来的几节内容将会讨论新拌混凝土和硬化后混凝土的性能，这些性能多少会与所用水泥的性能相关，这也是选择水泥的基础。但是，在许多情况下，没有哪种水泥单独使用是最好的，因此我们可以选择多种水泥。具体选择时要考虑实用性、经济性（工程决策的重要因素）、环境要求、荷载情况、建造速度和结构形式等。

不同水泥的性质对混凝土强度，尤其是耐久性的影响将在后面章节介绍，第 13 章会介绍有特殊性能的混凝土，对不同种类水泥的选择给出更多的建议。

2.16 高铝水泥

含有石膏的水对硅酸盐水泥混凝土结构有很强的侵蚀能力，为了解决这个问题，20 世纪初法国的 Jules Bied 研制了一种高铝水泥，虽然这种水泥的某些性能和硅酸盐水泥大不相同，因此其结构用途受到严重限制，但是它的浇筑技术和硅酸盐水泥相似。如果读者想更多地了解一些这方面的内容，可以参考一本由 A. M. Neville 和 P. J. Wainwright 合编的专著——《高铝水泥混凝土》*。

2.16.1 高铝水泥的生产

正如这种水泥的名字，"高铝"意味着水泥中含有大量的氧化铝：典型含量为氧化铝和氧化钙各占 40%（里面包括 15% 的氧化铁和氧化亚铁），氧化硅含量约占 8%，同时还含有少量的 TiO_2、MgO 和碱。

通常这种水泥的原材料是石灰石和铝矾土。其中铝矾土是一种含氧化铝的岩石，在酷热条件下经风化而形成的堆积矿物，其组分有氧化铝的水化物，铁、钛的氧化物，以及少量的氧化硅。

生产高铝水泥有几个步骤：先将铝矾土破碎至 100mm 以下的块体，期间形成的粉末或者细小颗粒要再黏结成大小相当块体，以免粉末造成熔炉堵塞。另外一种原料石灰石也要破碎成 100mm 大小的块体。

然后将石灰石和铝矾土的块体按照一定的比例投入冲天炉（立式）和反焰炉（水平式）相结合的煅烧窑顶。再用煤粉煅烧，其数量约为制得的水泥质量的 22%。在煅烧窑中，二氧化碳和水排出，内气流将原料加热到 1600℃的熔点。原料开始熔化并流入反焰炉中，再通过一个斜槽进入钢盘，固结成块，然后用旋转冷却机破碎。最后在管磨机中粉磨，得到一种细度为 290~350m^2/kg 的深灰色粉料。

由于高铝水泥熟料的硬度较大，所以消耗的能量以及对管磨机的磨损都很大，又加上铝矾土价格昂贵，制备过程温度很高，这些因素致使高铝水泥价格比硅酸盐水泥高。不过较高的价格可以通过高铝水泥某些有价值的特性得到补偿。

需要注意的是，制造高铝水泥的原料在窑中都被融化了，这一点和硅酸盐水泥不同，所以法国又将这种水泥称为熔化水泥，如今"熔化水泥"也被英国作为商品名称。

---

* A. M. Neville 与 P. J. Wainwright 合作，《高铝水泥混凝土》(*High-alumina Cement Concrete*, Construction Press, Longman Group, 1975)。

在20世纪70年代，由于英国大众并不很了解高铝水泥，所以当时也曾用"矾土水泥"来进行推广。不过这个名字并不正确，因为其他水泥中也可能含有大量的氧化铝，如过硫酸盐水泥、矿渣水泥等。此外，高铝水泥还有第三个名字，即钙铝水泥，相对合适些，不过按此命名法硅酸盐水泥也可以称为钙硅水泥，但这个名字并没有大众化。本书中，仍使用其传统名字"高铝水泥"。

英国已经不再生产高铝水泥，但还有一个有关这方面的标准 BS 915：1972（1983），规定了该水泥的细度、强度、凝结时间和安定性。欧洲也有相应的标准，被英国引用后其编号是 BS EN 14647：2005。

2.16.2　高铝水泥的组成和水化

高铝水泥中主要起凝结作用的矿物是低碱性的铝酸钙 CA 和 $C_{12}A_7$[2.32]，其他的组分还包括 $C_6A_4 \cdot FeO \cdot S$ 和 $C_6A_4 \cdot MgO \cdot S$（晶体形）[2.13]以及 CA 或 C_2AS（含量最多为几个百分比），当然也有微量矿物存在，不过该水泥中没有游离的氧化钙。尽管规范 BS 915：1972（1983）要求做传统 Le Chatelier 试验，但是这种水泥绝对不会有安定性问题。

高铝水泥水化时，CA 强度的增长速率最快，生成 CAH_{10}、少量的 C_2AH_8 和氧化铝凝胶（$Al_2O_3 \cdot aq$）。在常温或者高温下，CAH_{10} 晶体都是不稳定的，随着时间增长逐渐转变为 C_3AH_6（立方体结晶）和氧化铝凝胶。温度越高、石灰石浓度越高，碱性越高，这种转化就越容易发生[2.14]。

$C_{12}A_7$ 水化速度也很快，生成 C_2AH_8。C_2S 生成 C-S-H 凝胶，因为水泥的水解反应会生成石灰，这些石灰会和多余的氧化铝反应，所以水解混合物中不会出现氢氧化钙。其他化合物的水化反应，特别是含铁的化合物，目前人们还不能准确地测定，只知道玻璃状的铁是惰性的[2.15]。含铁矿物通常用作生产高铝水泥的助磨剂。

高铝水泥水化的需水量可达所用干水泥质量的一半，是硅酸盐水泥水化需水量的两倍。不过拌合物的水灰比最好控制在 0.35 以内。高铝水泥净浆孔隙溶液的 pH 值在 11.4～12.5 范围内[2.80]。

2.16.3　高铝水泥抗化学侵蚀能力

如前所述，研制高铝水泥就是为了抵抗硫酸盐侵蚀，事实上这方面已经足够令人满意。高铝水泥之所以能够抵抗这种侵蚀，是因为它在水化后不会生成氢氧化钙，而且水化期间生成的惰性铝胶可以起到保护作用[2.16]。然而，和易性差的拌合物的抗硫酸盐能力要差很多[2.6]，即使晶型转化以后，其耐化学侵蚀能力也下降很快。

高铝水泥不会被溶解在纯水中的 CO_2 侵蚀。虽然这种水泥不耐酸，但只要不是盐酸、氟酸、硝酸的稀释溶液，它足以抵抗工业污水中的酸性溶液（pH 大于 4）。另一方面，即使在稀释的苛性碱溶液下，通过溶解氧化铝凝胶使高铝水泥受到严重侵蚀。这种碱可能来源于外界（如渗透进入高铝水泥混凝土），也可能原本存在于骨料中。Hussey 和 Robson 曾经研究过多种外加剂对这种水泥性能的影响[2.16]。

需要提醒的是，高铝水泥有极优的耐海水腐蚀能力，即使这样也不能用海水作为拌合水。其原因可能是有氯铝酸盐的生成，对水泥的凝结硬化产生不利影响。同样的，也不能将氯化钙添加到高铝水泥中。

2.16.4 高铝水泥的物理性能

高铝水泥的一个重要特点是它的强度增长很快。龄期 24h 时强度可以达到其极限强度的 80%，6~8h 就可以拆除混凝土侧模并可以准备继续浇筑。用高铝水泥配制的混凝土，水泥用量 $400kg/m^3$，水灰比为 0.40，常温条件下其强度可达 30MPa，24h 超过 40MPa。水泥强度的快速增长是由于其水化速度快，但是这意味着混凝土的放热速率也很高，可达 $38J/(g \cdot h)$，而快硬硅酸盐水泥最大放热速率是 $15J/(g \cdot h)$。不过这两种水泥总的放热量在同一数量级。

需要强调的是水泥的快速硬化并不伴随着快速凝结，事实上高铝水泥的凝结速度很慢，不过终凝紧随初凝，总时间要比硅酸盐水泥快很多。高铝水泥典型凝结时间是：初凝 2.5h，再过 30min 终凝。高铝水泥中的矿物 $C_{12}A_7$ 在几分钟内就开始凝结，但 CA 凝结相对缓慢。因此，水泥中 C：A 的比值越大，其凝结时间也就越短。另外，水泥中玻璃质含量越高，凝结也越缓慢。不过很可能是因为 $C_{12}A_7$ 凝结速度过快，致使高铝水泥混凝土工作性能的损失，通常这种损失发生在搅拌后 15~20min 之内。当温度在 18℃~30℃时，凝结速度减慢；当温度在 30℃以上时，凝结速度会大大提高。目前人们还不是很清楚引起高铝水泥的这种反常行为的原因[2.40]。

此外，高铝水泥的凝结时间还受到其他矿物的影响，如石膏、石灰、硅酸盐水泥和有机物添加料等，所以这些物质都不宜掺入使用。

现在我们讨论硅酸盐水泥-高铝水泥的混合物，当任何一种水泥占混合物的 20%~80% 时，可能发生闪凝现象，如图 2.4 所示中的典型数值（该组数值和所选混合水泥的种类有关）。混合水泥凝结加速的原因是硅酸盐水泥中的石灰与高铝水泥中的铝酸钙反应并生成 C_4A 水化物。同时硅酸盐水泥中的石膏也会和水化铝酸钙反应，以致硅酸盐水泥发生闪凝。

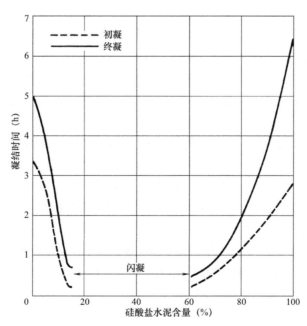

图 2.4 硅酸盐-高铝水泥混合物的凝结时间[2.81]

当水泥的凝结速度是很重要因素时（如为了防止水进入或者在潮汐之间施工），我们需要按照一定比例混合两种水泥。不过这种混合水泥的泥浆极限强度是很低的，除非高铝水泥含量很高。为了缩短凝结时间，将高铝水泥和硅酸盐水泥一同使用，这种做法并未得到 ACI 517.2R-87（1991 年修订版）[2.43] 的采纳。添加锂盐也可以缩短水泥的凝结时间[2.57]。

如前所述，由于水泥的凝结时间不一样，所以在施工中要避免两种水泥直接接触。所以，在一种水泥混凝土上浇筑另一种水泥混凝土时，需要延缓浇筑时间。例如，如果先浇筑高铝水泥，那么要至少在 24h 以后浇筑别的水泥；如果先浇筑硅酸盐水泥，那么要在 3～7d 后才可以浇筑别的水泥。同时，要避免工具和机器的污染。

需要指出的是，在相同配合比的情况下，高铝水泥配制的拌合物比用硅酸盐水泥配制的拌合物工作性能要好，其原因可能是高铝水泥的原料完全溶化，形成的颗粒表面光滑，其总表面积低于硅酸盐水泥。另一方面，高效减水剂不会提高拌合物的流动性，反而对其强度产生不利影响[2.74]。

在比较"应力/强度"的比值大小时，我们发现高铝水泥混凝土和硅酸盐水泥混凝土基本没有差别[2.22]。

2.16.5 高铝水泥的转化

前面曾提到，CA 水化会产生 CAH_{10}、少量的 C_2AH_8 和氧化铝凝胶（$Al_2O_3 \cdot aq$），此时高铝水泥混凝土便会获得较高的强度。然而，从化学上讲这种水化产物 CAH_{10} 在常温、高温下都不稳定，将转变为 C_3AH_6 和铝凝胶。这种变化被称为晶型转换。由于十水化合物的晶体对称性是假六方晶系，半水化合物的晶系对称性是立方晶系，所以这种变化也可以称作从六方晶系到立方晶系的转化。

高铝水泥水化的一个重要特点是：温度较高时，硫酸钙水化物只能以立方晶系形式存在；如果在室温条件下，则能以两种形式中的任意一种存在。但是六方晶系能够自发转变成立方晶系形式，尽管这种转化过程非常缓慢。由此可以看出，六方晶系在常温下是不稳定的，所以水化产物最终以立方晶系形式存在。高温可以加速这种转化过程，同时，如果将水泥间歇性地暴露在高温条件下，这种加速作用是可以累加的[2.18]。总的来说，所谓转化就是硫铝酸钙水化物从一种形式自发地变化为另外一种形式，甚至可以说这种转化并不是十分罕见的自然现象。

在讨论这种转化的意义之前，我们先对转化过程做一个简单介绍。CAH_{10} 和 C_2AH_8 两者间的转化可用下式描述：

$$3CAH_{10} \rightarrow C_3AH_6 + 2AH_3 + 18H$$

需要指出，尽管该反应会生成水，但是整个反应过程必须在有水的条件下才能进行，也就是说不能在干燥混凝土中进行，因为其中涉及物质再溶解和再沉淀的问题。如果是纯净的水泥浆，人们曾经发现在厚度超过 25mm 的某些断面上，正水化水泥内部的相对湿度为 100%，不会受到周围湿度的影响，因此能够发生转化过程[2.46]。所以，混凝土周围的湿度只会影响到其表面的部分，而对内部的影响很小。

在 25℃条件下，转化的立方晶系 C_3AH_6 可以稳定地存在于氢氧化钙溶液中，但可以和 $Ca(OH)_2$-$CaSO_4$ 的混合溶液发生反应（更高温度下也会反应），生成 $3CaO \cdot Al_2O_3 \cdot 3CaSO_4 \cdot 31H_2O$[2.47]。

该反应的转化程度可以根据 C_3AH_6 的百分率估算，用它与立方晶系和六方晶系水化物的总和之比表示，即为转化程度（%）：

$$\frac{C_3AH_6的质量}{C_3AH_6的质量+CAH_{10}的质量}\times100$$

上述化合物的相对质量可以通过差热分析图中的吸热峰值测得。

不过除非在无 CO_2 的条件下测量，否则 C_3AH_6 可能分解成 AH_3。不过也可以通过后一种化合物来测定转化的程度，因为 C_3AH_6 和 AH_3 的质量差别不大。这样转化程度（%）也可以表示为：

$$\frac{AH_3的质量}{C_3AH_6的质量+CAH_{10}的质量}\times100$$

虽然以上两个公式的计算结果可能不一致，但是在转化率高的情况下，其差异可忽略不计。大多实验测量结果为 5% 左右。当混凝土有 85% 转化时，即可认为其已经全部转化。

表 2.9 给出了转化程度和温度关系的一些数据。图 2.5 给出了 CAH_{10} 的半转化所需时间与储存温度之间的关系[2.46]，所用试件（边长为 13mm 的立方体）由水灰比为 0.26 的纯水泥浆制成。根据试验观测，在 20℃ 条件下要达到完全转化大约需要 20 年的时间，而如果按实用配合比配制多孔混凝土时，同温下达到完全转化所需的时间要少得多。因此，对于由低水灰比纯水泥浆得到的数据，在使用时必须慎重考虑，不过这些数据仍然具有一定的科学价值。

表 2.9 转化相随龄期的变化情况[2.51]（Crown copyright）

水灰比范围	储存温度（℃）	各龄期下的平均转化程度（%）				
		28d	3 个月	1 年	5 年	8.5 年
0.27 ～ 0.40	18	20	20	25	30	45
	38	55	85	80	85	90
0.42 ～ 0.50	18	20	20	25	40	50
	38	60	80	80	85	90
0.52 ～ 0.67	18	20	20	25	50	65
	38	65	80	80	85	90

转化过程中我们需要注意：转化会使高铝水泥混凝土损失一部分强度。这种情况可以用铝酸钙水化物的稠化过程来解释。一般来说，CAH_{10} 的密度是 1.72g/mL，而 C_3AH_6 的密度是 2.53g/mL。因此总体不变时（如凝固的水泥浆体），转化过程伴随着内部水的释放会使水泥净浆孔隙增加。有关这方面的材料非常多，最新的一份资料是通过测定转化的和未转化的高铝水泥混凝土的透气率而得到结果，说服力很高（图 2.6）[2.48]。

后面我们将会介绍，孔隙率对水化的水泥浆体（或混凝土）影响很大，孔隙率每增加 5%，其强度会下降 30% 以上；孔隙率为 8% 时，其强度降幅可达 50%。而孔隙率的大小会受到高铝水泥混凝土转化的影响。

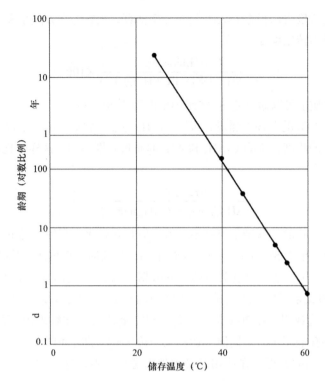

图 2.5　纯高铝水泥净浆在不同温度养护下半转化所需时间
（边长 13mm 的立方体试件）[2.46]（Crown copyright）

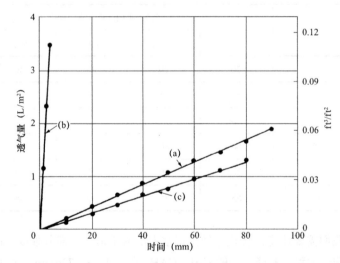

图 2.6　混凝土的透气量：（a）未经转化的高铝水泥混凝土；（b）已经转化的
高铝水泥混凝土；（c）硅酸盐水泥混凝土（温度 22～24℃，
相对湿度 36%～41%，压力差 10.7kPa）[2.48]

　　进一步可以得出，因为暴露在更高温度下，任何配合比的水泥砂浆和混凝土中发生的转化过程可以引起强度的损失；在所有配合比下，这种强度损失和时间的关系十分相似。表 2.10 给出了配合比和强度损失的数据，图 2.7 给出了强度损失程度和拌合物水灰比的关系。

由此可得，不管是实际强度值还是其与低温养护混凝土强度的比值，低水灰比的混凝土强度损失量总是小于高水灰比的混凝土[2.33]。

表 2.10 转化过程中不同水灰比对强度损失的影响

水泥	水灰比	骨料 / 水泥比 *	18℃下 1d 的强度（MPa）†	转化的混凝土与18℃下强度百分比（%）
A	0.29	2.0	91.0	62
	0.35	3.0	84.4	61
	0.45	4.0	72.1	26
	0.65	6.2	42.8	12
B	0.30	2.1	92.4	63
	0.35	3.0	80.7	60
	0.45	4.0	68.6	43
	0.65	6.2	37.2	30
	0.75	7.2	24.5	29

* 骨料最大粒径为 9.5mm；
† 76mm 立方体试件。

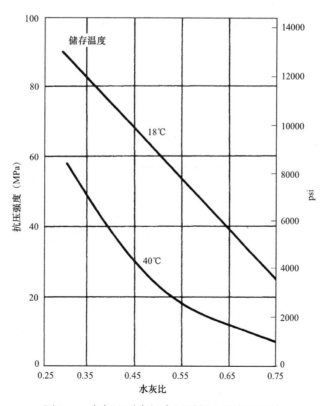

图 2.7 水灰比对高铝水泥混凝土强度的影响
（立方体试件，在 18℃和 40℃的水中养护 100d）

从图 2.7 可以看出，18℃条件下高铝水泥混凝土的强度与水灰比关系曲线和硅酸盐混凝土的有所不同。这是高铝水泥混凝土的特性，该特性可以通过标准尺寸[2.17]和其他高 / 径比[2.22]的圆柱体试件中看出来。

图 2.7 只是根据典型值得到的，显然不同种类的水泥会出现一些波动，但它们的总体特征是相同的。值得注意的是，对于大多数结构混凝土（水灰比在中等以上），残余强度为 0.5 是不能满足要求的。

现在我们简要回顾一下高铝水泥在结构应用中的历史。由于用高铝水泥配制的混凝土早期强度高，所以过去人们也常用来生产预应力混凝土构件。当时 Neville 已经提出了这种混凝土会因为转化过程而可能出现危险的警告[2.33]，虽然这是正确的，但是当时人们却忽略这点，致使 20 世纪 70 年代英国出现了此类结构失效的现象，随后，英国规范中所有有关高铝水泥混凝土结构的应用都被撤销了。大多数其他国家，高铝水泥混凝土还没有应用于实际结构中。然而，20 世纪 90 年代西班牙也发生了高铝水泥混凝土失效的问题。标准 BS EN 14647-2006 额外给定了一些有关高铝水泥应用的建议；在我看来，这些关于高铝水泥应用的建议来自一个编写材料规范的机构，这超出了它的职权范围。

在某些方面人们对高铝水泥还存有争论，如当水灰比不大于 0.4，水泥用量不低于 400kg/m³ 的高铝水泥混凝土，转化后其强度还可以满足要求，这方面还不令人信服。首先，在现有混凝土生产条件下，不能保证所配水灰比不超出 0.05，甚至可能超出 0.10，现实中也确实不止一次证明了这一点（见第 14 章）[2.49]。需要注意的是，高铝水泥转化后的强度相比转化前的强度对水灰比变化更为敏感，这一点可以通过 George[2.50]的数据资料说明，如图 2.8 所示。

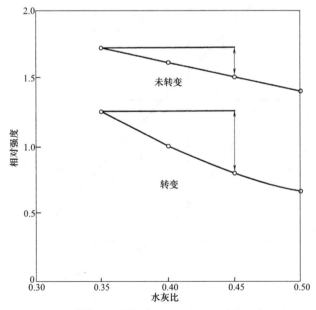

图 2.8　水灰比对高铝水泥混凝土在转化前和转化后强度的影响，相对强度指与 0.4 的水灰比转化混凝土强度的比值[2.50]

在一定的湿度条件下，转化以后，未水化的水泥继续水化，强度也有所提高。但是，新生成的六角水化物的转化又会造成强度的连续损失，可以降至 24h 前的强度。对于水灰比为 0.4 的混凝土，这种情况可能在 8～10 年后出现；如果水灰比更低，则出现的时间可能更晚。从结构的角度看，任何情况下服役期的混凝土的最低强度才是最重要的。

干燥条件可以使高铝水泥混凝土强度损失减小，然而厚度较大的混凝土显然不是干燥的。Hobbs[2.75] 给出了一个间接证据：大体积混凝土中，总有充足的水分可供化学反应；他还发现，在硅酸盐水泥用量为 500～550kg/m³ 的混凝土中，即使在密闭条件下，仍有充足的水供于可引起膨胀的碱-硅反应。Collins 和 Gutt[2.78] 也曾提到，潮湿，甚至偶尔潮湿的混凝土强度要比干燥混凝土低 10～15MPa。例如，偶尔潮湿可以出现在建筑灭火的事故中。

Collins 和 Gutt 的结论来自建筑研究机构的调查，该调查始于 1964 年。这个结论也实质性地验证了 Neville 在 1963 年给出的推断[2.33]。对于早期施工规范中的建议，Menzies[2.84] 认为是错误的。参考文献中指出了高铝水泥应用中存在的问题[2.85]。

关于高铝水泥混凝土结构应用的另一个争论是：即使强度足够，但是转化后的水泥浆孔隙较多，比转化前更容易受到化学侵蚀。特别是硫酸盐侵蚀，一旦硫酸根离子穿过高铝水泥混凝土的外层保护层，便会与 C_3AH_6 发生膨胀反应[2.79]，因为只有未转化的 CAH_{10} 对硫酸盐显示惰性。

而且，化学侵蚀可能导致更大程度上的强度损失[2.81]，不过发生这种化学反应的必备条件之一是有水。如前所述，渗入的水分可能带有 KOH 或 NaOH，它们能够加速水泥的转化，并引起水化产物的分解。如果还含有 CO_2，则会生成 $CaCO_3$，碱性氢氧化物还会对水化泥浆产生进一步侵蚀[2.82]。在这种环境下，铝酸钙水化物将完全分解，反应式如下[2.83]：

$$K_2CO_3 + CaO \cdot Al_2O_3 \cdot aq \rightarrow CaCO_3 + K_2O \cdot Al_2O_3$$
$$CO_2 + K_2O \cdot Al_2O_3 + aq \rightarrow K_2CO_3 + Al_2O_3 \cdot 3H_2O$$

因为碱是载体，以上反应式也可以写成：

$$CO_2 + CaO \cdot Al_2O_3 \cdot aq \rightarrow CaCO_3 + Al_2O_3 \cdot 3H_2O$$

因此可以说高铝水泥发生了碳化，其性质与硅酸盐水泥碳化不同（见第 10 章）。

现行英国标准不允许结构中使用高铝水泥。在美国，战略公路研究计划[2.37] 也因为转化问题不允许使用高铝水泥混凝土。然而，这种水泥确实有特殊用途，其中之一是可用于采矿屋顶支撑。含有高铝水泥、$CaSO_4$、CaO 和适量外加剂的浆料可以形成钙矾石，以便有足够的早期强度[2.72]。

$$3CA + 3C\bar{S}H_2 + 2C + 26H \rightarrow C_6A\bar{S}_3H_{32}$$

其中，$\bar{S}$ 表示 SO_3。

还有一种高炉矿渣混合水泥，其发明者 Madjumdar 等[2.73] 试图用这种水泥来避免转化问题。其原理是矿渣可以消耗溶液中的石灰，因此 C_3AH_6 不会发生转化，后期形成的主要水化产物是 C_2ASH_8。但是，这类水泥丧失了高铝水泥早期强度高的特性，也可能因为这个原因此类水泥没有得到商业化生产。

2.16.6 高铝水泥的耐火性

高铝水泥是最佳的耐火材料之一，因此弄清它在不同温度下的反应性能是很重要的。当温度介于室温和约 500℃ 之间时，高铝水泥混凝土的强度损失量要大于硅酸盐水泥混凝土；

当温度达到800℃时,这两种水泥强度损失量基本相当;但是当温度上升到1000℃时,高铝水泥会表现出极好的性能。图2.9给出了含有四种不同骨料的高铝水泥混凝土在1100℃以内的性能[2.52],其最小强度初值在5%~26%之间浮动(取决于所用骨料的类型)。当温度在700~1000℃时,高铝水泥内部会出现一种陶瓷性的黏结,使得强度提高。这种黏结是由水泥与细骨料发生固态反应形成,并且随着温度的升高,反应程度也会加强。

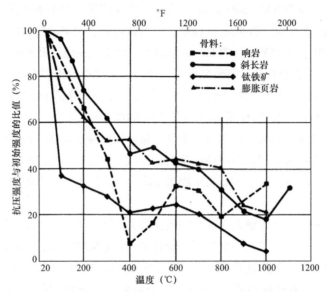

图2.9 含不同骨料的高铝水泥混凝土强度随温度的变化[2.52]

高铝水泥可以承受很高的温度:使用碎耐火砖骨料可耐受约1350℃的温度,使用熔融氧化铝或金刚砂等特殊骨料可以耐受1600℃的温度,用特殊白色铝酸钙水泥和熔融的氧化铝骨料制作的混凝土可以长期耐受1800℃的高温。这种水泥的原料是Al_2O_3(含70%~80%的Al_2O_3,20%~25%的CaO,约1%的Fe_2O_3和SiO_2),其组成近似于C_3A_5,不过这种水泥价格很高。

同时,用高铝水泥配制的耐火混凝土也具有良好的耐酸性(如烟气中的酸)。准确地说,当它被加热到900℃~1000℃时,其耐化学侵蚀能力便会有显著提高[2.16]。而且这种混凝土一经硬化便能提高到使用温度,也就是说,它不需要预先烧制。由于耐火砖受热会膨胀,因此需要预留1~2m伸缩缝,相比之下高铝水泥混凝土可以整体浇筑,也可采用平接,以便确保构件的形状和尺寸基本不变。这种混凝土在最初煅烧时会因失水引起收缩,不过该收缩量近似等于加热膨胀量,所以结构净尺寸变化(取决于骨料)不大。在随后冷却过程中,在工厂关闭期间,平接缝会因加热缓慢张开,但加热后会重新弥合。需要注意的是,因为耐火高铝水泥混凝土能抵挡相当大的热冲击,所以可以用喷射高铝水泥砂浆的方法制作耐火衬层。

此外,当温度在950℃以上时,由高铝水泥和轻骨料制作的轻骨料混凝土还可以当作绝热材料。这种混凝土表观密度为500~1000kg/m³,导热系数为0.21~0.29J/(m²·s·℃)。

参考文献

2.1   U.S. Bureau of Reclamation, *Concrete Manual*, 8th Edn (Denver, Colorado, 1975).

2.2   H. Woods, Rational development of cement specifications, *J. Portl. Cem. Assoc. Research and Development Laboratories*, **1**, No. 1, pp. 4–11 (Jan. 1959).

2.3   W. H. Price, Factors influencing concrete strength, *J. Amer. Concr. Inst.*, **47**, pp. 417–32 (Feb. 1951).

2.4   H. F. Gonnerman and W. Lerch, Changes in characteristics of portland cement as exhibited by laboratory tests over the period 1904 to 1950, *ASTM Sp. Publ. No. 127* (1951).

2.5   A. Neville, Cementitious materials – a different viewpoint, *Concrete International,* **16**, No. 7, pp. 32–3 (1994).

2.6   F. M. Lea, *The Chemistry of Cement and Concrete* (London, Arnold, 1970).

2.7   R. H. Bogue, Portland cement, *Portl. Cem. Assoc. Fellowship Paper No. 53*, pp. 411–31 (Washington DC, August 1949).

2.8   S. Goñi, G. Andrade and C. L. Page, Corrosion behaviour of steel in high alumina cement mortar samples: effect of chloride, *Cement and Concrete Research*, **21**, No. 4, pp. 635–46 (1991).

2.9   ACI 225R-91, Guide to the selection and use of hydraulic cements, *ACI Manual of Concrete Practice, Part 1: Materials and General Properties of Concrete*, 29 pp. (Detroit, Michigan, 1994).

2.10   R. W. Nurse, Hydrophobic cement, *Cement and Lime Manufacture*, **26**, No. 4, pp. 47–51 (London, July 1953).

2.11   U. W. Stoll, Hydrophobic cement, *ASTM Sp. Tech. Publ., No. 205*, pp. 7–15 (1958).

2.12   J. Bensted, An investigation of the early hydration characteristics of some low alkali Portland cements, *Il Cemento*, **79**, No. 3, pp. 151–8 (July 1992).

2.13   T. W. Parker, La recherche sur la chimie des ciments au Royaume-Uni pendant les années d' après-guerre, *Revue Génerale des Sciences Appliquées*, **1**, No. 3, pp. 74–83 (1952).

2.14   H. Lafuma, Quelques aspects de la physico-chimie des ciments alumineux, *Revue Génerale des Sciences Appliquées*, **1**, No. 3, pp. 66–74.

2.15   F. M. Lea, *Cement and Concrete*, Lecture delivered before the Royal Institute of Chemistry, London, 19 Dec. 1944 (Cambridge, W. Heffer and Sons, 1944).

2.16   A. V. Hussey and T. D. Robson, High-alumina cement as a constructional material in the chemical industry, *Symposium on Materials of Construction in the Chemical Industry*, Birmingham, Soc. Chem. Ind., 1950.

2.17   A. M. Neville, Tests on the strength of high-alumina cement concrete, *J. New Zealand Inst. E.*, **14**, No. 3, pp. 73–6 (March 1959).

2.18   A. M. Neville, The effect of warm storage conditions on the strength of concrete made with high-alumina cement, *Proc. Inst. Civ. Engrs.*, **10**, pp. 185–92 (London, June 1958).

2.19   E. W. Bennett and B. C. Collings, High early strength concrete by means of very fine Portland cement, *Proc. Inst. Civ. Engrs*, pp. 1–10 (July 1969).

2.20   H. Uchikawa, S. Uchida, K. Ogawa and S. Hanehara, Influence of the amount, state and distribution of minor constituents in clinker on the color of white cement, *Il Cemento*, **3**, pp. 153–68 (1986).

2.21   American Petroleum Institute *Specification of Oil-Well Cements and Cement Additives*, 20 pp. (Dallas, Texas, 1992).

2.22   A. M. Neville and H. Kenington, Creep of aluminous cement concrete, *Proc. 4th Int. Symp. on the Chemistry of Cement*, pp. 703–8 (Washington DC, 1960).

2.23   K. Kohno and K. Araki, Fundamental properties of stiff consistency concrete made with jet cement, *Bulletin of Faculty of Engineering, Tokushima University*, **10**, Nos 1 and 2, pp. 25–36 (1974).

2.24   Rilem Draft Recommendations TC FAB-67, Test methods for determining the properties of fly ash and of fly ash for use in building materials, *Materials and Structures*, **22**, No. 130, pp. 299–308 (1989).

2.25   F. Sybertz, Comparison of different methods for testing the pozzolanic activity of fly ashes, in *Fly Ash, Silica Fume, Slag, and Natural Pozzolans in Concrete*, Vol. 1, Ed. V. M. Malhotra, ACI SP-114, pp. 477–97 (Detroit, Michigan, 1989).

2.26   P. K. Mehta, Rice husk ash – a unique supplementary cementing material, in *Advances in Concrete Technology*, Ed. V. M. Malhotra, Energy, Mines and Resources, MSL 92-6(R) pp. 407–31 (Ottawa, Canada, 1992).

2.27   D. M. Roy, Hydration of blended cements containing slag, fly ash, or silica fume, *Proc. of Meeting Institute of Concrete Technology*, Coventry, 29 pp. (29 April–1 May 1987).

2.28   F. Mazlum and M. Uyan, Strength of mortar made with cement containing rice husk ash and cured in sodium sulphate solution, in *Fly Ash, Silica Fume, Slag, and Natural Pozzolans in Concrete*, Vol. 1, Ed. V. M. Malhotra, ACI SP-132, pp. 513–31 (Detroit, Michigan, 1993).

2.29   P. Dutron, Present situation of cement standardization in Europe, *Blended Cements*, Ed. G. Frohnsdorff, *ASTM Sp.*

Tech. Publ. No. 897, pp. 144–53 (Philadelphia, 1986).

2.30　G. E. MONFORE and G. J. VERBECK, Corrosion of prestressed wire in concrete, *J. Amer. Concr. Inst.* **57**, pp. 491–515 (Nov. 1960).

2.31　E. BURKE, Discussion on comparison of chemical resistance of supersulphated and special purpose cements, *Proc. 4th Int. Symp. on the Chemistry of Cement*, pp. 877–9 (Washington DC, 1960).

2.32　P. LHOPITALLIER, Calcium aluminates and high-alumina cement, *Proc. 4th Int. Symp. on the Chemistry of Cement*, pp. 1007–33 (Washington DC, 1960).

2.33　A. M. NEVILLE, A study of deterioration of structural concrete made with highalumina cement, *Proc. Inst. Civ. Engrs,* **25**, pp. 287–324 (London, July 1963).

2.34　U.S. BUREAU of RECLAMATION, *Concrete Manual*, 5th Edn (Denver, Colorado, 1949).

2.35　AGRÉMENT BOARD, Certificate No. 73/170 for Swiftcrete ultra high early strength cement (18 May 1973).

2.36　E. W. BENNETT and D. R. LOAT, Shrinkage and creep of concrete as affected by the fineness of Portland cement, *Mag. Concr. Res.*, **22**, No. 71, pp. 69–78 (1970).

2.37　STRATEGIC HIGHWAY RESEARCH PROGRAM, *High Performance Concretes: A State-ofthe-Art Report*, NRC, SHRP-C/FR-91-103, 233 pp. (Washington DC, 1991).

2.38　C. J. LYNSDALE and J. G. CABRERA, Coloured concrete: a state of the art review, *Concrete*, **23**, No. 1, pp. 29–34 (1989).

2.39　E. DOUGLAS and V. M. MALHOTRA, *A Review of the Properties and Strength Development of Non-ferrous Slags and Portland Cement Binders*, CANMET Report, No. 85-7E, 37 pp. (Canadian Govt Publishing Centre, Ottawa, 1986).

2.40　S. M. BUSHNELL-WATSON and J. H. SHARP, On the cause of the anomalous setting behaviour with respect to temperature of calcium aluminate cements, *Cement and Concrete Research*, **20**, No. 5, pp. 677–86 (1990).

2.41　E. DOUGLAS, A. BILODEAU and V. M. MALHOTRA, Properties and durability of alkali-activated slag concrete, *ACI Materials Journal*, **89**, No. 5, pp. 509–16 (1992).

2.42　D. W. QUINION, Superplasticizers in concrete – a review of international experience of long-term reliability, *CIRIA Report* 62, 27 pp. (London, Construction Industry Research and Information Assoc., Sept. 1976).

2.43　ACI 517.2R-87, (Revised 1992), Accelerated curing of concrete at atmospheric pressure – state of the art, *ACI Manual of Concrete Practice Part 5 – 1992: Masonry, Precast Concrete, Special Processes*, 17 pp. (Detroit, Michigan, 1994).

2.44　E. ZIELINSKA, The influence of calcium carbonate on the hydration process in some Portland cement constituents ($3Ca.Al_2O_3$ and $4CaO.Al_2O_3.Fe_2O_3$), *Prace Instytutu Technologii i Organizacji Produkcji Budowlanej*, No. 3 (Warsaw Technical University, 1972).

2.45　G. M. IDORN, The effect of slag cement in concrete, *NRMCA Publ. No. 167*, 10 pp. (Maryland, USA, April 1983).

2.46　H. G. MIDGLEY, The mineralogy of set high-alumina cement, *Trans. Brit. Ceramic Soc.*, **66**, No. 4, pp. 161–87 (1967).

2.47　A. KELLEY, Solid–liquid reactions amongst the calcium aluminates and sulphur aluminates, *Canad. J. Chem.*, **38**, pp. 1218–26 (1960).

2.48　H. MARTIN, A. RAUEN and P. SCHIESSL, Abnahme der Druckfestigkeit von Beton aus Tonerdeschmelzzement, *Aus Unseren Forschungsarbeiten*, **III**, pp. 34–7 (Technische Universität München, Inst. für Massivbau, Dec. 1973).

2.49　A. M. NEVILLE in collaboration with P. J. Wainwright, *High-alumina Cement Concrete*, 201 pp. (Lancaster, Construction Press, Longman Group, 1975).

2.50　C. M. GEORGE, Manufacture and performance of aluminous cement: a new perspective, *Calcium Aluminate Cements*, Ed. R. J. Mangabhai, Proc. Int. Symp., Queen Mary and Westfield College, University of London, pp. 181–207 (London, Chapman and Hall, 1990).

2.51　D. C. TEYCHENNÉ, Long-term research into the characteristics of high-alumina cement concretes, *Mag. Conor. Res.*, **27**, No. 91, pp. 78–102 (1975).

2.52　N. G. ZOLDNERS and V. M. Malhotra, Discussion of reference 2.33, *Proc. Inst. Civ. Engrs*, **28**, pp. 72–3 (May 1964).

2.53　J. AMBROISE, S. MARTIN-CALLE and J. PÉRA, Pozzolanic behaviour of thermally activated kaolin, in *Fly Ash, Silica Fume, Slag, and Natural Pozzolans in Concrete,* Vol. 1, Ed. V. M. Malhotra, ACI SP-132, pp. 731–48 (Detroit, Michigan, 1993).

2.54　W. H. DUDA, *Cement-Data-Book*, **2**, 456 pp. (Berlin, Verlag GmbH, 1984).

2.55　K. W. NASSER and H. M. MARZOUK, Properties of mass concrete containing fly ash at high temperatures, *J. Amer. Concr. Inst.*, **76**, No. 4, pp. 537–50 (April 1979).

2.56　ACI 3R-87, Ground granulated blast-furnace slag as a cementitious constituent in concrete, *ACI Manual of Concrete Practice, Part 1: Materials and General Properties of Concrete*, 16 pp. (Detroit, Michigan, 1994).

2.57　T. NOVINSON and J. CRAHAN, Lithium salts as set accelerators for refractory concretes: correlation of chemical properties with setting times, *ACI Materials Journal,* **85**, No. 1, pp. 12–16 (1988).

2.58　J. DAUBE and R. BARKER, Portland blast-furnace slag cement: a review, Blended Cements, Ed. G. Frohnsdorff, *ASTM Sp. Tech. Publ. No. 897*, pp. 5–14 (Philadelphia, 1986).

2.59 G. Frigione, Manufacture and characteristics of Portland blast-furnace slag cements, *Blended Cements, Ed. G. Frohnsdorff, ASTM Sp. Tech. Publ. No. 897*, pp. 15–28 (Philadelphia, 1986).

2.60 M. N. A. Saad, W. P. de Andrade and V. A. Paulon, Properties of mass concrete containing an active pozzolan made from clay, *Concrete International*, **4**, No. 7, pp. 59–65 (1982).

2.61 K. Kohno et al., Mix proportion and compressive strength of concrete containing extremely finely ground silica, *Cement Association of Japan*, No. 44, pp. 157–80 (1990).

2.62 B. P. Hughes, PFA fineness and its use in concrete, *Mag. Concr. Res.*, **41**, No. 147, pp. 99–105 (1989).

2.63 W. H. Price, Pozzolans – a review, *J. Amer. Concr. Inst.*, **72**, No. 5, pp. 225–32. (1975).

2.64 ACI 3R-87, Use of fly ash in concrete, *ACI Manual of Concrete Practice, Part 1: Materials and General Properties of Concrete*, 29 pp. (Detroit, Michigan, 1994).

2.65 Y. Efes and P. Schubert, Mörtel- und Betonversuche mit einem Schnellzement, *Betonwerk und Fertigteil-Technik*, No. 11, pp. 541–5 (1976).

2.66 P.-C. Aïtcin, Ed., *Condensed Silica Fume*, Faculté de Sciences Appliquées, Université de Sherbrooke, 52 pp. (Sherbrooke, Canada, 1983).

2.67 ACI Committee 226, Silica fume in concrete: Preliminary report, *ACI Materials Journal*, **84**, No. 2, pp. 158–66 (1987).

2.68 D. G. Parker, Microsilica concrete, Part 2: in use, *Concrete*, **20**, No. 3, pp. 19–21 (1986).

2.69 V. M. Malhotra, G. G. Carrette and V. Sivasundaram, Role of silica fume in concrete: a review, in *Advances in Concrete Technology*, Ed. V. M. Malhotra, Energy, Mines and Resources, MSL 92-6(R) pp. 925–91 (Ottawa, Canada, 1992).

2.70 M. D. Cohen, Silica fume in PCC: the effects of form on engineering performance, *Concrete International*, **11**, No. 11, pp. 43–7 (1989).

2.71 K. H. Khayat and P. C. Aïtcin, Silica fume in concrete – an overview, in *Fly Ash, Silica Fume, Slag, and Natural Pozzolans in Concrete*, Vol. 2, Ed. V. M. Malhotra, ACI SP-132, pp. 835–72 (Detroit, Michigan, 1993).

2.72 S. A. Brooks and J. H. Sharp, Ettringite-based cements, *Calcium Aluminate Cements*, Ed. R. J. Mangabhai, Proc. Int. Symp., Queen Mary and Westfield College, University of London, pp. 335–49 (London, Chapman and Hall, 1990).

2.73 A. J. Majumdar, R. N. Edmonds and B. Singh, Hydration of calcium aluminates in presence of granulated blastfurnace slag, *Calcium Aluminate Cements*, Ed. R. J. Mangabhai, Proc. Int. Symp., Queen Mary and Westfield College, University of London, pp. 259–71 (London, Chapman and Hall, 1990).

2.74 V. S. Ramachandran, Ed., *Concrete Admixtures Handbook: Properties, Science and Technology*, 626 pp. (New Jersey, Noyes Publications, 1984).

2.75 D. W. Hobbs, *Alkali-Silica Reaction in Concrete*, 183 pp. (London, Thomas Telford, 1988).

2.76 M. Collepardi, G. Baldini and M. Pauri, The effect of pozzolanas on the tricalcium aluminate hydration, *Cement and Concrete Research*, **8**, No. 6, pp. 741–51 (1978).

2.77 F. Massazza and U. Costa, Aspects of the pozzolanic activity and properties of pozzolanic cements, *Il Cemento*, **76**, No. 1, pp. 3–18 (1979).

2.78 R. J. Collins and W. Gutt, Research on long-term properties of high alumina cement concrete, *Mag. Concr. Res.*, **40**, No. 145, pp. 195–208 (1988).

2.79 N. J. Crammond, Long-term performance of high alumina cement in sulphatebearing environments, *Calcium Aluminate Cements*, Ed. R. J. Mangabhai, Proc. Int. Symp., Queen Mary and Westfield College, University of London, pp. 208–21 (London, Chapman and Hall, 1990).

2.80 D. J. Cook, R. P. Parma and S. A. Damer, The behaviour of concrete and cement paste containing rice husk ash, *Proc. of a Conference on Hydraulic Cement Pastes: Their Structure and Properties*, pp. 268–82 (London, Cement and Concrete Assoc., 1976).

2.81 T. D. Robson, The characteristics and applications of mixtures of Portland and highalumina cements, *Chemistry and Industry*, No. 1, pp. 2–7 (London, 5 Jan. 1952).

2.82 Building Research Establishment, Assessment of chemical attack of high alumina cement concrete, *Information Paper, IP 22/81*, 4 pp. (Watford, England, Nov. 1981).

2.83 F. M. Lea, Effect of temperature on high-alumina cement, *Trans. Soc. Chem.*, **59**, pp. 18–21 (1940).

2.84 J. B. Menzies, Hazards, risks and structural safety, *Structural Engineer*, **10**, No. 21, pp. 357–63 (1995).

2.85 A. M. Neville, History of high-alumina cement, *Engineering History and Heritage*, Inst. Civil Engineers, EH2, pp. 81–91 and 93–101 (2009).

第 3 章

骨料的性能

骨料至少占了混凝土体积的四分之三，所以，骨料的性能对混凝土来说至关重要。骨料直接影响混凝土的强度，不符合要求的骨料不能用来制备具有足够强度的混凝土；同时骨料的性质也在很大程度上影响着混凝土的耐久性和结构性能。

最初主要出于经济原因将骨料视为一种充分分散填充在水泥浆中的惰性材料。但从另一方面，也可以把骨料看成一种通过水泥浆连接成统一整体的建筑材料，在某种意义上讲这与砌体结构类似。实际上，骨料并不真是惰性的，它的物理性能，热学性能，以及化学性能都会影响混凝土的性能。

骨料比水泥廉价，所以混凝土拌合物中放入尽可能多的骨料和尽可能少的水泥是更经济的。但经济性并不是使用骨料的唯一原因，它还给混凝土带来很多的技术优势，例如，它比单一的水泥浆具有更高的体积稳定性和耐久性。

3.1 骨料的一般分类

混凝土中用到的骨料，其尺寸范围从几十毫米到 0.1mm 左右。混凝土实际使用的骨料的最大尺寸是变化的，但任何混凝土均由不同尺寸的骨料组成，这种不同骨料粒径的分布称为级配。在制备低等级的混凝土时，有时使用来自料场的骨料，其含有从最大到最小各种尺寸的颗粒，这种骨料可称为统货骨料或未筛分骨料。在制备优质混凝土时，通常选择的骨料至少要由两组不同大小的颗粒组成，即细骨料和粗骨料。细骨料常称为砂，其直径不超过 5mm 或 3/16 英寸，粗骨料则指直径大于 5mm 或 3/16 英寸的颗粒。在美国通常采用 No.4 ASTM 筛进行骨料等级划分，其孔径为 4.75mm 或 3/16 英寸（表 3.14）。关于级配，后文还有详细讨论，但这种基本划分可以将粗细骨料区分开来。应该注意的是，用术语"骨料"表示粗骨料，并以此区别于砂的说法是不正确的。

通常认为天然砂的粒径下限略小些，约为 70μm 或 60μm。粒径在 2～60μm 的材料称为粉土，更小粒径的颗粒则称为黏土。壤土是一种由大致相同比例的砂、粉土和黏土组成的松软堆积物。虽然通常描述的是满足小于 75μm 的颗粒，但粉土和黏土对混凝土性能的影响通常有显著差异，因为这些颗粒的尺寸和组成均有所不同。BS 812：103.1：1985（2000）和 BS 812：103.2（2000）分别规定了小于 75μm 和 20μm 粒径颗粒的检测方法。

所有的天然骨料都是原来母岩的一部分。母岩经过自然的风化和侵蚀过程或人工粉碎可得到骨料。因此，骨料的许多性质都完全由母岩的性质决定，即其化学和矿物成分、岩相特性、比重、硬度、强度、物理和化学稳定性、孔结构及颜色等。但另一方面，骨料也具有一些母岩所没有的性质：颗粒形状和大小、表面结构及吸水性。所有的这些性质均会对新拌混凝土或是硬化混凝土的质量产生很大影响。

　　然而，要适当补充一句，虽然骨料的上述不同性质均能够测出，但要给优质骨料下定义还是困难的，只能说这是一种可以（在给定条件下）制备出优质混凝土的骨料。所有性质都令人满意的骨料总能够制备出优质的混凝土，但反过来说不是必然成立，因为骨料在混凝土中表现出何种性能才是重要的。现已发现，有时某方面性能不能满足要求的骨料，使用其制备的混凝土性能尚可。比如有些岩石样本在受冻时会冻裂，但当把它嵌入混凝土中，特别是骨料颗粒被低渗透性水泥浆包裹时，则不需要进行骨料的此类抗冻试验，即此时不存在骨料的冻裂问题。然而，骨料若是多种性能较差，那就不可能制备出满足要求的混凝土，所以对骨料进行各种性能试验有助于评估其在混凝土中的适用性。

3.2　天然骨料的分类

　　以上仅讨论了由天然材料形成的骨料，本节将重点研究这一类骨料。然而，骨料同样可以从工业产品中获得，因为这些人造骨料通常重于或轻于普通的骨料。这将在第 13 章论述，来自废料的骨料也将于本章的最后介绍。

　　在通过自然风化而来的骨料和将岩石人工破碎而成的骨料之间，还可以作进一步的划分。

　　从岩石学的角度来看，骨料不管是人工破碎还是自然风化，都可以分成几组具有相似特征的岩石。BS 812:1:1975 的分类最适宜，详见表 3.1。

表 3.1　根据岩石类型的天然骨料分类（BS 812:1:1975）

玄武岩组	燧石组	辉长岩组
安石岩	燧石	通常闪长岩
玄武岩	火石	通常片麻岩
通常玢岩		辉长岩
辉绿岩		角闪石岩
各种辉绿岩		苏长岩
（包括霞斜岩和沸绿岩）		橄榄岩
变闪长石		苦橄岩
煌斑岩		蛇纹岩
石英辉绿岩		
细碧岩		
花岗岩组	粗砂岩组（包括碎片火石岩）	角岩组
片麻岩	长石砂岩	除大理石以外的各种火山岩、
花岗岩		蚀变岩、花岗岩
花岗闪长岩		

花岗岩组	粗砂岩组（包括碎片火石岩）	角岩组
麻粒岩	杂砂岩	
伟晶岩	砂砾	
石英闪长岩	砂岩	
黑花岗石	凝灰岩	
石灰石组	斑岩组	石英岩组
白云石	细晶岩	硅岩
石灰石	英安岩	石英岩砂岩
大理石	矽长石	重结晶石英岩
	花岗斑岩	
	角斑岩	
	细花岗岩	
	斑岩	
	石英玢	
	流纹岩	
	粗面岩	
片岩组		
千枚岩		
片岩		
石板		
所有剪切严重的岩石		

　　这样的分类并不意味上述骨料均适用于混凝土的配制：任一组别中都存在不适用的骨料，而有些种类的骨料应用记录好于其他种类。另外值得注意的一点是，许多骨料现在的行业及惯用名称与正确的岩石学分类中的学名并不相符。BS 812：102：1989 中列出了骨料的常用岩石类型，BS 812：104：1994（2000）中有岩相检测的方法。BS EN 932、933 代替了原来的BS 812。

　　ASTM 标准中的 C 294-05 部分叙述了骨料中发现的一些常见或重要的矿物。虽然矿物学分类有助于识别骨料性质，但它不能为预测骨料在混凝土中的性能提供依据，因为没有一种矿物是普遍适用的、理想的，而完全不可取的矿物也很少。ASTM 中矿物的分类如下：

硅质矿物（石英，蛋白石，玉髓，鳞石英，方石英）

长石

铁镁矿物

云母矿物

黏土矿物

沸石

碳酸盐矿物

硫酸盐矿物

硫化铁矿物

氧化铁

详细的岩石学及矿物学分类方法超出了本书内容，但是骨料的矿物性能检测有助于评估其质量，尤其是用于对比新骨料与已有使用记录的适用骨料时；还有助于发现骨料中的不利特性，如存在某些不稳定形式的二氧化硅等。即使很少量的矿物或岩石也可能会对骨料的质量产生很大影响，对于人造骨料，我们还需研究其加工方法和工序的影响。混凝土骨料的详细信息见参考文献［3.38］中相关内容。

3.3 取样

骨料的各项性能试验均取其样品来进行，因此，严格来讲，试验的结果仅适用于骨料样品本身。由于样品的不确定性，因此我们更关心的是骨料的普遍性或适用性，要确保所取样品能代表骨料的平均特性。为了使获得的样品具有代表性，取样过程需十分小心。

由于不同骨料现场取样的场地和条件千差万别，所以无法给定取样的详尽方案。不过对有经验者而言，如果他能在整个取样过程中时刻考虑到样品的代表性，则样品的试验结果是可靠的。例如取样时选择勺铲而不是平铲，以避免平铲提起时某些粒径的颗粒掉落。

检测的样本由来自不同部位的许多小份样品构成，最少要取到 10 小份，其累计质量符合表 3.2 中所列不同粒径的骨料样品的检测所需质量，见 BS 812：102：1989（被 BS EN 932-1：1997 代替）中的规定。注意如果将要取样的来源是变化的或者离析的，则需要增加取样的小份，取样总质量也要更大。例如在料堆中取样时，料堆不同部位都应该取小份样品，不仅表面，中心也要取到。

表 3.2　最小取样质量（BS 812-102：1989）

骨料最大粒径（mm）	试样最小取样质量（kg）
≥ 28	50
5 ～ 28	25
≤ 5	13

由表 3.2 可知，骨料的粒径越大，试样的取样质量就越大。当使用大粒径的骨料时，样品质量可能会过大，所以在试验前需要减少检测样品的质量。但应保证减少后的检测样品能代表原来取来的试样。

减少试验样品质量的方法有两种：四分法和缩分器法，都是把所取试样分为相似的两组。用四分法取样时，将原试样充分搅拌均匀，注意当试样为细骨料时，应将其浸湿以免离析，将上述试样装入一个圆锥筒，然后倒转筒体，骨料堆成一个新的锥体。重复两次上述操作，常在锥顶部聚集的骨料下落时可均匀分布在圆锥四周。将最后的锥体摊开成圆形，分成四等份，取对角的两份作为试验用试样，如果量还大，可继续再分，直至满足要求。操作中需要小心保证所有细颗粒不能落下。

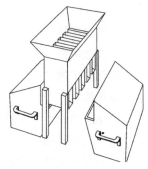

另外，也可用缩分器分样（图 3.1）。缩分器是一个带有一些平行分隔的盒子，试样下落时交替排出到左边和右边。将取来的试样铺满入口横格上，经滑道均匀分为两份，取其中一份，可继续再分，直至满足要求的数量。关于典型的分样器可查看标准 BS 812-102：1989。缩分器方法得出的试验结果比四分法更稳定。

图 3.1   缩分器

3.4   颗粒的形状和特征

骨料除了岩石力学性能外，外部特征也很重要，特别是颗粒形状和表面结构。由于描述颗粒的形状比较困难，因此规定了几种方法来定义颗粒的几何特征。

圆度指碎屑颗粒的棱和角被磨蚀圆化的程度，主要由原岩石的强度、耐磨性以及颗粒的磨损程度决定。对于碎石材料，颗粒的形状主要取决于原材料的性质、破碎机的型号以及破碎比，即加工前后颗粒大小之比。表 3.3 给出了根据规范 BS 812-1：1975 的圆度分类。现行有关标准为 BS EN933-4：2008。

表 3.3   试样的颗粒形状分类（BS 812-1：1975）*

类别	描述	实例
圆形	完全水磨损或完全磨损	河或海滨砾石；沙漠、海滨和风积砂
不规则的	天然不规则，或部分磨损成形且有圆形边	其他砾石；地上或地下燧石
片状的	材料厚度较其他两个方向的尺寸要小	片状岩石
角状的	在粗糙平面相交处形成的较顺滑的边	各种砾石、岩屑、碎砂渣
细长的	普通棱角状材料，长度较其他两个方向尺寸大得多	—
片状和细长的	长比宽大得多，宽比厚又大得多	

* 替换为 BS EN 933-3：1997。

美国标准分类：

圆润——颗粒原始轮廓均已消失；

圆状——颗粒棱角磨损严重，原始轮廓基本消失；

次圆状——颗粒棱角磨损，原始轮廓可见；

次棱角——颗粒棱角稍有磨损，原始轮廓清晰可见；

棱角——颗粒未磨损。

由于相似大小的颗粒的填充程度与其形状有关，因此根据有关规定，可以按试样在密实状态下的空隙率估算骨料的棱角系数。根据英国 BS 812-1：1975 标准，棱角系数定义为：用标准方法将骨料填满在容器内，若固体体积比为 67%，此时棱角系数为最小。试验中颗粒的大小应尽量接近。

上述 67% 是指圆润砾石的固体体积，因此，用超过圆润砾石空隙率（33%）的数值来表示棱角系数。棱角系数的值越大，说明骨料的棱角越明显。实际骨料的棱角系数为 0~11。但实际中很少测量棱角系数。

因此，改进了测量粗细骨料棱角系数的方法，将棱角系数定义为松散骨料的绝对体积与规定级配的玻璃球绝对体积之比[3.41]；此方法有效避免了因填装密实程度不同而引起的误差。Gaynor 和 Meininger[3.63]点评了一些其他的细骨料形状的间接测试方法，但没有哪一种方法得到公认。

骨料的空隙率可通过降低压力时空气体积的变化来计算；因此，空气的体积即空隙的体积就可以计算出来[3.52]。

图 3.2 是根据 Shergold[3.1]的数据绘制的曲线，由此可简单证明空隙率与颗粒形状之间的关系。试验所用的试样是由不同比例的圆形骨料和角状骨料混合而成，随着圆形颗粒比例的增加，其空隙率变小。空隙的体积还将影响混凝土的表观密度。

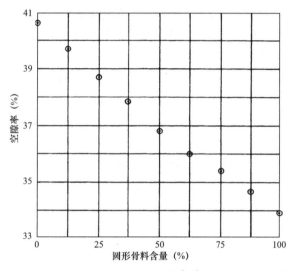

图 3.2 多角形骨料对空隙率的影响[3.1]（Crown copyright）

粗骨料形状的另一种表示方法是球度，可定义为颗粒表面积与其体积比的函数。球度与母岩的层理和裂隙有关，当用人工破碎方法制造骨料时，球度还受破碎设备类型的影响。当颗粒的单位体积的表面积较大时，要使混凝土拌合物具有一定的工作性，就需要增加拌合用水量。

毫无疑问，细骨料的颗粒形状会影响拌合物的性能。工作性一定时，角状骨料用水量需求更大。尽管针对测试骨料的表面积和其他几何表征进行了大量尝试，但仍没有有效的骨料形状测试和表征方法。

就粗骨料而言，应优选等轴形状的颗粒，因为与此类等轴形状差别很大的颗粒具有较大的表面积，并以各向异性的方式堆积。与等轴形状差别较大的两种颗粒类型是针状和片状。后者也会对混凝土的耐久性产生不利的影响，因为在下部有水和空气形成时，片状颗粒会在一个平面定向堆积。

将片状骨料的质量除以试样质量所得的百分数，即为片状指数。针状指数的定义与此相似。一些骨料可能既为细长且又为片状，在计算时都应考虑。

这种分类是根据 BS 812-105.1:1989 和 BS EN 933-3:1997.BS EN 12620:2002 中规定的骨料尺寸比例而定义的。该标准中主观假设如下：当骨料的厚度（最小尺寸）小于其平均筛孔尺寸的 0.6 倍时，则该骨料属于片状的。同样，当骨料的厚度（最大尺寸）大于其平均筛孔尺寸的 1.8 倍时，则该骨料为针状。平均筛孔尺寸定义为骨料颗粒恰好残留的筛孔孔径和恰好通过的筛孔孔径的算术平均值。因为有必要对孔径大小作严格控制，所以采用的筛子并不是标准混凝土骨料的筛子，而是 75.0mm、63.0mm、50.0mm、37.5mm、28.0mm、20.0mm、14.8mm、10.0mm 和 6.30mm（或者 3 英寸、2 1/2 英寸、2 英寸、1 1/2 英寸、1 英寸、3/4 英寸、1/2 英寸、3/8 英寸和 1/4 英寸）的筛子。扁平度和细长度试验对评定骨料是有用的，但还不足以反映颗粒的形状。

一般要求细长颗粒在粗骨料中的含量不超过 10%~15%，但没有公认的限值。英国标准 BS 882:1992 将天然砂石和破碎或部分破碎粗骨料的片状指数分别限制在 50 和 40。但对于磨损表面的骨料，要求片状指数值更低（新标准并未对此规定片状指数的限值）。

骨料的表面特征不仅影响它与水泥浆的黏结，也影响着拌合物的需水量，尤其是细骨料。

表面特征的分类是根据颗粒表面抛光或磨钝、光滑或粗糙的程度而定的；粗糙度的类型也要留意。表面结构取决于原材料的硬度、颗粒大小和孔隙特征（硬而密实的细粒岩石一般具有光滑的断面），同时也取决于作用在颗粒表面的力使其光滑或粗糙的程度。目测粗糙度是比较可靠的，但是为了减小误差，必须遵循表 3.4 给出的 BS 812-1:1975 的分类。这个标准已经被 BS EN 12620:2002 取代。目前还没有测量表面粗糙度的公认方法，但 Wright 的方法[3.2]很有价值：将骨料和树脂之间的界面放大，并且测出轮廓线长度和一系列弦线连成的一条不规则线的长度之间的差值，以此作为粗糙度。该方法的可复性较好，但由于比较复杂而没有被广泛采用。

表 3.4　骨料的表面结构及实例（BS 812:1:1975）

类别	表面结构	特　征	实　例
1	玻璃态	贝壳状断面	黑燧石、玻璃体炉渣
2	光滑	层状或者细粒岩石断裂后，水磨蚀使其光滑	砾石、燧石、板岩、大理石、部分流纹岩
3	颗粒状	断面显示几乎均匀的圆形颗粒	砂岩、鲕粒岩
4	粗糙	细或中粒岩石的粗糙断面不含可见的结晶成分	玄武岩、斑岩、石灰岩
5	晶态	含可见的结晶成分	辉长岩、花岗岩、片麻岩
6	蜂窝状	具有可见的孔隙和空洞	砖、浮石、泡沫渣、熟料、黏土陶粒

另一种方法是通过傅里叶级数法计算出形状系数和表面结构系数，该方法预先假设出调和体系和修改以后的全部粗糙度系数的范围[3.53]。这种方法能否有效计算和比较在实际情况遇到的复杂多变的骨料的形状和表面结构值得怀疑。Ozol 还提到了其他方法[3.65]。

骨料的形状和表面结构对混凝土强度影响很大，对抗弯强度的影响比抗压强度要大，特别是在高强度混凝土中，骨料形状和结构对其影响更大。表 3.5 中给出了 Kaplan 的一些数据[3.3]，但它只给出了三种因素的影响，其他因素没有考虑。骨料的形状和结构在混凝土的强度发展中的全部作用还不太清楚，但可能是表面较粗糙的结构导致骨料颗粒和水泥基体之间产生较大黏结力。同样地，具有较大表面积的棱角骨料也会产生较大的黏结力。

细骨料的形状和结构对给定骨料配制的拌合物的需水量影响很大。如果细骨料的这些性能通过堆积密度（即松散状况的空隙率）来间接表示，那么对于需水量的影响就显而易见了[3.42]（图 3.3）。粗骨料空隙对拌合物的影响还不明确[3.42]。

表 3.5 影响混凝土强度的骨料性能的平均相对重要性[3.3]

混凝土性能	影响骨料性能因素的相对百分比		
	形状	表面结构	弹性模量
抗弯强度	31	26	43
抗压强度	22	44	34

注：表中所列数值是由骨料的各种特性引起的方差与通过骨料的三种特性计算得出的总方差之比，实验所用三种拌合物是由 13 种骨料配成的。

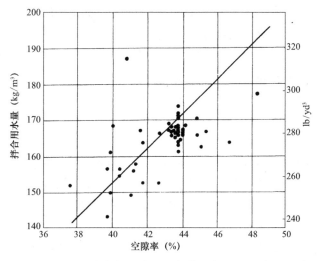

图 3.3 松堆时砂子空隙率与用该砂子制作混凝土时需水量的关系[3.42]

　　一般来说，粗骨料的扁平度和形状对混凝土的工作性有很大影响。引用 Kaplan 的试验结果[3.4]，图 3.4 为粗骨料的棱角系数与混凝土密实系数之间的关系曲线。其中，当棱角系数从最小增到最大时，其密实系数约减小了 0.09。但实际上这两个因素之间没有特定的关系，骨料的其他性能也影响混凝土的工作性。不过 Kaplan 的试验并没有证明表面结构是一个影响因素[3.4]。

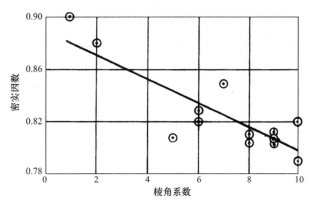

图 3.4 骨料棱角系数与用该骨料制作混凝土的密实因数的关系[3.4]

3.5 骨料的黏结

骨料与水泥浆之间的黏结是影响混凝土强度的一个重要因素，特别是对抗折强度而言，但黏结的本质仍未完全研究清楚。黏结形成的部分原因是骨料的表面粗糙度使水泥浆、骨料相互嵌合。例如，碎石颗粒能形成较好的黏结就是因为其表面更粗糙。通常较软的、多孔的和矿物学上异质的颗粒也能较好的黏结，如果骨料表面是非渗透性的，则不利于形成良好的黏结。黏结也受骨料的其他物理和化学性质的影响，这些又与骨料的矿物组成、化学成分及颗粒表面的静电条件有关系。例如，在石灰石、白云石[3.54]和某些硅质骨料中可能存在化学黏结，在抛光颗粒的表面可能产生一些毛细管力。但是对于这种情况目前还不是非常了解，仍然还要凭经验来预测骨料与其周围水泥浆之间的黏结。无论如何，只有骨料表面清洁且没有粘着黏土颗粒才能得到较高的黏结力。

由于混凝土是一种复合材料，由骨料和水泥浆混合而成，各自的弹性模量都会影响混凝土的弹性模量。这种弹性模量的区别就是影响骨料黏结的重要因素[3.91]。

骨料黏结强度的测定是十分困难的，目前还不能通过试验得到这方面的数据。一般来说，如果黏结状况良好，一个正常强度的混凝土试块被压坏时，一些骨料颗粒会出现贯通裂缝，除此之外更多的骨料颗粒会离开原来的位置。过多的颗粒被粉碎，意味着骨料的强度太弱。因为黏结的强度取决于水泥净浆的强度和骨料表面的特征，所以黏结的强度会随着混凝土的龄期而逐渐增长[3.43]。水泥净浆的强度对于黏结强度的贡献会随着龄期的增长而增长。如果黏结强度足够，那么对于普通混凝土的强度而言黏结强度本质上并不是一个限制因素。然而，对于高强混凝土而言，黏结强度比水泥净浆的抗拉强度要低，因此黏结破坏会首先发生。骨料与水泥净浆的界面也十分重要，因为粗糙的骨料会造成界面的不连续，同时会引起边界效应。

Barnes 等人[3.64]发现在 C-S-H 凝胶后面会形成一层 Ca（OH）$_2$，这层 Ca（OH）$_2$与骨料-水泥净浆界面平行。这层界面里还富含优良的水泥颗粒，并且这个位置的水泥和大多数水泥净浆比有着更高的水灰比。这些观察到的现象解释了硅灰在提升混凝土强度方面所扮演的特殊角色。

关于混凝土破坏方面的问题在第6章会有更多的讨论。在高压下混凝土的裂缝路径与混凝土的破坏息息相关。对于均质材料而言，拉力引起裂缝开展是很正常的，并且这些裂缝是直的或者接近直的。然而，对于混凝土这种典型的非均质材料而言，骨料的粗糙程度会影响裂缝的开展路径。因此裂缝可能会直接穿过骨料或者通过分界面绕过骨料或者通过混凝土基质。

最近 Neville 的研究[3.91]表明：在混凝土的早龄期，水泥砂浆的强度不是影响裂缝路径的主要因素，母岩的强度和颗粒的形状及表面特性是主要的影响因素。然而，目前还不能用能测量的简单参数去表征这些因素。我们应该注意关于在剪切作用下骨料的嵌锁作用的研究。在此领域的研究表明，石灰岩骨料的断裂产生的断面较光滑，不利于传递剪力[3.92]。

3.6 骨料的强度

混凝土的抗压强度并不会明显超过大部分骨料的强度，尽管定义单个骨料的强度是很困难的。实际上，很难测量单个骨料的抗压强度。大量骨料的压碎值，压紧大量骨料所需要力的大小和混凝土中骨料的表现等一些必要的信息只能从间接实验中获得。

不论是凭借经验来调整骨料的配合比，还是实验室中对于已知配合比的混凝土的骨料研究，都是事先知道确定的骨料强度值。如果在实验中由于骨料原因导致了混凝土的抗压强度过低，特别是在实际中大量的骨料在混凝土试件发生破坏后也出现了断裂，则说明骨料的强度低于混凝土的正常抗压强度。很显然，这类骨料只能被用于更低强度的混凝土。例如采用红土（在非洲南亚和南美广泛分布）很少能制造出强度高于10MPa的混凝土（1500psi）。

骨料强度不足意味着混凝土性能受限，因为骨料的物理性质对混凝土的强度有一些影响，即使骨料本身强度还不至于发生过早的断裂。如果比较不同骨料制备的不同配合比的混凝土，而且无论在实验中混凝土受拉还是受压，我们会发现，无论配合比如何，骨料对混凝土强度的影响从定性的角度来说基本相同。这种情况产生的原因可能是因为骨料对于混凝土强度的影响不仅仅取决于骨料的机械强度，也在相当大的程度上取决其吸水性能和黏结性能。

一般而言，骨料的强度和变形能力取决于其成分、质地和结构。因此，骨料的强度低可能不仅仅是组成骨料的颗粒强度过低造成的，尽管颗粒的强度很高但是没有很好的交织和黏结在一起也是造成这种现象的原因。

骨料的弹性模量很少被考虑，它并非不重要，因为通常而言混凝土的弹性模量会随着骨料的弹性模量升高而升高，但也取决于其他因素。骨料的弹性模量也会影响混凝土收缩和徐变（见第9.17节）。骨料的弹性模量和水泥净浆的弹性模量差距很大，这会影响骨料-基体界面上的显微裂纹的发展。

一个比较好的骨料抗压强度平均值是200MPa（30000psi）。但是许多优良骨料的抗压强度值是80MPa（12000psi）。最高的抗压强度记录来自一种石英，其抗压强度是530MPa（77000psi）。其他石材的抗压强度见表3.6。从表中可以看出所需骨料的抗压强度要远高于混凝土的正常强度，这是因为混凝土中单个骨料界面上的实际压应力要远超过施加给混凝土的压应力。

另一方面，适中的骨料或者说具备较低强度和弹性模量的骨料有利于保持混凝土的整体性，因为使用此类骨料的混凝土体积变化时（由于温度和湿度等原因造成），骨料容易被压缩，则在水泥净浆中产生的应力较低。也就是说，可压缩性能好的骨料会减少混凝土中的应力，而强度高、刚度大的骨料可能会导致水泥浆的周围出现裂缝。

表 3.6 美国常用于混凝土骨料的岩石抗压强度[3.6]

岩石种类	试样数 *	抗压强度					
		平均值 †		剔除极值后 ‡			
				最大值		最小值	
		MPa	psi	MPa	psi	MPa	psi
花岗岩	278	181	26200	257	31300	114	16600
致密长石	12	324	47000	526	76300	120	17400
暗色岩	59	283	41100	377	54700	210	29200
石灰岩	241	159	23000	241	34900	93	13500
砂岩	79	131	19000	240	34800	44	6400

续表

岩石种类	试样数 *	抗压强度					
		平均值†		剔除极值后‡			
				最大值		最小值	
		MPa	psi	MPa	psi	MPa	psi
大理岩	34	117	16900	244	35400	51	7400
石英岩	26	252	36500	423	61300	124	18000
片麻岩	36	147	21300	235	34100	94	13600
片岩	31	170	24600	297	43100	91	13200

* 对于大多数试样，其抗压强度平均值为 3 ～ 15 个试样的平均值；

† 所有试样的平均值；

‡ 考虑到材料的非典型性，10% 的试样剔除了试验结果的最大值和最小值。

应该注意的是对于不同的骨料而言，强度和弹性模量之间并没有一个确定的联系[3.3]。例如，有一些花岗岩的弹性模量是 45GPa（6.5×10^6psi），辉长岩和辉绿岩的弹性模量 85.5GPa（12.4×10^6psi），这些石材的强度在 145～170MPa（21000～25000psi）的范围内。另外还发现有弹性模量超过 160GPa（23×10^6psi）的石材。

对于岩石圆柱体抗压强度试验，之前有过相关的规定。但石材中软弱解理面对该试验的结果会产生很大影响，但当石材被破碎成混凝土中所使用的粒径时，这种影响就不显著了。实际上，抗压强度试验测试的是母材的品质，并非测试作为混凝土原料的骨料的品质。基于以上原因，实际工程中，很少进行此项试验。

有时，不仅需要测试潮湿的石材试件强度，还需要测试干燥的石材试件强度。潮湿试件与干燥试件的强度比值反映了软化效应的影响，当这个比值较高时，石材的耐久性较差。

测试松散骨料抗粉碎性能的试验称为压碎值指标试验，规范 BS 812-110:1990 中对其有相关规定，该试验测试了骨料的抗粉碎性能[3.38]。对于性能未知的骨料，尤其是其强度较低时，压碎值是一个很有用的参考指标。该压碎值与抗压强度之间，并没有明显的物理联系，但抗压强度试验与压碎值试验的试验结果通常是一致的[3.75]。

压碎值试验中所用的材料，应可以通过孔径为 14.0mm（1/2 英寸）试验筛，而无法通过孔径为 10.0mm（3/8 英寸）的试验筛。然而，当无法获得符合该粒径的材料时，也可以使用其他粒径的材料，但若使用比标准粒径大的试验材料，得到的压碎值将偏高；同理，若使用比标准粒径小的试验材料，则得到的压碎值将偏低。试验所用材料应在 100～110℃（212～230℉）的烤箱中干燥 4h，然后按照规定的方式装入圆柱形模具中捣实。骨料上方放置一个压头，将整个装置放在压力试验机上，并将压头全面积上逐渐均匀施加 400kN（40t，压强为 22.1MPa，3200psi）的荷载，整个加载过程历时 10 分钟。若试验骨料为标准粒径，即 14.0～10.0mm（1/2～3/8 英寸），卸载后，将骨料移除并通过孔径为 2.36mm（NO.8 ASTM*）的筛子进行筛分；若试验骨料的粒径为非标准粒径，则筛子的孔径大小按规范 BS 812:110:1990 的规定选取。可通过此筛子的骨料质量与总质量的比值称为骨料压碎值。对于

* 筛子的编号及尺寸见表 3.14。

轻骨料，也有人以类似方法测试，只是针对轻骨料的试验还未进行标准化。

压碎值试验在针对软弱骨料（例如压碎值超过 25 的骨料）强度变化方面并不敏感。这是因为，在满载 400kN（40t）还未完全施加上去时，这些软弱骨料已经被压密，因此，后续加压过程的作用就很小了。同理，薄片状颗粒具有较高的压碎值[3.38]。基于以上原因，我们在 BS 812-111:1990 规范中引入了 10% 细颗粒数值试验。在该试验中，标准压碎试验中的装置将被用来确定所需的荷载大小，该荷载值保证了从 14.0～10.0mm（1/2～3/8 英寸）的颗粒在圆柱形模具中压密时，可以产生 10% 的细颗粒。通过在压头上施加缓慢增大的荷载，将试验材料压入筒中，在 10min 内的压入深度约为：

圆形骨料	15mm（0.60 英寸）；
碎石骨料	20mm（0.80 英寸）；
蜂窝状骨料（例如膨胀页岩或者泡沫熔渣）	24mm（0.95 英寸）。

以上压入深度将使得 7.5%～12.5% 的细骨料可以通过 2.36mm（NO.8 ASTM）的标准筛。若设 y 为相应于最大荷载 x 吨的实际细颗粒百分数，那么为获得 10% 细颗粒所需的荷载值为 $14x/(y+4)$。

需要指出的是，不同于标准压碎值试验，若该试验得到的数值结果较大，意味着骨料强度值也较大。英国标准 BS 882:1992（现已被 BS EN 23620:2002 取代）规定，对于应用在重型楼板上的骨料，其 10% 细颗粒数值不应小于 150kN（15t）；对于应用在磨耗层上的骨料，不应小于 100kN（10t）；对于应用在其他混凝土中的骨料，不应小于 50kN（5t）。

10% 细颗粒数值与硬骨料的压碎值之间具有很好的相关性；而对于较弱的骨料而言，10% 细颗粒数值更敏感，对于性能相近的轻骨料，10% 细颗粒数值可以将其性能区分得更为精确。基于这个原因，该试验可用于评价轻骨料性能，但试验结果与给定骨料制成的混凝土极限强度之间难以建立联系。

3.7 骨料的其他力学性能

骨料其他的一些力学性能也是比较关键的，尤其是当骨料被用于道路建造或者服役中会遭受高磨损时。

第一种性能是韧性，可以定义为骨料样品对于冲击破坏的抵抗能力。尽管该试验也可能表征岩石遭受风化时的性能劣化，但是还没有用在此方面。

也可以测定松散骨料的抗冲击值，用这种方式测定的韧性与压碎值有关，事实上，两种方法可互相替代。被用于试验的颗粒的大小与压碎值试验相同，小于 2.36mm 试验筛（NO.8 ASTM）的破碎部分的允许值也是相同的。让标准锤在自重下落到圆筒容器的骨料中 15 次产生冲击力，破坏的结果与压头压力下骨料的破碎值试验有着相似的形式。BS 818-112:1990（2000）描述了实验的详细内容。BS 882:1992 给出了以下测试的最大值：当骨料用于大荷载地板时为 25%；当骨料用于混凝土耐磨表面时为 30%；当用于其他混凝土时为 45%。这些数据可以作为有用的指导，但是很明显，压碎值、混凝土中骨料的性能和混凝土的强度之间不可能有直接关系。

冲击值试验的一个优点是该方法经某些改进后可在现场使用，如检测体积的变化而不测质量变化，但这个实验不适用做验收试验。

　　对用于交通繁忙的路面铺装和地面混凝土，除了强度和韧性，硬度或者耐磨性也是重要的性质。目前有几种试验方法，主要都是使骨料产生磨损，也就是在试验中通过其他材料来磨损石头，或者通过石头颗粒的相互摩擦，来产生磨损。

　　应当注意一些石灰岩骨料会服役在遭受磨损的环境中，如应用在混凝土路面中应该进行磨损试验。不是这种情况时，石灰岩骨料，即使是多孔的，也能生产出合适的混凝土。

　　岩石试件的磨损实验不再另行规定，与松散骨料试验保持一致，在 BS 812-113:1990 中描述了一种骨料颗粒的磨损值试验。骨料颗粒在 14.0~10.2mm 之间，并将片状颗粒移除，嵌入树脂中形成单层试件。试件在标准机器上进行磨耗，即以规定速度连续送入石英砂的情况下，将研磨盘旋转 500 转。骨料的磨损值通过磨损中丢失的质量百分数确定，数值高表示耐磨性比较差。BS 812-113:1990 已经被 BS EN 12620:2002 取代，在该规范里规定了磨损系数值。PD 6682-1:2009 给出了关于磨损试验的信息。

　　标准 BS EN 12620:2002 规定了一种所谓微磨损系数的测定，即由旋转筒中那些颗粒和金刚砂之间的摩擦产生的 10~14mm 骨料颗粒的磨损测定。该系数代表了尺寸减小至 1.6mm 以下的骨料质量损失的百分比。

　　Deval 磨损试验已经不再使用，因为对于差异很大的骨料，该试验结果差异不明显。

　　洛杉矶试验是一种源自美国的结合了磨损和耐磨性的试验，并经常在其他国家使用，因为此方法的试验结果不仅与实际骨料磨损有很好的相关性，而且也与给定骨料配制的混凝土的抗压强度和抗折强度之间存在良好的相关性。在该试验中，指定级配的骨料被放置在水平安装的内置搁板的圆柱体滚筒中。放入填充钢球后，滚筒以特定转速旋转。骨料和钢球的翻转和坠落导致骨料磨损和磨耗，并用与磨耗试验同样的方式测定。

　　洛杉矶试验可用不同粒径的骨料进行试验，转数合适的条件下可获得同样的磨耗。ASTM C131-06 规定了各种参数。然而，洛杉矶试验不是很适合经受长时间搅拌磨耗的细骨料的性能评估；石灰岩细骨料可能是最容易受到磨耗的材料之一。由于这个原因，未知的细骨料，除进行标准的试验外，还要经受湿磨耗试验来确定产出了多少小于粒径 75μm（No.200 ASTM）的粉料。在搅拌器中细骨料的磨损程度可按 ASTM C 1137-05 确定。

　　表 3.7 给出了已经被 BS EN 12620:2002 取代的 BS 812-1:1975 中不同岩石组的破碎强度、骨料破碎值，磨损值，冲击值和磨耗值的平均值。再生骨料不在本书的探讨范围内。应该注意，角页岩和片岩的数据看起来比实际情况好，原因可能是实验室检测的几个试件碰巧是高质量的角页岩和片岩。按惯例，它们不适用于混凝土。同样，表中石灰岩数据组中不包含白垩，因为它一般不适合作为混凝土骨料。

　　就破碎强度而言，玄武岩很不稳定，含少量橄榄石的新鲜玄武岩可达到 400MPa，而风化的玄武岩则不超过 100MPa。石灰岩和斑岩的强度变化要小得多。在英国，斑岩的强度变化较小，而不像花岗岩强度变化较大。

　　表 3.8 给出了不同试验结果的精确度指标，其中列举了为了保证试样的平均值在真正平均值的 ±3% 内和 ±10% 内具有 90% 概率时所需的相应试样数量[3.40]。骨料的压碎指标非常一致。另外，与预期的一样，制备的试件的结果较松散试验有更大的分散性。虽然在这里和下面描述的各种试验给出了骨料性能的指标，但以骨料性能来预测骨料配制成的混凝土的强

度增长是不可能的，而且也不能用骨料的物理性能来说明用它制备的混凝土的性能。

表 3.7 英国不同种类岩石平均试验值 *

岩石种类	破碎强度		骨料破碎值	磨损值	冲击值	磨耗值†		比重
	MPa	psi				干	湿	
玄武岩	200	29000	12	17.6	16	3.3	5.5	2.85
燧石	205	30000	17	19.2	17	3.1	2.5	2.55
辉长岩	195	28500	—	18.7	19	2.5	3.2	2.95
花岗岩	185	27000	20	18.7	13	2.9	3.2	2.69
砂岩	220	32000	12	18.1	15	3.0	5.3	2.67
角页岩	340	49500	11	18.8	17	2.7	3.8	2.88
石灰石	165	24000	24	16.5	9	4.3	7.8	2.69
斑岩	230	33500	12	19.0	20	2.6	2.6	2.66
石灰岩	330	47500	16	18.9	16	2.5	3.0	2.62
片岩	245	35500	—	18.7	13	3.7	4.3	2.76

* 感谢已故 J. F. Kirkaldy 教授；
† 值越低质量越好。

表 3.8 骨料试验结果的可重现性[3.40]（Crown copyright）

试验	变异系数（%）	保证 0.9 可能性的试验试件数量的平均值	
		在真实平均值的 ±3% 内	在真实平均值的 ±10% 内
干磨耗	5.7	10	1
湿磨耗	5.6	9	1
磨损	9.7	28	3
制备的试件的冲击	17.1	90	8
松散骨料的冲击	3.0	—	—
破碎强度	14.3	60	6
骨料破碎值	1.8	1	—
洛杉矶试验	1.6	1	—

3.8 比重

因为骨料一般包含可渗透和不可渗透的孔隙，比重的含义必须谨慎定义，事实上确实有多种类型的比重。

绝对比重指固体材料中不含任何孔隙的固体材料体积，因此可以定义为在标准温度下，固体的质量和等体积的不含气体的蒸馏水质量的比值。因此，为了完全排除密闭的不渗透孔隙的影响，材料必须磨细，该试验既复杂又敏感，所以，混凝土工艺中对它通常不作要求。

如果固体材料的体积包括不渗透孔隙，但不包括毛细孔，此时得到的比重为表观比重。表观比重是在烤箱中 100~110℃（212~230℉）的温度下烘烤 24h 后骨料的质量和含不渗透孔隙的固体等体积水的质量的比值。后者的质量可以用装满水的特定容器来精确确定。因此，如果烤干试样的质量是 D，装满水的容器的质量是 B，包含试样并装满水的容器的质量是 A，那么与固体体积相同的水的质量为 $B-(A-D)$。那么表观比重就是：

$$\frac{D}{B-A+D}$$

前面的容器指比重瓶，通常是一个有不漏水的螺旋金属盖的 1L 的大口瓶，盖顶上有一个小孔。因此比重瓶每次都可以准确装满相同体积的水。

对于混凝土的计算通常是根据骨料的饱和面干的条件，因为骨料的全部孔隙水不参与水泥的化学反应，因此，如果饱和面干的骨料的试样质量为 C，总的表观比重为：

$$\frac{C}{B-A+C}$$

这是最容易确定和最常出现的比重，用于计算混凝土的产量或者给定体积的混凝土所需要的骨料数量。

骨料的表观比重取决于组成骨料的矿物比重和孔隙数量。大多数天然骨料的比重在 2.6～2.7 之间，其值的范围见表 3.9。人造骨料的表观比重变化范围比该范围大得多（见第 13 章）。

表 3.9　不同种类岩石的表观比重 [3.7]（Crown copyright）

岩石种类	平均比重	比重范围
玄武岩	2.80	2.6～3.0
燧石	2.54	2.4～2.6
花岗岩	2.69	2.6～3.0
砂岩	2.69	2.6～2.9
角页岩	2.82	2.7～3.0
石灰岩	2.66	2.5～2.8
斑岩	2.73	2.6～2.9
石英岩	2.62	2.6～2.7

如前所述，骨料的比重用于各种数量的计算，但骨料比重的实际值不能用于衡量其质量。因此，除非涉及一些已知岩石特性的材料时，其比重的变化可反映粒子间的孔隙外，一般不应规定骨料的比重值。除此之外，在大体积混凝土施工时，如重力坝等，混凝土的最小密度对结构稳定性来说是至关重要的。

3.9　堆积密度

众所周知，在国际单位制中，材料的密度在数值上等于其比重，密度单位是"kg/L"，但在混凝土实践中，常用"kg/m³"表示密度。在英制单位体系中，为转化成以"lb/ft³"（磅/立方英尺）为单位的绝对密度（比重），必须将比重乘以水的单位质量（约 62.4lb/ft³）。

必须记住，绝对密度仅涉及单个颗粒的体积。当然，实际上在颗粒堆积时颗粒间不可能没有空隙，当骨料以体积配料时，就必须知道填充单位体积容器的骨料质量，这就是骨料的堆积密度，可用于将质量转化为体积。

显然，堆积密度取决于骨料堆积的紧密程度，对于一种给定比重的材料，堆积密度取决于颗粒的粒径分布和形状，同一粒径的所有颗粒相互填充有限，而在大颗粒间加入一些小颗粒能够提高材料的密度。颗粒的形状大大影响着填充所能达到的紧密程度。

对于给定比重的粗骨料，密度越大，意味着需要用砂子和水泥填充的空隙就越少。密度试验曾用作拌合物配合比计算的基础。

骨料的实际密度不仅取决于可能影响其填充程度的材料的不同特性，而且取决于给定条件下所能获得的实际密实度。例如，使用相同粒径的球形颗粒，当它们的中心位于理想的四面体顶点，则可能获得最紧密的堆积。因而密度是材料绝对密度（比重）的 0.74 倍。对于最松散的堆积，球体的中心位于假想立方体的角上，此时密度只有绝对密度的 0.52。

因此，根据测试目的的不同，必须给定密实度。英国标准 BS 812-2:1995 规定了两个密实度：疏松的（未压实）和压实的。测试在规定直径和高度的金属圆柱中进行，圆筒尺寸的选择取决于骨料的最大尺寸，也与所测的是疏松的密度还是压实的密度有关。

对于疏松密度的测定，是缓慢地将干燥骨料加入容器中直至溢出，然后用尺将其顶部刮平。在测定压实密度或捣实密度时，骨料分 3 次装入容器内，每次装入 1/3，用一个直径为 16mm（5/8 英寸）的圆头捣棒按规定的次数捣实，并将容器顶部多余的骨料刮去，容器中骨料的净质量除以它的体积即为密度。疏松密度与压实密度的比值通常为 0.87~0.96[3.55]。

如已知饱和面干状态的密度 S，就可以由以下表达式计算出空隙率：

$$空隙率 = 1 - \frac{堆积密度}{S \times 单位质量的水}$$

如果骨料表面包含水，由于湿胀影响，不能填充得很密实。这将在第 3.12 节讨论。此外，由于在实验室和现场的密实度并不相同，因此在用容积配比时，从实验室测的密度不能直接用于将骨料的质量换算成体积。

骨料的密度与重骨料和轻骨料的使用有很大关系。

3.10　骨料的孔隙率和吸水率

前文中提到了骨料的比重和骨料颗粒内孔隙的存在，事实上，研究骨料的属性时，这些孔隙的特性是非常重要的。骨料的孔隙率、透气性和吸收性会影响骨料很多属性，例如骨料和水化水泥浆体之间的黏结性，混凝土的抗冻融性、化学稳定性和耐磨性。如前所述，骨料的表观比重也取决于它的孔隙率，因此也将影响到一定骨料量所能生产的混凝土量。

骨料的孔隙尺寸在很宽的范围内大小不等，最大气孔足以在显微镜下甚至用肉眼看到，但即使最小的孔隙也要比水泥净浆中的凝胶孔大。需要特别关注的是小于 4μm 的气孔，因为一般认为骨料受冻融循环时，这些的孔隙会影响骨料的耐久性。

一些骨料的孔隙完全存在于其内部；另一些则是开口的，存在于颗粒的表面。由于水泥浆具有黏性，除了一些大的骨料孔隙，它所能渗透的深度不是很大。因此，在计算混凝土中骨料含量时，可将骨料整个体积都看成是固体。然而，水可以进入孔隙中，其渗入量与渗入的速度取决于骨料孔隙的大小、连续性、总体积。在表 3.10 中给出了一些常见岩石的孔隙度数值。由于骨料占据了混凝土体积的 3/4，所以骨料的孔隙率实质上是混凝土总空隙率的组成部分。

表 3.10   一些常见的岩石的孔隙率

岩 石 种 类	孔 隙 率
砂岩	0.0 ～ 48.0
石英砂	1.9 ～ 15.1
石灰岩	0.0 ～ 37.6
花岗岩	0.4 ～ 3.8

当骨料中所有的孔隙都被水充满时，一般称其为饱和面干状态，在这种状态下使骨料处于干空气中，孔隙中含有的一些水分就会蒸发，骨料将不是饱和的了，也就是处于风干状态。在烘箱中长期干燥，仍可进一步减少骨料中的含水量，直至没有水分。此时可称骨料是处于干透（完全无水）状态。这几个不同阶段如图 3.5 所示。在表 3.11 中给出了一些典型的吸水率值，在图 3.5 的最右端，骨料含表面水分，并且颜色较深。

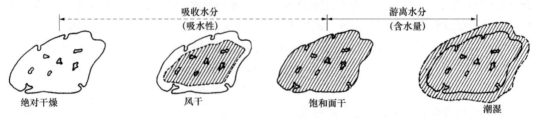

图 3.5   骨料含水量示意图

骨料的吸水率是将测量烘干的样本浸在水中 24h 测其质量的增加而得到的（擦去表面水分）。增加的质量与干燥骨料的质量的比值以百分比表示，称为吸水率。标准的程序在 BS 812-2:1995 有规定。

在表 3.11 中给出了不同骨料的典型吸水率数值，这些数值基于 Newman 的数据。风干条件下的含水量也列入表内。值得注意的是，砾石的吸水率要普遍高于相同岩石特性碎石的吸水率，这是因为风化作用使砂砾颗粒外层多孔并且吸水性增加。

表 3.11   不同英国骨料的典型吸水率值[3.8]

骨料的粒径和种类	形状	风干骨料的含水率（按干重百分数计，%）	吸水率（饱和面干骨料的含水量，按干重的百分数计，%）
19.0 ～ 9.5mm，Thames 河卵石	不规则	0.47	2.07
9.5 ～ 4.8mm，Thames 河卵石	不规则	0.84	3.44
4.8 ～ 2.4mm，Thames 河砂	不规则	0.50	3.15
2.4 ～ 1.2mm，Thames 河砂	不规则	0.30	2.90
1.2mm ～ 600μm，Thames 河砂	不规则	0.30	1.70
600 ～ 300μm，Thames 河砂	不规则	0.40	1.10

骨料的粒径和种类	形状	风干骨料的含水率（按干重百分数计，%）	吸水率（饱和面干骨料的含水量，按重的百分数计，%）
300～150μm，Thames 河砂	不规则	0.50	1.25
150～75μm，Thames 河砂	不规则	0.60	1.60
4.8mm～150μm，Thames 2 区河砂	不规则	0.80	1.80
19.0～9.5mm 试验河卵石	不规则	1.13	3.30
9.5～4.8mm 试验河卵石	不规则	0.53	4.53
19.0～9.5mm，Bridport 砾石	圆形	0.40	0.93
9.5～4.8mm，Bridport 砾石	圆形	0.50	1.17
19.0～9.5mm，Mountsorrel 花岗岩	棱角形	0.30	0.57
9.5～4.8mm，Mountsorrel 花岗岩	棱角形	0.45	0.80
19.0～9.5mm 机碎石灰岩	棱角形	0.15	0.50
9.5～4.8mm 机碎石灰岩	棱角形	0.20	0.73
850～600μm 标准石英砂	圆形	0.05	0.20

尽管混凝土强度与骨料的吸水率没有明确关系，但是颗粒表面的孔隙会影响骨料与水泥浆黏结，从而可能会影响混凝土的强度。

通常假设在混凝土凝结时，骨料处于饱和面干状态。如果骨料是在干燥状态下配料，则假设骨料将从拌合物中吸收足够的水而使骨料达到饱和面干状态。这种被吸收的水不包括在自由或有效拌合水中。但是，在使用干骨料时，可能由于水泥浆很快地覆盖在骨料颗粒表面而阻碍水进一步渗入，而使之达到不饱和状态。对于粗骨料尤其如此。水必须通过颗粒表面才能进一步向内迁移。因此，实际的水灰比要比骨料完全吸收了水时的情况高。这种作用在富拌合物中比较显著，此时骨料表面会很快被水泥浆覆盖；在贫拌合物中骨料的吸水饱和不会受到干扰。在实际情况下，拌合物的实际性能也受组成材料加入搅拌机顺序的影响。

骨料的吸水性还会导致工作性随时间而损失，但在 15min 后，这种损失就会变得越来越小。因为干骨料吸水将因水泥浆覆盖颗粒表面而减缓或停止，因此，常以测定骨料在 10～30min 内的吸水量来代替在实际中不可能达到的总吸水量。

3.11 骨料的含水量

在讨论骨料的比重时已经指出，在新拌混凝土中，骨料所占的体积是指包括所有孔隙的颗粒体积。如果没有出现水向骨料内迁移，则孔隙一定是充满了水，即骨料一定处于饱和状态。另一方面，骨料表面的所有水都将成为拌合用水，并占据骨料颗粒体积之外的体积。因此，骨料的基本状态为饱和面干。

暴露在雨水中的骨料，颗粒表面将聚集大量的水，除了堆积表面外，内部的颗粒会长期保存这种水分。特别是细骨料，在配料计算时必须考虑到此类表面水即游离水的存在。粗骨料的表面含水量很少超过 1%，而细骨料则可能超过 10%。表面水用饱和面干骨料的质量百分数来表示，称为含水量。

用吸水量表示骨料在饱和面干状态下所含的水量，而含水量则是超过这个状态时的水分，湿骨料的总水量等于吸水量与含水量之和。

由于骨料的含水量随天气变化，且因料堆不同而有差异，因而必须经常测定含水量，并研究出了很多测定方法。最早的方法是将骨料试样置于盘中，测定加热干燥后的质量损失。但注意不要过干：在砂恰好处于能自由流动的松散状态时停止加热。此阶段可以凭手摸感觉或是将砂灌进一个圆锥形模具中形成一个料堆来测量；除去模具后，材料便自由塌落。如果砂变成了浅褐色，那么可以确定，这是过度干燥的征兆。这种可以确定集料含水率的方法是简单和可靠的，可用于现场，俗称"炒锅法"。该方法也可以使用微波炉加热，但一定要避免过热。

在实验室里，可以通过比重瓶确定集料的水分含量。饱和面干骨料的表观密度 s 已知，因此，如果 B 是装满水的比重瓶的质量，C 是湿润试样的质量，A 是装有湿试样和水的比重瓶的总质量，那么骨料含水率为：

$$\left[\frac{C}{A-B}\left(\frac{s-1}{s}\right)-1\right]\times100$$

做上述实验要缓慢而小心地进行（例如试样内所有的空气都必须排出），即可获得准确的结果，这种方法在 BS 812-109：1990 中有详细描述。

通过虹吸管试验[3.9]，可测定已知重量的湿骨料所排出水的体积，因虹吸试验的测试结果更精确。由于实验结果取决于骨料的比重，因此必须事先对其进行校准。一旦校准好，试验快且精确。

此外，还可以使用杆秤水分测定仪测量骨料的水分含量：将含有定量水的容器放到杆秤的一端，并将湿集料放入该容器，直到杆秤平衡。因此，我们可以通过测量湿集料的恒定重量及总体积来确定集料的含水率。在这种情况下，我们可以观察到排水量和集料的含水率成正比，并可以得到一条适用于任何集料的标准曲线。水分含量的百分比可以准确确定。

在浮力测量仪的测试中，比重已知的集料的含水率是通过浸泡在水中时的表观重量损失来确定。根据集料的比重，可以把试样的大小调整到一个数值，使得该数值与浸泡时饱和且表面干燥的试样的标准质量值一致，这时，就可以直接读出集料的含水率。这种方法测试速度快，并能将含水率精确到百分之一。ASTM C 70-06 规定了一个简单的测试方法，但没有得到广泛使用。

科研人员还开发了许多其他的方法。例如，用甲醇燃烧骨料除去水分，通过测量试件失去的总质量来确定集料的含水率。另外，还有一种在密闭的容器中通过试样中的水分和碳化钙反应产生的气体压力来测量的专用仪器。ASTM C 566-97（2004）规定了骨料的总含水率的测定方法。虽然此方法不是非常准确，但是所涉及的误差比抽样误差要小。

可以看出，各种测试方法都是可行的，但是，无论测试的方法多么精确，只有选择的样品具有代表性，试验结果才是有用的。此外，如果料堆的相邻物料间含水量是变动的，则配合比的调整就变得十分麻烦。由于含水量主要沿着料堆底部到顶部的正在干燥或已经干燥的表面这一垂直方向变化，因此必须注意料堆的堆放安排；将其水平堆放，必须至少有两个料堆并使其中每一个在使用前排干水分。不使用距底部 300mm（12 英寸）之内的骨料等。所有的这些措施都有助于使骨料含水量的变化减少到最低限度。与细骨料相比，粗骨料含水较少，含水量变化较小，故一般不会有这方面的问题。

目前研究人员已经开发出一种传感器，它根据骨料含水率的变化会引起电阻或电容变化的原理，给出了储料仓中集料含水率的瞬时或持续变化数值。一些搅拌厂用这种仪器自动调节混合机中的加水量，但在实践中要使加水量的精度小于 1% 是无法实现的。此外，在仪器的使用中，一定要进行频繁的校准。用介电常数测量含水量的优点是不受盐的影响。研究人员还开发了一种微波吸收仪器，这种仪器测量结果准确且稳定，但是成本太高。另外，还有一种仪器是通过发射被水中氢原子热化的快中子来测量含水量的。以上所有的仪器都要小心放置。

显然，含水量的连续测量和搅拌过程中加水量的自动调整在集料含水量变化时大大减小了混凝土生产过程中的变异性。然而，要使这种在任何给定的间歇式搅拌机中确定集料含水量的仪器被广泛采用仍需要很长一段时间。

3.12 砂的湿胀

由于骨料中含有水分，就必须在实际拌合时对配合比进行校正：加入拌合物的水必须减少，骨料质量要增加同样的量。对于砂，水分的存在还有另一个效应：湿胀。这是由于推开砂颗粒的水膜引起了给定质量砂体积的膨胀。而膨胀本身并不影响材料的质量配比，但在体积称量时，湿胀会导致较少重量的砂占据固定体积的测量盒，使拌合物中砂量不足，从而出现"多石"现象，使混凝土容易产生离析和蜂窝，也会使混凝土的产量减少。当然，可以通过增加砂子的表观体积量来消除湿胀影响。

膨胀的程度取决于砂子的含水率和细度。当发生 20%～30% 的体积膨胀时，相对于饱和面干状态的砂的体积增加，砂子体积的增加会随着含水率的增加而增加（约 5%～8%）。随着进一步加水，在水薄膜合并的同时水进入颗粒之间的缝隙从而导致砂子的体积减小，直到砂子完全被水淹没，它的体积最终接近同样体积的砂子在经过相同的灌满容器的方法后得到的体积，从图 3.6 中可明显看出，细砂体积膨胀相当大并且在比粗砂含水量多的情况下达到最大膨胀。机制砂膨胀比一般的砂子更多。已经知道，极细的砂子（含有大量颗粒）在含水率为 10% 时，能产生 40% 的膨胀，但是这种砂子，无论如何是无法用于高质量混凝土制造的。

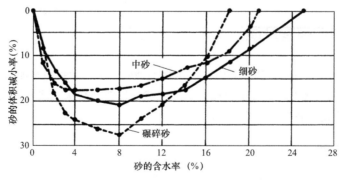

图 3.6　砂的实际体积随湿胀的减小量（湿砂体积恒定时）

粗骨料产生的膨胀由于存在自由水而很小，因此基本可以忽略，同样，水膜的厚度与颗粒大小相比也非常小。

因为饱和砂子的体积与干砂相同，确定膨胀最方便的办法是通过测量所给砂子体积在被浸湿时的减少量。用一个已知体积的容器装满松散且潮湿的砂子，然后将砂子倾倒，将容器装满水，在砂子渐渐浸湿的过程中给予搅拌和锤击以除去气泡。测得砂子在浸泡下的体积 V_s，因为砂子的原体积（容器的体积）已知为 V_m，因此膨胀量为（$V_m - V_s$）/V_s。

由于体积一定，膨胀必须考虑到所用（湿）砂子的体积，因此，体积 V_s 应乘以系数：

$$1 + \frac{V_m - V_s}{V_s} = \frac{V_m}{V_s}$$

其一般被称为膨胀系数，三种不同类型的砂子的膨胀系数比较如图 3.7 所示。

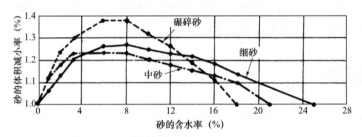

图 3.7　砂在不同湿度下的膨胀系数

膨胀系数也能通过干砂和湿砂的膨胀密度计算出来，分别记为 D_d 和 D_m，每单位体积砂子的含水量为 m/V_m。膨胀系数为：

$$\frac{D_d}{D_m - \dfrac{m}{V_m}}$$

由于 D_d 表示干砂的质量比，为 ω 与砂的松散体积 V_s 的比值（干砂和饱和砂的体积相同），因而：

$$\frac{D_d}{D_m - \dfrac{m}{V_m}} = \frac{\dfrac{\omega}{V_s}}{\dfrac{\omega + m}{V_m} - \dfrac{m}{V_m}} = \frac{V_m}{V_s}$$

即两个系数是相同的。

3.13　骨料中的有害杂质

骨料中主要有三类有害杂质：妨碍水泥水化的杂质；妨碍骨料与水泥浆之间黏结的覆盖层；骨料自身的一些软弱或不安定颗粒。全部或部分骨料会与水泥浆发生有害的化学反应，这些化学反应将在碱骨料反应一节中讨论。

3.13.1　有机杂质

虽然天然骨料的强度和耐磨性都是足够的，但一旦它们含有妨碍水泥水化反应的有机杂质，则仍不适用于配制混凝土。骨料中的有机杂质通常是植物的腐烂产物（主要是丹宁酸及其衍生物），并以腐殖土或有机土的形式出现。这些物质在砂中存在的可能性要比粗骨料大，因为在粗骨料中这些物质容易被冲洗掉。

不是所有的有机物质都是有害的，因此最好通过实际抗压强度试验检测其影响。然而总的来说，先确定有机物的量是否多到必须进行试验验证可以节省时间。这可以用 ASTM C 40-04 介绍的比色法来检测。用 3% 的 NaOH 溶液中和试样中的酸，将规定质量的骨料和溶液放入一个瓶子里，用力摇动混合物使其直接接触以便发生化学作用，然后静置 24h。当有机物可以通过颜色去判定时：有机物含量越大，颜色越深。如果混合液的颜色并不比 ASTM 标准规定的黄色更深，则可认为试样所含的有机物质是无害的。

如果更深，即溶液呈褐色或深褐色，说明骨料的有机物含量较高，但这并不能说明该骨料就不适用于混凝土中。有些有机物可能对混凝土是无害的，也有可能溶液的颜色是含铁物质导致的。基于此，还需进一步进行试验：ASTM C 87-05 推荐采用将需要检测的砂与清洗后的砂进行强度对比的试验。在英国标准中不再规定比色法。

在一些国家，骨料中的有机物含量是通过测定用过氧化氢处理过的试样的质量损失来确定的。

值得注意的是，在一些情况下，有机物的影响可能是暂时的。在一项调查中[3.11]，用含有有机物的砂配制而成的混凝土，24h 后其强度为用清洁砂配制的混凝土的强度的 53%，3d 后比值提高到 83%，7d 为 92%，28d 后强度相等。

3.13.2 黏土及其他细材料

黏土会以表面覆盖层的形式出现在骨料中，这将会妨碍骨料与水泥浆之间的黏结。由于良好的黏结性是保证混凝土的强度和耐久性的基本要素，因而黏土覆盖层是一个重要问题。

在骨料中还有两种细材料：粉土和碎末。粉土的粒径为 2～60μm，因天然风化而成，因而可在天然骨料矿藏中发现。碎末是岩石破坏成碎石或砾石破坏成细砂的过程中形成的一种细粉材料。在正常的骨料配比中，这种碎末应该冲洗掉。其他软的和松散的黏性覆盖层可在骨料的加工过程中去除。黏性良好的覆盖层不能用这种方法去除，如果它的化学性能稳定，则不会产生有害作用，即使收缩增大，也不会妨碍这种带有覆盖层的骨料的使用。然而，如果骨料的表面有化学性能活跃的覆盖层，即使物理性能稳定，也会带来严重的问题。

粉土和碎末有时会形成类似于黏土那样的覆盖层，或以松散颗粒形式不黏结在骨料上。即使是后一种情况，粉土和碎末也不能过量存在，因为他们较细，表面积较大，粉土和碎末将增加拌湿混合物颗粒所需的水量。

从上述情况来看，必须控制骨料中黏土、粉土和细粉的含量。由于缺少单独确定黏土含量的试验方法，英国标准没有对黏土含量进行规定。但是，英国标准 BS 882:1992 对通过 75μm 筛的材料的最大含量规定了限值：

在粗骨料中：2%，若全部是碎石则增加到 4%；

在细骨料中：4%，若全部是碎石则增加到 16%；

在混合骨料中的限值是 11%。

对于使用频繁的楼板，其限值是 9%。ASTM 也规定了分级要求。标准 BS EN 12620:2002

要求说明细骨料的含量。

在英国标准中，根据混凝土的用途，对黏土块和脆性颗粒在粗骨料和细骨料中的含量分别规定为 3% 和 2%～10%。

应该注意到，不同的标准规定的试验方法不同，因此试验结果不能够直接进行比较。

细骨料中的黏土、粉土和细粉的含量可以用 BS 812-103.2：1989 中的沉淀法进行测定。将试样放入一个装有草酸钠溶液的容器中盖紧，并以每分钟约 80 转的速度绕容器的轴水平旋转 15 分钟。细的固体颗粒开始分散，悬浮材料的量可以用吸管测定。简单地计算出黏土、细粉土和细粉在细骨料中的含量，划分粒径为 20μm。

经过适当修改的类似方法也可以用到含有极细材料的粗骨料中，BS 812-103.1：1985 和 ASTM C 117-90 规定以 75μm 试验筛对骨料进行湿筛，该方法更简单。采用这种湿筛的方法是因为细粉或黏土黏着在较大的颗粒上，不能在普通的干筛中进行分离。另一方面，在湿筛中，将骨料放入水中用力充分摇动可以使较细颗粒悬浮。通过沉淀和筛分，所有小于 75μm 的材料可以除去。为了保证试验筛不会在沉淀期间被大颗粒损坏，将一个 1.18μm 的试验筛放在 75μm 试验筛的上面。

对于天然砂和人工砂，还有一种有效的试验方法。这个方法可以用很少的实验设备使试验简单快速进行。在此非标准试验中，将 50mL 的 1% 左右的普通盐溶液放入 250mL 的量筒中，加原样砂直至水平面达到 100mL 刻度处，然后加入更多的溶液直到筒内的混合溶液体积达到 150mL。用手盖住量筒，用力上下反复旋转摇动，然后静置 3h。在摇动中，细粉土开始分散，并在砂的上面沉淀，该沉淀层的高度可以用下面砂层高度的百分数表示。

但这是一个体积比，很难换算成质量比，因为换算因子取决于材料的细度。人们一般认为，天然砂的质量比是体积比乘以换算因子 1/4，碎砾石砂的质量比是体积比乘以换算因子 1/2，但对于一些骨料来说换算因子的变化范围更宽。这些换算是不可靠的，因此，当体积含量超过 8% 时，应该使用之前提到过的更精确的方法进行试验。

3.13.3　盐类杂质

与沙漠的沙子一样，来自海岸或者从海底和河口挖掘来的砂子也含有盐分，必须经过处理。在英国，大约 20% 的天然碎石或砂子来自海洋挖掘，归功于潜水泵可以深入海面下 50m（160 英尺）采集材料。最简单的处理工序是用淡水冲洗这些沙子，但是当沉积物高于高水位线时，会含有大量盐分，有时甚至超过砂子质量的 6%，因此需要特别处理。一般来讲，海底砂即使用海水来冲洗，含盐量也不会造成危害。

由于氯化物会引起钢筋腐蚀的危险，BS 8110-1：1997（混凝土结构应用）规定了混凝土中最大总氯离子的含量。氯化物可能来自混凝土中的任何成分。尽管对混凝土配合比中总氯化物的含量需要进一步验证，但就骨料而言，BS 882：1992 提供了在骨料中可接受的最大氯离子含量。BS 882：1992（已撤销）限制了氯离子含量，表示为占总骨料的质量百分比，如下所示：

预应力混凝土：0.01

使用抗硫酸盐水泥制作的钢筋混凝土：0.03

其他钢筋混凝土：0.05

BS 812-117：1988（2000）规定了水溶性氯化物的含量，但是不适用于具有多孔渗透性的骨料，氯化物可能存在于这些骨料颗粒中。

如果盐分没有去除，除了会有腐蚀钢筋的危险，还会从空气中吸收水分，引起风化——混凝土表面会形成难看的白色沉积物。

从海底挖掘来的粗骨料可能含有大量贝壳。这些骨料虽然对混凝土的强度没有影响，但会略微影响混凝土的加工性能。使用方法 BS 812-106：1985 代替 BS EN 933-7：1998，通过手工挑选，可以确定 5mm 以上的贝壳颗粒。英国标准 BS 882：1992（已撤销）规定了粗糙骨料的最大直径10mm时，贝壳含量不能超过20%，当直径超过10mm时，贝壳含量不能超过8%。然而，含有大量贝壳的骨料已在太平洋某些岛屿上得到成功使用。细骨料则没有贝壳含量的限制。现行的标准是 BS EN 12620：2002。

3.13.4 不安定的颗粒

对骨料的试验通常显示大多数的组分颗粒是令人满意的，但有少部分是不安定的：这样的颗粒数量必须经过明确的限定。

不安定颗粒有两大类：一类是未能保持其完整性的颗粒，另一类是那些被冻结甚至在水中导致破坏性膨胀的颗粒。这种破坏性膨胀的特性属于某些特定种类的岩石，因此下一节将全面讨论此类膨胀特性与骨料耐久性的关系，本节只讨论非耐久性的杂质。

页岩和其他低密度的颗粒通常被认为是不安定的，而软质杂质如黏土块、木材和煤炭也同样如此，因为它们会导致点蚀和分层。如果存在大量此类颗粒（超过骨料总质量的2%~5%），可能对混凝土的强度产生不利影响，所以在有耐磨性要求的混凝土中是绝对不被允许的。

煤，除了是软质杂质之外，还有其他负面影响：它会膨胀并造成混凝土的破裂，且大量细颗粒煤的存在会干扰水化水泥浆形成。然而，只要硬煤松散颗粒不超过骨料总质量的0.25%，就不会对混凝土的强度产生不利影响。

煤和其他密度低的材料可以置入适当特定比重的液体中，通过浮选法来检测，例如 ASTM C 123-04 法。如果腐蚀和剥落的危险不被认为是重要的，则主要考虑混凝土的强度，应进行试配试验。

骨料中应避免云母的存在，因为水泥水化过程中产生的活化剂可能会使云母改变成其他形式。此外，细骨料中的游离云母，即使只占骨料总质量的少数几个百分比，也会对混凝土的需水量及强度产生不利影响[3.45]。Fookes 和 Revie 发现[3.69]，当砂中的云母质量含量为5%时，即使水灰比保持不变，混凝土的 28d 强度仍降低了约15%。主要原因可能是云母颗粒表面与水泥浆的黏结性差。白云母似乎比黑云母更有害[3.58]。在混凝土中使用黏土砂时，这些情况都应考虑到。

目前还没有检测砂中云母含量的标准方法，也没有检测云母对混凝土性能影响的标准方法。如果砂中含有云母，很可能就集中在最细小的颗粒中。Gaynor 和 Meininger[3.63] 推荐对 300~150μm 的砂中云母颗粒采用显微镜计数，如果在该部分砂中的云母颗粒含量低于15%，则对混凝土性能不会产生较大影响。需要强调的是较大颗粒的云母含量应该是小颗粒的很多倍。

骨料中也不应含有石膏或其他硫酸盐，其含量可以由 BS 812：118：1988 方法或 PD 6682-1：2009 方法测定。中东地区的骨料因含有这些物质而引起了很多麻烦，但只占水泥质量5%以内（包括水泥本身所含）的 SO_3 往往是被允许的[3.59]。可溶的硫酸盐，如硫酸镁和硫酸钠，是特别有害的。干旱地区（如中东地区）的骨料含有多种盐，它们会引起一些特殊问题，但 Fookes 和 Collis 找到了一些处理办法[3.56][3.57]。

黄铁矿和白铁矿是骨料中最常见的膨胀性杂质。这些硫化物与水和空气中的氧气会发生反应形成硫酸亚铁，随后分解形成氢氧化物。而硫酸根离子能与水泥中的铝酸钙反应，同时还会生成硫酸，这样就会破坏水化水泥浆体[3.76]。特别是在温暖潮湿的条件下，混凝土表面会形成锈斑和水泥浆剥落。剥落可能会在许多年后出现，因为需要同时具备水和氧气[3.76]。剥落问题可以通过减小骨料的最大粒径得到改善。

并非所有形式的黄铁矿都是活性的，由于黄铁矿的分解只能在石灰水条件下进行，因此可将骨料放置在饱和石灰水中来测试可疑骨料的活性[3.12]。如果骨料是活性的，几分钟内就会生成一种蓝绿色胶状的硫酸亚铁沉淀，暴露于空气中则会转变成棕色的氢氧化铁。该反应意味着需要担心锈斑的产生。如果有大量金属阳离子存在，就不会发生上述反应。而缺少这些阳离子，则会使黄铁矿表现出活性。一般情况下，可引起麻烦的黄铁矿颗粒的粒径通常在 5～10mm 之间。

ASTM C 33-08 规定了不安定颗粒的允许含量，如表 3.12 所示。

表 3.12　ASTM C 33-08 中规定的不安定颗粒允许含量

骨料种类	最大含量（质量百分比）	
	细骨料	粗骨料
易碎颗粒及黏土块	3.0	3.0 ～ 10.0*
煤	0.5 ～ 1.0†	0.5 ～ 1.0‡†
易崩裂燧石	—	3.0 ～ 8.0‡

* 包含燧石；
† 取决于表面的重要性；
‡ 取决于暴露情况。

本节所讨论的杂质大部分都存在于天然骨料中，碎石骨料很少遇到这些杂质。然而，一些加工后的骨料，如采矿尾矿，可能含有有害杂质。例如，石灰水中少量的铅溶液（例如占骨料质量 0.1% 的 PbO）会大大延缓混凝土的凝结，降低混凝土的早期强度；长期强度则不受影响。

3.14　骨料的安定性

骨料的安定性这个术语通常用来描述骨料因物理条件改变，在抵抗过度体积变形时所表现的能力。安定性不足引起的体积变化与骨料同水泥中碱发生化学作用引起膨胀是截然不同的。

骨料发生大幅度或永久性体积变化的物理原因是冰融作用、冰点以上的温度变化以及干湿交替。

当发生上述情况引起的体积改变时，骨料则不安定，这会引起混凝土劣化。这种劣化可能会从局部剥落和气孔爆裂扩展到表面开裂以及较深的碎裂，相当于从外观受损到整体结构危险的情形。

多孔燧石和黑硅石（特别是有精细小孔结构的轻骨料）、某些页岩、含膨胀黏土层的石灰石以及其他含有黏土矿物（特别是蒙脱石或伊利石类）颗粒一般会导致骨料不安定。例如，变质的辉绿岩在干湿环境中体积变形高达 600×10^{-6}，含有这种骨料的混凝土在干湿交替的情况下可能会发生破坏，在冻融环境中必然会发生破坏。相似的，冰冻也会引起多孔燧石的裂解[3.77]。

BS 812-121:1989（2000）中规定了英国骨料安定性的试验方法。即先将骨料浸泡于饱和硫酸镁溶液中，随后烘干，如此反复循环五次之后，测试破碎骨料的比例。原始试样为 10.0～14.0mm 量级的颗粒，试验后仍大于 10.0mm 的颗粒质量与原始颗粒质量的百分比值称为骨料安定值。

ASTM C 88-05 规范中规定了美国骨料安定性的试验方法。即先将一定级配的骨料试样浸泡于饱和硫酸钠或饱和硫酸镁溶液中（后者作用更严重），之后再烘箱中干燥，如此反复循环。在骨料空隙中会形成盐晶体导致颗粒破坏，这与冰结晶作用相似。在多次循环后，根据筛分试验所测得的颗粒粒径减小度，来表示骨料不安定度。这种试验只能在实际现场条件下定性地预测骨料特性，不能作为取舍未知骨料的依据。这种试验也不能用来检测给定骨料配制混凝土的抗冻融性能。

还有一些其他的试验，是使骨料处于交替循环的冻融环境中，有时这种方式也用在可疑骨料配制的混凝土试验中。然而，在高于零度的实际温度和湿度变化条件下，所有试验都不能给出准确的骨料特性。

同样，也没有试验可以很好地预测出混凝土骨料在冻融条件下的耐久性。这是因为骨料的性能会受到周围水化水泥浆的影响，因此试验只能证明骨料的耐久性。

尽管如此，对于一些易受冻害影响的骨料还是需要加以注意。包括多孔燧石、页岩、某些石灰石（特别是层状石灰石）以及某些砂岩。这些岩石的共性是高吸水性（图 3.8），但需要强调的是一些耐久性好的岩石也具有高吸水性。

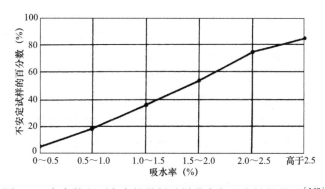

图 3.8　安定的和不安定的骨料试样分布与吸水性的关系[3.37]

临界含水量和排水不足是冻害发生的条件。这主要取决于骨料的粒径、性质和孔隙连通性，这些孔隙特性控制吸水的速率和数量，以及骨料颗粒排水的速率。因此，这些孔隙特性比仅用吸水量反映孔隙总体积更重要。

孔隙小于 4～5μm 的骨料比较危险，因为在冰压力下，这种孔隙大小足以使水进入，但又很难将水排出。在 -20℃的完全封闭空间中，这种冰压力可以高达 200MPa。因此，为了避免骨料颗粒裂解以及周围水泥浆碎裂，在压力升高到足以引起破裂之前，水必须流动到未充满的骨料颗粒孔隙中或进入周围的水泥浆内。

这个试验解释了以前的一个观点，除非骨料嵌入水泥砂浆中，骨料耐久性不能被完全测出：骨料颗粒的强度高到可能可以抵抗冰压力，但是膨胀也会导致周围砂浆破裂。

孔隙大小也是影响骨料耐久性的一个重要因素。在大多数骨料中，存在着大小不一的孔隙，通常表现为孔隙大小的分布。Brunauer、Emmett 和 Teller[3.13] 发明了一种定量分析的表示方法。骨料的面积是由气体吸附物的总量来确定的，气体吸附物要求在骨料孔隙的整个界面上形成一个分子厚气体层。孔隙的总体积用吸附的方法来测定，孔隙的总体积与其面积的比值代表孔隙的水力半径。这个在水力学的流动问题中常用的数值给出了产生流动所需的压力指标。

3.15   碱骨料反应

20 世纪末，越来越多的地方发现在骨料与已水化的水泥胶体周围会发生有害的化学反应。骨料里的活性硅和水泥中的碱所发生的化学反应是最常见的一种。硅中的活性成分包括蛋白石、瑀（隐晶质纤维状）和鳞石英（一种结晶体）。这些活性成分可能存在于以下岩石中：乳白色或者玉髓硅岩、硅质灰岩、流纹岩和流纹质凝灰岩、方解石和英安凝灰岩、安山岩和安山凝灰岩以及千枚岩[3.29]。

当空隙水中的碱性氢氧化物遇到骨料中的硅质矿物时才会开始反应，而这些氢氧化物来源于水泥中的碱，即 Na_2O 和 K_2O。因此，会在混凝土薄弱面或者在骨料之间含有活性硅的空隙中、骨料颗粒表面形成碱硅胶。在后一种情况下，其骨料颗粒表面会发生显著改变。而这种改变会削弱骨料和已水化的水泥胶体表面的黏结力。

这种碱硅胶体是一种无限溶胀的物质，结果会导致其体积吸水膨胀。因为这种胶体是处于已水化的水泥胶体的包围之中，它吸水膨胀后的内部压力也许最终会导致水化水泥胶体的膨胀、开裂和瓦解。因此，膨胀似乎是由于渗透产生的水化压力，其实碱骨料反应所产生的固体物质也能够产生膨胀压力。由此可见，坚硬的骨料颗粒膨胀才是对混凝土最有害的。在骨料膨胀所形成的裂缝当中会存在一些由于水的作用而滤出的相对较软的胶体。硅质颗粒的粒径影响碱骨料反应发生的速度，直径在 $20\sim30\mu m$ 之间的细颗粒所参与的这种反应，在一到两个月内会导致混凝土发生膨胀，而粒径大的颗粒则会在很多年后才会导致这种结果。

Diamond 和 Helmuth 已经提出了碱骨料反应的机理。他们认为只有在有钙离子存在的情况下，这种碱硅胶体才会形成。这个观点对于预防掺火山灰的碱骨料反应引发的膨胀起到了重要的参考作用，即去掉 Ca（OH）$_2$。这种碱骨料反应的化学过程是复杂的，但是我们一定要意识到是由于这种反应所引发的物理化学反应导致了混凝土开裂，而不是由于碱硅凝胶的存在导致的。

碱骨料反应只有在有水的参与下才会发生。混凝土内部发生这种反应所需要的最小的相对湿度在 20℃时约为 85%。温度越高，反应所需的相对湿度越低。一般而言，高温会加速碱骨料反应的进程，但是不会增加反应所引起的膨胀。温度的影响也许是由于温度增加会降低 Ca（OH）$_2$ 的可溶性，增加硅的可溶性。试验也测试了温度对于骨料反应加速的影响。

因为水是维持碱骨料反应所必不可少的, 所以使混凝土保持干燥并且避免与水接触是阻止这种反应的一种有效方法, 实际上, 这也是唯一的方法。相反, 干湿循环会加剧碱离子从混凝土的潮湿部分迁移到干燥部分。水分梯度有着类似的效果。

碱骨料反应非常缓慢, 它所产生的后果也许会在很多年后才会出现。其原因很复杂, 它所包含的过程和与之相关的离子浓度问题还在争议之中。

对于特定的材料, 尽管我们能够预测到碱骨料反应将会发生, 但是仅仅凭相关材料的数量, 我们还不能评估有害的影响程度。例如, 骨料的活性受到粒径和多孔性的影响, 从而影响碱骨料反应所发生的区域。当碱仅仅来源于水泥时, 它们在活性骨料表面的浓度由这个表面积来决定。在一定的限度范围内, 由一种特定的活性骨料制成混凝土, 当水泥碱含量越高, 其膨胀越大; 若水泥碱含量一定, 骨料越细膨胀越大。

在其他影响碱骨料反应的因素中还包含水泥浆体的透水性。因为它的透水性会控制水和各种离子以及碱硅凝胶运动。由此可见, 各种各样的物理、化学因素使得碱骨料反应更加复杂。尤其是胶体能够通过吸收其他物质改变其构成, 因而产生相当大的压力, 同时凝胶也会从一个区域分散到另一个区域。我们注意到, 随着水泥水化进行, 水中的碱变得大量集中。结果会使得 pH 值上升, 所有的硅质材料都变得可溶。

3.15.1 骨料活性检测

以上解释了碱骨料反应发生的原因, 尽管我们已经知道有些种类的骨料可能存在活性, 并且可以采用 ASTM C 295-90 进行检测, 但仍然没有简单的方法来检测某种骨料由于与水泥中的碱发生反应, 是否会引起过度膨胀。一般只能依靠应用记录, 但仅有 5% 的有害骨料会造成破坏[3.61]。如果没有使用记录, 那就只能够测定骨料的潜在活性, 但这并不能证明有害反应会发生。ASTM C 289-94 规定了一种快速化学试验方法: 使用 NaOH 标准溶液与粉状骨料在 80℃ 下接触, 测定其碱性的降低程度, 同时测定溶出 SiO_2 的量。但在很多情况下, 这种结果是不唯一的。一般来说, 由图 3.9 可以知道, 如果得出的结果在右侧边界线以下则会产生有害反应, 这种依据来自 Mielenz 和 Witte 论文中的 ASTM C 289-07。图中虚线的点表示潜在的有害骨料可能会与碱发生强烈反应导致膨胀降低。这些骨料应进行进一步检测, 以确定其活性是否有害, 对于轻骨料则不必进行这种测试。

在测定骨料活性的砂浆棒试验中, ASTM C 227-10 规定, 如果需要可将可疑骨料进行破碎, 并配成规定的级配, 用以制作特殊的水泥砂浆棒。水泥中碱的含量应大于 0.6%, 最好大于 0.8%。砂浆试件在 38℃ 的水中养护, 在此温度下会产生更快的膨胀速度和更高的膨胀量。较高的水灰比也能加快此反应。根据 ASTM C 33-08 附录, 如果试验棒在 6 个月后膨胀量超过 0.1% 或 3~6 月的膨胀量超过 0.05%, 则认为该骨料是有害的。

ASTM C 227-10 的砂浆棒试验的结果与现场试验结果很相似, 但是试件做成之后需要很长一段时间才能进行判定结果。对于石英骨料, 等候时间长达一年。另外, 很快得出的结论是不能令人确信的。同样, 尽管岩相分析对鉴别岩石矿物组成是有用的, 但不能确认一定种类的矿物会引起有害膨胀。各种加速方法仍在继续开发中, 不过这些都需要在较高的温度(高达 80℃)下进行, 这样对骨料的膨胀行为有一定影响。英国标准规定混凝土棱柱体膨胀的试验方法是 BS 812-123:1999。

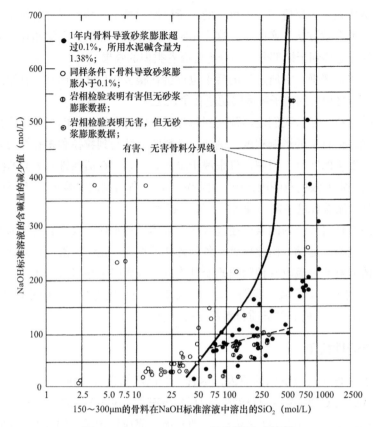

图 3.9　ASTM C 289-94 的化学试验结果

还缺少一些与现场混凝土材料相同的实验室的相关性能试验结果。可能是碱-硅反应需要很长一段时间才能表现出来，而新的试验方法不能在短时间内验证。因此，需要开发一种快速准确的骨料活性检测方法，目前最好的办法是同时进行多种方法的试验。

以上讨论的碱-骨料反应主要是提醒大家注意一些骨料的潜在问题。混凝土中碱-骨料反应的后果以及如何避免他们的出现在第 10.12 节会详细讨论。但是本书不会对这个大的领域做详细讨论。重要的是要意识到有害碱-骨料反应的风险，必须在选择骨料时加以考虑。

3.16　碱-碳酸盐反应

另一种类型的有害骨料反应是某些白云质石灰岩骨料和水泥中碱反应，该反应中产物的体积小于初始材料的体积，因此对于此类有害反应的解释肯定与碱-硅反应的现象不同。也可能生成的胶体以类似于黏土膨胀的方式发生膨胀，如此一来，在潮湿的环境下，混凝土可能发生膨胀。通常，在活性骨料颗粒周围会形成 2mm 厚的反应边。裂缝将会在该反应区域内发展，进而引发形成网状裂缝，导致骨料和水泥的黏结力降低。

已有试验表明在试验中发生了去白云化作用，即发生了一种白云石的转变，由 $CaMg(CO_3)_2$ 转变为 $CaCO_3$ 和 $Mg(OH)_2$。然而这并不能对所发生的反应进行全面的解释，特别是黏土在骨料中的作用还不清楚，但是膨胀反应似乎常与黏土的存在有关。在骨料膨胀中，白云石和方解石晶体也很细。一种观点认为上述未湿润的黏土吸收水分引起了膨胀，去白云化作用仅仅是为水进入黏土提供通道；另一种观点则认为黏土提高了骨料的活性，从而导致白云石和硅酸钙水化反应生成 $Mg(OH)_2$、硅胶和碳酸钙，且体积约增大 4%。Walker 对于这个问题进行了精辟的描述。

这里应该强调的是仅仅由某些白云质石灰岩引起的混凝土膨胀反应，还没研究出简单的试验方法来鉴别它们；如果想深入了解，可以通过研究岩石结构或者岩石在氢氧化钠溶液中的膨胀（ASTM C 586-92）来获得帮助和指导。如果岩石在 ASTM C 586-92 试验中的膨胀超过 0.10%，则应该按照 ASTM C 1105-89 试验，用该可疑骨料配制混凝土并测量其长度在潮湿环境下的变化，这将对解释试验结果有一定的指导作用。

碱-硅反应和碱-碳酸盐反应之间的一个区别应当明确，就是在后者反应中碱被还原再生了。可能由于这个原因，火山灰对于控制碱-碳酸盐反应是无效的。然而，由于磨细高炉矿渣能够降低混凝土的渗透性，所以磨细高炉矿渣可能是合理有效的（见第 13 章）。活性碳酸盐岩石分布不是很广泛，通常可以避免。

3.17 骨料的热性能

骨料的三种热学性能对混凝土的性能来说很重要：热膨胀系数、比热和导热性能。后两种性能对大体积混凝土或者需要保温的混凝土来讲是重要的，但是在普通结构中并不重要，这些将在有关混凝土热学性能的部分中加以讨论。

骨料的热膨胀系数对含有该骨料的混凝土的热膨胀系数值有影响，比如骨料的热膨胀系数越高，混凝土的热膨胀系数也越高。一般来说后者通常取决于拌合物中骨料的用量和混凝土的配合比。

但是还存在另一方面的问题，有人提出，如果骨料的热膨胀系数和水泥浆的热膨胀系数相差太大，当温度剧烈变化时将导致变形不同步，并且会破坏骨料颗粒和周围水泥浆体之间的黏结。然而，由于胀缩也可能受到其他力的作用，比如收缩力，所以当温度变化没有超出一定范围时，例如 4~6℃，热膨胀系数之间的较大差别并不一定是有害的。但当两者的热膨胀系数之差超过 $5.5\times10^{-6}/℃$ 时，就可能影响混凝土的抗冻耐久性。

热膨胀系数可以通过由 Verbeck 和 Hass 发明的膨胀计进行测定，这个对于粗骨料和细骨料均适用。线性热膨胀系数随着母岩种类的不同而改变，最常见的普通岩石的变化范围为 $0.9\times10^{-6}/℃$~$16\times10^{-6}/℃$（$0.5\times10^{-6}/℉$~$8.9\times10^{-6}/℉$），但是大多数骨料为 $5\times10^{-6}/℃$~$13\times10^{-6}/℃$（$3\times10^{-6}/℉$~$7\times10^{-6}/℉$）（表 3.13）。对于水化硅酸盐水泥浆，热膨胀系数变化范围为 $11\times10^{-6}/℃$~$16\times10^{-6}/℃$（$6\times10^{-6}/℉$~$9\times10^{-6}/℉$），但是曾经报道过该值最高达到 $20.7\times10^{-6}/℃$（$11.5\times10^{-6}/℉$），该系数随饱和度的不同而变化。因此，仅对于相当低膨胀的骨料，如一些花岗岩、石灰岩和大理石，其线性膨胀系数才与水泥浆差别较大。

如果预计温度很高，就必须知道所用骨料的详细性能。比如，石英在 574℃ 下发生晶形转换并且突然膨胀 0.85%。这么大的膨胀值会使混凝土发生爆裂，因此从来不用石英骨料来配制耐火混凝土。

表 3. 13 不同类型岩石的线性热膨胀系数[3.39]

岩 石 类 型	线性热膨胀系数	
	$11\times10^{-6}/℃\sim 20.7\times10^{-6}/℃$	$6\times10^{-6}/℉\sim 11.5\times10^{-6}/℉$
花岗岩	$1.8\sim11.9$	$1.0\sim6.6$
闪长岩、安山岩	$4.1\sim10.3$	$2.3\sim5.7$
辉长岩、玄武岩、辉绿岩	$3.6\sim9.7$	$2.0\sim5.4$
砂岩	$4.3\sim13.9$	$2.4\sim7.7$
白云石	$6.7\sim8.6$	$3.7\sim4.8$
石灰岩	$0.9\sim12.2$	$0.5\sim6.8$
燧石	$7.3\sim13.1$	$4.1\sim7.3$
大理石	$1.1\sim16.0$	$0.6\sim8.9$

3.18 筛分分析

筛分分析是指将骨料试样分成很多级，每一级都是由相同的粒径来构成。实际上，每一级都含有特定范围内的颗粒，这些特定范围就是标准筛的筛孔。

用于筛分混凝土骨料的试验筛具有方形筛孔，在 BS 410-1:2000 和 ASTM E 11-09 中均规定了他们的性能。在后一个标准中，筛子可以按筛孔大小规定如下：对于大筛孔的筛可以用筛孔尺寸来表示，对于筛孔尺寸小于 0.25 英寸的筛，则以每英寸长度上的筛孔数来表示。因此，100 号实验筛每平方英寸有 100×100 个筛孔。标准方法中的筛子尺寸用毫米和微米计的标称孔来表示。

小于 4mm 的筛通常用金属丝网制作，不过若有需要，这种网也可用来制造大到 16mm 的筛。金属丝网用磷青铜制成，对于一些较粗的筛，也可用黄铜和低碳钢来制作。筛子的有效面积，即筛孔面积占筛子总面积的百分比，变化介于 28%～56% 之间，筛孔越大有效面积也越大。粗筛（4mm 或者更大）是由穿孔板制成，有效面积为 44%～65%。

所有的筛子安装在可配套的框架上。因此，可以按筛孔大小顺序将一个筛子放在另一个上面，最大的筛子在顶部；摇动后，每个筛的筛余部分表示比该筛的筛孔更粗而比上一个筛的筛孔更细的骨料部分。对于 5mm 或者更小的筛孔，使用 200mm 直径的框架；对于 5mm 以上的则使用 300mm 或 400mm 直径的框架。应注意 5mm（或 3/16 英寸，NO.4 ASTM 筛）或 4mm 是粗骨料细骨料的划分线。

用于混凝土骨料的筛子由一系列筛子组成，其中任何一个筛子的孔径约为上一个筛子孔径的一半。英国试验筛的筛孔尺寸按英制单位规定如下：3 英寸、1.5 英寸、0.75 英寸、0.375 英寸和 0.1875 英寸，筛号为 7、14、25、52、100 和 200，用这些筛子得出的实验结果仍在使用。表 3.14 列出了传统的筛子尺寸，根据以毫米和微米为单位的标准筛的筛孔尺寸，同时也列出了过去的英制和 ASTM 的筛孔尺寸及根据尺寸换算得到的近似英制尺寸。

表 3.14 美国和英国常规的试验筛尺寸

筛孔尺寸（mm 或 μm）	近似于英国的度量标准（英寸）	过去标定的最接近的尺寸	
		BS（英国标准）	ASTM（美国标准）
125mm	5	—	5 英寸
106mm	4.24	4 英寸	4.24 英寸
90mm	3.5	$3\frac{1}{2}$英寸	$3\frac{1}{2}$英寸
75mm	3	3 英寸	3 英寸
63mm	2.5	$2\frac{1}{2}$英寸	$2\frac{1}{2}$英寸
53mm	2.12	2 英寸	2.12 英寸
45mm	1.75	$1\frac{3}{4}$英寸	$1\frac{3}{4}$英寸
37.5mm	1.50	$1\frac{1}{2}$英寸	$1\frac{1}{2}$英寸
31.5mm	1.25	$1\frac{1}{4}$英寸	$1\frac{1}{4}$英寸
26.5mm	1.06	1 英寸	1.06 英寸
22.4mm	0.875	$\frac{7}{8}$英寸	$\frac{7}{8}$英寸
19.0mm	0.750	$\frac{3}{4}$英寸	$\frac{3}{4}$英寸
16.0mm	0.625	$\frac{5}{8}$英寸	$\frac{5}{8}$英寸
13.2mm	0.530	$\frac{1}{2}$英寸	0.530 英寸
11.2mm	0.438	—	$\frac{7}{16}$英寸
9.5mm	0.375	$\frac{3}{8}$英寸	$\frac{3}{8}$英寸
8.0mm	0.312	$\frac{5}{16}$英寸	$\frac{5}{16}$英寸
6.7mm	0.265	$\frac{1}{4}$英寸	0.265 英寸
5.6mm	0.223	—	No.3$\frac{1}{2}$
4.75mm	0.187	$\frac{3}{16}$英寸	No.4
4.00mm	0.157	—	No.5
3.35mm	0.132	No.5	No.6
2.80mm	0.111	No.6	No.7
2.36mm	0.0937	No.7	No.8
2.00mm	0.0787	No.8	No.10
1.70mm	0.0661	No.10	No.12
1.40mm	0.0555	No.12	No.14
1.18mm	0.0469	No.14	No.16
1.00mm	0.0394	No.16	No.18
850μm	0.0331	No.18	No.20
710μm	0.0278	No.22	No.25

筛孔尺寸（mm 或 μm）	近似于英国的度量标准（英寸）	过去标定的最接近的尺寸	
		BS（英国标准）	ASTM（美国标准）
600μm	0.0234	No.25	No.30
500μm	0.0197	No.30	No.35
425μm	0.0165	No.36	No.40
355μm	0.0139	No.44	No.45
300μm	0.0117	No.52	No.50
250μm	0.0098	No.60	No.60
212μm	0.0083	No.72	No.70
180μm	0.0070	No.85	No.80
150μm	0.0059	No.100	No.100
125μm	0.0049	No.120	No.120
106μm	0.0041	No.150	No.140
90μm	0.0035	No.170	No.170
75μm	0.0029	No.200	No.200
63μm	0.0025	No.240	No.230
53μm	0.0021	No.300	No.270
45μm	0.0017	No.350	No.325
38μm	0.0015	—	No.400
32μm	0.0012	—	No.450

　　为了测定筛上和筛下的骨料，尤其是为了研究骨料的级配，则需要各种筛孔的附加筛。理论上，试验筛的整个顺序是两个连续筛的筛孔尺寸的比值为 $\sqrt[4]{2}$，以 1mm 尺寸为基础。然而，英国（BS 410:1986）和美国（ASTM E 11-87）的筛子已经按照国际标准组织 R40/3 筛系列普遍标准化了。并不是所有的这些都可以形成一个几何级数，而是遵循"从优数"。英国标准 BS 410-1:2000 也使用国际标准组织 R20 系列（ISO 565-1990）的一些筛子尺寸。该系列涵盖了 63μm～125mm 的范围，每级之比为 1.2，以 1mm 尺寸为基础。该方法也包括在标准 BS EN 933-2:1996 中，也采用与 ISO 6274-1982 相同的尺寸。在表 3.15 中列出不同标准筛的尺寸。为了分级方便，筛子的尺寸常为：75mm、50mm、37.5mm、20.0mm、10.0mm、5.00mm、2.36mm、1.18mm、600μm、300μm 和 150μm。

表 3.15　在不同标准中的骨料标准筛的尺寸

BS 410 : 1986	BS 812-103.1 : 1985 (2000)	BS EN 933-2 : 1996	ASTM E 11-87 (2009)*
125.0			125
			100
90.0			
	75.0		75.0

BS 410 : 1986	BS 812-103.1 : 1985 (2000)	BS EN 933-2 : 1996	ASTM E 11-87 (2009)*
63.0	63.0	63.0	
	50.0		50.0
45.0			
	37.5		37.5
31.5		31.5	
	28.0		25.0
22.4			
	20.0		
			19.0
16.0		16.0	
	14.0		
			12.5
11.2	10.0		
			9.5
8.00		8.00	
	6.30		6.30
5.60			
	5.00		
			4.75
4.00		4.00	
	3.35		
2.80			
	2.36		2.36
2.00		2.00	
	1.70		
1.40			
	1.18		1.18
1.00		1.00	
	850		
710			
	600		600
500		500	
	425		
355			
	300		300
250		250	

续表

BS 410 : 1986	BS 812-103.1 : 1985 (2000)	BS EN 933-2 : 1996	ASTM E 11-87 (2009)*
	212		
180			
	150		150
125		125	
90			
	75		75
63		63	
45			
32			

* 选出的部分常用值。

因此，我们可以看到在讨论骨料级配的过程中必须使用两套筛孔。在本书中，采用英国尺寸的筛子测量的结果将以准确的等效公制体现，但对于用于配合比设计的级配曲线（见第 14 章），将采用现行的 ASTM 和英国公制筛。

在进行筛分分析之前，骨料试样必须在空气中干燥，以避免误将细粉结块划分为大颗粒，也防止较细筛子被阻塞。BS 812-103.1：1985（2000）规定了筛分后减少试样的最小质量，如表 3.16 所示。表 3.17 列出了每个筛所能允许的最大材料质量。

表 3.16　筛分试样的最小质量［根据 BS 812-103.1：1985（2000）］

材料的标准尺寸（mm）	用于筛分应取试样的最小质量（kg）
63	50
50	35
40	15
28	5
20	2
14	1
10	0.5
6 或 5 或 3	0.2
小于 3	0.1

表 3.17　筛分完成后的最大筛余量［根据 BS 812-103.1：1985（2000）］

英国标准筛尺寸		直径筛上的最大质量（kg）		
mm	μm	450mm	300mm	200mm
50.0		14	5	
37.5		10	4	
28.0		8	3	

续表

英国标准筛尺寸		直径筛上的最大质量（kg）		
mm	μm	450mm	300mm	200mm
20.0		6	2.5	
14.0		4	2	
10.0		3	1.5	
6.30		2	1	
5.00		1.5	0.75	0.350
3.35		1	0.55	0.250
2.36			0.45	0.200
1.70			0.375	0.150
1.18			0.300	0.125
	850		0.260	0.115
	600		0.225	0.100
	425		0.180	0.080
	300		0.150	0.065
	212		0.130	0.060
	150		0.110	0.050
	75		0.075	0.030

如果筛上的质量超过这一数值，则细于筛孔的材料将保留在筛余部分之中。因此，所讨论的筛上材料应分为两部分，每部分应分别进行筛分。实际的筛分可以手工操作，将每个筛反复摇动直至质量恒定。摇动过程应前后、左右、正转、反转等动作交替反复进行，以保证每个颗粒均有一定的机会通过筛子。大多实验室都配有摇筛器，能够控制时间，以保证筛分操作的均匀性。尽管如此，还应注意不要一次性在筛子上放置过多的骨料（如表 3.17 所示）。粒径小于 75μm 的材料最好按照 BS 812-103.1：1985 或 ASTM C 117-90 的标准要求进行湿筛来确定数量。

筛分结果最好用表格的形式记录，如表 3.18 所示。第 2 栏表示每个筛子的筛余质量。第 3 栏表示筛余量占试样总质量的百分数。于是，可以从最细孔径的筛按顺序往上计算出通过每个筛的骨料累计百分数（精确到 1%），列于第 4 栏，并据此百分数绘出级配曲线。

表 3.18　筛分分析实例

筛孔尺寸		筛余质量（g）	筛余百分数（%）	累计通过百分数（%）	累计筛余百分数（%）
英国标准	ASTM （1）	（2）	（3）	（4）	（5）
10.0mm	$\frac{3}{8}$英寸	0	0.0	100	0
5.00mm	4	6	2.0	98	2
2.36mm	8	31	10.1	88	12

续表

筛孔尺寸		筛余质量（g） （2）	筛余百分数（%） （3）	累计通过百分数（%） （4）	累计筛余百分数（%） （5）
英国标准	ASTM （1）				
1.18mm	16	30	9.8	78	22
600μm	30	59	19.2	59	41
300μm	50	107	34.9	24	76
150μm	100	53	17.3	7	93
< 150μm	< 100	21	6.8	—	—
总计＝307				总　　计＝246 细度模数＝2.46	

3.18.1　级配曲线

　　用图线表示筛分分析结果更容易理解，因此级配曲线得到了广泛应用。由级配曲线可直接看出某种给定试样的级配是否符合规定、是否太粗或太细，或者是否缺乏特殊尺寸的颗粒。

　　在常用的级配曲线中，纵坐标表示累计通过百分比，横坐标用对数形式表示筛孔的尺寸。由于标准筛的筛孔孔径以 1/2 的比例逐级递减，用对数表示的筛孔孔径在横坐标上是等间距的。如图 3.10 所示，该图表示表 3.18 中数据的级配曲线。

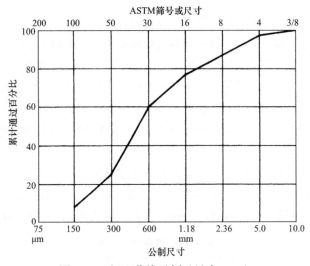

图 3.10　级配曲线示例（见表 3.18）

　　选择这样的比例尺比较方便，因此两个相邻的筛孔尺寸之间的标距近似等于纵坐标比例尺的 20%，凭记忆就能很方便地对不同的级配曲线进行直观比较。

3.18.2　细度模数

　　特别是在美国，有时会使用根据筛分分析计算得出的一个单一参数，这就是细度模数，定义为标准筛的累计筛余百分数之和的 1/100：从 150，300，600μm，1.18，2.36，5.00mm（ASTM Nos. 100，50，30，16，8，4），直到所使用的最大筛孔尺寸。应记住，当试样中所有颗粒都大于 600μm（No. 30 ASTM）时，则其在 300μm（No. 50 ASTM）筛上的累计筛余百分数应为 100%；当然 150μm（No. 100）筛的累计筛余百分数也有相同的值。细度模数的数值越高，骨料就越粗（参见表 3.18 中的第 5 栏）。

细度模数可看作从最细筛子算起的筛上剩余材料的平均粒径。Popovics[3.49] 认为它是颗粒粒径分布的对数平均值。例如，细度模数为 4 时可解释为第 4 个筛，1.18mm（No. 16 ASTM）是其平均粒径尺寸。但是，一个平均值显然不能代表分布情况：这样，同样的细度模数可代表无数截然不同的粒径分布情况或级配曲线。因此，细度模数不能用来表示某种骨料的级配，但对测试同一来源的骨料的微小区别是有帮助的，即可用作日常的检验手段。在一定范围内，细度模数可预测某种利用具有一定级配的骨料配制成混凝土拌合物可能具有的性能，且有许多学者支持细度模数用于评价骨料以及配合比。

3.19 级配要求

前文已经阐述如何找到一种骨料试样的级配，但还是无法确定某种特殊级配的骨料是否适用。与此相关的问题是，粗细骨料的结合可以得到所要求的级配。那么，优质级配曲线具有什么特征呢？

当混凝土水灰比为某一定值时，混凝土完全密实后的强度与骨料的级配无关，级配的重要性只在于它对混凝土的工作性能有影响。然而，对于给定的水灰比，达到与之相应的强度需要完全密实，这只能在拌合物具有足够的流动性时才能获得。因此，有必要在合理的实验量下配制出一种有最大密实度的拌合物。

首先，我们需知道理想的级配曲线并不存在，但综合考虑是必要的。除物理要求外，经济问题也需考虑，这样混凝土就必须采用便宜的材料配制，因而骨料不能要求太多。

前文已经指出控制骨料级配的主要因素是：骨料的表面积。它决定润湿所有固体所需水量，骨料所占的相对体积，拌合物的流动性和离析的趋势。

离析现象将在第 4 章讨论，但此处需说明的是混凝土工作性和对它没有离析趋势要求并不矛盾：不同粒径的颗粒容易填充密实，较小的颗粒能进入较大颗粒间的空隙中，但是空隙中的小颗粒也很容易被振摇出来，也就是在干燥时容易分离。实际上，应避免砂浆（砂、水泥和水的混合物）自由地从粗骨料空隙中流出。所以粗骨料之间的空隙应足够小，这样能避免水泥浆通过并离析出来。

因此，离析的问题在某种程度上像是过滤，但对于这两种情况的要求是截然相反的：对于合格的混凝土，避免离析是基本要求。

好的黏聚性和流动性还有进一步要求。它必须含有足够的小于 300μm 筛孔的材料。因为这些材料包括水泥颗粒，所以富拌合物要求的细砂含量比贫拌合物低。如果砂级配中缺乏较细颗粒，提高细 / 粗骨料比也不能有效补救。因为这可能导致中等粒径颗粒过多引起干硬化。所谓拌合物干硬化是指同一种尺寸的颗粒存在过多情况下，使得级配曲线中部很陡，从而导致颗粒间干扰。这对足够含量的细骨料的要求（假定在结构上是安全的）解释了规定通过300μm（有时150μm）筛孔的细颗粒的最小含量的原因，如表3.22和表3.23所示。但是目前研究人员认为美国垦务局对通过300μm和150μm筛的颗粒的最小百分数要求偏高（表3.23）。

还须补充说明一下，所有的胶凝材料自身都能提供足够数量的"超细颗粒"，超细颗粒是指所有粒径小于125μm的材料，其中包括骨料、填料和水泥。在水泥早期水化时，有些颗粒能消耗拌合物里的水，有些则表现为惰性。混凝土中夹杂空气的体积可视为细骨料体积的一半。德国标准BIN 1045:1988[3.86]中规定超细颗粒的粒径为125μm，但并没有规定超细颗粒的最小含量，因为它们通常都存在于所用材料中。对于泵送混凝土薄壁构件或配筋密集的混凝土，以及挡水结构，存在足够多的超细颗粒是必要的。另外，从混凝土抗冻性、抵抗除冰盐作用以及抗磨性的角度来说，过多的超细颗粒又是有害的。对于水泥用量小于300kg/m³的混凝土，拌合物中超细颗粒的最大含量规定为350kg/m³；水泥用量为350kg/m³的混凝土的超细颗粒含量的最大值为400kg/m³；水泥用量越高，超细颗粒的含量也越高。以上这些数值适用于骨料最大粒径为16~63mm的拌合物。50μm以内的超细颗粒对新拌混凝土的需水量和强度的有利作用已经得到证实[3.85]。

通常骨料须占有尽可能大的相对体积。因为首先是经济上的考虑，骨料比水泥浆便宜。太富的混凝土拌合物也不适宜，由于一些其他的技术原因。对于给定体积的混凝土，其中填充的固体颗粒体积越大，它的强度就越高。最大密度理论使得级配曲线呈抛物线形状，或是前部分抛物线然后直线（采用普通比例时），如图3.11所示。但研究也发现，最大密度级配的骨料会导致拌合物干硬化和流动性较差。当水泥浆的体积超过填充砂中空隙的体积时，混凝土的工作性能将提高。

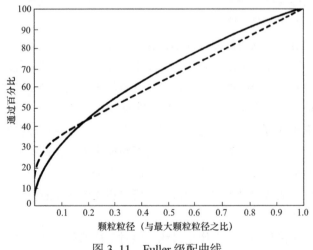

图3.11   Fuller级配曲线

虽然研究者们推荐的理想级配曲线不尽相同，但理想级配的概念仍然有用，如图3.11所示[3.87]。

这是一种来自沥青工业的理想级配，其主要目的是使胶凝材料体积最小化。图中纵坐标为累积通过的百分比，横坐标为筛孔孔径，使用的n值为0.45。用直线连接图中两点，其中一点代表最大筛孔尺寸，另一点代表筛分中无骨料达到的筛孔尺寸。理想级配应按照此线，

600μm 筛的通过百分数在此直线下除外。另外，这条线并没有将水泥视为一种细材料。以在这条直线上下波动不大的级配可以制配出致密混凝土。然而，"0.45 指数级配曲线"并未证实，更没有广泛应用。

实际上，混凝土中存在不同来源的骨料，它们即使在理论上级配相同，但在一定粒径范围内，颗粒粒径的实际分布仍不相同，骨料性质（如形状和结构）也不同。还应补充说明，当骨料粒径范围内最大粒径减小时，或在拌合物中掺入一些极细颗粒时（硅灰便是其中一种，这在第 2 章已经讨论过），混凝土中总空隙体积将减小。

下面讨论一下骨料颗粒的表面积。通常水灰比是由强度要求来确定的。同时，水泥浆必须足以覆盖所有颗粒表面积。因此，骨料表面积越小，所需水泥浆就越小，进而需水量也越少。

简单起见，用直径 D 的球体表示骨料的形状，则表面积与体积之比为 $6/D$。这个比值（或是当颗粒比值一定时，表面积与质量之比）称为比表面积。对于不同形状的颗粒，可能获得与 $6/D$ 不同的一个系数，但表面积仍与颗粒大小成反比，如图 3.12 所示，此图来自 Shacklock 和 Walker 的研究报告[3.15]。应注意的是图中的纵坐标和横坐标均是对数坐标，原因是筛孔尺寸是以几何级数变化的。

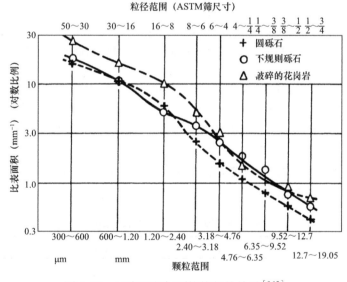

图 3.12　比表面积与颗粒粒径的关系[3.15]

虽然对应于相同的比表面积存在很多级配曲线，但是对于分级骨料，级配与比表面积总是相关的。若是级配中骨料的最大粒径很大，则比表面积将减小，需水量也将减少，但并不呈线性关系。比如，在某些条件下，骨料最大粒径可以从 10mm 增大至 63mm。此时，若混凝土的工作性能不变，则所需水量可减少到 50kg/m³，水灰比相应地减少 0.15[3.16]。图 3.13 列出一些典型数值。

骨料最大粒径的实际规定只有在给定的条件下才能使用。最大粒径对混凝土强度影响的一般规律在后文讨论。

可以看出，选定骨料的最大粒径和级配后，就能以比表面积为参数表示颗粒的表面积；而且骨料的总表面积决定拌合物的需水量和工作性。早于 1918 年，Edwards[3.50] 就首次提出基于骨料比表面积的混凝土配合比设计，该方法在最近四十年又引起研究者们的兴趣。比表面积可用渗水法测定，但目前还没有简单的现场试验方法。因为不同骨料颗粒形状的不同，所以很难获得一个数学近似计算方法。

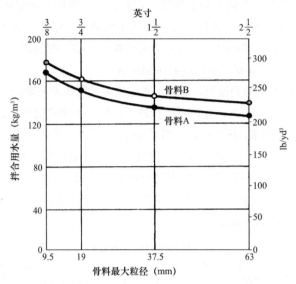

图 3.13   坍落度固定时，骨料最大粒径对拌合物需水量的影响规律[3.16]

然而，这并不是基于骨料比表面积的配合比设计方法得不到广泛推广的唯一原因。研究发现，这种计算方法不能应用于小于 150um 的骨料颗粒和水泥制成的混凝土。这些颗粒以及较大的颗粒在混凝土中似乎起到了润滑剂的作用，但它们不像粗骨料那样需要完全润湿。Glanville 等[3.18] 在试验中也发现了这一规律。

由于比表面积会对研究者们所预期的工作性能产生一些误导（多数是因为过高估计了细颗粒的影响），Murdock 提出了一个经验表面指数，其数值和对应的比表面积列于表 3.19。

表 3.19   相对比表面积和表面指数

颗粒尺寸	ASTM 筛号	相对比表面积	Murdock 表面指数[3.19]
76.2 ～ 38.1mm	3 ～ $1\frac{1}{2}$ 英寸	$\frac{1}{2}$	$\frac{1}{2}$
38.1 ～ 19.05mm	$1\frac{1}{2}$ ～ $\frac{3}{4}$ 英寸	1	1
19.05 ～ 9.52mm	$\frac{3}{4}$ ～ $\frac{3}{8}$ 英寸	2	2
9.52 ～ 4.76mm	$\frac{3}{8}$ ～ $\frac{3}{16}$ 英寸	4	4
4.76 ～ 2.40mm	$\frac{3}{16}$ 英寸 ～ No.8	8	8
2.40 ～ 1.20mm	No.8 ～ 16	16	12
1.20mm ～ 600μm	No.16 ～ 30	32	15
600 ～ 300μm	No.30 ～ 50	64	12
300 ～ 150μm	No.50 ～ 100	128	10
< 150μm	< No.100	—	1

通过对任一筛分粒级的质量百分数乘以相应粒级的系数并将所有乘积相加，所得数值可用来表示给定级配骨料表面积的影响。依据 Murdock 的建议[3.19]，这个表面指数（以棱角指数加以修正）应该得到应用；实际上，该数值主要基于试验结果。另外，Davey 研究[3.20]发现，在较大的骨料级配范围内，骨料的比表面积相同时，不同混凝土的需水量和抗压强度是相同的。此结论对连续级配和间断级配骨料均适用，表 3.20 来自 Davey 的论文，四种级配中有三种是间断级配。

表 3.20　相同比表面积的骨料配制混凝土的性能[3.20]

颗粒尺寸	骨料级配（%）							比表面积（m²/kg）	水灰比	抗压强度（MPa）				断裂模量（MPa）			
	300～150μm	600～300μm	1.20mm～600μm	2.40～1.20mm	4.76～2.40mm	9.52～4.76mm	19.05～9.52mm			7d		28d		7d		28d	
ASTM	50～100	30～50	16～30	8～16	$\frac{3}{16}$～8	$\frac{3}{8}$～$\frac{3}{16}$	$\frac{3}{4}$～$\frac{3}{8}$			MPa	psi	MPa	psi	MPa	psi	MPa	psi
级配																	
A	11.2	11.2	11.2	11.2	11.2	22.0	22.0	3.2	0.575	23.7	3440	32.9	4770	3.72	539	4.38	636
B	12.9	12.9	12.9	0	0	30.6	30.7	3.2	0.575	24.2	3510	32.3	4690	3.74	543	4.48	651
C	15.4	15.4	0	0	0	34.6	34.6	3.2	0.575	24.6	3570	32.8	4760	3.84	557	4.54	659
D	25.4	0	0	0	0	0	74.6	3.2	0.575	23.3	3380	32.1	4650	3.46	502	4.16	603

对于给定水灰比，骨料比表面积的增大会导致混凝土强度降低。如表 3.21 所示的 Newman 和 Tcychenne 的试验结果[3.21]。对于造成这一现象的原因，现在并不十分清楚。但经猜想可能是由于骨料的增加致使混凝土的密度降低进而引起混凝土强度的降低[3.22]。

表 3.21　骨料的比表面积和水灰比分别为 0.6、1∶6 配合比的混凝土强度[3.21]

骨料的比表面积（m²/kg）	混凝土的 28d 抗压强度（MPa）		新拌混凝土的密度（kg/m³）	
	MPa	psi	kg/m³	lb/ft³
2.24	36.1	5240	2330	145.5
2.80	34.9	5060	2325	145.1
4.37	30.3	4390	2305	144.0
5.71	27.5	3990	2260	141.0

这样看来，骨料的比表面积好像并不是决定拌合物工作性的直接因素。事实上，Hobbs 发现[3.88]：虽然混凝土中的细骨料级配很不同，但是通过调整总骨料中细骨料的百分含量，也可使拌合物具有相近的坍落度或密实度。因此可再次得出，骨料的表面积是决定拌合物工作性的重要因素，然而，更细颗粒的作用仍未研究清楚。

《道路纪事》第四期（*Road Note*，No.4）[3.23]中有一些关于骨料级配的早期基础文献，在典型级配中提出了一些不同的比表面积值。比如，混凝土在使用河砂和卵石时，图 3.14 中的 1～4 号四组级配曲线分别对应的比表面积为 1.6m²/kg、2.0m²/kg、2.5m²/kg 和 3.3m²/kg[3.21]。在实际应用领域，在配制典型级配相近的骨料时，若用略微过量的粗骨料来补偿细颗粒的不足，且偏差不大，那么拌合物的性能基本保持不变。在上述情况下，也可用少量细颗粒来补偿粗骨料。

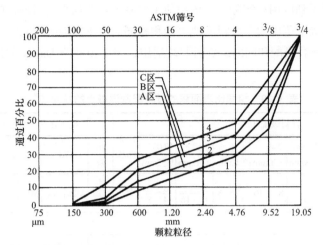

图 3.14 《道路纪事》第四期提出的 19.05mm 骨料的级配曲线[3.23]（Crown copyright）

可以肯定的是，骨料级配是决定拌合物工作性的重要因素。而工作性又影响着水和水泥用量，控制离析，对泌水也有影响，且影响混凝土的浇筑和抹面。这些都是新拌混凝土的重要特性，也影响硬化混凝土的强度、收缩和耐久性。

所以级配在混凝土拌合物配合比设计中很重要，但是至今仍未建立能准确表示级配作用的数学表达式，而研究者们对这种粒状材料的半流态拌合物的行为也未完全理解。另外，为确保骨料有合适级配而过分提高骨料要求是不经济的，在某些情况下甚至是不可能的。

最后，我们须知：保证骨料级配的稳定性远比设计一种"优质"级配更重要，否则级配不稳会引起工作性多变。因此，当在搅拌机中用改变水量的方法进行校正时，混凝土的强度也会出现波动。

3.20 实际级配

简要回顾前面的内容，可以看出所用骨料的级配对获得良好的工作性和最小化离析是何等重要，而后者的重要性无论如何强调也不过分：一个能产生高强度且经济的混凝土拌合物，如果出现离析，就会导致混凝土出现蜂窝，缺陷，并且使混凝土耐久性差和质量不稳定。

我们需要计算不同粒径的骨料分配来达到期望的级配，这种方法属于混凝土配合比的设计范围并将在第 14 章描述。在本章只讨论一些性能"优良"的级配曲线。然而值得注意的是，在实践中必须使用当地骨料或者经济距离内的骨料，且进行合理的处理和足够的养护。通常这些骨料也可以生产出能满足要求的混凝土。对骨料（包括天然砂）用《道路纪事》第四期中关于混凝土配合比设计的那些曲线进行基础比较是有用的[3.23]。在《道路纪事》中已经给出了最大粒径为 19.05mm 和 38.1mm 骨料的级配曲线，分别显示在图 3.14 和图 3.15 中。McIntosh 和 Erntroy[3.24] 则给出了最大粒径为 9.52mm 骨料的级配曲线，如图 3.16 所示。

图 3.16 中 4 条曲线分别表示每种最大粒径的骨料，但由于过大和过小骨料的存在，以及各粒径内部的变动，实际级配曲线可能位于这些曲线的附近而不是完全相符。因此在所用的图上都已标明级配区，以便于使用。

在图 3.14 至图 3.16 中的 1 号曲线都表示最粗的级配。这种级配的流动性相对较好，因此适用于低水灰比的拌合物或富浆拌合物；不过我们还须确保不会发生离析。4 号曲线表示另一个极端细级配：黏聚性好但流动性较差。特别是处于 1.20～4.76mm 的骨料过多时容易产生干硬性混凝土，它适用于振捣密实但很难通过人工浇筑。若采用 1 号和 4 号级配曲线的骨料配制相同和易性的混凝土，后者的用水量相当高：这意味着用相同骨料／水泥比配制的混凝土，后者强度更低，或者说要保证强度相同，配制混凝土所需的细骨料要相当充足，即每立方米混凝土中水泥用量要比采用更粗的骨料时更多。

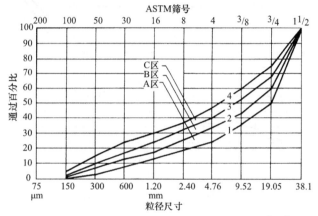

图 3.15　《道路纪事》第四期所述 38.1mm 的骨料典型级配曲线[3.23]（Crown copyright）

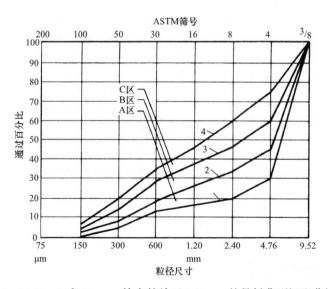

图 3.16　McIntosh 和 Erntroy 给出的关于 9.52mm 的骨料典型级配曲线[3.24]

两个极端级配之间的变化是渐进的。某些级配的情况是一部分在这个区域，一部分在另一区域，然而当中等粒径的骨料十分缺乏时，可能存在离析的风险（见间断级配）。而另一方面，当中等粒径的骨料过多时，拌合物将干硬化且很难通过手工捣实，甚至振捣密实也难以实现。因此，最好选用与典型级配相近的骨料，而不是完全不同的骨料。

图 3.17 和图 3.18 分别显示了最大粒径为 152.4mm 和 76.2mm 的骨料级配范围，这是由 McIntosh 给出的。通常，实际级配与该范围平行比跨过两个区间更好。

在实践中，采取分离粗细骨料的方法，可使在 5mm 的中间点上的级配与典型级配精确符合。在曲线的末端（150μm 筛和所用的最大尺寸）一般也较相符。如粗骨料是以单粒级供货（通常如此），在 5mm 上的附加点可获得一致，但对小于 5mm 的点则要两种或两种以上的细砂混合才行。

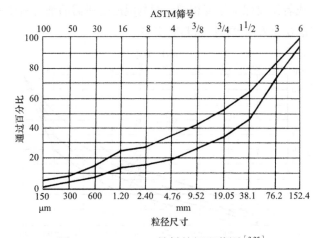

图 3.17 152.4mm 骨料的级配范围[3.25]

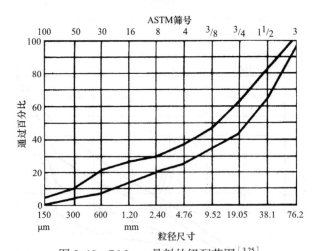

图 3.18 76.2mm 骨料的级配范围[3.25]

3.21 粗、细骨料的级配

对于任何工程来说，粗细骨料都应该分别称重，并且每部分骨料的级配都应该熟悉和控制。

这些年来，有几种划分细骨料级配的方法。首先给出了典型的优质级配曲线[3.23]。在 1973 年版的英国标准 BS 882 中给出了 4 个级配区。级配区的划分主要是根据 600μm（No.30 ASTM）

筛的通过百分比确定。其主要原因是大部分天然砂以该尺寸来划分，上下级配比较均衡。而且，小于 600μm 的颗粒含量对拌合物的和易性有相当大的影响。

因而，级配区很大程度上反映了英国天然砂的级配。这些砂很少用来配制混凝土，BS 882:1992 规范对级配的划分比较宽松，但这不意味着任何级配都能使用；而且，考虑到级配只是骨料的一个特性，可以接受更宽范围的级配，但必须经过反复试验。

具体来说，BS 882:1992 规范（2004 年撤销）要求任何细骨料都必须满足表 3.22 列出的整体级配区域和 3 种附加级配区中的一个，但允许 1/10 的连续试样落在附加级配区之外。实际上，3 个附加级配区是粗级配、中级配和细级配。当前规范是 BS EN 12620:2002。

表 3.22　英国标准（BS）和 ASTM 对细骨料的级配要求

筛孔尺寸		各筛子通过质量百分比				
英国标准	ASTM	BS 882:1992				ASTM C 33-08
		整体级配	粗级配	中级配	细级配	
10.0mm	0.375 英寸	100				100
5.0mm	0.1875 英寸	89～100				95～100
2.36mm	No.8	60～100	60～100	65～100	80～100	80～100
1.18mm	No.16	30～100	30～90	45～100	70～100	50～85
600μm	No.30	15～100	15～54	25～80	55～100	25～60
300μm	No.50	5～70	5～40	5～48	5～70	10～30
150μm	No.100	0～15*				2～10

* 对于碎石细骨料，允许将上限提高 20%，但重型地板除外。

BS 882:1992 规范的要求可能对一些预应力混凝土不适用，这些情况不应采用。

为了进行对比，将 ASTM C 33-08 规范的部分要求列于表 3.22 中。ASTM C 33-08 也要求细骨料有一个 2.3～3.1 的细度模数。表 3.23 给出了美国垦务局[3.74]的要求。人们注意到，采用引气混凝土可以减少极细颗粒用量，引气可以很好起到细骨料的作用。当水泥用量超过 297kg/m³（500lb/yd³）或者每立方米混凝土水泥用量至少为 237kg 且掺加引气剂时，ASTM C 33-08 规范允许减小通过 300μm 和 150μm（No.50 ASTM 和 No.100 ASTM）筛的百分数。

表 3.23　美国垦务局对细骨料的级配要求[3.74]

筛孔尺寸		筛余质量百分数		
英国标准	ASTM			
4.75mm	No.4	0～5		
2.36mm	No.8	5～15	或	5～20
1.18mm	No.16	10～25		10～20
600μm	No.30	10～30		
300μm	No.50	15～35		
150μm	No.100	12～20		
<150μm	<No.100	3～7		

　　尽管一些情况下，给定细骨料的适用性可能取决于粗骨料的级配和形状，但满足 BS 882:1992 规范的任一级配要求的细骨料一般都可用于配制混凝土。

　　机制砂的级配通常不同于天然砂。具体来说，600～300μm（30～50 号）筛之间的材料更少，大于 1.18mm（16 号）筛尺寸的材料更多，小于 150μm 或 75μm（100 号或 200 号）筛尺寸的细骨料更多。多数规范都认可后面这一点，并且允许机制砂中有更高的极细颗粒含量。不过要确保这些极细材料不包含黏土或淤泥。

　　研究表明[3.71]，机制砂中小于 150μm（100 号）的颗粒含量从 10% 增长到 25%，混凝土的立方体抗压强度只有小幅下降，通常为 10%。

　　在考虑骨料中大量细骨料的作用时，应注意的是，细砂具有这种特性，即当材料为球形且表面光滑时，混凝土和易性提高并且用水量减少[3.38]。

　　一般来说，细骨料级配越细，粗细骨料用量之比应该越高。为了弥补尖角形状的碎石颗粒引起的和易性下降，当使用碎石骨料时，所用细骨料的比例要比用卵石粗骨料时高一些。

　　表 3.24 列出了 BS 882:1992 规范对粗骨料的级配要求，并给出了级配骨料和单一粒级骨料的数值。当前的英国规范 BS EN 12620:2000 已经被 PD 6682-1:2009 扩充了。为了便于对比，表 3.25 列出了一些 ASTM C 33-08 的级配要求。

表 3.24　BS 882:1992 对粗骨料的级配要求

筛孔尺寸		通过英国标准筛（BS 标准）的质量百分数						
		级配骨料的名义尺寸			单一粒级骨料的名义尺寸			
mm	英寸	40～5mm $\left(1\frac{1}{2}\sim\frac{3}{16}英寸\right)$	20～5mm $\left(\frac{3}{4}\sim\frac{3}{16}英寸\right)$	14～5mm $\left(1\frac{1}{2}\sim\frac{3}{16}英寸\right)$	40mm $\left(1\frac{1}{2}英寸\right)$	20mm $\left(\frac{3}{4}英寸\right)$	14mm $\left(\frac{1}{2}英寸\right)$	10mm $\left(\frac{3}{8}英寸\right)$
50.0	2	100	—	—	100	—	—	—
37.5	$1\frac{1}{2}$	90～100	100	—	85～100	100	—	—
20.0	$\frac{3}{4}$	35～70	90～100	100	0～25	85～100	100	—
14.0	$\frac{1}{2}$	25～55	40～80	90～100	—	0～70	85～100	100
10.0	$\frac{3}{8}$	10～40	30～60	50～85	0～5	0～25	0～50	85～100
5.0	$\frac{3}{16}$	0～5	0～10	0～10	—	0～5	0～10	0～25
2.36	No.8	—	—	—	—	—	—	0～5

表 3.25　ASTM C 33-08 对粗骨料的级配要求

筛孔尺寸		通过各筛的质量百分数（%）				
		级配骨料的名义尺寸			单一粒级骨料的名义尺寸	
mm	英寸	37.5～4.75mm	19.0～4.75mm	12.5～4.75mm	63mm	37.5mm
75	3	—	—	—	100	—
63	$2\frac{1}{2}$	—	—	—	90～100	—
50	2	100	—	—	35～70	100

续表

筛孔尺寸		通过各筛的质量百分数（%）				
mm	英寸	级配骨料的名义尺寸			单一粒级骨料的名义尺寸	
		37.5～4.75mm	19.0～4.75mm	12.5～4.75mm	63mm	37.5mm
38.1	$1\frac{1}{2}$	95～100	—	—	0～15	90～100
25	1	—	100	—	—	20～55
19	$\frac{3}{4}$	35～70	90～100	100	0～5	0～15
12.5	$\frac{1}{2}$	—	—	90～100	—	—
9.5	$\frac{3}{8}$	10～30	20～55	40～70	—	0～5
4.75	$\frac{3}{16}$	0～5	0～10	0～15	—	—
2.36	No.8	—	0～5	0～5	—	—

　　实际的级配要求很大程度上取决于颗粒的形状和表面特性。例如，为了降低产生咬合作用的可能性和颗粒之间的摩擦，尖锐、有棱角且表面粗糙的颗粒应该有稍微细的颗粒级配。机制砂的实际级配主要取决于所用破碎设备的类型。滚石破碎机生产的颗粒通常比其他破碎机更细，但级配也取决于投入破碎机中的材料数量。

　　表 3.26 列出了 BS 882:1992 规范（大部分保留在 PD 6682-1:2009 中）对统货骨料的级配要求。应注意的是，这种骨料除小型和不重要的工程外，一般不会使用，主要是因为其很难从堆放材料中分离出来。

表 3.26　BS 882:1992 对统货骨料的级配要求

筛 孔 尺 寸		通过各筛的质量百分数（%）		
公制	英寸	40mm	20mm	10mm
50.0mm	2	100	—	—
37.5mm	$1\frac{1}{2}$	95～100	100	—
20.0mm	$\frac{3}{4}$	45～80	95～100	—
14.0mm	$\frac{1}{2}$	—	—	100
10.0mm	$\frac{3}{8}$	—	—	95～100
5.0mm	$\frac{3}{16}$	25～50	35～55	30～65
2.36mm	No.8	—	—	20～50
1.18mm	No.16	—	—	15～40
600μm	No.30	8～30	10～35	10～30
300μm	No.50	—	—	5～15
150μm	No.100	0～8*	0～8*	0～8*

* 对于碎石细骨料可提高 10%。

3.21.1　超径与逊径

严格地按照骨料级配要求是不可能的：石料破碎时总会产生一些逊径材料，而采石场或碎石机旁的筛子磨损则会产生超径颗粒。

在美国，通常规定超径和逊径的筛孔尺寸为名义筛孔尺寸的 7/6 和 5/6[3.74]。表 3.27 给出了实际的数值。小于逊径或大于超径的骨料数量通常是严格限制的。

表 3.27　美国垦务局规定的超径和逊径筛孔尺寸[3.74]

名义尺寸区间（mm）	试验筛的筛孔尺寸（mm）	
	逊径	超径
4.76 ～ 9.52	4.00	11.2
9.52 ～ 19.0	8.0	22.4
19.0 ～ 38.1	16.0	45
38.1 ～ 76.2	31.5	90
76.2 ～ 152.4	63	178

BS 882：1992 规范允许粗骨料中有超径和逊径颗粒。表 3.24 中的数值表明 5%～10% 的超径是可以的。然而，不允许骨料尺寸比名义最大尺寸更大一级的筛子还大（在标准系列筛中）。对于单粒级骨料，允许存在逊径颗粒，并且规定了小于名义筛孔尺寸筛的通过量。在实际级配计算中，不能忽略粗骨料中的细颗粒，这点很重要。

对于细骨料，BS 882：1992 规范允许的超径含量为 11%（见表 3.22）。对于上层筛分粒度 D 和下层筛分粒度 d 比值大于等于 1.4 的情况，BS EN 12620：2002 规范规定了粗细骨料的一般级配要求。

3.22　间断级配骨料

如前所述，给定尺寸的骨料聚集后会堆积形成空隙，只有在下一个较小尺寸的级配颗粒足够小的情况下，才能穿透这些空隙。这意味着任何两个相邻级配的骨料，在颗粒大小方面必须有合适的搭配。换句话说，级配差异很小的骨料如果同时使用，就形成了间断级配骨料体系。

间断级配可以定义为去除一个或多个中间尺寸的级配情况。"连续级配"用于描述常规级配骨料，有必要将其与间断级配区分开。在级配曲线上，间断级配在其去除的尺寸范围内用水平线来表示。例如，图 3.19 的级配曲线表明，不存在尺寸在 10.0～2.36mm 之间的骨料（对应 No.8 ASTM 筛）。在某些情况下，在 10.0～1.18mm 之间的骨料间断被认为是合适的（对应 No.16 ASTM 筛）。省略这些尺寸将减少所需水泥浆体填充空隙，由此带来经济效益。对于最大尺寸为 20.0mm 的骨料，如果使用间断级配：使用 20.0～10.0mm 粗骨料、然后剩下的骨料均为 1.18mm 以下尺寸（对应 No.16 ASTM 筛）。此时尺寸小于 1.18mm 的细骨料颗粒很容易进入粗骨料中的空隙，因此，间断级配骨料的工作性将高于具有相同细骨料含量的连续级配骨料体系的工作性。

Shacklock 的试验[3.26]表明，对于给定的骨料 / 水泥比和水灰比，间断级配集料比连续级配集料具有更高的和易性，且细骨料含量较低。然而，在更可行的混合料范围内，间断级配骨料表现出更大的离析倾向。因此，建议间断级配主要用于和易性相对较低的混凝土：此类混合料对振动反应良好。在使用时需要注意，对混凝土和易性进行严格控制，尤其是运输过程中需更加小心，以避免出现分层离析。

可以观察到，即使使用了"连续级配"骨料，同样也存在间断级配；例如，使用在许多国家发现的极细砂，意味着在 5.00～2.36mm 或 1.18mm 之间的颗粒不足（对应 No.8 ASTM 和 No.16 ASTM 筛）。因此，当我们直接使用这样的砂而没有将其与较粗的砂混合时，实际上，我们使用的就是间断级配骨料。

间断级配集料混凝土存在离析危险，泵送困难，不适合滑模摊铺。除此之外，间断级配骨料可用于任何混凝土中。有两种情况值得关注：堆石混凝土和无砂透水混凝土；在无砂透水混凝土中，由于大量只有一种尺寸的粗骨料在处理后外露，因此可获得较好的饰面效果。

对于用间断级配骨料制成的混凝土，经常有研究者提出各种优越性能的说法，但这些说法似乎没有得到证实。间断级配混凝土的抗压强度和抗拉强度似乎都没有受到影响，图 3.20 显示了 McIntosh 的实验结果[3.27]，证实了使用具有固定骨料 / 水泥比的给定材料，通过间断和连续级配获得了大致相同的和易性和强度。Brodda 和 Weber[3.72]认为间断级配对强度存在轻微的负面影响。

使用连续级配和间断级配的骨料制成的混凝土的收缩率没有差异。起初预测连续级配中接触骨料形成骨架将导致干燥收缩减小[3.26]，间断级配骨料混凝土的抗冻融性较低，但这种预测并没有得到实验结果的证实。可能的原因如下：虽然间断级配能够实现骨料颗粒的最大堆积，但实际上无法确保间断级配即为最优堆积。间断级配和连续级配骨料均可用于制备优质混凝土，但在不同情况下，必须选择适当比例的细骨料。因此，我们不应首先断定混凝土须采用间断级配还是连续级配，应当以最密实堆积为主要目标来设计混凝土骨料的级配。

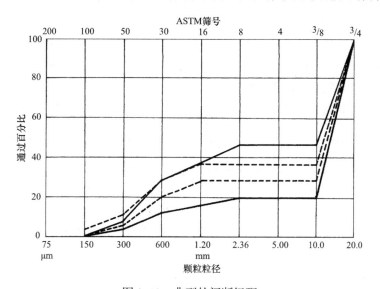

图 3.19　典型的间断级配

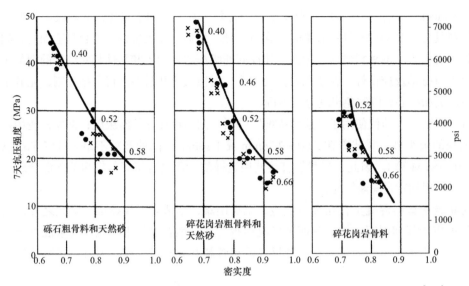

图 3.20   用间断级配和连续级配骨料配制的 1∶6 混凝土的工作性能和强度[3.27]
(× 表示间断级配拌合物；●表示连续级配拌合物。每组的点代表指定水灰比但含砂量不同的拌合物)

3.23   最大骨料粒径

之前已经提到，单位重量中骨料颗粒越大，被浸湿的表面积就越小。因此，扩展骨料级配，增加最大粒径的大小能够减少混合物的用水量，所以，对于既定的工作性能和水泥用量，水灰比可以降低，并且强度可以随之增加。

这种特性已经通过采用最大粒径为 38.1mm（ $1\frac{1}{2}$ 英寸）的骨料试验所验证[3.28]，并且这种特性通常假定骨料扩展到更大的粒径也是一样的。然而试验结果显示：当骨料最大粒径大于 38.1mm（ $1\frac{1}{2}$ 英寸）时，由于减少用水量而增加的强度被黏结面积减少（因此净浆体积的改变引起界面更大的应力）和大粒径骨料造成的不连续这两方面有害作用所抵消，特别是在富灰混合料中。混凝土变得非常不均匀，这种情况导致的强度降低可能与骨料粒径增加和岩石质地粗糙所引起的强度降低很类似。

在混合物中骨料最大粒径的增长所造成的不利影响是存在于粒径尺寸的整个范围内的，只是在粒径小于 38.1mm（ $1\frac{1}{2}$ 英寸）时，粒径大小的因素对用水量减少的影响更加明显。对于更大的骨料粒径，这两种影响的平衡取决于混合物的富集度[3.42][3.51]，如图 3.21 所示。Nichols[3.89]确证，对任何给定强度的混凝土，也就是给定的水灰比，都有一个最适合的骨料最大粒径。

因此，从强度的角度看，最佳的骨料最大粒径是拌合物富集度的一个函数。尤其是在少灰混凝土（水泥用量为 165kg/m³）中，使用粒径为 150mm 的骨料是有利的。然而，从强度的角度看，在常用配合比的结构混凝土中，使用骨料的最大粒径超过 25mm 或 40mm 时对混凝土强度是不利的。再者，采用更大粒径的骨料就需要分堆储存管理，这有可能会带来离析的风险，尤其是在最大粒径为 150mm 的情况下。但是，要做出一个切合实际的决定需要考虑到不同粒级骨料的供给和成本。高性能混凝土中骨料最大粒径的选择将在第 13.5 节讨论。

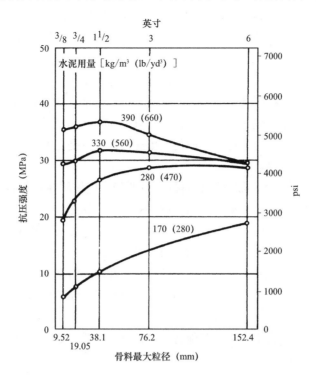

图 3.21　骨料最大粒径对不同富集度的混凝土 28 天抗压强度的影响[3.51]

当然，还有结构上的限制：骨料最大粒径不能超过混凝土截面厚度的 1/5～1/4，并且还与钢筋间距有关。这些限制值在实际的规范中都有规定。

3.24　毛石料的使用

骨料起初是作为惰性填料加入混凝土的，那么不妨拓宽思路，在常规混凝土中加入大的石块，这样在水泥用量一定的情况下，混凝土的产量可以提高。

这些大号的石块被称为"毛石料"，常用在大体积混凝土中，其尺寸可大到为一个边长为 300mm 的立方体，但是不能超过最小浇筑尺寸的 1/3。毛石料的体积不能超过整个混凝土构筑物体积的 20%～30%，并且它们必须均匀地分散在整个混凝土块中。这要通过以下的方法实现：先浇筑一层普通的混凝土，然后铺上毛石料，接着再浇筑一层混凝土，以此类推。每层混凝土的厚度要保证每块毛石料的周围至少都有 100mm 厚的混凝土。必须严谨确保石块的底部没有空气聚集，并且混凝土没有从石块底部脱落。毛石不应有黏附层，否则，毛石与混凝土间的不连续性可能会引起开裂并且会对渗透性产生不利影响。

铺放毛石需要大量的劳动力，并且这还破坏了混凝土浇筑的连续性。由于如今劳动力成本与水泥成本之比很高，所以除了特殊情况，使用毛石料是不经济的。

3.25　骨料的装卸

粗骨料的装卸和储存很容易引起离析。尤其是在倾倒卸料，骨料从斜坡上滚落下来时更是如此。这种自然形成离析的碎石堆是这样的：骨料颗粒的尺寸从底部的最大逐渐均匀地变化到顶部的最小。

在装卸操作中采用的有关必要预防措施的说明已超出了本书的范围，但还是要提出一个非常重要的建议：粗骨料应大致分成 5~10mm、10~20mm、20~40mm 等粒径堆放。应当将这些不同粒级的骨料堆分别进行装卸和储存，只有当把它们输送进混凝土搅拌机时才要按照要求的比例将它们进行混合。此时，即使发生离析，也只是在上述很小粒径范围内，并且小心操作可避免发生此类现象。

为了避免骨料受到破坏，加以细心对待是必要的：应该用斗式集料输送机将粒径大于 40mm 的骨料放置于料斗底部，而不是通过从高处滑落下来的方式。

在大型且重要的工作当中，当骨料即将投入搅拌机上的配料料斗时，可以通过二次精筛来减少骨料在装卸（例如过多尺寸不足的骨料）过程中离析和破坏的发生。因此，不同粒级的比例得到了更加有效地控制，但是该操作的复杂性和成本将会相应地增加。然而，均匀的流态混凝土更易于浇筑且由于混凝土的均匀性可能节省了水泥的成本，这样就补偿了上述操作带来的成本增加。

骨料的装卸不当可能会引入一些其他骨料或是有害物质：如有人使用以前装糖的麻袋来装骨料进行运输。

3.26　特种骨料

本章仅仅涉及了常规重量的天然骨料；在第 13 章中将会讨论轻质骨料。但是，还有其他常规重量的骨料，或是与此差不多的人工加工骨料。将这些骨料应用于混凝土的原因主要是环境因素对骨料供给的影响日益增加。现在人们普遍反对开矿以及采石。与此同时，由于建筑垃圾和本地固体废弃物的排放带来的问题也随之而来。可以将这两种类型的废料加工成骨料而应用到混凝土中，而且这种做法被人们逐渐地推广。

3.27　再生混凝土骨料

从拆除的旧混凝土中再生的骨料称为再生混凝土骨料（RCA）。目前，再生混凝土骨料主要用于公路工程及非结构混凝土中。无疑未来结构中使用 RCA 的频率将增加，但需要慎重。按 ASTM C 294-05 的规定，RCA 属于人工骨料。在使用再生混凝土骨料制备新混凝土时，需要注意以下几点。因 RCA 上粘有原来的砂浆，用其制备的新混凝土的密度将低于使用普通骨料的情况。同时，使用 RCA 的混凝土有更高的孔隙率及吸水性。如果搅拌前预先吸水，RCA 带来的高吸水性问题可以克服，还能在某种程度上用作混凝土的内部养护。尤其是当再生混凝土骨料中有大量碎砖块时更是如此。

当 RCA 用作新混凝土粗骨料，细骨料采用机制砂或质量合适的天然砂，则新混凝土的抗压强度很大程度上受限于 RCA 来源的旧混凝土的强度。如果新混凝土中常规的细骨料部分或者全部被再生细骨料取代，可能会大幅降低抗压强度，所有小于 2mm 的细颗粒应抛弃不用。再生混凝土骨料的使用，在含水率不变的情况下会降低新拌混凝土的和易性，在稠度不变情况下会增加新拌混凝土对水量的需求，在含水率不变的情况下会提高新拌混凝土的干燥收缩率，在水灰比不变的情况下会降低新拌混凝土的弹性模量。当粗骨料和细骨料全部使用 RCA 时这些影响最大。新混凝土抵抗冻融的能力取决于旧混凝土的空隙率和强度，以及新混凝土相应特性。

旧混凝土中的化学外加剂、引气剂和矿物掺合料不会明显改变新混凝土的性能。然而旧混凝土中氯离子的浓度过高可能会加速新混凝土中钢材预埋件的腐蚀。如果旧混凝土曾经受侵蚀性化学腐蚀、滤析、火灾或者在高温环境下服役，则此种旧混凝土不宜制造再生骨料。

旧混凝土中若有一些有害的、有毒的或者放射性物质，应该分析其在新混凝土服役过程中的影响。已知沥青材料的存在可能导致含气量减少，高浓度的有机材料可能产生过高的含气量。金属类物质可能会导致锈斑或者表面剥落，玻璃碎片可能会产生碱骨料反应。

在英国标准 BS 8500-2：2002 中给出了一种确定再生混凝土骨料组成的方法。

废物的必要处理并非易事，使用从废物中再生的材料需要专业知识。针对再生骨料目前尚没有标准，特别是对建筑废墟中可能包含的大量的有害砖、玻璃、石膏或者氯化物[3.31][3.35][3.36]。将建筑垃圾从污染物转换为符合要求的骨料的技术正在发展之中。González 等人[3.90]证实了在混凝土中再生骨料之间的嵌锁会减少，Regan 讨论了骨料类型对骨料间嵌锁的影响[3.91]。

就生活垃圾而言，去除黑色金属和有色金属的垃圾焚烧灰可以研磨成细粉，与黏土混合造粒后，在窑里可烧制人工骨料。这种骨料能够生产出 28 天抗压强度达到 50MPa 的混凝土。显然，原始灰的组成变化带来的影响是个问题，尽管迄今为止的结果看起来不错，但是材料的长期耐久性尚待确定。

这些内容超过了本书的范围，但是读者应该意识到将处理过的废弃物再生为混凝土骨料将有很大潜力。

参考文献

3.1   F. A. SHERGOLD, The percentage voids in compacted gravel as a measure of its angularity, *Mag. Concr. Res.*, **5**, No. 13, pp. 3–10 (1953).

3.2   P. J. F. WRIGHT, A method of measuring the surface texture of aggregate, *Mag. Concr. Res.*, **5**, No. 2, pp. 151–60 (1955).

3.3   M. F. KAPLAN, Flexural and compressive strength of concrete as affected by the properties of coarse aggregates, *J. Amer. Concr. Inst.*, **55**, pp. 1193–208 (1959).

3.4   M. F. KAPLAN, The effects of the properties of coarse aggregates on the workability of concrete, *Mag. Concr. Res.*, **10**, No. 29, pp. 63–74 (1958).

3.5   S. WALKER and D. L. BLOEM, Studies of flexural strength of concrete, Part 1: Effects of different gravels and cements, *Nat. Ready-mixed Concr. Assoc. Joint Research Laboratory Publ. No. 3* (Washington DC, July 1956).

3.6   D. O. WOOLF, Toughness, hardness, abrasion, strength, and elastic properties, *ASTM Sp. Tech. Publ. No. 169*, pp. 314–24 (1956).

3.7   ROAD RESEARCH LABORATORY, Roadstone test data presented in tabular form, *DSIR Road Note No. 24* (London, HMSO, 1959).

3.8   K. NEWMAN, The effect of water absorption by aggregates on the water–cement ratio of concrete, *Mag. Concr. Res.*, **11**, No. 33, pp. 135–42 (1959).

3.9   J. D. MCINTOSH, The siphon-can test for measuring the moisture content of aggregates, *Cement Concr. Assoc. Tech.*

Rep. TRA/198 (London, July 1955).

3.10   R. H. H. KIRKHAM, A buoyancy meter for rapidly estimating the moisture content of concrete aggregates, *Civil Engineering*, **50**, No. 591, pp. 979–80 (London, 1955).

3.11   NATIONAL READY-MIXED CONCRETE ASSOCIATION, *Technical Information Letter No. 141* (Washington DC, 15 Sept. 1959).

3.12   H. G. MIDGLEY, The staining of concrete by pyrite, *Mag. Concr. Res.*, **10**, No. 29, pp. 75–8 (1958).

3.13   S. BRUNAUER, P. H. EMMETT and E. TELLER, Adsorption of gases in multimolecular layers, *J. Amer. Chem. Soc.*, **60**, pp. 309–18 (1938).

3.14   G. J. VERBECK and W. E. Hass, Dilatometer method for determination of thermal coefficient of expansion of fine and coarse aggregate, *Proc. Highw. Res. Bd.*, **30**, pp. 187–93 (1951).

3.15   B. W. SHACKLOCK and W. R. WALKER, The specific surface of concrete aggregates and its relation to the workability of concrete, *Cement Concr. Assoc. Res. Rep. No. 4* (London, July 1958).

3.16   S. WALKER, D. L. BLOEM and R. D. GAYNOR, Relationship of concrete strength to maximum size of aggregate, *Proc. Highw. Res. Bd.*, **38**, pp. 367–79 (Washington DC, 1959).

3.17   A. G. LOUDON, The computation of permeability from simple soil tests, *Géotechnique*, 3, No. 4, pp. 165–83 (Dec. 1952).

3.18   W. H. GLANVILLE, A. R. COLLINS and D. D. MATTHEWS, The grading of aggregates and workability of concrete, *Road Research Tech. Paper No. 5* (London, HMSO, 1947).

3.19   L. J. MURDOCK, The workability of concrete, *Mag. Concr. Res.*, **12**, No. 36, pp. 135–44 (1960).

3.20   N. Davey, Concrete mixes for various building purposes, *Proc. of a Symposium on Mix Design and Quality Control of Concrete*, pp. 28–41 (London, Cement and Concrete Assoc., 1954).

3.21   A. J. NEWMAN and D. C. TEYCHENNÉ, A classification of natural sands and its use in concrete mix design, *Proc. of a Symposium on Mix Design and Quality Control of Concrete.*, pp. 175–93 (London, Cement and Concrete Assoc., 1954).

3.22   B. W. SHACKLOCK, Discussion on reference 3.21, pp. 199–200.

3.23   ROAD RESEARCH LABORATORY, Design of concrete mixes, *DSIR Road Note No. 4* (London, HMSO, 1950).

3.24   J. D. McINTOSH and H. C. ERNTROY, The workability of concrete mixes with $\frac{3}{8}$ in. aggregates, *Cement Concr. Assoc. Res. Rep. No. 2* (London, 1955).

3.25   J. D. McINTOSH, The use in mass concrete of aggregate of large maximum size, *Civil Engineering*, 52, No. 615, pp. 1011–15 (London, Sept. 1957).

3.26   B. W. SHACKLOCK, Comparison of gap- and continuously graded concrete mixes, *Cement Concr. Assoc. Tech. Rep.* TRA/240 (London, Sept. 1959).

3.27   J. D. McINTOSH, The selection of natural aggregates for various types of concrete work, *Reinf. Concr. Rev.*, **4**, No. 5, pp. 281–305 (London, 1957).

3.28   D. L. BLOEM, Effect of maximum size of aggregate on strength of concrete, *National Sand and Gravel Assoc. Circular No. 74* (Washington DC, Feb. 1959).

3.29   A. J. GOLDBECK, Needed research, *ASTM Sp. Tech. Publ. No. 169*, pp. 26–34 (1956).

3.30   T. C. POWERS and H. H. STEINOUR, An interpretation of published researches on the alkali–aggregate reaction, *J. Amer. Concr. Inst.*, **51**, pp. 497–516 (Feb. 1955) and pp. 785–811 (April 1955).

3.31   A. M. NEVILLE, *Concrete: Neville's Insights and Issues* (London, ICE, 2006).

3.32   HIGHWAY RESEARCH BOARD, The alkali–aggregate reaction in concrete, *Research Report 18-C* (Washington DC, 1958).

3.33   R. C. MIELENZ and L. P. WITTE, Tests used by Bureau of Reclamation for identifying reactive concrete aggregates, *Proc. ASTM*, **48**, pp. 1071–103 (1948).

3.34   W. LERCH, Concrete aggregates – chemical reactions, *ASTM Sp. Tech. Publ. No. 169*, pp. 334–45 (1956).

3.35   E. K. LAURITZEN, Ed., Demolition and reuse of concrete and masonry, Proc. *Third Int. RILEM Symp. on Demolition and Reuse of Concrete and Masonry*, Odense, Denmark, 534 pp. (London, E & FN Spon, 1994).

3.36   ACI 221R-89, Guide for use of normal weight aggregates in concrete, *ACI Manual of Concrete Practice, Part 1: Materials and General Properties of Concrete*, 23 pp. (Detroit, Michigan, 1994).

3.37   C. E. WUERPEL, *Aggregates for Concrete* (Washington, National Sand and Gravel Assoc., 1944).

3.38   L. COLLIS and R. A. Fox (Eds), Aggregates: sand, gravel and crushed rock aggregates for construction purposes, *Engineering Geology Special Publication, No. 1*, 220 pp. (London, The Geological Society, 1985).

3.39   R. RHOADES and R. C. MIELENZ, Petrography of concrete aggregates, *J. Amer. Concr. Inst.*, **42**, pp. 581–600 (June 1946).

3.40   F. A. SHERGOLD, A review of available information on the significance of roadstone tests, *Road Research Tech. Paper No. 10* (London, HMSO, 1948).

3.41   B. P. HUGHES and B. BAHRAMIAN, A laboratory test for determining the angularity of aggregate, *Mag. Concr. Res.*, **18**, No. 56, pp. 147–52 (1966).

3.42 D. L. BLOEM and R. D. GAYNOR, Effects of aggregate properties on strength of concrete, *J. Amer. Concr. Inst.*, **60**, pp. 1429–55 (Oct. 1963).

3.43 K. M. ALEXANDER, A study of concrete strength and mode of fracture in terms of matrix, bond and aggregate strengths, *Tewksbury Symp. on Fracture*, University of Melbourne, 27 pp. (August 1963).

3.44 G. P. CHAPMAN and A. R. ROEDER, The effects of sea-shells in concrete aggregates, *Concrete*, **4**, No. 2, pp. 71–9 (London, 1970).

3.45 J. D. DEWAR, Effect of mica in the fine aggregate on the water requirement and strength of concrete, *Cement Concr. Assoc. Tech. Rep. TRA/370* (London, April 1963).

3.46 H. G. MIDGLEY, The effect of lead compounds in aggregate upon the setting of Portland cement, *Mag. Concr. Res.*, **22**, No. 70, pp. 42–4 (1970).

3.47 W. C. Hansen, Chemical reactions, *ASTM Sp. Tech. Publ. No. 169A*, pp. 487–96 (1966).

3.48 E. G. SWENSON and J. E. GILLOTT, Alkali reactivity of dolomitic limestone aggregate, *Mag. Concr. Res.*, **19**, No. 59, pp. 95–104 (1967).

3.49 S. POPOVICS, The use of the fineness modulus for the grading evaluation of aggregates for concrete, *Mag. Concr. Res.*, **18**, No. 56, pp. 131–40 (1966).

3.50 L. N. EDWARDS, Proportioning the materials of mortars and concretes by surface area of aggregates, *Proc. ASTM*, **18**, Part II, pp. 235–302 (1918).

3.51 E. C. HIGGINSON, G. B. WALLACE and E. L. ORE, Effect of maximum size of aggregate on compressive strength of mass concrete, *Symp. on Mass Concrete*, ACI SP-6, pp. 219–56 (Detroit, Michigan, 1963).

3.52 E. KEMPSTER, Measuring void content: new apparatus for aggregates, sands and fillers, *Current Paper CP 19/69* (Building Research Station, Garston, May 1969).

3.53 E. T. CZARNECKA and J. E. GILLOTT, A modified Fourier method of shape and surface area analysis of planar sections of particles, *J. Test. Eval.*, **5**, pp. 292–302 (April 1977).

3.54 B. PENKALA, R. KRZYWOBLOCKA-LAUROW and J. PIASTA, The behaviour of dolomite and limestone aggregates in Portland cement pastes and mortars, *Prace Instytutu Technologii i Organizacji Produkcji Budowlanej*, No. 2, pp. 141–55 (Warsaw Technical University, 1972).

3.55 W. H. HARRISON, Synthetic aggregate sources and resources, *Concrete*, **8**, No. 11, pp. 41–6 (London, 1974).

3.56 P. G. FOOKES and L. COLLIS, Problems in the Middle East, *Concrete*, **9**, No. 7, pp. 12–17 (London, 1975).

3.57 P. G. FOOKES and L. COLLIS, Aggregates and the Middle East, *Concrete*, **9**, No. 11, pp. 14–19 (London, 1975).

3.58 O. H. MÜLLER, Some aspects of the effect of micaceous sand on concrete, *Civ. Engr. in S. Africa*, pp. 313–15 (Sept. 1971).

3.59 M. A. SAMARAI, The disintegration of concrete containing sulphate contaminated aggregates, *Mag. Concr. Res.*, **28**, No. 96, pp. 130–42 (1976).

3.60 S. DIAMOND and N. THAULOW, A study of expansion due to alkali–silica reaction as conditioned by the grain size of the reactive aggregate, *Cement and Concrete Research*, **4**, No. 4, pp. 591–607 (1974).

3.61 W. J. FRENCH and A. B. POOLE, Alkali–aggregate reactions and the Middle East, *Concrete*, **10**, No. 1, pp. 18–20 (London, 1976).

3.62 W. J. FRENCH and A. B. POOLE, Deleterious reactions between dolomites from Bahrein and cement paste, *Cement and Concrete Research*, **4**, No. 6, pp. 925–38 (1974).

3.63 R. D. GAYNOR and R. C. MEININGER, Evaluating concrete sands, *Concrete International*, **5**, No. 12, pp. 53–60 (1984).

3.64 B. D. BARNES, S. DIAMOND and W. L. DOLCH, Micromorphology of the interfacial zone around aggregates in Portland cement mortar, *J. Amer. Ceram. Soc.*, **62**, Nos 1–2, pp. 21–4 (1979).

3.65 M. A. OZOL, Shape, surface texture, surface area, and coatings, *ASTM Sp. Tech. Publ. No. 169B*, pp. 584–628 (1978).

3.66 S. DIAMOND, Mechanisms of alkali–silica reaction, in *Alkali–aggregate Reaction*, Proc. 8th International Conference, Kyoto, pp. 83–94 (ICAAR, 1989).

3.67 P. SOONGSWANG, M. TIA and D. BLOOMQUIST, Factors affecting the strength and permeability of concrete made with porous limestone, *ACI Material Journal*, **88**, No. 4, pp. 400–6 (1991).

3.68 W. B. LEDBETTER, Synthetic aggregates from clay and shale: a recommended criteria for evaluation, *Highw. Res. Record*, No. 430, pp. 159–77 (1964).

3.69 P. G. FOOKES and W. A. REVIE, Mica in concrete – a case history from Eastern *Nepal, Concrete*, **16**, No. 3, pp. 12–16 (1982).

3.70 H. N. WALKER, Chemical reactions of carbonate aggregates in cement paste, *ASTM Sp. Tech. Publ. No. 169B*, pp. 722–43 (1978).

3.71 D. C. TEYCHENNÉ, Concrete made with crushed rock aggregates, *Quarry Management and Products*, **5**, pp. 122–37 (May 1978).

3.72　R. Brodda and J. W. Weber, Leicht- und Normalbetone mit Ausfallkörnung und *stetiger Sieblinie, Beton*, **27**, No. 9, pp. 340–2 (1977).

3.73　S. Chatterji, The role of Ca(OH)$_2$ in the breakdown of Portland cement concrete due to alkali–silica reaction, *Cement and Concrete Research*, **9**, No. 2, pp. 185–8 (1979).

3.74　U.S. Bureau of Reclamation, *Concrete Manual*, 8th Edn (Denver, 1975).

3.75　R. C. Meininger, Aggregate abrasion resistance, strength, toughness and related properties, *ASTM Sp. Tech. Publ. No. 169B*, pp. 657–94 (1978).

3.76　A. Shayan, Deterioration of a concrete surface due to the oxidation of pyrite contained in pyritic aggregates, *Cement and Concrete Research*, **18**, No. 5, pp. 723–30 (1988).

3.77　B. Mather, Discussion on use of chert in concrete structures in Jordan by S. S. Qaqish and N. Marar *ACI Materials Journal*, **87**, No. 1, p. 80 (1990).

3.78　Strategic Highway Research Program, *Alkali–silica Reactivity: An Overview of Research, R. Helmuth et al.*, SHRP-C-342, National Research Council, 105 pp. (Washington DC, 1993).

3.79　J. Baron and J.-P. Ollivier, Eds, *La Durabilité des Bétons*, 456 pp. (Presse Nationale des Ponts et Chaussées, 1992).

3.80　Z. Xu, P. Gu and J. J. Beaudoin, Application of A.C. impedance techniques in studies of porous cementitious materials, *Cement and Concrete Research*, **23**, No. 4, pp. 853–62 (1993).

3.81　R. E. Oberholster and G. Davies, An accelerated method for testing the potential alkali reactivity of siliceous aggregates, *Cement and Concrete Research*, **16**, No. 2, pp. 181–9 (1986).

3.82　D. W. Hobbs, Deleterious alkali–silica reactivity in the laboratory and under field conditions, *Mag. Concr. Res.*, **45**, No. 163, pp. 103–12 (1993).

3.83　D. W. Hobbs, *Alkali–silica Reaction in Concrete*, 183 pp. (London, Thomas Telford, 1988).

3.84　H. Chen, J. A. Soles and V. M. malhotra, CANMET investigations of supplementary cementing materials for reducing alkali–aggregate reactions, *International Workshop on Alkali–Aggregate Reactions in Concrete*, Halifax, NS, 20 pp. (Ottawa, CANMET, 1990).

3.85　A. Kronlöf, Effect of very fine aggregate, *Materials and Structures*, **27**, No. 165, pp. 15–25 (1994).

3.86　DIN 1045, *Concrete and Reinforced Concrete – Design and Construction*, Deutsche Normen (1988).

3.87　A. Lecomte and A. Thomas, Caractère fractal des mélanges granulaires pour bétons de haute compacité, *Materials and Structures*, **25**, No. 149, pp. 255–64 (1992).

3.88　D. W. Hobbs, Workability and water demand, in *Special Concretes: Workability and Mixing*, Ed. P. J. M. Bartos, International RILEM Workshop, pp. 55–65 (London, Spon, 1994).

3.89　F. P. Nichols, Manufactured sand and crushed stone in Portland cement concrete, *Concrete International*, **4**, No. 8, pp. 56–63 (1982).

3.90　B. Gonzales Fonteboa et al., Shear friction capacity of recycled concretes, *Materiales de Construcción*, **60**, No. 299, pp. 53–67.

3.91　P. E. Regan et al., The influence of aggregate type on the shear resistance of reinforced concrete, *The Structural Engineer*, 6 Dec., pp. 27–32 (2005).

第 4 章

新拌混凝土

虽然新拌混凝土只是一个过渡状态，但对于给定配合比的混凝土，密实度对其强度的影响非常显著。同时，新拌混凝土的稠度非常重要，它必须使混凝土能够比较容易且有效地进行运输、浇筑和修正抹面，且不发生离析。本章将主要讨论新拌混凝土的性能。

在讨论新拌混凝土之前，前面 3 章介绍了混凝土的三种主要成分中的两种：水泥和骨料。下面将介绍第三种主要成分：水。

在这里补充一点，大多数混凝土（不是所有）拌合物里会掺入外加剂，第 5 章将对其进行讲述。

4.1 拌合水的质量

拌合物中用水量对混凝土强度的影响将在第 6 章进行讨论。另外，人们在研究混凝土时往往不太重视拌合物中的水。不可否认，水可以使拌合物获得良好的工作性能，也是水泥发生水化反应所必需的，或者水用量一定时，只有一部分水泥水化。因此，关于水的质量的研究较少。

然而，水并不仅仅是作为一种液体使混凝土成型，它对混凝土全寿命性能都有影响。在混凝土服役的过程中受到的作用除了荷载，也包含水，无论是纯水、含盐水或含其他固体杂质的水。除了影响混凝土的和易性和强度，水还对混凝土以下性能影响显著：混凝土的凝结、水化作用、泌浆、干燥收缩、徐变、盐分侵蚀、低水灰比混凝土结构的脆性破坏、自修复、混凝土表面缺陷、化学腐蚀、钢筋锈蚀、混凝土冻融、碳化、碱骨料反应、热工性能、电阻率、气蚀和侵蚀，以及通过混凝土管道或砂浆衬砌管道的饮用水质量。以上详细列举了水对混凝土各方面性能的影响。

可见水对混凝土的影响有利有弊，二者可谓"爱恨交加"，在我的书《内维尔论混凝土：对混凝土实践问题的审视》（ Neville on Concrete: an examination of issues in concrete practice ）[4.122] 中，将此作为其中一个章节的题目，另一个章节则以"水，混凝土中的灰姑娘"为题。

基于上述原因，我们应该考虑水的适用性以达到拌合和养护目的，而且要清楚地将拌合水的质量与侵蚀水对硬化混凝土的破坏区分开来。事实上，有些对硬化混凝土有不利影响的水在用于搅拌时可能是无害的，甚至是有利的[4.15]。关于养护水质量的问题，我们将在第 7 章进行讨论。

拌合水中不应含有过量且无用的有机物或无机物。然而，限制水中有害成分的含量是不靠谱的，而且不必要的限制会导致经济损失。在 BS EN 1008：2002 中，详细列举了部分限制。

在很多标准中，水的概念可用一句话概括：水应适用于饮用。在这种水中，可溶性无机固体的含量很低，不超过 2000ppm，一般低于 1000ppm。对于 0.5 的水灰比，后一含量对应的无机固体的质量是水泥的 0.05%，这些无机固体的影响很小。

虽然可以饮用的水一般都是适用的，但也有一些例外，比如，在一些干旱地区，当地的饮用水中含有盐分，并含有过量的氯化物；另外，有些天然矿物水中含有过量的碳酸碱和碳酸氢碱，这可能会引起碱–硅反应。

相反，有些不能饮用的水却常常能很好地用于配制混凝土。通常，其pH值为6.0～8.0[4.33]，甚至为9.0，但不含盐，可以用于配制混凝土，黑色的水或有气味的水并不一定表示存在有害物质[4.16]。可以通过一个简单的方法检验这种水的适用性，分别用被测试水与"优质水"或蒸馏水配制混凝土，然后比较混凝土的凝结时间和立方体强度。蒸馏水与普通饮水的性质没有太大差别，通常允许制作的混凝土强度波动约10%[4.15]，BS EN 1008-2002 也建议 10%。当水中的可溶性固体含量超过 2000ppm，或碳酸盐和碳酸氢盐的含量超过 1000ppm，并且没有可行的使用记录时，可以采用上述标准。如果存在罕见固体颗粒，也可采取上述标准。有关氯化物、硫酸盐及碳酸盐含量的限定，请参考 BS EN 1008-2002 和 ASTM C 1602-06。

由于混凝土中不宜掺入大量黏土和粉土，所以固体含量很高的拌合水应在使用前作沉淀处理，拌合水的极限浑浊度建议取 2000ppm[4.7]。但是，冲完搅拌机的水，只要它在冲洗之前满足要求，也是可以用作拌合水的。BS EN 1008-2002 和 ASTM C 94-94a 对冲洗水的要求作了规定。显然，水泥和外加剂不同于其他固体杂质，不应包括在内。冲洗水的使用是个重要的研究课题，但不在本书陈述之内。

弱酸性的水对混凝土是无害的，而含腐殖或其他有机酸的水对混凝土的硬化可能会产生不利影响，所以这种水和高碱性水一样，使用时都要进行检测。Steinour[4.15]认为水中所含的离子不同，对混凝土影响也不尽相同。

有意思的是，含有海藻的拌合水会产生气泡，从而会使混凝土强度降低[4.13]。根据 BS 3148：1980 附录，绿色或褐色黏性水藻对混凝土有不利影响，要对含有这类海藻的水进行检测。

淡咸水中含有氯化物和硫酸盐，若氯化物的含量低于 500ppm，或含量不超过 1000ppm，则这种水是无害的，即使是咸度更高的水，在使用中也是满足要求的[4.35]。BS 3148：1980 附录对氯化物和硫酸盐含量的规定同上述数值，同时对碳酸盐和碳酸氢盐含量的规定是不超过 1000ppm。美国规范规定的限制则更为宽松[4.33]。

海水中的盐含量约为 3.5%（其中，NaCl 占 78%，$MgCl_2$ 和 $MgSO_4$ 为 15%），用海水配制的混凝土具有较高的早期强度，而后期强度会下降，但通常这种强度损失不超过 15%[4.25]，所以一般都允许使用。有些试验表明，海水能略微加速混凝土的凝结时间，也有试验[4.27]认为海水能使混凝土初凝时间大大地缩短，而对终凝时间没有太大的影响。一般情况，基于对混凝土强度的考虑，水对凝结时间的影响就不是那么重要了。BS EN 1008-2002 限定的初凝时间和终凝时间分别为 25min 和 12h。

氯化物含量较高的水（如海水）会导致混凝土长时间潮湿和表面风化，这种水不能用于对素混凝土表面要求严格的地方，也不能应用于塑性饰面[4.9]。更为重要的是，若钢筋混凝土中含有氯化物，则会引起钢筋锈蚀。对混凝土中氯离子含量的限定将在第 11 章进行讲述。

当考虑水中所有的杂质时，很重要的一点是：搅拌机中的水不仅仅包括拌合水，还应包括骨料表面上的水（见第 3.11 节）。这些水可能在拌合水中占有较大的比例，所以这种骨料表面水也不应包含有害物质，这也是很重要的一点。

对用适于混凝土的水配制的拌合物进行大量试验表明，这种水不会影响水泥水化浆体的结构[4.103]。

以上讨论的结构混凝土通常是钢筋混凝土或预应力混凝土。在一些特殊环境下，如矿井的素混凝土防水墙，可以用高污染的水来配制。Al-Manaseer 等[4.102]学者认为，钠盐、钾盐、钙盐和镁盐含量很高的水可以与含有粉煤灰的硅酸盐水泥一起用于配制混凝土，且对混凝土的强度没有不利影响，但没有资料表明是否会有长期影响。有关将生活用水进行生化处理后用于拌合水的研究[4.40]，更多的资料是关于这种水的变异性的，缺少有关这种水的健康危害评估和长期影响的资料。

第 4.1 节提到输水管道内衬中的水泥对人类饮用水的可能影响。只要水以一定速度通过混凝土管道（或者砂浆衬里管道），其与水泥之间不会发生显著的化学反应。但是如果水流近乎不动，如家中夜里水管那样，则可能发生水泥的滤出。这可能导致水 pH 值的升高和 $CaCO_3$ 含量的增加，其影响程度受水的硬度或碳酸碱度影响。$CaCO_3$ 增加是溶解在水中的 CO_2 和 $Ca(OH)_2$ 反应所致，同时也可能使水中铝离子、钙离子、钠离子、钾离子以及掺入的阻锈剂增多[4.122]。

一般要求养护水应满足拌合水的条件，但其中不能含有对硬化混凝土有害的物质。另外，流动的纯水会溶解 $Ca(OH)_2$ 并导致表面腐蚀。用海水养护早龄期混凝土可能导致钢筋锈蚀。

4.2　新拌混凝土的密度

密度，也称为物体在空气中的单位质量或单位重量。混凝土的密度是根据标准 BS EN 12350-6:2009 和 ASTM C 138-09 通过实验确定的。理论上，混凝土的密度等于拌合物的总质量与混凝土体积的比值。

或者，若知道了新拌混凝土的密度，那么配制的混凝土的量等于原材料的总质量除以密度。

4.3　和易性的定义

若混凝土易于浇筑密实，则表明其和易性好，仅仅说和易性可以增加混凝土密实性和防止混凝土离析，这并不能确切地解释混凝土这一重要性质。不仅如此，在实际情况下，混凝土所要求的和易性与采用的密实方法有关。例如，适用于大体积混凝土的和易性，不一定适用于尺寸较小或钢筋较密的混凝土。因此，混凝土的和易性是其内在的物理性质，与结构的特有形式或其他因素无关。

为了验证这个定义，我们研究混凝土密实的整个过程，无论是人工捣实还是机械振捣，混凝土密实过程都是将混入混凝土中的空气逐渐排出，直到拌合物达到其最大限度的致密结构。因此，和易性可以用克服混凝土中单个颗粒间的摩擦以及混凝土与模板表面或钢筋之间摩擦所做的功来表示。其中，前面一项称为内摩擦，后面一项称为表面摩擦。此外，模板振动和振捣会消耗一部分功，实际上有些振捣的部分已经达到充分密实了。因此，克服摩擦所做的功包括"无用功"和"有用功"两部分，有用功包括上述的克服内摩擦和表面摩擦所做的功。由于内摩擦是拌合物固有的内在特性，所以和易性可以更为准确地定义为混凝土为达到充分密实而克服内摩擦力所做的功之和。该定义最早由 Glanville 等人[4.1]提出，他们在混凝土密实与和易性方面做过非常详尽和深入的研究。ACI 116R-90[4.46]对和易性的定义为：决定新拌混凝土或砂浆在搅拌、振捣、浇筑和饰面等过程中的难易程度和均质性的性能。

　　稠度，这一术语也能描述新拌混凝土的状态，在传统英语用法中，这个词的意思是指物质形成后的坚实度或物体易于流动的性质。对混凝土而言，稠度指的是其内部的湿度，在一定范围内稠度高的混凝土比稠度低的混凝土工作性能要好。即便稠度相同的混凝土，它们的工作性能可能不同。ACI 定义稠度为：新拌混凝土或砂浆的流动性或相对流动性[4.46]，通常可以用坍落度来测量。

　　虽然不同书本中对和易性和稠度给出了这种定义，但实际上他们都是定性地进行定义，反映的是个人观点，而并非精确的科学术语。还有许多其他类似的术语，如流动性、可移动性、可泵性、稳定性，其中稳定性指拌合物的黏聚性，即抵抗离析的能力。这些术语只是在特定情况下才有实际的意义，它们很少被用作客观和量化地描述混凝土拌合物。

　　Bartos[4.56]综述了与这些不同术语定义相关的工作。

4.4　工作性的要求

　　至此，我们仅仅将工作性看作新拌混凝土的性能加以讨论，但就混凝土最终产品而言，工作性也是非常重要的性能。混凝土必须要有这样的工作性能，即在事先计算好或限定好工作量的情况下，使混凝土的凝结达到最充分地密实。

　　对密实度及其相应强度之间的关系进行研究，可以很明显地看出混凝土密实的必要性。为方便起见，我们将密实度表示为密度比，即给定混凝土的实测密度与同一拌合物经充分密实后的密度的比值。同样，给定的混凝土（部分密实）的实测强度与同一拌合物经充分密实后的强度之比称作强度比。强度比与密度比的关系如图4.1所示。混凝土中孔隙会极大地降低其强度：孔隙率为5%时，混凝土强度降低高达30%，即使孔隙率为2%，强度仍会降低10%以上[4.1]。当然，这与 Feret 的有关强度与硬化浆体中水和空气体积之和的关系式是一致的（见第6.1节）。

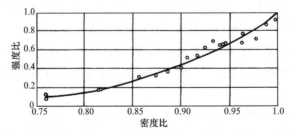

图 4.1　强度比与密度比的关系[4.1]（Crown copyright）

　　实际上，混凝土中的孔隙既包括夹杂进去的空气气泡，也包括水分流失后形成的孔隙，后者孔隙的体积主要与拌合物的水灰比有关，在很小程度上，大颗粒骨料和钢筋的下部会聚集水分，当这些水分流失后便会产生孔隙。而这些"偶然"夹杂进去的空气形成的气泡，即为原来松散的颗粒材料的空隙，受拌合物最优颗粒级配控制，湿拌合物比干拌合物更容易排除材料中的空气。所以由此可见，对于任何给定的密实方法而言，拌合物总可能有一个最佳用水量，使夹杂气泡和聚集水的体积之和最小。在这个最佳用水量条件下，拌合物可达到最高的密度比。另外，不同的密实方法，对应的最佳用水量可能不同。

4.5 影响工作性的因素

影响拌合物工作性的主要因素是用水量，它是用每立方体积的混凝土中水的质量或体积表示，单位为"kg/m^3"或"L/m^3"。为方便起见，我们作以下假设（尽管是近似的），当给定了骨料的种类和级配以及混凝土的工作性，拌合物的用水量与骨料和水泥之比或水泥用量是无关的。基于以上假设，我们可以估算出不同富集度混凝土的配合比，表 4.1 给出了不同坍落度和骨料最大粒径情况下的典型用水量。这些数据仅适用于非引气剂混凝土，当空气进入拌合物后，用水量将按图 4.2[4.2]所示降低。不过，这只是象征性的近似数据，因为含气量对拌合物工作性的影响还与配合比有关，详细内容将在第 10 章进行讲述。

表 4.1　不同坍落度和骨料最大粒径的近似用水量（部分方法参考了美国国家骨料协会）

骨料最大粒径（mm）	混凝土的用水量											
	25～50mm 坍落度				75～100mm 坍落度				150～175mm 坍落度			
	圆骨料		棱角骨料		圆骨料		棱角骨料		圆骨料		棱角骨料	
mm	kg/m^3	lb/yd^3	kg/m^3	lb/yd^3	kg/m^3	lb/yd^3	kg/m^3	lb/yd^3	kg/m^3	lb/yd^3	kg/m^3	lb/yd^3
9.5	185	310	210	350	200	340	225	380	220	375	250	420
12.7	175	295	200	335	195	325	215	365	210	355	235	395
19.0	165	280	190	320	185	310	205	345	200	340	220	375
25.4	155	265	175	295	175	295	200	325	195	325	210	355
38.1	150	255	165	280	165	280	185	310	185	310	200	340
50.8	140	240	160	270	160	270	180	305	170	290	185	315
76.2	135	230	155	260	155	260	170	285	165	280	180	305

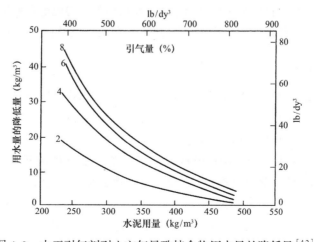

图 4.2　由于引气剂引入空气导致拌合物用水量的降低量[4.2]

如果用水量和拌合物其他配合比保持不变，工作性则取决于骨料的最大粒径、形状和结构。这些因素对工作性的影响已经在第 3 章讨论了。但是，级配和水灰比对工作性的影响必须一起考虑，因为对于一给定水灰比的混凝土，使其获得最好工作性的颗粒级配，对另一种水灰比的混凝土来说可能不是最好的。尤其是水灰比越高，其要求获得最好工作性的级配就越好。实际上，对于给定的水灰比，会有对应的粗细骨料之比（使用给定材料），使混凝土的工作性达到最好[4.1]。反之，当拌合物的工作性不变时，存在一个粗细骨料之比，使得拌合物的用水量最低。这些因素的影响已经在第 3 章讨论了。

在讨论满足工作性要求的颗粒级配时，规定颗粒要按质量比例确定，但要记住，这只适用于相对密度相同的骨料。事实上，工作性是由不同粒径颗粒的体积比决定的，所以当骨料相对密度不同时（如某些轻骨料或普通骨料与轻骨料的混合），拌合物的配合比是根据每种粒径颗粒的绝对体积来确定的。这同样适用于引气混凝土，因为引入拌合物中的空气也具有极细颗粒的特性。本书第 14.7 节给出了利用绝对体积原则进行计算的实例。骨料的性质对工作性的影响随着拌合物富集度的增加而减小，而当骨料与水泥的比值低至 2.5 或 2.0 时，这种影响可能就不存在了。

实际上，在考虑拌合物配合比对工作性的影响时应注意，水灰比、骨料／水泥比以及用水量这三个因素中只有两个是相互独立的。譬如，若骨料／水泥比降低，而水灰比保持不变，那么用水量就会增加，从而工作性会随之提高。反之，若降低骨料／水泥比，而保持用水量不变，则水灰比将降低，但此时工作性并不受太大影响。

考虑一些次要因素的影响，必须进行最后评定，因为较低的骨料／水泥比意味着较高的固体（骨料和水泥）总表面积，所以若此时用水量仍保持不变，那么工作性将会有所降低。而使用稍粗的骨料级配，却是可以弥补这种影响的。还有一些更为次要的因素，如水泥细度等，然而对于这些因素的影响还存在某些争议。

4.6   工作性的测定

很遗憾，到现在仍没有一个合适的试验方法能够直接测定符合上述定义的工作性。人们在这方面做了很多尝试，试图把工作性与某些容易被检测的物理量联系起来，在工作性的允许变化范围内，尽管这些方法可以提供一些有价值的信息，但没有一种方法能完全令人满意。

4.6.1   坍落度试验

这个方法是世界各地广泛采用的一种现场试验方法。坍落度试验并不能测定混凝土的工作性，虽然 ACI 116R-90[4.46]认为它是测定稠度的试验方法，但是对于一定名义配合比的拌合物而言，这种方法却可以很有效地测定其均质性的变化。

ASTM C 143-10 和 BS 1881-103：1993 规定了坍落度试验的流程。试验模具是高度为 300mm 的平截头圆锥体，称为坍落度筒。试验时，将试模放在光滑平面上，小的一头向上，然后分三层填满混凝土。在分填过程中，每填一层，都要用直径为 16mm 的标准圆形捣棒振捣 25 次，填满混凝土后，要用镘刀将上表面刮平抹光。整个试验过程，一定要保证试模保持原地不动。要做到这一点也不难，因为试模上都焊有手柄和脚凳。

当混凝土填满后立即将坍落筒慢慢向上拔出，此时混凝土由于失去支撑而坍落——这就是该试验名称的由来。混凝土坍落后高度的降低值即为坍落度，其测量精度为5mm。根据BS EN 12350-2：2009，坍落度在混凝土坍落后的最高点测量；而按照ASTM C 143-10，坍落度在中心处测量。为了减小表面摩擦对坍落度的影响，每次试验前用水将基面与试模内侧均匀润湿，并且，在试模拔出之前，还应将坍落筒周围散落的混凝土清除干净。

如果混凝土不是均匀坍落（图4.3中真实坍落度），而是滑落成一个斜面，即发生剪切坍落，那么试验必须重做。若混凝土发生剪切坍落，则说明拌合物的黏聚力不足，干硬性拌合物会出现这种情况。

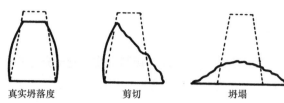

真实坍落度 　　 剪切 　　 坍塌

图4.3　坍落度：真实、剪切及坍塌

由于干硬性拌合物的坍落度为零，因此在较大的干硬范围内，很难鉴别工作性不同的拌合物之间坍落度的差异。而对于富拌合物，坍落度试验却能很好地检测其工作性，因为富拌合物的坍落度对工作性的差异很敏感。然而，对于贫拌合物来说，它趋于干硬性，其坍落度很容易从真实坍落型变成剪切型，甚至坍塌型（图4.3），所以同一拌合物中选取的不同试样，测量的坍落度值差异会很大。

表4.2反映了不同工作性对应的不同坍落度等级（根据Bartos建议[4.56]修订）。表4.3给出的是BS EN 206-1：2000的欧洲等级。这两张表有所差异，其中一个原因是欧洲测试坍落度的精度为10mm。要注意，如果拌合物骨料不同，特别是细骨料不同，即便它们的工作性有差异，但它们测得的坍落度有可能相同，正如同前面定义的一样，坍落度与工作性没有必然的联系。并且，坍落度试验也不能衡量混凝土压实的难易程度，这是因为混凝土的坍落是在其重力作用下发生的，不能反映其在动态情况下的状况，如振捣、饰面以及混凝土在导管内泵送或流动。确切地说，坍落度反映了混凝土的"屈服"[4.110]。

表4.2　工作性的描述及坍落度等级

工作性描述	坍落度（mm）	工作性描述	坍落度（mm）
零坍落度	0	中	35～75
很低	5～10	高	80～155
低	15～30	很高	≥160

表4.3　工作性的描述及坍落度等级（按照 BS EN 206-1：2000）

工作性分级	坍落度（mm）
S1	10～40
S2	50～90
S3	100～150
S4	≥160

虽然说坍落度试验有些局限性，但它仍不失为现场检测的非常有效的方法，可以用于检测每批或每小时投入搅拌机的材料的变化。例如，测得拌合物的坍落度值增大了，可能意味着骨料含水量增加；还有可能是骨料级配发生了变化，如砂含量的减少。当坍落度过高或过低时，搅拌机会发出警报，以便试验员及时改善这种情况。坍落度试验之所以有如此广泛的应用，不仅是因为它适用性好，还因为它操作简单方便。

有种小型坍落度试验已被发展用于测定不同减水剂和超塑性剂对水泥净浆的影响[4.105]。虽然该试验可用于检测这些特殊的因素，但要注意，混凝土的工作性除了受水泥浆流动性影响，还会受到其他因素影响。

4.6.2　密实系数试验

迄今还没有一个公认的试验方法，可以直接测定使混凝土充分密实所做的功的大小，即工作性[4.1]。现在最好的试验方法可能就是逆向近似法：测定在标准做功量下混凝土所能达到的密实度。所做的功中必然包括克服表面摩擦力而做的功，虽然实际的摩擦力可能会随拌合物的工作性而变化，但仍要使这种功降到最小。

密实度，也称密实系数，用密度比表示，即试验的实测密度与相同混凝土完全密度情况下的密度之比。

这个试验称作密实系数试验，已被列入 BS 1881-103：1993 和 ACI 211.3-75（1987 年修订）（1992 年再次批准）[4.70]，它可以适用于最大粒径 40mm 以内的混凝土。试验仪器主要是两个漏斗（形状均为平截头圆锥筒）和一个圆筒试模。如图 4.4 所示，两个漏斗是一个放置在另一个上面，圆筒放在最下面，漏斗的底部装有铰接的活门，它们的内表面均刨光以减小摩擦。

首先将上面的漏斗装满混凝土，由于混凝土是慢慢放进去的，因此这一阶段没有使混凝土密实而做功。然后打开这个漏斗底部的活门，使混凝土落到下面的漏斗中。因为下面的漏斗比上面的小，所以混凝土会溢满出来，在标准状态下混凝土含量近似相同，这样可大大减小填满上面漏斗时的人为因素影响。接下来，再打开漏斗底部的活门，混凝土就落入下面的圆柱筒中。用小刀将试模上的混凝土刮掉，最后测定圆柱筒（体积已知）中混凝土的净重。

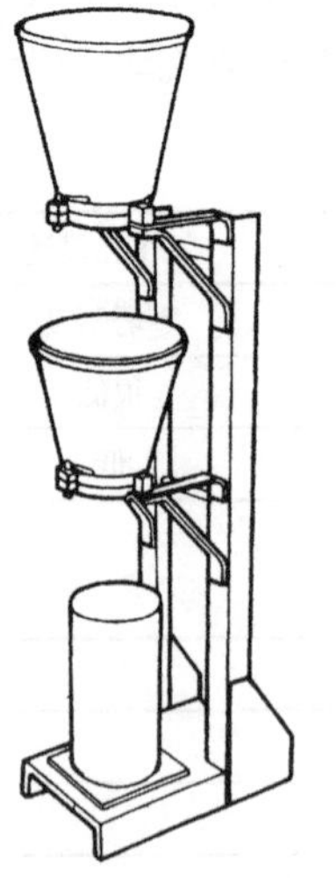

这样就可以计算出圆柱筒试模中混凝土的密度，用此密度除以同一混凝土充分密实下的密度，即可得密实系数。对于充分密实混凝土的密度，可以通过填满混凝土的圆柱筒试模求得，其中混凝土要分四层填装，并且每层都要进行插捣或振捣；或者也可以用拌合物各组分的绝对体积计算求得。密实系数也可以根据混凝土体积的减小量来计算，即已知体积的部分密实混凝土经充分密实（通过漏斗）后的体积减小量。

图 4.4 中，试验仪器高度约 1.2m，一般这种仪器仅在道路施工和预制混凝土生产中使用。

表 4.4 列出了不同工作性混凝土的密实系数[4.3]。与坍落度试验不同，该试验中干硬性混凝土工作性的改变可通过密实系数的显著变化反映出来，也就是说该试验对低工作性混凝土的测量比高工作性更为有效。但是，过于干硬的混凝土容易堵塞一个甚至两个漏斗，一旦堵住了，就要

图 4.4　密实系数
试验仪

用钢棒轻轻地将混凝土捅下去。另外，对于工作性极低的混凝土，使其充分密实所做的功取决于拌合物的富集度，而与密实系数无关，其中贫拌合物所需做功比富拌合物要多[4.4]。这也就意味着，密实系数相同的拌合物需要相同的有效功以达到充分密实，这一假定并不总成立。并且，上述假定认为不论拌合物的性能如何，其消耗的功在总功中占的比例不变，这也并非完全正确。不过，密实系数试验毫无疑问地提供了能较好判定工作性的指标。

表 4.4　工作性和密实系数的划分[4.3]

工作性描述	密实系数	对应坍落度（mm）
很低	0.78	0 ～ 25
低	0.85	25 ～ 50
中等	0.92	50 ～ 100
高	0.95	100 ～ 175

4.6.3　ASTM 扩展度试验

这项试验通过测定混凝土在跳桌上受到振动后的扩散度，进而提供混凝土的稠度指标及其离析趋势。对于干硬性、富集度大以及较黏稠的拌合物，该试验也能够很好地测定它们的稠度。该试验已被列入 ASTM C124-39（1966 年修订），但于 1974 年被删去，这不是因为该试验不适用，而由于它很少被用到。

4.6.4　跳桌流动度试验

由 Powers[4.5] 提出的跳桌流动度试验是另一个要利用跳桌的试验，该试验测定使混凝土试样发生变形的作用力，并在此基础上评价混凝土的工作性。

试验装置如图 4.5 所示，一个标准坍落度筒放在直径 305mm、高 203mm 的圆柱筒内，把圆筒固定在扩展度跳桌上，并使其跳落 6.3mm。在圆筒内还安有一个直径 210mm、高 127mm 的内环，内环底部与圆筒之间的距离可以在 67～76mm 间调节。

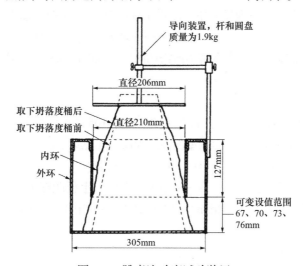

图 4.5　跳桌流动度试验装置

用标准方法在坍落筒中填满混凝土，拔出坍落筒，然后在混凝土上表面放置一个重1.9kg的圆盘导向器。接下来，使跳桌以1次/秒的频率跳动，直至导向器的底部到基面的距离为81mm。至此，混凝土的形状就由平截头圆锥体变成了圆柱体。这种重塑所需的作用力可以用跳桌跳动的次数来表示，故极干硬的拌合物重塑需要很大的作用力。

虽然该试验仅适用于实验室，但很有实用价值，因为重塑作用力与工作性表现出密切的相关性。

4.6.5　Vebe（维勃）试验

该试验是在跳桌流动度试验得基础上发展的，将Powers跳桌流动度试验仪中的内环去掉，并将密实方法由跳动改为振动。此试验仪器如图4.6所示。试验名称"Vebe"来自该试验的发明者瑞典学者V. Bahrner名字的首字母。该试验已被列入BS EN 12350-3:2009，ACI 211.3-75（1987年修订）[4.70]中也引用了该方法。

玻璃圆盘导向器

可以认为，重塑完成的标志是玻璃圆盘导向器与混凝土完全贴紧，混凝土表面空隙全部消除。但这是用目测来鉴别的，很难确定试验的终点，因而容易引起试验误差。为了避免这种误差，可以安装一个自动装置，来记录玻璃板随时间的运动。

图4.6　Vebe（维勃）仪

该试验中，混凝土是由带有偏心块的振动台（转动频率50Hz，最大加速度3～4g）来进行密实的。可以认为，拌合物的工作性是由密实所需输入的能量来度量的，该能量用完成重塑的时间表示，即Vebe（维勃）时间。试验中混凝土从振动前到振动后体积由V_2变成V_1，有时为校正这个过程所需的时间，要将该时间乘以V_2/V_1。试验中的混凝土拌合物的Vebe时间在3～30s之间。

Vebe试验是一种很适用的实验室试验方法，尤其是对极其干硬的混凝土，这与密实系数试验形成鲜明对比，在密实系数试验中，略微干硬的混凝土容易阻塞漏斗而造成误差。Vebe试验还有1个优点，即在试验过程中对混凝土的处理方法与施工中很一致。Vebe试验和跳桌流动度试验均是测定混凝土达到完全密实所需的时间，该时间与所做总功有关。

4.6.6　流动台试验

该试验于1933年在德国发明，并被列入BS 1881-105:1984之中，它适用于工作性较强或很强的混凝土，包括坍落形态为坍塌型的流态混凝土（见第5.6.2节）。

本试验的仪器主要是由一块木板组成，在木板上覆盖有一块质量为16kg的钢板，每块木板的面积为700mm²，其一边铰接在另一基板上。其中，上板能够上升到一个限位止动装置处，这样可以使板的自由边上升40mm。仪器中还有些适当的标记可以标注试验台上混凝土堆放的位置。

用水润湿试验台表面后，将混凝土浇筑到一个高度200mm、下底直径200mm、顶部直径130mm的平截头椎体模具中，然后用木捣棒按规定方法轻轻振捣，直至混凝土成型。接下来，除去多余的混凝土，并将试验台四周表面清理干净，然后每间隔 30s，使试验台在 45～75s 的周期内升起 15 次，同时注意，上升的过程中要避免限位器受到较大的力。经过上述操作后，混凝土便坍散开来，测量平行于试验台两边方向的混凝土坍散的最大值，并记录下来。取这两个值的平均值（精度为 mm），即为该混凝土的扩展度。该试验适用于扩展度为 400～600mm 的拌合物，如果此时的混凝土没有较好的均质性和凝聚性，则表明拌合物的黏性不足。对于该试验，现行的规范为 BS EN 12350-5：2010。

试验研究[4.39]表明扩展度和坍落度两者呈线性关系，然而这些试验仅适用于单一骨料或单一骨料级配的情况，并且还没考虑现场环境的影响。因此，不能仅通过已发表的数据推出一般性规律，而且认为坍落度试验和扩展度试验可以相互转化也是不合理的。事实上，上述两个试验研究的是不同的物理现象，当拌合物的级配或骨料的形状或细粒材料含量不同时，两者就不再是简单的线性关系了。考虑试验的实用性，应采用合适的试验方法，该试验可以识别给定配合比出现的误差，所以主要用于现场。

4.6.7 球体贯入度试验和压实性试验

本试验是个现场试验，其方法很简单，一个直径 152mm、重 13.6kg 的金属半球受自重作用沉入新拌混凝土，测量半球的沉入深度。该试验由 Kelly 提出，称为 Kelly 球，仪器如图 4.7 所示。

与坍落度试验类似，该试验也是通过检测稠度以达到控制目的。该试验方法基本上用于美国，其他国家很少采用。然而，用 Kelly 试验代替坍落度试验是值得考虑的，因为 Kelly 试验是有些优势的。事实上，Kelly 试验更为简单，可以更快地完成，最重要的是它可以对推车上的或实际形态的混凝土进行试验。为了避免边界影响，进行试验的混凝土深度应不低于 200mm，侧边的尺寸不应低于 460mm。

正如所料，贯入度与坍落度之间的关系并不简单，因为没有一种试验能够测定混凝土的所有基本性能，而只能测定混凝土在特殊条件下的反应。当在现场使用某种特殊拌合物时，可以发现两者的关系如图 4.8[4.6]所示。在实际应用中，Kelly 试验主要用于观测拌合物的变化情况，例如骨料含水量的变化引起拌合物的变化等。

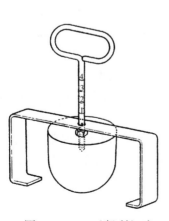

图 4.7　Kelly（凯利）球

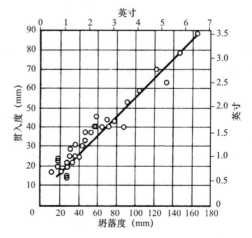

图 4.8　Kelly 球贯入度与坍落度的关系[4.6]

压实性试验是由 BS EN 12350-4:2009 引入的一个试验，它测定的是松散堆积的混凝土在圆柱筒中经振动后体积的减少值。压实度等于圆柱筒的高与混凝土压实后的高度的比值。另外，混凝土的压实会受到振动台或内部振捣器的影响。

4.6.8 Nasser 的 K- 试验器

研究者尝试设计了很多简易的测定混凝土工作性的试验，其中 Nasser[4.41] 的探针试验法很值得一提。该试验中使用的探针直径为 19mm，且开口空心，以便砂浆能够进入探管中。探针要垂直插入现场新拌的混凝土中（可以避免再去用试样），接下来分别测量 1min 后探管中的砂浆高度和探针拔出后残留在探管中的砂浆的高度。

有人[4.24][4.106]认为上述数据可以作为衡量混凝土的稠度和工作性的指标，因为探针的读数会受到拌合物的凝聚力、黏结性和内摩擦力影响。因此，过湿的拌合物（坍落度较大）将导致探针中的砂浆残留量较少，即为离析的结果。假若探针中残余砂浆的高度不超过 80mm[4.41]，那么此高度与坍落度相关。K-试验器能够用于处于流态的混凝土[4.106]，但是该试验并未标准化，故没有得到广泛应用。

4.6.9 两点试验法

基于所有现行的测量工作性的试验只能测定一个参数，Tattersall[4.43] 反复推敲了各种试验方法。他的理论依据在于用 Bingham 模型来表述新拌混凝土的流动性，即采用公式：

$$\tau = \tau_0 + \mu \dot{\gamma}$$

式中　τ——剪切速度为 $\dot{\gamma}$ 时的剪切力；

τ_0——屈服剪应力；

μ——塑性黏度。

公式中有两个未知数，需要测量两个剪切速度，所以此试验方法称为"两点试验法"。其中，屈服剪应力代表混凝土初始流动的阀值，与坍落度紧密相关[4.107]。塑性黏度反映的是剪应力随剪切速度的提高而增大。

Tattersall[4.43] 利用改进的食品搅拌器开发了一种扭转装置。通过测量拌合物在一定剪切速度下产生的剪应力，可以得出屈服剪应力 τ_0 和塑性黏度 μ。根据他的观点，这两个参数正好可以提供评价混凝土基本流变性能的指标。测定这两个参数需要用两种不同旋转速度的搅拌器来测出扭矩。该仪器由 Tattersall[4.43] 和 Wallevik 及 Gjørv 改进[4.104]，他们认为该仪器不仅更加可靠，而且可以量化地反映拌合物离析的敏感性。

然而，该试验在应用中存在的问题是设备笨重、操作复杂、试验读数需要技巧。与坍落度试验不同，这些问题对试验本身没有直接作用，因而，两点试验法不适于现场操作，而可能适用于实验室中。

利用两点试验法测定工作性时，需要注意的是，当采用机械浇筑混凝土时，确定混凝土的塑性黏度和屈服剪应力非常重要，因为这两个参数会随拌合物的温度和拌合时间变化。Murata 和 Kikukawa[4.107]基于高浓度悬浮黏度等式，并考虑了骨料性能和使用试验的参数，得出了一个黏度预测公式。此外，他们还提供了一种基于坍落度的混凝土屈服值等式，但该公式是否有效仍有待证明。

4.7 试验的比较

首先应该说明的是，不可能真正地对上述试验方法做出比较，因为每种试验都是在不同的条件下进行测定的。虽然前面已经讲述了各试验方法的特殊应用，但还应参考 BS 1881:1983（已撤销但很有用）列出的测定拌合物不同工作性的适合方法，如表 4.5 所示。

表 4.5　BS 1881:1983 不同工作性拌合物的适用试验方法

工 作 性	方 法
很低	Vebe 时间
低	Vebe 时间，密实系数
中等	密实系数，坍落度
高	密实系数，坍落度，扩展度
很高	扩展度

密实系数试验与工作性的倒数密切相关，而重塑性试验、扩展度试验及 Vebe 试验是工作性的直接函数。Vebe 试验、重塑性试验和扩展度试验是在振动条件下测定混凝土的流动性，与此对应的密实度试验则是在自由落体条件下进行的。上述四种试验方法都很适用于实验室条件下，其中密实度试验也适宜在现场应用。

密实系数与 Vebe 时间有一定的关系，如图 4.9 所示，但是这种关系仅适用于特定拌合物，不能普遍适用，因为它不仅与拌合物的配合比有关，而且还与骨料的形状、结构及拌合时引入的空气有关。对于特定的拌合物，密实系数与坍落度的关系虽然已经确定，但它仍与拌合物性质相关。然而，对于 Powers 跳桌流动度试验振动次数与坍落度之间的关系（图 4.10），

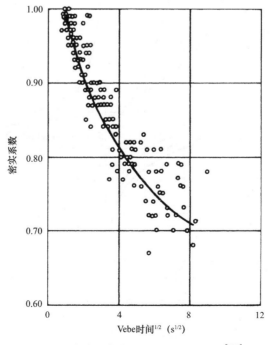

图 4.9　密实系数与 Vebe 时间的关系[4.4]

我们只能大致确定[4.58]。密实系数、Vebe 时间与坍落度之间的关系模式如图 4.11[4.14] 所示。拌合物富集度对这两种关系影响显著，就 Vebe 时间与坍落度的关系而言，看起来似乎没有什么影响，但这是一个错觉，因为坍落度在坐标的一端（低工作性）敏感，而 Vebe 时间在坐标另一端敏感，所以图中会有两条小部分连接的渐近线。

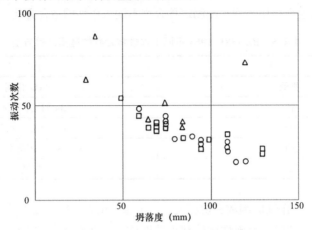

图 4.10　使用跳桌流动度试验装置所得跳动次数与
不同细度细骨料拌合物坍落度之间关系[4.58]

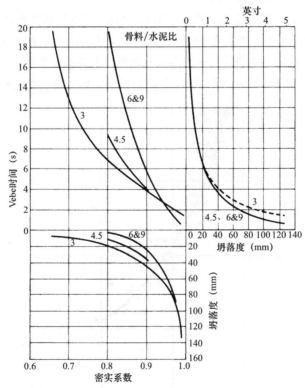

图 4.11　不同骨料 / 水泥比拌合物几种工作性试验方法之间一般模式[4.14]

扩展度试验能够很有效地测定高工作性混凝土或流态混凝土的黏聚性和工作性。

在适用范围内，除了贫拌合物的坍落度试验（对良好控制而言往往非常重要），其他拌合物的坍落度试验和贯入度试验是真正可以进行比较的。坍落度试验有时会被认为不能有效表征混凝土的强度，这种观点可能会被误用，因为坍落度试验并不旨在测定混凝土的可能强度[4.52][4.111]，它的目的仅是验证每批次混凝土的均质性而已。这种验证是有用的，它可以保证混凝土在浇筑时具有预期的工作性。另外，试验应在配料厂仔细进行，这个常识及其产生的心理影响是为了防止出现"万金油"的错误态度。

虽然坍落度试验已被证实不能完全反映混凝土的工作性，但是当只有拌合物用水量一个变量时，该试验能给出一个工作性的相对值，因为在此情况下，表征 Bingham 等式的曲线不会相交[4.43]。然而，至今为止人们还不能找到可以理想测定混凝土工作性的现场试验方法。尽管通过眼睛观察来判断工作性看起来比较原始，但还是有价值，通常的做法是：用镘刀轻拍混凝土，观察其抹面饰整的容易程度，进而判断工作性的好坏。显然肉眼观察需要经验，但一旦有这种经验，那么"目测"便是又快又准的方法了，尤其是检验混凝土均质性。

4.8 混凝土的凝结时间

可以通过检测混凝土的湿筛砂浆（5mm 筛）来判断其是否凝结，其方法是用一弹簧反应探针（普罗克特探针）分别测量贯入阻力为 3.5MPa 和 27.6MPa 的时间。前者为初凝时间，即表明此时混凝土已经凝结，即使振动也不能使其流动；后者为终凝时间，即贯入阻力为 27.6MPa 的时间，此时采用标准圆锥体测得混凝土的抗压强度约 0.7MPa。上述凝结时间与水泥的凝结时间不同。

ASTM C 403-08 上规定的试验方法可以用作参考进行对比，但不是绝对标准，因为试验采用的是砂浆，并不是混凝土本身。英国的标准 BS 5075-1:1982（已被 BS EN 480 和 934 取代）上也规定了一种凝结时间的试验方法。

4.9 时间和温度对工作性的影响

不能将新拌混凝土随时间逐渐变稠与混凝土的凝结相混淆，原因很简单，拌合物中的水分一部分被骨料吸收，一部分蒸发了，尤其当混凝土处于阳光照射下或刮风条件下蒸发情况更严重，还有一部分水分参与初始化学反应。混凝土拌合后的 1 个小时内，密实系数约降低 0.1。

混凝土工作性损失的精确值取决于诸多因素。第一，混凝土的初始工作性越好，坍落度损失越大；第二，拌合物富集度越高，坍落度损失速度越快。另外，损失速度也取决于所用水泥的性质，如当水泥含碱量高[4.108]、硫酸盐含量低[4.62]时，损失速度快。混凝土的坍落度－时间关系曲线如图 4.12[4.60]所示，其中水灰比为 0.4，含碱量为 0.58。

混凝土的工作性随时间而改变也取决于骨料的含水量（当总用水量一定时），原因是骨料会吸收水分，所以使用干骨料的混凝土中水分损失更大，这与预期一样。尽管减水剂可以延缓混凝土的初凝时间，但是它们通常会加快坍落度随时间损失的速度。

拌合物的工作性也受环境温度的影响，严格来讲，我们关心的是混凝土自身的温度。图 4.13 给出的实例[4.7]反映了在实验室中温度对混凝土坍落度的影响。显然，当在夏季搅拌混凝土时，为使混凝土保持一定的原始工作性，拌合用水量应增大。相对而言，黏稠拌合物坍落度的损失受温度的影响要更小，因为用水量的变化对此类拌合物影响比较小。如图 4.14 所示，随着混凝土温度的升高，坍落度变化 25mm 所需的用水量会增加[4.8]。另外，坍落度随时间的损失也受温度影响，如图 4.15 所示。

温度对混凝土的影响将在第 8 章讲述。

由于混凝土工作性会随时间而降低，所以在混凝土搅拌结束后，测定其坍落度非常重要。为了控制配料，应在混凝土刚从搅拌机倒出后就立即测量其坍落度，同时为了保证混凝土的工作性适用于所用的密实方法，在混凝土浇筑入模时立即测量坍落度也是很有必要的。

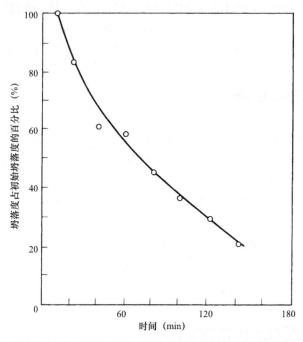

图 4.12　混凝土拌合后坍落度随时间的损失值（基于参考文献［4.60］）

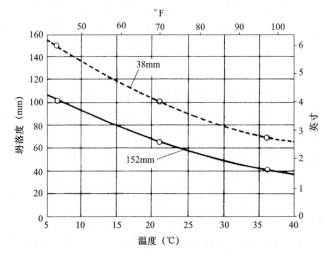

图 4.13　温度对使用不同粗骨料最大粒径的混凝土坍落度的影响[4.7]

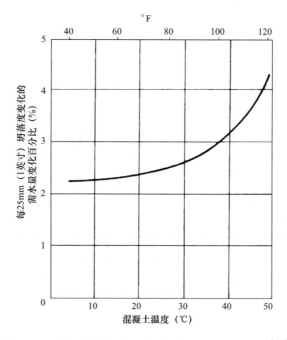

图 4.14 温度对改变混凝土坍落度所需水量的影响[4.8]

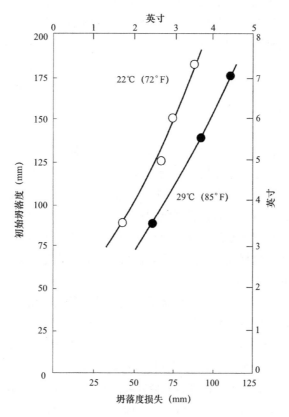

图 4.15 温度对 90min 后坍落度损失的影响
(混凝土水泥用量是 306kg/m³, 基于参考文献 [4.61])

4.10 离析

一般来说，在讨论混凝土的工作性时，混凝土应该是不易离析的，即应是黏稠。但是严格而言，工作性好的拌合物的定义内并没有不易产生离析的性能。即便如此，混凝土不能有明显的离析是很重要的，因为用易于离析的拌合物是不可能制成密实充分的混凝土的。

离析的定义为：多组分拌合物中各个组分发生分离而使其分布不均匀的特性。就混凝土而言，产生离析的主要原因是拌合物中各组分的粒径和比重的存在差距，但我们可以通过选择适当的级配和小心装卸来控制拌合物的离析。

值得注意的是，新拌混凝土的黏度越高，较重的骨料颗粒向下运动就越难，所以，低水灰比的拌合物相对而言不易离析[4.48]。

混凝土产生离析有两个形式。第一种是粗骨料分离出去，因粗骨料较细骨料更易于沿斜面运动，也就更容易沉降了；第二种是水泥浆（水泥和水）从拌合物中析出，尤其对于水灰比较大的拌合物更易发生此形式的离析。对于一定级配的贫拌合物，若拌合物过于干硬，则发生第一种形式离析的可能性较大，虽然增加用水量可以改善拌合物的黏聚性，但当拌合物水灰比过大时，则易发生第二种离析。

在第3章中，我们已经讨论了拌合物的级配对离析的影响，但产生离析的实际程度取决于混凝土的装卸运输和浇筑。如果混凝土不是远距离运输，而是用小推车或用桶直接运送到模板中，并浇筑到最终位置，则混凝土发生离析的危险就小；相反，如果混凝土是由较高的地方沿溜槽流下，尤其是当流动方向发生变化或投料遇到障碍物时，都会加剧混凝土发生离析的可能性，因此在这种条件下，宜选用黏聚性较大的拌合物。若我们对混凝土采用正确的方法进行装卸、运输和浇筑，则可大大降低发生离析的可能性。在 ACI 304R-85[4.79] 中有很多实用的措施，它们都可以很有效地控制离析。

应该强调的是，混凝土应直接浇筑到模板中对应的位置上，而不应使它沿着模板流动或被推进，这一要求也包括用振捣棒将堆积的混凝土大面积摊开的情况。虽然振捣是使混凝土密实的最有效的方法，但是由于振捣对混凝土做了大量功，所以因振捣器的不当使用导致离析的风险就更大了（浇筑与运输时情况不同）。当振捣的时间过长时，情况就更加严重，对于很多拌合物而言，这样可能导致粗骨料沉到模板底部，水泥浆浮到表面，进而发生离析现象。毋庸置疑，这将降低混凝土的性能，而且拌合物表面泛浆（浮浆）会使表面的水泥浆过多进而导致水灰比过大，这样就会使混凝土表面可能起粉和产生细裂纹。这里的"浮浆"应区别于泌水，这将在下一节讨论。

应注意，在拌合物中掺加引气剂可以降低发生离析的危险。相反，若拌合物中使用的粗骨料的相对密度与细骨料相差过大，则会加剧离析的发生。

虽然很难对离析进行定量测定，但如果采用了上述不当方法导致混凝土离析，在现场是很容易发现的。扩展度试验可以有效地判断拌合物黏聚性的优劣，试验中振捣会加剧拌合物离析，若拌合物黏聚性不够，大颗粒骨料就会分离出来，滚到跳桌的边缘。而如拌合物太稀，水泥浆将从跳桌中心流出，与较粗的骨料分离，即发生另一种形式的离析。

就因过度振捣而导致离析的情况来说，较好的试验方法是，将立方体试模的混凝土振捣10分钟，然后拆模并观察粗骨料的分布情况，这个方法对任何离析情况都很容易判断。

4.11 泌水

泌水，有时也称为水的聚集，是离析的一种形式，表现为拌合物中部分水分上浮到新拌混凝土表面进而发生离析。拌合物发生泌水是由于其固体成分向下沉降，导致其保水性能力不足而引起的。在涉及沉降问题时，Powers[4.10]将泌水看作一种特殊形式的沉降。于是，我们可以将泌水定量地表示为单位质量混凝土的总沉降量，或者占拌合水的百分比，极端情况下可达20%[4.112]。ASTM C 232-09规定了两种测量总泌水量的试验方法，其中泌水速度也可以通过试验测得。

初始时，混凝土以一定的速度进行泌水，但随后泌水速度稳定降低。混凝土的泌水持续到水泥浆充分硬化为止，并最终表现为沉降的过程。

如果在混凝土顶部表面饰面时将泌出的水分重新搅拌，由于浮浆的存在，顶部将形成一层不耐磨的表面。为避免这种情况发生，可以将抹面工程延迟到泌水完全蒸发后进行，或者采用木抹子而且不要过分抹面。另外，若混凝土表面水分蒸发的速度大于泌水的速度，则表面会产生塑性收缩裂纹（见第9.4节）。

由于部分上浮的水分会被截留在粗骨料或钢筋下部，因而会形成一个黏结较差的区域。这部分水散失后就形成毛细管，而且所有这些孔隙均朝同一方向，这样可能会增强拌合物在水平面方向的渗透性。进而，水平面方向将成为薄弱区域，可用沿浇筑方向和垂直浇筑方向的抗拉强度证明存在这一区域[4.65]。由于冻害危险，特别是对于路面板，必须要避免水分大量聚集。

然而，有些泌水难以避免，对于一些高的构件，如柱和墙，由于泌水向上运动，构件底部的水灰比将减小，而水分聚集到混凝土更稠的上部将使水灰比增大，从而导致此处混凝土的强度降低（见第6.1节）。

泌水还可能沿着结构表面运动，由于表面存在缺陷，这些缺陷将形成渗水通道，从而导致表面产生裂纹。在混凝土内部还可能存在垂直渗水通道。

泌水并非总是有害的。如果对混凝土表面进行真空脱水处理（见第4.24节），则有利于除去水分。如果泌水不受干扰，当水分蒸发后，可有效降低水灰比，从而提高混凝土的强度。另一方面，若上浮的水中含有大量的细水泥颗粒，则会形成泛浆层，如果泛浆层出现在板的上部，那么就会形成多孔的、永久性"粉化"的薄弱表面。这样就会导致上表面软弱，而与下层黏结不足。因此，要将泛浆层清除掉。

是否泌水主要取决于所用水泥的性质，提高水泥的细度可以减小泌水，这可能是因为细颗粒水泥能更早地发生水化反应，并且它们的沉降速度更小。水泥的其他性质同样会影响泌水，例如当水泥中的碱含量和C_3A含量较高，或掺入氯化钙时，泌水将减少[4.11]；其中，氯化钙的用量限制参见第11.7.1节。另外，ASTM C 243-85（已撤销）中规定了水泥浆和砂浆泌水的测定方法。

然而，水泥的性质并非影响泌水的唯一因素[4.120]，其他一些因素不容忽略。特别地，若拌合物中含有足够量的粒径小于150μm的极细骨料颗粒，则泌水将显著减小[4.12]。使用破碎细骨料的泌水比使用圆砂的更小，实际上，当破碎细骨料含过度的极细材料（150μm筛的通过率可高达15%）时，泌水将减小[4.37]，但是这种极细材料只能含有破碎粉粒，而不能含有黏土。

与贫拌合物相比，富拌合物更不易泌水，在拌合物中掺入火山灰或其他细材料如铝粉，可以减小泌水。Schiessl 和 Schmidt[4.66]发现在砂浆中加入粉煤灰和硅灰能显著减小泌水，而混凝土并非如此，这主要取决于各组分材料用量的比例，如胶凝材料是加入硅酸盐水泥中，还是部分取代水泥。在拌合物中加入引气剂也可有效减小泌水，因而混凝土浇筑完后可立即进行抹面，无需延迟。

温度越高（正常范围内），泌水速度也越快，但总的泌水量可能保持不变。然而，极低的温度可能将提高总泌水量，这是因为低温条件下混凝土在硬化前有更多的时间进行泌水[4.68]。

外加剂对泌水的影响很复杂。通常减水剂能减小泌水，但会使混凝土产生过大的坍落度。如果加入缓凝剂，则泌水将增加[4.68]，这可能是因为缓凝剂会延长泌水的时间，若此时再加入引气剂的话，那么引气剂减小泌水的效果将占主导地位。

4.12 混凝土的搅拌

第1～3章讲述了混凝土组成材料的性质，这些材料经适当搅拌，骨料颗粒被水泥浆包裹后，便生产为新拌混凝土，此时，在广义上可视它为均质材料且表现出均匀性质，这点很重要。不可否认的是，混凝土的搅拌会受到机械搅拌机的影响。

4.12.1 混凝土搅拌机

混凝土搅拌机应不仅使拌合物搅拌均匀，而且要保证拌合物卸出时不破坏其均质性。实际上，卸料方式是混凝土搅拌机分类的依据之一。有几种类型的搅拌机，如倾斜式搅拌机，拌合物是由称作鼓筒的搅拌桶翻转卸出的，而对于直卸式搅拌机，因为它的轴是水平的，所以为了便于卸料，要将溜槽插进鼓筒中，或者转换鼓筒的旋转方向（此时该搅拌机也可称为反转鼓筒搅拌机），再或者打开鼓筒（很少采用）。此外，还有一种盘式搅拌机，也可称作强制式搅拌机，它在操作上颇似电子蛋糕搅拌机，其工作原理不同于倾斜式和直卸式搅拌机那样通过混凝土在鼓筒中自由落体进行搅拌。

倾斜式搅拌机通常具有圆锥形或球形的鼓筒，其内附有叶片。虽然该搅拌机的工作效率与设计参数有关，但它卸料时总是很流畅的，鼓筒一旦倾翻所有拌合物便会迅速完整地流出来。因此，倾斜式鼓筒搅拌机更适于流动性较差或含有大颗粒骨料的拌合物。

另一方面，对于直卸式鼓筒搅拌机，由于它往外卸料的速度较慢，所以混凝土很容易发生离析，尤其是一些粒径较大的骨料往往会滞留在搅拌机中，这样就会导致开始卸出的是砂浆，而后面卸出的是大堆包裹着砂浆的石子。因此，现在直卸式搅拌机的应用很少。

直卸式搅拌机通常要借助装料斗上料，较大的倾斜式鼓筒搅拌机也往往采用这种方法上料，为保证料斗中的料全部倒入搅拌机，没有剩料粘在料斗上，有时要靠装在料斗上的振动装置来确保料卸光。

盘式搅拌机不便移动，所以适用于混凝土量很大的工程项目的中心搅拌站、预制混凝土厂，较小的搅拌机常用于混凝土实验室中。这种搅拌机主要由两部分构成：一个绕轴旋转的圆筒和两个绕竖轴（不与圆筒轴重合）旋转的星形叶片。工作时圆筒保持静止，而星形轴绕圆筒作圆周运动，这样盘中的混凝土都可得到充分搅拌。刮刀可防止砂浆黏附在圆筒周边，并且可以调整叶片的高度，来避免圆筒底部形成固定的砂浆层。

使用盘式搅拌机时可以观察搅拌中的混凝土，因而能够随时调整拌合物，这样对搅拌干硬性和黏滞性的拌合物特别有效，所以这种搅拌机常用于预拌混凝土生产。此外，搅拌机上的刮刀装置也可以使其搅拌少量的混凝土，因而也常用于实验室。

应注意，对于鼓筒式搅拌机，由于没有刮刀装置，因而在搅拌过程中必定会有部分砂浆黏附到鼓筒周边上，且只有到工作结束才能从搅拌机中清除。也就是说，搅拌完第一盘混凝土后将有大量的砂浆残留在鼓筒内，而卸出的料中主要是粗骨料颗粒，则这盘混凝土只能弃之不用了。我们可以采取其他方法来避免这个问题，在搅拌之前将一定量的砂浆倒入搅拌机中，即预涂搅拌机。还有 1 个简单且适用的方法，即将水泥、水、细骨料（剔除粗骨料）按一般配合比加入搅拌机中。另外，这些黏附在搅拌机上的残余拌合物可以用到工程上，尤其是用于浇筑冷接缝。在实验室中，预涂搅拌机也是非常必要的。

搅拌机的型号是以混凝土密实后的体积表示的［BS 1305：1974（逐步废弃）］，这可能比未经搅拌而处于松散状态的混凝土的体积小一半。搅拌机有各种规格，容量从实验室用的 $0.04m^3$ 到 $13m^3$。搅拌机工作时，如果实际搅拌量低于搅拌机容量的 1/3，则拌合物可能会搅拌不均匀，且这种做法也不经济。其实，超量低于 10% 一般是没有害处的。

至此，我们讲述的搅拌机仅限于单配料式搅拌机，即所搅拌的混凝土在卸出前不能再加入更多的拌合物。与此相反，连续式搅拌机则可不间断地卸出已搅拌好的混凝土，并可连续地由系统称量喂料。此类搅拌机可以是鼓筒型，也可以是强制式的，都是通过在静止的外壳中作旋转运动来工作。ASTM C 685-10 规定了采用体积配料和连续搅拌配制混凝土的要求，且在 ACI 304.6R-91[4.113] 中还有相关设备指南。现代的连续式搅拌机能生产出高均质性混凝土[4.113]，并且使用此种搅拌机，在水加入拌合物后，能在 15min 内完成浇筑、密实和抹面[4.101]。体积配料搅拌机还能使用再生骨料[4.123]。

在这里要简单地介绍其他类型的搅拌机，如带旋转桶的卡车式搅拌机，参见第 4.16 节；还有在鼓筒中有水喷嘴的双鳍车，但关于此类搅拌机性能的相关资料较少。

还有一些特殊的搅拌机，它们常用于搅拌喷射混凝土或预铺骨料混凝土。用于搅拌后者的"胶泥"搅拌机，能使水泥和水以 2000r/min 的速度通过一条狭缝，然后在通道上形成胶泥。预拌可以促进水泥的水化反应，因而，在一定的水灰比条件下，经这种方法搅拌的混凝土比经传统方法搅拌的混凝土具备更高的强度。例如，当水灰比为 0.45～0.50 时，强度可提高 10%[4.26]。但是，水灰比过低会产生大量的热量[4.64]，并且两阶段搅拌无疑会提高成本，所以这类搅拌机只有在特殊情况下才会被使用。

4.12.2 搅拌的均质性

对任何一种搅拌机而言，最重要的要求是使搅拌机中所有部位上的材料都得到充分搅拌，这样才能制备出均质的混凝土。将混凝土拌合物连续卸到若干不同的容器中，搅拌机的效率可由容器中混凝土的变异性来表示。例如，ASTM C 94-09a（一般仅用于搅拌车）严格规定，必须在每批料的 1/6 和 5/6 点处抽取混凝土试样，两份试样混凝土的性能差别不能超过以下任何规定：

混凝土的表观密度	16kg/m³
含气量	1%
坍落度	25mm（平均值在 100mm 以下）；
	40mm（平均值在 100～150mm）
骨料比重（剩在 4.75mm 筛上）	6%
不含空气的砂浆表观密度	1.6%
抗压强度（3 个圆柱体试件的 7d 平均强度）	7.5%

英国标准 BS 3963：1974（1980）采用特殊混凝土拌合物来评价搅拌机的性能，并提供了相关指南。规定按每批配料的 1/4 处抽取两份试样进行试验，经湿分析后，应满足以下规定：

用水量按固体总量百分数表示，精确到 0.1%；

细骨料含量按骨料总量百分数表示，精确到 0.5%；

水泥用量按骨料总量百分数表示，精确到 0.01%；

水灰比精确到 0.01。

对每对试样在平均范围内进行限制，并以此来假设试样的精度。如果试验中两份试样的差别过大，即它们的范围是一分离值*，那么这对试验结果可以舍去不用。

搅拌机的特性可以通过以下方法进行鉴别，从每批配料中均取三种独立的配料，然后取每对试验中平均范围内的最高值和最低值的差值。因此，一项不当的搅拌操作并不表示搅拌机就不适用了。对于不同的最大粒径，英国标准 BS 1305：1974（已撤销）规定了最大适用百分数变异性，如上所列。

瑞典调查[4.115]表明，水泥含量的均匀性是度量搅拌均质性的最佳指标，对于坍落度超过 20mm 的拌合物，若变异系数不超过 6%，则认为搅拌均质性满足要求；若坍落更低，则为 8%。

法国[4.116]还开发了一种雷达跟踪器，此装置可以检测拌合物中水或外加剂的分布情况。

对于体积配料连续式搅拌机而言，搅拌的均质性要通过混合物组成的比例公差来进行测定。ASTM C 685-10 规定了以下质量百分数：

水泥	0～＋4
水	±1
细骨料	±2
粗骨料	±2

美国陆军工程师团工程试验方法 CRD-C 55-92[4.117]规定混凝土试样要从静止搅拌机的 1/3 处抽取。对于大体积混凝土，部队工程指南规范 03305 中给出了相关验收要求，这些要求同 ASTM C 94-09a 相似，但它规定密度允许偏差范围是 32kg/m³，抗压强度是 10%，偏差值更高是因为试验使用了三组试样，而不是 ASTM C94-09a 试验中的两组试样。

还要补充的是，搅拌均质性试验不仅能反映搅拌机的性能，而且能用于评价搅拌机加料顺序的效果。

---

* 参见 J. B. Kennedy 和 A. M. Neville 著《工程师和科学家用基础统计方法》（*Basic Statistical Methods for Engineers and Scientists*），第三版，第 613 页（Harper and Row 出版社，纽约、伦敦，1986 年）。

4.12.3　搅拌时间

在现场，人们往往希望尽可能地缩短混凝土的搅拌时间，制备满足均质性和强度要求的混凝土，掌握最小搅拌时间是很重要的。搅拌时间因搅拌机的类型而异，严格来讲，拌合物达到充分搅拌标准不取决于搅拌时间，而取决于搅拌机旋转的次数。通常，搅拌机旋转 20 转就足够了，由于每个搅拌机都有一个最佳转速（搅拌机制造商建议的），所以搅拌转数和搅拌时间是相互关联的。

对于给定的搅拌机，搅拌时间和拌合物的均质性之间存在关联。Shalon 和 Reinitz[4.22] 根据试验结果，得出了一些典型数据，如图 4.16 所示，其中变异性以拌合物经特定搅拌时间搅拌后的试件强度范围来表示的。图 4.17 中的曲线表明，对于相同试验，其试验结果中的变异系数与搅拌时间成反比。显然，当搅拌时间小于 1~1.25min 时，生产的混凝土的变异性就大；但是，如果搅拌时间大于这个时间，那么即使延长搅拌时间也不能显著提高拌合物的均质性。

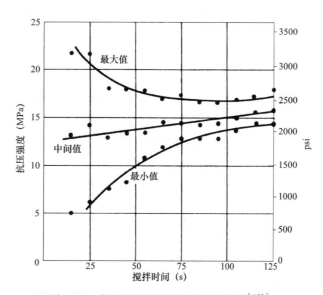

图 4.16　抗压强度和搅拌时间的关系[4.22]

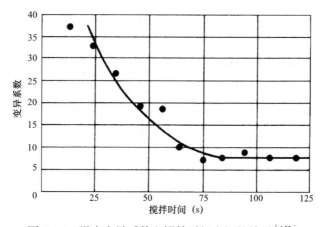

图 4.17　强度变异系数和搅拌时间之间的关系[4.22]

混凝土的平均强度也随着搅拌时间的增加而增大，正如 Abrams 试验[4.23]所示。但是，若搅拌时间超过约 1min，混凝土强度增大的速度将迅速下降，超过 2min 后，强度就不会增加了，甚至有时还会略有下降[4.44]。因而，在第 1min 之内，搅拌时间对混凝土强度的影响是相当重要的[4.22]。

如上所述，最小搅拌时间的精确值（由搅拌机制造商给出）因搅拌机的类型而异，并与搅拌机的大小相关。确保拌合物的均质性很重要，而这常常要通过控制最小搅拌时间来做到，如 0.75m³ 容量搅拌机的最小搅拌时间为 1min，而容量每增加 0.75m³，搅拌时间就要增加 15s。在 ASTM C 94-09a 和 ACI 304R-89[4.76]中都有相关指南。按照 ASTM C 94-09a，搅拌时间是从所有固体材料加入搅拌机时开始算起的，并且还规定，全部的水都要在 1/4 搅拌时间前加入；而 ACI 304R-89 规定，搅拌时间是从所有材料加入搅拌机时开始计算。

上面提到的数据参照通用搅拌机，很多现代大型搅拌机要求的搅拌时间为 1～1.5min，而高速的盘式搅拌机的搅拌时间可以缩短至 35s。另外，若拌合物中有轻骨料，则搅拌时间不得少于 5min，先将骨料和水搅拌 2min，然后加入水泥再搅拌 3min。为了使拌合物达到足够的均质性，搅拌时间的长短常取决于材料混合物的质量，所以在搅拌的同时喂料是有利的。

现在我们来讨论一种极端情况——搅拌时间过长。通常，此时水会从拌合物中蒸发，这样便导致混凝土工作性降低，而强度增大。其次还将影响骨料的研磨作用，尤其是当骨料较软时，骨料细度模数减小，工作性降低。另外，摩擦作用会提高拌合物的温度。

对于引气混凝土，延长搅拌时间可以降低含气量，每小时约降低 1/6（取决于引气剂的种类）；若不连续搅拌，即停止搅拌时，含气量每小时降低约为 1/10。换句话说，如果搅拌时间降低到 2min 或 3min 以内，那么可能导致混凝土得不到足够的含气量。

将混凝土间歇式重复搅拌约 3h 或甚至 6h，如此，混凝土的强度和耐久性并不受影响，而工作性却随时间的延长而降低，除非能防止搅拌机中水分损失。因此，在搅拌过程中加水以恢复混凝土工作性的做法称为二次搅拌，然而这种做法会降低混凝土的强度，参见第 4.17 节。

往搅拌机中投放材料时，不可能对投放顺序作一般性的规定，因为这取决于拌合物和搅拌机的特性。一般来说，首先应加入少量水，然后将全部固体材料加入搅拌机中，最好是同时均匀地加入，可能的话，也应该将大部分水同时加进去，而剩下的水在固体材料加完后再加进去。然而，对于某些鼓筒式搅拌机而言，当搅拌特干硬性拌合物时，必须首先加入部分水和粗骨料，否则粗骨料表面不可能充分润湿。另外，如果开始完全不加粗骨料，那么砂或砂和水泥就会聚集到搅拌机入口处，而不能混入拌合物中，这样就会造成所谓的端部阻塞。如果水或水泥加料太快或喂料时温度过高，那么可能产生水泥结球的危险，有时结球的直径可达 70mm。如果使用小型的实验室用盘式搅拌机搅拌特干硬性拌合物，试验已发现，为避免砂浆发生结球现象，可以先加入砂子、水泥和部分骨料，然后再加水，最后再将剩下的粗骨料加入。

掺入减水剂的流态混凝土试验[4.118]表明，当先将水泥和细骨料一同搅拌时，所得坍落度最高；而先将水泥和水一同搅拌时，坍落度最低；如果所有材料同时加入搅拌时，坍落度居中。如图 4.18 所示为这种情况，另外图中曲线还表明，当先将水泥和细骨料一同搅拌时，坍落度损失速度最大；而当所有材料同时加入搅拌时，坍落度损失速度最小。因而，传统的搅拌技术对减小坍落度损失是有利的。

应注意，当搅拌流态混凝土时，搅拌机操纵员并不能目测出拌合物的黏聚性，因为该拌合物看起来就是流动的。

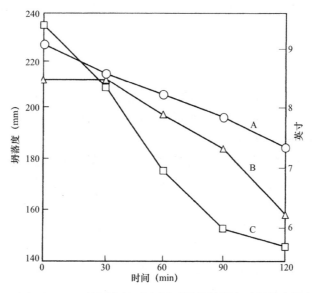

图 4.18 水灰比 0.25、使用高效减水剂不同投料顺序对坍落度损失的影响
（A）所有料一起投入；（B）水泥和水先投；（C）水泥和细骨料先投（基于参考文献［4.118］）

4.12.4 手工拌合

人们通常很少采用手工拌合，只是当混凝土数量很少且不得不用的时候，才会采用手工拌合。由于手工拌合更难使混凝土达到均质性的要求，因此操作时必须要特别注意和仔细。为了确保相关工艺不被遗漏，人们规定了适当的工序。

首先，将骨料均匀地倒在坚硬、清洁且无孔的硬板上，再把水泥散铺到骨料上，然后将这些干料由抄盘的一端翻转到另一端，并用铲子搓切，直到干拌物拌合均匀为止，一般要求来回翻转三次。接下来便逐渐加水，要保证决不能让水流走或水和水泥一起流走，加水后要再次翻转拌合，一般也是要求翻转三次，直到颜色和稠度都表现得均匀为止。

显然，在手工拌合的过程中，决不允许杂入黏土或其他杂质，以免拌入混凝土中。

4.13 预拌混凝土

一般把预拌混凝土列为一个单独话题。如今大多数国家的混凝土都是由中心工厂制造，本节仅讨论预拌混凝土的一些基本特点。

如果工地拥挤，或者道路施工时为拌合站及大量骨料预留的空间有限，则预拌混凝土大有用武之地，其最大的一个优点是制备过程的控制条件较好，这种条件除大型工程之外，任何普通工地是不具备的。

正因为中心搅拌厂生产时的控制接近工厂条件，所以可能对制备混凝土的所有操作都要严格控制。因使用罐车，运输条件可以控制，但浇筑、振捣仍需工地现场人员尽职尽责。当混凝土用量不大或者现场是间断浇筑时，使用预拌混凝土也有优势。

预拌混凝土有两种。第一种是在中心搅拌厂拌合好，然后用罐车运输，罐子缓慢旋转以防止离析及拌合物过早硬化，这种混凝土称为集中搅拌混凝土，以区别于第二种混凝土——运输搅拌或卡车搅拌混凝土。第二种方式下，原材料的用量在中心站配好，然后在去工地途中或卸料前在搅拌卡车中拌合好。这种方式允许长距离运输，而且在路上延误时混凝土质量不易受损。不过，运输搅拌方式下卡车仅能使用其容量的 63%，而同样车辆在运输拌合好的预拌混凝土时可使用自身容量的 80%。有时为提高搅拌卡车容量利用率，将混凝土在中心厂部分搅拌，在路上再完成全部搅拌，这种混凝土被称为缩拌混凝土，但很少使用。搅拌卡车上搅拌机容量一般为 6m³ 或 7.5m³。

需要说明一下，搅动和搅拌的区别在于搅拌桶的旋转速度：搅动速度是 2～6 转 / min，搅拌速度是 4～16 转 / min，二者定义有些交叉。应注意搅拌速度会影响硬化速度，总的旋转数控制搅拌的均匀性。除了中心搅拌厂制备缩拌混凝土是用部分搅拌外，卡车搅拌机在搅拌速度下旋转数应为 70～100 转，美国材料试验研究学会标准 ASTM C 94-09a 规定总旋转数不能超过 300 转。有人认为不必规定这个上限[4.78]，除非骨料，尤其是细骨料容易磨碎。

如果是在卸料前才加入最后一部分水（炎热天气时可能必须这么做），ASTM C 94-09a 要求卸灰前保持搅拌的速度增加 30 转。

预拌混凝土生产的主要问题是在浇筑前需一直保持拌合物的工作性。混凝土会随着时间增长而硬化，长时间搅拌或高温也可能加速硬化。对运输搅拌方式而言，直到快开始搅拌时才允许加水，按 ASTM C 94-09a，水泥和湿骨料接触时间不能超过 90min；但取代 BS 5328:3:1990 的 BS EN 206-1:2000 规定是 2h。混凝土的购买方有时可能不在意 2h 的限值，如有些工程使用缓凝剂[4.83]，此时接触时间可延长到 3 或 4h，前提是交货时混凝土的温度要在 32℃以下。

美国垦务局将搅拌前水泥、湿骨料接触时间限值延长为 2～6h，但要求每超过 1h，再额外加入 5% 的水泥，因此需要增加 5%～20% 的水泥[4.97]。

4.14   二次拌合

第 4.12 节讨论了坍落度随时间损失问题，这有两个原因，一是水泥粉末与水接触后立即水化，此反应过程中化学结合一部分水，剩下的水分少了，不利于润滑搅拌机中的固体颗粒；二是在大多数潮湿环境下，一部分拌合水蒸发，温度越高蒸发越快，周围相对湿度越低蒸发越快。

显而易见，要使混凝土在经过一段时间后交付使用方时，符合指定的工作性指标，就要保证配合比合适、运输得当。一旦运输中发生延误，或者其他意外，混凝土不能及时交付。若此时坍落度损失过大，则会引发是否通过加水再次拌合使混凝土恢复工作性的问题，这种操作称为二次拌合。

因为二次拌合会增大拌合物原来的水灰比，如果原来的水灰比是直接或间接规定好的，是否能进行二次拌合尚存争议。一般认为只有二次拌合带来的后果可以接受，在某些情况下允许灵活一些，才用这种方法。

出发点是弄清总的水灰比，要根据初始拌合水和二次加入的水量来计算。不少人发现[4.24][4.45]，不是所有的二次拌合水都要计入总的水灰比。原因是，如果增加的水补偿的是蒸发损失的水，则其不应包含在有效水灰比中，只有那些用于早期水化反应的水才是有效拌合水的组成部分。

从上面可以看出，对于二次拌合混凝土来说，总体水灰比与强度之间的关系可能比常用的自由水与强度之间的关系更可靠一些，Hanayneh 和 Ttani 曾对上述两种关系进行了比较[4.90]。

不过，二次拌合难免会导致一些强度损失，有人认为损失程度在 7%～10%[4.90]。但若二次加水量多，损失也许更高[4.28]（图 4.19）。有人提出一些经验公式[4.88]，但实践中二次拌合水的确切量可能难以准确计算，可以想到的一个原因是：在意识到坍落度损失之前搅拌机会卸出一部分料。

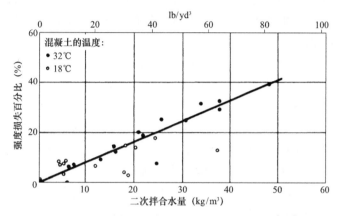

图 4.19　二次拌合水量对混凝土强度的影响[4.28]

初始坍落度不同，二次拌合时将其提高 75mm 所需的水量也不同，低坍落度需要的水量要高一些。Burg[4.89] 有如下经验（每方混凝土需加水量）：

坍落度低于 75mm，22～32 L

坍落度 75～125mm，14～18 L

坍落度 125～150mm，4～9 L

从另一个角度看，可以认为水灰比越低，二次拌合水的需求越多。温度升高时需水量也会直线上升，如 50℃时约是 30℃的 2 倍[4.121]。

4.15 泵送混凝土

本书主要讲述混凝土的性质，因此对运输和浇筑的细节不予关注，这些可在诸如 ACI 304R-89[4.76] 之类的指南中查到。不过对泵送混凝土需要专门论述，因为输送方式对混凝土的性能有特殊要求。

4.15.1 混凝土泵

泵送系统主要包括一个进料斗，承接搅拌机的卸料，混凝土泵（图 4.20 或图 4.21）和输送管。

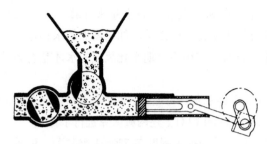

图 4.20   直接传送的混凝土泵

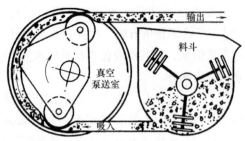

图 4.21   挤压式混凝土泵

不少泵属于直接作用的水平活塞型，装有半旋转阀门，可始终允许最大粒径的骨料通过，以避免完全堵塞。混凝土靠重力喂入泵中，有一部分是在吸入冲程时吸入的。阀门的开放和闭合有一定的时间，这样混凝土就以一系列脉冲形式运动，而管子内总保持着充满状态。现代活塞泵是非常高效的。

也有一些轻便的蠕动泵，称为挤压泵，与小口径（75 或 100mm）管道配合使用，如图 4.21 所示为这种小型泵。将混凝土置于收集料斗，靠旋转叶片把料喂入真空泵腔内的柔性管。腔内真空度约为 660mm 汞柱。这可保证管子不被滚柱挤压时保持正常（圆形）形状，从而实现混凝土的连续流动。两个旋转滚柱连续挤压管子，把吸入管中的混凝土泵入输送管中。

挤压泵输送混凝土距离可达水平 90m，或者垂直输送 30m。然而采用活塞式泵，水平输送混凝土的距离可达 1000m，或垂直输送约 120m，或者可达到按上述水平与高度比例相结合的距离。我们知道水平与高度的当量比例随拌合物稠度变化，随混凝土在管道中的速度变化：速度越大，比例越小[4.29]，当速度为 0.1m/s 时，比例为 24，而当速度为 0.7m/s 时，比例仅为 4.5。特殊高压泵可将混凝土水平输送 1400m 或者垂直输送 430m[4.114]，最新纪录是 600m，未来还会被刷新。

当使用弯管时，应尽量减少其数量，且转角不能是锐角。在计算输送范围时，要考虑压头损失，一般来说，每 10° 弯管约相当 1m 泵管。

泵有不同规格，管径尺寸也不相同，但管径至少是骨料最大尺寸的 3 倍。需强调不允许骨料超径，以免造成弯管处堵塞。

使用挤压泵时，配备管径 75mm 的管子，每小时可输出 20m³ 混凝土，若管径为 200mm 则每小时输送量可达 130m³。

泵可安放在卡车或拖车上，通过折叠的泵管输送混凝土。在日本，有时使用一种水平的混凝土分配装置[4.87]，可自动控制泵管位置，这样可以减少浇筑时控制混凝土端部的繁重工作。

4.15.2   泵送的应用

泵送只有在长时间连续进行的情况下才是经济的，试想每次泵送前，都要用砂浆润泵（直径为 150mm 的管道，每 100m 需要 0.25m³ 砂浆润泵）；在作业结束后，清洗管道也需要大量工作。不过因为采用了专用的偶联管，管线系统的交替可以很快完成。在靠近出口一端用一根软管可便于浇筑，但会增大摩擦阻力损失。不能使用铝管，因为铝能和水泥中的碱发生反应产生氢气，该气体会使硬化混凝土产生孔穴，造成强度损失，除非混凝土在受限的范围内浇筑。

　　泵送混凝土的主要优点是当搅拌设备不在现场时，可将混凝土输送到大的施工面上任何一点，其他方法难以做到。这特别适合狭窄的工地或者注入隧道衬砌等场所。泵送把混凝土从搅拌机直接送到模板中，避免了二次运输。浇筑速度取决于搅拌机产能，而非运输和浇筑设备。目前预拌混凝土的泵送施工非常普遍。

　　泵送混凝土不会离析，当然为了适宜泵送，拌合物还必须满足一些要求。必须指出，不符合要求的混凝土不能泵送，应关注新拌混凝土的状态，确保泵送的都是合格的混凝土。对拌合物的控制主要基于其在料斗中拌合需要的力和泵送需要的力。

4.15.3　对泵送混凝土的要求

　　需要泵送的混凝土在入泵之前必须搅拌均匀，有时会在料斗中搅拌一下。一般来说，拌合物不应是干硬性或太黏，也不能太干或太湿，即其稠度要在适当的状态。一般建议：坍落度 50~150mm，但泵送时会对混凝土产生一定的密实作用，导致泵送点坍落度会降低 10~25mm。在含水量低的情况下，粗骨料不是悬浮在浆体中纵向运动，而是对管壁施加压力。当含水量适当时，只在管道表面和贴管壁（1~2.5mm）的润滑砂浆层中，摩阻值才会增长，才能使所有混凝土基本按相同速度柱塞式移动。活塞的动力作用传递到管道，有助于润滑膜的形成，这是一个原因，另外用钢抹子抹平混凝土表面也有助于形成该层膜。要使管道保持这种薄膜，水泥用量应该比一般情况高一些。摩擦阻力增长的大小取决于拌合物的稠度，但水分不能过多，以免产生离析。

　　从更广义的角度研究摩擦及离析或许更有用。管道泵送材料时，在流动方向，由于有材料密实和摩擦两种影响，在流动方向上存在一个压力梯度，换言之，材料必须能够传递足够压力来克服管道中所有阻力。在混凝土所有组分中，只有水在其自然状态下是可泵的，即只有水能将压力传递到拌合物其他组分上。

　　可能发生两种类型的堵塞。第一种是水脱离了拌合物，导致压力无法传递到固体，因此固体物质无法输送。产生这种问题是因为混凝土中的孔隙不够小或者交错不多，在拌合物内部不足以产生足够内部摩擦来克服管道的阻力。所以，应该有足够的紧密堆集细颗粒产生"阻塞过滤器"的作用，该过滤器能让液态水传递压力，但又不让水和拌合物分离。换言之，发生离析时的压力必须大于泵送混凝土所需的压力[4.30]。当然要牢记，细颗粒多意味着固体比表面积大，因而管道中的摩擦阻力也大。

　　第二种阻塞与细颗粒有关。如果细颗粒含量太高，拌合物的摩擦阻力会很大，导致活塞通过水相施加的压力不足以推动混凝土，从而造成阻塞。这种情形常见于高强混凝土拌合物或者石粉、粉煤灰之类细颗粒含量高的拌合物。离析引起的阻塞在不规则级配或者间断级配的中等或低强度拌合物中更常见一些。

　　所以，最优的情况是在空隙率最小的拌合物中产生最大的摩擦阻力，以及用比表面积小的骨料以使和管壁之间的摩擦阻力最小。这意味着粗骨料含量要高，但其级配应使其空隙率低一些，只需要由较少的细颗粒来产生"阻塞过滤"效应。

　　砂子较细时粗骨料用量应多一些。例如 ACI 304.2R[4.114]中推荐：对于骨料最大粒径为 20mm 的情况，当砂子细度模数为 2.4 时，粗骨料体积分数约为 0.56~0.66；而细度模数为 3.0 时，对应体积分数为 0.50~0.60。因为插捣干骨料（见第 3.10 节）自动补偿了颗粒形状差异，这个值对圆形或棱角形骨料均适用。注意干骨料插捣是基于 ASTM C 29-09 的试验方法，得到的是干骨料插捣后的体积与混凝土的体积之比，这个比例与常用的单方混凝土中粗骨料的质量比完全不同。

符合 ASTM C 33-08 要求的砂子，在严格遵循指标限值的前提下，可用于泵送混凝土。经验表明，泵管直径小于 125mm 时，15%～30% 的砂子应通过 300μm（50 号）的筛子，5%～10% 的砂子应通过 150μm（100 号）筛子[4.114]，若不满足上述条件，可增加一些很细的材料如石粉或粉煤灰。在机制砂中混合掺入少量颗粒呈球形的河砂更有利于泵送[4.114]。经验级配见表 4.6。

表 4. 6　泵送混凝土推荐使用的骨料级配（摘自 ACI 304.2R-11）[4.114]

尺　寸		累计筛余百分率	
公制	ASTM	最大尺寸 25mm	最大尺寸 20mm
25mm	1 英寸	100	—
20mm	$\frac{3}{4}$ 英寸	80～88	100
13mm	$\frac{1}{2}$ 英寸	64～75	75～82
9.50mm	$\frac{3}{8}$ 英寸	55～70	61～72
4.75mm	No.4	40～58	40～58
2.36mm	No.8	28～47	28～47
1.18mm	No.16	18～35	18～35
600μm	No.30	12～25	12～25
300μm	No.50	7～14	7～14
150μm	No.100	3～8	3～8
75μm	No.200	0	0

英国的试验[4.49]表明，在一般情况下，按体积计算，最小水泥用量（假定混凝土容重为 2450 kg/m³）应等于骨料的空隙率对应的体积，包含除水泥之外很细的材料和骨料间的空隙。水泥用量和空隙率之间关系对可泵性影响的特征曲线见图 4.22[4.50]。但应指出，理论计算的意义不大，因为骨料颗粒形状也影响其空隙率。图 4.23 给出了一些试验数据，表明泵送富含水泥的混凝土时，有时超过了可泵性的上限[4.59]。

应注意：限制或减小管道直径会使压力突然上升，从而引起骨料离析，此时水泥浆越过"障碍物"前移，但骨料却留在原处[4.31]。

泵送混凝土拌合物配合比优化时要考虑骨料形状的影响，球形或者棱角形粗骨料均可使用，不过后者需要更大的砂浆体积[4.114]。一般而言，天然砂特别适合于泵送，因为天然砂呈球形，其级配的连续性也比机制砂好，后者每一种粒度级配中粒径变化不大。由于上述原因，使得使用天然砂时空隙率低[4.49]。另一方面，将不同粒级的机制砂混合，可获得合适的空隙率。然而应小心的是许多机制砂可能缺少 300～600μm 范围的颗粒（No.50～30 ASTM 筛），而比 150μm（No.100 筛）细的颗粒却富余。在使用碎石制成的粗骨料时需记住有石粉，石粉对细骨料级配的影响必须考虑。一般来说，使用破碎岩石制造粗骨料时，细骨料的用量应该提高 2% 左右[4.51]。

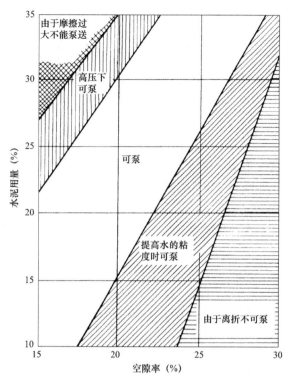

图 4.22 水泥用量和骨料空隙率与混凝土可泵性的关系[4.50]

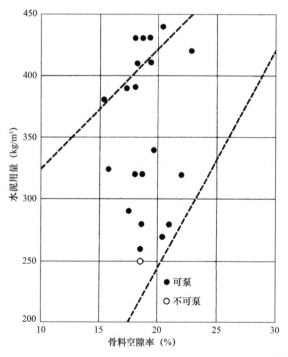

图 4.23 具有各种空隙的骨料对混凝土可泵性的限制[4.59]

流态混凝土可以泵送施工，但要提高砂率增大稠度[4.119]。

任何选好配合比的混凝土泵送前要进行试验测试。尽管可以通过实验室泵送试验来预测混凝土的可泵性[4.79]，还需在工地条件下对此配合比进行检验，包括对泵送设备、泵送距离的测试。

有些泵送剂[4.67]可提高拌合物的黏聚性，其原理是提高水的黏度及泵管壁的润滑。泵送剂只是作为配合比设计的辅助手段，不能取代后者。在混凝土中引入适量气体，如 5%～6% 的气体对泵送有帮助[4.79]，但过多的空气会减少泵送效率，因为空气会被压缩。

4.15.4 泵送轻骨料混凝土

在泵送技术发展早期，轻骨料混凝土难以泵送，因为轻骨料表面不是封闭的，在压力下骨料孔隙中的空气被压缩，水分被压入孔隙，拌合物因变干而难以泵送。

有人提出将粗细骨料预湿吸水 2～3d 或者快速真空饱和吸水[4.114]。尽管吸进去的水不会成为拌合物中自由水的一部分（见第 6.2 节），但它确实会影响基于质量比的配合比。有报道目前可将轻骨料混凝土泵送到 320m 高。

使用水饱和的骨料可能对混凝土抗冻性造成影响，所以这种混凝土在暴露于冻融环境之前可能需要几个星期的养护[4.114]。但是当温度很低时，仅依赖养护时间是不够的，需要使用低吸水性骨料，同时加入一种特殊的外加剂。这种外加剂在拌合时能进入骨料表面孔隙，当水泥开始水化时周围 pH 值升高，外加剂的黏度增加，形成一层高黏性的隔离层，可以阻挡在泵压下水进入骨料[4.82]。

4.16 喷射混凝土

喷射混凝土是通过软管在高速气压下将砂浆或混凝土喷射到有背衬的表面上。喷枪喷射在作业面上的力把材料压实了，所以材料能自身支撑，不会下垂或掉落，即使在垂直面和顶面。有些类型的喷射混凝土有其他名称，如喷射水泥砂浆，但只有"喷射混凝土"这个词用得最普遍，而且是欧盟标准术语。

喷射混凝土的性能与常规浇筑的相似配合比的砂浆或混凝土的性能没什么不同，只是该种浇筑方式使喷射混凝土在许多场合有显著优点。同时在应用这种技术时，需要相当的技巧和经验，其质量在很大程度上取决于喷射手的能力，特别是用喷嘴进行施工时的控制。

因为喷射混凝土是用压缩空气喷射到背衬表面，逐层累积，所以只需一侧模板。这显示出喷射混凝土在经济方面的优势，特别是不需要通常的模板约束。另一方面，喷射混凝土中水泥用量较高，与普通浇筑相比所需设备和操作方式成本较高。因此，喷射混凝土主要用于某些类型的工程——薄的、配筋少的断面，如屋盖，特殊壳体或折板、隧道衬砌及预应力罐等。喷射混凝土也用于修补破损的混凝土，加固边坡，包裹钢材起到防火作用，以及作为混凝土、砌体或钢结构上的罩面层。如果喷射混凝土用于有流水的表面，则需加入可急凝的速凝剂，如洗涤用的苏打粉。这种材料对强度有不利影响，但该材料是进行此类修补工程不可少的。BS EN 934-5:2007 中指明了喷射混凝土中可用的外加剂。一般情况下，喷射混凝土厚度的上限为 100mm。

喷射混凝土主要有两种施工方法。第一种是干喷法（在世界许多地方是较常用的一种方法），水泥和骨料均匀拌合并喂入机械给料器或喷枪。干拌合物由喂料轮或分料器（以一定速度）送入软管中，借助压缩空气流被带到送料喷嘴。喷嘴中装有多孔的支管，水在此处压入并与其他组分充分拌合。这时，拌合物被高速气流喷到作业面上，形成喷射混凝土。

第二种是湿喷，其特点是所有组分，包括拌合水在内，从开始时就一起拌合好。拌合物送入输送设备的料室中，再由气动或者主动位移机构输送出去。湿喷可使用如图 4-21 所示的泵。压缩空气（当前面过程是气动时需另外的空气）在喷嘴处注入，拌合物被喷射到面层形成喷射混凝土。

上述两种方法均能生产出优质的喷射混凝土，但干喷法更适用于多孔骨料和速凝剂一起使用，能够长距离输送，也适用间歇式施工[4.34]。拌合物的稠度可在喷嘴直接调节，可获得高达 50MPa 的强度[4.34]。湿喷法的优点在于能更好地控制拌合水的数量（计量添加，而不是凭喷射手的经验判断）和所用外加剂的量，并且湿喷法产生的粉尘少，带来的回弹也少。此方法适用于大体积的喷射量。

因属于高速喷射的冲击，不是所有喷到表面层的混凝土都能保持原位，有些材料发生回弹。这些材料包括拌合物中最粗的颗粒，导致施工现场喷射后的混凝土要比预拌的拌合物配合比更富浆一些。这会引起收缩增加。回弹在第一层中最大，随着喷射混凝土逐渐累积成塑性的缓冲垫，回弹变小。典型的材料回弹百分率如下[4.34]：

	干法	湿法
楼板和平板	5～15	0～5
斜坡和垂直面层	15～30	5～10
拱腹上	25～50	10～20

回弹造成材料浪费，尚不是很大问题，更大的麻烦在于回弹颗粒集聚在将要进行湿喷作业的位置上，在此位置，接着又喷射新的一层混凝土。如果回弹料集聚于内角、墙基、配筋或预埋管的后面，及水平表面层上，上述现象会发生。因此喷射混凝土施工时必须特别小心，而且不宜使用粗钢筋，此种钢筋也会引起在障碍物后面形成未喷射到的空洞。

喷射混凝土必须有相对干的稠度，这样材料能支撑其自身于任何位置；同时，拌合物应有足够湿度来获取密实效果，不至于有过量回弹。干喷法常用的水灰比为 0.30～0.50；湿喷法是 0.40～0.55[4.34]，表 4.7 给出了推荐的骨料级配。喷射混凝土的养护特别重要，因为其表面积与体积之比比大，干燥速度快。美国混凝土协会标准 ACI 506R-90[4.34] 和欧标 BS EN 14487-2:2006 提出了可供参考的养护方法。

表 4.7　喷射混凝土推荐使用的骨料级配[4.34]

筛 分 尺 寸		累计筛余百分率		
英国标准	ASTM	级配 1	级配 2	级配 3
19mm	$\frac{3}{4}$英寸	—	—	100
12mm	$\frac{1}{2}$英寸	—	100	80～95
10mm	$\frac{3}{8}$英寸	100	90～100	70～90

续表

筛 分 尺 寸		累计筛余百分率		
英国标准	ASTM	级配 1	级配 2	级配 3
4.75mm	NO.4	95～100	70～85	50～70
2.40mm	NO.8	80～100	50～70	35～55
1.20mm	NO.16	50～85	35～55	20～40
600μm	NO.30	25～60	20～35	10～30
300μm	NO.50	10～30	8～20	5～17
150μm	NO.100	2～10	2～10	2～10

喷射混凝土的耐久性和普通混凝土相当，唯一担心的是抗冻性，尤其是在盐水环境中[4.91]。湿喷过程中的引气可能有些正面作用，但要达到足够低的气泡间隔系数（见第 11.2 节）有困难[4.94]。不过，使用硅灰作为掺合料（取代 7%～11% 水泥）可使抗冻能力满足要求[4.95]。一般来说，加入水泥质量 10%～15% 的硅灰，可提高拌合物的黏聚性和黏结力，减少回弹[4.32]。喷射混凝土可在早龄期就投入使用[4.96]。若需要更快硬化，可在干喷中使用调凝水泥[4.92]，此种喷射混凝土的耐久性也是符合要求的。

4.17　水下混凝土

在水下浇筑混凝土会遇到特殊问题。首先要避免水冲刷混凝土，因此在浇筑时要使用预埋的钢管，将其埋入已浇筑但还有触变性的混凝土中。这根钢管被称为"导管"，它在浇筑过程中都是充满混凝土的。可以说导管法浇筑混凝土类似于泵送，但混凝土仅靠重力实现流动，已有在 250m 深度浇筑水下混凝土的工程。

持续浇筑使混凝土横向流动，拌合物必须有适当的流变参数，不过这些特征难以被直接观察到。所需的坍落度大致为 150～250mm，主要取决于预埋件多少。加入抗分散剂很有必要[4.100]，可使泵送或移动的混凝土能流动，而当混凝土静止时，黏度很高[4.98]。

传统做法是使用相对富水泥的配合比，水泥用量至少 360kg/m³，内掺 15% 火山灰材料提高混凝土的流动性[4.76]。但 Gerwick 和 Holland[4.100] 指出，在水下浇筑大体积混凝土时，靠近中心的混凝土温度可升至 70℃～95℃，接下来冷却过程中可能导致开裂。若混凝土中没有配筋，裂缝可能很宽。鉴于此，Gerwick 和 Holland[4.100] 建议胶凝材料配比采用 16% 硅酸盐水泥、78% 粗磨矿渣粉和 6% 硅灰。混凝土进入导管前预冷到 4℃，混凝土一般采用 0.40～0.45 的水灰比。

水下浇筑混凝土是一项精细的工作，若操作不当，会导致无法查明的严重后果，所以工程中应由经验丰富的队伍来实施。

4.18　预置骨料混凝土

这种混凝土的生产分为两个阶段。第一阶段，将单一粒级的粗骨料放入模板，圆形或棱角形骨料均可。在配筋密集部位，要将骨料压实。骨料大约占据要浇筑体积的 65%～70%，剩余体积在第二阶段用砂浆灌实。

很明显最终混凝土中骨料是间断级配的。表 4.8、表 4.9 分别给出了典型的粗、细骨料级配。骨料颗粒达到最佳密实，理论上能带来很大好处，但实际中也不一定必需。

粗骨料不应含有杂质和尘土，拌合时若不将这些东西排除，会降低黏结力。现场冲洗骨料不好，因为这样会让低注处集聚洗下来的骨料尘土，浇筑后形成薄弱区域。在灌浆之前，必须将粗骨料完全浸湿或使之达到饱和吸水量。

表 4.8　预制骨料混凝土粗骨料的典型级配[4.75]

筛分尺寸	38mm	25mm	19mm	13mm	10mm
累计筛余百分率	95～100	40～80	20～45	0～10	0～2

表 4.9　预制骨料混凝土细骨料的典型级配[4.75]

筛分尺寸	2.36mm	1.18mm	600μm	300μm	150μm	75μm
累计筛余百分率	100	95～100	55～80	30～55	10～30	0～10

第二阶段是通过压力经管子灌注砂浆，典型管子直径是 35mm，以中心距 2m 间隔布置，从底部开始，慢慢向上拔出。混凝土可以泵送很长距离。ACI 304.1R-92[4.75] 给出了多种砂浆浇筑技术。

典型砂浆组成中硅酸盐水泥与火山灰材料质量比是 2.5∶1～3.5∶1。用这些胶凝材料制备砂浆时其与砂子的质量比是 1∶1～1∶1.5，水灰比是 0.42～0.50。为了提高砂浆的流动性并使其固体成分保持悬浮状态，加入了灌注剂。灌注剂多少会延缓砂浆凝结，它本身含有少量铝粉，使砂浆在凝结前有轻微膨胀。砂浆的常用强度是 40MPa，也可以达到更高的强度[4.75]。

预置骨料混凝土可以在普通浇筑技术无法实施操作的地方进行操作，也能在含有大量需精确定位的预埋件的断面浇筑，例如核防护罩。此时，因为粗细骨料分别放置，重骨料特别是像防护罩用的钢骨料的离析现象就消除了。在此种情况下不宜使用火山灰，因为火山灰会降低混凝土的密实度，水化固定的水分也少一些[4.63]。由于离析减少了，预置骨料混凝土也适用于水下施工。

预置骨料混凝土的干缩比普通混凝土低，通常为 $200×10^{-6}$～$400×10^{-6}$。收缩减少是由于粗骨料之间是点与点接触，没有普通混凝土中需要的水泥砂浆去填充粗骨料之间的空隙。这种接触对收缩有限制作用，但有时也有裂缝产生。由于收缩小，预置骨料混凝土适用于拦水工程和大的整体现浇构筑物及修补工程。预置骨料混凝土的低透水性使其具有较高的抗冻性。

预置骨料混凝土也可用于大体积施工，此时需做好温升控制：要降温时可在骨料周围布置循环冷却水，之后砂浆上升将水排出；在另一极端情况下，天气太寒冷，则可用蒸汽循环预热骨料，防止混凝土冻坏。

预置骨料混凝土也可用作骨料外露装饰面：将特殊骨料铺设在混凝土表层，用喷砂或酸洗方法使表面骨料外露。

预置骨料混凝土有很多有用的特性，但由于大量的操作较难，要想取得良好的应用效果，需要很高的技术和经验。

4.19 混凝土的振动

混凝土振实的目的是获得最大密度，也称为"固结"，为达到目的，最古老的方法是打夯或插捣，但现今这些方法很少使用了，常用密实方法是振动。

当混凝土新浇入模具中，气泡会占据体积的 5%（高流动性拌合物）或 20%（低坍落度混凝土）。振动可使拌合物中的砂浆流化，减少内部摩擦力，让粗骨料密实起来。为使粗骨料之间能紧密堆积，颗粒形状十分重要（见第 3.4 节）。持续的振动可将大部分拌合物中的空气驱赶出去，但将其完全排除干净通常是做不到的。

振动必须均匀施加在整个拌合物上，否则混凝土一部分尚未充分密实，而其他部分已经因过振导致离析。不过，若拌合物级配良好、足够结实，过振的危害大部分可以消除。为达到最有效的密实效果，不同振动器对混凝土的稠度要求不一样，即混凝土的稠度要和振动棒的特征相匹配。注意对流态混凝土而言，尽管它可以自流平，但仅靠重力它是难以完全密实的；与普通混凝土相比，其施加振捣的时间可缩短一半[4.47]。

关于混凝土振实，Mass 以及 ACI 309R-87[4.47] 都给出了实用的指导。

4.19.1 内部振动器

在几种振动器中，内部振动器最为普通。该设备主要是一根棒，里面装有一个偏心轴，由马达通过软轴驱动。插入式振动器插入混凝土中，给混凝土施加类似谐振力，因此它又称为插入式振动器或浸入式振动器。

插入混凝土中的振捣器振动频率可高达 12000 转/min，最低的建议频率为 3500～5000 转/min，加速度不小于 4g，不过最近认为 4000～7000 转/min 的频率更合适。

插入式振动器容易从一处移动到另一处，每处振动四周 0.5～1m 范围 5～30s，振动时间视拌合物的稠度而定，对有些拌合物，振动时间可能需要 2min。ACI 301.R-93[474] 中讨论了插入式振动器半径、频率及振幅之间的关系。

是否真正达到密实可从观察混凝土表面来判断，表面不应有蜂窝状或含有过量砂浆。插入式振动器应慢慢从混凝土中抽出，速度大约每秒 80mm[4.17]，这样振动留下的空隙会完全弥合，而不截留空气。振捣时必须插入新浇混凝土层的底部，如果其下面的混凝土层仍然是塑性的，或能使其回到塑性状态，则应插入这一层混凝土中。用这种方法可避免两层交界处的薄弱面，得到整体性好的混凝土。当每一层厚大于 0.5m 时，插入式振动器不能有效地把空气从这一层的下部完全赶走。插入式振动器难以驱除边模旁边混凝土内的空气，因此在贴边处需要采用平板振动方式，模具上使用吸水性衬里对此也有用。

与其他类型振动器不同，内振动器比较有效，因为所有的功完全作用于混凝土。插入式振动器可将尺寸做成直径小于 20mm，这样甚至能用于密集配筋和难以振捣的地方。ACI 309R-87[4.73] 中提供了内部振动器及型号选取的信息，有些国家还有机器人操作的内部振动器。

4.19.2 外振动器

这种振动器牢靠固定在受到弹性支撑的模板上，这样模板和混凝土都受到振动。此过程大部分功用于振动模板，所以后者必须牢固，以免扭曲和漏浆。

外部振动器的原理和内振动器相同，但其频率通常在 3000～6000 次 /min 之间，有些能达到 9000 转 /min。要对振动器厂商提供的参数仔细检查，有时标出的是"脉冲"，一个脉冲仅是 1/2 次。垦务局[4.7]建议的频率至少为 8000 次 /min，输出功率为 80～1100W。

外振动器用于预制或现浇某种薄断面构件时，此时按其形状和厚度来说不能使用内振动器。对断面厚度 600mm 以内，外振动器是有效的[4.73]。

当使用外振动器时，混凝土必须以适宜的厚度逐层浇筑，因为若混凝土厚度太大，空气就无法赶出去。如果厚度达到 750mm，振动器的位置必须随着浇筑作业进展而改变[4.73]。

在不易操作的位置可使用轻便的非夹紧式外振动器，但这种振动器的密实范围是很有限的。还有一种振动器称为振动夯，可用于夯实混凝土试块。

4.19.3 振动台

这可以认为是模板紧固在振动器上，不像前述类型，但混凝土和模板一起振动的原理没有改变。

振动源与前述类型相同的。一般是快速旋转偏心重块使平台以圆周运动方式振动。两个轴以相反方向旋转，振动的水平部分互相抵消，平台仅在垂直方向做简谐运动。还有一些小型的振动台，由交流电电磁体操作。所用的频率范围介于 50Hz 和约 120Hz 之间。需要的加速度约 4～7g[4.17]。一般认为压实所需的加速度和振幅最小值分别是约 1.5g 和 40μm[4.18]。但使用这些数值时，必须振动较长的时间。对于简谐运动，振幅 a 和频率 f 的关系，如下式：

$$加速度 = a(2\pi f)^2$$

在实验室内，当需振动不同尺寸的混凝土断面时，必须用有可变振幅的振动台，可变振动频率是其另一个优点。

其实，在实际压实过程中，频率很少发生变化，但至少从理论上说，在固结进行过程中，增加频率、减少振幅有很大好处。其道理在于，拌合物的颗粒一开始就是散开的，诱发的运动程度必须与之适应。另一方面，一旦发生了部分压实的情况，用较高频率可以在一定时间内允许有较大量的调整运动；减少振幅意味着在空间里运动程度不算太大。与颗粒空隙相比太大振幅的振动将产生拌合物连续流动状态，此时不可能获得完全密实效果。Bresson 和 Brusin[4.71]发现，每一种拌合物都有一个最适合的振动能的使用量，并且最好将频率和加速度作各种各样的搭配。但是很难预测出配合比参数的最佳值。

对预制混凝土而言，振动台提供了一种可靠的密实方法，并且具有处理一致的优越性。

另一种振动台是冲击台，在英国一些预制工厂使用，而荷兰和丹麦应用更普遍。这种压实过程的原理与前述高频振动不同，在冲击台中，强烈的垂直冲击速度约为 2～4 次 /s。冲击是由落距为 3～13mm 的垂直落锤引起的，可用凸轮方法得到这一结果。在混凝土按浅层浇灌于模板的同时进行冲击处理，曾报道取得过极好效果。但此过程非常特殊，没有广泛应用。

4.19.4　其他振动器

为适应特殊目的，发展了多种振动器，此处简略谈几种。

表面振动器，通过平板把振动直接施加到混凝土表面。这样，混凝土在各个方向都受约束，抑制了离析倾向，可以更剧烈振动。

如果用在大的平整区域，如 100mm×100mm，可使用振动夯作表面振动器。振动夯的主要用途是将试块压实。

振动碾用于压实薄板。道路工程中，有各种振动板和整修机，详见 ACI 309R-87[4.73]。电动镘刀，主要用于人造石地面，使人造石与混凝土基层结合，更多是收光时的一种工具而非仅用于压实。

4.20　二次振动

通常是在混凝土浇筑后立即振动，这样在混凝土硬化之前逐渐完成压实。前面各节谈的都是这种振动。

然而，有人曾经提到为了保证上下各层之间的良好结合，若下面一层仍能获得塑性，则该层的上部必须再次振动；由沉降引起的裂缝和内部泌水作用可因此而消除掉。

那么问题来了：二次振动是否可以普遍采用？试验结果表明，混凝土从搅拌开始可连续再次振动时间[4.19]约 4h，前提是振动棒靠自身重量可以沉入混凝土中[4.72]。浇筑 1~2h 再次振动，混凝土 28d 抗压强度提高，见图 4.24。该图比较的是振动总时间相同的情况，或者是浇筑之后立即振动，或者是振动一会儿停下来，根据指定的间隔振动，但总时间一致。有数据表明强度增长达 14%[4.19]，但是实际数值取决于拌合物的和易性和具体操作过程，也有人报道强度增长为 3%~9%[4.80]。一般而言，早期强度的提高更为明显，有泌水[4.20]倾向的混凝土强度提高最大，因为振动将截留的水赶出去了。同样道理，振动可显著提高水密性[4.72]，以及表层混凝土中配筋和混凝土之间的黏结，因为该处截留的泌水被排出了。强度改善的另一可能原因是骨料颗粒周围的塑性收缩应力消除了。

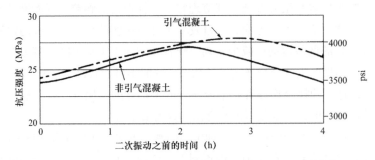

图 4.24　28 天抗压强度与二次振动时间之间的关系[4.19]

尽管有上述优点，二次振动仍然未被广泛采用，因其给混凝土生产增加了一道工序，会带来费用增加；而且，如果二次振动应用时间过迟，会对混凝土造成伤害。

4.21　真空脱水混凝土

真空脱水处理工艺是同时解决高和易性要求与最小水灰比矛盾问题的方法之一。

操作程序简述如下：将中等和易性新拌混凝土按普通方法浇筑入模；因新浇的混凝土包含连续充水微管系统，采用真空方法处理混凝土表面可使大量水从一定深度的混凝土中抽取出来。也就是说，将那些不再需要的"维持和易性的水"排除掉。注意只有面层上的气泡被除掉，因这些气泡并不形成连通系统。

这样处理后，凝结前的最终水灰比降低了，此值对强度很重要，所以真空处理混凝土比用其他方法制得的混凝土具有较高强度，也有较高密实度、较低的渗透性、较好的耐久性，也会提高混凝土耐磨性。但是，被抽取出来的水一部分还留在孔隙里，因此理论上将水排除所带来的全部优点不可能都实现[4.54]。实际上，通过真空处理所提高的强度在一定范围内与排除掉的水的数量成比例，达到临界值后，强度不会显著增加，因此长时间进行真空处理是不可取的。临界值的大小取决于混凝土的厚度和配合比[4.55]。尽管如此，经过真空处理的混凝土的强度大体上随最后的水灰比变化，如图 4.25 所示。

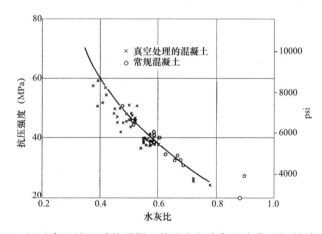

图 4.25　经过真空处理后的混凝土的强度与水灰比变化之间的关系[4.55]

施加真空是通过多孔网片连接真空泵来实现，网片放在细的过滤架上，起到阻挡水泥随水一起排出的作用。网片可以在混凝土找平后立即放在上面，也可以事先放置于模板内表面。

真空是由真空泵产生的，它的能力受网片周长而不是面积控制。施加的真空度常为0.08MPa，此时可以减少 20% 的含水量，越接近网片，减少水量越大，通常认为抽吸作用的有效深度为 100～150mm。排出水导致的混凝土沉降约为真空抽吸厚度的 3%。水的排出速度随时间的增长而减少，经验表明 15～25min 的真空作业是最经济的，30min 后，混凝土含水量基本不减少了。

严格地讲，在真空处理期间不发生吸水现象，只是低于大气压的压降传递到了新拌混凝土孔隙中的液体上，即意味着大气压力密实作用。因此，排出的水量等于混凝土全部体积的压缩量，不会导致孔隙出现。然而，实际生产中会形成一些孔隙，有时会看到对于相同的最终水灰比，普通混凝土的强度还稍高于真空处理的混凝土，注意图 4.25 中有这种情况。

若在真空处理后，再用间歇振动，可以防止孔隙产生；在这种情况下，混凝土可达到较高的密实程度，而且吸出的水量可能增大 1 倍。在 Garnett 的试验中[4.21]，真空处理 20min，并且在第 4～8min，以及第 14～18min 之间振动，试验效果良好。

真空处理工艺可用于范围相当大的骨料／水泥比和骨料级配，但是，处理较粗的骨料级配比较细的骨料会排出更多的水。另外，一些最细的材料在处理过程中会被吸走，细掺合料，如火山灰材料不宜加到拌合物中。推荐拌合物中水泥用量不超过 350kg/m³，使用减水剂，且坍落度不超过 120mm[4.109]。

真空处理过的混凝土很快就硬化，一般浇筑后 30min 之内即可拆模，即使是高 4.5m 的柱子也没问题。这在经济方面具有优势，特别是在预制厂里，模板可以较快周转。注意正常的混凝土养护仍是必须的。

真空处理后混凝土表面没有麻面，且最外层 1mm 具有较高的耐磨性。这些特点对于将来服役环境中有高速水流的混凝土特别重要。真空处理混凝土另一个特性是它与老混凝土结合性能好，因此可用于翻修路面板和其他修补工程。所以真空处理工艺颇有价值，在一些国家广泛应用，尤其用于板类及地面工程[4.54]。

4.21.1　可渗透模板

最近出现一种使用渗透性模板的技术，某种程度上其概念类似真空脱水。在竖向构件表面的模板构成为：将聚丙烯织物贴在胶合板面上，胶合板上有排水小孔。这样模板起到过滤作用，空气及泌水可以排走，绝大部分水泥仍留在混凝土中。有资料说使用这种模板，混凝土单方水泥用量提高了 20～70kg/m³[4.93]。

除降低模板压力外，渗透性模板可将表层混凝土的水胶比降低，影响范围大概 20mm，靠近模板处水灰比可降低 0.15，到 20mm 深度影响可以忽略[4.99]。水灰比显著降低对减小表层混凝土吸水性、渗透性十分有效，这对耐久性十分重要。但要注意，上述 20mm 仍小于实际暴露条件下结构中钢筋的保护层厚度。表层硬度提高了，也增强了混凝土抗气蚀及其他侵蚀的能力。

因为多余拌合水中不少从渗透性模板出去了，上部表面的泌水就减少了。这样表面的收光可早些进行，但若四周环境存在快速干燥问题，缺少泌水可能导致塑性开裂，需要采取适当措施避免这一问题。

使用渗透性模板后，混凝土表面消除了泌水条纹和气泡导致的麻点，提升了外露表面的外观效果。模板拆除后仍需湿养护，不过缺少湿养护带来的危害没有采用常规非渗透模板时那么严重。

4.22　新拌混凝土分析

在考虑新拌混凝土的组成成分时，我们一直假设实际的比例是符合原配合比设计的。现代的搅拌厂可提供每盘混凝土的材料用量记录，但对骨料级配、骨料含水量这些参数的信息并不详尽（见第 3.11 节）。进一步说，若每盘混凝土材料用量记录在所有情况下都非常可靠时，就没有必要去检验硬化混凝土的强度。然而在实际中，过失、错误，甚至谨慎的行为均会导致配料错误，并且有时需要在早期对拌合物的成分进行分析，确定这些数值的过程可称为新拌混凝土的分析，其中两个最重要的参数是水泥用量和水灰比。

ASTM已经废弃了检测混凝土中水泥、水含量的方法，参考文献[4.57]、[4.84]和[4.85]中所给出的快速分析方法还未被证明是成功的。

美国陆军[4.77]采取的试验方法，用氯滴定试验测定含水量，用钙滴定试验测定水泥含量。上述试验就可就地进行，一刻钟内可取得结果。不过无法将小于150μm的细小石灰质骨料粉和水泥分开。

Naik和Ramme[4.86]提出用浮力原理测定拌合物水灰比的方法，但需知道拌合物中骨料与水泥的比例，这是不易确定的数值。

有人提出了压力-过滤法[4.36]，用过滤和压干方法把小于150μm的材料分离出来，水泥的重量是以这部分的重量，再以这批材料中骨料中小于150μm的部分进行校正而得。这可能是误差的一个来源。也有人研究一种通过浮选将水泥分开的方法。[4.81]

测定新拌混凝土水泥含量另一个完全不同的方法是用重液体和离心机把水泥分离开进行测定[4.38]。该方法并不十分成功，特别是当最细骨料颗粒的密度并不大大低于水泥密度时。

最近有一种方法是将一个探头插入新拌混凝土，通过检测其电阻率来表征拌合物的水灰比[4.124]。此方法仅适用于给定配合比的拌合物，电阻率的偏移表明拌合物偏离了期望的水灰比。

此外，通过估算热中子的离散度也可以测出骨料和新拌混凝土的含水量，热中子来自安放在骨料堆或拌合物试样中的辐射源[4.69]。氢是影响热中子散射和减速的最主要成分，由于氢只是与水结合，因此核子测定法检测含水量的精确度可以达到±0.3%。采用这种技术还需考虑骨料的干密度，其数值是根据第二辐射源的γ射线的反向散射测算出来的。全套装置包括γ射线和热中子辐射源、中子和闪烁检测器、联合计数器。校准需在现场进行，这个过程比较费时间，有人建议采用微波炉来进行干燥。

综上可知，目前尚无可靠、实用的方法来检测新拌混凝土的水灰比。实际上，目前还没有一种检测分析新拌混凝土成分的方法，可方便可靠地对混凝土进行验收。

4.23　自充填（密实）混凝土

这种混凝土（美国人称之为SCC——自密实混凝土）无需振捣即可排出空气，绕过钢筋之类的障碍物，填充模板内的所有空间。对于有复杂预应力筋及靠近锚具难以振捣的区域，这种混凝土很适用。振捣作业噪声大，令邻居反感，尤其在夜间或周末施工时。采用自充填混凝土的另一个原因是避免噪声污染。

还有第三个理由，与插入式振捣器对身体带来的影响有关，长期紧握振捣棒会损害神经和血管，导致所谓的"白手指"或"手震颤"综合征，这当然是社会不愿看到的现象。在英国有专门的规定如何使用手持式振捣棒。目前，自充填混凝土在英国用的不多；日本、瑞典、荷兰在自充填混凝土领域是领导者。美国的预制混凝土学会（PCI）有一本自密实混凝土指南，ACI也有很好的指南：237R-07。

有趣的是，日本发展自充填混凝土的初始想法是尽量减少使用不熟练的劳动力。无疑自密实混凝土在不久的将来会应用更广泛，甚至可用于轻骨料混凝土领域。

要具备三种特征才可被定义为自充填混凝土：流动性、能通过密集钢筋、抗离析。目前可以分别检测上述三种性能，但综合检测方法尚未标准化（国际标准化组织在 2018 年发布了新拌自密实混凝土的试验方法：ISO 1920-13：2018——译者注）。2010 年 BS EN 12350 增加了下述内容：第 8 部分"坍落扩展度"、第 9 部分"V 形漏斗试验"、第 10 部分"L 形箱试验"、第 11 部分"筛分离试验"、第 12 部分"J 环试验"。

使混凝土达到自充填的方法有：使用更多细料（比 600μm 更细）；用黏度调节剂获得合适黏度；W/C 约为 0.4；使用高效减水剂；优选骨料形状及表面构造；少用粗骨料（体积占比低于 50%），这样可减少骨料间的嵌锁，虽然嵌锁有利于抗剪强度。此外显然还需对下料精度进行控制。

自充填混凝土对配筋密集的任何构件以及现场或预制件中有瓶颈结构的混凝土是非常有效的，唯一限制是其顶面必须是水平的。近期相关标准有 BS EN 206-9：2010 和 ASTM C 1712-09。

参考文献

4.1　W. H. GLANVILLE, A. R. COLLINS and D. D. MATTHEWS, The grading of aggregates and workability of concrete, *Road Research Tech. Paper No. 5* (London, HMSO, 1947).

4.2　NATIONAL READY-MIXED CONCRETE ASSOCIATION, *Outline and Tables for Proportioning Normal Weight Concrete*, 6 pp. (Silver Spring, Maryland, Oct. 1993).

4.3　ROAD RESEARCH LABORATORY: Design of concrete mixes, *D.S.I.R. Road Note No. 4* (London, HMSO, 1950).

4.4　A. R. CUSENS, The measurement of the workability of dry concrete mixes, *Mag. Concr. Res.,* **8**, No. 22, pp. 23–30 (1956).

4.5　T. C. POWERS, Studies of workability of concrete, *J. Amer. Concr. Inst.,* **28**, pp. 419–48 (1932).

4.6　J. W. KELLY and M. POLIVKA, Ball test for field control of concrete consistency, *J. Amer. Concr. Inst.,* **51**, pp. 881–8 (May 1955).

4.7　U.S. BUREAU of RECLAMATION, *Concrete Manual*, 8th Edn (Denver, 1975).

4.8　P. KLIEGER, Effect of mixing and curing temperature on concrete strength, *J. Amer. Concr. Inst.,* **54**, pp. 1063–81 (June 1958).

4.9　F. M. LEA, *The Chemistry of Cement and Concrete* (London, Arnold, 1956).

4.10　T. C. POWERS, The bleeding of portland cement paste, mortar and concrete, *Portl. Cem. Assoc. Bull. No. 2* (Chicago, July 1939).

4.11　H. H. STEINOUR, Further studies of the bleeding of portland cement paste, *Portl. Cem. Assoc. Bull. No. 4* (Chicago, Dec. 1945).

4.12　I. L. TYLER, Uniformity, segregation and bleeding, *ASTM Sp. Tech. Publ. No. 169*, pp. 37–41 (1956).

4.13　B. C. DOELL, Effect of algae infested water on the strength of concrete, *J. Amer. Concr. Inst.,* **51**, pp. 333–42 (Dec. 1954).

4.14　J. D. DEWAR, Relations between various workability control tests for ready-mixed concrete, *Cement Concr. Assoc. Tech. Report TRA/375* (London, Feb. 1964).

4.15　H. H. STEINOUR, Concrete mix water – how impure can it be? *J. Portl. Cem. Assoc. Research and Development Laboratories*, *3*, No. 3, pp. 32–50 (Sept. 1960).

4.16　W. J. MCCOY, Water for mixing and curing concrete, *ASTM Sp. Tech. Publ. No. 169*, pp. 355–60 (1956).

4.17　Joint COMMITTEE OF THE I.C.E. AND THE I. STRUCT. E., *The Vibration of Concrete* (London, 1956).

4.18　J. KOLEK, The external vibration of concrete, *Civil Engineering*, **54**, No. 633, pp. 321–5 (London, 1959).

4.19　C. A. VOLLICK, Effects of revibrating concrete, *J. Amer. Concr. Inst.,* **54**, pp. 721–32 (March 1958).

4.20　E. N. MATTISON, Delayed screeding of concrete, *Constructional Review*, **32**, No. 7, p. 30 (Sydney, 1959).

4.21　J. B. GARNETT, The effect of vacuum processing on some properties of concrete, *Cement Concr. Assoc. Tech. Report TRA/326* (London, Oct. 1959).

4.22　R. SHALON and R. C. REINITZ, Mixing time of concrete – technological and economic aspects, *Research Paper No. 7* (Building Research Station, Technion, Haifa, 1958).

4.23　D. A. ABRAMS, Effect of time of mixing on the strength of concrete, *The Canadian Engineer* (25 July, 1 Aug., 8 Aug. 1918, reprinted by Lewis Institute, Chicago).

4.24 G. C. Cook, Effect of time of haul on strength and consistency of ready-mixed concrete, *J. Amer. Concr. Inst.*, **39**, pp. 413–26 (April 1943).

4.25 D. A. Abrams, Tests of impure waters for mixing concrete, *J. Amer. Concr. Inst.*, **20**, pp. 442–86 (1924).

4.26 W. Jurecka, Neuere Entwicklungen und Entwicklungstendenzen von Betonmischern und Mischanlagen, *Österreichischer Ingenieur-Zeitschrift*, **10**, No. 2, pp. 27–43 (1967).

4.27 K. Thomas and W. E. A. Lisk, Effect of sea water from tropical areas on setting times of cements, *Materials and Structures*, 3, No. 14, pp. 101–5 (1970).

4.28 R. C. Meininger, Study of ASTM limits on delivery time, *Nat. Ready-mixed Concr. Assoc. Publ. No. 131*, 17 pp. (Washington DC, Feb. 1969).

4.29 R. Weber, Rohrförderung von Beton, Düsseldorf Beton-Verlag GmbH (1963), The transport of concrete by pipeline (London, *Cement and Concrete Assoc. Translation No. 129*, 1968).

4.30 E. Kempster, Pumpable concrete, *Current Paper 26/69*, 8 pp. (Building Research Station, Garston, 1968).

4.31 E. Kempster, Pumpability of mortars, *Contract Journal*, **217**, pp. 28–30 (4 May 1967).

4.32 T. C. Holland and M. D. Luther, Improving concrete quality with silica fume, in *Concrete and Concrete Construction, Lewis H. Tuthill Int. Symposium*, ACI SP-104, pp. 107–22 (Detroit, Michigan, 1987).

4.33 W. J. McCoy, Mixing and curing water for concrete, *ASTM Sp. Tech. Publ. No. 169B*, pp. 765–73 (1978).

4.34 ACI 506.R-90, Guide to shotcrete, *ACI Manual of Concrete Practice, Part 5: Masonry, Precast Concrete, Special Processes*, 41 pp. (Detroit, Michigan, 1994).

4.35 Building Research Station, Analysis of water encountered in construction, *Digest No. 90* (HMSO, London, July 1956).

4.36 R. Bavelja, A rapid method for the wet analysis of fresh concrete, *Concrete*, 4, No. 9, pp. 351–3 (London, 1970).

4.37 F. P. Nichols, Manufactured sand and crushed stone in portland cement concrete, *Concrete International*, **4**, No. 8, pp. 56–63 (1982).

4.38 W. G. Hime and R. A. Willis, A method for the determination of the cement content of plastic concrete, *ASTM Bull.* No. 209, pp. 37–43 (Oct. 1955).

4.39 A. Mor and D. Ravina, The DIN flow table, *Concrete International*, **8**, No. 12, pp. 53–6 (1986).

4.40 O. Z. Cebeci and A. M. Saatci, Domestic sewage as mixing water in concrete, *ACI Materials Journal*, **86**, No. 5, pp. 503–6 (1989).

4.41 K. W. Nasser, New and simple tester for slump of concrete, *J. Amer. Concr. Inst.*, **73**, pp. 561–5 (Oct. 1976).

4.42 K. W. Nasser and N. M. Rezk, New probe for testing workability and compaction of fresh concrete, *J. Amer. Concr. Inst.*, **69**, pp. 270–5 (May 1972).

4.43 G. H. Tattersall, *Workability and Quality Control of Concrete*, 262 pp. (E & FN Spon, London, 1991).

4.44 E. Neubarth, Einfluss einer Unterschreitung der Mindestmischdauer auf die Betondruckfestigkeit, *Beton*, **20**, No. 12, pp. 537–8 (1970).

4.45 F. W. Beaufait and P. G. Hoadley, Mix time and retempering studies on readymixed concrete, *J. Amer. Concr. Inst.*, **70**, pp. 810–13 (Dec. 1973).

4.46 ACI 116R-90, Cement and concrete terminology, *ACI Manual of Concrete Practice, Part 1: Materials and General Properties of Concrete*, 68 pp. (Detroit, Michigan, 1994).

4.47 L. Forssblad, Need for consolidation of superplasticized concrete mixes, in *Consolidation of Concrete*, Ed. S. H. Gebler, ACI SP-96, pp. 19–37 (Detroit, Michigan, 1987).

4.48 G. Hill Betancourt, Admixtures, workability, vibration and segregation, *Materials and Structures*, **21**, No. 124, pp. 286–8 (1988).

4.49 Department of the Environment, *Guide to Concrete Pumping*, 49 pp. (HMSO, London, 1972).

4.50 A. Johansson and K. Tuutti, Pumped concrete and pumping of concrete, *CBI Research Reports*, 10: 76 (Swedish Cement and Concrete Research Inst., 1976).

4.51 J. R. Illingworth, Concrete pumps – planning considerations, *Concrete*, 5, No. 12, p. 387 (London, 1969).

4.52 M. Mittelacher, Re-evaluating the slump test, *Concrete International*, **14**, No. 10, pp. 53–6 (1992).

4.53 CUR Report, Underwater concrete, *Heron*, **19**, No. 3, 52 pp. (Delft, 1973).

4.54 R. Malinowski and H. Wenander, Factors determining characteristics and composition of vacuum dewatered concrete, *J. Amer. Concr. Inst.*, **72**, pp. 98–101 (March 1975).

4.55 G. Dahl, Vacuum concrete, *CBI Reports*, 7: 75, Part 1, 10 pp. (Swedish Cement and Concrete Research Inst., 1975).

4.56 P. Bartos, *Fresh Concrete*, 292 pp. (Amsterdam, Elsevier, 1992).

4.57 I. Cooper and P. Barber, *Field Investigation of the Accuracy of the Determination of the Cement Content of Fresh Concrete by Use of the C. & C.A. Rapid Analysis Machine (R.A.M.)*, 19 pp. (British Ready Mixed Concrete Assoc., Dec. 1976).

4.58　R. HARD and N. PETERSONS, Workability of concrete – a testing method, *CBI Reports*, 2: 76, pp. 2–12 (Swedish Cement and Concrete Research Inst., 1976).

4.59　A. JOHANSSON, N. PETERSONS and K. TUUTTI, Pumpable concrete and concrete pumping, *CBI Reports*, 2: 76, pp. 13–28 (Swedish Cement and Concrete Research Inst., 1976).

4.60　L. M. MEYER and W. F. PERENCHIO, *Theory of Concrete Slump Loss Related to Use of Chemical Admixtures*, PCA Research and Developmen Bulletin RD069.01T, 8 pp. (Skokie, Illinois, 1980).

4.61　V. DODSON, *Concrete Admixtures*, 211 pp. (New York, Van Nostrand Reinhold, 1990).

4.62　V. S. RAMACHANDRAN, Ed., *Concrete Admixtures Handbook' Properties, Science and Technology*, 626 pp. (New Jersey, Noyes Publications, 1984).

4.63　B. A. LAMBERTON, Preplaced aggregate concrete, *ASTM Sp. Tech. Publ. No. 169B*, pp. 528–38 (1978).

4.64　M. L. BROWN, H. M. JENNINGS and W. B. LEDBETTER, On the generation of heat during the mixing of cement pastes, *Cement and Concrete Research*, **20**, No. 3, pp. 471–4 (1990).

4.65　T. SOSHIRODA, Effects of bleeding and segregation on the internal structure of hardened concrete, in *Properties of Fresh Concrete*, Ed. H.-J. Wierig, pp. 253–60 (London, Chapman and Hall, 1990).

4.66　P. SCHIESSL and R. SCHMIDT, Bleeding of concrete, in *Properties of Fresh Concrete*, Ed. H.-J. Wierig, pp. 24–32 (London, Chapman and Hall, 1990).

4.67　ACI 212.3R-91, Chemical admixtures for concrete, *ACI Manual of Concrete Practice, Part 1: Materials and General Properties of Concrete*, 31 pp. (Detroit, Michigan, 1994).

4.68　Y. YAMAMOTO and S. KOBAYASHI, Effect of temperature on the properties of superplasticized concrete, *ACI Journal*, 83, No. 1, pp. 80–8 (1986).

4.69　J.-P. BARON, Détermination de la teneur en eau des granulats et du béton frais par méthode neutronique, *Rapport de Recherche LPC No. 72*, 56 pp. (Laboratoire Central des Ponts et Chaussées, Nov. 1977).

4.70　ACI 211.3-75, Revised 1987, Reapproved 1992, Standard practice for selecting proportions for no-slump concrete, *ACI Manual of Concrete Practice, Part 1: Materials and General Properties of Concrete*, 19 pp. (Detroit, Michigan, 1994).

4.71　J. BRESSON and M. BRUSIN, Etude de l' influence des paramètres de la vibration sur le comportement des bétons, *CERIB Publication No. 32*, 23 pp. (Centre d' Etudes et de Recherche de l' Industrie du Béton Manufacturé, 1977).

4.72　G. R. MASS, Consolidation of concrete, in *Concrete and Concrete Construction, Lewis H. Tuthill Symposium*, ACI SP 104-10, pp. 185–203 (Detroit, Michigan, 1987).

4.73　ACI 309R-87, Guide for consolidation of concrete, *ACI Manual of Concrete Practice, Part 2: Construction Practices and Inspection Pavements*, 19 pp. (Detroit, Michigan, 1994).

4.74　ACI 309.1 R-93, Behavior of fresh concrete during vibration, *ACI Manual of Concrete Practice, Part 2: Construction Practices and Inspection Pavements*, 19 pp. (Detroit, Michigan, 1994).

4.75　ACI 304.1R-92, Guide for the use of preplaced aggregate concrete for structural and mass concrete applications, *ACI Manual of Concrete Practice, Part 2: Construction Practices and Inspection Pavements*, 19 pp. (Detroit, Michigan, 1994).

4.76　ACI 304.R-89, Guide for measuring, mixing, transporting, and placing concrete, *ACI Manual of Concrete Practice, Part 2: Construction Practices and Inspection Pavements*, 49 pp. (Detroit, Michigan, 1994).

4.77　P. A. Howdyshell, Revised operations guide for a chemical technique to determine water and cement content of fresh concrete, *Technical Report M-212,* 36 pp. (US Army Construction Engineering Research Laboratory, April 1977).

4.78　R. D. GAYNOR, Ready-mixed concrete, in *Significance of Tests and Properties of Concrete and Concrete-Making Materials*, Eds P. Klieger and J. F. Lamond, *ASTM Sp. Tech. Publ. No. 169C*, pp. 511–21 (Philadelphia, Pa, 1994).

4.79　J. F. BEST and R. O. LANE, Testing for optimum pumpability of concrete, *Concrete International*, **2**, No. 10, pp. 9–17 (1980).

4.80　C. MacINNIS and P. W. KOSTENIUK, Effectiveness of revibration and high-speed slurry mixing for producing high-strength concrete. *J. Amer. Concr. Inst.*, **76**, pp. 1255–65 (Dec. 1979).

4.81　E. NÄGELE and H. K. HILSDORF, A new method for cement content determination of fresh concrete, *Cement and Concrete Research*, **10**, No. 1, pp. 23–34 (1980).

4.82　T. YONEZAWA *et al.*, Pumping of lightweight concrete using non-presoaked lightweight aggregate, *Takenaka Technical Report*, No. 39, pp. 119–32 (May 1988).

4.83　F. A. KOZELISKI, Extended mix time concrete, *Concrete International*, **11**, No. 11, pp. 22–6 (1989).

4.84　A. C. EDWARDS and G. D. GOODSALL, Analysis of fresh concrete: repeatability and reproducibility by the rapid analysis machine, *Transport and Road Research Laboratory Supplementary Report 714*, 22 pp. (Crowthorne, U.K. 1982).

4.85　R. K. DHIR, J. G. I. MUNDAY and N. Y. HO, Analysis of fresh concrete: determination of cement content by the rapid analysis machine, *Mag. Concr. Res.*, **34**, No. 119, pp. 59–73 (1982).

4.86　T. R. NAIK and B. W. RAMME, Determination of the water–cement ratio of concrete by the buoyancy principle, *ACI*

Materials Journal, **86**, No. 1, pp. 3–9 (1989).

4.87　Y. Kajioka and T. Fujimori, Automating concrete work in Japan, *Concrete International*, **12**, No. 6, pp. 27–32 (1990).

4.88　K. H. Cheong and S. C. Lee, Strength of retempered concrete. *ACI Materials Journal*, **90**, No. 3, pp. 203–6 (1993).

4.89　G. R. U. Burg, Slump loss, air loss, and field performance of concrete, *ACI Journal*, **80**, No. 4, pp. 332–9 (1983).

4.90　B. J. Hanayneh and R. Y. Itani, Effect of retempering on the engineering properties of superplasticized concrete, *Materials and Structures*, **22**, No. 129, pp. 212–19 (1989).

4.91　G. W. Seegebrecht, A. Litvin and S. H. Gebler, Durability of dry-mix shotcrete *Concrete International*, **11**, No. 10, pp. 47–50 (1989).

4.92　S. H. Gebler, Durability of dry-mix shotcrete containining regulated-set cement *Concrete International*, **11**, No. 10, pp. 56–8 (1989).

4.93　Y. Kasai *et al.*, Comparison of cement contents in concrete surface prepared in permeable form and conventional form, *CAJ Review*, pp. 298–301 (1988).

4.94　D. R. Morgan, Freeze–thaw durability of shotcrete, *Concrete International*, **11**, No. 8, pp. 86–93 (1989).

4.95　I. L. Glassgold, Shotcrete durability: an evaluation, *Concrete International*, **11**, No. 8, pp. 78–85 (1989).

4.96　D. R. Morgan, Dry-mix silica fume shotcrete in Western Canada, *Concrete International*, **10**, No. 1, pp. 24–32 (1988).

4.97　U.S. Bureau of Reclamation, Specifications for ready-mixed concrete, 4094-92, *Concrete Manual, Part 2*, 9th Edn, pp. 143–59 (Denver, Colorado, 1992).

4.98　K. H. Khayat, B. C. Gerwick Jnr and W. T. Hester, Self-levelling and stiff consolidated concretes for casting high-performance flat slabs in water, *Concrete International*, **15**, No. 8, pp. 36–43 (1993).

4.99　W. F. Price and S. J. Widdows, The effects of permeable formwork on the surface properties of concrete, *Mag. Concr. Res.*, **43**, No. 155, pp. 93–104 (1991).

4.100　B. C. Gerwick Jnr and T. C. Holland, Underwater concreting: advancing the state of the art for structural tremie concrete, in *Concrete and Concrete Construction*, ACI SP-104, pp. 123–43 (Detroit, Michigan, 1987).

4.101　N. A. Cumming and P. T. Seabrook, Quality assurance program for volumebatched high-strength concrete, *Concrete International*, **10**, No. 8, pp. 28–32 (1988).

4.102　A. A. Al-Manaseer, M. D. Haug and K. W. Nasser, Compressive strength of concrete containing fly ash, brine, and admixtures, *ACI Materials Journal*, **85**, No. 2, pp. 109–16 (1988).

4.103　H. Y. Ghorab, M. S. Hilal and E. A. Kishar, Effect of mixing and curing waters on the behaviour of cement pastes and concrete. Part I: microstructure of cement pastes, *Cement and Concrete Research*, **19**, No. 6, pp. 868–78 (1989).

4.104　O. H. Wallevik and O. E. Gjørv, Modification of the two-point workability apparatus, *Mag. Concr. Res.*, **42**, No. 152, pp. 135–42 (1990).

4.105　D. L. Kantro, Influence of water-reducing admixtures on properties of cement paste – a miniature slump test, *Research and Development Bulletin*, RD079.01T, Portland Cement Assn, 8 pp. (1981).

4.106　A. A. Al-Manaseer, K. W. Nasser and M. D. Haug, Consistency and workability of flowing concrete, *Concrete International*, **11**, No. 10, pp. 40–4 (1989).

4.107　J. Murata and H. Kikukawa, Viscosity equation for fresh concrete, *ACI Materials Journal*, **89**, No. 3, pp. 230–7 (1992).

4.108　B. Erlin and W. G. Hime, Concrete slump loss and field examples of placement problems, *Concrete International*, **1**, No. 1, pp. 48–51 (1979).

4.109　S. S. Pickard, Vacuum-dewatered concrete, *Concrete International*, **3**, No. 11, pp. 49–55 (1981).

4.110　S. Smeplass, Applicability of the Bingham model to high strength concrete, RILEM International Workshop on *Special Concretes: Workability and Mixing*, pp. 179–85 (University of Paisley, Scotland, 1993).

4.111　J. M. Shilstone Snr, Interpreting the slump test, *Concrete International*, **10**, No. 11, pp. 68–70 (1988).

4.112　B. Schwamborn, Über das Bluten von Frischbeton, in Proceedings of a colloquium, *Frischmörtel, Zementleim, Frischbeton*, University of Hanover, Publication No. 55, pp. 283–97 (Oct. 1987).

4.113　ACI 304.6R-91, Guide for the use of volumetric-measuring and continuous-mixing concrete equipment, *ACI Manual of Concrete Practice, Part 2: Construction Practices and Inspection Pavements*, 14 pp. (Detroit, Michigan, 1994).

4.114　ACI 304.2R-91, Placing concrete by pumping methods, *ACI Manual of Concrete Practice, Part 2: Construction Practices and Inspection Pavements*, 17 pp. (Detroit, Michigan, 1994).

4.115　Ö. Petersson, Swedish method to measure the effectiveness of concrete mixers, RILEM International Workshop on *Special Concretes: Workability and Mixing*, pp. 19–27 (University of Paisley, Scotland, 1993).

4.116　R. Boussion and Y. Charonat, Les bétonnières portées sont-elles des mélangeurs?, *Bulletin Liaison Laboratoires des Ponts et Chaussées*, 149, pp. 75–81 (May–June, 1987).

4.117　U.S. Army Corps of Engineers, Standard test method for within-batch uniformity of freshly mixed concrete, CRD-C 55–92, *Handbook for Concrete and Cement*, 6 pp. (Vicksburg, Miss., Sept. 1992).

4.118　M. Kakizaki *et al.*, Effect of mixing method on mechanical properties and pore structure of ultra high-strength concrete, *Katri Report*, No. 90, 19 pp. (Kajima Corporation, Tokyo, 1992) [and also in ACI SP-132, Detroit, Michigan, 1992].

4.119 P. C. HEWLETT, Ed., *Cement Admixtures, Use and Applications*, 2nd Edn, for The Cement Admixtures Association, 166 pp. (Harlow, Longman, 1988).

4.120 E. BIELAK, Testing of cement, cement paste and concrete, including bleeding. Part 1: laboratory test methods, in *Properties of Fresh Concrete*, Ed. H.-J. Wierig, pp. 154–66 (London, Chapman and Hall, 1990).

4.121 S. SASIADEK and M. SLIWINSKI, Means of prolongation of workability of fresh concrete in hot climate conditions, in *Properties of Fresh Concrete*, Ed. H.-J. Wierig, Proc. RILEM Colloquium, Hanover, pp. 109–15 (Cambridge, University Press, 1990).

4.122 A. NEVILLE, *Neville on Concrete: An Examination of Issues in Concrete Practice*, 2nd Edition (Book Surge, LLC, and www.amazon.com, 2006).

4.123 I. BRADBURY, Volumetric mixing with recycled aggregates, *Concrete*, **44**, No. 11, pp. 40–41 (2010).

4.124 M. MANZIO *et al.*, Instantaneous in-situ determination of water-cement ratio of fresh concrete, *ACI Materials Journal*, **107**, No. 6, pp. 586–92 (2010).

第 5 章

外加剂

前几章对硅酸盐水泥、不同胶凝材料以及用于配制混凝土的骨料的性能进行了介绍，并讨论了上述材料及配比对新拌混凝土性能的影响。对硬化混凝土性能的影响也进行了简单探讨，但在后面章节对其进行了更加全面的了解之前，我们需要先来了解混凝土的另一组分——外加剂。

虽然外加剂与水泥、骨料和水不同，不是混凝土的必要组成部分，但它是一种重要的、应用越来越广泛的组分：在许多国家不掺外加剂的混凝土很少见。

5.1 外加剂的作用

外加剂的用量大幅增加，是因为外加剂能够在一定程度上提高混凝土的物理性能、降低成本。它可以解决混凝土使用困难、甚至是混凝土无法使用的情况。因此，外加剂在混凝土中应越来越广泛。

外加剂虽然并不便宜，但也不一定会额外增加成本，这是因为外加剂的掺入节约混凝土的成本，例如，降低人工振捣密实的成本、减少水泥用量或不采用其他方法即可改善耐久性。

应强调的是，正确使用外加剂对混凝土有益，但外加剂不能弥补劣质原材料、不正确的配合比或运输、浇筑和振捣等工艺缺陷。

5.2 外加剂的种类

外加剂可定义为一种化学品，除特殊情况外，在混凝土搅拌时或搅拌前掺加，掺量不超过水泥质量的 5%，可以改善一项或几项混凝土的常规性能。

外加剂的成分可以是有机物或者无机物，其化学特性与矿物不同，这是它们的根本特征。在美国，外加剂被称为"化学外加剂"，但在本书中，此定义是多余的，因为混凝土中掺加的矿物质，其掺量通常超过水泥质量的 5%，被称作胶凝材料或掺合料。

外加剂通常按其在混凝土中的作用分类，但通常还具有一些其他作用，在 ASTM C 494-10 的分类如下：

A 类：减水

B 类：缓凝

C 类：速凝

D 类：减水且缓凝

E 类：减水且速凝

F 类：高效减水或超塑化

G 类：高效减水且缓凝，或超塑化且缓凝

英国有关外加剂的标准有 BS EN 934-2：2009 和 BS EN 480。

实际上，外加剂作为特殊效果的产品，不同的外加剂产品具有不同的使用效果。某些效果仅在特定情况下才产生。因此使用前了解外加剂的作用是很重要的。标准 ASTM C 494-10 指出，外加剂的使用效果会受混凝土中其他组分的性质和用量的影响。

外加剂分为固态和液态，由于液体外加剂在搅拌时能够更快的均匀分散，因此液体外加剂应用的普遍。采用合适的、经校准的器皿，将外加剂加入拌合水中，或者经稀释后与剩余拌合水同时使用。超塑化剂则按照特殊的方法掺入混合料中。

外加剂的掺量，通常按照混凝土中水泥质量的百分比来表示，由生产厂家推荐掺量，但通常根据情况有所不同。

外加剂的效果与其掺量及混凝土的组分有关，尤其是水泥性能的影响。对于某些外加剂，其对应的掺量是指固含量，并非液体外加剂总量。在计算拌合水用量时，对于液体外加剂，应考虑外加剂中所含的水。

外加剂的效果不能因其掺量的微小改变而发生明显变化，这是因为混凝土生产中外加剂的掺量会偶尔波动。许多外加剂的效果受温度的影响，因此使用前应确定其在极端温度条件下的性能。

一般来说，外加剂不应接触皮肤或眼睛。

除了本章讨论的化学外加剂外，还将在第 11 章对引气剂进行讨论。

5.3　速凝剂

简而言之，ASTM 提到的 C 类外加剂就是速凝剂，其主要作用是加速混凝土早期强度的发展，即硬化，有时也可以加速混凝土的凝结。通过区别这两种作用有助于了解速凝特性。

速凝剂可以应用于 2℃～4℃（35℉～40℉）的低温条件下浇筑混凝土、生产预制混凝土（需要快速拆模的地方），或者紧急修补施工。速凝剂的加入还可以确保混凝土表面尽早完成抹面，采用隔离保护措施，并使结构尽早投入使用。

反之，在高温下，速凝剂可能会导致水化反应过快，发生收缩开裂[5.4]。

尽管速凝剂经常在低温下使用，但速凝剂并不是抗冻剂。速凝剂只能使冰点降低不超过 2℃（或约 3.5℉），在低温下应采取防冻措施。正在研制特殊防冻剂[5.8][5.9]，但其效果仍未得到充分验证。

几十年来最常用的速凝剂是氯化钙。氯化钙能有效促进硅酸钙（主要是 C_3S）的水化，其作用机理可能是引起了孔隙水碱度的细微变化或是在水化反应中充当了催化剂。目前氯化钙的促凝机理还不完全清楚，但毫无疑问的是氯化钙是一种廉价高效的速凝剂。氯化钙作为速凝剂有一个严重的缺陷：其引入的氯离子侵蚀钢筋混凝土中的钢筋和其他埋入的钢材，在第 11 章会对此进行讨论。

钢筋锈蚀只有在水和氧气存在的条件下发生，但在氯离子存在的情况下，混凝土中钢筋仍有发生锈蚀的风险，预应力混凝土中钢筋锈蚀的风险更高，因此，各种规范和标准都禁止预埋钢筋或铝的混凝土中使用氯化钙。此外，即使素混凝土，使用氯化钙也可能影响混凝土的耐久性。例如，在贫混凝土拌合物中掺入氯化钙会降低水泥的抗硫酸盐侵蚀性能，同时增大了碱-骨料反应的风险[5.24]。当使用低碱水泥和火山灰时，碱-骨料反应可以得到有效抑制，此时氯化钙的影响也非常小。此外，掺入氯化钙通常还会使混凝土的干缩增加 10%～15%，甚至更多[5.24]；同样也可能使徐变增大。

在浇筑后的几天内，加入的氯化钙可以减少冻害对混凝土造成的损伤；而后期，则会导致引气混凝土的抗冻融能力下降（图 5.1）。

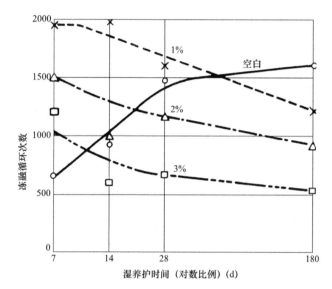

图 5.1　不同氯化钙含量的混凝土在温度为 4℃和湿养护条件下的抗冻融性能[5.24]

尽管氯化钙可以提高混凝土抗侵蚀性和耐磨性，该作用在各龄期会持续存在[5.24]。当素混凝土蒸汽养护时，氯化钙可以提高混凝土强度，同时可以采用较快的升温工艺进行蒸汽养护[5.25]。

与氯化钙相似，氯化钠也可以作为速凝剂，但强度较低。氯化钠在混凝土中所起的作用差异较大，还会降低水泥的水化热，从而导致混凝土 7d 及后期的强度降低，因此氯化钠掺入混凝土中是不可取的。有人研究过氯化钡也可以作为速凝剂，但只能在温暖环境下使用[5.44]。

部分研究者认为，如果混凝土均匀、振捣密实且保护层足够厚时，使用氯化钙不会对钢筋的锈蚀产生影响[5.53]。而在现场，上述的一些理想结果有时可能无法实现，因此在实际应用中氯化钙的潜在风险远超过其作用。此外，经验表明，在一些国家的极端暴露条件下，只有高性能混凝土才能保护钢筋免受侵蚀（见第 13 章）。

考虑到钢筋锈蚀，本书将不对氯化钙的作用、性能作进一步的探讨。这种关切促使研究无氯速凝剂。目前没有任何一种速凝剂广泛采用，但其中能使用的一些种类有其价值。

亚硝酸钙和硝酸钙也可以作为速凝剂使用，并且前者还可作为阻锈剂[5.1]；甲酸钙和甲酸钠也可以作为速凝剂使用，但后者会引入钠离子，该碱金属离子会影响水泥水化，并且还可能会与一些骨料发生反应。

甲酸钙只有在 SO_3 含量较低并且满足 C_3A 与 SO_3 之比不小于 4 的水泥时才有效。采用含硫量较高的煤生产的水泥无法满足要求[5.7]，因此应对所用的水泥进行试配。另一点需要注意的是，甲酸钙在水中溶解度较低[5.1]。掺量为2%～3%时，甲酸钙能提高混凝土24h的强度增长，用于C_3A水泥效果更加明显。

Massazza和Testolin[5.13]发现，掺甲酸钙可使混凝土4.5h强度达到同样配比、未掺速凝剂混凝土的9h强度，见图5.2。值得注意的是，甲酸钙的掺入不会造成混凝土后期强度的衰减；另外，也不能忽略其潜在的危害性[5.12][5.33]。

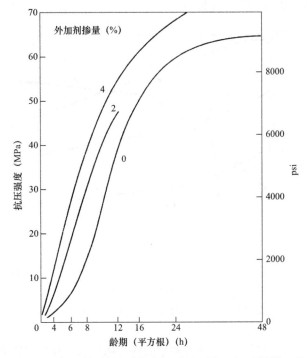

图5.2 不同甲酸钙掺量（占水泥质量百分比）对混凝土强度
发展的影响，混凝土水泥用量为420kg/m³、水灰比0.35[5.13]

三乙醇胺也可用作速凝剂，但其性能容易受到掺量和水泥组分的影响[5.34]。目前，三乙醇胺只用于抵消某些混凝土减水剂带来的缓凝作用。

目前，速凝剂的作用机理仍不明确。但是，速凝剂的促凝效果主要取决于具体使用的速凝剂和水泥，甚至同类型的不同批次水泥。鉴于商业秘密，一般不完全公开速凝剂的实际组成，因此有对任何可能采用的水泥及外加剂组合，要试验确定其性能。

Rear和Chin[5.20]按照相同的配合比（水胶比0.54），采用了五种Ⅰ型硅酸盐水泥、三种速凝剂和三种掺量进行了试验，验证了该问题。三种速凝剂编号分别为：1号，亚硝酸钙；2号，硝酸钙；3号，硫氰酸钠。水泥的矿物组成范围如下：

C_3S：49%～59%

C_2S：16%～26%

C_3A：5%～10%

C_4AF：7%～11%

按照Blaine方法测得的水泥细度为327～429m²/kg。

从表 5.1 给出的在 20℃（72 ℉）下测得的混凝土抗压强度结果可知，使用不同的水泥和不同速凝剂，结果差异比较明显。表中抗压强度结果以与空白混凝土的百分比形式给出。

表 5.1 不同速凝剂对使用不同水泥的混凝土抗压强度的影响[5.20]

速凝剂编号	掺量 ml（mL）/ 1100kg 水泥	不同龄期的抗压强度（%）		
		1d	3d	7d
1	0	100	100	100
	1300	100～173	105～115	97～114
	2600	112～175	107～141	111～129
	3900	111～166	111～143	113～156
2	0	100	100	100
	740	64～130	90～113	100～116
	1480	65～157	95～113	105～132
	2220	58～114	99～115	107～123
3	0	100	100	100
	195	111～149	115～131	100～120
	390	123～185	101～132	107～130
	585	121～171	115～136	104～129

按照标准 ASTM C 494-10 的要求，掺入 C 类外加剂的混凝土，测定初凝时，采用 ASTM C 403-10 所述测试抗渗试验方法，要比基准混凝土提前至少 1h，但不超过 3.5h；3d 抗压强度需达到基准混凝土的 125%，28d 后抗压强度可以低于基准混凝土，但不能出现抗压强度衰减。BSEN934-2:2009 规定了初凝时间、强度和含气量。这个标准也对其他类型外加剂提出了要求。

前面已经提到，目前没有一种速凝剂被广泛使用，同时，速凝剂的用量也在下降，尤其在预制混凝土生产厂家更是如此。这是因为目前通过其他方法可以实现较高的混凝土强度，如采用非常低的水胶比同时添加超塑化剂。但在低温环境下浇筑时，仍在使用速凝剂。

5.4 缓凝剂

通过掺入一种外加剂（ASTM 定义为 B 类）可以延迟水泥浆体的凝结，这种外加剂简称为缓凝剂。尽管缓凝剂中的一些盐类会加速浆体的凝结，但其主要作用是减缓水泥浆体的硬化和强度发展，且不会改变水化产物的性质和组分[5.45]。

缓凝剂在高温下比较常用，因为在高温下，混凝土的正常凝结时间会变短，而且缓凝剂的使用也可避免冷接缝的形成。缓凝剂的掺入会延长混凝土的凝结时间，由此获得足够的时间来运输、浇筑和振捣混凝土。缓凝剂也可用于获得骨料外露的建筑装饰面在模板的内侧涂上缓凝剂，这样与模板接触的水泥凝结就延迟了，等拆模板后刷去水泥砂浆，这样就可得到骨料外露的饰面。

使用缓凝剂有时会影响结构设计。例如，不同部分的浇筑通过掺加缓凝剂控制凝结时间实现大体积混凝土连续整体浇筑，从而代替分段施工。

具有缓凝作用的物质主要有糖类、糖衍生物、可溶性锌盐、可溶性硼酸盐等其他盐类[5.51]。甲醇有时也可用作缓凝剂[5.12]。事实上，更常用的缓凝剂也是减水缓凝剂（见ASTM B型外加剂），见下节。

目前缓凝剂作用机理尚不清楚。现有的观点认为，缓凝剂吸附在水泥水化快速形成的薄膜上或者减缓氢氧化钙的成核过程[5.11]，从而改变晶体的生长和形貌[5.37]，以上作用能有效阻碍水泥的进一步水化。缓凝剂最终从溶液中进入了水化产物内，但这仅是一个物理过程，并不意味着形成了新的水化产物[5.36]。掺入具有减水和缓凝组分的外加剂（即ASTM D类外加剂）也是如此。Khalil 和 Ward[5.37] 验证了掺入木质素磺酸盐的外加剂后水化热和非蒸发水的质量之间的线性关系不会发生变化（图5.3）。

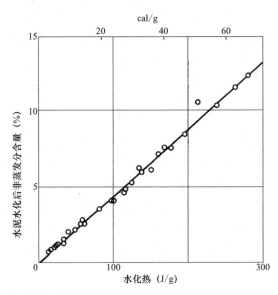

图5.3   在掺加和不掺加缓凝剂时，非蒸发水量占水泥百分比和水化热之间的关系

在使用缓凝剂时必须非常严谨，如果用量不正确，缓凝剂会抑制混凝土的凝结和硬化。当使用装过糖的包装袋包装骨料样品送往实验室或使用糖的包装袋运送新拌混凝土时，混凝土的强度试验结果似乎难以解释。糖的作用在很大程度上取决于其用量，之前的报道中，结果相互矛盾[5.6]。使用缓凝剂时一定要严谨，少量的糖类（水泥质量的0.05%）可以延迟水泥凝结大约4h[5.55]。糖类的缓凝作用主要是阻止C-S-H的形成[5.50]，但糖类的缓凝效果受水泥的化学组成影响很大，因此，应通过与施工中实际使用的水泥进行试拌来确定糖的用量，来确定缓凝剂的效果。

大量掺加糖类（水泥质量的0.2%～1%）会阻止水泥凝结，因此这样高的剂量也可作为一种便宜的应急手段，例如当搅拌机或搅拌器发生故障无法卸料时，掺加大量的糖类可防止混凝土凝结。在20世纪90年代初，连接英国和法国的海底隧道施工中，也使用糖来防止剩余混凝土的凝结。

与不掺加缓凝剂的混凝土相比，掺有糖类缓凝剂的混凝土的早期强度会显著降低[5.26]，但7d后强度比未掺缓凝剂的混凝土高几个百分比[5.55]。这可能是由于缓凝作用使水泥凝胶更加致密。

值得注意的是，缓凝剂的效果取决于掺入的时间：一般在拌合水加入 2min 后加入缓凝剂会提高其缓凝效果，有时缓凝剂的掺加方式通过选择合适的加料顺序来实现，从而达到较好的缓凝效果。特别对于 C_3A 含量高的水泥，缓凝效果更好。因为部分 C_3A 一旦与石膏反应，将不再吸附缓凝剂，这样较多的缓凝剂吸附在氢氧化钙晶核上，从而阻止了硅酸钙的水化[5.36]。

由于缓凝剂经常在炎热的天气中使用，必须注意，温度越高缓凝效果越差（图 5.4）。有些缓凝剂在环境温度 60℃（140℉）时失效[5.13]。Fattuhi[5.10] 研究了温度对不同掺量缓凝剂的混凝土初凝时间的影响，结果见表 5.2；高温对混凝土的终凝时间影响较小。

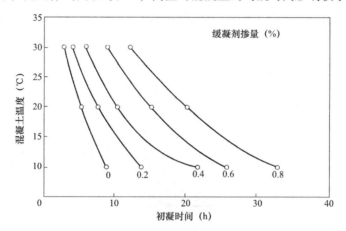

图 5.4　温度对掺不同量缓凝剂的混凝土初凝时间的影响[5.13]

表 5.2　室温对掺不同减水剂和缓凝剂的混凝土*初凝时间*的影响[5.10]（ASTM 授权）

类型	外加剂的种类	各温度下对初凝时间的影响（h:min）		
		30℃	40℃	50℃
D	羟基酸钠盐	4:57	1:15	1:10
D	木质素钙盐	2:20	0:42	0:53
D	木质素磺酸钙	3:37	1:07	1:25
B	磷酸盐	—	3:20	2:30

凝结时间按 ASTM C 403-08 进行测试。

由于缓凝剂会延长混凝土的塑化阶段，因此易造成混凝土的塑性收缩增大，但不会影响混凝土的干燥收缩[5.38]。

ASTM C 494-10 要求 B 类外加剂掺入缓凝剂后要将混凝土的初凝时间延后 1～3.5h，3d 的抗压强度允许降低 10%。标准 BS5075-1:1982 的要求也与此大致类似。BS EN 934-2:2009 和 ASTM C 494-10 对不同外加剂的特性有表述。

5.5　减水剂

根据 ASTM C 494-10 的规定，仅有减水作用的外加剂定义为 A 类，既有减水又有缓凝作用的外加剂定义为 D 类，既减水又促凝的外加剂定义为 E 类，但 E 类并不常用。但是，当减水剂有缓凝的副作用时，可以加入速凝剂抵消缓凝作用。最常用的速凝剂是三乙醇胺。

顾名思义，减水剂的主要作用就是降低混凝土拌合水用量，通常为 5%～10%，有时（在和易性非常好的混凝土中）可高达 15%。使用减水剂的目的在于在满足工作性的要求下，降低混凝土的水胶比，或者在给定的水胶比基础上提高混凝土的工作性。当骨料级配比较差时，减水剂可以改善新拌混凝土的性能，如用于难于搅拌的拌合物（见第 3.20 节和第 14.7 节）。掺入减水剂，可以使混凝土具有较低的离析率和较好的流动度。

减水剂还用于泵送混凝土和导管灌注混凝土。

D 类外加剂的两个主要成分是：（a）木质素磺酸及其盐类；（b）聚羧酸类。注意以上两类在改性后不再具有缓凝作用，反而可能是促凝剂[5.28]（图 5.5）。可以归为 A 类或者 E 类外加剂。

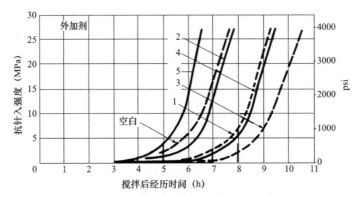

图 5.5　不同减水剂对混凝土凝结时间的影响
（编号 1 和编号 2 为木质素磺酸盐；编号 3、4 和 5 为聚羧酸类）

减水剂的主要活性组分是表面活性剂[5.27]，这些物质主要分布在不相溶的两个相的界面上，来改变界面上的物理化学力。这些表面活性剂吸附在水泥颗粒上，使其带负电荷，从而导致颗粒之间的排斥作用，并且减水剂使气泡之间以及气泡与水泥颗粒之间也互相排斥，使其分散稳定。由于絮凝作用截留了一些水，而且由于水泥颗粒彼此接触，其接触面积不用于早期水化，减水剂增加了水泥的表面积，可进行早期水化，也增加了用于水泥水化的用水量。

此外，静电荷还使各水泥颗粒表面定向排列的水分子变厚，也使颗粒之间保持有一定距离，这样颗粒具有更大的流动性，而且从絮凝团中释放出的水分还可用于流化，因此可以有效提高混凝土的工作性[5.27]。一些种类的 D 类外加剂会吸附在水泥的水化产物上。

如上所述，由于水泥颗粒分散增大了水泥的表面积，从而在早期以更高的速度水化，同时可具有比相同水胶比的基准混凝土更高的强度。因此与未掺减水剂的混凝土相比，混凝土的强度有所提高[5.27]。因为改善了水泥的水化过程，前期混凝土强度增长较为显著[5.29]，而且在特定条件下强度增长可以持续很长时间。

虽然减水剂影响水泥的水化速率，但水化产物的性能是不变的[5.33]，水泥浆体的结构也是如此。因此，减水剂的使用不会影响混凝土的抗冻融性能[5.2]，不过前提是使用外加剂的同时保持其水胶比不变。简而言之，在对减水剂的性能进行评价时，需要选择合适的配比对比各项性能参数，而不是简单地依赖供货商。应注意的是，尽管某些减水剂可能会导致凝结时间延长，但也不一定会降低混凝土工作性的损失速率[5.29]。更值得注意的是，掺入减水剂也会增加混凝土离析或泌水的可能。

掺减水剂的混凝土强度受水泥组分的影响显著，尤其对于低碱或高 C_3A 含量的水泥对强度影响最大。Massazza 和 Tesrolin[5.13] 研究了在一定用水量和一定木质素磺酸盐下，混凝土工作性受 C_3A 含量变化的影响，如图 5.6 所示。

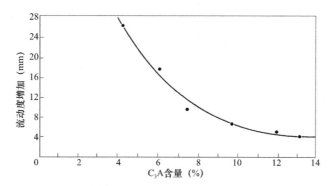

图 5.6　水泥中不同 C_3A 含量（相同 C_3S/C_2S）对 0.2% 木质素磺酸盐砂浆流动度增量
（与基准砂浆对比）的影响（见参考文献［5.13］）

一般而言，拌合物中水泥用量较高时，每千克水泥所用减水剂掺量较低。一些减水剂与掺有火山灰材料的混凝土拌合时，其减水效果要优于单独使用硅酸盐水泥的情况。

减水剂掺量的增加也会提高混凝土的工作性[5.2]（图 5.7），同时也会造成相当程度的缓凝有时会不可接受，但不会影响混凝土的后期强度[5.28]。

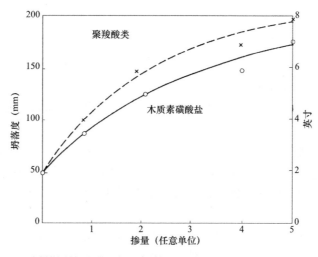

图 5.7　缓凝剂掺量对混凝土坍落度的影响（见参考文献［5.2］）

对于大多数减水剂而言，在混凝土中掺加外加剂时间稍有延迟（当水泥与水接触20s后掺入），这样可以提高减水剂的减水效果。

减水剂的分散作用对空气的分散也有一定的影响[5.1]，因此减水剂，特别是木质素磺酸盐减水剂可能具有一定的引气作用。虽然引入气泡就会降低混凝土的强度，不过引入的气泡可以提高混凝土的工作性能。在减水剂中掺入少量的消泡剂可以抵消一定的引气作用，常用的消泡剂是磷酸三丁酯[5.2]。

木质素磺酸盐减水剂会增加混凝土的收缩，其他类型减水剂对混凝土的收缩没有影响[5.13]。

对于有些水泥，减水剂的影响很小，但一般而言，减水剂适用于所有硅酸盐水泥和高铝水泥。实际上，减水剂的减水效果受水泥用量、用水量、具体使用的骨料种类、是否掺外加剂和火山灰活性混合材，以及现场温度的影响。因此，为了确定外加剂种类和掺量以获得最优性能，仅凭减水剂厂家提供的相关数据是不够的，而应对实际使用的原材料进行试配。

5.6 超塑化剂

超塑化剂也是一种具有减水效果的外加剂，但其减水效果显著优于上节所述的减水剂。而且超塑化剂本身具有独特性能，用其制备的混凝土，无论新拌还是硬化的，都可能因为非常低的水灰比或高流动性而与A、D或E类减水剂能达到的效果显著不同。

基于上述原因，超塑化剂被ASTM C 494-10单独分为一类，同时本书也将其作为一节单独介绍。ASTM C 494-10将超塑化剂定义为"具有高效减水作用的外加剂"，但该名字太长太复杂。而"超塑化剂"简单好记，同时其名称的"超级"有点商业价值，但它已被广泛接受。因此，本书中采用超塑化剂的名称。

ASTM术语中，超塑化剂定义为F类外加剂，而具有缓凝作用的超塑化剂被定义为G类外加剂。

5.6.1 超塑化剂的性质

超塑化剂主要有四类：三聚氰胺-甲醛聚合物、萘磺酸盐-甲醛聚合物、改性木质素磺酸盐和其他如磺酸酯、羧酸酯类。

前两种超塑化剂使用比较常见，为简便起见，分别改为三聚氰胺系超塑化剂和萘系超塑化剂。

超塑化剂是一种水溶性有机聚合物，采用复杂的聚合工艺合成，产生高分子量的长链分子，因此相对昂贵。由于其所起作用的特殊性，从长分子链和交联作用进行优化，使超塑化剂具有较好的性能。此外这些超塑化剂的杂质含量较少，即使掺量较大也不会有明显的副作用。

在一定范围内，分子量越大，超塑化剂的性能越好。化学性质也会影响超塑化剂的使用性能，但一般意义上，就如萘系超塑化剂和三聚氰胺超塑化剂这两种物质，不会说一种显著优于另外一种。因为超塑化剂的性能并不是其某一特性决定，有时水泥的化学特性也会对其使用效果产生重要的影响[5.21]。

大多数超塑化剂是以钠盐和钙盐的形式存在，钙盐超塑化剂的溶解度较低。使用钠盐超塑化剂会使得混凝土碱含量升高，这可能会影响水化反应和潜在的碱-硅反应。因此，外加剂使用需要限制其碱含量，在一些国家，例如德国，碱含量不应超过水泥质量的0.02%[5.22]。

已开发出一种萘系高效减水剂的改性方法，即加入一种具有功能性磺酸基和羧基的共聚物[5.35]。这种方法可保持水泥颗粒上的静电荷，并通过水泥颗粒表面吸附防止絮凝，这对在高温浇筑的混凝土尤为有利，在搅拌后工作性可保持 1h 以上[5.35]。

当所需的超塑化剂的性能参数不全时，可以通过化学实验来确定[5.15]。

而物理试验可用来区分超塑化剂与普通减水剂[5.16]。

5.6.2 超塑化剂的作用

塑化剂的主要作用是将自身较长的分子链缠绕在水泥周围，使水泥颗粒带有较高的负电荷，使他们相互排斥而不会絮凝，并且具有较好的分散性。利用超塑化剂的这一特性，生产出和易性极高或强度极高的混凝土。

在一定的水胶比和含水量下，超塑化剂的分散作用可以改善混凝土的工作性，有代表性的是其可以使坍落度由 75mm（3 英寸）增大到 200mm（8 英寸）[5.42]（图 5.8），自密实混凝土的坍落度甚至更高。这样混凝土可在振捣或不振捣的情况下浇筑，且不会明显泌水或离析。该混凝土称为自流平混凝土，适用于浇筑大体积混凝土构件、难浇筑密实的部分、楼板和路面板，或用于满足快速浇筑的施工要求。应用自流平混凝土可以改善混凝土与钢筋之间的黏结力[5.52]。在设计模板时，应考虑是否能够承受自流平混凝土的静水压力。

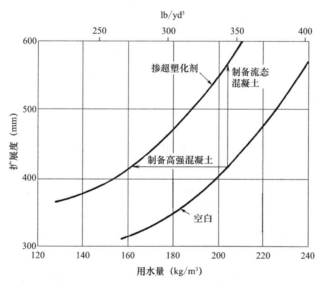

图 5.8　掺加超塑化剂和基准混凝土的扩展度与用水量之间的关系[5.42]

超塑化剂另外一个主要作用是在保证基本工作性的基础上，混凝土的水胶比大幅降低，仍具有极高的强度。水胶比降至 0.2 时，28d 圆柱体抗压强度可达到 150MPa。一般而言，超塑化剂可在给定和易性下降低混凝土用水量 25%～35%（不到使用普通减水剂时混凝土用水量的一半），同时可以提高 24h 强度 50%～70%[5.39]，龄期越早其强度增加幅度越大。7h 立方体抗压强度可达 30MPa[5.39]（图 5.9）。在蒸汽养护或蒸压养护时，早期强度甚至可以更高。

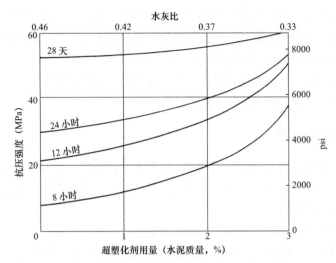

图5.9　掺入超塑化剂对混凝土早期抗压强度的影响（立方体试件）。混凝土试件采用Ⅲ型水泥成形，
单方混凝土水泥用量为370kg，所有混凝土拌合物具有相同的工作性能[5.46]

ASTM C 1017-07和ASTM 494-10分别对配制自流平混凝土和超高强混凝土的超塑化剂的性能和要求进行了说明，此外BS EN 934-2:2009也对以上两种用途的超塑化剂性能要求进行了说明。需要说明的是，现有的超塑化剂已经远远超越了标准中对提高工作性能和强度的要求。

超塑化剂不会改变水泥水化浆体的结构，其主要作用是改善水泥颗粒的分布，进而改善其水化性能。这解释了在固定水胶比条件下，掺超塑化剂可以提高混凝土的强度的原因。目前有实验表明，超塑化剂可以使混凝土24h强度和28d强度分别提高10%和20%，但仍需进一步的验证[5.13]。

重要的是，目前还没有关于使用超塑化剂的混凝土后期强度退化的报道。

超塑化剂的作用机理尚不完全清楚，但已知其与C_3A作用，C_3A使其水化延缓[5.13]。理论推断是掺入超塑化剂形成的钙矾石晶体较小且近似立方体状，而非针状。立方体状改善了混凝土的力学性能[5.21]，但这不是超塑化剂的主要作用机理，因为超塑化剂对已经形成针状钙矾石晶体的水泥拌合物仍具有一定的改善作用，同时超塑化剂的最终去向也不完全清楚[5.49]。

大多数超塑化剂不会产生明显的缓凝作用，而且具有缓凝作用的超塑化剂在ASTM C 494-10中被定义为G类外加剂。萘系超塑化剂常具有缓凝作用，Aïtcin等人[5.5]指出萘系超塑化剂主要适用于粒径4~30μm的水泥，当水泥颗粒粒径小于4μm时，由于其碱含量和SO_3含量较高，超塑化剂对其不起作用；当水泥离子粒径大于30μm时，水泥水化必须经历早期水化缓慢的过程，而有无超塑化剂对此过程没有影响[5.5]。

由于超塑化剂不会显著影响水的表面张力，因此即使在超塑化剂掺量较大时也不会引入大量空气。

5.6.3 超塑化剂的掺量

为提高凝土的工作性，每方混凝土的超塑化剂掺量为 1~3L，液体超塑化剂含量约含 40% 的活性物质；当超塑化剂用于降低混凝土用水量时，每方混凝土的超塑化剂掺量则更高，为 5~20L。在计算混凝土水胶比和配合比时，必须考虑液体超塑化剂含水量。

应注意，市售超塑化剂的固含量是变化的，因此做性能比较时应注意固含量，而不是总质量。在实际应用中，应比较达到同样效果时超塑化剂的价格差异。

固定掺量的超塑化剂的效果取决于混凝土的水胶比。同一超塑化剂在相同掺量下，低水胶比的混凝土的减水率明显大于高水胶比。例如，在水胶比为 0.40 时，减水率为 23%；而水胶比为 0.55 时，减水率仅为 11%[5.13]。

当超塑化剂掺量较低时，用于配制具有很好工作性能的普通强度混凝土时，一般不存在超塑化剂与水泥的相容性问题；当掺量较高时，超塑化剂和水泥仅单独考虑水泥和外加剂的相关标准是不够的，还应考虑超塑化剂与水泥的相容性。关于水泥与外加剂相容性问题的讨论见第 13.5.3 节。

5.6.4 工作性损失

从逻辑上推断，首次掺入超塑化剂应在水泥颗粒与水接触后。否则，初始水化反应会导致超塑化剂无法作用于充分絮凝的水泥颗粒。对前面所述的相关数据已有报道但未作解释[5.1]。

理论上，掺加超塑化剂的最佳时间是未掺超塑化剂时水泥水化的前期，研究表明在那个时间添加可以获得最好的工作性和最低的工作性损失[5.30]。这个最佳时间以及水泥的性能需通过试验确定，在实际施工中，如何添加超塑化剂非常重要。

只要足够的超塑化剂分子能够覆盖在水泥颗粒表面，就能阻止水泥颗粒重复凝聚，维持超塑化剂的作用。因为部分超塑化剂会被水泥水化产物捕获或者与 C_3A 反应，超塑化剂供应变得不足，拌合物工作性迅速降低。另外，随着搅拌或振动时间延长，一些初始水泥水化产物会从水泥颗粒表面脱离，使暴露出的新表面开始水化。体系中四散的水泥的水化反应和新增的水化反应都会使拌合物的工作性能降低。

图 5.10 所示的是掺萘系超塑化剂混凝土拌合物的坍落度损失情况[5.31]。为了便于比较，同一图上还有相同初始坍落度的不掺加外加剂的混凝土的坍落度损失情况。由图可知，掺加超塑化剂的混凝土拌合物坍落度损失更快，当然，掺加超塑化剂的混凝土具有较低的水胶比和较高的强度。

由于超塑化剂的持久性有限，因此可以分两次或三次掺加，如果使用搅拌车将混凝土运送至现场，则可以重复掺加或重新掺加。如需在初次搅拌后通过重新掺加来恢复工作性能，则超塑化剂的用量必须足以满足水泥颗粒和水化产物。因此，高掺量添加超塑化剂是必要的，掺量低是无效的[5.23]。

分次掺加超塑化剂能有效提高混凝土拌合物的工作性能，但可能增加泌水和离析，其他的不利之处是会导致缓凝和含气量的波动[5.4]。并且，通过二次掺加超塑化剂获得的工作性可能会快速损失，因此二次掺加应刚好在浇筑和振实前施行。

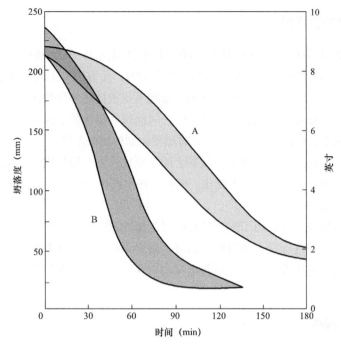

图 5.10 随时间的延续混凝土的坍落度损失情况
（A）水胶比 0.58，不掺外加剂；（B）水胶比 0.47，掺超塑化剂（见参考文献［5.31］）。

图 5.11 所示为以分次掺加萘系超塑化剂对水胶比 0.5 的混凝土工作性能的影响，首次掺入和之后的三次掺入超塑化剂的量是相同的，即水泥固含量的 0.4%。

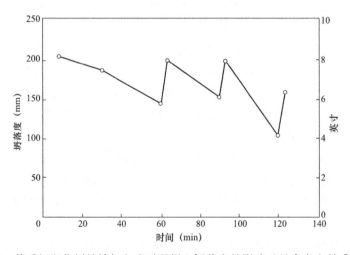

图 5.11 萘系超塑化剂的掺加方式对混凝土坍落度的影响（见参考文献［5.1］）

在 30℃～60℃（86℉～140℉）的范围内，为恢复其工作性能所需的超塑化剂的用量随温度的升高而增加；当水胶比为 0.4 时，需要分次掺加超塑化剂的掺量明显高于水胶比大于 0.4 的混凝土。即使通过第二次或第三次掺加超塑化剂恢复的工作性能，其损失速度更快。但该速率不随温度的升高而增长[5.18]。

目前，已研制出具有更长有效期的超塑化剂，因此可避免在浇筑前仓促地再次加入超塑化剂的情况。使用此超塑化剂可以更好地控制混凝土拌合物性能，因此推荐使用。

5.6.5 超塑化剂与水泥的相容性

为配制水胶比非常低的混凝土或者无法通过多次掺加超塑化剂，此时就需要一次性掺入大量的超塑化剂来实现，则水泥与超塑化剂结合的相容性非常重要。两种材料相容性良好，大掺量单次使用可使工作性保持足够长的时间，可达 60~90min，偶尔甚至 2h。

在评价相容性时，需要确定超塑化剂的需求量，常用的方法是 ASTM C 230-08 或者 BS1881-105∶1984（已撤销）的流动台法，确定在保持与基准混凝土具有相同工作性条件下的减水率。或者，也可以采用 Kantro[5.54] 改进的微型坍落度试验方法。Aïtcin 等人[5.21] 则采用 Marsh 圆锥来测定含有指定水泥和超塑化剂规定量的净浆流过小孔的时间，该时间是 "Marsh 流动时间"。一般该时间会随着超塑化剂掺量的增加而缩短，但当掺量超过一定量后，该时间不会发生明显变化，该掺量即为最佳掺量。除经济原因外，过量的超塑化剂也会导致混凝土离析，因此超掺不可取。另外，要求搅拌之后的 5min 和 60min 的工作性能基本相同（用 Marsh 流动时间测定）。见第 13.5.3 节。

试验室检测超塑化剂掺量之后应进行现场材料的工程试验，由此可以快速确定特定超塑化剂与特定水泥的相容性。水泥的一些性能与掺量有关，例如在满足同样工作性的条件下，水泥越细，所需的超塑化剂的掺量越高[5.17]。水泥的化学性能也会影响超塑化剂的掺量，例如 C_3A 含量高的水泥（降低超塑化剂的作用效果）和起缓凝作用的硫酸钙均会影响超塑化剂的效果[5.21]。

由上面的讨论可知，有时超塑化剂厂家提供的推荐单一确定掺量不具有参考价值。

在确定超塑化剂和水泥的合适组合时，有些情况下改变超塑化剂容易；而也有一些情况是水泥可供选择；一定要杜绝任选二者组合就能达到满意效果这种想法。现已有可靠的方法去使两种材料相容[5.17]。

5.6.6 超塑化剂的应用

超塑化剂的应用在许多方面彻底改变了混凝土的使用方式，尤其使混凝土浇筑更加容易。超塑化剂可以制备强度极高且其他性能优异的混凝土，现称为"高性能混凝土"（见第 13 章）。

超塑化剂对混凝土的凝结时间没有显著影响，但当与 C_3A 含量很低的水泥一起使用时，混凝土会具有高缓凝性。超塑化剂应用于掺粉煤灰的混凝土时，会具有良好的使用效果[5.47]，尤其是掺合料含硅灰时，因为这些材料增加了混凝土的需水量[5.32]。但是，如果需要重新添加，则所需超塑化剂的用量则大于不掺硅灰的混凝土中超塑化剂的用量[5.19]。

超塑化剂对混凝土的收缩、徐变、弹性模量[5.41] 和抗冻融性能[5.40] 及混凝土本身的耐久性没有影响[5.14]，特别是暴露于硫酸盐环境下的混凝土耐久性不受影响[5.41]。需要注意的是，同时使用引气剂和超塑化剂时，引气量会受到超塑化剂的影响。超塑化剂对引气剂的影响以及由此导致混凝土抗冻融性能的影响见第 11 章。

5.7 特种外加剂

除了本章目前讨论的外加剂外，还有一些具有特殊用途的外加剂，如空气排水、抗菌和防水等，但目前这些外加剂还未进行标准化，无法准确的归纳。此外，一些外加剂的品名也夸大了外加剂的效用。

这并不是说这些外加剂没有益处，在很多情况下，这些外加剂很有用，只是需要在使用前仔细确定其性能。

5.7.1 防水外加剂

混凝土吸水是应为水化水泥浆体毛细孔中的表面张力通过毛细吸力"吸入"水。防水外加剂的作用主要是阻止水渗入混凝土，而防水剂的效果主要取决于所施加的水压是否较低，如在降雨（风吹除外）或毛细上升的情况下，或是否施加了静水压力。如挡水结构或地下室等结构。因此"防水剂"的定义不准确。

防水外加剂有多种作用，但主要是使混凝土具有疏性，这意味着毛细孔壁与水的接触角增加，从而使水在毛细孔中被"挤出"。

第一类防水外加剂是通过与水泥水化浆体中的氢氧化钙发生反应，使混凝土变得疏水。这类防水外加剂通常有一些硬脂酸、植物油和动物油脂。

第二类防水外加剂是能与其接触的水化水泥浆发生聚合，一般情况下水泥浆的碱性会破坏"防水"乳液，分散性非常好的石蜡乳液就是一个例子，其作用机理也是使混凝土变得憎水。

第三类防水外加剂是一种细度很小的材料，该材料含有硬脂酸钙或石油树脂或煤沥青等，这些材料会产生憎水表面[5.3]。

使混凝土憎水是一种有效的方法，在实际工程中，不能覆盖所有的毛细孔，也不能实现混凝土的绝对防水[5.3]。

一些防水外加剂除憎水功能外，其成膜助剂组分还可起到阻塞孔隙的作用。但目前仅有厂家在试验数据基础上确定的特种外加剂的性能参数作为参考，没有有效的指标和方法对防水外加剂的上述作用进行说明和评价。应强调，必须经历足够长时间的实践检验才能证明防水剂的稳定性。

由于石蜡和沥青的存在，会增加混凝土的含气量，因此防水外加剂可以改善混凝土的工作性；另外，防水外加剂的掺入会改善混凝土的黏聚性，不过不恰当的使用会使混凝土黏度过大。

由于防水外加剂自身的特性，掺加防水外加剂的混凝土并不能防御有害气体的侵蚀。

另外，由于防水外加剂的具体组分不清楚，因此在混凝土可能处于氯离子侵蚀环境时，防水外加剂中不能含氯盐。

防水外加剂与憎水剂不同，后者一般是硅树脂，主要用在混凝土表面；防水卷材则是基于沥青乳液，有时用橡胶乳液改性，可形成具有一定弹性和韧性的薄膜。本书对此防水材料不做研究。

5.7.2 抗菌及类似外加剂

一些如细菌、真菌和昆虫等生物也会对混凝土的性能产生显著影响。其机理可能是[5.3]，这些生物通过新陈代谢分泌出一些腐蚀性物质，这些腐蚀性物质又会加速钢筋的锈蚀，也可能使得混凝土表面出现色斑。

生物分泌的物质通常是有机酸或无机酸，这些分泌物会与水化水泥浆发生反应。发生侵蚀初期，水化水泥浆的碱性孔隙溶液会中和一部分酸性物质，但随着继续腐蚀，腐蚀深度会增大。

由于混凝土表面的纹理滋生细菌，通过表面的清洁是无效的，因此需要在拌合时加入一些特殊的外加剂，以实现混凝土的抗菌、杀菌和杀虫性能。

关于细菌侵蚀的详细内容见 Ramachandran[5.3] 的研究，关于抗菌外加剂的说明见标准 ACI212.3R-91[5.4]，该标准列举了一些此类外加剂。目前已证明通过掺入硫酸铜和五氯酚可以抑制硬化混凝土上藻类和苔藓的生长，但随着时间的延续这种抑制作用会减弱[5.48]。不应使用有毒物质作为添加剂。

相反，一些引入混凝土的细菌可以通过沉积方解石的形式来修复裂缝[5.56]。这些细菌是产芽孢厌氧菌，且是耐碱的。实验表明，当水进入裂缝时，裂缝成功愈合。然而，细菌需要有机碳基质，但此类碳对混凝土可能有害。因此，进一步研究是有必要的。此外，混凝土中加入细菌的成本是需要考虑的。

5.8 外加剂使用说明

外加剂的性能参数是在常温下获得的，不适用于温度过高或过低的情况。

有些外加剂不能暴露于冰点以下，一旦冻结就会失效；而大部分外加剂冻结后，经过融化并搅拌均匀后仍可使用；极少的外加剂不受低温的影响。

几种外加剂单独使用时可以发挥各自的作用，而混合使用时则可能存在相容性问题，因此两种或两种以上的外加剂共同使用时，应进行试配。

即使两种外加剂相容，在外加剂掺入拌合物时，这两种外加剂可能会先与混凝土反应而相互抑制，木质素磺酸盐类减水剂与树脂类引气剂共同使用就是典型的例子[5.29]。因此添加外加剂时应将不同的外加剂单独添加或者分别于不同时间和地点添加。外加剂配料系统详细的信息在标准 ACI 212.3R-1991 中有相应的说明[5.4]。

在添加外加剂时，要对外加剂的用量进行准确的计量，并在合适的搅拌时间、搅拌速度下进行添加。混凝土搅拌过程会影响外加剂的性能。

了解使用外加剂的氯离子含量很重要。通常，混凝土对氯离子含量有明确的规定，因此需要考虑所有可能引入氯离子的因素（见第 11 章）。即使无氯离子的外加剂也可能由于所用的水含有氯离子，而使得外加剂含有微量的氯离子。对于如预应力混凝土等对氯离子含量要求较高的混凝土，应当确定所用外加剂的确切氯离子含量。

参考文献

5.1　V. Dodson, *Concrete Admixtures*, 211 pp. (New York, Van Nostrand Reinhold, 1990).

5.2　M. R. Rixom and N. P. Malivaganam, *Chemical Admixtures for Concrete*, 2nd Edn, 306 pp. (London/New York, E. & F. N. Spon, 1986).

5.3　V. S. Ramachandran, Ed., *Concrete Admixtures Handbook: Properties, Science and Technology*, 626 pp. (New Jersey, Noyes Publications, 1984).

5.4　ACI 212.3R-91, Chemical admixtures for concrete, in *ACI Manual of Concrete Practice, Part 1: Materials and General Properties of Concrete*, 31 pp. (Detroit, Michigan, 1994).

5.5　P.-C. Aïtcin, S. L. Sarkar, M. Regourd and D. Volant, Retardation effect of superplasticizer on different cement fractions, *Cement and Concrete Research*, **17**, No. 6, pp. 995–9 (1987).

5.6　F. M. Lea, *The Chemistry of Cement and Concrete* (London, Arnold, 1970).

5.7　S. Gebler, Evaluation of calcium formate and sodium formate as accelerating admixtures for portland cement concrete, *ACI Journal*, **80**, No. 5, pp. 439–44 (1983).

5.8　K. Sakai, H. Watanabe, H. Nomaci and K. Hamabe, Preventing freezing of fresh concrete, *Concrete International*, **13**, No. 3, pp. 26–30 (1991).

5.9　C. J. Korhonen and E. R. Cortez, Antifreeze admixtures for cold weather concreting, *Concrete International*, **13**, No. 3, pp. 38–41 (1991).

5.10　N. J. Fattuhi, Influence of air temperature on the setting of concrete containing set retarding admixtures, *Cement, Concrete and Aggregates*, **7**, No. 1, pp. 15–18 (Summer 1985).

5.11　P. F. G. Banfill, The relationship between the sorption of organic compounds on cement and the retardation of hydration, *Cement and Concrete Research*, **16**, No. 3, pp. 399–410 (1986).

5.12　V. S. Ramachandran and J. J. Beaudoin, Use of methanol as an admixture, *Il Cemento*, **84**, No. 2, pp. 165–72 (1987).

5.13　F. Massaza and M. Testolin, Latest developments in the use of admixtures for cement and concrete, *Il Cemento*, **77**, No. 2, pp. 73–146 (1980).

5.14　V. M. Malhotra, Superplasticizers: a global review with emphasis on durability and innovative concretes, in *Superplasticizers and Other Chemical Admixtures in Concrete*, Proc. Third International Conference, Ottawa, Ed. V. M. Malhotra, ACI SP-119, pp. 1–17 (Detroit, Michigan, 1989).

5.15　E. Ista and A. Verhasselt, Chemical characterization of plasticizers and superplasticizers, in *Superplasticizers and Other Chemical Admixtures in Concrete*, Proc. Third International Conference, Ottawa, Ed. V. M. Malhotra, ACI SP-119, pp. 99–116 (Detroit, Michigan, 1989).

5.16　A. Verhasselt and J. Pairon, Rapid methods of distinguishing plasticizer from superplasticizer and assessing superplasticizer dosage, in *Superplasticizers and Other Chemical Admixtures in Concrete*, Proc. Third International Conference, Ottawa, Ed. V. M. Malhotra, ACI SP-119, pp. 133–56 (Detroit, Michigan, 1989).

5.17　E. Hanna, K. Luke, D. Perraton and P.-C. Aïtcin, Rheological behavior of portland cement in the presence of a superplasticizer, in *Superplasticizers and Other Chemical Admixtures in Concrete*, Proc. Third International Conference, Ottawa, Ed. V. M. Malhotra, ACI SP-119, pp. 171–88 (Detroit, Michigan, 1989).

5.18　M. A. Samarai, V. Ramakrishnan and V. M. Malhotra, Effect of retempering with superplasticizer on properties of fresh and hardened concrete mixed at higher ambient temperatures, in *Superplasticizers and Other Chemical Admixtures in Concrete*, Proc. Third International Conference, Ottawa, Ed. V. M. Malhotra, ACI SP-119, pp. 273–96 (Detroit, Michigan, 1989).

5.19　A. M. Paillère and J. Serrano, Influence of dosage and addition method of superplasticizers on the workability retention of high strength concrete with and without silica fume (in French), in *Admixtures for Concrete: Improvement of Properties, Proc. ASTM Int. Symposium*, Barcelona, Spain, Ed. E. Vázquez, pp. 63–79 (London, Chapman and Hall, 1990).

5.20　K. Rear and D. Chin, Non-chloride accelerating admixtures for early compressive strength, *Concrete International*, **12**, No. 10, pp. 55–8 (1990).

5.21　P.-C. Aïtcin, C. Jolicoeur and J. G. MacGregor, A look at certain characteristics of superplasticizers and their use in the industry, *Concrete International*, **16**, No. 15, pp. 45–52 (1994).

5.22　T. A. Bürge and A. Rudd, Novel admixtures, in *Cement Admixtures, Use and Applications*, 2nd Edn, Ed. P. C. Hewlett, for The Cement Admixtures Association, pp. 144–9 (Harlow, Longman, 1988).

5.23　D. Ravina and A. Mor, Effects of superplasticizers, *Concrete International*, **8**, No. 7, pp. 53–5 (July 1986).

5.24　J. J. Shideler, Calcium chloride in concrete, *J. Amer. Concr. Inst.*, **48**, pp. 537–59 (March 1952).

5.25　A. G. A. Saul, Steam curing and its effect upon mix design, *Proc. of a Symposium on Mix Design and Quality Control of Concrete*, pp. 132–42 (London, Cement and Concrete Assoc., 1954).

5.26 D. L. Bloem, Preliminary tests of effect of sugar on strength of mortar, *Nat. Readymixed Concr. Assoc. Publ.* (Washington DC, August 1959).

5.27 M. E. Prior and A. B. Adams, Introduction to producers' papers on water-reducing admixtures and set-retarding admixtures for concrete, *ASTM Sp. Tech. Publ. No. 266*, pp. 170–9 (1960).

5.28 C. A. Vollick, Effect of water-reducing admixtures and set-retarding admixtures on the properties of plastic concrete, *ASTM Sp. Tech. Publ. No. 266*, pp. 180–200 (1960).

5.29 B. Foster, Summary: Symposium on effect of water-reducing admixtures and set-retarding admixtures on properties of concrete, *ASTM Sp. Tech. Publ. No. 266*, pp. 240–6 (1960).

5.30 G. Chiocchio, T. Mangialardi and A. E. Paolini, Effects of addition time of superplasticizers in workability of portland cement pastes with different mineralogical composition, *Il Cemento*, **83**, No. 2, pp. 69–79 (1986).

5.31 S. H. Gebler, The effects of high-range water reducers on the properties of freshly mixed and hardened flowing concrete, *Research and Development Bulletin* RD081.01T, Portland Cement Association, 12 pp. (1982).

5.32 T. Mangialardi and A. E. Paolini, Workability of superplasticized microsilica–Portland cement concretes, *Cement and Concrete Research*, **18**, No. 3, pp. 351–62 (1988).

5.33 P. C. Hewlett, Ed., *Cement Admixtures, Use and Applications*, 2nd Edn, for The Cement Admixtures Association, 166 pp. (Harlow, Longman, 1988).

5.34 J. M. Dransfield and P. Egan, Accelerators, in *Cement Admixtures, Use and Applications*, 2nd Edn, Ed. P. C. Hewlett, for The Cement Admixtures Association, pp. 102–29 (Harlow, Longman, 1988).

5.35 K. Mitsui et al., Properties of high-strength concrete with silica fume using high-range water reducer of slump retaining type, in *Superplasticizers and Other Chemical Admixtures in Concrete*, Ed. V. M. Malhotra, ACI SP-119, pp. 79–97 (Detroit, Michigan, 1989).

5.36 J. F. Young, A review of the mechanisms of set-retardation of cement pastes containing organic admixtures, *Cement and Concrete Research*, **2**, No. 4, pp. 415–33 (1972).

5.37 J. F. Young, R. L. Berger and F. V. Lawrence, Studies on the hydration of tricalcium silicate pastes. III Influence of admixtures on hydration and strength development, *Cement and Concrete Research*, **3**, No. 6, pp. 689–700 (1973).

5.38 C. F. Scholer, The influence of retarding admixtures on volume changes in concrete, *Joint Highway Res. Project Report JHRP-75-21*, 30 pp. (Purdue University, Oct. 1975).

5.39 P. C. Hewlett and M. R. Rixom, Current practice sheet No. 33 – superplasticized concrete, *Concrete*, **10**, No. 9, pp. 39–42 (London, 1976).

5.40 V. M. Malhotra, Superplasticizers in concrete, *CANMET Report MRP/MSL 77-213*, 20 pp. (Canada Centre for Mineral and Energy Technology, Ottawa, Aug. 1977).

5.41 J. J. Brooks, P. J. Wainwright and A. M. Neville, Time-dependent properties of concrete containing a superplasticizing admixture, in *Superplasticizers in Concrete*, ACI SP-62, pp. 293–314 (Detroit, Michigan, 1979).

5.42 A. Meyer, Experiences in the use of superplasticizers in Germany, in *Superplasticizers in Concrete*, ACI SP-62, pp. 21–36 (Detroit, Michigan, 1979).

5.43 S. M. Khalil and M. A. Ward, Influence of a lignin-based admixture on the hydration of Portland cements, *Cement and Concrete Research*, **3**, No. 6, pp. 677–88 (1973).

5.44 L. H. McCurrich, M. P. Hardman and S. A. Lammiman, Chloride-free accelerators, *Concrete*, **13**, No. 3, pp. 29–32 (London, 1979).

5.45 P. Seligmann and N. R. Greening, Studies of early hydration reactions of portland cement by X-ray diffraction, *Highway Research Record*, No. 62, pp. 80–105 (Washington DC, 1964).

5.46 A. Meyer, Steigerung der Frühfestigkeit von Beton, *Il Cemento*, **75**, No. 3, pp. 271–6 (1978).

5.47 V. M. Malhotra, Mechanical properties and durability of superplasticized semilightweight concrete, *CANMET Mineral Sciences Laboratory Report MRP/MSL 79-131*, 29 pp. (Canada Centre for Mineral and Energy Technology, Ottawa, Sept. 1979).

5.48 Concrete Society, Admixtures for concrete, *Technical Report TRCS 1*, 12 pp. (London, Dec. 1967).

5.49 F. P. Glasser, Progress in the immobilization of radioactive wastes in cement, *Cement and Concrete Research*, **22**, Nos 2/3, pp. 201–16 (1992).

5.50 J. R. Birchall and N. L. Thomas, The mechanism of retardation of setting of OPC by sugars, in *The Chemistry and Chemically-Related Properties of Cement*, Ed. F. P. Glasser, British Ceramic Proceedings No. 35, pp. 305–315 (Stoke-on-Trent, 1984).

5.51 V. S. Ramachandran et al., The role of phosphonates in the hydration of Portland cement, *Materials and Structures*, **26**, No. 161, pp. 425–32 (1993).

5.52 ACI 212.4R-94, Guide for the use of high-range water-reducing admixtures (superplasticizers) in concrete, in *ACI*

Manual of Concrete Practice, Part 1: Materials and General Properties of Concrete, 8 pp. (Detroit, Michigan, 1994).

5.53   B. MATHER, Chemical admixtures, in *Concrete and Concrete-Making Materials*, Eds. P. Klieger and J. F. Lamond, ASTM Sp. Tech. Publ. No. 169C, pp. 491–9 (Detroit, Michigan, 1994).

5.54   D. L. KANTRO, Influence of water-reducing admixtures on properties of cement paste – a miniature slump test, *Research and Development Bulletin*, RD079.01T, Portland Cement Assn, 8 pp. (1981).

5.55   R. ASHWORTH, Some investigations into the use of sugar as an admixture to concrete, *Proc. Inst. Civ. Engrs*, **31**, pp. 129–45 (London, June 1965).

5.56   H. M. JONKERS and E. SCHLANGEN, Self-healing of cracked concrete: A bacterial approach, *Fracture Mechanics of Concrete and Concrete Structures*, **3**, pp. 1821–1826 (2007).

第 6 章

混凝土的强度

通常，混凝土的强度被认为是其最重要的性能，虽然很多工程对耐久性和渗透性的要求比强度重要。然而，由于强度与水化水泥浆体的微观结构直接相关，通常可以大体上反映混凝土的质量。并且，混凝土的强度基本是结构设计中需考虑的最重要的因素。

水泥胶砂的强度已经在第 1 章进行了讨论，在这一章将讨论与混凝土强度相关的内容。

6.1 水灰比

工程中，在某一特定龄期，养护在特定温度的水中的混凝土强度主要取决于两个因素：水灰比和密实度。孔隙对强度的影响已经在第 4 章进行了讨论，本章我们只考虑完全密实的混凝土：从配合比的角度来说，硬化混凝土的孔隙率大约为 1%。

当混凝土完全密实时，混凝土的强度与水灰比成反比。这是由 Duff Abrams 在 1919 年建立的定则，其关系式如下：

$$f_c = \frac{K_1}{K_2^{w/c}}$$

式中，w/c 为水灰比（最初由体积比表示），K_1 和 K_2 为经验常数。强度与水灰比的关系曲线如图 6.1 所示。

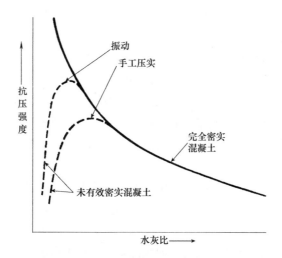

图 6.1 混凝土强度和水灰比的关系

虽然 Abrams 定则是自行建立的，但与 1896 年 René Féret 建立的定则非常相似：他们都建立了混凝土强度与水和水泥体积之间的关系。Féret 定则形式如下：

$$f_c = K\left(\frac{c}{c+w+a}\right)^2$$

式中，f_c 为混凝土强度，c、w 和 a 分别是水泥、水和空气的绝对体积比，K 为常数。

水灰比反映了水化过程中水泥浆体的孔隙率（见第 1 章）。因此，水灰比和密实程度均影响混凝土中的孔隙体积，这就是为什么 Féret 表达式中包含混凝土中气体体积的原因。

强度和孔隙体积的关系将在后面的章节中进行详细讨论。本部分中我们需要关注强度和水灰比的经验关系。图 6.1 表明水灰比定则适用范围是有限的。水灰比非常低时，混凝土不可能完全密实，强度与水灰比之间关系不再遵循上述曲线；拐点的实际位置取决于所用的振捣方式。同样可以看出，对于水灰比非常低、水泥用量极高（可能超过 $530kg/m^3$）的混凝土，当使用大粒径骨料时，强度会降低。因此，对于采用此种配合比的混凝土，即使水灰比降低，后期强度也并不会提高。这可能是由收缩引起的，在骨料的约束作用下，收缩引起水泥浆体开裂，也可能造成水泥-骨料黏结力损失[6.2]。

有时水灰比定则也因为没有足够的理论基础而受到质疑。然而在实际工程中，水灰比是决定密实混凝土强度的最关键因素。对于给定的水泥和骨料，水泥、骨料和水经过恰当的振捣形成的混合物的强度（相同的搅拌制度、养护条件和测试条件下）由以下因素决定：

（a）水泥与拌合水的比例；

（b）水泥与骨料的比例；

（c）骨料颗粒的级配、表面结构、形状、强度和硬度；

（d）骨料的最大粒径。

我们可以进一步说，当采用最大颗粒径不大于 40mm 的骨料时，因素（b）（c）（d）的重要性都不如因素（a）。然而，我们依然列出了上述几个因素，是因为正如 Walker 和 Bloem 所说[6.74]：混凝土的强度，即抵抗施加其上的应力的能力，主要来源于：（1）砂浆强度；（2）砂浆和粗骨料之间的黏结；（3）粗骨料的强度，即粗骨料抵抗荷载的能力。

图 6.2 显示强度与水灰比之间关系图接近双曲线。这种规律适合于任意给定类型骨料和任意龄期的混凝土。该双曲线的几何特性与 $y=k/x$ 相吻合，即 y 与 $1/x$ 成直线关系。因此，灰水比在 1.2～2.5 时，强度与灰水比接近线性关系。这种线性关系最初在文献 6.4 中提到，目前已经被 Alexander 和 Ivanusec[6.112] 及 Kakizaki 等人[6.58]证实。这种线性关系明显比水灰比曲线更加方便使用，尤其在需要插值计算时。将图 6.2 中的数据以灰水比作为横坐标所作的图形见图 6.3。应当注意，这些数据只适用于特定的水泥，在实际工程中，强度与灰水比之间的实际关系需进行试验测定。

灰水比超过 2.6，即对应的水灰比为 0.38 时，强度与灰水比之间的线性关系不再适用。实际上，当灰水比超过 2.6 时，灰水比与强度之间存在一种不同于上述直线的线性关系[6.59]，如图 6.4 所示。这个图形给出了达到最大水化程度的水泥浆体的计算强度值。当水灰比低于 1.38 时，水泥可能不能完全水化；因此，曲线的斜率不同于高水灰比曲线的斜率。这种现象值得注意，因为如今水灰比高于或低于 0.38 的配合比均经常用到。

高铝水泥混凝土的强度与水灰比的关系与普通硅酸盐水泥配制的混凝土不同，其强度随着灰水比增长而逐渐降低[6.4]。

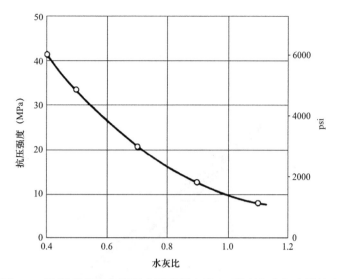

图 6.2 快硬硅酸盐水泥制成的混凝土的 7d 强度和水灰比的关系

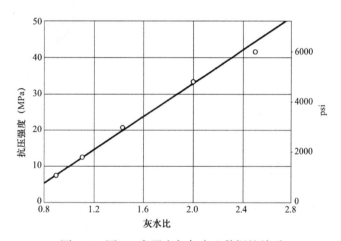

图 6.3 图 6.2 中强度与灰水比数据的关系

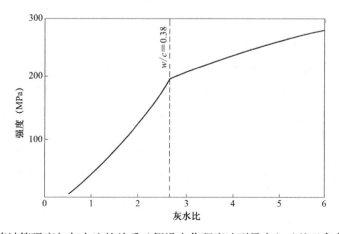

图 6.4 水泥净浆计算强度与灰水比的关系（假设水化程度达到最大）（基于参考文献［6.59］）

必须注意的是，这里讨论的并不是精确的关系，还可以采用其他的近似关系。比如，人们提出，作为一种近似关系，强度的对数和水灰比自然值之间的关系可以假设为线性[6.3]（Abrams 的表达式）。例如，图 6.5 给出了拌合物的相对强度与水灰比的关系，以水灰比 0.4 时的强度作为单位 1。

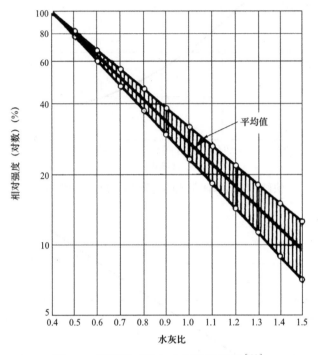

图 6.5　强度的对数与水灰比的关系[6.3]

6.2　拌合物中的有效水

目前讨论的问题涉及拌合物中的用水量，这需要更加准确的定义。我们认为，当混凝土的总体积稳定时，即完全凝结时，占据骨料颗粒外部空间的水为有效水。也可定义为有效、自由或净水灰比。

一般来说，混凝土中的水包括添加到拌合物中的水以及加入搅拌机时骨料中所含的水。骨料中的水部分被骨料的孔结构吸收（见第 3 章），部分以自由水的形式存在于骨料表面，因而该部分水与直接加入搅拌机中的水没有区别。当骨料不饱和且部分孔隙被空气填充时，加入拌合物中的部分水会在最初的半小时或后续拌合时陆续被骨料吸收，在这种情况下，被吸收的水和自由水将难以区分。

现场实验中，骨料大多含有水分，在保证骨料饱和面干之外过剩的水被认为是拌合物中的有效水。基于这个原因，配合比是以被骨料吸收后的过剩水即自由水为基础的。而某些实验室的配合比中，用水量指的是骨料处于干燥状态时加入的总水量。因此，在将实验室的配合比结果应用到施工现场时应注意，务必确保所用的水灰比中的用水量是总水量而不是自由水量。

6.3　胶孔比

水灰比对强度的影响不能形成规律，因为水灰比定则没有足够的数据能证明其可靠性。某一给定水灰比下混凝土的强度取决于以下几点：水泥的水化程度和水泥的物理化学特征；水化反应进行时的温度；混凝土中的空气含量；由于泌水导致的有效水灰比的改变和产生的裂缝[6.5]。混合物中水泥用量以及骨料-水泥浆体界面特征也与强度有关。

因此，建立强度与水泥水化固化物的浓度的关系更加可靠；关于这一点可以重新参考图1.10。Powers[6.6]已经测出了强度发展与凝胶孔隙比之间的关系。凝胶-孔隙比（即胶孔比）定义为水化水泥浆体的体积与水化浆体和毛细孔总体积的比值。

第1章论述了水泥水化后体积比原来增加一倍多；在下面的计算中，1mL水泥的水化产物体积假定为2.06ml；不是所有的水化产物均为凝胶体，但是近似计算时，我们假定其全部为凝胶体。令

c 为水泥质量；

v_c 为水泥的比容积，即单位质量所占的体积；

w_o 为拌合水的体积；

α 为水化的水泥比例；

那么[6.7]，凝胶的体积为 $2.06 c v_c \alpha$，凝胶总的可用空间为 $c v_c \alpha + w_o$。因此，胶孔比为

$$r = \frac{2.06 v_c \alpha}{v_c \alpha + \dfrac{w_o}{c}}$$

假设水泥的比容为0.319ml/g，则胶孔比为：

$$r = \frac{0.657 \alpha}{0.319 \alpha + \dfrac{w_o}{c}}$$

Powers[6.7]测得的混凝土的抗压强度为 $234 r^3$ MPa（34000psi），与混凝土的龄期及配合比无关。砂浆抗压强度与胶孔比的实际关系如图6.6所示：可以看出，强度近似与胶孔比的立方成正比，234MPa（34000psi）代表此种水泥和所测试件中凝胶的固有强度[6.8]。通常范围内硅酸盐水泥的数值差别很小，但也有例外，胶孔比一定时，C_3A 含量越高对应的强度越低[6.5]。

考虑到被吸收水的比重为1.1（见第1章），这些计算公式还需要稍做修正。因此，实际的孔隙体积要比估算的大一些。

如果水泥浆体中存在的气体体积为 A，则将上述表达式中的比值 w_o/c 替换为 $(w_o+A)/c$（图6.7），得到的强度表达式与Féret公式相似，但是此处使用的比例采用的是正比于水化水泥体积而不是水泥总体积，因此适用于任意龄期。

强度与胶孔比的关系式可以写成多种形式。利用非蒸发水 w_n 的体积正比于凝胶体积及拌合水体积 w_o 与凝胶中可用空间体积这两个结论是可行的。当强度 f_c（磅每平方英寸）高于2000psi时，f_c 与 w_n/w_o 基本为线性关系，则有下述表达式（用最初的美国单位）[6.6]：

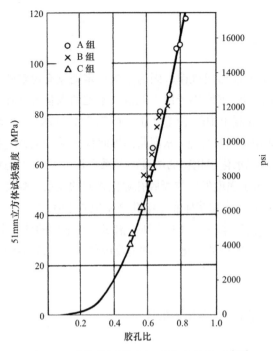

图 6.6   砂浆抗压强度与胶孔比的关系[6.8]

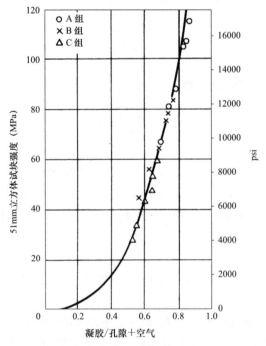

图 6.7   砂浆抗压强度与胶孔比的关系（已修正，考虑了夹杂的气体体积）[6.7]

$$f_c = 34200 \frac{w_n}{w_o} - 3600$$

可用凝胶孔的表面积 V_m 代替 w_n，则上式可改写为（仍采用美国单位）：

$$f_c = 120000 \frac{V_m}{w_o} - 3600$$

图 6.8 给出了低 C_3A 含量水泥的实际数值[6.6]。

人们发现，上述表达式适用于多种水泥，但是系数可能取决于水泥水化产生的凝胶的固有强度。换言之，水泥浆体的强度主要取决于凝胶的物理结构，但水泥化学组成的影响也不能忽视；在水化中后期，这些影响变得很小。另一种关于凝胶结论是：强度主要取决于孔隙率，但是同时也受材料抵抗裂纹扩展能力的影响，这种能力是黏结的强度的函数。两个晶粒间的黏结很差时，可认为两者之间有裂缝[6.35]。

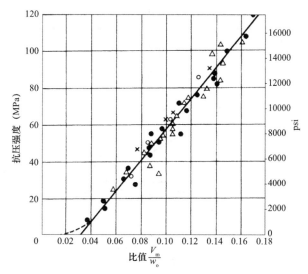

图 6.8　水泥浆体强度和凝胶表面积 V_m 与拌合水体积 w_o 比值的关系[6.6]

6.4　孔隙率

上面两部分的讨论表明混凝土强度本质上是混凝土中孔隙体积的函数。强度与孔隙总体积相关不仅仅是混凝土材料独有的特性，在水硬性的脆性材料中也存在此种关系：例如，石膏的强度也是其孔隙含量的直接函数[6.1]（图 6.9）。而且，如果将不同材料的强度表示为其零孔隙率强度的分数，很多材料都遵循相对强度与孔隙率之间的相同关系，如图 6.10 所示的石膏、钢、铁[6.72]、铝和氧化锆[6.73]。在理解孔隙对混凝土强度影响时，这种特性是非常重要的。而且，从图 6.10 中的关系可以清晰地看出，为什么孔隙率很低的水泥浆体具有非常高的强度。

严格说来，混凝土的强度由混凝土中所有孔隙的体积决定，这些孔隙包括夹带的空气、毛细孔、凝胶孔以及引入的气泡[6.10]。总孔隙含量的计算下面给出一个计算实例。

假定混凝土配合比为水泥：细骨料：粗骨料＝1：3.4：4.2，水灰比为 0.80。测得的含气量为 2.3%。已知细骨料和粗骨料的比重分别为 2.60 和 2.65，假设水泥的比重为 3.15，水泥：细骨料：粗骨料：水的体积比为

（1/3.15）：（3.4/2.60）：（4.2/2.65）：（0.80）＝0.318：1.31：1.58：0.80

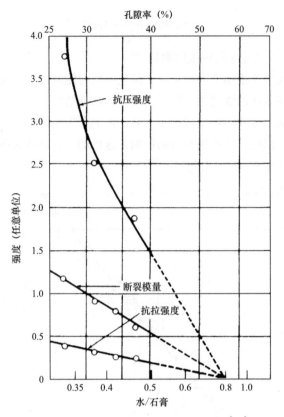

图 6.9 灰浆强度与孔隙含量的关系[6.1]

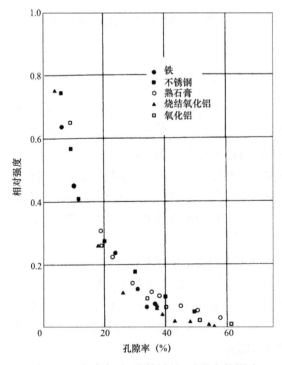

图 6.10 孔隙率对不同材料相对强度的影响

由于混凝土含气量为 2.3%，剩余材料的体积总和为混凝土总体积的 97.7%，因此，各组分体积百分比如下：

水泥（干）＝7.8

细骨料＝32.0

粗骨料＝38.5

水＝19.4

总体积＝97.7%

在上述实例中，水养 7d 后，70% 的水泥发生水化（见参考文献［6.32］）。所以，水化水泥的体积为 5.5%，未水化水泥的体积为 2.3%。

结合水的体积为水化水泥质量的 0.23 倍（见第 1 章）即 0.23×5.5×3.15＝4.0。水化过程中，固体水化产物的体积小于水化前水泥和水的总体积，减小的数值为结合水体积的 0.254 倍（见第 1 章）。因此，固体水化产物的体积为：

$$5.5＋（1－0.254）×4.0＝8.5$$

由于凝胶的特征孔隙率为 28%（见第 1 章），若凝胶孔体积为 w_g，则 $w_g/(8.5+w_g)=0.28$，得出凝胶孔体积为 3.3。因此，水化水泥浆体的体积（包括凝胶孔）为 8.5＋3.3＝11.8。又由于水化的干水泥和拌合水的体积为 5.5＋19.4＝24.9，则毛细孔的体积 24.9－11.8＝13.1。因此，各种孔隙体积如下：

毛细孔＝13.1

凝胶孔＝3.3

空气＝2.3

总的孔隙含量＝18.7%

孔隙体积对强度的影响可由以下幂函数表示：

$$f_c=f_{c,0}(1-p)^n$$

式中　p——孔隙率，即孔隙体积占混凝土总体积的百分数；

　　　f_c——孔隙率为 p 的混凝土强度；

　　　$f_{c,0}$——孔隙率为 0 时的混凝土强度；

　　　n——系数，不一定为常数[6.33]。

然而，上述表达式的准确性需要验证。加压和热处理的水泥浆体及普通水泥浆体的试验结果使我们对孔隙率的对数与强度成正比还是与强度的对数成正比存在疑问，图 6.11 和图 6.12 说明了这种不确定性。但研究表明，单一水泥化合物的强度与孔隙率成线性关系（见图 6.13）[6.65]。

除了孔的体积，孔的形状和尺寸也是影响混凝土强度的因素。固体颗粒的形状和弹性模量也影响混凝土内部的应力分布和应力集中。图 6.14 为混凝土内部孔径分布的实例[6.68]。Hearn 和 Hooton 也得出了相似的结果[6.113]。

人们在孔隙率对水化水泥浆体强度的影响方面进行了大量研究，以上结论对理解孔隙率对水化水泥浆体强度的影响具有较强的实用价值，但是否可以将实验室制备的水泥净浆试件的结果应用到混凝土中时仍不确定。

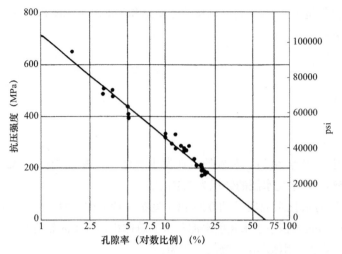

图 6.11 抗压强度与不同压力和高温处理的水泥浆体压实体孔隙率对数之间的关系[6.34]

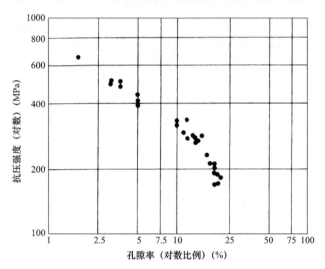

图 6.12 不同压力和高温处理的水泥浆体抗压强度的对数和孔隙率的对数之间的关系[6.34]

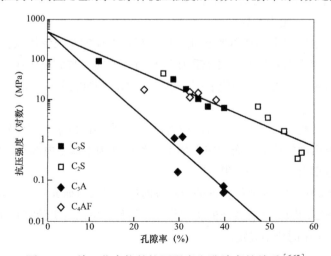

图 6.13 单一化合物的抗压强度和孔隙率的关系[6.65]

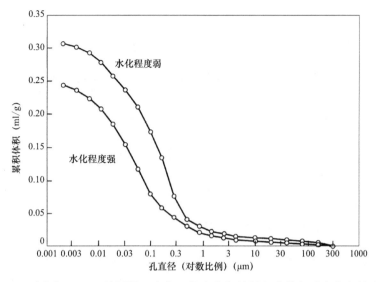

图 6.14　20℃时水灰比 0.45 的混凝土中大于指定孔径的累积孔体积（参考文献［6.68］）

毋庸置疑，孔隙率是影响水泥浆体强度的主要因素，其中孔隙率指大于凝胶孔的孔隙的总体积占水化水泥浆体总体积的百分数。Rössler 和 Odler 建立了强度和孔隙率的线性关系，其中孔隙率指 5%～28% 之间。孔径小于 20nm 的孔，其对强度的影响可以忽略。图 6.15[6.66] 显示了砂浆强度与孔体积（直径大于 20nm）的关系。由图 6.15 可知，除了总孔隙率，孔径分布对强度也有一定影响。一般来说，孔隙率一定时，孔径越小，水泥浆体的强度越高。

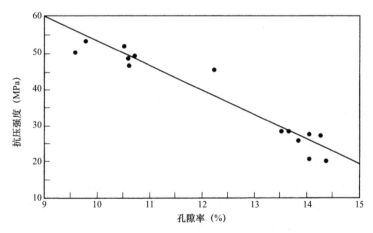

图 6.15　砂浆抗压强度与直径大于 20mm 的孔的孔隙率之间的关系（参考文献［6.66］）

尽管为方便起见，孔的尺寸一般以直径表示，但是孔并不都是圆柱形或者球形："直径"代表与毛细孔的体积 / 表面积比值相同的球体直径。只有直径大于 100nm 的大孔的才接近球形。图 6.16 显示了各种孔的大致示意图，此图是图 1.13 的修正。球形孔来自残留的空气气泡或水泥颗粒堆积空隙，但这些球无法直接用孔隙测试设备测得，因为只有通过与之相连的入口窄小的孔（图 6.16）才能接近这些孔[6.70]。

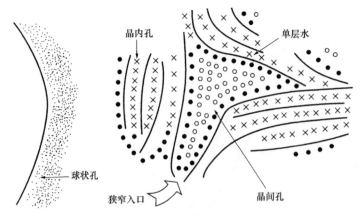

图 6.16　水化水泥浆体中孔体系示意图（基于参考文献［6.70］中 Rahman 的模型）

　　水化水泥浆体的强度基本取决于孔隙率和孔径分布。有的学者建立了强度与水泥中石膏含量之间的关系，但是这种关系之所以成立，是由于石膏含量影响水泥水化进程，从而影响水化水泥浆体内部孔分布。然而，有时不同的孔隙率测试方法得到的孔隙率数值不同[6.69]。产生这一现象的主要原因是孔隙率的测量过程，尤其是测量过程中水的迁移会影响水化水泥浆体的结构[6.67]。Cook 和 Hover 讨论了压汞法在水泥浆体孔结构研究中的应用[6.116]，这种方法假设水泥石中的孔通过大孔与表面相连，事实上，一些孔是与小孔相连；这一现象使压汞法测出的孔隙率值存在误差[6.115]。

　　正如前面所指出的，大多数水化水泥浆体孔隙率的试验工作是在水泥净浆或砂浆试件上进行的。在混凝土中，由于粗骨料颗粒对于附近区域水泥浆体的影响使得水化水泥的孔隙特性有所不同。Winslow 和 Liu[6.68]发现，当浆体组分和水化产物相同时，粗骨料的存在使得孔隙率增加；细骨料对水泥浆体也存在类似的作用，但影响程度比粗骨料小。在水灰比相同时，混凝土和水泥净浆孔隙的差别随着水化的进行而不断增加，这是由于混凝土中存在一些大的孔。

6.4.1　水泥压实体

　　水泥压实体是在高温高压条件下制成的，因此，它们不属于混凝土的范畴，但在阐明孔隙率对强度的影响时非常有意义，因为其孔隙率可低至1%[6.34]。

　　据报道[6.62]，目前制备出的强度最高的水泥基材料之一采用的水灰比为0.08：压实时，其强度为345MPa（50000psi）。采用340MPa（49500psi）高压和250℃（480℉）高温制成的压实体抗压强度约为660MPa（95000psi），劈拉强度为54MPa（9300psi）。

　　由水固比0.45的硅酸盐水泥单一矿物的孔隙率与抗压强度之间的实验结果表明，孔隙率为0时，其强度大约为500MPa[6.65]。这一数值与 Nielsen[6.59]估算得到的孔隙率为0时，水化水泥浆体的强度值450MPa相当。

　　这些数值虽然不固定，但显示出硅酸盐水泥浆体的实际强度。

6.5　粗骨料性能对强度的影响

虽然强度主要与水灰比有关，但其他因素同样影响强度。本节将讨论其中的一个影响因素——粗骨料的性能对强度的影响。

当作用于试件上的单轴压力达到极限荷载的50%～75%时，试件会产生垂直裂缝，这一现象已经通过声发射技术[6.22]和超声波技术[6.23]得到验证。混凝土的开裂应力主要取决于粗骨料的特性：光滑的卵石的开裂应力低于粗糙带棱角的碎石，这可能是因为黏结力在一定程度上受粗骨料表面特性和形状的影响[6.19]。

开裂荷载受骨料特性影响，而抗压强度和抗弯强度基本与骨料无关，因而开裂荷载与两者之间的关系与骨料的类型无关，图6.17为Jones和Kaplan[6.19]的研究结果，图中每种符号均代表一类粗骨料。另外，抗弯强度与抗压强度之间的关系取决于所使用的粗骨料的类型（图6.18），因为（除了在高强混凝土中）骨料的特性，尤其是其形状和表面特性，对抗压强度的影响比对抗拉强度小得多，这已经被Knab证实[6.71]。实验发现，全部使用光滑粗骨料的混凝土，其抗压强度通常比与全部使用粗糙粗骨料的混凝土低10%[6.38]。

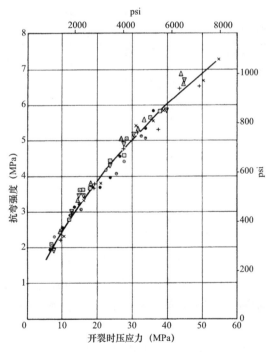

图6.17　不同粗骨料制备的混凝土开裂时抗弯强度与抗压强度的关系[6.19]（Crown copyright）

粗骨料类型对混凝土强度的影响量级不同，取决于混凝土的水灰比。对于水灰比低于0.4，使用碎石粗骨料的混凝土，其抗压强度最高可比使用卵石混凝土大38%。水灰比为0.5时不同骨料混凝土的抗压强度见图6.19[6.39]。随着水灰比的增大，骨料的影响程度逐渐下降，可能是因为水化水泥浆体自身的强度成为主要因素。在水灰比为0.65时，采用碎石和卵石制作的混凝土强度几乎相同[6.24]。

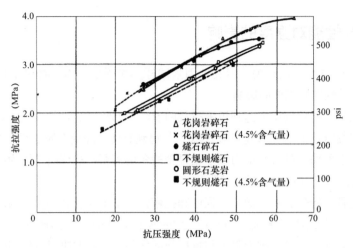

图 6.18 不同骨料、相同工作性混凝土抗压强度与拉伸强度的关系
（水灰比介于 0.33～0.68 之间，骨灰比介于 2.8～10.1 之间）[6.39]（Crown copyright）

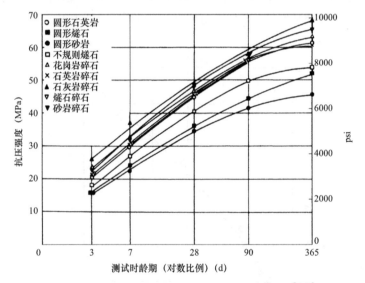

图 6.19 不同骨料混凝土抗压强度与龄期的关系（水灰比为 0.5）[6.39]（Crown copyright）

骨料对抗弯强度的影响与试验时混凝土中的湿度状况也有关[6.60]。

粗骨料的形状和表面特性也影响混凝土的冲击强度，这种影响与粗骨料对抗弯强度的影响相同[6.61]（见第 3 章）。

Kaplan[6.25] 观察到混凝土的抗弯强度一般比对应砂浆的抗弯强度低，因此砂浆一般能够确定混凝土抗弯强度的上限，而粗骨料的存在一般降低其抗弯强度。另外，混凝土的抗压强度比对应砂浆的抗压强度高，Kaplan 指出，这表明粗骨料的力学咬合作用提高了混凝土的抗压强度。然而，这种现象是否能具有普适性还未被证实。骨料对强度的影响将在下一章作进一步讨论。需注意，粗骨料能阻止裂纹的扩展，随着荷载的增加，可能会出现新的裂缝。所以，混凝土的破坏是逐渐发生的，即使在拉伸状态下，混凝土的应力－应变曲线也存在下降段。

6.6 骨灰比对强度的影响

混凝土中胶凝材料对于强度的影响在水灰比一节提到，但是胶凝材料的用量影响所有中、高强混凝土，例如强度等级为 35MPa 及以上的混凝土。毋庸置疑，骨灰比是影响混凝土强度的重要因素，但是研究发现，水灰比一定时，混凝土越贫，则抗压强度越高[6.12]（图 6.20）。

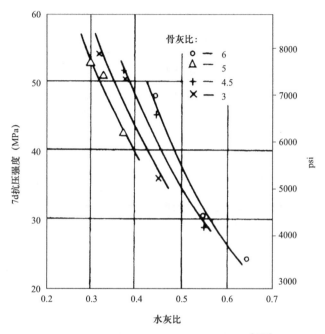

图 6.20 骨灰比对混凝土强度的影响[6.13]

产生这种现象的原因还不清楚。部分学者认为，这是由于骨料会吸收部分水，骨料用量越大，吸收的水越多，因此有效水灰比降低。还有部分学者认为，这是由于骨料用量越大，收缩和泌水越小，因此骨料和水泥浆体之间黏结力的损失越少；同样，水泥水化放热造成的混凝土的温度变化越小[6.80]。然而，最可能的解释是：贫混凝土拌合物中每立方米混凝土总水量比富拌合物少，因此，贫混凝土中孔隙率会更小，而这些孔隙对混凝土的强度具有负面作用。

骨料含量对混凝土强度影响的研究表明，在水泥浆体质量一定的情况下，骨料体积（占混凝土总体积的百分比）从 0 增加到 20% 时，混凝土抗压强度逐渐减小，但是骨料含量从 40% 增加到 80% 时，混凝土抗压强度增加[6.40]。这种现象如图 6.21 所示。产生此种现象的原因还不清楚，但是在不同水灰比条件下，均发现了这种规律[6.41]。骨料体积对拉伸强度的影响也类似[6.40]（图 6.22）。

与圆柱体和棱柱体相比，骨灰比对立方体的影响较小。因此，骨料体积从 0 增长到 40% 时，圆柱体强度与立方体强度的比值逐渐减小[6.45]。这可能是因为压力机端部约束消失时，骨料对裂缝约束的影响变大（见第 12 章）。

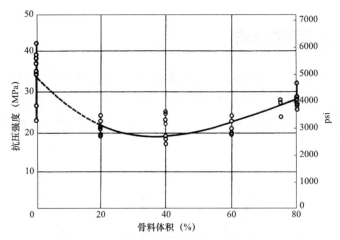

图 6. 21　水灰比 0.50 时圆柱体（直径 100mm，高 300mm）抗压强度与骨料体积之间关系[6.40]

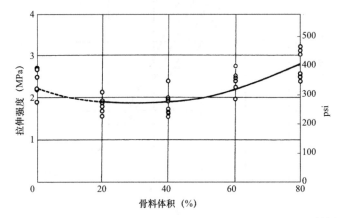

图 6. 22　水灰比 0.50 时直接拉伸强度与骨料体积之间关系[6.40]

6.7　混凝土的不同强度指标

　　混凝土中孔隙对强度的重要影响已经提到过多次，人们希望能够建立孔隙与失效机理之间的关系。为此，混凝土被视为一种脆性材料，即使它呈现出一定的塑性行为，混凝土在静荷载作用下发生断裂时总应变较低，因此通常取破坏时应变 0.001～0.005 作为脆性行为的界限。高强混凝土比普通强度混凝土更脆，但是当混凝土行为处于脆性与延性之间时，无法定量表达混凝土的脆性。

6.7.1　抗拉强度

　　水泥浆体或准脆性材料如石头的实际强度，比基于分子内聚力和均质、无缺陷固体的表面能计算得到的理论强度低很多，理论强度估算高达 10.5GPa（1.5×10^6psi）。

　　理论强度和实际强度的差异可以通过 Griffith 提出的缺陷的存在来解释[6.17]。缺陷的存在，使得荷载作用下材料内部处于高应力集中状态，试件局部达到非常高的应力集中造成微观断裂，然而此时整个试件的平均应力相对较低。缺陷尺寸不同，只有尺寸最大的少数缺陷才能造成材料失效。因此，试件的强度是统计概率问题，试件的尺寸会影响破坏时的名义应力。

众所周知，水化水泥浆体包含大量不连续体：毛细孔、微裂缝和空隙，但是这些缺陷影响强度的准确机理目前尚不明确。空隙本身并不都是缺陷，缺陷可能是有空隙的单个晶体中的裂缝或者由于收缩以及黏结力差引起的微裂缝[6.14]。这种情况对于混凝土这类由不同相组成的整体非均质材料比较常见。Alford 等[6.81]研究证明，毛细孔并非水泥浆体中的唯一的缺陷。在混凝土内部，孔隙随机分布，这恰好符合 Griffith 假设的必要条件。目前我们尚不清楚混凝土破坏断裂时的机理，但这可能与水泥浆体与骨料间的结合力有关。

Griffith 假定在混凝土内部的缺陷部位存在微观破坏，通常假设含有最弱缺陷的"体积单元"决定了整个试件的强度。这种理论表明，混凝土内部的任何裂缝都会在混凝土试件受到外部破坏荷载时而发展，到整个试件截面最终导致混凝土破坏。换言之，当混凝土中某一个单元发生破坏时，混凝土整体也会发生同样的破坏。

以上假设只有在以下限定条件下才会成立：假设混凝土中含有 n 个受力单元，每个单元含有一个缺陷，在混凝土承受均匀分布的荷载时，混凝土中"第二薄弱单元"无法承受"最薄弱单元"破坏荷载的 $n/(n-1)$ 倍。

局部破坏开始于一点，且破坏与否取决于该点的状况。最薄弱点的破坏并不会导致混凝土结构的整体破坏，最薄弱点周围混凝土的应力分布最为关键，因为材料内部的变形和混凝土应力的传播，尤其是临近破坏点时的变形，取决于最薄弱点周围材料的行为和变形。例如，在弯曲试件内部单元所能承受的最大破坏荷载高于单元单独受拉时的破坏荷载，这是因为单元单独受拉时，裂缝的扩展不会受到周围的阻碍。图 12.8 给出了部分混凝土的劈拉强度和弯曲强度关系的数据。

因此，可以看出，给定的试件在不同的应力下发生破坏的点不同，但不可能在不涉及材料内部其他单元的情况下仅仅测定某一个单元的强度。如果试件的强度由最薄弱单元控制，破坏强度即由整个链条中链接最薄弱的环节决定。从统计学上，即需确定缺陷数为 n 的试件破坏时的最小强度值（最薄弱环节的强度值）。采用链条方式对混凝土破坏进行类比也存在一定的问题，因为混凝土内部既可能是并联也可能是串联的，但是基于最薄弱环节假设计算得到的为链条串联时的结果。对于混凝土这类脆性材料而言，强度不能仅以平均值表示，同时需要说明混凝土试件的强度也与试件的形状和尺寸相关，这些因素会在第 12 章中进行详细讨论。

6.7.2 抗压强度

Griffith 假设适用于混凝土受拉时的破坏，但也可用于混凝土受到双轴或三轴应力及单轴压缩下的破坏。当混凝土受到双向压应力时，在混凝土内部缺陷的边缘处会产生拉应力，导致混凝土断裂破坏。Orowan[6.16]通过计算得出了相对于主应力轴最危险取向处裂缝尖端的最大拉应力与两个主应力 P 和 Q 的函数。图 6.23 给出了破坏准则，其中 K 表示在直接拉伸时的抗拉强度。

从图 6.23 可以发现，混凝土在受到单轴压应力情况下会发生断裂破坏，在测定混凝土试件的抗压强度试验过程中人们已经认识到这点[6.18]。这种情况下，混凝土的名义抗压强度一

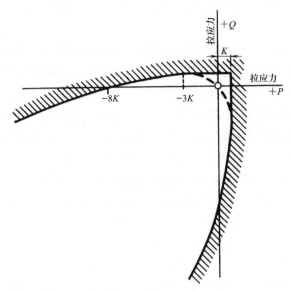

图 6.23　双向应力条件下奥罗万破坏准则[6.16]

般是 8K，即是混凝土直接拉伸时拉伸应力的 8 倍，这与实验得到的混凝土的抗压强度和抗拉强度比值基本一致。然而，受压混凝土试件的开裂方向无法与 Griffith 假设吻合。虽然，受压试件中的破坏可能是横向应变造成的，横向应变可由泊松比计算得到。在混凝土单轴受压试验过程中，混凝土的横向应变会超过混凝土的极限拉应变，因此，经常观察到混凝土在与荷载方向呈某一角度处劈裂破坏，如同劈裂试验中一样（见第 12 章）。如果混凝土试件的高度大于试件宽度，这种现象尤其明显[6.18]。Yin 等的研究[6.86]已经证明混凝土在单轴或者双轴压力作用下时，其破坏形式一般是劈裂受拉破坏。

在关于混凝土破坏的众多研究中，文献［6.14］首先指出，静荷载作用下，混凝土的强度由极限拉应变而非极限应变决定。极限拉应变的数值一般为（100～200）×10⁻⁶。Lowe[6.36]的研究证实了极限拉应变准则。Lowe 研究发现混凝土发生初始破坏时，弯曲梁受拉面发生的拉应变大小与圆柱体试件承受单轴压力时发生的横向拉应变相差不多[6.21]。

混凝土梁初始破坏时的拉应变为：

$$\frac{开裂时的拉应力}{E}$$

式中，E 为混凝土线性变形范围内的弹性模量。受压试件开始开裂时横向应变为：

$$\frac{\mu \times 开裂时的压应力}{E}$$

式中，μ 为静态泊松比，E 与上式相同。根据两种应变的关系式可以得出：

$$\mu = \frac{弯曲开裂时的拉应力}{受压开裂时的压应力}$$

对于高强混凝土，泊松比约为 0.15，低强度混凝土的泊松比约为 0.22（见第 9 章）。混凝土的泊松比一般为 0.15～0.22，而且对于不同种类的混凝土而言，抗拉强度和抗压强度的比值以相似的方式变化。因此，在混凝土的强度和泊松比之间可能存在一定的关系，而且混凝土受到单轴压力和弯曲拉力时初始破坏的机理很可能相同[6.19]。关于这种机理的本质尚不清楚，但很可能是由于水泥浆体与骨料粘结失效而导致开裂破坏[6.20]。目前关于混凝土抗压破坏的机理尚不明确，甚至对于混凝土发生破坏的定义都存在争议。一种观点认为混凝土的破坏与其内部的"非连续点"有关，"非连续点"定义为混凝土的体积应变停止变小而泊松比急剧增大的状态点[6.52][6.53]。在这个阶段，大量的裂缝开始发展（见第 6 章）。

混凝土结构开始失稳，若混凝土持续承受荷载，会导致结构破坏。非连续点的横向拉伸应变取决于轴向压力的大小。通常来说，混凝土强度越高，其横向应变越大。Carino 和 Slate[6.53]研究发现，压力为 7.5MPa（1100psi）时，横向应变平均值大约为 300×10^{-6}。但也有学者认为[6.119]混凝土破坏时水化浆体逐步发生破坏，而不出现"非连续点"这一重要特性。

混凝土在单轴压力作用下发生破坏可能是由于水泥浆体的拉伸破坏或者垂直于受力方向的粘结破坏，也可能是由于剪切破坏[6.20]。混凝土的破坏一般与极限应变相关，混凝土强度等级不同，其极限应变值不同：混凝土强度越高，极限应变越低。表 6.1 给出了典型的混凝土受压破坏的极限应变值，实际数值需要通过试验确定，且与试验方法相关。

表 6.1　混凝土受压破坏时的应变值

标准抗压强度（MPa）	失效时的最大应变（10^{-3}）
7	4.5
14	4
35	3
70	2

6.7.3　多轴应力破坏

在三轴压力作用下，若横向应力很高，混凝土以压碎的形式破坏。此种破坏机理与前面提到的机理有所不同，混凝土的行为从脆性转变为延性。混凝土受到的横向压应力增大，可以提高轴向所能承受的应力，如图 6.24 所示[6.26]。横向应力很高时，混凝土破坏时的轴向压力也会很高[6.11]（图 6.25）。需要注意的是，若混凝土中的孔隙水散失，使孔隙水压发展受限，则混凝土的强度会有所提高[6.75]。因此，在实际工程中混凝土的孔压力的发展非常重要[6.84]。

混凝土侧面施加的压应力为 520MPa，轴向应力可达 1200MPa[6.82]。且横向压应力随着轴向应力的增加而逐渐增加，轴向应力可高达 2080MPa，此时混凝土的孔隙率大幅降低[6.82]。

混凝土侧面施加横向拉应力对轴向应力的影响与横向压应力类似，但作用方向相反[6.11]。这与前面章节的分析相符。

实际工程中，导致混凝土破坏的应力有一个范围，而不是一种瞬间的破坏现象，因此混凝土的最终破坏与荷载类型有关[6.19]。工程中经常遇到的重复荷载作用导致的混凝土疲劳破坏就是其中一种类型，混凝土的疲劳强度将在第 7 章详细讨论。

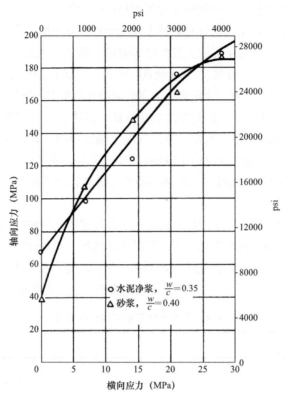

图 6.24　水泥净浆和砂浆破坏时横向应力对轴向应力的影响[6.26]

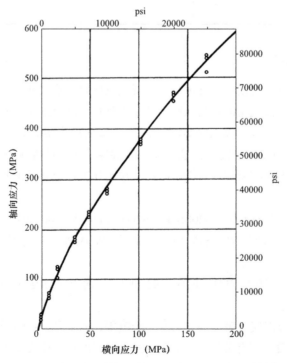

图 6.25　混凝土破坏时横向高应力对轴向应力的影响[6.11]

图 6.26 给出了双向应力的相互作用曲线[6.78]。若试块与压板间摩擦较大时，双向应力的相互作用影响非常明显；当消除末端约束后（如使用拉丝处理过的钢压盘），相互作用的影响小很多。从图 6.26 可以看出，当双向应力 $\sigma_1 = \sigma_3$ 时，混凝土的破坏强度仅比单轴压缩强度高16%；双轴抗拉强度与单轴抗拉强度几乎相同[6.78]，这与其他研究结果类似[6.9][6.54][6.86]。但是，若混凝土中粗骨料类型或加载速率不同，强度结果也会有所不同[6.86]。图 6.27 给出了双向应力相互作用的试验结果，这些结果是采用液态隔离膜和固定压板，使用拉丝处理的钢压盘加载得到的[6.46]，由于末端约束的不确定性，其他研究者得到的结果可能与图 6.27 存在相矛盾。

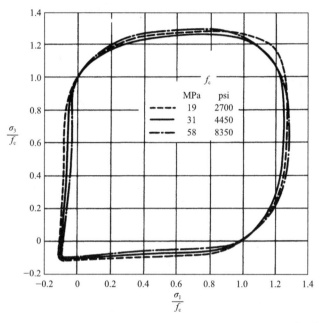

图 6.26 消除末端约束条件下双向应力的相互影响曲线[6.78]
（σ_1 和 σ_3 分别为施加的双向轴应力）

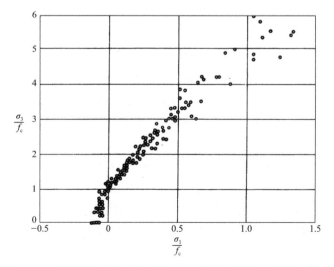

图 6.27 不同研究者得到的多轴应力作用下混凝土的强度[6.46]
（潮湿或风干混凝土，f_c 为抗压强度）

事实上，单轴抗压强度的大小并不影响曲线的形状或数值的大小[6.78]。试验测得的棱柱体强度范围为 19～58MPa，其中水灰比和水泥含量变化范围很大。然而，在单向压－拉或双向拉伸情况下，随着单轴抗压强度的提高，任意双向应力组合条件下的相对强度均降低[6.78]。这与已有的研究结果相符，即单轴抗拉强度和单轴抗压强度的比值随着混凝土抗压强度的提高而降低（见第 6 章）。试验过程中发现，混凝土单轴抗压强度为 19、31 和 58MPa 时，其对应的抗拉强度和抗压强度的比值分别为 0.11、0.09 和 0.08[6.78]。

通常，三向压缩对于中低强度混凝土强度的提高幅度高于高强混凝土[6.47]。Hobbs[6.47]发现，三向压缩作用下，传统混凝土破坏时的主应力 σ_1 可由下式表示：

$$\frac{\sigma_1}{f_{cyl}}=1+4.8\frac{\sigma_3}{f_{cyl}}$$

其中 σ_3 为较小主应力；f_{cyl} 为圆柱体强度。

研究表明，对于轻骨料混凝土而言，σ_3 的影响比普通骨料小[6.46]，上式中的系数 4.8 可以降低到 3.2。

三向压缩作用和双向压缩加单向拉伸作用下得到的混凝土强度可由式（1）表示：

$$\frac{\sigma_1}{f_{cyl}}=\left(1+\frac{\sigma_3}{f_t}\right)^n \tag{1}$$

其中，

$$f_t=0.018f_{cyl}+2.3=抗压强度 \tag{2}$$

$$n=\frac{7.7}{f_{cyl}}+0.4 \tag{3}$$

式中单位为 MPa，压应力方向为正向。

式（2）和式（3）仅适用于普通混凝土，不适用于水泥净浆和砂浆。

将式（2）和式（3）代入式（1），取值时取下限值而不是平均值，得到普通混凝土的破坏准则：

$$\frac{\sigma_1}{f_{cyl}}=\left(1+\frac{\sigma_3}{0.014f_{cyl}+2.16}\right)^{\frac{7.1}{f_{cyl}}+0.38}$$

混凝土圆柱体强度 f_{cyl} 取值不同时，将上述公式绘制成图，见图 6.28。上述公式并不能完全适用于所有情况，如 Hobbs 指出[6.47]，骨料的种类、级配及施加应力相对于浇筑面的方向对混凝土的抗拉强度和抗压强度影响程度不同。抗拉强度对上述因素更加敏感。同样需要指出的是，中值应力 σ_2 会影响 σ_1[6.85]。

前面的讨论表明，尽管混凝土的强度是材料的固有性质，实际检测时，其数值与所施加的应力体系有关。Mather[6.77]指出，理想状态下，混凝土在不同受力情况下的破坏准则可表示为一个单独的应力参数（例如抗拉强度）的函数，但目前尚未发现通用的函数。

Berg[6.56]通过研究得出了计算混凝土强度的公式，参数如下：裂纹传播的起始应力，劈裂（抗拉）强度和抗压强度。该公式可用来分析计算混凝土在多向应力条件下的破坏，但未达到抗拉强度时，该公式不适用。其余方法[6.79]也存在不能普遍适用的问题。

要想具体研究混凝土破坏行为，需要掌握断裂能的相关知识，断裂能是指物体断裂时，每单位面积所吸收的能量。断裂能属于断裂力学研究的主要问题之一，[6.87]和[6.88]是关于断裂力学的相关文献。然而，断裂力学目前尚未得出能够完全量化混凝土参数。

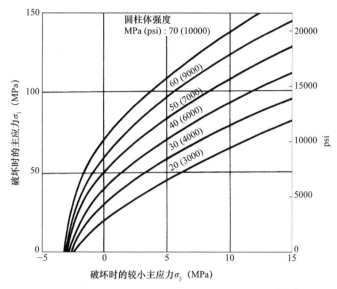

图6.28 双向应力作用下混凝土的破坏强度[6.47]

6.8 微裂缝

混凝土破坏是由裂缝引起的，因此，研究裂缝需要先掌握混凝土的应力-应变关系。

现有研究表明，在混凝土承受荷载之前，粗骨料和水泥浆体界面处就存在细裂缝[6.76]。这可能是由于粗骨料和水泥浆体的弹性模量存在差异，另外，收缩和温度也是引起裂缝的原因。微裂缝不仅存在于普通混凝土中，对于水灰比0.25、水养护的高强混凝土，在其未承受荷载前也发现了微裂缝的存在[6.92]。Slate和Hover[6.91]认为，混凝土加载前即存在的微裂缝是导致其抗拉强度低的主要原因。

目前对于微裂缝的尺寸尚无明确的定义，但普遍认为其最大尺寸为0.1mm[6.91]，这是肉眼能够识别的最小尺寸。对于实际工程而言，微裂缝的最小尺寸应当限制得更小以保证结构安全，更小尺寸的裂缝可以利用光学显微镜进行观察。当施加的荷载较低时，混凝土中的微裂缝保持稳定，当荷载超过混凝土极限荷载的30%以后，微裂缝的长度、宽度和数量都会出现不同程度的增长。混凝土微裂缝发展的总应力大小与混凝土的水胶比密切相关。该阶段是微裂缝缓慢发展阶段。

当施加的荷载增加至极限荷载的70%～90%时，裂缝穿透水泥砂浆（水泥浆体和细骨料），与砂浆和骨料界面处的裂缝相连，进入持续开裂状态[6.76]。裂缝进入快速发展阶段。对于高强混凝土而言，这一阶段开始的应力水平高于普通混凝土[6.90]。通过采用中子射线照相法测量得知，这个阶段微裂缝累计长度增长较大[6.116]，但高强混凝土的累计长度小于普通混凝土[6.90]。

混凝土裂缝快速发展的起始点与体积应变的非连续点相对应（见第9章），如果此时混凝土持续承载，随着时间的延长混凝土会发生破坏，高强混凝土和普通混凝土均如此[6.90]。

图 6.29[6.37] 给出了裂缝长度的测试结果，可以发现，当混凝土所受荷载从 0 增大到棱柱体强度 85% 的过程中，混凝土裂缝总长度增加很少[6.37]。应力继续增大，裂缝的总长度大幅增长。当应力/强度比值为 0.95 时，界面处和水泥砂浆内部均会出现裂缝，而且大多数裂缝与混凝土所受荷载的方向大致平行。一旦混凝土试件达到应力–应变曲线下降段，混凝土裂缝的长度和宽度都会显著增大。

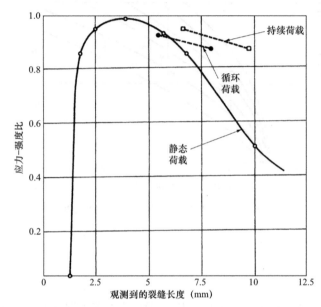

图 6.29　100mm^2 范围内裂缝长度和混凝土应力/棱柱体抗压强度比值的关系[6.37]

图 6.29 同样给出了荷载范围在棱柱体强度 0~85% 的循环应力作用下混凝土中裂缝的发展情况，在混凝土破坏之前，混凝土裂缝的长度和宽度均比静荷载作用下大。在棱柱体强度 85% 的恒定持续荷载下，混凝土破坏前的裂缝长度和宽度也比静荷载作用下大[6.37]。

通过前面的讨论可知，微裂缝是混凝土的普遍特性。稳定不发展的微裂缝对混凝土并无害。早期微裂缝主要存在于粗骨料与水泥浆体的界面，粗骨料能够阻止裂缝的发展，即粗骨料起到了"裂缝捕捉器"的作用。因此，混凝土本身的非均质性是有利于控制裂缝发展的。当对混凝土施加荷载时，混凝土骨料与水泥浆体的界面与外部作用力间存在各种各样的角度，因此，混凝土局部范围内的应力将高于或低于外部施加应力。下节将重点研究骨料与水泥浆体界面的性质。

已有研究表明，在混凝土内部同样存在着在扫描电镜下至少放大 1250 倍才能观察到的亚微细裂缝[6.111]。由于混凝土的不连续性，存在这种亚微细裂缝并不奇怪。然而，目前为止尚没有科学证据证明亚微细裂缝会影响混凝土的强度。

6.9　骨料–水泥浆体界面

研究表明，混凝土中的微裂缝首先出现在粗骨料与水泥砂浆的界面处，当混凝土破坏时，包含界面的区域对破坏有重要影响。因此，很有必要研究界面过渡区的性能。

　　最先需要指出的是，粗骨料附近的水泥浆体的微结构通常与其他的水泥浆或砂浆本体不同。这是因为搅拌过程中，干水泥颗粒无法在相对大的粗骨料周围堆积密集，这与混凝土浇筑时表面的"边壁效应"类似（见第12章），只是尺度更小。界面过渡区水泥颗粒较少，无法填满孔隙，使得界面过渡区孔隙率高于远离粗骨料的水化浆体[6.94]，见图6.30。孔隙率对强度的影响已在前面章节进行了介绍，由于界面过渡区孔隙率较大，因而该区域为混凝土薄弱区，易发生破坏。

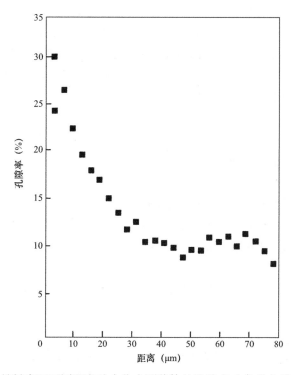

图6.30　骨料表面不同距离处水化水泥浆体的孔隙率（参考文献[6.94]）

　　界面过渡区的微观结构如下：骨料表面覆盖着一层0.5μm厚的择优取向的$Ca(OH)_2$晶体，再外层是一层同样厚度的C-S-H凝胶，这就是骨料表面的双层膜。双层膜外为主要的界面过渡区，约50μm厚，含有水泥水化产物和大粒径的$Ca(OH)_2$晶体，不含未水化的水泥颗粒[6.57]。

　　界面过渡区的微观结构具有双重效果。首先，水泥颗粒能够完全水化说明界面区的水灰比高于其他区域；另外，大粒径的$Ca(OH)_2$晶体的存在说明界面处的孔隙率高于其他区域，这也证实了前文提到的"边壁效应"。

　　界面区存在的$Ca(OH)_2$和火山灰的二次水化会使界面区强度随时间增长，硅灰在这方面特别有效，因其颗粒尺寸远小于水泥颗粒，这部分内容将在第13章讨论。

　　尽管界面过渡区的研究主要集中在粗骨料与水化水泥浆体之间，但细骨料周围也存在界面过渡区[6.93]。细骨料与水泥浆体间的界面过渡区厚度小于粗骨料，但细骨料表面的界面过渡区会影响粗骨料的界面过渡区，从而影响混凝土内部的整个界面过渡区的性质[6.93]。

细骨料的矿物特性将影响界面过渡区的微观结构，对于石灰石骨料，由于骨料会与水泥浆体发生化学反应，因此其界面过渡区更密实[6.95]。

对于轻骨料而言，若其外表面较致密，则其界面处情况与普通骨料相同[6.89]。若轻骨料外表面孔隙较多，则外部介质更容易进入骨料内部[6.96]，因而界面过渡区更致密，骨料和水泥浆体间的黏结力更强[6.89]。

研究整个混凝土中界面过渡区的性质非常困难。因此目前多是对单个骨料与水泥水化浆体的界面性质进行试验研究。由于未考虑粗骨料间的相互作用和细骨料对粗骨料的影响，因而这些实验得到的结果可能存在质疑[6.94]。而且，实验室制备单一骨料外包裹水化水泥浆体的体系时未进行搅拌，而搅拌过程中的剪切作用会影响水泥浆体凝结时的微观结构。并且，实际混凝土中，泌水将导致粗骨料外面形成满水的孔隙，这种骨料与水化浆体的界面处往往存在粗大的 $Ca(OH)_2$ 晶体。另外，由于粗骨料和水泥浆体弹性模量和泊松比之间存在差异，因而两者的界面区一般都存在应力集中现象。因而，实际混凝土中界面过渡区的性质仍需更多研究。

6.10   龄期对混凝土强度的影响

水养条件下，混凝土水灰比和强度的关系仅适用于同一种水泥和相同养护龄期的混凝土。而混凝土强度和胶孔比的关系应用范围更广，因为无论何时水泥浆体中凝胶的数量均是水泥种类和养护龄期的函数。强度和胶孔比的关系考虑到了不同的水泥水化产生相同数量的凝胶所需要不同的时间。

第2章已详细讨论过不同种水泥的水化速度，图2.1和图2.2给出了典型的强度随龄期发展的曲线。养护条件对混凝土强度的影响将在第7章进行讨论，这里我们重点讨论养护龄期对混凝土强度的影响。

混凝土强度的评定通常以养护28d的强度为准，混凝土的其他性能与28d强度有关。选择28d强度作为标准并没有科学依据，主要是因为早期水泥水化较慢，强度发展不完全，无法反映混凝土的真实强度。而龄期太晚的话，虽然水泥水化比较完全，但时间太久，试验进行时混凝土已开始服役。相对于传统水泥而言，现代硅酸盐水泥颗粒更细，C_3S 含量更高，因而水化速率明显加快。但对于掺加矿物掺合料的水泥而言，水化速率依然较慢。

虽然少于28d的强度也可用来表征混凝土的强度，但是由于28d强度使用时间较久，人们已很难接受其他龄期强度作为评定混凝土强度的标准。因此，制定标准时基本都采用了28d强度。若出于某些原因，需根据混凝土的7d强度推断28d强度，则需通过试验确定相同配合比下7d强度和28d强度的关系。由于7d强度和28d强度的关系式并不可靠，因此本书不就此进行讨论。

除了水泥性能，水灰比也会影响混凝土的强度发展情况。低水灰比的混凝土强度发展速度要高于高水灰比的混凝土（图6.31）[6.83]。这是因为水灰比较低时，水泥颗粒排列较紧密，更易形成连续的凝胶体系。需要注意的是，相比低温条件，当温度较高时，混凝土早期强度发展较快，28d强度和7d强度的比值更低。轻骨料混凝土亦是如此。

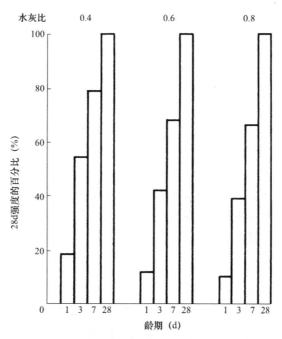

图 6.31 不同水灰比的混凝土强度发展情况[6.83]

　　掌握混凝土强度与龄期的关系非常重要，因为混凝土结构投入使用时需长期承受荷载，这种情况下，进行结构设计时可采用龄期大于 28d 的混凝土强度。对于一些对早期强度要求较高的情况，如预制混凝土、预应力混凝土或需提早拆模的混凝土等，必须掌握混凝土的早期强度。

　　水灰比为 0.40、0.53 和 0.71 的混凝土的强度随龄期的发展情况见图 6.32。图中的混凝土制备于 1948 年，水泥采用 I 型硅酸盐水泥，养护条件为湿养护[6.117]。

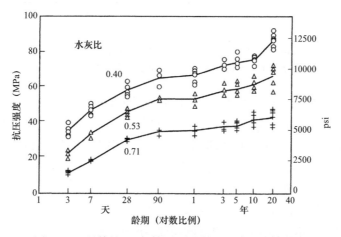

图 6.32 湿养护 20 年情况下混凝土强度的发展情况
（采用直径 150mm 的圆柱体试块测定）[6.117]

　　混凝土长期强度的发展情况也受到了关注。20 世纪初，采用美国的硅酸盐水泥（C_2S 含量较高、比表面积较低）制备的混凝土在室外养护至 50 年的强度是 28d 强度的 2.4 倍，且强度增长与龄期的对数成正比。采用 20 世纪 30 年代后的水泥（C_2S 含量较低、比表面积较高）制成的混凝土在养护至 10 到 25 年时达到峰值强度，之后强度有所倒退[6.48]。采用德国硅酸盐水泥 1941 年制备的混凝土，室外养护 30 年的强度是 28d 强度的 2.3 倍。水灰比越大，混凝土强度增长越大。对比发现，采用矿渣硅酸盐水泥制备的混凝土强度增大了 3.1 倍[6.49]。

6.11 混凝土的成熟度

混凝土强度随着水泥水化的进行而不断增大，水化速率随温度的升高而增大，因此，混凝土的强度可以表示为时间和温度的函数。温度对强度发展的影响见图 6.33，其中混凝土的浇筑和养护都是在指定的温度下进行的[6.11]。温度对凝结时间的影响及养护温度的影响，将在第 8 章讨论。

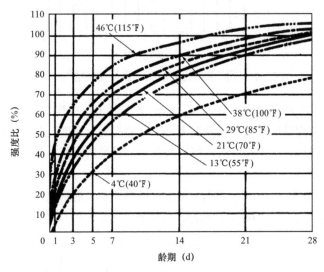

图 6.33 不同养护温度下混凝土的强度与 21℃下混凝土 28d 强度的比值
（水灰比＝0.50；试块在标明的温度下浇筑和养护）[6.11]

由于混凝土的强度与温度和龄期有关，因而混凝土的强度可以表示为 Σ（时间×温度）的函数，这个"和"称之为成熟度。成熟度计算过程中，基准温度一般为 −12℃～−10℃之间，因为当温度低于冰点达到 −12℃时，混凝土的强度增长很小。因此，在混凝土获得足够的强度抵抗冻融循环前，混凝土不能置于低温环境中，通常需要至少 24 小时的"静置期"。温度低于 −12℃时，混凝土的强度几乎不再增长。

基准温度通常设定为 −10℃，该基准温度适用于养护 28d[6.101]，温度范围为 0～20℃的混凝土成熟度计算。当温度更高时，更高的基准温度比较合适[6.100]，美国 ASTM C 1074-04 标准给出了基准温度的确定方法。

成熟度一般以℃.h 或者℃.d 为单位，如图 6.34 和图 6.35 所示，混凝土抗压强度和抗拉强度与成熟度的对数均呈直线关系[6.50]。因此，对于任何成熟度情况下，混凝土强度 S_2 可以表示为其他成熟度下强度值 S_1 的百分比，S_1 通常取 19800℃h，是指在 18℃条件下养护 28d 的混凝土成熟度。

强度百分比可以表示为下式：

$$S_1/S_2 = A + B \log_{10}（成熟度 \times 10^{-3}）$$

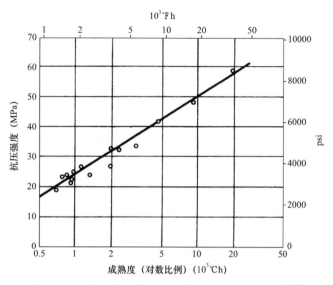

图 6.34　成熟度的对数和立方体抗压强度的关系 [6.42]

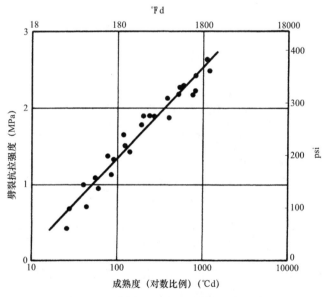

图 6.35　成熟度的对数和劈裂抗拉强度的关系
（试验温度分别为 2℃、13℃ 和 23℃，养护龄期为 42d）[6.50]

系数 A 和 B 的值取决于混凝土的强度等级，表 6.2 给出了 Plowman[6.42] 系数，即 A、B 值。

从图 6.36 可以看出，只有当成熟度超过某一特定值时，混凝土的强度与成熟度的对数才呈线性关系。强度与成熟度的关系与混凝土的水灰比和水泥种类（尤其是掺加掺合料的水泥）有关。

表 6.2   成熟度公式的 Plowman 系数[6.42]

18℃时 28d 强度（MPa）	系　　数		
	B	A	
		℃·h	℉·h
＜ 17	68	10	−7
17 ～ 35	61	21	6
35 ～ 52	54	32	18
52 ～ 69	46.5	42	30

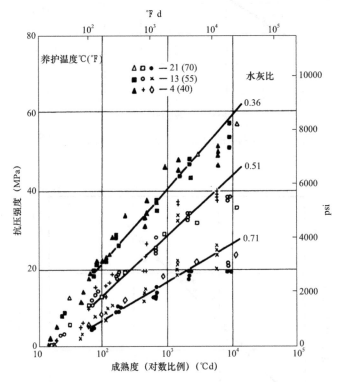

图 6.36   普通硅酸盐水泥（Ⅰ型）混凝土的抗压强度和成熟度的关系
（Gruenwald[6.51]的研究数据，Lew 和 Reichard[6.55]进行的数据处理）

　　另外，早期温度也会影响混凝土强度 - 成熟度的关系，包括曲线形状[6.43]。混凝土浇筑之后直接进行高温养护和放置一段时间后再进行高温养护，两种情况下强度与成熟度的关系有所不同。对于完全成熟的混凝土而言，直接进行高温养护的混凝土强度比晚一周进行高温养护或未经过高温养护的混凝土的强度要低。在 60℃～80℃下养护的混凝土的长期强度大约是 20℃下养护的混凝土长期强度的 70%，但 60℃～80℃下混凝土的强度达到长期强度所用时间更短[6.102]。Carino[6.99]对某一给定成熟度下，起始温度对后期强度的影响进行了研究，研究对混凝土的蒸汽养护具有一定的指导意义。温度对混凝土强度的影响将在第 8 章进行详细讨论。

　　由于最初的强度-成熟度的关系适用范围有限，因而研究者建立了一些"修订的"成熟度函数。部分研究对函数进行了重新定义，但新的函数和使用非常复杂。其他研究者对成熟度函数进行了修改，使得在一定的龄期和养护温度范围内，混凝土强度的推断结果更加准确，但超过指定的范围，强度计算结果不够精确。一种解决方法为将任意养护温度下的养护龄期转换为参考温度（通常为20℃）下的养护龄期。该方法使用了等效龄期的概念，即为达到与其他养护温度下最终强度相同比例的强度，参考温度养护条件下所需的龄期[6.97]。

　　尽管实验室研究发现，成熟度函数仍需进行修正和改进，但Plowman[6.42]指出，应当保留最初的成熟度函数。美国标准ASTM C 918-07和C 1074-04对于成熟度的应用具有指导意义。

　　ASTM C 918-07指出，尽管实验室制作的混凝土与实际混凝土结构中的混凝土比较接近，但实验室中混凝土的强度与结构中混凝土的强度仍然存在一定差异，只具有一定的参考。因此，ASTM C 918-07中规定，根据实验室标准抗压强度试件试验得出的成熟度公式可以用于工程结构中任何龄期混凝土强度的推算。混凝土抗压强度的养护时间必须大于24h，而且达到推算混凝土强度所需要的时间，一般为28d。混凝土成熟度可在强度与成熟度对数图上得到。根据强度与成熟度对数直线的斜率b和成熟度m_1下的强度值S_1计算得到成熟度m_2下的强度值S_1，计算公式如下：

$$S_2 = S_1 + b(\log m_2 - \log m_1)$$

很明显，以上公式仅适用于给定组分的混凝土。

　　若想根据混凝土的养护温度推断混凝土的强度，可以参考ASTM C 1074-04。这对于需要决定拆模和脚手架的时间、预应力混凝土中施加后张预应力的时间和低温环境下混凝土的养护时间等。

　　目前市场上已有成熟度测量仪，将它们嵌入混凝土内部，可测得混凝土的温度随时间的变化规律，并给出℃.h值。采用成熟度测量仪可消除温度变化过程引起的混凝土强度的不确定性（即使在预制构件厂都可能存在温度变化的问题），因为该仪器可测得混凝土内部的真实温度，并且该仪器位置灵活，可将其放置于混凝土对温度比较敏感的部位[6.98]。

　　成熟度的计算公式仅仅适用于潮湿环境下养护的混凝土[6.44]，已有学者对不同相对湿度下混凝土成熟度的计算进行过研究[6.101]，但由于混凝土的相对湿度受到试件的形状和尺寸的影响，成熟度的使用受到一定的限制。

6.12　抗压强度与抗拉强度的关系

　　在混凝土结构设计过程中，抗压强度是混凝土设计时考虑的主要技术指标，但有时也考虑抗拉强度（例如进行高速公路或机场的混凝土路面设计时）、剪切强度和抗裂能力。根据对混凝土强度的讨论可知，混凝土的抗压强度与抗拉强度密切相关。但这两个强度值之间没有直接的关系，两者的比值随着混凝土强度等级的变化而有所差异。换言之，随着混凝土抗压强度f_c的提高，混凝土的抗拉强度f_t也会有所提高，但抗拉强度的增长速度低于抗压强度。

　　影响混凝土抗压强度和抗拉强度关系的因素很多。前面已经讨论过碎石粗骨料对混凝土的抗折强度的有利作用，研究表明细骨料的性能和骨料级配也会影响 f_t/f_c 的比值[6.27][6.28]。这可能是因为梁试件和抗压强度试件的"边壁效应"存在一定的差异，两种试件的表面积/体积的比值不同，因此，完全密实所需的水泥砂浆数量也不相同。

混凝土的龄期同样会影响 f_t 和 f_c 之间的关系，龄期一个月之后，抗拉强度的增长速度低于抗压强度，因此，f_t/f_c 的比值随着龄期的延长逐渐降低[6.29][6.103]。

混凝土的抗拉强度可以通过不同试验方法进行测量，包括抗弯强度试验、直接拉伸试验和劈裂抗拉试验等，这些方法得到的结果会有所差异，这部分内容将在第12章进行讨论。由于不同方法测得的抗拉强度数值不同，因此混凝土抗拉强度与抗压强度的比值也不尽相同。此外，混凝土的抗压强度值与混凝土试件的形状尺寸也有关（见第12章），不同尺寸试件的试验结果有所差异。因此，在标明抗拉强度与抗压强度比值时必须说明试验方法和试件尺寸。Oluokun[6.106]统计了不同研究者对标准圆柱体试件劈裂抗拉强度与抗压强度比值的研究结果，如图 6.37 所示。如果需要了解抗弯强度，需要给出劈裂抗拉强度与抗弯强度的关系[6.104]。

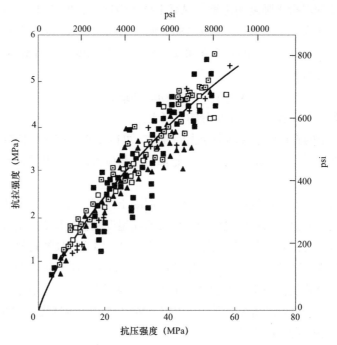

图 6.37　不同研究者得出的劈裂抗拉强度与抗压强度的关系
（标准圆柱体试件测试，Oluokun 统计）[6.106]

相比于抗压强度，抗拉强度对混凝土的养护条件更为敏感[6.30]，可能是因为不均匀收缩对弯曲试验梁的影响比较显著。因此，空气养护试件的 f_t/f_c 比值要低于水中养护和测试的试件。含气量也会影响 f_t/f_c 比值，因为气孔的存在会同时降低抗压强度和抗拉强度，但抗压强度降低更为明显，对于富浆和高强混凝土更是如此[6.30]。振捣不密实对 f_t/f_c 比值的影响与引气效果相似[6.31]。

对于轻骨料混凝土而言，f_t 与 f_c 的关系与普通混凝土类似，当混凝土强度非常低的时候（如 2MPa），f_t/f_c 比值可以高达 0.3，但随着强度的提高，比值降低至与普通混凝土相同。但是，干燥会使得 f_t/f_c 比值会减小 20% 左右。因此，轻骨料混凝土的设计过程中，f_t/f_c 比一般取值较低。

目前研究者已提出了很多 f_t 和 f_c 的经验关系公式，最常用的公式如下：

$$f_t = k (f_c)^n$$

式中，k 和 n 均为系数。n 的建议取值范围在 $1/2 \sim 3/4$ 之间，前者是美国混凝土协会（ACI）的建议值，但 Gardner 和 Poon[6.120] 研究发现 n 值更接近后者数值。目前，最合理的公式大致如下：

$$f_t = 0.3 (f_c)^{2/3}$$

式中，f_t 为圆柱体劈拉强度（MPa），f_c 为圆柱体抗压强度（MPa），如果强度单位以磅/平方英寸表示的话，系数 0.3 需修改为 1.7。上述公式由 Raphael[6.110] 提出，Oluokun[6.106] 对该公式进行了如下调整：

$$f_t = 0.2 (f_c)^{0.7}$$

其中强度的单位为 MPa，如果强度单位以磅/平方英寸表示的话，系数 0.3 需修改为 1.4。

英国工程标准 BS 8007：1987（被 BS EN 1992-3：2006 Eurocode 2 取代）给出了相似的公式：

$$f_t = 0.12 (f_c)^{0.7}$$

其中抗压强度以圆柱体试验结果为主（单位为 MPa），f_t 代表直接拉伸强度。

对比发现，以上几个公式之间的差异不大，但需要指出的是，美国标准 ACI 318-02[6.118] 中给出的幂指数太小，导致混凝土抗压强度较低时，劈拉强度会被高估；而抗压强度较高时，混凝土的劈拉强度会被低估[6.105]。

6.13 混凝土与钢筋的黏结力

绝大部分结构混凝土中都配有钢筋，因此，混凝土与钢筋之间的黏结力将对结构产生重要影响，例如会影响收缩及热效应导致的开裂，收缩和温度作用导致的混凝土开裂均受到钢筋与混凝土之间的黏结力的影响。混凝土与钢筋的黏结力主要由两种材料之间的摩擦力和胶粘力组成，对于变形钢筋主要为机械咬合力。另外，混凝土相对于钢筋的收缩能够提高混凝土与钢筋的黏结力。

在钢筋混凝土结构中，黏结强度不仅与混凝土的性能有关，也与钢筋的几何特性、保护层厚度等因素有关。钢筋的表面状态也会影响黏结力，钢筋表面存在铁锈时，若铁锈与钢筋黏结良好，则铁锈会提高普通钢筋与混凝土的黏结强度，而对变形钢筋与混凝土的黏结强度不产生影响[6.108]。钢筋表面镀锌或者包裹环氧材料也会影响黏结力。

钢筋与混凝土的黏结力难以测得，它不仅受混凝土的性能的影响，很多因素也会对黏结力产生影响，但该部分内容超出了本书的范围，因此不再赘述。

影响混凝土与钢筋黏结力的主要因素是混凝土的抗拉强度，因此，黏结力的设计公式一般表示为正比于抗压强度的平方根。前面讨论已经发现，混凝土的抗拉强度正比于抗压强度的 0.7 次方，而不是 1/2 次方。因此，在现有的各种规范中将黏结力表示为正比于抗压强度的平方根存在一定问题。不过，研究表明，当混凝土强度不大于 95MPa 时，变形钢筋与混凝土的黏结强度随着混凝土强度的提高而增大，只是黏结强度的增大幅度会逐渐降低[6.107][6.109]。

温度的升高会降低混凝土与钢筋的黏结力，有研究表明，温度达到 200℃～300℃时，黏结强度可能会降低为室温环境下的 50%。

参考文献

6.1 K. K. SCHILLER, Porosity and strength of brittle solids (with particular reference to gypsum), *Mechanical Properties of Non-metallic Brittle Materials*, pp. 35–45 (London, Butterworth, 1958).

6.2 NATIONAL SAND AND GRAVEL ASSOCIATION, *Joint Tech. Information Letter No. 155* (Washington DC, 29 April 1959).

6.3 A. HUMMEL, *Das Beton – ABC* (Berlin, W. Ernst, 1959).

6.4 A. M. NEVILLE, Tests on the strength of high-alumina cement concrete, *J. New Zealand Inst. E.*, **14**, No. 3, pp. 73–7 (1959).

6.5 T. C. POWERS, The non-evaporable water content of hardened portland cement paste: its significance for concrete research and its method of determination, *ASTM Bull. No. 158*, pp. 68–76 (May 1949).

6.6 T. C. POWERS and T. L. BROWNYARD, Studies of the physical properties of hardened portland cement paste (Nine parts), *J. Amer. Concr. Inst.*, **43** (Oct. 1946 to April 1947).

6.7 T. C. POWERS, The physical structure and engineering properties of concrete, *Portl. Cem. Assoc. Res. Dept. Bull. 90* (Chicago, July 1958).

6.8 T. C. POWERS, Structure and physical properties of hardened portland cement paste, *J. Amer. Ceramic Soc.*, **41**, pp. 1–6 (Jan. 1958).

6.9 L. J. M. NELISSEN, Biaxial testing of normal concrete, *Heron*, **18**, No. 1, pp. 1–90 (1972).

6.10 M. A. WARD, A. M. Neville and S. P. Singh, Creep of air-entrained concrete, *Mag. Concr. Res.*, **21**, No. 69, pp. 205–10 (1969).

6.11 W. H. PRICE, Factors influencing concrete strength, *J. Amer. Concr. Inst.*, **47**, pp. 417–32 (Feb. 1951).

6.12 H. C. ERNTROY and B. W. SHACKLOCK, Design of high-strength concrete mixes, *Proc. of a Symposium on Mix Design and Quality Control of Concrete*, pp. 55–73 (Cement and Concrete Assoc., London, May 1954).

6.13 B. G. SINGH, Specific surface of aggregates related to compressive and flexural strength of concrete, *J. Amer. Concr. Inst.*, **54**, pp. 897–907 (April 1958).

6.14 A. M. NEVILLE, Some aspects of the strength of concrete, *Civil Engineering* (London), **54**, Part 1, Oct. 1959, pp. 1153–6; Part 2, Nov. 1959, pp. 1308–10; Part 3, Dec. 1959, pp. 1435–8.

6.15 A. M. NEVILLE, The influence of the direction of loading on the strength of concrete test cubes, *ASTM Bull. No. 239*, pp. 63–5 (July 1959).

6.16 E. OROWAN, Fracture and strength of solids, *Reports on Progress in Physics*, **12**, pp. 185–232 (Physical Society, London, 1948–49).

6.17 A. A. GRIFFITH, The phenomena of rupture and flow in solids, *Philosophical Transactions*, Series A, **221**, pp. 163–98 (Royal Society, 1920).

6.18 A. M. NEVILLE, The failure of concrete compression test specimens, *Civil Engineering* (London), **52**, pp. 773–4 (July 1957).

6.19 R. JONES and M. F. KAPLAN, The effects of coarse aggregate on the mode of failure of concrete in compression and flexure, *Mag. Concr. Res.*, **9**, No. 26, pp. 89–94 (1957).

6.20 F. M. LEA, Cement research: retrospect and prospect, *Proc. 4th Int. Symp. on the Chemistry of Cement*, pp. 5–8 (Washington DC, 1960).

6.21 O. Y. BERG, Strength and plasticity of concrete, *Doklady Akademii Nauk S.S.S.R.*, **70**, No. 4, pp. 617–20 (1950).

6.22 R. L'HERMITE, Idées actuelles sur la technologie du béton, *Institut Technique du Bâtiment et des Travaux Publics* (Paris, 1955).

6.23 R. JONES and E. N. GATFIELD, Testing concrete by an ultrasonic pulse technique, *Road Research Tech. Paper No. 34* (HMSO, London, 1955).

6.24 W. KUCZYNSKI, Wplyw kruszywa grubego na wytrzymalosc betonu (L'influence de l'emploi d'agrégats gros sur la résistance du béton). *Archiwum Inzynierii Ladowej*, **4**, No. 2, pp. 181–209 (1958).

6.25 M. F. KAPLAN, Flexural and compressive strength of concrete as affected by the properties of coarse aggregates, *J. Amer. Concr. Inst.*, **55**, pp. 1193–208 (May 1959).

6.26 US BUREAU OF RECLAMATION, Triaxial strength tests of neat cement and mortar cylinders, *Concrete Laboratory Report No. C-779* (Denver, Colorado, Nov. 1954).

6.27 P. J. F. WRIGHT, Crushing and flexural strengths of concrete made with limestone aggregate, *Road Res. Lab. Note*

RN/3320/PJFW (London, HMSO, Oct. 1958).

6.28 L. Shuman and J. Tucker, *J. Res. Nat. Bur. Stand. Paper No. RP1552*, **31**, pp. 107–24 (1943).

6.29 A. G. A. Saul, A comparison of the compressive, flexural, and tensile strengths of concrete, *Cement Concr. Assoc. Tech. Rep. TRA/333* (London, June 1960).

6.30 B. W. Shacklock and P. W. Keene, Comparison of the compressive and flexural strengths of concrete with and without entrained air, *Civil Engineering* (London), **54**, pp. 77–80 (Jan. 1959).

6.31 M. F. Kaplan, Effects of incomplete consolidation on compressive and flexural strength, ultrasonic pulse velocity, and dynamic modulus of elasticity of concrete, *J. Amer. Concr. Inst.*, **56**, pp. 853–67 (March 1960).

6.32 G. Verbeck, Energetics of the hydration of Portland cement, *Proc. 4th Int. Symp. on the Chemistry of Cement* pp. 453–65, Washington DC (1960).

6.33 A. Grudemo, Development of strength properties of hydrating cement pastes and their relation to structural features, *Proc. Symp. on Some Recent Research on Cement Hydration*, 8 pp. (Cembureau, 1975).

6.34 D. M. Roy and G. R. Gouda, Porosity–strength relation in cementitious materials with very high strengths, *J. Amer. Ceramic Soc.*, **53**, No. 10, pp. 549–50 (1973).

6.35 R. F. Feldman and J. J. Beaudoin, Microstructure and strength of hydrated cement, *Cement and Concrete Research*, **6**, No. 3, pp. 389–400 (1976).

6.36 P. G. Lowe, Deformation and fracture of plain concrete, *Mag. Concr. Res.*, **30**, No. 105, pp. 200–4 (1978).

6.37 S. D. Santiago and H. K. Hilsdorf, Fracture mechanisms of concrete under compressive loads, *Cement and Concrete Research*, **3**, No. 4, pp. 363–88 (1973).

6.38 C. Perry and J. E. Gillott, The influence of mortar–aggregate bond strength on the behaviour of concrete in uniaxial compression, *Cement and Concrete Research*, 7, No. 5, pp. 553–64 (1977).

6.39 R. E. Franklin and T. M. J. King, Relations between compressive and indirecttensile strengths of concrete, *Road. Res. Lab. Rep. LR412*, 32 pp. (Crowthorne, Berks., 1971).

6.40 A. F. Stock, D. J. Hannant and R. I. T. Williams, The effect of aggregate concentration upon the strength and modulus of elasticity of concrete, *Mag. Concr. Res.*, **31**, No. 109, pp. 225–34 (1979).

6.41 H. Kawakami, Effect of gravel size on strength of concrete with particular reference to sand content, *Proc. Int. Conf. on Mechanical Behaviour of Materials*, Kyoto, 1971 – Vol. IV, *Concrete and Cement Paste Glass and Ceramics*, pp. 96–103 (Kyoto, Japan, Society of Materials Science, 1972).

6.42 J. M. Plowman, Maturity and the strength of concrete, *Mag. Concr. Res.*, **8**, No. 22, pp. 13–22 (1956).

6.43 P. Klieger, Effect of mixing and curing temperature on concrete strength, *J. Amer. Concr. Inst.*, **54**, pp. 1063–81 (June 1958).

6.44 P. Klieger, Discussion on: Maturity and the strength of concrete, *Mag. Concr. Res.*, **8**, No. 24, pp. 175–8 (1956).

6.45 C. D. Pomeroy, D. C. Spooner and D. W. Hobbs, The dependence of the compressive strength of concrete on aggregate volume concentration for different shapes of specimen, *Cement Concr. Assoc. Departmental Note DN 4016*, 17 pp. (Slough, U.K., March 1971).

6.46 D. W. Hobbs, C. D. Pomeroy and J. B. Newman, Design stresses for concrete structures subject to multiaxial stresses, *The Structural Engineer.*, **55**, No. 4, pp. 151–64 (1977).

6.47 D. W. Hobbs, Strength and deformation properties of plain concrete subject to combined stress, Part 3: results obtained on a range of flint gravel aggregate concretes, *Cement Concr. Assoc. Tech. Rep. TRA/42.497*, 20 pp. (London, July 1974).

6.48 G. W. Washa and K. F. Wendt, Fifty year properties of concrete, *J. Amer. Concr. Inst.*, **72**, No. 1, pp. 20–8 (1975).

6.49 K. Walz, Festigkeitsentwicklung von Beton bis zum Alter von 30 und 50 Jahren, *Beton*, **26**, No. 3, pp. 95–8 (1976).

6.50 H. S. Lew and T. W. Reichard, Mechanical properties of concrete at early ages, *J. Amer. Concr. Inst.*, **75**, No. 10, pp. 533–42 (1978).

6.51 E. Gruenwald, Cold weather concreting with high-early strength cement, *Proc. RILEM Symp. on Winter Concreting, Theory and Practice*, Copenhagen, 1956, 30 pp. (Danish National Inst., of Building Research, 1956).

6.52 K. Newman, Criteria for the behaviour of plain concrete under complex states of stress, *Proc. Int. Conf. on the Structure of Concrete*, London, Sept. 1965, pp. 255–74 (London, Cement and Concrete Assoc., 1968).

6.53 N. J. Carino and F. O. Slate, Limiting tensile strain criterion for failure of concrete, *J. Amer. Concr. Inst.*, **73**, No. 3, pp. 160–5 (1976).

6.54 M. E. Tasuji, A. H. Nilson and F. O. Slate, Biaxial stress–strain relationships for concrete, *Mag. Concr. Res.*, **31**, No. 109, pp. 217–24 (1979).

6.55 H. S. Lew and T. W. Reichard, Prediction of strength of concrete from maturity, in *Accelerated Strength Testing*, ACI SP-56, pp. 229–48 (Detroit, Michigan, 1978).

6.56 O. Y. Berg, Research on the concrete strength theory, *Building Research and Documentation, Contributions and*

Discussions, First CIB Congress, pp. 60–9 (Rotterdam, 1959).

6.57 L. A. LARBI, Microstructure of the interfacial zone around aggregate particles in concrete, *Heron*, **38**, No. 1, 69 pp. (1993).

6.58 M. KAKIZAKI, H. EDAHIRO, T. TOCHIGI and T. NIKI, *Effect of Mixing Method on Mechanical Properties and Pore Structure of Ultra High-Strength Concrete*, Katri Report No. 90, 19 pp. (Kajima Corporation, Tokyo, 1992) (and also in ACI SP-132 (Detroit, Michigan, 1992)).

6.59 L. F. NIELSEN, Strength development in hardened cement paste: examination of some empirical equations, *Materials and Structures*, **26**, No. 159, pp. 255–60 (1993).

6.60 S. WALKER and D. L. BLOEM, Studies of flexural strength of concrete, Part 3: Effects of variation in testing procedures, *Proc. ASTM*, **57**, pp. 1122–39 (1957).

6.61 H. GREEN, Impact testing of concrete, *Mechanical Properties of Non-metallic Brittle Materials*, pp. 300–13 (London, Butterworth, 1958).

6.62 B. MATHER, Comment on "Water-cement ratio is passé", *Concrete International*, **11**, No. 11, p. 77 (1989).

6.63 M. RÖSSLER and I. ODLER, Investigations on the relationship between porosity, structure and strength of hydrated Portland cement pastes. I. Effect of porosity, *Cement and Concrete Research*, **15**, No. 2, pp. 320–30 (1985).

6.64 I. ODLER and M. RÖSSLER, Investigations on the relationship between porosity, structure and strength of hydrated Portland cement pastes. II. Effect of pore structure and the degree of hydration, *Cement and Concrete Research*, **15**, No. 3, pp. 401–10 (1985).

6.65 J. J. BEAUDOIN and V. S. RAMACHANDRAN, A new perspective on the hydration characteristics of cement phases, *Cement and Concrete Research*, **22**, No. 4, pp. 689–94 (1992).

6.66 R. SERSALE, R. CIOFFI, G. FRIGIONE and F. ZENONE, Relationship between gypsum content, porosity, and strength of cement, *Cement and Concrete Research*, **21**, No. 1, pp. 120–6 (1991).

6.67 R. F. FELDMAN, Application of the helium inflow technique for measuring surface area and hydraulic radius of hydrated Portland cement, *Cement and Concrete Research*, **10**, No. 5, pp. 657–64 (1980).

6.68 D. WINSLOW and DING LIU, The pore structure of paste in concrete, *Cement and Concrete Research*, **20**, No. 2, pp. 227–84 (1990).

6.69 R. L. DAY and B. K. MARSH, Measurement of porosity in blended cement pastes, *Cement and Concrete Research*, **18**, No. 1, pp. 63–73 (1988).

6.70 A. A. RAHMAN, Characterization of the porosity of hydrated cement pastes, in *The Chemistry and Chemically-Related Properties of Concrete*, Ed. F. P. Glasser, British Ceramic Proceedings No. 35, pp. 249–63 (Stoke-on-Trent, 1984).

6.71 L. I. KNAB, J. R. CLIFTON and J. B. INGE, Effects of maximum void size and aggregate characteristics on the strength of mortar, *Cement and Concrete Research*, **13**, No. 3, pp. 383–90 (1983).

6.72 E. M. KROKOSKY, Strength vs. structure: a study for hydraulic cements, *Materials and Structures*, **3**, No. 17, pp. 313–23 (Paris, Sept.–Oct. 1970).

6.73 E. RYSHKEWICH, Compression strength of porous sintered alumina and zirconia, *J. Amer. Ceramic Soc.*, **36**, pp. 66–8 (Feb. 1953).

6.74 Discussion of paper by H. J. GILKEY: Water/cement ratio versus strength – another look, *J. Amer. Concr. Inst.*, Part 2, **58**, pp. 1851–78 (Dec. 1961).

6.75 D. W. HOBBS, Strength and deformation properties of plain concrete subject to combined stress, Part 1: strength results obtained on one concrete, *Cement Concr. Assoc. Tech. Rep. TRA/42.451* (London, Nov. 1970).

6.76 T. T. C. HSU, F. O. SLATE, G. M. STURMAN and G. WINTER, Microcracking of plain concrete and the shape of the stress–strain curve, *J. Amer. Concr. Inst.*, **60**, pp. 209–24 (Feb. 1963).

6.77 B. MATHER, What do we need to know about the response of plain concrete and its matrix to combined loadings?, *Proc. 1st Conf. on the Behavior of Structural Concrete Subjected to Combined Loadings*, pp. 7–9 (West Virginia Univ., 1969).

6.78 H. KUPFER, H. K. HILSDORF and H. RÜSCH, Behaviour of concrete under biaxial stresses, *J. Amer. Concr. Inst.*, **66**, pp. 656–66 (Aug. 1969).

6.79 B. BRESLER and K. S. PISTER, Strength of concrete under combined stresses, *J. Amer. Concr. Inst.*, **55**, pp. 321–45 (Sept. 1958).

6.80 S. POPOVICS, Analysis of the concrete strength versus water–cement ratio relationship, *ACI Materials Journal*, **57**, No. 5, pp. 517–29 (1990).

6.81 N. McN. ALFORD, G. W. GROVES and D. D. DOUBLE, Physical properties of high strength cement paste, *Cement and Concrete Research*, **12**, No. 3, pp. 349–58 (1982).

6.82 Z. P. BAŽANT, F. C. BISHOP and TA-PENG CHANG, Confined compression tests of cement paste and concrete up to 300 ksi, *ACI Journal*, **83**, No. 4, pp. 553–60 (1986).

6.83　A. Meyer, Über den Einfluss des Wasserzementwertes auf die Frühfestigkeit von Beton, *Betonstein Zeitung*, No. 8, pp. 391–4 (1963).

6.84　L. Bjerkeli, J. J. Jensen and R. Lenschow, Strain development and static compressive strength of concrete exposed to water pressure loading, *ACI Structural Journal*, **90**, No. 3, pp. 310–15 (1993).

6.85　Chuan-Zhi Wang, Zhen-Hai Guo and Xiu-Qin, Zhang, Experimental investigation of biaxial and triaxial compressive concrete strength, *ACI Materials Journal*, **84**, No. 2, pp. 92–6 (1987).

6.86　W. S. Yin, E. C. M. Su, M. A. Mansur and T. C. Hsu, Biaxial tests of plain and fiber concrete, *ACI Materials Journal*, **86**, No. 3, pp. 236–43 (1989).

6.87　S. P. Shah, Fracture toughness for high-strength concrete, *ACI Materials Journal*, **87**, No. 3, pp. 260–5 (1990).

6.88　G. Giaccio, C. Rocco and R. Zerbino, The fracture energy (G_F) of high-strength concretes, *Materials and Structures*, **26**, No. 161, pp. 381–6 (1993).

6.89　Mun-Hong Zhang and O. E. Gjørv, Microstructure of the interfacial zone between lightweight aggregate and cement paste, *Cement and Concrete Research*, **20**, No. 4, pp. 610–18 (1990).

6.90　M. M. Smadi and F. O. Slate, Microcracking of high and normal strength concretes under short- and long-term loadings, *ACI Materials Journal*, **86**, No. 2, pp. 117–27 (1989).

6.91　F. O. Slate and K. C. Hover, Microcracking in concrete, in *Fracture Mechanics of Concrete: Material Characterization and Testing*, Eds A. Carpinteri and A. R. Ingraffea, pp. 137–58 (The Hague, Martinus Nijhoff, 1984).

6.92　A. Jornet, E. Guidali and U. Mühlethaler, Microcracking in high performance concrete, in *Proceedings of the Fourth Euroseminar on Microscopy Applied to Building Materials*, Eds J. E. Lindqvist and B. Nitz, Sp. Report 1993: 15, 6 pp. (Swedish National Testing and Research Institute: Building Technology, 1993).

6.93　P. J. M. Monteiro, J. C. Maso and J. P. Ollivier, The aggregate–mortar interface, *Cement and Concrete Research*, **15**, No. 6, pp. 953–8 (1985).

6.94　K. L. Scrivener and E. M. Gariner, Microstructural gradients in cement paste around aggregate particles, *Materials Research Symposium Proc.*, **114**, pp. 77–85 (1988).

6.95　Xie Ping, J. J. Beaudoin and R. Brousseau, Effect of aggregate size on the transition zone properties at the Portland cement paste interface, *Cement and Concrete Research*, **21**, No. 6, pp. 999–1005 (1991).

6.96　J. C. Maso, La liaison pâte-granulats, in *Le Béton Hydraulique*, Eds J. Baron and R. Sauterey, pp. 247–59 (Presses de l'École Nationale des Ponts et Chaussées, Paris, 1982).

6.97　N. J. Carino and R. C. Tank, Maturity functions for concretes made with various cements and admixtures, *ACI Materials Journal*, **89**, No. 2, pp. 188–96 (1992).

6.98　R. I. Pearson, Maturity meter speeds post-tensioning of structural concrete frame, *Concrete International*, **9**, No. 5, pp. 63–4 (April 1987).

6.99　N. J. Carino and H. S. Lew, Temperature effects on strength–maturity relations of mortar, *ACI Journal*, **80**, No. 3, pp. 177–82 (1983).

6.100　N. J. Carino, The maturity method: theory and application, *Cement, Concrete, and Aggregates*, **6**, No. 2, pp. 61–73 (1984).

6.101　K. Ayuta, M. Hayashi and H. Sakurai, Relation between concrete strength and cumulative temperature, *Cement Association of Japan Review*, pp. 236–9 (1988).

6.102　E. Gauthier and M. Regourd, The hardening of cement in function of temperature, in *Proceedings of RILEM International Conference on Concrete of Early Ages*, Vol. 1, pp. 145–55 (Paris, Anciens ENPC, 1982).

6.103　K. Komlos, Comments on the long-term tensile strength of plain concrete, *Mag. Concr. Res.*, **22**, No. 73, pp. 232–8 (1970).

6.104　L. Bortolotti, Interdependence of concrete strength parameters, *ACI Materials Journal*, **87**, No. 1, pp. 25–6 (1990).

6.105　N. J. Carino and H. S. Lew, Re-examination of the relation between splitting tensile and compressive strength of normal weight concrete, *ACI Journal*, **79**, No. 3, pp. 214–19 (1982).

6.106　F. A. Oluokun, Prediction of concrete tensile strength from compressive strength: evaluation of existing relations for normal weight concrete, *ACI Materials Journal*, **88**, No. 3, pp. 302–9 (1991).

6.107　O. E. Gjørv, P. J. M. Monteiro and P. K. Mehta, Effect of condensed silica fume on the steel–concrete bond, *ACI Materials Journal*, **87**, No. 6, pp. 573–80 (1990).

6.108　F. G. Murphy, *The Effect of Initial Rusting on the Bond Performance of Reinforcement*, CIRIA Report 71, 36 pp. (London, 1977).

6.109　I. Schaller, F. de Larrard and J. Fuchs, Adhérence des armatures passives dans le béton à très hautes performances, *Bulletin liaison Labo. Ponts et Chaussées*, **167**, pp. 13–21 (May–June 1990).

6.110　J. M. Raphael, Tensile strength of concrete, *ACI Materials Journal*, **81**, No. 2, pp. 158–65 (1984).

6.111　E. K. Attiogbe and D. Darwin, Submicrocracking in cement paste and mortar, *ACI Materials Journal*, **84**, No. 6, pp.

491–500 (1987).

6.112 K. M. ALEXANDER and I. IVANUSEC, Long term effects of cement SO₃ content on the properties of normal and high-strength concrete, Part I. The effect on strength, *Cement and Concrete Research*, **12**, No. 1, pp. 51–60 (1982).

6.113 N. HEARN and R. D. HOOTON, Sample mass and dimension effects on mercury intrusion porosimetry results, *Cement and Concrete Research*, **22**, No. 5, pp. 970–80 (1992).

6.114 R. A. COOK and K. C. HOVER, Mercury porosimetry of cement-based materials and associated correction factors, *ACI Materials Journal*, **90**, No. 2, pp. 152–61 (1993).

6.115 N. HEARN, R. D. HOOTON and R. H. MILLS, Pore structure and permeability, in *Concrete and Concrete-Making Materials, ASTM Sp. Tech. Publ. No. 169C* pp. 241–62 (Philadelphia, 1994).

6.116 W. S. NAJJAR and K. C. HOVER, Neutron radiography for microcrack studies of concrete cylinders subjected to concentric and excentric compressive loads, *ACI Materials Journal*, **86**, No. 4, pp. 354–9 (1989).

6.117 S. L. WOOD, Evaluation of the long-term properties of concrete, *ACI Materials Journal*, **88**, No. 6, pp. 630–43 (1991).

6.118 ACI 318-02, Building code requirements for structural concrete, *ACI Manual of Concrete Practice, Part 3: Use of Concrete in Buildings – Design, Specifications, and Related Topics*, 443 pp.

6.119 D. C. SPOONER, C. D. POMEROY and J. W. DOUGILL, Damage and energy dissipation in cement pastes in compression, *Mag. Concr. Res.*, **28**, No. 94, pp. 21–9 (1976).

6.120 N. J. GARDNER and S. M. POON, Time and temperature effects on tensile, bond, and compressive strengths, *J. Amer. Concr. Inst.*, **73**, No. 7, pp. 405–9 (1976).

第 7 章

硬化混凝土的其他特性

上一章讨论了影响混凝土强度的主要因素，本章将探讨一些如疲劳与冲击在内的混凝土的其他强度特性；随后还将简要介绍混凝土的电学和声学性能。

7.1 混凝土的养护

为了获得性能优异的混凝土，在早期硬化的过程当中，制备的拌合物必须在适宜的环境中养护。养护本身是一个促进水泥水化的过程，这一过程包括对于温度的控制和混凝土内外水分的运动。第 8 章我们将讨论温度因素的影响。

具体来说，养护的目的是保持混凝土饱和或尽可能的饱和，直到新拌水泥浆体中最初由水填充的空间被水泥水化产物填充到所期望的程度。对于现场搅拌的混凝土而言，通常在远没有达到可能的最大水化程度之前，养护就已经停止了。

Powers[7.36]指出，当毛细孔内的相对湿度下降至低于 80% 时，水化作用急剧降低；这一点得到了 Patel 等人[7.3]证实。水化作用仅在饱和蒸汽压的状态下反应速率才能够达到最大值。图 7.1 给出了不同相对湿度条件下养护 6 个月的水泥的水化程度，由此可以清楚地看出，当蒸汽压低于 0.8 倍的饱和蒸汽压时，水化程度缓慢；当蒸汽压低于饱和蒸汽压的 0.3 倍时，水化作用可以忽略不计[7.36]。

也就是说，为了使混凝土水化过程得以持续进行，混凝土内的相对湿度不应低于 80%。当周围空气的相对湿度不低于此值时，混凝土与周围空气之间基本不发生水分迁移，也就无需有效养护来保证后续的水化。严格意义上来说，上述说法仅在无其他因素（例如，无风、混凝土与外界空气无温度差异以及未暴露在有太阳光照射的条件下）干扰的情况下才是真实有效的。因此，当且仅当在温度恒定并且环境湿润的条件下才不需要对混凝土进行及时有效的养护。

但是要尤其注意的是，在世界上绝大部分地区，白天某些时段的相对湿度会下降到 80% 以下，因此仅因天气潮湿就采用"自然养护"的想法是站不住脚的。

根据 Lerch[7.37]的研究成果，图 7.2、图 7.3 和图 7.4 分别给出了环境温度、相对湿度和风速对混凝土表面水分蒸发的影响。混凝土与空气之间的温差也会影响水分的流失，如图 7.5 所示。因此，白天处于饱和状态的混凝土将在寒冷的夜间失去水分，同样的道理，在寒冷天气下浇筑混凝土，即使是处于饱和的空气中，也会产生水分流失。上面引用的仅是基于试件表面积与体积比的实际水损失的典型例子[7.38]。

阻止混凝土水分流失非常重要，因为水分流失不仅会对强度发展产生负面影响，还会导致塑性收缩，引起抗渗性以及耐磨性能的下降。

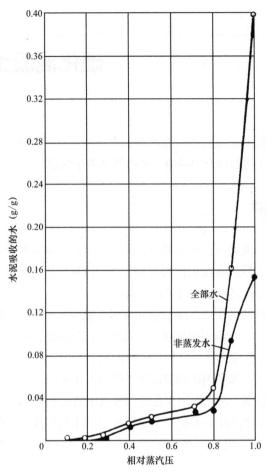

图 7.1　不同的相对蒸汽压下养护 6 个月的水泥的水化程度曲线[7.36]

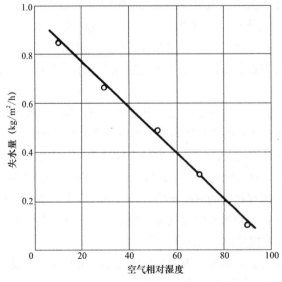

图 7.2　空气相对湿度对浇筑后早期混凝土水分流失的影响
（空气温度 21℃；风速 4.5m/s）

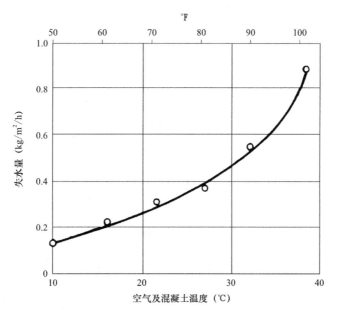

图 7.3 空气和混凝土温度对浇筑后混凝土早期水分流失的影响
（相对湿度 70%，风速 4.5m/s）

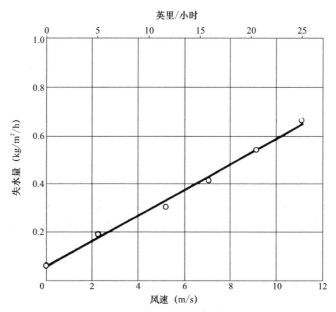

图 7.4 风速对混凝土试件早期水分流失的影响
（空气相对湿度为 70%，温度为 21℃）

通过上述讨论可以推断出，为了使水泥水化继续进行，防止混凝土中的水分流失。前提是混凝土的水灰比足够高，拌合用水量足够维持水化继续进行。第 1 章指出水泥的水化只发生在含水的毛细管中，这就是为什么必须阻止毛细管中水分蒸发的原因。此外，自干燥（由于水泥水化产生的化学反应）导致的内部水分的流失必须由外界的水分来补偿，因此尽可能保证水分能够进入混凝土中。

回顾前文可知，只有当浆体含水量至少为结合水量的两倍时，密封混凝土试件的水化作用才能继续进行。因此，当水灰比低于 0.5 时，混凝土的自干燥作用就显得尤为重要；而当水灰比高于 0.5 时，密封混凝土试件的水化速率就会与饱和试件相差无几[7.35]。然而，必须明确的是，浆体中只有一半的水分能够用于化学反应；即使是浆体中含水量低于化学反应所需的用水量时也是如此[7.36]。

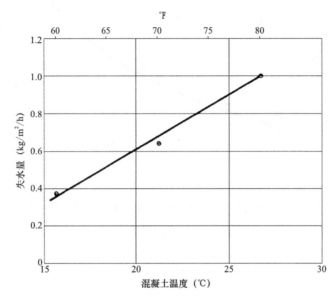

图 7.5 温度（温度为 4.5℃）对混凝土试件早期水分流失的影响
（空气相对湿度 100%，风速为 4.5m/s）

从上述观点来看，可对两种不同情况下所需的养护作出以下区分：一种仅需阻止混凝土中水分的流失，另一种则需要外部的水分来促进水化作用进行。这两者的分界线大致为水灰比等于 0.5。对于水灰比低于 0.5 的混凝土来说，通过外部水分进入混凝土从而促进水化作用是十分有必要的。

需要补充的是，远离混凝土表面并达到一定深度的区域几乎不发生水分迁移，水分迁移只影响混凝土外部区域，尤其是在深度为 30mm 处，有时还可能延伸至 50mm。而在钢筋混凝土中，这一深度往往等于或接近于钢筋保护层厚度。

因此，一般来讲养护过程并不会混凝土的内部结构产生影响，以至于养护对于结构强度而言重要性并不大，薄壁结构除外。而外部区域的混凝土性能与养护关系密切；也正是该区域的混凝土易受到侵蚀、碳化和磨蚀影响，并且外部区域混凝土的渗透性能对钢筋防锈保护具有极其重要的影响（见第 11 章）。

受养护影响的外部区域的深度值可通过 Parrott[7.2] 试验获得，试验所用混凝土的水灰比为 0.59，养护温度为 20℃，空气相对湿度为 60%；他发现混凝土内部相对湿度下降至 90% 所用时间不同，外部区域的深度不同：12 天的深度值为 7.5mm，45 天的深度值为 15.5mm，172 天的深度值为 33.5mm。对于现代混凝土中常见水灰比较低的情况而言，想要达到相同的深度值所需要的时间将会更长。

人们发现，环境相对湿度从 100% 降到 94% 时，混凝土的吸水能力显著提高，这是由混凝土内大孔体系连续程度的反映[7.5]。外部相对湿度低于 80% 左右的养护将导致混凝土内大于 37nm 的孔隙的体积显著增大，这种变化将会影响混凝土的耐久性[7.3]。

由以上论述得出的结论可知，应就养护对混凝土外部区域的影响进行研究。传统上，是将不同龄期水中养护的（或水蒸气中）试件和其他环境养护的试件的强度进行对比，通过强度来评价养护效果，以此来证明养护所带来的有利影响。图 7.6 给出了水灰比为 0.5 的混凝土实例。对于较小的试件，因不充分养护所导致的强度损失更为明显，但轻骨料混凝土强度的损失相对较小[7.55]。抗拉强度和抗压强度的影响相似，对于这两种情况，富浆混凝土对养护更为敏感。

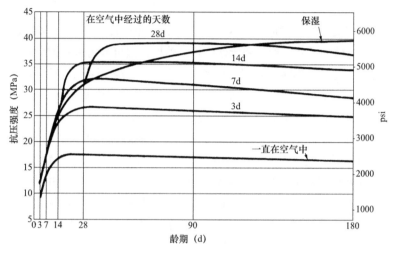

图 7.6　养护对于水灰比为 0.5 的混凝土强度的影响

混凝土养护达到 28d 时的强度损失与养护前 3 天当中水分的流失情况直接相关；而温度（20℃或 40℃）对此并没有影响[7.7]（图 7.7）。

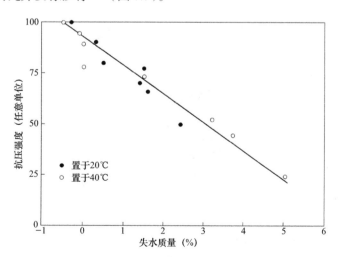

图 7.7　混凝土 28d 的抗压强度与前 3 天水分损失总量之间的关系
（基于参考文献［7.7］）

水灰比越大，不充分养护对强度的影响越大；同时强度发展慢的混凝土受不充分养护影响也较大[7.29]。因此，普通硅酸盐水泥（Ⅰ型水泥）制备的混凝土，其自身强度更容易因不良的养护条件而受到影响。除此之外，与仅采用硅酸盐水泥制备的混凝土相比，掺加粉煤灰或粒化高炉矿渣的混凝土更易受到养护的影响。

必须要强调的是，为了使得强度得以较好地发展，并不需要水泥完全水化，并且这在实际也很难实现。正如第6章所述，混凝土质量的好坏主要取决于浆体的胶孔比。然而，如果新拌混凝土内含水的空隙大于水化产物可以填充的空隙，那么进一步的水化将会实现更高的强度以及更低的渗透性。

7.1.1 养护方法

现在讨论两种广义上的养护原理，这可能会与实际操作过程中的差异较大，主要取决于现场条件、混凝土构件的尺寸、形状和所处位置。养护方法可分为水养护和膜养护。

第一种方法即为混凝土提供能够吸收的水分。该方法需要混凝土表面与水持续接触一定的时间，从混凝土表面不再加工时开始养护。该方法可通过持续喷水或蓄水来实现，也可采取覆盖湿砂或湿土、锯末以及稻草的方式来实现。需要注意的是有些养护会导致混凝土变色。养护也可采用定期淋湿干净的粗麻布或棉垫子（质地较厚且连续搭接）的方法，或者将与水接触的吸水覆盖物放置于混凝土上。在倾斜或垂直的表面上可使用通水软管。这种持续供水的养护自然要比间断供水式的养护更为有效，图7.8对比了在最初的24h内通过蓄水养护和采用湿麻布覆盖的两种圆柱体混凝土试件的强度发展状况[7.77]。当水灰比低于0.4左右时，自干燥使得混凝土内水分缺乏，两种养护方式导致的混凝土抗压强度上的差异显而易见。进而可以得知，低水灰比状态下混凝土在养护过程中更需要水分。

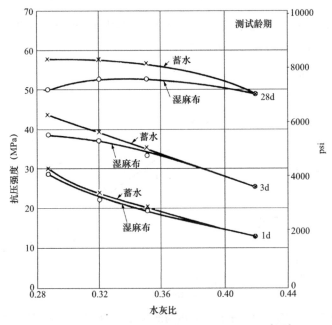

图7.8 养护条件对所测圆柱体强度的影响[7.77]

养护用水质量的好与坏也是个值得关注的问题，理论上它应与拌合用水的品质相同（见

第 4 章）。海水会导致钢筋锈蚀。同样，铁或一些有机物质会导致混凝土变色，尤其是在水流缓慢经过混凝土表面并且蒸发较快时。在某些情况下，混凝土变色并不会带来任何影响。

是否发生变色不能仅靠化学分析来判断，而是应通过性能测试检验。美国陆军工程师团[7.40]所提倡的初步测试方式为：将 300mL 养护用水置于白水泥或熟石膏制成的试件上，在直径为 100mm 的细微凹陷上蒸发。若此步骤得出的试件颜色符合要求，方可进行下一步试验。将 150L 的水与水平线呈 15°～20° 夹角，流经尺寸为 150mm×150mm×750mm 具有凹道形状的混凝土梁的上表面；水流速度控制在 4L/（3～4）h。通过强制气流循环和电灯加热促进蒸发，然后清理残渣。试验通过目测来评价，如若需要，可养护 2m² 的混凝土板进行现场测试。

养护水中不含对混凝土有侵蚀作用的物质至关重要，这些将在第 10 章和第 11 章进行讨论。

水温不宜比混凝土温度低太多，以避免热冲击或出现急剧的温度梯度，ACI 308-92 中建议的最大温差为 11℃[7.9]。

当外部水分不能进入混凝土时，就需要采用第二种养护方式，即膜养护法以阻止水分在混凝土表面的流失。该方法也可称为阻水法。这种方法是在混凝土表面覆盖及搭接聚乙烯薄膜、放置板材或"增强纸"。冬季时覆盖物宜选黑色，而在炎热的夏季宜选用白色以反射太阳光的辐射，也可以使用白色表面的"增强纸"。由于水分在薄膜下面不均匀凝聚，可能导致混凝土出现色差或色斑。

另外一种技术是使用喷涂施工的成膜养护剂。常用品种为高挥发性溶剂中的合成碳氢化合物树脂溶液，有时含有易于褪色的鲜艳染料。使用染料能够使没有适当喷雾的区域变得明显。使用白色颜料或铝粉可以有效地减少从太阳光中吸收的热量。除此之外如丙烯酸、乙烯基或者苯乙烯基丁二烯或氯化橡胶等树脂溶液也同样适用，还可以采用蜡溶液，但是其容易在表面产生光滑且不易清除的杂质，而碳氢化合物与混凝土黏结力很弱，会因紫外线而发生老化，以上特征状况也值得注意。

ASTM C 309-07 规定了液体成膜养护剂的技术要求，而 ASTM C 171-07 则规定了成膜材料的要求。

我们经常会遇到这样的问题：到底该选用哪一种养护技术方法？对于水灰比低于 0.5 左右的，更确切地讲是低于 0.4 的混凝土来说，如果养护过程中始终能够保证提供充足的水分，则应采用这种能够提供充足水分养护的方法。否则，宜选用膜养护的方式，不仅如此，养护过程同样也应严格进行。

显然，养护膜应保持连续且完整无破损。喷涂的时间也至关重要。当泌水作用停止将水输送至混凝土表面，且表面没有干燥时应进行养护膜喷涂，最佳时间是混凝土表面自由水消失且看不到水分光泽时。然而，如果泌水没有停止，即使因快速蒸发使混凝土表面干燥，也不能喷洒养护剂。因此，蒸发速度 1kg/（m²·h）就可视为"高值"。根据 Lerch 的研究成果[7.37]，可依照图 7.2～图 7.5 计算蒸发速度，也可根据基于相同来源[7.37]的 ACI 308R-86 中的图表。

当混凝土水分蒸发速率较高，并且高于泌水作用输送的速率时，Mather[7.6]建议在泌水停止之前暂缓采用膜养护，而是选用水养护。

有些混凝土不存在泌水现象，例如掺加硅灰的混凝土，此时应快速进行膜养护。如果将养护剂喷洒到干燥的混凝土表面，它将渗入混凝土内部并阻止其外部区域的继续水化[7.6]。

对于在浇筑后数小时内及时移除滑模的混凝土而言，如果此混凝土具有耐久性要求或为了保证薄壁构件的强度，立即养护就显得至关重要。另外，保留普通模板也是一种阻止竖向表面水分蒸发的方法。当混凝土拆除模板后，便可进行水养护。

7.1.2　养护剂的测试

通过标准砂浆表面失水试验可以在一定程度上判定养护剂的有效性。英国标准BS7542:1992采用水灰比为0.44、灰砂比1:3的砂浆，暴露于温度为38℃、相对湿度为35%的环境中72h，将成膜砂浆与无膜砂浆失水量减少的百分比作为评价养护功效的指标。美国标准ASTM C 156-09a的试验方法与英国标准类似，但是以单位面积的水分损失情况来反映养护剂的性能。研究表明该测试方法的可重复性较差[7.4]。

英、美标准中的试验方法均未测试养护混凝土的表面区域，该区域在工程实际中非常有用但又很难测定，而提出的其他测试方法要么异常烦琐，要么会与测试混凝土相互冲突。

在测试过程中，试件表面用抹刀抹平。而在实际工程中，混凝土表面很可能是不平整的（如高速公路路面），这会影响到所需养护剂的数量。此外，由于这种环境条件下很难形成均匀且连续的薄膜，因此实际应用过程中养护剂很难达到实验中所表现出的良好的保水性能。

7.1.3　养护时间

在工程实践中，不能通过一种简单的方式来规定实际所需的养护时间，干燥环境的严重程度以及预期的耐久性要求也会影响养护时间。表7.1给出了外部暴露、冻融循环（不使用除冰盐）和化学侵蚀作用下的混凝土所需的最短养护时间，该表来源于标准BS EN 206-1:2007。如果混凝土经受磨蚀，则需要加倍养护时间。BS 8110-1:1997中给出了最短养护时间。

拆模时间由混凝土强度决定，可根据混凝土的成熟度（见第6章）、对比试件抗压强度测试（见第12章）或无损检测的结果进行估计。这一点Harrison给出了相应的指导意见[7.8]。

表7.1　BS EN 206-1:2007推荐的最短养护时间（d）

混凝土强度增加速率	迅速			中等			缓慢		
温度	5	10	15	5	10	15	5	10	15
硬化时环境条件									
无光照，相对湿度>80%	2	2	1	3	3	2	3	3	2
适度光照、适度风，相对湿度≥50%	4	3	2	6	4	3	8	5	4
强光、强风，相对湿度<50%	4	3	2	8	6	5	10	8	5

早期观点认为养护应尽早开始，且应持续进行。偶尔采取间断养护，有利于发挥养护的作用。对于低水灰比混凝土来说，早期连续养护非常重要，因为部分水化作用可以隔断毛细

管通道，使得水分不能进入混凝土内部，因而无法进一步水化。然而，高水灰比混凝土总是存在大量的毛细孔，因此在任何时候恢复养护都是有效果的，但时间越早效果会越好。

前面讨论的主要关注点是正确养护的重要性。通常都规定要进行养护，但却很难严格地执行。并且不充分养护是影响混凝土特别是钢筋混凝土的许多耐久性问题的重要因素。因此，养护的重要性不能忽略。

7.2 自愈合

如果开裂混凝土中的微裂缝相距很近且不存在切向位移，在潮湿环境中微裂缝将会完全愈合。这种现象被称为自愈合，主要是尚未水化的水泥暴露于裂缝开口处的水中发生水化的结果。自愈合现象同时也是水化过程中水泥中的 $Ca(OH)_2$ 与 CO_2 发生反应产生不溶性 $CaCO_3$ 的结果。若水中悬浮有非常细微的颗粒，也会发生裂缝的机械阻塞。

能够发生自愈合的最大裂缝宽度约为 0.1~0.2mm，且需进行必要的湿养护，如定期润湿养护和浸渍养护[7.28]。快速的水流或高水压不利于裂缝的自愈合，因为其无法减少水在裂缝中的流动。在裂缝两侧施加压力有助于其愈合。

对于早期混凝土，宽度为 0.1mm 的裂缝在几天后即可愈合，但 0.2mm 宽的裂缝则需要几周的时间[7.28]。一般来说，混凝土的龄期越短，其内部包含的未水化的水泥就越多，后期强度增长就会越高，但是龄期接近 3 年的混凝土在强度不损失的情况下也可实现自愈合。已有研究表明[7.31]，即使裂缝愈合，由其所形成的薄弱区域在未来的有害环境中仍可能重新开裂。

7.3 水泥强度变化

到目前为止，我们还没有把水泥强度视为影响混凝土强度的一个变量。本节不讨论不同品种水泥的强度差别，仅讨论同一水泥品种的强度差异。

第 2 章讨论了水泥的强度要求。通常，仅规定了水泥在特定龄期的最小强度，所以不应拒绝使用强度更高的水泥。但水泥生产厂家对此表示强烈反对，他们不赞同水泥购买者希望通过使用高强度水泥从而获得经济利益的做法，并且抱怨规定的强度最小值太低。

缺少强度上限的后果之一是 I 型水泥和 III 型水泥存在强度重叠区：有时会发现 I 型水泥的实际强度可高达规定强度最小值的 2 倍[7.41]。

绝大多数标准都没有规定强度的上限值，然而标准 BS EN 197-1:2000、BS 12:1996 以及德国标准（该方法的始创者）规定多数水泥等级的强度最大值比最小值高 20MPa。尽管该强度范围可能对广泛使用的大量水泥产品是经济合理的，但对于特定的水泥等级来说仍然很高。

水泥强度的变化主要是因为缺乏均质的生产原材料，不仅不同来源的原材料不同，同一矿井或采石区的原材料也不尽相同。此外，生产工艺不同，例如用于烧窑的煤的含灰量不同，也会使得生产的商品水泥性能存在差异。这说明现代水泥生产是一个高度复杂的过程。

Walker 和 Bloem[7.42] 首先对水泥强度变化开展了相关研究，该研究帮助 ASTM C 917-05

提出了评价单一来源水泥强度均质性的测试方法。ASTM C 109-08 方法中砂浆的立方体强度评价，取决于 5 个随机选取的试件变化的平均值。图 7.9 给出了某生产厂家 3 年内生产的水泥强度的变化情况。由此可以看出，从 1982 年到 1984 年期间，水泥强度的变化量逐渐减小，最终，7d 的强度标准差为 1.4MPa。1991 年针对美国 87 家水泥厂的测试[7.14]结果表明：81% 的工厂生产的水泥 7d 强度的标准差低于 2.10MPa，而仅有 43% 的工厂生产的水泥 28d 强度标准差低于 2.1MPa。美国生产的水泥普遍存在标准差随着龄期延长而增大的现象[7.12]，但在其他国家则未必会出现这种现象。

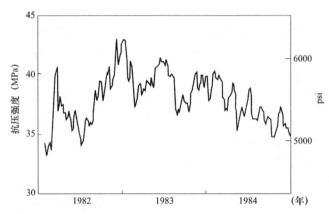

图 7.9 1982～1984 年某水泥厂采用 5 种方法测得 28d 水泥砂浆立方体试件
（采用 ASTM C 109 方法制作）的强度平均值变化图（基于参考文献 [7.13]）

图 7.9 显示了某一水泥厂不同时段生产的水泥的强度，由图可知，强度变化范围很大，数月之间 28d 强度相差 7MPa 也很正常。显然，使用已知强度变化较小的水泥比仅依赖最小强度值更有经济优势。然而，使用 ASTM C 109-08 砂浆试验测量水泥强度仍然存在精度相对较低的问题。尽管如此，大的水泥采购商可要求厂家依据 ASTM C 917-05 进行测试以及约定适当的限制条件控制水泥强度的变化。

水泥强度测试时采用随机取样和强度平均值非常重要。单个取样值不具有代表性，也会受测试误差的影响。而抽取 24h 内生产的水泥的子样本形成复合试样进行强度测试，由于样品间差异很小，因而得到的结果也不具有代表性。

水泥强度与其配制的混凝土强度之间存在何种关系？尽管很多其他因素也影响混凝土强度，但仍可合理预测两者之间直接相关[7.78]（图 7.10）。水泥与混凝土之间的关系看似明确，但是过去人们却断定水泥强度与其制备的混凝土强度之间并不存在相关性。

在讨论中我们遗漏了至关重要的一点，即 24h 获得的复合试样代表的是在此期间生产出的成千上万吨水泥的平均性能。同批次的水泥不可避免地存在差异，用于制备混凝土的仅是其中的一小部分，同时，在生产混凝土过程中也会存在差异。

此外，对生产厂商提供的测试报告进行评价也有利于研究。研究人员经常采用该报告中诸如化学组分等水泥的性质作为测试参数。如果该报告是指 24h 内所生产出的水泥性能的平均值，研究人员就不能理所当然地认为试验所用水泥具有报告中所列的性能。如果这样认为，会发现研究性能之间存在不确切的关系；研究人员所进行的试验可能无法准确地反映真实的相关性[7.33]。

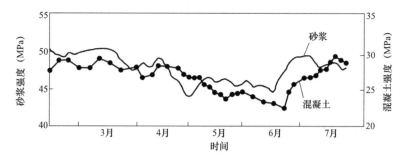

图 7.10 1980 年 3 月至 7 月期间 28d 水泥砂浆立方体（依据 ASTM C 109）
平均强度和混凝土圆柱体平均强度的变化（基于参考文献［7.78］）
（注：砂浆和混凝土纵坐标不同；通过平移使两曲线靠近）

　　使用掺合料会显著影响水泥和混凝土强度之间的关系，因为掺合料对强度的影响取决于
水泥的性质，然而水泥强度测试中采用的砂浆试件并不含有掺合料。

　　随着相关水泥性能规范的采用，了解影响混凝土强度的水泥自身的真实强度特性就显得
尤为重要。当水泥来源多元化时，这种情况就变得更为复杂。

　　来自不同水泥厂的水泥强度变化显然要大于同一水泥厂供应的水泥。表 7.2 列出了 1991
年测试的 87 家工厂生产的水泥强度[7.14]，强度测试是依据 ASTM C 109-08 的砂浆立方体强
度试验方法进行的。需注意的是，现场测试试件强度的差异最多有一半是因为水泥的差异，
美国垦务局的数据[7.57]中有 1/3 的试件强度差异由水泥差异引起。现场立方体试件强度的波
动情况将在第 12 章进行讨论。

表 7.2　1991 年 87 家水泥工厂生产水泥的强度[7.14]（以平均强度值低于规定值的百分比表示）
（ASTM 授权）

7d 强度（psi）	百分比	28d 强度（psi）	百分比
5800	100	7500	100
5600	99	7250	99
5400	98	7000	98
5200	97	6750	93
5000	93	6500	89
4800	78	6250	69
4600	53	6000	48
4400	23	5750	24
4200	7	5500	7
4000	0	5250	1
		5000	1
		4750	0

　　最后需要强调的是水泥强度的变化对混凝土早期的强度影响最大，早期强度即通常由试验确定而并没有重要实际应用意义的强度。此外，强度并非混凝土唯一的重要特征：考虑到混凝土的耐久性和渗透性时，水泥用量可能高于仅考虑强度时所需的水泥用量，此时水泥的强度变化也变得不再重要。

7.4　水泥性能的变化

　　在前一节中，我们讨论了同一水泥厂几个月或一年内所生产的水泥的强度变化。同时也参考了一年内不同水泥厂之间的水泥的强度差异。此外，水泥强度随时间也在不断变化。事实上，由于水泥生产技术的不断进步，水泥的强度可持续多年不断变化[7.10][7.39]（图7.11）。

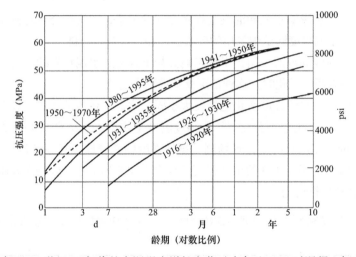

图7.11　1916年至20世纪90年代的水泥强度增长变化（水灰比0.53时混凝土标准圆柱体强度）
（基于参考文献[7.10]和[7.39]及个人数据）

　　我们给出了1923年和1937年生产的水泥平均性能的差异。对在美国威斯康星州户外存放50年的混凝土进行了两类试验，并给出了强度发展的数据。1923年制备的混凝土采用的水泥 C_2S 含量高、细度低，混凝土的抗压强度与龄期对数成比例增加，直至25年甚至50年。而1937年制备的混凝土采用的水泥 C_2S 含量低、细度高，混凝土的抗压强度与龄期对数成比例增加的关系只维持了大约10年，此后强度降低或保持恒定[7.1]。这种强度变化也有助于理解混凝土不同龄期的性能差异。

　　水泥的性能约在20世纪60年代发生了变化，且对混凝土生产实践具有深远的影响，因而受到特别关注。

　　英国水泥的变化有详细的记录[7.16][7.21]，其他国家也有类似的纪录。水泥性能变化最大的意义在于增加了固定水灰比砂浆的28d和7d强度。这主要是因为水泥中 C_3S 的平均含量大幅增长：从1960年的47%左右增加到20世纪70年代的54%左右[7.16]。而 C_2S 含量则相应降低，从而保持硅酸钙总量恒定在70%～71%。这种改变可通过改善水泥生产方法来实现，也受使用"高强"水泥所带来的利益驱动，即降低水泥用量，加快拆模，加速工程施工进度。然而不幸的是，这些优点也带来了不利的影响。

水泥细度没有显著变化，这是由于粉磨熟料的成本很高[7.16][7.20]。

由于现代水泥的高碱含量以及 C_3S 与 C_2S 比例上的变化，导致前 7d 强度快速增长、7～28d 强度增长速率发生改变。实际上，28d 与 7d 时的强度之比已经有所降低。有报道指出，水灰比 0.6 的混凝土，28d 强度与 7d 强度之比已经由 1950 年之前的 1.6 降低为 20 世纪 80 年代的 1.3[7.20]。这些数值仅表示部分英国水泥的性能，而并非全部。在低水灰比情况下，28d 强度与 7d 强度之比更低。在使用现代水泥时，混凝土 28d 后强度的增长下降很多，这是结构设计中不能忽视的问题。

图 7.12 列举了 1974～1984 年间水泥 28d 强度的变化[7.2]。由此可以看出，典型混凝土立方体强度为 32.5MPa 时，1970 年时的水灰比为 0.50，而 1984 年的水灰比为 0.57。假定工作性不变，保持混凝土每立方米用水量相同（175kg/m³），可将水泥用量从 350kg/m³ 降低到 307kg/m³。

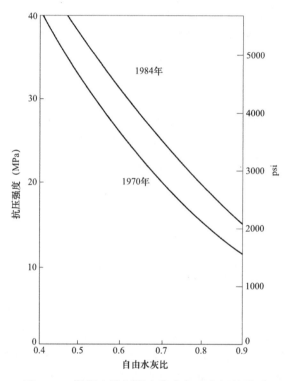

图 7.12 混凝土特征强度和水灰比之间的关系

（1970 年和 1984 年制备，最大骨料粒径 20mm，坍落度 50mm）（基于参考文献［7.21］）

更普遍的是，从 20 世纪 50～80 年代，对于指定强度和工作性的混凝土来说，可将每立方米混凝土的水泥用量降低 60～100kg/m³，与此同时，相应的水灰比会提高 0.09～0.13[7.20]。

尽管在特定水灰比条件下，为了经济利益可以实现更高的 28d 强度，但相应地也会产生很多问题。如前文所述，采用现代水泥制备的混凝土获得与"旧"水泥制备的混凝土相同的 28d 强度，可以采用更高的水灰比和更低的水泥用量。这些变化将导致混凝土的渗透性更高，从而更易发生碳化或侵蚀介质渗透，耐久性一般会变得更差。

此外，采用现代水泥制备的混凝土 28d 龄期后强度增长不大，使混凝土的长期性能无法得到改善，而在过去，使用者希望混凝土的长期性能能够得到改善（即使设计时并没有考虑这种改善作用）。

与使用"旧"水泥的混凝土相比，使用现代水泥的混凝土能够快速达到早期强度，这也意味着更早获得足够的拆模强度，这样就停止了早期的有效养护[7.17]。本章的前述内容已经讨论了它的负面影响。

没能预见这些后果的部分原因在于很多混凝土使用者过分关注利用水泥的早期强度，部分原因在于混凝土主要以28d强度表征，这与使用"旧"水泥时的情况相同。

尽管上述数据是基于英国水泥得到的，但世界上其他国家也发生了这些改变，虽然不是同时发生的。这都是因为水泥厂的现代化需求。来自法国的数据显示，从20世纪60年代中期到1989年，硅酸盐水泥的平均C_3S含量从42%增加到58.4%，同时C_2S含量则从28%降低到13%[7.15]。

水泥的28d平均强度持续增长。在美国，从1977~1991年，按照ASTM C 109-93制作的水泥砂浆试件强度从37.8MPa增长到41.5MPa。

7.5 混凝土疲劳强度

第6章仅考虑了静荷载作用下的混凝土强度，然而很多混凝土结构除了受静荷载外，还要承受重复性荷载。典型结构包括受海浪和风荷载的海港建筑、桥梁、公路、飞机场跑道和铁路枕轨，这些结构在服役期间可能经受高达1000万次的循环荷载，有时甚至达到5000万次。

当材料经受一定次数的重复性荷载作用后失效，并且每次荷载都小于材料的静荷载强度，即发生了疲劳破坏。混凝土和钢材均具有疲劳破坏的特征，但是本书中仅涉及混凝土的疲劳破坏。

我们假定混凝土试件分别经受压应力σ_1（≥ 0）和σ_h（$> \sigma_1$）的交替作用，则应力-应变曲线随荷载重复次数的变化而变化，从朝向应变轴的凹形曲线（伴随卸载的滞回曲线）变为直线，这种改变的递减（即存在一些不可恢复的变形），最终变成朝向应力轴的凹形曲线。后面图形的凹度反映了混凝土接近破坏的程度。然而，破坏仅在应力超过某一限值σ_h时才会发生，这一限值即疲劳极限。如果σ_h低于疲劳极限，虽不确定应力-应变曲线是否保持直线，但其并不会发生疲劳破坏。图7.13和图7.14分别为混凝土经受一定数量的受压和直接拉伸应力循环荷载后的应力-应变曲线[7.94]。

可将经受一定次数循环荷载产生的应变变化分为三个阶段。第1阶段为初始阶段，应变随着循环荷载的增加而快速增长，但其增长速率逐渐递减；第2阶段为表征稳定阶段，应变随着循环荷载的增加而近乎线性增长；第3阶段为非稳定阶段，应变增加的速度日益增大，直到疲劳破坏发生。图7.15举例描述了这种应变行为。

图7.13也绘制出了卸载状态下的应力-应变曲线，可看到每次循环荷载产生的滞回曲线。这种曲线的面积随着每个连续荷载循环而减小，最终在疲劳失效前又增大。而对于没有失效的试件来说，似乎看不到这种增大。以每个连续滞回曲线的面积占第一个滞回曲线面积的百分比绘图即得到图7.16，图7.16为经过不同循环次数后曲线面积的变化。

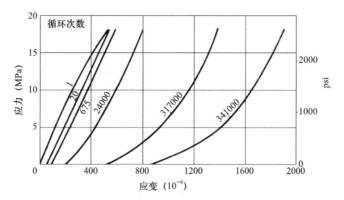

图 7.13 混凝土在循环受压荷载作用下的应力-应变曲线

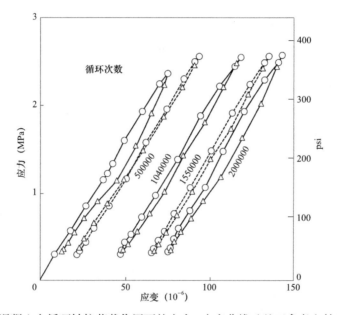

图 7.14 混凝土在循环轴拉荷载作用下的应力-应变曲线（基于参考文献 [7.94]）

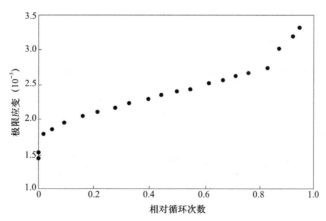

图 7.15 应变和循环压荷载相对数目（占破坏时循环次数的百分比）的关系
（最大应力为静强度的 0.75，最小应力为 0.05，基于参考文献 [7.83]）

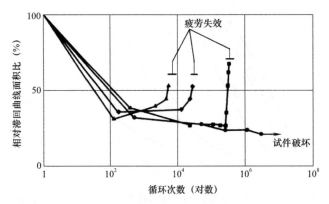

图 7.16   一定循环次数后滞回曲线面积占第一个滞回曲线面积的百分比的变化[7.43]

之所以要关注滞回曲线是因为滞回曲线面积表示变形中不可恢复的能量，而不可恢复变形可能以微裂缝的形式存在。波速测试已经证明正是微裂缝的发展造成失效之前的应变行为变化[7.43]。

疲劳破坏的应变值远远大于静态应变值，经过 1300 万次的 3Hz 循环应力作用后破坏试件的应变值可高达 $4×10^{-3}$。一般来说，具有更长疲劳寿命的试件在破坏时也具有更高的非弹性应变，如图 7.17 所示。

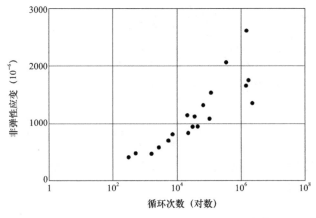

图 7.17   即将破坏时非弹性应变与发生破坏时循环次数的关系[7.43]

弹性应变也随着荷载周期而逐渐增长。图 7.18 表示割线模量随着疲劳寿命百分比的增加而减小。这种关系不受应力水平的影响，从而有助于评价特定混凝土的剩余疲劳寿命。

横向应变也随着荷载循环次数的增加而增大，泊松比则随着荷载循环次数的增加而逐渐降低。

低于疲劳极限的循环加载可以提高混凝土的疲劳强度，也就是说，先对混凝土进行多次低于疲劳极限的循环加载，再对其进行超过极限的加载，则混凝土的疲劳强度高于未经过初始循环加载的混凝土。经过初始循环加载的混凝土所能承受的静荷载也提高 5%～15%，最高提高了 39%[7.85]。混凝土强度的提高可能是由于初始低应力水平的循环加载使得混凝土变得更加密实，这与中等持续荷载作用下混凝土强度的提高类似[7.45]。这种特性类似于金属材料的应变硬化，但承受静荷载的混凝土是一种应变松弛而不是应变硬化材料。

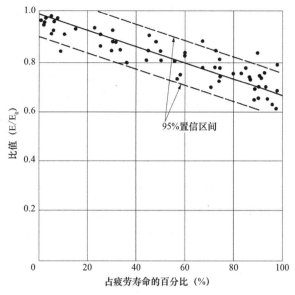

图 7.18 特定时刻的割线模量（E）与循环开始时的模量（E_0）之比和
疲劳寿命百分比之间的关系[7.43]

严格来说，混凝土没有疲劳极限，即无限次循环后而不发生破坏的最大应力值（除非发生应力逆转）。因此，通常所说的疲劳强度定义为经受无限多次循环，如 1000 万次之后而不发生破坏的最大应力。但对于某些应用于海洋工程的混凝土，应取更多的循环次数。

疲劳强度可以通过修正后的 Goodman 图（图 7.19）表示。通过原点与 X 轴呈 45° 的直线纵坐标表示指定循环次数的应力范围（$\sigma_h - \sigma_1$）。σ_1 通常大于 0，为静荷载，σ_h 为静荷载加上动荷载（瞬时荷载）。因此，经受规定次数循环的指定混凝土的应力范围可通过图标读出。对于给定的 σ_1，循环次数对应力范围十分敏感。例如，应力范围从极限强度的 57.5% 增加到 65% 时，循环次数减少为原来 1/4[7.46]。

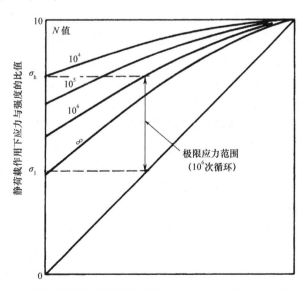

图 7.19 适用于受压疲劳混凝土的修正 Goodman 图（N 为循环次数）

修正的 Goodman 图（图 7.19）表明，应力范围一定时，最小应力值越大，混凝土承受的循环次数越少。这对于可能承受一定数量的瞬时荷载的混凝土构件的静荷载意义重大。

从图 7.19 中直线上升至右端也能看出 σ_h/σ_1 越大，混凝土疲劳强度越低。

循环荷载的频率在 1.2～33Hz 范围内时，频率不影响最终疲劳强度[7.47]；高于该范围的频率没有太大的实际意义。这对于受压和受弯都适用，在这两种荷载及其劈拉荷载[7.63]作用下，疲劳性能相似，这表明疲劳机理是相同的[7.48]。实际上，比较图 7.19 和图 7.20 可知，受弯时的疲劳性能与受压时十分相似。研究表明，受弯疲劳强度（1000 万次循环）为静强度的55%[7.48]，也有研究者提出，该值为 64%～72%[7.99]。而同样循环次数下，混凝土受压疲劳强度为静强度的 60%～64%，但也有人提出为 55%[7.85]。由于疲劳试验结果离散性较大，因此设计中采用剩余疲劳寿命概率的方法[7.95]。

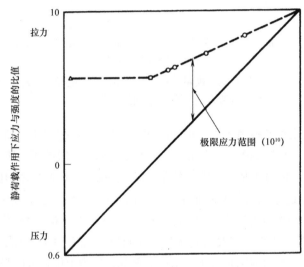

图 7.20　适用于受弯疲劳混凝土的修正 Goodman 图[7.44]

试验研究发现横向压力可以增加混凝土的疲劳寿命，但应力不应过高[7.58]。一般双轴受压板状试件的疲劳行为与单轴受压时十分相似；相比单轴受压的情况，横向应力为轴向应力的 0.2～0.5 倍时，疲劳寿命可提高 50%[7.87]。研究表明双轴受压立方体试件的疲劳寿命也有所增加[7.96]。这可能是因为横向应力限制了导致混凝土破坏的微裂纹发展。由于实际结构中普遍存在横向应力，因此这一发现对指导实际工程有重要意义。

试验发现加载前混凝土的含水状态会影响受弯疲劳强度：烘干试件的强度最高，部分干燥的最低，饱水试件的介于中间（图 7.21）。这种现象是由湿度梯度导致的应变差异造成的[7.59]。因此疲劳试验结果与混凝土含水状态有关。将试件浸没在水中不影响其疲劳寿命[7.86]。

一般说来，疲劳强度与静力强度之比与水灰比、水泥用量、骨料类型及龄期无关，因为这些因素对静力强度和疲劳强度的影响相同。

混凝土强度随着龄期的增长而增大，受压和受弯疲劳强度也随着龄期的增长而增大[7.63]。重点在于，在给定循环次数时，发生疲劳破坏的强度与极限强度的比值一定，与极限强度（受压和劈拉）的大小[7.64]和混凝土的龄期[7.47]无关，尽管一些试验表明疲劳寿命会随龄期增长而增大[7.59]。由此可见，单一参数对疲劳破坏很关键。Murdock[7.47]认为硬化水泥浆体和骨料之间黏结的劣化是导致疲劳破坏的原因。试验表明疲劳试件中破裂的骨料颗粒比静态试验少[7.49]。因此，骨料－浆体界面的破坏可能是导致疲劳破坏的主要原因；砂浆的疲劳破坏发生在细骨料颗粒的界面[7.43]。混凝土的骨料最大粒径越小，疲劳强度越高[7.60]，这可能是由于骨料粒径较低时，混凝土更均匀。

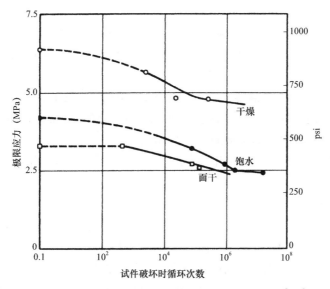

图 7.21　含水状态对混凝土试件疲劳性能的影响[7.59]

引气混凝土和轻骨料混凝土与采用普通骨料配制的混凝土具有相同的疲劳行为[7.50][7.61][7.86]，但引气混凝土受弯时的疲劳寿命可能会减少[7.98]。混凝土圆柱体试件的疲劳行为与承受低频应力的大型构件类似[7.62]。

高强混凝土的疲劳行为也与普通混凝土类似，但在最大应力值较高时，变形更小（可能是由于弹性模量较高）、疲劳寿命更长[7.83]。因此可认为高强混凝土的疲劳性能较好，但破坏发生得很突然[7.83]。

疲劳循环中断时，混凝土的疲劳强度增长（当存在应力逆转时不适用），中断时间在 1～5min 时，强度增长量正比于中断时间；中断时间超过 5min 后，强度不再增长。每次中断持续时间为最大有效中断时间时，中断的频率决定了强度增大的多少[7.47]。循环中断时混凝土强度的增长可能是由混凝土松弛造成的（主要是尚完好的黏结面，使其内部结构恢复到原来的构造），这可由混凝土的整体应变下降推断得出，当循环停止后，混凝土整体应变迅速下降。

Murdock[7.47]认为疲劳破坏发生时其应变为某一定值，且该应变值与施加的应力大小或破坏所需的循环次数无关，这进一步支持了将最终应变作为破坏标准的理论。

大部分疲劳试验都在固定应力幅的循环荷载下进行。但是实际结构，如经受海浪作用的结构往往承受着变幅荷载。可变应力水平试验表明高－低应力循环顺序会影响疲劳寿命。特别是高应力循环紧接着低应力循环，则疲劳强度下降。由此可见，Miner 的损伤线性累积假设（对金属有效）[7.88]不适用于混凝土[7.44][7.65][7.89]，且可能存在某些错误。Oh 提出了考虑了变幅荷载顺序的修正的 Miner 假设[7.100]，但其运用性有待确认。

还应注意的是，循环荷载中的最大应力一定时，随着应力幅的减小，该循环荷载不再是疲劳荷载，而是导致混凝土发生徐变破坏的持续荷载（见第9章）。因此，循环持续时间变得很重要，Hsu[7.90] 提出了考虑到这一点的表达式。Hsu认为，在地震引起的低循环荷载作用下，混凝土的疲劳寿命方程需单独建立，直接应用实验室得到的高频试验结果可能不安全[7.97]。

虽然本书未讨论钢筋混凝土和预应力混凝土的疲劳性能，但应注意，混凝土中的疲劳裂缝作为应力集中源，会放大钢筋的缺陷，导致疲劳破坏[7.51]（如果内应力超过临界疲劳应力值）。

另外，研究发现，钢筋和混凝土的黏结疲劳强度是钢筋混凝土承受循环荷载大小的决定因素[7.86]。掺入硅灰能改善界面黏结性能，因此，在高强轻骨料混凝土中掺加硅灰后，钢筋混凝土构件的疲劳强度高于未掺硅灰的混凝土构件。

混凝土与钢筋的黏结疲劳最好使用静态黏结试验中的累积变形（滑动）来表示[7.82]。

7.6 冲击强度

当物体反复落在混凝土上，例如沉桩或大质量物体以高速冲击时，混凝土的冲击强度就很重要。表征冲击强度的主要标准为试件经受反复冲击和吸收能量的能力。

Green[7.12] 研究了 100mm×100mm×100mm 的混凝土立方体试块经受冲击锤冲击直至摆锤无法回弹的次数，摆锤无法回弹则表明混凝土完全破坏。他发现当用截面直径 25mm 的锤子对抗压试件进行冲击试验时，试验结果比混凝土抗压强度的离散程度更大。这是由于，在标准抗压强度试验中，徐变可缓解高应力薄弱区的应力集中，而在冲击试验中，发生变形的时间很短，应力无法重新分布。因此，试件的自身缺陷对试验结果的影响很大。

通常，混凝土的冲击强度随着抗压强度增大而增大[7.92]，但混凝土的抗压强度越高，开裂前每次锤击吸收的能量越小[7.52]。

图7.22给出了一些混凝土的冲击强度和抗压强度关系的实例[7.52]。可以发现，该关系受粗骨料类型和混凝土服役环境影响。混凝土抗压强度相同，粗骨料的棱角越多、表面越粗糙，其冲击强度越大。这一发现已被 Dahms[7.66] 的相关研究所证实，也验证了混凝土的冲击强度与抗拉强度的关系比抗压强度更密切[7.53]。采用卵石粗骨料制备的混凝土的冲击强度较低，其破坏是由于砂浆和粗骨料黏结力不足。而当骨料表面粗糙时，混凝土破坏区域大部分骨料均发挥了足够的强度，即破坏并不是由砂浆和粗骨料引起的。

减小骨料的最大粒径可显著提高抗压[7.66]和劈裂受拉[7.93]时的冲击强度。采用低弹性模量、低泊松比的骨料可提高受压冲击强度[7.66]。水泥用量宜低于 400kg/m³ [7.66]。目前细骨料对冲击强度的影响尚不明确，但采用细砂通常会使冲击强度略微降低。Dahms[7.66] 发现提高砂用量对冲击强度有益。总结发现，采用性能略有差异的原材料有助于提高混凝土的冲击强度。Hughes 和 Gregory 对不同性能的混凝土的冲击强度进行了大量试验[7.54]。

存放环境对冲击强度的影响方式不同于抗压强度。尤其，存放在水中的混凝土的冲击强度低于干燥混凝土的冲击强度，尽管前者在开裂前能承受更多的冲击。因此如前所述，不考虑存放环境的抗压强度无法很好地反映冲击强度[7.52]。

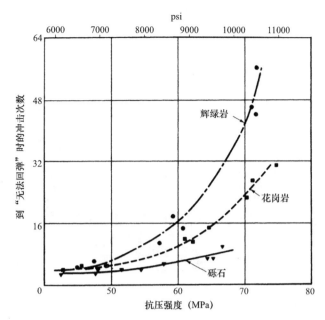

图 7.22　采用不同骨料和 I 型水泥制备的存放于水中的混凝土的
抗压强度与"无法回弹"时的锤击次数之间的关系[7.52]

可对平板进行反复冲击试验[7.92]，平板穿孔时停止。此类试验通常直接用于结构工程，且通常涉及纤维混凝土。也可对平板进行劈拉冲击试验。

有研究表明，在均匀冲击荷载（实际很难做到）作用下，混凝土冲击强度明显大于抗压强度。因此，在均匀冲击荷载作用下，混凝土能吸收更多的应变能。图 7.23 表明当应力施加速率超过 500GPa/s，达到 4.9TPa/s，超过正常加载速度 2 倍（约 0.5MPa/s）时，冲击强度显著增大[7.67]。当冲击应力的加载速率比静态试验大 6 个数量级时，测得的强度比静态抗压强度大 50%[7.91]。劈拉试验时，发现相同的加载速率增加导致强度增加 80%[7.93]。

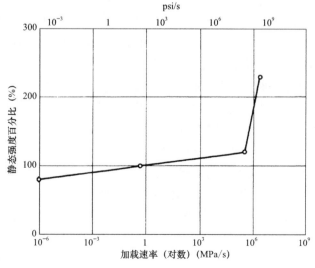

图 7.23　加载速率达到冲击水平时混凝土抗压强度与加载速率的关系[7.67]

应变速率对抗压强度的影响如图 7.24 所示。可以看出应变速率较高时，抗压强度大幅增长，这可能是因为混凝土对微裂缝扩展产生的抵抗[7.80]；应变速率较低时，徐变的影响可能是主要的。应变速率对混凝土拉伸强度的影响更大[7.81]，硬化水泥浆体中的自由水起着重要作用[7.66]。在第 12 章将结合试验一起探讨加载速率对强度的影响。

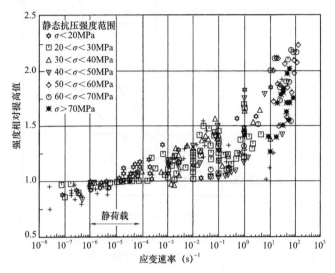

图 7.24　抗压强度的相对增大（以静强度的比例表示）与不同强度混凝土的
应变速率的关系（基于参考文献［7.80］）

7.7　混凝土的电学性能

在某些工程结构中需考虑混凝土的电学性能，如铁路轨枕（若混凝土电阻率不足将影响信号系统）或采用混凝土来防止杂散电流的结构。混凝土的电阻也会影响其内部钢筋的腐蚀过程。电学性能也是新拌混凝土和硬化混凝土性能研究的一方面。

在地下电缆附近区域，混凝土可能会受到外界电流的影响，但在正常运行情况下，混凝土的电阻较高，能够隔断通向钢筋或来自钢筋的电流。这主要是因为混凝土内呈碱性的电解质对与其接触的钢筋的电化学作用。此种保护作用电压范围大约在 $+0.6 \sim -1.0V$（硫酸铜参比电极），此时电流主要受极化作用控制，而非混凝土电阻控制[7.69]。

潮湿的混凝土本质上就是电阻率约 $100\Omega/m$ 的电解质，属于半导体的范畴。面干混凝土的电阻率约为 $10^4\Omega/m$ [7.19]。干燥混凝土的电阻率约为 $10^9\Omega/m$，此时混凝土为良好的绝缘体 [7.70]。Halabe 等人研究了混凝土的绝缘或介电性能[7.27]。

失水混凝土的电阻率大幅增加的原因在于电流在潮湿混凝土中传导主要依靠电解质，即水中的离子。而当毛细孔被隔断时，电流通过胶凝水传导。普通骨料的电阻率是无穷大的。对于指定配合比的混凝土，在空气中干燥增大了表面区域的电阻率。例如，Tritthart 和 Geymayer[7.34] 研究发现，对于水灰比 0.50 的混凝土，表面电阻率增大了 11 倍；水灰比更大时，增幅更大。

因此，可以预见毛细孔中水含量和离子浓度的增加均会使水泥浆体电阻率减小，实际上，水灰比增大时，电阻率急剧降低。表 7.3 和图 7.25 分别反映了水化水泥浆体和混凝土的这一现象。混凝土中水泥用量下降也会导致电阻率增长[7.18]，因为当水灰比恒定且水泥用量较小时，可传导电流的电解质减少了。

表 7.3　水灰比和水养时间对水泥浆电阻率的影响[7.70]

水泥品种	等效 Na_2O 含量百分比	水灰比	各阶段电阻率（$\Omega \cdot m$）		
			7d	28d	90d
普通硅酸盐水泥	0.19	0.4	10.3	11.7	15.7
		0.5	7.9	8.8	10.9
		0.6	5.3	7.0	7.6
普通硅酸盐水泥	1.01	0.4	12.3	13.6	16.6
		0.5	8.2	9.5	12.0
		0.6	5.7	7.3	7.9

　　Hughes 等人给出了不同组成的混凝土的电阻率[7.18]。必要时，水化水泥浆体的电阻率可以通过其相对体积的反比转化为含有该浆体的混凝土的电阻率[7.19]。

　　磨细高炉矿渣长期与 $Ca(OH)_2$ 反应，使混凝土的电阻率持续增大。相对于仅含硅酸盐水泥的混凝土，其电阻率的增加可高达一个数量级[7.30]。硅灰也会增加电阻率。当钢筋的腐蚀进程由混凝土的电阻控制时，磨细高炉矿渣和硅灰的影响很重要（见第 11 章）。

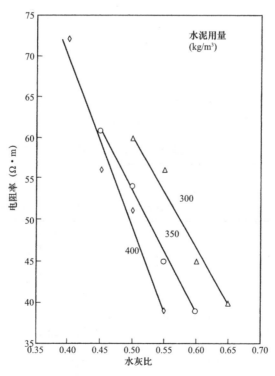

图 7.25　混凝土电阻率和水灰比的关系（混凝土最大骨料：40mm，所用水泥为 I 型普通硅酸盐水泥，测试时龄期为 28d）（基于参考文献 [7.18]）

与孔隙水中的其他离子一样，氯离子也会大幅降低砂浆和混凝土的电阻率，研究表明，氯离子可将砂浆和混凝土的电阻率降低为原来的1/15[7.71]。拌合水中的盐对高水灰比混凝土的电阻率的影响最大，对高强混凝土的影响相对较小[7.72]。

搅拌后的几小时之内，混凝土的电阻率增长十分缓慢；随后，电阻率迅速增长直至1d龄期；此后电阻率的增长速率变慢或者保持恒定[7.18]，干燥会提高混凝土的电阻率。

浸没在海水中的混凝土的电阻率会大幅提高，这是由于混凝土表面会形成氢氧化镁和碳酸钙组成的薄层[7.101]。如果去除这一薄层，混凝土的电阻率与放置在淡水中一致。

混凝土电阻率与水所占体积分数之间的关系遵循非匀质导体的导电性规律。但是，对于一般混凝土，规定了骨料级配和工作性，用水量变化相对较小，电阻率更多地取决于所用的水泥[7.73]，因为水泥的化学组成决定了水中离子的数量。表7.4中指出了水泥对电阻率的影响，从中可以看出采用高铝水泥制备的混凝土的电阻率比相同配合比的硅酸盐水泥制备的混凝土要高10～15倍[7.73]（图7.26）。

掺合料通常不会降低混凝土电阻率[7.70]。但可通过掺加特定的掺合料改变电阻率。例如，在混凝土中加入微细沥青材料，随后在138℃进行热处理，可提高电阻率，尤其是在潮湿条件下[7.75]。相反，当不希望混凝土中有静态电流或需要混凝土的电阻增大时，可以通过在混凝土中添加乙炔炭黑（水泥质量的2%～3%）实现[7.75]。用基本纯净的结晶炭制成的粒化导电骨料取代细骨料，可得到导电混凝土，其电阻率为0.005～0.2Ω/m，抗压强度和其他性能变化不大[7.76]。

混凝土的电阻率随着电压的增大而增大[7.74]。图7.26为烘干试件的电阻率和电压的关系，试件在测试过程中不允许吸收水分。混凝土的电阻率随着温度的升高而降低[7.19]。

本章所引用的大部分数据均是通过交流电获得的。由于极化作用，获得直流电的电阻率比较困难。但是交流电频率为50Hz时，交流电阻率和直流电阻率没有明显差别[7.74]。一般来说，在空气中养护的混凝土，直流电阻约等于交流阻抗[7.74]。Hammond和Robson[7.74]认为这意味着混凝土的容抗远大于其电阻，阻抗主要取决于电阻，因此，功率因子接近于1。表7.4给出了交流电的典型数据。

表7.4 混凝土的典型电学性能（基于参考文献[7.74]）

配合比/水灰比	水泥种类	风干天数	电阻率				容抗			电容		
			直流电	50Hz	500Hz	25000Hz	50Hz	500Hz	25000Hz	50Hz	500Hz	25000Hz
1:2:4* 0.49	普通硅酸盐水泥	7	10	9	9	9	159	159	32	0.020	0.0020	0.0002
		42		31	31	30	637	455	64	0.005	0.0007	0.0001
		113	90	82	80	73	1061	398	64	0.003	0.0008	0.0001
	快硬硅酸盐水泥	39		28	27	27	796	398	64	0.004	0.0008	0 0001
	高铝水泥	5		189	173	139	398	228	106	0.008	0.0014	0.00006
		18		390	351	275	664	398	127	0.005	0.0008	0.00005
		40		652	577	441	910	569	159	0.003	0.0006	0.00004

续表

配合比 / 水灰比	水泥种类	风干天数	电阻率			容抗			电容		
			直流电	50Hz	500Hz	25000Hz	50Hz	500Hz	25000Hz	50Hz	500Hz	25000Hz
1:2:4† 0.49	普通硅酸盐水泥	126		59	58	58	118	228	127	0.027	0.0014	0.00005
	快硬硅酸盐水泥	123		47	47	46	118	212	32	0.027	0.0015	0.00020
	高铝水泥	138		1236	1080	840	531	398	106	0.006	0.0008	0.00006
		182		1578	1380	1059	692	424	127	0.005	0.0007	0.00005
水泥浆‡ 0.23	普通硅酸盐水泥	9	7	6	6	6	9	10	3	0.350	0.0300	0.0020
	快硬硅酸盐水泥	9	5	5	5	5	6	6	2	0.500	0.0540	0.0026
		13	240	220	192	128	80	41	21	0.040	0.0077	0.0003

注: * 102mm 立方体外加电极;

　　† 152mm 立方体内置电极;

　　‡ 25mm 厚棱柱体外加电极。

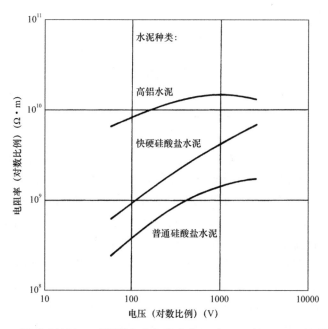

图 7.26　烘干后放置于干燥器中冷却的水灰比为 0.49 的 1:2:4 的混凝土的
电阻率和施加的电压之间的关系[7.74]

混凝土的电容随着龄期和频率的增加而降低[7.74]。水灰比为 0.23 的水泥净浆的电容远大于同龄期水灰比为 0.49 的混凝土[7.74]。

表 7.5 给出了混凝土的绝缘强度数据。由表 7.5 可知,高铝水泥制备的混凝土的绝缘强度

略高于普通硅酸盐水泥制备的混凝土。另外，放置在空气中的混凝土的含水率远高于（因而电阻率较低）烘干混凝土，但这两种存放环境下，混凝土的绝缘强度却大致相当，似乎不受含水率的影响。

表 7.5　混凝土的绝缘强度（配合比为 1：2：4，水灰比为 0.49）[7.74]

混凝土所处环境	电流	击穿次数	绝缘强度		
			普通硅酸盐水泥	快硬硅酸盐水泥	高铝水泥
在空气中	正极电流脉冲		1.44	1.46	1.84
烘干	负级	第一次	1.59	1.33	1.77
		第二次	1.18	1.06	1.24
		第三次	1.25	0.79	1.28
	（50Hz）峰值	第一次	1.43	1.19	1.58
		第二次	1.03	1.00	1.21
		第三次	1.00	0.97	0.95

7.8　声学性能

声学特性对许多建筑物都很重要，其主要受所用材料和结构细节的影响。此处仅考虑材料性能的影响，结构形式和建造细节的影响则是另一个专题。

基本上建筑物的声学性能可分为两种：声吸收和声传播。当声音来源与接受者位于同一房间时，我们更关注前者。当声波遇到墙壁或其他障碍物时，一部分声能被吸收，一部分声能被反射。被材料吸收的声能与入射到材料的总声能之比即为吸声系数。该系数一般对应于特定的频率。经常采用"降噪系数"这一术语来表示 250Hz、500Hz、1000Hz 和 2000Hz 时吸声系数的平均值。中等材质、未涂刷的普通骨料混凝土的典型值为 0.27，膨胀页岩骨料配制的混凝土的值为 0.45。材料吸声系数的不同是由材质、孔隙率和结构的差异造成的，当孔隙中有气流存在时，空气分子与孔壁摩擦，将声能转化为热能，声吸收增加较大。因此，相对于采用多孔轻骨料配制的混凝土，存在不连续气孔的多孔混凝土的声吸收较小。

当接受者所在房间临近声源所在房间时，则需关注声传播。我们将入射声波能量和传播声波能量（传播到临近房间）的差值定义为传声损失（或隔声量），单位为分贝（dB）。隔声量取决于给定的空间大小，建筑物之间为的最佳隔声量为 45～55dB。

影响隔声量的主要因素是每平方米隔墙的单位质量。损失随着声波频率的增加而增加，通常在一定频率范围内进行评估。若材料本身不存在连续孔，隔声量和隔墙的关系一般与所用材料种类无关，主要取决于单位面积的质量，这被称为"质量定律"。图 7.27 为当隔墙边缘"牢固固定"，即侧墙为相近材料时隔声量和隔墙单位质量的关系。从图 7.27 可以看出150～175mm 厚的混凝土墙即可在建筑物之间提供足够的隔声量。参考文献［7.22］～［7.24］给出了界墙声隔绝的相关内容；参考文献［7.26］给出了更多混凝土声学性能的一般处理方法。

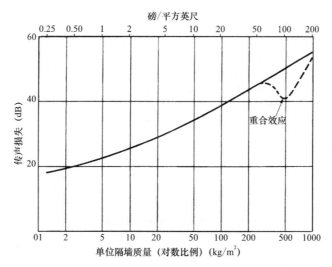

图 7.27　传声损失和单位隔墙质量的关系[7.68]

研究材料的声学性能必然要研究"声音障碍物"周围的声传播，但是就隔墙本身而言，除了质量之外，还需考虑其他因素：气密性、抗弯刚度和存在的孔隙对声音传播性能的影响。

隔墙的刚度与声学性能相关是因为若施加在墙上的受迫弯曲波的波长等于墙内自由弯曲波的波长时，穿过墙的总的声传播量会增加。仅当声波频率超过临界值，即墙内自由弯曲声波速率等于平行墙面空气波速率时，才会发生波长的重合。超过此频率，可能会有入射空气波和频率的结合，此时会发生界面空气波和结构弯曲波的重合。通常只有薄墙发生此现象[7.68]。临界频率可由下式获得：

$$q_c = \frac{v^2}{2\pi h}\left[\frac{12\rho\,(1-\mu^2)}{E}\right]^{1/2}$$

式中，v—空气中的波速；h—隔墙厚度；ρ—混凝土的密度；E—混凝土的弹性模量；μ—混凝土的泊松比。

重合效应会影响隔声量和隔墙单位质量的关系，见图 7.27 中虚线部分。

孔隙的存在也会影响隔声量和隔墙单位质量的关系，孔隙会增加隔声量，因此在总厚度一定的条件下，最好采用双层混凝土。孔隙对隔声量和隔墙单位质量关系的定量影响取决于孔隙的宽度、层之间隔离的程度以及多孔材料墙体的孔隙表面是否密封。

从前文内容可知，很大程度上，声波的高吸收量和高隔声量的要求是相互矛盾的。例如，轻质混凝土的多孔特性使其具有良好的吸声性能，但隔声量较小。不过，如果封闭混凝土的一个表面，隔声量增加，且可能等于同样单位面积质量其他材料的隔声量。最好对远离声源的表面进行密封，否则会影响声音吸收。但是，并不能由此认为轻质混凝土自身具备更好的隔声性能。

参考文献

7.1　G. W. Washa, J. C. Saemann and S. M. Cramer Fifty-year properties of concrete made in 1937, *ACI Materials Journal*,

86, No. 4, pp. 367–71 (1989).

7.2   L. J. PARROTT, Moisture profiles in drying concrete, *Advances in Cement Research*, **1**, No. 3, pp. 164–70 (1988).

7.3   R. G. PATEL, D. C. KILLOH, L. J. PARROTT and W. A. GUTTERIDGE, Influence of curing at different relative humidities upon compound reactions and porosity of Portland cement paste, *Materials and Structures*, **21**, No. 123, pp. 192–7 (1988).

7.4   E. SENBETTA, Concrete curing practices in the United States, *Concrete International*, **10**, No. 11, pp. 64–7 (1988).

7.5   D. W. S. HO, Q. Y. CUI and D. J. RITCHIE, Influence of humidity and curing time on the quality of concrete, *Cement and Concrete Research*, **19**, No. 3, pp. 457–64 (1989).

7.6   B. MATHER, Curing compounds, *Concrete International*, **12**, No. 2, pp. 40–1 (1990).

7.7   P. NISCHER, General report: effects of early overloading and insufficient curing on the properties of concrete after complete hardening, in *Proceedings of RILEM International Conference on Concrete of Early Ages*, Vol. II, pp. 117–26 (Paris, Anciens ENPC, 1982).

7.8   T. A. HARRISON, *Formwork Striking Times – Methods of Assessment*, Report 73, 40 pp. (London, CIRIA, 1987).

7.9   ACI 308-92, Standard practice for curing concrete, *ACI Manual of Concrete Practice, Part 2: Construction Practices and Inspection Pavements*, 11 pp. (Detroit, Michigan, 1994).

7.10   H. F. GONNERMAN and W. LERCH, Changes in characteristics of portland cement as exhibited by laboratory tests over the period 1904 to 1950, *ASTM Sp. Tech. Publ. No. 127* (1951).

7.11   W. H. PRICE, Factors influencing concrete strength, *J. Amer. Concr. Inst.*, **47**, pp. 417–32 (Feb. 1951).

7.12   T. S. POOLE, Summary of statistical analyses of specification mortar cube test results from various cement suppliers, including four types of cement approved for Corps of Engineers projects, in *Uniformity of Cement Strength ASTM Sp. Tech. Publ. No. 961*, pp. 14–21 (Philadelphia, Pa, 1986).

7.13   J. R. OGLESBY, Experience with cement strength uniformity, in *Uniformity of Cement Strength ASTM Sp. Tech. Publ. No. 961*, pp. 3–14 (Philadelphia, Pa, 1986).

7.14   R. D. GAYNOR, *Cement Strength Data for 1991*, ASTM Committee C-1 on Cement, 4 pp. (Philadelphia, Pa, 1993).

7.15   L. DIVET, Évolution de la composition des ciments Portland artificiels de 1964 à 1989: Exemple d'utilization de la banque de données du LCPC sur les ciments, *Bulletin Liaison Laboratoire Ponts et Chaussées*, **176**, pp. 73–80 (Nov.–Dec. 1991).

7.16   A. T. CORISH and P. J. JACKSON, Portland cement properties, *Concrete*, **16**, No. 7, pp. 16–18 (1982).

7.17   A. M. NEVILLE, Why we have concrete durability problems, in *Concrete Durability: Katharine and Bryant Mather International Conference*, Vol. 1, ACI SP-100, pp. 21–30 (Detroit, Michigan, 1987).

7.18   B. P. HUGHES, A. K. O. SOLEIT and R. W. BRIERLEY, New technique for determining the electrical resistivity of concrete, *Mag. Concr. Res.*, **37**, No. 133, pp. 243–8 (1985).

7.19   H. W. WHITTINGTON, J. MCCARTER and M. C. FORDE, The conduction of electricity through concrete, *Mag. Concr. Res.*, **33**, No. 114, pp. 48–60 (1981).

7.20   P. J. NIXON, *Changes in Portland Cement Properties and their Effects on Concrete*, Building Research Establishment Information Paper, 3 pp. (March 1986).

7.21   CONCRETE SOCIETY WORKING PARTY, *Report on Changes in Cement Properties and their Effects on Concrete*, Technical Report No. 29, 15 pp. (Slough, U.K., 1987).

7.22   A. LITVIN and H. B. BELLISTON, Sound transmission loss through concrete and concrete masonry walls, *J. Amer. Concr. Inst.*, **75**, pp. 641–6 (Dec. 1978).

7.23   BUILDING RESEARCH ESTABLISHMENT *Sound Insulation in Party Walls*, Digest No. 252, 4 pp. (Aug. 1981).

7.24   BUILDING RESEARCH ESTABLISHMENT *Sound Insulation: Basic Principles*, Digest No. 337, 8 pp. (Oct. 1988).

7.25   A. C. C. WARNOCK, *Factors Affecting Sound Transmission Loss*, Canadian Building Digest, CDN 239, 4 pp. (July 1985).

7.26   C. HUET, Propriétés acoustiques in *Le béton hydraulique*, pp. 423–52 (Paris, Presses de l'École Nationale des Ponts et Chaussées, 1982).

7.27   U. B. HALABE, A. SOTOODEHNIA, K. R. MASER and E. A. KAUSEL, Modeling the electromagnetic properties of concrete, *ACI Materials Journal*, **90**, No. 6, pp. 552–63 (1993).

7.28   P. SCHIESSL and C. REUTER, Massgebende Einflussgrössen auf die Wasserdurchlässigkeit von gerissenen Stahlbetonbauteilen, *Annual Report*, Institut für Bauforschung, Aachen, pp. 223–8 (1992).

7.29   M. BEN-BASSAT, P. J. NIXON and J. HARDCASTLE, The effect of differences in the composition of Portland cement on the properties of hardened concrete, *Mag. Conc. Res.*, **42**, No. 151, pp. 59–66 (1990).

7.30   I. L. H. HANSSON and C. M. HANSSON, Electrical resistivity measurements of portland cement based material, *Cement and Concrete Research*, **13**, No. 5, pp. 675–83 (1983).

7.31   Y. ABDEL-JAWAD and R. HADDAD, Effect of early overloading of concrete on strength at later ages, *Cement and Concrete Research*, **22**, No. 5, pp. 927–36 (1992).

7.32   W. S. WEAVER, H. L. ISABELLE and F. WILLIAMSON, A study of cement and concrete correlation, *Journal of Testing and*

Evaluation, **2**, No. 4, pp. 260–303 (1974).

7.33　A. Neville, Cement and concrete: their interaction in practice, in *Advances in Cement and Concrete*, American Soc. Civil Engineers, pp. 1–14 (New York, 1994).

7.34　J. Tritthart and H. G. Geymayer, Änderungen des elektrischen Widerstandes in austrocknendem Beton, *Zement und Beton*, **30**, No. 1, pp. 23–8 (1985).

7.35　L. E. Copeland and R. H. Bragg, Self-desiccation in portland cement pastes, *ASTM Bull.* No. 204, pp. 34–9 (Feb. 1955).

7.36　T. C. Powers, A discussion of cement hydration in relation to the curing of concrete, Proc. *Highw. Res. Bd*, **27**, pp. 178–88 (Washington DC, 1947).

7.37　W. Lerch, Plastic shrinkage, *J. Amer. Concr. Inst.*, **53**, pp. 797–802 (Feb. 1957).

7.38　A. D. Ross, Shape, size, and shrinkage, *Concrete and Constructional Engineering*, pp. 193–9 (London, Aug. 1944).

7.39　F. R. McMillan and L. H. Tuthill, Concete primer, ACI SP-1 3rd Edn, 96 pp. (Detroit, Michigan, 1973).

7.40　U.S. Army Corps of Engineers, *Handbook for Concrete and Cement* (Vicksburg, Miss., 1954).

7.41　F. M. Lea, Would the strength grading of ordinary Portland cement be a contribution to structural economy? *Proc. Inst. Civ. Engrs*, **2**, No. 3, pp. 450–7 (London, Dec. 1953).

7.42　S. Walker and D. L. Bloem, Variations in portland cement, *Proc. ASTM*, **58**, pp. 1009–32 (1958).

7.43　E. W. Bennett and N. K. Raju, Cumulative fatigue damage of plain concrete in compression, *Proc. Int. Conf. on Structure, Solid Mechanics and Engineering Design*, Southampton, April 1969, Part 2, pp. 1089–102 (New York, Wiley-Interscience, 1971).

7.44　J. P. Lloyd, J. L. Lott and C. E. Kesler, Final summary report: fatigue of concrete, *T. & A. M. Report No. 675*, Department of Theoretical and Applied Mechanics, University of Illinois, 33 pp. (Sept. 1967).

7.45　A. M. Neville, Current problems regarding concrete under sustained loading, *Int. Assoc. for Bridge and Structural Engineering, Publications*, No. 26, pp. 337–43 (1966).

7.46　F. S. Ople Jr and C. L. Hulsbos, Probable fatigue life of plain concrete with stress gradient, *J. Amer. Concr. Inst.*, **63**, pp. 59–81 (Jan. 1966).

7.47　J. W. Murdock, The mechanism of fatigue failure in concrete, Thesis submitted to the University of Illinois for the degree of Ph.D., 131 pp. (1960).

7.48　J. A. Neal and C. E. Kesler, The fatigue of plain concrete, *Proc. Int. Conf. on the Structure of Concrete*, pp. 226–37 (London, Cement and Concrete Assoc., 1968).

7.49　B. M. Assimacopoulos, R. F. Warner and C. E. Ekberg, Jr, High speed fatigue tests on small specimens of plain concrete, *J. Prestressed Concr. Inst.*, **4**, pp. 53–70 (Sept. 1959).

7.50　W. H. Gray, J. F. McLaughlin and J. D. Antrim, Fatigue properties of lightweight aggregate concrete, *J. Amer. Concr. Inst.*, **58**, pp. 149–62 (Aug. 1961).

7.51　A. M. Ozell, Discussion of paper by J. P. Romualdi and G. B. Batson: Mechanics of crack arrest in concrete, *J. Eng. Mech. Div., A.S.C.E.*, **89**, No. EM 4, p. 103 (Aug. 1963).

7.52　H. Green, Impact strength of concrete, *Proc. Inst. Civ. Engrs.*, **28**, pp. 383–96 (London, July 1964).

7.53　G. B. Welch and B. Haisman, Fracture toughness measurements of concrete, *Report No. R42*, University of New South Wales, Kensington, Australia (Jan. 1969).

7.54　B. P. Hughes and R. Gregory, The impact strength of concrete using Green's ballistic pendulum, *Proc. Inst. Civ. Engrs.*, **41**, pp. 731–50 (London, Dec. 1968).

7.55　U. Bellander, Concrete strength in finished structure, Part 1: Destructive testing methods. Reasonable requirements, *CBI Research*, 13: 76, 205 pp. (Swedish Cement and Concrete Research Inst., 1976).

7.56　D. C. Teychenné, Concrete made with crushed rock aggregates, *Quarry Management and Products*, **5**, pp. 122–37 (May 1978).

7.57　R. L. McKisson, Cement uniformity on Bureau of Reclamation projects, *U.S. Bureau of Reclamation, Laboratory Report C-1245*, 41 pp. (Denver, Colorado, Aug. 1967).

7.58　S. S. Takhar, I. J. Jordaan and B. R. Gamble, Fatigue of concrete under lateral confining pressure, in *Abeles Symp. on Fatigue of Concrete*, ACI SP-41, pp. 59–69 (Detroit, Michigan, 1974).

7.59　K. D. Raithby and J. W. Galloway, Effects of moisture condition, age, and rate of loading on fatigue of plain concrete, in *Abeles Symp. on Fatigue of Concrete*, ACI SP-41, pp. 15–34 (Detroit, Michigan, 1974).

7.60　H. Sommer, Zum Einfluss der Kornzusammensetzung auf die Dauerfestigkeit von Beton, *Zement und Beton*, **22**, No. 3, pp. 106–9 (1977).

7.61　R. Tepfers and T. Kutti, Fatigue strength of plain, ordinary and lightweight concrete, *J. Amer. Concr. Inst.*, **76**, No. 5, pp. 635–52 (1979).

7.62　R. Tepfers, C. Fridén and L. Georgsson, A study of the applicability to the fatigue of concrete of the Palmgren–Miner partial damage hypothesis, *Mag. Concr. Res.*, **29**, No. 100, pp. 123–30 (1977).

7.63　R. TEPFERS, Tensile fatigue strength of plain concrete, *J. Amer. Concr. Inst.*, **76**, No. 8, pp. 919–33 (1979).

7.64　J. W. GALLOWAY, H. M. HARDING and K. D. RAITHBY, Effects of age on flexural, fatigue and compressive strength of concrete, *Transport and Road Res. Lab. Rep. TRRL 865*, 20 pp. (Crowthorne, Berks., 1979).

7.65　J. VAN LEEUWEN and A. J. M. SIEMES, Miner's rule with respect to plain concrete, *Heron*, **24**, No. 1, 34 pp. (Delft, 1979).

7.66　J. DAHMS, Die Schlagfestigkeit des Betons, *Schriftenreihe der Zement Industrie*, No. 34, 135 pp. (Düsseldorf, 1968).

7.67　C. POPP, Untersuchen über das Verhalten von Beton bei schlagartigen Beanspruchung, *Deutscher Ausschuss für Stahlbeton*, No. 281, 66 pp. (Berlin, 1977).

7.68　A. G. LOUDON and E. F. STACEY, The thermal and acoustic properties of lightweight concretes, *Structural Concrete*, **3**, No. 2, pp. 58–96 (London, 1966).

7.69　D. A. HAUSMANN, Electrochemical behavior of steel in concrete, *J. Amer. Concr. Inst.*, **61**, No. 2, pp. 171–88 (Feb. 1964).

7.70　G. E. MONFORE, The electrical resistivity of concrete, *J. Portl. Cem. Assoc. Research and Development Laboratories*, **10**, No. 2, pp. 35–48 (May 1968).

7.71　R. CIGNA, Measurement of the electrical conductivity of cement mortars, *Annali di Chimica*, **66**, pp. 483–94 (Jan. 1966).

7.72　R. L. HENRY, Water vapor transmission and electrical resistivity of concrete, *Technical Report R-244* (US Naval Civil Engineering Laboratory, Port Hueneme, California, 30 June 1963).

7.73　V. P. GANIN, Electrical resistance of concrete as a function of its composition, *Beton i Zhelezobeton*, No. 10, pp. 462–5 (1964).

7.74　E. HAMMOND and T. D. ROBSON, Comparison of electrical properties of various cements and concretes, *The Engineer*, **199**, pp. 78–80 (21 Jan. 1955); pp. 114–15 (28 Jan. 1955).

7.75　ANON, Electrical properties of concrete, *Concrete and Constructional Engineering*, **58**, No. 5, p. 195 (London, 1963).

7.76　J. R. FARRAR, Electrically conductive concrete, *GEC J. of Science and Technol.*, **45**, No. 1, pp. 45–8 (1978).

7.77　P. KLIEGER, Early high strength concrete for prestressing, *Proc. of World Conference on Prestressed Concrete*, pp. A5-1–14 (San Francisco, July 1957).

7.78　B. M. SCOTT, Cement strength uniformity – a ready-mix producer's point of view, *NRMCA Publication No. 165*, 3 pp. (Silver Spring, Maryland, 1981).

7.79　P. ROSSI *et al.* Effect of loading rate on the strength of concrete subjected to uniaxial tension, *Materials and Structures*, **27**, No. 169, pp. 260–4 (1994).

7.80　B. H. BISCHOFF and S. H. PERRY, Compressive behaviour of concrete at high strain rates, *Materials and Structures*, **24**, No. 144, pp. 425–50 (1991).

7.81　C. A. ROSS, P. Y. THOMPSON and J. W. TEDESCO, Split-Hopkinson pressure-bar tests on concrete and mortar in tension and compression, *ACI Materials Journal*, **86**, No. 5, pp. 475–81 (1989).

7.82　G. L. BALÁZS, Fatigue of bond, *ACI Materials Journal*, **88**, No. 6, pp. 620–9 (1991).

7.83　MINH-TAN DO, Fatigue des bétons à hautes performances, Ph.D. thesis, University of Sherbrooke, 187 pp. (Sherbrooke, Canada, 1994).

7.84　X. P. SHI, T. F. FWA and S. A. TAN, Flexural fatigue strength of plain concrete, *ACI Materials Journal*, **90**, No. 5, pp. 435–40 (1993).

7.85　E. L. NELSON, R. L. CARRASQUILLO and D. W. FOWLER, Behavior and failure of high-strength concrete subjected to biaxial-cyclic compression loading, *ACI Materials Journal*, **85**, No. 4, pp. 248–53 (1988).

7.86　A. MOR, B. C. GERWICK and W. T. HESTER, Fatigue of high-strength reinforced concrete, *ACI Materials Journal*, **89**, No. 2, pp. 197–207 (1992).

7.87　E. C. M. SU and T. T. C. HSU, Biaxial compression fatigue and discontinuity of concrete, *ACI Materials Journal*, **85**, No. 3, pp. 178–88 (1988).

7.88　M. A. MINER, Cumulative damage in fatigue, *Journal of Applied Mechanics*, **67**, pp. 159–64 (Sept. 1954).

7.89　P. A. DAERGA and D. PÖNTINEN, A fatigue failure criterion for concrete based on deformation, in *Nordic Concrete Research*, Publication 13-2/93, pp. 6–20 (Oslo, Dec. 1993).

7.90　T. T. C. HSU, Fatigue of plain concrete, *ACI Journal*, **78**, No. 4, pp. 292–305 (1981).

7.91　S. H. PERRY and P. H. BISCHOFF, Measurement of the compressive impact strength of concrete using a thin loadcell, *Mag. Concr. Res.*, **42**, No. 151, pp. 75–81 (1990).

7.92　J. R. CLIFTON and L. I. KNAB, Impact testing of concrete, *Cement and Concrete Research*, **13**, No. 4 pp. 541–8 (1983).

7.93　A. J. ZIELINSKI and H. W. REINHARDT, Impact stress–strain behaviour in concrete in tension, in *Proceedings RILEM–CEB–IABSE–IASS–Interassociation Symposium on Structures under Impact and Impulsive Loading*, pp. 112–24 (Berlin, 1982).

7.94　M. Saito and S. Imai, Direct tensile fatigue of concrete by the use of friction grips, *ACI Journal*, **80**, No. 5, pp. 431–8 (1983).

7.95　Minh-Tan Do, O. Chaallal and P.-C. Aïtcin, Fatigue behavior of highperformance concrete, *Journal of Materials in Civil Engineering*, **5**, No. 1, pp. 96–111 (1993).

7.96　L. A. Traina and A. A. Jeragh, Fatigue of plain concrete subjected to biaxialcyclical loading, in *Fatigue of Concrete Structures*, Ed. S. P. Shah, ACI SP-75, pp. 217–34 (Detroit, Michigan, 1982).

7.97　P. R. Sparks, The influence of rate of loading and material variability on the fatigue characteristics of concrete, in *Fatigue of Concrete Structures*, Ed. S. P. Shah, ACI SP-75, pp. 331–41 (Detroit, Michigan, 1982).

7.98　F. W. Klaiber and Dah-Yin Lee, The effects of air content, water–cement ratio, and aggregate type on the flexural fatigue strength of plain concrete, in *Fatigue of Concrete Structures*, Ed. S. P. Shah, ACI SP-75, pp. 111–31 (Detroit, Michigan, 1982).

7.99　J. W. Galloway, H. M. Harding and K. D. Raithby, *Effects of Moisture Changes on Flexural and Fatigue Strength of Concrete*, Transport and Road Research Report No. 864, 18 pp. (Crowthorne, Berks., 1977).

7.100　B. H. Oh, Cumulative damage theory of concrete under variable-amplitude fatigue loadings, *ACI Materials Journal*, **88**, No. 1, pp. 41–8 (1991).

7.101　N. R. Buenfeld, J. B. Newman and C. L. Page, The resistivity of mortars immersed in sea-water, *Cement and Concrete Research*, **16**, No. 4, pp. 511–24 (1986).

7.102　E. Farkas and P. Klieger, Eds, *Uniformity of Cement Strength*, ASTM Special Technical Publication 961 (Philadelphia, PA, 1986).

第 8 章

混凝土的温度效应

混凝土的室内试验通常控制在一定温度下进行，并且温度基本保持不变。混凝土的早期试验标准温度一般控制在 18~21℃，以保证大部分新拌混凝土和硬化混凝土的基本性能都是以上述温度范围内混凝土性能为基准的。然而实际上，混凝土的拌合温度范围很大，并且服役温度也是不同的。随着现代建筑在一些热带国家的建成，混凝土实际应用温度的范围已经明显扩大了。并且混凝土在严寒地区应用也有了新的发展，特别是近海区域。

由上可知，了解混凝土的温度效应对我们来说极其重要。本章着重讨论此问题。首先讨论的是温度变化对新拌混凝土强度的影响，紧接着分析混凝土浇筑后的温度处理，包括常压蒸汽养护和高压蒸汽养护。其次，我们讨论由水泥水化放热引起的温度升高对混凝土产生的影响，然后研究混凝土在炎热天气和寒冷天气下的浇筑施工过程。最后，我们讨论混凝土的热学性能，以及高温和极低温度下混凝土的性能，包括混凝土在火灾中的性能。

8.1 早期温度对混凝土强度的影响

我们已经知道养护温度升高能够加速水化反应从而有助于提高混凝土的早期强度，并且不会对后期强度造成不利影响。这是因为高温养护缩短了水泥和水初始接触过程的诱导期，使硬化水泥浆体的整体结构形成得很早。

虽然在混凝土的浇筑和凝固期间用较高的温度可以提高其早期强度，但可能会不利于 7d 后的强度发展。因为混凝土在初期快速水化反应中形成了物理结构较差的水化产物，这些水化产物大部分是多孔结构，因此很多孔隙都是未被填充的。根据胶空比准则可知，相对于少孔结构，多孔结构会导致强度降低。因为少孔结构的水化反应慢，水泥浆体可以达到一个较高的胶空比。

Verbeck 和 Helmuth[8.77]更详尽地解释了早期高温养护对后期强度的不利影响，他们认为在较高温度下初始水化反应速率加快会减缓后续的水化反应，同时会在浆体内部产生一种不均匀分布的水化产物。其原因就是，在最初高速率的水化反应下，没有足够的时间使水化产物远离水泥颗粒，水化产物不能充分扩散，也不能在浆体内部均匀沉淀（如同在较低温度下的情况）。因此，在水泥颗粒附近形成了高浓度的水化产物，这会阻碍后续的水化反应，不利于长期强度的提升。通过背散射电子图像已经证明了水泥颗粒之间存在多孔的 C-S-H 凝胶产物[8.74]。

此外，非均匀分布的水化产物自身也不利于强度的提升，与水化程度相同但分布较均匀的水泥浆体相比，其胶空比较低，存在的薄弱点会降低水泥浆体的整体强度。

当论及混凝土形成早期阶段养护温度对水泥浆整体结构的影响时，可回顾使用缓凝剂时水化变慢，混凝土早期强度低，但对后期强度是有益的。这说明，减水缓凝外加剂给高温条件下浇筑的混凝土长期强度降低带来有益补偿[8.24]。但还应认识到,这种外加剂是通过减少水的用量来降低水灰比以此实现其作用[8.14],而且外加剂会导致混凝土的坍落度损失更大[8.14]。

图 8.1 给出了 Price[8.11] 通过试验得到的水灰比为 0.53 的混凝土拌合后前 2h 内不同温度对强度发展的影响数据。试验研究的温度范围为 4~16℃,全部混凝土试件前 2h 在不同温度下养护,之后均在 21℃养护,试件都是密封的以防止水分流失。通过试验我们还发现,同一潮湿条件下养护的两组圆柱体试件,在最初 24h 内养护温度分别为 2℃和 18℃,此后都维持在 18℃养护,所得到的 28d 强度,前者比后者高 10%[8.80]。

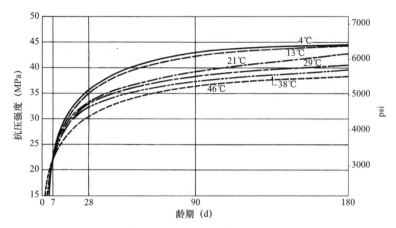

图 8.1　混凝土浇筑后前 2h 内不同温度养护对强度发展的影响
(所有试件密封且在 2h 后均在 21℃养护)[8.11]

下面给出一些其他学者的试验数据,但是在他们各自的研究中,不同时间使用了多种温度组合,所以很难进行直接比较。其中 Petscharnig[8.26] 的研究表明(图 8.2),混凝土浇筑后前 4h 在较高温度下养护,会得到较高的 24h 强度,但 28d 强度会降低。而当混凝土使用快硬水泥且水泥用量较大时,这种现象会更明显。

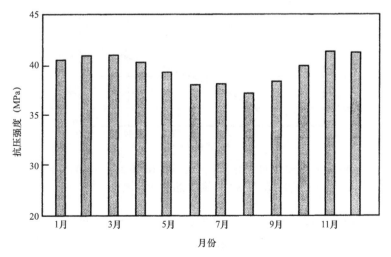

图 8.2　浇筑 4h 内的初始温度对混凝土抗压强度的影响:
初始温度可以从环境温度推断,试件在奥地利室外成型(基于参考文献 [8.26])

有科研报道称，对于28d强度为28MPa的标准圆柱体混凝土试件，前24h 38℃养护然后23℃养护得到的强度，与一直在23℃温度下养护的混凝土强度相比，前者28d强度损失约9%～12%[8.25]。

我们回顾最初几天高温养护下标准圆柱体试件的28d强度[8.58]，可以发现同标准条件下养护的试件相比，其28d强度显著降低：开始38℃养护1天的试件28d强度降低约10%，若养护3天降低约22%。

通过现场试验我们已经证实了浇筑时的温度对混凝土强度有影响：通常，浇筑温度每提高5℃，强度降低约1.9MPa[8.85]。

Goto和Roy[8.113]研究了在水泥浆体形成早期（前24h内）不同温度对其结构的影响，他们发现与养护温度为27℃时相比，在60℃养护下的水泥浆体存在更多的直径大于150nm的孔隙。这导致总的孔隙率下降，但水泥浆体的渗透性是由大孔隙控制的，注意到这点对研究混凝土的耐久性十分重要。

图8.3[8.77]给出了养护温度对混凝土试件（冷却后测试）1d强度和28d强度影响。然而，测试温度也可以被认为是影响强度的因素之一，至少对水灰比为0.14的普通硅酸盐水泥是有影响的[8.81]。在水化反应初始阶段就维持养护温度不变，然后测得试件强度（28d和64d），可以发现养护温度越高的试件强度越低（图8.4）；但如果我们将试件在测试前冷却至20℃并维持2h以上，则只有养护温度在65℃以上时才会对强度有不利影响（图8.5）。

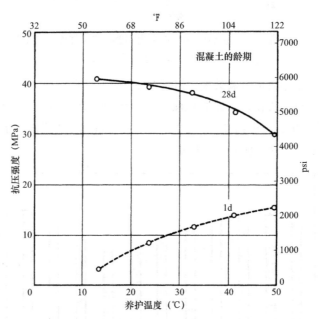

图8.3　养护温度对混凝土抗压强度1d和28d强度的影响
（试件冷却到23℃并维持2h以上后测得）[8.77]

也有人做过混凝土的浸水养护试验，他们将试件放入不同温度的水中养护28d，然后再置于23℃养护，结果与Price的试验结果相同[8.70]。较高温度下养护的试件起初几天强度较高，但在1～4周后，情况发生根本性改变。养护温度为4℃～23℃的试件28d强度全都高于养护温度为32℃～49℃的试件。在较高的温度范围内，温度越高后期强度衰退越大，而在较低的温度范围内，似乎存在一个最佳温度对应最高强度。令我们感到有趣并值得注意的是，即使是在 4℃下浇筑混凝土并将试件存放在 -4℃下养护 4 周，然后再改为 23℃下养护，到 3 个月后我们测得试件的强度比同样的一直在 23℃下养护得到的试件强度更高。对于普通硅酸盐水泥用量为 307kg/m³，含气量为 45% 的混凝土，图 8.6 显示了温度对其强度影响的典型曲线。另外，使用快硬硅酸盐水泥和复合水泥拌合的混凝土也有相似的特性。

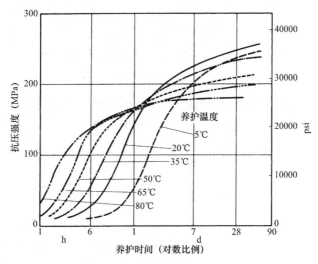

图 8.4　在不同养护温度下水泥净浆的抗压强度与养护时间的关系，试件温度保持恒定不变（包括在试验期间）[8.81]

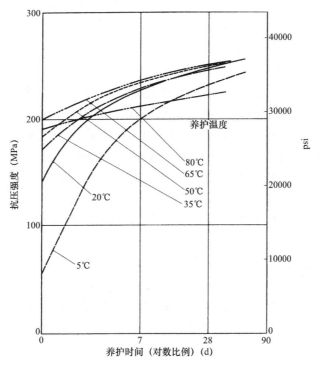

图 8.5　在不同养护温度下水泥净浆的抗压强度与养护时间的关系。在试验前，用 2h 以上的时间以恒定的速率将试件温度调整到 20℃（水灰比＝0.14，I 型水泥）[8.81]

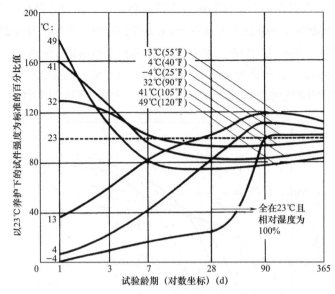

图 8.6 前 28d 不同养护温度对混凝土强度的影响
（水灰比 = 0.41，含气量 = 4.5%，普通硅酸盐水泥）[8.70]

如同高性能混凝土一样在水泥含量较高的混凝土构件中，如梁、柱等构件都存在明显的温升现象。这种温升越高，混凝土的 7d 强度也越高。例如，当养护温度是 20℃时强度为 96MPa，最高温度是 75℃时，强度达到 115MPa。然而在测 28d 强度时，这种现象发生了逆转，较低温度下的强度为 122MPa，而高温会导致强度降低到 112MPa。当最高温度在 45℃～65℃范围内时，只能导致 28d 强度比 7d 强度略有增加[8.57]。

在极低温度下养护混凝土其强度会如何变化？Aitcin 等[8.23]研究人员发现，水灰比为 0.45 的混凝土试件，在不低于 4℃下浇筑并养护 9h，然后存放在 0℃的海水中养护能提升强度。在起初几天强度增长十分缓慢，但到第 4 天这些试件能达到标准养护试件强度的一半左右。这两种养护条件下的强度差异会逐步减少，在 2 个月后差不多减小到 10MPa，这一差值至少保持 1 年。另外可知，水灰比低的混凝土比水灰比高的混凝土性能更好[8.18][8.23]。

Klieger 的试验[8.70]表明在混凝土早期养护时存在一个最佳温度使其在设计龄期内达到最高强度。我们在试验室使用普通或改性硅酸盐水泥浇筑的混凝土，所对应的最佳温度约为 13℃；当改用快硬水泥时，最佳温度约为 4℃。然而不能被忽视的是混凝土在初期凝结和硬化后，强度受温度（限制范围内）的影响仍符合成熟度规则：较高的温度加快混凝土强度增长。

到目前为止，我们得到的试验数据都是在试验室或已知条件下测得的，这和炎热天气下在现场测得的数据可能不太一致。在现场要考虑一些附加影响因素，如环境温度、阳光直射、风速和养护方法。还应注意的是混凝土的质量取决于本身温度而不是周围的环境温度。所以构件的尺寸也成为一个影响因素，因为它能使水泥水化放热引起的温度升高。同样需了解，相对于在密封条件下养护的混凝土，在多风的天气下浇水养护混凝土可以通过蒸发散热降低温度。本章将在稍后的内容中讨论这些影响因素。

8.2 常压蒸汽养护

使用蒸汽养护可以加速混凝土强度的形成，因为提高养护温度可以加快其强度发展。当处于常压即 100℃ 以下时，蒸汽养护过程中饱和蒸汽保证了水分的供应，因此可将其看作湿养护的特例。另外，蒸汽凝结液化可以释放潜热。而高压蒸汽养护是一种完全不同的工艺，我们将在下一节详细论述。

蒸汽养护的主要目的是获得充分的早期强度，这样混凝土产品在浇筑后不久即可加以处理：如拆模、腾空预应力台座等都会早于正常温度养护下的混凝土产品，同时还可节约养护存储空间，这些都有助于节约成本。实际上在许多工程中，混凝土的长期强度并不太重要。

因为操作过程中需要蒸汽养护，这种工艺主要用来制作预制混凝土。在工程实际中，低压蒸汽养护通常采用专门的养护池或隧道窑，其中混凝土构件通过传送带运输。另外，我们可以用移动式的养护罩或塑料布覆盖预制混凝土构件，然后通过富有弹性的管道向内提供蒸汽。

由于混凝土早期硬化阶段的养护温度对其后期强度发展有影响，所以在早期高强和后期高强之间应取一个折中。图 8.7 给出了水灰比为 0.55 并使用复合水泥制作的混凝土在浇筑后立即蒸汽养护得到的强度典型值，从中可以观察到混凝土的长期强度有所衰退。

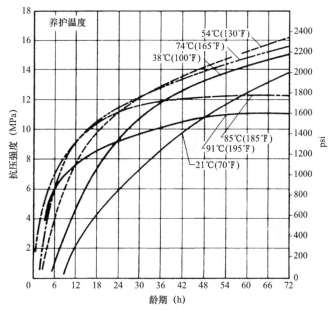

图 8.7 混凝土在不同温度下蒸汽养护的强度
（水灰比＝0.55；浇筑后立即进行蒸汽养护）[8.71]

对于蒸汽养护的混凝土长期强度下降，一种可能的解释是存在于水泥浆体中的气泡膨胀引起了非常细小裂缝的产生。因为气体的热膨胀系数比周围固体材料的热膨胀系数大至少两个数量级。当气泡膨胀受阻时，气体就会承受压力，为了平衡此压力，水泥浆体会产生拉应力。这些拉应力即可能引起浆体产生细小裂缝。所以严格来讲，我们要研究处理的是各个阶段的强度损失，而不仅是混凝土长期强度的降低[8.82]。然而在28d内，这种损失会被高温养护对强度的有利作用掩盖。

Mamillan[8.37]的报道可以证明气泡膨胀以及水的影响作用，他在报道中指出新拌混凝土的热膨胀系数（$30×10^{-6}$）远高于浇筑4h后测得的热膨胀系数（$11.5×10^{-6}$）。

可以通过一些方法减小气泡膨胀造成的破坏作用，如先推迟一段时间再蒸汽养护（在此期间混凝土的抗拉强度会增加），或减慢温度上升速度（使气体压力的增长与周围水泥浆体的强度增长同步）。另外，还可以采用在密封模板或压力蒸汽室内加热养护的方法[8.82]。当选择适当的温度进行短期蒸汽养护（2~5h）时，我们几乎看不到强度的衰退，而后期强度降低的原因可解释为缺乏持续的湿养护[8.83]。

蒸汽养护会影响混凝土的耐久性，因为蒸汽养护对混凝土长期强度的不利影响是由硬化水泥浆体的孔隙率和孔隙尺寸改变引起的，这一点将在第10.2.1节展开讨论。

为了最大程度减小长期强度的衰退，我们应对蒸汽养护周期中的两个因素加以控制：开始加热前的静停时间和温度上升速率。

静停一段时间再蒸汽养护有利于强度发展，因为早期凝结时的温度对后期强度影响很大。Saul[8.72]根据Shiderler和Chamberlin[8.73]的资料绘制了图8.8关于静停时间对强度影响的一些具体指标。其中混凝土使用Ⅱ型水泥配制且水灰比为0.6。图中实线表示在室温下湿养护混凝土强度随成熟度增长的曲线，虚线表示在38℃~85℃（100℉~185℉）间不同养护温度下对应每点的数字表示在使用较高温度养护前的延迟时间。

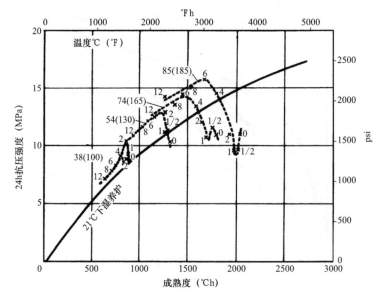

图8.8　蒸汽养护延迟时间对早期强度增长与成熟度之间关系的影响，
小数字表示在所示温度下养护前的延迟时间[8.72]

从图8.8可以看出，对于每个养护温度，都有一个表示强度随成熟度增长的曲线部分。换句话说，在快速加热前保证足够的延迟时间，就没有不利影响。养护温度为38℃、54℃、74℃和85℃，其对应的延迟时间约为2h、3h、5h和6h，然而，如图8.8中各虚线的右边部分，如果混凝土在较短时间延迟后便暴露在高温下，就会对强度产生不利影响，而且，养护温度越高，这种不利影响越严重。对于水灰比为 0.5 并在 75℃下蒸汽养护的混凝土，如果没有延迟期，其 28d 强度损失将多达 40%[8.37]。

支持蒸汽养护需要静停期的理由是要有一定的时间让石膏和 C_3A 充分反应。在高温下石膏的溶解度会降低，因此其中一部分没有和 C_3A 反应，就会导致混凝土发生类似硫酸盐侵蚀的膨胀反应（见第 10.8 节）[8.31]。但这一观点还没有得到证实。

从图 8.8 还可以看出，在浇筑的几个小时内，强度的增长速率要高于按成熟度计算得到的。这就证实了在高温养护时龄期是成熟度准则的一个因素，在早期我们也观察到这一点。

一个恰当的静停期（使周围环境温度与混凝土温度相匹配）取决于在蒸汽养护下混凝土构件的尺寸和形状以及含水量和水泥类型：当混凝土硬化速度缓慢时，静停期应相应加长。然而，如果构件的表面积暴露较大，我们还应采用喷雾养护来防止塑性收缩裂缝。对如何选择静停期的长短 ACI 517.2R-87（1992 年修订）给出了指导性建议[8.27]。

为了防止混凝土的温度梯度发展不合理，我们对静停期后的温度增长速率也应适当控制，这取决于混凝土构件的特性，所以要反复试验来确定。ACI 517.2R-87（1992 年修订）[8.27] 建议小构件的温度变化控制在 38℃/h，大构件在 11℃/h。混凝土的长期强度基本不受温度增长速率影响，但会受到最高温度影响：当最高温度达到 70℃～80℃时，会导致混凝土 28d 强度降低约 5%[8.27]。

实际上最高温度较低时需要的蒸汽养护期更长，因此我们应从经济上来平衡这个影响。不过还应注意的是，一旦混凝土的温度稳定在最高温度时，就不必继续加热，这段时间间隔被称为恒温期。

在蒸汽养护期混凝土达到最高温度后便进入冷期，小构件的冷却十分迅速，但大构件快速冷却可能导致表面开裂。工程上可额外采用湿养护以防止快速干透并提高后期强度[8.83]。另外，较低水灰比混凝土蒸汽养护效果远好于高水灰比混凝土。

总之，一个蒸汽养护周期的组成应包括：静停期（也叫预养时间）、升温期、最高温度下蒸汽养护时间（包括恒温期）以及冷却期，也可能包括随后的温湿养护期。实际上选择养护周期不但要考虑早期强度和后期强度的要求，还要受工作时间影响（如工作台班的时长）。另外，经济因素决定了是应该让养护周期适应给定的混凝土拌合物要求，还是应该挑选混凝土拌合物以便于符合蒸汽养护周期。鉴于混凝土制品的类型决定了最佳养护周期的细节，一个典型的合理养护周期应包括以下[8.27]：2～5h 的静停期，加热速率为 22～44℃/h 的升温期（直到最高温度达 50℃～82℃），以及最高温度下的恒温期和最终的冷却期，且总的养护期（不包含延迟期）最好不要超过 18h。

对于暴露在侵蚀条件下的混凝土，可参考 2007 年出版的 CIRIA 报告 C660 提出的关于最高温度和温度上升速率的建议。

轻骨料混凝土可以被加热到 82℃～88℃，但其最佳养护周期与普通骨料混凝土并无区别[8.79]。

我们已将蒸汽养护成功地运用于不同类型的硅酸盐水泥以及混合水泥，但它决不能用于高铝水泥，因为养护时的热湿条件不利于高铝水泥的强度发展。对于掺加粉煤灰的混凝土，只有温度高于 88℃时，蒸汽养护才会加速火山灰与 Ca（OH）$_2$ 反应。而对于掺加粒化高炉矿渣的混凝土，蒸汽养护温度高于 60℃时便发生类似情形，并且矿渣的细度越高（大于 500m²/kg），蒸汽养护对混凝土强度发展越有利[8.28]。矿渣还可以减小蒸汽养护中水泥浆体内部孔隙的平均尺寸[8.28]。

8.3　高压蒸汽养护

无论是操作方法还是所得混凝土的特性，高压蒸汽养护都与常压蒸汽养护完全不同。

因为养护过程中使用的压力高于大气压，所以养护室必须具有能够提供湿蒸汽的压力容器。同时不允许过热的蒸汽与混凝土接触，以避免混凝土被烘干。我们称这类容器为高压釜，因而也称高压蒸汽养护为蒸压养护。

高压蒸汽养护的最初应用是制作灰砂砖和轻质混凝土，至今仍广泛使用。在混凝土领域，高压蒸汽养护通常应用于制作预制构件（一般为较小的），也适用于桥梁桁架结构（包括普通混凝土和轻质混凝土）以及当混凝土制品有如下特性要求时：

（a）早期高强：使用高压蒸汽养护可以在 24h 左右使混凝土强度达到普通养护下的 28d 强度，另有报道称这个强度可达 80~100MPa[8.29]；

（b）高耐久性：高压蒸汽养护不仅可以改善混凝土抗硫酸盐和其他形式的化学侵蚀性能，还提高了抗冻性和抗风化性能；

（c）可减少混凝土干燥收缩和水分迁移。

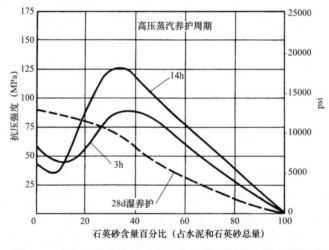

图 8.9　磨细石英砂掺量对高压蒸汽养护混凝土强度的影响
（养护开始时的龄期为 24h，养护温度为 177℃）[8.75]

通过试验我们得到最佳养护温度约为 177℃[8.75]，相应的蒸汽压力高于大气压 0.8MPa。

当把磨细石英砂掺入水泥中时，由于石英砂与 C_3S 水化释放的 $Ca(OH)_2$ 发生了化学反应，此时高压蒸汽养护最为有效（图 8.9）。并且在高压蒸汽养护下，富含 C_3S 的水泥与 C_2S 相比具有更高的强度增长能力。虽然在高压蒸汽养护时间较短时，C_3S/C_2S 比较低的水泥效果较好[8.76]，在养护过程中高温也会影响水泥自身的水化反应，例如，一些 C_3S 可能水化成 C_3SH_x。

石英砂的细度应至少与水泥细度相当，试验表明细度为 $600m^2/kg$ 的石英砂与细度为 $200m^2/kg$ 时相比强度能提高 7%~17%[8.29]。需注意的是在加入搅拌机前水泥和石英砂必须充分混合。合理的石英砂用量取决于配合比，但我们通常取其为水泥用量的 40%～70%。

加热速度不要太快，这在高压蒸汽养护中至关重要，因为温升过快在凝结硬化过程中可能产生不利影响，这与前面常压蒸汽养护所描述的情形一样。一个典型的养护周期应包括一个逐渐升高温度至最高温度 182℃（对应压力为 1MPa）的升温期，且这段时间不少于 3h。随后保持在此温度下养护 5～8h，然后在 20～30min 内释放压力。为了使现场施工时的收缩减小，我们可采用快速降压加速混凝土的干缩。在每个温度下都有一个最佳养护周期与之对应（图 8.10）[8.84]。

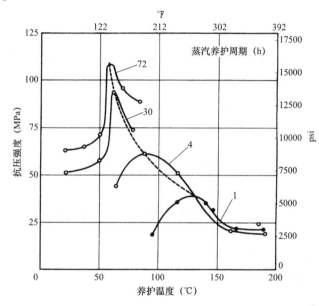

图 8.10 混凝土在不同养护温度下养护不同时间的强度发展[8.84]

值得强调的是，在较低温度下加长养护时间会比在较高温度下缩短养护时间得到更高的最佳强度。而对任何一个养护周期，都存在一个最佳强度对应的最佳温度。同样，对于给定的一组材料，都可以绘制一条曲线表示在不同养护周期下最佳强度与最佳温度之间的关系[8.84]，如图 8.10 所示。

实际上，高压蒸汽养护周期的细节取决于养护设备和被养护的混凝土尺寸。蒸汽养护的混凝土在放入高压釜之前正常养护时间的长短不会影响其质量，但为了使拌合物有足够的强度抵抗设备处理，应根据拌合物的干硬度选择合适的预养时间。对于轻质混凝土，则必须通过试验确定使用不同材料时高压蒸汽养护周期的细节。

蒸汽养护只适用于用硅酸盐水泥制作的混凝土，因为养护过程中高温会对高铝水泥和过硫酸盐水泥产生不利影响。

在硅酸盐类水泥家族中，水泥类型不同也会影响强度，这不同于常温下的情形，但目前尚没有这方面的系统研究。高压蒸汽养护可以加速掺有 $CaCl_2$ 混凝土的硬化，但其强度的相对增长量比不掺 $CaCl_2$ 的混凝土低。

高压蒸汽养护下水化水泥浆体的比表面积变小，约为 7000m^2/kg。这个值只有常温养护下的 1/20，所以高压蒸汽养护中可以被归为凝胶的水泥浆体似乎不超过 5%。这意味着养护过程中的水化产物由粗糙的大量微结晶体构成。因此，高压蒸汽养护可显著减少混凝土干缩，大约只有常温养护下的 1/6～1/3。把石英砂加入拌合物中时干缩会增加,但仍只有常温养护下的一半。相比之下,因为常压蒸汽养护下不能产生微晶化的水泥浆体,就不能减少干缩。另外,高压蒸汽养护还可以有效抑制徐变。

如同石灰-二氧化硅的二次反应物一样,高压蒸汽养护下的水泥水化产物也是稳定的,并且不会有强度退化。在 1 年龄期后,正常养护下的混凝土强度才能与相同配合比的高压蒸汽养护混凝土强度大致相当。水灰比对高压蒸汽养护混凝土的影响和通常情况一样,但早期实际强度有所不同,当然这是对普通混凝土而言。高压蒸汽养护似乎对混凝土的线膨胀系数和弹性模量没有影响[8.75]。

高压蒸汽养护改善了混凝土的抗硫酸盐性能。主要有以下几个原因,其中最主要的一个原因是在有硫酸盐存在时高压蒸汽养护下形成的铝酸盐比低温下形成的更稳定。因此 C_3A 含量较高的水泥抗硫酸盐性能比抗硫酸盐水泥更高。另一个重要原因是石灰-二氧化硅的反应降低了水泥中石灰含量。另外,高压蒸汽养护使混凝土的强度高、抗渗性好以及水化产物以良好的结晶形态存在,这些都进一步提高了抗硫酸盐侵蚀性能。

高压蒸汽养护使混凝土中没有可析出的石灰,从而减小风化作用。

高压蒸汽养护中的混凝土往往很脆。因为高压蒸汽养护可能降低混凝土与光圆钢筋之间的黏结强度,但若是带肋钢筋则不会削弱。有报道称高压蒸汽养护混凝土具有良好的冲击强度[8.86]。总的来说,高压蒸汽养护制作的混凝土质量好、密实度高且耐久性好。我们可以从外观特征颜色上区别高压蒸汽养护与正常养护的硅酸盐水泥混凝土,前者表面呈白色。

8.4　其他热养护方法

还有其他几种热养护法可以加速混凝土的强度增长。不过它们都仅应用在某些特定的情况下。因此,下面只做简单介绍。

热拌法依赖于将新拌混凝土的温度至少提高到 32℃。但混凝土的长期强度会比正常养护时降低 10%～20%,不过几个小时后即可拆除模板。热拌法实现温升可以采用加热骨料和水,或者向拌合物中喷射蒸汽等方法。但无论哪种方法,都需注意控制拌合物中总的用水量。在热拌法中必须使用保温模板或隔热模板。

还有几种电热养护方法。其中之一是通过新拌混凝土外加电极通电加热,电流必须是交流电,因为直流电会导致水泥浆体发生水解反应。另一种方法是在低电压下使较大的电流通过钢筋从而加热混凝土构件。第三种方法是使用大型电热毯加热板的表面。还有一种方法是把绝缘线预埋在混凝土构件中,在养护完成后剪断将其留在混凝土中。

有些国家还采用红外线辐射养护法。

钢制模板可以用点加热,或者通过循环热水或油加热。

关于各种特殊养护方法,ACI 517.2R-87[8.27]和其他一些出版物有更详细的探讨[8.35]～[8.37]。

8.5　混凝土的热学性能

我们有充分的理由对混凝土的热学性能感兴趣,下面举些例子说明。导热系数和热扩散系数不仅与早期混凝土的温度梯度、热应变、弯曲以及开裂的发展有关，也与服役中的混凝土隔热性能紧密相关。在伸缩缝设计，提供水平和垂直方向运动的桥梁支座设计及受温度影响的超静定结构计算中，必须掌握混凝土的热膨胀系数。同时掌握混凝土的热学性能也是评估混凝土温度梯度和预应力混凝土构件设计的要求。在混凝土应用于特殊结构和考虑火灾影响时，还需要熟知混凝土在高温下的性能。另外，研究大体积混凝土的温度效应具有重大意义，我们将在后面章节讨论。

8.5.1　导热系数

导热系数的定义为热流量和温度梯度的比值，它可以用来衡量材料传导热量的能力。导热系数可用当物体每米厚度温差为1℃时，每秒钟在单位面积（$1m^2$）上通过热量的焦耳数（英国为每英尺厚度温差为1℉时每小时在单位面积上通过的英热单位）度量。

普通混凝土导热系数由其成分决定。当混凝土饱和时，导热系数通常为1.4～3.6J/m^2s℃/m（0.8～2.1Btu/ft^2h℉/ft）[8.10]。普通混凝土的导热系数受密度影响并不明显，但轻质混凝土的导热系数会随密度不同变化，因为空气的导热系数较低[8.87]（图13.16）。我们已在表8.1中列出了导热系数的典型值。更多关于导热系数的数据读者可以查阅Scanlon和McDonald[8.10]的报道以及规范ACI 207.1R[8.53]。从表8.1可以看出混凝土的导热系数与其制作骨料的矿物性质有很大关系。一般而言，玄武岩和粗面岩的导热系数较低，白云石和石灰石属中等范围，石英导热系数最高。导热系数的高低还受热流方向相对于晶体取向的影响。一般来说，岩石结晶度越高则导热系数越大。

表 8.1　混凝土导热系数典型值[8.10]

骨料种类	混凝土密度		导热系数	
	kg/m^3	lb/ft^3	J/m^2s℃/m	Btu/ft^2h℉/ft
石英岩	2440	152	3.5	2.0
白云岩	2500	156	3.3	1.9
石灰岩	2450	153	3.2	1.8
砂岩	2400	150	2.9	1.7
花岗岩	2420	151	2.6	1.5
玄武岩	2520	157	2.0	1.2
重晶岩	3040	190	2.0	1.2
膨胀页岩	1590	99	0.85	0.5

混凝土的饱和度也是影响导热系数的一个重要因素，因为空气的导热系数比水低。例如对轻质混凝土来说，每提高10%含水量导热系数可增大约一半。换句话说，因为水的导热系数比硬化水泥浆体小一半，所以混凝土拌合物中水分含量越低，硬化混凝土的导热系数越高。

实际上我们往往很难确定混凝土的实际含水量。Loudon和Stacey[8.97]在表8.2顶部给出了按体积百分比计假定的含水量数值。并且在此基础上，他们也建议采用表中的导热系数。

表 8.2　Loudon 和 Stacey 推荐的导热系数 [8.97]

导热系数 [J/m²s℃/m（Btu/ft²h °F/ft）]

表观密度		混凝土不外露时				混凝土外露时			
		加气混凝土	多孔矿渣轻混凝土	膨胀页岩或烧结粉煤灰轻混凝土	普通混凝土	加气混凝土	多孔矿渣轻混凝土	膨胀页岩或烧结粉煤灰轻混凝土	普通混凝土
kg/m³	lb/ft³	体积含水量（%）5	5	5	2.5	8	8	8	5
320	20	0.109 (0.063)	0.087 (0.050)	0.130 (0.075)		0.123 (0.071)	0.100 (0.058)	0.145 (0.084)	
480	30	0.145 (0.084)	0.116 (0.067)	0.173 (0.100)		0.166 (0.096)	0.130 (0.075)	0.187 (0.108)	
640	40	0.203 (0.117)	0.159 (0.092)	0.230 (0.133)		0.223 (0.129)	0.173 (0.100)	0.260 (0.150)	
800	50	0.260 (0.150)	0.203 (0.117)	0.303 (0.175)		0.273 (0.158)	0.230 (0.133)	0.332 (0.192)	
960	60	0.315 (0.182)	0.260 (0.150)	0.376 (0.217)		0.360 (0.208)	0.289 (0.167)	0.433 (0.250)	
1120	70	0.389 (0.225)	0.315 (0.182)	0.462 (0.267)		0.433 (0.250)	0.360 (0.208)	0.519 (0.300)	
1280	80	0.476 (0.275)	0.389 (0.225)	0.562 (0.325)		0.533 (0.308)	0.433 (0.250)	0.635 (0.367)	
1440	90		0.462 (0.267)	0.678 (0.392)					
1600	100		0.549 (0.317)	0.794 (0.459)	0.706 (0.408)				0.808 (0.467)
1760	110		0.649 (0.375)	0.952 (0.550)	0.838 (0.484)				0.952 (0.550)
1920	120				1.056 (0.610)				1.194 (0.690)
2080	130				1.315 (0.760)				1.488 (0.860)
2240	140				1.696 (0.980)				1.904 (1.100)
2400	150				2.267 (1.310)				2.561 (1.480)

室温环境下温度对导热系数几乎没有影响。而在较高温度下，导热系数的变化很复杂。当最高温度约 50℃～60℃时，导热系数会随温度升高缓慢增加；当温度升高至 120℃时，导热系数会随混凝土水分流失急剧下降[8.37]；当温度超过 120℃～140℃时，导热系数又会趋于稳定：在 800℃时只有 20℃时的一半[8.98]。

导热系数通常由热扩散系数计算得到，因为后者更容易测得，当然也可以用直接测定法得出。不过测试方法可能影响最终的数值。例如，静态法（包括热板法或热箱法）用于干燥混凝土所得的导热系数相同，但由于温度梯度引起水分迁移，静态法用于潮湿混凝土时得到的数值过低。因此，采用瞬态法测潮湿混凝土的导热系数更好，热丝试验也已被证明是成功可行的[8.99]。

8.5.2　热扩散系数

热扩散系数表示在物质中发生的温度变化的速率，因此可作为衡量混凝土经受温度变化能力的一个指标。热扩散系数与导热系数的关系如下：

$$\delta = K/c\rho$$

式中，c 表示比热；ρ 表示混凝土表观密度。

从上述表达式可以看出导热系数和热扩散系数成正比关系。因此可推出混凝土的含水量对热扩散系数有影响，影响程度大小取决于混凝土拌合物初始含水量、水泥水化程度和干燥暴露时间。

根据所用骨料种类不同，普通混凝土的热扩散系数的典型值为 0.002～0.006m^2/h。采用如下岩石类的混凝土热扩散系数按序增加：玄武岩、石灰岩、石英岩[8.10]。

热扩散系数的确定，主要是测定时间与温差的关系。此处温差为初始恒温的混凝土试件在表面温度变化时，试件内部与表面的温度差。具体测定和计算细节见美国垦务局规程 4909-92[8.8]。因为混凝土的热学性能受其含水量影响，所以在测定热扩散系数时，试件的含水量应与实际结构中的混凝土含水量相同。

8.5.3　比热

比热表示混凝土的热容量，它几乎不受骨料矿物特性影响，但会随混凝土含水量增加而显著提升[8.110]。当混凝土温度增高和表观密度减小时比热也会提高。普通混凝土的比热取值范围为 840～1170J/kg/℃（0.20～0.28Btu/lb/℉）。混凝土的比热由物理学的初等方法测定。

热吸收率是混凝土的另一个热学性能，它考虑了混凝土受火灾的影响。可将其定义为 $(K\rho c)^{1/2}$，其中 K 为导热系数，ρ 为密度，c 为比热。有报道[8.33]称普通混凝土的热吸收率为 2190J/$m^2s^{1/2}$/℃（6.44Btu/ft^{2}h$^{1/2}$/℉）。对密度为 1450kg/m^3（90.5lb/ft^3）的轻质混凝土，热吸收率为 930J/$m^2s^{1/2}$/℃（2.73Btu/ft^{2}h$^{1/2}$/℉）。

8.6　热膨胀系数

同多数工程材料一样，混凝土也有一个正的热膨胀系数，它的数值大小取决于混凝土拌合物的组成成分和温度变化时的含水状态。

实际上混凝土配合比对热膨胀系数的影响源自其两个主要组成成分——硬化水泥浆体和骨料，这两者的热膨胀系数不一样，共同组合成混凝土的热膨胀系数。硬化水泥浆体的线性热膨胀系数为 $11\times10^{-6}/\text{℃}\sim20\times10^{-6}/\text{℃}$ [8.88]，高于骨料的热膨胀系数。一般来讲，我们把关于混凝土拌合物中骨料含量（表 8.3）和骨料热膨胀系数的函数作为混凝土的热膨胀系数。骨料热膨胀系数的影响可从图 8.11 中明显看出，表 8.4 给出了以不同骨料制成 1∶6 混凝土的热膨胀系数 [8.90]。在本书第 3.17 节已经讨论了骨料和硬化水泥浆体的热膨胀系数之间差异的重要性。在这里补充一下，当和其他作用结合时这种差异可能产生有害影响 [8.5] [8.34]。已有报道称热冲击会使混凝土表面和中心产生 50℃温差并导致开裂 [8.114]。

表 8.3 骨料含量对热膨胀系数的影响 [8.94]

水泥/砂子比	龄期 2 年时的热膨胀系数	
	$10^{-6}/\text{℃}$	$10^{-6}/\text{℉}$
水泥净浆	18.5	10.3
1∶1	13.5	7.5
1∶3	11.2	6.2
1∶6	10.1	5.6

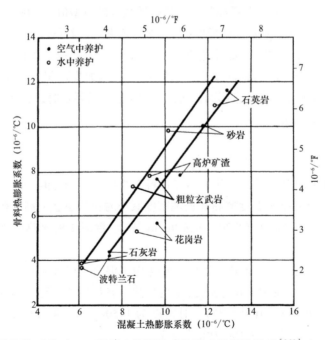

图 8.11 骨料热膨胀系数对 1∶6 混凝土热膨胀系数影响的线性关系 [8.90]（Crown copyright）

热膨胀系数由两部分组成：真实动力学系数和膨胀压力，所以混凝土的含水状态也影响热膨胀系数。膨胀压力源自硬化水泥浆体中水的毛细张力 [8.91]，且随温度升高毛细张力减小。 [8.40]

表 8.4 用不同骨料配制的 1:6 混凝土的热膨胀系数[8.90]（Crown copyright）

骨料种类	热膨胀系数					
	在空气中养护的混凝土		在水中养护的混凝土		在空气中湿养护的混凝土	
	$10^{-6}/℃$	$10^{-6}/℉$	$10^{-6}/℃$	$10^{-6}/℉$	$10^{-6}/℃$	$10^{-6}/℉$
砾石	13.1	7.3	12.2	6.8	11.7	6.5
花岗岩	9.5	5.3	8.6	4.8	7.7	4.3
石英岩	12.8	7.1	12.2	6.8	11.7	6.5
粗粒玄武岩	9.5	5.3	8.5	4.7	7.9	4.4
砂岩	11.7	6.5	10.1	5.6	8.6	4.8
石灰岩	7.4	4.1	6.1	3.4	5.9	3.3
波特兰石	7.4	4.1	6.1	3.4	6.5	3.6
高炉矿渣	10.6	5.9	9.2	5.1	8.8	4.9
膨胀矿渣	12.1	6.7	9.2	5.1	8.5	4.7

热膨胀系数受湿度影响的部分不包括自由水的流出或流进，两者分别对应混凝土的收缩和膨胀。因为与湿度相关的温度改变需要时间，所以只有当湿度达到平衡时才能测定热膨胀系数的相应部分。也有可能不发生膨胀，不过要在特定条件下，即水泥浆处于干燥状态时，毛细管不能为凝胶提供水分。同样地，当硬化水泥浆体处于饱和时没有毛细管半月板存在，因此也不会有温度变化影响。由此可得，在这两个极端条件下，热膨胀系数均低于浆体部分饱和时的热膨胀系数。当水泥浆体自干燥时，在温度变化后没有足够的水分使毛细管和凝胶孔之间发生自由的湿度变换，热膨胀系数会变高。

在给定凝胶含水量下，当饱和浆体被加热时，从凝胶向毛细孔的水分扩散部分会由凝胶体失水收缩而抵消，这将导致热膨胀系数变小[8.100]；相反，在饱和浆体冷却时，由于从毛细孔到凝胶的水分扩散有一部分会因凝胶吸水膨胀而抵消[8.100]。

图 8.12 中给出了热膨胀系数的一些实际值，可以看出，早期浆体在相对湿度为 70% 时热膨胀系数最大。热膨胀系数最大时对应的相对湿度会随龄期增长而降低，对龄期较长的水泥浆体，这个值会降低至 50%[8.88]（图 8.13）。同样的，因为硬化水泥浆体中结晶体数量增加降低了潜在的膨胀压力，所以热膨胀系数会随龄期增长降低。通过饱和混凝土试验，Wittmann 和 Lukas[8.107]证实了当温度高于冰点时热膨胀系数会随龄期增长降低。不过在高压蒸汽养护下水泥浆体不存在凝胶体，热膨胀系数也就没有这种变化（图 8.12）。只有在饱和或干燥试件上测得的数值才是"真正"的热膨胀系数，但在实际工程中大多数混凝土都使用中等相对湿度下的热膨胀系数。

水泥的化学成分和细度对热膨胀系数的影响仅限于早期对凝胶性能的影响。气孔的存在并不属于影响因素。

图 8.12 和图 8.13 指的是水泥净浆的影响情况，但这种影响在混凝土中也很明显。不过混凝土的热膨胀系数变化较小，因为只有其浆体部分受到相对湿度和龄期的影响。在室外环境

下测得混凝土的热膨胀系数已经证实了热膨胀系数会随混凝土中含水量不同而变化，且当混凝土干燥时数值较高（可能高出 $1\times10^{-6}/℃$）[8.39]。我们还发现，同样的混凝土，冬天和夏天的热膨胀系数也不同，分别为 $11\times10^{-6}/℃$ 和 $13\times10^{-6}/℃$[8.39]。

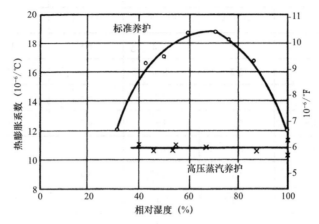

图 8.12　标准养护和高压蒸汽养护下环境相对湿度与水泥净浆热膨胀系数之间的关系[8.88]

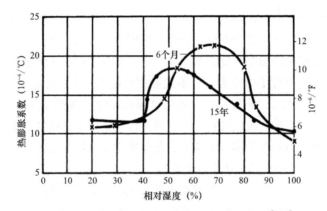

图 8.13　不同龄期水泥净浆的线热膨胀系数[8.88]

　　表 8.4 给出了 1∶6 混凝土在以下不同养护条件下的热膨胀系数：相对湿度为 64% 的空气中养护、饱和（水养护）以及空气养护后再湿养护等。ASTM C 531-00（2005）给出了烘干状态下抗化学侵蚀砂浆的测定方法，而测定饱和混凝土热膨胀系数的方法可查阅美国陆军工程师团标准 CRD-C 39-81[8.30]。

　　迄今为止以上所讨论的数据仅适用于冰点以上、65℃ 以下的温度环境。然而我们还应考虑更高温度的情况，在工业应用和飞机跑道处的混凝土温度有记录的可达 350℃[8.38]。在评价高温对混凝土热膨胀系数的影响前，需注意的是温度高于 150℃ 时水泥净浆的热膨胀系数会降低，当温度高于 200℃～500℃ 时变为负值，已有报道称可达 $-32\times10^{-6}/℃$[8.32]。只有温度缓慢升高时在较低温度下记录的热膨胀系数才发生变化[8.32]。其原因在于硬化水泥浆体中的水分散失以及可能由此导致的内部崩溃。但骨料的热膨胀系数在任何温度下均为正值，且这种效应主导了混凝土的热膨胀，因此混凝土热膨胀系数会随温度升高而变大。表 8.5 列出了在高温下的混凝土热膨胀系数[8.92]。

表 8.5 高温下混凝土的热膨胀系数[8.92]

养护条件	水灰比	水泥用量		骨料类型	线膨胀系数							
					20d				90d			
					260℃以下		430℃以下		260℃以下		430℃以下	
		kg/m³	lb/yd³		$10^{-6}/℃$	$10^{-6}/℉$	$10^{-6}/℃$	$10^{-6}/℉$	$10^{-6}/℃$	$10^{-6}/℉$	$10^{-6}/℃$	$10^{-6}/℉$
湿养护	0.4	435	735	石灰质砾石	7.6	4.2	20.3	11.3	6.5	3.6	11.2	6.2
	0.6	310	520		12.8	7.1	20.5	11.4	8.4	4.7	22.5	12.5
	0.8	245	415		11.0	6.1	21.1	11.7	16.7	9.3	32.8	18.2
相对湿度50%的空气中养护	0.4	435	735	石灰质砾石	7.7	4.3	18.9	10.5	12.2	6.8	20.7	11.5
	0.6	310	520		7.7	4.3	21.1	11.7	8.8	4.9	20.2	11.2
	0.8	245	415		9.6	5.3	20.7	11.5	11.7	6.5	21.6	12.0
湿空气	0.68	355	600	胀页岩	6.1	3.4	7.5	4.2	—	—	—	—
风干养护	0.68	355	600		4.7	2.6	9.7	5.4	5.0	2.8	8.8	4.9

在另一个极端，热膨胀系数在温度接近冰点时会达到一个最小正值，但在温度更低时，热膨胀系数又会变高，甚至高于室温下的热膨胀系数[8.107]。图 8.14 显示的是在饱和空气下测得的饱和硬化水泥浆体的热膨胀系数。将混凝土经初期养护后略微干燥，然后存放在相对湿度为 90% 的环境下并测试，可以消除低温下热膨胀系数的降低。

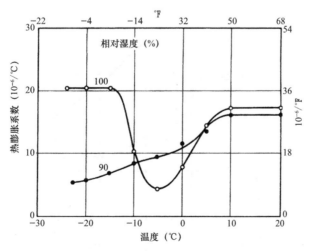

图 8.14 水灰比 0.40 龄期 55d 砂浆试件在不同相对湿度条件下温度与热膨胀系数之间的关系[8.107]

室内试验表明，热膨胀系数较高的混凝土抵抗温度变化的能力比热膨胀系数较低的混凝土更差[8.89]。图 8.15 中给出了混凝土在 4℃~60℃ 之间以每分钟 2.2℃ 的速率反复加热冷却的试验结果。但仅凭这些数据还不足以将热膨胀系数看作混凝土频繁承受快速温度变化的耐久性定量指标。

　　然而，通常情况下，若温度变化比正常条件下更快，可能导致混凝土性能下降：如图 8.16 所示，加热到指定温度后突然冷却对混凝土性能的影响[8.93]。

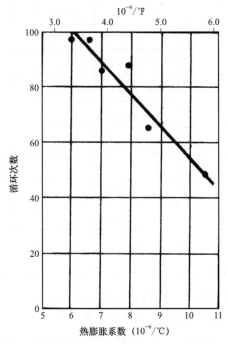

图 8.15　混凝土热膨胀系数和极限弯曲强度减少 75% 所需冷热循环次数之间的关系[8.89]

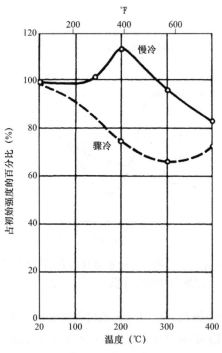

图 8.16　冷却速率对预先加热到不同温度的砂岩混凝土强度的影响[8.93]

8.7 高温下混凝土的强度和耐火性

有很多试验报道旨在确定暴露于高达约600℃高温环境对混凝土性能的影响，但它们的结论存在很大差异。造成这种情况的原因包括：在加热混凝土时作用的应力和湿度条件有所不同；混凝土在高温下暴露时间的长短不同；其骨料特性也不同。因此，想得到有效统一的结论很困难。此外，我们需掌握不同暴露条件下混凝土的强度。例如发生火灾时，混凝土暴露在高温下仅几个小时，其热流量就很大，所以大部分混凝土都会受到高温影响。相反，我们使用热喷枪切割混凝土时，混凝土暴露在高温下只有几秒钟，通过它的热流量就非常小。在下文会提到几组研究得到的试验数据，我们会根据前面所述来阐释。这种相反的现象是由于 CSH 凝胶和 C_2S 的分解[8.116]。

图8.17给出了石灰石骨料配制的混凝土暴露在高温下1～8个月抗压强度和劈拉强度变化规律。选用高200mm、直径100mm的圆柱体试件进行试验，先对其湿养护28d，然后存放在实验室中16周，最后将试件以每小时最高20℃的速率加热，在这种状态下，混凝土会发生水分流失。从图8.17中可看出，在混凝土暴露于高温之前其强度会随温度升高而逐步减小。相对于水灰比为0.45的混凝土，水灰比为0.6的混凝土抗压强度损失非常小，但这个趋势并不绝对。因为我们发现当混凝土的水灰比降至0.33时就不符合此趋势[8.42]。不过，普通混凝土的抗压强度相对损失比高强混凝土小[8.95]。

混凝土的水灰比对劈拉强度损失的影响并不明显，大概与抗压强度损失差不多[8.45]。进一步说，混凝土暴露时间的长短（1～8个月）对强度损失没有影响。同样，只用普通硅酸盐水泥制作的混凝土和掺加粉煤灰或粒化高炉矿渣的混凝土在相对强度损失方面也没有区别[8.45]。

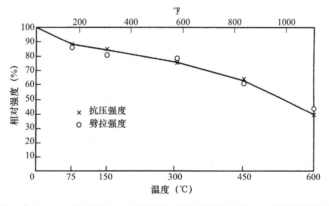

图8.17　高温暴露对水灰比0.45的混凝土抗压强度和劈拉强度的影响，用暴露前强度的百分比表示[8.45]

这些研究者的进一步试验[8.42]表明，当混凝土暴露温度上升至150℃或更高，这个过程从2～120d，抗压强度损失会随之增加。不过，强度损失大部分在早期完成[8.42]。玄武岩骨料混凝土试验[8.44]表明，强度损失的主要部分发生在温度上升的最初2h内。值得注意的是，混凝土的暴露温度与其内部温度不一定相同，所以还需再次强调试验方法的细节会影响最后的结果，但在相关文献的描述中并没有充分认识这些试验细节。如表8.6所示，所有这些因素导致强度随温度变化的损失范围很大。

表 8.6　不同温度下的混凝土抗压强度占室温下 28d 强度的百分比[8.44]

最高温度（℃）	20	200	400	600	800
残余强度（%）	100	50~92	45~83	38~69	20~36

与普通混凝土相比，轻骨料混凝土的抗压强度损失低得多：有报道称轻骨料混凝土暴露在 600℃高温后，其残余强度至少保留 50%[8.112]。

高强混凝土（89MPa）试验[8.48]发现，其相对强度损失比普通混凝土更高。更重要的是含硅粉的高性能混凝土会在高温发生爆裂现象。Hertz[8.47]首先发现这个现象，他在试验中以一个相对较慢的速率即每小时 60℃加热混凝土，这比火灾中的温度上升速率要低得多，当混凝土温度超过约 300℃时可观察到此现象。爆裂现象已经通过含硅粉、水灰比为 0.26 的混凝土试验证实了[8.43]，这似乎令人感到意外，因为混凝土含水量很少，但从另一方面看，他的渗透系数极低。

通常来说，混凝土渗透系数越低，温度上升速率越快时爆裂风险越高。有相关研究表明饱和混凝土在高温下的强度损失比干燥混凝土高，造成这种差异的原因是抗压强度试验施加荷载时含水量不同[8.101]。

混凝土的含水量对强度的影响在火灾试验中也很明显，火灾中过多的水是导致混凝土爆裂的根本原因。一般来说，混凝土含水量是决定其高温结构特性最重要的因素[8.111]。在大体积混凝土构件中，水分迁移非常缓慢，阻止了高温条件下的水分流失，这使其受高温的影响比薄壁构件更严重。我们可在拌合物中加入聚丙烯纤维以削弱这种影响。

当温度升高至约 400℃时，混凝土内部的 $Ca(OH)_2$ 会分解，干燥后形成石灰，然后我们在混凝土中加入水，石灰会与水发生具有破坏性的二次水化反应，因此混凝土在火灾后破坏[8.7]。从这个角度来看，在混凝土拌合物中掺加火山灰与 $Ca(OH)_2$ 反应是有益的。

虽然混凝土的总体特性可能掩盖硬化水泥浆体小试件的某些变化，研究混凝土特性仍具有实际意义。我们将水灰比为 0.33 的水泥浆体试件湿养护 14 周，然后在加热的同时进行抗压强度试验，结果表明在 120℃内，强度会随温度升高逐步降低。如果继续升高温度，可以发现混凝土强度与未加热时大致相等，这一强度可保持至 300℃[8.46]。然而一旦超过这个温度，就会出现严重的持续的强度损失。Dias 等[8.46]认为混凝土在 120℃~300℃时强度没有削弱是因为分离压力的消失（见第 1.10 节）和凝胶体密实化。不过在混凝土中这种变化将被限制，因为很难有效烘干混凝土。

8.7.1　高温下的弹性模量

混凝土结构特性多数由其弹性模量决定，而温度对弹性模量的影响较大。图 8.18 给出了温度对弹性模量的影响情况。对于大体积混凝土，在 21℃~96℃[8.102]的温度范围内弹性模量并无区别，但当温度超过 121℃时弹性模量开始降低[8.56]。然而对普通混凝土来说，当水从中排出时，在 50℃~800℃之间弹性模量就会持续降低（图 8.18）[8.43][8.104]；黏结松弛可能是其原因之一。弹性模量降低程度取决于所用骨料，但我们很难将其总结概括。从广义上讲，强度和弹性模量随温度变化的趋势相同。

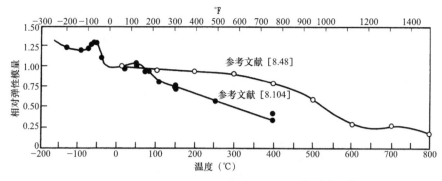

图 8.18　温度对混凝土弹性模量的影响[8.48] [8.104]

8.7.2　火灾中混凝土的性能

虽然混凝土有些情况会涉及火，但关于其耐火性的研究却超出了本书范围，因为耐火能力实际上适用于建筑构件而不是建筑材料。不过，一般情况下我们认为混凝土具有较好的耐火性，也就是说混凝土是不可燃的，即在火灾下混凝土保持工作性能的时间令人满意，且没有有毒气体排放。相关的性能衡量标准是：承载能力、抗火焰穿透性以及当混凝土用作钢材保护材料时的抗热传导性。关于混凝土的耐火性已由 Smith[8.6] 作了总结回顾。

实际上，我们对建筑结构上的混凝土要求是使结构功能保持稳定超过期望时间（可称为耐火等级）。它与混凝土的耐热性有区别[8.78]。从材料性能的角度考虑混凝土的耐火性，我们应注意火会引起较高的温度梯度，因此混凝土的热表面可能与内部较冷的混凝土分离和剥落。裂缝常形成于接缝处、不密实的混凝土中或钢筋所在平面内；一旦钢筋暴露在外，它的高导热性会加速高温作用。

骨料类型不同会影响混凝土在高温下的反应。当骨料中不含硅质矿物时（有些矿物结构会发生形式变化）混凝土的强度损失很低，例如，骨料中含有石灰石和碱性火成岩，特别是存在碎砖和高炉矿渣时。混凝土的导热系数越低耐火性越高，例如轻质混凝土的耐火性比普通混凝土好。

有趣的是，我们注意到使用白云质砾石骨料的混凝土可以得到很好的耐火性。其原因是硅酸盐骨料煅烧时会吸热[8.103]，因此煅烧过程中热量被吸收从而延迟了温度升高。同时由于白云质砾石骨料密度较低，其表面隔热性很好。对较厚的构件该性能更显著。另外，如果骨料中含有黄铁矿，在温度为 150℃ 时混凝土会发生缓慢的氧化反应引起骨料分解，最终导致使混凝土破坏[8.42]。

Abrams[8.108] 证实，在温度高于 430℃ 时，与石灰石骨料或轻骨料混凝土相比硅质骨料混凝土的强度损失比例更大，但一旦温度达到 800℃，两者间的差异就消失了（图 8.19）。事实上，我们把 600℃ 作为普通硅酸盐水泥混凝土保证结构完整性的极限温度，在更高的温度时就必须使用耐火混凝土（见第 2.16.6 节）。相应的温度为混凝土的自身温度而不是火焰或气体的温度。Sullivan 试验[8.117] 表明爆炸剥落的发生（尤其指水灰比为 0.35 的混凝土）是因为混凝土表面渗透率太低。

我们发现对于任何骨料来说，强度损失百分率与初始强度等级无关，但加热和加载的顺序对残余强度有影响。特别是负荷状态下加热混凝土残余强度保留比例最高，而加热未负荷的试件，则会使混凝土冷却后的残余强度比例最低。当混凝土仍在受热时加载得到的残余强度为中间值。图 8.20 给出了典型结果（也可参考图 2.9）。

在火中加水相当于淬火：这将导致混凝土强度大幅降低，因为混凝土中会形成严重的温度梯度。

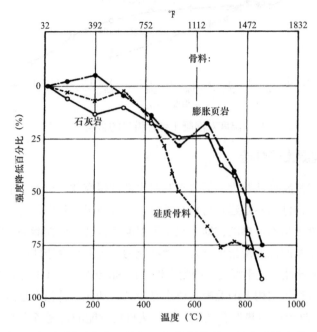

图 8.19 初始强度为 28MPa，未施加荷载，且在受热条件下测试的受热混凝土抗压强度的降低值[8.108]

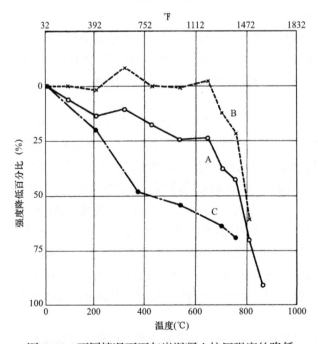

图 8.20 不同情况下石灰岩混凝土抗压强度的降低

（A）未施加荷载条件下加热并在受热时测试；（B）在初始应力 / 强度比为 0.4 时加热并在受热时测试；

（C）未施加荷载条件下加热，在 21℃下放置 7d 后测试[8.108]

使用硅质骨料或石灰石骨料配制的混凝土会随着温度升高呈现不同的颜色。因为这一变化取决于铁的某些化合物存在量，所以不同混凝土间的颜色变化有所差异。颜色的改变是永久的，因此可以根据火灾后混凝土的颜色来估计火灾时的最高温度。颜色随温度改变顺序大致如下：300℃～600℃之间为粉红或红色，900℃左右为灰色，900℃以上为浅黄色[8.93]。据此可大致判断混凝土的残余强度：一般情况下，深红色的混凝土强度值得怀疑，深灰色的混凝土可能变得脆且多孔。[8.1]

已经有学者尝试采用测量热发光减少的方法来确定火灾中混凝土能达到的最高温度。所得到的光信号是温度的函数。但是发出的光会受混凝土在高温下暴露时间长短的影响，因此我们可能严重低估了混凝土在火中暴露一段时间后的强度降低[8.41]。

经研究我们选择在一个小区域内施加非常高的温度以用于清除混凝土表面杂物。若保持火焰喷管以规定的速度移动来去除1～2mm表面的混凝土，并不会对混凝土的性能造成损害[8.109]。在这种情况下，即使火焰温度约为3100℃，混凝土的最高温度也不会超过200℃。

8.8　极低温度下混凝土的强度

在本书第6.10节已经讨论了在−11℃以上时混凝土的强度发展，这个温度是混凝土发生水化反应并获得强度的最低温度。然而工程上的实际情况是混凝土先在室温下硬化然后暴露在低温条件下；例如液化气罐中的天然气，其沸点为−162℃。下面我们来讨论极低温度对混凝土的影响。

当温度范围从冰点降至−200℃时，混凝土的强度明显比室温条件下高。当混凝土处于潮湿状态下冷却时，其抗压强度可能是室温下的2～3倍，不过对风干混凝土的抗压强度提升非常有限。

潮湿和干燥混凝土强度增长的差异与硬化水泥浆体中冰的形成有关。凝胶孔的孔径越小则凝胶水的冰点越低，因此当温度到达−80℃～−95℃时全部的吸附水才会冻结。不过冰与水不同，冰取代孔隙中的水并能承压，所以冰冻混凝土的有效孔隙率极低，强度也高。冰的强度和线膨胀系数会随温度变化，因此水化水泥浆体的强度和线膨胀系数的变化也变得很复杂。

如果混凝土没有暴露在低温下，其中的孔隙还没有被填充，那么其强度的增长就很小。

图8.21给出了潮湿和风干轻骨料混凝土的抗压强度与温度的关系，相应的劈拉强度可见图8.22。从图中可以看到劈拉强度的增长主要发生在−7℃～−87℃。并且风干混凝土劈拉强度的相对增长比抗压强度小。通过分析图8.21和图8.22中的数据可知，轻骨料混凝土在低温下也具有良好的隔热性。不过，普通混凝土在低温下的强度增长高于轻骨料混凝土。

混凝土抗压强度随含水量增加而提高模式与水灰比无关；图8.23显示了混凝土在−160℃下的这种关系[8.50]。相似的性能在常温下具有80MPa强度的混凝土中也可以观察到[8.51]。

图8.21表明，当温度降至−120℃以下时，抗压强度几乎没有增长，即使有也是稍微增长。其原因是在此温度范围内冰的结构发生了变化。特别是在−113℃时冰从六边形结构转变为斜方晶体结构；伴随这一变化冰的体积减小约20%。Miura[8.50]开展了混凝土应变发展模式与温度降低的关系和循环温度下混凝土性能的广泛研究。还需注意的是应考虑温度梯度和温度循环对结构设计的影响。

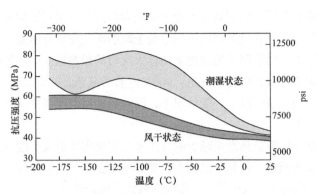

图 8.21   极低温度对混凝土抗压强度的影响（标注圆柱体试件测试）[8.49]

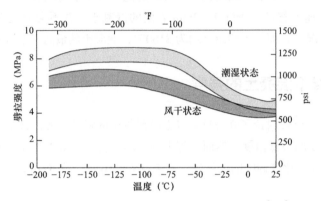

图 8.22   极低温度对混凝土劈拉强度的影响[8.49]

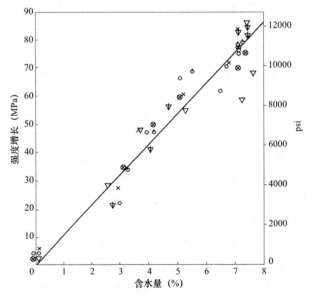

图 8.23   水灰比为 0.45 和 0.55 的混凝土在 −160℃下比室温条件下抗压强度
增长值与含水量之间的关系[8.51]

潮湿混凝土的弹性模量在温度降至 −190℃的过程中稳定增长，最终的弹性模量为室温下的 1.75 倍；对于风干混凝土，相应温度下的弹性模量约为室温下的 1.65 倍[8.49]。

8.9 大体积混凝土

在过去，我们用术语"大体积混凝土"专指尺寸很大的混凝土，如重力坝等。但现在，从技术层面上讲，大体积混凝土适用于任何尺寸的混凝土构件，只要该构件若不采取合适的措施就可能因热学特性导致开裂，就可以称为大体积混凝土。因此，识别大体积混凝土的关键特征是其热学性能，对这类混凝土的设计目标是避免裂缝产生或者减小和控制裂缝的宽度和间距。

回顾第1章讲到水泥水化反应放热会导致混凝土温度升高。如果保证一个给定的混凝土构件内部温度均匀上升且不受外界约束，则构件在达到最高温度前会一直膨胀；此后，随着热量散失到周围环境中，混凝土开始冷却并发生均匀收缩。因此构件中不会产生热应力。然而实际上，除了非常小的构件，几乎所有混凝土构件中都存在约束。我们将约束分为两大类：内部约束和外部约束。

混凝土内部约束产生的原因如下：当混凝土表面向周围散失热量时，构件表面温度降低从而与较高温度的中心之间产生温差，但由于混凝土导热系数较低，热量不能及时从内向外扩散，即产生内部约束。这样就导致了混凝土不同部位的自由热膨胀不一样。当自由膨胀受到约束时就会产生应力，从而使构件一部分受压另一部分受拉。如果由于构件中心膨胀产生的表面拉应力超过混凝土抗拉强度，或拉应变超过极限值（见第6.7.2节），混凝土表面就会开裂。

徐变会使实际情况变得复杂，早期混凝土具有很大的徐变可以缓解中心膨胀引起的一部分压应力，因此温度的变化也是影响因素之一；我们会在第9章讨论这一特性。

当混凝土处于一个表面温度非常低的地方会产生内部约束，例如寒冷的地面或寒冷天气下不保温的模板上。在这种情况下，构件不同部分的温度也不同。随后，混凝土构件中心温度不断降低，引起的热收缩会受到构件已经冷却部分的限制，因而促使内部裂缝产生。

当混凝土温度变化超过20℃就会产生裂缝，如图8.24和图8.25所示为温度变化的实例。这是FitzGibbon[8.65][8.66]提出的温差限制。当温差为20℃时，设混凝土的线膨胀系数为$10\times10^{-6}℃^{-1}$（表8.4），则温差引起的应变为200×10^{-6}。这是对开裂时拉应变的实际估算（见第6.7.2节），我们引用了下面的实例来证明。

对于一个采用I型水泥，水泥用量为500kg/m³，硅粉用量为30kg/m³，边长为1.1m的钢筋混凝土方柱，在浇筑30h后温度比周围环境温度高45℃[8.52]。

相似的温度升高也可能发生在最小边长为0.5m的结构上。很明显，为了避免混凝土表面冷却过快，我们应控制模板的隔热性能和拆模时间。

前面的讨论已经表明，混凝土构件温差产生的主要原因是水泥水化放热，这点我们已在第1.10节讨论过，还涉及不同水泥的单位质量水化热。因而可以选用含有发热速度较低的化学成分的硅酸盐水泥。不过对复合水泥水化热的估算会更加复杂。此外从温差发展的角度看，温差产生不仅与水化放热总量有关，也与放热速度有关。还需注意的是水泥的细度越高则水化反应越快，所以应尽量避免使用较高比表面积的水泥。

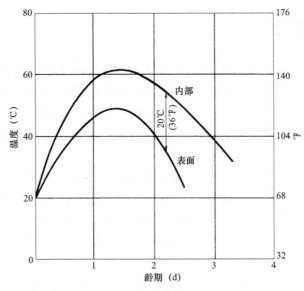

图 8.24 大体积混凝土外部开裂的典型温度变化实例。冷却期间临界温度为 20℃ [8.66]

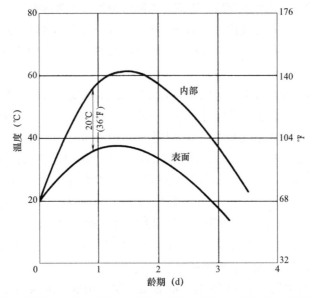

图 8.25 大体积混凝土内部开裂的典型温度变化实例。发热过程中临界温差为 20℃，
但裂缝只在内部经过一个大于外部温度变化范围的冷却期间才出现 [8.66]

　　然而，选用不同的水泥不能完全解决问题，因为单位混凝土的放热总量取决于单位水泥
用量。因此，根本的方法是降低水泥用量或者使用复合水泥，因为硅酸盐水泥早期就会水化
放热，而火山灰发生化学反应就很慢。由此得出结论，我们应尽可能降低水泥用量并采用高
含量火山灰的复合水泥，就可以最大化降低最高温升并延迟最高温度出现的时间。这有助于
提高混凝土的抗拉强度且不易开裂。

　　对任何水泥，都符合温度越高其水化反应越快的规律，因此为了降低水泥放热速率，可
以预冷新拌混凝土使其温度低于周围环境温度（见第 8.10 节）并在低温下浇筑；另外还可以

降低混凝土最高温度与最终环境温度的温差。

在给定和易性的条件下，大体积素混凝土结构可以选用最大粒径为75mm甚至150mm的骨料，这样可以减少混凝土拌合物的用水量。因此在水灰比一定时可以减少水泥用量。大体积混凝土结构的水灰比可以较高（至0.75），如重力坝类的结构，强度并不重要，最重要的是防止开裂和保证耐久性。在任何情况下，混凝土的强度都与龄期长短有关。我们已经采用水泥用量为109kg/m³，用水量48kg/m³，火山灰含量为67%的复合水泥配制成坍落度为40mm的混凝土，圆柱体试件28d强度为14MPa[8.67]。值得注意的是，采用极低水泥用量不仅能够节省水泥还可以省去用于补偿水泥水化产生的不利影响而必须采取的其他措施，如为了现场冷却混凝土而预埋水管并通循环冷却水[8.67]。

我们已经开始使用水泥用量仅为66kg/m³，其中还含有30%粉煤灰的碾压混凝土材料浇筑大坝[8.54]。但关于这种特殊材料及其相关技术超出了本书范围。

我们现在来考虑钢筋混凝土：它对混凝土的28d强度要求较高，且不太可能采用较大粒径的骨料，因为钢筋间距较小或获得较大粒径的骨料不太经济。同时，也不允许在钢筋混凝土中预埋水管。不过，同素混凝土的关键问题一样，如果混凝土表面的热量散失过大，大体积混凝土内部的温升就会超过外部。当这个温差足够大时便会产生裂缝。不过我们可通过合理配筋来控制裂缝的宽度和间距。Fitz Gibbon[8.65][8.66]估计，当水泥用量在300~600kg/m³之间时，不论使用什么类型的水泥，每立方米混凝土中每100kg水泥温升为12℃。

问题的解决办法不是限制混凝土内部的温升，而是防止表面的热量散失。因此保证整个混凝土内外温度相差不多，膨胀就不会受到约束；在冷却时仍然保证温度一致，建筑物在达到最终尺寸的过程中就没有约束影响。为了防止大量热量散失，我们应采用聚苯乙烯或氨基甲酸乙酯材料在模板和建筑物顶面隔热；此外也必须在建筑物有多个方向热量散失的边角部位和其他结构敏感部位采取隔热措施。

在实践中，我们应通过热电偶对混凝土各点温度进行监测，然后对隔热措施进行适当调整。隔热措施必须控制由蒸发、传导和辐射引起的热量散失。防止蒸发可以使用塑料膜或养护剂，不允许洒水或蓄水养护以避免出现冷却效应。使用最广泛的是塑料涂层，软质纤维板也常被采用。应当保持隔热直到温差减小到10℃。

为了浇筑的整体大体积结构没有冷缝，还需要采取些其他特殊措施。一种措施是采用缓凝剂使混凝土较低部位在浇筑完成前保持塑性，大约需12h；同时也对泌水进行控制。到目前为止最大连续浇筑记录之一是1d之内浇筑了12000m³的钢筋混凝土基础[8.53]。

应当指出对采用热学性能不同的混凝土浇筑时应小心养护以便形成一个整体结构。举个例子，高速公路路面板应浇筑成两层（方便钢筋插入伸缩缝），每层的混凝土都包含不同的复合水泥[8.2]。

在钢筋混凝土构件中热运动受到约束会引起开裂，即便构件很薄也如此。有这么一种情况，在现有基础上浇筑墙体，基础就会对墙体混凝土引起的温升形成限制：从基础向上会产生垂直裂缝，贯穿整个墙厚并延长相当长的距离。为了避免裂缝产生可以加强结构细部设计，不过还必须掌握混凝土的热学性能，这样可以降低该问题的影响程度。

前面关于大体积混凝土温升的广泛讨论已经表明温度取决于混凝土构件的位置，也取决于混凝土的龄期和隔热措施。我们可通过温度匹配养护来获得特定状态下的混凝土性能。这种技术是将混凝土试件放在水槽中养护，通过在混凝土特定位置嵌入电热传感器控制水槽温度；试件与水是隔离的。混凝土通过温度匹配养护最有利于强度和徐变。对强度的了解可以用来确定何时拆除模板和施加预应力。掌握徐变则有助于结构设计。

通过测定大体积混凝土内部不同部位的温度可以用来调整隔热措施，从而最小化其内部的温度梯度。

在建造高层结构及塔楼等建筑物时，需要连续浇筑特殊混凝土。在施工的同时模板也随之不断滑升，或几天或几周，称为滑模施工[8.115]。通过水平滑模施工可控制建筑物边缘不易受损。

8.10　炎热天气下的混凝土浇筑

在炎热天气下浇筑混凝土会遇到一些特殊问题，一是因为混凝土温度较高，二是由很多情况下新拌混凝土的蒸发速度增加引起。而混凝土的拌合、浇筑和养护都与此有关。

炎热天气下浇筑混凝土并不少见而需要专门处理，为了最小化或控制周围环境高温、混凝土高温、低相对湿度、高风速以及高太阳辐射的影响应采取一些特定措施。对存在上述条件中的一个或多个的工程需制定合理的施工工艺和程序并严格遵守；保证一致性十分重要，而脱离已确立的规范会带来必要麻烦。

如同 ASTM C 403-08 中的定义，较高的温度会加速混凝土的凝结。1:2 灰砂比的水泥砂浆试验[8.3]表明当温度从 28℃提高到 46℃时初凝时间大约减半。当水灰比为 0.4～0.6 时效果差不多，但实际上水灰比越低，凝结时间越短[8.3]。

较高的环境温度对用水量需求加大并且会提高新拌混凝土的温度，这将加快混凝土坍落度损失和水化反应，从而导致混凝土凝结加速和长期强度降低。此外，快速蒸发可能引起塑性收缩和开裂，随后硬化混凝土冷却就会产生拉应力。一般认为塑性收缩裂缝会在水分蒸发速率大于泌水上升到表面的速率时出现，不过我们在一层水下面也观察到裂缝产生，干燥时这种现象很明显[8.61]。每小时的水分蒸发速率超过 1.0kg/m² 时裂缝容易产生[8.14]。

塑性收缩裂缝可能非常深，宽度介于 0.1～3mm 之间，可能很短，也可能长达 1m[8.62]。裂缝一旦出现就难以永久闭合[8.14]。环境相对湿度下降也会促使此类裂缝产生[8.9]。因此裂缝产生的原因十分复杂。根据规范 ACI 305R-91[8.14]下列温度和相对湿度共同作用下，塑性裂缝产生的概率一样：

41℃和相对湿度 90%；

35℃和相对湿度 70%；

24℃和相对湿度 30%。

风速超过 4.5m/s 时会加剧恶化[8.14]；可以采用挡风板和遮阳板来减轻[8.20]。

在新拌混凝土表面还有另一种类型的裂缝，是由新拌混凝土不均匀沉降造成的，因为沉降受到如大颗粒骨料或钢筋等的阻碍。通过使用干拌混合物、较好的压实，或减缓混凝土浇筑速率等方法可避免塑性沉降裂缝。在常温下也可能产生塑性沉降裂缝，但在炎热天气下有时很容易混淆塑性裂缝和塑性沉降裂缝。

在炎热天气下浇筑混凝土会出现一些更复杂的情况：引气会更加困难，即便可以通过更多的引气剂来弥补。一个相关的问题是，如果在较高温度下浇筑冷混凝土会引起膨胀，则内部气孔也会膨胀从而降低强度。例如，浇筑水平板材将发生这种情况，而浇筑垂直板材就不会，因为膨胀被钢模板阻止了[8.64]。

现在我们来讨论如何避免或降低炎热天气的不良影响。过去通常会限制浇筑时的最高气温，不过此方法在高温国家很难实现。在潮湿环境和侵蚀环境中对混凝土浇筑温度的限制为30℃。目前英国处理炎热天气下浇筑混凝土的标准是 BS 8500-1：2006。如果条件允许，应尽可能在一天中最冷的时候浇筑混凝土，最好浇筑后的温度会随混凝土凝结时间逐渐升高，即最好在午夜后或清晨前几个小时内浇筑混凝土。有必要补充的是应在准备浇筑的温度下进行混凝土试拌试验，而不是在其他温度如 20℃～25℃ 的试验室温度。

有许多预防措施可供选择。首先，水泥用量尽可能低以减轻水化热加剧高环境温度的影响。新拌混凝土的温度也可用预冷拌合物中的一种或多种成分来降低。最好将混凝土浇筑温度降至 10℃，虽然这很难实现。

通过各成分的温度很容易计算得到新拌混凝土的温度 T，公式如下：

$$T=\frac{0.22(T_aW_a+T_cW_c)+T_wW_w}{0.22(W_a+W_c)+W_w}$$

式中，T 表示温度（℃）；W 代表单位体积混凝土各成分的质量；下标 a，c，w 分别指骨料、水泥和水（包括外加剂和骨料中的水）；系数 0.22 表示干燥成分比热与水的比热之间的近似比值。上述公式同时适用于 SI（国际单位制）和英制单位。应当指出的是，在夜间骨料和水的冷却速度没有空气快，因此它们的温度与气温会有差异。

实际温度一般稍高于上述公式计算出的结果，因为拌合过程中的机械会做功发热，这个差距会因水泥湿润和水化热的增长进一步增大，这也有周围空气和模板传热的缘故。顺便提一句，在混凝土浇筑前应冷却模板。为了获得更好的效果，我们假定拌合物的水灰比为 0.5，骨料／水泥比为 5.6，通过降低水泥温度 9℃，或水温 3.6℃，或骨料温度 1.6℃ 即可降低新拌混凝土温度 1℃。从中可以看到水泥温度并不重要，因为拌合物中的水泥用量相对较小。

热水泥本身的使用对强度没有损伤，不过热水泥的温度最好不超过 75℃。这点需要关注，因为我们有时对热水泥持怀疑态度并将多方面的不利影响归结于热水泥的使用。然而，如果提前用少量水湿润热水泥再与其他固体材料均匀拌合，就会快速凝结形成水泥球。

工程中有很多方法可以冷却骨料和拌合水。粗骨料可用喷射冷水或浸泡的方法冷却。另一种方法是吹入冷空气蒸发冷却，使用潮湿骨料会得到更好的冷却效果。细骨料也可用冷空气冷却，科研人员也曾试过液氮冷却[8.19]的方法，但必须保证细骨料表面干燥。另外我们还尝试用熔点为 -78℃ 的液态二氧化碳（干冰）预冷密封搅拌机中的骨料[8.15]。

拌合水可以用冷水替换，也可以掺加碎冰代替一部分水。1kg 冰在 0℃ 融化时可吸收 334kJ 的热量，要比 1kg 水冷却 20℃ 放出的热量大 4 倍，可见加冰拌合是一种高效冷却方法。在拌合结束前，冰必须完全融化。液氮也可用来将水冷却至 1℃，它在 -196℃ 蒸发时可吸收 240kJ/kg 的热量，可以将液氮在拌合物卸出之前直接注入固定式搅拌机或者混凝土搅拌车。但采用液氮以及必要的设备成本很高。以混凝土降低 1℃ 所需的成本为基准，采用蒸汽泵冷却水的方法最为经济[8.13]，不过这种方法仅适用于固定的混凝土搅拌设备。规范 ACI 207.4R-93[8.4]

中记述了全面的冷却技术。规范 ACI 305R-91[8.14]中建议采取隔热措施以及将存储各种原材料的设备漆成白色，同时还包含对混凝土拌合与运输方面的建议。

混凝土浇筑后应采取保护措施避免日晒；否则，如果紧接着的夜晚温度很低混凝土就很容易开裂，开裂的程度与温差有直接关系。在干燥天气用水浸湿混凝土使其蒸发可以快速降低混凝土温度；采用薄膜养护时水分不能蒸发出去，也就意味着没有这种冷却效果，混凝土的温度会较高。在道路和机场等有大面积暴露的地区混凝土浇筑后很脆弱。

与较低温度下不同，高温下水泥的水化程度很快就能达到较高水平，因此炎热气候下缩短养护时间可能比较合适。这里强调的"合适"是因为高温也会促进混凝土快速干燥，正如前文提到的[8.60]。

炎热天气下的混凝土浇筑最值得注意的是炎热条件和干燥条件。我们对炎热和持续潮湿气候下浇筑的混凝土性能还没有有效的概括，经过详细调查[8.22]得到了差异很大的数据。可以确定的是，如果混凝土早期没有处于干燥环境中就与进行了湿养护时相当，这有利于强度的逐步增长和降低干缩。不过早期高温对混凝土长期强度有不利影响，也有可能导致塑性收缩裂缝，这一点取决于混凝土的泌水特性以及所处的风环境。

其他研究[8.21][8.59]也表明，早期高温对混凝土长期强度的不利影响比缺乏湿养护小。将上述观察得到的经验付诸实践需十分谨慎：尽管湿养护十分重要，但早期高温的不利影响也不能忽视。

8.11 寒冷天气下的混凝土浇筑

在讨论混凝土实际浇筑前，我们应考虑新拌混凝土受冰冻作用的影响；在第 11 章将研究硬化混凝土耐久性经受冻融循环作用的情况。

在第 6 章已经讲过即使温度降至 −10℃水泥水化反应也会发生。因此有一个理性的问题是：研究水的冰点温度意义是什么？如果混凝土没有凝结前就被冻结，则冰冻的作用和饱和土膨胀情形相似：即拌合水的冻结会增加混凝土总体积。此外，因为缺乏水参与水化反应，混凝土的凝结硬化将会被推迟。通过后续观察发现，如果混凝土在浇筑后就立刻被冻结，凝结就不会发生，水泥浆体也不会因冰冻而破裂。若低温持续不变，则凝结过程也会一直被中断。低温阶段过后混凝土开始融化时必须重新振捣，这样凝结硬化才不会造成强度损失。不过，由于拌合水在冻结时膨胀，若不重新振捣将会使混凝土凝结时伴随大量孔隙产生，因而混凝土的强度降低。虽然在融化之后重新振捣仍可得到符合要求的混凝土，但只有在不得已时才推荐使用该方法。

如果冻结发生在混凝土凝结后但未达到要求强度时，则与结冰相关的膨胀会导致混凝土破裂并对强度造成不可弥补的损失。不过，如果混凝土已达到足够的强度，就可以抵抗冻结温度而免于损坏，因为混凝土已经具有较高的强度，能更好地抵抗冰压力，还因为很大部分拌合水已与水泥结合或处于小孔隙中，所以不会结冰。然而，我们很难确定何时出现这种情况，因为水泥的凝结和硬化取决于实际冰冻出现之前那段时期的温度。根据规范 ACI 306R-88[8.55]，当混凝土的抗压强度达到约 3.5MPa 时，在不提供外部水供给混凝土的情况下，混凝土的饱和度低于临界值。在此阶段，混凝土可以承受一个冻融循环而不受损坏。在其他一些国家建议采用更高强度的混凝土，但现在还没有可靠的强度数据证明多高强度的混凝土能够成功抵抗 0℃以下的温度。

通常来说，水泥水化程度和混凝土的强度越高，则抵抗冰冻的能力越强。这种能力通过混凝土在不同温度下养护承受冰冻不致损坏的最小龄期衡量。表 8.7 给出了典型值（不同来源的数据平均值[8.105][8.106]）。图 8.26 给出了冰冻刚开始时龄期对混凝土的影响：混凝土硬化24h 时其膨胀值的降低非常明显，因此在此期间防止混凝土受冻结十分重要。

表 8.7 混凝土暴露于冰冻条件下不会损坏的龄期

水泥品种	水灰比	不同养护温度下（h）			
		5℃（41 ℉）	10℃（50 ℉）	15℃（59 ℉）	20℃（68 ℉）
普通硅酸盐水泥	0.4	35	25	15	12
	0.5	50	35	25	17
	0.6	70	45	35	25
快硬硅酸盐水泥	0.4	20	15	10	7
	0.5	30	20	15	10
	0.6	40	30	20	15

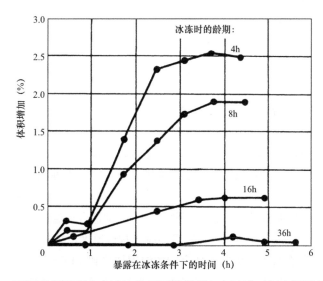

图 8.26 不同龄期混凝土在冰冻作用下体积增加与冰冻时间之间的关系[8.68]

混凝土的抗冻性还取决于第一次冻融循环时混凝土的龄期，但这类型的暴露比持续冻结而没有融化期的情况更恶劣，即使是在 20℃下养护 24h 的混凝土[8.68]。应当指出的是，早龄期的混凝土抗冻性和经受多次冻融循环的成熟混凝土的耐久性之间没有直接关系[8.69]，我们将在第 11 章中讨论这一观点。在第 11 章表 11.2 中显示了龄期超过 1d 的混凝土受到第一次冰冻时膨胀没有发生：这种现象支持了规范 ACI 306R-88 中的观点，大部分配合比合适的混凝土在 10℃下养护 2d 可达到 3.5MPa 的强度，即可承受一次冻融循环[8.55]。

8.11.1 浇筑施工

当温度持续低于0℃时，无可争议的是天气很冷。当昼夜温差变化很大时，情况就不太明朗。为了方便，我们采用规范 ACI 306R-88[8.55]中对寒冷天气的定义，即寒冷天气必须具备两个条件：一是连续3天最高和最低气温的平均值不高于5℃；二是气温至少有12h或任意24h内不高于10℃。

在这种情况下，我们不应浇筑普通混凝土，除非混凝土满足以下条件：对于混凝土薄壁构件（300mm），温度不低于13℃时可以浇筑；同样温度不低于5℃时才能浇筑最小尺寸为1.8m的混凝土构件[8.55]。轻骨料混凝土的导热系数较低，所以与普通混凝土相比浇筑时可适当降低温度，轻骨料混凝土的比热较低，因此水泥水化热一定时要比普通混凝土具有更好的保热性以避免冻结。

为了保证在寒冷天气下混凝土浇筑顺利进行，我们可采用快硬水泥和低水灰比的富拌合物，以及使用水化放热速率快的水泥，即具有较高 C_3S 和 C_3A 含量的水泥。速凝剂也适用于这种情况，但混凝土中有钢筋存在时应禁止使用氯化物。

为了获得前面要求的最低温度，在骨料、水和空气温度较低时，可以采用加热的方法。水比较容易加热，为了避免水泥发生闪凝，水温不宜超过60℃～80℃；闪凝发生的可能性取决于水和水泥的温差。防止水泥和热水直接接触非常重要，为此向搅拌机投放拌合物各成分的顺序必须要合理安排。

如果仅加热水不能满足混凝土温度提升要求，还可以加热骨料。最好的加热方法是使用管道蒸汽而不是直接覆盖蒸汽，因为后者会导致骨料含水量变化。加热骨料时温度最好不超过52℃[8.63]。另外非常重要的一点是骨料中不能含冰，因为冰融化时会吸收大量热能从而显著降低混凝土的温度。

必须严格控制混凝拌合物各成分的温度，并且预先计算混凝土成型后的温度（见第8.10节）。在计算时需包括混凝土运输过程中的热损失，这样做的目的是确保混凝土温度足够高以避免过早冰冻，同时也确保混凝土凝结时温度不会太高，否则会不利于混凝土的强度发展（见第8.1节）。此外，过高的温度会降低新拌混凝土的工作性质，并可能引起较大的热收缩。

7℃～21℃范围被认为是混凝土凝结的理想温度。7℃适合气温不低于-1℃且较厚的混凝土构件凝结；21℃则适合于气温低于-18℃且混凝土构件厚度不超过300mm的混凝土构件。

一些国家[8.12][8.37]会将整个混凝土拌合物的温度加热到40℃～60℃。这对拌合物工作性和混凝土长期强度有不利影响，但可通过考虑经济性来平衡：模板的快速重复利用和浇筑后无需加热。同时，水化反应速度因较高的初始温度加快，从而产生了"免费"的热量。

在冰冻地面上浇筑混凝土是被禁止的，并且尽可能在混凝土浇筑前预热模板。

浇筑后，混凝土必须防冻且不应少于24h。还应避免混凝土表面干燥，特别是当混凝土温度比环境温度高很多时。不过，不应采用湿养护，这样会使混凝土处于非饱和状态。虽然这样做似乎和湿养护的常规建议相反，但我们应注意到冷空气（低于10℃）不会引起过度干燥。

规范 ACI 306R-88（2007年审核）[8.55]描述了寒冷天气下混凝土浇筑时各种类型的隔热

措施。重要的是选取何种方式去除隔热材料，才能避免混凝土表面温度突然变化和混凝土构件中温度梯度陡变。在规范 ACI 306R-88 中也给出了寒冷天气下保护和加热混凝土的措施。需指出的是采用的加热方式应避免混凝土过快干燥，保证受热均匀以及不会在空气中产生高浓度的 CO_2。最后要注意的是，禁止在封闭空间内使用燃气加热器，除非通风条件很好。

为了使混凝土在普通拌合水不结冰的条件下浇筑，我们还可采用将拌合水的冰点降至 0℃ 以下的方法。防冻剂可以实现这一点，碳酸盐（碳酸钾）是最早使用的防冻剂之一[8.96]。近期应用较多的防冻剂还包括亚硝酸钙和亚硝酸钠。前文中我们把这类无机盐作为速凝剂（见第 5.3 节）且它们不会腐蚀钢筋。含有亚硝酸盐的拌合物在温度降至 −10℃ 时配制成的混凝土具有更高的强度保证[8.17]。在有些使用外加剂的情况下，有报道[8.16]称防冻剂（未公开成分）可使加气混凝土在 −7℃ 甚至低至 −19℃ 的温度下获得强度；不过在后者温度时，防冻剂中的固体含量为 47%，因此可能很难提供足够量的拌合水，要进一步研究来确定其实用性。

在不使用防冻剂的情况下，加气混凝土也可在 0℃ 时浇筑，因为一旦水化反应开始，孔隙水的冰点就会降低，因此温度高于 −2℃ 时冻结都不会发生。Gardner 针对水灰比为 0.35 和 0.45，在 0℃ 下浇筑，在实验室 0℃ 海水中养护的混凝土强度开展了研究[8.18]。他在报告中将上述混凝土的长期强度，包括抗压强度和抗拉强度，与一直在 16℃ 下养护的混凝土做了对比。他的发现与 Aitcin 类似[8.23]。这些研究都表明在 0℃ 的海水中养护对混凝土没有害处。但相同温度下在空气中养护混凝土情形就不一样了。无论如何，只要混凝土暴露在自然环境下，就很难保证温度降至 0℃ 以下的情况不出现。

参考文献

8.1　F. M. LEA and N. DAVEY, The deterioration of concrete in structures, *J. Inst. Civ. Engrs*. No. 7, pp. 248–95 (London, May 1949).

8.2　A. NEVILLE, Cement and concrete: their interaction in practice, in *Advances in Cement and Concrete*, American Soc. Civil Engineers, pp. 1–14 (New York, 1994).

8.3　N. I. FATTUHI, The setting of mortar mixes subjected to different temperatures, *Cement and Concrete Research*, **18**, No. 5, pp. 669–73 (1988).

8.4　ACI 207.4R-93, Cooling and insulating systems for mass concrete, *ACI Manual of Concrete Practice, Part 1 – 1992: Materials and General Properties of Concrete*, 22 pp. (Detroit, Michigan, 1994).

8.5　A. J. AL-TAYYIB *et al.*, The effect of thermal cycling on the durability of concrete made from local materials in the Arabian Gulf countries, *Cement and Concrete Research*, **19**, No. 1, pp. 131–42 (1989).

8.6　P. SMITH, Resistance to fire and high temperature, in *Concrete and Concrete-Making*, Eds P. Klieger and J. F. Lamond, *ASTM Sp. Tech. Publ. No. 169C*, pp. 282–95 (Philadelphia, Pa, 1994).

8.7　F. M. LEA, *The Chemistry of Cement and Concrete* (London, Arnold, 1970).

8.8　U.S. BUREAU OF RECLAMATION, 4909–92, Procedure for thermal diffusivity of concrete, *Concrete Manual, Part 2*, 9th Edn, pp. 685–94 (Denver, Colorado, 1992).

8.9　R. SHALON and D. RAVINA, Studies in concreting in hot countries, *RILEM Int. Symp. on Concrete and Reinforced Concrete in Hot Countries* (Haifa, July 1960).

8.10　J. M. SCANLON and J. E. McDONALD, Thermal properties, in *Concrete and Concrete-Making*, Eds P. Klieger and J. F. Lamond, *ASTM Sp. Tech. Publ. No. 169C*, pp. 299–39 (Philadelphia, Pa, 1994).

8.11　W. H. PRICE, Factors influencing concrete strength, *J. Amer. Concr. Inst.*, **47**, pp. 417–32 (Feb. 1951).

8.12　E. KILPI and H. KUKKO, Properties of hot concrete and its use in winter concreting, *Nordic Concrete Research Publication*, No. 1, 11 pp. (1982).

8.13　J. M. SCANLON, Controlling concrete during hot and cold weather, *ACI Tuthill Symposium*, ACI SP-104, pp. 241–59

(Detroit, Michigan, 1987).

8.14　ACI 305R-91, Hot weather concreting, *ACI Manual of Concrete Practice, Part 2 – 1992: Construction Practices and Inspection Pavements*, 20 pp. (Detroit, Michigan, 1994).

8.15　H. TAKEUCHI, Y. TSUJI and A. NANNI, Concrete precooling method by means of dry ice, *Concrete International*, **15**, No. 11, pp. 52–6 (1993).

8.16　J. W. BROOK et al., Cold weather admixture, *Concrete International*, **10**, No. 10, pp. 44–9 (1988).

8.17　C. J. KORHONEN, E. R. CORTEZ and B. A. CHAREST, Strength development of concrete cured at low temperature, *Concrete International*, **14**, No. 12, pp. 34–9 (1992).

8.18　N. J. GARDNER, P. L. SAU and M. S. CHEUNG, Strength development and durability of concrete, *ACI Materials Journal*, **85**, No. 6, pp. 529–36 (1988).

8.19　M. KURITA et al., Precooling concrete using frozen sand, *Concrete International*, **12**, No. 6, pp. 60–5 (1990).

8.20　G. S. HASANAIN, T. A. KAHALLAF and K. MAHMOOD, Water evaporation from freshly placed concrete surfaces in hot weather, *Cement and Concrete Research*, **19**, No. 3, pp. 465–75 (1989).

8.21　O. Z. CEBECI, Strength of concrete in warm and dry environment, *Materials and Structures*, **20**, No. 118, pp. 270–72 (1987).

8.22　M. A. MUSTAFA and K. M. YUSOF, Mechanical properties of hardened concrete in hot–humid climate, *Cement and Concrete Research*, **21**, No. 4, pp. 601–13 (1991).

8.23　P-C. AÏTCIN, M. S. CHEUNG and V. K. SHAH, Strength development of concrete cured under arctic sea conditions, in *Temperature Effects on Concrete, ASTM Sp. Tech. Publ. No. 858*, pp. 3–20 (Philadelphia, Pa, 1983).

8.24　M. MITTELACHER, Effect of hot weather conditions on the strength performance of set-retarded field concrete, in *Temperature Effects on Concrete, ASTM Sp. Tech. Publ. No. 858*, pp. 88–106 (Philadelphia, Pa, 1983).

8.25　R. D. GAYNOR, R. C. MEININGER and T. S. KHAN, Effect of temperature and delivery time on concrete proportions, in *Temperature Effects on Concrete, ASTM Sp. Tech. Publ. No. 858*, pp. 68–87 (Philadelphia, Pa, 1983).

8.26　F. PETSCHARNIG, Einflüsse der jahreszeitlichen Temperaturschwankungen auf die Betondruckfestigkeit, *Zement und Beton*, **32**, No. 4, pp. 162–3 (1987).

8.27　ACI 517.2R-87, Revised 1992, Accelerated curing of concrete at atmospheric pressure – state of the art, *ACI Manual of Concrete Practice Part 5 – 1992: Masonry, Precast Concrete, Special Processes*, 17 pp. (Detroit, Michigan, 1994).

8.28　Y. DAN, T. CHIKADA and K. NAGAHAMA, Properties of steam cured concrete used with ground granulated blast-furnace slag, *CAJ Proceedings of Cement and Concrete*, No. 45, pp. 222–7 (1991).

8.29　G. P. TOGNON and G. COPPETTI, Concrete fast curing by two-stage low and high pressure steam cycle, *Proceedings International Congress of the Precast Concrete Industry*, Stresa, 15 pp.

8.30　U.S. ARMY CORPS of ENGINEERS, Test method for coefficient of linear thermal expansion of concrete, CRD-C 39-81 *Handbook for Concrete and Cement*, 2 pp. (Vicksburg, Miss., 1981).

8.31　V. DODSON, *Concrete Admixtures*, 211 pp. (New York, Van Nostrand Reinhold, 1990).

8.32　C. R. CRUZ and M. GILLEN, Thermal expansion of Portland cement paste, mortar, and concrete at high temperatures, *Fire and Materials*, **4**, No. 2, pp. 66–70 (1980).

8.33　T. Z. HARMATHY and J. R. MEHAFFEY, Design of buildings for prescribed levels of structural fire safety, *Fire Safety: Science and Engineering, ASTM Sp. Tech. Publ. No. 882*, pp. 160–75 (Philadelphia, Pa, 1985).

8.34　S. D. VENECANIN, Thermal incompatibility of concrete components and thermal properties of carbonate rocks, *ACI Materials Journal*, **87**, No. 6, pp. 602–7 (1990).

8.35　S. BREDENKAMP, D. KRUGER and G. L. BREDENKAMP, Direct electric curing of concrete, *Mag. Concr. Res.*, **45**, No. 162, pp. 71–4 (1993).

8.36　U. MENZEL, Heat treatment of concrete, *Concrete Precasting Plant and Technology*, Issue 12, pp. 92–7 (1991).

8.37　M. MAMILLAN, Traitement thermique des bétons, in *Le béton hydraulique*, pp. 261–9 (Presses de l'École Nationale des Ponts de Chaussées, Paris, 1982).

8.38　S. A. AUSTIN, P. J. ROBINS and M. R. RICHARDS, Jetblast temperature-resistant concrete for Harrier aircraft pavements, *The Structural Engineer*, **79**, Nos 23/24, pp. 427–32 (1992).

8.39　M. DIRUY, Variations du coefficient de dilatation et du retrait de dessiccation des bétons en place dans les ouvrages, *Bull. Liaison Laboratoires Ponts et Chaussés*, **186**, pp. 45–54 (July–Aug. 1993).

8.40　H. DETTLING, The thermal expansion of hardened cement paste, aggregates, and concretes, *Deutscher Ausschuss für Stahlbeton, Part 2*, No. 164, pp. 1–65 (1964).

8.41　M. Y. L. CHEW, Effect of heat exposure duration on the thermoluminescence of concrete, *ACI Materials Journal*, **90**, No. 4, pp. 319–22 (1993).

8.42　G. G. CARETTE and V. M. MALHOTRA, Performance of dolostone and limestone concretes at sustained high temperatures, in *Temperature Effects on Concrete, ASTM Sp. Tech. Publ. No. 858*, pp. 38–67 (Philadelphia, Pa, 1983).

8.43　U.-M. JUMPPANEN, Effect of strength on fire behaviour of concrete, *Nordic Concrete Research*, Publication No. 8, pp.

116–27 (Oslo, Dec. 1989).

8.44 G. T. G. MOHAMEDBHAI, Effect of exposure time and rates of heating and cooling on residual strength of heated concrete, *Mag. Concr. Res.* **38**, No. 136, pp. 151–8 (1986).

8.45 G. G. CARETTE, K. E. PAINTER and V. M. MALHOTRA, Sustained high temperature effect on concretes made with normal portland cement, normal portland cement and slag, or normal portland cement and fly ash. *Concrete International*, **4**, No. 7, pp. 41–51 (1982).

8.46 W. P. S. DIAS, G. A. KHOURY and P. J. E. SULLIVAN, Mechanical properties of hardened cement paste exposed to temperature up to 700 C (1292 F), *ACI Materials Journal*, **87**, No. 2, pp. 160–6 (1990).

8.47 K. D. HERTZ, Danish investigations on silica fume concrete at elevated temperatures, *ACI Materials Journal*, **89**, No. 4, pp. 345–7 (1992).

8.48 C. CASTILLO and A. J. DURANNI, Effect of transient high temperature on high-strength concrete, *ACI Materials Journal*, **87**, No. 1, pp. 47–53 (1990).

8.49 D. BERNER, B. C. GERWICK, JNR and M. POLIVKA, Static and cyclic behavior of structural lightweight concrete at cryogenic temperatures, in *Temperature Effects on Concrete, ASTM Sp. Tech. Publ. No. 858*, pp. 21–37 (Philadelphia, Pa, 1983).

8.50 T. MIURA, The properties of concrete at very low temperatures, *Materials and Structures*, **22**, No. 130, pp. 243–54 (1989).

8.51 Y. GOTO and T. MIURA, Experimental studies on properties of concrete cooled to about minus 160 ℃ , *Technical Reports, Tohoku University*, **44**, No. 2, pp. 357–85 (1979).

8.52 P.-C. AÏTCIN and N. RIAD, Curing temperature and very high strength concrete, *Concrete International*, **10**, No. 10, pp. 69–72 (1988).

8.53 B. WILDE, Concrete comments, *Concrete International*, **15**, No. 6, p. 80 (1993).

8.54 ACI 207.1R-87, Mass concrete, *ACI Manual of Concrete Practice, Part 1 – 1992: Materials and General Properties of Concrete*, 44 pp. (Detroit, Michigan, 1994).

8.55 ACI 306R-88, Cold weather concreting, *ACI Manual of Concrete Practice, Part 2 – 1992: Construction Practices and Inspection Pavements*, 23 pp. (Detroit, Michigan, 1994).

8.56 K. W. NASSER and M. CHAKRABORTY, Effects on strength and elasticity of concrete, in *Temperature Effects on Concrete, ASTM Sp. Tech. Publ. No. 858*, pp. 118–33 (Philadelphia, Pa, 1983).

8.57 T. KANDA, F. SAKURAMOTO and K. SUZUKI, Compressive strength of silica fume concrete at higher temperatures, in *Silica Fume, Slag, and Natural Pozzolans in Concrete*, Vol. II, Ed. V. M. Malhotra, ACI SP-132, pp. 1089–103 (1992).

8.58 D. N. RICHARDSON, Review of variables that influence measured concrete compressive strength, *Journal of Materials in Civil Engineering*, **3**, No. 2, pp. 95–112 (1991).

8.59 A. BENTUR and C. JAEGERMANN, Effect of curing and composition on the properties of the outer skin of concrete, *Journal of Materials in Civil Engineering*, **3**, No. 4, pp. 252–62 (1991).

8.60 ACI 308-92, Standard practice for curing concrete, in *ACI Manual of Concrete Practice, Part 2 – 1992: Construction Practices and Inspection Pavements*, 11 pp. (Detroit, Michigan, 1994).

8.61 F. D. BERESFORD and F. A. BLAKEY, Discussion on paper by W. Lerch: Plastic shrinkage, *J. Amer. Concr. Inst.*, **56**, Part II, pp. 1342–3 (Dec. 1957).

8.62 R. SHALON, Report on behaviour of concrete in hot climate, *Materials and Structures*, **11**, No. 62, pp. 127–31 (1978).

8.63 NATIONAL READY MIXED CONCRETE ASSOCIATION, Cold weather ready mixed concrete, *Publ. No. 34* (Washington DC, Sept. 1960).

8.64 O. BERGE, Improving the properties of hot-mixed concrete using retarding admixtures. *J. Amer. Concr. Inst.* **73**, pp. 394–8 (July 1976).

8.65 M. E. FITZGIBBON, Large pours for reinforced concrete structures, *Concrete*, **10**, No. 3, p. 41 (London, March 1976).

8.66 M. E. FITZGIBBON, Large pours – 2, heat generation and control, *Concrete*, **10**, No. 12, pp. 33–5 (London, Dec. 1976).

8.67 B. MATHER, Use of concrete of low portland cement in combination with pozzolans and other admixtures in construction of concrete dams. *J. Amer. Concr. Inst.*, **71**, pp. 589–99 (Dec. 1974).

8.68 G. MOLLER, Tests of resistance of concrete to early frost action, *RILEM Symposium on Winter Concreting* (Copenhagen, 1956).

8.69 E. G. SWENSON, Winter concreting trends in Europe. *J. Amer. Concr. Inst.*, **54**, pp. 369–84 (Nov. 1957).

8.70 P. KLIEGER, Effect of mixing and curing temperature on concrete strength, *J. Amer. Concr. Inst.*, **54**, pp. 1063–81 (June 1958).

8.71 U.S. BUREAU OF RECLAMATION, *Concrete Manual*, 8th Edn (Denver, Colorado, 1975).

8.72 A. G. A. SAUL, Steam curing and its effect upon mix design, *Proc. of a Symposium on Mix Design and Quality Control of Concrete*, pp. 132–42 (London, Cement and Concrete Assoc., 1954).

8.73 J. J. SHIDELER and W. H. CHAMBERLIN, Early strength of concretes as affected by steam curing temperatures, *J. Amer. Concr. Inst.*, **46**, pp. 273–82 (Dec. 1949).

8.74 K. O. KJELLSEN, R. J. DETWILER and O. E. GJØRV, Backscattered electron imaging of cement pastes hydrated at different temperatures, *Cement and Concrete Research*, **20**, No. 2, pp. 308–11 (1990).

8.75 H. F. GONNERMAN, *Annotated Bibliography on High-pressure Steam Curing of Concrete and Related Subjects* (National Concrete Masonry Assoc., Chicago, 1954).

8.76 T. THORVALDSON, Effect of chemical nature of aggregate on strength of steamcured portland cement mortars, *J. Amer. Concr. Inst.*, **52**, pp. 771–80 (1956).

8.77 G. J. VERBECK and R. A. HELMUTH, Structures and physical properties of cement paste, *Proc. 5th Int. Symp. on the Chemistry of Cement*, Tokyo, Vol. 3, pp. 1–32 (1968).

8.78 C. N. NAGARAJ and A. K. SINHA, Heat-resisting concrete, *Indian Concrete J.*, **48**, No. 4, pp. 132–7 (April 1974).

8.79 J. A. HANSON, Optimum steam curing procedures for structural lightweight concrete, *J. Amer. Concr. Inst.*, **62**, pp. 661–72 (June 1965).

8.80 B. D. BARNES, R. L. ORNDORFF and J. E. ROTEN, Low initial curing temperature improves the strength of concrete test cylinders. *J. Amer. Concr. Inst.*, **74**, No. 12, pp. 612–15 (1977).

8.81 CEMENT AND CONCRETE ASSOCIATION, Research and development – Research on materials. *Annual Report*, pp. 14–19 (Slough, 1976).

8.82 J. ALEXANDERSON, Strength loss in heat curing – causes and countermeasures, *Behavior of Concrete under Temperature Extremes*, ACI SP-39, pp. 91–107 (Detroit, Michigan, 1973).

8.83 I. SOROKA, C. H. JAEGERMANN and A. BENTUR, Short-term steam-curing and concrete later-age strength, *Materials and Structures*, **11**, No. 62, pp. 93–6 (1978).

8.84 G. VERBECK and L. E. COPELAND, Some physical and chemical aspects of high-pressure steam curing, *Menzel Symposium on High-Pressure Steam Curing*, ACI SP-32, pp. 1–13 (Detroit, Michigan, 1972).

8.85 C. J. DODSON and K. S. RAJAGOPALAN, Field tests verify temperature effects on concrete strength, *Concrete International*, **1**, No. 12, pp. 26–30 (1979).

8.86 R. SUGIKI, Accelerated hardening of concrete (in Japanese), *Concrete Journal*, **12**, No. 8, pp. 1–14 (1974).

8.87 N. DAVEY, Concrete mixes for various building purposes, *Proc. of a Symposium on Mix Design and Quality Control of Concrete*, pp. 28–41 (London, Cement and Concrete Assn, 1954).

8.88 S. L. MEYERS, How temperature and moisture changes may affect the durability of concrete. *Rock Products*, pp. 153–7 (Chicago, Aug. 1951).

8.89 S. WALKER, D. L. BLOEM and W. G. MULLEN, Effects of temperature changes on concrete as influenced by aggregates, *J. Amer. Concr. Inst.*, 48, pp. 661–79 (April 1952).

8.90 D. G. R. BONNELL and F. C. HARPER, The thermal expansion of concrete, *National Building Studies, Technical Paper No. 7* (London, HMSO, 1951).

8.91 T. C. POWERS and T. L. BROWNYARD, Studies of the physical properties of hardened portland cement paste (Nine parts), *J. Amer. Concr. Inst.*, **43** (Oct. 1946 to April 1947).

8.92 R. PHILLEO, Some physical properties of concrete at high temperatures, *J. Amer Concr. Inst.*, **54**, pp. 857–64 (April 1958).

8.93 N. G. ZOLDNERS, Effect of high temperatures on concretes incorporating different aggregates, *Mines Branch Research Report R.64*, Department of Mines and Technical Surveys (Ottawa, May 1960).

8.94 S. L. MEYERS, Thermal coefficient of expansion of portland cement – Long-time tests, *Industrial and Engineering Chemistry*, **32**, No. 8, pp. 1107–12 (Easton, Pa, 1940).

8.95 H. L. MALHOTRA, The effect of temperature on the compressive strength of concrete, *Mag. Concr. Res.*, **8**, No. 23, pp. 85–94 (1956).

8.96 M. G. DAVIDSON, *A New Cold Weather Concrete Technology (Potash as a Frost-resistant Admixture)* (Moscow, Lenizdat, 1966).

8.97 A. G. LOUDON and E. F. STACEY, The thermal and acoustic properties of lightweight concretes, *Structural Concrete*, **3**, No. 2, pp. 58–95 (London, 1966).

8.98 T. HARADA, J. TAKEDA, S. YAMANE and F. FURUMURA, Strength, elasticity and the thermal properties of concrete subjected to elevated temperatures, *Int. Seminar on Concrete for Nuclear Reactors*, ACI SP-34, **1**, pp. 377–406 (Detroit, Michigan, 1972).

8.99 H. W. BREWER, General relation of heat flow factors to the unit weight of concrete, *J. Portl. Cem. Assoc. Research and Development Laboratories*, **9**, No. 1, pp. 48–60 (Jan. 1967).

8.100 R. A. HELMUTH, Dimensional changes of hardened portland cement pastes caused by temperature changes, *Proc. Highw. Res. Board*, **40**, pp. 315–36 (1961).

8.101 D. J. HANNANT, Effects of heat on concrete strength, *Engineering*, **197**, p. 302 (London, Feb. 21, 1964).

8.102 K. W. NASSER and A. M. NEVILLE, Creep of concrete at elevated temperatures, *J. Amer. Concr. Inst.*, **62**, pp. 1567–79

(Dec. 1965).

8.103　M. S. ABRAMS and A. H. GUSTAFERRO, Fire endurance of concrete slabs as influenced by thickness, aggregate type, and moisture, *J. Portl. Cem. Assoc. Research and Development Laboratories*, **10**, No. 2, pp. 9–24 (May 1968).

8.104　J. C. MARÉCHAL, Variations in the modulus of elasticity and Poisson's ratio with temperature, *Int. Seminar on Concrete for Nuclear Reactors*, ACI SP-34, 1, pp. 495–503 (Detroit, Michigan, 1972).

8.105　RILEM WINTER CONSTRUCTION COMMITTEE, Recommandations pour le bétonnage en hiver, *Supplément aux Annales de l'Institut Technique du Bâtiment et des Travaux Publics, No. 190, Béton, Béton Armé No. 72*, pp. 1012–37 (Oct. 1963).

8.106　U. TRÜB, *Baustoff Beton* (Wildegg, Switzerland, Technische Forschungs und Beratungsstelle der Schweizerischen Zementindustrie, 1968).

8.107　F. WITTMANN and J. LUKAS, Experimental study of thermal expansion of hardened cement paste, *Materials and Structures*, **7**, No. 40, pp. 247–52 (1974).

8.108　M. S. ABRAMS, Compressive strength of concrete at temperatures to 1600F, *Temperature and Concrete*, ACI SP-25, pp. 33–58 (Detroit, Michigan, 1971).

8.109　L. JOHANSSON, Flame cleaning of concrete, *CBI Reports*, 15:75, 6 pp. (Swedish Cement and Concrete Research Inst., 1975).

8.110　D. WHITING, A. LITVIN and S. E. GOODWIN, Specific heat of selected concretes, *J. Amer. Concr. Inst.*, **75**, No. 7, pp. 299–305 (1978).

8.111　D. R. LANKARD, D. L. BIRKIMER, F. F. FONDRIEST and M. J. SNYDER, Effects of moisture content on the structural properties of portland cement concrete exposed to temperatures up to 500F, *Temperature and Concrete*, ACI SP-25, pp. 59–102 (Detroit, Michigan, 1971).

8.112　R. SARSHAR and G. A. KHOURY, Material and environmental factors influencing the compressive strength of unsealed cement paste and concrete at high temperatures, *Mag. Concr. Res.*, **45**, No. 162, pp. 51–61 (1993).

8.113　S. GOTO and D. M. ROY, The effect of w/c ratio and curing temperature on the permeability of hardened cement paste, *Cement and Concrete Research*, **11**, No. 4, pp. 575–9 (1981).

8.114　L. KRISTENSEN and T. C. HANSEN, Cracks in concrete core due to fire or thermal heating shock, *ACI Materials Journal*, **91**, No. 5, pp. 453–9 (1994).

8.115　A. NEVILLE, *Neville on Concrete: An Examination of Issues in Concrete Practice*, Second Edition (Book Surge LLC, www.createspace.com, 2006).

8.116　E. MENÉNDEZ and L. VEGA, Analysis of behaviour of the structural concrete after the fire at the Windsor Building in Madrid, *Fire and Materials*, **34**, pp. 95–107 (2009).

8.117　P. J. E. SULLIVAN, A probabilistic method of testing for the assessment of deterioration and explosive spalling of high strength concrete beams in flexure at high temperature, *Cement and Concrete Composites*, **26**, pp. 155–162 (2004).

第 9 章

弹性、收缩和徐变

前面章节对混凝土强度进行了大量讨论，混凝土强度是混凝土结构设计中最重要的因素。但是，混凝土中只要有应力存在往往就伴随着应变存在，反之亦然。应变不仅可以在外加应力作用下产生，也可以由其他因素引起。混凝土的全过程应力-应变关系对结构设计至关重要。本章主要介绍混凝土应变，更广泛地说，是不同形式的变形。

和其他结构材料一样，混凝土在一定范围内是弹性的。只有当某种材料的应变随着应力的施加而产生，随着应力的卸载而消失时，这种材料才是完全弹性的。但此定义中的完全弹性并不是指应力-应变关系是线性的，弹性性能中包含非线性的应力-应变关系，如玻璃和一些岩石。

混凝土承受长期荷载作用时，其应变会随着时间而增大，即混凝土的徐变特性。此外，无论是否加载，混凝土在干燥的环境下都会产生收缩。收缩和徐变的大小与常规应力下的弹性变形属于同一数量级，因此，无论什么时候，都要考虑不同形式的应变。

9.1 应力-应变关系与弹性模量

在应力小于混凝土极限强度的条件下，受压或受拉混凝土试件加载及卸载时典型的应力-应变关系如图 9.1 所示。在受压试验中，在加载的初始阶段应力-应变曲线呈现出一小部分上凸的现象，这是因为混凝土在加载前已经存在了一些细微的收缩裂缝。从图 9.1 中可以看出，严格说来杨氏弹性模量只能应用于应力-应变曲线的直线部分，或者当曲线为非直线时，通过曲线坐标原点所做的切线，就是原点切线模量。但是它在实际应用中受到了很大的限制。过应力-应变曲线上任意一点都可以做出切线模量，但这种切线模量只适用于施加的荷载在切点处荷载上下很小的范围内变化。

试验所测得的应变值以及应力-应变曲线的曲率至少部分取决于应力的加载速率。当加载速率极快，如加载时间小于0.01s时，应变急剧减小，且应力-应变曲线的曲率也变得极小。加载时间由 5s 增加到 2min 左右，应变可增大 15%，但加载时间在 2～10min（甚至 20min）范围内（常规试验机测试通常要求的时间）应变增加量很小。本书在第 12.12 节中讨论的应变速率与强度的关系，可能与此相关。

当荷载或部分荷载作用时，应变的增加是由混凝土徐变引起的，但瞬时应变取决于加载速率，因而很难区分弹性应变与徐变。为了便于实际应用，人为的对此进行了区分，即将加载过程中产生的变形看作弹性应变，而之后增加的应变看作徐变。符合上述要求的弹性模量即为图 9.1 中的割线模量，也被称为弦线模量。割线模量是由一个圆柱体试验测试得到的应力-应变关系曲线确定的，所以割线模量是一种静态模量，它与动态模量的区别参阅第 9.3 节。

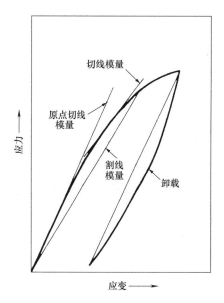

图 9.1 混凝土典型应力−应变关系曲线

由于割线模量随着应力的增加而减小，所以必须说明测定割线模量时对应的应力值。为了对比，所施加的最大应力不能超过极限强度的某个固定的比例。BS 1881-121:1983 中规定该比例为 33%，而 ASTM C 469-02 中规定为 40%。为了消除徐变的影响并固定好测量仪表，在预加载中至少要有两条加载曲线应力达到最大值。同时应力的最小值必须保证施加最小应力后试验圆柱体不可移动。BS 1881-121:1983 中规定应力最小值为 0.5MPa，ASTM C 469-02 中规定最小应变值为 50×10^{-6}。在第三次或第四次加载时，应力−应变曲线的曲率很小。

值得注意的是，混凝土的两种组分，即水泥净浆和骨料，在单独加载时均呈现出明显的线性应力−应变关系（图 9.2），尽管也有一些研究建议水泥净浆的应力−应变关系是非线性的[9.100]。但复合材料混凝土中应力−应变关系是非线性的，这是因为在水泥净浆与骨料之间存在着界面层，而在界面层上黏结微裂缝不断发展[9.42]。通过中子射线照相技术可以观察到这些微裂缝的发展过程[9.62]。

微裂缝的发展意味着聚集的应变能转换成了新生裂缝面的表面能。在荷载作用下，界面裂缝向不同角度进一步发展，产生局部应力，局部应力强度和应变值不断增大。换句话说，裂缝的发展导致承受荷载的有效面积减小，局部应力大于基于全横断面受力得到的名义应力。这就是意味着应变增加的速率比施加的名义应力大，因此应力−应变曲线不断弯曲，并呈现出明显的假塑性特征[9.43]。

当施加的应力增大到约为极限强度的 70% 时，砂浆裂缝（与黏结裂缝贯通）将扩展（见第 6.8 节），应力−应变曲线以一个不断增加的速率弯曲。连续裂缝的不断发展，减少了承载路径的数量[9.65]，最后达到了试件的极限强度。该强度值即为应力−应变曲线的峰值。

如果试验机能够使施加的荷载不断减小，随着施加的名义应力的下降应变仍会继续增大，这就是应力−应变曲线的峰后部分，表现为混凝土的应变软化。然而，混凝土应力−应变曲线的下降段并非材料本身的特性[9.65]，而是受试验条件的影响。最主要的影响因素是试验仪器刚度与试件刚度的相对关系和应变速率[9.67]。典型的混凝土应力−应变全曲线如图 9.3 所示。

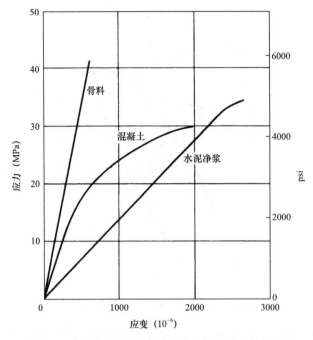

图 9.2　水泥净浆、骨料和混凝土的应力 - 应变关系

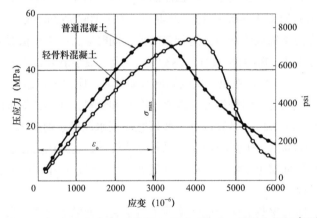

图 9.3　恒定应变速率下混凝土受压时应力 - 应变全曲线[9.36]

　　如果某种材料的应力 - 应变曲线在峰值后突然终止，则将该材料归为脆性材料。应力 - 应变曲线的下降段越平缓，则其延性越大。如果峰值后曲线的斜率为零，则该材料被称为完全弹性的。

　　在钢筋混凝土结构设计中，理想状态下的应力 - 应变全曲线是必须考虑的，因此高强混凝土的应力 - 应变关系需要特别注意。在加载的各个阶段，高强混凝土的裂缝数量比普通混凝土少[9.66]，因此，高强混凝土的应力 - 应变曲线上升段比普通混凝土更陡峭，其线性阶段所占的比例很大；其下降段也很陡峭（图 9.4）。与普通混凝土相比，高强混凝土呈现更大的脆性，实际上在高强混凝土受压试验中试件局部脆断的情况也是经常发生的。然而，由高强混凝土生产的钢筋混凝土构件不一定表现出这种脆性[9.63][9.64]。

　　高强混凝土在不同应力等级下的应变同样值得注意。如果考虑应力等级的影响，如结构实际应力大小，采用极限强度的分数表示，即采用应力／强度比的形式，可以观察到如下的现象。在应力/强度比相同时，混凝土强度越高应变越大。在最大应力状态下，即应力等于极限强度时，对于 100MPa 的混凝土，应变为 $3 \times 10^{-3} \sim 4 \times 10^{-3}$。对于 20MPa 的混凝土，应变约为 2×10^{-3}。然而，不考虑强度因素，应力相同时混凝土强度越高应变越小。这表明混凝土强度越高弹性模量越大，见图 9.4。

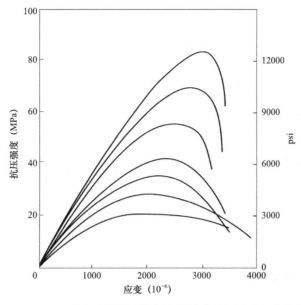

图 9.4　85MPa 以内不同强度混凝土圆柱体受压应力-应变曲线

我们可以观察到，不同强度等级钢筋的这种性能与混凝土是恰好相反的，这可能是因为水泥净浆的强度受胶空比控制，而胶空比同时会影响胶凝材料的刚度。另外，钢筋的强度与晶体的结构和边界有关，而与孔隙无关，所以钢材的刚度不受其强度的影响。

轻骨料混凝土应力-应变曲线（图 9.3）下降段比普通混凝土更陡峭[9.36]，这就说明轻骨料混凝土比普通混凝土更脆。

混凝土受拉与受压应力-应变曲线的形状相似（图 9.5），但是需要一台特殊的试验机。在直接拉伸试验中，裂缝的发展减小了抵抗应力的有效面积，同时增加了裂缝对整个应变的贡献。这可能是与受压试验相比，受拉应力-应变曲线进入非线性阶段时应力/强度比更小的原因。

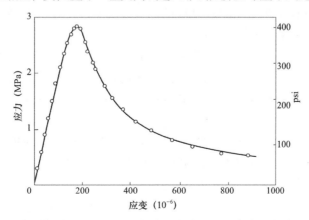

图 9.5　直接拉伸试验应力-应变关系曲线（基于参考文献［9.61］）

应力-应变曲线表达式

混凝土应力-应变全曲线的精确形状并不代表材料本身的特性，而是取决于试验方案，因而建立应力-应变关系式并没有那么重要。但这并不是否认该关系式在结构分析中的作用。尽管人们尝试了许多方法改进应力-应变关系式，但是最成功的莫过于由 Desayi 和 Krishnan 两位提出的关系式[9.44]：

$$\sigma = \frac{E\varepsilon}{1 + \left(\dfrac{\varepsilon}{\varepsilon_0}\right)^2}$$

式中　ε——应变；

　　　σ——应力；

　　　ε_0——最大应力下的应变；

　　　E——原点切线模量，假定为最大应力 σ_{max} 对应的割线模量的两倍，即 $E = \dfrac{2\sigma_{max}}{\varepsilon_0}$。

上式中最后一个假定是存在问题的，因为 σ_{max} 和 ε_0 都会受到试验条件的显著影响，Carreira 和 Chu 提出了一种更为通用的关系式，这个关系式没有受到上述假定的限制[9.67]。

9.2　弹性模量表达式

众所周知，随着混凝土抗压强度的增大，其弹性模量会有所增高，但是并没有得到两者之间关系的确定表达式。混凝土的弹性模量受到骨料弹性模量及骨料在混凝土中的体积比的影响，这并不奇怪。但骨料弹性模量对混凝土弹性模量的影响规律是鲜为人知的，因而在描述混凝土弹性模量的表达式中，如 ACI 318-02[9.98] 采用系数的形式来考虑骨料弹性模量的影响，该系数是混凝土密度的函数，通常为混凝土密度的 1.5 次方。

可以肯定的是混凝土弹性模量的增加速率比抗压强度的增加速率慢，根据 ACI 318-02[9.98] 弹性模量与抗压强度的 0.5 次方成正比。ACI 318-02[9.98] 推荐如下公式用于普通混凝土结构计算，E_c 为混凝土割线弹性模量，单位是"磅/平方英寸"：

$$E_c = 57000\,(f_c')^{0.5}$$

式中，f_c' 为标准圆柱体试件抗压强度，单位是"磅/平方英寸"。当 E_c 单位为"GPa"，f_c' 单位是"MPa"时，该式可以写成：

$$E_c = 4.73\,(f_c')^{0.5}$$

在一些其他公式中，采用指数 0.33 替代上式中的 0.5，同时也在等式右边增加了常数项。

当混凝土强度低于 83MPa 时，ACI 363R-92[9.99] 中推荐采用下式：

$$E_c = 3.32\,(f_c')^{0.5} + 6.9$$

式中，E_c 单位为"GPa"，f_c' 单位是"MPa"。当混凝土强度为 80~140MPa 时，Kakizaki 等[9.95] 研究发现弹性模量 E_c 与抗压强度 f_c' 近似相关，如下式：

$$E_c = 3.65\,(f_c')^{0.5}$$

E_c 和 f_c' 单位与前面相同。研究表明，混凝土养护条件对 E_c 没有影响，但却受到混凝土中粗骨料弹性模量的影响，这种影响关系由混凝土的两相特性决定[9.84]。混凝土两相之间的黏结质量十分重要，当黏结力特别强时，如高性能混凝土（见第 13.5.1 节），黏结质量会影响混凝土弹性模量的大小。而且，高性能混凝土是由高强骨料配制而成，这些骨料通常具有很高的弹性模量，因此高性能混凝土的实际弹性模量高于用上述普通混凝土弹性模量计算公式计算得到的弹性模量。

当混凝土的密度为 145～155lb/ft^3（普通混凝土的密度范围）时，ACI 318-02[9.98] 给出的弹性模量计算公式如下：

$$E_c = 33\rho^{1.5}\left(f_c'\right)^{0.5}$$

采用国际单位 SI 时，上式转换为：

$$E_c = 43\rho^{1.5}\left(f_c'\right)^{0.5} \times 10^{-6}$$

上式中混凝土密度的指数选用 1.5 可能存在问题，Lydon 和 Balebdran[9.70] 的研究表明，骨料的弹性模量与混凝土密度的二次方成正比。无论这个指数最终确定为多少，事实上，当骨料的掺量一定时，混凝土的密度随着骨料密度的增大而增大。

混凝土的两相组成主要是指骨料和硬化水泥浆体，对于一定强度的混凝土，骨料与硬化水泥浆体的体积比也会影响混凝土的弹性模量。这是因为常用骨料的弹性模量比硬化水泥浆体的弹性模量大，对于抗压强度一定的混凝土，骨料的体积比越大，混凝土的弹性模量越高。

轻骨料的密度比硬化水泥浆体小，相应的也会影响混凝土的弹性模量。ACI 318-02[9.98] 弹性模量计算公式中对于密度范围的考虑，意味着轻骨料混凝土也可以采用相同的公式来计算。我们注意到，由于轻骨料的弹性模量与硬化水泥浆体的弹性模量相差很小，配合比对轻骨料混凝土的弹性模量没有影响。

对于在 0℃下浇筑和养护的混凝土，其弹性模量随强度增大而增加的速率比室温条件下浇筑和养护的混凝土的增加速率大，但两者的差异表现并不明显。

上面我们讨论的都是混凝土受压弹性模量，而有关混凝土受拉弹性模量的资料较少。混凝土受拉弹性模量可以通过直接拉伸试验或者通过测量受弯试件的挠度得到，必要时，需要考虑剪应力的影响，对其进行修正。对于混凝土受拉弹性模量最合适的假定是混凝土受拉弹性模量与受压弹性模量相等，这一假定已通过大量试验[9.34][9.70] 确定，对比图 9.4 和图 9.5 也可以看出此假定是成立的。

剪切弹性模量（刚度模量）通常不能通过试验直接测得。

通常认为养护条件影响混凝土的强度，进而影响其弹性模量，而养护条件本身对混凝土弹性模量没有直接影响。一些报告的结论与此相反[9.69]，事实上在分析中对于混凝土强度考虑的是标准试验强度而不是混凝土的实际强度，这也许可以解释结论相悖这一现象。并且，有必要将养护条件和试验过程中湿度的影响进行区分，养护条件影响混凝土的弹性模量，也影响混凝土的强度，试验过程中的湿度对弹性模量和强度的影响并不相同，这些将在第 12.8 节中进一步讨论。

9.3 动弹性模量

前面章节详细介绍了静弹性模量，静弹性模量反应了应力与应变的对应关系。此外，还有另外一种弹性模量，叫动弹性模量。动弹性模量是通过测试混凝土试件的振动来确定的，只需要对测试试件施加一个很小的应力，测试动弹性模量的过程见第12.21节。

由于试件在测试过程中受到的应力很小，混凝土中不会产生微裂缝，同时也不会产生徐变，因此，动弹性模量几乎是在完全弹性状态下测得的。正因为如此，动弹性模量近似等于静力试验中测得的原点切线模量，明显大于在混凝土试件上施加荷载而得到的割线弹性模量。然而，这种观点也受到了质疑[9.68]，混凝土的不均匀性对静弹性模量和动弹性模量的影响方式是不同的[9.1]。因此，并不能根据混凝土的物理行为确定静弹性模量和动弹性模量之间存在着某种关系。

静弹性模量和动弹性模量的比值通常是小于1的，而且混凝土强度越高比值越大，可能正是因为这个原因，该比值随着龄期的增加而增大。动弹性模量 E_c 测试方法简单，但由于静弹性模量与动弹性模量之间的比值是不断改变的，无法简单的将动弹性模量的值转换为估算的结构设计中需要使用的静弹性模量 E_c。尽管如此，仍然在两者比值有效的范围内建立了许多经验公式。Lydon 和 Balendran[9.70] 给出了最简易的公式：

$$E_c = 0.83 E_d$$

英国混凝土结构设计规范 BS CP 110：1972 中规定的公式为：

$$E_c = 1.25 E_d - 19$$

两式中，E_d 和 E_c 的单位均为 GPa。此式不适用于混凝土中单方水泥含量超过 500kg 和轻骨料混凝土。对于轻骨料混凝土，建议采用如下公式[9.39]：

$$E_c = 1.04 E_d - 4.1$$

对于轻骨料混凝土和普通混凝土，Popovics[9.57] 建议静-动弹性模量的关系式采用类似于静弹性模量与强度之间的关系式，即混凝土密度的函数，公式如下：

$$E_c = k E_d^{1.4} \rho^{-1}$$

式中，ρ 为混凝土的密度；k 为与测量单位相关的常数。

无论两种模量之间的关系是什么形式，均假定其不受含气量、养护方法、试验条件以及水泥种类的影响[9.11]。

研究混凝土单一试样动弹性模量变化具有重要的意义，如化学腐蚀引起动弹性模量的改变。

9.4 泊松比

当一个单轴荷载施加到混凝土试件上时，不仅沿着施加荷载的方向会产生纵向应变，同时，另一个方向也会产生横向应变，横向应变与纵向应变的比值称为泊松比，其正负号可以不考虑。我们通常关注的是压力作用下的结果，其横向应变是拉应变，而拉力作用下的结果与此是相似的。

对于一个各向同性的线弹性材料，泊松比为常数，但是对于混凝土，泊松比可能受到其特殊情况的影响。然而，当施加的应力与纵向应变成线性关系时，混凝土的泊松比近似为常数。受混凝土所采用的骨料性质的影响，通过施加压力测量混凝土的应变得到的泊松比为 0.15～0.22。混凝土受拉时的泊松比与受压时相同[9.70]。

目前关于不同因素对混凝土泊松比的影响没有系统的数据资料，轻骨料混凝土的泊松比为上述范围的下限[9.70]。文献[9.94]的研究表明，混凝土泊松比的值不受随龄期增长的强度的影响，也不受拌合物配合比的影响。但是后者需要进一步的确定，因为粗骨料的弹性特征会影响混凝土的弹性行为。关于泊松比还没有一个具体的定论，但是这并不影响对于大部分混凝土来说泊松比在 0.17～0.20 这一小范围之间的事实。

饱和砂浆泊松比试验表明，泊松比随着应变速率的增大而变大，例如，应变速率为 $3 \times 10^{-6}/s$ 时，泊松比为 0.20；当应变速率增大为 0.15/s，泊松比为 0.27。但是应变速率对泊松比的影响还没有得到普遍认可。

圆柱体试件在快速稳定的轴压荷载作用下，纵向应变、横向应变与应力之间的典型关系曲线如图 9.6 所示，同时，也给出了体积应变与应力的关系曲线。从图中可以看出，达到某一应力后，应变迅速增大，这是因为混凝土内部产生了大量的垂直裂缝。因此，我们讨论的实际上是表观泊松比。应力继续增大，体积应变符号改变，继续加载，泊松比达到 0.5，体积应变变为拉应变。此时，混凝土不再是一个连续体，这就是破坏阶段（见第 6.7.2 节）。

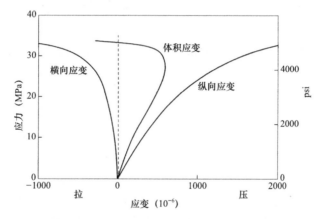

图 9.6　圆柱体试件纵向应变、横向应变和体积应变与应力关系曲线

我们也可以采用动力的方法来测定泊松比，该试验的物理情况与静力加载是不同的，与动弹性模量测定方法类似（见第 12.19 节）。因此，采用动力方法测得的泊松比比静力试验获得的值大，平均值约为 0.24。

动力方法测定泊松比需要测定脉冲速率 V，长度为 L 的梁纵向振动时固有的谐振频率 n（见第 12.21 节）。因为 $E_d/\rho = (2nL)^2$，ρ 为混凝土密度，泊松比 μ 可以由下式计算[9.12]：

$$\left(\frac{V}{2nL}\right)^2 = \frac{1-\mu}{(1+\mu)(1-2\mu)}$$

泊松比也可以用动弹性模量 E_d 和刚度模量 G 来表示，公式如下，其中 E_d 由纵向或横向振动的方法测得（见第 12.19 节）。

$$\mu = \frac{E_d}{2G} - 1$$

G 值一般通过扭转振动的谐振频率来测定（见第 12.19 节）。通过上述公式计算得到的泊松比 μ 的值介于静力方法和动力方法之间。

在持续荷载作用下，横向应变与纵向应变的比值为徐变泊松比，相关数据资料很少。在低应力状态下，应力的大小对徐变泊松比没有影响，表明由于徐变产生的横向和纵向变形与相应的弹性变形比值相等。这意味着混凝土的体积随着徐变的发展而减小。当应力/强度比超过 0.5 左右时，徐变泊松比随着持荷应力的增大而显著增大[9.93]。当应力/强度比超过 0.8～0.9 时，徐变泊松比将超过 0.5，随着时间的增加，最终试件发生破坏[9.102]（见第 9.17.1 节）。

在多轴压力作用下，混凝土的徐变泊松比更小，为 0.09～0.17。

9.5　早期体积变化

当水分从一个没有完全硬化的多孔体系中迁移出时，就会产生收缩。在混凝土中，从新拌阶段到后期，这种水分运动普遍存在。下面主要讨论混凝土不同阶段水分的运动及其影响。

在讨论水泥的水化过程时提到了体积的改变，这主要指的是水泥和水体系体积的减小：水泥浆是塑性的，能够产生体积收缩，其值约为干燥水泥绝对体积的 1%[9.13]。然而，凝结之前的水化程度是很小的，当水泥浆体水化达到一定的刚度时，会对由水化作用失水所导致的收缩产生很大限制。

当混凝土还是塑性状态时，水分也可以从表面蒸发出去。干燥地基混凝土或土壤的吸水作用也可能造成类似损失[9.14]。由于混凝土仍然处于塑性阶段，这种收缩称为塑性收缩。塑性收缩的大小受混凝土表面失水量的影响，而温度、环境相对湿度和风速影响混凝土表面失水量的多少（表9.1）。然而，仅通过失水率并不能预测混凝土塑性收缩的大小[9.103]，混凝土的塑性收缩更多取决于混合物的硬度。如果混凝土单位面积的失水量超过了泌水量（见第 4.11 节），而且失水量很大，混凝土表面就会开裂，即塑性收缩开裂，可参考第 8.10 节。如果在混凝土浇筑完成后立即采取措施防止水分蒸发，就可以减少开裂[9.47]。

表 9.1　水泥净浆塑性收缩（养护条件：相对湿度 50%，温度 20℃）[9.14]

风速（m/s）	浇筑后 8h 的收缩（10^{-6}）
0	1700
0.6	6000
1.0	7300
7～8	14000

在炎热天气下浇筑混凝土时，避免混凝土塑性开裂的最有效的方法是降低水分从混凝土表面蒸发的速度：建议蒸发的速度不超过 1kg/（m^2h）。需要注意的是，当混凝土的温度高于周围环境的温度时水分蒸发速度会增大，在这种情况下，即使空气的相对湿度高，塑性收缩也会发生。因此，最好避免混凝土遭受太阳和风的影响，同时快速浇筑和抹平，并立即开始养护，避免在干燥的地基上浇筑混凝土。

混凝土的均匀凝结受到障碍物的阻碍时裂缝也会发展，例如钢筋或大骨料颗粒，这就是塑性沉降开裂，在炎热天气下浇筑混凝土一节讨论过。当混凝土的水平面很大，导致水平收缩比竖直收缩更困难时，塑性裂缝也会发展，形成不规则的深裂缝[9.15]，这种裂缝称为凝结前裂缝。典型的塑性收缩裂缝是相互平行的，间距为 0.3~1m，且具有一定的深度。这些裂缝通常不会扩展到混凝土的自由边，因为自由边收缩没有约束。

混凝土拌合物中水泥的含量越高[9.14]，水灰比越低[9.73]，塑性收缩越大（图 9.7）。但泌水量与塑性收缩的关系并不简单[9.15]，例如，延迟混凝土的凝结时间会使混凝土泌水更多，但塑性收缩增大[9.73]。另外，良好的泌水能力可以避免混凝土表面快速干燥，从而减少塑性收缩裂缝。事实上，这与开裂密切相关。

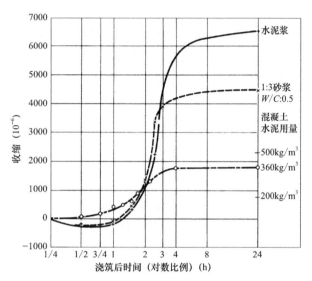

图 9.7 拌合物中水泥含量对混凝土早期收缩的影响
（温度 20℃，相对湿度 50%，风速 1.0m/s）[9.14]

9.6 自收缩

混凝土在凝结结束之后体积也会改变，其形式或收缩或膨胀。只要有充足的水分，水化就会持续发生，这种水化作用导致混凝土膨胀（见下一节），但是当水分不能进入水泥浆或迁移出时，就会产生收缩。这种收缩是由于未水化的水泥继续水化时消耗了毛细孔中的水分的结果，这个过程就是自干燥。

这种在封闭系统内的收缩称为自收缩或自生体积变形，这种收缩实际上发生在大体积混凝土的内部。水泥浆体的收缩受到已经水化的水泥浆体（前文已提到）的刚性骨架和骨料颗粒的限制，因此，混凝土的自收缩比水泥净浆要小很多[9.74]。

尽管混凝土的自收缩是三维的，但我们通常用线性应变来表示，这样自收缩可以和干燥收缩一起考虑。混凝土龄期 1 个月时自收缩为 40×10^{-6} 左右，龄期 5 年时为 100×10^{-6} 左右[9.17]。温度越高，水泥含量越高，水泥越细[9.46]，水泥中 C_3A 和 C_4AF 含量越高，自收缩通常越大。当复合水泥的含量一定时，粉煤灰的含量越高，自收缩越小[9.46]。由于混凝土的水灰比越低自干燥越大，自收缩在低水灰比时似乎也应该更大，但并不一定是这样的，因为水灰比越低，水化水泥浆体的刚度越高。然而，在水灰比非常低的情况下，混凝土的自收缩非常大，研究表明[9.88]，当混凝土的水灰比为 0.17 时，自收缩高达 700×10^{-6}。

根据前文所述，除了水灰比很低的情况，混凝土的自收缩相对来说很小。实际应用时（大体积混凝土除外），如高性能混凝土，并不需要将其与干燥引起的混凝土收缩加以区分。后者即为干燥收缩，实际上，干燥收缩通常包含了混凝土自身体积改变带来的收缩。

文献［9.159］系统地给出了不同种类的收缩。

9.7　膨胀

水泥浆体或混凝土浇筑后采用水养，则会出现体积膨胀和质量增加的现象。这种膨胀是由于水泥凝胶体吸水而产生的，也就是说水分子克服凝聚力，迫使凝胶颗粒分离，产生膨胀压力。另外，水分的进入减小了凝胶体的表面张力，因而产生更多的微小膨胀[9.18]。

水泥净浆线性膨胀（以龄期 24h 的尺寸为基准）的典型值如下：

100d 后：1300×10^{-6}；

1000d 后：2000×10^{-6}；

2000d 后：2200×10^{-6}；

膨胀和收缩、徐变一样，也是用线性应变的形式表示，即单位为"m/m"。

混凝土的膨胀非常小，水泥掺量为 $300kg/m^3$ 的混凝土在龄期为 6～12 个月时膨胀约为 100×10^{-6}～150×10^{-6}，此后仅会发生极其微小的膨胀。

混凝土发生膨胀的同时质量也会增加 1%[9.14]。由于侵入的水占据了水泥－水体系水化时体积减小所形成的空间，导致了质量的增量远大于体积的增量。

在海水和高压条件下混凝土的膨胀会增大，这主要发生在深海结构中。当压强为 10MPa（相当于 100m 深处）时，混凝土 3 年膨胀量将是大气压下膨胀量的 8 倍[9.10]。膨胀导致海水侵入混凝土内部，从而对氯离子侵入混凝土有很大的影响（见第 11.7 节）。

9.8　干燥收缩

干燥收缩是混凝土在未饱和空气中因水分流失而产生的，这种水分迁移的一部分是不可逆的，应将其与干湿交替作用导致的可逆的水分迁移区分开来。

9.8.1　收缩机理

干燥收缩产生的原因是混凝土体积改变量不等于失去的水的体积。最先发生的自由水分的流失产生的收缩很小，甚至不产生收缩。随着混凝土继续干燥，吸附水溢出，这个阶段无约束水泥浆的体积改变量约等于从全部凝胶颗粒表面失去单层水分子厚度的水分体积。由于水分子的"厚度"约为凝胶颗粒大小的 1%，由此可知，完全干燥的水泥浆的线性尺寸变化可达到 10000×10^{-6}[9.18]，目前观测得到的数值为 4000×10^{-6}[9.19]。

凝胶颗粒的大小对干燥是有影响的，大量粗颗粒天然建筑石料（甚至多孔石料）可降低收缩，而磨细页岩会使收缩增大[9.18]。此外，高压蒸汽养护的水泥浆，由于形成微晶体，同时比表面积小，收缩量仅为常规养护的相同水泥浆的 1/5～1/10[9.14]，有时甚至只有 1/17。

混凝土的收缩或者部分收缩也可能与晶体的失水有关，在干燥作用下水化硅酸钙的空间格架由 1.4nm 变为 0.9nm[9.21]，水化的 C_3A 和硫铝酸钙也表现出类似的特性[9.22]。因此，还不能确定与收缩相关的失水是晶体格架间的，还是晶体内部的。但是，无论是由硅酸盐水泥、高铝水泥，还是磨细矿物铝酸钙制成的水泥浆体，收缩基本相同，所以收缩产生的根本原因应该从凝胶体的物理结构去寻找，而不是凝胶体的化学和矿物特征[9.22]。

失水重量与收缩的关系如图 9.8 所示。对于水泥净浆来说，由于不存在毛细管水，只有吸附水的逸出，失水重量与收缩之间成正比。然而，掺入磨细石英砂，为了保证和易性而采用较高水灰比的拌合物，即使完全水化了也会含有毛细管。毛细管中水分的逸出并不产生收缩，但是一旦毛细管中水分逸出，吸附水开始逸出，吸附水的逸出会产生与水泥净浆相同形式的收缩，因此，图 9.8 中每条曲线最终的斜率是相同的。对于骨料孔隙或者大的（偶然的）空腔中含有水分的混凝土来说，失水重量-收缩关系曲线的形状可能会发生很大的变化。

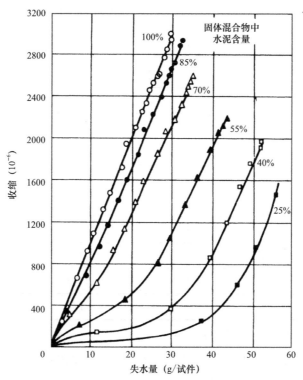

图 9.8　水泥-磨细石英砂砂浆试件在 21℃下养护 7d 后干燥收缩与失水量关系曲线[9.18]

在混凝土试件中，失水量与时间的关系取决于试件的尺寸大小。Mensi 等[9.75]提出了距干燥表面不同距离处失水量的模型，该模型假定水蒸气扩散率与时间的平方根成正比。他们认为直径为 D_1 的圆柱试件在时间为 t_1 时的失水量与直径为 kD_1 的圆柱体试件在时间为 k^2t_1 时的失水量相等。对于全尺寸构件，由于有边界存在，模型将不再那么简单[9.55]（图 9.9）。混凝土单面干燥，失水量达到可蒸发水分的 80% 时所需要的时间见表 9.2。

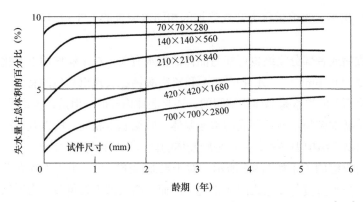

图 9.9 不同尺寸棱柱体试件的失水情况（相对湿度为 55%）[9.55]

表 9.2 混凝土干燥时间预测 *[9.56]

温度（℃）	强度	相对湿度	水分传导率	距暴露面不同位置处干燥所需时间		
				50 mm	100 mm	200 mm
5	低	低	高	3 个月	1 年	4 年
	中	中	中	5 年	20 年	80 年
	高	高	低	50 年	200 年	800 年
20	低	低	高	1 个月	5 个月	1.5 年
	中	中	中	2.5 年	10 年	40 年
	高	高	低	25 年	100 年	400 年
50	低	低	高	10 天	1 个月	5 个月
	中	中	中	1 年	4 年	15 年
	高	高	低	10 年	40 年	150 年
100	低	低	高	1 天	4 天	15 天
	中	中	中	1 个月	5 个月	1.5 年
	高	高	低	1 年	6 年	25 年

* 表中干燥的定义为失水量达到可蒸发水分的 80%。

　　混凝土失水量与收缩之间的换算还存在一个更复杂的问题：对于小型的试验室试件，其表面的裂缝很小，收缩可能已经发生了，但对于实际结构的大尺寸构件，构件表面的裂缝会影响有效收缩，同时会引起内力重分布。裂缝的存在还可能导致混凝土失水速率加快。混凝土构件尺寸大小对收缩的影响将在第 9.12 节进行介绍。

9.9 收缩的影响因素

　　前文介绍了水化水泥浆体自身收缩，水灰比越大收缩也越大，这是因为水灰比的大小影响水泥浆体中可蒸发水的数量和水分迁移到试件表面的速率。Brooks[9.77]研究表明当水灰比为 0.2～0.6 时，水化水泥浆体的收缩与水灰比成正比。当水灰比更大时，多余的水分通过干燥方式流失，不会导致浆体收缩[9.77]（见图 9.8）。

现在让我们谈谈砂浆和混凝土。表 9.3 给出了砂浆和混凝土试件干燥收缩的典型值，试件截面面积为 127mm²，在 21℃和相对湿度 50%的条件下养护 6 个月，这些数值只作为参考，因为收缩还受到许多其他因素的影响。

表 9.3　砂浆和混凝土试件的典型收缩值（试件截面面积为 127mm²，养护温度 21℃，相对湿度 50%）[9.19]

骨料与水泥比	不同水灰比试件的 6 个月收缩值（10^{-6}）			
	0.4	0.5	0.6	0.7
3	800	1200	—	—
4	550	850	1050	—
5	400	600	750	850
6	300	400	550	650
7	200	300	400	500

影响混凝土收缩最主要的因素是骨料，骨料限制了混凝土的收缩。混凝土的收缩率 S_c 与水泥净浆的收缩率 S_p 的比值取决于混凝土中骨料的含量 a，即[9.23]

$$S_c = S_p (1-a)^n$$

n 的试验值为 1.2～1.7[9.14]，水泥浆体徐变导致的应力松弛是产生这种变化的原因之一[9.35]。图 9.10 给出了 $n=1.7$ 时骨料含量与收缩比的典型结果。

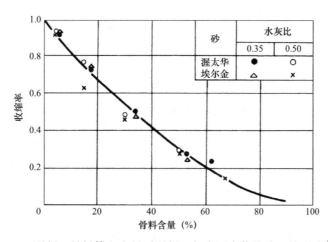

图 9.10　混凝土骨料体积含量对混凝土与水泥净浆收缩比的影响[9.23]

Hansen 和 Almudaiheen[9.72]验证了通过水泥净浆的收缩估算混凝土收缩的有效性，当水泥净浆与混凝土具有相同的水灰比和相同的水化程度时，同时考虑了骨料的含量及弹性模量。

骨料本身的尺寸以及级配并不影响混凝土的收缩值，但是采用大粒径的骨料可以减小混凝土的胶材用量，从而减小混凝土的收缩。如果将骨料的最大粒径从 6.3mm 增大到 152mm，这就意味着骨料的体积掺量要从 60% 提高到 80%，收缩量将减小到原来的 1/3，如图 9.10 所示。

当混凝土强度一定时，采用相同粒径的骨料，工作性低的拌合物中骨料的掺量大于工作性高的，因此工作性低的收缩较小[9.18]。并且在相同水灰比的条件下，混凝土的骨料含量从 71% 提高到 84%，收缩值会降低约 20%（如图 9.10 所示）。

可以将水灰比和骨料含量（表 9.3 和图 9.10）这两个因素绘制在同一张图中，如图 9.11 所示，但是必须注意的是这些收缩值只是在室温下干燥的典型值。实际上，在水灰比一定的条件下，收缩随着水泥掺量的增加而增大，这是因为水泥掺量大导致易于收缩的水化水泥浆体体积更大。然而，在工作性一定时，这也意味着用水量几乎是一定的，收缩并不受到水泥含量增大的影响，甚至会降低收缩，因为水泥用量增大导致混凝土水灰比降低了，混凝土抵抗收缩的能力增强。图 9.12 给出了这些因素对收缩的影响[9.76]。

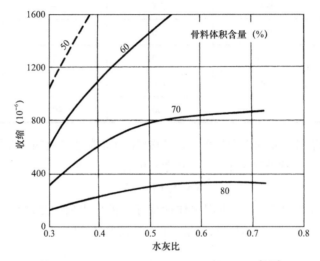

图 9.11　水灰比和骨料含量对收缩的影响[9.48]

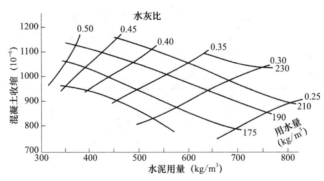

图 9.12　混凝土收缩与水泥用量、用水量和水灰比的关系
（混凝土湿养护 28d，干燥 450d）[9.76]

混凝土用水量也会影响混凝土的收缩，这是就用水量可以减小抑制混凝土收缩的骨料体积而言的。一般情况下，根据用水量与收缩之间的关系，如图 9.13 所示，可以通过拌合物中的用水量估算收缩的数量级，但用水量本身并不是影响收缩的主要因素。因此，拌合物中的含水量相同，但是组成大不相同时，会产生不同的收缩值[9.82]。

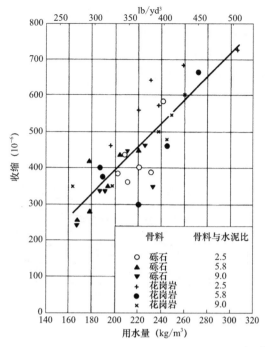

图 9.13　新拌混凝土用水量与干燥收缩的关系[9.25]

现在我们回到骨料对收缩的抑制作用上来，骨料的弹性性能决定了骨料对收缩的抑制程度。例如，钢骨料混凝土的收缩比普通骨料混凝土降低了 1/3，而膨胀页岩骨料的收缩比普通骨料混凝土增大了 1/3[9.6]。骨料弹性性能对收缩的这种影响是由 Reichard[9.49] 提出来的，他给出了收缩与骨料弹性模量之间的关系，这种关系取决于所用骨料的压缩性（图 9.14）。骨料中含泥会降低骨料对收缩的抑制作用，这是因为泥土本身容易收缩，骨料表面含有泥土会使收缩增加达 70%[9.18]。

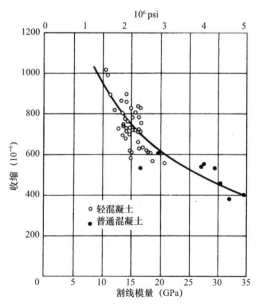

图 9.14　两年后干燥收缩与 28d 混凝土（应力/强度比 0.4）割线模量之间的关系[9.49]

　　即使普通骨料混凝土，骨料掺量不同收缩值也会有很大差异（图9.15）。常用的天然骨料一般不会收缩，但是岩石的干燥收缩可达 900×10^{-6}，这与由不收缩骨料配制而成的混凝土的收缩具有相同的数量级。可收缩骨料广泛分布于英格兰的部分地区，但是几乎每个地方都存在可收缩骨料。主要是一些辉绿岩和玄武岩，也包括一些沉积岩，如硬砂岩和泥岩。另外，花岗岩、石灰岩和石英岩是不具有收缩性的。

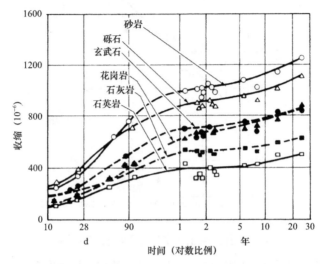

图 9.15　配合比一定时不同骨料混凝土的收缩
（28d 湿养护后，置于温度为 21℃和相对湿度为 50% 的空气中）[9.24]

　　由可收缩骨料制备的混凝土会产生很大的收缩，导致过大的弯曲变形或扭转（扭曲）变形，进而引起结构的适用性问题；如果收缩导致混凝土开裂，也会影响结构的耐久性。基于以上原因，对一些可疑骨料的收缩性进行测定是十分必要的，BS 812-120:1983 中规定了一种试验方法，即在 105℃时测定掺有被测骨料的固定配合比的混凝土的收缩性。这种试验并不是常规试验，通常不需要做。在这一点上，有必要注意的是可收缩岩石一般也具有高吸水性，这也警示我们骨料的收缩性能是值得仔细研究的。处理这种高收缩骨料的一种可行方法是将低收缩骨料与高收缩骨料混合使用。

　　轻骨料通常会导致较大的收缩，主要是因为轻骨料的弹性模量低，对水泥浆潜在的收缩的抑制作用减小。粒径小于 75μm（200 筛号）的颗粒含量很大的轻骨料，其收缩就会很大，这是因为这些细颗粒导致混凝土孔隙率更高。

　　水泥的性能几乎不影响混凝土的收缩，Swayze[9.26] 研究表明，水泥净浆的收缩大并不意味着相同水泥制备的混凝土的收缩大。水泥细度作为一个影响因素，只有当颗粒的粒径大于 75μm（200 筛号）时才会影响收缩，这种细度的水泥水化相对较少，从而具有类似于粗骨料的抑制作用。另外，同早期的一些说法相反，尽管细水泥制备的水泥砂浆的收缩增大[9.40]，但由普通骨料[9.26][9.41] 或轻骨料[9.106] 制备的混凝土的收缩并没有增大。现在普遍认为水泥的化学组成不影响收缩，只有当水泥中石灰含量不足时才会产生较大的收缩[9.27]，这是因为凝结阶段建立的初始骨架决定了后期水化水泥浆的结构[9.22]，而且也会影响胶空比、强度和徐变。从缓凝的角度确定的最优石膏含量略低于从收缩最小的角度确定的最优石膏含量[9.28]。对于任何种类的水泥，满足收缩要求的石膏含量范围比满足凝结时间要求的范围小。

高铝水泥混凝土与硅酸盐混凝土的收缩值在数量级上是相同的，但前者的收缩比后者快得多[9.19]。

混凝土拌合物中掺入粉煤灰或者粒化高炉矿渣都会使收缩增大，特别是在水灰比一定时，粉煤灰或者矿渣的掺量越大收缩越大，前者会使收缩增大20%，后者掺量很高时收缩可增大60%[9.71]。掺入硅粉则会增大混凝土的长期收缩[9.81]。

减水剂本身会使收缩少量增大，其直接作用是加入外加剂会导致用水量改变、水泥用量改变，或者两者同时改变，这些改变共同作用影响混凝土的收缩[9.71]。研究[9.71]发现高效减水剂会使收缩增大10%～20%，然而，观察到的收缩改变量太小而不能作为可靠有效的论据。

根据上文所述，掺入高效减水剂的高强混凝土收缩是一些相关的和不利因素共同作用的结果，非常低的水灰比和伴随的较强自干燥，导致混凝土的收缩小，而高水泥含量会导致收缩增大。因此，常规的混凝土收缩评价方法也适用于高强混凝土。然而，高强混凝土的刚度较大，限制了实际收缩的大小。

混凝土的引气对收缩没有影响[9.29]。掺入氯化钙会使收缩增大，一般增大10%～50%[9.30]，可能是因为产生了更加细小的凝胶体，也可能是因为掺入氯化钙的试件更成熟，碳化作用更大[9.50]。

9.9.1　养护及存放条件的影响

混凝土的收缩是一个长期过程，甚至28年后仍能观测到一些变化[9.24]（图9.16），但是部分长期收缩的产生是碳化作用的结果。收缩的速率随着时间的增加急剧减小，如图9.16（时间采用对数坐标）所示。

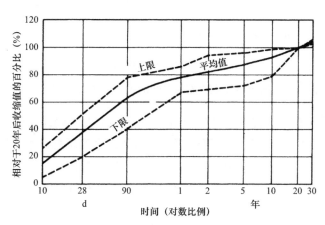

图9.16　相对湿度为50%和70%下不同混凝土收缩-时间曲线范围[9.24]

延长湿养护的时间可以推迟收缩的开始，其影响颇为复杂，但收缩大小的改变很小。考虑水泥净浆的影响，水化的水泥越多意味着能够抑制收缩的未水化水泥颗粒体积越小，因此可以推断延长养护时间会导致更大的收缩[9.18]，但是，水泥浆体随着水化程度的提高含水量减小，同时随着龄期的增长强度增大，能够在不开裂的情况下完成较大比例的收缩。然而，对于混凝土来说，如果有裂缝产生，如沿骨料的周围，测量得到的试件的整体收缩就会明显减小。充分养护的混凝土收缩得更快[9.40]，因此由于徐变作用而释放的收缩应力较小，而且强度较高的混凝土固有的徐变能力低。这些因素的作用可能超过充分养护混凝土较高抗拉强度的有益作用，导致混凝土开裂。由此看来，养护对混凝土收缩影响的矛盾结果并不奇怪，但一般情况下，养护龄期的长短对收缩来说不是重要的因素。

除了混凝土直接从水中移到湿度较低处可能导致混凝土断裂的情况之外，干燥速率对收缩的大小几乎是没有影响的。快速干燥时，由于徐变引起的应力不能及时释放，可能会导致更严重的开裂。然而，无论是风还是人工对流对于硬化的混凝土的干燥速率都几乎没有影响（除了极早阶段），这是因为混凝土的水分传导率太低了，以至于水分的蒸发率极小，空气的流动不会增大这种蒸发速率[9.51]。试验已经证实了这些理论[9.52]。

混凝土周围环境的相对湿度对收缩影响很大，如图 9.17 所示。从图中还可以看出，与在水中的膨胀相比，混凝土收缩在数值上大得多：空气相对湿度为 70% 时，膨胀值不到收缩值的 1/6，相对湿度为 50% 时，膨胀值不到收缩值的 1/8。

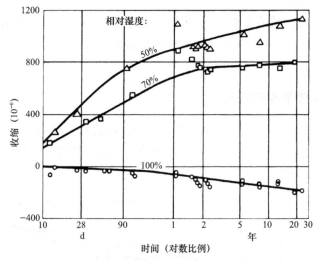

图 9.17 不同相对湿度下混凝土收缩与时间的关系（从 28 天养护结束算起）[9.24]

因此，我们看到混凝土在"干燥"（未饱和）空气中发生收缩，但是在水中或者空气相对湿度 100% 则发生膨胀。这就说明水泥浆体内部的蒸汽压总是小于饱和蒸汽压，可以认为存在一个中间的湿度，浆体在该湿度下处于湿润平衡状态。事实上，Lorman[9.31] 研究认为这一湿度为 94%，但是实际上只有在几乎不受约束的小试件中才有可能达到这种平衡。

通过某一相对湿度下已知的收缩值，可以估算给定相对湿度下的收缩大小，ACI 209R-92 给出了这种关系式[9.80]，如图 9.18 所示，图中同时给出了 Hansen 和 Almudaiheem[9.72] 提出的关系式。当相对湿度大于 50% 时，根据 Hansen 和 Almudaiheem 提出的关系式估算得到的收缩相对值小于根据 ACI 209R-92 估算得到的。Hansen 和 Almudaiheem[9.72] 还给出了相对湿度为 11%～40% 范围内的相对收缩大小，而 ACI 209R-92 并没有给出。

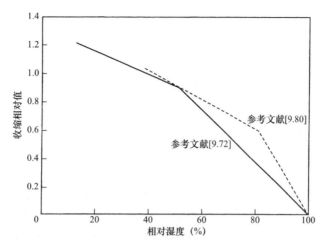

图 9.18　ACI 209R-92[9.80] 和 Hansen 与 Almudaiheem[9.72] 理论收缩相对值与相对湿度关系

9.10　收缩的预测

根据 ACI 209R-92[9.80]，收缩随时间的发展满足下列公式：

$$s_t = \frac{t}{35+t} s_{ult}$$

式中　s_t——7 天湿养完成后，第 t 天的收缩；

　　　s_{ult}——最终收缩；

　　　t——湿养结束后的第 t 天。

采用上述公式预测收缩的发展具有很大的不确定性，但该公式可以用来估算很多湿养条件下混凝土的最终收缩。从公式中可以看出，35d 后的收缩被认为达到了最终收缩的一半。对于蒸汽养护混凝土，分母中的 35 用 55 替代，时间 t 从蒸汽养护 1～3d 后开始算起。

ACI 209R-92[9.80] 给出了预测混凝土收缩的一般公式，公式中定义了一个标准值，该标准值通过修正系数考虑不同因素的影响，但这种方法产生的误差很大。

Neville 等[9.84] 对不同的收缩公式进行了讨论。这些公式可以根据试验得到的短期收缩估算混凝土的长期收缩，这些试验对正确合理预测混凝土的收缩是必需的。

BS 1881-5:1984 给出了一种测试短期收缩的方法：试件在规定的温度和湿度下干燥一定的时间。在这种情况下产生的收缩与长期暴露在相对湿度为 65% 的空气中产生的收缩基本相等[9.19]，因而超过英国室外混凝土的收缩。收缩值可以通过一个装有千分表或精度达到 10^{-5} 的测微计的测量架来进行测量，也可以通过伸缩仪或应变计来测量。ASTM C 157-93 给出了美国测试方法：试验过程中严格控制空气的流动，相对湿度为 50%。BS ISO 1920:2009 中给出了 ISO 测试方法。

9.11　不均匀收缩

前面已经提到了，水泥净浆的收缩会受到骨料限制。此外，混凝土构件自身的不均匀收缩也会产生一些约束。水分的流失一般只发生在混凝土的表面，因此在混凝土试件中形成了湿度梯度，从而导致混凝土的不均匀收缩。这种不均匀收缩由内应力产生的应变来补偿，即接近试件表面的拉应力和试件核心处的压应力。当干燥以非对称的形式发生时，就会产生翘曲或扭曲。

应该指出的是通常我们所说的收缩值指的是自由收缩或者潜在收缩，即结构构件没有受到内部或者外部约束。考虑约束力对实际收缩的影响，应力松弛对实际应力的改变是必须考虑的，应力松弛可以阻止裂缝的发展，这些将在第 9.12 节进一步讨论。由于应力松弛是缓慢发生的，当收缩缓慢发展时它可以阻止裂缝发展，然而，迅速发展的收缩同样会产生裂缝，这就是被广泛关注的收缩裂缝。

收缩从干燥表面逐渐向试件内部发生，但发生得非常缓慢。观测到的一个月的干燥深度仅为 75mm，而 10 年的干燥深度也不过 600mm[9.14]。图 9.19 给出了 L'Hermite 的试验结果[9.55]，从图中可以看出试件内部存在早期膨胀。Ross[9.32] 发现，砂浆板 200d 后表面收缩与距表面 50mm 深度处的收缩之差达到 470×10^{-6}。如果砂浆的弹性模量为 21GPa，不均匀收缩将产生 10MPa 的应力，这种应力将不断增大，尽管应力也会因为徐变而减小，试件表面仍然可能产生裂缝。

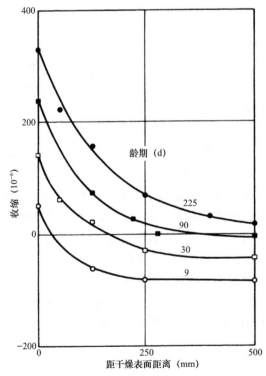

图 9.19　距干燥表面不同距离处的收缩值曲线（其他方向上不发生干燥）

（对温度差进行修正后的收缩值）[9.55]

　　由于干燥在混凝土的表面发生，所以收缩在很大程度上受到试件的尺寸和形状的影响，它是表面积与体积比的函数[9.32]。尺寸对收缩影响的部分原因可能是小试件碳化作用显著的缘故（见第9.14节）。因此，实际工程中，不能单纯认为收缩是混凝土的固有性能，而不考虑混凝土构件尺寸的影响。

　　事实上，许多研究都给出了试件尺寸对收缩的影响。随着试件尺寸增大收缩减小，但是超过某一数值后，尺寸作用的影响前期较小后期较大（图9.20）。试件的形状对收缩也有影响，但是收缩可以近似的表达为表面积与体积比的函数，体积/表面积比与收缩的对数值近似呈线性关系[9.53]（图9.21）。并且，该比值与达到一半收缩所需时间的对数值也近似呈线性关系。后一关系适用于不同骨料的混凝土，因此，无论采用的骨料对收缩有什么影响，达到最终收缩的速率是不变的[9.53]。从理论上讲，极限收缩值不受混凝土尺寸的影响，但是实际应用中，必须承认大体积构件的收缩小[9.16][9.83]。

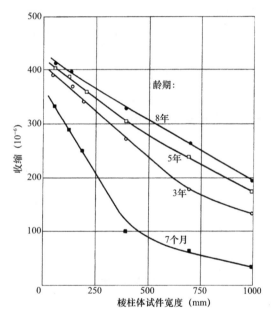

图 9.20　长宽比为 4 的棱柱体试件轴向收缩与试件宽度的关系（各面均干燥）[9.55]

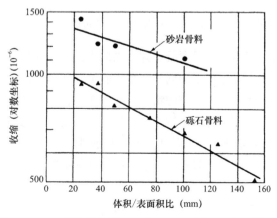

图 9.21　极限收缩与体积/表面积比之间的关系[9.53]

　　试件形状对收缩的影响是次要的，相同体积/表面积比的 I 形截面试件比圆形试件的收缩小，平均值相差 14%[9.53]。这种差别产生的原因可能是水分移动到试件表面的平均距离不同，但在设计上没有什么影响。

9.12　收缩开裂

　　正如前文不均匀收缩所述，收缩在结构中的重要性主要与结构开裂有关。严格来说，我们所关心的是裂缝开裂趋势，因为裂缝是否出现不仅与潜在的收缩有关，还与混凝土的延性、强度，以及对于能够导致开裂的变形的抑制程度有关[9.54]。钢筋的约束作用或应力梯度会提高混凝土的延性，因而允许应变充分发展，超过最大应力对应的应变值。我们通常希望混凝土具有较高的延性，这是因为延性高的混凝土可以抵抗更大的体积变形。

　　当应力因徐变而松弛时的裂缝开展示意图如图 9.22 所示。只有当自由收缩应变产生的应力扣除徐变作用的松弛之后，在任何时候均小于混凝土的抗拉强度时，才能避免混凝土开裂。因此，时间具有双重的影响：一方面，强度随着时间继续增长，从而减小了开裂的危险性；另一方面，弹性模量同样增大了，相同收缩引起的应力也变大了。此外，徐变的松弛作用随着龄期的增大而减弱，开裂的趋势变大。另外一个小而实用的观点是如果约束收缩形成了早期裂缝，同时水分又容易深入裂缝中时，许多裂缝会因为混凝土的自修复现象而闭合。

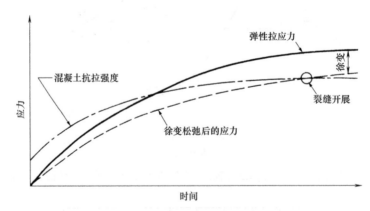

图 9.22　约束收缩产生的拉应力因徐变作用而松弛时的裂缝开展示意图

　　影响收缩的最主要的因素之一是混凝土拌合物的水灰比，因为水灰比增大会导致收缩增大，同时使强度降低。水泥含量的增加同样会增大收缩，从而加剧了开裂趋势，但是对于强度来说却是有利的。这适用于干燥收缩的情况。对于碳化作用，虽然也能引起收缩，但碳化后水分迁移减少，因而从开裂趋势的角度来看，碳化作用是有利的因素。另外，如果骨料中含有泥土，既会导致更大的收缩，又会增大开裂的可能性。

　　添加外加剂会影响混凝土的开裂趋势，这是因为外加剂的掺入会影响硬化、收缩和徐变之间的相互作用。特别是缓凝剂，它允许产生更多的塑性收缩（见第 9.5 节），并可能提高混凝土的延性，进而减少开裂。相反，如果混凝土凝结硬化过快，不能容纳将要产生的塑性收缩，同时强度低，就会开裂。

　　浇筑温度决定了塑性变形终止时混凝土的尺寸（即不失去混凝土的连续性），随后的温度降低会产生潜在收缩，因此，在炎热的气候下浇筑混凝土就会产生更大的开裂。温度或湿度梯度的剧变将产生严重的内部约束，因而呈现出更大的开裂趋势。与此相似，构件的底部约束或其他构件产生的约束，也会引起混凝土的开裂。

　　以上是一些需要被考虑的因素，而实际的开裂和破坏往往是多因素共同作用的结果，并且事实上很少有一个单独的不利因素作用导致混凝土开裂。CIRIA[9.160]考虑了早期放热引起的开裂。

　　目前还没有标准的试验方法来评价约束收缩引起的混凝土开裂，但是通常采用圆环混凝土试件，试件内环设置有一个钢环来约束试件，这样可以得到不同混凝土抵抗开裂的相对强度[9.78][9.79]。由不同原因引起的开裂将在第 10 章中讨论。

9.13　水分迁移

　　如果将在一定相对湿度空气中干燥后的混凝土放入水中（或者更高湿度的空气中），混凝土将产生膨胀，然而，不是全部的初始干燥收缩都可以恢复，即使是长时间放置在水中。对于普通混凝土，不可恢复的收缩约为干燥收缩的 0.3～0.6 倍[9.14]，接近于下限值的更常见[9.25]。收缩不能完全恢复的原因可能是在干燥的过程中凝胶颗粒之间产生紧密的连接，进而产生了附加黏结，这种黏结阻碍了收缩恢复。如果在干燥之前水泥浆硬化完成程度较高，干燥过程中凝胶颗粒的黏结作用的影响就会变小。事实上，对于在水中养护六个月后干燥的水泥净浆，再润湿后没有残余收缩[9.33]。与此相反，如果干燥伴随着碳化作用，水泥浆体对水分的迁移不敏感，所以残余收缩变大[9.14]。

　　干燥之前的养护和干燥期间的碳化作用对水分迁移的影响，可以解释为什么水分迁移和收缩在数值上没有简单的相关性。

　　图 9.23 给出了在水中和相对湿度为 50% 的空气中交替放置的水泥浆的水分迁移情况，水分迁移用线性应变表示[9.33]。相对湿度和混凝土的组成不同，水分迁移大小不同（表 9.4），轻混凝土的水分迁移高于普通骨料混凝土。

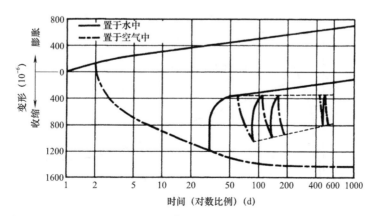

图 9.23　水泥与玄武岩粉末 1∶1 的混合物交替置于水中和相对湿度为 50% 的空气中的水分迁移
（交替循环周期为 28d）[9.33]

表 9.4   在 50℃下干燥和置于水中的砂浆和混凝土水分迁移的典型数值[9.19]

质量配合比	水分迁移（线性应变，10^{-6}）
水泥净浆	1000
1:1 砂浆	400
1:2 砂浆	300
1:3 砂浆	200
1:2:4 混凝土	300

对于某一给定的混凝土，随着干湿交替次数的增加水分迁移逐渐减小，这可能是因为凝结颗粒之间的附加黏结作用[9.22]。如果在水中放置的时间足够长，水泥将继续水化产生附加的膨胀，将其叠加到由于干燥和湿润所造成的可逆变化上，会使其数值增大[9.19]（由图 9.23 中上部虚线的轻微上升可以看出）。

9.14 碳化收缩

混凝土除干燥会产生收缩外，其表层也会因为碳化作用而产生收缩，因此一些干燥收缩试验的数据也包括了碳化作用的影响。然而，干燥收缩和碳化收缩在本质上是完全不同的。

碳化的过程将在第 10 章讨论，在这里，我们主要考虑的是碳化收缩。但是，值得注意的是二氧化碳固定在硬化水泥浆体中，所以硬化水泥浆的质量增加。因此，混凝土的质量也增加。当混凝土干燥和碳化同时进行时，在某一阶段，碳化作用引起的质量增加可能使人们产生误解，认为干燥过程已经达到了质量恒定的阶段，即平衡点（图 9.24）。因此，一定要严格避免对于试验数据的这种错误理解[9.58]。

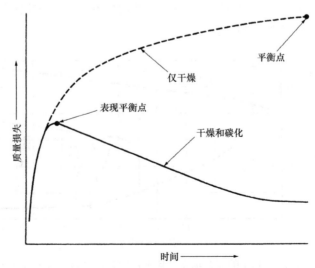

图 9.24   干燥和碳化作用下混凝土的质量损失[9.58]

碳化收缩产生的原因可能是由于压应力（干燥收缩引起）作用下 $Ca(OH)_2$ 晶体分解和无压力作用空间 $CaCO_3$ 沉淀，硬化水泥浆体的可压缩性暂时提高了。如果碳化进行到 C-S-H 凝胶的水解阶段，同样会产生碳化收缩[9.104]。

图 9.25 中给出了在不同相对湿度下不含 CO_2 的空气中干燥的砂浆试件的干燥收缩，同时也给出了碳化收缩。在中等相对湿度条件下，碳化作用可以提高收缩，相对湿度为 100% 或 25% 则不会提高收缩。在相对湿度为 25% 的情况下，水泥浆体孔隙中的水分不足以使 CO_2 形成碳酸。但是，当孔隙中充满水时，CO_2 扩散到浆体内的速度极低，也可能是因为浆体中扩散出来的 Ca^{2+} 与 CO_2 产生了 $CaCO_3$ 沉淀，进而导致了混凝土表层孔隙堵塞[9.37]。

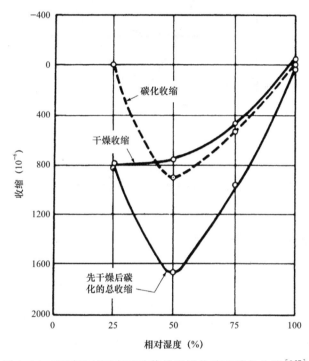

图 9.25 不同相对湿度下砂浆的干燥收缩和碳化收缩[9.37]

干燥和碳化作用的先后顺序对总收缩值的影响很大。干燥和碳化共同作用产生的收缩小于先干燥后碳化产生的收缩（图 9.26），这是因为对于前者来说，碳化收缩绝大多数发生在相对湿度大于 50% 的条件下，在干燥条件下碳化收缩减小（图 9.25）。高压蒸汽养护的混凝土碳化收缩很小。

当混凝土在含有 CO_2 的空气中承受干湿交替作用时，由于碳化作用产生的收缩（干燥过程）逐渐更显著。任何阶段的总收缩都比不含 CO_2 的空气中干燥产生的收缩更大[9.37]，因此碳化作用增大了不可逆收缩，可能会导致外露混凝土开裂。这种裂缝是一种浅层裂缝，由内部无收缩混凝土对表层收缩的约束产生。

然而，混凝土先碳化，再进行干湿交替，可以减少水分的迁移，有时可以减少一半[9.38]。该理论的实际应用是将脱模后的预制品立即放入烟气中进行碳化，可以得到水分迁移小的混凝土，但是碳化过程中的相对湿度需要严格控制。ACI 517.2R-87[9.96] 中给出了混凝土生产中的不同碳化技术。

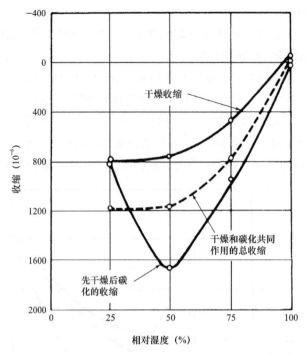

图 9.26 干燥和碳化作用顺序对砂浆收缩的影响[9.37]

9.15 使用膨胀水泥补偿收缩 *

通过本章前面有关干燥收缩问题的讨论，可以明确收缩也许是混凝土所有性能中人们最不希望的性能之一。当收缩受到约束时可能导致收缩开裂，使混凝土发生损伤，更易受到外界物质的侵蚀，从而对耐久性产生不利影响。而且，即使是不受约束，也是不利的，相邻的混凝土单元因为收缩而分离，这样就会产生一种"外部裂缝"。收缩同时也会导致预应力钢筋混凝土中的初始应力松弛。

因此，人们对水泥水化方面的研究做了很多尝试，希望能够研发出一种能够抵消收缩变形的水泥。在特殊的情况下，混凝土硬化过程中的膨胀甚至是有益的。掺有膨胀水泥的混凝土在开始几天就会产生膨胀，这种膨胀会受到混凝土中钢筋的限制，进而产生预应力，此时钢筋受拉，混凝土受压。也可以采用外部方法使混凝土受到约束，这就是补偿收缩混凝土。

也可以使用膨胀水泥制备自应力混凝土，在自应力混凝土中大部分收缩已完成的情况下，仍然残余着受到约束的膨胀，因而产生相当大的压应力[9.3]（约为 7MPa）。

尽管膨胀水泥比普通硅酸盐水泥更贵，但对于减小开裂十分重要的混凝土结构还是很有用的，例如：桥面板、路面板和液体储罐等。

需要强调的是使用膨胀水泥并不能阻止收缩的发展，只是受到约束的早期膨胀产生的膨胀量与随后发生的收缩几乎平衡，如图 9.27 所示。通常情况下，混凝土中要保持小的膨胀残余，这是因为只要混凝土中存在一定的压应力，收缩裂缝就不会发展。

---

* 此部分内容可见参考文献［9.105］。

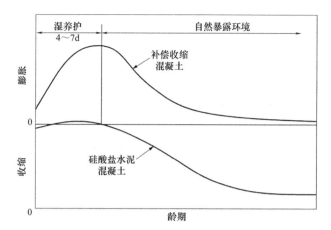

图 9.27 补偿收缩混凝土和硅酸盐混凝土长度变化示意图（基于参考文献［9.91］）

9.15.1 膨胀水泥的种类

膨胀水泥的早期研究是在俄罗斯和法国，Lossier[9.2]采用硅酸盐水泥、膨胀剂以及稳定剂制成了膨胀水泥，其中膨胀剂是通过煅烧石膏、铝土矿和白垩的混合物，生成硫酸钙和铝酸钙（主要成分是 C_5A_3）得到的。在有水存在的条件下，这些化合物反应生成硫铝酸钙水化物（钙矾石），并伴随着水泥浆体的膨胀。稳定剂是高炉矿渣，慢慢吸收多余的硫酸钙并使反应终止。

目前，主要有三种膨胀水泥，但是在美国只有 K 型水泥在市场上能买得到。ASTM C 845-04 对膨胀水泥进行了分类，根据膨胀剂与硅酸盐水泥和硫酸钙一起使用，将其统一归类为 E-1 型水泥。对于每一种膨胀水泥，活化铝酸盐都是膨胀剂的来源，活化铝酸盐与硅酸盐水泥中的硫酸钙反应生成膨胀的钙矾石。例如，在 K 型水泥中，该反应如下：

$$4CaO \cdot 3Al_2O_3 \cdot SO_3 + 8 \left[CaO \cdot SO_3 \cdot 2H_2O \right] + 6 \left[CaO \cdot H_2O \right] + 74H_2O$$
$$\rightarrow 3 \left[3CaO \cdot Al_2O_3 \cdot 3CaSO_4 \cdot 32H_2O \right]$$

生成的产物就是我们熟知的钙矾石。

硫酸钙与 $4CaO \cdot 3Al_2O_3 \cdot SO_3$ 迅速反应，这是因为硫酸钙是单独存在的[9.85]，这一点与 C_3A 不同，它是硅酸盐水泥熟料组成中的一部分。

然而在硬化的混凝土中生成钙矾石是有害的（见第 10.9.3 节），因此常常采用在混凝土浇筑后的前几天里控制钙矾石的形成来达到补偿收缩的效果。

ACI 223R-93[9.91] 和 ASTM C 845-04 中认可的三种膨胀水泥类型分别如下：

K 型：含有 $4CaO \cdot 3Al_2O_3 \cdot SO_3$ 和未反应的 CaO。

M 型：含有铝酸钙 CA 和 $C_{12}A_7$。

S 型：C_3A 含量超过普通硅酸盐水泥。

此外，日本采用一种特殊加工的氧化钙[9.8]生产了一种不含石灰的膨胀水泥，称为 O 型水泥。

K 型水泥可通过组成化合物整体煅烧或相互研磨加工而成，也可以像日本一样，直接在混凝土配料中加入各组分的方式生产[9.8]。

当有特殊用途需要极高膨胀率时，也可以生产含有高铝水泥的特殊膨胀水泥[9.92]。

9.15.2　补偿收缩混凝土

混凝土中一加入水就会开始生成钙矾石，水泥浆体因此开始膨胀，但是只有受约束的膨胀才是有利的，当混凝土处于塑性阶段或者有很小的强度时可以认为是无约束的状态。因此，掺有膨胀水泥的混凝土在浇筑前应避免搅拌时间过长[9.86]或延迟搅拌。

另外，服役混凝土中的延迟膨胀可能使混凝土结构破坏，与混凝土遭受外部硫酸盐侵蚀破坏类似（见第 10.9.3 节）。因此，在混凝土浇筑后几天停止钙矾石的形成是十分重要的，而当 SO_3 或 Al_2O_3 耗尽时，钙矾石将不会再产生。

ASTM C 845-04 规定砂浆 7d 的最大膨胀值应为 $400×10^{-6}$～$1000×10^{-6}$，28d 膨胀值不能超过 7d 膨胀值的 1.15 倍。后者用来检验延迟膨胀值。

由于钙矾石的生成需要大量的水，采用膨胀水泥的混凝土需要湿养护，以便最大程度上利用这种水泥的优点[9.87]。

ACI 223R-93[9.91]中给出了采用膨胀水泥来制备补偿收缩混凝土的一些资料，但是这种水泥的一些特点值得在这里提一下。补偿收缩混凝土的单位用水量比单独使用硅酸盐水泥时多 15%，然而，由于一些额外的水分在很早就结合了，混凝土的强度将会受到很小的影响[9.91]。换种方式来说，在相同的水灰比下，采用 K 型膨胀水泥制备的混凝土 28d 抗压强度比纯硅酸盐水泥混凝土高约 25%[9.4][9.85]。

在用水量相同的情况下，膨胀水泥混凝土的工作性能较差，且坍落度损失较大[9.86]。

常用的外加剂也可以用在补偿收缩混凝土中，但是使用之前必须进行试拌，因为有些外加剂与某一膨胀水泥可能不相容，特别是具有引气作用的[9.55][9.86]。

由于膨胀水泥中含有大量的硅酸钙，硅酸钙的硬度比水泥熟料更低，所以膨胀水泥的比表面积较大，约为 $430kg/m^3$。水泥过细，加快了水化反应的速率，因而可能导致过早的膨胀[9.91]，过早的膨胀是没有用的，因为混凝土在早期不能提供约束作用。混凝土水泥含量越高，骨料的弹性模量越大[9.3]，膨胀值越大，因为骨料对水泥浆的膨胀有抑制作用。ASTM 878-09 规定了测试补偿收缩混凝土约束膨胀的试验方法，该方法可以用来研究各因素对膨胀的影响。

可以通过在补偿收缩混凝土中掺入硅粉来控制过度膨胀[9.90]，K 型水泥浆试验[9.89]表明拌合物中掺入硅粉可以加速膨胀，但当 $CaO·3Al_2O_3·SO_3$ 耗尽时膨胀就会停止，可能是因为 pH 值降低了。我们不希望得到长期膨胀，湿养时间缩短到 4 天是有利的。

如果膨胀反应结束后，水泥中仍然存在硫酸盐，混凝土就易受到硫酸盐的侵蚀（见第 10.9 节），M 型和 S 型水泥可能会出现这种情况。

9.16　混凝土的徐变 *

我们知道，混凝土的应力－应变关系是时间的函数，在荷载作用下，应变随着时间

---

*　混凝土徐变的全部内容可参考 A. M. Neville，W. Dilger 和 J. J. Brooks，《素混凝土和结构混凝土的徐变》（*Creep of Plain and Structural Concrete*，London，Construction Press，Longman Group，1983）。

逐渐增大是由徐变引起的，因此徐变可以定义为在持续应力作用下应变随着时间的增加（图 9.28）。徐变作用下的应变增长值可能是荷载作用下应变值的几倍，因此徐变在结构设计中十分重要。

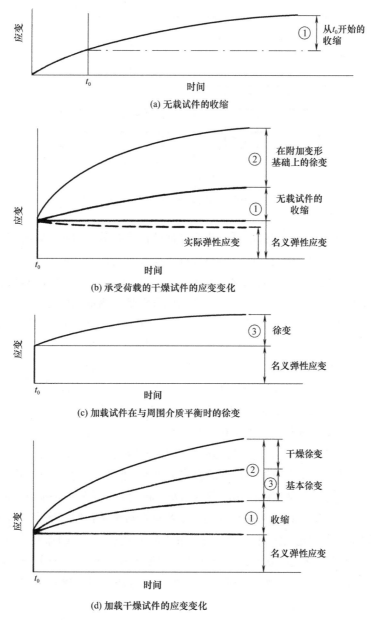

(a) 无载试件的收缩

(b) 承受荷载的干燥试件的应变变化

(c) 加载试件在与周围介质平衡时的徐变

(d) 加载干燥试件的应变变化

图 9.28 持续荷载作用下混凝土随时间的变形曲线

也可以从另外的角度来认识徐变，如果存在一种约束使混凝土试件在应力作用下保持应变不变，徐变本身就会使应力随着时间逐渐减小[9.107]。图 9.29 给出了这种应力松弛的形式。

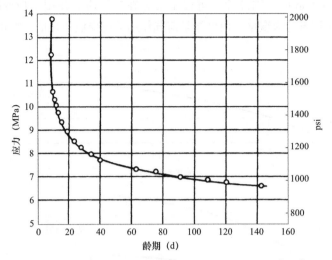

图 9.29 360×10^{-6} 恒定应变作用下的应力松弛[9.107]

在正常荷载作用下，测试得到的瞬时应变与加载速率有关，因此该瞬时应变不仅包括弹性应变，也包括一些徐变。但是，区分瞬时弹性应变和早期徐变是很困难的，实际上这种区分并不重要，因为加载产生的总应变才是最重要的。由于混凝土的弹性模量随着龄期增大，所以弹性变形逐渐减小。因此严格说来，徐变应该看作是在测定徐变时超过了弹性应变的那部分应变（如图 9.28 所示）。通常情况下，我们往往不会测定不同龄期混凝土的弹性模量，而是把徐变简单的看作是超过初始弹性应变的应变增量。这种替代定义，尽管在理论上不够精确，但只要不进行严格的分析，并不会产生严重的错误，并且应用方便。

以上讨论中，我们考虑的徐变都是在混凝土既无收缩又无膨胀的情况下产生的。如果试件在干燥的同时承受荷载作用，通常假定徐变和收缩是可以叠加的，徐变是通过加载试件随时间而增长的总应变值与在相同条件下相同时间无载试件收缩的差值来计算的（如图 9.28 所示）。这种简化计算方法很实用，但是正如第 9.17.3 节所述，收缩和徐变并不是能应用叠加原理的两个独立现象，事实上收缩对徐变的影响是使徐变值增大。然而，在许多实际结构中，徐变和收缩是同时发生的，从实际应用的角度出发，将两者一并处理是很方便的。

由于这一原因，同时也因为有关徐变的大量数据资料都是在假定徐变和收缩可叠加的基础上得到，所以本章所讨论的大部分内容是将徐变看作超过收缩量的那部分变形。但是，混凝土与周围介质没有水分迁移状态的徐变（真实徐变或基本徐变）与干燥引起的附加徐变（干燥徐变）之间是有差别的，因此需要一个更根本的方法。图 9.28 中给出了相关的术语和定义。

如果将持续荷载卸掉，应变会立即减小，减小量与给定龄期下的弹性应变相等，一般小于加载时的弹性应变。应变在瞬时恢复之后仍然会逐渐减小，称为徐变恢复（如图 9.30 所示）。徐变恢复曲线的形状与徐变曲线是相似的，但徐变恢复达到最大的速度更快[9.108]。徐变并不能完全恢复，因为徐变不是一个简单可逆的现象，因此对于任何施加的持续荷载，甚至持荷时间仅是一天中的某段时间，也会导致残余变形。徐变恢复对于预测承受随时间变化的应力作用的混凝土变形是十分重要的。

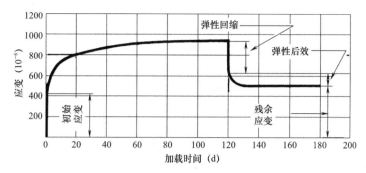

图 9.30 砂浆试件的徐变与徐变恢复曲线

（置于相对湿度为 95% 的空气中，施加 14.8MPa 应力，然后卸载）[9.108]

9.17 徐变的影响因素

为了确定混凝土不同的性能对徐变的影响，大多数的研究都是采用试验的方法。实际上，在配制混凝土时不可能只改变一个因素而不改变其他因素，因此合理解释这些得到的数据是困难的。例如，和易性相同的拌合物同一时间的富集度和水灰比也是不同的。然而，总会有某些因素的影响是显著的。

某些影响因素是拌合物固有的性质，有些来自外部环境。首先，必须明确的是发生徐变的是水化的水泥浆，混凝土中骨料的主要作用是抑制徐变的发展，普通骨料在混凝土处于受力状态下不易发生徐变，这与收缩的情况是相似的（见第 9.9 节）。因此，徐变是混凝土中水泥浆体积含量的函数，但并不是线性相关的。试验证明[9.109]，混凝土的徐变 c，骨料的体积含量 g 与未水化水泥体积含量 u 之间的关系式如下：

$$\log \frac{c_p}{c} = \alpha \log \frac{1}{1-g-u}$$

式中，c 是与混凝土中质量相同的水泥浆徐变，而且

$$\alpha = \frac{3(1-\mu)}{1+\mu+2(1-2\mu_a)\dfrac{E}{E_a}}$$

式中，μ_a＝骨料的泊松比；μ＝周围材料（混凝土）的泊松比；E_a＝骨料的弹性模量；E＝周围材料的弹性模量。该关系式既适用于普通骨料混凝土，也适用于轻骨料混凝土[9.110]。

图 9.31 中给出了混凝土徐变与骨料含量（不考虑未水化水泥的体积）的关系。值得注意的是，在大多数常用的混凝土拌合料中，骨料含量的变化不大，但是混凝土骨料的体积含量从 65% 增大到 75% 时，徐变会减小 10%。

骨料的级配、最大粒径和形状都被看作徐变的影响因素，但是，假定在任何情况下混凝土都充分硬化，那么这些因素的主要影响表现在它们直接或间接影响了骨料的含量[9.109]。

骨料的某些物理性质影响混凝土的徐变，其弹性模量也许是最重要的影响因素。骨料的弹性模量越大，对水化水泥浆潜在徐变的抑制越大，这一点可以从上述有关 α 的表达式中明显看出来。

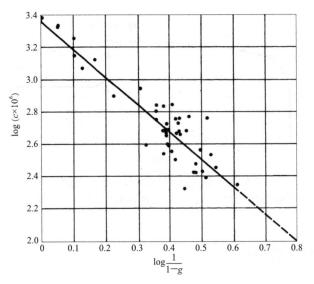

图 9.31 加载 28d 后的徐变 c 与骨料含量 g 的关系
（试件采用湿养护，14d 加载，应力/强度比为 0.5）[9.109]

研究发现骨料的孔隙率对混凝土的徐变也有影响，这是因为骨料的孔隙率越高其弹性模量通常越低，孔隙率可能并不是影响混凝土徐变的单独因素。另外，骨料的孔隙率，更确切地说是吸水率，直接影响了混凝土中的水分迁移，而水分迁移与徐变相关，水分迁移是干燥徐变发生的前提。这就可以解释轻骨料混凝土干燥环境下的初始徐变大。

由于骨料在矿物学和岩石学类型上有很大差别，不可能得到不同种类骨料混凝土徐变数值的普遍准则。然而，图 9.32 中的数据资料很重要，在相对湿度为 50% 的条件下放置 20 年，砂岩骨料混凝土的徐变比石灰岩骨料混凝土高 2 倍。Rüsch 等研究发现不同骨料混凝土之间的徐变差异更大[9.111]，在相对湿度为 65% 的条件下加载 18 个月，徐变最大值是最小值的 5 倍，对混凝土徐变影响的骨料种类从低到高依次为：玄武岩、石英岩、砾石、大理石、花岗石和砂岩。

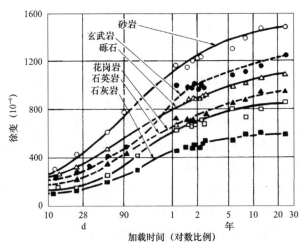

图 9.32 配合比一定时不同骨料混凝土的徐变
（28d 加载，置于温度为 21℃ 和相对湿度为 50% 的空气中）[9.24]

就徐变的性能而言，普通骨料和轻骨料对徐变的影响没有本质区别，并且只有当骨料的弹性模量较低时轻骨料混凝土的徐变才会较大。随着时间的增加，轻骨料混凝土徐变减小的速率比普通骨料混凝土慢。一般来说，结构用轻骨料混凝土与普通骨料混凝土的徐变大致相同（对于轻骨料混凝土和普通骨料混凝土，在进行比较时，其骨料的含量没有太大的不同）。并且，由于轻骨料混凝土的弹性变形一般比普通混凝土大，所以轻骨料混凝土的徐变与弹性变形之比相对于普通混凝土更小[9.112]。

9.17.1 应力与强度的影响

此阶段，讨论应力对徐变的影响是合适的。徐变和应力之间存在着正比关系[9.113]，但在试件早期加载时可能例外。即使应力非常小混凝土也会发生徐变，因此比值没有下限。当混凝土中产生严重的微裂缝时比值达到最大值，混凝土越不均匀该上限值越低，该比值采用应力/强度比，小数的形式表示。混凝土的应力/强度比一般为0.4~0.6，但是下限有时也会达到0.3，上限会达到0.75，后者通常出现在高性能混凝土中[9.66]。对于水泥砂浆，该比值为0.8~0.85[9.112]。

混凝土结构在使用应力范围内，徐变与应力成正比，徐变表达式中也是这样假定的，这是安全合理的。徐变恢复也与施加的应力成正比[9.114]。

当超过比例极限时，随着徐变的增大应力也会增加，且增加的速率更快，存在一个应力/强度比超过比例极限，使得混凝土在徐变的作用下发生经时破坏。这个比值为短期静力强度的0.8~0.9。徐变使混凝土的总应变增加，直到总应变达到该混凝土的极限应变。这就是混凝土破坏时的极限应变的概念，至少对于硬化的水泥浆是如此的（见第6.7.2节）。

混凝土的强度对徐变有很大的影响，混凝土在加载情况下徐变与强度在较大范围内成反比，表9.5中给出的数据说明了这一点。因此，可以采用线性函数来表示徐变与应力/强度比之间的关系[9.115]（图9.33）。大量的试验证明该比例关系是正确的。这可能不是最真实的函数关系，但却是实用的，因为在实际工程中，根据设计要求规定了混凝土的强度，同时设计者要计算出荷载作用下产生的应力。正因为如此，应力/强度比的方法相对于考虑水泥的种类、水灰比以及龄期的计算方法更实用。在上述计算方法中，我们承认水灰比对徐变是有影响的，但是，实际上相同应力/强度比的情况下，水灰比对徐变显然是没有影响的。同样我们忽略龄期的影响，龄期对混凝土的主要影响是强度的增长。还需要指出的是，即使是龄期很长的混凝土也会发生徐变，这在龄期为50年的混凝土试验中已经得到了证实。

表 9.5 7d 龄期加载的不同强度混凝土的极限徐变

混凝土抗压强度（MPa）	极限徐变（10^{-6}/MPa）	极限徐变与强度的乘积（10^{-3}）
14	203	2.8
28	116	3.2
41	80	3.3
55	58	3.2

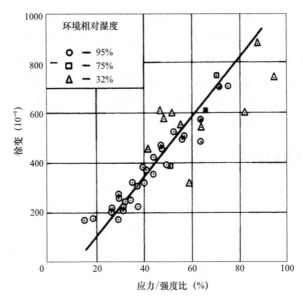

图 9.33   不同相对湿度下养护和存放的砂浆试件的徐变[9.117]

9.17.2   水泥性能的影响

水泥的种类对徐变的影响主要体现在水泥对加载时混凝土强度的影响上。因此，在研究不同水泥对混凝土徐变的影响时必须考虑加载时水泥种类对混凝土强度的影响。基于此，当强度相同时，不同种类的硅酸盐水泥和铝酸盐水泥混凝土得到的徐变明显是相同的[9.123][9.124]，但是，获得强度的速率是不同的，下面讨论的就是强度增长速率的影响。

水泥的细度影响混凝土早期强度的发展，进而影响徐变。然而，水泥细度本身并不是徐变的影响因素，这个矛盾的结论可能是由于石膏的间接影响。水泥细度越高需要的石膏量越大，因此，在实验室对水泥进行再研磨时不添加石膏，就会出现水泥的缓凝现象，这种缓凝水泥的收缩和徐变都会很高[9.28]。对于比表面积达到 $740kg/m^2$ 的超细水泥，在荷载作用下早期的徐变会很大，但是加载 1~2 年后徐变反而更小了[9.41]。这可能是由于水泥强度的快速增长导致实际的应力/强度比快速下降的缘故[9.133]。

荷载作用下混凝土强度的变化对评价前文中水泥种类对徐变没有影响的结论是十分重要的，在施加荷载时产生相同应力/强度比的混凝土，施加荷载前强度增加相对越大，徐变越小[9.133]。因此，低热水泥、普通水泥、快硬水泥配制的混凝土的徐变逐渐增大。然而，对于一定龄期（早期）的混凝土，在恒定应力（并不是应力/强度比）作用下，徐变增大的顺序为：快硬水泥、普通水泥、低热水泥。这两种情况说明，必须弄清楚徐变的影响因素。

不同胶凝材料配制的混凝土加载时混凝土强度对徐变也有影响，此外，对于含有粉煤灰和粒化高炉矿渣的混凝土，已有的研究报道采用的是特定的试验方法，试验条件不同，所以不可能给出定量归纳。这些数据不能在结构设计阶段预测混凝土的徐变。我们可以确定的是 C 型和 F 型粉煤灰[9.144][9.153]、粒化高炉矿渣[9.151]、硅粉或者这些掺合料的混掺对徐变的恢复以及徐变发展的形式是没有影响的。

然而，不同胶凝材料硬化水泥浆体的徐变可能受到其他因素的影响。影响干燥徐变的因素也许不同于基本徐变，它与硬化水泥浆的渗透性和扩散性有关。例如，水泥浆体中掺入粒化高炉矿渣之后基本徐变减小，干燥徐变增大[9.14][9.125][9.152]。值得注意的是，不同的胶凝材料硬化的速率不同，加载时强度增加的速率也存在差异。强度增加的速率会对徐变产生影响，这一点前面已经介绍了。

Buil 和 Acker[9.150]曾做过一个关于水化对徐变的影响试验，研究发现硅粉对基本徐变没有影响，但是显著减小了干燥徐变。这可能是因为硅粉的水化反应减少了可以从凝胶体中迁移出的水分。通常情况下，由于长期的水化反应，在持续荷载的作用下强度增加，掺入粉煤灰或者粒化高炉矿渣的混凝土的长期徐变减小。

相对于拌合物中只掺入普通硅酸盐水泥的混凝土，膨胀水泥混凝土的徐变更大[9.156]。

大多数情况下掺入减水剂和缓凝剂会使基本徐变增大，但并非都是如此[9.134][9.135]。研究表明混凝土中掺入木质素磺酸盐类外加剂比掺入羧酸基类外加剂产生的徐变大[9.71]。对于干燥收缩，这些外加剂的影响并不明确[9.71]，掺加高效减水剂对干燥收缩影响也不明确[9.71]。这种情况并不是我们想要的，因为如果在给定结构中徐变的影响很重要，那么拟掺入的任何外加剂对徐变的影响都需要仔细检测。

不同研究人员报告的徐变存在着差异，在许多研究中，不同研究结果之间的差异与单一试验结果的概率分布大概处于同一数量级。因此，这种数据上的显著差异是不合理的，不能作为预测混凝土徐变的基本资料。需要采用实际使用的材料进行进一步试验，这些试验的工况必须与实际服役环境相同，可以是短期试验，通过第9.19节给出的公式推算出长期徐变。

回到徐变与应力/强度比的关系，我们注意到，对于给定的配合比，强度与弹性模量是相关的，徐变与弹性模量也是相关的。图9.34给出了 t 时刻徐变的试验值和 t 时刻弹性模量与加载时弹性模量之比的关系[9.118]，加载时的龄期和测试时的龄期有较大的变化，但配合比是不变的。加载时的弹性模量给出了当时的强度指标，而弹性模量的增加反应了荷载的持续作用。

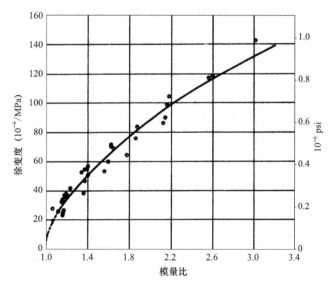

图 9.34　t 时刻徐变和 t 时刻弹性模量/施加荷载时模量之比的关系曲线
（不同混凝土、加载龄期以及持荷时间）[9.118]

9.17.3 环境相对湿度的影响

影响混凝土徐变最重要的外部因素之一是空气的相对湿度。我们可以给出一个粗略的估计，对于给定的混凝土，相对湿度越低徐变越大。如图 9.35 所示，试件先在相对湿度为100% 的环境下养护，然后在不同的相对湿度环境下施加荷载时的徐变，这种处理导致不同的混凝土试件在荷载施加的初始阶段产生了不同的收缩。在此阶段徐变的速率也会有很大的不同，然而在后期，速率似乎又彼此接近了。因此，在加载的同时干燥会增大混凝土的徐变，也就是附加的干燥徐变（图 9.28）。混凝土加载前已经与周围环境达到平衡时，相对湿度对徐变的影响很小，甚至没有[9.117]（图 9.35）。因此，实际上，并不是相对湿度影响了混凝土的徐变，而是干燥的过程，即发生干燥收缩。

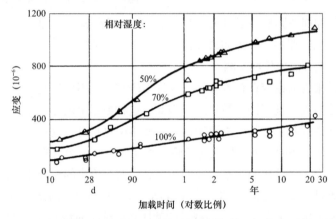

图 9.35　饱和空气养护 28d 后置于不同相对湿度条件下加载的混凝土徐变[9.24]

干燥徐变可能与由限制混凝土收缩和开裂的外部约束引起的拉应力有关，或者受该拉应力的影响[9.149]，混凝土在压缩荷载作用下产生的压应力可以抵消这种开裂[9.148]。因此，承受荷载作用的试件的实际收缩比表面开裂的试件测得的收缩大。假定收缩值很小，徐变与收缩是可以叠加的，荷载作用下试件的假定收缩与实际收缩之间的差值就是干燥收缩。但是，这个假定在水泥砂浆试验[9.145]中并没有得到证实，在该试验中未加载对比试件没有发生收缩开裂，观测到了较大的干燥收缩。Day 和 Illston[9.154] 研究发现即使是非常小的硬化水泥浆试件也会发生干燥收缩，干燥收缩是硬化水泥浆的固有特征。

Bažant 和 Xi[9.157] 认为除了干燥收缩外，由于水分在孔隙和凝胶体之间的迁移产生的收缩也会导致应力产生。然而，在没有更确切的资料之前，干燥徐变仍然采用图 9.28 中给出的定义。

此时，值得注意的是，收缩大的混凝土通常徐变也大[9.14]。这并不代表收缩和徐变产生的原因是相同的，但是它们可能均与硬化水泥浆结构的相同方面相关。不可忽视的是，在相对湿度不变的环境下养护和加载的试件会发生徐变，而且徐变发生的过程中不会因混凝土中的水分散失到周围环境中而产生质量减小[9.120][9.121]，同样的在徐变的恢复过程中也不会有质量的增加[9.121]（在徐变或徐变恢复阶段可能会由于碳化作用而导致质量出现很小的增长）。

图 9.36 中进一步给出了收缩与徐变之间的关系。试件在加载 600d 后卸载，允许其徐变

恢复，然后浸泡在水中，所产生的膨胀正比于两年前卸载的应力值。膨胀完成后的残余应变
也有类似的比例。

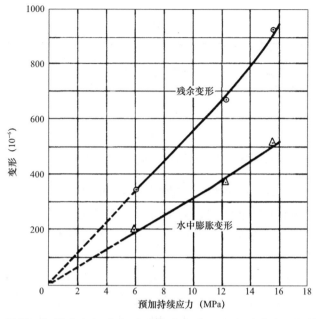

图 9.36　混凝土初始应力与（a）水中膨胀变形、（b）残余变形的关系[9.113]

　　图 9.37 中给出了加载试件变形随时间变化的曲线，试件交替放置于水中和相对湿度为
50% 的空气中，纵坐标表示变形，从空气中加载 600 天时的变形算起。从图中可以看出，在
水中时加载试件的徐变与未加载试件的膨胀有关，但是在空气中时所有试件的变形都是相同
的。这些龄期很长的混凝土在水中浸泡时徐变的增加可能是因为干燥期间产生的一些黏结部
分发生了破坏（见第 9.13 节）。根据图 9.37 中的数据，以未加载试件变形为基准，计算得到
的变形如图 9.38 所示。从这些数据可以得出一个结论：干湿交替作用增大了徐变值，因此，
实验室的试验结果可能低于正常天气下的徐变。

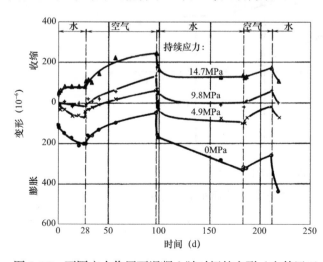

初始应变（空气中加载 600d）:	
应力（MPa）	应变（10^{-6}）
0	280
4.9	1000
9.8	1800
14.7	2900

图 9.37　不同应力作用下混凝土随时间的变形（交替置于水中和相对湿度为 50% 的空气中）[9.14]

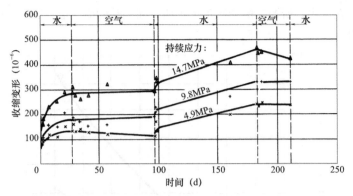

图 9.38 根据图 9.37 数据以未加载试件应变为基准计算得到的加载试件变形[9.14]

研究发现徐变随着混凝土尺寸的增大而减小，这可能是因为收缩的影响，以及干燥条件下试件表面的徐变比核心混凝土大，核心混凝土的状态接近于大体积混凝土。即使随着时间的延长，干燥达到了混凝土的核心，此时核心混凝土已经充分水化获得了较高的强度，因而徐变仍然较低。但是，对于表面密封的混凝土，尺寸不会对徐变有影响。

尺寸对混凝土构件徐变的影响最好采用体积／表面积比的形式来表示，二者之间的关系如图 9.39 所示。从图中可以看出，试件形状对徐变的影响远小于对收缩的影响。而且，随着尺寸的增大徐变的减小量也小于相同情况下收缩的减小量（参见图 9.21）。但是徐变和收缩增大的速率是相同的，这说明收缩和徐变都是体积／表面积比的函数。这些数据适用于相对湿度为 50% 的条件下混凝土的收缩和徐变[9.53]。

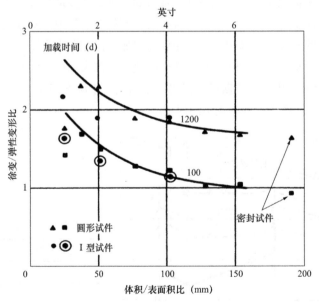

图 9.39 徐变/弹性变形比与体积/表面积比的关系[9.53]

9.17.4 其他影响因素

温度不仅对预应力混凝土和压力容器的徐变影响很大，对其他形式的结构影响也很大，例如桥梁。混凝土的徐变速率随着温度的升高而增大，直到 70℃，对于 1:7 的拌合物（水灰比为 0.6），70℃时的徐变速率约为 25℃时的 3.5 倍，温度介于 70℃～96℃之间时，徐变速率降低到 25℃时的 1.6 倍[9.116]。徐变速率的这种差异在荷载作用下至少维持 15 个月。图 9.40给出了徐变的过程。这种特性产生的原因可能是水分从凝胶体表面解析出来，因此只有凝胶相单独承受化学侵蚀和流体剪切，继而使徐变的速率降低。高温条件下混凝土徐变增加的部分原因可能是高温条件下混凝土的强度降低了[9.147]（见第 8.1 节）。

考虑低温对徐变的影响，冰冻使徐变的初始速率变高，但很快又会降低为 0[9.137]。温度为 −10～−30℃时，徐变为 20℃的一半[9.155]。

图 9.41 给出了混凝土徐变随温度的变化曲线[9.136]。

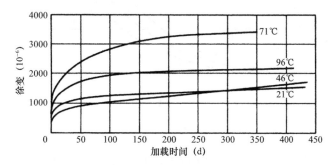

图 9.40　不同温度下混凝土徐变与时间的关系曲线（应力/强度比为 0.7）[9.116]

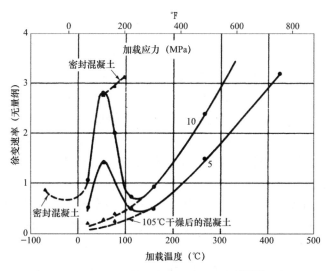

图 9.41　温度对徐变速率的影响[9.136]

有关混凝土徐变的大部分数据是在恒定应力作用下得到的，但是实际上有时会在小范围内变化。研究发现在相同的应力/强度比下，变化荷载（平均应力/强度比）随着时间产生的变形比静荷载更大[9.139]，如图 9.42 所示，变化荷载的应力/强度比范围为 0.35～0.05，静荷载的应力/强度比为 0.35。图中也给出了在平均应力/强度比为 0.35（变化范围为 0.25～0.45）的荷载作用下的变形曲线，其变形更大。试件在周期荷载作用下徐变的机理可能与静荷载作用机理是相同的，两种情况下均采用"徐变"来定义是合理的。周期荷载作用下早期徐变速率似乎更高，而且长期徐变值更大[9.140]。因此，当周期荷载作用时，采用静力荷载试验得到的徐变值是偏低的。

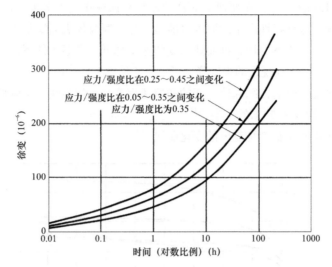

图9.42　变化荷载及静荷载作用下的徐变

上述讨论的内容都是在单轴受压的情况下，但在其他荷载作用的情况下徐变也会发生，在这些情况下徐变的性能资料有助于明确徐变的本质以及解决一些设计问题。不幸的是，试验数据资料是有限的，在许多情况下，无法做定量的评估或者将其性能与受压特性比较。正因如此，我们只能做一些粗略的评估。

大体积混凝土在单轴受拉荷载作用下的徐变比相同压应力作用时提高20%～30%。二者差值的大小取决于加载时的龄期，对于早期加载并放置在相对湿度为50%环境下的混凝土，其差别可达到100%。然而，也有与此矛盾的结论[9.101]，因而关于受拉徐变还没有一个可靠的说法。受拉徐变–时间曲线与受压徐变–时间曲线的形状是相似的，但是由于受拉强度随着龄期的增加量小，受拉徐变速率的减小要远小于受压徐变。干燥作用会使受拉徐变增大，这与受压徐变的情况相同。在直拉试验中，试件随时间增长的破坏行为与单轴受压时相似，但是受拉临界应力/强度比可能只有0.7[9.158]。

扭转荷载作用下也会产生徐变，与受压徐变一样，扭转徐变也会受到应力、水灰比以及环境相对湿度的影响，徐变–时间曲线的形状相同[9.119]。研究发现扭转徐变/弹性变形比与受压荷载作用下相同[9.138]。

单轴受压荷载作用下，不仅轴向会产生徐变，法向同样会产生徐变，法向徐变称为横向应变。第9.2节中已经讨论了徐变泊松比。事实上，横向徐变是由轴向应力作用产生的，据此可知，如果在多向应力作用，任意方向都会在该方向应力作用下产生徐变，对应的两个横向也会由于泊松比效应而产生徐变。试验[9.45]表明，对每个应力单独作用产生的徐变进行叠加是不合理的，因此，对于多向应力作用下的徐变，不能通过单轴徐变的测试结果推测得到。特别是，多向应力作用下的徐变小于等值单向应力作用下的徐变（图9.43）。但是，即使在静水压力作用下仍有相当大的徐变。

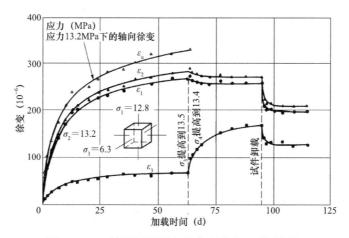

图 9.43 三轴受压混凝土的典型徐变-时间曲线

9.18 徐变与时间的关系

我们通常通过测定试件应变随时间的变化来确定徐变，该试件承受恒定荷载作用并置于适宜的环境条件下。ASTM C 512-02 中规定了一种徐变的测试方法，采用一种弹簧承载的框架装置，该装置可以使圆柱体试件在压缩的情况下承受的荷载保持不变。然而，对于由未经测试的骨料或外加剂制成的混凝土进行对比试验时，可以采用更简单的试验方法[9.141]（图 9.44）。这种情况下，荷载必须随时校正，其数值由与混凝土相连接的测力计来测定。

图 9.44 中给出的装置可以用来进行快速徐变试验，将试验装置浸入温度为 45℃～65℃的水中。如前文所述，高温可以加速徐变的发生，因此，7d 后很容易测得未经测试混凝土与基准混凝土之间的徐变差别。对于不同骨料和外加剂的混凝土，加速徐变与常温下 100d 徐变线性相关[9.141]，如图 9.45 所示。

徐变可以持续非常长的时间，如果没有时间限制，最长的测试资料显示 30 年后徐变仍有少量增加[9.24]（图 9.46）；之后由于试件受到碳化作用试验中断。虽然徐变速率是持续递减的，但通常假设在加载无限长时间后，徐变趋于一个极限值，虽然这一点还没有通过证实。

Troxell 等[9.24] 给出了徐变长期试验结果，如图 9.46 所示，如果以 1 年的徐变作为单位 1，则后期徐变的平均值为：

2 年——1.14；

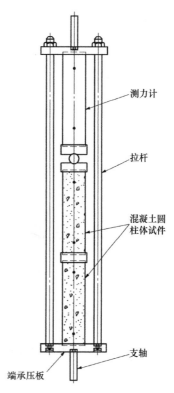

图 9.44 测定近似恒定应力作用下
混凝土徐变的简易装置[9.141]

5 年——1.20;

10 年——1.26;

20 年——1.33;

30 年——1.36。

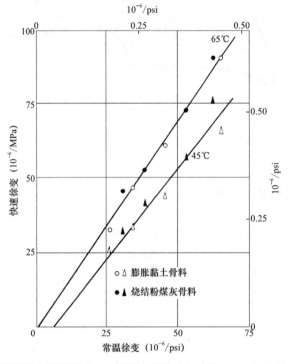

图 9.45 不同配合比混凝土 7d 高温快速试验与常温 100d 徐变的关系[9.141]

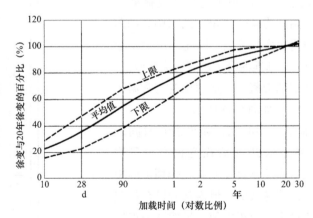

图 9.46 不同相对湿度下不同混凝土的徐变-时间曲线范围[9.24]

这些数据说明极限徐变的值可能超过一年徐变的 1.36,尽管是为了计算,通常假定 30 年徐变为极限徐变。

目前已经建立了许多关于徐变与时间关系的数学公式,Ross[9.122] 和 Lorman[9.31] 给出了最实用的公式,该公式的形式是双曲线。Ross 将持荷时间 t 时的徐变 c 表示为:

$$c=\frac{t}{a+bt}$$

式中，$t=\infty$，$c=1/b$，$1/b$ 为徐变极限值。常数 a 和 b 由试验结果确定，以 t/c 为纵坐标、t 为横坐标绘制得到一条直线，斜率即为 b，纵轴截距即为 a。应该通过较长龄期的试验点来绘制该直线，这是因为在施加荷载后，早期试验点连成的直线通常有一些偏差。

ACI 209R-92[9.80] 中采用的是修正的 Ross 公式，与原公式的主要不同是将 t 改为了 $t^{0.6}$。ACI 209R-92 中也考虑了不同因素的影响，给出了影响系数。

美国垦务局对大坝混凝土徐变做了大量的研究，在大坝中只发生了基本徐变，徐变可以采用下面的形式表示：

$$c=F(K)\log_e(t+1)$$

式中　K——加载龄期；

$F(K)$——徐变变形速率随时间的变化关系函数；

　　　t——加载时间（d）。

$F(K)$ 可以通过半对数坐标纸作图求得。

有时给出的是单位应力下的徐变，单位通常为 $10^{-6}/MPa$，即比徐变或单位徐变。徐变也可以用徐变与初始弹性变形的比值来表示，这个比值就是我们熟知的徐变系数或特征徐变。这种方法的优点是考虑了骨料的弹性性能，骨料的弹性性能对混凝土徐变和弹性变形的影响方式是相似的。

Bažant 和他的合作者们对徐变的复杂公式进行了简化，但即使简化后的公式也并不简单[9.146]。

徐变表达式的多样性使人们感到困惑，但要在任意情况下对某种混凝土的徐变进行预测仍是不可能的。必须进行持荷 28 天的短期加载试验，在此基础上才可能进行外推。研究表明[9.142]加载 5 年内，指数表达式能够较好的与基本徐变试验数据吻合，对于基本徐变加干燥徐变，则对数-指数函数更合适。对于大多数混凝土，忽略水灰比和骨料种类的影响，t 天（$t>28$）的比徐变 c_t 与 28 天的比徐变 c_{28} 相关，关系式如下：

基本徐变：　　　　　　　$c_t=c_{28}\times0.50t^{0.21}$

总徐变：　　　　　$c_t=c_{28}\times(-6.19+2.15\log_et)^{0.38}$

式中　c_t——长期徐变比，$10^{-6}/MPa$。

9.19　徐变的本质

从图 9.30 中可以看出徐变和徐变恢复的现象是相关的，但他们的本质还远没有弄清楚。徐变可以部分恢复的事实表明，其可能包括部分可逆的黏弹性位移（由纯黏性相和纯弹性相组成），还可能包括一部分不可逆的塑性变形。

弹性变形在卸载后一般都是可以恢复的，塑性变形则是不可恢复的，变形取决于时间，并且塑性应变与施加的应力之间、应力与应变速率之间没有比例关系。黏性位移卸载后也是不可恢复的，同样与时间有关，但黏性应变速率与施加的应力之间通常存在着比例关系，也就是在给定的某一时间，应力与应变成正比关系[9.129]。表 9.6 中给出了不同形式的变形。

表 9.6 变形类型

变形类型	瞬时作用	与时间有关
可恢复变形	弹性变形	延迟弹性变形
不可恢复变形	塑性变形	黏滞变形

McHenry[9.126]根据应变叠加原理对部分可恢复的徐变进行了分析，应变叠加原理是指 t_0 时刻施加的应力增量任意时刻 t 时在混凝土中产生的应变不受早期或后期施加的任意应力的影响。这种应力增量可以是压应力或拉应力，也可是卸载。例如，如果在 t_1 时刻卸载施加在试件上的压应力，它所引起的徐变恢复与在 t_1 时刻对相似试件施加相同压应力产生的徐变相等，如图 9.47 所示。从图中可以看出，徐变恢复就是任意时刻的实际应变与假定试件继续承受初始压应力同一时刻产生的应变之差。

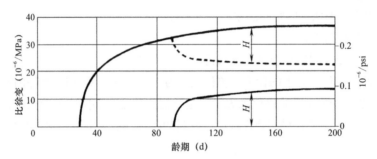

图 9.47 McHenry 应变叠加原理实例[9.126]

图 9.48 给出了密封混凝土实际应变与估算应变（实际上，估算值是两组试验之差）的比较结果，该混凝土只发生基本徐变[9.127]。由该图可知，在所有情况下，卸载后的实际应变比由叠加原理计算得到的残余应变高。因此，实际徐变比预测的徐变小。在变化应力作用下应用叠加原理，也会产生相似的误差[9.107]。由此可见，叠加原理并不完全符合徐变与徐变恢复的现象。

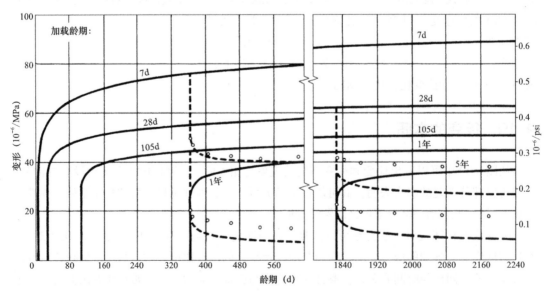

图 9.48 根据 McHenry 叠加原理计算得到的应变值与测试值的比较[9.127]

即便这样，应变叠加原理仍是一种很方便的假设。这一假定意味着徐变是一种滞后的弹性现象，水泥的水化阻碍了徐变的完全恢复。因为成熟混凝土的性能随着龄期的改变很小，龄期为若干年的混凝土，对其施加持续作用，由此产生的徐变有可能可以完全恢复，但是这一点并没有得到试验证实。值得注意的是，在大体积混凝土中，即使只有基本徐变发生，叠加原理产生的误差是在容许范围内的。对于干燥徐变，应用叠加原理产生的误差较大，此时对徐变恢复往往估算得过高。

徐变的本质至今仍是一个存在争议的问题[9.128]，这里也不可能做深入的讨论。发生徐变的是水泥浆，徐变与混凝土内部吸附水或者结晶水的迁移有关，即与内部水分渗流有关。Glucklich的试验[9.132]表明不含可蒸发水分的混凝土不发生徐变，然而，徐变在高温条件下性能的改变表明，在这种情况下，水分不再起作用，水泥浆本身承受徐变变形。

由于徐变可以在大体积混凝土中发生，因此对于基本徐变来说，水分渗透到混凝土之外并不是必须的，尽管这个过程在干燥徐变中发生。然而，水分从吸附层渗透到孔隙（例如毛细孔）中还是可能的。硬化水泥浆体的徐变和强度之间的关系间接地证明了这种孔隙的作用，即徐变可能是未填充孔隙相对数量的函数，并且可以推测凝胶体中的孔隙对强度和徐变起控制作用，对于徐变来说，孔隙可能与水分渗透有关。当然，孔隙体积是水灰比的函数，并且受到水化程度的影响。

值得注意的是，即使毛细孔承受水槽中静水压力作用也不会完全充满水，因此，在任何放置条件下，水分渗透都可能发生。无收缩试件的徐变与周围环境的相对湿度无关，这说明无论"在空气中"还是"在水中"，徐变的根本起因是相同的。

徐变-时间曲线的斜率随时间明显减小，这预示着徐变机理发生了改变，可能是逐步改变的。可以想象，徐变斜率减小的机理自始至终是相同的，但是持荷多年后吸附水层可能变薄，因此，在相同的应力作用下徐变斜率不会进一步减小，然而在30年后仍然可以观测到徐变。所以，长期的缓慢徐变可能是因为变形在可蒸发水存在的前提下得到了发展，而不是水分的渗透，这可能是黏滞流动或者胶凝粒子间的滑移。这种徐变机理与温度对徐变的影响相符，也可以解释大部分长期徐变的不可逆性。

周期荷载作用下观测到的徐变，特别是在混凝土内部温度升高时，上述假定需要修正。正如前文提到的，周期应力作用下的徐变比与周期应力平均值相等的静荷载作用下的徐变大[9.140]，这种增大的徐变很大程度上是不可恢复的，并且包括由于凝胶体颗粒黏滞滑动引起的加速徐变和早期徐变出现的微裂缝数量受到限制引起的增加徐变两部分。其他受拉徐变和受压[9.143]徐变试验数据资料表明：最好用渗流理论和黏滞理论的结合来解释徐变这一现象。

一般来说，除了周期性徐变以外，微裂缝的作用很小，该作用仅局限于加载混凝土的早期，而且所施加荷载的应力/强度比超过0.6。

所有以上一切说明，我们不得不承认徐变现象的机理尚未明确。

9.20 徐变的影响

徐变对应变、挠度以及应力分布都有影响，但影响方式因结构形式的不同而不同[9.130]。素混凝土的徐变本身并不影响强度，尽管在极高的应力下徐变加速了破坏时极限应变发展，不过这只适用于持续荷载大于快速加载静力极限荷载的 85% 或 90%[9.115]。在持续应力较低的情况下，混凝土的体积减小（因为徐变泊松比小于 0.5），因此混凝土的强度会有所增加，只是这种影响很小。

徐变对钢筋以及预应力混凝土性能和强度的影响在参考文献［9.84］中有详细讨论，值得一提的是，在钢筋混凝土柱中，徐变将荷载从混凝土逐渐转移到钢筋中。一旦钢筋屈服，荷载的增加将由混凝土全部承担，因此在破坏发生之前钢筋和混凝土都得到了充分的利用——这一现象已经应用在设计公式中。然而，对于承受偏心荷载作用的柱子，徐变使变形增大，可能会导致屈曲。在超静定结构中，徐变可能会消除由于收缩、温差，或者支座移动产生的应力集中。在所有的混凝土结构中，徐变可以减小混凝土内部由于不均匀收缩而产生的应力，从而减小开裂。在估算徐变对结构的影响时，与时间相关的实际变形并非混凝土的"自由"徐变，而是因钢筋的数量和位置而改变的徐变。

此外，在大体积混凝土中，由于水化放热和随后的冷却使受到约束的大体积混凝土遭受温度循环变化的影响，徐变本身很可能成为导致混凝土开裂的原因。大体积混凝土内温度的快速上升会使内部产生压应力，由于早期混凝土的弹性模量很小，该应力也很小。早期混凝土的强度也很低，因此其徐变很大，从而使压应力得到了释放，并且一旦冷却发生，保持的压应力就会逐渐消失。混凝土继续冷却就会产生拉应力，因为徐变的速率随着龄期而减小，在温度降低到初始温度（浇筑温度）之前可能会发生开裂（图 9.49）。因此，必须控制大体积混凝土内部温度的升高（见第 8.9 节）。

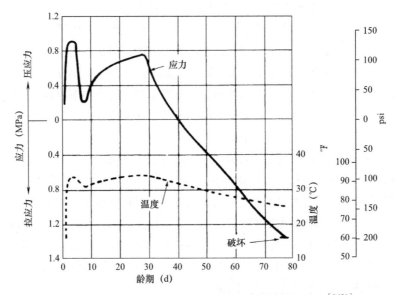

图 9.49   长度不变混凝土承受温度循环作用时的应力[9.131]

徐变也可能使结构构件产生过大的挠度，或者其他的服役问题，尤其是在高层建筑和大跨度桥梁中。

由于徐变作用而导致预应力的损失是众所周知的，实际上，这就是最初尝试施加预应力失败的原因。

因此徐变的影响可能是有害的，但是，从整体上看，徐变与收缩不同，它有助于缓解应力集中，徐变在很大程度上对于混凝土作为结构材料是有益的。已有合理的设计方法允许徐变在不同类型的结构中发展[9.112]。

参考文献

9.1   R. E. PHILLEO, Comparison of results of three methods for determining Young's modulus of elasticity of concrete, *J. Amer. Concr. Inst.*, **51**, pp. 461–9 (Jan. 1955).

9.2   H. LOSSIER, Cements with controlled expansions and their applications to prestressed concrete, *The Structural Engineer*, **24**, No. 10, pp. 505–34 (1946).

9.3   M. POLIVKA, Factors influencing expansion of expansive cement concretes. *Klein Symp. on Expansive Cement*, ACI SP-38, pp. 239–50 (Detroit, Michigan, 1973).

9.4   M. POLIVKA and C. WILLSON, Properties of shrinkage-compensating concretes, *Klein Symp. on Expansive Cement*, ACI SP-38, pp. 227–37 (Detroit, Michigan, 1973).

9.5   L. W. TELLER, Elastic properties, *ASTM Sp. Tech. Publ. No. 169*, pp. 94–103 (1956).

9.6   J. J. SHIDELER, Lightweight aggregate concrete for structural use, *J. Amer. Concr. Inst.*, **54**, pp. 299–328 (Oct. 1957).

9.7   P. KLIEGER, Early high-strength concrete for prestressing. *Proc. World Conference on Prestressed Concrete*, pp. A5-1–14, (San Francisco, 1957).

9.8   M. KOKUBU, Use of expansive components for concrete in Japan. *Klein Symp. on Expansive Cement*, ACI SP-38, pp. 353–78 (Detroit, Michigan, 1973).

9.9   T. TAKABAYASHI, Comparison of dynamic Young's modulus and static Young's modulus for concrete, *RILEM Int. Symp. on Non-destructive Testing of Materials and Structures* **1**, pp. 34–44, (1954).

9.10 J. BIJEN and G. VAN DER WEGEN, Swelling of concrete in deep seawater, *Durability of Concrete*, Ed. V. M. Malhotra, ACI SP-145, pp. 389–407 (Detroit, Michigan, 1994).

9.11 B. W. SHACKLOCK and P. W. KEENE, A comparison of the compressive and flexural strengths of concrete with and without entrained air, *Civil Engineering* (London), pp. 77–80 (Jan. 1959).

9.12 R. JONES, Testing concrete by an ultrasonic pulse technique, *D.S.I.R. Road Research Technical Paper No. 34* (London, HMSO, 1955).

9.13 M. A. SWAYZE, Early concrete volume changes and their control, *J. Amer. Concr. Inst.*, **38**, pp. 425–40 (April 1942).

9.14 R. L'HERMITE, Volume changes of concrete, *Proc. 4th Int. Symp. on the Chemistry of Cement*, Washington DC, pp. 659–94 (1960).

9.15 W. LERCH, Plastic shrinkage, *J. Amer. Concr. Inst.*, **53**, pp. 797–802 (Feb. 1957).

9.16 D. W. HOBBS, Influence of specimen geometry upon weight change and shrinkage of air-dried concrete specimens, *Mag. Concr. Res.*, **29**, No. 99, pp. 70–80 (1977).

9.17 H. E. DAVIS, Autogenous volume changes of concrete, *Proc. ASTM.*, **40**, pp. 1103–10 (1940).

9.18 T. C. POWERS, Causes and control of volume change, *J. Portl. Cem. Assoc. Research and Development Laboratories*, **1**, No. 1, pp. 29–39 (Jan. 1959).

9.19 F. M. LEA, *The Chemistry of Cement and Concrete* (London, Arnold, 1970).

9.20 J. D. BERNAL, J. W. JEFFERY and H. F. W. TAYLOR, Crystallographic research on the hydration of Portland cement: A first report on investigations in progress, *Mag. Concr. Res.*, **3**, No. 11, pp. 49–54 (1952).

9.21 J. D. BERNAL, The structures of cement hydration compounds, *Proc. 3rd Int. Symp. on the Chemistry of Cement*, London, pp. 216–36 (1952).

9.22 F. M. LEA, Cement research: Retrospect and prospect, *Proc. 4th Int. Symp. on the Chemistry of Cement*, Washington DC, pp. 5–8 (1960).

9.23 G. PICKETT, Effect of aggregate on shrinkage of concrete and hypothesis concerning shrinkage. *J. Amer. Concr. Inst.*, **52**, pp. 581–90 (Jan. 1956).

9.24 G. E. TROXELL, J. M. RAPHAEL and R. E. DAVIS, Long-time creep and shrinkage tests of plain and reinforced concrete, *Proc. ASTM.*, **58**, pp. 1101–20 (1958).

9.25 B. W. SHACKLOCK and P. W. KEENE, The effect of mix proportions and testing conditions on drying shrinkage and moisture movement of concrete, *Cement Concr. Assoc. Tech. Report TRA/266* (London, June 1957).

9.26 M. A. SWAYZE, Discussion on: Volume changes of concrete. *Proc. 4th Int. Symp. on the Chemistry of Cement*, Washington DC, pp. 700–2 (1960).

9.27 G. PICKETT, Effect of gypsum content and other factors on shrinkage of concrete prisms, *J. Amer. Concr. Inst.*, **44**, pp. 149–75 (Oct. 1947).

9.28 W. Lerch, The influence of gypsum on the hydration and properties of portland cement pastes, *Proc. ASTM.*, **46**, pp. 1252–92 (1946).

9.29 P. W. Keene, The effect of air-entrainment on the shrinkage of concrete stored in laboratory air, *Cement Concr. Assoc. Tech. Report TRA/331* (London, Jan. 1960).

9.30 J. J. Shideler, Calcium chloride in concrete, *J. Amer. Concr. Inst.*, **48**, pp. 537–59 (March 1952).

9.31 W. R. Lorman, The theory of concrete creep, *Proc. ASTM.*, **40**, pp. 1082–102 (1940).

9.32 A. D. Ross, Shape, size, and shrinkage, *Concrete and Constructional Engineering*, pp. 193–9 (London, Aug. 1944).

9.33 R. L'Hermite, J. Chefdeville and J. J. Grieu, Nouvelle contribution à l'étude du retrait des ciments, *Annales de l'Institut Technique du Bâtiment et de Travaux Publics No. 106.* Liants Hydrauliques No. 5 (Dec. 1949).

9.34 J. W. Galloway and H. M. Harding, Elastic moduli of a lean and a pavement quality concrete under uniaxial tension and compression, *Materials and Structures*, **9**, No. 49, pp. 13–18 (1976).

9.35 A. M. Neville, Discussion on: Effect of aggregate on shrinkage of concrete and hypothesis concerning shrinkage, *J. Amer. Concr. Inst.*, **52**, Part 2, pp. 1380–1 (Dec. 1956).

9.36 P. T. Wang, S. P. Shah and A. E. Naaman, Stress–strain curves of normal and lightweight concrete in compression, *J. Amer. Concr. Inst.*, **75**, pp. 603–11 (Nov. 1978).

9.37 G. J. Verbeck, Carbonation of hydrated portland cement, *ASTM. Sp. Tech. Publ. No. 205*, pp. 17–36 (1958).

9.38 J. J. Shideler, Investigation of the moisture-volume stability of concrete masonry units, *Portl. Cem. Assoc. Development Bull. D.3* (March 1955).

9.39 R. N. Swamy and A. K. Bandyopadhyay, The elastic properties of structural lightweight concrete, *Proc. Inst. Civ. Engrs.*, Part 2, **59**, pp. 381–94 (Sept. 1975).

9.40 A. M. Neville, Shrinkage and creep in concrete, *Structural Concrete*, 1, No. 2, pp. 49–85 (London, March 1962).

9.41 E. W. Bennett and D. R. Loat, Shrinkage and creep of concrete as affected by the fineness of Portland cement, *Mag. Concr. Res.*, **22**, No. 71, pp. 69–78 (1970).

9.42 S. P. Shah and G. Winter, Inelastic behaviour and fracture of concrete, *Symp. on Causes, Mechanism, and Control of Cracking in Concrete*, ACI SP-20, pp. 5–28 (Detroit, Michigan, 1968).

9.43 A. M. Neville, Some problems in inelasticity of concrete and its behaviour under sustained loading, *Structural Concrete*, **3**, No. 4, pp. 261–8 (London, 1966).

9.44 P. Desayi and S. Krishnan, Equation for the stress–strain curve of concrete, *J. Amer. Concr. Inst.*, **61**, pp. 345–50 (March 1964).

9.45 K. S. Gopalakrishnan, A. M. Neville and A. Ghali, Creep Poisson's ratio of concrete under multiaxial compression, *J. Amer. Concr. Inst.*, **66**, pp. 1008–20 (Dec. 1969).

9.46 I. E. Houk, O. E. Borge and D. L. Houghton, Studies of autogenous volume change in concrete for Dworshak Dam, *J. Amer. Concr. Inst.*, **66**, pp. 560–8 (July 1969).

9.47 D. Ravina and R. Shalon, Plastic shrinkage cracking. *J. Amer. Concr. Inst.*, **65**, pp. 282–92 (April 1968).

9.48 S. T. A. Ödman, Effects of variations in volume, surface area exposed to drying, and composition of concrete on shrinkage, *RILEM/CEMBUREAU Int. Colloquium on the Shrinkage of Hydraulic Concretes*, 1, 20 pp. (Madrid, 1968).

9.49 T. W. Reichard, Creep and drying shrinkage of lightweight and normal weight concretes. *Nat. Bur. Stand. Monograph*, **74**, (Washington DC, March 1964).

9.50 K. Mather, High strength, high density concrete, *J. Amer. Concr. Inst.*, **62**, No. 8, pp. 951–62 (1965).

9.51 S. E. Pihlajavaara, Notes on the drying of concrete, *Reports*, Series 3, No. 79 (Helsinki, The State Institute for Technical Research, 1963).

9.52 T. C. Hansen, Effect of wind on creep and drying shrinkage of hardened cement mortar and concrete, *ASTM Mat. Res. & Stand.*, **6**, pp. 16–19 (Jan. 1966).

9.53 T. C. Hansen and A. H. Mattock, The influence of size and shape of member on the shrinkage and creep of concrete, *J. Amer. Concr. Inst.*, **63**, pp. 267–90 (Feb. 1966).

9.54 J. W. Kelly, Cracks in concrete – the causes and cures, *Concrete Construction*, **9**, pp. 89–93 (April 1964).

9.55 R. G. L'Hermite, Quelques problèmes mal connus de la technologie du béton, *Il Cemento*, **75**, No. 3, pp. 231–46 (1978).

9.56 S. E. Pihlajavaara, On practical estimation of moisture content of drying concrete structures, *Il Cemento*, **73**, No. 3, pp. 129–38 (1976).

9.57 S. Popovics, Verification of relationships between mechanical properties of concrete-like materials, *Materials and Structures*, **8**, No. 45, pp. 183–91 (1975).

9.58 S. E. Pihlajavaara, Carbonation – an important effect on the surfaces of cementbased materials, *RILEM/ASTM/CIB Symp. on Evaluation of the Performance of External Surfaces of Buildings*; Paper No. 9, 9 pp. (Otaniemi, Finland, Aug. 1977).

9.59 N. J. Gardner, P. L. Sau and M. S. Cheung, Strength development and durability of concrete, *ACI Materials Journal*,

85, No. 6, pp. 529–36 (1988).

9.60 S. HARSH, Z. SHEN and D. DARWIN, Strain-rate sensitive behavior of cement paste and mortar in compression, *ACI Materials Journal*, **87**, No. 5, pp. 508–16 (1990).

9.61 Z.-H. GUO and X.-Q. ZHANG, Investigation of complete stress–deformation curves for concrete in tension, *ACI Materials Journal*, **84**, No. 4, pp. 278–85 (1987).

9.62 W. S. NAJJAR and K. C. HOVER, Neutron radiography for microcrack studies of concrete cylinders subjected to concentric and eccentric compressive loads, *ACI Materials Journal*, **86**, No. 4, pp. 354–9 (1989).

9.63 F. DE LARRARD, E. SAINT-DIZIER and C. BOULAY, Comportement post-rupture de béton à hautes ou très hautes performances armé en compression, *Bulletin Liaison Laboratoires Ponts et Chaussées*, **179**, pp. 11–20 (May–June 1992).

9.64 N. H. OLSEN, H. KRENCHEL and S. P. SHAH, Mechanical properties of high strength concrete, IABSE Symposium, *Concrete Structures for the Future, Paris – Versailles*, pp. 395–400 (1987).

9.65 W. F. CHEN, Concrete plasticity: macro- and microapproaches, *Int. Journal of Mechanical Sciences*, **35**, No. 12, pp. 1097–109 (1993).

9.66 M. M. SMADI and F. O. SLATE, Microcracking of high and normal strength concretes under short- and long-term loadings, *ACI Materials Journal*, **86**, No. 2, pp. 117–27 (1989).

9.67 D. J. CARREIRA and K.-H. CHU, Stress–strain relationship for plain concrete in compression, *ACI Journal*, **82**, No. 6, pp. 797–804 (1985).

9.68 K. J. BASTGEN and V. HERMANN, Experience made in determining the static modulus of elasticity of concrete, *Materials and Structures*, **10**, No. 60, pp. 357–64 (1977).

9.69 P.-C. AÏTCIN, M. S. CHEUNG and V. K. SHAH, Strength development of concrete cured under arctic sea conditions, in *Temperature Effects on Concrete, ASTM Sp. Tech. Publ. No. 858*, pp. 3–20 (Philadelphia, Pa, 1983).

9.70 F. D. LYDON and R. V. BALENDRAN, Some observations on elastic properties of plain concrete, *Cement and Concrete Research*, **16**, No. 3, pp. 314–24 (1986).

9.71 J. J. BROOKS and A. NEVILLE, Creep and shrinkage of concrete as affected by admixtures and cement replacement materials, in *Creep and Shrinkage of Concrete: Effect of Materials and Environment*, ACI SP-135, pp. 19–36 (Detroit, Michigan, 1992).

9.72 W. HANSEN and J. A. ALMUDAIHEEM, Ultimate drying shrinkage of concrete – influence of major parameters, *ACI Materials Journal*, **84**, No. 3, pp. 217–23 (1987).

9.73 J. BARON, Les retraits de la pâte de ciment, in *Le Béton Hydraulique – Connaissance et Pratique*, Eds J. Baron and R. Santeray, pp. 485–501 (Paris, Presses de l'École Nationale des Ponts et Chaussées, 1982).

9.74 J.-M. TORRENTI *et al.*, Contraintes initiales dans le béton, *Bulletin Liaison Ponts et Chaussées*, **158**, pp. 39–44 (Nov.–Dec. 1988).

9.75 R. MENSI, P. ACKER and A. ATTOLOU, Séchage du béton: analyse et modélisation, *Materials and Structures*, **21**, No. 121, pp. 3–12 (1988).

9.76 M. SHOYA, Drying shrinkage and moisture loss of super plasticizer admixed concrete of low water cement ratio, *Transactions of the Japan Concrete Institute*, II – 5, pp. 103–10 (1979).

9.77 J. J. BROOKS, Influence of mix proportions, plasticizers and superplasticizers on creep and drying shrinkage of concrete, *Mag. Concr. Res.* **41**, No. 148, pp. 145–54 (1989).

9.78 R. W. CARLSON and T. J. READING, Model study of shrinkage cracking in concrete building walls, *ACI Structural Journal*, **85**, No. 4, pp. 395–404 (1988).

9.79 M. GRZYBOWSKI and S. P. SHAH, Shrinkage cracking of fiber reinforced concrete, *ACI Materials Journal*, **87**, No. 2, pp. 138–48 (1990).

9.80 ACI 209R-92, Prediction of creep, shrinkage, and temperature effects in concrete structures, *ACI Manual of Concrete Practice Part 1: Materials and General Properties of Concrete*, 47 pp. (Detroit, Michigan, 1994).

9.81 E. J. SELLEVOLD, Shrinkage of concrete: effect of binder composition and aggregate volume fraction from 0 to 60%, *Nordic Concrete Research*, Publication No. 11, pp. 139–52 (Oslo, The Nordic Concrete Federation, Feb. 1992).

9.82 R. D. GAYNOR, R. C. MEININGER and T. S. KHAN, Effect of temperature and delivery time on concrete proportions, in *Temperature Effects on Concrete, ASTM Sp. Tech. Publ. No. 858*, pp. 68–87 (Philadelphia, Pa, 1983).

9.83 J. A. ALMUDAIHEEM and W. HANSEN, Effect of specimen size and shape on drying shrinkage, *ACI Materials Journal*, **84**, No. 2, pp. 130–4 (1987).

9.84 A. M. NEVILLE, W. H. DILGER and J. J. BROOKS, *Creep of Plain and Structural Concrete*, 361 pp. (London, Construction Press, Longman Group, 1983).

9.85 G. C. HOFF and K. MATHER, A look at Type K shrinkage-compensating cement production and specifications, *Cedric Willson Symposium on Expansive Cement*, ACI SP-64, pp. 153–80 (Detroit, Michigan, 1977).

9.86 R. W. Cusick and C. E. Kesler, Behavior of shrinkage-compensating concretes suitable for use in bridge decks, *Cedric Willson Symposium on Expansive Cement*, ACI SP-64, pp. 293–301 (Detroit, Michigan, 1977).

9.87 B. Mather, Curing of concrete, *Lewis H. Tuthill International Symposium on Concrete and Concrete Construction*, ACI SP-104, pp. 145–59 (Detroit, Michigan, 1987).

9.88 E. Tazawa and S. Miyazawa, Autogenous shrinkage of concrete and its importance in concrete, in *Creep and Shrinkage in Concrete*, Eds Z. P. Bazant and I. Carol, Proc. 5th International RILEM Symposium, pp. 159–68 (London, E & FN Spon, 1993).

9.89 C. Lobo and M. D. Cohen, Hydration of Type K expansive cement paste and the effect of silica fume: II. Pore solution analysis and proposed hydration mechanism, *Cement and Concrete Research*, 23, No. 1, pp. 104–14 (1993).

9.90 M. D. Cohen, J. Olek and B. Mather, Silica fume improves expansive cement concrete, *Concrete International*, 13, No. 3, pp. 31–7 (1991).

9.91 ACI 223-93, Standard practice for the use of shrinkage-compensating concrete, *ACI Manual of Concrete Practice Part 1: Materials and General Properties of Concrete*, 26 pp. (Detroit, Michigan, 1994).

9.92 Yan Fu, S. A. Sheikh and R. D. Hooton, Microstructure of highly expansive cement paste, *ACI Materials Journal*, 91, No. 1, pp. 46–54 (1994).

9.93 G. Giaccio *et al.*, High-strength concretes incorporating different coarse aggregates, *ACI Materials Journal*, 89, No. 3, pp. 242–6 (1992).

9.94 F. A. Oluokun, Prediction of concrete tensile strength from its compressive strength: evaluation of existing relations for normal weight concrete, *ACI Materials Journal*, 88, No. 3, pp. 302–9 (1991).

9.95 M. Kakizaki *et al.*, *Effect of Mixing Method on Mechanical Properties and Pore Structure of Ultra High-Strength Concrete*, Katri Report No. 90, 19 pp. (Tokyo, Kajima Corporation, 1992) (and also in ACI SP-132, CANMET/ACI, 1992).

9.96 ACI 517.2R-87, Revised 1992, Accelerated curing of concrete at atmospheric pressure – state of the art, *ACI Manual of Concrete Practice Part 5: Masonry, Precast Concrete, Special Processes*, 17 pp. (Detroit, Michigan, 1994).

9.97 ACI 305R-91, Hot weather concreting, *ACI Manual of Concrete Practice Part 2: Construction Practices and Inspection Pavements*, 20 pp. (Detroit, Michigan, 1994).

9.98 ACI 318-02 Building code requirements for structural concrete, *ACI Manual of Concrete Practice Part 3: Use of Concrete in Buildings – Design, Specifications, and Related Topics*, 443 pp.

9.99 ACI 363R-92, State-of-the-art report on high-strength concrete, *ACI Manual of Concrete Practice Part 1: Materials and General Properties of Concrete*, 55 pp. (Detroit, Michigan, 1994).

9.100 E. K. Attiogbe and D. Darwin, Submicrocracking in cement paste and mortar, *ACI Materials Journal*, 84, No. 6, pp. 491–500 (1987).

9.101 A. Yonekura, M. Kusaka and S. Tanaka, Tensile creep of early age concrete with compressive stress history, *Cement Association of Japan Review*, pp. 158–61 (1988).

9.102 Y. H. Loo and G. D. Base, Variation of creep Poisson's ratio with stress in concrete under short-term uniaxial compression, *Mag. Concr. Res.*, 42, No. 151, pp. 67–73 (1990).

9.103 M. D. Cohen, J. Olek and W. L. Dolch, Mechanism of plastic shrinkage cracking in portland cement and portland cement–silica fume paste and mortar, *Cement and Concrete Research*, 20, No. 1, pp. 103–19 (1990).

9.104 Y. F. Houst, Influence of shrinkage on carbonation shrinkage kinetics of hydrated cement paste, in *Creep and Shrinkage of Concrete*, Eds. Z. P. Bazant and I. Carol, Proc. 5th Int. RILEM Symp, Barcelona, pp. 121–6 (London, E & FN Spon, 1993).

9.105 A. Neville, Whither expansive cement?, *Concrete International*, 16, No. 9, pp. 34–5 (1994).

9.106 R. N. Swamy, Shrinkage characteristics of ultra-rapid-hardening cement, *Indian Concrete J.*, 48, No. 4, pp. 127–31 (1974).

9.107 A. D. Ross, Creep of concrete under variable stress, *J. Amer. Concr. Inst.*, 54, pp. 739–58 (March 1958).

9.108 A. M. Neville, Creep recovery of mortars made with different cements, *J. Amer. Concr. Inst.*, 56, pp. 167–74 (Aug. 1959).

9.109 A. M. Neville, Creep of concrete as a function of its cement paste content, *Mag. Concr. Res.*, 16, No. 46, pp. 21–30 (1964).

9.110 S. E. Rutledge and A. M. Neville, Influence of cement paste content on creep of lightweight aggregate concrete, *Mag. Concr. Res.*, 18, No. 55, pp. 69–74 (1966).

9.111 H. Rüsch, K. Kordina and H. Hilsdorf, Der Einfluss des mineralogischen Charakters der Zuschläge auf das Kriechen von Beton, *Deutscher Ausschuss für Stahlbeton*, No. 146, pp. 19–133 (Berlin, 1963).

9.112 A. M. Neville, *Creep of Concrete: plain, and prestressed* (North-Holland, Amsterdam, 1970).

9.113 A. M. Neville, The relation between creep of concrete and the stress–strength ratio, *Applied Scientific Research*,

Section A, 9, pp. 285–92 (The Hague, 1960).

9.114　L. L. YUE and L. TAERWE, Creep recovery of plain concrete and its mathematical modelling, *Magazine of Concrete Research*, **44**, No. 161, pp. 281–90 (1992).

9.115　A. M. NEVILLE, Rôle of cement in the creep of mortar, *J. Amer. Concr. Inst.*, **55**, pp. 963–84 (March 1959).

9.116　K. W. NASSER and A. M. NEVILLE, Creep of concrete at elevated temperatures, *J. Amer. Concr. Inst.*, **62**, pp. 1567–79 (Dec. 1965).

9.117　A. M. NEVILLE, Tests on the influence of the properties of cement on the creep of mortar, *RILEM Bull. No. 4*, pp. 5–17 (Oct. 1959).

9.118　U.S. BUREAU OF RECLAMATION, A 10-year study of creep properties of concrete, *Concrete Laboratory Report No. SP-38* (Denver, Colorado, 28 July 1953).

9.119　B. LE CAMUS, Recherches expérimentales sur la déformation du béton et du béton armé, *Comptes Rendues des Recherches des Laboratoires du Bâtiment et des Travaux Publics* (Pairs, 1945–46).

9.120　G. A. MANEY, Concrete under sustained working loads; evidence that shrinkage dominates time yield, *Proc. ASTM.*, **41**, pp. 1021–30 (1941).

9.121　A. M. NEVILLE, Recovery of creep and observations on the mechanism of creep of concrete, *Applied Scientific Research*, Section A, 9, pp. 71–84 (The Hague, 1960).

9.122　A. D. ROSS, Concrete creep data, *The Structural Engineer*, **15**, pp. 314–26 (London, 1937).

9.123　A. M. NEVILLE and H. W. Kenington, Creep of aluminous cement concrete, *Proc. 4th Int. Symp. on the Chemistry of Cement*, Washington DC, pp. 703–8 (1960).

9.124　A. M. NEVILLE, The influence of cement on creep of concrete in mortar, *J. Prestressed Concrete Inst.*, pp. 12–18 (Gainesville, Florida, March 1958).

9.125　A. D. ROSS, The creep of Portland blast-furnace cement concrete, *J. Inst. Civ. Engrs.*, pp. 43–52 (London, Feb. 1938).

9.126　D. McHENRY, A new aspect of creep in concrete and its application to design, *Proc. ASTM.*, **43**, pp. 1069–84 (1943).

9.127　U.S. BUREAU OF RECLAMATION, Supplemental Report – 5-year creep and strain recovery of concrete for Hungry Horse Dam, *Concrete Laboratory Report No. C-179A* (Denver, Colorado, 6 Jan. 1959).

9.128　A. M. NEVILLE, Theories of creep in concrete. *J. Amer. Conor. Inst.*, **52**, pp. 47–60 (Sept. 1955).

9.129　T. C. HANSEN, Creep of concrete – a discussion of some fundamental problems, *Swedish Cement and Concrete Research Inst., Bull. No. 33* (Sept. 1958).

9.130　A. M. NEVILLE, Non-elastic deformations in concrete structures, *J. New Zealand Inst. E.*, **12**, pp. 114–20 (April 1957).

9.131　R. E. DAVIS, H. E. DAVIS and E. H. BROWN, Plastic flow and volume change of concrete, *Proc. ASTM*, **37**, Part II, pp. 317–30 (1937).

9.132　J. GLUCKLICH, Creep mechanism in cement mortar, *J. Amer. Conor. Inst.*, **59**, pp. 923–48 (July 1962).

9.133　A. M. NEVILLE, M. M. STAUNTON and G. M. BONN, A study of the relation between creep and the gain of strength of concrete, *Symp. on Structure of Portland Cement Paste and Concrete*, Highw. Res. Bd, Special Report No. 90, pp. 186–203 (Washington DC, 1966).

9.134　B. B. HOPE, A. M. NEVILLE and A. GURUSWAMI, Influence of admixtures on creep of concrete containing normal weight aggregate, *RILEM Int. Symp. on Admixtures for Mortar and Concrete*, pp. 17–32 (Brussels, Sept. 1967).

9.135　E. L. JESSOP, M. A. WARD and A. M. NEVILLE, Influence of water reducing and set retarding admixtures on creep of lightweight aggregate concrete, *RILEM Int. Symp. on Admixtures for Mortar and Concrete*, pp. 35–46 (Brussels, Sept. 1967).

9.136　J. C. MARÉCHAL, Le fluage du béton en fonction de la température, *Materials and Structures*, **2**, No. 8, pp. 111–15 (1969).

9.137　R. JOHANSEN and C. H. BEST, Creep of concrete with and without ice in the system, *RILEM Bull. No. 16*, pp. 47–57 (Paris, Sept. 1962).

9.138　H. LAMBOTTE, Le fluage du béton en torsion, *RILEM Bull. No. 17*, pp. 3–12 (Paris, Dec. 1962).

9.139　A. M. NEVILLE and C. P. WHALEY, Non-elastic deformation of concrete under cyclic compression, *Mag. Conor. Res.*, **25**, No. 84, pp. 145–54 (1973).

9.140　A. M. NEVILLE and G. HIRST, Mechanism of cyclic creep of concrete, *Douglas McHenry International Symposium on Concrete and Concrete Structures*, ACI SP-55 pp. 83–101 (Detroit, Michigan, 1978).

9.141　A. M. NEVILLE and W. Z. LISZKA, Accelerated determination of creep of lightweight aggregate concrete, *Civil Engineering*, **68**, pp. 515–19 (London, June 1973).

9.142　J. J. BROOKS and A. M. NEVILLE, Predicting long-term creep and shrinkage from short-term tests, *Mag. Conor. Res.*, **30**, No. 103, pp. 51–61 (1978).

9.143　J. J. BROOKS and A. M. NEVILLE, A comparison of creep, elasticity and strength of concrete in tension and in compression, *Mag. Concr. Res.*, **29**, No. 100, pp. 131–41 (1977).

9.144　M. D. LUTHER and W. HANSEN, Comparison of creep and shrinkage of highstrength silica fume concretes with fly ash concretes of similar strengths, in *Fly Ash, Silica Fume, Slag, and Natural Pozzolans in Concretes, Proc. 3rd International Conference*, Trondheim, Norway, Vol. 1, ACI SP-114, pp. 573–91 (Detroit, Michigan, 1989).

9.145　A. BENAÏSSA, P. Morlier and C. Viguier, Fluage et retrait du béton de sable, *Materials and Structures*, **26**, No. 160, pp. 333–9 (1993).

9.146　Z. P. BAŽANT *et al.*, Improved prediction model for time-dependent deformations of concrete: Part 6 – simplified code-type formulation, *Materials and Structures*, **25**, No. 148, pp. 219–23 (1992).

9.147　W. P. S. DIAS, G. A. KHOURY and P. J. E. SULLIVAN, The thermal and structural effects of elevated temperatures on the basic creep of hardened cement paste, *Materials and Structures*, **23**, No. 138, pp. 418–425 (1990).

9.148　P. ROSSI and P. ACKER, A new approach to the basic creep and relaxation of concrete, *Cement and Concrete Research*, **18**, No. 5, pp. 799–803 (1988).

9.149　F. H. WITTMANN and P. E. ROELFSTRA, Total deformation of loaded drying concrete, *Cement and Concrete Research*, **10**, No. 5, pp. 601–10 (1980).

9.150　M. BUIL and P. ACKER, Creep of silica fume concrete, *Cement and Concrete Research*, **15**, No. 3, pp. 463–7 (1985).

9.151　E. TAZAWA, A. YONEKURA and S. TANAKA, Drying shrinkage and creep of concrete containing granulated blast furnace slag, in *Fly Ash, Silica Fume, Slag, and Natural Pozzolans in Concretes, Proc. 3rd International Conference*, Trondheim, Norway, Vol. 2, ACI SP-114, pp. 1325–43 (Detroit, Michigan, 1989).

9.152　J.-C. CHERN and Y.-W. CHAN, Deformations of concrete made with blast-furnace slag cement and ordinary portland cement, *ACI Materials Journal*, **86**, No. 4, pp. 372–82 (1989).

9.153　K. W. NASSER and A. A. AL-MANASEER, Creep of concrete containing fly ash and superplasticizer at different stress/strength ratios, *ACI Journal*, **83**, No. 4, pp. 668–73 (1986).

9.154　R. L. DAY and J. M. ILLSTON, The effect of rate of drying on the drying/wetting behaviour of hardened cement paste, *Cement and Concrete Research*, **13**, No. 1, pp. 7–17 (1983).

9.155　F. H. TURNER, Concrete and Cryogenics – Part 1, *Concrete*, **14**, No. 5, pp. 39–40 (1980).

9.156　H. G. RUSSELL, Performance of shrinkage-compensating concrete in slabs, *Research and Development Bulletin, RD057.01D*, 12 pp. (Skokie, Ill., Portland Cement Association, 1978).

9.157　Z. P. BAŽANT and YUNPING XI, Drying creep of concrete: constitutive model and new experiments separating its mechanisms, *Materials and Structures*, **27**, No. 165, pp. 3–15 (1994).

9.158　H. T. SHKOUKANI, Behaviour of concrete under concentric and eccentric tensile loading, *Darmstadt Concrete*, **4**, pp. 113–232 (1989).

9.159　A. NEVILLE, *Neville on Concrete: An Examination of Issues in Concrete Practice*, Second Edition (Book Surge, LLC, www.createspace.com, 2006).

9.160　CIRIA, Early age thermal crack control in concrete, *Report C 660*, 2007.

混凝土耐久性

混凝土结构在其规定或一般期望的服役期间应能持续满足设计的功能，即维持所需要的强度和使用性。这就要求结构混凝土必须能经受其服役环境带来的劣化作用。这样的混凝土可称为耐久的。

值得注意的是耐久性并不意味着混凝土寿命无限长，也不是混凝土能抵抗任何外界作用。过去有人认为混凝土天生耐久，近来的认识已纠正了这种误解，即大多数情况下，需对混凝土进行常规维护，Carter 给出了一个混凝土维护程序的例子。

本书只到第 10 章才论及混凝土耐久性，可以说是因这个论题的重要性不如混凝土其他性质，尤其是强度。但实际很多情况下，混凝土耐久性是首要考虑的性质。一直到近些年，混凝土技术的发展还是专注于获得越来越高的强度（见第 7.4 节）。我们过去常认为"强度高的混凝土耐久性好"，耐久性问题只是在冻融循环作用或某些化学侵蚀时才需专门考虑。现在我们已知道，针对不少混凝土结构所处的环境条件，在设计阶段就需要将强度和耐久性同时详尽考虑。注意"同时"这个词，意味着从过去过于强调强度转到过于强调耐久性也是不对的。英标 BS8500-1:2006 中对服役年限是 50 年和 100 年的混凝土耐久性提出了要求。

本章论述了耐久性相关内容，但有两个专门课题不在本章范围，分别是冻融循环（包含去冰盐作用）、氯离子侵蚀，在第 11 章讨论。

10.1 耐久性不足的原因

显而易见，耐久性不够是混凝土发生劣化导致的，而劣化的原因可能是外部因素，也可能是混凝土自身内部因素。劣化作用可能是物理作用、化学过程或机械作用。引发机械作用的形式有冲击（见第 7.6 节）、磨损、气蚀或空蚀，后三种将在本章末尾进行讨论。化学因素导致的劣化包括碱-硅及碱-碳酸盐反应，也在本章讨论。外部化学作用主要是某些侵蚀性离子导致，如氯离子、硫酸盐、二氧化碳及其他自然界或工业产生的液体、气体。上述作用有多种形式，有直接的也有间接的。

劣化的物理原因包括高温作用，或是因为骨料、硬化水泥浆体的热膨胀性质不同（见第 8 章）。一类重要的物理破坏是混凝土经受冻融循环及去冰盐作用导致的，详见第 11 章。

应指出的是，上述物理作用和化学作用可对混凝土劣化起到叠加作用。本章的主题是影响混凝土耐久性的不同因素，在此需指出混凝土的破坏很少是由于单一原因导致。有不少情况，尽管混凝土出现了不应有的损伤特征，其尚能使用，然而一旦加上一个额外的劣化因素，混凝土将发生破坏。由于这个原因，有时难以将劣化归因于某个特定作用；但广义上的混凝土质量（常与混凝土的渗透性有关）是考虑混凝土是否耐久的重要因素。实际上，除机械力学破坏以外，几乎所有影响混凝土耐久性的劣化因素都与流体在混凝土中的传输有关。基于此，要理解混凝土的耐久性就需理解这个问题。

10.2   混凝土中流体的传输

能进入混凝土并影响耐久性的流体主要有三种：水（纯水或含侵蚀性离子的水）、CO_2 和 O_2。这三种东西可在混凝土中以不同方式迁移，其过程主要取决于硬化水泥浆体的结构。如前所述，混凝土的耐久性主要取决于流体（液体或气体）渗入混凝土及在混凝土中迁移的难易程度，也就是常说的混凝土的可渗透性。严格来讲，可渗透性是对多孔介质而言。混凝土中不同流体的运动不仅包括在多孔体系流动，还包含扩散和吸附，所以我们关注的其实是混凝土的可穿透性。不过，我们使用"渗透性"这一被广泛接受的术语表征流体进入混凝土及在其中传输的整个过程，除非为了区分不同种类的流体传输，才使用更为精确的术语。

2010 年底有论文[10.142]描述并讨论了与计算混凝土中 Cl⁻有关的传输现象，共列出 11 种现象。此文章对理解相关传输过程很有价值。然而，实际情况是混凝土中流体的传输不是遵从一个单一的模型，也不是仅涉及一种离子。我知道老式的煤油灯中有所谓"灯芯效应"，即使这种灯使用的油，英国与美国的叫法都不同，前者称之为"paraffin"，后者为"kerosene"。

说这些话并不是贬低上述文献的价值：对一个特定的状况，该文章只是简单指出了与之对应的现象。

10.2.1   孔隙结构的影响

混凝土中的孔隙系统与渗透性相关，此孔隙系统不仅包括硬化水泥浆体中的孔隙，还有水泥浆－骨料界面区的孔隙。界面区占混凝土中硬化水泥浆体体积的 1/3～1/2，其微观结构不同于硬化水泥浆体。界面区也是早期微裂缝发生的地方。鉴于上述原因，可知 ITZ（界面区）对混凝土渗透性有显著影响。尽管如此，Larbi[10.49]发现，虽然界面区的孔隙率较高，混凝土的渗透性还是由硬化水泥浆体这一混凝土中唯一的连续相控制。

有个试验可给 Larbi 的观点提供支持：硬化水泥浆的渗透性与用类似水泥浆制作的混凝土相比并不低。不过也不能忘记混凝土中存在的骨料使流体的传输路径变得更长且更曲折，即骨料减少了传输的有效空间。因此，界面区对渗透性的影响程度仍不易确定。一般意义上说，渗透性和硬化水泥浆体孔隙结构之间的关系最多是定性的。

与渗透性相关的孔隙直径至少是 120 或 160nm，这些孔是连通的。不影响流体流动也就是不影响渗透性的孔包括：不连通的孔、含吸附水的孔、本身尺寸虽大但进口狭窄的孔（参见表 6.16）。

骨料本身也有孔，但通常是不连通的。而且由于被水泥浆体包裹，骨料中的孔不会增加混凝土的渗透性。同样不连通的气泡也是这种情况，如引气形成的含空气的小泡（见第 11.2节）。另外，由于振捣压实不够或泌水，混凝土本身有一些孔。这些孔可占到混凝土体积的 1%～10%，后一种只有在蜂窝状、非常低强的混凝土时会遇到。此种低强混凝土或类似有明显缺陷的混凝土实际上不应出现，后面也不再讨论。

10.2.2 流动、扩散和吸附

混凝土中存在各种各样的孔，有些对渗透性有贡献，有些则没有，因而孔隙率和渗透性两个概念要区分开。孔隙率是指混凝土体积中被孔隙占据的比例，一般以百分比表示。如果孔隙率高且孔是连通的，则孔隙有利于流体的传输，混凝土的渗透性也高；反之若孔是不连通的，或对传输不起作用，则即使孔隙率高，混凝土的渗透性也是低的。

孔隙率可用（水银压入法）压汞法测试，参见第 6.4 节，Cook 和 Hover[10.46] 在此方面做了系统工作。也可使用其他流体测试。孔隙率可通过测试混凝土吸附而得到，见第 10.4 节。

当考虑流体在混凝土中传输时，笼统讲是"渗透性"，实际上应区分 3 个机理。渗透是指压力梯度驱动的流动。扩散是一种流体在浓度差驱动下的一种传输过程，与之相关的混凝土性能可称为扩散性。气体可以在水充满或者空气充满的空间传输，但若是渗透过程，其比扩散过程慢 $10^4 \sim 10^5$ 倍。

吸附是由混凝土中的孔和周围介质之间发生毛细作用导致。部分干燥的混凝土会发生吸附。完全干燥或被水饱和的混凝土不会发生水分的吸附。

由于混凝土的渗透性在文献中出现时常有不同的术语，因此有必要简要给出相关的数学公式及使用的单位。文献 10.96 对渗透性进行了全面的综述。

10.2.3 渗透系数

饱水混凝土中毛细孔的流动可用多孔介质的层流公式表达：

$$\frac{dq}{dt} \cdot \frac{l}{A} = \frac{K'\rho g}{\eta} \cdot \frac{\Delta h}{L}$$

式中　dq/dt——水的流动速率（m^3/s）；

　　　　A——试样的截面积（m^2）；

　　　　Δh——水头损失（m）；

　　　　L——试样厚度；

　　　　η——动态黏度（$N \cdot S/m^2$）；

　　　　ρ——流体密度（kg/m^3）；

　　　　g——重力加速度。

系数 K' 的单位是"m^2"，表示材料的本征渗透性，与所用流体无关。

若用水做试验，可得到 $K = \frac{k'\rho g}{\eta}$

系数 K 的单位是"m/s"，可指混凝土的渗透系数，指室温下的水。因为水的黏度随温度改变，流动方程可写为：

$$\frac{dq}{dt} \cdot \frac{l}{A} = K \frac{\Delta h}{L}$$

当 dq/dt 达到稳流时，可测出 K 值。

10.3 扩散

如前所述，扩散指的是气体或蒸汽在混凝土传输是由于浓度差而非压力差导致。

就气体扩散而言，我们对 CO_2 和 O_2 扩散尤为感兴趣：前者会导致水化水泥浆体的碳化，后者是混凝土中钢筋锈蚀发生的必要条件之一。碳化导致的劣化机理将在本章后面会讨论，锈蚀的内容见第 11 章。需指出的是，气体的扩散系数与其分子量的平方根成反比，所以理论上 O_2 的扩散比 CO_2 快 1.17 倍。利用这种关系，可利用试验得到一种气体的扩散系数计算另一种气体的扩散系数。

10.3.1 扩散系数

水蒸气或空气的扩散方程可用菲克第一定律描述：

$$J = -D\frac{dc}{dL}$$

式中　$\dfrac{dc}{dL}$——浓度梯度（kg/m^4 或 $moles/m^4$）；

　　　D——扩散系数（m^2/s）；

　　　J——扩散速度（kg/m^2s 或 $moles/m^2s$）；

　　　L——试件厚度（m）。

尽管扩散过程仅在孔隙中发生，J 和 D 还与混凝土试件的截面有关，因此 D 实际上是有效扩散系数。

某种气体的扩散系数可通过稳态试验方法测得。使一个混凝土试件两侧暴露于两种不同的纯气体中，通过试验可检测出每侧气体质量与原始状态相比的变化。

试件两边的气压应相同，因为扩散驱动力不是靠压力差而是浓度差。

10.3.2 空气和水的扩散

Rapadakis 等人 [10.30] 研究了 CO_2 的有效扩散系数与空气相对湿度、硬化水泥浆体孔隙率、混凝土抗压、强度之间的关系。水的扩散比空气慢 4 个数量级。注意扩散系数随混凝土龄期会变化，因混凝土孔隙结构随时间而变，尤其是当水泥持续水化时。

O_2 在混凝土中的扩散受湿养护状况影响很大，延长养护可将扩散系数降低为原来的 1/6 左右。试验中混凝土的湿度也会显著影响，这是因为孔隙中的水会显著延缓扩散过程。例如，对经过良好养护、相对湿度为 55% 的试验条件，高质量混凝土的氧气扩散系数小于 $5 \times 10^{-8} m^2/s$，而对差的混凝土，该系数可达 $50 \times 10^{-8} m^2/s$ [10.96]。

若混凝土构件两个相对侧面的湿度不同，水蒸气可在其中传输。应测出两个面的相对湿度，湿度高则会减少作为扩散路径的含空气的孔隙。如潮湿的一侧处于饱和状态，则干的一侧因相对湿度增加会降低水蒸气的扩散。水蒸气、空气在混凝土中传输时其影响因素大体相同。

除了气体，孔隙水中的侵蚀性离子，如 Cl^-，SO_4^{2-} 也会发生扩散。硬化水泥浆体内水化发生在孔隙水和水泥之间，所以这种扩散对硫酸盐侵蚀和氯离子导致的锈蚀过程很重要。在饱水的水泥浆体孔隙中离子扩散很明显，即使部分饱水的混凝土中也会发生此类扩散。

与渗透性类似，水灰比低时扩散变慢，不过水灰比对扩散的影响远小于对渗透的影响。

10.4 吸附

与混凝土中可被液体渗透的连通孔不同，混凝土中孔隙体积可用吸附来测试，这两种性质不是完全相关的。吸附性能常用以下方法测试：将一个试件干燥至恒重，然后浸入水中，以质量增加占浸水前重量的百分比表示吸附性能。测试的方法不同，其结果也有较大差异，见表 10.1。导致吸附水分的值差异的一个因素是常温干燥时不能有效除去所有的水，然而若用高温干燥，混凝土中的一些结合水也可能被除去。因此，不宜用吸附值大小来评估混凝土的质量，不过多数性能良好的混凝土其吸水值一般不超过其质量的10%。若要计算混凝土中水占有的体积，则需明确水、混凝土比重的差异。

表 10.1 不同方法测得的混凝土吸附水量[10.7]

干燥条件	浸泡条件	混凝土吸水量（%）					
		A	B	C	D	E	F
100℃ (212 ℉)	水中 30min	4.7	3.2	8.9	12.3		
100℃ (212 ℉)	水中 24h	7.4	6.9	9.1	12.9		
100℃ (212 ℉)	水中 48h	7.5	7.0	9.2	13.1		
100℃ (212 ℉)	水中 48h 加 5h 煮沸	8.1	7.3	14.1	18.2		
65℃ (149 ℉)	5h 煮沸	6.4	6.4	13.2	17.2		
105℃ (221 ℉) 烘干至恒重	1h					3.0	7.4
	24h					3.4	7.7
	7d					3.5	7.8
20℃ (68 ℉) 真空中 放在石灰上 30d	1h					1.9	5.9
	24h					2.2	6.3
	7d					2.3	6.4

ASTM C 642-06 中叙述了一个在小块混凝土上进行的吸水试验，先在100℃～110℃条件下干燥然后浸在21℃水中至少48h后检测。BS1881-122：1983 的测试过程也与此类似，不过测试是在完整的混凝土芯样上进行。

吸水试验应用不算广泛，不过在预制件的例行质量控制中经常使用，如铺路砖、路面板及路缘石等。将切割好的试件在105℃下干燥72h，然后浸入水中30min、24h，分别测其吸水率。

10.4.1 表面吸水试验

在实际工程中，人们对混凝土结构表层的吸水性关注度最高，因表层混凝土与钢筋的保护直接相关。为此，专门研发了检测表面吸水性的试验方法。

BS1881-5:1984 中描述了"初始表面吸水性"试验方法。简言之，是在 200mm 水头下检测规定时间范围内混凝土表面的吸水速率（10min～1h），这个水头压力比一般雨水导致的压力稍大一些，初始表面吸水率的单位是毫升每平方米每秒。

10min 的初始表面吸水率若大于 0.5ml/（m² • s），则认为吸水率高，低于 0.25ml/（m² • s），可认为吸水率低。对 2h 后的吸水率，吸水率高是指大于 0.15ml/（m² • s）和吸水率低是指小于 0.07ml/（m² • s）。

上述试验的一个缺点是水在混凝土中的流动不是单一方向。为修正这一问题，有人提出了很多种修正方法，然而并没有一种得到广泛认可的方法。

试验中混凝土的吸水量取决于混凝土当时的相对湿度。从这点来说，必须知道试验时混凝土的湿度数据，否则初始表面吸水率试验的结果不好解释。工程现场很难满足这个条件，因此导致测出的初始表面吸水率较低，可能是因为所检测混凝土的低吸水性，也可能是因为较差混凝土中的孔隙原来就被水饱和了。

虽然这个方法有上述缺陷，但在相同条件下，还是可用此试验来比较混凝土表层养护的效果。

Figg 开发了一种在现场检测水或空气进入混凝土难易程度的试验方法。在混凝土上打一个小孔并用硅胶密封。硅胶塞子上用一根注射用针头穿透，一端连在一个真空泵上，抽真空使系统的压力减到一个数值。空气透过混凝土进入小孔中使系统压力升高到一定量值需一定的时间，这个时间可用以表示混凝土的"渗透性"。将介质换成水，使用一些别的装置，检测一定体积的水进入混凝土的时间，该时间可用以衡量混凝土对水的渗透性。Figg 装置已出现了不少改进形式。

需指出的是，称上述 Figg 试验检测的"渗透性"不是很合适，因为该试验所得的数据并不与我们以前定义的渗透系数直接相关。然而，该试验用于平行比较还是有用的。

10.4.2 吸收

前面所述吸附试验有一些先天缺陷，另一方面，渗透性试验是检测混凝土在流体压力下的行为，而压力常常不是液体进入混凝土中的驱动力，因此有必要开发另一种试验，这种试验检测未饱水的混凝土通过毛细作用吸收水分的速率，没有水头压力。

简言之，吸收试验检测的是毛细吸水的速度，将一个混凝土棱柱体支撑在浅水中，仅使其下方 2～5mm 被水浸泡，记录棱柱体质量随时间的变化情况。

文献指出可用下式表示二者关系：

$$i = St^{0.5}$$

式中 i——吸收量，试件与水接触后单位截面上增加的质量，除以水的密度，米制单位最终是 mm；

t——在检测质量时经过的时间，以分钟记；

S——吸收系数，$mm/min^{0.5}$。

实际操作中，因试件吸水颜色变深，容易测出试件中 i 上升的高度，此时直接以 mm 为单位测量 i，若换算成 SI 制，可用下面的系数：

$$1mm/min^{0.5} = 1.29 \times 10^{-4} \ m/s^{0.5}$$

试验时间一般为 4h 左右，以时间的平方根为横坐标，以质量的增加或水线上升的位置为纵坐标可画出一条直线。起始位置（或最初的读数）可忽略，因为试件刚一接触水其质量就会有小的增加，被淹没的 2～5mm 表面孔隙已开始吸水（图 10.1）。

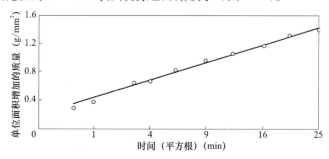

图 10.1　用于计算吸收系数的单位面积增加水的质量随时间变化关系图

一些典型的吸收系数：水灰比为 0.4 的混凝土是 0.09mm/mm$^{0.5}$，水灰比是 0.6 时为 0.17mm/mm$^{0.5}$。这仅仅是对样品测出的一些数值，不代表规律性。

和初始表面吸水率试验一样，混凝土试验湿度越大其可测得的吸收率越低。因此，若可能，在试验前应将试件在 105℃烘干，或者测出试件的潮湿程度。

10.5　混凝土的水渗透性

本书第 10.2.3 节曾以流体通过多孔固体为模型讨论过在压力下的水流过混凝土的情况。现在对混凝土渗透性的具体情况进一步阐述。

首先，我们注意到组成硬化水泥浆的颗粒比表面积很大，仅有一小部分相连。因此，在固相表面力作用范围内的水是被吸附的，这部分水的黏度大，然而也是可动的，能参与流动。如前所述，混凝土的渗透性不是其空隙率的简单函数，而是取决于孔尺寸、分布、形状、弯曲程度及连通性等一系列特征。因此尽管水泥凝胶的孔隙率达 28%，其渗透系数仅为 $7×10^{-16}$m/s。这归功于硬化水泥浆体的细观结构：孔和固体颗粒非常细小，不像岩石中尽管孔的数量少，但尺寸大得多，因此渗透系数大。同理水在毛细管中流动远比微小的凝胶孔中容易：水泥浆体整体上比凝胶的渗透性高 20～100 倍，可见水泥浆的渗透性是由其毛细孔结构决定的。二者关系见图 10.2，表 10.2 给出了与不同 W/C 浆体渗透性类似的岩石。有意思的是花岗岩的渗透性几乎与 W/C 0.7 的成熟水泥浆相同，属于抗渗性不太好的一类。

硬化水泥浆渗透性随水泥水化进程而变，在新拌水泥浆中，水的流动受控于水泥颗粒的尺寸、形状及浓度。随着水化进行，浆体渗透性迅速降低，因为水化产生凝胶的体积（包括凝胶孔）大概是未水化水泥的 2.1 倍，凝胶逐渐填充了原来被水占据的空隙。在成熟硬化浆体中，渗透性取决于凝胶的尺寸、形状、浓度以及毛细孔是否变得不连续。表 10.3 列出了水灰比 0.7 时不同龄期水泥浆体的渗透系数。水灰比越低，渗透系数降低得越快，湿养护一段时间后，渗透系数基本不降低了，水灰比不同，达到此状况的龄期也不同：

W/C 是 0.45 时，养护 7d；

W/C 是 0.60 时，养护 28d；

W/C 是 0.70 时，养护 90d。

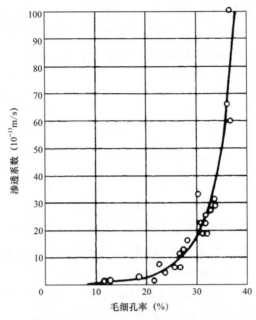

图 10.2 渗透性和水泥浆体毛细孔率之间的关系[10.3]

表 10.2 岩石和硬化水泥浆体的渗透性比较[10.3]

岩石类型	渗透系数	具有同样渗透性的成熟水泥浆的水灰比
致密暗色岩	2.47×10^{-14}	0.38
石英闪长岩	8.24×10^{-14}	0.42
大理石	2.39×10^{-13}	0.48
大理石	5.77×10^{-12}	0.66
花岗岩	5.35×10^{-11}	0.70
砂岩	1.23×10^{-10}	0.71
花岗岩	1.56×10^{-10}	0.71

表 10.3 水泥浆体渗透系数随水化进程的降低（$W/C = 0.7$）[10.5]

龄期（d）	渗透系数 [$K(\mathrm{m/s})$]
新拌	2×10^{-6}
5	4×10^{-10}
6	1×10^{-10}
8	4×10^{-11}
13	5×10^{-12}
24	1×10^{-12}
极限	6×10^{-13}（计算值）

对水化程度相同的水泥浆体而言，浆体中水泥含量越多，即 W/C 越低，其渗透性越低，见图 10.3，其中水泥浆体中 93% 的水泥已水化。从图中可见，当 W/C 在 0.6 以下时，表示二者关系直线的斜率相当低，表明浆体中的毛细孔已被分割成不连续的。还可看出当水灰比从 0.7 降低到 0.3 时，浆体的渗透系数下降了 3 个数量级。对水灰比是 0.7 的浆体而言，龄期 1 年的渗透系数与 7 天相比，会降低 3 个数量级。

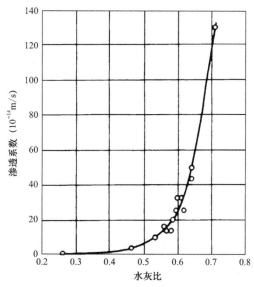

图 10.3 成熟水泥浆体 W/C 与渗透系数的关系（93% 水泥已水化）[10.5]

在混凝土中，随 W/C 降低渗透系数显著降低，W/C 从 0.75 到 0.26，其渗透系数降低达 4 个数量级，W/C 从 0.75 到 0.45，渗透系数降低 2 个数量级。在水灰比为 0.75 时，渗透系数典型值是 10^{-10} m/s，表示混凝土的渗透性较高；当 W/C 是 0.45 时，渗透系数代表值约在 10^{-11} 或 10^{-12} m/s，一般认为低于 10^{-12} m/s 这个数量级的渗透系数表明混凝土的渗透性很低。

此处有必要再看一下图 10.3 中成熟水化浆体的情况。由图 10.3 可看出当 W/C 大于 0.4 时渗透系数增长很大。在 $W/C=0.4$ 附近，毛细孔变得分割而不连通，因此使 0.4 的水灰比以下成熟浆体的渗透系数显著低于水灰比在 0.4 以上的浆体。这个差异对于外界侵蚀性离子进入混凝土是有意义的。对储存液体及其他一些结构，要求混凝土具有水密性，所以混凝土的渗透性很重要，同样大坝混凝土中静水压力问题也与混凝土渗透系数相关。此外，水分进入混凝土的过程也影响其热工性能（见第 8.5 节和第 13.8.6 节）。

混凝土水灰比较高时，将其湿养护龄期从 1 天延长至 7 天[10.51]，发现其水渗透系数可降低 5 倍。

水泥性能也影响混凝土的渗透性。水灰比相同时，较粗的水泥会比细一些的水泥形成孔隙率更大的硬化浆体。水泥的矿物组成影响水泥的水化速度从而也会影响渗透性，不过对最终的孔隙率和渗透系数没有影响。一般认为，硬化水泥浆体强度越高，可能表明其渗透性越低，原因在于强度是凝胶体积与其填充空间之比的函数。有一种例外情形，干燥水泥浆体会增加其渗透性，原因可能是干缩会破坏一些毛细孔之间的凝胶，为水分提供新的通道。

硬化水泥浆与混凝土（含同样水灰比浆体）之间渗透性会有差异，是因为骨料的影响（见

表 10.2）。若骨料渗透性很低，它会减少水流动的有效区域。这样，水流路径需要绕过骨料，水流路径变长了，骨料降低渗透系数的效果就很明显。过渡区不会对水渗透有贡献。一般而言，配合比中骨料含量影响很大，因其都被水泥浆体包裹了，在充分密实的混凝土中，硬化水泥浆体的渗透性是混凝土渗透性的决定因素，详见第 10.2 节。

低温时，如在液氮 -196℃ 环境下，混凝土渗透机理有变化，例如冰可减少水分流动，骨料的影响变得显著。有报道说此时典型的本征渗透系数为 $10^{-18} \sim 10^{-17} \mathrm{m}^2$。

10.5.1　渗透性试验

检测混凝土渗透性的试验没有普遍认可的标准，所以不同出处的渗透系数可能不具备可比性。有一个试验是在一定压力下让水通过混凝土试件并达到稳态流动，用达西定律计算其渗透系数 K，见第 10.2.3 节。

美国农垦局规定的 4913-P2 方法中水的压力是 2.76MPa，相当于 282m 的水头。加拿大及德国 D1N1048-1991 也有类似方法。上述试验中水的压力较大，在混凝土中水渗流时可能改变混凝土的自然状态，可能淤塞一些孔隙。另外，在试验进程中，原先未水化的水泥颗粒可能重新水化，导致渗透系数随时间延长而降低。

美国农垦局的方法中提供了对试件龄期影响的校正，见图 10.4。农垦局试验本来是研究大坝中混凝土行为的。另外，对普通混凝土结构而言，高压下水的渗透在普通服役环境中不太会发生。

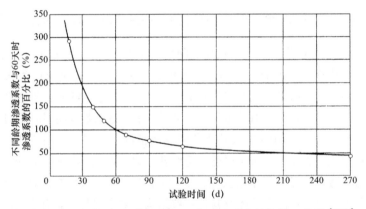

图 10.4　美国农垦局提供的混凝土渗透试验的龄期校正曲线[10.43]

需指出即便用同样的试验设备来检测同龄期、同一批混凝土试件得到的渗透试验结果离散性也不小。如 2×10^{-12} m/s 和 6×10^{-12} m/s 的变异不算显著，一般得出渗透系数的数量级即可。

10.5.2　水渗透试验

做渗透试验时还有一个问题，即对质量好的混凝土，水不会通过它形成稳态流动。水只能渗进混凝土一定深度，Valenta 找到一个关系式，可将渗入混凝土试件的深度转化成渗透系数，单位是 "m/s"，同 Darcy 达西定律中的 K 一样。

$$K = \frac{e^2 v}{2ht}$$

式中　e——在混凝土中的渗透深度（m）；

　　　h——水头（m）；

　　　t——压力持续时间（s）；

　　　v——混凝土中孔隙的体积分数。

v值表征不连续孔的量，如气泡形成的孔，在压力水作用下才能充满水，可通过试验中混凝土质量的增加来计算，需指出的是此处仅考虑了试件中能被水穿过的孔隙。v典型取值为 0.02～0.06。

试验中的水头范围是 0.1～0.7MPa，在一定时间内，劈开试件（渗水的地方颜色变深）可观察到渗水高度，即 Valenta 表达式中的 e 值。

还可用渗水深度来定性评价混凝土：渗水高度小于 50mm 时可认为混凝土是"不能渗透的"，小于 30mm 时可认为在"侵蚀环境中不渗透"。

10.6　空气和蒸汽渗透性

如前所述，不同压力条件下，空气、其他气体、水蒸气进入混凝土的难易程度与其不同暴露条件下的耐久性相关。需注意区分两种情况，一是渗透的驱动力是试件两边气体的压力差，二是试件两边气体的压力、温度相同，但气体种类不同。前者与气体渗透性有关，后者是气体通过扩散进入混凝土的。

Lawrence 综述了混凝土对于气体可扩散性的推导和测量，扩散系数以"m^2/s"表示，他证明在对数坐标下，扩散性与混凝土的本征渗透性呈线性关系。由图 10.5，在渗透试验数据的基础上可推出扩散性的数值，前者更易测量一些。

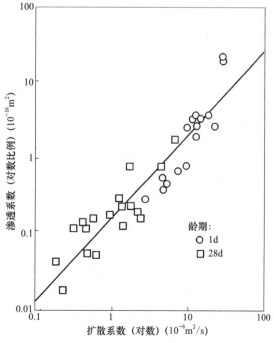

图 10.5　混凝土扩散性与本征渗透性的关系[10.52]

在测量气体渗透系数时，需注意气体是可压缩的，所以除了流入压力 P，流出压力 P_a 外，还应标出测量体积流量 q（m^3/s）时的压力 P_0，所有压力单位是 "N/m^2"。

本征气体渗透系数 K，单位是 "m^2"，用下式计算：

$$K=\frac{2qp_0L\eta}{A\,(p^2-p_a^2)}$$

式中　A——试件截面积（m^2）；

　　　L——试件厚度（m）；

　　　η——动力黏度（$N\cdot s/m^2$）。对 O_2，在 20℃时 $\eta = 20.2\times10^{-6}\,N\cdot s/m^2$。

理论上，一种混凝土的本征渗透系数应与试验所用是气体或液体无关。但用气体进行试验时系数高一些是因为气体滑动现象，即在流动的边界处，气体有一定的速率。当本征渗透系数值较低时，气体渗透系数与液体渗透系数差异变大，前者与后者之比从大约 6 到接近 100。

养护对混凝土的气体渗透性有显著影响，尤其对中低强度的混凝土。图 10.6 显示了这一影响，两组混凝土都养护 28d，（a）在水中；（b）在相对湿度为 65% 的空气中；接着放入 20℃，相对湿度为 65% 的空气中 1 年时间。

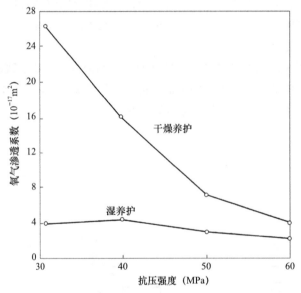

图 10.6　氧气渗透系数和抗压强度关系
（混凝土分别在水中、相对湿度为 65% 的空气中养护 28d）[10.92]

文献［10.132］提到，对水灰比是 0.33 的混凝土，当用气体测量其渗透性系数时，量级一般是 $10^{-18}\,m^2$。

混凝土的湿度对其空气渗透性影响很大，从接近饱和状态到烘干的过程，气体渗透系数可提高两个数量级。因此，所有试验都要清晰地给出混凝土的状态。为了对此类试验进行标准化，建议使用干燥箱干燥后的混凝土作为统一的试验基准。

不过这样处理造成试样混凝土与其实际服役状态不符。对混凝土结构而言，O_2 在混凝土中的渗透与钢筋的锈蚀过程有密切关系。

将一个混凝土试件放在相对湿度固定的空气中，即使经过 28d，也不一定能使混凝土内部的湿度达到恒定。

文献［10.53］描述了一种检测 O_2 在混凝土中渗透的方法。但目前并无被一致接受的标准方法。

10.7 碳化

在讨论混凝土性能时通常假设水化水泥浆体不与周围的空气介质发生反应。然而实际空气中含有 CO_2，有水汽存在时转化成碳酸能与水化的水泥反应，而气态 CO_2 是非活性的。

CO_2 即使在低浓度条件下也可引起上述碳化反应，如现在农村的空气，其 CO_2 体积比约为 0.03%。在一个不通风的试验室里，CO_2 含量可能达到 0.1%；大城市中平均含量是 0.3%，特殊情况下能达 1%。混凝土暴露于高浓度 CO_2 的一个实例是公路隧道的内衬。碳化作用随 CO_2 浓度的提高而加速，尤其在高水灰比情况下，CO_2 会通过硬化水泥浆体的孔隙网络进行传输。

水化浆体中与 CO_2 反应最直接的是 $Ca(OH)_2$，其产物是 $CaCO_3$，其他水化产物也会分解，产生氧化硅、氧化铝、氧化镁的水合物。从化学原理来看，即使在常规大气低浓度的 CO_2 存在条件下，水泥水化产生的含钙化合物也可能全部分解，但实际上这种情况不会发生。对只含有硅酸盐水泥的混凝土，仅是 $Ca(OH)_2$ 会发生碳化。不过，若 $Ca(OH)_2$ 消耗完了，如在火山灰反应中被活性硅二次反应了，此时水化硅酸钙 C-S-H 凝胶也可能会碳化。这种情况下，不但形成了更多的 $CaCO_3$，反应产物硅凝胶内部会形成超过 100nm 的大孔隙，会进一步加速碳化。C-S-H 凝胶的碳化会在后面探讨混合水泥制成的混凝土碳化时再讨论。

10.7.1 碳化的影响

碳化本身并不导致混凝土劣化但它有重要影响。其后果之一是碳化收缩，已在第 9.14 节讨论过了。对耐久性而言，碳化之所以重要是因为它可将孔隙溶液的 pH 值从 12.6~13.5 降低到 9 左右。若所有的 $Ca(OH)_2$ 都被碳化，pH 将降低至 8.3。pH 值降低可导致以下后果：钢筋在水泥浆中时其表面会迅速形成一层薄的钝化氧化物层，紧贴钢筋表面，可防止钢筋与氧气、水发生锈蚀反应（锈蚀将在第 11 章讨论）。此种状态称为钢筋的钝化。保持钝化状态的条件是接触钝化膜的孔隙溶液有足够高的 pH 值。因此，若钢筋表面的接触溶液的 pH 值降低，钝化膜会消失，只要有氧气和反应需要的水，钢筋将开始生锈。为此，需知道混凝土的碳化深度，尤其是碳化前锋是否已抵达钢筋表面。实际上因为混凝土中有粗骨料，碳化前锋不是一条精确的直线。另外需注意的是若混凝土上有裂缝，CO_2 可从裂缝渗入，碳化前锋优先从贯穿的裂缝发展。不少工程有这种情况，钢筋保护层的整体碳化仅有几毫米，但局部碳化已经导致钢筋开始生锈[10][61]。

10.7.2 碳化速度

碳化从混凝土外层与 CO_2 接触的部分逐渐向内部发展。但碳化速度是逐渐降低的，因为

CO_2 要在孔隙结构中扩散，通过混凝土表面已碳化层，如果水泥浆体孔隙中充满水，上述扩散过程会很慢，因 CO_2 在水中的扩散速度比空气中低 4 个数量级。另一方面，若孔隙中水不多，CO_2 仍保持气态则不会与水泥石产生反应。由此可见碳化速度与混凝土的湿度有关，而湿度是随距离混凝土表面的深度变化的。正是由于此种变化，所以不能从前述的扩散方程（第 10.3.1 节）直接推导出碳化发展的速度。图 10.5 显示的扩散与本征渗透系数之间的关系或可供参考。

当相对湿度在 50%～70% 之间时碳化速度最快。普通试验室内典型的相对湿度是 65%，正好在此范围之内。在户外，英格兰南部冬季平均 RH 是 86%，夏季是 73%。

在湿度固定时，碳化深度与时间的平方根成正比，类似毛细吸收而不是扩散，不过碳化过程还包含 CO_2 和孔隙之间的作用。因此可用下式表示碳化深度 D（以 "mm" 为单位）：

$$D = Kt^{0.5}$$

式中 K——碳化系数（mm/年$^{0.5}$）；

　　　　t——暴露年限。

对低强度等级混凝土，K 值常大于 3～4mm/年$^{0.5}$。从水灰比的角度，大概有如下关系：对 W/C 是 0.60 的混凝土，15 年碳化深度是 15mm 左右；W/C 是 0.45 时，达到 15mm 要 100 年。图 10.7 给出了一个混凝土碳化 16 年的曲线。

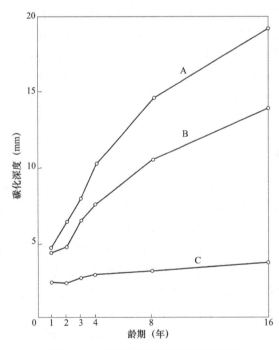

图 10.7　不同暴露条件下碳化进程

（A）20℃，65%RH；（B）户外，有屋顶；（C）户外水平表面（在德国）

图中数值是水灰比为 0.45、0.60 和 0.80，湿养护 7d 的混凝土平均值[10.124]

如果暴露条件不固定，则碳化深度与时间平方根之间的关系不成立。尤其是当表层混凝土暴露在一个湿度变化的环境，如间歇潮湿环境，碳化速度会降低，因为 CO_2 在饱和水泥石孔隙中扩散会变慢。反之，若混凝土结构有遮雨设施，其碳化速度要快于那些受雨淋的混凝土，因接触雨水会显著降低碳化过程。在建筑物内部，混凝土碳化速度可能较快，就钢筋锈蚀方面无太多影响，除非碳化的混凝土又受潮，这种情形有可能发生，如雨水穿过建筑外防护层到达里面混凝土被碳化的区域。

湿度对混凝土碳化的重要影响体现在以下情形：在同一个建筑物内，即使同一种混凝土，同龄期时碳化深度也可能有很大差异，如直接淋雨的外墙碳化较浅，有水流过的倾斜表面也类似，还有暴晒干透的墙也是碳化较浅。大体上，最大的碳化深度会比最小的高50%。

小幅度的温度变化对碳化影响不大，但高温会加速碳化，当然要减去干燥减少碳化深度的效果。

Papadakis 等[10.56]综述过影响碳化速度的物理－化学过程。

10.7.3 影响碳化的因素

水泥石的可扩散性是影响碳化的关键因素。当 CO_2 在水泥石中扩散时，可扩散性是孔隙系统的函数，与水泥类型、水灰比、水化程度相关。所有这些因素都影响到含水泥石的混凝土强度。因此，常说碳化速度可简化为混凝土强度的函数。这点大体上是对的，但有缺陷。问题在于使用的混凝土强度值往往是试验室标养试件的强度，而不是现场暴露于 CO_2 实际混凝土的强度，标养试件强度一般高于现场实体强度。

若不将强度与碳化关联，还可将碳化作为水灰比或水泥用量的函数，或者两者同时与碳化建立联系。若用水泥含量的物理意义不直接，用水灰比与碳化关联也不比用强度关联更好。实际上，无论是强度还是水灰比都不能表征混凝土表层区域水泥石的微结构，那才是 CO_2 扩散过程的关键。对表层混凝土性能有巨大影响的是混凝土养护。

养护对碳化至关重要，图 10.8 显示了 28d 抗压强度（标准立方体试块）30～60MPa 的混凝土碳化深度变化：（a）水中养护 28d；（b）RH65% 空气中养护然后所有试件在 20℃、RH65℃空气中存放 2 年。早期没有水养会造成孔隙率高，对碳化影响十分显著。还有研究表明将湿养护时间从 1d 提高到 3d 能将碳化深度降低 40% 左右。

应指出的是，世界上不少地方在户外工程中延长保湿时间使水泥的水化继续，等于延长了表层混凝土的自然养护。一般来讲，初期湿养护不足，混凝土表层水泥石微结构有利于 CO_2 扩散，这种负面影响是长期存在的。

大致上可以说，在持续碳化的条件下，强度在 30MPa 的混凝土几年时间内很可能碳化深度达 15mm 以上。

不同地方碳化速度会有很大差异，Parrott 在表 10.4 中提供的典型数据很有意思。表 10.4 数据明显不能在一般情况得出。从他的数据可以得出，在英国或相似条件下，户外被遮挡的混凝土，其碳化深度 90% 的情况下不会超过表 10.4 中的数据。在前文提到的有些条件下，碳化深度会超过上限的 90%，在另一些情况下可能低得多。不过，根据表 10.4 和表 10.5 以及本章提到的其他数据，有一定把握认为在结构的服役年限内，碳化深度不会超过钢筋的保护层厚度。从保护钢筋的角度讲，保护层的厚度和混凝土的质量都有关系，在设计阶段均需考虑。保护层将在第 11.12.1 节讨论。

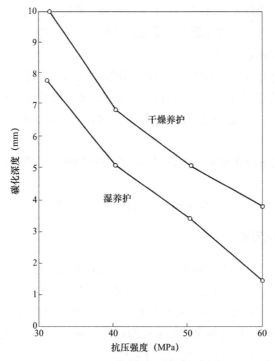

图 10.8 混凝土在相对湿度 65% 空气中暴露 2 年后抗压强度与碳化深度的关系[10.92]

表 10.4 强度与碳化深度关系[10.55]

暴露条件	50 年碳化深度（mm）	
	25MPa 混凝土	50MPa 混凝土
户外有遮挡	60 ~ 70	20 ~ 30
淋雨	10 ~ 20	1 ~ 2

表 10.5 英国户外有遮挡混凝土的最大碳化深度[10.55]

28d 强度（MPa）	30 年碳化深度（mm）
20	45
40	17
60	5
80	2

10.7.4 使用混合水泥的混凝土的碳化

混合水泥已得到广泛应用，因此了解掺粉煤灰和矿渣的混凝土的碳化行为是很重要的。不少文章报道了含与不含这些掺合料的碳化试验结果，但这些比较的基准没有固定，所以他们获得的数据无法得出有用的结论。所以在确定混凝土配合比时，要专门检验此种配合比的碳化。

评估的出发点是了解掺有混合材水泥石的微观结构及性能，因为这些性能可从物理或化学方面影响碳化。相关性能在第 13 章中讨论，此处对 F 级粉煤灰要说明两点。第一，粉煤灰中的硅与水泥水化产物 $Ca(OH)_2$ 发生反应，使水泥石中的 $Ca(OH)_2$ 减少。因此碳化时需要的 CO_2 量比不加掺合料的水泥少，即可将所有 $Ca(OH)_2$ 转化成 $CaCO_3$。Bier 认为 $Ca(OH)_2$ 量减少时混凝土的碳化深度要大一些。也就是认为使用粉煤灰导致碳化速度加快。但关于火山灰反应 [活性硅和 $Ca(OH)_2$ 之间的反应] 还有一个效果是水泥石结构更致密，使气体难于在其中扩散从而降低碳化速度。

问题就来了：哪种作用占主导地位？一个重要因素是养护的质量。做好混凝土养护火山灰反应才能发生（见第 13.2.2 节），但有些试验[10.55][10.66] 研究的粉煤灰混凝土刚养护 1 天就检测到火山灰反应，这些试验是为了展示含粉煤灰混凝土的碳化严重，但其推论是建立在错误的混凝土工艺上。养护不足会给掺粉煤灰混凝土的碳化带来持久的影响。另一因素，粉煤灰取代 30% 水泥、强度在 35MPa 的混凝土在碳化深度上与普通混凝土比没有差异，或仅有略微增加[10.69][10.67]。

若混凝土中掺入磨细矿渣，则其养护更需加强。缺乏养护的矿渣混凝土碳化很快，有报道说暴露 1 年就会达到 $10\sim20$mm[10.64][10.65]。矿渣掺量越高，其碳化深度越大。不过，若混合水泥中矿渣掺量低于 50%，混凝土暴露大气中 CO_2 浓度是 0.03% 时，其碳化深度增加得很少[10.67]。

至于现代水泥生产中加入的填料（见第 2.13 节），应指出这些东西不影响水泥石的微观结构，因此对碳化无影响。

抗硫酸盐水泥配制混凝土的碳化深度比硅酸盐水泥大约 50%[10.88]，因此，当用这种混凝土时钢筋保护层厚度需增加。快硬水泥配制的混凝土的碳化也会增加[10.137]。

高铝水泥制成的混凝土也会发生碳化，该水泥的水化产物没有 $Ca(OH)_2$，但 CAH_{10} 和 C_3AH_6 与 CO_2 反应，发生碳化。碳化后产生 $CaCO_3$ 和铝胶，比水化产物的强度低。当与硅酸盐水泥混凝土强度等级相同时，高铝水泥的碳化深度是前者的 2 倍。

高铝水泥石碳化后，可能钢筋会脱钝。若孔隙溶液的 pH 值低于 $11.4\sim11.8$，此值比硅酸盐水泥混凝土孔隙溶液要低。高铝水泥若发生晶形转换，则比转换前混凝土的碳化速率更高。

10.7.5 碳化的检测

试验室检测碳化深度的手段有化学分析、X 射线衍射，红外光谱和热重分析。一种常用的简易方法是在破开的混凝土新鲜断面上喷酚酞溶液。水化物中的 $Ca(OH)_2$ 遇酚酞显粉红色，碳化的部分不显色；随着新鲜暴露表面碳化进行，粉色逐渐消失。RILEM 有详细介绍[10.54]。该方法操作简单、快速，但应注意变粉红是因为 $Ca(OH)_2$ 存在，但不是说排除了碳化作用，实际上酚酞试验是测 pH 值（颜色变红的 pH 值约为 9.5），不能区分是碳化还是其他酸性气体导致 pH 值降低。若关注钢筋锈蚀的风险，造成 pH 值降低的原因可能不那么重要，而解释观察到的颜色变化时需要留意。

酚酞试验不能用于高铝水泥混凝土，因为它的水化产物与普通水泥不同，不含 $Ca(OH)_2$。

如果不能从结构上取混凝土试样，可用钻孔的方法在混凝土上钻一系列深度的孔，将粉末进行酚酞试验。操作中要小心，因为一旦未碳化区域的 $Ca(OH)_2$ 污染了一个试样，则该试样完全变红，造成没有碳化的假象。

在某些情况下，检测裂缝处混凝土的碳化可知道裂缝是否是过去形成的，若已知开裂时间的某条裂缝，检测另一条裂缝的碳化深度与其对比可推知后者的形成时间。

可用加速试验来评估一种混凝土的碳化速度。将混凝土试件暴露于 CO_2 浓度是 C_s 的环境中。经一定的时间 t_t 后，试件碳化达到一定深度；若要估计混凝土在 CO_2 浓度是 C_s 的服役环境中达到同样碳化深度所需的时间 t_s，可用 CO_2 浓度与碳化时间成反比的关系来计算，即

$$t_t : t_s = C_s : 100。$$

在瑞士的方法中使用了浓度 100% 的 CO_2，现在已不用了，更常见的是 4%~5% 的浓度[10.36]。为加快碳化，应使相对湿度在 60%~70%。

对加速试验的解读一定要相当慎重，不仅因为实际暴露环境对现场碳化影响很大，尤其是雨水的润湿，太阳及风干燥的影响；而且还应注意高浓度的 CO_2 会导致碳化的性质发生变化，如 Bier[10.07] 发现，当碳化使用的 CO_2 浓度是 2% 时，含粉煤灰或矿渣、养护良好的混凝土比纯水泥混凝土碳化深度至少大 2 倍。而当 CO_2 浓度是 0.03%，且粉煤灰掺量在 30% 以下，或矿渣掺量在 50% 以下时，碳化深度没有如此大增加。导致差异的原因可能是高浓度的 CO_2 在将 $Ca(OH)_2$ 碳化后继续碳化 C-S-H 凝胶。

Kobayashi 等人[10.110] 曾报道过在役混凝土中 C-S-H 遭碳化的事例，但没有提供研究使用水泥类型的详细信息。

10.7.6　其他方面

碳化对混凝土还可能有些好处。碳化产物 $CaCO_3$ 所占体积大于之前的 $Ca(OH)_2$，被碳化混凝土的孔隙率变低了。同时，$Ca(OH)_2$ 与 CO_2 反应释放出的水分可用于邻近未水化水泥的水化。上述变化是有益的，可导致表面硬度表面强度提高，表层渗透性、水分移动等减小，提高了对受控于渗透性的外界侵蚀的抵抗能力。不过，碳化会加速氯离子导致的钢筋锈蚀（见第 11.10.1 节）。

与硅酸盐水泥不同，对超硫酸盐水泥制成的混凝土，碳化将引起强度的降低。然而这只在混凝土表面发生，损失的强度不会对结构造成影响。

因为碳化影响表层混凝土的孔隙率及孔隙分布（减少孔的体积，尤其是细孔），在混凝土表面刷油漆会受影响。油漆的黏结及颜色会受碳化影响。空气相对湿度及龄期直接影响油漆的颜色，观察即可看出碳化带来颜色、油漆效果的变化。

Sakuta 等[10.138] 提出了可使用添加剂来吸收进入混凝土中的 CO_2，以此来防止碳化发生。

10.8　酸对混凝土的侵蚀

若配合比合适，振捣密实，一般情况下混凝土可耐化学侵蚀。但有一些例外。

首先，混凝土中有的硅酸盐水泥是高碱性的，不耐强酸侵蚀，包括能转化成酸的化合物也会侵蚀混凝土。这样一来，在此类侵蚀可能发生的环境，没有保护措施时不能使用混凝土。

通常，混凝土遭受化学侵蚀时表现为水物产物的分解、生成新的化合物，新产物若可溶，可能被渗出带走，若不溶于水，则会在原地破坏。化合物侵蚀时一定是借助溶液进行。水化物中最易受侵蚀的是 $Ca(OH)_2$，C-S-H 凝胶也会被侵蚀，碳酸钙质的骨料也会被侵蚀。

在常见的侵蚀形式中，前面一节讨论了 CO_2 引起的碳化，硫酸盐、海水的侵蚀将在本章后面讲到。ACI 515.IR（1985 修订版），ACI 201.2R-P2 和 Biczok[10.71] 书中可查到对混凝土有不同程度侵蚀的物质列表，部分见表 10.6。

表 10.6　对混凝土有严重化学侵蚀作用的部分物质

酸　　类	
无机类	有机类
碳酸	醋酸
盐酸	柠檬酸
氢氟酸	蚁酸
硝酸	腐殖物
磷酸	乳酸
硫酸	丹宁酸
其他物质	
氯化铝	植物及动物脂肪
铵盐	植物油
硫化氢	硫酸盐

pH 值低于 6.5 的液体可侵蚀混凝土，pH 值低于 5.5 时侵蚀会变得严重，若低于 4.5，则会非常严重。CO_2 浓度为 30～60ppm 的溶液会侵蚀混凝土，浓度超过 60ppm 时会严重侵蚀。

侵蚀速度基本上与时间的平方根成比例，因为 $Ca(OH)_2$ 被溶解后，侵蚀性物质需渗透过剩余的难溶产物层。不但是 pH 值，还有侵蚀性离子的传输能力都影响侵蚀过程。当混凝土中骨料暴露出来时，侵蚀速度变慢了，因为易受攻击的薄弱区域变小了，侵蚀介质需绕过骨料传输。

含有游离 CO_2 的水会侵蚀混凝土，例如荒野的水或矿泉水，后者还可能含有硫化氢。并非所有的 CO_2 都是侵蚀性的，因溶液中一部分 CO_2 用于碳酸氢钙的生成及水解平衡。流动的纯水，如冰溶化形成的纯水或提纯产生的水（如脱盐处理厂），含有微量的 CO_2，也能溶解 $Ca(OH)_2$，会导致混凝土表面溶蚀。含 CO_2 的泥煤水 pH 值低至 4.4，侵蚀性很强。对山区的管道来讲，此类侵蚀就很重要，不仅是混凝土耐久性问题，还有其他后果，侵蚀使水泥水化物滤析掉了，留下的骨料凸显出来，增大了管子的脆性。为避免破坏，应使用硅质骨料，不能用石灰岩骨料，因为石灰岩骨料及水泥石均会被腐蚀。

酸雨中主要含硫酸、硝酸，pH 值为 4.0～4.5，会侵蚀外露的混凝土表面。

下水道污水自身是高碱性的，不会侵蚀混凝土，但排水沟有时会遭受严重腐蚀，尤其是温度较高时，此时含硫化合物会被厌氧菌转化成 H_2S。H_2S 本身不具破坏性，但它会溶解在暴露混凝土表面的潮湿层里，被好氧菌氧化成硫酸。此种侵蚀在污水流动区域上方的位置发生。硬化水泥石逐渐被溶解掉，混凝土开始不断劣化。在离岸的石油储罐中也会发生类似形式的侵蚀。

硫酸的侵蚀作用很显著，除了 SO_4^{2-} 能侵蚀铝酸盐相外，酸能使 $Ca(OH)_2$ 和 C-S-H 发生腐蚀。从这个角度说，在混凝土的密度不变的情况下，减少混凝土中水泥的含量是有利的[10.78]。

一般情况下，微生物不会侵蚀混凝土，因混凝土的高 pH 会起到抑制作用。但在一些特定条件下，如热带气候中一些藻类，真菌和细菌可利用空气中的氮生成硝酸从而侵蚀混凝土。幸运的是，这种事情很少发生[10.73]。

机场停机坪上有时会洒上润滑油或液压油，遇到废气时会被加热分解，从而与 $Ca(OH)_2$ 反应导致渗析[10.69]。

人们已经提出不少物理的和化学的试验方法来评估混凝土耐酸侵蚀的性能，不过还没有标准方法。需特别注意试验的前提条件，因为若使用的酸浓度高，所有的水泥都溶解掉了，不可能评估混凝土的相关性能。基于此，对加速试验结果的解读一定要慎重。

试验需在特定条件下进行，这是因为单独的 pH 值不足以表明侵蚀的严重性，还有其他因素：水中 CO_2 与硬度有关，会影响侵蚀，侵蚀介质的流速、温度、压力增加均会加强侵蚀作用。

配制混凝土时使用混合水泥，即含磨细矿渣、火山灰，尤其是硅灰的水泥，有利于减少侵蚀性物质的侵蚀作用。火山灰反应消耗了 $Ca(OH)_2$，而它是水化物中最易受酸腐蚀的。不过，相对于使用的水泥品种而言，抗酸侵蚀更依赖于混凝土的质量。在暴露于环境前干燥混凝土，然后采用适当方式养护可增强其抗化学侵蚀的能力。混凝土表面形成一薄层 $CaCO_3$ [CO_2 作用 $Ca(OH)_2$ 形成]，堵塞孔隙并减少表层混凝土的渗透性。由于这个原因与现浇混凝土相比，预制混凝土构件抗化学侵蚀能力一般要好一些。可在真空条件下用四氟化硅处理预制混凝土使其具有良好的抗酸性，反应如下：

$$2Ca(OH)_2 + SiF_4 \rightarrow 2CaF_2 + Si(OH)_4$$

还可用稀释的水玻璃（硅酸钠溶液）处理混凝土使 $Ca(OH)_2$ 反应掉，生成硅酸钙填充孔隙。也可用氟硅酸镁来处理混凝土，利用形成的氟硅酸凝胶填充孔隙，使混凝土抗酸能力有稍许提高，可能是由于形成了氟硅酸凝胶。还有几种表面处理法，其详细内容见相关参考文献[10.93]。

10.9　硫酸盐侵蚀

固态盐不会侵蚀混凝土，但以溶液形式存在时，可能会与水泥石发生反应。尤为常见的是来自土壤或地下水的钠、钾、镁、钙的硫酸盐。由于硫酸钙溶解度低，硫酸盐含量高的地下水中除硫酸钙外还有其他硫酸盐。强调这一点是因为其他种类的硫酸盐不只与 $Ca(OH)_2$ 反应，还与水泥石中其他产物反应。

常见地下水中的硫酸盐是天然的，但也可能来自肥料或工业废水。如含硫酸铵的废水，能侵蚀水泥石生成石膏[10.95]。在一些废弃的工业场地，尤其是气体加工厂，其土壤中可能含有硫酸盐及其他侵蚀性物质。硫化物在一定条件下可氧化成硫酸盐，如开凿洞穴时使用压缩空气可造成这种结果。

不同硫酸盐侵蚀水泥石的化学反应如下：

Na_2SO_4 侵蚀 $Ca(OH)_2$

$$Ca(OH)_2 + Na_2SO_4 \cdot 10H_2O \rightarrow CaSO_4 \cdot 2H_2O + 2NaOH + 8H_2O$$

这是一种酸式腐蚀。在流水中，$Ca(OH)_2$ 可能完全反应溶解掉；但若 NaOH 发生积聚，反应会达到一个平衡，只有部分 SO_3 会沉淀成石膏。

与铝酸钙的反应可写成下式：

$$2(3CaO \cdot Al_2O_3 \cdot 12H_2O) + 3(Na_2SO_4 \cdot 10H_2O)$$
$$\rightarrow 3CaO \cdot Al_2O_3 \cdot 3CaSO_4 \cdot 32H_2O + 2Al(OH)_3 + 6NaOH + 17H_2O$$

硫酸钙只侵蚀水化铝酸钙，形成硫铝酸钙（$3CaO \cdot Al_2O_3 \cdot 3CaSO_4 \cdot 32H_2O$），即钙矾石。结晶水可能是 32 或 31，视周围蒸汽压而定[10.74]。

硫酸镁可侵蚀水化硅酸钙、$Ca(OH)_2$ 和水化铝酸钙，反应式：

$$3CaO \cdot 2SiO_2 \cdot aq + 3MgSO_4 \cdot 7H_2O \rightarrow 3CaSO_4 \cdot 2H_2O + 3Mg(OH)_2 + 2SiO_2aq + xH_2O$$

因上式中 $Mg(OH)_2$ 溶解度很低，反应可一直进行。所以，在一定条件下，硫酸镁的腐蚀比其他硫酸盐都严重。$Mg(OH)_2$ 还能与硅胶进一步反应，也会引起劣化。硫酸镁腐蚀的严重后果是 C-S-H 凝胶的分解破坏。

10.9.1　碳硫硅钙石形式的侵蚀

此类侵蚀发生在埋入地下的混凝土。英国有几座桥发现了碳硫硅钙石侵蚀反应，但这种破坏不常见。在温度低于 15℃时，遇到硫酸盐、碳酸盐和水，C-S-H 会转变成碳硫硅钙石，没有胶凝性能，分子式是 $CaSiO_3 \cdot CaCO_3 \cdot CaSO_4 \cdot 15H_2O$[10.139]，碳酸盐来源可能是骨料（石灰岩、白云岩）或地下水中的重碳酸盐。含有矿渣粉的混凝土对此种侵蚀有抵抗作用。

10.9.2　延迟钙矾石生成

这种现象（简称为 DEF）在 20 世纪 90 年代引人注目并吸引了学术界不少人研究，自那以后研究热度似乎过去了。

前面第 9.15.1 节中曾讨论过 K 型膨胀水泥利用的是钙矾石形成。这是一种早期可控的膨胀。但在已硬化的混凝土中形成钙矾石会是有害的反应，属于硫酸盐侵蚀的一种类型，产物是 $3CaO \cdot Al_2O_3 \cdot 3CaSO_4 \cdot 32H_2O$。

水化过程中高温可能是外界施压的，也可能是因大体积混凝土自身的发热不易传导。如果混凝土内部的温度达到 70℃~80℃，钙矾石的延迟生成可能导致膨胀和开裂。当混凝土降到室温时产生有害反应的条件是混凝土一直湿润或是间断潮湿。其危害可表现为强度降低，弹性模量降低，有时会发生开裂。

有时需将 DEF 与碱-硅反应区别开。曾有一个案例是关于蒸汽养护预应力轨枕就涉及这个问题。容易弄混的一个原因是 DEF 形成的钙矾石非常细小，以至于看起来像是碱-硅反应凝胶[10.144]。

要避免 DEF，可选用适当的混合水泥作胶材，与硅酸盐水泥相比可降低水化温升。

10.9.3　侵蚀的机理

关于延迟钙矾石膨胀的机理仍存有争论，主要有两派观点。

Mather[10.81]和不少人认为硫酸钙和C_3A之间发生的是局部化学反应，即固态反应，不涉及溶液及沉淀过程，此类过程会将新形成的产物从初始位置移走。这样的搬运不会导致压力。对局部化学反应而言，若产物的体积大于两个初始化合物的体积，则会发生膨胀和劈裂。在$CaSO_4$和$Ca(OH)_2$的反应中，总体积不增加[10.74]。但因C_3A和石膏的溶解度不同，C_3A表面会形成定向的针状钙矾石。因此，局部体积增加，同时孔隙率也增大了。

另一派以 Mehta 为主要代表的学者认为，在钙盐存在的溶液中沉淀了胶体状的钙矾石，这些钙矾石吸水膨胀是导致膨胀的原因。因此，本质上膨胀的原因是钙矾石的形成。但 Odler 和 Glasser 指出，从环境中吸水不是膨胀发生的必要条件[10.75]。不过，潮湿条件下膨胀的确有显著增长[10.82]，因此上述两种解释可能对应了不同的反应阶段[10.82]。需指出，有些学者提出结晶导致膨胀力的概念，看来是不对的。

硫酸盐和C_4AF反应也能形成钙矾石，不过这种钙矾石基本是无定型的，没有危害性的膨胀[10.75]。但在 ASTM C 150-09 指出，当需要防硫酸盐侵蚀时，对C_3A和C_4AF（第 2.7 节）的总量有一个限制。

硫酸盐侵蚀不仅导致膨胀和开裂，还会造成混凝土强度降低，其原因在于水泥石的黏结力以及水泥和骨料之间的黏合力都减弱了。混凝土受硫酸盐侵蚀时外观的一个特征是变白。破坏先从边角部位开始，逐渐开裂、剥蚀，使混凝土变得易碎甚至变软。

硫酸盐侵蚀只在浓度超过一定值时才会发生。超过限值后，侵蚀速率随溶液浓度提高而增大。当浓度以$MgSO_4$计大于0.5%，或以Na_2SO_4计大于1%时，侵蚀速度增加程度变小[10.7]。饱和$MgSO_4$溶液可导致混凝土严重劣化，但对低 W/C 的混凝土这个过程需 2~3 年后才会发生。BS EN 206-1:2000 中以SO_3来表示硫酸盐，但 ACI 用SO_4表示，前者乘以 1.2 可转化为后者。一般只考虑水溶性硫酸盐，而非酸溶的。表 10.7 中分别给出了 ACI 318-08 和 BS EN 206-1:2000 中对侵蚀环境严重性的分类。

表 10.7　硫酸盐侵蚀环境等级划分

等级	ACI 318-08		BS EN 206-1:2000
	可溶性 SO_4		水溶性 SO_3
	土壤中（%）	水中（ppm）	水中（ppm）
轻度	<0.1	<150	中等侵蚀 600~3000
中等	0.1~0.2	150~1500	
严重	0.2~1.0	1500~10000	严重侵蚀 3000~6000
极严重	>2.0	>10000	

从土壤中提取硫酸盐依赖土壤的压实程度以及水土比，检测地下水中的硫酸盐更为可靠。划分的界限在某种程度上是主观的，因为并没有将硫酸盐侵蚀混凝土造成的破坏定量地

与各限值关联起来。而且，实际暴露环境在结构混凝土服役期间可能是变化的，如地下水流或排水系统的改变。

ACl 201.2R-P2 中对侵蚀环境等级的划分见表 10.7。BS 8110-1：1985（后来被欧洲规范 2385：2008 取代）的分类法更为细致，因其在对应 ACl 201.2R-P2 中"严重"级中细分了一些等级。

应注意的是，在一定条件下，水中硫酸盐的浓度会因蒸发而显著增高。溅上海水的结构表面或冷却塔的混凝土表面即有这种情形[10.79]。

除硫酸盐浓度外，与水泥反应的硫酸盐被补给的速度也影响侵蚀速度。因此，当评估硫酸盐侵蚀危险性时，应了解地下水运行情况。当混凝土一边暴露于有压力的含硫酸盐水时，侵蚀速度最快。类似的，干湿循环也导致快速侵蚀。另一方面，若混凝土完全被埋住，地下水无法接触，侵蚀要轻得多。

10.9.4　可减轻侵蚀的措施

表 10.7 列出环境接触硫酸盐严重程度的分类，其目的在于找出相应的防范措施。有两类方法，其一是降低水泥中 C_3A 含量，即使用抗硫酸盐水泥，在第 2.7 节中讨论过。其二是降低水泥水化物中 $Ca(OH)_2$ 含量，这可通过使用含有矿渣或火山灰的混合水泥来实现。火山灰的作用是双重的，首先，它与 $Ca(OH)_2$ 反应使之不能再与硫酸盐反应；其次，与硅酸盐水泥相比，单方混凝土中同样质量的混合水泥水化产生的 $Ca(OH)_2$ 少一些。上述措施固然重要，但更重要的是防止硫酸盐进入混凝土，这就需要制作混凝土时尽量密实，且尽量使渗透性降到最低。遗憾的是，有时在排水管支撑系统中用了贫混凝土，使本来可以耐久的构筑物中出现一些易受侵蚀的部件。

ACl 201.2R-92[10.42] 中给出了如何选择水泥，如在中等侵蚀环境中，使用 II 型水泥或混有矿渣／火山灰的混合水泥。对严重侵蚀环境，选择抗硫酸盐水泥。在极端严重侵蚀环境中，可用抗硫酸盐水泥复配火山灰（胶凝材料中火山灰占 25%～40%），或使用经证实可抗硫酸盐的矿渣水泥（矿渣含量不低于 70%）。衡量矿渣的一个重要指标是氧化铝含量，详见文献 10.135 中引用 ASTM C 989-09a。需指出，并非所有的火山灰均有益于抗硫酸盐，氧化钙含量低的较好，若氧化钙含量高，如 C 级粉煤灰会降低混凝土的抗硫酸盐性能。

在严酷环境中仅用抗硫酸盐水泥是不够的，原因在于除了 $CaSO_4$ 还有其他硫酸盐。尽管抗硫酸盐水泥中 C_3A 含量低不足以形成膨胀性的钙矾石，但水泥石中的 $Ca(OH)_2$ 甚至是 C-S-H 都可能遭受硫酸盐的酸式侵蚀破坏。

ACl 201.2R-92[10.42] 中的推荐方法表明，与硅酸盐水泥混合使用的火山灰材料或矿渣有益于抗硫酸盐侵蚀。快硬水泥抗硫酸盐性能差，有时也将火山灰与其混合使用。不过，用火山灰取代部分水泥（20%）配制混凝土时降低了混凝土的早期强度，因此在侵蚀条件下这种快硬水泥抗硫酸盐的可行性值得怀疑。

硅灰的使用对提高混凝土的密实性有好处，不过对硬化水泥浆体的试验表明，不同硫酸盐环境中硅灰的作用还不清楚[10.126]。超硫酸盐水泥具有很好的抗硫酸盐性能，尤其是当其配方中的硅酸盐水泥属于抗硫酸盐水泥时效果最好。

高压蒸汽养护提高了混凝土抗硫酸盐侵蚀能力。无论是用抗硫酸盐水泥还是普通水泥制造的混凝土均可通过这种方式提高抗侵蚀能力。原因在于蒸压使 C_3AH_6 转化成一种不太活泼的相，也有部分原因是硅与 $Ca(OH)_2$ 反应消耗了 $Ca(OH)_2$。

需注意的是，因为溶解度随温度变化，当温度大于 30℃时，由于生成钙矾石导致的膨胀就不显著了。

如本章前述，混凝土的低渗透性是因为水泥石微观结构良好，为达到这个目的，配合比需要遵循相应的规定。有 3 条可能的规定方法，在不同的规范中都有体现。规定最大水灰比，或是最低强度等级，以及最小水泥用量。为抵御其他侵蚀，混凝土也需要低渗透性时，上面提到的规定也适用。

依靠规定最小水泥用量来保证抗硫酸盐侵蚀缺乏科学依据。正如 Mather 所指出的那样[10.25]，当每立方米混凝土使用 356kg 常规硅酸盐水泥时，依水灰比及坍落度不同可配制出圆柱体强度在 14～41MPa 的混凝土。显然，这些混凝土的耐久性差异极大。

规定混凝土强度等级是很方便，但强度仅反应了水灰比，水灰比与密实度和渗透性相关，见第 6.1 节，但是仅指定水灰比不管水泥品种是不够的，可参见前面论述的不同种类的混合水泥抗硫酸盐性能。

10.9.5　抗硫酸盐侵蚀的试验方法

在试验里可将试件放在硫酸钠或硫酸镁溶液（或用二者混合溶液）中以检验混凝土抗硫酸盐性能。干湿循环可以加速混凝土孔隙中盐结晶破坏。可用以下指标评估侵蚀后果：试件强度损失、动弹模的变化、膨胀率、质量损失等，甚至可直接观察试件的变化。

图 10.9 给出了 1∶3 的砂浆（经 78 天湿养护后）浸在 5% 不同种类硫酸盐溶液中动弹模的变化。ASTM C 1012-09 使用的方法是将充分水化的砂浆置于一种硫酸盐溶液中，当试件发生超限膨胀时认为是硫酸盐导致失效的标志。这个试验可用以评价拌合物中不同胶凝材料的抗侵蚀作用。不过，因为试件是砂浆而非混凝土，有些材料如硅灰或某种填料的物理效果在试验中不能反应出来。该试验方法另一个缺点是耗时长，有时可能需要几个月的试验才能发现试件失效或者推断不侵蚀。

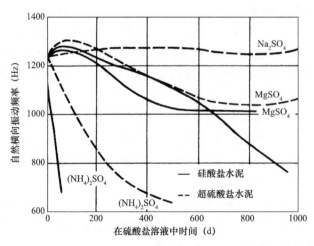

图 10.9　硅酸盐、超硫酸盐水泥砂浆（1∶3）浸泡在 5% 硫酸盐溶液中
对弹性模量的影响[10.9]

ASTM C 452-06 不是采用浸泡法，而是在拌制砂浆时加入一定量的石膏。这可加速与 C_3A 的反应，但此方法不适用于混合水泥，是因为当与硫酸盐接触时，有些胶凝材料尚未水化。因此，ASTM C 452-06 中判断抗硫酸盐性能的指标是 14 天的膨胀率。

与之相关还有一个试验方法：ASTM C 1038-04，是用来检测硅酸盐水泥砂浆膨胀率，配制时需加入硫酸盐。这个试验是用以检测超量硫酸盐导致的砂浆膨胀，而非外部硫酸盐的侵蚀。

所有 ASTM 试验方法都是针对一定配比的砂浆试件，因此与实际混凝土结构相比，上述方法对水泥抗化学侵蚀要敏感一些。

10.10　滤析

前文提到过，有些环境中钙盐类物质会从混凝土中滤出，在混凝土表面形成盐类沉积，此现象也被称为滤析。这可在水渗透过振捣不密实的混凝土时出现，或水渗过裂缝，或沿不密实的接缝处，或混凝土表面水分蒸发时均可导致滤析出现。$Ca(OH)_2$ 与 CO_2 反应生成碳酸钙，形态上是一种白色沉淀物。有时也会遇到 $CaSO_4$ 沉积在表面的情况。

当混凝土表层区域孔隙多时更易发生滤析。所以除了密实程度和水灰比，模板类型也对此有一定影响[10.28]。如果气候从阴凉潮湿转变成干热，滤析容易发生，因起初是碳化，钙盐被表层的水分溶解了，内部的 $Ca(OH)_2$ 被带到混凝土表面[10.28]。

使用未经清洗的海边骨料的混凝土也能导致滤析，这种骨料表面覆盖盐，过一段时间，盐分可能渗滤到混凝土表面形成白色沉淀。骨料中有石膏和碱时也会有类似现象发生。盐分从地下渗过多孔的混凝土到达干燥表面时也能导致滤析。

除了渗滤作用外，滤析对混凝土的影响仅限在外观方面。

早期滤析产物可用刷子和水除去。表面较多的沉淀物则需对混凝土表面进行酸处理。此类处理还可用于除去建筑物混凝土中的浮浆皮，或者恢复地板面的粗糙度。使用稀释的盐酸，浓盐酸稀释比例是 1：20 或 1：10。一般情况下，用海绵蘸稀盐酸在混凝土涂刷厚度为 0.5mm 左右，用量为 $200g/m^2$（1：10 浓度时），混凝土表层反应溶掉的厚度是 0.01mm。当盐酸被氢氧化钙反应耗尽时，酸洗作用停止，不过需要冲刷混凝土以去除反应生成的盐[10.29]。

因 $Ca(OH)_2$ 被酸溶解掉了，混凝土表面会变暗一些。因此，为避免局部颜色过深，操作时酸的浓度、施工量、接触时间都应相同。酸处理是个非常精细的操作，需先在样板上进行试验。

混凝土表面还有一种瑕疵：随光线投射方向的不同，在表面上看出有不规则形状的暗区。这种现象与滤析毫无关系，是由密集的水泥成团堆积造成的，水泥团之间基本没有孔隙。其原因可能是水泥中粗颗粒堆在一起，周围水灰比太低，只水化了一少部分。是因为水化不足，缺少 $Ca(OH)_2$ 产物才导致颜色发暗。造成水泥大颗粒离析的原因可能是模板漏浆或骨料级配问题。随龄期发展，水化逐渐进行，颜色发暗区域可能消失[10.30]。

10.11　海水对混凝土的作用

暴露在海水中的混凝土经受各种化学及物理作用。包括化学侵蚀，氯离子导致钢筋锈蚀，冻融作用，盐侵蚀，以及悬浮的砂子及冰的磨蚀。上述作用存在与否及发生的程度取决于混凝土相对海平面的位置。本章及第 11 章将讨论这些侵蚀，先从化学侵蚀开始，这是本节主要论述内容。

海水对混凝土有化学作用，其原因在于海水里溶解了一定量的盐类。典型的盐度是 3.5%。不同海洋其值有变化：波罗的海 0.7%，北海 3.3%，大西洋及印度洋 3.6%，地中海 3.9%，红海 4.0%，波斯湾 4.3%。在所有海洋中，每种盐的比例基本上是固定的，例如在大西洋中，离子浓度如下：氯离子 2%，硫酸盐 0.28%，钠离子 1.11%，镁离子 0.14%，钙离子 0.05%，钾离子 0.04%。海水中还溶解了一些 CO_2。热带地区的浅滩蒸发很厉害，盐度会很高。死海是个极端例子，其盐度是 31.5%，约是其他海洋的 9 倍，但其硫酸盐浓度低于其他海洋。

海水的 pH 值为 7.5～8.4，与大气 CO_2 平衡的平均 pH 值是 8.2。海水侵入混凝土不会显著降低水泥石孔隙水的 pH 值，报道最低的是 12.0[10.86]。

海水中大量存在的硫酸盐可能让人觉得会发生硫酸盐侵蚀。的确，硫酸根能与 C_3A、C-S-H 发生反应生成钙矾石，但在海水中这不会导致有害膨胀发生。因为当有氯离子存在时，钙矾石、石膏都可溶于水，因此会被海水溶解、带走[10.7]。所以，在海水环境中不是必须使用抗硫酸盐水泥，但对水泥中成分有要求：C_3A 在 8% 时，SO_3 应小于 3%；$C_3A \leqslant 10\%$ 时，$SO_3 \leqslant 2.5\%$[10.90]。因为过量 SO_3 会导致混凝土出现延迟膨胀。试验还表明 C_4AF 也能形成钙矾石，因此，ASTM C 150-09 早期版本中要求抗硫酸盐水泥中 $2C_3A + C_4AF$ 小于 25%。

前述要求可应用于永久浸入海水中的混凝土，这种环境相对来说有一定保护作用[10.88]，因为此种环境下混凝土接触水中盐的浓度及饱和情况会达到一个稳态，离子扩散显著降低。干湿循环则严酷得多，因为盐分可能在混凝土中累积；海水渗入混凝土，然后纯水蒸发了，留下盐。海水侵蚀最大的危险来自氯离子对钢筋的锈蚀作用，盐积累问题将在第 11 章氯离子侵蚀中讨论。

海水对混凝土的化学作用见下式，海水中的 Mg^{2+} 被 Ca^{2+} 取代：

$$MgSO_4 + Ca(OH)_2 \rightarrow CaSO_4 + Mg(OH)_2$$

反应中形成的 $Mg(OH)_2$，称为方镁石，可在混凝土表层的孔隙中沉积，形成了一层保护膜阻止进一步反应。孔里沉积的也可能有 $Ca(OH)_2$ 与 CO_2 反应生成的 $CaCO_3$，以文石形态出现。沉积物典型厚度为 20～50mm，形成得很快，常在一些完全侵入海水中的结构上发现。水镁石的阻塞效果使上述反应能自己停止。不过，如果通过摩擦去除这层表面沉积物，海水中的自由 Mg^{2+} 会继续与混凝土反应。

这种状况即是不同海水侵蚀模式叠加作用的一个例子。波浪强化了化学侵蚀，以盐形成和结晶出现的化学侵蚀反过来又使混凝土更脆弱，更易受波浪侵蚀及海水中悬浮砂子的磨蚀。

10.11.1　盐致风化

若混凝土被海水反复润湿，且间隔干燥使纯水蒸发，则海水中溶解的盐会以结晶的形式留在混凝土里，主要是硫酸盐。当再次遇见水时，这些晶体会吸水且生长，对周围的硬化水泥浆形成膨胀压力。这种由表及里的风化，称为盐致风化，主要发生在高温、日照强烈的地区，这种环境下能让表面以下若干深度范围的孔隙快速干燥。所以，干湿交替的表面易受此侵蚀，如潮差区和浪溅区的混凝土表面。水平及倾斜的表面尤其易受盐风化，还有那些潮湿间隔时间长，有充分干燥时间的混凝土。盐水也可能通过毛细作用进入混凝土，当纯水从表面蒸发后，留下盐结晶，再次遇水时会导致破坏发生。

不但溅起的海水能引起盐致风化，空气中带来的盐也能引起这种盐在混凝土表面沉积，被露水溶解，然后再蒸发。在沙漠地区观察到上述现象：夜间短时间内大幅度降温，使空气的相对湿度降低，冷凝而形成结露。盐致风化能侵蚀表面下几毫米厚：水泥石及细骨料没有了，仅剩粗骨料突出来。随时间推移，混凝土表面变得疏松，暴露出更多硬化浆体，导致进一步风化。这个过程，在本质上与多孔岩石的盐风化类似。即使有 Na_2SO_4 参与，但侵蚀本身是物理的，不是硫酸盐侵蚀。

应指出一点，除非骨料材质非常密实且吸水性极低，骨料自身易于破坏。显然，这种骨料不能用于暴露于盐致风化环境下的混凝土中，选择适合这类环境中混凝土的骨料非常重要[10.85]。因盐致风化侵蚀混凝土的本质是物理作用，所以选用何种水泥并不重要，不过为了保证表层混凝土的低渗透性，选用适当的配合比仍十分重要。

在寒冷气候中撒在混凝土表面的去冰盐也会导致盐致风化，被称作盐剥蚀，第 11 章讨论此内容。

海水侵蚀混凝土还有一种奇特的形式，是 Bijen[10.129] 在非常热的海域中发现的。当混凝土中使用石灰石骨料时，一类牡蛎，还有一类海绵会吞食石灰，形成直径 10mm，深 150mm 的洞穴。这种侵蚀的速度是 10mm/年。

10.11.2 如何选择暴露于海水中的混凝土

前面讨论了海水侵蚀混凝土的几种类型，都提醒我们暴露混凝土的低渗透性很关键。要做到这一点，可采取的措施有低水灰比、选择合适的胶凝材料、振捣密实、避免因收缩、热应力及服役中的应力而开裂等。还有重要的是在混凝土接触海水前要做好养护。那种认为海水也能养护好混凝土的观点是错误的（另见第 11.12 节），除非混凝土浸入水中就永久处于浸没状态。用砂浆做试验的结果指出，无论用何种水泥，都要在淡水中养护至少 7 天。

第 10.11 节讨论的水泥选择是针对浸泡在海水下的混凝土。对于其他暴露条件，如何抗氯离子侵入是选择水泥的重要因素，这个问题在第 11 章讨论。

10.12 碱－骨料反应破坏

在第 3 章中，提到混凝土中的碱与活性硅及骨料中某些碳酸盐发生反应。本章讨论碱－硅反应的后果及预防措施。

这种反应是破坏性的，表现为混凝土开裂。裂缝宽度窄的 0.1mm，宽的在某些极端情况下能达到 10mm。裂缝深度很少超过 25mm，最多 50mm[10.136]。所以在大多数情况下，碱－硅反应只是对混凝土结构外观及使用性产生不利影响，不至于影响整体性；混凝土中施加应力方向的抗压强度不太受碱－硅反应的影响，但裂缝会加速有害介质侵入。

碱－硅反应导致的表面开裂形状是不规则的，有点像一个巨大的蜘蛛网。但这种开裂模式与其他原因导致的开裂样式不是截然可分的，如硫酸盐侵蚀、冻融循环、损伤，甚至严重的塑性收缩也导致类似开裂。英国水泥协会的一个工作组推荐了一个流程可用以评定观察到的裂缝是否由碱－硅反应引起[10.12]。在混凝土中可看到，这个反应引起的裂缝从单个骨料上通过，也有通过周围水泥石的裂缝。

若硅酸盐水泥是碱的唯一来源，则限制水泥碱含量可以预防有害反应的发生。能引发膨胀的最小水泥碱含量是 0.6% 当量。其值由实际 Na_2O 的百分含量加上 K_2O 含量乘以 0.658。这种计算碱含量的方法不区分 Na^+ 和 K^+，方便且简化了问题。Chatterji[10.119] 发现 K^+ 向硅传输时速度比 Na^+ 快，因此潜在危险更大一些。

碱含量不超过水泥质量的 0.6% 的水泥称之为低碱水泥（见第 1.11.2 节）。需指出，在某些例外案例中，含碱量低于此值的水泥也引起了膨胀。

Hobbs[10.128] 解释了为何使用低碱水泥。碱硅反应只在高浓度 OH^- 存在时发生，即在高 pH 值的孔隙溶液中。混凝土孔隙溶液的 pH 由水泥的碱含量决定。高碱水泥配制混凝土的孔隙液 pH 为 13.5～13.9，而低碱水泥的是 12.7～13.1[10.128]。因 pH 每增加 1 个单位对应 OH^- 浓度增加 10 倍，所以低碱水泥混凝土的孔隙液中 OH^- 浓度大约比高碱水泥的低 10 倍。因此在使用潜在活性骨料时理应使用低碱水泥。

要通过限制水泥含碱量来预防有害的碱-硅反应，有两个条件需先满足：（1）混凝土中没有其他碱的来源；（2）碱不会在局部富集。引起碱富集的原因可能是湿度梯度或干湿循环。此处还应指出穿过混凝土的电流也会引起碱在局部浓度升高，例如用于防止钢筋锈蚀的阴极保护电流。

混凝土中的碱还可能来自 NaCl，存在于从海中或沙漠中取得的未洗的砂子上。在钢筋混凝土中不能使用这种砂子，因可导致钢筋锈蚀（见第 11 章）。其他成分如外加剂，尤其是高效减水剂，甚至拌合水也能提供碱。在计算混凝土总碱量时，应包含上述来源的碱，还有来自粉煤灰和粒化高炉矿渣中的碱，但对掺合料的碱计算时应只计算一部分。到底比例是多少目前尚未统一，但在 BS 5328:4:1990（已被 BS EN 206-1-2000 取代）中规定粉煤灰为 17%，粒化高炉矿渣为 50%。

因为混凝土中碱的来源各不相同，因此限制总碱量比较合理。英标 BS 5328-1:1991（旧）规定含有活性骨料的混凝土其单方碱含量不能超过 3.0kg（等当量 Na_2O_e）。检测碱含量的英国方法与以前 BS EN 196-21:1992（旧）中规定的方法不同，用后者方法测出的碱含量比英国方法高 0.025%。所以，当需用 BS 5328-1:1997（旧）时，在选择检测水泥碱含量的试验方法时应谨慎。

有必要再强调一下发生碱-硅反应的 3 个必要条件：碱、活性硅和足够湿度。对湿度来说一般不能低于 85%（这是英国地区夜晚或冬季户外的常见湿度，混凝土构件内部由于剩余拌合水也能达到这个值）。硅酸盐水泥中总是有碱，不过有低碱的硅酸盐水泥（见第 1.11.2 节）。另外，BRE 文摘 330.3 中也定义了中等碱量的水泥和高碱水泥。外加剂中有时也有碱。相关的英国标准有 BS EN 206-1:2000 和 BS 8500-2:2002。

从以上内容可知，应使用低碱活性的骨料，这在英国没问题。但 NaCl 也是碱的一个源头，未经认真清洗的海砂及去冰盐中都有 NaCl 留存。

实际工程中不易完全消除碱-硅反应，但我们应该尽量降低其发生的可能性。文献 [10.141] 进行了对比分析。使用粒化高炉矿渣或粉煤灰按质量至少取代 25% 的水泥，有助于抑制碱硅反应。

这里有一个矛盾的地方，因为矿渣和粉煤灰中都有碱，不过部分是存在于玻璃体中，不会参与到反应中。

10.12.1　预防措施

第3章讨论碱－硅反应时曾提到，孔隙溶液中各种离子的比例及碱、活性硅的存在情况影响反应进程及反应后果。尤其是有一个现象：活性硅含量越多，碱－硅反应造成的膨胀越大，但这只发生在硅含量在某一限值下，在硅含量超过此值后，膨胀变小了。图 10.10 说明了这个现象[10.6]，即硅的最劣比（最不利含量）。水灰比较低，水泥含量较高时，最劣比偏大[10.128]。与最大膨胀对应的活性硅与碱的比例约为 3.5～5.5[10.128]。

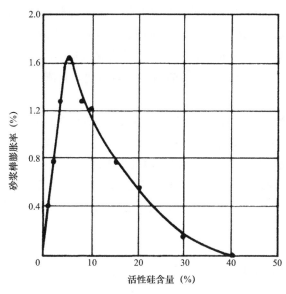

图 10.10　砂浆棒 224 天时膨胀与骨料中活性硅含量的关系[10.6]

由此可知改变混凝土中硅的含量可使硅碱比偏离最劣比。已有人发现在混凝土中掺入细粉状的活性硅可减少或消除碱－硅反应膨胀。图 10.10 可解释这种貌似矛盾的现象，该图表示了尺寸在 300～850μm（NO.50～NO.20 ASTM）筛的活性硅含量（非粉状）和砂浆棒膨胀间的关系。当碱含量一定时，硅含量高，膨胀也大；但当硅含量超过 5% 后，趋势相反。因为活性骨料的比表面积大，单位面积分配的碱越少，所形成的碱－硅凝胶也就越少[10.6]。另外，因 $Ca(OH)_2$ 难以移动，只有骨料表面邻近的 $Ca(OH)_2$ 才能参与反应，因此骨料单位面积上 $Ca(OH)_2$ 的量与骨料总的比表面积无关。因此增大表面积也就提高了骨料附近溶液中的 $Ca(OH)_2$ 碱的比例。在这种情况下，会形成非膨胀性的含碱的硅酸钙产物。

同样道理，磨细的硅质材料掺入活性粗骨料中会减少膨胀，尽管与碱的反应还会进行。这些火山灰材料如破碎的硬质玻璃或粉煤灰，的确对减轻碱对粗骨料的浸入反应有效。粉煤灰中的碱按质量计不应超过 2% 或 3%[10.136]。但 F 级粉煤灰在胶凝材料质量中占 58% 时对抑制膨胀非常有效，即使此时单方混凝土的碱含量达到了 5kg。重要的是粉煤灰要有一定细度，必要时将其磨细以提高抑制膨胀的效能。

火山灰在混凝土中的另一个好处是能降低渗透性（见第 13 章），因此可以减少反应性成分的传输，包括混凝土内部及外界侵入的。另外，火山灰反应生成的 C-S-H 凝胶可固化一定量的碱，从而降低了 pH 值。

硅灰尤为有效，因其与碱的反应速度快。该反应的产物与碱和骨料里活性硅组份反应的产物是一样的，但因反应是在比表面积巨大的硅灰颗粒上发生的（见第 2.12 节），不会导致膨胀[10.116]。

矿渣粉在减少或预防有害碱-硅反应方面也有效。矿渣粉的掺入可降低混凝土的渗透性（见第 13 章）。有证据表明，当矿渣水泥中矿渣含量不低于 50% 时，矿渣中碱含量 0.9% 时无害。提高矿渣掺量，1.1% 的碱含量也可容忍，详见 BS 5328-1:1991（被 BS EN 206-1:2000 取代）的规定。在防止碱-硅反应有害后果方面，矿渣粉的效果有不少工程实例。如在荷兰，一些结构中出现了有害膨胀，但使用矿渣硅酸盐水泥后，解决了这个问题。

不同的掺合料在胶凝材料中需达到一定的含量才能对抑制碱硅反应有效。以质量百分比表示大约是：F 级粉煤灰至少 30% 或 40%；硅灰 ≥ 20%；磨细矿渣 50%～65%[10.120][10.136]。当混凝土中硅碱比达到一定比例时（图 10.10），掺合料含量不足会加剧反应、增大膨胀。火山灰或矿渣抑制碱-硅膨胀的效果应按 ASTM C 441-05 进行检测。加拿大标准 A23.1-P4 附录里的建议也很有用。

如果外界的碱会持续侵入混凝土，即使混凝土中掺有硅灰或粉煤灰也不再能有效抑制有害膨胀[10.133][10.119]。一般来说，水中的碱离子会从外界进入混凝土结构中，引起总碱量的变化。例如，邻近建筑或用作去冰盐的 NaCl 都可提供碱性离子。

有试验表明锂盐可抑制有害膨胀，但其机理还未完全研究清楚[10.121]。

还需指出一点，尽管碱-硅反应生成凝胶可能在混凝土气孔中形成，但并不意味着可用引气来避免有害反应的发生。

10.13　混凝土的磨蚀

在许多情况下，混凝土表面要经受磨损，可能是滑、刮或敲击等引起[10.14]。在水工结构中，水携带物体的摩擦会导致磨蚀。流动的水会给混凝土带来另一种破坏——空蚀。

10.13.1　检验耐磨性的试验方法

混凝土的耐磨性不易评估，因破坏作用随具体的摩擦方式而变，没有一个单一的试验过程能评估所有的摩擦情况。摩擦试验，目前有滚球法、修整滚轮法、喷砂法等，各适用于不同的情况。

ASTM C 418-05 给出了喷砂法检测耐磨性的方法，将混凝土试件损失的体积量作为判断的依据，但在不同条件下就不能作为耐磨的判断标准。ASTM C 779-05 给出了三种方法，有试验室的也有现场可以用的。分述如下：① 旋转盘试验，让 3 个平盘沿圆形路径以 0.2Hz 周期运动，3 个盘各自绕轴以 4.6Hz 周期运动，以碳化硅作为摩擦材料。② 钢球摩擦试验，通过钢球给一个与试件分离的旋转头加载，试验在循环水中进行，以冲走磨损的材料。③ 修整砂轮试验：将一个钻床改成施压装置，向 3 套 7 个旋转的修整轮施加一个压力，修整轮与试件接触。驱动头以 0.92Hz 周期旋转 30 分钟。上述方法中都采用试件磨下去的深度作为磨蚀的计量参数。

当需要在钻取的芯样上做耐磨试验时（试件太小不能用 ASTM C 418-05 及 C 779-05 的方法），可用 ASTM C 944-99（2005）的方法。钻床上有两个修整砂轮，以一个固定的力施加在芯样表面，芯样质量损失可以测量，也能计算磨蚀的深度。

上述不同的测试方法的出发点是模拟实际的摩擦损伤状况，但这不易做到，因为要判断一个试验结果在多大程度上可与混凝土实际受某种磨损造成的损耗对应是很困难的。ASTM C 779-05 给出的试验方法对以下几种情况下混凝土耐磨性评估是有用的：繁重步行交通、轮式交通、轮胎系列及有轨车辆。广义讲，服役混凝土的磨损越重，按升序排序 3 个试验的有用程度依次是：旋转盘、修整轮、钢球试验。

图 10.11 给出了 ASTM 779-05 对不同混凝土的 3 种试验方法得到的结果。因为试验条件的差别，不同方法之间在参数上不可比，但所有试验都发现混凝土的耐磨性与其抗压强度成正比。钢球试验相关性最强且比其他试验敏感。

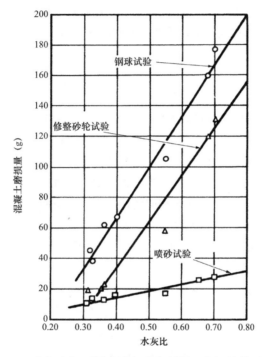

图 10.11　水灰比与不同试验方法中混凝土磨损的关系[10.20]

ASTM C 1138-05 给出了检测混凝土耐水中固体磨损的试验方法。在这个试验中，用水箱中高速运动的不同尺寸的磨球模拟漂浮有物体的水漩涡的作用，试验时长 72h。混凝土表面的磨损深度可用以比较耐磨性。

还有另一种完全不同的方法是用回弹法评估混凝土耐磨性（见第 12.15 节），此方法得到的值对某些影响混凝土耐磨性的因素很敏感。

10.13.2　影响耐磨性能的因素

磨损意味着在某个局部施加高强度的应力，因此表层混凝土的强度和硬度对耐磨性影响显著。这样，混凝土的抗压强度成为耐磨性的主要控制因素。预期的磨耗严重程度决定需要的最低强度。高强混凝土耐磨性好：如将混凝土的抗压强度从 50MPa 提高到 100MPa，耐磨性提高 50%，到 150MPa 时，混凝土的耐磨性相当于高质量的花岗石。

表层混凝土的质量受收光操作影响很大，好的收光能降低表层混凝土水灰比，提高密实性。真空脱水是有益的（见第 4.21 节）。一定要避免浮浆皮。还要强调良好养护的重要性，如果想获得好的耐磨性，应将养护时间延长为普通养护时间的2倍。

富混凝土不利于耐磨。单方混凝土水泥含量最大值到350kg/m³可能较合适，再多可能就无法保证紧挨混凝土表面下就有粗骨料分布。

说到骨料，掺入一些人工砂是有好处的，使用硬且强度高的石子也有益。但是用洛杉矶法检测骨料耐磨性，得到的指标不一定能用来评估使用该骨料制成的混凝土的耐磨性。高质量的轻骨料有不错的耐磨性，因其本质上是一种烧制的材料，然而它本身多孔，可能不耐伴随摩擦而来的冲击。

补偿收缩混凝土的耐磨性有明显提高，可能是因为消除了细裂缝，磨蚀过程不能随缝深入。在外表层使用硬化剂来提高耐磨性不在本书的讨论范围。

10.14　抗冲磨性

混凝土与流水接触时一种重要的磨蚀形式是冲磨。流水携带的物体对混凝土冲磨造成破坏，高速水流中气泡生成和湮灭会对混凝土表面造成坑蚀，这两者不难分别，后者在下节讨论。

冲磨损伤的难易与下列因素有关：水中物体的数量、形状、尺寸、硬度、运动速度、是否有漩涡以及混凝土的质量。就耐磨性总体上说，混凝土性能好坏主要由抗压强度来衡量，当然也与配合比有关系。尤其是在强度相同的情况下，含有粗骨料的混凝土比砂浆磨损小，骨料越硬，耐磨性越好。不过在一些磨蚀条件下，小尺寸的骨料使表面磨损更均匀。一般说来，坍落度固定时，水泥用量减少，抗冲磨性提高，原因是减少了浮浆皮；水泥用量固定时，坍落度低的混凝土抗冲磨好，这与抗压强度提高有关系。

所有情形中，相关的只是表层区域混凝土的质量，但即使是最好的混凝土也很少能经得住长期的严酷冲磨。使用真空脱水和渗透性模板有益于提高抗冲磨性。

检验混凝土是否易于被水中杂物冲磨坏可用喷丸试验。方法如下：使用压力为0.62MPa的空气将2000颗小钢球（尺寸850μm或NO.20 ASTM筛）从6.3mm直径管子中喷向102mm外的混凝土试件。

10.15　抗气蚀性

性能好的混凝土可抵抗稳定的、非直接作用的高速水流作用，但有气蚀存在时会很快发生严重破坏。原因如下：当水流处绝对压力低于周围环境温度对应的蒸汽压力时，就会形成气泡。这种气泡（或空气）可以是单个的大气泡，以后会破裂；也可能是一大片小的气泡[10.16]。这些泡向下游流动，当进入一个气压高的区域时，气泡破灭造成很大的冲击力。其原因是当气泡湮灭时，高速流动的水进入了原来被气体占据的空间，在很短的时间内在一个微小区域上产生了极大的压力，所以在混凝土表面一个区域内重复这种湮灭-压力模式就会导致坑蚀。这些坑蚀常会形成一个无规则的大的空洞并很快破坏掉[10.17]。许多气泡是在一个高的频率振动，这似乎也加大了对邻近区域的破坏[10.18]。

在开放的水道中气蚀只发生在水流速度大于12m/s时[10.41]，但在封闭的渠道内，当气压可能低于大气压时，在一个很低的流速也会发生气蚀。气压降低的原因可能是虹吸作用，或内部弯道、边界不规则处的惯性等，经常是上述几种原因的组合。开放水道中的分流是造成表层混凝土气蚀发生的一个常见原因。尽管气蚀的出现主要与压力变化有关（当然也引申到与流速改变相关），但水中有少量不溶解的空气时尤其容易发生这种破坏。这些气泡在液相转变为气相时作用相当于"气核"，使相变迅速发生。水中的碎末物质也有类似效果，或许它们容纳了未溶解的空气。另外，当自由气泡量大时（在混凝土表层附近占 8% 体积），虽然促进了气蚀发生，但也成为气泡湮灭时的缓冲垫从而降低了气蚀的破坏[10.19]。因此有意对流水进行通风可能是有益的[10.41]。

气蚀对混凝土表面造成的破坏是无规则，锯齿状和坑坑洼洼的，与水中固体冲磨造成的平滑磨损情况形成鲜明对比。气蚀破坏的进程也是非稳态的，常见情形是在初始小的破坏之后，破坏快速出现，而后破坏速度又降下来[10.19]。

抗气蚀最好使用高强混凝土，可由吸水性内衬模板浇筑（可降低接触处的水灰比）。表面附近最大骨料粒径不能超过 20mm[10.19]，因为气蚀会将大颗粒松动。骨料的硬度不重要（与抗冲磨不同），关键是粗骨料和砂浆之间要黏结好。

使用聚合物、钢纤维或弹性涂层或可提高抗气蚀性能，但这些不在本书讨论范围。尽管优质混凝土可减轻气蚀破坏，但即使是最好的混凝土也不能无限地经受气蚀作用。因此，要解决这个问题，主要还应围绕减少空洞和气穴形成。要达到这个目的，可在设计时将水道做得平滑、整齐，避免下陷、突起、接头和偏差，也不能在坡度和曲线上突然改变以避免水流离开混凝土表面。另外，尽量不提高流速，因为破坏程度与流速的 6 次或 7 次方成正比[10.19]。

10.16 裂缝的类型

因为裂缝会导致外界有害介质的侵入从而危害混凝土耐久性，在此简要汇总一下裂缝的类型及开裂原因。另外，裂缝会损害水密性、结构传声特性或外观。谈到外观时，可接受的裂缝宽度取决于观察距离和建筑物的功能，例如公共大厅是一个要求，而仓库不可与之相比。还有，裂缝里有脏东西时变得更醒目，特别是混凝土使用白水泥时特别明显。

谈及水密性时，非常细、不活动的、宽 0.12～0.20mm 的裂缝会发生渗水[10.33][10.34]。不过，缓慢渗出的水中溶解有 $Ca(OH)_2$，会沉淀成 $CaCO_3$，可使裂缝愈合[10.33]（见第 7.2 节）。

第 9 章中讨论了发生在塑性混凝土中的开裂，即塑性收缩裂缝和塑性沉降裂缝。另一种早期裂缝叫龟裂，常见于板或墙上，诱因是混凝土表层的含量水比内部深处含量高。龟裂的样子看起来像无规则的网格，间隔 100mm 左右。这种裂缝早期生成，其深度很浅，或许只到裂缝上有脏东西时才会注意到它的存在。除对外观影响外，这种裂缝无关紧要。

另外，还有另一种表面损伤，称为气泡层，成因是收光时一层薄的原浆皮将一些泌出的水或大的气泡挡在混凝土表面下。这些缺陷直径约 10～100mm，深 2～10mm。在随后使用中，若浮浆层脱落，把这些浅的坑洼就露出来了。

对硬化混凝土，早期温度变形受约束或干缩均可导致开裂，其分别在第 8 章，第 9 章讨论过了。各种非结构裂缝列在表 10.8 中，并在图 10.12[10.33] 中进行了表示。需注意的是引起开裂的可能是某种原因，但促进裂缝发展的可能是另一种原因[10.33]。因此诊断开裂的原因并非轻而易举。

表 10.8　内因导致裂缝的种类 [10.33]

开裂类型	子类型	一般位置	主要原因（不含约束）	次要原因/因素	措施（假设原有设计不能更改）	发现时间	本书参见
图 10.12 中代号							
塑性沉降	A 钢筋上方	深截面	过度泌水	早期快速干燥	减少泌水或振捣	10min ～ 3h	第 8.10 节和 9.5 节
	B 起拱	柱头					
	C 变截面处	水槽和网格板					
塑性收缩	D 对角	路面、板	早期干燥过快	缓慢泌水	改善早期养护	30min ～ 6h	第 8.10 节和 9.5 节
	E 随机	钢筋混凝土板					
	F 钢筋上方	钢筋混凝土板	早期干燥过快或钢筋距表面近				
早期热收缩	G 外部约束	厚墙	产生过多热量	降温过快	减少加热和保温	1 天～ 2/3 周	第 8.9 节和 8.10 节
	H 内部约束	厚墙	温度梯度大				
长期干燥收缩	I	薄板和墙	接头失效	干缩大养护不足	减少用水量及改善养护	几周或数月	第 9.12 节
龟裂	J	墙	模板不吸水	富配合比	改善养护及收光操作	1 ～ 7d, 有时更晚	第 10.16 节
	K 碳化	板	抹面过多	养护不足			
	氯离子						
钢筋锈蚀	L 碳化	柱和梁	保护层不足	混凝土质量差	根据本表列出的原因整改	2 年以上	第 11.7.1 节
	氯离子	潮湿处					
碱—骨料反应	M	潮湿处	活性骨料＋高碱水泥		根据本表列出的原因整改	5 年以上	第 10.11 节
气泡	N	板	泌水封闭	采用金属模板	根据本表列出的原因整改	是否触碰	第 10.16 节
D-开裂	P	板的边	骨料冻坏		根据本表列出的原因整改	10 年以上	第 11.1.1 节

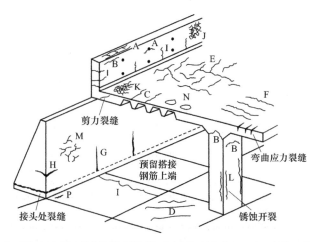

图 10. 12　混凝土中可能产生的不同种类裂缝的示意图（见表 10.8）（基于参考文献［10.33］）

开裂的原因也可能是荷载超过了混凝土构件的承载能力，但这应归于结构设计缺陷或施工时未照规范执行。有一点很重要，即对在役的钢筋混凝土结构而言，钢筋及周围的混凝土都有应力。所以在役混凝土表面裂缝不可避免，但有合适的结构设计和细部构造时，上述开裂非常细小，难以察觉。应力导致的裂缝，其宽度在混凝土表面最大，裂缝在向里面钢筋方向逐渐变窄，不过其差异可能随时间增大而变小，钢筋保护层越厚，混凝土表面裂缝的宽度越大。

应注意，从能量的观点，与形成新裂缝相比，使旧裂缝发展所需的能量小一些。所以施加应力时，要出现新裂缝时施加的荷载都高于前一条裂缝产生时的荷载。一个构件上开裂的总条数取决于构件尺寸，裂缝之间的距离取决于骨料的最大粒径[10.106]。

因为在一定的物理条件下，单位长度混凝土上的裂缝总宽度是一定的，我们希望裂缝尽可能细，则裂缝条数多才可以。由此，沿构件长度方向对开裂的约束应该是均一的。构件中的配筋通过减少单个裂缝的宽度来控制收缩开裂，但不减少所有裂缝加在一起的总宽度。对此内容的讨论超出了本书的范围。

根据构件的结构功能及混凝土所处的环境，可判定裂缝的重要性及给出重要裂缝的最小宽度。Reis 等[10.105]建议的允许裂缝宽度如下，至今仍有指导意义：

室内构件	0.35mm
正常环境下的室外构件	0.25mm
特殊侵蚀环境下的室外构件	0.15mm

人眼可辨的最小裂缝宽度约为 0.13mm，当然对不同的观察者这个值会不一样。简单的放大设备能让我们量取宽度数值。还有一些特殊技术，如导电涂料和光敏电阻，可用来记录裂缝的发展。不过，非常细的裂缝普遍存在而且无害，一味搜寻裂缝没有必要。

参考文献

10.1　W. C. HANNA, Additional information on inhibiting alkali–aggregate expansion, *J. Amer. Concr. Inst.*, **48**, p. 513 (Feb. 1952).

10.2　T. C. POWERS, H. M. Mann and L. E. Copeland, The flow of water in hardened portland cement paste, *Highw. Res. Bd Sp. Rep. No. 40*, pp. 308–23 (Washington DC, July 1959).

10.3　T. C. Powers, Structure and physical properties of hardened portland cement paste, *J. Amer. Ceramic Soc.*, **41**, pp. 1–6 (Jan. 1958).

10.4　T. C. Powers, L. E. Copeland and H. M. Mann, Capillary continuity or discontinuity in cement pastes, *J. Portl. Cem. Assoc. Research and Development Labortories*, **1**, No. 2, pp. 38–48 (May 1959).

10.5　T. C. Powers, L. E. Copeland, J. C. Hayes and H. M. Mann, Permeability of Portland cement paste, *J. Amer. Concr. Inst.*, **51**, pp. 285–98 (Nov. 1954).

10.6　H. E. Vivian, Studies in cement–aggregate reaction: X. The effect on mortar expansion of amount of reactive component, *Commonwealth Scientific and Industrial Research Organization Bull. No. 256*, pp. 13–20 (Melbourne, 1950).

10.7　F. M. Lea, *The Chemistry of Cement and Concrete* (London, Arnold, 1970).

10.8　G. J. Verbeck and C. Gramlich, Osmotic studies and hypothesis concerning alkali–aggregate reaction, *Proc. ASTM*, **55**, pp. 1110–28 (1955).

10.9　J. H. P. van Aardt, The resistance of concrete and mortar to chemical attack – progress report on concrete corrosion studies, *National Building Research Institute, Bull. No. 13*, pp. 44–60 (South African Council for Scientific and Industrial Research, March 1955).

10.10　J. H. P. van Aardt, Chemical and physical aspects of weathering and corrosion of cement products with special reference to the influence of warm climate, *RILEM Symposium on Concrete and Reinforced Concrete in Hot Countries* (Haifa, 1960).

10.11　L. H. Tuthill, Resistance to chemical attack, *ASTM Sp. Tech. Publ. No. 169*, pp. 188–200 (1956).

10.12　R. L. Henry and G. K. Kurtz, Water vapor transmission of concrete and of aggregates. *U.S. Naval Civil Engineering Laboratory*, Port Hueneme, California, 71 pp. (June 1963).

10.13　A. M. Neville, Behaviour of concrete in saturated and weak solutions of magnesium sulphate and calcium chloride, *J. Mat., ASTM*, **4**, No. 4, pp. 781–816 (Dec. 1969).

10.14　M. E. Prior, Abrasion resistance, *ASTM Sp. Tech. Publ. No. 169A*, pp. 246–60 (1966).

10.15　U.S. Army Corps of Engineers, Concrete abrasion study, Bonneville Spillway Dam, *Report 15-1* (Bonneville, Or., Oct. 1943).

10.16　J. M. Hobbs, Current ideas on cavitation erosion, *Pumping*, **5**, No. 51, pp. 142–9 (March 1963).

10.17　M. J. Kenn, Cavitation eddies and their incipient damage to concrete, *Civil Engineering*, **61**, No. 724, pp. 1404–5 (London, Nov. 1966).

10.18　S. P. Kozirev, Cavitation and cavitation-abrasive wear caused by the flow of liquid carrying abrasive particles over rough surfaces, *Translation by The British Hydro-mechanics Research Association* (Feb. 1965).

10.19　M. J. Kenn, Factors influencing the erosion of concrete by cavitation, *CIRIA*, 15 pp. (London, July 1968).

10.20　F. L. Smith, Effect of aggregate quality on resistance of concrete to abrasion, *ASTM Sp. Tech. Publ. No. 205*, pp. 91–105 (1958).

10.21　J. Bonzel, Der Einfluss des Zements, des W/Z Wertes, des Alters und der Lagerung auf die Wasserundurchlässigkeit des Betons, *Beton*, No. 9, pp. 379–83; No. 10, pp. 417–21 (1966).

10.22　J. W. Figg, Methods of measuring the air and water permeability of concrete, *Mag. Concr. Res.*, **25**, No. 85, pp. 213–19 (Dec. 1973).

10.23　P. J. Sereda and V. S. Ramachandran, Predictability gaps between science and technology of cements – 2, Physical and mechanical behavior of hydrated cements. *J. Amer. Ceramic Soc.*, **58**, Nos 5–6, pp. 249–53 (1975).

10.24　G. J. Osborne and M. A. Smith, Sulphate resistance and long-term strength properties of regulated-set cements, *Mag. Concr. Res.*, **29**, No. 101, pp. 213–24 (1977).

10.25　B. Mather, How soon is soon enough?, *J. Amer. Concr. Inst.*, **73**, No. 3, pp. 147–50 (1976).

10.26　L. Rombèn, Aspects of testing methods for acid attack on concrete. *CBI Research*, 1: 78, 61 pp. (Swedish Cement and Concrete Research Inst., 1978).

10.27　H. T. Thornton, Acid attack of concrete caused by sulfur bacteria action, *J. Amer. Concr. Inst.*, **75**, No. 11, pp. 577–84 (1978).

10.28　H. U. Christen, Conditions météorologiques et efflorescences de chaux, *Bulletin du Ciment*, **44**, No. 6, 8 pp. (Wildegg, Switzerland, June 1976).

10.29　Bulletin du Ciment, Traitement des surfaces de béton à l'acide, **45**, No. 21, 6 pp. (Wildegg, Switzerland, Sept. 1977).

10.30　Bulletin du Ciment, Coloration sombre du béton, **45**, No. 23, 6 pp. (Wildegg, Switzerland, Nov. 1977).

10.31　L. H. Tuthill, Resistance to chemical attack, *ASTM Sp. Tech. Publ. No. 169B*, pp. 369–87 (1978).

10.32　R. O. Lane, Abrasion resistance, *ASTM Sp. Tech. Publ. No. 169B*, pp. 332–50 (1978).

10.33　Concrete Society Report, *Non-structural Cracks in Concrete*, Technical Report No. 22, 4th Edn, 62 pp. (London, Concrete Society, 2010).

10.34　ACI 207.2R-90, Effect of restraint, volume change, and reinforcement on cracking of mass concrete, *ACI Manual of*

Concrete Practice, Part 1: Materials and General Properties of Concrete, 18 pp. (Detroit, Michigan, 1994).

10.35 V. G. PAPADAKIS, M. N. FARDIS and C. G. VAYENAS, Effect of composition, environmental factors and cement-lime mortar coating on concrete carbonation, *Materials and Structures*, **25**, No. 149, pp. 293–304 (1992).

10.36 D. W. S. HO and R. K. LEWIS, The specification of concrete for reinforcement protection – performance criteria and compliance by strength, *Cement and Concrete Research*, **18**, No. 4, pp. 584–94 (1988).

10.37 M. SADEGZADEH and R. KETTLE, Indirect and non-destructive methods for assessing abrasion resistance of concrete, *Mag. Concr. Res.*, **38**, No. 137, pp. 183–90 (1986).

10.38 P. LAPLANTE, P.-C. AÏTCIN and D. VÉZINA, Abrasion resistance of concrete, *Journal of Materials in Civil Engineering*, **3**, No. 1, pp. 19–28 (1991).

10.39 T. C. LIU, Abrasion resistance of concrete, *ACI Journal*, **78**, No. 5, pp. 341–50 (1981).

10.40 O. E. GJØRV, T. BAERLAND and H. H. RONNING, Increasing service life of roadways and bridges, *Concrete International*, **12**, No. 1, pp. 45–8 (1990).

10.41 ACI 210R-93, Erosion of concrete in hydraulic structures, *ACI Manual of Concrete Practice, Part 1: Materials and General Properties of Concrete*, 24 pp. (Detroit, Michigan, 1994).

10.42 ACI 201.2R-1992, Guide to durable concrete, ACI *Manual of Concrete Practice, Part 1: Materials and General Properties of Concrete*, 41 pp. (Detroit, Michigan, 1994).

10.43 U.S. BUREAU OF RECLAMATION, 4913-92, Procedure for water permeability of concrete, *Concrete Manual, Part 2*, 9th Edn, pp. 714–25 (Denver, Colorado, 1992).

10.44 J. F. YOUNG, A review of the pore structure of cement paste and concrete and its influence on permeability, in *Permeability of Concrete*, ACI SP-108, pp. 1–18 (Detroit, Michigan, 1988).

10.45 A. BISAILLON and V. M. MALHOTRA, Permeability of concrete: using a uniaxial water-flow method, in *Permeability of Concrete*, ACI SP-108, pp. 173–93 (Detroit, Michigan, 1988).

10.46 R. A. COOK and K. C. HOVER, Mercury porosimetry of cement-based materials and associated correction factors, *ACI Materials Journal*, **90**, No. 2, pp. 152–61 (1993).

10.47 J. VUORINEN, Applications of diffusion theory to permeability tests on concrete Part I: Depth of water penetration into concrete and coefficient of permeability, *Mag. Concr. Res.*, **37**, No. 132, pp. 145–52 (1985).

10.48 O. VALENTA, Kinetics of water penetration into concrete as an important factor of its deterioration and of reinforcement corrosion, *RILEM International Symposium on the Durability of Concrete*, Prague, Part I, pp. 177–93 (1969).

10.49 L. A. LARBI, Microstructure of the interfacial zone around aggregate particles in concrete, *Heron*, **38**, No. 1, 69 pp. (1993).

10.50 A. HANAOR and P. J. E. SULLIVAN, Factors affecting concrete permeability to cryogenic fluids, *Mag. Concr. Res.*, **35**, No. 124, pp. 142–50 (1983).

10.51 D. WHITING, Permeability of selected concretes, in *Permeability of Concrete*, ACI SP-108, pp. 195–221 (Detroit, Michigan, 1988).

10.52 C. D. LAWRENCE, Transport of oxygen through concrete, in *The Chemistry and Chemically-Related Properties of Cement*, Ed. F. P. Glasser, British Ceramic Proceedings, No. 35, pp. 277–93 (1984).

10.53 J. J. KOLLEK, The determination of the permeability of concrete to oxygen by the Cembureau method – a recommendation, *Materials and Structures*, **22**, No. 129, pp. 225–30 (1989).

10.54 RILEM Recommendations CPC-18, Measurement of hardened concrete carbonation depth, *Materials and Structures*, **21**, No. 126, pp. 453–5 (1988).

10.55 L. J. PARROTT, *A Review of Carbonation in Reinforced Concrete*, Cement and Concrete Assn, 42 pp. (Slough, U.K., July 1987).

10.56 V. G. PAPADAKIS, C. G. VAYENAS and M. N. FARDIS, Fundamental modeling and experimental investigation of concrete carbonation, *ACI Materials Journal*, **88**, No. 4, pp. 363–73 (1991).

10.57 M. SOHUI, Case study on durability, *Darmstadt Concrete*, **3**, pp. 199–207 (1988).

10.58 R. J. CURRIE, Carbonation depths in structural-quality concrete. *Building Research Establishment Report*, **19** pp. (Watford, U.K., 1986).

10.59 L. TANG and L.-O. NILSSON, Effect of drying at an early age on moisture distributions in concrete specimens used for air permeability test, in *Nordic Concrete Research*, Publication 13/2/93, pp. 88–97 (Oslo, Dec. 1993).

10.60 G. K. MOIR and S. KELHAM, *Durability 1, Performance of Limestone-filled Cements*, Proc. Seminar of BRE/BCA Working Party, pp. 7.1–7.8 (Watford, U.K. 1989).

10.61 L. J. PARROTT and D. C. KILLOCH, Carbonation in 36 year old, in-situ concrete, *Cement and Concrete Research*, **19**, No. 4, pp. 649–56 (1989).

10.62 P. NISCHER, Einfluss der Betongüte auf die Karbonatisierung, *Zement und Beton*, **29**, No. 1, pp. 11–15 (1984).

10.63 M. D. A. THOMAS and J. D. MATTHEWS, Carbonation of fly ash concrete, *Mag. Concr. Res.*, **44**, No. 160, pp. 217–28

(1992).

10.64 G. J. Osborne, Carbonation of blastfurnace slag cement concretes, *Durability of Building Materials*, **4**, pp. 81–96 (Amsterdam, Elsevier Science, 1986).

10.65 K. Horiguchi et al., The rate of carbonation in concrete made with blended cement, in *Durability of Concrete*, ACI SP-145, pp. 917–31 (Detroit, Michigan, 1994).

10.66 D. W. Hobbs, Carbonation of concrete containing pfa, *Mag. Concr. Res.*, **40**, No. 143, pp. 69–78 (1988).

10.67 Th. A. Bier, Influence of type of cement and curing on carbonation progress and pore structure of hydrated cement paste, *Materials Research Society Symposium*, **85**, pp. 123–34 (1987).

10.68 RILEM Recommendations TC 71-PSL, Systematic methodology for service life. Prediction of building materials and components, *Materials and Structures*, **22**, No. 131, pp. 385–92 (1988).

10.69 M. C. McVay, L. D. Smithson and C. Manzione, Chemical damage to airfield concrete aprons from heat and oils, *ACI Materials Journal*, **90**, No. 3, pp. 253–8 (1993).

10.70 H. L. Kong and J. G. Orbison, Concrete deterioration due to acid precipitation, *ACI Materials Journal*, **84**, No. 3, pp. 110–16 (1987).

10.71 I. Biczok, *Concrete Corrosion and Concrete Protection*, 8th Edn, 545 pp. (Budapest, Akademiai Kiado, 1972).

10.72 P. D. Carter, Preventive maintenance of concrete bridge decks, *Concrete International*, **11**, No. 11, pp. 33–6 (1989).

10.73 M. R. Silva and F.-X. Deloye, Dégradation biologique des bétons, *Bulletin Liaison Laboratoires Ponts et Chausseés*, **176**, pp. 87–91 (Nov.–Dec. 1991).

10.74 R. Dron and F. Brivot, Le gonflement ettringitique, *Bulletin Liaison Laboratoires Ponts et Chausseés*, **161**, pp. 25–32 (May–June 1989).

10.75 I. Odler and M. Glasser, Mechanism of sulfate expansion in hydrated portland cement, *J. Amer. Ceramic Soc.*, **71**, No. 11, pp. 1015–20 (1988).

10.76 K. Mather, Factors affecting sulfate resistance of mortars, *Proceedings 7th International Congress on Chemistry of Cement*, Paris, Vol. IV, pp. 580–5 (1981).

10.77 P. J. Tikalsky and R. L. Carrasquillo, Influence of fly ash on the sulfate resistance of concrete. *ACI Materials Journal*, **89**, No. 1, pp. 69–75 (1992).

10.78 N. I. Fattuhi and B. P. Hughes, The performance of cement paste and concrete subjected to sulphuric acid attack, *Cement and Concrete Research*, **18**, No. 4, pp. 545–53 (1988).

10.79 K. R. Lauer, Classification of concrete damage caused by chemical attack, RILEM Recommendation 104-DDC: Damage Classification of Concrete Structures, *Materials and Structures*, **23**, No. 135, pp. 223–9 (1990).

10.80 G. J. Osborne, The sulphate resistance of Portland and blastfurnace slag cement concretes, in *Durability of Concrete*, Vol. II, Proceedings 2nd International Conference, Montreal, ACI SP-126, pp. 1047–61 (1991).

10.81 B. Mather, A discussion of the paper "Theories of expansion in sulfoaluminatetype expansive cements: schools of thought," by M. D. Cohen, *Cement and Concrete Research*, **14**, pp. 603–9 (1984).

10.82 V. A. Rossetti, G. Chiocchio and A. E. Paolini, Expansive properties of the mixture $C_4A\bar{S}H_{12}$-$2C\bar{S}$, III. Effects of temperature and restraint. *Cement and Concrete Research*, **13**, No. 1, pp. 23–33 (1983).

10.83 P. K. Mehta, Sulfate attack on concrete – a critical review, *Materials Science of Concrete III*, Ed. J. Skalny, American Ceramic Society, pp. 105–30 (1993).

10.84 M. L. Conjeaud, Mechanism of sea water attack on cement mortar, in *Performance of Concrete in Marine Environment*, ACI SP-65, pp. 39–61 (Detroit, Michigan, 1980).

10.85 K. Mather, Concrete weathering at Treat Island, Maine, in *Performance of Concrete in Marine Environment*, ACI SP-65, pp. 101–11 (Detroit, Michigan, 1980).

10.86 O. E. Gjørv and O. Vennesland, Sea salts and alkalinity of concrete, *ACI Journal*, **73**, No. 9, pp. 512–16 (1976).

10.87 R. E. Philleo, Report of materials working group, *Proceedings of International Workshop on the Performance of Offshore Concrete Structures in the Arctic Environment*, National Bureau of Standards, pp. 19–25 (Washington DC, 1983).

10.88 B. Mather, Effects of seawater on concrete, *Highway Research Record*, No. 113, Highway Research Board, pp. 33–42 (1966).

10.89 A. M. Paillière et al., Influence of curing time on behaviour in seawater of high-strength mortar with silica fume, in *Durability of Concrete*, ACI SP-126, pp. 559–75 (Detroit, Michigan, 1991).

10.90 A. M. Paillière, M. Raverdy and J. J. Serrano, Long term study of the influence of the mineralogical composition of cements on resistance to seawater: tests in artificial seawater and in the Channel, in *Durability of Concrete*, ACI SP-145, pp. 423–43 (Detroit, Michigan, 1994).

10.91 L. Heller and M. Ben-Yair, Effect of Dead Sea water on Portland cement, *Journal of Applied Chemistry*, No. 12, pp. 481–5 (1962).

10.92 M. Ben Bassat, P. J. Nixon and J. Hardcastle, The effect of differences in the composition of Portland cement on the properties of hardened concrete, *Mag. Concr. Res.*, **42**, No. 151, pp. 59–66 (1990).

10.93   ACI 515.1R-79 Revised 1985, A guide to the use of waterproofing, dampproofing, protective, and decorative barrier systems for concrete, *ACI Manual of Concrete Practice, Part 5: Masonry, Precast Concrete, Special Processes*, 44 pp. (Detroit, Michigan, 1994).

10.94   ACI 223-93, Standard practice for the use of shrinkage-compensating concrete, *ACI Manual of Concrete Practice, Part 1: Materials and General Properties of Concrete*, 29 pp. (Detroit, Michigan, 1994).

10.95   U. SCHNEIDER *et al.*, Stress corrosion of cementitious materials in sulphate solutions. *Materials and Structures*, **23**, No. 134, pp. 110–15 (1990).

10.96   CONCRETE SOCIETY WORKING PARTY, *Permeability Testing of Site Concrete – A Review of Methods and Experience*, Technical Report No. 31, 95 pp. (London, The Concrete Society, 1987).

10.97   D. M. ROY *et al.*, Concrete microstructure and its relationships to pore structure, permeability, and general durability, in *Durability of Concrete, G. M. Idorn International Symposium*, ACI SP-131, pp. 137–49 (Detroit, Michigan, 1992).

10.98   C. HALL, Water sorptivity of mortars and concretes: a review, *Mag. Concr. Res.*, **41**, No. 147, pp. 51–61 (1989).

10.99   W. H. DUDA, *Cement-Data-Book*, 2, 456 pp. (Berlin, Verlag GmbH, 1984).

10.100 G. PICKETT, Effect of gypsum content and other factors on shrinkage of concrete prisms, *J. Amer. Concr. Inst.*, **44**, pp. 149–75 (Oct. 1947).

10.101 H. H. STEINOUR, Some effects of carbon dioxide on mortars and concrete – discussion, *J. Amer. Concr. Inst.*, **55**, pp. 905–7 (Feb. 1959).

10.102 G. J. VERBECK, Carbonation of hydrated portland cement, *ASTM. Sp. Tech. Publ. No. 205*, pp. 17–36 (1958).

10.103 J. J. SHIDELER, Investigation of the moisture-volume stability of concrete masonry units, *Portl. Cem. Assoc. Development Bull, D.3* (March 1955).

10.104 I. LEBER and F. A. BLAKEY, Some effects of carbon dioxide on mortars and concrete, *J. Amer. Concr. Inst.*, **53**, pp. 295–308 (Sept. 1956).

10.105 E. E. REIS, J. D. MOZER, A. C. BIANCHINI and C. E. KESLER, Causes and control of cracking in concrete reinforced with high-strength steel bars – a review of research, *University of Illinois Engineering Experiment Station Bull. No. 479* (1965).

10.106 T. C. HANSEN, Cracking and fracture of concrete and cement paste, Symp. on Causes, Mechanism, and Control of Cracking in Concrete, ACI SP-20, pp. 5–28 (Detroit, Michigan, 1968).

10.107 P. SCHUBERT and K. WESCHE, Einfluss der Karbonatisierung auf die Eigenshaften von Zementmörteln, *Research Report No. F16*, 28 pp. (Institut für Bauforschung BWTH Aachen, Nov. 1974).

10.108 A. MEYER, Investigations on the carbonation of concrete, *Proc. 5th Int. Symp. on the Chemistry of Cement*, Tokyo, Vol. 3, pp. 394–401 (1968).

10.109 A. S. EL-DIEB and R. D. HOOTON, A high pressure triaxial cell with improved measurement sensitivity for saturated water permeability of high performance concrete, *Cement and Concrete Research*, **24**, No. 5, pp. 854–62 (1994).

10.110 K. KOBAYASHI, K. SUZUKI and Y. UNO, Carbonation of concrete structures and decomposition of C-S-H, *Cement and Concrete Research*, **24**, No. 1, pp. 55–62 (1994).

10.111 CANADIAN STANDARDS ASSN, A23.1-94, *Concrete Materials and Methods of Concrete Construction*, 14 pp. (Toronto, Canada, 1994).

10.112 BRITISH CEMENT ASSOCIATION WORKING PARTY REPORT, *The Diagnosis of Alkali–Silica Reaction*, 2nd Edn, Publication 45.042, 44 pp. (Slough, BCA, 1992).

10.113 M. M. ALASALI, V. M. MALHOTRA and J. A. SOLES, Performance of various test methods for assessing the potential alkali reactivity of some Canadian aggregates, *ACI Materials Journal*, **88**, No. 6, pp. 613–19 (1991).

10.114 M. G. ALI and RASHEEDUZZAFAR, Cathodic protection current accelerates alkali–silica reaction. *ACI Materials Journal*, **90**, No. 3, pp. 247–52 (1993).

10.115 J. G. M. WOOD and R. A. JOHNSON, The appraisal and maintenance of structures with alkali–silica reaction, *The Structural Engineer*, **71**, No. 2, pp. 19–23 (1993).

10.116 H. WANG and J. E. GILLOTT, Competitive nature of alkali–silica fume and alkali– aggregate (silica) reaction. *Mag. Concr. Res.*, **44**, No. 161, pp. 235–9 (1992).

10.117 M. M. ALASALI and V. M. MALHOTRA, Role of concrete incorporating high volumes of fly ash in controlling expansion due to alkali–aggregate reaction, *ACI Materials Journal*, **88**, No. 2, pp. 159–63 (1991).

10.118 Z. XU, P. GU and J. J. BEAUDOIN, Application of A.C. impedance techniques in studies of porous cementitious materials. *Cement and Concrete Research*, **23**, No. 4, pp. 853–62 (1993).

10.119 S. CHATTERJI, N. THAULOW and A. D. JENSEN, Studies of alkali–silica reaction. Part 6. Practical implications of a proposed reaction mechanism, *Cement and Concrete Research*, **18**, No. 3, pp. 363–6 (1988).

10.120 H. CHEN, J. A. SOLES and V. M. MALHOTRA, CANMET investigations of supplementary cementing materials for reducing alkali–aggregate reactions, *International Workshop on Alkali–Aggregate Reactions in Concrete*, Halifax, N.S.,

20 pp. (Ottawa, CANMET, 1990).

10.121 D. C. STARK, Lithium admixtures – an alternative method to prevent expansive alkali–silica reactivity. *Proc. 9th International Conference on Alkali–Aggregate Reaction in Concrete*, London, Vol. 2, pp. 1017–21 (The Concrete Society, 1992).

10.122 W. M. M. HEIJNEN, Alkali–aggregate reactions in The Netherlands, *Proc. 9th International Conference on Alkali–Aggregate Reaction in Concrete*, London, Vol. 1, pp. 432–7 (The Concrete Society, 1992).

10.123 D. LUDIRDJA, R. L. BERGER and J. F. YOUNG, Simple method for measuring water permeability of concrete, *ACI Materials Journal*, **86**, No. 5, pp. 433–9 (1989).

10.124 H.-J. WIERIG, Longtime studies on the carbonation of concrete under normal outdoor exposure, *RILEM Symposium on Durability of Concrete under Normal Outdoor Exposure*, Hanover, pp. 182–96 (March 1984).

10.125 BULLETIN DU CIMENT, Détermination rapide de la carbonatation du béton, *Service de Recherches et Conseils Techniques de l'Industrie Suisse du Ciment*, **56**, No. 8, 8 pp. (Wildegg, Switzerland, 1988).

10.126 M. D. COHEN and A. BENTUR, Durability of portland cement–silica fume pastes in magnesium sulfate and sodium sulfate solutions, *ACI Materials Journal*, **85**, No. 3, pp. 148–57 (1988).

10.127 STUVO, *Concrete in Hot Countries*, Report of STUVO, Dutch member group of FIP, 68 pp. (The Netherlands, 1986).

10.128 D. W. HOBBS, *Alkali–Silica Reaction in Concrete*, 183 pp. (London, Thomas Telford, 1988).

10.129 J. BIJEN, Advantages in the use of portland blastfurnace slag cement concrete in marine environment in hot countries, in *Technology of Concrete when Pozzolans, Slags and Chemical Admixtures are Used*, Int. Symp., University of Nuevo León, pp. 483–599 (Monterrey, Mexico, March 1985).

10.130 V. G. PAPADAKIS, C. G. VAYENAS and M. N. FARDIS, Physical and chemical characteristics affecting the durability of concrete, *ACI Materials Journal*, **88**, No. 2, pp. 186–96 (1991).

10.131 DIN 1048, Testing of hardened concrete specimens prepared in moulds, *Deutsche Normen*, Part 5 (1991).

10.132 P. B. BAMFORTH, The relationship between permeability coefficients for concrete obtained using liquid and gas, *Mag. Concr. Res.*, **39**, No. 138, pp. 3–11 (1987).

10.133 J. D. MATTHEWS, Carbonation of ten-year concretes with and without pulverisedfuel ash, in *Proc. ASHTECH Conf.*, 12 pp. (London, Sept. 1984).

10.134 G. A. KHOURY, *Effect of Bacterial Activity on North Sea Concrete*, 126 pp. (London, Health and Safety Executive, 1994).

10.135 BUILDING RESEARCH ESTABLISHMENT, Sulfate and acid resistance of concrete in the ground, *Digest*, No. 363, 12 pp. (London, HMSO, January 1996).

10.136 J. BARON and J.-P. OLLIVIER, Eds, *La Durabilité des Bétons*, 456 pp. (Presse Nationale des Ponts et Chaussées, 1992).

10.137 P. SCHUBERT and Y. EFES, The carbonation of mortar and concrete made with jet cement, *Proc. RILEM Int. Symp. on Carbonation of Concrete*, Wexham Springs, April 1976, 2 pp. (Paris, 1976).

10.138 M. SAKUTA et al., Measures to restrain rate of carbonation in concrete, in *Concrete Durability*, Vol. 2, ACI SP-100, pp. 1963–77 (Detroit, Michigan, 1987).

10.139 J. BENSTED, Scientific background to thaumasite formation in concrete, *World Cement Research*, Nov. pp. 102–105 (1998).

10.140 A. NEVILLE, Can we determine the age of cracks by measuring carbonation? *Concrete International*, **25**, No. 12, pp. 76–79 (2003) and **26**, No. 1, pp 88–91 (2004).

10.141 A. NEVILLE, Background to minimising alkali–silica reaction in concrete, *The Structural Engineer*, pp. 18–19 (20 September 2005).

10.142 D. S. LANE, R. L. DETWILER and R. D. HOOTON, Testing transport properties in concrete, *Concrete International*, **32**, No. 11, pp. 33–38 (2010).

10.143 H. F. W. TAYLOR, C. FAMY and K. L. SCRIVENER, Delayed ettringite formation, *Cement and Concrete Research*, **31**, pp. 683–93 (2001).

10.144 W. G. HIME, Delayed ettringite formation. *PCI Journal*, **41**, No. 4, pp. 26–30 (1996).

第 11 章

冻融和氯化物的影响

本章内容涉及两种混凝土破坏机制，这两种机制时而单独作用，时而交互作用。第一种破坏机制（冻融破坏），尽管只在严寒地区出现，但如果不采取适当的保护措施，会成为导致混凝土耐久性失效的主要因素。第二种破坏机制（氯化物作用），虽然只与钢筋混凝土有关，但同样会导致结构的大规模破坏。虽然钢筋混凝土在严寒和炎热气候下都会受到氯化物破坏作用，但在不同气候下具体破坏机制不同。

11.1 冰冻作用

第 8 章已经考虑了冻害对新拌混凝土的影响，也讨论了为避免新拌混凝土遭受冻害而应采取的措施。然而，不可避免的是，成熟混凝土必然会暴露在交替进行的冻融作用下——一种自然界常见的温度循环。

因为饱和混凝土服役环境温度的降低，所以吸附在硬化水泥浆毛细孔中的水会结冰。而这种现象与岩石的孔隙冻结相似，也会导致混凝土膨胀。如果随后解冻后再结冰，膨胀会继续加大。由此可得，反复冻融循环具有累积效应。但这种作用主要发生在硬化水泥浆中，因为混凝土由于不完全密实而产生较大的孔隙，而孔隙中通常被空气填满，所以不会遭受明显的冰冻作用[11.4]。

冻结是一个渐进的过程，一部分是由于混凝土的传热速率，一部分是由于尚未冻结的孔隙水中可溶盐的浓度逐渐增加（导致冰点降低）；另外，冰点随孔隙尺寸变化也是导致这一现象的原因之一。由于毛细管内冰的体表张力作用，会使其处于受压状态，而体积越小，压力越大。因而冻结先从最大的孔隙中开始，然后逐渐扩展到较小空隙中。凝胶孔隙太小而不能使冰核在高于 −78℃ 的温度中形成，实际上凝胶孔隙中不会结冰[11.4]。然而，随着温度的下降，由于凝胶水和冰有不同的熵，凝胶水会获得一种移动至含冰毛细孔中的潜能。凝胶水的扩散会导致冰体的形成和膨胀[11.4]。

因此，膨胀压的产生有两种可能。第一种，水的冻结会产生大约 9% 的体积膨胀，冻结速率将决定因冰冻面推进而使水排出的速度，水压则取决于水流阻力，即取决于流经通道的长短及冻结孔隙与能容纳多余水分的孔隙之间硬化水泥浆的渗透性[11.5]。

水的扩散将产生混凝土的第二种膨胀压，同时也会产生相对较小体积的冰体。尽管混凝土的冻融作用仍然有争议，但后者的破坏机理是混凝土破坏的主要原因[11.6]。由于冻结水（纯水）和孔隙水的分离，将导致局部液相浓度的增加，致使渗透压力的产生而引起水的扩散。如果由于渗透压力作用水从板底部穿过板中最密实处而继续向顶部渗透，那么位于上部的板将会受到严重破坏。那么此时混凝土的含水总量比结冻前大大增加，其实我们已经发现几例因为冰晶分层引起的破坏现象[11.7][11.47]。

在其他情况下混凝土中也会出现渗透压力。例如当用盐作为路桥表面除冰剂时，一些盐分会被上部混凝土吸收。这样会产生很高的渗透压,会使水分向正在结冰的最冷区域移动。本章会重点讨论除冰盐的作用。

当混凝土的膨胀压超过其抗拉强度时,混凝土将发生破坏。其破坏程度范围是从混凝土表面剥落到完全分裂,这是因为冰体先从混凝土裸露表面形成再逐渐深入。在通常气候条件下,路缘(长期处于潮湿状态下)比其他部分混凝土更易冻结。其次是路面板,尤其是使用除冰盐时。在气候更恶劣的国家,冻害现象更为普遍,除非采取预防措施,否则破坏更为严重。

我们讨论交替进行的冻融作用为何会使混凝土产生渐进破坏作用是很有用的。每次冰冻循环都会导致水分向易结冰处迁移。这些区域包括微裂纹区,这些裂纹由于冰压力而继续扩展,而且在冰融化时裂纹中会充满水分而继续扩展。随后冻结会重复性地使膨胀压增大,使破坏更为严重。

混凝土的抗冻融性与其诸多性能有关,比如硬化水泥浆的强度、延性和徐变。而影响抗冻性的主要因素是混凝土的饱和度以及硬化水泥浆的孔隙结构。混凝土饱和度的影响见图 11.1,当混凝土低于临界饱和度时,混凝土具有很好的抗冻性[11.2],而干燥混凝土则完全不受冰冻影响。也就是说,如果混凝土永不达到饱和状态,那么它将免受冻融破坏。应该注意的是,即使在水中养护的试件,它的残余孔隙也没有充满水,这也正是试件在首次冻结时不会被破坏的原因[11.8]。在使用期间,混凝土中的大部分部位有时会发生局部干燥。而当这些部位再次处于潮湿状态下时,它吸收的水分不会大于它失去的水分[11.9]。因此,我们希望在冬季之前就让混凝土充分干燥,否则只能加剧冰冻破坏。首次出现冰冻的龄期对混凝土破坏的影响见图 11.2[11.3]。

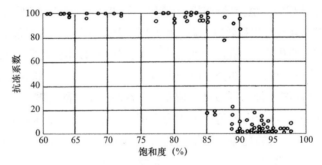

图 11.1 混凝土饱和度对抗冻性的影响[11.2]

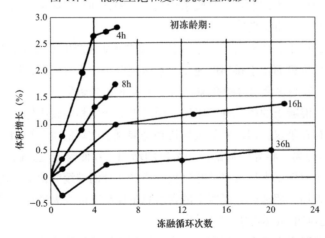

图 11.2 混凝土遭受冻融的体积增长率是初冻龄期的函数[11.3]

那么，临界饱和度是多少呢？密闭容器中存在占其容积91.7%的水，结冰时，密闭容器中充满冰，将受到破胀压力。所以，91.7%可当作密闭容器的临界饱和度。然而，对于多孔结构却不适用。此时临界饱和度与其尺寸大小、匀质性及结冰速率有关。容纳排水空间与结冰孔隙之间的距离一定要足够小，这是引气的前提条件；如果硬化水泥浆被气泡划分为足够薄的薄层，那么将不存在临界饱和度。

通过引气，气泡可被引入，这将在本章后面讨论。尽管引气可大大提高混凝土的抗冻性，但保证混凝土的低水灰比也很重要，这样会减小毛细孔体积。同时，我们也应保证混凝土在冰冻之前充分水化。这种混凝土的渗透性较低，在潮湿气候下吸水量更小。

图11.3给出了混凝土吸水率对其冻融耐久性的影响[11.99]。而图11.4给出了水灰比对混凝土冻融耐久性的影响，其中，混凝土先湿养14d，然后再放置于相对湿度50%的空气中存放76d[11.11]。

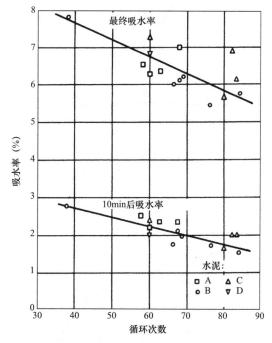

图 11.3　混凝土吸水率与冻融循环次数（要求试件质量损失达 2%）之间的关系[11.99]

混凝土的充分养护对于减少浆体中可冻结水起着至关重要的作用。如图11.5所示，其中混凝土的水灰比为0.41。此图还可以得出，因为剩余可冻结水中盐浓度的增加，冻结温度随着龄期的增长而不断降低。一般说来，少量水会在0℃（32℉）时结冰，但这部分水仅可能是试件表面自由水。研究表明，毛细孔水的结冰温度是：3d时约为−1℃，7d时约为−3℃，28d时约为−5℃[11.12]。

我们判断给定混凝土是否容易遭受（硬化水泥浆或骨料膨胀）冰冻破坏，可以根据在冰冻范围内冷却试件然后测试其体积的变化来确定。如图11.6所示，当水在膨胀压作用下从硬化水泥浆中转向气泡时，具有抗冻性的混凝土会收缩，而易冻坏的混凝土会膨胀。这种一次循环测试很有用[11.23]。研究发现，初冻的最大膨胀量与之后融化的残余膨胀呈线性关系；因此，残余膨胀也可用作表征混凝土的易损性[11.26]。

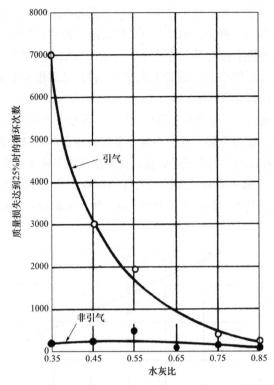

图 11.4　水灰比对混凝土冻融耐久性的影响[11.11]
（混凝土试件湿养 14d 后置于相对湿度 50% 环境下存放 76d）

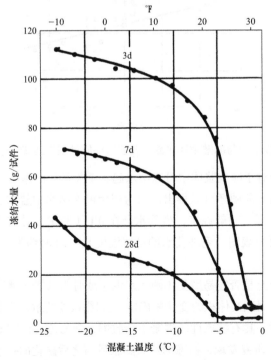

图 11.5　龄期对混凝土冻结水量的影响（温度的函数）[11.12]

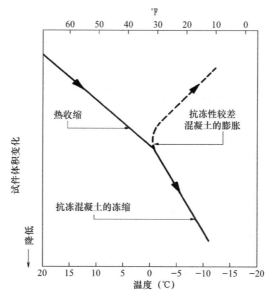

图 11.6 抗冻性良好与抗冻性较差混凝土受冻时体积变化[11.4]

ASTM C 671-94 给出了一种混凝土临界膨胀试验方法，这种混凝土经两周反复短期冻结和延期水养循环。试验以达到临界膨胀所需的时间来评定某一给定条件下的混凝土抗冻融能力等级。这种评定标准已经发布。

11.1.1 粗骨料颗粒特性

对于单个粗骨料颗粒，也要考虑其临界饱和度。如果骨料颗粒的孔隙率很低，或者毛细管体系被足够数量的大孔阻断，那么骨料颗粒本身并不脆弱。然而，因为骨料颗粒周围的硬化水泥浆渗透性低而使其水分不能向气孔迅速迁移，所以可把混凝土中的骨料颗粒视为密闭容器。那么冻结时，饱和度达到 91.7% 以上的骨料颗粒将造成周围砂浆的破坏[11.4]。通常，普通骨料的孔隙率为 0~5%，我们一般避免采用高孔隙率的骨料。但是，混凝土采用这种骨料也不一定会发生冰冻破坏。实际上，混凝土和无砂混凝土中的大孔还有可能提高这些材料的抗冻性。而且，即使混凝土采用普通骨料，其冻融耐久性与骨料的孔隙率没有直接联系。

倘若混凝土表层附近的骨料易受损，那么这些骨料会脱落而不是破坏周围硬化水泥浆。

拌合前干燥骨料对混凝土耐久性的影响如图 11.7 所示。可以看出，一方面，不管混凝土是否引气，饱和骨料尤其是粒径较大的，将导致混凝土破坏；另一方面，如果混凝土在拌合时骨料没有达到饱和，或者浇筑后骨料产生局部干燥，浆体内毛细管不连贯，除长期寒冷气候外，骨料很难重新饱和[11.1]。当混凝土再次湿润时，硬化水泥浆比骨料更易饱和。这是因为水只能穿过浆体到达骨料处，而且结构致密的浆体会产生更大的毛细管张力。因此，这些会导致硬化水泥浆更易遭受破坏。不过，我们可以通过引气的方法来防范。

水泥浆体引气并不能减轻冰冻对粗骨料的影响[11.92]。尽管如此，为了排除骨料对周围水泥浆耐久性的影响，应对引气混凝土中的骨料进行检测。为此，ASTM C 682-94（已撤销）给出了引气混凝土中粗骨料抗冻性的评价方法，试验按混凝土临界膨胀测试进行，冻结条件见 ASTM C 671-94（已撤销）。

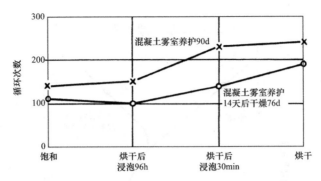

图 11.7   拌合前的骨料状况与冻融循环次数之间的关系, 使样品质量损失了 25%[11.10]

测试骨料自由冻胀的试验方法见 BS 812:124:2009。虽然这个试验方法没有直接用于混凝土骨料检测, 但是对未使用过的骨料的前期检测会有很大用处。

在混凝土路面、桥面板和机场路面, 常常会出现一种 D 形裂缝, 它和混凝土所用骨料有很大关联。它由混凝土板自由边缘的细微裂缝发展而来, 而原始裂缝出现在混凝土板的下部, 这些地方水分聚集且粗骨料达到临界饱和。所以我们发现的大多是骨料的破坏。在冻融循环破坏下, 这些骨料会缓慢饱和并导致周围砂浆破坏[11.25]。D 形裂缝的开展很缓慢, 有时甚至需要 10~15 年它才能发展到混凝土板顶部。因此, 它破坏的原因很难确定。

易产生 D 形裂缝的混凝土中骨料大多是沉积岩, 其组成可能是钙质或硅质。宏观上, 这些骨料可以是砾石或碎石。尽管骨料的吸水特性明显影响着混凝土的 D 形裂缝开展, 但仅吸水率一项指标并不能判断骨料是否是耐久性骨料。研究人员在冻融实验室里对含某种特定骨料的混凝土做试验, 得出的试验结果能够很准确地反映其服役性能。如果混凝土试件在经过 350 次冻融循环后体积膨胀量小于 0.035%, 那么它将不会出现 D 形裂缝[11.25]。值得注意的是, 当骨料是同一种母岩时, 其颗粒粒径越小, D 形裂缝就越不易出现。因而, 我们将骨料粉碎后, 使其颗粒粒径减小, 会降低 D 形裂缝出现的可能[11.25]。

一般来说, 大颗粒骨料普遍更易产生冰冻破坏[11.34]。同时, 当混凝土使用最大粒径较大的骨料或骨料中片状颗粒比例较高时, 泌水会在粗骨料底部聚集, 不利于抗冻。引气可以减少泌水。

11.2   引气

因为冻融破坏包括水结冰膨胀, 所以从逻辑上能推断出, 如果过量水能很快地流入附近充气孔中, 那么混凝土将不会被破坏, 这就是引气的基本原理。但我们需要注意的是, 首先应保证毛细孔体积的最小化, 否则可结冰水量会超出引入气泡的孔隙可容纳的范围。这就意味着水胶比要足够小, 那么, 混凝土的强度可以得到保证, 这样就能更好地抵抗冰冻产生的破坏压力。根据 ACI 201.2R[11.92] 规定, 为了保证混凝土有良好的冻融耐久性, 其水灰比不应超过 0.5; 对于薄板 (包括桥面及边缘), 最大水灰比不应超过 0.45; 或者说混凝土要想处在冻融条件下, 其强度必须达到 24MPa。

我们将混凝土引气定义为选择合适的外加剂在混凝土中引入空气。这种空气与偶然被吸入的空气有很大不同, 应该区分它们。它们的区别在于气泡的大小, 通常被引入的气泡直径在 50μm 左右，而偶然被吸入的空气通常会形成很大的气泡，它们的大小如同我们所熟悉的刚刚成型混凝土的表面的麻点（尽管描述不是很准确）。

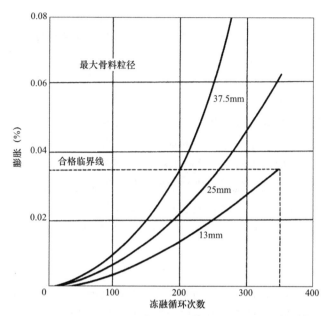

图 11.8　实验室冻融循环试验最大骨料粒径与膨胀之间的关系
图中同时给出了膨胀率 0.035%（350 次或更少循环）的失效标准[11.25]

水泥浆中被引入的空气会形成分散状，接近球形的气泡，以至于不会形成水流通道，也不能提高混凝土的渗透性。因为凝胶只能在水中形成，所以水化产物肯定不会填入孔隙。

当将牛油掺入水泥中用作助磨剂时，偶然发现用这种水泥配制而成的混凝土的抗冻性较之没用这种水泥配制的混凝土的抗冻性大大提高。主要有以下几种引气剂：

（a）从动植物脂肪和油脂中提炼出来的脂肪酸盐（牛油就是其中一种）；

（b）木树脂碱盐；

（c）硫酸盐和磺化有机化合物盐。

所有的这些引气剂都可以称作是表面活性剂，它们分子的一端定向排列以至于水分子表面张力减小，而另一端向空气定向排列。那么，成形的气泡在搅拌时会稳定存在；气泡表面会被一层相互排斥的引气剂分子覆盖，所以就阻隔了气泡聚集，同时保证了它们分布的均匀性。

多种引气剂已成为具有商业性质的外加剂，但未知引气剂的性能应根据试拌来检验。ASTM C 260-06、BS EN 934-2320 和 BS EN 934-6：2001 中规定了引气剂应满足的性能要求：主要是能快速形成细小且稳定的气泡体系，另外，每个气泡能抗聚合。气泡不会对水泥产生有害的化学影响。

通常我们把引气剂以溶液形式直接加入搅拌机中，把引气剂加入搅拌机中的时机很重要，可以保证气泡均匀分布及稳定存在。如果同时采用其他外加剂，在加入搅拌机前一定保证它们与引气剂不直接接触，因为它们之间的化学反应将影响使用性能。

引气剂可以直接加入水泥中，但这样会降低混凝土中含气量的可控性，因此，加气水泥通常用于较小工程。

11.2.1　气-孔体系特点

因为水分子穿过硬化水泥浆的阻力必须小于水流阻力，所以无论什么部位，水都必须充分靠近充气空间，也就是引入的气泡。因此，为保证引入气泡效能的基本条件是限制水分迁移的最大距离。实际控制因素是气泡间距，即相邻气泡间的水泥浆厚度是上述最远距离的 2 倍。Powers[11.15] 曾经计算得到，为保证混凝土不受到冻害破坏，气孔间距平均值为 250μm；目前，我们通常推荐 200μm[11.94]。

因为一定体积混凝土内总孔隙体积的大小会影响其强度，所以气泡间距不变时，气泡越小越好。气泡大小很大程度上取决于使用的发泡工艺。事实上，并非所有气泡都是相同尺寸的。为方便起见，我们一般用表面积（单位体积的表面积，mm^2/mm^3）来表示。

我们不能忽视，不管是否对混凝土进行引气，都不能避免偶然截留空气的存在，因为直接观察不能区分两种气泡，所以表面积表示的是给定水泥浆体中所有孔隙的平均值。质量合格的引气混凝土的孔隙比表面积范围是 16～24 mm^{-1}，但有时高达 32 mm^{-1}，相对应的偶然截留空气的比表面积小于 12 mm^{-1}[11.15]。

美国标准 ASTM C 457-10a 给出了间距参数 $\bar{L}$ 的具体测试方法，而间距参数 $\bar{L}$ 可以用来判断给定的硬化水泥浆中引气是否充足。间距参数能有效表示硬化水泥浆中任何一点与其边缘附近的最大距离。间距参数的计算方法是以假设为基础的，我们假设所有气孔都是等粒径分布在每个立方体中。具体计算方法列于 ASTM C 457-10a，需要知道的参数为：混凝土含气量，采用直线移测显微镜测定每英寸气孔的平均数或气孔的平均截弦；还有硬化水泥浆体积含量。间距参数用英尺或毫米表示；其值通常不超过 200μm（0.008 英寸），这是其免遭冻融破坏的最大值。

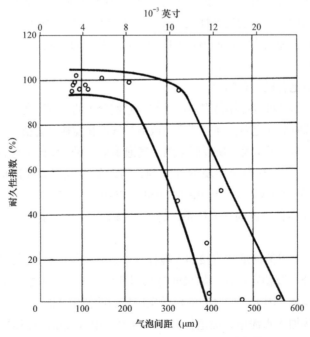

图 11.9　气孔间距与耐久性的关系[11.16]

有必要补充一下，在冰冻过程中已经进入气孔中的水在融化时会进入硬化水泥浆更小的毛细孔里。因此，抵抗冻融循环的保护作用将继续持续下去[11.17]。快速融化后的冻结不会产生不利影响，这是因为水分已经处于气孔中；另外，慢融之后的快冻不会出现水分充分迁移。

11.3　引气要求

根据孔隙最大间距的要求，我们可以计算出硬化水泥浆中引气的最小体积。对于每种拌合物，都有各自最小孔隙体积。Klieger[11.14]发现，该体积相当于砂浆体积的9%。在只引入空气的情况下，硬化水泥浆的体积随拌合物的种类丰富程度变化，因此，混凝土所需的含气量取决于配合比；实际上，可以以骨料粒径的最大值作为计算参数。

对于给定的含气量，气孔间距由拌合物的水灰比决定，如图11.10所示。尤其是水灰比越大，间距就越大（表面积就越小），这是因为小气泡聚合[11.42]。气泡的稳定性将在第11.3.1节中介绍。

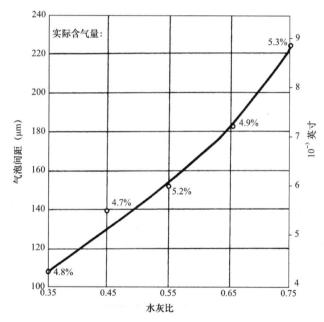

图 11.10　混凝土水灰比对气泡间距影响（平均含气量5%）[11.11]

根据 Powers[11.15]的试验结果，对于不同拌合物，当它们的间距参数为250μm时，其含气量的典型参数列于表11.1。对于比表面积较大的混凝土，也就相当于有很多小气泡，可以把孔隙对其强度的不利影响降到最低。从表11.1可以看出，对于某一气孔表面积，混凝土拌合物种类越多，则要求引气量越大。但是，对于给定的含气量，拌合物种类越多，孔隙比表面积越大，见表11.2（基于参考文献［11.14］）。

我们应该注意的是预应力混凝土管的水泥浆中需要提高这些参数值；当铝粉和碱反应时产生的气泡足以保证管道完全填充，可仍不能防止冻害发生。

混凝土处于严酷环境中时，含气量会有所不同，这时会有严格规定[11.92]。如表11.3所示，所谓的"严重暴露"指的是混凝土受冻前一直与水接触或使用除冰剂时，这种情况下砂浆的理想含气量是 9%。"中等暴露"是指混凝土受冻前仅仅偶尔与水分接触且没有使用除冰盐（这种情况下砂浆的理想含气量是 7%）。表 11.3 中列出的数据允许有 ±1.5% 的误差。表 11.3 也给出了英国技术标准要求；它们比 ACI 201.2R-92 要求低[11.92]。另外，瑞士的技术标准要求与 ACI 201.2R-92 类似，但在极端气候下允许误差仅为 ±1%[11.43]。

表 11.1　间距参数为 $250\mu m$ 时含气量要求[11.15]

混凝土中水泥大致掺量		水灰比	不同孔隙比表面积［mm^{-1}（英寸$^{-1}$）］时混凝土的含气量要求（%）				
kg/m^3	lb/yd^3		14(350)	18(450)	20(500)	24(600)	31(800)
445	750	0.35	8.5	6.4	5.0	3.4	1.8
390	660		7.5	5.6	4.4	3.0	1.6
330	560		6.4	4.8	3.8	2.5	1.3
445	750	0.49	10.2	7.6	6.0	4.0	2.1
390	660		8.9	6.7	5.3	3.5	1.9
330	560		7.6	5.7	4.5	3.0	1.6
280	470		6.4	4.8	3.8	2.5	1.3
445	750	0.66	12.4	9.4	7.4	5.0	2.6
390	660		10.9	8.2	6.4	4.3	2.3
330	560		9.3	7.0	5.5	3.7	1.9
280	470		7.8	5.8	4.6	3.1	1.6
225	380		6.2	4.7	3.7	2.5	1.3

表 11.2　骨料最大粒径 19mm 的混凝土拌合物中水泥掺量对孔隙比表面积的影响（基于参考文献［11.14］）

水泥掺量		最优含气量	孔隙比表面积	
kg/m^3	lb/yd^3	（%）	mm^{-1}	英寸$^{-1}$
223	376	6.5	13	330
307	517	6.0	17	420
391	658	6.0	23	580

表 11.3　不同最大粒径骨料的混凝土的推荐含气量

骨料最大粒径		不同暴露程度下推荐的总含气量（%）		
		ACI 201.2R-01[11.92]		BS 8110:1:1997*
mm	英寸	中等暴露	严重暴露	使用除冰盐
9.5	$\frac{3}{8}$	6	$7\frac{1}{2}$	7
12.5	$\frac{1}{2}$	$5\frac{1}{2}$	7	—
14	—	—	—	6
19	$\frac{3}{4}$	5	6	5

| 骨料最大粒径 | | 不同暴露程度下推荐的总含气量（%） | | |
| | | ACI 201.2R-01[11.92] | | BS 8110:1:1997* |
mm	英寸	中等暴露	严重暴露	使用除冰盐
25	1	5	6	—
37.5	$1\frac{1}{2}$	$4\frac{1}{2}$	$5\frac{1}{2}$	4
75	3	$3\frac{1}{2}$	$4\frac{1}{2}$	—
150	6	3	4	—

* 被 BS EN 1992-1-1:2004 替代。

有些标准不仅给出了气泡间距的最大值，还给出了混凝土中气泡比表面积最小值，这样可以确保小气泡的存在。这样就可以更好的防止冻融破坏的发生，同时由于混凝土中孔隙的存在使其强度降低的危害减小到最低。

11.3.1 引气的影响因素

对于给定的混凝土，其引气体积与其偶然截留空气的体积无关。引气体积主要取决于初始引气剂的掺量。引气剂掺量越大，引入气泡就越多，然而，每种引气剂都有一个最大掺量值，超过此值，气孔体积不再增加。

为了获得理想的混凝土引气量，每一种引气剂都设有推荐掺量。但是，实际引气量受到很多因素影响。概括起来，下列情况需要加大引气剂的掺量：

水泥细度较大时；

水泥含碱量较低时；

当掺入粉煤灰时，粉煤灰掺量越高，含碳量越高；

骨料中细粉含量较高或掺入精细颜料粉时；

混凝土温度较高时；

拌合物工作性能较差时；

拌合物水硬度较大时。

对于水，用于冲洗搅拌车的水的硬度很大，尤其是当拌合物引气时这种影响就更大。如果我们不把引气剂加到冲洗水中，而是将其加于清水或掺入砂中，那么引气的难度将大大降低[11.95]。

用于桥面板铺装的混凝土的坍落度很低，水泥用量较高，约为 $500kg/m^3$；水灰比很低，约为 0.30~0.32，其配合比引气剂的掺量很高[11.48]。

各类水泥都可以采用引气这一技术。但是，当混凝土中掺有粉煤灰时，引气就比较难了。主要原因是因不完全煅烧产生的碳会吸收具有表面活性的引气剂，这样就会削减它的功效[11.38]。总之，当我们需要提高引气剂的掺量时，如果活性炭含量不稳定，则会导致含气量发生变化。

另外，有研究已经表明，粉煤灰中存在碳粒时，引入的气体并不稳定。因此，在混凝土浇筑之前，其拌合物的含气量将降低，这可能是由于碳粒高活性表面对气泡的吸附作用[11.38]。现在，含极性的特种引气剂已经被开发出来，碳粒会选择性吸附它们，但这仍存在一定困难，除非碳粒性质稳定[11.38]。

当拌合物中掺入硅灰时，可以使用引气剂，通常间距参数不超过 200μm 时，就可以保证混凝土有较好的抗冻融性[11.35]。

当拌合物中掺入其他外加剂时，引气剂也可以使用。当同时掺入减水剂和引气剂时，想要保持含气量一定，即使减水剂没有引气作用，通常也要减少引气剂的含量。可以这样理解，改变了的物理或化学环境将使引气剂更有效的发挥功效[11.27]。应该注意的是，同时掺入一些外加剂时，可能会互不相容，所以实际材料常常需要通过试验验证。事实上，我们强烈建议进行试拌试验来确定引气剂的掺量。

某些高效塑化剂与某种水泥和引气剂同时使用时，可能会导致气泡体系不稳定。因此，检验它们的相容性就变得很重要[11.44]。如果相容性满足要求，混凝土在掺入高效减水剂后仍能获得理想含气量，但气泡体积略有增大，导致孔隙间距参数增大[11.52]。为此，适当提高引气剂掺量是必要的[11.51]。然而，当混凝土水灰比小于 0.4 时，若气泡间距参数略大于平均值240μm，掺入高效减水剂后，混凝土的抗冻融性将更好[11.100]。事实上，加拿大标准允许的最大间距参数为 230μm。

实际拌合过程也会影响最终含气量，操作顺序的影响也很大。在掺入引气剂之前，水泥应处于完全分散状态，拌合物应搅拌均匀[11.46]。如果搅拌时间过短，那么引气剂不能充分分散；但如果搅拌时间过长，则会排除部分空气，因此，存在一个最佳搅拌时间。实际操作过程中，我们可以通过其他方法确定搅拌时间，该时间常常要比引气剂充分分散所需的最短时间还要短。另外，引气剂的掺量也应适当调整。搅拌机快速搅拌会提高引气剂含量，当搅拌至 300 转时，似乎仅有少量气泡损失（图 11.11）[11.28]，但搅拌 2 小时后，气泡损失高达初始含气量的 20%。在某些情况下，有些资料记录其损失高达 50%[11.50]。

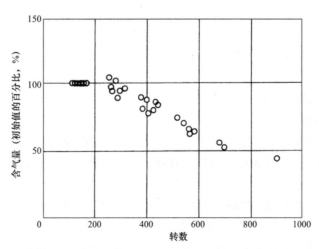

图 11.11　空气含量和搅拌转数的关系。各批次（6m³）以每分钟 18 转拌合、每分钟 4 转搅拌[11.28]

过长时间搅拌会从混凝土表面开始造成引入气泡的损失，这些混凝土表面区域极易受到冻融和除冰剂的破坏作用。

11.3.2 引气的稳定性

仅保证新拌混凝土中有适当的含气量是不够的，气孔须稳定存在，这样才能保证混凝土硬化时，气孔还留在原处。实际上，较小气泡间的间距是重要的，而不是总的含气量。

可能存在三个不稳定机理[11.42]。第一种机理是混凝土运输和密实过程中，在浮力作用下大气泡将向上移动（也会向模板边界移动）、消失。基本不影响抗冻融性，甚至将减小因气孔存在而导致的强度损失。

第二种机理是在压力作用下（由表面张力引起），大量的最小气泡破裂；空气溶于孔隙水中。这些气泡的损失将对混凝土的抗冻性产生不利影响。而这个最小气泡损失的好像不可避免，这也就解释了小于 10μm 的气泡存在的现象[11.42]。

第三种机理包括小气泡和比其更大气泡的聚合作用，及空气溶解度和气泡尺寸大小之间的关系。该机理的物理作用十分复杂[11.42]；大气泡的形成会导致气泡间距的增加，这样也就对混凝土的抗冻性产生了不利影响。因为较大气泡的表面张力小于原始小气泡的表面张力，所以聚合后气泡的总量将更大。这也就解释了硬化混凝土引气的含量高于新拌混凝土的现象[11.42]。含气量的增加将对混凝土强度产生不利影响。

至于水泥对气泡稳定性的影响，似乎是随着水泥中碱含量的增加而增加[11.45]。当复合水泥中硅粉含量达到 10% 时，气泡体系的稳定性将不会受到影响[11.57]。

实际上，发生在混凝土运输及搅拌过程中的含气量损失通常小于 1%，但是工作性能高的混凝土略大。在大多数情况下，大气泡容易被排出，故对混凝土抗冻性的影响较小。在正常泵送条件下，含气量损失为 1%~1.5%[11.54]。然而，当在垂直方向上使用吊杆泵送时，会造成更大的含气量损失，导致混凝土在重力作用下沿管道下滑：那么气泡将膨胀，但在混凝土脱离管道时气泡不能再成形。弥补措施是在混凝土脱离管道前通过增加水平软管的长度来提供阻力[11.54]。

由于可能产生含气量损失，所以相关人员应按照浇筑后的混凝土来确定含气量，不能仅仅依据出机口拌合物含气量。然而，我们测定搅拌机内拌合物的含气量作为一种定量控制手段还是很有意义的。

应当注意的是，蒸汽养护可能导致引气混凝土因气体膨胀出现早期开裂。

11.3.3 微珠引气

使用引气剂的最大困难在于不能直接控制混凝土的含气量：引气剂的掺量已知，但如前文所述，硬化混凝土的实际含气量和气泡间距受很多因素影响。如果将气泡换为尺寸合适的刚性泡沫颗粒，那么难题就解决了。相关人员已经生产出易压缩的中空微珠（以医药胶囊为模型）[11.29]。它们的直径是 10~60μm，比引入气泡的尺寸小一些。总之，在满足相同抗冻融条件下，微珠的体积会更小，因而混凝土的强度损失会更小。硬化水泥浆中的微珠体积占到 2.8% 时，间距参数为 70μm[11.29]，远远小于引气剂的常规推荐值 250μm。

微珠的表观密度为 45kg/m³，即使它们在拌合物中的体积很小，仍和引气剂一样能改善混凝土的和易性，原因在于它们的尺寸都较小。

微珠可以与 90% 的拌合水预拌形成浆体，这样微珠能处于稳定状态，混凝土过度拌合除外。微珠不会和其他外加剂发生反应，但有报道称掺入的高效减水剂会影响微珠的引气功效[11.53]。微珠的主要缺点是价格太高，所以仅限于特殊情况使用。

采用高孔隙率的多孔添加剂时，如蛭石、珍珠岩、浮石等[11.49]，会引起较大的强度损失，因此仅限用于高水灰比混凝土中，尽管当挤压成真空脱水混凝土时它们很有吸引力。

11.3.4 含气量的测试方法

目前共有三种测定新拌混凝土总含气量的试验方法。因为这三种测试方法不能将引入的气泡与偶然截留的大气泡区分开来，所以试验混凝土的适度密实很重要。

重量法是最老的方法，它仅依据密实的含气混凝土的密度 ρ_a 与相同配合比不引气混凝土的计算密度 ρ 之间的比较。含气量以混凝土体积百分比计，即 $1 - \rho_a/\rho$。这一方法列于 ASTM C 138-09，骨料的表观密度和配合比不变的情况下可采用这种方法。由这种方法计算出的含气量误差一般达 1%；根据测定类似的普通非引气混凝土密度的经验，我们也能预计出会产生类似这样数量级的误差。

体积法是指测定密实混凝土试件排出空气前后的体积差。通过对混凝土进行搅拌、翻转、碾压、扰动等排出空气，试验在一个特制的两节容器中进行。试验的具体方法列于 ASTM C 173-10。主要难点在于代替空气的水量远小于混凝土总量。这种方法适于各种骨料的混凝土。

使用最多且最适于现场的方法是压力法。它是基于 Boyle 的空气体积与作用压力（常温下）之间的关系提出来的。当采用商用含气量测定仪时，拌合物的配合比或材料性质无需知道，研究人员可以不用计算即可直接从刻度读出含气百分数。然而，在高海拔处，压力计必须重新校准。压力计不适用于多孔骨料混凝土或轻骨料混凝土。

典型的压力式含气量测定仪示于图 11.12。操作程序主要是观测在某一作用压力下密实混凝土试样的体积降幅。由小型泵施加压力，如自行车泵，采用压力计测定所施压力大小。由于压力增加超过大气压，混凝土中气体含量减小，因此导致混凝土表面的上方水位下降。通过调节校准管内水位的变化，就可以直接读出含气量，非熟练人员也可进行测定。

这种试验方法列于 ASTM C 231-09 和 BS EN R350-7:2009，里面提供了最可靠、最精确的混凝土含气量的测试方法。

该测试应在混凝土浇筑时进行，这样就能避免混凝土运输过程中气体损失对其的影响。然而，混凝土振捣密实后进行测试会更好。应记得，我们测得的是混凝土总含气量，而不仅仅是具有理想孔隙特性的混凝土引入气泡的含量。

另外，根据 ASTM C 457-10a 中的直线移测法[11.19]

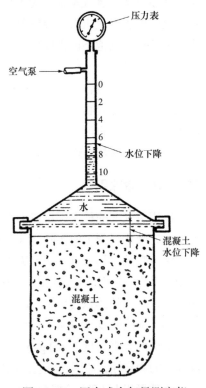

图 11.12 压力式含气量测定仪

或改进样点法对混凝土界面进行抛光，便可获得混凝土气-孔体系的详细情况。

11.4 混凝土的抗冻性试验

现在还没有测定服役混凝土抗冻融循环能力的标准试验方法。然而，ASTM C 666-03（2008）中提供了两种测试混凝土抵抗加速冻融循环能力的方法。这些方法可以用于比较不同外加剂的性能。方法 A：混凝土冻融都在水中进行；方法 B：混凝土冻结在空气进行，融化在水中进行。在水中进行的饱和混凝土的冻结破坏程度比在空气中要严重[11.21]，试件在开始试验时的饱和度也会影响性能衰退速率。英国标准 BS 5075:2:1982 也提供了水中混凝土抗冻性试验方法。

目前有几种评估混凝土冻融损伤程度的方法。其中，最常见的方法是测定试件的动弹性模量变化。试件经过数次冻融循环以后，以其动弹性模量的降低值表示混凝土的损伤程度。这种方法能表征肉眼发现的冻融损伤，也能发现到使用其他方法无法观察到的不明显冻融损伤。但是这种方法在解释最初几个循环引起的动弹性模量降低时仍存在一些问题[11.20]。

对于 ASTM 方法，通常需要将试件进行连续 300 次冻融循环，或者是使其动弹性模量降低至初始值的 60%，以两者中先出现的为准。之后，耐久性的评定可由下式决定：

$$耐久性指数 = \frac{试验结束时冻融循环次数 \times 初始动弹性模量百分比}{300}$$

目前还没有建立起依据耐久性指数来判断混凝土是否适用的标准；因而耐久性指数主要用于各种混凝土之间优劣性的比较，尤其是只有一个参数（如骨料）变化时混凝土性能的比较。然而，从以下叙述可以获得一些指导：耐久性指数小于 40 意味着混凝土抗冻性不能满足要求；耐久性指数为 40~60 时，混凝土抗冻性处于怀疑阶段；耐久性指数大于 60 时，混凝土抗冻性可能满足要求；接近 100 时，混凝土抗冻性十分好。

冻融对混凝土的影响包括抗压或抗折强度的损失、试件长度的变化[11.20][ASTM C 666-03（2008）和 BS 5075-2:1992 中的指标]和试件质量变化。如果试件长度变化较大，则意味着其内部出现裂缝：水中试验时，若长度变化值为 200×10^{-6}，则意味着出现严重破坏[11.60]。

当试件主要在其表面上出现冰冻破坏时，用质量损失方法来评估是合适的。然而，内部有开裂时就不可靠了；试验结果也与试件尺寸有关。我们应当注意，如果冻结破坏主要是由不坚固的骨料引起，则与硬化水泥浆先破坏的情况相比，试件的破坏更快、更严重。需要补充说明一下，ASTM C 666-03（2008）中的试验方法适用于评估因粗骨料坚固性较差而引起 D 形裂缝的可能性[11.36]。

ASTM C 671-94（已撤销）给出了另一种测定慢冻条件下混凝土膨胀大小的试验方法，参见第 11.3.1 节。

可以看出，诸多评价混凝土抗冻性的试验方法都是可行的，因此试验结果难以解释也就不足为奇了。若要求试验结果给出能预示混凝土实际特性的相关信息，则试验条件一定不能与现场条件有太大差别。试验主要难点在于：与户外冻结相比，室内必须采取加速试验，而且我们并不知道哪段加速期会对试验结果产生显著影响。试验室条件与实际暴露条件的差别之一在于：在实际暴露情况下，夏季几个月中混凝土会出现季节性干燥，然而，对于一些室内试验，其一直处于饱和状态，所有气孔最终都会随混凝土的逐渐损坏而饱和。实际上，影响混凝土抗冻性的最主要因素可能就是饱和度[11.58]，饱和度会随着冻结期积冰时间的延长而增加，北极水域就是实例之一。因而，水的冻结周期也很重要。

　　ASTM C 666-03（2008）中的试验方法的一个重要特点就是冷却速率接近11℃/h，但3℃/h在实际环境中更为常见。根据 Fagerlund 资料[11.58]显示，欧洲的室外最大冷却率为6℃/h。然而，热量在冬季夜晚会向空中散失，即使周围空气冷却速率仅为6℃/h，混凝土表面的冷却速率也会达到12℃/h。

　　Pigeon 等[11.59]描述了冻结速率对混凝土抗冻融循环性能的影响，见图11.13，冻结速率越快，满足抗冻融循环所需的间距参数越小。

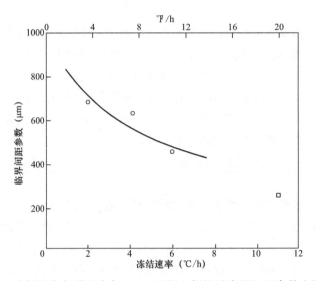

图 11.13　冻结速率与满足水灰比 0.5 混凝土保护需求的间距参数之间的关系
（曲线数据来自参考文献［11.59］，点数据来自参考文献［11.15］）

　　混凝土（水灰比小于 0.5）抵抗冻融破坏的能力取决于水泥浆的水化程度：孔结构密实需要一定时间。ASTM C 666-03（2008）中要求在正常情况下养护 14d 就进行测试，可能时间太短了。然而，该试验方法也有其他的龄期时间供相关人员选择。

　　需要说明的是，一些加速冻融试验将导致满足实际要求的混凝土有损坏现象[11.22]。然而，若混凝土能承受较多次（比如 150 次）室内冻融循环，那么表明该混凝土在恶劣环境下也有好耐久性。然而，ASTM C 666-03（2008）试验结果表明，大部分混凝土具有中等耐久性。然而，混凝土在试验中与实际中所受的冻融循环次数并不是简单相关，值得我们注意的是，在美国大部分地区，每年的循环次数都在 50 次以上。

　　某一服役混凝土构件所遭受的冻融循环次数不容易被测得。仅仅有大气温度记录是不够的。例如，在多云的晴天，情形就复杂。阳光直射的混凝土表面，其温度比大气高 10℃。天空被云层遮盖时，混凝土冷却[11.96]。因此，一天中就可能出现几次冻融循环。这些都会受到太阳辐射角影响，因此，朝南一面的混凝土所受破坏最大。这些在混凝土表面发生的快速温度变化也会形成有害的温度梯度[11.96]。本书前面已经提到，某些北方地区每年仅有一个循环，其周期为 6 个月。

11.5 引气的其他影响

引气的最初目的是使混凝土能抵抗冻融循环的破坏作用，这仍是混凝土引气的最常见原因。然而，引气对于混凝土来说，还会对其他一些性能产生影响，有有利影响，也有不利影响。最显著的影响就是孔隙对混凝土各个龄期强度的影响。我们知道，混凝土强度是其密度比的直接函数，因引气而形成的孔隙与其他途径形成的孔隙对强度的影响类似。如图 11.14所示，当混凝土配合比中的参数保持不变时，掺入引气剂，则混凝土的强度降幅与其含气量成正比。图中试验的混凝土的含气量在8%以内，因此混凝土强度－含气量关系曲线的弯曲部分不明显（参考图 4.1）。从图 11.14 的虚线可以清楚地看出，初始含气量与引气量曲线是不相关，虚线所表示的是由振捣不密实或夹带气体形成孔隙的混凝土的强度－含气量关系曲线。试验所用拌合物的水灰比范围为 0.45～0.72，试验结果显示，含气量对混凝土强度损失的作用不受配合比的影响[11.18]。混凝土含气量每增加 1%，其平均受压强度损失 5.5%，但抗折强度所受影响要小得多。Whiting 等人[11.55]也证实了混凝土孔隙体积与强度损失之间的关系。

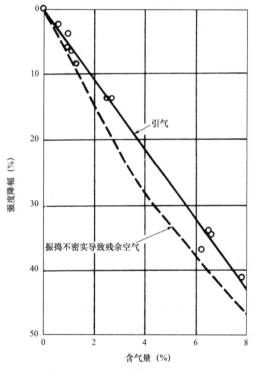

图 11.14　引入和意外混入的空气对混凝土强度的影响[11.18]

应注意的是，影响混凝土强度大小的是总孔隙量：截留空气、引入空气、毛细孔和凝胶孔。混凝土引气以后，由于硬化水泥浆的一部分孔隙由混入气体组成，所以毛细孔总量减小。这是不可忽略的因素，因为引气得到的孔隙在硬化水泥浆总孔隙中的比例较高。例如，在水灰比为 0.8 的 1∶3.4∶4.2 拌合物中，研究发现在 7d 时毛细孔占混凝土体积的 13.1%。若在具有相同工作性能拌合物（1∶3.0∶4.2，水灰比为 0.68）中掺入引气剂，则毛细孔占混凝土体积的 10.7%，而空气体积（引气和截留空气）为 6.8%（前者空气体积为 2.3%）[11.24]。

这就是为什么引气不会导致预期那样大的强度损失的原因之一。但更重要的是，引气具有改善混凝土工作性能的效果。因此，同未经引气的类似拌合物相比，为保证一定的工作性能，混凝土在引气的同时也应相应地降低其水灰比。对于骨灰比大于 8 的超贫拌合物，尤其是使用多角骨料时，引气改善了拌合物的工作性，因此，水灰比相应地降低，这也有可能完全弥补孔隙存在所导致的强度损失。对于大体积混凝土而言，水化热的发展更重要，而不是强度，引气剂的掺入可以减少水泥用量，因此，水化热温度升高程度较低。对于富浆拌合物，引气剂对混凝土工作性的影响更小，这就导致水灰比只能减小一点，会出现净强度的损失。总之，引气量为 5% 时，混凝土密实系数将增加 0.03~0.07，坍落度增加 15~50mm[11.18]，但实际增加值会随拌合物性质变化而变化。引气剂也能很好地改善由轻骨料配制而成的干硬性混凝土的工作性。

引气能改善混凝土工作性能的原因很可能是在表面张力作用下形成球形气泡的缘故，其作用就像表面摩擦较小且富有弹性的细骨料。在拌合物中引气，实际上类似超砂拌合物，因此，掺入引气剂以后，砂率也随之降低。拌合物用水量也随砂率的降低而降低，这样也就弥补了因孔隙存在而导致的强度损失。

应注意的是，拌合物的黏聚性和流动性也受引气剂的影响。所以拌合物的可塑性更好，在具有同样工作性的条件下，用密实系数来测定，相比未引气拌合物而言，掺入引气剂的拌合物更易浇筑和密实。

引气剂有利于减少混凝土的泌水：气泡似乎可以使固体颗粒保持悬浮状态，因此沉降可以降低，水也不会被排出。鉴于这个原因，渗透性和浮浆都有所减少，也就提高了混凝土板的抗冻性。这也与引气剂改善除冰盐的破坏作用相关。因为拌合物比较黏稠，引气剂能减少混凝土装卸和运输中的骨料离析，然而，若过分振捣混凝土，仍会产生离析，尤其是此时气泡会排出。

引气剂的掺入会降低混凝土密度，也就使水泥和骨料用量减少。这样会产生经济效益，然而，引气剂和相关操作费用的增加，也就抵消了经济效益。

11.6　除冰盐的作用

相关工作人员通常会在易遭受冻融作用的路板或桥面使用除冰盐来去除积雪和冻冰。这些除冰盐会对混凝土产生有害作用以致其表面剥落，有时还会引发钢筋锈蚀。本章后面将探讨钢筋锈蚀问题。

NaCl 和 CaCl$_2$ 是常用的除冰盐，CaCl$_2$ 价格会更贵。除冰盐会引起渗透压以致水分子向混凝土板上层的结冰区域迁移[11.4]，这样也就形成了液压[11.92]。因而，这个过程与常见的冻融现象类似，但是破坏会更严重。实际上，除冰盐引起的破坏是物理方面的破坏，而不是化学方面[11.13]，而且与除冰盐有机、无机以及是否是盐无关[11.31]。然而，这也可能造成 Ca(OH)$_2$ 溶出，原因在于其在氯离子溶液中的溶解度远远大于其在水中的溶度。在干湿条件下，还有可能成为氯铝酸盐[11.32]。

Mather[11.30]给出了由除冰盐引起的反应顺序。除冰盐使雪和冰融化,溶出的水通常会聚集在其附近冰区域。实际上,溶出的水是一种盐溶液,因此其冰点较低。混凝土会吸收部分水溶液并达到饱和。随着越来越多的冰融化,溶解水也逐渐增多冲淡,直至其冰点达到水的冰点,然后再次冻结。因此,冻融的次数与没有使用除冰盐时相同,甚至会更多。原因在于潜在的绝缘冰层被破坏了。所以,我们说,除冰盐会提高混凝土的饱和度和增加冻融循环次数。当混凝土暴露于浓度相对较低(2%~4%)的盐溶液中,破坏最严重。这样也就给除冰盐的这种特性提供了间接证明[11.13](图11.15)。

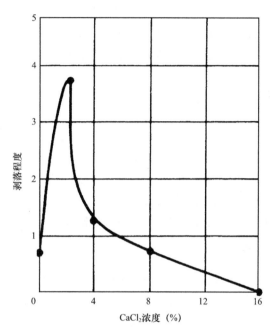

图 11.15　CaCl$_2$浓度对未引气混凝土冻融循环50次后表面剥落的影响(未去除溶液)[11.13]
[表面剥落程度从0(无剥落)到5(严重剥落)]

当冰冻融化吸收热时,会引起混凝土表面温度骤降,这也是导致混凝土表面损坏的另一个因素。这是一种温度冲击作用,将加速冻结。

同没有使用除冰盐时引气剂能提高混凝土的抗冻性类似,引气剂的使用能显著提高混凝土抗表层剥落的能力。混凝土水灰比应低于0.40,而且水泥用量至少为310kg/m^3[11.56]。高强度混凝土会显示出较强的抗剥落能力[11.61]。

大量试验表明,因除冰盐造成的剥落破坏过程对其所选的试验过程很敏感。比如,在暴露于冻融循环之前,先将湿养后的混凝土进行空气干燥,这样能提高其抗剥落能力[11.31]。然而,应保证混凝土在干燥之前进行足够的湿养,这样水泥浆就能充分水化。因此,浇筑混凝土实际上应选的时间是:首先进行良好的养护,然后是一个干燥期。另外,应注意一定要避免过量泌水和浮浆形成。

当除冰盐溶液持续处于试件顶部,并且每次在结冰前不将除冰盐溶液换为淡水时,在交替冻融作用下的混凝土破坏最严重[11.13]。相反地,若在再次冻结前将混凝土表面溶液去除,则不管是否掺入引气剂都不会有剥落现象出现[11.13]。

采用 ASTM C 672-03 里的试验方法来测定混凝土抵抗除冰盐破坏的能力，试验在冻结时，用 $CaCl_2$ 溶液覆盖，随之在空气中融解。混凝土剥落破坏程度由观察评估。

因为氯离子会渗进钢筋混凝土中使钢筋锈蚀，所以最好选不含氯离子的除冰盐。尿素便是不含氯离子的除冰盐的一种，但会造成水体污染且除冰效果并不好。醋酸钙和醋酸镁的效果不错，但其反应速度慢且造价昂贵。

我们可以用亚麻油将混凝土密封而使其免受除冰盐的破坏作用。煮沸的亚麻油，用等量的煤油或矿物油稀释。然后将亚麻油用于混凝土表面，混凝土表面须保证干燥且应喷涂两层。亚麻油能减缓除冰盐的渗透速率，但不会密封混凝土的表面，不能避免蒸发。亚麻油使混凝土颜色变暗，若不均匀涂抹亚麻油，混凝土表面美观会受到影响。几年后的再次密封是重要的。我们也可以使用硅烷或硅氧烷，但这属于另外一个专题。

11.7　氯化物侵蚀 *

氯化物的侵蚀是钢筋锈蚀最为主要的因素，由此导致周围混凝土受到侵蚀。预应力混凝土结构多个部位发生劣化的一个主要原因就是钢筋锈蚀。钢筋及其他混凝土金属埋件的锈蚀问题不在本书范围内（见 ACI 222R-89）[11.82]，本书仅讨论影响钢筋锈蚀的有关混凝土的性能，重点在于氯离子穿过混凝土保护层向钢筋的传输过程。

虽然这样，简要知道一些氯化物的侵蚀机理对了解相关过程有帮助。

11.7.1　氯离子侵蚀机理

本书第 10.7.1 节已提到了埋设在钢筋表面的保护性钝化膜。钝化膜会在水泥水化后形成，其主要由 γ-Fe_2O_3 构成。钝化膜会紧紧地附着在钢筋表面。只要这层氧化膜存在，钢筋就不会被锈蚀。然而，氯离子一旦破坏了氧化膜与水和氧气接触，那么钢筋就会锈蚀。Verbeck[11.63] 把氯离子描述为"独特的破坏分子"。

有必要补充说明，如果预应力钢筋表面没有出现松锈（通常会具体说明），那么将钢筋植入混凝土时，其表面是否有铁锈都不会影响钢筋的锈蚀性质[11.78]。

下面给出有关锈蚀现象的简要描述。如果混凝土中沿钢筋方向有电位差存在，那么电化学电池也存在：阴极、阳极区域将形成，由电解质相连接，电解质以硬化水泥浆中的孔隙水形式存在。在阳极附近的带正电荷 Fe^{2+} 进入溶液，带负电荷的自由电子 e^- 经过钢筋向阴极迁移，在阴极自由电子被电解质吸收并与水和氧气形成氢氧根离子 OH^-。透过电解质，OH^- 与 Fe^{2+} 结合，然后进一步被氧化为铁锈 $Fe(OH)_3$（图 11.16）。所发生的化学反应如下：

阳极反应：

$$Fe \rightarrow Fe^{2+} + 2e^-$$
$$Fe^{2+} + 2(OH^-) \rightarrow Fe(OH)_2（氢氧化亚铁）$$
$$4Fe(OH)_2 + H_2O + O_2 \rightarrow 4Fe(OH)_3（氢氧化铁）$$

阴极反应：
$$4e^- + O_2 + 2H_2O \rightarrow 4(OH)^-$$

---

* 关于钢筋混凝土氯离子侵蚀部分已大量发表于参考文献［11.37］。

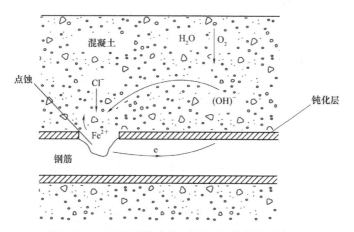

图 11.16 有氯化物存在时的电化学腐蚀示意图

从这里可以看出，氧气被消耗和水被还原，满足了该反应过程的连续性。若在干燥混凝土中，其相对湿度小于 60%，钢筋就不会锈蚀；混凝土完全被水浸淹也不会有锈蚀现象，有空气引入水中除外，比如波浪作用。相对湿度介于 70%～80% 时最易发生锈蚀现象。若处于更高的相对湿度状态，氧气在混凝土中的扩散将大大降低。

由于混凝土环境的不同，将会产生电位差。比如，构件的一部分长时间处于海水中，一部分暴露于周期性干湿交替环境中。如果钢筋体系表面的保护层厚度变化较大且连通，那么也会类似地出现电位差。电化学电池也会因为孔隙水中的溶液浓度变化或氧气的不均匀扩散而形成。

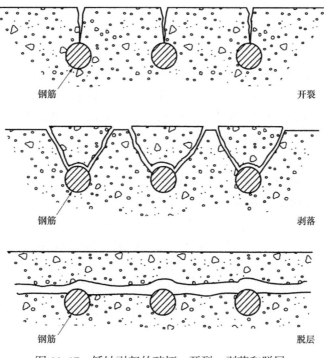

图 11.17 锈蚀引起的破坏：开裂、剥落和脱层

钢筋若出现锈蚀情况，则必须渗过钝化层。氯离子激活钢筋表面而形成阳极，钝化膜表面为阴极。发生反应如下：

$$Fe^{2+} + 2Cl^- \rightarrow FeCl_2$$
$$FeCl_2 + 2H_2O \rightarrow 2Fe(OH)_2 + 2HCl$$

因此，Cl^-被还原，尽管在中期会有 $FeCl_2$ 形成，但铁锈中不含氯离子。

因为电化学电池需由孔隙水或钢筋本身将其阳极和阴极相连，因此，硬化水泥浆中的孔结构是影响钢筋锈蚀的主要因素。从电化学角度来说，是混凝土中这种"连接"的电阻控制了电流的流动。硬化水泥浆中的含水量、孔隙水的离子组成以及孔结构的连通性都能较大影响混凝土的电阻率。

钢筋锈蚀会导致两种后果。首先，锈蚀的产物会占据比原先钢筋大几倍的空间，这样就导致混凝土开裂（特别是沿着钢筋方向）、剥落或脱层。侵蚀离子更易向钢筋渗透，进而加速钢筋锈蚀。其次，阳极发生的锈蚀会削减钢筋截面，进而降低其承载能力。关于此处，应说明的是氯离子侵蚀主要集中在阳极较小区域，钢筋出现点蚀（图 11.17）。

当混凝土中供氧量非常有限时，锈蚀速率缓慢。这时的锈蚀产物的体积小于正常环境中形成的体积，且有可能进入混凝土孔隙中，也就不会引起开裂或剥落。

11.8　拌合物中的氯离子

氯离子在混凝土拌合时常常由污染骨料、海水、盐水以及含氯离子的外加剂带入混凝土。这些材料都不允许使用在钢筋混凝土中，规范一般会对混凝土各组分加以严格限制。比如，BS 8110-1:1997 规定钢筋混凝土中氯离子含量不能超过其水泥质量的 0.4%；BS EN 206-1:2000（现在是 BS EN 1992-1:2004）也是如此。ACI 318-02[11.56] 仅仅考虑了水溶性氯离子的含量，规定钢筋混凝土中氯离子的含量不能超过水泥质量的 0.15%。二者差别不大，因为水溶性氯离子仅为氯离子总量的一部分，也就是孔隙水中的自由氯离子。第 11.10 节已经讨论了自由氯离子与结合氯离子的差别，但在这应注意的是，氯离子的总量主要测定酸溶性氯离子，规范为 ASTM C 1152-04 或 BS 1881-124:1988。使用某些外加剂时，电位滴定法测定的氯离子含量高于颜色判断法测定的量。目前有几种测定水溶性氯离子含量的试验方法。

硅酸盐水泥作为拌合物中氯离子的来源之一，其本身只含极少量的氯离子：通常不超过水泥质量的 0.01%。然而，若磨细矿渣生产过程中用海水淬冷，那么氯离子含量会较高[11.92]。饮用水的氯离子含量大约在 250ppm；当混凝土水灰比为 0.4 时，其拌合水的氯离子含量同其硅酸盐水泥的氯离子含量相当。对于骨料来说，BS 882:1992（已撤销）给出了氯离子总量最大值的指导性规定；如果按照这个规定执行，那么可能会满足 BS 5328-1:1997（已撤销）和 BS 8110-1:1997（现在是欧洲标准 2:2004）。对于钢筋混凝土而言，骨料中氯离子的含量不超过其总质量的 0.05%，使用抗硫酸盐水泥时，则削减到 0.03%。预应力混凝土的值为 0.01%。BS EN 1008:2002 和 ASTM C 1602-06 中规定了水中杂质含量限值。

本节所涉及的氯离子限值都很保守，因而，若能满足这些要求，就可以确保混凝土免遭氯离子侵蚀破坏。Pfeifei[11.40] 对这些限值比较保守的观点表示怀疑。

11.9 氯离子的侵入

通常，氯离子侵蚀现象只发生在氯离子从外界侵入时。除冰盐也会导致氯离子侵蚀，这些在前面已探讨。另外，更重要的是，氯离子另一重要来源是与混凝土接触的海水。氯离子也会以有利于空气传播的极细海水颗粒（由波浪产生经风传播）或微尘（随后会被露水润湿）这两种形式附着在混凝土表面。需要指出的是，在空气中，氯离子能长距离传输；曾有报道[11.75]称其传输距离能达到 2km，然而，其传播距离甚至更大，这由风力和地形决定。结构的布局也能影响氯离子的空中传播形态；空气中有漩涡出现时，氯离子能传播到结构的向陆面。

同混凝土接触的地下微咸水也是氯离子的来源之一。

虽然这种情况发生的概率很小，但我们还应注意一下，就是含氯离子的有机材料的焚烧也能产生氯离子侵蚀现象，进而形成盐酸并沉积在混凝土表面，随之与孔隙水中的 Ca^{2+} 反应。这也使得了氯离子侵入混凝土[11.83]。

不管氯离子来自哪里，它们均通过含氯离子水分的传输、水中离子的扩散以及吸附作用这三种形式向混凝土渗透。钢筋表面的氯离子浓度会因其长期或反复渗透而随时间的发展增大。

若混凝土长时间被水浸没，那么氯离子将渗入混凝土中。然而，只要阴极没有氧气存在，锈蚀现象就不会发生。至于时而处于海水中而时而又处于干燥状态的混凝土，氯离子的侵入是一个循序渐进的过程。以下是经常发生在热带海岸结构中的情形。

干燥混凝土以吸附方式吸入含盐海水，某些情况下，吸附会一直持续到混凝土饱和。若随之外界条件转为干燥，则水分反向迁移且从毛细孔朝外部蒸发出去。然而，仅仅是纯水被蒸发掉，盐分仍然存留在孔隙中。因此，在混凝土表面附近，存留孔隙水中的盐分浓度将增大。这样会形成浓度梯度，混凝土表面的水中盐分被驱使到低浓度区域，也就是内扩散。依据混凝土外部相对湿度以及干燥期的长短，其外部区域的大部分水分都可能蒸发掉，这样就使得混凝土内部结构中的水分变成饱和盐溶液而过量的盐分会以结晶形式析出。

由此可知，实际上这是一个水分向外迁移而盐分向内扩散的过程。随后的盐水湿润干燥循环会将更多的盐分带入毛细孔中。浓度梯度从距离表面某一深度的区域的峰值向外逐渐降低，部分盐分向混凝土表面扩散。但是，如果湿润时间较短且随之迅速干燥，则盐分会随盐水渗透至混凝土内部；然后纯水干燥而蒸发，盐分仍存留在孔隙中。

湿润期和干燥期的长短决定了盐分迁移的精确度。我们已知道，混凝土的湿润期很短而干燥期很长；而混凝土内部也绝不会完全干燥。另外，湿润期的离子扩散相当缓慢。

因而，显然在交替干湿条件下，盐分会向内侵蚀钢筋，如图 11.18 所示。此图是在距离表面不同深度钻取粉样进行分析得到。有时，距混凝土最外层 5mm 的范围内的氯离子浓度更低，水分快速迁移以致盐分向内小距离运动。孔隙水中的氯离子含量最大值可能超过海水中氯离子的浓度；混凝土处于海水 10 年后能观测到这种情形[11.71]。关键在于，随时间的积累，足量的氯离子会迁移到钢筋表面。下面我们会探讨"足量"的概念。

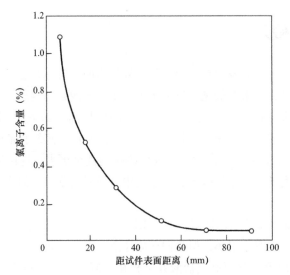

图 11.18 总氯离子含量占水泥质量百分比的一个例子
（取样点距离表面依次增加 10 或 20mm）

正如上文所述，润湿和干燥的确切顺序将很大程度上影响氯化物对混凝土的侵入。这种先后顺序随部位的变化而变化，与海洋运动、风力、太阳照射时间、结构的用途有关。因而，即使是同一个结构的不同部位，也会经历不同的干湿次序；这就解释了同一结构中的侵蚀破坏程度也会差别较大。

不单单是混凝土表面区域的干湿交替会影响氯离子的侵入；使混凝土干燥至一定深度后再进行湿润会使氯离子更易进入，因此，这样也就加速了氯离子的侵入。鉴于这个原因，混凝土的潮汐期（干燥期较短）比飞溅区（仅在海浪较高或风力较强时才会被湿润）更不易发生侵蚀。最易被侵入的是那些偶尔被海水润湿的混凝土区域，譬如船柱周围（湿绳缠绕）、消防栓附近（使用海水的）、定期使用海水冲洗但平时主要处于阳光和高温干燥的工业区等。

11.10 氯离子含量的阈值

前文提过，若出现侵蚀现象，则钢筋表面的氯离子浓度必须达到某一最小值。但是，一个统一有效的阈值浓度并不存在。至于拌合物在一开始掺入的氯离子，阈值浓度已经在第11.8 节考虑了。若初始拌合物中存在过量氯离子，那么与其在服役期间侵入等量的氯离子相比将会有更严重侵蚀，侵蚀速率也更快[11.64]。

至于已侵入混凝土中的氯离子，想要确定氯离子阈值浓度（小于此值侵蚀不会发生）就更难了。阈值受很多因素影响，但其中有些仍没有彻底弄清楚。并且氯离子在硬化水泥浆中分布并不是均匀的，正如实际结构中的氯离子含量曲线一样。对于实际应用，我们通过控制钢筋表面保护层的厚度和保护层混凝土的渗透性来控制氯化物侵入从而防止锈蚀发生。

在任意给定条件下，钢筋发生锈蚀时都会对应一个氯离子含量阈值，锈蚀进度取决于硬化水泥浆的电阻率（因湿度变化而不同）以及供氧量（取决于混凝土浸没程度）。

任何情况下，与锈蚀相关的都不是氯离子总量。一部分氯离子发生化学结合，存在于水泥水化产物中；另一部分发生物理结合，被吸附在凝胶孔表面。只有第三部分，也就是自由氯离子，它们才能与钢筋接触发生锈蚀。然而，因为始终处于一个平衡状态，如孔隙水中总会存在部分自由氯离子，所以这三种形式氯离子的分布并不是完全不变的，只有在氯离子含量超过平衡所需的量时才会出现结合氯离子。

11.10.1　氯离子的结合

氯离子结合的主要形式是其与 C_3A 反应生成氯铝酸钙 $3CaO \cdot Al_2O_3 \cdot CaCl_2 \cdot 10H_2O$，有时也称为 Friedel 盐。氯离子也会与 C_4AF 发生类似反应形成氯铁酸钙 $3CaO \cdot Fe_2O_3 \cdot CaCl_2 \cdot 10H_2O$。水泥中所含 C_3A 含量越高或拌合物中的水泥用量越大，氯离子的结合量也越多。因此，以前我们通常认为使用 C_3A 含量较高的水泥对提高抗氯离子侵蚀性是有益的。

也许这种说法是正确的，因为若拌合时混凝土中存在氯离子，则会与 C_3A 迅速反应。但是，氯离子向混凝土侵蚀时，有少量的氯铝酸盐形成。然后，氯铝酸盐分解，所释放的氯离子从孔隙水中迁移出来，补充到钢筋表面。

如果想要确定水泥中 C_3A 的理想含量，则还需考虑给定结构中构件遭到硫酸盐侵蚀的可能性，而不是海水侵蚀的影响。在本书第 2.7 节提到，抗硫酸盐侵蚀要求水泥中的 C_3A 含量较低。鉴于此类原因，如今我们认为最好的折中选择是中性抗硫酸盐水泥，也就是 II 型水泥。

对于磨细高炉矿渣水泥，曾有人认为氯离子也会和矿渣中的铝酸盐结合，然而，这一点还没有得到完全证实[11.91]。

若工程用到 C_3A 含量较高的水泥，我们应注意的是 C_3A 含量增高会导致水化初期放热速率加快。因此，水化温升会较高，这对于处于海水中的大体积混凝土结构很不利[11.88]。

某些标准，比如 BS 8110-1:1985（已换成欧洲标准 2-2004），在使用抗硫酸盐水泥（V 型）时，会严格限制氯离子含量。专家们认为氯离子不利于混凝土的抗硫酸盐性能。现已证实这种说法是不对的[11.76]。实际上硫酸盐侵蚀会导致氯铝酸钙分解，进而部分氯离子溶出引起锈蚀，并形成硫铝酸钙[11.79]。

已结合氯离子的硬化水泥浆碳化时，同样会出现类似现象，释放出的结合氯离子加大锈蚀风险。Ho 和 Lewis[11.80] 引用 Tuutti 的研究发现，碳化层向上 15mm 处孔隙水的氯离子浓度会增大。碳化的有害影响及孔隙水的 pH 值降低，可能会加剧锈蚀产生。实验室研究[11.85] 还发现，即便碳化混凝土中氯离子含量较少，也会因其低碱度而使锈蚀速度加快。

若碳化和氯离子的侵入都考虑，那么应注意的是碳化最易发生在相对湿度为 50%～70% 的环境中，而在更高的相对湿度下，锈蚀才能快速发展。由于混凝土长时间处于干湿交替环境下，所以这两种相对湿度可能会依次出现。我们曾观测到氯离子侵入和碳化在建筑物薄型盖板中同时出现：空气中的氯离子会由外侵入钢筋处；碳化则从相对较干的建筑物内部开始缓慢进行。

再回到处于平衡状态的孔隙水中氯离子浓度问题上，我们应注意的是，氯离子浓度与孔隙水中其他离子浓度相关；比如，在给定氯离子总量时，OH^- 离子浓度越高，自由氯离子就越多。因而，Cl^-/OH^- 的比值会影响钢筋锈蚀，但二者之间的关系式还没有建立起来。有研究发现，对于氯离子含量一定的拌合物，其形成 NaCl 的自由氯离子比 $CaCl_2$ 要多很多。

由于各种各样的因素，结合氯离子与氯离子总含量的比值在 50%~80% 之间变化。因此，实际并不存在一个固定且相同的会导致锈蚀发生的氯离子总量最小值。试验[11.66][11.68]表明，满足孔隙水各种平衡要求后，结合氯离子含量和水泥用量之间的关系与混凝土水灰比无关。

11.11 复合水泥对锈蚀的影响

前文主要探讨了各种硅酸盐水泥对氯离子化学方面的影响，而不同类别的复合水泥对硬化水泥浆体的孔结构、渗透性和电阻率的影响也同样重要，甚至更重要。其中大部分已经在第 10 章介绍过，而这里我们将考虑各种胶凝材料与氯离子迁移的密切联系。还需补充的是，一些影响氯离子迁移的硬化水泥浆体性能同样也会影响氧气和水分的供给，而这二者是锈蚀的必要条件。然而，钢筋中氯离子的存在位置与氧气不同；前者位于阳极，后者位于阴极。

常用的辅助胶凝材料有粉煤灰、磨细高炉矿渣和硅灰。若将三者以适当比例掺入拌合物中时，混凝土的渗透性将降低，电阻率会提高，进而其锈蚀发生率也就降低了[11.70][11.87][11.90]。对于硅灰来说，它是通过改善硬化水泥浆体的孔结构，提高电阻率来获得这些积极作用。虽然硅灰与 Ca(OH)₂ 反应会导致孔隙水的 pH 值略微降低[11.98]。Gjørv 等[11.97]研究表明，水泥中硅灰的掺量每增加 9%，氯离子扩散系数就会降低 5 个量值。

应注意的是，考虑硅灰对混凝土工作性的影响，常常需掺入高效减水剂。高效减水剂本身对锈蚀无影响，因而锈蚀过程也就不会改变。

鉴于各种辅助胶凝材料的有利影响，将其掺入热带地区易遭受锈蚀的混凝土就显得很必要了，应避免单独使用硅酸盐水泥[11.89]。

砂浆中的氯离子扩散试验表明：填料不影响氯离子的迁移[11.77]。

在氯离子含量相同时，相比于硅酸盐水泥，采用高铝水泥配制的混凝土更易发生锈蚀[11.81]。从前文可知，采用高铝水泥配制的混凝土的 pH 值比硅酸盐水泥配制的混凝土要小，所以钢筋的钝化状态可能更不稳定[11.81]。

11.12 锈蚀的其他影响因素

前文主要探讨了混凝土的组成成分对其抗锈蚀性能的影响，还应强调的是加强对混凝土的养护也很重要，这主要是针对保护层混凝土。延长养护时间会大大推迟初始锈蚀发生的时间[11.69]（图 11.19）。但是，由于污水会大大提高氯离子的渗透能力，所以养护必须使用淡水[11.69]。

锈蚀一旦开始，它的发展就不可避免：阳极与阴极之间的电阻率和阴极供氧的持续性会影响锈蚀进程。一方面，钝化膜是否能完全切断氧气供给很值得怀疑，尽管这一领域的研究仍这样发展；另一方面，混凝土电阻率是其含水率的函数，因而将混凝土干燥后，其锈蚀将停止。然而，润湿后锈蚀又开始。

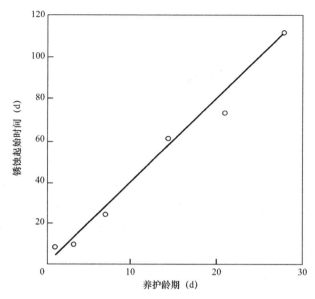

图 11.19 水养时间长短对钢筋锈蚀发生时间的影响；水灰比 0.5，水泥含量 330kg/m³（550lb/yd²），
Ⅴ型水泥；试样部分浸入 5% 氯化钠溶液中（基于参考文献［11.69］）

保护层混凝土的开裂有利于氯离子侵入，因此，锈蚀会加剧。虽然实际服役的所有混凝土都存在裂缝，但是相关人员可以通过结构设计、细节处理和施工等来控制裂缝发展。宽度超过 0.2~0.4mm 的裂缝是有害的。值得一提的是，虽然预应力混凝土不会出现裂缝，但是因其自身特性，预应力钢筋更易锈蚀；而且，预应力钢筋截面面积较小，即使是点蚀也会大大降低其承载能力。

高温会对锈蚀有些影响。首先，孔隙水中自由氯离子含量增加；如果水泥中 C_3A 含量较高且初始拌合物中氯离子浓度较低，高温对锈蚀的影响更大[11.62]（图 11.20）。

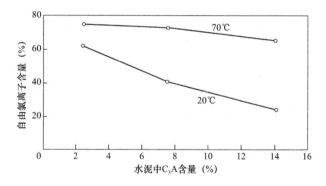

图 11.20 20℃和 70℃时水泥中 C_3A 含量对自由氯离子含量
（占 1.2% 水泥质量的百分比）的影响
（基于参考文献［11.62］，并获得英国爱思唯尔科学有限公司许可）

其次，更重要的是，锈蚀反应和其他化学反应一样在高温条件下更快。通常我们认为温度每升高 10℃，反应速度加快一倍，但也有研究表明，实际反应速度只是原来的 1.6 倍。无论倍数是多少，温度加快反应这一作用解释了热带沿海地区的混凝土锈蚀损坏比其他地区严

重的现象。

回顾前文可知，混凝土在高温下开始硬化时会形成较粗的孔结构，所以会导致其抗氯离子扩散能力降低[11.39]。另外，混凝土表面和内部的温差也能影响氯离子的扩散；混凝土直接暴晒时，其表面温度大大提高，超过其周围环境温度。

11.12.1　钢筋保护层的厚度

钢筋保护层的厚度是控制氯离子迁移的重要因素：钢筋保护层厚度越大，钢筋表面达到氯离子阈值浓度的时间就越长。混凝土的质量（低渗透性）和保护层的厚度对于氯离子迁移共同起作用，在一定程度上，也要相互权衡。因此，规范通常对保护层和混凝土强度的组合给出具体规定，例如，保护层厚度较小，混凝土强度要求更高。反之亦然。

然而，这种方法也有局限性。首先，若混凝土的渗透性较高，那么考虑保护层厚度是没有用的。此外，混凝土保护层不仅保护了钢筋，还保证了钢筋和混凝土组合结构作用，而且在某些情况下有防火和耐磨的作用。保护层厚度过大，会导致相当大体积的混凝土没有钢筋。然而，结构中必须使用钢筋来控制混凝土收缩以及热应力，进而防止这些应力引起开裂。混凝土一旦出现开裂，保护层厚度过大会有不利影响。实际上，保护层厚度不应超过80～100mm，保护层厚度的确定属于结构设计。

当然，保护层也不应太薄。因为不管混凝土保护层渗透性多低，不论是何原因致使其开裂、局部受损或钢筋错位，氯离子都会快速迁移至钢筋的表面。

11.13　混凝土氯离子渗透测试方法

ASTM C 1202-10中给出了混凝土氯离子渗透的快速测试方法，用电通量表示。该方法采用圆柱形试件，两端分别与NaCl和NaOH溶液接触，并在其上施加60V直流电压，测定一定时间内通过混凝土的总电荷（用库仑表示）。混凝土中氯离子的渗透性与电荷大小有关，这种试验方法可用于选择合适的混凝土配合比。这种试验方法也可用于测定不同形状试件的交流阻抗[11.86]。

这种测试方法没有完全模拟混凝土中氯离子的实际迁移过程，而且没有夯实的理论基础。但实际上这种方法很有用，并且比基于抗氯离子渗透仅仅与混凝土强度相关的假设更好；有研究[11.41]表明此种假设仅仅适用于最普遍的情况。

11.14　阻止（减缓）锈蚀

简单介绍怎样控制已经发生的锈蚀或采用何种补救措施可能没有作用。本书探讨的是采取干燥混凝土或增加表面屏障来阻止氧气供给的方法来减缓锈蚀。这是一个特殊领域，事实上，采取某种特殊措施可能会起到反作用；比如，在阳极（不是阴极）增加屏障会导致阴极与阳极的尺寸比增大，这样也就加速锈蚀。

我们有理由产生这样的疑问，即是否有某种整体阻锈剂，其不会阻止氯离子向混凝土渗透但能阻止钢筋锈蚀。室内试验已经发现，亚硝酸钠[11.74]和亚硝酸钙[11.72]的效果比较好。

亚硝酸盐的功效是将阳极铁离子转化为稳定的钝化层 Fe_2O_3。亚硝酸根会有选择性地和氯离子反应。亚硝酸盐的浓度需足够应对氯离子的连续侵入。实际上，我们不能肯定的是这种阻锈剂是否永久有效，而不是简单地延迟锈蚀的发生。

在必要时，我们可以使用缓凝剂来抵消亚硝酸盐的加速作用。相关人员也还在继续寻找其他阻锈剂[11.73]。

在掺入拌合物以后，阻锈剂能保护全部内埋钢筋。然而，它不能取代低渗透性混凝土的地位，而仅仅是一种额外防护。另外，亚硝酸钠会使孔隙水中 OH^- 离子的浓度增大，进而有加大碱骨料反应发生的风险。因而，尽管 OH^- 离子有利于防止钢筋锈蚀，但使用的同时也会增加碱骨料反应发生的风险。当然，这只在骨料容易遭到此反应影响的前提下才相关。

我们通过在钢筋表面涂抹环氧涂层或实施阴极保护来使其作为阴极，这样也能保护钢筋使其免受锈蚀。如果不讨论这些，那么对于混凝土里钢筋保护的讨论是不完整的。对于钢筋混凝土的锈蚀，除保证低渗透混凝土的保护层厚度外，环氧涂层也很有效，当然，这是一项特殊工艺。一些特殊情况下，我们可以使用不锈钢植筋或采用不锈钢覆盖钢筋。然而，这些措施的成本太高。有研究表明，阴极保护也会有些效果。但是，若在新结构中采用阴极保护，很显然，这种特殊钢筋混凝土结构耐久性很差。

有时我们不得不面对一个问题："氯离子能否从钢筋表面去除？"在本书范围内，这个问题只能给出非常简短的回答。

相关科研人员已开发出了一项混凝土脱盐处理技术，也就是在锈蚀钢筋（作为阴极）和外部阳极（与混凝土接触的电解质）之间通入强直流电，这样能移除氯离子；氯离子朝外部阳极迁移，这样使得氯离子从钢筋表面移除[11.84]。然而，这样似乎也只能移除一半氯离子，随时间推移，锈蚀可能会重新出现。这个过程以后可能会有一些不利影响[11.65]；比如，迁移到孔隙水中的钠离子浓度会大大增加，这样导致正常情况下非活性骨料可能产生活性，进而引发碱-骨料反应。

参考文献

11.1　T. C. POWERS, L. E. COPELAND and H. M. MANN, Capillary continuity or discontinu- ity in cement pastes, *J. Portl. Cem. Assoc, Research and Development Laboratories*, **1**, No. 2, pp. 38– 48 (May 1959).

11.2　CENTRE D'INFORMATION DE L'INDUSTRIE CIMENTIÈRE BELGE, Le béton et le gel, *Bull. No. 61 to 64* (Sept. to Dec. 1957).

11.3　G. MOLLER, Tests of resistance of concrete to early frost action, *RILEM Sym-posium on Winter Concreting* (Copenhagen, 1956).

11.4　T. C. POWERS, Resistance to weathering – freezing and thawing, *ASTM Sp. Tech. Publ. No. 169*, pp. 182–7 (1956).

11.5　T. C. POWERS, What resulted from basic research studies, *Influence of Cement Characteristics on the Frost Resistance of Concrete*, pp. 28– 43 (Chicago, Portland Cement Assoc., Nov. 1951).

11.6　R. A. HELMUTH, Capillary size restrictions on ice formation in hardened portland cement pastes, *Proc. 4th Int. Symp. on the Chemistry of Cement*, Washington DC, pp. 855 – 69 (1960).

11.7　A. R. COLLINS, Discussion on: A working hypothesis for further studies of frost resistance of concrete by T. C. Powers, *J. Amer. Concr. Inst.*, **41**, (Supplement) pp. 272-12–14 (Nov. 1945).

11.8　T. C. POWERS, Some observations on using theoretical research. *J. Amer. Concr. Inst.*, **43**, pp. 1089 –94 (June 1947).

11.9　G. J. VERBECK, What was learned in the laboratory, *Influence of Cement Char-acteristics on the Frost Resistance of Concrete*, pp. 14 –27 (Chicago, Portland Cement Assoc., Nov. 1951).

11.10　U.S. BUREAU OF RECLAMATION, Relationship of moisture content of aggregate to durability of the concrete, *Materials Laboratories Report No. C-513* (Denver, Colorado, 1950).

11.11　U.S. BUREAU OF RECLAMATION, Investigation into the effect of water/cement ratio on the freezing–thawing resistance of non-air and air-entrained concrete, *Concrete Laboratory Report No. C-810* (Denver, Colorado, 1955).

11.12　G. J. VERBECK and P. KLIEGER, Calorimeter-strain apparatus for study of freezing and thawing concrete, *Highw. Res. Bd Bull. No. 176*, pp. 9 –12 (Washington DC, 1958).

11.13　G. J. VERBECK and P. KLIEGER, Studies of "salt" scaling of concrete, *Highw. Res. Bd Bull. No. 150*, pp. 1–13 (Washington DC, 1957).

11.14　P. KLIEGER, Further studies on the effect of entrained air on strength and durability of concrete with various sizes of aggregates, *Highw. Res. Bd Bull. No. 128*, pp. 1–19 (Washington DC, 1956).

11.15　T. C. POWERS, Void spacing as a basis for producing air-entrained concrete, *J. Amer. Concr. Inst.*, **50**, pp. 741–60 (May 1954), and Discussion, pp. 760-6 –15 (Dec. 1954).

11.16　U.S. BUREAU OF RECLAMATION, The air-void systems of Highway Research Board co-operative concretes, *Concrete Laboratory Report No. C-824* (Denver, Colorado, April 1956).

11.17　T. C. POWERS and R. A. HELMUTH, Theory of volume changes in hardened portland cement paste during freezing, *Proc. Highw. Res. Bd*, **32**, pp. 285–97 (Washington DC, 1953).

11.18　P. J. F. WRIGHT, Entrained air in concrete, *Proc. Inst. Civ. Engrs.*, Part 1, **2**, No. 3, pp. 337–58 (London, May 1953).

11.19　L. S. BROWN and C. U. PIERSON, Linear traverse technique for measurement of air in hardened concrete, *J. Amer. Concr. Inst.*, **47**, pp. 117–23 (Oct. 1950).

11.20　T. C. POWERS, Basic considerations pertaining to freezing and thawing tests, *Proc. ASTM*, **55**, pp. 1132–54 (1955).

11.21　HIGHWAY RESEARCH BOARD, Report on co-operative freezing and thawing tests of concrete, *Special Report No. 47* (Washington DC, 1959).

11.22　H. WOODS, Observations on the resistance of concrete to freezing and thawing, *J. Amer. Concr. Inst.*, **51**, pp. 345 –9 (Dec. 1954).

11.23　J. VUORINEN, On the use of dilation factor and degree of saturation in testing con-crete for frost resistance, *Nordisk Betong*, No. 1, pp. 37–64 (1970).

11.24　M. A. WARD, A. M. NEVILLE and S. P. SINGH, Creep of air-entrained concrete, *Mag. Concr. Res.*, **21**, No. 69, pp. 205–10 (Dec. 1969).

11.25　D. STARK, Characteristics and utilization of coarse aggregates associated with D-cracking, *ASTM Sp. Tech. Publ. No. 597*, pp. 45 –58 (1976).

11.26　C. MacINNIS and J. D. WHITING, The frost resistance of concrete subjected to a deicing agent, *Cement and Concrete Research*, **9**, No. 3, pp. 325 –35 (1979).

11.27　B. MATHER, Tests of high-range water-reducing admixtures, in *Superplasticizers in Concrete*, ACI SP-62 pp. 157–66 (Detroit, Michigan, 1979).

11.28　R. D. GAYNOR and J. I. MULLARKY, Effects of mixing speed on air content, *NRMCA Technical Information Letter No. 312* (Silver Spring, Maryland, National Ready Mixed Concrete Assoc., Sept. 20, 1974).

11.29　H. SOMMER, Ein neues Verfahren zur Erzielung der Frost-Tausalz-Beständigkeit des Betons, *Zement und Beton*, **22**, No. 4, pp. 124 – 9 (1977).

11.30　B. MATHER, Concrete need not deteriorate, *Concrete International*, **1**, No. 9, pp. 32–7 (1979).

11.31　B. MATHER, A discussion of the paper "Mechanism of the $CaCl_2$ attack on Portland cement concrete", by S. CHATTERJI, *Cement and Concrete Research*, **9**, No. 1, pp. 135 – 6 (1979).

11.32　L. H. TUTHILL, Resistance to chemical attack, *ASTM Sp. Tech. Publ. No. 169B*, pp. 369 – 87 (1978).

11.33　R. D. GAYNOR, Ready-mixed concrete, *ASTM Sp. Tech. Publ. No. 169B*, pp. 471–502 (1978).

11.34　M. PIGEON, La durabilité au gel du béton, *Materials and Structures*, **22**, No. 127, pp. 3 –14 (1989).

11.35　M. PIGEON, P.-C. AÏTCIN and P. LAPLANTE, Comparative study of the air-void stability in a normal and a condensed silica fume field concrete, *ACI Materials Journal*, **84**, No. 3, pp. 194–9 (1987).

11.36　R. C. PHILLEO, *Freezing and Thawing Resistance of High Strength Concrete*, Report 129, Transportation Research Board, National Research Council, 31 pp. (Washington DC, 1986).

11.37　A. NEVILLE, Chloride attack of reinforced concrete – an overview, *Materials and Structures*, **28**, No. 176, pp. 63 –70 (1995).

11.38　J. T. HOARTY, Improved air-entraining agents for use in concretes containing pul- verised fuel ashes, in *Admixtures for Concrete: Improvement of Properties, Proc. ASTM Int. Symposium*, Barcelona, Spain, Ed. E. Vázquez, pp. 449 –59 (London, Chapman and Hall, 1990).

11.39　R. J. DETWILER, K. O. KJELLSEN and O. E. GJØRV, Resistance to chloride intru-sion of concrete cured at different temperatures, *ACI Materials Journal*, **88**, No. 1, pp. 19 –24 (1991).

11.40　D. W. PFEIFER, W. F. PERENCHIO and W. G. HIME, A critique of the ACI 318 chloride limits, *PCI Journal*, **37**, No. 5, pp. 68 –71 (1992).

11.41　H. R. SAMAHA and K. C. HOVER, Influence of microcracking on the mass trans-port properties of concrete, *ACI Materials Journal*, **89**, No. 4, pp. 416 –24 (1992).

11.42　G. FAGERLUND, Air-pore instability and its effect on the concrete properties, *Nordic Concrete Research*, No. 9, pp. 39–52 (Oslo, Dec. 1990).

11.43　M. A. ALI, *A Review of Swedish Concreting Practice*, Building Research Establishment Occasional Paper, 35 pp. (Watford, U.K., June 1992).

11.44　F. SAUCIER, M. PIGEON and G. CAMERON, Air-void stability, Part V: temperature, general analysis and performance index, *ACI Materials Journal*, **88**, No. 1, pp. 25–36 (1991).

11.45　M. PIGEON and P. PLANTE, Study of cement paste microstructure around air voids: influence and distribution of soluble alkalis, *Cement and Concrete Research*, **20**, No. 5, pp. 803 –14 (1990).

11.46　K. OKKENHAUG and O. E. GJØRV, Effect of delayed addition of air-entraining admixtures to concrete, *Concrete International*, **14**, No. 10, pp. 37– 41 (1992).

11.47　W. F. PERENCHIO, V. KRESS and D. BREITFELLER, Frost lenses? Sure. But in con-crete?, *Concrete International*, **12**, No. 4, pp. 51–3 (1990).

11.48　D. WHITING, Air contents and air-void characteristics in low-slump dense con- cretes, *ACI Journal*, **82**, No. 5, pp. 716–23 (1985).

11.49　G. G. LITVAN, Further study of particulate admixtures for enhanced freeze–thaw resistance of concrete, *ACI Journal*, **82**, No. 5, pp. 724 –30 (1985).

11.50　O. E. GJØRV et al., Frost resistance and air-void characteristics in hardened con-crete, *Nordic Concrete Research*, No. 7, pp. 89–104 (Oslo, Dec. 1988).

11.51　P.-C. AÏTCIN, C. JOLICOEUR and J. G. MACGREGOR, Superplasticizers: how they work and why they sometimes don't, *Concrete International*, **16**, No. 5, pp. 45 –52 (1994).

11.52　E.-H. RANISCH and F. S. ROSTÁSY, Salt-scaling resistance of concrete with air- entrainment and superplasticizing admixtures. in *Durability of Concrete: Aspects of Admixtures and Industrial By-Products, Proc. 2nd International Seminar*, D9 : 1989, pp. 170 –8 (Stockholm, Swedish Council for Building Research, 1989).

11.53　C. OZYILDIRIM and M. M. SPRINKEL, Durability of concrete containing hollow plastic microspheres, *ACI Journal*, **79**, No. 4, pp. 307–11 (1982).

11.54　J. YINGLING, G. M. MULLINS and R. D. GAYNOR, Loss of air content in pumped concrete, *Concrete International*, **14**, No. 10, pp. 57– 61 (1992).

11.55　D. WHITING, G. W. SEEGEBRECHT and S. TAYABJI, Effect of degree of consoli- dation on some important properties of concrete, in *Consolidation of Concrete*, ACI SP-96, pp. 125 – 60 (Detroit, Michigan, 1987).

11.56　ACI 318 – 95, Building code requirements for structural concrete, *ACI Manual of Concrete Practice, Part 3: Use of Concrete in Building–Design, Specifications, and Related Topics*, 345 pp. (Detroit, Michigan, 1996).

11.57　F. SAUCIER, M. PIGEON and P. PLANTE, Air-void stability, Part III: field tests of superplasticized concretes, *ACI Materials Journal*, **87**, No. 1, pp. 3 –11 (1990).

11.58　G. FAGERLUND, Effect of the freezing rate on the frost resistance of concrete, *Nordic Concrete Research*, No. 11, pp. 20–36 (Oslo, Feb. 1992).

11.59　M. PIGEON, J. PRÉVOST and J.-M. SIMARD, Freeze–thaw durability versus freezing rate, *ACI Journal*, **82**, No. 5, pp. 684–92 (1985).

11.60　C. FOY, M. PIGEON and M. BANTHIA, Freeze–thaw durability and deicer salt scal- ing resistance of a 0.25 water–cement ratio concrete, *Cement and Concrete Research*, **18**, No. 4, pp. 604 –14 (1988).

11.61　R. GAGNÉ, M. PIGEON and P.-C. AÏTCIN, Deicer salt scaling resistance of high strength concretes made with different cements, in *Durability of Concrete*, Vol. 1, ACI SP-126, pp. 185 –99 (Detroit, Michigan, 1991).

11.62　S. E. HUSSAIN and RASHEEDUZZAFAR, Effect of temperature on pore solution composition in plain concrete, *Cement and Concrete Research*, **23**, No. 6, pp. 1357– 68 (1993).

11.63　G. J. VERBECK, Mechanisms of corrosion in concrete, in *Corrosion of Metals in Concrete*, ACI SP-49, pp. 21–38 (Detroit, Michigan, 1975).

11.64　P. LAMBERT, C. L. PAGE and P. R. W. VASSIE, Investigations of reinforcement cor- rosion. 2. Electrochemical monitoring of steel in chloride-contaminated concrete, *Materials and Structures*, **24**, No. 143, pp. 351– 8 (1991).

11.65　J. TRITTHART, K. PETTERSSON and B. SORENSEN, Electrochemical removal of chloride from hardened cement paste, *Cement and Concrete Research*, **23**, No. 5, pp. 1095 –104 (1993).

11.66　J. TRITTHART. Concrete binding in cement. II. The influence of the hydroxide con- centration in the pore solution of hardened cement paste on chloride binding, *Cement and Concrete Research*, **19**, No. 5, pp. 683 –91 (1989).

11.67　M.-J. AL-HUSSAINI et al., The effect of chloride ion source on the free chloride ion percentages of OPC mortars, *Cement and Concrete Research*, **20**, No. 5, pp. 739 – 45 (1990).

11.68   L. TANG and L.-O. NILSSON, Chloride binding capacity and binding isotherms of OPC pastes and mortars, *Cement and Concrete Research*, **23**, No. 2, pp. 247–53 (1993).

11.69   RASHEEDUZZAFAR, A. S. AL-GAHTANI and S. S. AL-SAADOUN, Influence of construction practices on concrete durability, *ACI Materials Journal*, **86**, No. 6, pp. 566–75 (1989).

11.70   O. S. B. AL-AMOUDI et al., Prediction of long-term corrosion resistance of plain and blended cement concretes, *ACI Materials Journal*, **90**, No. 6, pp. 564–71 (1993).

11.71   S. NAGATAKI et al., Condensation of chloride ion in hardened cement matrix ma-terials and on embedded steel bars, *ACI Materials Journal*, **90**, No. 4, pp. 323–32 (1993).

11.72   N. S. BERKE, Corrosion inhibitors in concrete, *Concrete International*, **13**, No. 7, pp. 24–7 (1991).

11.73   C. K. NMAI, S. A. FARRINGTON and S. BOBROWSKI, Organic-based corrosion- inhibiting admixture for reinforced concrete, *Concrete International*, **14**, No. 4, pp. 45–51 (1992).

11.74   C. ALONSO and C. ANDRADE, Effect of nitrite as a corrosion inhibitor in contam- inated and chloride-free carbonated mortars, *ACI Materials Journal*, **87**, No. 2, pp. 130–7 (1990).

11.75   T. NIREKI and H. KABEYA, Monitoring and analysis of seawater salt content, *4th Int. Conf. on Durability of Building Materials and Structures*, Singapore, pp. 531–6 (4–6 Nov. 1987).

11.76   W. H. HARRISON, Effect of chloride in mix ingredients on sulphate resistance of concrete, *Mag. Concr. Res.*, **42**, No. 152, pp. 113–26 (1990).

11.77   G. COCHET and B. JÉSUS, Diffusion of chloride ions in Portland cement–filler mortars, *Int. Conf. on Blended Cements in Construction*, Sheffield UK, pp. 365–76 (Oxford, Elsevier Science, 1991).

11.78   A. J. AL-TAYYIB et al., Corrosion behavior of pre-rusted rebars after placement in concrete, *Cement and Concrete Research*, **20**, No. 6, pp. 955–60 (1990).

11.79   B. MATHER, Calcium chloride in Type V-cement concrete, in *Durability of Concrete*, ACI SP-131, pp. 169–76 (Detroit, Michigan, 1992).

11.80   D. W. S. HO and R. K. LEWIS, The specification of concrete for reinforcement pro- tection – performance criteria and compliance by strength, *Cement and Concrete Research*, **18**, No. 4, pp. 584–94 (1988).

11.81   S. GOÑI, C. ANDRADE and C. L. PAGE, Corrosion behaviour of steel in high alu- mina cement mortar samples: effect of chloride, *Cement and Concrete Research*, **21**, No. 4, pp. 635–46 (1991).

11.82   ACI 222R-89, Corrosion of metals in concrete, *ACI Manual of Concrete Practice Part 1: Materials and General Properties of Concrete*, 30 pp. (Detroit, Michigan, 1994).

11.83   A. LAMMKE, Chloride-absorption from concrete surfaces, in *Evaluation and Repair of Fire Damage to Concrete*, ACI SP-92, pp. 197–209 (Detroit, Michigan, 1986).

11.84   STRATEGIC HIGHWAY RESEARCH PROGRAM, SHRP-S-347, *Chloride Removal Implementation Guide*, National Research Council, 45 pp. (Washington DC, 1993).

11.85   G. K. GLASS, C. L. PAGE and N. R. SHORT, Factors affecting the corrosion rate of steel in carbonated mortars, *Corrosion Science*, **32**, No. 12, pp. 1283–94 (1991).

11.86   STRATEGIC HIGHWAY RESEARCH PROGRAM SHRP-C-365, *Mechanical Behavior of High Performance Concretes*, Vol. 5, National Research Council, 101 pp. (Washington DC, 1993).

11.87   W. E. ELLIS JR., E. H. RIGG and W. B. BUTLER, Comparative results of utilization of fly ash, silica fume and GGBFS in reducing the chloride permeability of con-crete, in *Durability of Concrete*, ACI SP-126, pp. 443–58 (Detroit, Michigan, 1991).

11.88   G. C. HOFF, Durability of offshore and marine concrete structures, in *Durability of Concrete*, ACI SP-126, pp. 33–53 (Detroit, Michigan, 1991).

11.89   STUVO, *Concrete in Hot Countries*, Report of STUVO, Dutch member group of FIP, 68 pp. (The Netherlands, 1986).

11.90   P. SCHIESSL and N. RAUPACH, Influence of blending agents on the rate of cor-rosion of steel in concrete, in *Durability of Concrete: Aspects of Admixtures and Industrial By-products*, 2nd International Seminar, Swedish Council for Building Research, pp. 205–14 (June 1989).

11.91   R. F. M. BAKKER, Initiation period, in *Corrosion of Steel in Concrete*, Ed. P. Schiessl, RILEM Report of Technical Committee 60-CSC, pp. 22–55 (London, Chapman and Hall, 1988).

11.92   ACI 201.2R-92, Guide to durable concrete, *ACI Manual of Concrete Practice, Part 1: Materials and General Properties of Concrete*, 41 pp. (Detroit, Michigan, 1994).

11.93   Y. P. VIRMANI, Cost effective rigid concrete construction and rehabilitation in adverse environments, *Annual Progress Report, Year Ending Sept. 30, 1982*, U.S. Federal Highway Administration, 68 pp. (1982).

11.94   ACI 212.3R-91, Chemical admixtures for concrete, *ACI Manual of Concrete Practice, Part 1: Materials and General Properties of Concrete*, 31 pp. (Detroit, Michigan, 1994).

11.95   R. D. GAYNOR, Ready-mixed concrete, in *Significance of Tests and Properties of Concrete and Concrete-making*

Materials, Eds P. Klieger and J. F. Lamond, *ASTM Sp. Tech. Publ. No. 169C*, pp. 511–21 (Philadelphia, Pa, 1994).

11.96　P. P. HUDEC, C. MacINNIS and M. MOUKWA, Microclimate of concrete barrier walls: temperature, moisture and salt content, *Cement and Concrete Research*, **16**, No. 5, pp. 615–23 (1986).

11.97　O. E. GJØRV, K. TAN and M.-H. KHANG, Diffusivity of chlorides from seawater into high-strength lightweight concrete, *ACI Materials Journal*, 91, No. 5, pp. 447–52 (1994).

11.98　K. BYFORS, Influence of silica fume and flyash on chloride diffusion and pH values in cement paste, *Cement and Concrete Research*, **17**, No. 1, pp. 115 –30 (1987).

11.99　P. W. KEENE, Some tests on the durability of concrete mixes of similar compres-sive strength, *Cement Concr. Assoc. Tech. Rep. TRA/330* (London, Jan. 1960).

11.100　E. SIEBEL, Air-void characteristics and freezing and thawing resistance of super- plasticized and air-entrained concrete with high workability, in *Superplasticizers and Other Chemical Admixtures in Concrete*, Proc. 3rd International Conference, Ottawa, Ed. V. M. Malhotra, ACI SP-119, pp. 297–320 (Detroit, Michigan, 1989).

第 12 章

硬化混凝土的试验方法

通过前几章的介绍我们已经明白，混凝土的性能与试验龄期和环境湿度有关，所以为了获取有价值的试验结果，混凝土的测试必须要在规定的或已知的试验条件下进行。不同的国家甚至同一个国家，采用的试验方法和测试技术都不尽相同。由于大部分试验（尤其是科学研究）都是在实验室中进行，因而了解测试方法对性能的影响，这对试验来说十分重要。当然，必须区分测试条件和混凝土自身特性差异所造成的影响。

试验的目的可能是不同的，但一般主要有两个目的，即质量控制和验证，现在一般叫检验。对于特定的用途，可开展其他附加试验，例如，为了测得应力松弛或拆模时混凝土的强度，可进行抗压强度试验。但要记住，试验本身并不是最终目的，在很多实际情况下，试验本身并不会给出一个简单确切的解释，因此为使试验结果具有一定的使用价值，试验应依据过去所积累的经验进行。然而，一般情况下，试验的开展主要是为了与某一具体的或其他试验数据进行比较，所以任何偏离标准规范的做法都是不可取的，否则得出的试验数据可能是有争议或混乱的。

广义的试验方法分为破坏性力学试验和无损试验，后者容许对试件进行反复测试，因而可以研究混凝土性能随时间的变化规律。无损试验还允许对实际混凝土结构进行测试。

12.1 抗压强度试验

目前，对硬化混凝土进行的试验中，最普遍的是抗压强度试验，主要是因为：（1）抗压试验比较容易操作；（2）混凝土的诸多（尽管不是全部）特性都与抗压强度有关系；（3）在结构设计中抗压强度非常重要。尽管抗压强度试验在工程中广泛应用，但它也有不足之处。在法国，抗压强度已成为工程师文化背景中必不可缺少的一部分[12.80]。

一般情况下，抗压强度试验结果受很多因素的影响，如试件种类、试件大小、试模种类、养护条件、抹面情况、试验机刚度和施加荷载速率等。因此，试验应完全遵照标准执行，不得偏离规范操作。

对按标准方法（包括完全密实、一定龄期湿养）成型的试件进行抗压强度试验，试验结果能反映出混凝土的潜在质量状况。当然，在具体实际结构中混凝土可能要差一些，比如不完全密实、离析或养护不良的影响。倘若我们想知道何时可以安全脱模、何时可以继续施工或结构物何时可以投入使用，就必须考虑这些因素的影响。因此，试件养护条件要尽可能地接近实际的结构。即便如此，温度和湿度对测试试件的影响与尺寸相对较大的混凝土相比也不尽相同。试件的测试龄期也是根据需要确定的。另外，标准试件在规定的龄期进行试验，一般是 28d，通常还在 3d 和 7d 进行附加试验。抗压强度可以采用两种试件：立方体和圆柱体。在英国、德国和欧洲的许多其他国家都采用立方体试件。美国、法国、加拿大、澳大利亚、新西兰则采用圆柱体作为标准试件。而在斯堪的纳维亚，立方体和圆柱体均可使用。由于某些国家使用一种或其他种类试件的方式已经根深蒂固，所以立方体和圆柱体在标准 BS EN 206:1996 中都是允许使用的。

12.1.1 立方体试验

立方体试件是在钢或铸铁试模（一般为边长 150mm 的立方体）中浇筑成型，且要求试模的尺寸和平整度应在规定误差范围之内。浇筑时侧模和底座应卡紧，防止漏浆。试模组装之前，应在试模结合面涂上一层矿物油，试模内壁也应涂上一层薄薄的矿物油，防止试模和混凝土黏结在一起。

BS EN 12390-1:2000 规定，将混凝土分一层或多层装进试模。每层混凝土用捣棒、振动台或方形钢制夯具振捣，直至混凝土完全密实且不出现离析和泛浆为止。因为要使抗压强度试验结果能正确反映完全密实混凝土的性能，必须保证试模中的混凝土充分密实。同时，若要校核浇筑时混凝土的性能，则混凝土立方体试件的密实度应模拟结构中的混凝土。因此，对于在振动台上密实成型的混凝土预制构件，立方体试件和预制构件可以同时振捣成型，但是由于二者尺寸相差太大，要达到相同的密实度极其困难，因此此法不予推荐。

根据 BS EN 12390-2:2009，试件表面用刮刀抹平之后，应将立方体试件在温度 20±5℃、防止试件脱水的相对湿度条件下静置 16～72h，然后脱模，将试件放在水中或放置于温度 20±2℃、相对湿度不低于 95% 的室内进一步养护。

进行抗压试验时，立方体试件需要保持潮湿状态，应将试件浇筑侧面与试验机压板接触，即试验时立方体试件放置方向与浇筑方向垂直。根据 BS 1881-116:1983 规定，立方体试件的加载速率应为 0.2～0.4MPa/s。ASTM C 39-09a 规定立方体试件的加载速率应为 0.25±0.05MPa/s。由于高应力状态下混凝土的应力-应变曲线呈非线性关系，所以临近破坏时应变的增加速度会逐渐增大，即试验机压头下移速度也应加快。后面将在第 12.3 节中讨论对试验机的要求。

从前面的讨论可以看出，目前对同一混凝土的立方体强度与圆柱体强度还没有建立一种简单通用的换算关系。然而，欧洲立法允许承包商在任何欧盟国家投标并建造混凝土结构，因此，特别需要一种明确的方式来描述混凝土强度关系。因此，欧洲标准认为立方体强度是圆柱体强度的 5/4，或采用两位数表示两者之间的关系，如 40/32，也就是一个立方体强度 40MPa 相当于一个圆柱体强度的 32MPa。然而，对于轻骨料混凝土，立方体与圆柱体的强度之比远远高于 5/4[12.150]。

抗压强度，也称压碎强度，其最高精度为 0.5MPa；而更高精度通常只是表面现象。

12.1.2 圆柱体试验

标准圆柱体试件尺寸为 ϕ150mm×300mm，但法国尺寸为 ϕ159.6mm×320mm，直径为 159.6mm 时圆柱体横截面积为 20000mm²。圆柱体一般在带有一个卡紧底座的钢或铸铁试模中浇筑成形；ASTM C 470-09 规范对圆柱体试模给出了详细规定，同时还允许使用由塑料、金属薄板或处理过的纸板制成的一次性试模。

尽管试模细节并不重要，但非标准试模会导致测试结果出现偏差。比如，试模刚度较低，则振实时会消耗部分作用力致使试模内混凝土不够密实，从而强度较低。相反，如果试模渗透部分拌合水，则强度增大。对于一次性或限制重复使用的试模，过度重复使用会使试模变形从而导致强度损失[12.55]。

BS EN 12390-2:2009 和 ASTM C 192-07 规定了圆柱体试件的成型方法，此试验方法与立方试件类似，但英国和美国标准之间存在一些细节差异。

圆柱体试件进行抗压试验时需将其表面与试验机压头相接触。表面用刮刀抹平后可能还不够光滑，需要进一步处理，这是圆柱体抗压试验的一个弊端。在后面章节我们会讲到以压顶的方式来对圆柱体表面进行处理，即便如此，ASTM C 192-07 和 C 31-09 规定试件顶部凹凸程度不得超过 3mm，否则会形成鼓泡[12.55]。

12.1.3 等效立方体试验

有时，可以使用梁进行抗折试验后得到的小试块来进行抗压强度试验。梁进行抗折试验后试件两端基本完好无损，试块截面通常都是正方形，因此向与试块等截面的方钢压头施加荷载，这样就可以得到"等效"或"改进"的立方体试块。需要注意的是，上下两块加压板必须准确垂直叠放；图 12.1 中给出了适宜夹具的示意图。放置试件时应避免梁的浇筑上表面与压板接触。

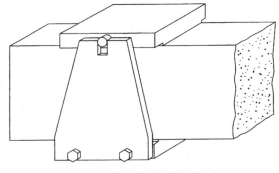

图 12.1 等效立方体试件试验夹具

测试方法见 BS 1881-119:1983 和 ASTM C 116-90。ASTM C 116-90（已撤销），允许使用矩形截面的小梁块。

改进立方体试件的强度与同尺寸的标准立方体试件强度大致相同：实际上，由于立方体试件悬垂部分的约束作用会使最终强度略有增加[12.4]，因此，假设改进后立方试件的强度比同尺寸浇筑的立方试件强度平均增大 5% 是合理的。

12.2 试件端部条件和压顶影响

抗压试验时圆柱体试件的上表面与试验机压头相接触，但是由于表面不是贴着试验模板浇筑成型而是用刮刀抹面而成，所以会粗糙不平，不是真正的平面。在这种情况下，会导致应力集中、混凝土表观强度下降。由于上凸端面应力集中更明显，所以上凸端面会比凹陷端面有更大的强度损失。高强混凝土的强度损失尤其大[12.5]。

　　为了避免强度损失，必须保证端面平整：ASTM C 617-09a 要求圆柱体试件端面的平整度在 0.05mm 内，可以用直边和塞尺来测定，与圆柱体轴心的垂直度不超过 0.5°。《美国陆军工程师团混凝土和水泥手册》规定了混凝土圆柱体平整度、平行度及各边垂直度的测试方法[12.81]。这些试验操作并不是很复杂，所以比较适用于科研工作。ASTM C 39-09a 对试验机压头的平面度也进行了限制。

　　除了不得有"高点"之外，接触面上还不能有砂粒或其他碎屑（如前面试验清理的不干净），这会导致过早破坏，在极端情况下还会造成突然劈裂。

　　为了克服试件端面不平引起的不良影响，有三种方法：压顶、磨平和垫平（用垫层材料）。

　　一般情况下，不推荐使用垫平法，因为这会引起混凝土平均表观强度显著降低（与压顶法相比），且通常与抹刀精光法引起的强度损失持平（图 12.6）。与此同时，端面上缺陷（会造成强度变化较大）的不良影响消除后，将使强度离散性显著降低。

　　通常用软板、纸板或铅板等作垫层材料，而垫层材料的泊松比效应会导致圆柱体出现横向应变从而导致试件强度降低。由于垫层材料的泊松比通常要比混凝土高，所以会导致试件劈裂，此效应类似于圆柱体试件末端涂抹润滑油的作用，涂抹润滑油是为了消除试件与混凝土压板之间的摩擦力对混凝土横向扩展的约束作用。目前已发现润滑油会导致试件强度降低。

　　通过与未压试件比较可知，选用某种合适的材料进行压顶处理不会对强度产生不利影响，而且还会降低试件的强度离散性。理想的压顶材料的强度和弹性性能应该与混凝土试件相同；不会增强劈裂趋势，且试件截面的应力分布较为均匀。

　　可以在试件测试之前或试件成型之后不久进行压顶处理。这两种处理方式使用的压顶材料并不一样，但不论使用何种材料，都必须保证压顶厚度最好为 1.5～3mm，且必须保证压顶材料强度不低于混凝土试件的强度。此外压顶材料强度会受其厚度的影响。如果压顶材料和混凝土的强度差别太大会出现较大的横向约束，从而导致强度显著增加，因此要控制两者的强度差值。此外，相对于低强混凝土，高强或中强混凝土压顶材料对强度的影响更大[12.6][12.82]；对于低强混凝土，压顶材料的泊松比对其没有影响。对于 48MPa 的混凝土，采用高强压顶材料测得的混凝土试件强度要比低强压顶材料高 7%～11%。对于 69MPa 的混凝土，两者的差值可能会高达 17%。若压顶厚度较薄，则其影响要小很多[12.82]。

　　ASTM C 617-09a 给出了具体的压顶过程。如果试件浇筑之后马上进行压顶处理，则需使用硅酸盐水泥净浆。最好在浇筑 2～4h 后进行压顶处理，此时试模中混凝土已出现塑性收缩及表面沉降。如果初始混凝土的表面比试模低 1.5～3mm，压顶处理比较方便。压顶时，这部分空缺就会被水泥浆（允许部分收缩）填实，用玻璃板或机械钢板压紧就可以得到光滑平整的表面。要操作好这道工序就必须有实际经验，尤其是为了在水泥浆和压板间形成光滑断面：研究发现给压板涂上一层石蜡和猪油的混合物或抹上薄薄一层石墨润滑脂均有改善作用。压顶之后，应继续湿养。

　　另一种方法是在试验前不久先对圆柱体试件进行压顶处理：压顶的确切时间取决于压顶材料的硬化性质。压顶层厚度应控制在 3～8mm，且压顶材料必须与底部混凝土能较好地结合。合适的压顶材料有强度较高的石膏和熔融硫磺砂浆，但也可以使用调凝水泥[12.82]。

　　硫磺砂浆主要由硫磺和颗粒材料（如碾磨耐火黏土等）组成。该混合物使用时处于熔融态，在夹具中可以与试件同时硬化从而保证形成平整的方形端面。但必须使用通风橱，因为会产生有毒烟气。用于圆柱体试验的硫磺混合物最多可以重复使用五次，但必须仔细选择和使用硫磺砂浆，否则会显著影响圆柱体试件的强度[12.53]。压顶后应继续湿养。

除此之外，还可以对试件承压面进行打磨（选用耐磨碳化硅）直至平整。这种方法效果很好，但价格昂贵。研究认为，打磨处理法会比压顶处理法得到的强度更高，因为不会存在与压顶相关的强度损失[12.84]。因此，打磨处理试件的强度与具有"良好"浇筑面试件的强度相同。

12.2.1 非结合压顶处理

尽管对于强度在 100MPa 以内的混凝土试件进行硫磺压顶处理效果较好，但操作过程比较烦琐且具有潜在危害性。为此，需要进行大量的试验尝试研发非结合压顶处理方法。如图 12.2 所示，将橡胶垫塞进受约束的金属钢板中。研究发现，使用氯丁橡胶的压顶处理效果较好[12.74]。橡胶垫应紧贴压顶，压顶内径应比混凝土圆柱试件直径大约 6mm。需要注意的是，圆柱体试件与压顶必须保持同心同轴。

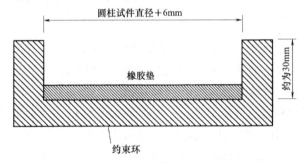

图 12.2 典型非结合型压顶系统的截面示意图

非结合型橡胶压顶在澳大利亚是允许使用的[12.75]。研究还发现，压顶必须完全在试模内成型制得（非冲压制得），还必须根据混凝土试件的强度选择不同硬度的橡胶[12.75]。若不能预估圆柱体试件的近似强度，则很难选择合适硬度的橡胶。此外，橡胶压顶不能用于低强混凝土，规定下限强度值为 20MPa（也有人建议为 30MPa）。因为强度较低时，采用非结合压顶处理得到的强度低于传统硫磺砂浆压顶得到的强度。

考虑到非结合压顶法得到的强度与硫磺砂浆压顶处理得到的强度不具有可比性，因此非结合压顶法在一些国家不允许使用。然而，即使与硫磺砂浆压顶法相比存在细微的系统差异，也是无关紧要的，因为每一种压顶处理方法都会对测试强度产生一定的系统影响，所以并不存在"真实的"混凝土强度。重要的是，对于某一个工程项目，选用一种压顶法即可。

采用非结合型压顶处理得到的强度的离散性比标准压顶处理法小一些。这可能是由于非结合型压顶处理降低了圆柱体试件末端粗糙不平带来的不良影响[12.75]。

对高强混凝土进行压顶处理会产生一个特殊的问题，这种混凝土的强度比硫磺砂浆压顶材料高。非结合型压顶处理的效果也不尽如人意，因为橡胶垫会严重受损甚至被挤压出来[12.71]。虽然打磨处理效果较好，但是操作太慢且价格昂贵。此外，必须严格确保打磨和抛光具有较高的质量。

为了避免打磨处理，开发了一种装砂的约束性钢筋压顶法，步骤如下：先将干燥的细硅砂在压顶内压实，然后将圆柱体试件置于砂层上方，再倒入熔融的石蜡，这样就形成一个含砂的密封体，圆柱体试件处于中央[12.71]。该方法得到的混凝土抗压强度可高达 120MPa，与打磨法处理得到的混凝土强度具有高度的一致性[12.71]。

对于科研工作，可能希望试件处于均匀分布的受压状态。可以通过向中间带缝隙的薄橡胶垫条[12.12]或硬的钢丝刷[12.56]施加荷载来实现。刷子压板由截面为 5mm×3mm、缝宽为 0.2mm 的钢丝组成。这样可使混凝土横向变形自由发展而钢丝不会弯曲。钢丝刷应用于 100mm 的立方体试件时，在相同应变率下，所得强度约为刚性压板的 80%（强度约为 45MPa 的混凝土）[12.85]。

12.3 抗压试件的测试

圆柱体试件末端除了必须保持平整之外，还应与轴线垂直，这样可以保证试件两端互相平行。试验中允许存在细微的误差，研究表明，高 300mm 的试件轴心偏离试验机轴心 6mm 时，不会引起强度损失[12.5]。试验机上的试件轴线应尽可能的接近压板轴线，但误差不超过 6mm 时不会对低强混凝土圆柱体强度产生影响[12.5]。但是 BS 1881-115：1986（已撤销）要求测试试件的放置位置必须十分准确。同样的，如果试件两端端面稍不平行，只要在试验机上安装了能与试件末端承压面平齐的自由支座，则不会对强度产生不利影响。英国目前使用的试验机标准是 BS EN 12390-4：2000。

可以通过球形支座实现自由对准。这不仅在试件与压板接触时能起作用，在施加荷载时也能起作用。在此阶段，试件某些部位的变形可能比其他部位大。立方体试件就是如此，由于泌水导致试件各层（浇筑时）性能不同。试验时要求立方体试件的加载方向与浇筑面垂直，这样较弱和较强部分（相互平行）皆由一头压板传递到另一压板。在荷载作用下，较弱的混凝土部位弹模较低、变形较大。若装上一个有效的球形支座，则压板将随之变化，这样可以保证立方体试件各部位应力一致；当此应力达到立方体试件较弱部位的强度时，试件破坏。相反，若荷载作用下压板不随之变化（即自身平行移动），则立方体试件较强部位会承载更大荷载。较弱部位仍然先破坏，但只有当较强部位达到承受的最大荷载时立方体试件才能达到最大荷载。因此，立方体试件上的总荷载大于压板自由转动时承受的荷载，试验也证实了这一点[12.9]。

为了使试验机的球形支座在荷载作用下也能起作用，必须采用高级润滑油将摩擦系数降低至 0.04（使用石墨润滑油为 0.15）[12.10]。ASTM C 39-09a 详细描述了使用石油润滑油（如普通汽油）的情况。然而，尚不清楚的是压板的这种运动形态是否会使测得的强度更能反映混凝土的性能。有研究表明，当试验机压板在荷载作用下不移动时，相似立方体试件测得的试验结果更具重复性[12.11]。因此，支座在荷载作用下不得移动。不管怎样，球形支座表面的摩擦会严重影响测试强度，所以为了使试验具有可比性，必须保证座板表面处于标准状态。

通过球形支座对压板施加荷载会导致压板弯曲变形，这与压板厚度有关。ASTM C 39-09a 给出了压板厚度与球形支座大小之间的关系，其中后者主要受试件尺寸大小控制。

图 12.3（a）是使用"刚性"压板时压板-混凝土界面上的典型应力分布示意图：试件周边的压应力比中心处高。当试件或压板略有凹陷时，也存在类似的应力分布。反之，若使用"柔性"压板时［图 12.3（b）］，则试件中心处的压应力高于周边。当试件表面或压板存在凸面时也存在类似的应力分布。此外，由于混凝土的非匀质性，尤其是试件端面附近存在粗骨料颗粒时，会出现局部应力变化。

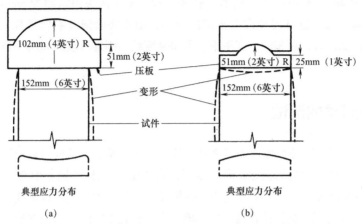

图 12.3　在试验机中进行试验时试件末端附近典型应力分布
（a）刚性压板；（b）柔性压板

虽然各类试验机的介绍已超出本书范围，但仍要提一下：试验机的设计，尤其是试验机内储存的能量也会影响试件的破坏形态。如果试验机刚度很大，则在接近极限荷载时试验机压头的移动跟不上试件所发生的较大变形，从而导致施加荷载速率降低、得到的强度值偏高。相反，对于刚度较小的试验机，荷载能更加接近试件的荷载-变形曲线，因此当裂缝开始出现后，试验机积蓄的能量将被迅速释放出来；相比刚度更大试验机而言，这样会导致试件在比较小的荷载时就会出现剪应力的降幅及横向膨胀变形均随着离压板距离的增加而不断增大。测试得到的混凝土性能与试验机的具体特性有关，不仅包括纵向刚度，还有横向刚度[12.53]。BS EN 12390-4：2000 规定必须定期对试验机进行校核，该标准中给出了校核方法。

12.4　抗压试件的破坏

在第 6 章已经讨论了混凝土单轴受压的破坏情况。然而，受压试件内的应力状态十分复杂，在混凝土试件末端承压面和与之接触的试验机钢板压头之间形成了切应力。在各种材料中，纵向受压（试件名义受压）将因泊松比效应而产生横向膨胀。钢材的弹性模量比混凝土高 5～15 倍，而泊松比不超过 2 倍，因此在压板可以自由移动时其横向应变小于混凝土的横向约束变形。Newman 和 Lachance[12.57] 研究发现，在离两者界面一定距离，约束效应能够消除，钢板的横向应变是混凝土横向应变的 0.4 倍。

当有摩擦作用且在正常试验条件下，试件内部分区域承受了剪应力及压应力。其强度要比更长的试件高很多（见图 12.5）。

剪应力同时作用于单轴受压试件时，混凝土的破坏似乎会被延迟，因此，可以推断出导致混凝土开裂和破坏的并不是主压应力，而很有可能是横向拉应变。至少在有些情况下，实际崩裂可能是由于试件中心碎裂造成的。而横向应变是由泊松比效应引起的，假设泊松比近似为0.2，则横向应变大约是轴向压应变的1/5。目前，我们并不知道混凝土破坏的确切准则，但大量迹象表明当极限压应变为0.002～0.004或极限拉应变为0.0001～0.0002时，混凝土即发生破坏。但由于极限拉应变与极限压应变之比小于混凝土泊松比，所以在达到极限压应变之前，已经达到混凝土周边拉应变的破坏条件。

在很多圆柱体试件的试验中均观测到纵向劈裂现象，尤其是砂浆或水泥净浆制得的高强试件及硫磺浸渍混凝土中。但这种现象在有粗骨料的普通混凝土中比较少见，因为粗骨料产生了横向连续性抑制了纵向裂缝的产生[12.4]，沿试件纵向和横向的超声脉冲速度均检测到纵向裂缝[12.13]。

在研究混凝土真实的应力分布时，我们也没必要降低由名义单轴抗压试验得到的结果，但我们在解释混凝土抗压强度的真正衡量标准时应注意这个问题。

12.5 高径比对圆柱体试件强度的影响

标准圆柱体试件的高度 h 是其直径的 2 倍，但有时也会有其他比例的试件。现场混凝土的芯样尤其如此，取样直径与钻芯工具尺寸有关，而芯样高度则随板或构件高度变化而变化。如果芯样过长，则可在试验前将其修整为 $h/d=2$，但若芯样过短，则必须估算出相同混凝土采用 $h/d=2$ 试件测得的强度。

ASTM C 42-04 和 BS EN 12504-1:2009 均给出了修正系数（表12.1），但 Murdock 和 Kesler[12.14] 研究发现，修正系数还与混凝土强度等级有关（图12.4）。试件的高径比对高性能混凝土的影响更小，并且试件形状对其没有显著影响；由于立方体试件强度与 $h/d=1$ 的圆柱体试件强度之间差别很小，所以应该将这两个因素联系起来考虑。

表 12.1　不同高径比混凝土圆柱体试件强度的标准修正系数

高径比（h/d）	强度修正系数	
	ASTM C 42-04	BS EN 12504-1：2009
2.00	1.00	1.00
1.75	0.98	0.97
1.50	0.96	0.92
1.25	0.93	0.87
1.00	0.87	0.80

对于低强混凝土，若芯样的 $h/d<2$，考虑强度对修正系数的影响具有重要的现实意义。采用 ASTM C 42-04 和 BS EN 12504-1:2009 所给出的修正系数时，若对 $h/d=2$ 的试件进行试验，所得到的强度值偏高。但是，对于低强混凝土或疑为低强的混凝土，正确估算混凝土的强度尤为重要。

高径比 h/d 对低强和中强混凝土强度的一般影响规律见图12.5。当 $h/d<1.5$ 时，由于试验机压板的约束效应，测得的强度显著增加。当 h/d 为 1.5～4，对强度影响比较小；当 h/d 为

1.5～2.5，对强度的影响不超过标准试件（$h/d=2$）强度的 5%。对于 $h/d>5$ 的试件，强度则急剧下降，这时长细比的影响变得显著。

综上所述，选择标准高径比 $h/d=2$ 是合适的，因为这样不仅可以大大消除试件端部的影响，试件内存在轴心受压区域，而且此值发生少许偏差也不会严重影响强度的测定值。ASTM C 42-90 指出，h/d 值介于 1.94～2.10 时不必进行修正。

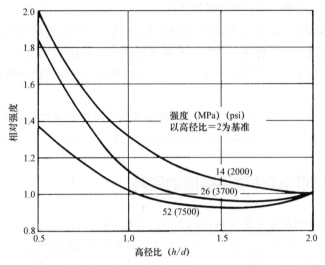

图 12.4　高径比对不同强度等级混凝土圆柱体试件表观强度的影响[12.14]

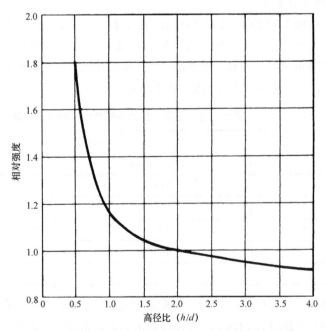

图 12.5　高径比对圆柱体试件表观强度的影响[12.40]

高度与最小横向尺寸之比对强度的影响同样适用于棱柱体试件。

当然，若能消除端部摩擦，则 h/d 对强度的影响就会消除，不过这在常规试验中很难做到。压板与试件间的填充密实度对圆柱体试件强度的影响随高径比 h/d 的变化规律见图 12.6。

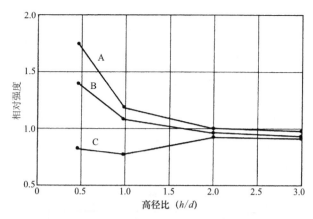

图 12.6 不同高径比的圆柱体试件相对强度与不同类型压板和试件间的填充密实度之间的关系
（圆柱体试件强度，$h/d = 2$，无填充为 1.0）：（A）无填充；（B）8mm 软质墙板；（C）25mm 塑料板[12.58]

材料各相均质性越好，则端部效应减弱越快；因此，与普通骨料混凝土相比，端部效应在砂浆中，也可能在低强或中强轻骨料混凝土中都不是很明显，因为水泥浆与轻骨料的弹性模量的差值较小，此时各项非均质程度较低。研究表明，使用轻骨料混凝土时，标准圆柱体与高径比为 1 的圆柱体试件强度之比为 0.95～0.97[12.56][12.60]。但在俄罗斯用陶粒骨料成型的混凝土进行试验时，两者强度比值约为 0.77[12.59]。

12.6 立方体试件与圆柱体试件强度的比较

通过前面介绍，我们已经了解到试验机压板的约束效应会扩展至立方体试件的整个高度，而圆柱体试件存在部分不受约束效应的影响。因此，可以预想，用同样混凝土成型的立方体试件与圆柱体试件的强度应有所不同。

根据 BS 1881:1983（已撤销）给出的芯样强度换算成等效立方体试件强度的表述，圆柱体试件的强度应为立方体试件的 0.8 倍，但两种形状试件之间的强度关系事实上并非如此简单。圆柱体试件与立方体试件的强度之比随混凝土强度等级提高而显著增大[12.56]。强度大于100MPa 时，比值约为 1。研究表明，某些其他因素，如测试时试件的含水状态，也会显著影响两种不同形状试件的强度比。

由于标准 BS EN 206-1:2000 认识到可能会同时使用这两种不同形状的试件，当试件强度不超过 50MPa（以圆柱体试件计）时，该标准给出了这两种试件的强度等值换算表。圆柱体与立方体试件的强度比均为 0.8。CEB-FIP 设计规范也给出了类似的换算表格，但若强度超过50MPa，则圆柱体与立方体试件的强度比会逐渐增加；强度为 80MPa 时，比值达到 0.89。若为了将一种试件的测试强度换算成另一种试件强度，则这些换算表格均不可取。对于某一特定工程，只能使用一种试件的抗压强度。

不管是圆柱体还是立方体，很难说出哪种试件更好，但即使是在那些采用立方体试件作为标准试件的国家似乎存在一种趋势，至少在研究工作中，即采用圆柱体而不是立方体，而且 RILEM（国际材料与结构研究实验联合会）已推荐使用这种试件。试验表明，采用圆柱体试件得到的试验效果均匀性更好，这是因为试件的端部约束效应对试件破坏影响较小，而且拌合物中粗骨料的性能对强度影响也较小，与此同时，圆柱体试件水平面上的应力分布比立方体截面上的应力分布更均匀。

我们知道，圆柱体试件的浇筑面与试验位置相同，而立方体试件的荷载作用方向则与其浇筑时的轴线垂直。对于结构受压构件，其受力状况与圆柱体试件试验位置相似，因此，建议采用圆柱体试件进行试验更为真实可靠。但研究表明，对于采用不离析、均质混凝土制得的立方体试件的强度，浇筑面与试验位置之间的关系影响不大（图 12.7）[12.3]。而且，如前所述，任何受压试件的应力分布，都只能说明这些试验仅具有较大的可比性，而不能为结构构件的强度提供任何定量依据。

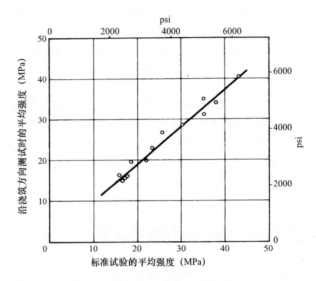

图 12.7　沿浇筑方向施加荷载和按标准方式测试的
混凝土立方体试件平均强度之间的关系[12.3]

12.7　抗拉强度试验

尽管一般不把混凝土设计成直接受拉构件，但知道抗拉强度有助于我们估算裂缝发展时承受的荷载大小。防止混凝土开裂对于保持混凝土结构的连续性以及防止多种情况下钢筋锈蚀是十分重要的。当剪应力引起斜拉应力时，常会出现开裂问题，但最常见的情况是由收缩被约束且存在温度梯度时出现的开裂。确定混凝土抗拉强度有助于我们了解钢筋混凝土的特性，即使是在多数情况下实际设计计算中并没有考虑抗拉强度。在第 10 章我们更广泛地讨论了开裂问题。

对于素混凝土结构，抗拉强度也很重要，例如地震中的大坝。其他一些结构，如高速公路和机场跑道等，都是基于抗折强度进行设计的，包含了抗拉强度。

有三种抗拉强度试验方法：直接抗拉试验、抗折试验和劈裂抗拉试验。

试验中很难对试件施加纯拉力而又不偏心。尽管使用夹具已取得一些成功[12.19]，然而很难避免由夹具或嵌入式螺柱等引起的二次应力。美国垦务局给出了直接抗拉试验法，采用粘贴端部钢板的形式[12.17]。其他两种抗拉强度试验方法介绍如下。

12.7.1 抗折强度试验

在抗折试验中，对素混凝土梁对称的两点施加荷载直至破坏。由于施加荷载的点位于梁跨度的 1/3 处，所以常将该试验方法称作三点加载法。在混凝土梁底部出现的理论最大应力即为弯曲极限强度。

通常梁的测试面与浇筑面存在一定的关系，但只要混凝土不离析，则梁的测试面与浇筑面之间的关系不会影响试件的弯曲极限强度[12.22][12.23]。

标准 BS EN 12390-5：2000 规定，在 150mm×150mm×750mm 的梁上（跨度为 450mm）施加三点加载，但也可以使用100mm×100mm 的小梁，只要小梁边长至少是骨料最大粒径的 3 倍。

ASTM C 78-09 的规定与 BS EN 12390-5：2009 相似。如果断裂出现在梁中央的 1/3 范围内，则根据普通弹性理论，弯曲极限强度等于：

$$PL/(bd^2)$$

式中　P——梁的最大总荷载；

　　　L——跨度；

　　　b——梁宽；

　　　d——梁高。

如果断裂出现在施加荷载点之外，比如离附近支点距离为 a（a 是根据梁受拉表面测定的平均距离），则 a 不得超过跨度的 5%，这样弯曲极限强度可以根据公式 $3Pa/(bd^2)$ 进行计算。这就意味着计算时所考虑的是临界截面的最大拉应力，而不是梁的最大应力。英国方法不考虑超出小梁中央 1/3 以外的破坏情况。

另一种方法是通过中心点施加荷载来测得抗折强度的试验方法，该方法列于 ASTM C 293-08 标准，但没有列入 BS EN 12390-5：2000 标准。在此试验过程中，当加载点下方最外缘纤维的混凝土抗拉强度达到极限值时，就会出现破坏。另外，采用三点加载时，跨度的 1/3 处承受最大应力，因而裂缝可能在小梁 1/3 处的任一截面出现。两点加载时临界应力作用下出现薄弱部位的概率比中心点加载大得多，所以根据中心点加载计算出的弯曲极限强度值更大[12.20]，但离散性也更大。因此，在实际试验中，极少使用中心点加载试验方法。

本节前面给出的弯曲极限强度计算仅仅是理论上的，是基于弹性梁理论计算出来的，其中假定了应力-应变关系为线性关系，因而得到的梁的拉应力离中轴线的距离成一定比例。事实上，我们在第 9 章讨论过，当应力约大于 1/2 倍抗拉强度时，随着应力增加应变逐渐增大。所以，加载至临近破坏时的实际应力形状呈抛物线状，而不是三角形。因此，弯曲极限强度大于混凝土的抗拉强度，Raphael[12.52] 研究表明，抗拉强度的正确值应为理论弯曲极限强度的 3/4 左右（图 12.8）。

对于同种混凝土，为什么弯曲极限强度试验值大于直拉试验值？可能还存在以下几种原因。第一个原因，直拉试验偶然偏心会导致混凝土表观强度降低。第二个原因与加载方式对弯曲极限强度影响的情况类似，即在直拉时试件所有的体积均受到最大应力作用，因而出现薄弱部分的概率较高。第三个原因，抗折试验时最大纤维应力可能比直拉时高，中轴线附近受力较小的材料可能会阻止裂缝的发展。因此，产生的能量不足以形成新的裂缝表面。导致弯曲极限强度与直拉强度不同的这些因素并非同等重要。

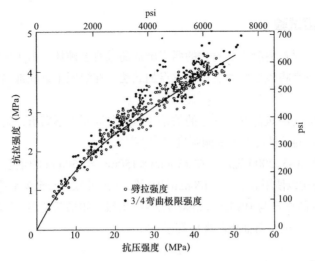

图 12.8　劈拉强度和 3/4 弯曲极限强度与抗压强度之间的关系[12.52]

在本章开头，我们提到混凝土抗折强度在路面板设计中十分重要。然而，由于试件十分笨重且容易断裂，抗折试验不易控制。此外，试件湿养条件也会显著影响抗折强度试验结果，且通常弯曲极限强度值波动较大[12.115]。因此，使用常规试验得到的抗压强度，建立弯曲极限强度与圆柱体抗压强度之间的关系是十分方便的[12.2]。抗拉强度和抗折强度之间的关系在第 6 章已经讨论过。

大量试验表明，在给定龄期下，弯曲极限强度与劈拉强度之间呈线性关系。这一发现很有意义：为了测定现场路面板的强度，钻取芯样并进行抗压或劈拉试验，要比钻取梁进行弯曲极限强度试验容易得多。而且，还常通过钻取芯样来测定路面板的厚度。

12.7.2　劈拉试验

试验时，将用于抗压试验的混凝土圆柱体试件平卧放入试验机压板中间，不断加载直至沿轴向直径方向出现间接拉应力引起的劈裂破坏。

若沿基体加载，圆柱体轴向直径上的单元将承受的轴向压应力为（图 12.9）：

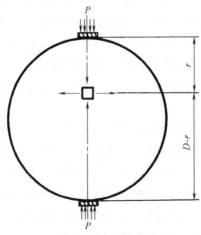

图 12.9　劈拉试验示意图

$$\frac{2P}{\pi LD}\left[\frac{D^2}{r\,(D-r)}-1\right]$$

横向拉应力为：$2P/(\pi LD)$

式中 P——圆柱体试件的压荷载；

　　　　L——圆柱试件长度；

　　　　D——直径；

R 和（$D-r$）——单元距两加载点的距离。

但是，如果直接加载，可能会产生较大的压应力，因此实际试验过程中会在圆柱体试件和压板间加垫一窄形压条，如胶合板等。如果不加垫窄形压条，则测得强度较低，一般降低 8% 左右。ASTM C 496-04 规定胶合板压条厚 3mm、宽 25mm；BS EN 12390-6:2009 规定使用的硬质纤维板厚 4mm、宽 15mm。沿轴向直径范围内的水平拉应力分布见图 12.10，应力表达式为 $2P/(\pi LD)$。由此可见，在荷载附近存在较高的水平拉应力，但与此同时还伴随有较大的纵向压应力，因而形成双轴应力状态，不会发生受压破坏。

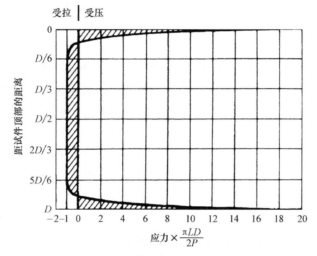

图 12.10　圆柱体试件水平拉应力示意图
（荷载作用宽度为直径的 1/12）[12.24]（Crown copyright）

在劈拉试验过程中，决不允许试验机压板在垂直于圆柱体试件轴线的平面内旋转，只允许在包括轴线的纵向平面内小范围移动，以适应圆柱体试件母线可能出现不平行。在压板和圆柱体试件之间安装一个简易的滚子装置便可解决此问题。ASTM C 496-04 和 BS EN 12390-6:2009 都规定了加载速率。

立方体和棱柱体试件也可用于劈拉试验，可以通过加载片对立方试件两个对应面的中心线加载。BS 1881:117:1983（被 BS EN 12390-6:2009 取代）认为，立方体试件测得的劈拉试验结果与圆柱体试件相同[12.144]，即水平拉应力为 $2P/(\pi a^2)$，其中 a 为立方体边长。这就意味着，仅由立方体试件的内切圆柱体承受作用荷载。

劈拉试验的一大优势就是其使用的试件与抗压试件相同。因而只有在那些采用立方体试件而非圆柱体试件作为标准抗压试件的国家，才会对立方体试件劈拉试验感兴趣。立方体试件劈拉试验数据很少。

与其他抗拉试验相比，劈拉试验操作简便，试验结果更加均匀[12.24]。可以认为，劈拉试验测得的强度接近于混凝土的直接抗拉强度，仅略高 5%～12%。但也有人提出，对于砂浆和轻骨料混凝土，劈拉强度试验值太低。若用普通骨料，靠近表面施加荷载处的大颗粒骨料会影响混凝土的这一特性[12.86]。

值得注意的是，根据 ACI 318-08[12.124]，劈拉强度不应用作评价混凝土是否合格。

12.8　测试时含水状态对强度影响

英国标准和 ASTM 标准均要求所有测试试件必须处于"潮湿"或"润湿"状态。这一状态的优点在于具有比其他"干燥状态"（包括干燥程度变化很大的）更好的重现性。

测试试件有时可能并不处于湿润状态，这有助于了解偏离标准后会出现什么情况。应该强调的是，这里考虑的只是试验即刻开始前的状态，且认为所有试件均进行了标准的养护。

对于抗压强度试件，干燥状态下测得的强度更高。有人认为[12.51]，表面干缩会使试件中心部位出现双轴压应力，这样就会增加在第三方向即加载方向的强度。试验表明，养护良好的砂浆试件[12.50]或混凝土试件[12.121]，完全干燥后测得的强度高于湿润状态下的测试强度。但这些试件并没有出现非均匀收缩，因而也不会产生双轴应力。上述的试件特性与参考文献［12.32］的试验结果一致，并认为受压试件湿润引起的强度下降是由水泥凝胶吸水膨胀引起的，进而导致固相颗粒间的黏聚力降低。反之，干燥时水楔作用消失，因而观测到试件强度明显增大。水分子不仅具有表面作用，因为试件在水中浸湿比浸泡对强度的影响小得多。相反，若将混凝土浸泡在苯或石蜡中，由于这些物质不会被水泥凝胶吸收，因而对强度毫无影响。若将烘干后的试件再次浸泡到水中，则试件强度会降低，将降至长期处于湿养状态的试件强度值，假定它们的水化程度相同[12.32]。因此，干燥引起的强度变化似乎是一种可逆的现象。

干燥的定量影响为：对于 34MPa 的混凝土，曾报道彻底干燥后抗压强度增大 10%[12.33]，倘若干燥期不足 6h，则强度增长一般小于 5%。其他试验也表明，若试验前试件连续湿养48h，则强度降低 9%～21%[12.49]。

而抗折试验中梁试件表现出来的特性却与之相反：梁试件试验前先进行干燥，则其弯曲极限强度低于润湿状态测得的弯曲极限强度[12.109]。这种差异是由施加荷载前约束收缩产生的拉应力引起的，这样会在最外缘纤维中产生拉应力。强度降低的幅度取决于水分从试件表面蒸发的速率。应该强调的是，这种作用完全不同于养护条件对强度的影响。

然而，如果试件尺寸较小且干燥极其缓慢，内部应力将重新分布，并因徐变而变小，因而可以观察到强度增加。在混凝土梁试验[12.30]以及砂浆试块[12.30]均可观察到此现象。相反，如果试验前将完全干燥的试件润湿，则强度降低[12.31]；对这一现象的解释仍有争议[12.128]。

含水状态不会影响圆柱体试件的劈拉强度，因为破坏出现在距湿润或干燥表面较远的平面。

测试时试件的温度也会影响强度的大小，温度越高，则强度越低（图 12.11），抗压和抗拉试件均是如此。

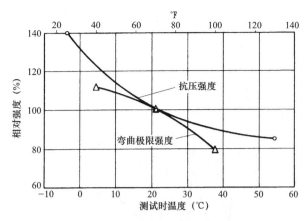

图 12.11　测试时温度对强度的影响

12.9　试件尺寸对强度的影响

　　在相关的标准中都规定了强度试验的试件尺寸，但偶尔也可以使用其他尺寸试件。另外，有时也有人建议使用小尺寸试件，其优点可以概括为：小试件更易操作且不易出现意外损坏；试模价格更便宜；试验机所用荷载更小；使用的混凝土量更少，因而试件所用的储存和养护的空间更小，而且所需加工的骨料也更少[12.41]。另一方面，试件尺寸大小会影响强度试验结果及其变化规律。鉴于此，详细考虑试件尺寸大小对试验强度的影响至关重要。

　　第 4 章讨论表明，混凝土各组成部分的强度变化不一，所以可以这样假设，混凝土承受应力作用的体积越大，则其含有某一极限（最低）强度组成部分的概率就越高。因此，试件的测试强度随尺寸的增大而减小，几何形状相似的试件强度的变化也是如此。试件尺寸对强度的影响取决于强度的标准方差（图 12.12），因而尺寸效应越小，混凝土的均质性越高。所以，轻骨料混凝土的尺寸效应应该越小，但这还未得到任何确证，尽管有数据对此说法表示支持[12.76]。图 12.12 也解释了为什么当试件尺寸超过某一限值时，尺寸效应几乎就不存在了；试件尺寸每递增 10 倍，则强度损失逐渐减小。

　　第 4 章已经讨论过最薄弱环节的概念；为此，必须知道某给定尺寸样本的极值分布情况，可以根据某给定强度分布的母体任意绘制而成。这些分布一般并不清楚，所以必须给出几种分步假设。当单位样本强度为正态分布时，根据样本的强度和标准方差，就能给出样本大小为 n 的强度变化分布和标准方差的 Tippett 数据[12.34]。图 12.12 是 n 值分别等于 10、10^2、10^3、10^5 时样本的强度变化图。

　　对于混凝土强度试验，我们感兴趣的是作为试件尺寸函数的平均极值。随机选择的样本的平均值趋于正态分布，因此在选用样本平均值时不会引起太大误差，可以简化计算。在某些实际工程中，可以观察到非正态分布；但这可能并不是混凝土的本质特性造成的，而是由于现场剔除了劣质混凝土，所以这种混凝土从未达到可测试阶段[12.35]。对试验进行统计处理已经超出了本书的范围 *。

---

*　见 J. B. Kennedy 和 A. M. Neville, *Basic Statistical Methods for Engineers and Scientists*, 3rd Ed. (New York and London, Harper and Row, 1986)。

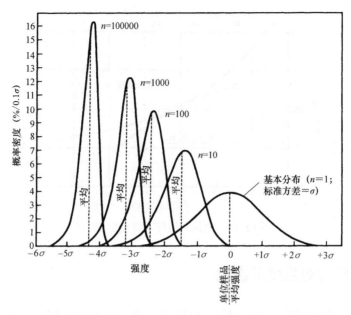

图 12.12 试件尺寸为 n 的样品强度正态分布[12.34]

12.9.1 抗拉强度试验中的尺寸效应

如图 12.12 所示，试件的平均强度和变化性均随试件尺寸的增加而降低。弯曲极限强度试验结果[12.20][12.23]（图 12.13 和图 12.14）与直接[12.19]和间接拉伸[12.64]试验结果也证实了试件具有这一特性。

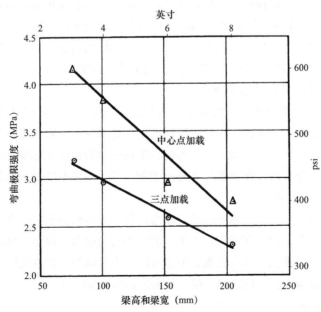

图 12.13 在中心点和三点加载时不同尺寸梁的弯曲极限强度[12.20]（Crown copyright）

Rossi 等[12.97]进行了混凝土圆柱体试件（其抗压强度为 35～128MPa）的直拉试验。他们也证实了抗拉强度试验结果变化性均随尺寸增大而减小：混凝土强度越低，则强度降幅越大（图 12.15）。变异系数也随试件尺寸增加而减小，如图 12.16 所示，但混凝土强度对此变化关系无显著影响。Rossi 等[12.97]从拌合物组成的非均质性进行了解释。尤其是，尺寸效应是试件尺寸大小与骨料最大粒径之比的函数，也是骨料与周围砂浆强度之差的函数。高强混凝土和轻骨料混凝土的这一差值较小[12.97]。

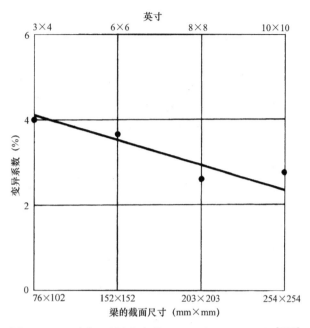

图 12.14 不同尺寸梁的弯曲极限强度的变异系数[12.23]

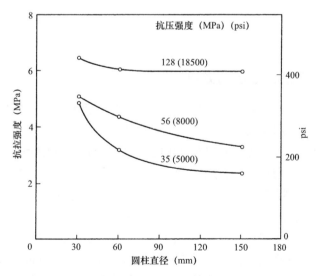

图 12.15 Rossi 等试验得到的混凝土圆柱体直拉强度与圆柱体直径的函数关系[12.97]

$\phi150mm \times 300mm$ 和 $\phi100mm \times 200mm$ 圆柱体试件的劈拉试验表明，前者与后者强度的平均比值为 0.87[12.131]；较大尺寸试件的平均劈拉强度为 2.9MPa。较大尺寸试件和较小尺寸试件的标准方差分别为 0.18MPa 和 0.27MPa，变异系数分别为 6.2% 和 8.2%。值得注意的是，ϕ150mm×300mm 圆柱体试件劈拉强度的变异系数与同种混凝土制备的横截面面积为 150mm×150mm 的梁的弯曲极限强度变异系数相同[12.131]。

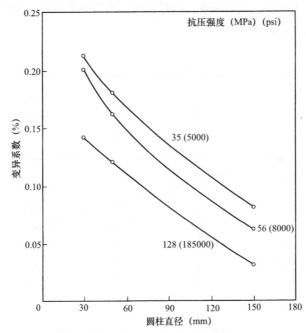

图 12.16　Rossi 等试验得到的混凝土圆柱体直拉强度变异系数与圆柱体直径的函数关系[12.97]

Bazant 等[12.94]基于砂浆薄片的研究和 Hasegawa 等的混凝土圆柱体研究也证实了试件尺寸对劈拉强度的这种影响。但在一系列试验中，均可观测到尺寸效应在大尺寸试件中并不存在；下一节我们会讨论这个问题。

研究表明劈拉试验中水泥的密实度也存在尺寸效应[12.93]，圆柱试验也是如此[12.64]。

12.9.2　抗压强度试验中的尺寸效应

现在我们来考察抗压强度试件的尺寸效应。图 12.17 所示的是立方体试件尺寸与平均强度关系，表 12.2 给出了相应的标准方差[12.18]。棱柱体试件[12.36][12.37]和圆柱体试件[12.38]表现出相同的特性。当然，尺寸效应并不仅仅局限于混凝土，硬石膏和其他材料也存在尺寸效应。

值得注意的是，当试件尺寸超过某一特定值后，尺寸效应就会消失，因此如果继续增大构件尺寸，强度也不会降低，抗压强度[12.38]和劈拉强度均是如此[12.94]。根据美国垦务局资料[12.77]，在圆柱试件直径457mm处，强度曲线变得与尺寸坐标轴相平行，即直径为457mm、610mm、914mm 的圆柱体试件的强度均相同。此项研究还表明，贫拌合物的强度随试件尺寸增加的降幅小于富拌合物。例如，对于富拌合物，直径为 457mm 和 610mm 圆柱体试件的强度相当于 152mm 圆柱体试件强度的 85%；而贫拌合物（水泥用量为 167kg/m³）为 93%（图 12.18）。

这些试验数据对推翻某些论断十分重要，即当尺寸效应用于大型结构时，可能得出的强度很低。显然并非如此，因为局部破坏并非等同于整体破坏。

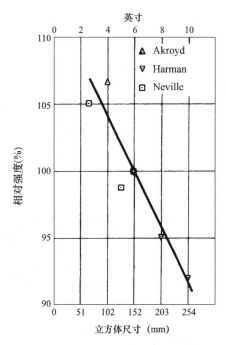

图 12.17 不同尺寸立方体试件抗压强度[12.35]

表 12.2 不同尺寸立方试件标准方差[12.18]

组次	不同尺寸立方试件标准方差（MPa）		
	70.6mm	127mm	152mm
A	2.75	2.09	1.39
B	1.50	1.12	0.97
C	1.45	1.03	0.97
D	1.74	1.36	1.05

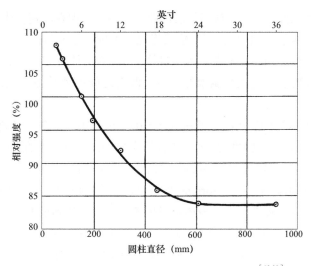

图 12.18 不同尺寸的圆柱体试件抗压强度[12.38]

关于尺寸效应的诸多试验结果都很有用,因为尺寸效应是多个因素共同作用的结果,包括:模壁效应;试件尺寸与骨料最大粒径之比;试件表面与内部温度和湿度梯度产生的内应力;试验机压板和试件接触面上因压板摩擦或弯曲导致的剪应力;养护效果的差异等。然而,比如最后一项论断,就被 Gonnerman[12.40] 的试验结果(图 12.19)驳斥,其结果表明,不同尺寸和形状的试件,其强度增长率是相同的。在这方面,Day 和 Haque[12.90] 研究表明,ϕ150mm×300mm 与 ϕ75mm×150mm 圆柱体试件的强度关系不受养护方式的影响。

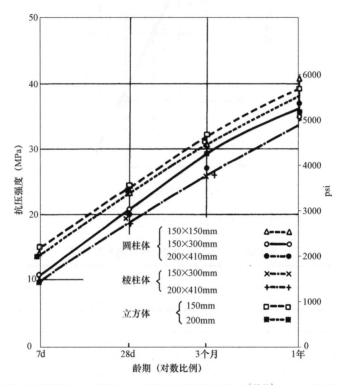

图 12.19　龄期对不同形状、不同尺寸试件抗压强度的影响[12.40]（1∶5 体积比的拌合物）

对于常用的尺寸试件,尺寸效应对强度的影响并不大,但在高精度或科研工作中却有重大意义且不应忽视。大量资料分析[12.65] 建议将混凝土抗压强度与试件尺寸和形状之间的一般关系表示为 $V/(hd) + h/d$,式中 V 为试件体积,h 为试件高度,d 为试件最小横向尺寸。图 12.20 表明,试验数据与此关系能很好拟合。两者之间的关系在高强混凝土中已经得到证实[12.148]。

直拉试验时,其强度正比于 V^n,其中 n 为 -0.02~-0.04,取决于骨料种类[12.91]。因此,若直径为 150mm 的圆柱体的强度为 1.0,则直径为 50mm 的圆柱体的强度为 1.05~1.08,直径为 200mm 的圆柱体的强度为 0.97~0.99。棱柱体试件也有类似特性。同时还发现,变异系数随试件尺寸增加而减小[12.91]。Torrent[12.92] 也证实高“应力”混凝土的体积会直接影响不同抗拉试验中的混凝土强度;这一表述可以用来表示应力达到最大应力约 95% 的混凝土。Torrent 的表述包含有 V^n 一项,但在他的试验中,n 值似乎与骨料种类或水灰比无关。

本节讨论表明,在常用尺寸范围内,某些实际应用中尺寸对平均强度的影响并不大。然而,由于小试件测得的强度试验结果较分散,所以必须采集更多的数据才能得到同等精度的平均强度；可能需要 5～6 个 100mm 的立方体混凝土试件来代替 3 个 150mm 的立方体试件[12.42]，或者是 5 个 13mm 的砂浆立方体试件代替两个 100mm 的立方体试件[12.43]。

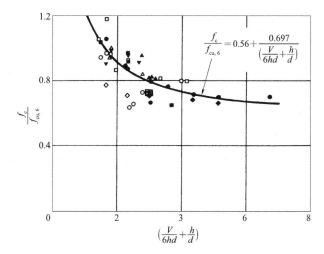

$$\frac{f_c}{f_{cu,6}} = 0.56 + \frac{0.697}{\left(\frac{V}{6hd} + \frac{h}{d}\right)}$$

图 12.20 混凝土试件强度 f_c 与 6 英寸立方体试件强度 $f_{cu,6}$ 之比和 $V/6(hd)+h/d$ 之间的普遍关系，式中 V 是试件体积，h 是试件高度，d 是最小横向尺寸
（所有尺寸均以英寸计，若以"mm"计，则 $f_{cu,6}$ 变为 $f_{cu,152}$，右边则用 152 代替 6）

通常每组圆柱体抗压强度试验需要 3 个试件，当圆柱体从 ϕ150mm×300mm 减小至 ϕ75mm×150mm 时，28d 强度的变异系数将从 3.7% 增大至 8.5%[12.88]。可以看出，使用小尺寸试件试验的一个较大的缺点是离散性增大。

12.9.3 试件尺寸与骨料粒径

骨料的最大粒径与试模大小显著相关，会影响混凝土密实度和骨料大颗粒的分布均匀性。这就是所谓的"模壁效应"，因为模壁会影响混凝土的填充密实程度：填充粗骨料颗粒和模壁之间空隙所需砂浆用量大于内部需要砂浆用量，因而在配合比适宜的拌合物中需要更多的砂浆（图 12.21）。采用粒径为 19.05mm 的骨料配制混凝土，发现与无限大断面相比，为使混凝土充分密实，试模大小为 101.6mm 的立方体试件进行试验时，砂子需要增加的用量相当于骨料总质量的10%[12.44]。在试件制备过程中为了弥补细料不足，须从余下拌合物中添加砂浆。

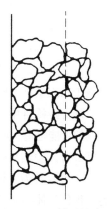

图 12.21 "模壁效应"

试件的表面积与体积之比越大，模壁效应越显著，因此抗折试验试件的模壁效应比圆柱体或立方体试件小。

为了使模壁效应最小化，各标准均对试件最小尺寸与骨料最大粒径之间的关系作了规定。英国标准 BS 1881-108:1983 和 BS 1881-110:1983（均已撤销）分别规定，100mm 立方体和 ϕ100m×200mm 圆柱体试件的骨料最大粒径不得超过 20mm；150mm 立方体和 ϕ150m×300mm 圆柱体试件的骨料最大粒径不得超过 40mm。ASTM C 192-07 要求，圆柱体试件直径或棱柱体试件最小方向的尺寸至少是骨料最大公称直径的 3 倍。

当骨料粒径超过使用试模的允许值时，有时需要将大颗粒骨料筛除。这个操作过程被称为"湿筛"。湿筛过程必须迅速进行，以免干燥，筛得的材料要手工重新拌合。尽管希望湿筛后的混凝土水灰比保持不变，但因水泥用量和用水量均增大，强度一般也会增加。比如，初始拌合物骨料最大粒径为 38.1mm，筛除粒径大于 19.05mm 的粒径后，会发现抗压强度增加 7%，抗折强度增加 15%[12.45]。在另外一个工程中，筛除粒径为 38.1～152.4mm 的骨料后，混凝土抗压强度增加了 17%～29%[12.7]。对于加气混凝土，湿筛过程会损失部分空气，也会导致强度增加。

这些资料不仅反映拌合物组成变化造成的影响，还反映了骨料本身最大粒径的影响（见第 3 章）。

关于湿筛对直拉试验混凝土强度影响的资料有限[12.87]，目前还不能得出一个总结性的规律。

12.10　芯样试验

采用混凝土试件进行强度试验的最根本目的是估算实际结构中混凝土的强度。这里要强调的是"估算"，事实上不可能获得结构混凝土强度值，因为混凝土的强度还与混凝土的密实度和养护条件有关。如前所述，试件的强度与其形状、配合比及尺寸有关，因此试验结果并不能反映混凝土的"本质"强度。尽管如此，若用两种混凝土配制两组相同的试件，且其中一组试件的强度较高（根据统计学的显著性水平），那就有理由认为这组试件表征的混凝土的强度也更高。也有一些可以测定现场混凝土强度的试验方法，但要切记，这些试验结果也有一定的局限性。

若发现标准抗压试件的强度低于规定值，那么有可能是实际结构的混凝土强度过低，或者是试件的强度并不能体现结构物混凝土的真实强度。对结构物是否可用或对结构物的某一部分持有疑义时，后一种假设常被提出来：试件凝结时已经受到扰动，试件充分硬化前已经暴露于冰冻条件下或养护不当，再者就是抗压试验结果值得怀疑。

从可疑构件中取出混凝土芯样进行测试通常可以解决这类争议。若要测得所用混凝土拌合物的可能强度，必须对实际条件进行修正。也可以取出芯样，以测得结构混凝土的"实际"强度。对试验结果进行评估时，必须牢记这两种出发点是有区别的。取样的部位也与试验目的有关。通常为了评估结构物关键部位或者被怀疑受损部位的强度，比如受冰冻破坏；或者为了评估整体结构的大致强度，在这种情况下随机选择取样部位比较合适。

通过钻芯取样可以检测离析产生的蜂窝和施工缝黏结情况，也可用于校核混凝土路面板厚度。

可以用带钻的旋转式切割工具钻芯取样，这样可以钻取得到圆柱体试件，有时试件中还含有埋设的钢筋，且芯样断面通常都不平整。根据 BS EN 12504-1:2000 或 ASTM C 42-04，应将芯样浸泡在水中，加压顶，然后在潮湿状态下进行抗压试验，但 ACI 318-02[12.124]规定，潮湿条件应与结构物服役环境一致。日本试验[12.116]研究表明，干燥条件下测得的强度比潮湿条件下测得的强度值高 10% 左右。

前面已经讨论了圆柱体试件的高径比对测试强度的影响。若要在芯样强度与标准圆柱体试件（高/径比为 2）强度之间建立某种关系，则芯样的高径比应接近 2。使用立方体作标准测试试件时，采用高径比为 1 的芯样则存在一定优势，因为高径比为 1 的圆柱体强度与立方体非常接近。若高径比介于 1～2 时，则必须加上一个修正系数。Meininger 等[12.83]研究发现，潮湿和干燥状态芯样的修正系数值相同，但比 ASTM C 42-04 规定的值低（见表 12.1）。

高径比小于 1 时，芯样测得的试验结果不是很可靠，BS EN 12504-1:2009 规定，压顶前高径比的最小值为 0.95，但根据 BS 1881-120:1983，任一点的压顶厚度不应超过 10mm。尽管在实际工程中，芯样的长度可能会受混凝土厚度的限制，必须注意到这一局限性。若芯样太短，采用胶合芯样也是可以的[12.96]。

12.10.1 小芯样的使用

英国和 ASTM 标准均规定，芯样的最小直径为 94mm，而且要求芯样的直径至少是骨料最大粒径的 3 倍；但 ASTM C 42-04 允许这两者尺寸之比的最小绝对值为 2。

尽管如此，在一些情况下只能钻取小芯样，可能是因为担心结构受损或钢筋过于密集，也可能是美观方面的原因。在这种情况下，有些标准允许使用直径 50mm 的芯样。这些小芯样可能不满足芯样直径与骨料粒径之比不得超过某最小值的要求，钻芯操作过程可能会影响骨料与周围硬化水泥浆的界面黏结[12.98]。试验结果[12.127]表明，当骨料最大粒径为 20mm 时，直径为 50mm 的芯样强度比直径 100mm 的低 10% 左右；28d 强度为 20～60MPa 的混凝土立方体试件的试验表明，两者的差值在 3%～6% 之间。在室内混凝土试验中，骨料最大粒径分别为 30mm 和 25mm 时，直径为 28mm 的芯样强度与立方体试件强度之间可以建立很好的相关关系[12.78]（图 12.22）。

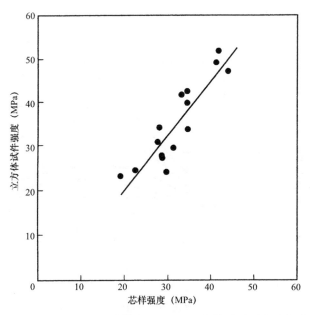

图 12.22　28mm×28mm 芯样与 150mm 立方体试件强度之间的关系
（骨料最大粒径为 25mm 和 30mm）[12.78]

总而言之，鉴于芯样的诸多影响因素，相对于标准抗压试件的相对均匀性，可以认为芯样的尺寸效应是可以忽略的。然而，小芯样与标准尺寸芯样相比，离散性更高；50mm 芯样的变异系数一般为 7%～10%，150mm 芯样则为 3%～6%。因此，强度估算精确度一定时，50mm 芯样试验所需的试件数量很可能是 100mm 或 150mm 芯样的 3 倍。类似地，若芯样直径小于骨料最大粒径的 3 倍，则必须用更多的芯样进行试验。

12.10.2　芯样强度的影响因素

　　芯样强度一般低于标准圆柱体试件强度，一方面是试件钻取操作的原因，另一方面是因为现场养护总是比不上标准试件规定的养护条件。钻取过程中无论怎么小心，都存在轻微损害的风险。对于高强混凝土，此风险更高；Malhotra[12.99] 指出，对于 40MPa 混凝土，强度损失率高达 15%。混凝土协会认为，强度损失率在 5%～7% 范围内是合理的[12.100]。

　　然而，将试件钻取操作的影响单独分出来比较困难，因为芯样的养护过程必然不同于标准试件。结构混凝土的养护过程很难确定，这也使得困难加剧，以致很难确定养护条件对芯样强度的确切影响。如果按照推荐要求进行结构物养护，Petersons[12.67] 发现，芯样与标准圆柱体试件的强度（同龄期）之比总是小于 1，且强度比随强度等级增加而降低。此强度比的近似值为：圆柱体强度为 20MPa 时略小于 1，60MPa 时为 0.7。

　　由于芯样钻取一般在 28d 圆柱体试件试验之后进行，因此，不可能得到同龄期的圆柱体试件和芯样。但有时也有人提出，从数月龄期的老混凝土中钻取的芯样，其强度应比 28d 强度高。但实际并非如此（图 12.23 和图 12.24）；有资料显示，通常现场混凝土 28d 之后强度增长很小[12.102][12.103]。高强混凝土试验结果表明[12.112]，尽管芯样强度随龄期不断增长，但是即使 1 年的芯样强度仍然低于圆柱体试件的 28d 强度，如表 12.3 所示。

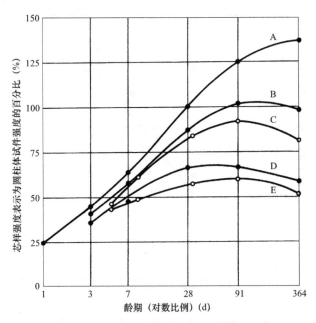

图 12.23　采用 I 型水泥制备的混凝土芯样强度随龄期的发展规律
[28d 标准圆柱体试件强度（38MPa）的百分数]：
（A）标准圆柱体；（B）良好养护的板，芯样干燥下试验；（C）良好养护的板，芯样潮湿下试验；
（D）养护不良的板，芯样干燥下试验；（E）养护不良的板，芯样潮湿下试验[12.101]

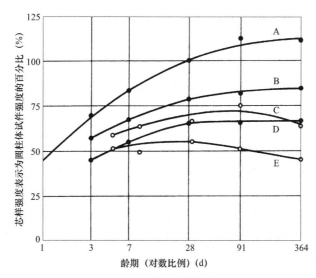

图 12.24 采用Ⅲ型水泥制备的混凝土芯样强度随龄期的发展规律
[28d 标准圆柱体试件强度（38MPa）的百分数]：
（A）标准圆柱体；（B）良好养护的板，芯样干燥下试验；（C）良好养护的板，芯样潮湿下试验；
（D）养护不良的板，芯样干燥下试验；（E）养护不良的板，芯样潮湿下试验[12.101]

表 12.3　芯样*强度随龄期的发展规律[12.112]

龄期 （d）	强度（MPa）		芯样强度占标准圆柱体 试件 28d 强度的比例
	标准圆柱体试件	芯样	
7	66.0	57.9	0.72
28	80.4	58.5	0.73
56	86.0	61.2	0.76
180	97.9	70.6	0.88
365	101.3	75.4	0.94

*芯样取自密封剂养护条件下的柱子。

这些试验结果与 Petersons[12.104]的观点一致，即在一般条件下，3 个月强度较 28d 增长 10%，6 个月强度较 28d 增长 15%。因此，龄期影响的问题不易处理，如果不经过明确的湿养，可以推测强度不会随龄期延长而增加，在对芯样强度进行分析时，也不必进行龄期修正[12.100]。

结构中芯样的钻取部位也可能会影响其强度。若从混凝土受拉部位钻取芯样，由于开裂芯样强度会很低[12.114]，因而就不能测得结构混凝土强度的真实值。

钻取芯样部位与结构高度也可能存在一定的关系。在结构（柱子、墙板、梁或者板等）上表面附近钻取的芯样，其强度通常较低。从结构构件上表面起，越往下，芯样强度越高[12.67]；但深度超过 300mm 以后，强度就不会增加。强度之差可能高达 10%，甚至 20%。对于板类构件，养护不良将增加强度的差值。受压和受拉强度的影响程度相同[12.105]。然而，这种变化形式并不是通用的，有些试验表明芯样强度随下降深度不会有明显变化[12.112]。深度引起的强度变化，很有可能是残存泌水与混凝土密实度不均共同造成的，倘若这些因素均不存在，则强度不会随深度而变化。

残存泌水也可能会影响芯样的强度，有报告指出钻取芯样的方向（垂直或水平）也会影响试件的强度。研究发现，沿水平方向钻取芯样的强度一般要低 8%[12.106]。这与泌水对立方体试件强度的影响类似。

BS EN 12504-1:2009 给出的换算式中将水平方向与垂直方向钻取芯样的强度区分开来，前者与后者强度之比为 0.92。然而，如果混凝土中不存在残存泌水，则不必对水平方向钻取芯样进行修正。也有可能是在水平方向钻取芯样加大了难度，导致芯样强度降低。

英国标准 BS EN 12504-1:2009 也给出了修正系数，考虑了芯样中横向钢筋对强度的弱化作用。可以评估埋设钢筋会对强度产生一定影响，但具体影响却相互矛盾。根据 Malhotra[12.99]和 Loo[12.132] 报告，有些试验表明强度不会降低，而其他试验又表明强度降低幅度为 8%～18%；高径比为 2 的芯样试件的强度降幅，似乎大于高径比更小的芯样试件[12.132]。混凝土协会[12.100]也曾报告，强度降幅是钢筋所在部位的函数，即钢筋距芯样末端越远，影响越大。

Loo 等[12.132] 试验也证实，高径比为 2 时，横向钢筋会降低芯样强度，但当高径比降低至某个值后，这种影响减小；高径比为 1 时，不论钢筋在芯样的什么位置，都不会对测试强度产生任何影响。钢筋作用还与圆柱体试件内应力分布有关。采用高径比为 1 的圆柱体或立方体试件时，试件内不存在横向分布应力且钢筋可以抵抗纵向压应力。

鉴于存在诸多影响因素及试验数据相互矛盾，在试件中布置横向钢筋时，修正系数均不可靠。若可能的话，最好的办法就是从没有植筋部位钻取芯样，不仅是因为钢筋使强度评价复杂化，更重要的是，切断钢筋会对结构造成严重不良影响。任何情况下，都不允许植筋与芯样的轴心相平行。

12.10.3 芯样强度与混凝土原位强度的关系

要强调的是，在转换成标准尺寸圆柱体或立方体试件强度时，芯样强度只能算混凝土的原位强度。它们并不等同于标准测试试件的强度，即某混凝土的可能强度。实际上，根据前面芯样强度影响因素分析，要解释芯样强度与规定的 28d 强度的关系显然不是一件容易的事。诸多报告[12.99][12.103]均指出，即使在良好的浇筑和养护条件下，芯样强度大多数不会超过标准试件的 70%～85%。ACI 318-08[12.124]也支持此观点，并认为在任一龄期，如果 3 个芯样平均强度达到规定强度的 85%，且没有哪个芯样强度低于规定值的 75%，则可以用芯样强度来代表所取部位混凝土的强度。应注意的是，根据 ACI 318-95 的规定，若结构构件服役于干燥环境中，则芯样也要在干燥条件下进行测试；这种方法测得的强度比根据 ASTM 或英国标准试验所得强度高。因此，上述条件留有相当余地。

值得注意的是，ACI 506.2-90[12.133]规定的 "85% 折算" 同样适用于喷射混凝土。然后，考虑到喷射混凝土必须根据芯样强度而不是试件强度来确定，因而选择这种 "折算" 没有意义[12.111]。

有些情况下，也可以用金刚钻或碳化硅锯从路面板或机场跑道截取一些梁试件。根据 ASTM C 42-04 规范进行抗折试验，倘若使用了硅质骨料，这些试件的强度要比相应试模成型的梁试件强度低很多[12.23]。这种方法并不常用，前面已讨论过要尽量避免这样做。

12.11　现浇圆柱体试件试验

已经反复强调过，标准抗压试件可以测得混凝土的可能强度，而不是结构混凝土的强度。通过单独成型试件试验，这不能直接得到结构混凝土的强度。但是，有必要对实际结构混凝土的强度进行评估，例如，为了确定何时拆除模板，何时加载预应力，何时对结构进行加载，也可以对养护效应或免遭冻害效应进行评估。

为了获取必要的信息，可以使用现浇圆柱体试件进行试验，此圆柱体成型于顶出式试模内。混凝土浇筑前，将这些特制试模固定于模板内的管状支柱上，如图 12.25 所示。这种方法仅限于径深 125～300mm 的长形条板，列于 ASTM C 873-04 中。于是，试件和混凝土板的养护和温度条件就相似了[12.122]。尽管如此，试模内混凝土的密实度还是不同于实际结构混凝土。因此，根据 ASTM C 873-04 报告，现浇圆柱体试件的强度比附近钻取的芯样强度约高 10%。

关于结构混凝土的强度，将在随后作简要介绍。

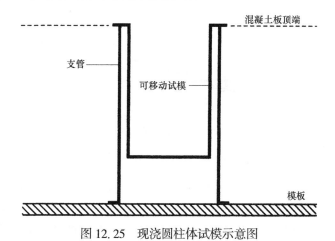

图 12.25　现浇圆柱体试模示意图

12.12　加载速率对强度的影响

在混凝土加载速率允许范围内，加载速率对混凝土的表观强度有显著影响：应力增长速率越慢，强度越低。这很可能是因为，在混凝土徐变作用下，混凝土的应变随时间而增加，达到极限应变时发生破坏。研究表明，在抗压试验中当加载速率约为 0.2MPa/s 时，加载 30～240min，试件强度达到极限强度的 84%～88% 就会发生破坏[12.27]。当加载速率为 0.2MPa/s 时，混凝土能承受的最大应力仅为强度的 70%[12.28]。

图 12.26 表明，压应力施加速率从 0.7kPa/s 增加至 70GPa/s 时，混凝土的表观密度增大一倍。Raphael 研究[12.52]指出，当大坝混凝土的压应力施加速率增加 3 个数量级时（地震条件下），强度增大约 30%。然而，在抗压试件实际加载速率范围内，即 0.07～0.7MPa/s，测得的强度是加载速率为 0.2MPa/s 时的 97%～103%。

尽管如此，为了使试验结果具有可比性，必须按标准速率进行加载。ASTM C 39-09a 规定，抗压试件的加载速率为 0.2～0.3MPa/s，在加载的前半段可以适当提高加载速率。英国标准 BS EN 12390-3：2009 规定加载速率必须保持为 0.2～1.0MPa/s。

　　加载速度对抗折强度的影响与抗压强度相似。研究表明，当梁试件的最外缘纤维加载速率从 2kPa/s 提高至 130kPa/s 时，弯曲极限强度约增大 15%[12.20]。弯曲极限强度与加载速率的指数呈线性增长关系，但当拉应力施加速率达到某一限值时，会偏离线性关系，即强度增长速率更快。这与压应力变化趋势类似（图 12.26）。170MPa/s 的加载速率下测得的弯曲极限强度较 27kPa 高 40%～60%[12.27]。英国标准 BS EN 12390-5：2009 规定，抗折试验中最外缘纤维的施加荷载速率为 0.04～0.06MPa/s；ASTM C 78-09 规定为 0.86～1.21MPa/min。

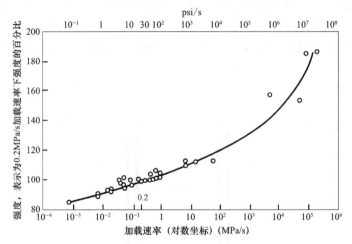

图 12.26　加载速率对混凝土抗压强度的影响[12.27]

　　有必要提一下极限拉应变，它在大体积混凝土开裂控制中很重要，且取决于拉应力施加速率。Liu 和 McDonald[12.89] 研究发现，加载速率较慢时，其极限拉应变是加载速率 5kPa/s 的 1.1～2.1 倍。具体的增长量取决于混凝土的抗折强度和弹性模量，即混凝土强度越高、弹性模量越低，增长量越大[12.89]。

　　Dilger 等[12.68] 也曾报道，应变增长速率很慢时，混凝土的极限压应变也会增加。

　　直拉试验中，应变速率对强度的影响最大，对抗折强度影响一般，对抗压强度影响最小（图 12.27）[12.54]。通常混凝土强度越高，应变速率敏感性越差。

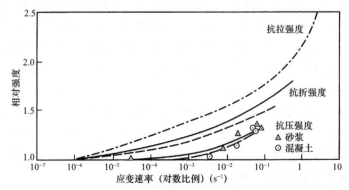

图 12.27　应变速率对抗拉、抗折和抗压相对强度（表示为标准应变率下强度百分比）的影响[12.54]

12.13 加速养护试验

结构中的混凝土通常都是分层往上浇筑的。因此，在得到 28d，甚至是 7d 试验结果时，已经完成了大量的混凝土浇筑，然而测试试件中的问题还未表现出来。如果混凝土强度太低，此时采取补救措施就太晚了；如果混凝土强度太高，则表明采用的拌合物是不经济的。事实上，为了保证混凝土的质量，混凝土生产延迟 28d 是不明智的。

显然，如果能在混凝土浇筑几小时后就能预测其 28d 强度将十分有利。然而，采用 24h 强度指标并不可靠，这不仅因为不同品种水泥的强度增长率不一样，而是在混凝土浇筑初期几小时内，即使温度变化较小，也会对早期强度产生很大影响。因此，在测试前混凝土必须达到较高的可能强度，在 20 世纪 50 年代中期，King[12.46] 提出了加速养护的试验方法。此后，几种加速养护试验被标准化。

所有这些试验方法，都是基于加速标准抗压试件的强度发展来实现的：提高混凝土试件的温度且不允许水分损失。各种试验的详细步骤都列于相关标准中，但这些试验方法都存在一个共性，即正如传统强度试验一样，大多数试验都是在工作时间内进行；这对工程施工非常有利，因为现场试验时不会昼夜地工作。

ASTM C 684-99（03）给出了四种加速养护试验方法，简要介绍见表 12.4。试验方法 A：温升主要由水泥水化产生，水箱主要用来保持这份热量。试验方法 B：通过沸水箱进行额外加热。试验方法 C：绝热条件下养护，密封试件（防止水分散失）置于绝热容器中。试验方法 D：采用压力为 10.3MPa、温度为 149℃ 的容器。因此，在方法 D 中必须用到特制设备[12.30]；另外，还必须限定圆柱体试件的大小，若骨料最大粒径大于 25mm，混凝土必须进行湿筛。

表 12.4　ASTM C 684-99（03）给出的加速养护程序概要

试验方法	养护介质	养护温度（℃）	加速养护开始的龄期	加速养护时间（h）	试验龄期（h）
A：热水	"绝热"水	35	浇筑后立即开始	23.5	24
B：开水	水加热	100	23h	3.5	28.5
C：自动	水化热	变温	浇筑后立即开始	48	49
D：高温高压	外部加热加压	149	浇筑后立即开始	5	5.5

对于方法 B 和 D 必须补充一句：存在烫伤的危险，也存在蒸汽突然溢出灼伤眼睛的危险。

BS 1881-112:1983 给出了三种英国试验方法，这三种方法均用到水箱。第一种方法类似于 ASTM C 684-99（03）的方法 A，即水箱恒温 35℃。第二种和第三种方法的水箱恒温分别为 55℃ 和 82℃。三种方法均测试 24h 强度。测定强度时，英国和美国试验方法的区别在于试件的温度。

有必要考察具体养护机制对水泥水化产物的影响。我们知道，使用沸煮法时温度不仅会影响这些水化产物的物理特性，也会影响其化学特性：钙矾石结晶度会降低[12.118]。然而，这丝毫不会影响沸煮法的实用性。

自养护法［ASTM C 684-99（03）中的方法 C］并不会产生一致的强度增长，这是因为所用水泥的自身特性会控制温升，而这也会进一步影响水化速率。此外，拌合物的富集度也会在一定程度上影响试件的强度，而这与正常养护条件下的影响不同。尽管如此，我们已在加速养护强度和28d正常养护强度之间建立了可靠的关系。这就是：28d强度等于加速养护试件强度乘以一个常数[12.70]。

事实上，所有加速养护试验方法均指出，加速养护强度与标准试件28d强度呈线性关系，但每种方法给出的线性关系各不相同。根据 ASTM C 684-99（03）方法 B 建立的关系曲线见图 12.28，试验中掺加了不同来源的粉煤灰，但硅酸盐水泥仅有一种[12.145]。总的来说，鉴于不同水泥的矿物组成不同，标准试件28d强度与加速养护强度之间的关系也略有差异。有些试验[12.108]表明，骨料最大粒径（不是形状或表面结构）也会影响这种关系。

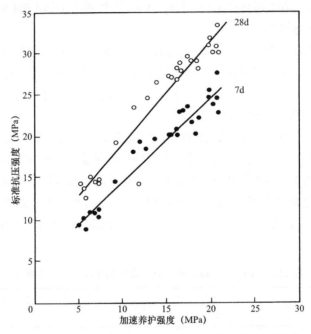

图 12.28　根据 ASTM C 684-89 方法 B 加速养护强度与
标准圆柱体试件 7d、28d 强度之间的关系[12.145]

根据 BS 1881：112：1983，试件在 35℃养护时，加速养护试件的强度对配合比变化的敏感性更强。相反，砂浆试验表明，试件在 35℃养护时，试件强度重复性高[12.118]。

为了能够根据加速养护强度来预测试件28d强度而在两者之间建立某种关系，应进行一系列试验，试验涵盖各种强度值；ACI 214.R-81（1996 年重新批准）[12.21]规定至少使用三种水灰比。这种相关性系数一般都较高，所以 95% 的保证率是一个很窄的范围，曾报告仅相差3MPa[12.120]。这是因为加速养护试验方法与28d标准测试方法一样波动性较小[12.119]。

也可以用加速养护试验方法来测定试件的抗折强度和劈拉强度[12.107]。

12.13.1　加速养护强度的直接应用

前面关于加速养护试验结果波动性的研究表明，为了控制混凝土生产的质量，直接应用加速强度尤为可取，即早期的试验结果可实现生产过程中快速调整配合比或做其他变动。

此外，加速养护强度和标准养护 28d 强度之间不存在任何特殊的相关关系，基于此，我们不禁要问：获得加速养护强度是否为了"预测"后者强度？应该承认，这就是当初开展加速养护试验的初衷，但标准养护 28d 强度也不是绝对可取的，尤其当试件置于完全标准条件下养护时，其养护条件远不同于现场混凝土的一般养护条件。而且，结构混凝土的实际强度受诸多因素的影响，包括密实度、泌水、骨料离析等。因此，标准养护试件 28d 强度与加速养护试件强度一样，也不能表征实际结构混凝土的强度。

用加速养护强度来代表或表征结构混凝土的可能强度本身就有争议。这里，有必要借鉴一下 Smith 和 Chojnacki[12.69] 的表述：若混凝土满足设计要求，适当的加速养护试验可以更简便、真实地确定混凝土的强度。这段表述记录于 1963 年，而采用加速养护强度替代常规的标准养护 28d 强度的做法却滞后了很多年。就质量控制和配合比调整试验而言，加速养护试验是极好的，这是因为混凝土浇筑后一到两天内就能出试验结果。

然而，难点在于工程人员对传统试验的依赖性。为了进行改变，设计"思想"必须彻底转向加速强度值。考虑到加速强度值低于 28d 标准养护强度值，所以工程人员在一定程度上还是有些不愿意接受新的"强度等级"。不应从一开始就用加速试验来验收混凝土，也不应要求同时满足 28d 圆柱试件试验。这些要求太过苛刻，因为对于给定混凝土的变异性，通过两项试验的概率要比通过其中一项小。由于加速试验和 28d 试验的变异性基本相当，因而其中一项就足以确定结构混凝土的性能（见第 12.23 节），这就是加速试验的目的。

12.14　无损检测

到目前为止本章描述的试验方法都是围绕成型试件展开，这并不能给出实际结构混凝土的直接信息；但这正是问题所在。现场养护试验试件和钻取芯样都有助解决该问题。然而，前者需要提前计划，而后者则会导致损坏，尽管只是在结构局部。

围绕这些问题，展开了很多原位试验方法，即所谓的"现场"试验方法。这些试验方法通常称为无损检测试验方法，尽管不会破坏结构的性能和外观，但会引起轻微损伤。无损检测试验的另一大特点是：允许在同一部位或相同部位附近进行重复试验，这样可以检测到试样随时间的变化情况。

采用无损检测试验方法将提高安全性，在施工过程中可以更好地统筹安排，因此使更快、更省的施工成为可能。笼统地讲，可以将这些试验方法划分为：预估混凝土原位强度试验方法和测定混凝土其他特性试验方法，如孔隙、缺陷、开裂和退化。

就强度而言，应该注意的是，强度只能预估，不能实测，因为无损检测大多只能用于比较。因此，若能在经某试验方法测得的性能与实际结构混凝土试件或芯样的强度之间建立某种经验关系，将十分有利；这样，就可以利用这种关系将无损检测结果"转换"成强度值。但必须知道给定无损检测结果与强度之间的物理关系。后面将讨论各试验方法对应的相关关系。由于本书主要是关于混凝土的性能，而不是关于测试技术，因此可以在相关标准或手册中查询不同试验方法的详细说明。

关于无损检测结果的解释还必须补充一句。试验得出一个"数值"很难只有一种解释，需要结合具体工程进行判断。因此，如果各方对试验存在争议，就必须提前确定试验项目并与可能出现的试验结果的说明达成一致，包括试验结果的变异性。否则，就有可能由一方或多方要求增加一些试验，那么，关于结构中混凝土性能究竟如何就会因试验方案的争执而难以检测。有关无损检测的建议见 BS 1881-201：1986 和 BS 6089：2010 对现有结构混凝土的强度评估给出的指导性意见。

12.15　回弹试验

这是最早的一种无损检测试验方法，现在仍然广泛使用。由 Ernst Schmisdt 于 1948 年发明，因而也称为 Schmisdt 回弹仪或硬度计试验方法。由回弹仪测得的硬度应当完全不同于金属试验测得的硬度，后者有凹槽。

回弹试验法的原理是弹性物质的回弹值取决于受冲击表面的硬度。尽管回弹仪表面装置简单，但却牵涉冲击及相关应力波传导等复杂问题[12.134]。回弹试验中（图 12.29），弹簧加载锤由弹簧拉伸至固定位置，因而具有一定的能量；对准混凝土的表面推进撞杆，弹簧即达到固定位置。放开按钮，弹簧加载锤从仍与混凝土表面接触的撞杆上弹回，移动的位移可以表征为弹簧初始伸长量的百分比，即回弹值。此回弹值可由刻度盘指针刻度表征。有些回弹仪可以直接读数。回弹值是一种人为的度量方法，取决于储存在弹簧中的能量大小和加载锤的尺寸。回弹仪必须用于光滑表面，最好是模制面，不能用于含有开放式纹理表面的混凝土。抹刀抹面应用人造金刚石磨光。如果被检测混凝土不是大块混凝土的一部分，则应以稳固方式加以支撑，否则会导致回弹值降低。

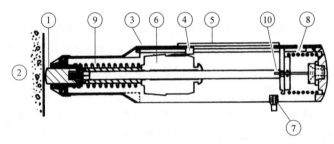

图 12.29　回弹仪
①撞杆；②混凝土；③套筒；④指针；⑤刻度盘；
⑥锤；⑦按钮；⑧弹簧；⑨弹簧；⑩钩子

此试验方法对混凝土的局部变化较为敏感；例如，若在撞杆下正好有一颗大粒径粗骨料，就会导致回弹数值异常高；相反，若在类似部位出现空隙，则回弹数值就会很低。另外，混凝土吸收的能量与其强度和硬度均有关，因此，强度和硬度的共同作用才决定回弹值大小[12.122]。由于混凝土硬度受所用骨料种类（图 12.30）的影响，因此，回弹值并不仅仅与强度相关。

试验时，撞杆必须始终垂直于混凝土表面，回弹仪相对的竖直位置会影响回弹值。这是由回弹仪加载锤的重力作用造成的。因此，同一块混凝土，底部的回弹值就要小于顶面，则斜面和竖面的回弹值居中。基于此及其他影响回弹值的因素，不宜采用一个与硬度和强度相关的"通用"图表。正确的做法应该是，在抗压试件回弹值和混凝土真实强度之间建立某种经验关系。如果可能，试模材质也应与结构模板材质相同。

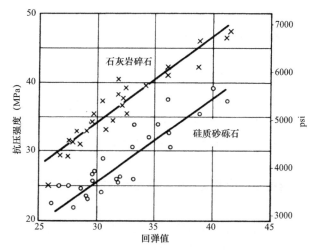

图 12.30　不同骨料配制的混凝土圆柱体试件抗压强度与回弹值之间的关系
（在圆柱体试件一侧用回弹仪在水平方向测试读数）[12.48]

当抗压强度与回弹值关系曲线位置变化时，比如，若强度变化约 5MPa，则回弹值要变化 4 个单位。这种关系曲线只能通过图例的方式表达，不能依赖于检测到的较小强度差。应该注意的是，回弹仪不同，即使是设计相同的回弹仪，测得的回弹值也可能不同。

任何情况下，回弹仪测得的都只是混凝土表面区域的性能。根据 BS 1881-202：1986（已撤销），此区域深度约为 30mm。只有混凝土的表面才受此影响，如表面饱和度（降低回弹值[12.47]，图 12.31）或碳化程度（提高回弹值[12.125]），对深部混凝土性能几乎没有影响。

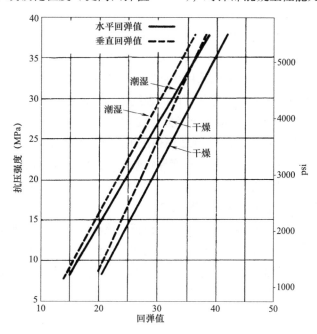

图 12.31　圆柱体试件抗压强度与回弹值
（混凝土干燥和潮湿表面水平和垂直向）之间的关系[12.47]

由于在小范围内混凝土局部硬度会发生变化，应在附近的几个不同位置进行回弹测试，但根据 ASTM C 805-08，各点之间的间距不得小于 25mm。英国标准 BS 1881-202:1986（已撤销）推荐，在不大于 300mm×300mm 区域范围内，试验单位格的间距为 20~50mm，这样可以降低操作误差。

回弹试验很大程度上仅用于相互比较，因此，在评价结构混凝土或生产预制混凝土构件的均匀性时十分有用。也可用于确定回弹值是否已达到设计强度对应的回弹值。还有助于确定何时拆除模板或结构何时开始服役。回弹仪的另一个用处是检查某混凝土的强度发展是否受到早期冻害的影响，但是根据 ASTM C 805-08 规定，即使已遭受冻害影响，混凝土的回弹值可能仍然很高。

回弹仪的一个特殊应用是评价混凝土板的抗冲磨性能，抗冲磨性能在很大程度上取决于混凝土的表面硬度。

总而言之，在一定范围内，回弹试验法还是很有用的，但如果将该试验方法用于强度测试或夸大其用途认为可取代抗压试验，则是不能接受的。

12.16   贯入阻力试验

可以用具有一定能量的圆钢或探针的贯入特性来测定混凝土的抵抗能力，以此评价混凝土的抗压强度。工作原理为在标准试验条件下，贯入深度与混凝土的抗压强度呈反比，但这种相关关系目前还没有理论支撑。另外，贯入深度和强度的相关关系与骨料硬度也有很大关系，这是因为贯入阻力试验中骨料颗粒会碎裂，这与抗压试验不同。尤其是使用质地较软的骨料其贯入深度会比硬质骨料更大，但抗压强度可能更小[12.122]。

试验设备生产商会提供含有不同硬度（莫氏硬度）粗骨料混凝土的强度与贯入深度的"标准"关系曲线。但研究者不同，提出的关系曲线也各异[12.126]，究其原因可能是粗骨料的形状和表面特性所致[12.135]。因此，对于某一给定混凝土，应根据试验来确定强度与贯入深度之间的关系。但也存在一些困难，即不能采用相同圆柱体或立方体试件同时进行贯入阻力和抗压强度试验，因为贯入阻力试验时会降低试件的强度。同时，若在靠近混凝土边缘进行贯入阻力试验，例如小于 100~125mm，混凝土就会开裂。

ASTM C 803-03 和 BS 1881-207:1992 均列出了混凝土贯入阻力试验方法。为方便起见，实际测试的并不是贯入深度，而是标准长度探针暴露于外的一部分长度。每组试验测试 3 个贯入深度，取平均值为测试结果。

强度与贯入深度的典型关系曲线见图 12.32。

贯入阻力试验可以用来确定何时拆除施工模板。该试验方法比回弹试验法要好一点，因为可以检测到混凝土更深的部位。另外有研究表明，当混凝土强度差一点时，进行贯入阻力试验所需的检测次数要比回弹试验少得多[12.140]。但是，贯入阻力试验的花费要高很多。相对于钻取小径芯样，贯入阻力试验方法更可取。

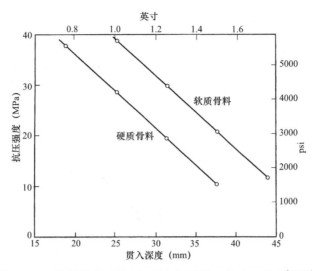

图 12.32　骨料硬度对贯入深度与抗压强度关系的影响[12.122]

12.17　拉拔试验

这种试验方法是借助于一种特殊的拉伸千斤顶,测得预埋件(端部加大,图 12.33)拔出所需作用力的大小。拉拔出来的是一块混凝土,近似为锥形混凝土块。拔出混凝土的形状是由埋置钢筋和承力环的几何关系决定的。对于某一给定几何关系,拉拔作用力与混凝土的抗压强度有关。

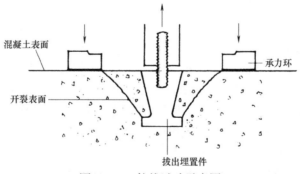

图 12.33　拉拔试验示意图

这还仅仅是经验关系,没有考虑任何应力作用,因为在开裂面存在三维应力体系,即径向和环向拉应力及沿圆锥表面分布的压应力[12.136]。因此,拉拔作用力应以 kN 或 lb 来表示,但是“拉拔强度”的计算缺乏可靠的物理意义。不同养护条件下,芯样抗拔作用力和强度的关系曲线见图 12.34[12.105]。

ASTM C 900-06 和 BS 1881-207:1992 规定了拉拔试验方法。ASTM 标准要求位于埋置件上方混凝土的深度与预埋件的扩展尾部直径相同;此标准还对承力环直径与预埋件扩展尾部直径之间的关系进行了限制。这些限制条件可以保证拉拔出的锥形混凝土的顶角为 54°～70°[12.122]。

根据 Malhotra 的研究[12.113],拉拔试验法优于回弹法和贯入阻力法,因为拉拔试验涉及更大体积、更深部位的混凝土。这种试验方法不利的一面是，混凝土需要进行修补。但是，如果试验的目的是证实混凝土强度是否已经达到设计强度，则拔出试验并不需要全部完成，只需对预埋件施加预定的作用力，若仍然拉拔不出来，则认为已经达到设计强度。

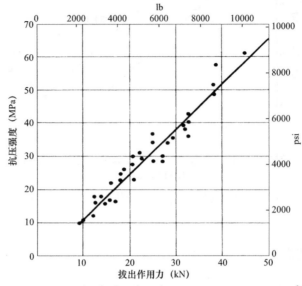

图 12.34   芯样抗压强度与实际构件拔出作用力之间的关系[12.105]

12.18   后置式试验法

拉拔试验法的缺点是需要在混凝土浇筑前先预设埋件。为了不设预埋件也能进行拔出试验，可采用几种其他试验方法。首先在硬化混凝土内钻一个孔，用特殊工具在洞底部掏槽，放置一个可扩张的圆环，用螺栓将其固定。然后可以用一般的方法进行拉拔试验[12.139]。

其他后置式试验法还包括内部断裂法，研究表明此试验方法可用于判断高铝水泥混凝土是否合格[12.129]。在混凝土内钻一个洞，然后在洞内楔入一个锚固螺栓，通过拧动球形座推力垫上的螺母，就能拉动螺栓。尽管在拉动螺栓过程中，也会对混凝土施加横向和纵向作用力，但仍然可以通过拉动螺栓的扭矩来估算混凝土的抗压强度[12.140]。与拔出试验类似，当扭矩达到预设值（对应于设计强度）后停止拉拔。BS 1881-207:1992 描述了内部断裂试验法。

折断试验法中，圆环截面与混凝土表面平行，通过这种方法就可以估算混凝土的抗折强度。在新拌混凝土中塞入一根管子或在混凝土中钻取一个管状洞槽，就能形成圆环截面。然后在折断构件上用千斤顶横向加载[12.138]。ASTM C 1150-90（已撤销）和 BS 1881-207:1992 均给出了标准的折断试验方法。

此外，还研究了另外一种拉断试验方法，采用一个黏结金属盘来度量拉断混凝土所需的作用力大小[12.137]。这种方法可以使混凝土直接受拉，但具体施荷部位还不清楚。此试验方法列于 BS 1881-207:1992。

涉及移除混凝土块体的试验方法还在不断发展。Bungey[12.135]和 Carino[12.140]对此类试验进行了详细评述。

12.19 超声脉冲速度试验法

这是一种应用已久的测定纵向波速的无损检测方法，测定脉冲（因而以此命名）传播一定间距所用的时间。试验仪器包括传感器（与混凝土直接接触）、脉冲发生器（频率为10～150Hz）、放大器、时间测量电路和时间数字显示器（纵向波脉冲在传感器之间传播所用的时间）。试验方法列于 ASTM C 597-09 和 BS EN 12504-4：2004。

在均质、各相同性和弹性介质中，波速 V 与动弹模 E_d 相关，表达如下：

$$V^2 = \frac{E_d(1-\mu)}{\rho(1+\mu)(1-2\mu)}$$

式中，ρ 为密度；μ 为泊松比。

混凝土材料不满足上述表达式有效性的物理要求，因此一般不推荐根据脉冲速度来测试混凝土的弹性模量[12.63]。尽管如此，Nilsen 和 Aitcin[12.117] 的研究表明，此方法有助于检测正在服役期间的高强混凝土的弹性模量。需要补充的是，一般不能准确获知混凝土的泊松比（见第9章）。但当混凝土泊松比在一个较大范围内变化时，如 0.16～0.25，计算得到的弹模值仅降低约11%。

至于用来测定混凝土强度的脉冲速度值，要明确的是弹性模量与强度之间并不存在任何物理关系。我们知道，弹性模量与混凝土强度相关（见第9章），但是这种相关关系也没有任何物理基础。然而，如前所述，脉冲速度与混凝土密度相关。这种相关关系为使用脉冲波速来估算混凝土强度提供了合理的依据，但也仅限于在严格限制条件下，讨论如下。

混凝土的超声脉冲速度取决于脉冲穿过硬化水泥浆和骨料所需的时间。由于骨料弹性模量变化较大，因而混凝土的脉冲速度取决于所用骨料的弹性模量和拌合物中的骨料用量。另一方面，骨料的用量和弹性模量对硬化混凝土的强度影响不大。因此，脉冲速度与抗压强度之间并不存在任何独特的相关关系[12.62]。如图 12.35 所示，对于硬化水泥浆、砂浆和混凝土，两者关系各异。

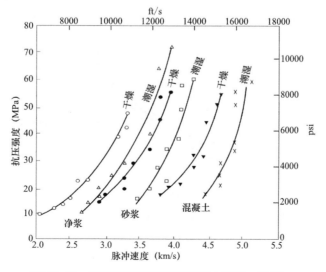

图 12.35 干燥和潮湿状态下硬化水泥浆、砂浆、
混凝土抗压强度与脉冲速度之间的关系[12.62]

　　然而，对于某种给定骨料和给定的拌合物富集度，混凝土脉冲速度将受硬化水泥浆变化的影响，如水灰比的变化会影响硬化水泥浆的弹性模量。因此，只有在这些限制范围内，才能使用超声脉冲速度试验方法来量测混凝土的强度。还有一个限制条件，即在充水孔中的脉冲传播速度大于充气孔。因此，混凝土的含水状况也会影响脉冲速度，但并不影响现场混凝土的强度（见图 12.35）。

　　同时还必须避免其他因素的影响，比如钢筋的影响，尤其是大直径钢筋，钢筋埋置方向与脉冲传播途径平行时，超声脉冲速度增加，但这并不会影响混凝土的抗压强度。

　　事实上，这是所有无损检测试验普遍不足的一个特例，混凝土性能受诸多因素的影响，但与其对混凝土强度的影响方式并不尽相同。

　　尽管上面已经给出了诸多限制条件，但超声脉冲速度试验方法仍非常有助于了解混凝土构件内部情况。因此，该试验可用于检测开裂（非平行于脉冲传播方向）、孔隙、遭受冻害或火灾[12.61]的破损情况以及类似构件中的混凝土是否均质等。此外，此试验还能用于追踪某混凝土构件的变化情况，比如混凝土遭受反复冻融破坏情况等。值得注意的是，混凝土内的应力并不会影响超声脉冲速度的大小[12.142]。

　　超声脉冲速度试验也可用于评价混凝土早期强度（约 3h 后）[12.146]。这对预制混凝土或作为辅助设备确定拆模时间都是十分有用的，包括蒸汽养护混凝土[12.143]。

　　超声脉冲技术的回声波装置使其可用于测试混凝土或类似路面板的厚度[12.79]。

12.20　无损检测试验的其他可能方法

　　前面分别讨论了不同无损检测试验方法，但也可能会同时使用多种方法。当混凝土性能的波动使得检测结果矛盾时，多种方法同时使用就更具优越性。下面举一个例子，比如混凝土中含有水分时，含水量增加，脉冲速度增大，但回弹仪的回弹值减小[12.123]。同时使用这两种试验方法的实例如图 12.36 所示。RILEM 推荐多种无损检测试验方法结合应用[12.123]。

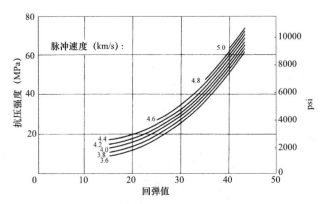

图 12.36　利用超声脉冲速度和回弹仪综合试验法评价混凝土原位抗压强度曲线[12.123]

　　还有很多其他现场混凝土的无损检测试验方法，其中有些试验方法仍处于研发阶段。这些试验方法包括伽马射线或高能 X 射线影像法（检测孔隙）、放射测量法（检测混凝土密实度）、中子投射或中子反射器（估量混凝土含水量）及表面穿透雷达法（检测孔隙、裂缝或脱层）等。在冲击回波法中，冲击产生的瞬时应力波会被混凝土内部的孔隙和裂缝反射回来，这样就可以检测到冲击点附近表面位移的大小。因此，就可以检测到混凝土内部的缺陷。

声发射检测法可用于检测混凝土裂缝发展情况，该方法采用较高比例极限强度下应力产生的瞬时弹性波，有助于评价承载极限荷载的混凝土结构内部情况[12.66]。

由于本书内容仅限于混凝土的性能，所以上面提及的各种试验方法均没有详细介绍。但还是有个普遍评述：所有这些试验结果都是可变的，因而在进行相关解释时要考虑试验结果的变动性。

12.21 谐振频率试验方法

在有些情况下，我们希望能够测得混凝土试件的渐变过程。例如反复冻融循环或化学侵蚀破坏造成的后果。这可以通过测定试件不同阶段的基准谐振频率来确定。根据这个频率，就可以计算得到混凝土的动弹模。

可以在纵向、横向（弯曲）或扭转方向进行振动。试验方法列于 ASTM C 215-08 和 BS 1881-209：1990，后者仅包含纵向振动模式。采用这种模式时，用夹具在试件（优先采用与测量弯曲极限强度相当的试件）中间部位夹紧（图 12.37），试件一端安装激振器，另一端安装接收器。激振器由频率介于 100～1000Hz 范围内的可变激荡器驱动。试件内传播的振动由接收器接收、放大，其振幅可由适当的指示器显示。激振器频率不断变化，直至与试件的基准频率（即最低频率）出现共振为止，指示器指针的偏角最大即为共振。

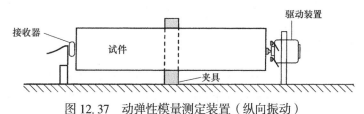

图 12.37　动弹性模量测定装置（纵向振动）

若频率为 nHz，L 为试件长度，ρ 为密度，则动弹性模量表达式如下：

$$E_d = Kn^2 L^2 \rho$$

式中，K 为常数。

试件的长度和密度必须准确测量。若试件方形截面长度 L 以"mm"表示，ρ 以"kg/m^3"计，则 E_D 以 GPa 计表示为：

$$E_d = 4 \times 10^{-15} Kn^2 L^2 \rho$$

应该强调的是，由谐振频率得到的动弹性模量，并不能直接表征混凝土的强度；理由见脉冲速度一节。对于某一给定混凝土，仅在极其严格限制条件下，才能根据混凝土的动弹性模量变化值推断强度变化。

12.22 硬化混凝土组成的相关试验

在某些有关硬化混凝土质量的争论中，有人提出混凝土的组成是否像设计规定的那样？

为了回答这个问题，通常需要对硬化混凝土试样进行化学和物理检测。研究热点通常集中于水泥用量和水灰比，但后者常需根据水泥用量和初始用水量才能确定。

不存在一成不变的化学分析方法，因为用来制备混凝土的材料千差万别。如果试验所用原始拌合物的组成可知，则硬化混凝土试样的试验结果比较可靠，但即便如此，工程人员仍需根据实际经验对分析结果作出解释。

12.22.1   水泥用量

没有直接确定混凝土试样中水泥用量的办法，即使仅含硅酸盐水泥也是如此。其试验方法是通过测定可溶性硅、钙氧化物的量，计算得到水泥用量。两个值中取最低值。这是基于：硅酸盐水泥中的硅酸盐比骨料（但石灰岩骨料除外）中的硅脂化合物更易分解，溶解度更大。这也适用于水泥和骨料中石灰化合物的相对溶解度，因此也存在测定可溶氧化钙的试验方法。

ASTM C 1084-10 和 BS 1881-124:1988 规定了测定硅酸盐水泥含量的标准试验方法，但通常试验结果准确性太低，很难确定其水泥用量是否与初始配比一致；对于低水泥用量的拌合物尤其如此，但往往这种拌合物更需要准确的水泥用量。此外，试验结果的解释分析还与骨料的化学组成有关。当大量的可溶性氧化硅和氧化钙从骨料中析出时，此试验方法更不可靠。

当拌合物中采用多种胶凝材料时，试验方法指南参见混凝土协会报告 No.32[12.25]。该报告建议，若所用矿渣组成已知，则可通过测定混凝土试样中硫化物的含量来确定矿渣用量，但很难得到可靠的试验结果。还没有用于测定粉煤灰用量的标准试验方法。同样，鉴于可用外加剂的多样性且其用量较低，因而常规方法很难检测到外加剂存在及其掺量[12.29]。

12.22.2   初始水灰比的确定

混凝土拌合物浇筑时存在一个水灰比，硬化后可通过水泥用量（根据前一节描述的方法来确定）和初始用水量估算值计算得到水灰比。初始用水量是水泥结合水和毛细孔隙水的总和，后者可表征初始用水量的剩余水量。结合水量可视为水泥用量的 23%（见第 1 章），或将试样置于 1000℃高温烘干后测定蒸发水量。试验方法见 BS 1881-124:1989。根据混凝土协会报告 No.32[12.25]，没有证据表明此试验方法可用于复合水泥混凝土。即使是硅酸盐水泥混凝土，计算得到的水灰比也可能在实际水灰比 ±0.1 范围内波动[12.25]。这种精度估算没有什么实际意义。研究人员也曾尝试其他试验方法[12.147]。Neville 最近的一篇论文中讨论了有关确定硬化混凝土水灰比精度的研究[12.149]。

12.22.3   物理方法

列于标准 ASTM C 856-04 和 ASTM C 457-10a 中的硬化混凝土岩相测试指南还包括了其他的显微观测技术，用来确定抛光试样薄片里的各体积组成。这些试验方法还包括直线移测技术（见第 11 章），此方法依据非匀质固相各组成的相对体积与其截面的相对面积以及面积沿任一方向的截距成正比。这样就可以分辨出骨料和孔隙（含有空气或可蒸发水），其余的假设为已水化的水泥。为了将水化水泥的体积转换成未水化水泥的体积，必须知道干燥水泥的相对密度和水化水泥的不可蒸发水量（见第 1 章）。根据此试验方法确定的水泥用量，误差不超过 10%，但是由于试验过程中不能明确区分空气和水的孔隙，因此不能够估量出初始用水量或孔隙率。

计点法是基于：沿任一直线方向均匀的一些点对应的组成频率，可以直接表示其在固相中的相对体积。因此，采用立体显微镜计点法可以快速得出硬化混凝土试件中各组成的体积比。

12.23 试验结果的变异性

前面我们已经提到过类似试件强度的变异性，不论进行何种试验，试验结果都必须从统计学角度进行解释。比如，有些试验结果较其他大，但这并不意味着两者的差别就很大，就否定同源数据的正常波动，所有的试验结果都有差异，通常根据无损检测得到的试验结果的差异性较标准抗压强度试件试验结果大。这里就不对一些简单的统计学概念进行一一介绍了。

12.23.1 强度分布

假设测试了 100 个由相同混凝土制备的试件的抗压强度，可以将混凝土视为所有这些测试单元的集合，称为母体；而实际进行试验的那部分混凝土称为子样。对子样进行测试的目的是提供母体性质的信息。

由混凝土强度的本质可知，试件不同，测试强度也必然不同，即试验结果是离散的。为了进一步说明，以海上平台施工测试试件的试验结果[12.95]为例，如表 12.5 所示。如将实际强度按 1MPa 的间距进行划分，这样就可以得到一个很好的强度分布图，于是就有一定数量测试试件的强度落在每一组距内。

表 12.5 强度试验结果分布实例[12.95]

强度间距（MPa）	间距内试件数量	强度间距（MPa）	间距内试件数量
42 ～ 43	1	55 ～ 56	51
43 ～ 44	1	56 ～ 57	59
44 ～ 45	0	57 ～ 58	54
45 ～ 46	0	58 ～ 59	32
46 ～ 47	3	59 ～ 60	23
47 ～ 48	3	60 ～ 61	7
48 ～ 49	8	61 ～ 62	10
49 ～ 50	11	62 ～ 63	3
50 ～ 51	31	63 ～ 64	1
51 ～ 52	31	64 ～ 65	2
52 ～ 53	37	65 ～ 66	0
53 ～ 54	55	66 ～ 67	1
54 ～ 55	69		
			总计：493

　　如果将强度间距（固定值）作为横坐标，每一间距内测试试件的数量（称为频率）作为纵坐标，这样就得到一个直方图。直方图区域代表适当比例尺下试件总数。为了简便，我们将频率视为试件总数的百分比，即相对频率。

　　上述数据的频率分布绘制于图 12.38，可以清晰地看出试验结果的分布情况，或者更确切地说，给出了试验子样之内的强度分布。

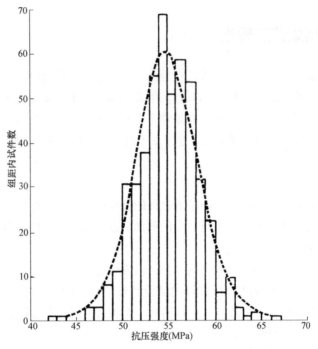

图 12.38　表 12.7 中强度值频率分布图[12.95]

　　还可用强度值变化的范围来表征试验数据的离散性，即最高强度与最低强度之差，在上述情况下为 25MPa。当然，用这个范围进行计算十分便捷，但比较粗糙，仅取决于两个值；此外，对于较大子样，这两个强度值出现频率较低；因此，在相同分布情况下，子样越大，变化范围越大。变化范围与标准方差的理论关系曲线及实际获得的数据见图 12.39。

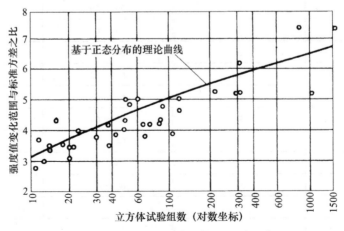

图 12.39　不同大小样本的变化范围与标准方差之比[12.26]（Crown copyright）

如果试验数量无限增大，与此同时间距大小缩减至极限值零，这样直方图就会变成连续曲线，称为分布曲线。对于某种确定材料的强度，其分布曲线具有一定的特征，事实上，存在几种"典型的"分布曲线，其性能已经详细计算过，并列于标准统计表中。

其中有一种典型分布，就是所谓的正态分布或高斯分布。在前面曾提到正态分布对混凝土强度的适用性；正态分布的假设足以接近真实情况，是极为有用的计算工具（图 12.38）。

正态曲线公式仅取决于平均值 μ 和标准方差 σ，即为：

$$y = \frac{1}{\sigma\sqrt{2\pi}} e^{\frac{-(x-\mu)^2}{2\sigma}}$$

标准方差的定义见下一节。这一公式代表的曲线见图 12.40，由图可见，曲线对称于平均值，且延伸至正、负无穷大。有时，这也是正态分布应用于强度的不足之处，但是由于极高或极低强度值的几率很小，因而没有什么实际意义。

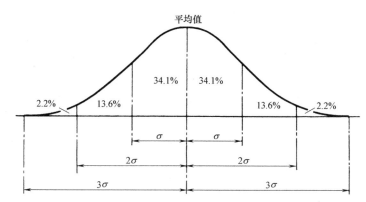

图 12.40 正态分布曲线，在所示的一个标准方差间距内的试件百分数

与直方图相似，在一定强度值范围内的曲线下方区域，表征的是给定强度变化范围内的试件百分比。然而，考虑到正态曲线表征的试件母体无限大，而我们讨论的却是有限的试件数，因此给定纵坐标之间的分布曲线，表示的曲线下方所有区域的比例（也称为比例面积），为随机条件下每个强度 x 落在给定限值之间的几率。此几率值乘以 100，就是试件的百分数，即可以推出落在上述两极限值之间的强度。对于不同的 $(x-\mu)/\sigma$ 值，统计表给出了相应的比例面积值。

12.23.2 标准方差

从前面有关概率统计的讨论来看，相当于平均值的离散性是标准方差的固定函数。这就是均方差的定义，即：

$$\sigma = \left(\frac{\sum(x-\mu)^2}{n} \right)^{1/2}$$

式中，x 为所有 n 个试件中的某个强度值；μ 为强度的算术平均值，即 $\mu = \sum(x/n)$。

实际上，对于有限的试件个数，它们的平均值为 $\bar{x}$，是真实平均值 μ 的估算值。计算方差时用的是 $\bar{x}$ 而不是 μ，因而在计算方差 σ 的估算值时用 $(n-1)$ 替代 n。以 $n/(n-1)$ 进行修正（即 Bessel 修正），原因是使用样本均值 $\bar{x}$ 得到的方差之和最小，因而也小于以母体平均值 μ 的计算结果（当 n 很大时，不需进行 Bessel 修正）。因此，σ 的估算值为：

$$s=\left(\frac{\sum(x-\bar{x})^2}{n-1}\right)^{1/2}$$

很重要的一点为，某一个值不能给出标准方差的任何信息，因此也不可能给出有关所得试验结果是否可靠或可能"错误"的信息。很多程序可以直接算出标准方差，但对于手算，标准方差表达式还可以简化为：

$$\sigma=\left(\frac{(\sum x^2)}{n}-\bar{x}^2\right)^{1/2}=\frac{1}{n}(n\sum(x^2)-(\sum x)^2)^{1/2}$$

因此，不需要先计算差值 $(x-\bar{x})$ 就可得到 x^2 之和。一些其他简化方式也有助于计算，比如所有值都减去一个定值。为求 s 可用 Bessel 修正表达式：

$$s=\sigma\left(\frac{n}{n-1}\right)^{1/2}$$

也可将标准方差表示为同单位量的原始方差 x，但在许多情况下，将离散性试验结果表示为百分数更为简便。于是有 $(\sigma/\bar{x})\times 100$，称为变异系数。它是一个无量纲值。

标准方差示意图（图 12.40）表示的是强度平均值与正态分布曲线拐点之间的距离。由于曲线属于正态分布，因此横坐标 $\mu-\sigma$ 与 $\mu+\sigma$ 之间的曲线下方面积占总面积的 68%。换句话说，随机选择的试件测试强度落在 $\mu\pm\sigma$ 范围内的概率是 0.68。对于强度平均值的其他方差概率如图 12.40 所示。

对于某一给定平均强度，若服从正态分布，则标准方差完全表征强度分布情况；标准方差的变异性决定了强度的分布情况（以"MPa"计）。有必要补充一下，用 $\bar{x}$ 来估算母体平均值 μ 时，其估算精度受母体平均值标准方差的影响，也称为标准误差 σ_n，其中 $\sigma_n=\sigma/\sqrt{n}$。因此，$\bar{x}$ 落在 $\mu\pm\sigma_n$ 间距内的概率为 0.68。

标准方差分别为 2.5MPa、3.8MPa 和 6.2MPa 时对应的分布曲线见图 14.3。标准方差值会影响平均强度，而这是混凝土结构设计者按规定的某一"最小"或特征强度来选择配合比设计时要考虑的，这一问题详细讨论见第 14 章。统计学在试验中的应用，尤其是有关样本大小选择的资料，应参照有关专著 *。BS ISO 5725-1:1994 中给出了术语准确性、可重复性和再现性的定义。

参考文献

12.1   CEB–FIP, *Model Code 1990*, 437 pp. (London, Thomas Telford, 1993).

12.2   R. C. Meininger and N. R. Nelson, Concrete mixture evaluation and acceptance for airfield pavements, in *Airfield/Pavement Interaction: An Integrated System*, Proc. ASCE Conference, Kansas City, pp. 199–224 (ASCE, 1991).

12.3   A. M. Neville, The influence of the direction of loading on the strength of concrete test cubes, *ASTM Bull. No. 239*, pp. 63–5 (July 1959).

12.4   A. M. Neville, The failure of concrete compression test specimens, *Civil Engineering*, **52**, No. 613, pp. 773–4 (London, July 1957).

12.5   H. F. Gonnerman, Effect of end condition of cylinder on compressive strength of concrete, *Proc. ASTM*, **24**, Part II, p. 1036 (1924).

---

*   见 J. B. Kennedy 和 A. M. Neville, *Basic Statistical Methods for Engineers and Scientists*, 3rd Ed. (New York and London, Harper and Row, 1986)。

12.6　G. Werner, The effect of type of capping material on the compressive strength of concrete cylinders, *Proc. ASTM*, **58**, pp. 1166–81 (1958).

12.7　U.S. Bureau of Reclamation, *Concrete Manual*, 8th Edn (Denver, Colorado, 1975).

12.8　R. L'Hermite, Idées actuelles sur la technologie du béton, *Documentation Technique du Bâtiment et des Travaux Publics* (Paris, 1955).

12.9　A. G. Tarrant, Frictional difficulty in concrete testing, *The Engineer*, **198**, No. 5159, pp. 801–2 (London, 1954).

12.10　A. G. Tarrant, Measurement of friction at very low speeds, *The Engineer*, **198**, No. 5143, pp. 262–3 (London, 1954).

12.11　P. J. F. Wright, Compression testing machines for concrete, *The Engineer*, **201**, pp. 639–41 (London, 26 April 1957).

12.12　J. W. H. King, Discussion on: Properties of concrete under complex states of stress, in *The Proc. Int. Conf. on the Structure of Concrete*, p. 293 (London, Cement and Concrete Assoc., 1968).

12.13　R. Jones, A method of studying the formation of cracks in a material subjected to stress, *British Journal of Applied Physics*, **3**, pp. 229–32 (London, 1952).

12.14　J. W. Murdock and C. E. Kelser, Effect of length to diameter ratio of specimen on the apparent compressive strength of concrete, *ASTM Bull.*, pp. 68–73 (April 1957).

12.15　K. Newman, Concrete control tests as measures of the properties of concrete, *Proc. of a Symposium on Concrete Quality*, pp. 120–38 (London, Cement and Concrete Assoc., 1964).

12.16　R. H. Evans, The plastic theories for the ultimate strength of reinforced concrete beams, *J. Inst. Civ. Engrs.*, **21**, pp. 98–121 (London, 1943–44). See also Discussion, 22, pp. 383–98 (London, 1943–44).

12.17　U.S. Bureau of Reclamation 4914–92, Procedure for direct tensile strength, static modulus of elasticity, and Poisson's ratio of cylindrical concrete specimens in tension, *Concrete Manual*, Part 2, 9th Edn, pp. 726–31 (Denver, Colorado, 1992).

12.18　A. M. Neville, The influence of size of concrete test cubes on mean strength and standard deviation, *Mag. Concr. Res.*, **8**, No. 23, pp. 101–10 (1956).

12.19　D. P. O'Cleary and J. G. Byrne, Testing concrete and mortar in tension, *Engineering*, pp. 384–5 (London, 18 March 1960).

12.20　P. J. F. Wright, The effect of the method of test on the flexural strength of concrete, *Mag. Concr. Res.*, **4**, No. 11, pp. 67–76 (1952).

12.21　ACI 214.1R-81, Reapproved 1986, Use of accelerated strength testing, *ACI Manual of Concrete Practice, Part 2: Construction Practices and Inspection Pavements*, 4 pp. (Detroit, Michigan, 1994).

12.22　B. W. Shacklock and P. W. Keene, The comparison of compressive and flexural strengths of concrete with and without entrained air. *Cement Concr. Assoc. Tech. Report TRA/283* (London, Dec. 1957).

12.23　S. Walker and D. L. Bloem, Studies of flexural strength of concrete – Part 3: Effects of variations in testing procedures, *Proc. ASTM*, **57**, pp. 1122–39 (1957).

12.24　P. J. F. Wright, Comments on an indirect tensile test on concrete cylinders, *Mag. Concr. Res.*, **7**, No. 20, pp. 87–96 (1955).

12.25　Concrete Society Report, *Analysis of Hardened Concrete*, Technical Report No. 32, 111 pp. (London, 1989).

12.26　P. J. F. Wright, Variations in the strength of Portland cement, *Mag. Concr. Res.*, **10**, No. 30, pp. 123–32 (1958).

12.27　D. McHenry and J. J. Shideler, Review of data on effect of speed in mechanical testing of concrete, *ASTM Sp. Tech. Publ. No. 185*, pp. 72–82 (1956).

12.28　W. H. Price, Factors influencing concrete strength, *J. Amer. Concr. Inst.*, **47**, pp. 417–32 (Feb. 1951).

12.29　P. Witier, Dosage des adjuvants dans les bétons durcis, *Bulletin Liaison Laboratoires Ponts et Chaussées*, **158**, pp. 45–52 (Nov.–Dec. 1988).

12.30　T. Waters, The effect of allowing concrete to dry before it has fully cured, *Mag. Concr. Res.*, **7**, No. 20. pp. 79–82 (1955).

12.31　S. Walker and D. L. Bloem, Effects of curing and moisture distribution on measured strength of concrete, *Proc. Highw. Res. Bd*, **36**, pp. 334–46 (1957).

12.32　R. H. Mills, Strength–maturity relationship for concrete which is allowed to dry, *RILEM Int. Symp. on Concrete and Reinforced Concrete in Hot Countries* (Haifa, 1960).

12.33　W. S. Butcher, The effect of air drying before test: 28-day strength of concrete, *Constructional Review*, pp. 31–2 (Sydney, Dec. 1958).

12.34　L. H. C. Tippett, On the extreme individuals and the range of samples taken from a normal population, *Biometrika*, **17**, pp. 364–87 (Cambridge and London, 1925).

12.35　A. M. Neville, Some aspects of the strengths of concrete, *Civil Engineering* (London), **54**, Part 1, pp. 1153–5 (Oct. 1959); Part 2, pp. 1308–11 (Nov. 1959); Part 3, pp. 1435–9 (Dec. 1959).

12.36　H. Rüsch, Versuche zur Festigkeit der Biegedruckzone, *Deutscher Ausschuss für Stahlbeton*, No. 120 (1955).

12.37   M. Prôt, Essais statistiques sur mortiers et betons, *Annales de l'Institut Technique du Bâtiment et de Travaux Publics*, No. 81, Béton, Béton Armé No. 8, July–Aug. 1949.

12.38   R. F. Blanks and C. C. McNamara, Mass concrete tests in large cylinders, *J. Amer. Concr. Inst.*, **31**, pp. 280–303 (Jan.–Feb. 1935).

12.39   W. J. Skinner, Experiments on the compressive strength of anhydrite, *The Engineer*, **207**, Part 1, pp. 255–9 (13 Feb. 1959); Part 2, pp. 288–92 (London, 20 Feb. 1959).

12.40   H. F. Gonnerman, Effect of size and shape of test specimen on compressive strength of concrete, *Proc. ASTM*, **25**, Part II. pp. 237–50 (1925).

12.41   A. M. Neville, The use of 4-inch concrete compression test cubes, *Civil Engineering*, **51**, No. 605, pp. 1251–2 (London, Nov. 1956).

12.42   A. M. Neville, Concrete compression test cubes, *Civil Engineering*, **52**, No. 615, p. 1045 (London, Sept. 1957).

12.43   R. A. Keen and J. Dilly, The precision of tests for compressive strength made on $\frac{1}{2}$-inch cubes of vibrated mortar, *Cement Concr. Assoc. Tech. Report TRA/314* (London, Feb. 1959).

12.44   B. W. Shacklock, Comparison of gap- and continuously-graded concrete mixes, *Cement Concr. Assoc. Tech. Report TRA/240* (London, Sept. 1959).

12.45   S. Walker, D. L. Bloem and R. D. Gaynor, Relationships of concrete strength to maximum size of aggregate, *Proc. Highw. Res. Bd*, **38**, pp. 367–79 (Washington DC, 1959).

12.46   J. W. H. King, Further notes on the accelerated test for concrete, *Chartered Civil Engineer*, pp. 15–19 (London, May 1957).

12.47   C. H. Willetts, Investigation of the Schmidt concrete test hammer, *Miscellaneous Paper No. 6-267* (U.S. Army Engineer Waterways Experiment Station, Vicksburg, Miss., June 1958).

12.48   W. E. Grieb, Use of the Swiss hammer for estimating the compressive strength of hardened concrete, *Public Roads*, **30**, No. 2, pp. 45–50 (Washington DC, June 1958).

12.49   K. Shiina, Influence of temporary wetting at the time of test on compressive strength and Young's modulus of air-dry concrete, *The Cement Association of Japan Review*, 36th General Meeting, pp. 113–5 (CAJ, Tokyo, 1982).

12.50   T. Okajima, T. Tshikawa and K. Ichise, Moisture effect on the mechanical properties of cement mortar, *Transactions of the Japan Concrete Institute*, **2**, pp. 125–32 (1980).

12.51   S. Popovics, Effect of curing method and final moisture condition on compressive strength of concrete, *ACI Journal*, **83**, No. 4, pp. 650–7 (1986).

12.52   J. M. Raphael, Tensile strength of concrete, *Concrete International*, **81**, No. 2, pp. 158–65 (1984).

12.53   W. T. Hester, Field testing high-strength concretes: a critical review of the state-of-the-art, *Concrete International*, **2**, No. 12, pp. 27–38 (1980).

12.54   W. Suaris and S. P. Shah, Properties of concrete subjected to impact, *Journal of Structural Engineering*, **109**, No. 7, pp. 1727–41 (1983).

12.55   D. N. Richardson, Review of variables that influence measured concrete compressive strength, *Journal of Materials in Civil Engineering*, **3**, No. 2, pp. 95–112 (1991).

12.56   H. Kupfer, H. K. Hilsdorf and H. Rüsch, Behavior of concrete under biaxial stresses. *J. Amer. Concr. Inst.*, **66**, pp. 656–66 (Aug. 1969).

12.57   K. Newman and L. Lachance, The testing of brittle materials under uniform uniaxial compressive stress, *Proc. ASTM*, **64**, pp. 1044–67 (1964).

12.58   H. Hansen, A. Kielland, K. E. C. Nielsen and S. Thaulow, Compressive strength of concrete – cube or cylinder? *RILEM Bull. No. 17*, pp. 23–30 (Paris, Dec. 1962).

12.59   B. L. Radkevich, Shrinkage and creep of expanded clay–concrete units in compression, *CSIRO Translation No. 5910 from Beton i Zhelezobeton*, No. 8, pp. 364–9 (1961).

12.60   Z. Piatek, Wlansouci wytrzymalouciowe i reologiczne keramzytobetonu konstrukcyjnego, *Arch. Inz. Ladowej*, **16**, No. 4, pp. 711–29 (Warsaw, 1970).

12.61   H. W. Chung and K. S. Law, Diagnosing in situ concrete by ultrasonic pulse technique, *Concrete International*, **5**, No. 10, pp. 42–9 (1983).

12.62   V. R. Sturrup, F. J. Vecchio and H. Caratin, Pulse velocity as a measure of concrete compressive strength, in *In Situ/ Nondestructive Testing of Concrete*, Ed. V. M. Malhotra, ACI SP-82, pp. 201–27 (Detroit, Michigan, 1984).

12.63   R. E. Philleo, Comparison of results of three methods for determining Young's modulus of elasticity of concrete, *J. Amer. Concr. Inst.*, **51**, pp. 461–9 (Jan. 1955).

12.64   V. M. Malhotra, Effect of specimen size on tensile strength of concrete, *J. Amer. Concr. Inst.*, **67**, pp. 467–9 (June 1970).

12.65　A. M. Neville, A general relation for strengths of concrete specimens of different shapes and sizes, *J. Amer. Concr. Inst.*, **63**, pp. 1095–109 (Oct. 1966).

12.66　P. F. Mlaker *et al.*, Acoustic emission behavior of concrete, in *In Situ/Nondestructive Testing of Concrete*, Ed. V. M. Malhotra, ACI SP-82, pp. 619–37 (Detroit, Michigan, 1984).

12.67　N. Petersons, Should standard cube test specimens be replaced by test specimens taken from structures?, *Materials and Structures*, **1**, No. 5, pp. 425–35 (Paris, Sept.–Oct. 1968).

12.68　W. H. Dilger, R. Koch and R. Kowalczyk, Ductility of plain and confined concrete under different strain rates, *ACI Journal*, **81**, No. 1, pp. 73–81 (1984).

12.69　P. Smith and B. Chojnacki, Accelerated strength testing of concrete cylinders, *Proc. ASTM*, **63**, pp. 1079–101 (1963).

12.70　P. Smith and H. Tiede, Earlier determination of concrete strength potential, *Report No. RR124* (Department of Highways, Ontario, Jan. 1967).

12.71　C. Boulay and F. de Larrard, A new capping system for testing HPC cylinders: the sand-box, *Concrete International*, 15, No. 4, pp. 63–6 (1993).

12.72　P. M. Carrasquillo and R. L. Carrasquillo, Evaluation of the use of current concrete practice in the production of high-strength concrete, *ACI Materials Journal*, **85**, No. 1, pp. 49–54 (1988).

12.73　D. N. Richardson, Effects of testing variables on the comparison of neoprene pad and sulfur mortar-capped concrete test cylinders, *ACI Materials Journal*, **87**, No. 5, pp. 489–502 (1990).

12.74　P. M. Carrasquillo and R. L. Carrasquillo, Effect of using unbonded capping systems on the compressive strength of concrete cylinders, *ACI Materials Journal*, **85**, No. 3, pp. 141–7 (1988).

12.75　Australian Pre-Mixed Concrete Assn, *An Investigation into Restrained Rubber Capping Systems for Compressive Strength Testing of Concrete*, Technical Bulletin 92/1, 59 pp. (Sydney, Australia, 1992).

12.76　E. C. Higginson, G. B. Wallace and E. L. Ore, Effect of maximum size of aggregate on compressive strength of mass concrete, *Symp. on Mass Concrete*, ACI SP-6, pp. 219–56 (Detroit, Michigan, 1963).

12.77　U.S. Bureau of Reclamation, Effect of maximum size of aggregate upon compressive strength of concrete, *Laboratory Report No. C-1052* (Denver, Colorado, June 3, 1963).

12.78　F. Indelicato, A statistical method for the assessment of concrete strength through micropores, *Materials and Structures*, **26**, No. 159, pp. 261–7 (1993).

12.79　H. Mailer, Pavement thickness measurement using ultrasonic techniques, *Highway Research Record*, **378**, pp. 20–8 (1972).

12.80　P. Rossi and X. Wu, Comportement en compression du béton: mécanismes physiques et modélisation, *Bulletin Liaison Laboratoires Ponts et Chaussées*, **189**, pp. 89–94 (Jan.–Feb. 1994).

12.81　U.S. Army Corps of Engineers, Standard CRD-C 62-69: Method of testing cylindrical test specimens for planeness and parallelism of ends and perpendicularity of sides, *Handbook for Concrete and Cement*, 6 pp. (Vicksburg, Miss., 1 Dec. 1969).

12.82　K. L. Saucier, Effect of method of preparation of ends of concrete cylinders for testing, *U.S. Army Engineers Waterways Experiment Station Misc. Paper No. C-7-12*, 19 pp. (Vicksburg, Miss. April 1972).

12.83　R. C. Meininger, F. T. Wagner and K. W. Hall, Concrete core strength – the effect of length to diameter ratio. *J. Testing and Evaluation*, **5**, No. 3, pp. 147–53 (May 1977).

12.84　J. G. Wiebenga, Influence of grinding or capping of concrete specimens on compressive strength test results, *TNO Rep. No. BI-76-71/01.571.104*, Netherlands Organization for Applied Scientific Research, 5 pp. (Delft, 26 July 1976).

12.85　G. Schickert, On the influence of different load application techniques on the lateral strain and fracture of concrete specimens, *Cement and Concrete Research*, **3**, No. 4, pp. 487–94 (1973).

12.86　D. J. Hannant, K. J. Buckley and J. Croft, The effect of aggregate size on the use of the cylinder splitting test as a measure of tensile strength, *Materials and Structures*, **6**, No. 31, pp. 15–21 (1973).

12.87　Nianxiang Xie and Wenyan Liu, Determining tensile properties of mass concrete by direct tensile test, *ACI Materials Journal*, **86**, No. 3, pp. 214–19 (1989).

12.88　K. W. Nasser and A. A. Al-Manaseer, It's time for a change from 6×12- to 3×6-in. cylinders, *ACI Materials Journal*, **84**, No. 3, pp. 213–16 (1987).

12.89　T. C. Liu and J. E. McDonald, Prediction of tensile strain capacity of mass concrete, *J. Amer. Concr. Inst.*, **75**, No. 5, pp. 192–7 (1978).

12.90　R. L. Day and N. M. Haque, Correlation between strength of small and standard concrete cylinders, *ACI Materials Journal*, **90**, No. 5, pp. 452–62 (1993).

12.91　V. Kadleček and Z. Špetla, Effect of size and shape of test specimens on the direct tensile strength of concrete, *RILEM Bull.*, No. 36, pp. 175–84 (Paris, Sept. 1967).

12.92　R. J. Torrent, A general relation between tensile strength and specimen geometry for concrete-like materials,

Materials and Structures, **10**, No. 58, pp. 187–96 (1977).

12.93   A. BAJZA On the factors influencing the strength of cement compacts, *Cement and Concrete Research*, **2**, No. 1, pp. 67–78 (1972).

12.94   Z. P. BAŽANT *et al.*, Size effect in Brazilian split-cylinder tests: measurements and fracture analysis, *ACI Materials Journal*, **88**, No. 3, pp. 325–32 (1989).

12.95   J. MOKSNES, Concrete in offshore structures, *Concrete Structures – Norwegian Inst. Technology Symp.*, Trondheim, Oct. 1978, pp. 163–76 (1978).

12.96   U. BELLANDER, Concrete strength in finished structures; Part 1, Destructive testing methods. Reasonable requirements, *CBI Research* 13:76, 205 pp. (Swedish Cement and Concrete Research Inst., 1976).

12.97   P. ROSSI *et al.*, Effet d'échelle sur le comportement du béton en traction, *Bulletin Liaison Laboratoires des Fonts et Chaussées*, **182**, pp. 11–20 (Nov.–Dec. 1992).

12.98   J. H. BUNGEY, Determining concrete strength by using small-diameter cores, *Mag. Concr. Res.*, **31**, 107, pp. 91–8 (1979).

12.99   V. M. MALHOTRA, Contract strength requirements – cores versus in *situ evaluation. J. Amer. Concr. Inst.*, **74**, No. 4, pp. 163–72 (1977).

12.100   CONCRETE SOCIETY, Concrete core testing for strength, *Technical Report No. 11*, 44 pp. (London, 1976).

12.101   R. D. GAYNOR, One look at concrete compressive strength, *NRMCA Publ. No. 147*, National Ready Mixed Concrete Assoc, 11 pp. (Silver Spring, Maryland, Nov. 1974).

12.102   J. M. PLOWMAN, W. F. SMITH and T. SHERRIFF, Cores, cubes and the specified strength of concrete, *The Structural Engineer*, **52**, No. 11, pp. 421–6 (1974).

12.103   W. E. MURPHY, Discussion on paper by V. M. Malhotra: Contract strength requirements – core versus in situ evaluation, *J. Amer. Concr. Inst.*, **74**, No. 10, pp. 523–5 (1977).

12.104   N. PETERSONS, Recommendations for estimation of quality of concrete in finished structures, *Materials and Structures*, **4**, No. 24, pp. 379–97 (1971).

12.105   U. BELLANDER, Strength in concrete structures, *CBI Reports* 1:78, 15 pp. (Swedish Cement and Concrete Research Inst., 1978).

12.106   J. R. GRAHAM, Concrete performance in Yellowtail Dam, Montana, *Laboratory Report No. C-1321* U.S. Bureau of Reclamation, (Denver, Colorado, 1969).

12.107   V. M. MALHOTRA, An accelerated method of estimating the 28-day splitting tensile and flexural strengths of concrete, *Accelerated Strength Testing*, ACI SP-56, pp. 147–67 (Detroit, Michigan, 1978).

12.108   R. S. AL-RAWI and K. AL-MURSHIDI, Effects of maximum size and surface texture of aggregate in accelerated testing of concrete, *Cement and Concrete Research*, **8**, No. 2, pp. 201–9 (1978).

12.109   J. W. GALLOWAY, H. M. HARDING and K. D. RAITHBY, *Effects of Moisture Changes on Flexural and Fatigue Strength of Concrete*, Transport and Road Research Laboratory, No. 864, 18 pp. (Crowthorne, U.K., 1979).

12.110   W. E. YIP and C. T. TAM, Concrete strength evaluation through the use of small diameter cores, *Mag. Concr. Res.*, **40**, No. 143, pp. 99–105 (1988).

12.111   S. GEBLER and R. SCHUTZ, Is 0.85 f′c valid for shotcrete?, *Concrete International*, **12**, No. 9, pp. 67–9 (1990).

12.112   R. L. YUAN *et al.*, Evaluation of core strength in high-strength concrete, *Concrete International*, **13**, No. 5, pp. 30–4 (1991).

12.113   V. M. MALHOTRA, Evaluation of the pull-out test to determine strength of in-situ concrete, *Materials and Structures*, **8**, No. 43, pp. 19–31 (1975).

12.114   A. SZYPULA and J. S. GROSSMAN, Cylinder vs. core strength, *Concrete International*, **12**, No. 2, pp. 55–61 (1990).

12.115   W. C. GREER, JR., Variation of laboratory concrete flexural strength tests, *Cement, Concrete and Aggregates*, **5**, No. 2, pp. 111–22 (Winter, 1983).

12.116   S. YAMANE, *et al.* Concrete in finished structures, *Takenaka Tech. Res. Rept. No. 22*, pp. 67–73 (Tokyo, Oct. 1979).

12.117   A. U. NILSEN and P.-C. AÏTCIN, Static modulus of elasticity of high-strength concrete from pulse velocity tests, *Cement, Concrete and Aggregate*, **14**, No. 1, pp. 64–6 (1992).

12.118   K. MATHER, Effects of accelerated curing procedures on nature and properties of cement and cement-fly ash pastes, in *Properties of Concrete at Early Ages*, ACI SP-95, pp. 155–71 (Detroit, Michigan, 1986).

12.119   J. F. LAMOND, Quality assurance using accelerated strength testing, *Concrete International*, **5**, No. 3, pp. 47–51 (1983).

12.120   J. ÖZETKIN, Accelerated strength testing of Portland–pozzolan cement concretes by the warm water method, *ACI Materials Journal*, **84**, No. 1, pp. 51–4 (1987).

12.121   F. M. BARTLETT and J. G. MACGREGOR, Effect of moisture condition on concrete core strengths, *ACI Materials Journal*, **91**, No. 3, pp. 227–36 (1994).

12.122   ACI 228.1R-89, In-place methods for determination of strength of concrete, *ACI Manual of Concrete Practice, Part 2:*

Construction Practices and Inspection Pavements, 25 pp. (Detroit, Michigan, 1994).

12.123 U. BELLANDER, Concrete strength in finished structures; Part 3, Non-destructive testing methods. Investigations in laboratory and *in-situ, CBI Research 3:77*, p. 226 (Swedish Cement and Concrete Research Inst., 1977).

12.124 ACI 318-02, Building code requirements for structural concrete, *ACI Manual of Concrete Practice, Part 3: Use of Concrete in Buildings – Design, Specifications, and Related Topics*, 443 pp.

12.125 S. AMASAKI, Estimation of strength of concrete in structures by rebound hammer, *CAJ Proceedings of Cement and Concrete*, No. 45, pp. 345–51 (1991).

12.126 R. S. JENKINS, Nondestructive testing – an evalution tool, *Concrete International*, **7**, No. 2, pp. 22–6 (1985).

12.127 C. JAEGERMANN and A. BENTUR, Development of destructive and non-destructive testing methods for quality control of hardened concrete on building sites and in precast factories, *Research Report No. 017-196*, Israel Institute of Technology Building Research Station (Haifa, July 1977).

12.128 K. M. ALEXANDER, Comments on "an unsolved mystery in concrete technology", *Concrete*, **14**, No. 4. pp. 28–9 (London, April 1980).

12.129 A. J. CHABOWSKI and D. W. BRYDEN-SMITH, Assessing the strength of in-situ Portland cement concrete by internal fracture tests, *Mag. Concr. Res.*, **32**, No. 112, pp. 164–72 (1980).

12.130 K. W. NASSER and R. J. BEATON, The K-5 accelerated strength tester, *J. Amer. Concr. Inst.*, **77**, No. 3, pp. 179–88 (1980).

12.131 L. M. MELIS, A. H. MEYER and D. W. FOWLER, *An Evaluation of Tensile Strength Testing*, Research Report 432-1F, Center for Transportation Research, University of Texas, 81 pp. (Austin, Texas, Nov. 1985).

12.132 Y. H. LOO, C. W. TAN and C. T. TAM, Effects of embedded reinforcement on measured strength of concrete cylinders, *Mag. Concr. Res.*, **41**, No. 146, pp. 11–18 (1989).

12.133 ACI 506.2-90, Specification for materials, proportioning, and application of shotcrete, *ACI Manual of Concrete Practice, Part 5: Masonry, Precast Concrete, Special Processes*, 8 pp. (Detroit, Michigan, 1994).

12.134 T. AKASHI and S. AMASAKI, Study of the stress waves in the plunger of a rebound hammer at the time of impact, in *In Situ/Nondestructive Testing of Concrete*, Ed. V. M. Malhotra, ACI SP-82, pp. 19–34 (Detroit, Michigan, 1984).

12.135 J. H. BUNGEY, *The Testing of Concrete in Structures*, 2nd Edn, 222 pp. (Surrey University Press, 1989).

12.136 W. C. STONE and N. J. CARINO, Comparison of analytical with experimental internal strain distribution for the pullout test, *ACI Journal*, **81**, No. 1, pp. 3–12 (1984).

12.137 J. H. BUNGEY and R. MADANDOUST, Factors influencing pull-off tests on concrete, *Mag. Concr. Res.*, **44**, No. 158, pp. 21–30 (1992).

12.138 M. G. BARKER and J. A. RAMIREZ, Determination of concrete strengths with break-off tester, *ACI Materials Journal*, **85**, No. 4, pp. 221–8 (1988).

12.139 C. G. PETERSEN, LOK-test and CAPO-test development and their applications, *Proc. Inst. Civ. Engrs*, Part 1, **76**, pp. 539–49 (May 1984).

12.140 N. J. CARINO, Nondestructive testing of concrete: history and challenges, in *Concrete Technology: Past, Present, and Future*, V. Mohan Malhotra Symposium, ACI SP-144, pp. 623–80 (Detroit, Michigan, 1994).

12.141 RILEM Committee 43, Draft recommendation for in-situ concrete strength determination by combined non-destructive methods, *Materials and Structures*, **26**, No. 155, pp. 43–9 (1993).

12.142 S. POPOVICS and J. S. POPOVICS, Effect of stresses on the ultrasonic pulse velocity in concrete, *Materials and Structures*, **24**, No. 139, pp. 15–23 (1991).

12.143 G. V. TEODORU, Mechanical strength property of concrete at early ages as reflected by Schmidt rebound number, ultrasonic pulse velocity, and ultrasonic attenuation, in *Properties of Concrete at Early Ages*, ACI SP-95, pp. 139–53 (Detroit, Michigan, 1986).

12.144 S. NILSSON, The tensile strength of concrete determined by splitting tests on cubes, *RILEM Bull. No. 11*, pp. 63–7 (Paris, June 1961).

12.145 K. W. NASSER and V. M. MALHOTRA, Accelerated testing of concrete: evaluation of the K-5 method, *ACI Materials Journal*, **87**, No. 6, pp. 588–93 (1990).

12.146 R. H. ELVERY and L. A. M. IBRAHIM, Ultrasonic assessment of concrete strength at early ages, *Mag. Concr. Res.*, **28**, No. 97, pp. 181–90 (Dec. 1976).

12.147 B. MAYFIELD, The quantitative evaluation of the water/cement ratio using fluorescence microscopy, *Mag. Concr. Res.*, **42**, No. 150, pp. 45–9 (1990).

12.148 E. ARIOGLU and O. S. KOYLUOGLU, Discussion of 'Are current concrete strength tests suitable for high strength concrete?', *Materials and Structures*, **29**, No. 193, pp. 578–80 (1996).

12.149 A. M. NEVILLE, How closely can we determine the water-cement ratio of hardened concrete? *Materials and Structures*, **36**, pp. 311–18 (June 2003).

12.150 BEATTIE, A., Lightweight aggregates: benefits and practicalities, *The Structural Engineer*, **88**, pp. 14–18 (Dec. 2010).

第 13 章

特种混凝土

本章主要介绍几种具有特殊功能要求的混凝土。所谓"特殊"是指特定服役环境下混凝土应具有的特定的功能。本章要讨论的几种混凝土。第一种是现代混凝土常用的含一种或多种矿物掺合料的混凝土（见第 2 章），包括粉煤灰、磨细矿渣和硅灰[13.90]。

第二种被称作为高性能混凝土。这种混凝土拌合物中含有一种或多种胶凝材料，以及高效减水剂。"高性能"一词涵盖范围貌似很大，但这种混凝土的就是为了满足结构的某些特殊性能而选择原材料和配合比。这些性能即在满足强度设计基础上，对混凝土提出高耐久性的要求。

最后一种混凝土是轻骨料混凝土，其表观密度比采用普通骨料配制的混凝土（表观密度为 $2200\sim2600kg/m^3$）低。

事实上还有一种混凝土，即重混凝土，常服役于高能 X 射线、伽马射线和中子射线等辐射的环境中。鉴于这种重混凝土的特殊用途，本书不作讨论。

13.1 含不同胶凝材料混凝土

前面几章已经讨论过含一种或多种胶凝材料的混凝土，但这种混凝土的基础还是硅酸盐水泥混凝土，因为硅酸盐水泥是通过大量研究和试验证明了，在混凝土中应用效果最好的胶凝材料。前文所述，混凝土中引入粉煤灰和磨细矿渣等胶凝材料常用于取代水泥，其性能是根据硅酸盐水泥的标准来检测。

近年来的研究显示，如第 2 章指出的那样，这几种胶凝材料均能在混凝土组成中发挥自身的优势。第 2 章已经介绍了粉煤灰、磨细矿渣和硅灰这几种胶凝材料的物理和化学性能。随后几章又讨论了混凝土的工作性、强度、耐久性等性能，也提到这些胶凝材料对混凝土相关性能的影响。但通篇来看这样的结论分布在各个章节中，不可避免地显得比较零碎，本章系统分析和总结掺加各种胶凝材料的混凝土性能。

本章首先讨论单一胶凝材料对混凝土性能的作用。然后再对这些胶凝材料对混凝土性能的影响进行总结，这样有利于读者对混凝土中胶凝材料的利弊有简要的了解。最后再分析混凝土中同时掺加两种或三种辅助胶凝材料时的影响。

13.1.1 粉煤灰、磨细矿粉和硅灰的性能

支持使用这些胶凝材料的学者认为：与硅酸盐水泥相比，这些材料的生产和利用有利于节约能源、保护环境。事实确实如此，但实际上这些材料在混凝土中的发挥出的自身的优势，才是在混凝土中被大量使用的具体因素。的确，目前的商品混凝土生产中，即使不考虑成本或环境，大多都是使用含多种胶凝材料的混凝土，而不是仅使用硅酸盐水泥的混凝土。

目前对于如何客观公正地评价粉煤灰、磨细矿粉和硅灰三种胶凝材料的作用，学术界还有很大的争论。已经发表了的很多相关论文都是针对某一种胶凝材料开展了一系列的试验并指出使用这种材料会带来哪些优势，但这些试验采用的胶凝材料都来源于作者所在的地区，由于胶凝材料的区域性差异，其结论的普适性并不强，并且胶凝材料的有利结论通常都是与单一硅酸盐水泥混凝土的拌合物进行比较才得出来的。采用某一种胶凝材料的硅酸盐水泥拌合物与单一硅酸盐水泥的基准拌合物的性能差异，可能包括工作性、某一龄期的强度，总胶凝材料用量或水灰比；这其中任何一项指标在施工中都十分重要，因此这样的比较不可能得到普适性的结论。但这些结论阐述了不同胶凝材料混凝土性能规律的总体认识，因而可以预测不同胶凝材料组成（配合比也可能不同）的混凝土性能，并可以大体确定给定配合比混凝土的性能。

不同胶凝材料的水化，取决于其化学组成、活性、颗粒粒径分布和形貌等[13.9]。磨细矿渣的活性取决于其化学组成、玻璃相含量和颗粒尺寸[13.9]。高钙粉煤灰（ASTM C 类，BS EN W 类）的活性比 F 类（BS EN V 类）粉煤灰高，因而表现出与磨细矿渣相似的特性[13.9]。F 类粉煤灰的化学反应要求孔隙水具有较高的碱度。拌合物中掺入硅灰或磨细矿渣时，孔隙水碱度降低。因此，拌合物中粉煤灰的活性也就降低[13.15]。

胶凝材料总量一定时，掺入粉煤灰或磨细矿渣会降低需水量、改善工作性。至于磨细矿渣，不能根据坍落度来衡量其改善作用，但开始振捣后，掺磨细矿渣的混凝土就"易流动"且"自密实"。掺入硅灰可以显著降低、甚至消除泌水。粉煤灰对混凝土拌合物工作性能的提高，主要归结为其球形颗粒的形貌效应。然而，在拌合物中掺入粉煤灰的同时掺入少量磨细矿渣，会改善水泥絮凝状结构，从而降低需水量[13.9]。水泥颗粒分散度的变化在硬化水泥浆的微观结构上，主要反映在孔径分布上，其中中位孔径更小，从而渗透性降低[13.9]。总孔隙率一定时，孔结构会得到改善（受水灰比控制）。

掺入粉煤灰可以提高混凝土强度，一方面是因为粉煤灰的火山灰活性效应，另一方面是因为粉煤灰能"填充"水泥颗粒间空隙。当粉煤灰用于矿渣硅酸盐水泥时也证实了这一点，而此时基本不存在火山灰反应[13.12]。

13.1.2　耐久性

混凝土中掺入不同胶凝材料时，尽管对混凝土的早期水化热和强度发展会有影响，但更重要的是对混凝土耐久性的影响，这不仅是硬化水泥浆化学作用的结果，也受微观结构的影响。在第 10 章和第 11 章已经探讨过这个问题。胶凝材料对混凝土耐久性（与侵蚀介质相关）的所有方面都有显著影响。原因在于，本章论述的胶凝材料颗粒一般都比水泥细，因此使颗粒堆积更紧密，在充分湿养条件下能降低混凝土的渗透性[13.92]。

尽管掺入粉煤灰或磨细矿渣可以降低渗透性，但也会加速碳化[13.113]。当粉煤灰用于硅酸盐矿渣水泥时，碳化速度增长更快[13.12]。当磨细矿渣与粉煤灰的总掺量超过 60% 时，粉煤灰掺量越高，碳化越快[13.13]。另外，碳化将降低混凝土的渗透性，但粉煤灰和磨细矿渣复掺时除外[13.12]。当拌合物中掺入胶凝材料总量 20%～35% 的 C 类粉煤灰和硅灰（胶凝材料总量的 10%）时，未引气混凝土（水灰比 0.27、掺入高效减水剂）也具有较好的抗冻耐久性[13.11]。与此类似，混凝土中掺入 50% 的 C 类粉煤灰和 10% 硅灰时，混凝土也具有很好的抗硫酸盐侵蚀性能[13.11]。

碱－骨料反应的控制应该作为一个专题，必须了解所用骨料的性能指标（见第 3 章）。但应注意到复合水泥中掺入粉煤灰（掺量约 30%～40%）或磨细矿渣（掺量约 40%～50%）的有利一面[13.7]。这些胶凝材料均含有少量可溶性碱，因此，在高碱硅酸盐水泥中掺入一定量的胶凝材料时，拌合物中的总碱量将减小[13.10]。所以掺入这些胶凝材料可以避免使用低碱水泥，但要通过试验才能确定是否没有发生膨胀性反应。

Campbell 和 Detwiler 已经证实，混凝土中掺入硅灰然后在 65℃蒸汽下养护，可以提高抗氯离子渗透性能[13.4]。为了显著提高这种性能，当混凝土仅有硅酸盐水泥时，硅灰最小用量为 10%；当胶凝材料含有 30%～40% 磨细矿渣时，掺入 7.5% 的硅灰就可以了[13.4]。要补充一下，研究发现，置于 50℃蒸汽下养护，将提高硅酸盐水泥混凝土的抗氯离子渗透性能[13.3]。

Detwiler 等人的研究也进一步证实，混凝土中复掺磨细矿渣和硅灰，然后在 50℃和 70℃蒸汽条件下养护，可以提高混凝土的抗氯离子渗透性能。这些研究成果都是通过混凝土试验得到的，其中水灰比分别为 0.40 和 0.50，对应的硅灰和磨细矿渣掺量分别为胶凝材料总量的 5% 和 30%。暴露于氯离子环境下，由于混凝土的水化会显著影响其渗透性，因此，要提出一个通用的最佳掺量或比例不太可能。目前似乎还没有在高温养护条件下混凝土中同时掺入硅灰和粉煤灰对氯离子渗透性能影响的相关资料。

13.1.3 材料变化

本章讨论的三种胶凝材料都不是专门为制备混凝土而生产的，而是工业生产中的副产品。这一点反映在其性能的波动性上。

粉煤灰是火电厂煅烧煤粉时收集到的工业副产品。电厂管理者也意识到了生产粉煤灰所带来的商业价值，但电站运营的周期性变动会导致粉煤灰性能偶尔产生波动。当然，不同电厂生产的粉煤灰也会彼此存在差异。而且，即使在同一个电厂，倘若所用的煤并非均质，则生产出的粉煤灰性能也会不同。将粉煤灰分类和分级是有益的，但这样会增加生产成本。

使用粉煤灰时应意识到混凝土中实际所用粉煤灰的性能，而不能根据标准规范推测粉煤灰的颗粒级配分布或含碳量。因此，我们不能简单描述掺粉煤灰混凝土的特性，因为粉煤灰并不是组成基本不变的单一材料。粉煤灰更像不同种类的硅酸盐水泥，其物理化学特性变化较大。因此，掺入粉煤灰尤其是在混凝土中掺量变化较大时，混凝土性能变化也较大。

相反，矿渣的质量波动要小得多（见第 2 章），这是因为生产过程控制较严；硅灰也是如此。

再回到粉煤灰，应注意到，任何一种粉煤灰的活性均取决于拌合物中硅酸盐水泥的化学特性和细度。因此，所有胶凝材料中粉煤灰的比例与固定配合比的混凝土的性能之间并不存在相关关系。而且，即使在固定配合比条件下，试图用一个简单的公式在混凝土强度与粉煤灰各种性能指标（如细度、颗粒筛余、含碳量、玻璃体含量及化学组成）之间建立某种关系也是行不通的[13.6]。事实上不可能不考虑它们的物理和化学性能，而采用某一简单公式预测硅酸盐水泥的强度。

　　粉煤灰与磨细矿渣是混凝土的有用成分。由于它们均为工业生产副产品，因此生产成本低且供应充足，尽管事实上还需进行二次处理。值得注意的是，我们工业模式在不断转变，尤其是钢铁等的高能耗产业的控制发展和不可持续能源的供应短缺，在不久的将来可用的粉煤灰和磨细矿渣会越来越少。这就需要我们不断去开发新的辅助胶凝材料。

13.2　粉煤灰混凝土

　　第 2 章简要介绍了粉煤灰的物理和化学性能。现在讨论一下粉煤灰在混凝土中的应用及粉煤灰混凝土的相关性能，包括对粉煤灰自身特性的进一步探讨及其对混凝土性能的影响。

　　粉煤灰的重要性不能被过分夸大。粉煤灰已不再是水泥的廉价替代品，也不是拌合物的外加剂。粉煤灰对混凝土性能产生了诸多有利影响，因此，深入了解粉煤灰的作用及其影响十分重要。

　　前面已经提到，粉煤灰性能的波动较大。主要是因为粉煤灰并非专门生产出来的产品，因此没有严格的质量控制标准。主要影响来源于煤的自身特性及其粉碎工艺、高炉操作过程、燃气中收集粉尘过程，尤其是排气系统中的颗粒分类范围等。即使上述所有参数均固定，电厂根据电力需求进行相应调整，也会影响粉煤灰的性质，基荷电站除外。粉煤灰性质发生波动主要表现在玻璃体含量、颗粒形状和粒径分布，以及是否存在 MgO 和其他物质等，甚至还包括颜色。可以通过分类和粉磨，改善粉煤灰的粒径分布。

　　如上所述，煤的煅烧过程也会影响粉煤灰的颗粒形状。高温煅烧会形成球形粉煤灰颗粒，但为了减少 NO_x 气体的排放，一般要求进行低温煅烧，因而煤中熔点较高的矿物就不能充分燃烧，这样直接导致粉煤灰中球形颗粒比例减小，粒径小于 10μm 的颗粒含量也减少；而粒径大于 45μm 的颗粒含量不会受影响[13.12][13.34]。这些波动会在一定程度上削弱粉煤灰对混凝土的有利影响。因此，有必要从粉煤灰在混凝土中的应用出发，进行生产工艺的创新，既能满足 NO_x 的气体排放要求又能满足颗粒粒径的分布需求。

　　需要指出的是，在大多数国家，都能持续供应商品混凝土生产所需的品质优良的粉煤灰，同时在全球范围内，混凝土生产所消耗的粉煤灰量在不断增加而且还将持续增加。但不可能提供一种"标准的"粉煤灰样品。因此，我们不能给出粉煤灰作为混凝土胶凝材料的具体指标。

13.2.1　粉煤灰对新拌混凝土性能的影响

　　粉煤灰对新拌混凝土的影响主要表现在需水量和工作性。例如，工作性不变且胶凝材料用量相同时，与只含硅酸盐水泥的混凝土相比，掺粉煤灰可使混凝土的用水量减少 5%～15%，而且水灰比越大，用水量减幅越大[13.12]。

　　含粉煤灰的混凝土拌合物黏聚性好，还能减少泌水。这种拌合物适于配制泵送混凝土或滑模混凝土；粉煤灰混凝土的浇筑后的后期处理也更方便。

　　粉煤灰对新拌混凝土性能的影响与其颗粒形貌有关。大部分粉煤灰都是球形的实体颗粒，但也有一些大颗粒属于中空球形（即玻璃漂珠）或不规则空心颗粒。

粉煤灰对混凝土的减水效应主要是由球形形貌所致，也称为"滚珠效应"。由于电荷作用，较细的粉煤灰颗粒会被吸附在水泥颗粒表面。如果有足够的粉煤灰颗粒包裹水泥颗粒表面，则水泥颗粒变为解絮状态，在保持工作性一定的条件下可以降低用水量[13.156]。如果粉煤灰用量超过包裹水泥表面所需的量，则不能进一步降低用水量。事实上，只有在 20% 掺量范围内，随着粉煤灰用量的增加，用水量才会减少[13.156]。使用高效减水剂时，粉煤灰的这种作用就不存在了。因此，粉煤灰的减水效应（与高效减水剂类似），很有可能是通过粉煤灰颗粒分散并吸附至水泥颗粒表面来实现的[13.156]。Malhotra 推荐胶凝材料中粉煤灰的掺量可达 50% 以上，但这建议并不被大多数人所接受[13.160]。

在第 2 章提到过粉煤灰中含有少量的碳。粉煤灰含碳量较高对混凝土工作性有不利影响。含碳量的变化也会导致引气剂引入的气泡不稳定，引气剂会被多孔碳粒吸附。

拌合物中掺入粉煤灰也会引起缓凝，一般缓凝 1h 左右，可能是由于粉煤灰颗粒表面释放出的 SO_4^{2-} 离子引起的。在炎热气候条件下制备混凝土时，缓凝效应是有利的，否则就需要掺入速凝剂。如果仅延缓初凝时间，则不会影响混凝土凝结与最终硬化的时间间隔。

低温条件下，具有缓凝功效的粉煤灰对延缓凝结格外明显。这可能会导致混凝土表面起泡和分层[12.160]。上述的观点并不是反对胶凝材料中使用大掺量的粉煤灰，而是为了提供一个含有粉煤灰混凝土性能的论据。

13.2.2　粉煤灰的水化

火山灰反应已在第 2 章讨论。对于粉煤灰，其水化产物非常接近于硅酸盐水泥的水化产物 C-S-H。但是，反应要在混凝土拌合开始之后的一段时间才会开始。对于 F 类粉煤灰（见第 2 章），可能要到一周甚至更长时间后才会发生火山灰反应。反应之所以会推迟，Fraay 等解释如下[13.15]：只有在液相孔隙水的 pH 值达到 13.2 后，粉煤灰中的玻璃相才会溶解，而要增加孔隙水液相的碱度，必须等到拌合物中硅酸盐水泥水化到一定程度。此外，硅酸盐水泥的水化产物沉淀在粉煤灰颗粒表面，起到晶核的作用。

只有当孔隙水的 pH 值足够高，粉煤灰水化产物才会在粉煤灰颗粒表面及其附近堆积。因此，粉煤灰的反应产物通常仍以最初的球形颗粒形态存在。随着龄期的发展，水化产物不断扩散、沉淀在毛细孔隙内部，因而降低毛细孔隙率，孔径变细（图 13.1）[13.15]。

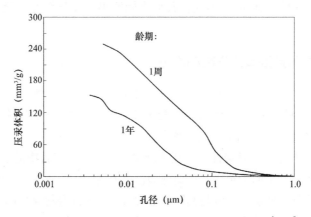

图 13.1　掺 30%F 类粉煤灰的水泥浆孔径分布图[13.15]

粉煤灰火山灰反应对孔隙水碱度的敏感，意味着硅酸盐水泥碱含量会影响粉煤灰的反应活性，粉煤灰会与碱发生反应（但 Osbaeck[13.114]并不赞成这种说法）。例如，由于快硬硅酸盐水泥（第Ⅲ类）导致孔隙水的碱度增长比普通硅酸盐水泥快，因而粉煤灰提前开始火山灰反应。前面研究表明，粉煤灰性质十分复杂，很难简单概括表述，因此需要用粉煤灰与硅酸盐水泥一起进行试验来判断。

粉煤灰火山灰反应的延迟有利于水化热的缓慢释放（见第 8 章）。

F 类粉煤灰的火山灰反应十分缓慢，Fraay 等研究表明[13.15]，经过 1 年龄期水化，仍有约 50% 的粉煤灰未水化。

在中等或较高水灰比条件下，只含硅酸盐水泥的混凝土在适当的存放环境中，在较长时期内仍会保持强度增长，但掺入粉煤灰后，情况就并非如此。水灰比为 0.5～0.8，且 F 类粉煤灰掺量为 47%～67% 时，水化 3～5 年后，混凝土强度基本不增长[13.16][13.17]。

C 类粉煤灰（见第 2 章）的石灰含量较高，能直接与水反应，尤其当粉煤灰矿物相中含有 C_2S 时，会水化形成 C-S-H。同时，晶相 C_3A 和其他铝相矿物也会参与反应[13.9]。此外，对于 F 类粉煤灰，二氧化硅还会与硅酸盐水泥的水化产物氢氧化钙发生反应。因此，C 类粉煤灰比 F 类粉煤灰反应更快，但 C 类粉煤灰并不能获得长期的强度增长[13.18]。

由于混凝土中粉煤灰的水化需要较长的时间，因而必须延长湿养时间。因此，根据标准养护抗压试件的强度来判断现场混凝土的强度可能并不准确。对于只含硅酸盐水泥的混凝土也是如此，但是对于掺粉煤灰混凝土，养护条件对强度的影响更为明显。

与硅酸盐水泥相比，高温（20℃～80℃）会促进粉煤灰更快反应。但这样也会导致混凝土强度出现倒缩[13.21]。在 200℃～800℃温度范围内，温度越高，混凝土的强度降幅与只含硅酸盐水泥的混凝土相当，甚至可能更大[13.20]。

由于升温后粉煤灰的活性显著提高，因此掺粉煤灰的大体积混凝土（硅酸盐水泥矿物水化使温度升高）的性能可能不同于室温养护的小块试件[13.9]。这关系到对粉煤灰混凝土后期强度增长的预测。

13.2.3 粉煤灰混凝土的强度发展

ASTM C 311-07 规范给出了掺粉煤灰砂浆（掺量为胶凝材料总质量的 20%）的强度测试方法并提出了强度活性指数。但是，如前所述，粉煤灰的活性受硅酸盐水泥特性的影响。此外，除了化学作用，粉煤灰还有改善硬化水泥浆微观结构的效应。主要作用是粉煤灰可以填充粗骨料颗粒孔隙，但在 ASTM C 311-07 的砂浆试验中就不存在这种作用[13.12]。

因此，对于掺粉煤灰的混凝土，强度活性指数并不能完全表征粉煤灰对混凝土强度发展的贡献。就像通过砂浆试验来确定某一参数对混凝土的影响是不合适的一样。

填充效果与粉煤灰和水泥都有关。硅酸盐水泥颗粒越粗、粉煤灰颗粒越细，则填充越密实[13.12]。填充密实有利于减少混凝土中的空气含量[13.12]，但主要还在于降低大孔体积。

值得注意的是，粉煤灰的细度积极作用与球形形貌效应同时发生。粉磨过程中，粉煤灰细度增加，但同时会破坏球形颗粒形貌，颗粒的不规则性会导致用水量增加[13.26]。

一般是以 45μm 筛余（ASTM 325）来控制粉煤灰的颗粒大小，但这并不足以表征粉煤灰的活性及其对混凝土强度发展的贡献。

通常约有一半的粉煤灰颗粒小于 10μm，但波动较大。这个范围内的颗粒活性最佳[13.22]。粉煤灰平均粒径更小（5μm，甚至 2.5μm）时，活性极高。

至于粉煤灰中的粗颗粒，Idorn 和 Thaulow[12.23]认为可以将这些粉煤灰视为"细骨料"，可以提高水化水泥浆的密实度，其作用机理类似于硅酸盐水泥的未水化颗粒。这有利于提高混凝土的强度、抗裂性及硬度。这样，毛细孔保水性增强，利于长期水化[13.23]。

粉煤灰的玻璃体含量对其活性影响十分显著。对于 C 类粉煤灰，CaO 含量也是影响活性的因素之一。但是，了解这些特性并不能预估给定粉煤灰的性能，而必须进行试验才能确定。采用硅酸盐水泥一起试验效果更为明显。

前面提到，粉煤灰掺量超过 20% 后，减水效果就不再增加。从强度发展来看，掺加过量的粉煤灰也是不利的。就混凝土强度发展而言，粉煤灰的极限掺量约为胶凝材料总量的 30%，如图 13.2 所示[13.19]。

已经反复说过，不可能定量预测粉煤灰对强度的影响。例如，根据硅酸盐水泥协会报道，从图 13.2 中数据对比可知，即使经过 1 年龄期的水化，粉煤灰对强度发展仍不明显[13.14]。

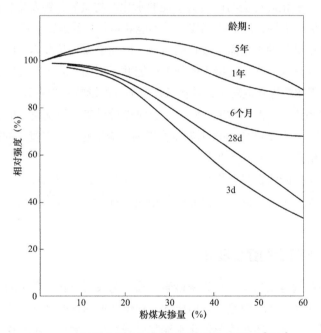

图 13.2　粉煤灰掺量对硬化浆体强度的影响[13.19]

23℃湿养下的混凝土圆柱体试件强度评价值（分别对 6 种 F 类和 4 种 C 类粉煤灰进行试验得到）列于表 13.1[13.14]。所有拌合物的胶凝材料用量均为 370kg/m³，粉煤灰掺量为胶凝材料总质量的 25%。水灰比为 0.40～0.45，坍落度为 75mm。表 13.1 还列出了只含硅酸盐水泥的混凝土强度，水泥用量和水灰比均相同。值得一提的是，由于骨料最大粒径为 9.5mm，因此就粗骨料颗粒孔隙的填充而言，粉煤灰的填充作用比硅酸盐水泥略低；其原因可能在于粉煤灰对促进强度发展的作用有限。

同时还应注意，由于粉煤灰的相对密度比硅酸盐水泥小得多（通常为 2.35，远小于 3.15），所以质量一定时，粉煤灰的体积比水泥约大 30%。在确定混凝土配合比时，一定要考虑到这点。与只含硅酸盐水泥的混凝土相比，细骨料用量通常要少。

表 13.1 粉煤灰混凝土抗压强度[13.14]

胶凝材料	不同龄期抗压强度（MPa）						
	1d	3d	7d	14d	28d	91d	365d
硅酸盐水泥	12.1	21.2	28.6	33.9	40.1	46.0	51.2
F 类粉煤灰，25%	7.1	13.9	19.4	24.3	30.3	39.8	47.3
C 类粉煤灰，25%	8.9	19.0	24.1	28.5	29.4	40.5	45.6

13.2.4 粉煤灰混凝土的耐久性

在第 10 章和第 11 章已经讨论过，选择混凝土拌合物组成时，必须要考虑各原材料对耐久性的影响。

由于粉煤灰早期水化速率较慢，因此，在相同水灰比条件下（胶凝材料用量一定），粉煤灰混凝土的早期渗透性比只含硅酸盐水泥的混凝土高。然而，随着时间的延迟，粉煤灰混凝土渗透性将降低[13.15]。因此，必须延长粉煤灰混凝土的养护时间。如果养护不充分，则粉煤灰掺量越高，混凝土表面吸附性越强[13.101]。养护不足对混凝土表面吸附性的影响更甚于对强度的影响。因此，混凝土遭受严重侵蚀时，仅考虑早龄期的强度并不足以评判粉煤灰混凝土的耐久性。

至于抗硫酸盐侵蚀，应注意的是，粉煤灰中的氧化铝和氧化钙也会引起硫酸盐反应。尤其是存在于粉煤灰玻璃相中时，氧化铝和氧化钙会源源不断提供反应物与硫酸盐反应，形成膨胀性钙矾石[13.25]。高硅/铝比很可能会降低遭受硫酸盐侵蚀破坏的风险[13.28]。

掺 F 类粉煤灰似乎可以提高混凝土的抗硫酸盐侵蚀性能，很可能是通过消耗液相中氢氧化钙来实现。粉煤灰的掺量一般为胶凝材料总质量的 25%～40%。现在还没有有关 C 类粉煤灰性质的可靠资料。事实上，C 类粉煤灰对抗硫酸盐侵蚀性能的影响也不清楚[13.18]。

试验表明，水灰比为 0.33、F 类粉煤灰掺量为 58% 的引气混凝土具有很好的抗冻性[13.30]。应注意的是，暴露于除冰盐环境中的混凝土，ACI 318-02 限制粉煤灰和其他火山灰活性材料的质量不得超过胶凝材料总质量的 25%，体积含量不得超过 20%，此时粉煤灰对引气混凝土的抗冻耐久性没有任何不利影响。C 类粉煤灰掺量较高时，发现抗冻性损失，可能是由于纤维状钙矾石向气孔迁移会增大硬化水泥浆的孔隙率[13.1]。

对于向粉煤灰混凝土中掺入引气剂，应牢记在前面已经讨论过的碳吸附问题。

Bilodeau 等研究发现[13.124]，当粉煤灰（F 类和 C 类）掺量较大时，会导致混凝土抗除冰盐侵蚀性能降低，而混凝土的抗冻性却依然很好。但这个论点目前还没有可靠的论证。

掺入粉煤灰后，硬化混凝土的渗透性会降低，因而混凝土的氯离子渗透会减小。即使 F 类粉煤灰掺量高达胶凝材料总质量的 60%，埋置于砂浆中的钢筋钝化膜仍未遭受破坏，即不存在遭受侵蚀的危险[13.24]。这在其他高掺量粉煤灰混凝土试验中也得到证实，粉煤灰掺量为 58%，水灰比为 0.27～0.39，结果发现混凝土具有良好的抗氯离子渗透性能[13.24]。

尽管如此，有些国家仍然禁止在预应力混凝土中使用粉煤灰[13.12]，认为粉煤灰中的碳可能导致预应力筋的应力腐蚀。

掺 F 类或 C 类粉煤灰不会影响、甚至可能还会提高混凝土的抗冲磨性能[13.31]。

拌合物中掺入足够的粉煤灰,有利于降低碱－骨料反应风险(见第 10 章),但具体作用机理相当复杂,还没有完全弄清楚。很可能是由于硬化水泥浆结构更加密实造成的,密实结构会阻碍离子迁移;也有可能是由于碱与粉煤灰优先反应造成的,这样就没有碱与骨料中的硅发生碱－骨料反应[13.28]。要指出的是,粉煤灰自身也含有碱,但通常仅有约 1/6 的碱是可溶的,因此,也只有这一部分碱具有潜在活性,而其余的都是固化在混凝土中。粉煤灰是否会向孔隙水中溶出部分碱,决定了所用水泥的碱度[13.27]。

粉煤灰不能抑制混凝土的碱－碳酸盐反应。

13.3　磨细高炉矿渣混凝土

矿渣硅酸盐水泥(见第 2 章)已经产生和应用了一个多世纪,但最近几年逐渐开始将硅酸盐水泥和细磨高炉矿渣直接加入混凝土中混合使用。这种方式的优点在于,可以任意调整硅酸盐水泥和磨细渣的比例;而缺点是需要在混凝土生产厂增加一个料仓。

由于矿渣是生铁矿石在开采过程中的副产品,因此控制生产过程可以保证这种材料的质量波动性较小。随后将矿渣进行破碎或粉磨;通常就采用“磨细”一词即将矿渣磨至任何想要的细度,但通常大于 $350m^2/kg$,即比硅酸盐水泥还细。增大粉磨细度会增加矿渣早期活性,偶尔也会用到细度超过 $500m^2/kg$ 的磨细矿渣[13.34]。

将磨细矿渣掺入混凝土中有以下优势:可以改善新拌混凝土的工作性;延缓水化热释放速度、降低最高温升;改善硬化水泥浆密实度,提高混凝土的长期强度和耐久性;不论硅酸盐水泥含碱量高低或骨料活性大小,都可以消除碱－硅酸反应风险[13.69]。

磨细矿渣的细度及其在胶凝材料总质量的掺量,取决于其在混凝土中的用途。

13.3.1　磨细矿渣对新拌混凝土性能的影响

掺入磨细矿渣可以改善拌合物工作性,增大流动度和黏聚性。这是因为此种胶凝材料颗粒更分散以及磨细矿渣表面特性作用的结果,矿渣颗粒表面光滑且在拌合时吸水较小[13.32]。然而,与只含硅酸盐水泥的混凝土相比,掺磨细矿渣的混凝土工作性对用水量变化的敏感性增加。当矿渣粉磨至较高细度,磨细矿渣可以减少混凝土的泌水。

有些研究报道,掺磨细矿渣拌合物的坍落度会有损失,但也有报道称坍落度损失较小[13.32]。

常温下,拌合物中掺入磨细矿渣会出现缓凝,通常缓凝约 30~60min[13.32]。

13.3.2　磨细矿渣混凝土的水化和强度发展

与仅用硅酸盐水泥相比,由于硅酸盐水泥与磨细矿渣混合后,硅的含量较高,石灰石含量更少,因此形成的 C-S-H 更多而氢氧化钙更少。从而导致硬化水泥浆的微观结构更加密实。然而,磨细矿渣初始水化极其缓慢,因为这取决于玻璃相被硅酸盐水泥水化释放出的 OH⁻ 离子溶解的速度。与掺火山灰活性材的复合水泥类似,磨细矿渣会与 $Ca(OH)_2$ 发生反应。

　　磨细矿渣在水化过程中会逐渐释放出碱，同时硅酸盐水泥水化生成氢氧化钙，从而导致磨细矿渣的水化会持续很长一段时间。因此，强度会呈现长期增长趋势（图 13.3）[13.132]。例如，Roy 曾引述[13.9]，经过 3d 龄期水化，8%～16% 磨细矿渣已经水化，28d 水化程度达到 30%～37%。但掺磨细矿渣会加快水泥的后期水化速率。因此，总的来讲，掺入磨细矿渣会降低水泥水化产生导致的温升。

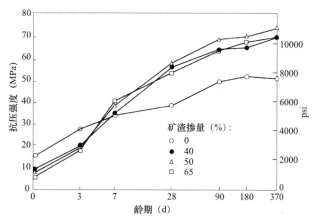

图 13.3　不同矿渣掺量对混凝土抗压强度的影响[13.132]
（经 ASTM 许可使用）

　　温度升高，碱的溶解度增加。因而温度较高时，磨细矿渣的活性显著提高。因此，可以对掺磨细矿渣混凝土进行蒸汽养护[13.123]。此外，与只含硅酸盐水泥的混凝土相比，早期高温养护对混凝土长期强度和渗透性的不良影响要小得多[13.2][13.33]。相反，当温度低于 10℃时，强度发展很慢，此时不推荐混凝土中使用磨细矿渣。

　　矿渣粉磨细得越细，强度增长越快，但这仅在水化后期，因为必须先激发磨细矿渣的活性。硅酸盐水泥越细，活性激发速度越快。

　　其他影响磨细矿渣活性的因素主要有化学组成（见第 2 章）及玻璃体含量。曾尝试采用"化学模量"或"水化指数"等指标来建立矿渣活性与化学组成的相关关系，但均存在局限性。矿渣的玻璃相含量要高，然而一定量的晶相也有利于提高矿渣的活性，因为这些晶相可用作水化晶核[13.125]。另外一个重要影响因素就是总胶凝材料中碱的浓度；因此，与给定矿渣混合的硅酸盐水泥的性能也是影响矿渣活性的因素之一。总的来说，在与较细且 C_3A 及碱含量较高的硅酸盐水泥复合使用时，混凝土强度发展较快[13.96]。

　　矿渣与硅酸盐水泥的比例也会影响混凝土的强度发展。对应于中等强度的混凝土，上限建议为比例为 1∶1，即矿渣掺量为胶凝材料总质量的 50%[13.123]；胶凝材料用量相同时，与只含硅酸盐水泥的混凝土相比，其早期强度必然更低。但在很多工程对混凝土的要求中，早期强度并不重要。掺入不同掺量矿渣的砂浆强度发展曲线见图 13.4，由图可知，从强度角度考虑，磨细矿渣的最佳掺量为 50% 左右[13.36]。有资料表明，磨细矿渣掺量为胶凝材料总量（300～420kg/m³）的 50%～75% 时，混凝土的强度发展也很快[13.35]。

　　本节前面已经提到，高温有利于提高掺磨细矿渣混凝土的强度。据此，应注意对于掺与不掺磨细矿渣的混凝土试件，经过标准养护后，其强度发展规律不一定符合实际情况。在实际混凝土生产中，由于硅酸盐水泥的初始水化快，温度迅速升高，因而强度发展要比标准试验试件快得多[13.69]。

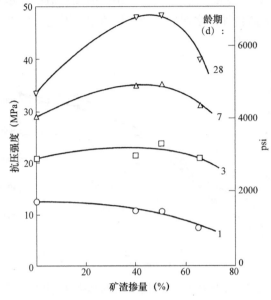

图 13.4 矿渣掺量对砂浆强度的影响[13.36]

延长掺磨细矿渣混凝土的湿养时间极其重要，因为胶凝体系的早期水化较慢，会形成大量的毛细孔隙，干燥时会失去水分。导致后期就不能进行继续水化。这方面可以参考日本推荐的养护制度，见表 13.2。

表 13.2　日本推荐的掺矿渣混凝土的养护制度[13.42]

空气温度（℃）	不同掺量的最短养护时间（d）		
	30%～40%	40%～55%	55%～70%
≥17	5	6	7
10～17	7	8	9
5～10	9	10	11

混凝土中掺入磨细矿渣并不会显著改变抗压强度与抗折强度或抗压强度与弹性模量之间的关系[13.42]。这方面也曾有过不同的报道，但任何特殊相关关系的假设都必须基于试验数据提出。掺磨细矿渣混凝土的早期收缩会增大[13.123]，但总的来说，掺磨细矿渣并不会对混凝土的收缩和徐变产生有害影响[13.42]。

有关掺磨细矿渣混凝土颜色的评价也很重要。磨细矿渣本身颜色比硅酸盐水泥浅，会影响到混凝土的颜色，尤其是高掺量时。另外混凝土浇筑几天后，由于矿渣中的硫化铁会发生反应，导致混凝土呈蓝色。随后硫被氧化，蓝色又会逐渐消失，这个过程通常需要几周的时间。但是如果混凝土早期是密封的或一直处于湿润状态，则可以防止氧化发生[13.42]。

13.3.3　磨细矿渣混凝土的耐久性

掺磨细矿渣砂浆试验表明，其渗水系数比硅酸盐水泥砂浆降低 100 倍[13.43]。同时，扩散系数也会显著降低，尤其是氯离子扩散系数[13.43]。

掺磨细矿渣混凝土试验也证实混凝土具有很好的抗氯离子渗透性能。Dauber[13.35] 和 Bakker[13.126] 也表明，当磨细矿渣掺量不低于胶凝材料总质量的 60% 且水灰比为 0.50 时，混凝土的氯离子扩散系数比只含硅酸盐水泥的混凝土至少小 10 倍。

与只含硅酸盐水泥浆相比，掺磨细矿渣的积极影响在于使水泥浆微观结构更加密实且大量的孔隙被 C-S-H 填充。

由于硅酸盐水泥磨细矿渣复合体系的微观结构得以改善，而且氢氧化钙的含量更低，因而混凝土的抗硫酸盐侵蚀性能也得以提高。Hooton 与 Emery 砂浆试验表明[13.128]，含 50% 磨细矿渣的复合水泥和 I 型硅酸盐水泥（C_3A 含量为 12%）均表现出与抗硫酸盐水泥（V 型）相同的抗硫酸盐性能。为了能有效发挥磨细矿渣的积极作用，磨细矿渣的掺量至少应为胶凝材料总质量的 50%，最佳掺量是 60%～70%。

掺磨细矿渣混凝土的低渗透性也有利于控制碱－骨料反应：可以显著降低孔溶液中碱的迁移，通过磨细矿渣的水化产物吸收游离碱来实现，尤其当高温时[13.36]。当采用潜在碱活性的硅质骨料或硅酸盐水泥含碱量达 1.0% 时，磨细矿渣的这种积极作用就显得至关重要。

抗冻性的情况有所不同。掺加磨细矿渣并制备混凝土，其抗冻性与只含硅酸盐水泥的混凝土相同。但是，掺入磨细矿渣对引气混凝土没有影响[13.31][13.123]。鉴于磨细矿渣对混凝土抗渗性的提高，但为什么掺入磨细矿渣却不能提高混凝土的抗冻性却并不清楚，而其机理与降低水灰比相同。因而要注意到，混凝土暴露于除冰盐环境时，ACI 318-08[13.116] 规定磨细矿渣的掺量不得超过胶凝材料总质量的 50%。当磨细矿渣与粉煤灰复掺时，两者的质量也不得超过胶凝材料总质量的 50%；其中粉煤灰的掺量不得超过 25%。

需要指出的是，为了使掺磨细矿渣的混凝土与只含硅酸盐水泥的混凝土达到相同的抗冻性，要求冻融循环开始前必须延长混凝土的湿养时间。

Virtanen 曾报道过[13.37]，拌合物中掺入磨细矿渣有利于提高混凝土的抗除冰盐剥落性能，但这还未经证实。

至于碳化，磨细矿渣的作用是两方面的。由于水化水泥浆中氢氧化钙较少，所以 CO_2 并不会被固定于混凝土表面附近区域，这样就不会形成 $CaCO_3$ 来填充孔隙。因此，早龄期混凝土的碳化深度要远大于只含硅酸盐水泥的混凝土[13.34]。相反，掺磨细矿渣混凝土经过养护后渗透性较低，会阻止碳化[13.37][13.43]。因此，除非掺量很高，磨细矿渣不会增加钢筋锈蚀（通过降低硬化水泥浆的碱度及除去钢筋钝化膜）的风险[13.32]。

13.4　硅灰混凝土

第 2 章已经介绍过硅灰的性能。尽管硅灰的价格相对较高，但其应用仍在不断增加。制备高强混凝土时，硅灰的作用尤其突出，这点本章后面会有介绍。本节会侧重讨论硅灰混凝土的主要性能。可以看到，英国标准和 ACI 均没有硅灰在混凝土中的应用规范（ACI 234R-96[13.159]

第一版已于 1996 年出版）。

在第 2 章也已经提到，硅灰与硅酸盐水泥的水化产物氢氧化钙反应的，它的活性很高。因此，可用硅灰取代少量硅酸盐水泥。以质量计，1 份硅灰可以替代 4 份，甚至 5 份硅酸盐水泥，常用的硅灰最高掺量为 3%～5%[13.40]。用于制备低强或中等强度混凝土时，混凝土强度不会受硅灰的影响。这是因为这种混凝土的水灰比一般较高或中等，也不必使用高效减水剂。硅灰部分取代水泥还能够减少泌水、改善拌合物的黏聚性。但是，硅灰只能在某些特殊地区和特殊部位混凝土中才能大量使用，那里的硅灰供应充足（见第 2 章）。

现在，硅灰广泛应用于制备高强高性能混凝土，高性能主要是指高早强或低渗透性。硅灰的积极作用不仅是火山灰活性反应，还有极细颗粒位于骨料颗粒表面（即骨料与水泥浆界面），这一区域就是混凝土薄弱区，原因在于壁模效应会阻碍硅酸盐水泥颗粒紧密包裹骨料颗粒表面，而硅灰颗粒具有很好包裹作用，因为硅灰颗粒通常比硅酸盐水泥颗粒细 100 倍。由于硅灰很细，因而可以减少泌水，从而粗骨料下发不会有截留的泌水。因此，与不掺硅灰的混凝土相比，界面区孔隙率降低。随后，硅灰的火山灰反应会进一步降低界面区的孔隙率，因此，界面区结构显著增强，强度或渗透性均因此改善。

上述讨论解释了为什么硅灰掺量较低时（比如胶凝材料总质量的 5%），不会导致混凝土的强度提高，即硅灰不足以包裹所有粗骨料颗粒的表面。当硅灰掺量超过 10% 时，其有利作用也只是略有增加，因为多余的硅灰不会存在于骨料表面。有必要指出，硅灰的有利作用仅限于硬化水泥浆的界面区，在水泥净浆中并非如此，因为没有骨料，也就不存在界面区；这一点已被 Scrivener 等研究证实[13.5]。

13.4.1　硅灰对新拌混凝土性能的影响

硅灰必须充分均匀地分散于拌合物中。为此应延长搅拌时间，尤其是硅灰以致密小球形式掺加时。投料的顺序十分关键，最好根据经验得出。

硅灰颗粒表面积很大，因此必须全部润湿，这样会增加需水量，水灰比较低时必须加入高效减水剂。这样才能保证工作性能要求。

掺入硅灰可以提高高效减水剂的减水率。例如，拌合物坍落度为 120mm，掺入一定量高效减水剂后，只含硅酸盐水泥的混凝土的减水量为 $10kg/m^3$。当硅灰的掺入量为胶凝材料总质量的 10% 时，相同的高效减水剂掺量能够维持相同的坍落度。若不掺高效减水剂，拌合物中掺入硅灰时需水量增加 $40kg/m^3$ [13.122]。因此，硅灰和高效减水剂复掺是有利的，而且在工作性一定时，可以降低水灰比[13.39]。低水灰比会提高混凝土的强度，且强度增长幅度大于单独火山灰作用的贡献。但相对而言，低水灰比对强度的贡献小于硅灰对强度的贡献[13.5]。

要注意的是，不论是否掺硅灰，抗压强度与水胶比的关系曲线均保持不变，但水灰比相同时，硅灰混凝土的强度更高。硅灰掺量分别为胶凝材料总质量的 8% 和 16% 时，100mm 立方体混凝土试件的 28d 抗压强度与水胶比的关系曲线见图 13.5。图中也绘出了只含硅酸盐水泥的混凝土的关系曲线。硅灰对新拌混凝土的性能有显著影响。拌合物的黏聚性很高，因此泌水很少，甚至没有泌水。如果不采取预防措施，泌水会导致混凝土出现塑性收缩裂缝。同时，也不会出现截留泌水造成的空隙。

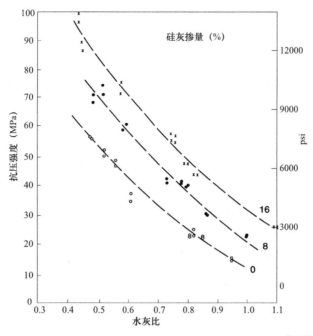

图 13.5　掺硅灰混凝土抗压强度与水灰比之间的关系[13.62]

拌合物的黏聚性会影响坍落度，因此，为了保证两种拌合物具有相同的密实度，掺硅灰的混凝土坍落度要比只含硅酸盐水泥拌合物高 25~50mm[13.55][13.57]。胶凝材料用量很大时，拌合物会比较"黏稠"，坍落度筒不易提起。因此，不宜进行坍落度试验，建议采用流动度试验[13.38]。不应误解"黏稠"特性，一旦进行振捣，拌合物又会"流动"起来。但是，为了避免拌合物过于黏稠，细骨料颗粒为棱角型时推荐用水量应不低于 150kg/m³，而细骨料为偏圆形时推荐用水量不得低于 130kg/m³[13.99]。

硅灰混凝土的黏聚性有利于其应用于泵送混凝土和水下不分散混凝土，还可用于高流态混凝土[13.55]（见第 5 章）。引气剂引入的气泡会稳定存在[13.57]，但考虑到硅灰颗粒极细，因而需提高引气剂掺量。另外，掺入高效减水剂时，在获得适宜的气-孔体系时也会有一些问题（掺硅灰拌合物即是如此）。

总的来说，还没有硅灰与外加剂不相容的相关报道。可以看出，拌合物中掺入硅灰后，木质素磺酸盐外加剂的缓凝作用会减小。因此，这些外加剂的掺量可以更高，并不会导致过分缓凝[13.55]。

13.4.2　硅灰混凝土的水化和强度发展

除了硅灰中的活性二氧化硅与硅酸盐水泥的水化产物氢氧化钙发生火山灰反应之外，硅灰还会促进硅酸盐水泥的水化。促进作用主要来源于硅灰的极细颗粒会起到氢氧化钙晶核的作用。因此，早强强度增长较快。

硅灰会在几分钟内溶解于氢氧化钙的饱和溶液中[13.9]。因此，一旦足量的硅酸盐水泥水化在孔隙水中形成氢氧化钙的饱和溶液，在硅灰颗粒表面就有 C-S-H 形成。起初，水化反应进行得很快。例如，硅灰掺量为胶凝材料总质量的 10% 时，经过 1d 水化，一半的硅灰会参与反应，3d 内有 2/3 的硅灰参与反应。但此后的反应进行得极其缓慢，在水化龄期 90d，仅 3/4 的硅灰已完全水化[13.8]。

拌合物中复掺硅灰和磨细矿渣，也有利于促进硅酸盐水泥的水化[13.46]。

硅灰混凝土的早期快速水化将导致混凝土水化热可能与使用快硬硅酸盐水泥（Ⅲ型）时一样高[13.9]。

约龄期 3 个月后，硅灰混凝土的性能主要取决于放置混凝土的湿养条件。试验研究表明，硅灰掺量为胶凝材料总质量的 10% 且水灰比分别为 0.25、0.30 和 0.40 时，经过 3.5 年水化，湿养混凝土的抗压强度仍有小幅度增长[13.58]。室内试件试验表明，在干燥环境下储存约 3 个月，混凝土强度出现倒缩，比强度峰值降低约 12%[13.58]。但硅灰混凝土芯样发现，10 年之内芯样强度没有出现倒缩[13.47]。这一发现极其重要，说明湿环境对测试试件性能的影响可能存在偏差[13.56]。

与纯硅酸盐水泥生成的 C-S-H 相比，硅灰水化形成的 C-S-H 的 C/S 比更低。有研究表明，硅灰水化产物的 C/S 比可能低至 1。胶凝材料中硅灰掺量越高，C/S 比越低[13.41]。

硅灰的早期高活性，将使拌合水快速被消耗，即会出现自干燥[13.49]。同时，水泥浆的微结构密实使水分很难从外部向未水化水泥颗粒或硅灰颗粒渗透。因此，硅灰混凝土的强度增长会比只含硅酸盐水泥的混凝土更早终止；部分试验见数据表 13.3[13.49]，由表可知，56d 后混凝土强度停止增长。表 13.3 所示数据对应的拌合物胶凝材料总用量为 400kg/m³，水泥为抗硫酸盐水泥（Ⅴ型），硅灰掺量分别为胶凝材料总质量的 10%、15% 和 20%，水灰比为 0.36；混凝土试件湿养。

硅灰主要通过填充密实作用来提高混凝土的早期（7d）强度，即硅灰可用作填料，以改善水泥石与骨料的界面区[13.45]。这样可以显著增强水化水泥浆与骨料尤其是大颗粒骨料的黏结作用[13.50]，骨料能更好地传递应力。关于硅灰的作用也有人持有异议[13.44]，但他们更侧重于关注具体的服役环境而不是硅灰的自身特性。

表 13.3 掺硅灰混凝土圆柱体试件的强度发展[13.49]

龄期	不同硅灰掺量的混凝土抗压强度（MPa）			
	0	10%	15%	20%
1d	26	25	28	27
7d	45	60	63	65
28d	56	71	75	74
56d	64	74	76	73
91d	63	78	73	74
182d	73	73	71	78
1 年	79	77	70	80
2 年	86	82	71	82
3 年	88	90	85	88
5 年	86	80	67	70

掺入一定量的硅灰会通过密实填充作用来提高混凝土的强度，界面效应应随时间发展而保持不变。这不同于火山灰活性效应，后者会持续进行。事实上，硅灰掺量一定时，混凝土7～28d 的强度增长幅度与7d 强度值无关[13.59]。但硅灰对强度（如28d 强度）的贡献率随硅灰掺量的增加（增长至某一极限值）而增大。混凝土28d 强度约为20～80MPa 时，硅灰掺量为10% 时，强度提高7MPa；硅灰掺量为20% 时，强度提高12MPa[13.59]。

由于拌合物中硅灰掺量与混凝土强度存在这样的关系，因此科研人员试图提出一个"有效参数"来表征硅灰对强度的影响。也曾使用硅灰混凝土其他性能用作有效参数，如渗透系数[13.55]。参数各不相同，而且所用硅酸盐水泥的性能也会影响硅灰的作用，因此，建立"有效参数"并不是行之有效的方式。

硅灰的持续火山灰活性效应将降低水化水泥浆的孔径。硅灰与抗硫酸盐水泥（Ⅴ型）混合使用时，水化水泥浆的极细孔隙如表13.4 所示，试验数据采用压汞法测得。由表可知，相对于只含抗硫酸盐水泥（Ⅴ型）的浆体，掺硅灰的水泥浆的总孔隙率降幅较小[13.49]。由此可见，硅灰的主要作用是降低水化水泥浆的渗透性，而不一定降低总孔隙率。尽管掺入10%（占胶凝材料总质量）的硅灰有利于改善孔结构，但硅灰掺量继续增大，改善效果很小。这与早前试验结果一致：超过包裹骨料表面及填充硅酸盐水泥颗粒间空隙的硅灰用量，没有任何作用。

表 13.4 含抗硫酸盐水泥和硅灰的砂浆孔结构特征[13.49]

湿养时间（d）	不同硅灰掺量下总孔隙率（%）			
	0	10%	15%	20%
7	16.0	14.3	13.7	13.0
28	14.7	13.4	12.9	11.7
91	14.3	13.3	11.7	10.6
182	10.8	10.8	9.6	8.6
365	10.7	9.5	10.5	9.1
湿养时间（d）	孔径大于 0.05μm 的孔隙体积（%）			
7	8.5	3.0	2.7	2.0
28	6.3	2.8	2.2	2.3
91	7.5	2.8	1.8	1.7
182	5.3	3.2	2.4	2.3
365	5.1	2.1	2.5	2.0

和所有火山灰反应一样，必须延长硅灰混凝土的湿养时间，尤其是考虑到硅灰对混凝土3～28d 的强度贡献[13.55]。奇怪的是，掺硅灰砂浆试验表明，延长湿养对抗折强度的贡献作用比抗压强度小得多[13.89]。但还不能证实这个结论。就不同的养护而言，混凝土抗拉强度或抗折强度与抗压强度的关系不受是否掺入硅灰的影响[13.55][13.99]。

强度一定时，硅灰混凝土的弹性模量比只含硅酸盐水泥的混凝土略高一点[13.55]。有研究报道表明，硅灰混凝土的脆性更大，但这点尚未证实[13.55]。

13.4.3 硅灰混凝土的耐久性

在前面章节中，我们从水化反应的角度探讨了充分养护对硅灰混凝土的重要性。至于耐久性，应注意提前水化会降低渗透性；如前所述，充分养护极其重要。一般来说，混凝土强度相同时，延长养护龄期，硅灰混凝土渗透性的降低幅度大于只含硅酸盐水泥的混凝土[13.127]。

此外，理想的最短养护时间还取决于温度。低温会延缓水化进程，掺硅灰后延缓效应更明显。然而，随后温度升高，开始正常水化反应[13.121]，且温升产生的反应加速现象在只含硅酸盐水泥的混凝土中更明显[13.55]。另外，掺入硅灰后，更高温度对孔结构的不利影响更小[13.127]。

特别要注意的是，养护不足对碳化产生不利影响更大[13.55]。

与水化水泥浆试验相比，硅灰对混凝土渗透性的影响更为显著，这是因为硅灰不仅能降低混凝土中水泥浆的渗透性，还能降低骨料周围过渡区的渗透性[13.57]。硅灰对混凝土渗透性的影响很大，Khaya 与 Aitcin[13.57] 曾报道，硅灰掺量为 5% 时，渗透系数降低 3 个数量级。因此，相对而言，硅灰对渗透性的影响比抗压强度大得多。

渗透性降低直接导致抗氯离子渗透性能提高。即使所用硅酸盐水泥中 C_3A 的含量高达14%，当硅灰掺量为胶凝材料总质量的 5%～10% 时，仍可显著减少氯离子向混凝土的传输[13.48][13.138]。ACI 318-08[13.116] 规定，当混凝土暴露于除冰盐环境时，硅灰的极限掺量为10%。掺入硅灰可降低水泥浆中氯化物的扩散系数，且与水胶比极小时相比，水泥浆水胶比大于 0.4 时扩散系数降幅更大[13.51]。对于水胶比极低的水泥浆，即使不掺硅灰，水化水泥浆的扩散系数也很小。

硅灰混凝土的抗硫酸盐性能很好，一方面是由于渗透性较低，另一方面是由于氢氧化钙和铝相含量较少（结合在 C-S-H 中）。砂浆试验结果表明，硅灰也有利于提高抗氯化镁、氯化钠和氯化钙侵蚀性能[13.52]。前面讨论了火山灰活性材对控制膨胀性碱-硅反应的作用。在这一方面，硅灰的作用尤其明显[13.53]。要补充一下，硅灰水化产物的 C/S 比更低，有利于提高这些产物吸收碱或铝等离子的能力[13.55]。

至于抗冻性，有些研究者报道[13.61]，与只含硅酸盐水泥的混凝土相比，掺硅灰的引气混凝土的抗冻性较差。可以这样解释：引入足够空气时，硅灰混凝土的气-孔间距参数较大，同时，水化水泥浆的密实结构会阻碍水分迁移。相反还有一些研究者发现硅灰混凝土具有较好的抗冻耐久性和抗除冰盐剥落性能。现场混凝土的试验结果各异[13.37]。

为了解决这种互相矛盾的说法，要求对试验过程有详细的了解，包括测试龄期时混凝土的成熟度和湿养条件。事实上，硅灰对混凝土抗冻耐久性的影响十分复杂，经过一段时间湿养后，水化水泥浆的孔径变小，因而孔隙水的冰点降低。在混凝土内部，自干燥很有可能将含水量降至临界饱和度以下，因此结冰不会导致破坏。孔结构改善后，经过干燥的混凝土很难再饱和[13.88]。相反，密实浆体的渗透性很低，不容许水分从结冰孔隙快速迁移至气孔。因此，快速冻结会导致破坏[13.57]。

上述讨论表明，很难简单地概括硅灰对混凝土抗冻性，甚至是抗除冰盐剥落性能的影响，这很大程度上取决于试验所用的混凝土，而且还与冻融前的养护及温度的变化速率有关。因此，出现相互矛盾的试验结果就并不奇怪，本书将其列举意义并不大。从实用角度来看，能得出的唯一结论是必须对推荐使用的混凝土进行试验，必须依据混凝土的预期暴露条件对试验结果进行分析。

由于硅灰会降低孔隙水的碱含量，孔隙水的pH值更低。由硅酸盐水泥制备的高碱（pH值为13.9）水泥浆试验结果显示。拌合物中硅灰掺量为10%时，pH值降低0.5；硅灰掺量为20%时，pH值降低1.0[13.139]。对于后者，pH值仍达12.9。Havdahl与Hustnes[13.129]研究证实，pH值会一直大于12.5。因此，掺加硅灰后的混凝土碱度仍然足以防止钢筋锈蚀[13.55]。

混凝土中的硅灰也有利于提高混凝土的抗冲磨性能，因为消除泌水后不会形成薄弱层，也能改善水化水泥浆与粗骨料间的黏结；因此，也就不会出现搓动磨损和颗粒松动现象[13.49]。

硅灰混凝土的干缩较大，通常比只含硅酸盐水泥的混凝土高约15%[13.49]。

在第2章提到，有些硅灰颜色较深。这也会影响混凝土的颜色。然而，一周后颜色又会变浅，但具体原因仍不清楚[13.55]。

13.5 高性能混凝土

高性能混凝土并不是一种全新的材料，也没有掺入某种新的组分，而是在前文介绍的混凝土的基础上的对混凝土科学的一次系统性的发展。

"高性能混凝土"一词带有明显的广告色彩。原来称为"高强混凝土"，虽然它早期强度、28d甚至后期强度都很高，但很多情况下，要求的是高耐久性。在一些应用中，高弹性模量也是要求的性能之一。

至于强度，应注意到，这些年来"高强"一词的意义已经有了很大的变化：以前40MPa就认为是高强；后来60MPa被视为高强混凝土。本书中，以强度表示时，以抗压强度超过80MPa为衡量标准。过去认为在这些高强混凝土中，立方体与圆柱体试件的强度差别很小，因此，除实际应用外，这两者的区别并不重要。高性能混凝土的试验方法见下文。

关于命名还要再补充说明一下。有些出版物将高性能混凝土根据强度还作了进一步划分，冠以诸如"超高性能混凝土"之类的名称。对于混凝土这种性能等级连续而组成材料不连续的材料，这种做法似乎不太妥当。

高性能混凝土包含下列组成材料：高品质骨料；普通硅酸盐水泥（Ⅰ型）（要求早强时，也会用到Ⅲ型快硬水泥），用量可达450～550kg/m³；硅灰，一般为胶凝材料总质量的5%～15%；有时也会用到其他的辅助胶凝材料，如粉煤灰或磨细高炉矿渣；高效减水剂，高效减水剂的掺量较高：每立方米（m³）混凝土掺5～15L，掺量取决于高效减水剂的含固量及其减水率等特性。高效减水剂在这个掺量范围内，可以减少用水量约45～75kg/m³[13.79]。通常还会根据混凝土的应用，掺加如引气剂等其他外加剂，但聚合物、环氧树脂、纤维等不在本书论述范围之列。尽管特别要求加强湿养，但高性能混凝土还是建议使用常规方法进行浇筑和养护。要使混凝土达到高性能状态，其中一点就是要求较低水胶比，通常小于0.35，一般在0.25左右，偶尔甚至低于0.20。

通过上述讨论可以清楚地知道，本章先前所说的含硅灰和高效减水剂的混凝土，也属于高性能混凝土的范畴，但后者水灰比更低，因此强度、耐久性等性能更好。事实上，高性能混凝土被视为掺加硅灰和高效减水剂混凝土的最终成果体现。例如，水灰比介于 0.2～0.3 时，混凝土的坍落度可以达到 180～200mm；同样用水量为 170～200kg/m³ 的未引气普通混凝土，拌合物坍落度一般为 100～120mm，而达到同样坍落度时，高性能混凝土的用水量为仅为 130～140kg/m³。

前面提到，高性能混凝土是指混凝土具有高强度或低渗透性。尽管并不一定要求这两种性能同时满足，但这两者相关，因为高强度要求低孔隙率，特别是大孔要少。获得低孔隙率的唯一方法就是拌合物中掺入粉磨极细的颗粒，掺硅灰可以做到，硅灰可以填充水泥颗粒间及骨料与水泥颗粒间的空隙。但拌合物必须具有一定的工作性，可使固体颗粒均匀分散、结构充分密实，这就要求水泥颗粒必须呈解絮状态。通过高掺高效减水剂可以做到这一点。但高效减水剂与给定的硅酸盐水泥混合使用时必须兼容。

满足上述条件后，就可以配制高性能混凝土。混凝土非常密实，且毛细孔体积最小，经过养护，这些孔隙会被隔断。与此同时，还有大量硅酸盐水泥未水化，即使混凝土与水直接接触也是如此，因为水不能穿过孔隙向未水化水泥颗粒渗透。这些未水化颗粒就被视为"超细骨料"，与水化产物紧密黏结在一起。

13.5.1 高性能混凝土的骨料

尽管普通骨料也可用于制备高性能混凝土，但当混凝土的强度很高时，粗骨料的自身强度也很重要。因此，母岩的强度非常重要，但骨料颗粒间的黏结强度也是制约因素[13.91]。研究表明，粗骨料的矿物组成会影响混凝土的强度，但目前还没有高性能混凝土骨料如何选用的指南或规范[13.64]。

当对混凝土的长期强度有要求时，骨料强度非常重要。如果要求高性能混凝土仅早强（如 2d 时 40MPa）但对长期强度没有要求时，骨料的强度就不重要了。

但一般要求使用优质骨料。为了确保骨料与基体之间黏结牢固，骨料颗粒应大小均匀[13.78]。破碎骨料的颗粒形状不仅与母岩种类和岩床有关，还与破碎方法有关，冲击破碎机通常生产出长形或片状骨料。就形状而言，砾石可用于制备高性能混凝土[13.78]，但如果骨料表面非常光滑，则骨料－水泥浆的黏结就不够牢固。

一定要保持骨料清洁，表面没有粉尘且破碎均匀。当混凝土很有可能会暴露于冻融环境时，粗骨料的抗冻性至关重要。

细骨料颗粒应该是圆形的且级配均匀，但要相对较粗些，因为高性能混凝土中拌合物的细颗粒含量较高；通常推荐细骨料细度模数为 2.8～3.2[13.131]。然而，根据高性能混凝土所用骨料范围来看，细骨料与粗骨料都一般采用"就地取材"的方式，因此无法提出不同骨料的要求。

关于固相颗粒体系还要再补充一下。选用粗骨料时，大颗粒骨料不可取，因为会导致界面区出现非均质现象，即骨料与周围水化水泥浆的弹性模量、泊松比、收缩、徐变和热学性能等不一致。相对于最大粒径小于 10mm 或 12mm 的骨料，采用粒径较大的骨料性能不一致更易导致界面区出现微裂纹。尽管降低骨料的最大粒径会导致需水量增加，然而考虑到使用高效减水剂，因此拌合物的用水量仍然较低。

骨料的最大粒径减小，则总表面积增大，也就意味着骨料间的黏结应力减小，这样就不会出现黏结破坏。因而在抗压试验时，会出现贯穿粗骨料或硬化水泥浆的破坏。高性能混凝土抗折试验时，也可观察到裂缝贯穿粗骨料的发展过程[13.70]。这就意味着，黏结强度不应低于骨料的抗拉强度。

粗骨料的弹性模量对高性能混凝土强度的影响尚不清楚，但有关低弹性模量骨料（骨料弹性模量与硬化水泥浆相差不大）会导致其与水泥石黏结应力降低的说法（由于混凝土的整体性）还值得商榷。

13.5.2 高性能混凝土拌合物

高性能混凝土的配合比的三个特点，即高水泥用量、低用水量和高效减水剂，会影响混凝土拌合物的性能，其影响方式不同于普通混凝土拌合物。

首先，配料和搅拌需要特别注意。鉴于充分搅拌的重要性，装料时的量一般为搅拌机额定容量的 2/3 甚至 1/2[13.98]。为了保证较为黏稠拌合物的匀质性，拌合时间比平时要稍微延长，推荐时长为 90s[13.93]，也可以适当延长拌合时间。

建议反复试验来确定投料顺序。首先加入部分水和 1/2 的高效减水剂；其次是骨料和水泥；最后是剩余的水和高效减水剂。通常仅在混凝土出机之前才会将剩余高效减水剂加进去。水灰比为 0.25，搅拌 225s，投料顺序对混凝土坍落度损失的影响曲线见图 13.6[13.81]。使用了三种投料顺序：（A）所有材料一次性全部投入；（B）其他材料投入之前先将水泥与水拌合均匀；（C）其他材料投入之前先将水泥与细骨料拌合均匀。方法 A 的坍落度损失最小，但这个观点未被更多的试验证实。

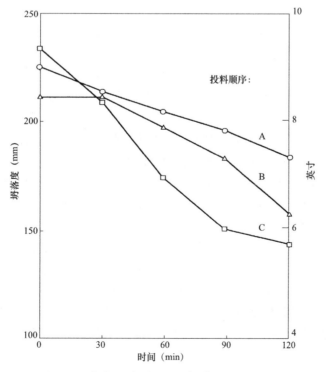

图 13.6 投料顺序对混凝土坍落度损失的影响
（水灰比为 0.25，掺高效减水剂）[13.81]

为了优化高性能混凝土的凝结时间和早期强度发展，要求高效减水剂与木质素磺酸盐减水剂或缓凝剂复合使用[13.55]。

为了保证拌合物的工作性，有些高效减水剂必须尽早投入搅拌机。何时投入剩余部分高效减水剂也很重要。必须保证高效减水剂不会被硅酸盐水泥的 C_3A 固定，这样就不能维持较高的工作性。如果硅酸盐水泥中的硫酸钙不能很快释放出 SO_4^{2-} 与 C_3A 反应，则高效减水剂将被固化。因此，确保所用的高效减水剂与硅酸盐水泥相容，从而避免高效减水剂与 C_3A 反应，这一点十分重要；这一问题下节再讨论。

还要再补充一下。所用硅灰的含碳量会影响需水量；硅灰颜色较深就可简单判断出其含碳量较高[13.68]。

13.5.3 硅酸盐水泥与高效减水剂的相容性

上一节指出，如果高效减水剂被硅酸盐水泥的 C_3A 固定，则很难维持足够的工作性。一旦发生这种现象，就认为这两种材料不相容。反之，如果工作性保持良好，则认为硅酸盐水泥与高效减水剂相容。尽管在普通混凝土中也存在水泥与外加剂的相容性问题，但在高性能混凝土中，由于各组成材料为了表面湿润和早期水化会相互争夺水，因此低用水量极大地放大了相容性不足的不利影响。当容纳硫酸根离子的水较少，与此同时 C_3A 较高时（高水泥用量，为保证工作性就必须控制 C_3A 的反应），则硫酸钙的溶解速率就极其关键。因此，用上述材料进行试验，水灰比约为 0.5 时，得到的试验结果对水灰比约为 0.25 时的相关性能没有借鉴作用。

问题的本质是拌合后时间的长短，在硅酸盐水泥释放出 SO_4^{2-} 离子与 C_3A 反应之前，高效减水剂分子的磺化端没有被固定。在第 1 章已经讨论过硅酸盐水泥中硫酸钙的各种形式，要记住石膏、半水石膏和硬石膏的溶解速率是不同的。硬石膏的溶解度与其结构及来源有关。

就高效减水剂的种类和掺量而言，均会影响硫酸钙的溶解度和溶解速率。根据现有知识，还不能根据这些参数来预测材料是否兼容，而必须对给定的硅酸盐水泥和高效减水剂进行试验，评价其流变性能。

然而，可以认为影响相容性的主要参数有如下几种[13.79]。对于水泥，有 C_3A 和 C_4AF 的含量、C_3A 的活性（取决于结构形态及熟料的磺化程度）、硫酸钙含量、磨细水泥中硫酸钙的最终形态（及石膏、半水石膏或硬石膏）等。对于高效减水剂，重要参数有分子链的长度、分子链中磺化基因的位置、反离子的种类（即钠盐或钙盐）以及是否存在残余硫酸盐（会影响水泥的解絮特性）等。

在这些参数的基础上，可以从流变学的角度假定配制高性能混凝土的理想水泥应该：不要太细（根据 Blain 法，细度不到 400m^2/kg）、C_3A 的含量很低（此时，水泥中硫酸盐溶液释放出的硫酸根离子能轻易控制 C_3A 的反应活性）。理想的高效减水剂应该含有较长的分子链，例如在磺酸盐甲醛及萘磺酸钠盐中磺化基团应占据 β 位置。至于高效减水剂中的残余含硫量，与水泥中硫酸盐的含量及溶解度有关，拌合物中必须要有足量的可溶性硫酸盐[13.79]。

根据上文的结论，就可以剔除不合适的水泥和高效减水剂。下一步就是开展实验室试验，对不同品种的水泥和高效减水剂进行反复试验，从流变性角度确定最佳组合。

对给定水泥和高效减水剂进行试验，用定量水泥净浆流过标准漏斗（Marsh 锥形漏斗）

所需的时间来衡量其相容性。饱和点以内，所需时长随高效减水剂掺量增加而减小；之后继续增加高效减水剂的掺量，收效甚微，当水泥净浆的测试时间推迟时，则流尽试锥所需时间延长；这也意味着工作损失。硅酸盐水泥与高效减水剂相容时，5min 和 60min 测试的工作性损失很小；同时也存在某一饱和点，超过该饱和点继续掺加高效减水剂效果不大（图 13.7）[13.63]。

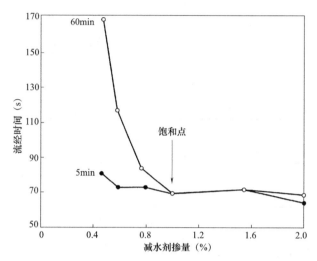

图 13.7　水灰比为 0.35 的水泥净浆流经 Marsh 试锥的时间 [13.63]

净浆试验大大缩小了与一种或两种高效减水剂相容的水泥种类。最后确定水泥和高效减水剂种类时，必须对混凝土进行试拌，只有这样才能提供真实、可靠的坍落度损失和强度发展数据。

13.5.4　硬化高性能混凝土

由于高性能混凝土既没有现行标准也没有典型的指导配合比，因此有必要列举几个经过论证可行的配合比，见表 13.5。这几种配合比中，除了硅酸盐水泥和硅灰，还包括其他的辅助胶凝材料。采用这些胶凝材料经济性突出，一方面是由于比硅酸盐水泥便宜，同时还减小了高效减水剂的掺量 [13.79]。

表 13.5　典型的高性能混凝土配合比 *

组成（kg/m³）	拌合物								
	A	B	C	D	E	F	G	H	I
硅酸盐水泥	534	500	315	513	163	228	425	450	460
硅灰	40	30	36	43	54	46	40	45	—
粉煤灰	59	—	—	—	—	—	—	—	—
矿渣	—	—	137	—	325	182	—	—	—
细骨料	623	700	745	685	730	800	755	736	780
粗骨料	1069	1100	1130	1080	1100	1110	1045	1118	1080

续表

组成（kg/m³）	拌合物								
	A	B	C	D	E	F	G	H	I
总用水量	139	143	150	139	136	138	175**	143	138
水胶比	0.22	0.27	0.31	0.25	0.25	0.30	0.38	0.29	0.30
坍落度（mm）	255	—	—	—	200	220	230	230	110
龄期（d）	圆柱体试件抗压强度（MPa）								
1	—	—	—	—	13	19	—	35	36
2	—	—	—	65	—	—	—	—	—
7	—	—	67	91	72	62	—	68	—
28	—	93	83	119	114	105	95	111	83
56	124	—	—	—	—	—	—	—	—
91	—	107	93	145	126	121	105	—	89
365	—	—	—	—	136	126	—	—	—

* 配合比信息：（A）美国[13.97]；（B、C）加拿大[13.79]；（D）美国[13.79]；（E、F）加拿大[13.95]；（G）摩洛哥[13.82]；（H）法国[13.83]；（I）加拿大[13.135]。

** 高用水量可能与摩洛哥的较高温度有关。

表 13.5 中的配合比 E 尤其值得关注，其水灰比为 0.25，胶凝材料用量为 542kg/m³，其中硅酸盐水泥仅有 30%，硅灰掺量为 10%。28d 抗压强度为 114MPa，而 1 年强度高达 136MPa。值得一提的是，高性能混凝土的商业化生产，要求制订一套严格的、可执行的质量控制体系。

在刚开始讨论高性能混凝土时，就说过高性能混凝土仅仅是对于普通混凝土的延伸和拓展。强度与水灰比之间的广义关系的连续特性就证实了这一点，如图 13.8 所示。此图是基于 Fiorato 的试验数据绘制的[13.54]，采用圆柱体试件进行试验，以不同方式养护 28d 后进行测试；硅灰掺量为零时的混凝土坍落度试验结果已经被剔除。

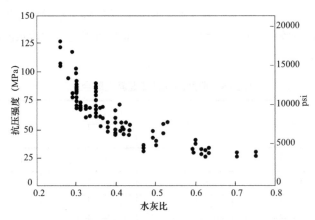

图 13.8 含不同胶凝材料混凝土抗压强度与水灰比的关系，使用非引气混凝土圆柱体试件，龄期介于 28d 到 105d[13.54]

高性能混凝土是一种全新的混凝土，有必要弄清楚混凝土强度是否会倒缩。混凝土（28d

抗压强度为 85MPa）圆柱体芯样的试验结果显示，2 年或 4 年后强度并无变化[13.74]。曾报道干燥环境下存放龄期为 90d 和 4 年之间的混凝土芯样试件强度出现倒缩，可解释为圆柱体试件表面干燥过程中产生的自反应力所致[13.56]，在结构混凝土中不会发生这种干燥情况。

还没有高性能混凝土的断裂模量或劈拉强度与抗压强度之间相关关系的资料，但 ACI 363R-92[13.91] 给出的关系式适用于强度小于 83MPa 的混凝土[13.72]。对于抗压强度超过 100MPa 的混凝土，断裂模量和抗拉强度似乎没有进一步的增长。

对于既早强又具有较高抗压强度的高性能混凝土，由于水化产物数量有限，骨料与水泥石也可能没有完全粘牢，因此，这种混凝土的抗折强度和弹性模量很可能要比根据这些性能与抗压强度的常用关系式推导的值低[13.99]。

高性能混凝土的弹性模量尤其值得关注。由于高性能混凝土中硬化水泥浆与骨料的弹模之差比中等强度混凝土小，所以高性能混凝土整体性更好且骨料－水泥石界面区强度更高。因此，微裂纹数量减少，应力－应变曲线的线性部分一直可以延伸至破坏应力的 85% 左右，甚至更高（图 13.9）。随后发生的破坏可能贯穿粗骨料颗粒也可能贯穿水泥石。当粗骨料颗粒不能再阻止裂缝开展，迅速破坏。

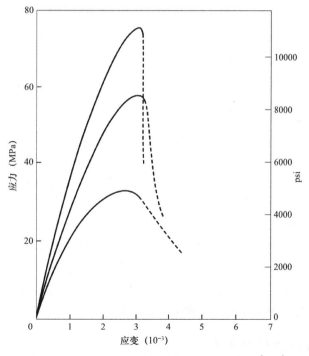

图 13.9　不同强度混凝土的应力－应变曲线[13.71]

混凝土弹性模量 E_c 与 28d 抗压强度的相关关系，可表达为[13.91]：

$$E_c = 3320\sqrt{f_c'} + 6900$$

该式中，单位均为 MPa。

当混凝土强度超过 80MPa 时，这一表达式是否适用尚未可知。通常，在超高强情况下，弹性模量低于上述表达式的外推值。强度为 75～140MPa 时（源于日本试验数据），混凝土的弹性模量如图 13.10 所示[13.81]。

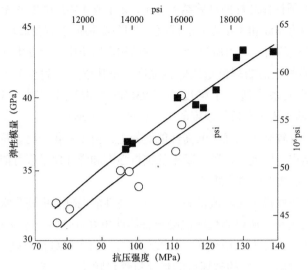

图 13.10　水灰比为 0.25 的高强混凝土弹性模量与抗压强度的关系[13.81]

由于粗骨料与水泥石黏结良好，因而骨料的弹性性能对混凝土的弹性模量影响很大[13.73]。因此，与普通混凝土相比，高性能混凝土的弹性模量与强度相关关系的连续性要差得多；即使不考虑所用关系的特殊性，亦是如此[13.73]。相应地，如果用于结构设计，则高性能混凝土弹性模量不应简单视之为抗压强度的函数。

13.5.5　高性能混凝土的试验方法

如果采用标准抗压试件进行试验，即 ϕ150mm×300mm 圆柱体或 150mm 立方体试件，则试验机的量程将不再满足；由于不能超过额定加载能力的 80%[13.131]，因而要求加载能力为 4MN 才能满足条件。因此，采用较小尺寸试件更为可取，特别是 ϕ100mm×200mm 圆柱体或 100mm 立方体试件最好；如果这样，则高性能混凝土骨料的最大粒径通常要小于 12mm。这种小尺寸试件测得的强度值要比标准试件约高 5%[13.63][13.77]（见第 12 章）。

此外，测试圆柱体试件的压顶材料，一定不能影响试件的破坏荷载。为此，最好对试件顶端进行打磨处理[13.77]。

如果从生产质量控制方面考虑，对高性能混凝土强度进行加速试验似乎是个不错的建议。但在混凝土浇筑之前，应建立某龄期加载速度下的强度和设计强度值之间的经验关系。

13.5.6　高性能混凝土的耐久性

高性能混凝土的主要特征之一就是低渗透性，这一点获得了极大的关注。

高性能混凝土的水化水泥浆结构十分密实（事实上，这也是高性能的重要特征），毛细孔隙非连续，意味着高性能混凝土具有很好的抗外部侵蚀性能。这在混凝土抗氯离子侵蚀时尤为如此。例如，进行与 ASTM C 1202-10 类似的经验，对取自 3 个月龄期的 120MPa 混凝土圆柱体芯样进行试验，没有发现氯离子渗透现象[13.65]。即使混凝土的水灰比为 0.22，且暴露于 105℃的环境中干燥，除去硬化水泥浆中的可蒸发水，随后暴露于氯离子侵蚀，发现氯离子渗透性仍然极低[13.66]。

　　至于碱－骨料反应，由于高性能混凝土的渗透性很低（可以限制离子的迁移）且用水量少，因而可以预见到掺硅灰的高性能混凝土能够很好地抑制碱－骨料反应[13.80]。应牢记，有水分存在是发生碱－骨料反应的必要条件。图 13.11 表明，28d 强度大于 80MPa 时，混凝土内部相对湿度很小[13.75]。这会降低碱－硅反应发生的可能性。事实上，一直追索至 1994 年的文献，都没有出现有关高性能混凝土发生碱－硅反应的报道[13.75]，但碱－硅反应导致的不利影响也要相当长一段时间才能显现出来。

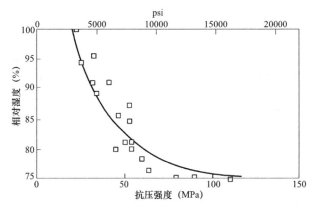

图 13.11　3 个月龄期混凝土内部相对湿度与 28d 特征强度之间的关系[13.75]

　　就高性能混凝土的抗冻性而言，应考虑如下几个方面。首先，硬化水泥浆结构中可冻结水量很少。其次，引气会导致高性能混凝土强度降低，这是因为尽管引气能提高工作性，但还不能完全补充高效减水剂的减水作用。此外，在极低水灰比条件下引气也十分困难。因此，最佳的办法就是确定一个最大水灰比，低于此值就算反复冻融也不会对混凝土造成破坏。

　　此外，还有一些其他因素也会影响混凝土的抗冻性，包括水泥特性、混凝土暴露于冻融循环前的养护方法等[13.67]。有研究表明，上述水灰比极限为 0.25 或 0.30[13.76]，并不能认定水灰比低于该极限值的混凝土就一定具有抗冻性。相反，当气泡间距系数大于普通混凝土时，也可能会有效防止混凝土冻融破坏，但没有可靠的试验数据。如果混凝土养护不良且随后干燥，则混凝土表面区域可能更加薄弱，从而导致混凝土抗除冰盐剥落侵蚀性能更差。

　　值得注意的是，如果要求混凝土拌合物时几小时内强度很高。（可能是服役环境包括暴露于冻融等恶劣条件）即使水灰比很低，也必须掺入引气剂。原因在于由于养护不充分，毛细孔隙水可能会结冰。

　　将高性能混凝土划分为抗冻和不抗冻混凝土时，ASTM C 666-03（2008）认为，通常进行早龄期试验时无须对混凝土进行干燥，这就使得混凝土分类更加复杂。也很有可能这样：由于高性能混凝土的低渗透性，混凝土结构（如桥面或桥面密实表层）服役时，混凝土表面区域在暴露于冰冻之前就会干燥，不会重新饱和。因此，与 ASTM C 666-03（2008）试验条件相比，服役过程的实际暴露条件可能更为严峻，特别是试验方法 A，要求水既结冰又融化。

　　高性能混凝土的抗磨蚀性能很好，不仅因为高性能混凝土强度高，而且粗骨料与水泥石的黏结也很牢固，防止表面磨损。

　　相反，高性能混凝土防火性差，这是因为高性能混凝土的低渗透性不利于硬化水泥浆中水分蒸发。这可能导致混凝土爆裂，这是不希望发生的。爆裂可发生在受压区，也可能在受控区（见第 8.7.2 节）。

高性能混凝土表面区域没有连通的开放式孔隙，可以预防细菌滋生：猪圈和鸡舍的地板就利用了这一点，据报道在这些地方家禽的发病率降低[13.130]。

由于水泥用量较高，高性能混凝土的水化热问题十分敏感，需要采取适当的措施（见第 8 章）。由于高性能混凝土实质上是普通混凝土的一种发展形式，因而同样也受各种胶凝材料的影响。例如，高性能混凝土中也会掺粉煤灰，以降低早期水化热并改善工作性、降低坍落度损失。

依据高性能混凝土拌合物组分性能和配合比，可推断这种材料关于干缩或徐变的一些数值，目前尚无数据推翻这种预测。硅灰的影响尤其显著，由于硅灰极大降低了水的迁移速度，因此混凝土组成材料的体积 / 表面积比不会影响干燥收缩及徐变[13.94]。

13.5.7　高性能混凝土的发展

全面利用高强高性能混凝土结构的时代即将到来，而大多数设计规范并没有将强度设计超过 60MPa 纳入范围。尽管如此，采用高强度混凝土的结构设计正逐步得以实施。有些结构中并不要求高强度，但高强度是为了获得相应的高弹性模量。此外，许多应用实例表明，低渗透性和高抗磨蚀性能衍生的高耐久性才是最为重要的。高性能混凝土的这些性能都已经得到利用。

因此，毫无疑问，高性能混凝土在工程中的应用将越来越广，并且不存在技术难点。但是，高性能混凝土的广泛应用势必要求商品混凝土生产商供货时能提供严格原材料和生产过程。与此同时，供货必须满足工程人员和业主的要求，但是业主也不愿意具体指定某一种现成材料。因此使用性价比好的材料十分有利；经济效益不应仅仅从初始成本方面来考虑，也应从改善耐久性方面来衡量，同时结构构件尺寸更小更轻，占据的空间也更少，所需模板尺寸也更小。

13.6　轻混凝土

用源自硬质岩石的天然骨料制备的混凝土，表观密度变化范围很小，这是由于大多数岩石的相对密度波动范围也很小（表 3.7）。尽管拌合物的骨料体积率也会影响混凝土的表观密度，但这并不是主要原因。因此，实际过程中普通骨料混凝土的表观密度在 2200~2600kg/m³ 范围内。因而混凝土构件自重大，占结构荷载的比例大。因此，采用低表观密度混凝土可以显著降低承载构件截面并相应减小截面尺寸。少数情况下，使用低表观密度混凝土容许结构建筑在承载力低的地基上[13.85]。此外，如果采用较轻的混凝土，模板需要承担的压力比普通混凝土低。轻混凝土的绝热性能也优于普通混凝土（图 13.16）。与此同时，轻混凝土的水泥用量高于普通混凝土。这意味着成本增加，轻混凝土价格也就更高。然而，这种成本的对比并不能仅限于材料成本之间的比较，而应该基于使用轻混凝土的结构设计来进行比较。

在大多数方面，轻混凝土的特性与普通混凝土类似。但是，有几方面的特性与低表观密度有关；后面主要侧重讨论这些特性。

13.6.1 轻混凝土分类

用气孔取代拌合物的部分固相材料，可以降低混凝土的表观密度。空气可能存在于三个部位：存在于骨料颗粒中，也就是所谓的轻骨料；存在于水泥浆中，也被称为多孔混凝土；存在于粗骨料间隙中，剔除掉细骨料。最后一种混凝土就是无砂混凝土。用轻骨料制备的混凝土就是所谓的轻骨料混凝土。

轻混凝土的实际表观密度约为300～1850kg/m³（图13.12）。根据混凝土表观密度进行分类比较合理，因为混凝土的表观密度和强度相关性很高。ACI 231R-87[13.141]根据混凝土的应用表观密度将混凝土划分为三类：结构轻混凝土的表观密度为1350～1900kg/m³；顾名思义，这种混凝土主要用于结构构件，最低抗压强度为17MPa；"低密度混凝土"的表观密度为300～800kg/m³；这种混凝土用于非结构构件，主要起到绝热的作用。介于这两种混凝土之间的是"中等强度混凝土"，其抗压强度（用标准圆柱体试件试验）为7～17MPa，绝热特性介于低表观密度混凝土与结构轻混凝土之间。普通轻混凝土的一般特性见表13.6。

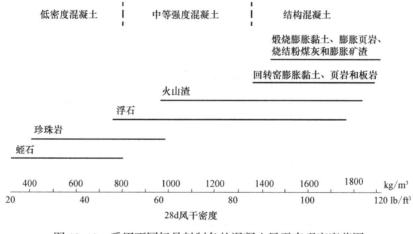

图 13.12 采用不同轻骨料制备的混凝土风干表观密度范围
（部分基于 ACI 213R-87）[13.141]

表 13.6 轻混凝土的典型特征

骨料种类		堆积密度（kg/m³）	混凝土干表观密度（kg/m³）	28d 抗压强度（MPa）	干缩（10⁻⁶）	导热系数 [J·m/（m²·s·℃）]
膨胀矿渣	细骨料	900	1850	21	500	0.69
	粗骨料	650	2100	41	600	0.76
回转窑膨胀黏土	细骨料	700	1200	17	600	0.38
	粗骨料	400	1300	20	700	0.40
回转窑膨胀黏土和天然砂	粗骨料	400	1500	20	—	0.57
			1600	35	—	—
			1750	50	—	—
			1900*	70**	—	—

续表

骨料种类		堆积密度（kg/m³）	混凝土干表观密度（kg/m³）	28d 抗压强度（MPa）	干缩（10⁻⁶）	导热系数［J·m/（m²·s·℃）］
烧结膨胀黏土	细骨料	1050	1500	25	600	0.55
	粗骨料	650	1600	30	750	0.61
烧结膨胀板岩	细骨料	950	1700	28	400	0.61
	粗骨料	700	1750	35	450	0.69
烧结粉煤灰	细骨料	1050	1500	25	300	—
	粗骨料	800	1540	30	350	—
			1570	40	400	—
烧结粉煤灰和天然砂	粗骨料	800	1700	25	300	—
			1750	30	350	—
			1790	40	400	—
浮石		500～800	1200	15	1200	
			1250	20	1000	0.14
			1450	30	—	—
珍珠岩		40～200	400～500	1.2～3	2000	0.05
蛭石		60～200	300～700	0.3～3	3000	0.10
多孔混凝土	粉煤灰	950	750	3	700	0.19
	砂	1600	900	6	800	0.22
加气混凝土		—	800	4		0.25

* 掺粉煤灰和硅灰；

**1 年龄期。

13.7 轻骨料

轻骨料的基本特征是高孔隙率，从而导致低表观密度。有些轻骨料是天然形成的，其他一些则是由天然骨料或工业副产品加工制得的人工骨料。

13.7.1 天然轻骨料

属于这一类的骨料主要有：硅藻土、浮石、火山渣、火山灰渣、凝灰岩，除硅藻土外，其他均为火山岩。由于天然轻骨料仅存于小部分地区，应用面不广，但它们可用于制备很好的中等强度混凝土。

浮石是一种浅色的、蜂窝状火山灰玻璃质材料，表观密度为 500～900kg/m³。采用浮石，可以制备表观密度为 800～1800kg/m³ 的混凝土，具有良好的绝热性能，但吸附性和收缩均较大。利用浮石制备混凝土可追溯至古罗马时代：万神庙和斗兽场就是现存的例证。火山渣是一种泡沫状玻璃质岩石，类似工业炉渣，其混凝土性能也类似于浮石混凝土。

13.7.2 人工轻骨料

这一类骨料通常以商标来命名，但建议还是根据所用的原材料和生产工艺进行分类，加工过程中会导致体积膨胀，从而降低表观密度。

用于结构混凝土的轻骨料通常是由天然材料加工制得，包括膨胀黏土、页岩、板岩。将适当的生料置于回转窑中加热至初熔融状态（温度为1000℃～1200℃），产生的气体截留于黏滞性的热塑性物质中，材料体积膨胀。冷却时这种多孔性结构保留下来，因而膨胀材料的表观密度较加热前要低很多。通常是在煅烧之前将生料破碎至适宜尺寸，膨胀之后再进行破碎也是可以。采用烧结机也可以达到膨胀的目的。湿料（混有含碳物质或者燃料）用可移动的箅子装载通过烧结炉下方，这样煅烧就可以逐渐渗透至整个料床，煅烧至材料的黏滞度足以截留住气体。与回转窑法一样，冷却后材料进行破碎。起初也可选用粒状黏土或粉煤灰页岩进行煅烧。

应用生料球烧制的颗粒，外表有一层光滑的外壳，或外包层（厚50～100μm）盖住内部的多孔结构。这种接近球体的颗粒具有半透水的釉面，因而吸水性低于无外包层颗粒。有外包层颗粒的处理和拌合均较容易，较易于制备高工作性的混凝土。

用膨胀黏土或页岩类生料烧制的轻骨料，对于粗骨料，过度干燥后的粗骨料表观密度为1200～1500kg/m³，而细骨料则为1300～1700kg/m³。用烧结机烧制的骨料的堆积密度为650～900kg/m³，而回转窑烧制的骨料堆积密度为300～650kg/m³。用这些骨料配制的混凝土，表观密度通常为1400～1800kg/m³，不过也可以得到像800kg/m³这样的低表观密度。一般来说，用膨胀页岩、膨胀黏土骨料配制的混凝土，其强度均高于用其他轻骨料配制的混凝土。

还存在一些由天然材料加工制得的其他轻骨料，可以用于配制低表观密度混凝土：蛭石和珍珠岩；后者有时也被用于制备中等强度混凝土。这些骨料在ASTM C 332-09中均有详细介绍。

蛭石是一种具有板状结构的材料，类似于云母。当加热至650℃～1000℃时，蛭石可膨胀至初始体积的几倍、甚至高达30多倍（薄板剥落）。因此，片状剥落蛭石的表观密度仅为60～130kg/m³，其混凝土强度很低、收缩大，但却是一种极好的绝热材料。

珍珠岩是一种玻璃质火山岩，当快速加热至初熔融点时，由于放出蒸汽而形成蜂窝状材料，其松散表观密度仅为30～240kg/m³。用珍珠岩配制的混凝土具有很低的强度和很高的收缩，因此主要用于绝热保温的目的。这种混凝土的优点在于可以快速成型。

用于生产轻骨料的工业副产品主要有粉煤灰和高炉矿渣。粉煤灰润湿后制成料球，然后置于适宜的熔炉中煅烧，粉煤灰中未燃尽的原料足以维持烧结而无需追加燃料。烧结而成的粒料是一种非常好的球状骨料，表观密度约为1000kg/m³，而细颗粒部分可达1200kg/m³。

膨胀高炉矿渣有三种生产方式。第一种形式是将定量水直接喷洒至刚从高炉中排出的熔融矿渣上。水与其接触产生蒸气，使仍处于塑性状态的矿渣发生膨胀，因此矿渣硬化后呈多孔结构，类似于浮石。这就是喷水法。在第二种机械法中，用一定量的水与熔融状矿渣快速搅拌。于是截留了水蒸气及一些由矿渣组成与水蒸气发生化学反应形成的某种气体。对于这两种方法，膨胀后的矿渣都必须进行破碎。还有一种更为先进的方法就是生产球状膨胀高炉矿渣。此处,用水直接喷洒在含有气泡的熔融矿渣上,形成球状矿渣。这些方法生产的膨胀高炉矿渣呈球形且有一层光滑的(或密封的)外表层。但是,必须进行破碎(这样会破坏外表层结构)才能得到细骨料颗粒。通常球状高炉矿渣的表观密度为850kg/m³。采用适宜的生产质量控制可以确保晶体材料的形成,有利于用作骨料,这有别于生产矿渣水泥中的高炉矿渣陶粒(见第2章)。

只有由黏土、页岩、板岩、粉煤灰或高炉矿渣生产的骨料可用于制备结构混凝土。

虽然每一特定原材料的轻骨料性能都比较一致,但不同原材料的轻骨料之间却千差万别,尽管如此,还是可以找到一些共性的。有一点很重要,优质膨胀黏土骨料,当期表面被外包层密封时,测得的半小时吸水率仅是切开陶粒检测结果的一半左右[13.110]。但有些陶粒外表包覆层效果要差不少。

除了先前讨论的几种材料,还可以用含煤和焦炭煅烧后的剩余物作为骨料来生产砌块。有关这部分的讨论见 ASTM C 331-05。

熟料骨料,也称熔渣骨料,有工业高温炉燃烧充分的残渣制得,被熔融或烧结成块状。重要的是熔渣中不应含有未燃尽煤,它可能在混凝土中膨胀造成安定性问题,也不应含硫酸盐。

熔渣中含有的铁及其氧化物可使混凝土表面产生锈斑,故应除去。将熔渣置于潮湿状态下,经过几周即可消除由过烧石灰引起的安定性问题,即石灰变成消石灰,不会在混凝土中发生膨胀。不推荐在钢筋混凝土中使用熔渣骨料。

焦渣是一种类似于熔渣但烧结更轻、煅烧不完全的材料。这两种材料之间没有明确的界限。

当熔渣同时用作细骨料和粗骨料时,可制得表观密为1100~1400kg/m³的混凝土,但通常会用天然砂作细骨料以改善拌合物的工作性,制得混凝土的表观密度为1750~1850kg/m³。

加工过的生活垃圾和废水污泥等也可与黏土和其他材料一起拌合,制成料球后放在回转窑中煅烧制备轻骨料[13.117],但还没达到能进行商业化生产的阶段。

13.7.3 用于结构混凝土的轻骨料

轻骨料要求见ASTM C 330-09 和BS 3797:1990(已撤销)(被BS EN 13055-1:2002替代),后者还涵盖了砌块混凝土。各标准都对烧失量作了限制(ASTM 规定不超过5%,而BS 为4%),BS 3797:1990对含硫量限制为:以 SO_3 的质量表示,不超过1%。这些标准给出的骨料级配要求见表13.7~表13.9,而 BS EN 13055-1:2002 对硫含量没有任何规定。

表13.7 ASTM C 330-05 轻质粗骨料级配要求

筛孔尺寸(mm)	过筛质量百分比(%)			
	级配骨料的公称尺寸			
	25~4.75mm	19~4.75mm	12.5~4.75mm	9.5~2.36mm
25.0	95~100	100	—	—
19.0	—	90~100	100	—
12.5	25~60	—	90~100	100

续表

筛孔尺寸（mm）	过筛质量百分比（%）			
	级配骨料的公称尺寸			
	25 ～ 4.75mm	19 ～ 4.75mm	12.5 ～ 4.75mm	9.5 ～ 2.36mm
9.5	—	10 ～ 50	40 ～ 80	80 ～ 100
4.75	0 ～ 10	0 ～ 15	0 ～ 20	5 ～ 40
2.36	—	—	0 ～ 10	0 ～ 20

表 13.8 BS 3797：1900（已废止）轻质粗骨料级配要求 *

筛孔尺寸（mm）	过筛质量百分比（%）		
	级配骨料的公称尺寸		
	20 ～ 5mm	14 ～ 5mm	10 ～ 2.36mm
20.0	95 ～ 100	100	—
14.0	—	95 ～ 100	100
10.0	30 ～ 60	50 ～ 95	85 ～ 100
6.3	—	—	—
5.0	0 ～ 10	0 ～ 15	15 ～ 50
2.36	—	—	0 ～ 15

* 替代标准 BS EN 13055-1：2002 未作规定。

表 13.9 ASTM C 330-05 和 BS 3797：1990（已废止）轻质细骨料级配要求 *

筛孔尺寸（mm）		过筛质量百分比（%）		
BS	ASTM	英国		美国
		L1 级	L2 级	
10.0mm	$\frac{3}{8}$英寸	100	100	100
5.0mm	No.4	90 ～ 100	90 ～ 100	85 ～ 100
2.36mm	No.8	55 ～ 100	60 ～ 100	—
1.18mm	No.16	35 ～ 90	40 ～ 80	40 ～ 80
600μm	—	20 ～ 60	30 ～ 60	—
300μm	No.50	10 ～ 30	25 ～ 40	10 ～ 35
150μm	No.100	5 ～ 19	20 ～ 35	5 ～ 25

* 替代标准 BS EN 13055-1：2002 未作规定。

为了避免混淆，要提一下，BS EN 12620：2002 还包括了不具有膨胀性的自然冷却矿渣。

要注意的是：用于制备结构混凝土的轻骨料，不论取自何种材料，都需经过加工，因而它们的级配比天然骨料级配好。因此，轻骨料制备的高品质的结构混凝土，一般质量比较稳定。

有些情况下，要对轻骨料的堆积密度进行合适的定义。轻骨料的堆积密度，也即单位重量，是填满单位体积骨料的重量；具体填充方法要进行明确说明。堆积密度受骨料填充效应的影响, 与骨料级配有关。然而, 即使所有骨料尺寸一致, 当确定填充方法后, 骨料形貌也会影响其填充密实度。这些都与普通骨料相同, 只是测定堆积密度时轻骨料没有压紧压实。ASTM C 330-09 明确了 ASTM C 29-09 规定的取用骨料具体过程, 而 BS 3797: 1990 (已撤销)则详细地规定了既不能进行夯实也不能进行振动。

轻骨料有一个普通骨料不具备的重要特征, 这一点对于配合比选择及混凝土的性能都十分重要: 轻骨料能吸收大量水分并使新拌水泥浆适量渗透至骨料的开口孔隙 (表孔) 尤其是大孔隙内。当水分被骨料吸收后, 它们的相对密度高于干燥后的相对密度, 正是这个更高的相对密度与含轻骨料混凝土的表观密度有关。轻骨料的吸水能力还会产生其他影响, 后面再讨论。

13.7.4 轻骨料的吸水作用

"表观密度"一词适用于单个骨料颗粒, 其体积包括了骨料的内部孔隙。实际过程中计算相对表观密度的难点在于根据液体排出量来确定颗粒的体积。而液体排出量又受测试液体 (通常是水) 向骨料表面开口孔隙及骨料内连通孔隙渗透的影响, 要补充一下, 在确定配合比时弄清楚被水渗透的孔隙是否也被水泥浆渗透十分重要。各测试方法均给出了如何防止过量水向颗粒孔隙渗透的方法: 喷洒疏水涂料如煤油、浸热石蜡, 或试验前浸水 30min。测得的表观密度往往相差较大, 这与所用的试验方法有关[13.87]。

处于饱和状态及表面干燥状态的骨料表观密度也很难测量, 这是由于表面开口孔隙的存在使得很难确定骨料是否已经达到饱和或表面干燥状态[13.86]。

"表观密度"一词应用于轻骨料混凝土时需要详细说明。新拌混凝土的表观密度可以很快就确定, 即新拌表观密度。但是, 一旦在周围环境中自然干燥后, 水分蒸发达到半平衡状态, 混凝土就存在一个风干表观密度。若混凝土经过 105℃ 干燥, 就可得到一个绝干表观密度。尽管普通混凝土也存在类似的变化, 但对于轻骨料混凝土, 这三种表观密度的差异就大得多, 并将显著影响混凝土的性能。

新拌混凝土的新拌表观密度和风干表观密度的测试方法见 ASTM C 567-91。空气相对湿度为 50%、温度为 23℃ 时, 在湿平衡状态下可以得到风干表观密度。

为了全面了解轻骨料的吸水效应, 可以说, 除非骨料在拌合之前完全饱和, 否则孔隙不可能完全被水充满。因此, 新拌混凝土的表观密度低于理论饱和表观密度。通常后者较前者高 $100\sim120kg/m^3$ [13.84]。实际上骨料很难达到完全饱和, 因为轻骨料混凝土的渗透性极低, 除非施加一定的水压[13.84]。

由于很难确定是否已经达到测定风干表观密度的平衡状态, 因此常推荐试验的方法来确定混凝土的新拌表观密度。减掉蒸发水量, 就可以计算得到风干表观密度值。对于全部采用轻骨料的混凝土, 蒸发水量通常约为 $100\sim200kg/m^3$; 如果采用普通细骨料, 则蒸发水量为 $50\sim150kg/m^3$ [13.84]。计算混凝土自重时要关注平衡表观密度, 比绝干表观密度约大 $50kg/m^3$ [13.143]。应记住, 实际值与上述值可能存在较大差异, 这与所用轻骨料的孔隙结构、混凝土构件的体积／表面积之比以及暴露环境有关。

轻骨料的高吸水特性在拌合物阶段也应注意。用水量一定时, 可用于水泥润湿和水化的用水量与轻骨料能吸收的水量有关。该值变化范围较大, 从零 (轻骨料长时间的预浸水中)变化至最大值 (轻骨料处于干燥状态, 与骨料种类有关)。介于这两种极端条件之间, 投入混凝土搅拌机的干燥骨料可能吸收的用水量为 70～100kg/m³[13.84]。

轻骨料 24h 的吸水量为干燥骨料质量的 5%～20%[13.141]，但对于结构混凝土中的优质骨料，一般不超过 15%。

通过比较可知，普通骨料的吸水率一般小于 2%（见表 3.11）。另一方面，普通优质骨料的含水量通常为 5%～10%，有时甚至更高，但这部分水分处于骨料颗粒表面。因此，可当作拌合水的一部分，完全用于水化（见第 3 章）。根据前面讨论可知，被吸收的水分与水灰比及拌合物和易性无关，但会对混凝土的抗冻性会产生严重影响。

轻骨料的吸水特性还有一个重要影响：当水泥水化降低孔隙中的相对湿度后，骨料中的水分就会迁移至这些孔隙，这样有可能加速水化。这种情况可以称为"内部湿养护"。这就使得养护不充分对轻骨料混凝土的影响更小。

根据前面讨论可知，很难测定拌合物中的自由水量。如果投入搅拌机的骨料处于干燥状态，则必须考虑充满骨料孔隙所需水量，将其视为过量自由水。骨料吸水需要一定的时间，这就使得情况更加复杂。吸水速率与骨料是否完全被水泥浆包裹与颗粒内部孔隙结构有关，但骨料的 30min 吸水量主要在润湿 2min 内完成。30min 吸水量高于 24h 吸水率量的 50%，甚至更高（骨料颗粒没有完全被水泥浆包裹时）[13.110]。

拌合用水被快速吸收，如果轻骨料投进搅拌机时处于绝对干燥或饱和面干状态且混凝土在轻骨料吸水完成之前振捣密实，那么，混凝土内就会出现干燥失水导致的孔隙。除非混凝土重新振实，否则会对强度产生不利影响[13.86]。

13.8　轻骨料混凝土

前面章节表明，轻骨料混凝土涵盖的范围极广，当采用适当材料和方法时，混凝土的表观密度可以在 300～1850kg/m³ 范围内变化，相应强度介于 0.3～70MPa，有时甚至高达 90MPa。轻骨料混凝土在表观密度变化范围之内可根据强度应用于不同结构部位。

13.8.1　新拌状态

骨料颗粒的表面结构及形貌会显著影响混凝土的需水量。采用不同轻骨料制备混凝土需水量变化较大，为了达到设计强度，必须相应调整水泥用量，同时保持水灰比不变，不过正如前文所述，通常情况下是不知道实际水灰比的。

轻骨料混凝土的流变特性与普通混凝土略有不同。具体地说，如坍落度一定，则轻骨料混凝土表现出更好的工作性。与此类似，轻骨料混凝土的密实因数会对工作性不利，这是因为混凝土表观密度较小，使得混凝土密实的自重作用力更小。然而，由于 Kelly 球贯入试验与混凝土重力作用无关，因此根据 Kelly 球试验得到的数值不受骨料的影响[13.147]。但应注意，大坍落度会导致骨料离析，轻骨料大颗粒浮在表面。同样，与普通混凝土相比，延长振捣时间更易导致轻骨料混凝土出现骨料离析。

通过引气可以显著改善含棱角骨料拌合物的和易性，即降低用水量，减小泌水和离析发生。通常总的含气量（体积率）：骨料最大的粒径为 20mm 时为 4%～8%；骨料最大粒径为 10mm 时为 5%～9%。如果含气量超过上述值，则含气量每增加 1%，抗压强度值降低约 1MPa[13.141]。

用普通细砂部分取代轻质细砂可以使混凝土更易浇筑和振实[13.96]。但混凝土的表观密度将增大，这取决于被取代细砂的比例及这两种砂相对密度的相对值。如果全部采用普通细砂代替轻质细砂，则混凝土表观密度增加 80～160kg/m³[13.143]。采用普通细砂后混凝土的导热性能也会增加。

前文提到，骨料从拌合物中吸收水分（与骨料的饱和程度有关）会显著影响轻骨料混凝土的工作性。骨料的吸水率（拌合用水）还会影响坍落度的损失速率。针对具体情况需采取适宜措施，但要记住，未在计划中的轻骨料用水量变化会严重影响拌合物的坍落度及坍落度损失。轻骨料混凝土的实际投料和搅拌工艺见 ACI 304.5R-91[13.142]。

轻骨料混凝土也可以使用高效减水剂，但通常是在混凝土要求泵送时才会使用。如果混凝土泵送过程中骨料吸水，则会出现较大的坍落度损失。采用充分饱水的轻骨料可以避免这一问题，即将骨料真空浸泡在压力容器中，持续洒水直至拌合。但是，这种处理方式可能会影响骨料的抗冻性。泵送过程中为了缓解这一问题，通常采用普通细砂部分取代轻质细砂。关于轻骨料泵送混凝土拌合物性能的要求见 ACI 231R-87[13.141]。

13.8.2 轻骨料混凝土的强度

前面指出，大部分轻骨料混凝土拌合物中的自由水含量均很难测定。因此，不能提出基于拌合物自由水的水灰比；而基于总用水量的水灰比毫无意义，这是因为被骨料吸收的水不会影响毛细孔隙的形成，而毛细孔隙会影响混凝土强度。

另外，如果给定一种骨料，则在水泥用量与混凝土抗压强度之间存在着广泛的对应关系，见图 13.13[13.11]。由于水泥的密度大于轻骨料和水的密度，对于某一种骨料，强度随密度增加而增大。20MPa 混凝土要求水泥用量为 260～330kg/m³；40MPa 混凝土要求水泥用量为 420～500kg/m³。从 ACI 231R-87 中选取部分数据列于表 13.10，但这些数据仅可作为参考。更高抗压强度要求更多的水泥用量；例如，混凝土强度为 70MPa 时，胶凝材料用量可能要 630kg/m³。

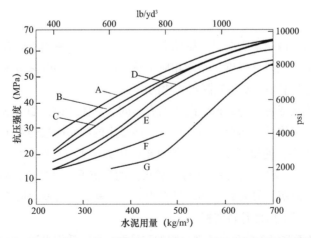

图 13.13 不同轻骨料混凝土（坍落度为 50mm）28d 抗压强度与水泥用量之间的关系
（A 为烧结粉煤灰和普通细骨料；B 为球状高炉矿渣和普通细骨料；C 为粉煤灰；
D 为烧结页岩；E 为膨胀板岩；F 为膨胀黏土和砂；G 为膨胀矿渣）[13.11]

表 13.10 轻骨料混凝土强度与水泥用量的近似关系[13.141]

标准圆柱体试件抗压强度（MPa）	水泥用量（kg/m³）	
	轻质细骨料	普通细骨料
17	240～300	240～300
21	260～330	250～330
28	310～390	290～390
34	370～450	360～450
41	440～500	420～500

与普通混凝土类似，掺硅灰也有利于提高轻骨料混凝土的强度。轻骨料混凝土中还可以掺入其他的辅助胶凝材料。

一般来说，如果混凝土强度相同，轻骨料混凝土的水泥用量高于普通混凝土；对于高强混凝土，水泥用量比普通混凝土可能多出50%。轻骨料混凝土的高水泥用量意味着水灰比低（尽管尚未可知），因而水泥石的强度很高。轻质粗骨料颗粒相对较弱，骨料的强度很可能限制混凝土的强度发展：粗骨料颗粒会沿施加荷载垂直方向劈裂破坏[13.104]。但是，骨料强度等性能与混凝土强度之间并不存在对应关系。

可以选用更小粒径的骨料，用以消除因轻质粗骨料强度不足的不良影响。其原因在于，粉碎过程中大颗粒断裂是从其大的孔隙发生的，因而消除了大孔隙。这也有利于提高骨料的强度，增大骨料的表观密度和堆积密度，见表13.6。

在计算含不同粒径轻骨料混凝土配合比时，要记住轻质细颗粒的表观密度大于轻质粗骨料。当使用普通细砂时，这个差值更大。将各种骨料的体积率转换成质量百分数时，必须将这些差异考虑进去。

劈拉强度试验显示破坏通常贯穿整个粗骨料颗粒，这也证实了骨料之间黏结良好[13.96]。混凝土劈拉强度与抗压强度关系曲线见图13.14，其中混凝土骨料为球状的高炉矿渣骨料，分别经过水养和空气养护。FIP推荐的关系曲线也如图所示，表达式为：

$$f_t = 0.23 f_{cu}^{0.67}$$

式中：f_t 为立方体试件劈拉强度（MPa）；f_{cu} 为立方体试件抗压强度（MPa）。

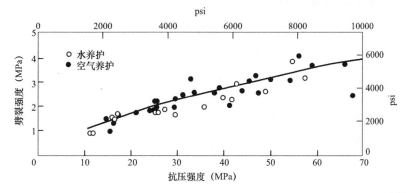

图 13.14 使用球状高炉矿渣骨料的混凝土劈裂抗拉强度与抗压强度的关系[13.96]

抗压强度介于 50～90MPa 时，用部分普通细骨料制备的高强轻骨料混凝土的抗折强度比同抗压强度等级的普通混凝土低 2MPa[13.110]。至于劈裂强度，两者的差值为 1MPa。

研究发现，轻骨料混凝土的疲劳强度至少与同强度等级的普通混凝土一样[13.110]。

13.8.3　轻骨料与水泥基体的黏结

轻骨料混凝土的一个重要特征就是骨料与四周水化水泥浆黏结良好。这有几个方面的原因。首先，许多轻骨料表面结构较粗糙，有利于在骨料－水泥基体界面形成啮合力。事实上，经常会发生部分水泥浆渗透到粗骨料表面开口孔隙的现象。其次，轻骨料颗粒与硬化水泥浆的弹性模量相差不大。因此，在施加荷载或发生温湿度变化时均不会形成应力梯度。再者，骨料在搅拌时吸收的水分随着龄期的发展而又可以导致未水化水泥颗粒继续水化。由于未水化水泥颗粒的再次水化多数在骨料－水泥浆界面进行，因此，骨料与基体的黏结就更牢固。

由粉煤灰或矿渣制造的轻骨料可能被认为具有潜在火山灰活性，但在骨料颗粒与水泥浆界面区也可观察到微量的火山灰反应[13.105]。原因在于，骨料在加工过程中经过了高温度煅烧（高达 1200℃），二氧化硅和二氧化铝结晶[13.105]，没有形成无定形活性。

由于混凝土的界面黏结主要受骨料与硬化水泥浆弹性模量的影响，因此可以从更广的角度来考虑不同混凝土中骨料与周围水泥浆的界面黏结问题，如普通混凝土、高性能混凝土、轻骨料混凝土等。对于普通混凝土，水泥浆的弹性模量通常要比骨料低得多。至于高性能混凝土，由于水化水泥浆的弹性模量很高，因而与骨料弹性模量的差值也小得多。至于轻骨料混凝土，骨料弹性模量要比普通骨料低得多，因此，轻骨料与水泥浆的弹性模量差值也较小。

由此可见，高性能混凝土和轻骨料混凝土均不存在骨料与水泥浆弹性模量差值较大的情况。这有利于提高这两者之间的黏结作用力及混凝土的性能。在这方面，普通混凝土略差一些。

与此有关的是，Bremner 和 Holm[13.104]曾观测到引气会降低胶砂试件的弹性模量，因而使之更接近于轻骨料的弹性模量。两者弹性模量差值缩小有利于骨料与水泥石之间的应力的传递。

13.8.4　轻骨料混凝土的弹性

轻骨料与水泥石间的良好黏结作用可以避免在界面黏结处出现早期微裂纹，通常在极限强度的 90% 范围内应力－应变曲线呈线性关系[13.106]。28d 强度约为 90MPa 的含硅灰的轻骨料混凝土尤其明显[13.106]。

轻骨料混凝土的应力－应变关系曲线见图 13.15。由图 13.15 可知，当所有骨料均为轻骨料时，下降段十分陡峭[13.102]。当用普通细骨料代替轻质细骨料后，陡峭趋势略有改善，但上升段坡度增大；后者是由于普通细骨料弹性模量更高所致。

轻骨料混凝土的弹性模量可表达为抗压强度的函数（见后）。但是，由于骨料颗粒的黏结更牢，因此轻骨料混凝土表现出更好的性能，这样骨料的弹性对混凝土弹性模量的影响比普通混凝土更大。由于骨料弹性模量受孔隙率的影响，因此也受表观密度的影响，轻骨料混凝土的弹性模量可表达为混凝土表观密度和抗压强度的函数。

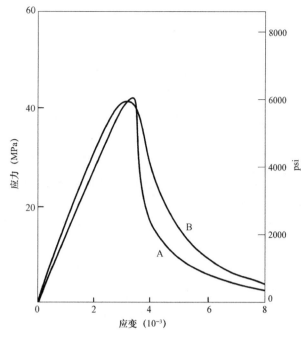

图 13.15 轻骨料混凝土的应力－应变曲线
（A 为轻骨料；B 为普通骨料）[13.102]

当混凝土强度达到 41MPa 时，ACI 318-08[13.116] 将混凝土的弹性模量 E_c 表达为：

$$E_c = 43 \times 10^{-6} \rho^{1.5} \sqrt{f_c'}$$

式中，f_c' 为标准圆柱体试件强度（MPa）；ρ 为混凝土表观密度（kg/m³）。

仅当表观密度在 1440～2480kg/m³ 范围内，上述表达式成立，但当混凝土的实际弹性模量与计算值的误差可能达到 20%[13.141]。

对于抗压强度介于 60～100MPa 的轻骨料混凝土，Zhang 和 Gjørv 曾报导目前弹性模量与抗压强度关系表述最好的是挪威技术标准[13.106]，表达式为：

$$E_c = 9.5 f_c^{0.3} \times \left(\frac{\rho}{2400} \right)^{1.5}$$

式中，E_c 为弹性模量（GPa）；f_c 为 ϕ100mm×200mm 圆柱体试件的抗压强度（MPa）；ρ 为混凝土表观密度（kg/m³）。

研究发现用膨胀黏土或粉煤灰陶粒制备的混凝土弹性模量介于 18～26GPa 之间，也就是说，它们一般要比相同强度等级范围（50～90MPa）的普通混凝土低 12GPa[13.106]。

要注意，尽管轻骨料混凝土的弹性模量较低，但是后期极限应变值更高，与相同强度的普通混凝土比较，前者的值为 3.3×10⁻³，后者为 4.6×10⁻³[13.106]。

13.8.5 轻骨料混凝土的耐久性

使用轻骨料不会对混凝土耐久性产生任何不利影响，但水饱和骨料暴露于冻融破坏情况除外，本节后面会进行讨论。

由于轻骨料的孔结构一般都是非连续的，骨料自身的孔隙率不会影响混凝土的渗透性，混凝土的渗透性是由硬化水泥浆的渗透性决定的[13.112]。尽管如此，当用普通细骨料代替部分轻质细骨料时，混凝土的渗透性降低[13.112]；分析原因可能是采用普通细骨料后水灰比降低。

轻骨料混凝土的低渗透性是几个方面共同作用的结果。首先，水泥浆的水灰比降低；其次，骨料周围界面区比较密实，可以消除疏水通道；再者，骨料与水泥浆体的弹性模量相差不大，施加荷载或温度变化时不会出现微裂纹。此外，骨料吸收的水会继续参与水泥水化，从而减少渗透。

但是，如果骨料拌合之前处于饱和状态，例如为了便于泵送，在暴露于冻融循环环境时混凝土就存在破坏的风险，除非在暴露于冰冻之前混凝土能够充分干燥[13.109]。在冻融循环作用下，混凝土都必须掺加引气剂。

当轻骨料混凝土暴露在极低温度下时，混凝土是否遭受破坏直接取决于硬化水泥浆的性能，其作用机理与普通混凝土类似。只有当骨料颗粒处于饱和状态时，骨料自身才会成为破坏的源头，即骨料冻结体积膨胀，就可能破坏其与周围水泥浆体的黏结作用[13.158]。

至于碳化，轻骨料的孔隙结构有利于CO_2扩散，通常认为钢筋混凝土增加保护层厚度是十分必要的。然而，还没有资料显示在轻骨料混凝土出现碳化引起的钢筋锈蚀现象[13.140]。

也没有资料显示在轻骨料混凝土中发生碱－骨料反应[13.143]。

轻骨料颗粒比较坚固，因而抗磨耐损，但是骨料表面的开口孔隙意味着一旦骨料裸露，与无孔骨料相比其接触面减小。因此为了保持平衡，轻骨料混凝土的抗磨蚀性能相比同强度等级的普通混凝土可能会降低。

与普通混凝土相比，轻骨料混凝土中水分迁移更加活跃。它的早期干缩比普通混凝土大约5%～40%，有些轻骨料混凝土的干缩值甚至更高；用膨胀黏土、页岩或膨胀性矿渣制备的混凝土收缩值较低。至于抗拉强度相对较低的轻骨料混凝土，尽管混凝土的弹性模量更低、延伸性也更好，但仍存在收缩开裂的风险。

就轻骨料混凝土的徐变而言，必须适当予以放宽，这是因为轻骨料的弹性模量较低，而骨料能起到限制水化水泥浆徐变发展的作用。有资料表明，研究干燥环境对轻骨料混凝土徐变的影响时，得出的试验数据相互矛盾[13.103]。也很有可能是骨料颗粒内部水分向周围水泥石的迁移影响了干燥徐变的发展，但还不能定量评估。

轻混凝土的吸声性能很好，这是因为空气中传播的声能在骨料的微细孔隙中转换成热能，以致吸声系数约为普通混凝土的2倍。然而，混凝土表面修整后，声音反射能力大大增强，轻骨料混凝土的隔声性能与表观密度有关，表观密度越大，隔声性能才能越好。

轻骨料混凝土的线膨胀系数和导热系数均较低，当混凝土暴露于局部较大幅度温度增加时，比如飞机从跑道起飞时，混凝土的这一优势就得到充分发挥[13.108]。混凝土受热时局部膨胀，同时受到周围冷空气的约束作用，当使用轻骨料混凝土时，膨胀量减小。低膨胀与低弹模共同作用使轻骨料混凝土的温度应力低于普通混凝土。

轻骨料混凝土的导热系数低，当遭遇火灾时，可以降低钢筋的温升。因此，遭受火灾时，低导热系数和低线膨胀系数对混凝土有利。此外，高温条件下骨料性能保持稳定，这是因为骨料加工时温度都超过了 1100℃[13.143]。空心砌墙的部分耐火数据见表 13.11[13.148]。

表 13.11 部分空隙砌墙的耐火数据[13.148]

所用骨料的种类	不同耐火等级最小等效厚度（mm）			
	4h	3h	2h	1h
膨胀矿渣或浮石	119	102	81	53
膨胀黏土或页岩	145	122	96	66
石灰石、浮渣或非膨胀矿渣	150	127	102	69
石灰质砾石	157	135	107	71
硅质砾石	170	145	114	76

13.8.6 轻骨料混凝土的热学性能

部分轻骨料混凝土的线膨胀系数值见表 13.12。与图 8.11 比较可知，轻骨料混凝土的线膨胀系数通常低于普通混凝土。当轻骨料混凝土与普通混凝土一起使用时会产生一些问题。当混凝土构件的两面分别暴露于不同的环境温度时，由于轻骨料混凝土的热膨胀低，混凝土出现翘曲的可能性减小。

表 13.12 轻骨料混凝土热膨胀系数[13.148][13.149]

所用骨料的种类	线膨胀系数（试验范围内 -22℃～52℃）（10^{-6}/℃）
浮石	9.4～10.8
珍珠岩	7.6～11.0
蛭石	8.3～14.2
炉渣	约3.8
膨胀页岩	6.5～8.1
膨胀矿渣	7.0～11.2

轻骨料混凝土处于干燥状态时部分导热系数见图 13.16[13.150]。混凝土吸收水分，导热系数显著增加[13.141]。

值得注意的是，大体积轻骨料混凝土施工时，混凝土的导热系数低，混凝土向周围环境释放热量形成的热损失也减小。

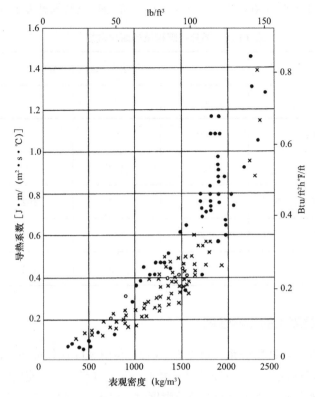

图 13.16   不同轻骨料混凝土的导热系数[13.150]

13.9   多孔混凝土

起初在轻混凝土分类时就说过,降低混凝土表观密度的方法之一就是在硬化水泥浆或砂浆内部引入稳定存在的气孔。气孔可以是某种气体或空气,因此分别命名为"气体混凝土"或"加气混凝土"。由于气体都是由某种发泡剂产生的,因此也可称为"发泡混凝土"。严格地来说,"混凝土"一词并不适合,因为没有粗骨料。

磨细铝粉是常用的发泡剂,掺量约为水泥用量的 0.2%。铝粉与水泥中的氢氧化钙或碱反应,放出氢气泡。气泡使水泥浆或砂浆体积膨胀,但必须保证水泥浆的稠度,防止气泡逸出。

顺便提一下,铝粉发泡剂也可用于后张预应力混凝土的孔道灌浆,在有限空间中灌浆发生膨胀可以填满孔道缝隙。

可将预先发好的气泡与水泥和砂一起投入搅拌机中搅拌,也可以将泡沫浓缩剂与其他混凝土组成材料一起投入高剪切高速分散搅拌机中搅拌。不论哪种方式,泡沫蜂窝状孔隙必须具有一层"外壳",在混凝土搅拌、运输和浇筑过程中都能稳定存在。细孔或气泡分散性好,尺寸介于 0.1~1mm。

多孔混凝土流动性好,无需压实就可以直接用于泵送或浇筑。这种材料可用作地面沟槽填充、屋顶隔热层或作其他隔热用途,还可以作砌块。

多孔混凝土可以含有骨料,也可以不含骨料,后者通常用作绝热保温材料,绝干表观密度为 300kg/m³，有时甚至低至 200kg/m³。拌合物中掺入细骨料时（普通细骨料或轻质细骨料均可），混凝土的表观密度介于 800~2080kg/m³[13.144]。采用表观密度时要特别注意，因为混凝土的潮湿状态对其影响很大。混凝土的风干表观密度与服役环境有关。近似认为，风干表观密度比浇筑时表观密度小 80kg/m³。表观密度最小的是绝干表观密度，在测定某给定多孔混凝土导热系数时要用到这个概念。计算绝干表观密度是基于以下假设：多孔混凝土的单位体积质量是骨料用量、水泥用量及水泥水化结合水量的总和，其中假定水泥水化用水量约为水泥质量的 20%。

与其他轻混凝土一样，强度的变化与表观密度成比例，导热系数的变化也是如此。Hoff[13.151]建议，多孔混凝土的强度可表达为孔隙量的函数，其中孔隙量为引入的孔隙与可蒸发水体积之和。因此，湿养多孔混凝土的强度受孔隙总体积的影响；即强度同时受水灰比和引入孔隙体积的影响[13.145]。然而，对于多孔混凝土，强度还不是最重要的指标，热学性能才是选用多孔混凝土的主要标准。英国常用的多孔混凝土的一般特性见表 13.13[13.146]，美国报道过多孔混凝土具有更高强度[13.144]。多孔混凝土的弹性模量一般介于 1.7~3.5GPa。

表 13.13　多孔混凝土数据[13.146]

水泥用量（kg/m³）	300	320	360	400
浇筑表观密度（kg/m³）	500	900	1300	1700
绝干表观密度（kg/m³）	360	760	1180	1550
细骨料用量（kg/m³）	0	420	780	1130
含气量（%）	78	62	45	28
抗压强度（MPa）	1	2	5	10
导热系数［J·m/(m²·s·℃)］	0.1	0.2	0.4	0.6

多孔混凝土的收缩大，在 700×10⁻⁶（绝干表观密度为 1600kg/m³）到 3000×10⁻⁶（绝干表观密度为 400kg/m³）范围内变化[13.146]。水分迁移比较活跃。通常多孔混凝土的渗透系数在 10⁻⁶~10⁻¹⁰m/s 范围内变化[13.144]。但是，一般在建筑结构中会带来麻烦的水分迁移问题在多孔混凝土建筑中很少出现，因为未防护的多孔混凝土不会直接暴露于外界环境。

13.10　蒸压加气混凝土

目前我们考虑的湿养多孔混凝土，通常是在大气压下经过蒸汽养护或者蒸压养护，即在高压下进行蒸汽养护。蒸压养护有利于提高混凝土的强度，但蒸压加气混凝土要在特定工厂生产。当混凝土还处于柔软状态时通过将蒸压后的大混凝土块切割成特定尺寸的小混凝土砌块。可在混凝土砌块中埋置钢筋，但多孔混凝土不会阻止钢筋锈蚀，因此钢筋必须进行防锈处理。混凝土砌块冷却后可以使用；但是，混凝土砌块的初始含水量约为 20%~30%，应在空气中干燥以降低含水量，但此时会发生收缩。

蒸压（通常是 180℃高温蒸压）有利于促进硅酸盐水泥及外掺石灰与石英砂、粉煤灰的混合物快速发生火山灰反应。粉煤灰使得拌合物呈灰色，但当它与白色细骨料混合使用时，拌合物仍呈白色。初始形成的 C-S-H 与拌合物中掺入的二氧化硅反应，以致最终水化产物的 C/（A＋S）比约为 0.8，还存在部分未反应的二氧化硅[13.136]。

表 13.14 所示的是英国以混凝土砌块或配筋混凝土板形式制备的蒸压加气混凝土的性能。通常他们的强度（2～8MPa）比普通混凝土低，但表观密度小，绝热性能更好。必须记住，导热系数与含水量呈线性关系；当含水量为 20% 时，导热系数通常接近含水量为 0 时的 2 倍[13.152]。

表 13.14　蒸压加气混凝土性能[13.134]

绝干表观密度（kg/m³）	抗压强度（MPa）	抗折强度（MPa）	弹性模量（GPa）	导热系数（3% 含水率）[J·m/（m²·s·℃）]
450	3.2	0.65	1.6	0.12
525	4.0	0.75	2.0	0.14
600	4.5	0.85	2.4	0.16
675	6.3	1.0	2.5	0.18
750	7.5	1.25	2.7	0.20

蒸压加气混凝土的透气性随含水量增加而减小，但即使混凝土呈干燥状态，低压条件下混凝土的透气性也是可以忽略不计的[13.152]。

蒸压加气混凝土不会让水分在毛细孔作用下穿过大孔而上升。因此，材料具有很好的抗冻融性能[13.152]，前提条件是水化水泥浆自身性能良好。

RILEM 给出了蒸压加气混凝土性能测试的推荐试验方法[13.137]；此外，BS EN 678:1994 给出了干表观密度试验方法及 BS EN 679:2009 给出了抗压强度试验方法。BS EN 680:2005 给出了收缩试验方法。英国建筑研究院（BRE）讨论了蒸压加气混凝土的性能[13.134]。

13.11　无砂混凝土

剔除细骨料后就可以得到一种轻混凝土，即混凝土仅含水泥，水和粗骨料。因此，无砂混凝土就是粗骨料颗粒的聚集体，每个粗骨料颗粒均被厚约为 1.3mm 的水泥浆薄层包裹。所以在混凝土内部存在着大量的、会降低混凝土强度的孔隙，但同时也意味着在混凝土内部不会发生毛细孔水分迁移。

无砂混凝土的表观密度主要取决于骨料级配。由于多级配的骨料比单一粒径骨料的堆积密度大，因此，用单一粒径配制的无砂混凝土表观密度小。骨料粒径通常为 10～20mm，允许有 5% 的大粒径颗粒和 10% 的小粒径颗粒，但颗粒粒径不得小于 5mm。应避免使用针片状骨料。也不推荐使用边角锋利的破碎骨料颗粒，因为施加荷载时可能会发生局部破坏。拌合之前骨料应处于湿润状态，以便被水泥浆薄层均匀包裹。

目前没有无砂混凝土工作性能试验方法的标准，目测骨料是否会被水泥浆薄层均匀包裹即可。无砂混凝土必须快速浇筑，这是因为外面包裹的水泥浆薄层可能会很快凝结，这可能会导致强度降低[13.119]。

无砂混凝土无须振捣压实，但在模板边角及障碍物周围（防止成拱作用）用捣棒进行插捣可能比较有用。非短暂性振捣会使水泥浆薄层剥离骨料颗粒。因为无砂混凝土不会发生离析，所以可以进行大高程无砂混凝土浇筑[13.119]；模板的低压力有利于黏结。但是，由于新浇无砂混凝土的黏聚性差，因此，模板须在原位保持到混凝土达到足够强度，即材料能紧密固结在一起时，方能拆除。湿养护十分重要，尤其在气候干燥或台风天气时，这是因为包裹的水泥浆是薄薄的一层[13.153]。计算无砂混凝土的表观密度时，仅将其简单视为骨料松散堆积密度（处于适宜密实状态）、水泥用量及用水量之和。这样处理是因为无砂混凝土几乎不用振捣压实。对于普通骨料混凝土，无砂混凝土的表观密度在1600~2000kg/m³ 范围内变化（表13.15），但采用轻骨料后，无砂混凝土的表观密度仅为640kg/m³。

表 13.15　使用 9.5 ~ 19mm 粗骨料的典型砂轻混凝土性能[13.154]

骨灰比（体积比）	水灰比（质量比）	表观密度（kg/m³）	28d 抗压强度（MPa）
6	0.38	2020	14
7	0.40	1970	12
8	0.41	1940	10
10	0.45	1870	7

无砂混凝土的抗压强度通常介于1.5~14MPa，主要取决于其表观密度（图13.17），而表观密度受水泥用量的制约[13.154]。像水灰比这样的因素并不是主要制约因素，事实上，对于某一给定骨料，存在一个较小的最佳水灰比范围值。若水灰比高于此值，则水泥浆将从骨料颗粒间流走，若水灰比过低，则水泥浆不够黏稠，就不能达到适当的密实度。

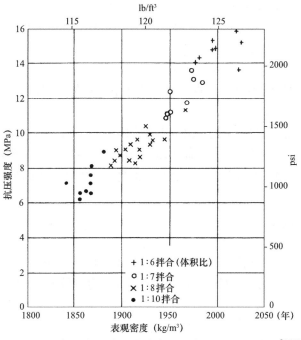

图 13.17　砂轻混凝土表观密度与 28d 抗压强度的关系[13.154]

预测最佳水灰比比较困难，尤其是因为它受骨料吸水率的影响，但经验显示，拌合物的含水量可取每立方混凝土 180kg。然而，水灰比还与足以包裹骨料颗粒表层所需的水泥用量有关，通常介于 0.38~0.52[13.153]。无砂混凝土的强度必须通过试验确定。应该注意，无砂混凝土的抗压试件必须采用特殊方式压实，即采用试模延伸装置及导管式锤捣工具，具体试验方法见 BS 1881-113：1983。

无砂混凝土强度随龄期增长而增加，其增长规律与普通混凝土相似。抗折强度通常为抗压强度的 30%，比普通混凝土略高[13.153]。弹性模量随强度变化而变化；比如，强度为 5MPa 的无砂混凝土，对应的弹性模量为 10GPa。

无砂混凝土的收缩比普通混凝土要低得多，一般约为 120×10^{-6}，但是相对湿度极低时收缩率也可高达 200×10^{-6}。这是因为骨料表面仅仅包裹了薄薄一层水泥浆，干燥时水泥浆的收缩在很大程度上受骨料所约束。由于暴露在空气中水泥浆的表面积较大，因此收缩速率很快，在一个月的时间内可完成全部收缩，10 天内就可完成收缩总量的一半。

无砂混凝土的线膨胀系数约为普通混凝土的 0.6~0.8 倍，但线膨胀系数的实际值还与所用骨料的种类有关。

当无砂混凝土使用普通骨料时，导热系数介于 0.69~0.94J·m/（m^2·s·℃）之间；使用轻骨料时，混凝土的导热系数仅为 0.22J·m/（m^2·s·℃）左右。但是，如果混凝土的含水量较高，则有利于提高导热系数。

由于无砂混凝土内部都是大孔，所以混凝土不会受毛细孔表面张力的作用。因此，只要孔隙没有被水饱和，混凝土抗冻性就很好；如果孔隙处于饱和状态，则孔隙水结冰会导致混凝土"酥裂"。但是，由于无砂混凝土的吸水率按体积计可高达 25%，或按质量计达 50%，但一般情况下吸水率不会超过最大值的 20%。但是，无砂混凝土用作外墙时两侧均须进行涂刷防护，也可起到降低空气渗透的作用。涂刷抹面会降低无砂混凝土的吸声性能，所以在那些有声学性能要求的地方，墙体的一侧不应作涂刷防护处理。可以看出，无砂混凝土开放的表面结构特性使其十分适宜进行表面涂刷。

无砂混凝土内部孔隙较大，有利于在适当情况下进行疏水处理。气孔含量至少为 15% 的无砂混凝土的应用就充分体现了这一点，用于修建林间小路（这样不会缺少水分涵养）及家用车库（建于透水路基之上）等。

无砂混凝土主要还是用于民用建筑中的框架结构填充面板的承载墙。无砂混凝土一般不用于钢筋混凝土，但是倘若需要，在钢筋表面必须覆盖一层厚约 3mm 的水泥浆薄层，以提高黏结特性并防止钢筋锈蚀。最简易的办法就是在钢筋表面喷射一层薄薄的水泥浆体。

13.12 受钉混凝土

有时还需要制备受钉混凝土，可用锯屑作混凝土骨料。所谓受钉混凝土就是可将钉子钉进去并能使其牢固保持住的一种材料。需要注意的是，有些低表观密度混凝土，虽然能吃钉但却不能持钉。根据 ACI 523.1R-92[13.118]，当某些特殊屋顶受钉时，混凝土的最小夹持力应为 178N。某些房屋结构和预制构件都有受钉的要求。锯屑混凝土的湿度迁移很大，所以不宜用于潮湿的地方。

锯屑混凝土大致有体积相同的硅酸盐水泥、砂和细锯屑组成，加水使其具有 25～50mm 的坍落度。这种混凝土能与普通混凝土紧密黏结，是一种良好的隔热保温材料。锯屑要求干净，无树皮，否则会使有机物的含量增大而抑制水化反应。最好对锯屑进行化学处理，这样可以避免对凝结和水化造成不利影响，也能防止锯屑腐烂和减小水分迁移。锯屑尺寸介于 6.3～1.18mm 之间时，得到的效果最好；但由于不同种类的锯屑具有不同的特性，应通过试验来确定。锯屑混凝土的表观密度介于 650～1600kg/m³ 之间。

用热带硬木制备的锯屑混凝土，28d 抗压强度为 30MPa，劈拉强度为 2.5MPa，混凝土表观密度为 1490kg/m³[13.120]。

经适当化学处理的碎片和刨花等其他废弃料也可用于制备非承重混凝土，其表观密度为 800～1200kg/m³。还可用软木碎片。

也可用某些其他骨料制备受钉混凝土，如膨胀矿渣、浮石、火山渣和珍珠岩等。

有机合成材料也可以使用，如膨胀聚苯乙烯塑料，其堆积密度小于 10kg/m³，用它制备的混凝土具有特别好的绝热性能。每立方米混凝土的水泥用量为 410kg 时，混凝土的表观密度为 550kg/m³，强度为 2MPa。可是，由于拌合物各组成的表观密度相差太大，拌合十分困难，可能要求引入 15% 的空气。处理聚苯乙烯时要格外小心，因为它易燃[13.118]。

ACI 523.1R-92 一般将绝干表观密度不超过 800kg/m³ 的混凝土定义为低表观密度混凝土。这种混凝土的抗压强度介于 0.7～6MPa 之间。这种混凝土最重要的性质就是可用作绝热，导热系数小，可能低至 0.3J·m/（m²·s·℃）。

如果水渗入混凝土，则导热系数显著增大。当用珍珠岩和蛭石骨料时，会出现这种情况，但闭孔聚苯乙烯颗粒骨料并非如此[13.107]。

13.13 特种混凝土评价

本章名称的"特种混凝土"可以正确理解为还包括其他一些特殊的混凝土。有些混凝土有明确的特殊用途，需要进行适当的处理。还有些混凝土掺入了其他组分，应详细阐述这些组分对制备此种类混凝土的意义。限于篇幅，这里就不做介绍了。

但还要提及的是一种具有密实结构的混凝土，叫作活性粉末混凝土（简称 RPC）。确切来说它不是一种混凝土，因为仅含细砂，无粗骨料。在加拿大魁北克省舍布鲁克一座预制的行人天桥就是用 RPC 制得的。该实际结构中 RPC 的抗压强度为 199MPa（其标准偏差为 9.5MPa），抗折强度为 40MPa。

RPC 典型配比是：水泥 705kg/m³、硅灰 230kg/m³、石英砂 210kg/m³，砂子 1010kg/m³、水 185kg/m³、钢纤维 140kg/m³。其中水泥为 II 型硅酸盐水泥。

RPC 具有特殊性能主要归功于：（1）结构中无粗骨料，有利于提高材料的均匀性，减少界面区；（2）材料的粒度分布和承受压力更加合理；（3）经过热养护。

使用 RPC 成本较高，大概也仅限于特殊结构。尽管 RPC 还无法在混凝土中普遍使用，但它确实代表了混凝土技术的未来发展方向之一。

参考文献

13.1 K. W. Nasser and P. S. H. Lai, Resistance of fly ash concrete to freezing and thawing, in *Fly Ash, Silica Fume, Slag and Natural Pozzolans in Concrete*, Vol. 1, Ed. V. M. Malhotra, ACI SP-132, pp. 205–26 (Detroit, Michigan, 1992).

13.2 R. J. Detwiler, C. A. F. Pohunda and J. Natale, Use of supplementary cementing materials to increase the resistance to chloride ion penetration of concretes cured at elevated temperatures, *ACI Materials Journal*, **91**, No. 1, pp. 63–6 (1994).

13.3 R. J. Detwiler, K. O. Kjellsen and O. E. Gjørv, Resistance to chloride intrusion of concrete cured at different temperatures, *ACI Materials Journal*, **88**, No. 1, pp. 19–24 (1991).

13.4 G. M. Campbell and R. J. Detwiler, Development of mix designs for strength and durability of steam-cured concrete, *Concrete International*, **15**, No. 7, pp. 37–9 (1993).

13.5 K. L. Scrivener, A. Bentur and P. L. Pratt, Quantitative characterization of the transition zone in high strength concretes, *Advances in Cement Research*, **1**, No. 4, pp. 230–7 (1988).

13.6 R. N. Swamy, Fly ash and slag: standards and specifications – help or hindrance? *Materials and Structures*, **26**, No. 164, pp. 600–14 (1993).

13.7 V. M. Malhotra, Fly ash, slag, silica fume, and rice-husk ash in concrete: a review, *Concrete International*, **15**, No. 4, pp. 23–8 (1993).

13.8 D. M. Roy, The effect of blast furnace slag and related materials on the hydration and durability of concrete, in *Durability of Concrete – G. M. Idorn Int. Symp.*, ACI SP-131, pp. 195–208 (Detroit, Michigan, 1992).

13.9 D. M. Roy, Hydration of blended cements containing slag, fly ash, or silica fume, *Proc. of Meeting Institute of Concrete Technology*, Coventry, UK, 29 pp. (29 April–1 May 1987).

13.10 D. W. Hobbs, Influence of pulverized-fuel ash and granulated blastfurnace slag upon expansion caused by the alkali–silica reaction, *Mag. Concr. Res.*, **34**, No. 119, pp. 83–94 (1982).

13.11 K. W. Nasser and S. Ghosh, Durability properties of high strength concrete containing silica fume and lignite fly ash, in *Durability of Concrete*, Ed. V. M. Malhotra, ACI SP-145, pp. 191–214 (Detroit, Michigan, 1994).

13.12 CUR Report, Fly ash as addition to concrete, *Centre for Civil Engineering Research and Codes*, Report 144, 99 pp. (Gouda, The Netherlands, 1991).

13.13 K. Horiguchi *et al.*, The rate of carbonation in concrete made with blended cement, in *Durability of Concrete*, Ed. V. M. Malhotra, ACI SP-145, pp. 917–29 (Detroit, Michigan, 1994).

13.14 S. H. Gebler and P. Klieger, Effect of fly ash on physical properties of concrete, in *Fly Ash, Silica Fume, Slag, and Natural Pozzolans in Concrete*, Vol. 1, Ed. V. M. Malhotra, ACI SP-91, pp. 1–50 (Detroit, Michigan, 1986).

13.15 A. L. A. Fraay, J. M. Bijen and Y. M. de Haan, The reaction of fly ash in concrete: a critical examination, *Cement and Concrete Research*, **19**, No. 2, pp. 235–46 (1989).

13.16 T. C. Hansen, Long-term strength of fly ash concretes, *Cement and Concrete Research*, **20**, No. 2, pp. 193–6 (1990).

13.17 B. Mather, A discussion of the paper "Long-term strength of fly ash" by T. C. Hansen, *Cement and Concrete Research*, **20**, No. 5, pp. 833–7 (1990).

13.18 ACI 226.3R-87, Use of fly ash in concrete, *ACI Manual of Concrete Practice, Part 1: Materials and General Properties of Concrete*, 29 pp. (Detroit, Michigan, 1994).

13.19 I. Odler, Final report of Task Group 1, 68-MMH Technical Committee on Strength of Cement, *Materials and Structures*, **24**, No. 140, pp. 143–57 (1991).

13.20 J. Papayianni and T. Valiasis, Residual mechanical properties of heated concrete incorporating different pozzolanic materials, *Materials and Structures*, **24**, No. 140, pp. 115–21 (1991).

13.21 B. K. Marsh, R. L. Day and D. G. Bonner, Strength gain and calcium hydroxide depletion in hardened cement pastes containing fly ash, *Mag. Concr. Res.*, **38**, No. 134, pp. 23–9 (1986).

13.22 P. K. Mehta, Influence of fly ash characteristics on the strength of portland–fly ash mixtures, *Cement and Concrete Research*, **15**, No. 4, pp. 669–74 (1985).

13.23 G. M. Idorn and N. Thaulow, Effectiveness of research on fly ash in concrete, *Cement and Concrete Research*, **15**, No. 3, pp. 535–44 (1985).

13.24 H. T. Cao *et al.*, Corrosion behaviours of steel embedded in fly ash blended cements, *Durability of Concrete*, Ed. V. M. Malhotra, ACI SP-145, pp. 215–27 (Detroit, Michigan, 1994).

13.25 P. Tikalsky and R. L. Carrasquillo, Fly ash evaluation and selection for use in sulfate-resistant concrete, *ACI Materials Journal*, **90**, No. 6, pp. 545–51 (1991).

13.26 K. Wesche (Ed.), *Fly Ash in Concrete*, RILEM Report of Technical Committee 67-FAB, section 3.1.5 by I. Jawed and J. Skalny, pp. 59–62 (London, E & FN Spon, 1991).

13.27 P. J. Nixon *et al.*, The effect of pfa with a high total alkali content on pore solution composition and alkali–silica reaction, *Mag. Concr. Res.*, **38**, No. 134, pp. 30–5 (1986).

13.28 K. Wesche (Ed.), *Fly Ash in Concrete*, RILEM Report of Technical Committee 67-FAB, section 3.2.5 by J. Bijen, p. 103 (London, E & FN Spon, 1991).

13.29 R. Lewandowski, Effect of different fly-ash qualities and quantities on the properties of concrete, *Betonwerk + Fertigteil*, Nos 1, 2 and 3, 18 pp. (1983).

13.30 A. Bilodeau *et al.*, Durability of concrete incorporating high volumes of fly ash from sources in the U.S., *ACI Materials Journal*, **91**, No. 1, pp. 3–12 (1994).

13.31 P. J. Tikalsky, P. M. Carrasquillo and R. L. Carrasquillo, Strength and durability considerations affecting mix proportioning of concrete containing fly ash, *ACI Materials Journal*, **85**, No. 6, pp. 505–11 (1988).

13.32 ACI 226.1R-87, Ground granulated blast-furnace slag as a cementitious constituent in concrete, *ACI Manual of Concrete Practice, Part 1: Materials and General Properties of Concrete*, 16 pp. (Detroit, Michigan, 1994).

13.33 P. J. Robins, S. A. Austin and A. Issaad, Suitability of GGBFS as a cement replacement for concrete in hot arid climates, *Materials and Structures*, **25**, No. 154, pp. 598–612 (1992).

13.34 K. Sakai *et al.*, Properties of granulated blast-furnace slag cement concrete, in *Fly Ash, Silica Fume, Slag and Natural Pozzolans in Concrete*, Vol. 2, Ed. V. M. Malhotra, ACI SP-132, pp. 1367–83 (Detroit, Michigan, 1992).

13.35 V. Sivasundaram and V. M. Malhotra, Properties of concrete incorporating low quantity of cement and high volumes of ground granulated slag, *ACI Materials Journal*, **89**, No. 6, pp. 554–63 (1992).

13.36 D. M. Roy and G. M. Idorn, Hydration, structure, and properties of blast furnace slag cements, mortars, and concrete, *ACI Journal*, No. 6, pp. 444–57 (Nov./Dec. 1982).

13.37 J. Virtanen, Field study on the effects of additions on the salt-scaling resistance of concrete, *Nordic Concrete Research*, Publication No. 9, pp. 197–212 (Oslo, Dec. 1990).

13.38 P. Male, An overview of microsilica concrete in the U.K., *Concrete*, **23**, No. 9, pp. 35–40 (London, 1989).

13.39 J. P. Ollivier, A. Carles-Gibergues and B. Hanna, Activité pouzzolanique et action de remplissage d'une fumée de silice dans les matrices de béton de haute résistance, *Cement and Concrete Research*, **18**, No. 3, pp. 438–48 (1988).

13.40 T. C. Holland and M. D. Luther, Improving concrete durability with silica fume, in *Concrete and Concrete Construction, Lewis H. Tuthill Int. Symposium*, ACI SP-104, pp. 107–22 (Detroit, Michigan, 1987).

13.41 P.-C. Aïtcin (Ed.), *Condensed Silica Fume*, Faculté de Sciences Appliquées, Université de Sherbrooke, 52 pp. (Sherbrooke, Canada, 1983).

13.42 JSCE Recommendation for design and construction of concrete containing ground granulated blast-furnace slag as an admixture, *Concrete Library of JSCE No. 11*, 58 pp. (Japan, 1988).

13.43 R. F. M. Bakker, Diffusion within and into concrete, *13th Annual Convention of the Institute of Concrete Technology*, University of Technology, Loughborough, 21 pp. (March 1985).

13.44 X. Cong *et al.*, Role of silica fume in compressive strength of cement paste, mortar, and concrete, *ACI Materials Journal*, **89**, No. 4, pp. 375–87 (1992).

13.45 D. P. Bentz, P. E. Stutzman and E. J. Garboczi, Experimental and simulation studies of the interfacial zone in concrete, *Cement and Concrete Research*, **22**, No. 5, pp. 891–902 (1992).

13.46 J. A. Larbi, A. L. A. Fraay and J. M. Bijen, The chemistry of the pore fluid of silica fume-blended cement sytems, *Cement and Concrete Research*, **20**, No. 4, pp. 506–16 (1990).

13.47 F. de Larrard and P.-C. Aïtcin, Apparent strength retrogression of silica-fume concrete, *ACI Materials Journal*, **90**, No. 6, pp. 581–5 (1993).

13.48 Rasheeduzzafar, S. S. Al-Saadoun and A. S. Al-Gahtani, Reinforcement corrosion-resisting characteristics of silica-fume blended-cement concrete, *ACI Materials Journal*, **89**, No. 4, pp. 337–44 (1992).

13.49 R. D. Hooton, Influence of silica fume replacement of cement on physical properties and resistance to sulfate attack, freezing and thawing, and alkali–silica reactivity, *ACI Materials Journal*, **90**, No. 2, pp. 143–51 (1993).

13.50 M. D. Cohen, A. Goldman and W.-F. Chen, The role of silica gel in mortar: transition zone versus bulk paste modification, *Cement and Concrete Research*, **24**, No. 1, pp. 95–8 (1994).

13.51 M.-H. Zhang and O. E. Gjørv, Effect of silica fume on pore structure and chloride diffusivity of low porosity cement pastes, *Cement and Concrete Research*, **21**, No. 6. pp. 1006–14 (1991).

13.52 R. F. Feldman and C.-Y. Huang, Resistance of mortars containing silica fume to attack by a solution containing chlorides, *Cement and Concrete Research*, **15**, No. 3, pp. 411–20 (1985).

13.53 P.-C. Aïtcin and M. Regourd, The use of condensed silica fume to control alkali–silica reaction – a field case study, *Cement and Concrete Research*, **15**, No. 4, pp. 711–19 (1985).

13.54 A. E. Fiorato, PCA research on high-strength concrete, *Concrete International*, **11**, No. 4, pp. 44–50 (1989).

13.55 FIP, *Condensed Silica Fume in Concrete, State-of-the-art Report*, FIP Commission on Concrete, 37 pp. (London,

Thomas Telford, 1988).

13.56　F. DE LARRARD and J.-L. BOSTVIRONNOIS, On the long-term strength losses of silica-fume high-strength concretes, *Mag. Concr. Res.*, **43**, No. 155, pp. 109–19 (1991).

13.57　K. H. KHAYAT and P. C AÏTCIN, Silica fume in concrete – an overview, in *Fly Ash, Silica Fume, Slag, and Natural Pozzolans in Concrete*, Vol. 2, Ed. V. M. Malhotra, ACI SP-132, pp. 835–72 (Detroit, Michigan, 1992).

13.58　G. G. CARRETTE and V. M. MALHOTRA, Long-term strength development of silica fume concrete, in *Fly Ash, Silica Fume, Slag, and Natural Pozzolans in Concrete*, Vol. 2, Ed. V. M. Malhotra, ACI SP-132, pp. 1017–44 (Detroit, Michigan, 1992).

13.59　M. SANDVIK and O. E. GJØRV, Prediction of strength development for silica fume concrete, in *Fly Ash, Silica Fume, Slag, and Natural Pozzolans in Concrete*, Vol. 2, Ed. V. M. Malhotra, ACI SP-132, pp. 987–96 (Detroit, Michigan, 1992).

13.60　C. D. JOHNSTON, Durability of high early strength silica fume concretes subjected to accelerated and normal curing, in *Fly Ash, Silica Fume, Slag, and Natural Pozzolans in Concrete*, Vol. 2, Ed. V. M. Malhotra, ACI SP-132, pp. 1167–87 (Detroit, Michigan, 1992).

13.61　T. YAMATO, Y. EMOTO and M. SOEDA, Strength and freezing-and-thawing resistance of concrete incorporating condensed silica fume in *Fly Ash, Silica Fume, Slag, and Natural Pozzolans in Concrete*, Vol. 2, Ed. V. M. Malhotra, ACI SP-91, pp. 1095–117 (Detroit, Michigan, 1986).

13.62　E. J. SELLEVOLD and F. F. RADJY, Condensed silica fume (microsilica) in concrete: water demand and strength development, in *The Use of Fly Ash, Silica Fume, Slag and Other Mineral By-products in Concrete*, Ed. V. M. Malhotra, ACI SP-79, pp. 677–94 (Detroit, Michigan, 1983).

13.63　M. LESSARD, O. CHAALLAL and P.-C. AÏTCIN, Testing high-strength concrete compressive strength, *ACI Materials Journal*, **90**, No. 4, pp. 303–8 (1993).

13.64　P.-C. AÏTCIN and P. K. MEHTA, Effect of coarse-aggregate characteristics on mechanical properties of high-strength concrete, *ACI Materials Journal*, **87**, No. 2, pp. 103–7 (1990).

13.65　B. MIAO et al., Influence of concrete strength on in situ properties of large columns, *ACI Materials Journal*, **90**, No. 3, pp. 214–19 (1993).

13.66　M. PIGEON et al., Influence of drying on the chloride ion permeability of HPC, *Concrete International*, **15**, No. 2, pp. 65–9 (1993).

13.67　M. PIGEON et al., Freezing and thawing tests of high-strength concretes, *Cement and Concrete Research*, **21**, No. 5, pp. 844–52 (1991).

13.68　F. DE LARRARD, J.-F. GORSE and C. PUCH, Comparative study of various silica fumes as additives in high-performance cementitious materials, *Materials and Structures*, **25**, No. 149, pp. 265–72 (1992).

13.69　G. M. IDORN, The effect of slag cement in concrete, *NRMCA Publication No. 167*, 10 pp. (Silver Spring, Maryland, April 1983).

13.70　G. REMMEL, Study of tensile fracture behaviour by means of bending tests on high strength concrete, *Darmstadt Concrete*, **5**, pp. 155–62 (1990).

13.71　F. O. SLATE and K. C. HOVER, Microcracking in concrete, in *Fracture Mechanics of Concrete: Material Characterization and Testing*, Eds A. Carpinteri and A. R. Ingraffen, pp. 137–59 (The Hague, Martinus Nijhoff, 1984).

13.72　G. KÖNIG, High strength concrete, *Darmstadt Concrete*, **6**, pp. 95–115 (1991).

13.73　W. BAALBAKI, P. C. AÏTCIN and G. BALLIVY, On predicting modulus of elasticity in high-strength concrete, *ACI Materials Journal*, **89**, No. 5, pp. 517–20 (1992).

13.74　P.-C. AÏTCIN, S. L. SARKAR and P. LAPLANTE, Long-term characteristics of a very high strength concrete, *Concrete International*, **12**, No. 1, pp. 40–4 (1990).

13.75　F. DE LARRARD and C. LARIVE, BHP et alcali-réaction: deux concepts incompatibles?, *Bulletin Liaison Laboratoires des Ponts et Chaussées*, **190**, pp. 107–9 (March–April 1994).

13.76　H. KUKKO and S. MATALA, Durability of high-strength concrete, *Nordisk Betong*, **34**, Nos 2–3, pp. 25–9 (1990).

13.77　V. NOVOKSHCHENOV, Factors controlling the compressive strength of silica fume concrete in the range 100–150 MPa, *Mag. Concr. Res.*, **44**, No. 158, pp. 53–61 (1992).

13.78　P. K. MEHTA and P.-C. AÏTCIN, Microstructural basis of selection of materials and mix proportions for high-strength concrete, in *Utilization of High-Strength Concrete – 2nd International Symposium*, ACI SP-121, pp. 265–86 (Detroit, Michigan, 1990).

13.79　P.-C. AÏTCIN and A. NEVILLE, High-performance concrete demystified, *Concrete International*, **15**, No. 1, pp. 21–6 (1993).

13.80　A. CRIAUD and G. CADORET, HPCs and alkali silica reactions, the double role of pozzolanic materials, in *High Performance Concrete: From Material to Structure*, Ed. Y. Malier, pp. 295–304 (London, E & FN Spon, 1992).

13.81　M. KAKIZAKI et al., Effect of Mixing Method on Mechanical Properties and Pore Structure of Ultra High-strength Concrete, Katri Report No. 90, 19 pp. (Tokyo, Kajima Corporation, 1992) (and also in ACI SP-132, CANMET/ACI, 1992).

13.82　G. CADORET and P. RICHARD, Full use of high performance concrete in building and public works, in High Performance Concrete: From Material to Structure, Ed. Y. Malier, pp. 379–411 (London, E & FN Spon, 1992).

13.83　G. CAUSSE and S. MONTENS, The Roize bridge, in High Performance Concrete: From Material to Structure, Ed. Y. Malier, pp. 525–36 (London, E & FN Spon, 1992).

13.84　THE INSTITUTION OF STRUCTURAL ENGINEERS AND THE CONCRETE SOCIETY, Guide: Structural Use of Lightweight Aggregate Concrete, 58 pp. (London, Oct. 1987).

13.85　J. CARMICHAEL, Pumice concrete panels, Concrete International, 8, No. 11, pp. 31–2 (1986).

13.86　S. SMEPLASS, T. A. HAMMER and T. NARUM, Determination of the effective composition of LWA concretes, Nordic Concrete Research Publication No. 11, pp. 153–61, (Oslo, Nordic Concrete Federation, Feb. 1992).

13.87　P. MAYDL, Determination of particle density of lighweight aggregates with porous surface, Materials and Structures, 21, No. 125, pp. 394–7 (1988).

13.88　R. E. PHILLEO, Freezing and Thawing Resistance of High Strength Concrete, Report 129, Transportation Research Board, National Research Council, 31 pp. (Washington DC, 1986).

13.89　A. JORNET, E. GUIDALI and U. MÜHLETHALER, Microcracking in high-performance concrete, Proceedings of the 4th Euroseminar on Microscopy Applied to Building Materials, Eds J. E. Lindqvist and B. Nitz, Sp. Report 1993: 15, 6 pp. (Swedish National Testing and Research Institute: Building Technology, 1993).

13.90　ACI 225R-91, Guide to the selection and use of hydraulic cements, ACI Manual of Concrete Practice, Part 1: Materials and General Properties of Concrete, 29 pp. (Detroit, Michigan, 1994).

13.91　ACI 363R-92, State-of-the-art report on high-strength concrete, ACI Manual of Concrete Practice, Part 1: Materials and General Properties of Concrete, 55 pp. (Detroit, Michigan, 1994).

13.92　F. P. GLASSER, Progress in the immobilization of radioactive wastes in cement, Cement and Concrete Research, 22, Nos 2/3, pp. 201–6 (1992).

13.93　F. DE LARRARD and Y. MALIER, Engineering properties of very high performance concrete, in High Performance Concrete: From Material to Structure, Ed. Y. Malier, pp. 85–114 (London, E & FN Spon, 1992).

13.94　F. DE LARRARD and P. ACKER, Creep in high and very high performance concrete, in High Performance Concrete: From Material to Structure, Ed. Y. Malier, pp. 115–26 (London, E & FN Spon, 1992).

13.95　M. BAALBAKI et al., Properties and microstructure of high-performance concretes containing silica fume, slag, and fly ash, in Fly Ash, Silica Fume, Slag, and Natural Pozzolans in Concrete, Vol. 2, Ed. V. M. Malhotra, ACI SP-132, pp. 921–42 (Detroit, Michigan, 1992).

13.96　B. MAYFIELD, Properties of pelletized blastfurnace slag concrete, Mag. Concr. Res., 42, No. 150, pp. 29–36 (1990).

13.97　V. R. RANDALL and K. B. FOOT, High strength concrete for Pacific First Center, Concrete International, 11, No. 4, pp. 14–16 (1989).

13.98　STRATEGIC HIGHWAY RESEARCH PROGRAM, SHRP-C-364, High early strength concretes, Mechanical Behavior of High Performance Concretes, Vol. 4, 179 pp. (Washington DC, NRC, 1993).

13.99　STRATEGIC HIGHWAY RESEARCH PROGRAM, SHRP-C/FR-91-103, High Performance Concretes: A State-of-the-Art Report, 233 pp. (Washington DC, NRC, 1991).

13.100　A. MOR, B. C. GERWICK and W. T. HESTER, Fatigue of high-strength reinforced concrete, ACI Materials Journal, 89, No. 2, pp. 197–207 (1989).

13.101　A. BENTUR and C. JAEGERMANN, Effect of curing and composition on the properties of the outer skin of concrete, Journal of Materials in Engineering, 3, No. 4, pp. 252–62 (1991).

13.102　E. SIEBEL, Ductility of normal and lightweight concrete. Darmstadt Concrete, No. 3, pp. 179–87 (1988).

13.103　S. KARL, Shrinkage and creep of very lightweight concrete, Darmstadt Concrete, No. 4, pp. 97–105 (1989).

13.104　T. W. BREMNER and T. A. HOLM, Elasticity, compatibility and the behavior of concrete, ACI Journal, 83, No. 2, pp. 244–50 (1986).

13.105　M.-H. ZHANG and O. E. GJØRV, Pozzolanic activity of lightweight aggregates, Cement and Concrete Research, 20, No. 6, pp. 884–90 (1990).

13.106　M.-H. ZHANG and O. E. GJØRV, Mechanical properties of high strength lightweight concrete, ACI Materials Journal, 88, No. 3, pp. 240–7 (1991).

13.107　C. L. CHENG and M. K. LEE, Cryogenic insulating concrete – cement-based concrete with polystyrene beads, ACI Journal, 83, No. 3, pp. 446–54 (1986).

13.108　S. A. AUSTIN, P. J. ROBINS and M. R. RICHARDS, Jetblast temperature-resistant concrete for Harrier aircraft pavements, The Structural Engineer, 70, Nos 23/24, pp. 427–32 (1992).

13.109 ACI 201.2R-92, Guide to durable concrete, *ACI Manual of Concrete Practice, Part 1: Materials and General Properties of Concrete*, 41 pp. (Detroit, Michigan, 1994).

13.110 M.-H. ZHANG and O. E. GJØRV, Characteristics of lightweight aggregate for high-strength concrete, *ACI Materials Journal*, **88**, No. 2, pp. 150–8 (1991).

13.111 F. D. LYDON, *Concrete Mix Design*, 2nd Edn, 198 pp. (London, Applied Science Publishers, 1982).

13.112 M.-H. ZHANG and O. E. GJØRV, Permeability of high-strength lightweight concrete, *ACI Materials Journal*, **88**, No. 5, pp. 463–9 (1991).

13.113 M. D. A. THOMAS *et al.*, A comparison of the properties of OPC, PFA and ggbs concretes in reinforced concrete tank walls of slender section, *Mag. Concr. Res.*, **42**, No. 152, pp. 127–34 (1990).

13.114 B. OSBÆCK, On the influence of alkalis on strength development of blended cements, in *The Chemistry and Chemically-Related Properties of Cement*, Ed. F. P. Glasser, British Ceramic Proceedings, No. 35, pp. 375–83 (Sept. 1984).

13.115 FIP, *Manual of Lightweight Aggregate Concrete*, 2nd Edn, 259 pp. (Surrey University Press, 1983).

13.116 ACI 318-08, Building code requirements for structural concrete, *ACI Manual of Concrete Practice, Part 3: Use of Concrete in Buildings – Design, Specifications, and Related Topics*, 443 pp.

13.117 M. ST GEORGE, Concrete aggregate from wastewater sludge, *Concrete International*, **8**, No. 11, pp. 27–30 (1986).

13.118 ACI 523.1R-92, Guide for cast-in-place low-density concrete, *ACI Manual of Concrete Practice, Part 5: Masonry, Precast Concrete, Special Processes*, 8 pp. (Detroit, Michigan, 1994).

13.119 K. M. BROOK, No-fines concrete, *Concrete*, **16**, No. 8, pp. 27–8 (London, 1982).

13.120 P. PARAMASIVRAM and Y. O. LOKE, Study of sawdust concrete, *The International Journal of Lightweight Concrete*, **2**, No. 1, pp. 57–61 (1980).

13.121 J. G. CABRERA and P. A. CLAISSE, The effect of curing conditions on the properties of silica fume concrete, in *Blended Cements in Construction*, Ed. R. N. Swamy, pp. 293–301 (London, Elsevier Science, 1991).

13.122 P. J. SVENKERUD, P. FIDJESTØL and J. C. ARTIGUES TEXSA, Microsilica based admixtures for concrete, in *Admixtures for Concrete: Improvement of Properties*, Proc. Int. Symposium, Barcelona, Spain, Ed. E. Vázquez, pp. 346–59 (London, Chapman and Hall, 1990).

13.123 V. S. DUBOVOY *et al.*, Effects of ground granulated blast-furnace slags on some properties of pastes, mortars, and concretes, *Blended Cements*, Ed. G. Frohnsdorff, *ASTM Sp. Tech. Publ. No. 897*, pp. 29–48 (Philadelphia, Pa, 1986).

13.124 A. BILODEAU and V. M. MALHOTRA, Concrete incorporating high volumes of ASTM Class F fly ashes: mechanical properties and resistance to deicing salt scaling and to chloride-ion penetration, in *Fly Ash, Silica Fume, Slag, and Natural Pozzolans in Concrete*, Vol. 1, Ed. V. M. Malhotra, ACI SP-132, pp. 319–49 (Detroit, Michigan, 1992).

13.125 G. FRIGIONE, Manufacture and characteristics of portland blast-furnace slag cements, in *Blended Cements*, Ed. G. Frohnsdorff, *ASTM Sp. Tech. Publ. No. 897*, pp. 15–28 (Philadelphia, Pa, 1986).

13.126 J. DAUBE and R. BAKKER, Portland blast-furnace slag cement: a review, in Blended Cements, Ed. G. Frohnsdorff, *ASTM Sp. Tech. Publ. No. 897*, pp. 5–14 (Philadelphia, Pa, 1986).

13.127 S. A. AUSTIN, P. J. ROBINS and A. S. S. AL-EESA, The influence of early curing on the surface permeability and absorption of silica fume concrete, in *Durability of Concrete*, Ed. V. M. Malhotra, ACI SP-145, pp. 883–900 (Detroit, Michigan, 1994).

13.128 R. D. HOOTON and J. J. EMERY, Sulfate resistance of a Canadian slag cement, *ACI Materials Journal*, **87**, No. 6, pp. 547–55 (1990).

13.129 J. HAVDAHL and H. JUSTNES, The alkalinity of cementitious pastes with microsilica cured at ambient and elevated temperatures, *Nordic Concrete Research*, No. 12, pp. 42–45 (Feb. 1993).

13.130 R. GAGNÉ and D. GAGNON, L'utilisation du béton à haute performance dans l'industrie agricole, *Béton Canada*, Présentations de la Demi-Journée Ouverte le 5 octobre, 1994, pp. 23–35 (Canada, University of Sherbrooke, 1994).

13.131 CANADIAN STANDARDS ASSN, A23.1-94, *Concrete Materials and Methods of Concrete Construction*, 14 pp. (Toronto, Canada, 1994).

13.132 F. J. HOGAN and J. W. MEUSEL, Evaluation for durability and strength development of a ground granulated blast furnace slag, Cement, *Concrete and Aggregate*, **3**, No. 1, pp. 40–52 (Summer 1981).

13.133 R. C. MEININGER, No-fines pervious concrete for paving, *Concrete International*, **10**, No. 8, pp. 20–7 (1988).

13.134 BUILDING RESEARCH ESTABLISHMENT, Autoclaved aerated concrete, *Digest No. 342*, 7 pp. (Watford, England, 1989).

13.135 M. LESSARD *et al.*, High-performance concrete speeds reconstruction for McDonald's, *Concrete International*, **16**, No. 9, pp. 47–50 (1994).

13.136 T. MITSUDA, K. SASAKI and H. ISHIDA, Phase evolution during autoclaving process of aerated concrete, *J. Amer. Ceramic Soc.*, **75**, No. 7, pp. 1858–63 (1992).

13.137 RILEM, *Autoclaved Aerated Concrete: Properties, Testing and Design*, 404 pp. (London, E & FN Spon, 1993).

13.138 O. S. B. AL-AMOUDI et al., Performance of plain and blended cements in high chloride environments, in *Durability of Concrete*, Ed. V. M. Malhotra, ACI SP-145, pp. 539–55 (Detroit, Michigan, 1994).

13.139 C. L. PAGE and O. VENNESLAND, Pore solution composition and chloride binding capacity of silica-fume cement paste, *Materials and Structures*, **16**, No. 91, pp. 19–25 (1983).

13.140 G. C. MAYS and R. A. BARNES, The performance of lightweight aggregate concrete structures in service, *The Structual Engineer*, **69**, No. 20, pp. 351–61 (1991).

13.141 ACI 213R-87, Guide for structural lightweight aggregate concrete, *ACI Manual of Concrete Practice, Part 1: Materials and General Properties of Concrete*, 27 pp. (Detroit, Michigan, 1994).

13.142 ACI 304.5R-91, Batching, mixing, and job control of lightweight concrete, *ACI Manual of Concrete Practice, Part 2: Construction Practices and Inspection Pavements*, 9 pp. (Detroit, Michigan, 1994).

13.143 T. A. HOLM, Lightweight concrete and aggregates, in *Significance of Tests and Properties of Concrete and Concrete-making Materials*, Eds P. Klieger and J. F. Lamond, ASTM Sp. Tech. Publ. No. 169C, pp. 522–32 (Philadelphia, Pa, 1994).

13.144 L. A. LEGATSKI, Cellular concrete, in *Significance of Tests and Properties of Concrete and Concrete-making Materials*, Eds P. Klieger and J. F. Lamond, *ASTM Sp. Tech. Publ. No. 169C*, pp. 533–9 (Philadelphia, Pa, 1994).

13.145 C. T. TAM et al., Relationship between strength and volumetric composition of moist-cured cellular concrete, *Mag. Concr. Res.*, **39**, No. 138, pp. 12–18 (1987).

13.146 BRITISH CEMENT ASSOCIATION, *Foamed Concrete: Composition and Properties*, 6 pp. (Slough, U.K., 1991).

13.147 J. MURATA, Design method of mix proportions of lightweight aggregate concrete, *Proc. RILEM Int. Symp. on Testing and Design Methods of Lightweight Aggregate Concretes*, pp. 131–46 (Budapest, March 1967).

13.148 C. C. CARLSON, Lightweight aggregates for concrete masonry units, *J. Amer. Concr. Inst.*, **53**, pp. 491–508.

13.149 R. C. VALORE, Insulating concretes, *J. Amer. Conc. Inst.*, **53**, pp. 509–32 (Nov. 1956).

13.150 N. DAVEY, Concrete mixes for various building purposes, *Proc. of a Symposium on Mix Design and Quality Control of Concrete*, pp. 28–41 (London, Cement and Concrete Assoc., 1954).

13.151 G. C. HOFF, Porosity–strength considerations for cellular concrete, *Cement and Concrete Research*, 2, No. 1, pp. 91–100 (Jan. 1972).

13.152 CEB, *Autoclaved Aerated Concrete*, 90 pp. (Lancaster/New York, Construction Press, 1978).

13.153 V. M. MALHOTRA, No-fines concrete – its properties and applications. *J. Amer. Concr. Inst.*, **73**, No. 11, pp. 628–44 (1976).

13.154 R. H. MCINTOSH, J. D. BOTTON and C. H. D. MUIR, No-fines concrete as a structural material, *Proc. Inst. Civ. Engrs.* Part I, 5, No. 6, pp. 677–94 (London, Nov. 1956).

13.155 M. A. AZIZ, C. K. MURPHY and S. D. RAMASWAMY, Lightweight concrete using cork granules, *Int. J. Lightweight Concrete*, **1**, No. 1, pp. 29–33 (Lancaster, 1979).

13.156 R. HELMUTH, *Fly Ash in Cement and Concrete*, 203 pp. (Skokie, Ill., PCA, 1987).

13.157 J. PAPAYIANNI, An investigation of the pozzolanicity and hydraulic reactivity of high-lime fly ash, *Mag. Concr. Res.*, **39**, No. 138, pp. 19–28 (1987).

13.158 K. H. KHAYAT, Deterioration of lightweight fly ash concrete due to gradual cryogenic frost cycles, *ACI Materials Journal*, **88**, No. 3, pp. 233–39 (1991).

13.159 ACI-234R-96, Guide for the use of silica fume in concrete, *ACI Manual of Concrete Practice, Part 1, Materials and General Properties of Concrete*, 51 pp. (Detroit, Michigan, 1997).

13.160 American Society of Concrete Contractors, Position statement on retarded setting, *Concrete International*, **31**, No. 11, p. 54 (2009).

13.161 P. J. E. SULLIVAN, Deterioration and spalling of high strength concrete under fire, HSE Offshore Technology Report 2001/074, 76 pp. (HMSO, 2001).

第 14 章

混凝土配合比的选择（设计）

研究混凝土性能主要是为选择合适的混凝土组成，本章在配合比选择时将考虑混凝土的不同性能。

在英国，把混凝土组成成分的选择以及确定其比例称之为"配合比设计"。这种表达很常见，但并不确切，因为它暗含了配合比选择是结构设计过程的一部分。但结构设计只考虑混凝土的性能，而不关注用哪些材料及比例来确保混凝土的性能。在美国通常用"配合比例"这个术语，但没有在世界范围内使用。出于这个原因，本书将统一采用本章开头的表述，可以简称为"配合比选择"。

虽然结构设计通常不关注配合比选择，却为配合比选择提供了两个方面的标准：强度和耐久性。然而，这其中还有很重要一个隐含要求就是混凝土工作性必须满足浇筑条件。混凝土工作性要求不仅指出机坍落度，而且包含混凝土浇筑时的坍落度损失的极限值。由于混凝土工作性要求取决于场地条件，因此混凝土工作性通常在施工步骤确定后才能确定。

此外，配合比的选择还应考虑混凝土的运输方式，特别是想要采用泵送时，更应重视。其他标准包括：凝结时间、泌水程度以及收面的难易程度，这三个判断标准也是相互联系的。在配合比选择和调整时，如果没有充适当考虑这些标准，将为后来施工带来相当大的困难。

因此，混凝土配合比选择简单的说就是选择混凝土合适的成分和确定各成分的相对质量。配合比选择以生产出尽可能经济的混凝土为目标，这种混凝土需要满足以下性能的最低要求：主要是强度、耐久性，还有所需的工作性。

14.1 成本考虑

前文强调了两点：一是混凝土要满足指定的最低性能要求；二是制造过程中应尽可能经济，这也是工程中的常规要求。

混凝土的成本和其他施工活动的成本一样，主要由材料、设备以及劳动力成本组成。材料成本的变化主要由于水泥的变化，因为水泥的价格通常是骨料的几倍。因此，在配合比选择过程中，尽可能的减少水泥的用量。采用相对贫混凝土（水泥用量少）具有相当大的技术优势，除了大体积混凝土中可以减水水化热而避免开裂，还包括富混凝土（水泥用量大）在结构中增大徐变和引起开裂。所以很明显，即便是不考虑成本因素，过分多用水泥也是不值得的。在这一点上，我们应该记住除了硅灰以外，其他胶凝材料都比水泥便宜，不同胶凝材料会导致不同的混凝土单方成本。各种胶凝材料对混凝土的性能影响也不一样，就像本书中其他章节讨论的一样。

在评估混凝土成本时，应考虑强度的变化，因为结构设计师指定的是最低强度或特征强度（见第 14.4.1 节），也是真正的混凝土验收标准，而混凝土的实际成本与混凝土材料可提供的平均强度相关。这也与质量控制问题紧密相关。我们应该形成一种意识，即高水平的质量的控制意味着在监督和拌和设备上都会有较高的花费，当不能证明配合比选择和质量控制很细致时，监督和拌和设备还是有用的。对混凝土质量控制程度的决定取决于施工的类型和规模，通常是一种经济的妥协。在配合比选择之初确定控制等级是非常有意义的，那样平均值、最小值或特征值之间的区别就很清楚了。

劳动力成本受混凝土工作性的影响：工作性不满足现有密实方法时将导致高的劳动力成本（或者不能充分密实的混凝土）。处理泵送混凝土的堵管也是费力的。确切的劳动力成本取决于施工组织的细节和采用设备的类型，这是一个专门的话题。

14.2 规范

这是一个很大的话题，本书将只针对目前为止，影响混凝土配合比选择的规范进行讨论。

在过去，混凝土规范规定了水泥，粗骨料以及细骨料的比例，特定的传统配合比可以按这样来生产，但是由于配合比成分是易变的，对于水泥和骨料比例固定的、给定工作性的混凝土，强度变化范围很大。正是由于这个原因，最小抗压强度后来被添加到其他要求中。当强度一旦指定，给定配合比使规范具有很强的限制性，拥有优质材料的地方是没有问题的，但其他地方用这个给定配合比就可能达不到足够的强度。这也是为什么有时候给定配合比会将骨料的和粒形添加进去作为额外的要求。然而，在很多国家，骨料分布基本一致，这些限制会造成浪费。从这一点上讲，我们应注意的是除了特殊工程，如核电站安全壳，通常工程应就地取材，长途运输会带来昂贵的造价。

一般来说，如果同时规定混凝土强度、组成成分、材料比例以及骨料的粒形和级配，配合比选择的经济性指标已经没有空间了，这种情况下，根据混凝土性能要求进行生产满足要求的、经济的混凝土是不可能的。

因此，现代规范的一个趋势是尽可能的减小限制条件，这没有什么大惊小怪的。规范只给出一个限制值，但有些时候也给出传统配合比例以供参考，这可以帮助那些不想采取高质量控制等级的承包人。这些限制值可以涵盖一系列性能，通常包括：

1. 结构必须的"最小"抗压强度；

2. 最大水灰比、最小水泥用量以及在某种特定暴露环境下的最小含气量，用于保证混凝土有足够的耐久性；

3. 大体积混凝土中避免由于水泥水化热引起开裂的最大水泥用量；

4. 低湿度环境暴露条件下中避免收缩开裂的最大水泥用量；

5. 重力坝及相似结构的最小密度。

此外，规范有时对胶凝材料的特性进行限制，如水泥的类型或组分。

在做配合比选择时上述要求必须满足。

很多规范基本都会规定涉及的各种数量的取值范围，就强度而言，大多数国家标准都会给出很明确的规定。水泥用量和水灰比通常要求没有那么明确，但它们也同等的重要。尤其关键的是钢筋保护层厚度的允许范围，虽然这不属于配合比选择的范畴，但从耐久性角度来说，它与规定的混凝土的强度以及水泥用量是紧密联系的。保护层厚度的允许范围必须明确，而且应与强度或水泥用量的允许范围相关联。

英国标准 BS EN 206-1:2000 和 BS 8500-2:2002 的补充条文规定了四种混凝土配合比定义。第一种"设计配合比"是主要由设计者对强度、水泥用量、水灰比等一系列术语进行详细说明，最后主要由强度试验进行验证检验。第二种"给定配合比"是由设计者对各材料、比例以及性质进行详细说明，混凝土生产商可以简单的按这个配合比进行生产。配合比评估的目的就是验证，强度试验并不经常使用。对于某些特殊性能要求的混凝土，采用给定配合比就有优势，如对收面性能或耐磨性能有特殊要求的混凝土。因此，只在有充分理由预测混凝土能达到要求的工作性、强度和耐久性的情况下，才采用给定配合比。

第三种"标准配合比"主是基于材料组成和比例，在 BS 5328-2:2002 中将一系列立方体抗压强度（小于 25MPa）对应的配合比都完全列示出来。第四种也是最后一种是"指定配合比"，混凝土生产商可以在结构应用的表中选取水灰比和最小水泥用量，结合标准配合比最终确定配合比。这种配合比只有在生产商具有专业营业执照，在产品检验和质量监控均能满足质量保证体系时才可以使用。

标准配合比主要用于较小的建筑，如民用建筑。指定配合比虽然适用强度达到 50MPa，但其仍被限制在普通建筑使用。因此，只有设计配合比和给定配合比对混凝土性能认识比较全面，应用范围较广。四种配合比的区别详见 BS 8500-2:2002。

在美国的工程中，如果没有配合比选择和试拌的经验可参考，就采用标准配合比例，为了保证安全，这种情况下要求必然是很严格的。但这种方法只用于低强度等级混凝土。例如 ACI 318-02[14.8] 规定，对于指定 28d 强度（圆柱体试件）27MPa（4000psi）的混凝土，非引气情况下混凝土的最大水灰比是 0.44，引气情况下，最大水灰比是 0.35。在后一种情况下，强度较高的混凝土需要通过试拌确定，但是对于非引气混凝土，ACI 318-95[14.8] 规定可以用 0.38 的水灰比配制 28d 抗压强度达到 31MPa（4500psi）的混凝土。

14.3 配合比选择步骤

影响混凝土配合比选择的基本因素如图 14.1 所示。各种顺序最后都将计算出每盘混凝土各组分的具体用量。当然，不同方法之间存在差异。以美国混凝土协会[14.5]方法为例，这是一个很经典的方法，混凝土用水量由混凝土工作性和给定的最大骨料直径直接决定，单位为 kg/m^3 或 lb/y^3，而不是由水灰比和水泥用量计算得到。

需要说明的是通过表格或计算机数据来确定精确的混凝土配合比基本是不可能的：因为混凝土原材料是易变的，它们的很多性质不能真正定量描述。例如：混凝土骨料的级配、形状和纹理还找不到一种可以进行全面适当描述的方式。因此，能做的只是基于前面章节已知的相关性，对混凝土各组分的最优组合进行一个合理的"猜测"。所以我们为了获得较好的配合比，不仅要进行原材料评估和配合比计算，还要进行拌和试验。我们检测这些混凝土的性能，并调整配合比，然后再进行试拌，直到获得适合的配合比。

然而，即便我们考虑了骨料的含水情况，试验室拌和结果也不能直接使用。只有当一个配合比进行了生产试验，各种性能均满足现场要求时，才证明配合比是合适的。可以从三个方面来说明出现这种现象的原因：第一，试验室用到的拌和设备和现场的拌和设备是完全不同的；第二，拌合物的泵送性能需要现场验证；第三，试验室试件的边界效应（与表面积与体积的比值相关）要比现场全尺寸试件边界效应大，因此，试验室确定的细骨料用量可能高的没有必要。

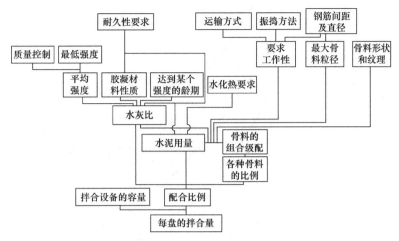

图 14.1　配合比选择需考虑的基本因素

可以看出，配合比选择不仅需要对混凝土性能的了解，还需要经验和试验数据。

其他因素如操作的影响、运输、浇筑的延迟和天气的变化都会影响到混凝土的现场施工性能，但这些影响基本都是次要的，在工作过程中通过轻微调整混凝土配合比就可以解决。

这里需要注意的是配合比即便选定了，也不能认为它是一成不变的。因为它的组成材料无时无刻不在发生变化。特别是由于骨料尤其是细骨料含水量不断变化，我们根本无法判断配合比中的自由水确切是多少。对于轻骨料泵送混凝土，这个问题尤为突出。其他变化，如骨料级配、含泥量以及由于拌和器暴晒、水泥温度高等原因引起的混凝土温度变化，都在不断发生。所以，对配合比进行定期调整是很有必要的。

14.4　平均强度和"最小"强度

抗压强度和耐久性是混凝土最重要的两个性能。混凝土强度不仅重要，而且它对硬化混凝土其他性能会有影响。某特定龄期要求的平均强度，一般是 28d，决定了配合比的名义水灰比。图 14.2 是 20 世纪 70 年代后期，用英国硅酸盐水泥配制混凝土，标准养护 28d 后的抗压强度与水灰比的关系。此图在这里只是想作为一个例证，不管怎么样，图中强度值在安全误差范围内。然而，如果自始至终用的水泥是一样的，我们完全有可能利用特定水泥的实际强度，把混凝土强度和水灰比的关系作为经验值使用。

如果用图 14.2 的曲线，那么水泥的型号就必须知道的，因为不同类型的水泥硬化速率是不一样的。特别是用了掺合料以后，强度变化就更大。但是，当到了 1 年或 2 年龄期时，不同水泥配制的混凝土强度将基本相同。

结构设计是基于混凝土满足的一个最低强度要求，但制备出的混凝土的实际强度，不管是在现场还是试验室，都是一个变量（见第 12.23.1 节）。因此，我们在做配合比选择的时候，目标就是配制的平均强度要高于最低强度。

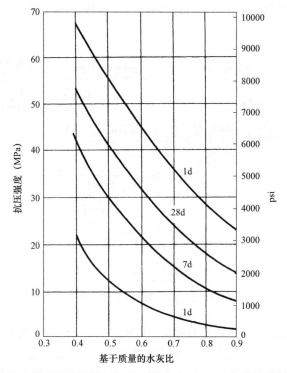

图 14.2 混凝土抗压强度与水灰比的关系（102mm 完全压实混凝土试件），
不同混凝土均采用 20 世纪 70 年代英国普通硅酸盐水泥配合比。采用的值都是保守估计的

　　混凝土试件强度分布可以用平均强度和标准差表示。如本书第 12.23.1 节所提到的，混凝土试件强度试验结果可认为是符合正态分布（高斯分布）的。虽然关于高斯分布的偏度有很多报道：McNicoll 和 Wong14.23 报道了低强度等级混凝土的偏度，Cook[14.24]和 ACI 363R-92[14.22]报道了高强度等级混凝土的偏度。但是对于工程实践，正态分布是可以接受的。就预期强度测试结果小于规定值的样本数而言，正态分布假设是偏于安全的[14.25]。

　　如果知道试验强度与平均强度相差某一定值时的试件概率（表 14.1），就可定义一种给定拌合物的"最低"强度。事实上没有绝对的最低强度，因为从统计学观点来看，无论最低强度设置多少，总会有一定概率的试验结果比这个强度更低。因此，找一个绝对低的强度是没有意义的。我们通常的做法是取一个大于一定百分比的试验结果数定义为最低强度，对于单个试验结果通常取 95%，对于 3 个或 4 个试验结果取平均值，通常取 99%。

表 14.1　强度低于（平均值 $-k\times$ 标准差）的试件百分比

k	强度低于（$\bar{x} - k\sigma$）的试件百分比（%）
1.00	15.9
1.50	6.7
1.96	2.5
2.33	1.0
2.50	0.6
3.09	0.1

美国混凝土协会标准 ACI 318-02[14.8] 方法事实上基于对最低强度的两个限制条件，最低强度和平均强度间存在关系。首先，要求测试强度（3组试件的平均值，每组取两个圆柱体试件试验结果的平均值）低于设计强度的概率是1%；其次，要求单组试件强度值低于设计强度 3.5MPa（500psi）以上的概率是1%。引入标准差 σ 的概念，第一个条件可以表示为：

$$f_{cr}'=f_c'+\frac{2.33\sigma}{\sqrt{3}}=f_c'+1.343\sigma$$

第二个条件可以表示为：

$$f_{cr}'=f_c'-3.5+2.33\sigma$$

当标准差 σ 约为 3.5MPa（500psi）时，这两个条件基本是等效的，当标准差增大时，第一个条件更为严格。

我们注意到没有制定绝对的限制值，采用概率的方法分析，意味着在100次试验中，可能只有1次不能满足。这种失败不足以作为拒绝此混凝土的理由。可以说所有的规范都存在错误的接受和拒绝的风险，这两种风险需要有一个辩证的平衡[14.31]。

前面提到的 ACI 318-02[14.8] 中的标准差的修正是在前期大量工程实践实验中总结出来的，这些工程有相似的工作条件、相似的材料，生产出的混凝土强度相近。在缺乏标准差的实验值时，ACI 318-02[14.8] 规定了边界值，通过边界值控制混凝土平均强度超过给定强度，这些边界值是比较保守的，从 7MPa（1000psi）[给定强度低于 21MPa（3000psi）] 到 10MPa（1400psi）[给定强度高于 35MPa（5000psi）]。

根据 ACI 318-02[14.8] 和 ASTM C 94-09a，当满足下面条件时，可以确定指定强度值 f_c'：

各组三个试块的平均值至少和 f_c' 相当，而且

各试块强度不得比 f_c' 低 3.5MPa 以上。

值得一提的是每个测试结果是由一盘混凝土成型的两个圆柱体试块的强度平均值，而且试验在同一龄期。三组连续试验的平均值是一个动平均，也就是说一组编号为N的测试结果，可能出现三种序列即：$N-2$，$N-1$，N；$N-1$，N，$N+1$；N，$N+1$，$N+2$。因此，如果N组的测试结果数值很低，它可能影响1个或2个或3个平均值。所以，从 $N-2$ 到 $N+2$ 编号的混凝土均不能认为满足规定。但是，必须注意到有时候满足 ACI 318-02[14.8] 要求的混凝土也可能偶尔失效（这种概念大概为1%），所以直接弃用相关的混凝土是不可取的。

前面提到的欧洲规范 2:2004 与 ACI 318-02[14.8] 要求类似。试验结果也是两个试件强度的平均值，但在英国试验采用的是立方体试块。英国方法采用的是"特征强度"，即所有的强度值中只有5%会比这个值低（95%保证率），这个值即为特征强度。可以用特征强度和平均强度的差值来实现这种可能性的控制。为了保证达到规定的强度值，必须满足以下条件：

（a）任意4组连续试验结果的平均值应超出特征强度 3MPa 以上（450psi）；

（b）任何一个试验结果不低于特征强度 3MPa（450psi）以上。

抗折强度也有类似的要求，只是将上述两个条件改为 0.3MPa（45psi）。

关于遵照标准的话题本书不进行充分的展开，但一些观点还是值得探讨。要绝对的区分混凝土适合与不适合是不现实的，不可能对他们所有的都进行试验。试验的目的是有充足的

理由去区分混凝土，从而达到一个平衡，不至于使供应商合格的混凝土被弃用和客户被迫接受不合格的混凝土。这种平衡受试验量及所用标准的限制[14.31]。

14.4.1　强度的变异性

我们知道（第12.23.1节）正态分布曲线上任一点的横坐标可以用标准差 σ 这个术语来表示，比平均强度大 $k\sigma$ 的试件的数量可由正态分布曲线下方适当比例的面积来表示，如统计表14.1所示。

因此，假设一组试样的平均强度记为 $\bar{x}$，样品中强度低于特定值（$\bar{x}-k\sigma$）的百分比是已给定的，那么就可以从统计表格中查出 k 的值，实际平均值和最小值的差别 $k\sigma$ 就取决于标准差 σ 的取值了，如图14.3所示。因为对于给定工作性的配合比，水泥用量与平均强度相关，由此可见，标准差值越高，达到某一最低强度所用水泥用量越大。

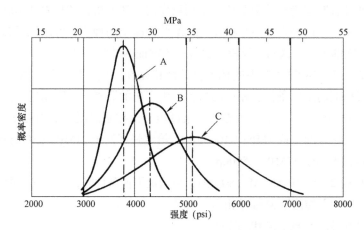

图14.3　混凝土的正态分布曲线，最小强度为20.6 MPa
（试验结果的99%都高于此值）

		$\bar{x}$		σ	
		psi	MPa	psi	MPa
图中：	A	3800	26.2	350	2.4
	B	4300	29.6	560	3.9
	C	5100	35.2	900	6.2
	(Crown copyright)				

（$\bar{x}-k\sigma$）可以用变异系数这个术语来表达，$C=\sigma/\bar{x}$，即 $\bar{x}$（$1-kC$）。当应用于平均强度相同的混凝土时，这两种方法用于评价混凝土最低强度都可以，但是，当用一盘混凝土中得到的数据去预测不同强度的混凝土，预测的结果是否准确，取决于标准差和变异系数是否受混凝土强度变化的影响。

假定标准差是一个常数，已知一组拌合物的标准差 σ，可以用最低强度值加上一个常数 $k\sigma$ 来计算其他任何混凝土的平均强度。同样生产过程生产的混凝土，平均强度和最小强度的差将是一个常数。另一方面，如果变异系数为一个常数，最小强度与平均强度的比值将是固定的。这两种情形可用如下数字实例来描述。

让我们假设混凝土的生产和测试在一个特定的环境下，平均强度是25MPa（3600psi），标准差是 4MPa（500psi）。根据 ACI 214-77（1989 年再版）[14.18] 这将表明质量控制"好"（表 4.2）。变异系数为 $\frac{4}{25}\times100\%$，即 16%。为了描述清楚，我们假设最小强度定义为强度超过所有测试结果的 99%，结合表 14.1，我们发现最小强度为：

$$25-2.33\times4 = 15.7\text{MPa}$$

设想在同样环境、用同样材料生产的混凝土，如果要混凝土的最小强度是 50MPa，根据变异系数方法，其平均强度应该为：

$$\frac{50}{1-2.33\times0.16}=79\text{MPa}$$

然而，按标准差方法计算的平均强度则为：

$$50 + 2.33\times4 = 59\text{MPa}$$

这导致实际生产中两种方法差异显著，因为在同样控制条件下，生产 59MPa 混凝土和生产 79MPa 混凝土的生产成本明显不同。

要评估平均强度和指定最小强度或特征强度的差异，必须在混凝土配合比设计开始时进行。ACI 214-77（1989 年修订）中这样模糊建议：在给定条件下，用标准差还是用变异系数，取决于哪个值在强度变化范围内接近常数。ACI 214-77（1989 年修订）给出一个表格，见本书表 14.2，表是基于混凝土强度在 35MPa 以下，假设标准差是常数得到的。但是，ACI 214 委员会一直在讨论这个问题，并存在分歧。需要指出的是，计算方便和方法简单，尽管常被提到，但这不是选择标准差方法或变异系数方法的依据。真正重要的是工程建设中的混凝土实际性能。

表 14.2　ACI 214-77（1989 年修订）方法对不超过 35MPa 混凝土质量控制标准的分类[14.18]

控制标准	总体标准差［MPa（psi）］			
	现场		试验室试配	
优秀	＜3	（＜400）	＜1.5	（＜200）
很好	3～3.5	（400～500）	1.5	200～250
好	3.5～4	（500～600）	1.5～2	（250～300）
一般	4～5	（600～700）	2～2.5	（300～350）
差	＞5	（＞700）	＞2.5	（＞350）

ACI 214-77（1989 修订）推荐的方法是基于 20 世纪 70 年代中期以前的混凝土，那个时期的混凝土很少有圆柱体抗压强度超过 35MPa 的。因此，其推荐的方法是否适用于 28d 抗压强度超过 80MPa 还是个问题，更别提 120MPa 以上的混凝土了。

在讨论高强混凝土的变异性之前，很有必要回顾一下 70 年代至 90 年代中期混凝土制作发生了哪些变化。毫无疑问拌合设备发生了较大改进，各批次混凝土拌合物配合比差异小。因此，抗压强度的各批次的标准差有希望比过去小很多。另一方面，和过去相比，试验过程中由于人为操作和设备故障引起误差要比那个时候少得多。因此，很有可能所有试验结果的总体标准方差要比过去小，但不一定会小很多。

有必要指出，同批次的标准差和各批次间的标准差并不是简单的算术相加的关系，相加的是方差。例如，如果同批次的试验标准差为 3MPa，各批次间试验标准差为 4MPa，那么总体标准差就是（$3^2 + 4^2$）$^{1/2}$ = 5MPa。如果将各批次间的标准差降为 3MPa，而同批次内试验标准差保持不变，那么，总体标准差就变为（$3^2 + 3^2$）$^{1/2}$ = 4.25MPa，因此，此算例中批次间的标准差减小 1MPa，总体标准差仅减 0.75MPa。

现在回到高强混凝土，在批次变异小，员工技术娴熟而积极性高的现代化工厂，配制高强混凝土没有问题。然而，同一工厂也可以配制低强和中强混凝土，其混凝土变异性也要比在 20 世纪 70 年代生产的同强度等级的混凝土低。因此，不能用 20 世纪 70 年代混凝土的技术背景来看当今高强混凝土（均是近期才制备的）的变异性。

ACI 363R-92 指出："高强度混凝土的标准差比较稳定，一般在 3.5～4.8MPa 的范围。"变异系数随着强度的增加而减小，套用 ACI 363R-92 中的话来说，"用变异系数法对质控过程进行评估是合理的。"

有关标准差为常数还是变异系数为常数的问题仍然是有争议的，但是在不变的质量控制条件下，室内试验数据以及现场原位测试结果均表明：强度约大于 10MPa 且密实良好的不同配比混凝土的变异系数为常数（图 14.4）。另外，瑞典预拌工厂在 1975 年生产的具有不同特征强度的混凝土标准差平均值显示为常数。实际数值列举如下[14.32]：

强度等级	20	25	30	40	50	60
标准差（MPa）	3.2	3.3	3.5	3.7	3.4	3.3

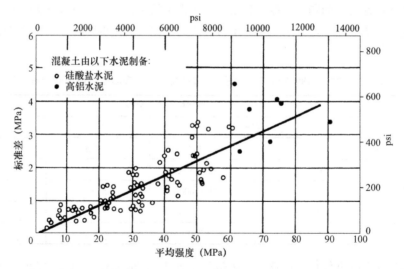

图 14.4　实验室测试立方体试件标准差与平均强度之间的关系；所示为回归曲线[14.26]

上述强度等级混凝土的标准差分布如图 14.5 所示。

可能是基于瑞士的经验，瑞士标准 SIA 162（1989）[14.21]认为当强度达到 45MPa 时，标准差与强度无关，试验所用试件是边长为 200mm 的立方体。

大量施工现场试验数据调查显示，在各龄期无论是假设标准差为常数或变异系数为常数，通常对于现场制作的测试试件都适用。Newlon 观点认为[14.30]，变异系数为常数的假设只在一定强度限值下成立，但标准差为常数（图 14.6）的假设，在强度较高时仍适用。不同的研究者得到不同的强度限值，这可能取决于现场条件和具体的施工操作。

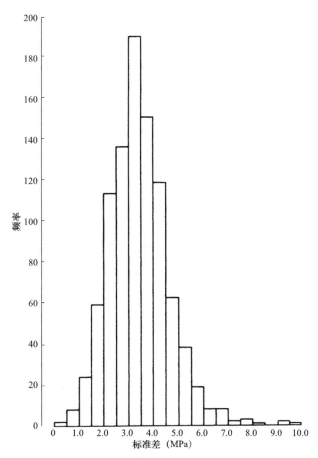

图 14.5 瑞典 1975 年预拌混凝土厂所有等级混凝土标准差（组距为 0.5MPa）的分析[14.32]

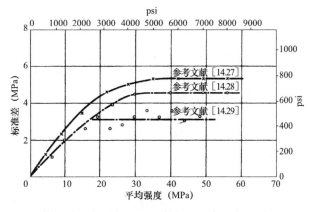

图 14.6 由现场数据检验得到的测试试件标准差与平均强度之间的关系[14.30]

　　但是，提出一些建设性意见还是可能的。从图 14.6 可看出，对于单个立方体试件，这个强度限值约为 34MPa；对于两个圆柱体试件的平均强度，约为 17MPa；而同时调查立方体试件圆柱体试件（单个和成双试验）的国际研究结果给出了一个强度中间值，约为 31MPa，导致这些差异的因素尚不清楚，但这可能是因为圆柱体试件比立方体试件变异性更小（见第 12 章）。值得注意的还有，固有强度相同时，圆柱体试件强度比立方体试件强度较低。所有这些数据都适用于固定龄期下的试验，对于同一来源混凝土，龄期增长，变异系数减少，但标准差增加；因此，这不仅与混凝土制备有关，而且也与强度水平有关。

相同的工厂生产的一系列不同强度等级混凝土，可能无论在标准差还是变异系数都不是常数。ACI 318-02[14.8]也支持这种观点，指出"当平均强度等级显著增加时，标准差也会增加，尽管标准差的增长幅度要比强度增幅比例小。"英国方法是：强度增长至20MPa时，假设标准差与强度成一定比例，但强度更高时，如结构混凝土，假定标准差为常数。因此，实践中最好能建立现场原位平均强度与最低强度之间的经验关系。

至于抗折强度的变异性，Greer[14.2]和Lane[14.3]证实了早前的研究：批次内标准差与批次间标准差均与抗折强度无关。当质量控制严格时，批次间的标准差值一般小于0.4MPa（图14.7）。

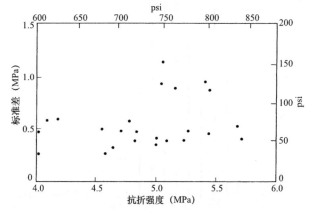

图14.7 由路面施工得到的标准差与28d抗折强度之间的关系[14.3]

14.5 质量控制

由图14.3可知，混凝土的最低强度与平均强度之差越小，则单方水泥用量越低。对某强度等级的混凝土控制这一差值，就是质量控制。即对混凝土各组分性能变化的控制，以及对影响强度和工作性的施工工艺准确性的控制，包括配料、搅拌、运输、浇筑、养护和检测等。因此，质量控制是生产控制的一种工具，其指标之一就是标准差。

在第7章我们已经讨论了水泥强度的波动性。对一个大型项目所用水泥而言，只要水泥的来源是一个工厂，就可消除大部分强度波动性。

在第3章已经讨论过骨料级配波动性的影响，当拌合物受工作性要求控制时，这个因素尤为重要。为了使工作性保持恒定，骨料级配变化可能会增加需水量，可能导致强度降低。

诸如搅拌不充分、密实程度不够、养护不规范以及检测方法的差异性等，都会引起混凝土强度的波动，这些因素在前面相应章节都进行了讨论。因此在现场应该对这些因素进行控制。

除非额外补充一定的用水量，否则骨料含水量变化也会显著影响混凝土的强度。为了将含水量变化的影响减至最小，应设置好料仓，以便骨料在使用前能沥干水分；此外，搅拌机操作手应经过良好受训，以保证拌合物工作性的稳定。

可将标准差分别归因于每个单因素，但有时单个因素的影响程度不能确定。前文提到，各种标准差在平方根形式下都是可直接相加的，因此，如果 σ_1 和 σ_2 分别是标准差的两个影响因素，则标准差为 $\sigma=\sqrt{\sigma_1^2+\sigma_2^2}$。应注意，基于标准差算术相加的假设将导致过高估计总标准差。通过统计学法获悉各影响因素对总体方差的贡献大小，可用来评估采取某些措施以减小方差的做法是否经济，或花费一定代价后获得方差的降幅是否过小。

质量控制有时被视为生产高强混凝土的同义词。这显然有问题，因为在良好的质量控制条件下也可以生产低强混凝土，例如在大体积结构混凝土施工中，所用混凝土强度等级不高，属于贫混凝土，但质量控制得当，其变异系数低，经济效益明显。质量控制效果的高低由试验结果的变异性来衡量，可采用不同的统计学手段。

为了本节叙述完整，有必要提到"质量保证"一词。该术语来自管理控制系统，定义为"一套控制质量影响因素的保证程序使质量达到预定的要求"[14.7]。因此，质量保证是对混凝土结构所有者有用的一种管理工具，但该体系自身并不一定能生产出符合某种要求的混凝土。

14.6 影响配合比选择的因素

此处需重申本章的基本目的：要选择最经济的混凝土配合比，且需同时满足混凝土拌合物和硬化混凝土的性能要求。为此，对图 14.1 中列出的各种因素都需加以考虑，按流程图决策次序直至选出最后的配合比。水灰比和强度这两个因素在前面都已述及。

14.6.1 耐久性

多数情况下，配合比设计需同时满足强度和耐久性的要求。但是，仍然没有一种公认可靠的配合比设计方法，可以满足任何条件下混凝土的耐久性。原因之一在于服役环境的多样性，例如像炎热又干旱的沿海地区这种复杂的环境条件。在这些地区，可否防止钢筋锈蚀是钢筋保护层区域混凝土配合比设计时考虑的重要因素。

现如今在配合比设计过程中已广泛认识到需注意满足耐久性要求，与以前做法相比有了明显进步。原来认为钢筋混凝土本身具有耐久性，不用维修仍能服役很长时间，如许多人所言"高强混凝土就是耐久混凝土。"例如，英国施工标准 CP114（1948）[14.12] 指出："对符合这本标准的密实混凝土不必进行结构维护。"1969 年版的本标准修订版中，这句话也仅限于："混凝土暴露的条件越恶劣，混凝土的质量要求越高。"

影响耐久性的因素在第 10 章和第 11 章已论述过，下面将涉及为达到规定的耐久性可采用的简单配合比设计法。用"简单"这个词是因为，在混凝土生产过程中不能直接控制渗透性这个因素，而这点耐久性有重要影响。为控制耐久性，只能靠控制水灰比、水泥用量、抗压强度等因素，可控制其中的任何一项、两项或者三项指标同时控制。需强调的是，无论选择何种配合比，混凝土必须振捣密实，在施工现场也需做到这一点。

美国混凝土协会制订的建筑法规 ACI 318-02[14.8] 单独有一章是关于耐久性的要求。当混凝土暴露于冻融环境时，该标准规定了普通混凝土的最大水灰比和轻骨料混凝土的最低强度，如表 14.3 所示。这两种混凝土要求为何不同？是因为对轻骨料混凝土而言，其水灰比难以控制。此外，所有混凝土都需引气，与环境暴露条件对应的总含气量及所用骨料的最大粒径都作了要求（见表 11.3）。当遇到除冰盐环境时，ACI 318-02[14.8] 在第 668 页对粉煤灰和矿渣粉的用量作了规定。

表 14.3 ACI 318-02[14.8] 对暴露于冻融条件下的混凝土性能要求

暴露条件	普通混凝土的最大水灰比	轻骨料混凝土圆柱体试件的最小抗压强度（MPa）
当要求低渗透性时暴露于水中	0.50	28
处于潮湿状态时暴露于冻融条件下或遭受除冰盐侵蚀	0.45	31
要求防止遭受除冰盐、海水击打或冲击时氯离子侵蚀	0.40	34

美国战略公路研究计划的科研项目结论提出了比 ACI 318-02 更严格的建议：水灰比不得超过 0.35，以确保经过 1d 养护水泥浆中的毛细孔隙即可达到非连通状态。

英国标准 BS 5328-1:1997 规定了详尽的环境作用等级，并推荐了每种情况下适用的最大水灰比、最小水泥用量和 28d 抗压强度值。但这些推荐值除在温和气候环境中合适外，在其他环境中可能不够，即使在英国气候条件下这些推荐值都可能偏于乐观了。例如该标准中对而间歇暴露于浪溅区、或用于除冰盐环境或用于潮湿状态冰冻严重的环境时，混凝土可采用如下参数：最大水灰比 0.55、最低水泥用量 325kg/m³、28d 强度为 40MPa。本书不赞同上述取值。好在 BS 5328 中的所有规定都已经被撤销并被 BS EN 206-1:2000 和 BS 8500-1&2:2002 所取代。

BS 5328-1:1997（已撤销）提到，如果混凝土强度合适，则"混凝土能满足自由水灰比和水泥用量的规定，无需进一步检测"。鉴于世界范围内水泥品种的多样性，这种假设并不成立，本书不认可这句话。虽然有些胶凝材料能提高混凝土的强度，但更高的强度并不一定有利于提高混凝土的抗冻性或者抗碳化性能[14.9]。仅采用强度这一项指标来表征混凝土耐久性的做法是靠不住的。

关于硫酸盐侵蚀，BS 5328-1:1997 以最大水灰比和最小水泥用量来控制，并根据服役环境中地下水或土壤中硫酸盐的不同浓度，给出了适用水泥的种类。当仅用单一的强度指标控制耐久性时，上述同一个英国标准中对混凝土抗硫酸盐侵蚀时的要求与对其他侵蚀形式的要求不一致，这种做法是有问题的。出现此现象的原因可能有下列因素叠加：一是由于人们对各种侵蚀条件下混凝土的性能变化了解不足，二是难以对混凝土各个组分及比例进行全面控制。

美国混凝土协会标准 ACI 225R-91[14.17] 对于抗硫盐酸侵蚀问题，规定在不同的硫酸盐浓度条件，最大水灰比范围为 0.45~0.5，如第 10 章中表 10.7 所示。对使用的胶凝材料也作了规定。

水泥用量并不能控制耐久性，但在某种意义上也起一定作用，是因为它可以影响水灰比，而水灰比与强度关系密切。同时，在考量最低水泥用量这个因素时，其表达形式是单方混凝土中的水泥是多少千克，但要注意与耐久性密切相关的是水化的水泥浆体。耐久性是与浆体中的水泥用量有关，骨料的最大粒径越大，单方混凝土中水泥浆体积越小。为此 BS 5328-1：1997 规范中，将把单方混凝土水泥用量的增减与骨料最大粒径挂钩调整：以骨料最大粒径为 20mm 的配合比为对照基础，骨料的最大粒径为 14mm 时，拌合物的规定水泥用量比对照组增加 $20kg/m^3$；当骨料最大粒径为 10mm 时，水泥用量增加 $40kg/m^3$；反之，当骨料最大粒径为 40mm 时，比对照组水泥用量应减少 $30kg/m^3$。法国经验表明，水泥用量与骨料最大粒径为的 1/5 次方成反比，这也可看出骨料的最大粒径对单方水泥用量有显著影响。

如果为满足耐久性要求规定了某一最大水灰比，而结构设计要求的强度能在更高水灰比条件下得到，则不应迁就使用大水灰比，而建议选用较低水灰比，可得到更高的强度，同时满足耐久性的要求。这样混凝土生产商就无需考虑水灰比大小而仅需考虑混凝土强度等级[14.8]。应在结构设计开始之前就确定这一更高强度，那么，在结构设计中就可充分利用混凝土强度高这一优势。

应强调，我们对现场混凝土水灰比的变异性了解很少。根据 Gaynor[14.13] 的研究，质量控制良好时水灰比的标准差为 0.02～0.03。如此大的波动性意味着某一批次拌合物中的自由水总量并不容易确定。原因之一就在于，即使能准确测定骨料的含水量，试验结果可能仍然并不具有代表性。

单纯水灰比一项指标并不能决定混凝土抗氯化物侵蚀性能，例如混凝土所用胶凝材料的种类显著影响混凝土的渗透性，尤其是复掺矿渣粉和硅灰的混凝土具有特别好的抗氯离子侵蚀性能[14.1]。这表明，仅基于强度指标来控制混凝土的耐久性是有问题的，对于水泥用量指标，也有这个问题。

服役环境中有其他劣化因素时，混凝土中胶凝材料的自身特性非常重要。当混凝土遭受化学侵蚀时，应选择合适的水泥种类；若耐久性仅针对抗冻融循环，则水泥种类的选择取决其他因素，如早期强度的增长情况或是冬季施工中水化热释放情况。选择水泥时应充分利用不同胶凝材料体系的优点，详见第 13 章。需注意，当暴露在除冰盐侵蚀条件下时，ACI 318-02[14.8] 规定了混凝土中粉煤灰和矿渣粉的最大掺量。

水泥种类会影响早龄期强度发展，有些品种的水泥时可能需要采用低水灰比，才能得到足够的早期强度。所以，强度、水泥品种和耐久性共同决定了混凝土的水灰比，而水灰比是配合比计算中的一个基本参数。

14.6.2 工作性

前述内容是关于硬化混凝土需要满足的要求，但是，不能忘记混凝土运输、泵送或浇筑时的性能同样重要。也即拌合物阶段的工作性非常重要。一个没有适宜工作性的配合比彻底违背了配合比设计的初衷。

工作性是否合适主要取决于两个因素：一是浇筑的最小断面尺寸、钢筋的数量与间距；二是所用的密实方法。

当浇筑断面狭窄复杂，以及多角或者局部难于填充时，混凝土必须具有良好的工作性，以便经过一定的努力即可做到完全密实。同样，当混凝土中有型钢或有其他预埋件时，或者钢筋的数量和间距使得混凝土浇筑比较困难时，也需要具有良好的工作性。由于设计阶段已确定了结构或构件的上述特点，因此，在选择配合比时必须要确保混凝土具有必要的工作性。反之，若没有这些限制条件，则可以在较广的范围内选择工作性，但也必须确定相应的运输和密实方法。注意，在整个施工过程中都要能保证实施规定的密实方法。BS 5328-1：1997 中给出了对应不同施工条件的坍落度值和密实方法。

黏聚性与工作性密切相关。它主要取决于拌合物中细骨料所占的比例，特别是在贫拌合物中，必须要注意骨料级配图中细骨料颗粒级配。有时需要试配几种不同砂率的拌合物，以便选出一种黏聚性良好的拌合物。

一般情况下每种混凝土拌合物都应具有良好的黏聚性，以便于形成均质、充分密实的混凝土，但实际工程中黏聚性的重要性在不同情况有差别。当混凝土必须经长距离运输且由溜槽施工，或必须通过钢筋才可能达到某些难以填实的角隅时，此时拌合物具有良好的黏稠性就十分重要；当混凝土不太可能发生离析时，黏稠性的重要程度就差一些，但易发生离析的拌合物绝不能采用。

14.6.3　骨料的最大粒径

结构混凝土所用骨料的最大粒径主要取决于构件截面宽度和钢筋间距，当上述条件确定后，尽可能选用符合该条件的大粒径骨料。不过，似乎只有骨料粒径不超过 40mm 时，增大骨料粒径才可以改善混凝土的性能，用比 40mm 更大粒径的骨料可能并无益处（见第 3 章）。尤其对于高性能混凝土而言，使用的骨料粒径超过 10～15mm 时，还会产生不利影响（见第 13 章）。

此外，使用更大粒径的骨料就意味着要建更多的骨料仓，配料工序也会相应更复杂一些。这对小规模的工地可能不经济，不过，如果工地上浇筑的混凝土量比较大，此时拌合物中水泥用量减少带来的经济效益可以冲抵上述费用。

骨料最大粒径可能还受当地骨料来源情况和成本的影响。例如当在同一料场筛选不同粒径骨料时，一般不会把最大粒径的骨料舍掉，前提条件是能满足技术要求。

14.6.4　骨料的级配与种类

上节提到的多数观点对选择骨料级配也适用，因为就地取材往往比较经济，即使有时用当地骨料配制混凝土用水泥量大一些（在混凝土不离析前提下），也比远处购买级配更好的骨料划算。

已反复强调过，虽然大家都渴求好的级配曲线，但完美的级配并不存在，使用级配范围较宽的骨料也可以制备性能良好的混凝土。

当指定混凝土的工作性和水灰比后，骨料的级配会影响拌合物的配合比，即级配越粗，拌制的拌合物越贫，但这仅限于一定范围，这是因为如果没有足量的粉料，很贫的拌合物将不具有黏聚性。

当然也可以反着来调整：当水泥用量确定时（如大体积混凝土施工时混凝土拌和物属于贫拌和物），此时需选择合适的骨料级配，以确定水、水泥和骨料的比例，拌制工作性良好的混凝土。显然，选择骨料级配也在一个范围内，超出这个范围就无法制备出优质混凝土。

骨料类型的影响亦要考虑。因为当工作性和水灰比一定时，骨料的表面质地、形状和有关性质均会影响混凝土的骨灰比。因此，在开始做配合比选择时，非常重要的一点就是了解所用骨料的种类。

　　好骨料的重要特征之一是级配的一致性。对粗骨料而言，把每一种粒径的骨料分仓储存，可比较容易地做到级配一致。但保持细骨料级配的一致需要格外注意，尤其在下述情况下：搅拌机操作员为保持工作性不变会调整拌合物用水量，当骨料级配突然偏细时，会额外加水以保障工作性不变，这就导致本盘混凝土的强度降低。此外，细骨料过多可能使混凝土难以充分密实，也会导致强度降低。

　　因此，尽管骨料级配难以做到不变，但搅拌时盘与盘之间骨料级配变化的范围还需受控。

14.6.5　水泥用量

　　前述所有因素，包括水灰比在内，将决定混凝土的骨灰比或水泥用量。可以再看图 14.8，里面明确了各个影响因素。

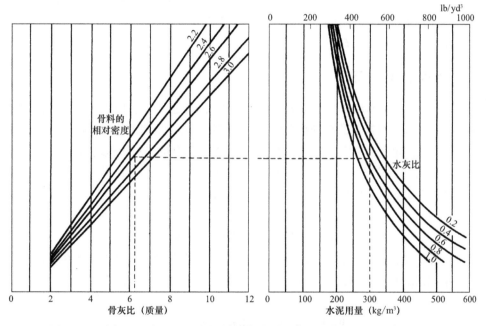

图 14.8　骨灰比和水泥用量之间的转换表（经水泥混凝土协会同意引用）

　　混凝土配合比设计中选取水泥用量时，既可基于设计人员的经验，也可利用基于系列试验得出的图表。这些图表最多只起一种参考作用，因为图表能完美应用的情况仅限于试验时所用骨料。而且，推荐配合比通常都是基于骨料级配良好的情况。当骨料级配出现严重偏差时，可参考 1950 年提出的一些"经验规律"。"规律"之一，当粒径小于 600μm 筛的骨料过量时，则应减少通过 4.76mm 筛的骨料的量，减少的量最高可达骨料总量的 10%。"规律"之二，当粒径介于 1.20～4.76mm 的骨料过量时，则混凝土拌合物发干，此时可能需要较高的水泥用量才能使工作性满足要求。

　　为对比不同配合比时，有时需要把骨灰比快速转换成水泥用量，反之亦然；查图 14.8 可很方便进行转换。

14.7 配合比和每盘拌合物的数量

水灰比和水泥用量确定后，水泥、水和骨料的比例也就容易定出。实际生产中，至少有两个骨料料仓，且每种粒径骨料的量是分别提供的。这样方便，因为在为混凝土寻找合适级配时，必须计算不同粒径骨料的比例。详见后面实例。

实际生产时，每盘拌合物的材料用量以千克或磅为单位给出。当使用散装水泥时，每盘材料的总量可以等于搅拌机的容量。当使用袋装水泥，而又没有称量装置时，此时需要确定每盘料的总量，使得每盘料中水泥用量为一袋或几袋。这样就可以确切知道水泥的重量。在某些特殊情况下，也可以使用半袋，但是其他划分比例不太可靠，因此严禁使用。水泥包装袋尺寸见第 1 章。

如果使用外加剂来调整一个混凝土配合比，则有必要对拌合物的组分作一些调整。需要注意的是：保证单位体积混凝土内粗骨料的量一定，仅仅调整细骨料的用量。调整方法：基于骨料绝对体积法调整细骨料的量，其增减的量等于用水量、引气量和水泥用量三者体积和的变化。外加剂的含水量应看作是混凝土拌合水的一部分。

14.7.1 绝对体积计算法

前述步骤可以确定水胶比、水泥用量或骨灰比，同时也可确定不同粒径骨料的相对比例，但未能给出用这些材料制备的充分密实混凝土的体积。采用所谓的绝对体积法可以计算出这一体积，该方法假定充分密实混凝土的体积等于各拌合组分的绝对体积之和。

一般计算的是 $1m^3$ 混凝土各组分的数量。分别用 W、C、A_1、A_2 代表所需的用水量、水泥用量、细骨料用量以及粗骨料用量，那么，对于 $1m^3$ 混凝土有：

$$\frac{W}{1000}+\frac{C}{1000\rho_c}+\frac{A_1}{1000\rho_1}+\frac{A_2}{1000\rho_2}=1$$

式中：带不同后缀的 ρ 表示的是相应材料的密度。在英制和美制单位体系中，由于水的密度（62.4）以磅每立方英尺表示，1 码^3 = 27 英尺^3。因此，相应的表达式为：

$$\frac{W}{62.4}+\frac{C}{62.4\rho_c}+\frac{A_1}{62.4\rho_1}+\frac{A_2}{62.4\rho_2}=27$$

配合比设计计算可给出 W/C、$C/(A_1+A_2)$ 以及 A_1/A_2，由此，可求出 W、C、A_1、A_2 的值。

当水泥中掺入掺合料且它的密度不同于硅酸盐水泥时，或当粗骨料（或细骨料）由不止一个料仓供应时，公式中就要增加一些类似的加和项。若掺入引气剂，且含气量为混凝土体积的 $a\%$，那么，立方码公式的右边应改为：

$$27\times\left[1-\frac{a}{100}\right]$$

若以"立方米"表示，则用 1 代替 27。

上式中，C 表示单方混凝土中的水泥用量（kg）；W 表示用水量（kg），注意不要把 W 与水灰比混淆。在美国，水泥用量经常用每立方码混凝土所需水泥的袋数表示，称之为"水泥因子"。

如果骨料中含有自由水，它的质量为干骨料总量的 $m\%$，那么必须调整拌和用水量 W 以及骨料质量。A' kg 骨料中自由水质量为 x，那么：

$$\frac{m}{100} = \frac{x}{A'-x}$$

干骨料质量为 $A = A'-x$，因此，$x = Am/100$。这部分水的质量加上 A 即为每盘骨料的质量，即 $A(1+m/100)$，从用水量 W 中减去这部分自由水量即为拌和用水量，即 $(W-Am/100)$。

通常，每种粒径骨料的含水量不同，因此，需要选用一个合适的 m 值对 A_1 和 A_2 进行修正。

在制备低强度混凝土时，如果混凝土骨料级配合理且保持不变，且每盘采用称重上料，则可能无需测量骨料的含水量。因为，一个有经验的搅拌机操作员可以通过观察判断，调整加水量使混凝土工作性保持不变，从而防止因骨料含水量变化引起的工作性改变。这种情况下水灰比是靠操作者感觉保持不变。不过，如果要连续生产某一指定配和比的混凝土，则混凝土的所有组分，包括骨料中的含水量，都需要精确控制。

按体积配料时，粗骨料的含水量无需修正，但必须考虑细骨料的湿胀（见第 3 章）。加水量要像称重上料一样由搅拌机操作员进行调整。

14.8　通过组合骨料得到典型级配

如前所述：不存在理想级配，但能通过对既有骨料的组合，使其级配得以优化，级配曲线类似于典型曲线。可以通过计算或者画图解决这个问题，以下举例说明。

下面示例中，假定所有的骨料密度相同，混凝土各组分都按体积百分比来所示。如果不同粒径骨料的密度彼此相差较大，那么，配合比也应作相应调整；当同时使用轻质粗骨料和普通细骨料时，必须采用这种方法计算轻料混凝土的配合比。

假定细骨料的级配和两种粗骨料的粒径分布见表 14.4，将这两种骨料组合使用，可近似得到最粗的级配见图 3.15 中的曲线 1。从曲线可以看出，24% 可骨料通过 4.75mm 筛，50% 的骨料通过 19.0mm 筛。

设 x、y、z 分别为细骨料、粒径 19.0～4.75mm 粗骨料及粒径 38.1～19.0mm 粗骨料的百分比。那么，为使组合骨料的 50% 通过 19.0mm 筛，则有：

$$1.0x + 0.99y + 0.13z = 0.5(x+y+z)$$

为使组合骨料的 24% 通过 4.75mm 筛，有：

$$0.99x + 0.05y + 0.02z = 0.24(x+y+z)$$

由此两式可得：

$$x:y:z = 1:0.94:2.59$$

即，三种骨料的组合比例为：$1:0.94:2.59$

为了得到组合骨料的级配，把表 14.4 中的（1）、（2）、（3）栏分别乘以系数 1.0、0.94 和 2.95，结果列于（4）、（5）、（6）栏中。将这三栏的值相加，见（7）栏，再除以 4.53（1+0.94+2.59）= 4.53，结果列于（8）栏，即为组合骨料的级配。骨料级配精度接近 1%，由于材料的变异性，再高的精度意义不大。

表14.4 获得典型级配的组合骨料

筛分尺寸		累计通过百分率			（1）×1 （4）	（2）×0.94 （5）	（3）×2.59 （6）	（4）+（5） +（6） （7）	组合骨料的级配 [（7）÷4.53] （8）
mm或μm	英寸或 筛号	细骨料 （1）	4.75～ 19.0mm （2）	19.0～ 38.1mm （3）					
38.1	$1\frac{1}{2}$	100	100	100	100	94	259	453	100
19.0	$\frac{3}{4}$	100	99	13	100	93	34	227	50
9.50	$\frac{3}{8}$	100	33	8	100	31	21	152	34
4.75	$\frac{3}{16}$	99	5	2	99	5	5	109	24
2.36	No.8	76	0	0	76	0	0	76	17
1.18	No.16	58			58			58	13
600	No.30	40			40			40	9
300	No.50	12			12			12	3
150	No.100	2			2			2	$\frac{1}{2}$

图14.9中可看到组合骨料的级配曲线和典型级配曲线，二者存在偏差，实际中也是正常的，一般只有在某些特殊的点上可能重合。

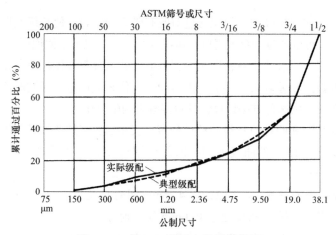

图14.9 表14.4示例中的骨料级配

图解法见图14.10。首先，用通过19.0mm筛的骨料的百分比作为标准将两种粗骨料进行组合。过筛百分比在图中上方、左右共三条边线上标出。两种粗骨料的过筛值分别标在两条相对的边线上，将相同筛孔尺寸的点用直线连起来。其次，沿表示通过19.0mm筛的骨料的精确百分比做水平线（图中水平虚线），与上一步的19.0mm筛的连线交于一点，从该点作一垂线（竖直虚线）。在本例中，粒径大于9.50mm的骨料有（50%−24%）＝26%通过19.0mm筛，同时，50%骨料在筛上。因此，比例就是26：（50＋26），也即占粗骨料总量的34%。沿34%这一点作一条水平线，与19.0mm线相交于A点。过A的垂线即给出了粒径为19.0～4.75mm的骨料占粗骨料总量的百分比。在图14.10（a）中，这个值是24%。垂线也给出了组合粗骨料的级配，而它与细骨料的组合可按前述类似方式进行，见图 14.10（b）。我们得到，22% 的细骨料能与 78% 粒径大于 4.75mm 的粗骨料组合。因此，骨料按22：（24/100）×78：（76/100）×78，即 1：0.85：1.69 的比例组合。图 14.10（b）中通过 B 点的垂线即给出三种骨料以 1：0.85：2.69 组合的骨料的级配。这与前面计算得出的级配是一致的，但这两种方法均是建立在通过两种特定尺寸筛的数量基础之上的近似方法。

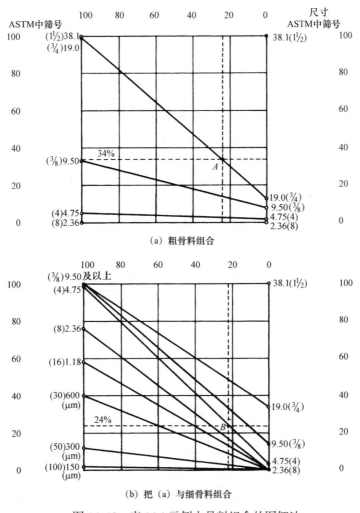

图 14.10　表 14.4 示例中骨料组合的图解法

　　有可能绘制标准级配的包络线［在类似图 14.10（b）中］：既然任意垂线代表的就是一种可能的组合级配，那么立即可以看出包络线内可否得到此级配；这样，对应于任一选定的垂线，由类似 B 的点给出了比例范围。

14.9　美国配合比设计方法

　　在 ACI 标准 ACI 211.1-91[14.5] 提出的方法中，混凝土中胶凝材料可以仅有水泥，或者水泥加辅助胶凝材料，还可以加外加剂。应注意的是，该方法只是提供了试拌阶段的初始配合比。

ACI 211.1-91 给出了条理清晰的简易步骤，且考虑了原材料的各种性质。现将步骤简述如下：

第一步：选择坍落度

配合比设计时，坍落度应由施工要求决定。要注意，坍落度不仅需要确定一个最小值，也需要确定一个上限。这是有必要的，是为了防止拌和物坍落度过大而发生离析。

第二步：选择骨料最大粒径

骨料最大粒径通常也由结构设计者规定，同时需关注构件几何尺寸及钢筋间距，或者地材受限时可能和要求不符。

第三步：预估用水量和含气量

在第 4 章中已经讨论过，使混凝土达到一定坍落度的用水量取决于多方面因素：骨料的最大粒径、形状、表面构造和级配、引气量、普通或高效减水剂、拌和物温度等。除非试验人员自己已有现成经验可用，否则需要去查表，如表 4.1，就列出了上述性能与坍落度的对应。也可以采用 ACI 211.1-91[14.5] 推荐的值，部分数据见表 14.5，在使用中应充分考虑此表的备注及相关论述。

表 14.5 中的数据通常都是针对粒形较好且具有良好级配的骨料而言的。当粗骨料接近圆形时，对于不引气混凝土，每立方米混凝土的需水量有望减少 18kg；而对引气混凝土，每立方米混凝土的需水量则有望减少 15kg。减水剂或高效减水剂将显著降低表 14.5 中用水量的值。注意外加剂中的水分也要计算为拌和水的一部分。

表 14. 5　根据 ACI 211.1-91 中给出的不同坍落度和标准最大粒径的含水量和空气含量的要求[14.5]

坍落度（mm）	对应骨料最大粒径的混凝土用水量（kg/m³）							
	9.5	12.5	19	25	37.5	50	75	150
非引气混凝土								
25～50	207	199	190	179	166	154	130	113
75～100	207	199	190	179	166	154	130	113
150～175	243	228	216	202	190	178	160	—
引气量（%）	3	2.5	2	1.5	1	0.5	0.3	0.2
引气混凝土								
25～50	181	175	168	160	150	142	122	107
75～100	202	193	184	175	165	157	133	119
150～175	216	205	197	184	174	166	154	—
改善工作性需要的引气量（%）	4.5	4.0	3.5	3.0	2.5	2.0	1.5	1.0
适度暴露需要的引气量（%）	6.0	5.5	5.0	4.5	4.5	4.0	3.5	3.0
极度暴露需要的引气量（%）	7.5	7.0	6.0	6.0	5.5	5.0	4.5	4.0

表 14.5 也给出了估计的引气量（截留空气的量），可用于计算密实混凝土的表观密度和新拌混凝土体积。

第四步：选择水灰比

选择水灰比有两个标准：强度和耐久性。就抗压强度而言，平均强度必须超过"设计强度",并有一定富余。"灰"指的是所有胶凝材料的总量,其选择受诸多因素限制,比如:水化放热过程,混凝土强度增长速率及抵抗各种侵蚀的能力,因此,在配合比设计之初,就必须首先确定所用胶凝材料的类型。对于实际要用到的水泥,需要在一定强度范围内建立强度与水灰比之间的关系。

就耐久性而言,水灰比可能由结构设计者或相关标准规定。需指出,最终确定的水灰比是根据强度和耐久性要求所确定的水灰比中的较小值。

切记,当使用水泥及辅助胶凝材料时,不同材料的密度是不同的:普通硅酸盐水泥的密度通常取值 3.15,磨细高炉矿渣取 2.90,粉煤灰取 2.30。

第五步:水泥用量计算

从第三步和第四步的结果可计算水泥用量,即用水量除以水灰比。注意有时依据耐久性要求,水泥用量不能低于一个最小值,最终的水泥用量取两个值之间"较大的"那个。

考虑到水泥的水化热问题,有的规范规定水泥用量不得超过一个最大值。尤其是对大体积混凝土而言,水化热是一个不可忽视的因素。对这类混凝土的配合比设计具体见 ACI 211.1-91[14.5]。

第六步:估算粗骨料用量

此处假定粗骨料体积与混凝土体积的最佳比例仅与骨料颗粒的最大粒径及细骨料颗粒级配有关,而与粗骨料颗粒的形状无直接的关系。也即不把粗骨料形状的影响因素考虑进去,这是因为,比如说,质量相同时压碎的多角骨料相比磨圆度好的骨料具有更大的松堆体积(即更低的松散堆积密度),在确定松堆密度时已经考虑了形状因素的影响。表 14.6 给出了与不同细度模数(见第 2 章)细骨料时配合使用的粗骨料的最佳体积值。用此表中的数值乘以粗骨料的绝干密度(kg/m³),就可将这一体积转换成每立方混凝土粗骨料的质量。

表 14.6 每单位体积混凝土的粗骨料体积[14.5]

骨料的最大尺寸		不同细度模数细骨料对应的单位混凝土中粗骨料体积			
mm	英寸	2.40	2.60	2.80	3.00
9.5	$\frac{3}{8}$	0.50	0.48	0.46	0.44
12.5	$\frac{1}{2}$	0.59	0.57	0.55	0.53
20	$\frac{3}{4}$	0.66	0.64	0.62	0.60
25	1	0.71	0.69	0.67	0.65
37.5	$1\frac{1}{2}$	0.75	0.73	0.71	0.69
50	2	0.78	0.76	0.74	0.72
75	3	0.82	0.80	0.78	0.76
150	6	0.87	0.85	0.83	0.81

注:本表中给出的粗骨料用量可用于制备工作性合适的混凝土用于钢筋混凝土施工。对工作性要求低一些的混凝土,如道路施工,表中数值可增加 10% 左右;若要求工作性更高的混凝土,如泵送施工,表中数值最多可以减少 10%。

第七步:估算细骨料的含量

到这一步时,细骨料的质量是唯一未知量。从 1m³ 混凝土中减去水、水泥、气体和粗骨料的体积之和就可以得到细骨料的绝对体积。对于每一种原材料，绝对体积等于质量除以该材料的绝对密度（单位为 kg/m^3）；绝对密度就是该材料的相对密度乘以水的密度（$1000kg/m^3$）。

将细骨料的绝对体积乘以细骨料的密度以及水的密度，就可以将细骨料的绝对体积转换成为质量。

或者可以根据经验预估，用单位体积混凝土的质量减去其他各组成的质量总和就可以直接得到细骨料的质量。该方法与绝对体积法相比精度稍差。

第八步：配合比的调整

调整需通过试拌进行。ACI 211.1-91 [14.5] 给出了调整的建议和一些经验规律。总的原则是，如果工作性发生改变，但要求强度保持不变，则水灰比一定不能变更。可以改变骨灰比，或者如果有合适的骨料可用，也可以改变骨料的级配；关于级配对于工作性的影响已经在第 3 章中说过了。

反过来，如果是强度改变而工作性不变，那么就需要变化水灰比，而拌合物用水量保持不变。这也就意味着，水灰比变化一定伴随着骨灰比的变化，所以下述表达式中的质量比：水／（水＋水泥＋骨料），其值近似为常数。

上述美国混凝土协会配合比设计方法，已可以编程用计算机实现，下面举一个手工计算的实例。

14.9.1　示例

使用普通硅酸盐水泥，配制出 28d 平均抗压强度为 35MPa（用标准圆柱试件测量）、坍落度为 50mm 的混凝土。形状良好有棱角的粗骨料最大粒径为 20mm，堆积密度为 $1600kg/m^3$，密度为 2.64。细骨料的细度模数为 2.60，密度为 2.58。无需引气。以下为设计步骤。

第一步：坍落度 50mm，已经给定。

第二步：骨料的最大粒径 20mm，给定。

第三步：根据表 14.5，坍落度为 50mm，骨料最大粒径为 20mm（或 19mm）时，每立方米混凝土的需水量大约为 190kg。

第四步：依据经验，采用 0.48 的水灰比时，可配制抗压强度为 35MPa 的混凝土。没有关于耐久性的特殊要求。

第五步：水泥用量为 190/0.48 ＝ $395kg/m^3$。

第六步：根据表 14.6，本次试配的细骨料细度模数为 2.60，最大粒径为 20mm 的粗骨料绝干体积为 0.64。假设粗骨料的堆积密度为 $1600kg/m^3$。则粗骨料的质量为 $0.64\times1600＝1020kg/m^3$。

第七步：为了计算细骨料的质量，首先需要计算所有其他原料的体积：

水的体积是 190/1000 ＝ $0.190m^3$

水泥密度为 3.15，则水泥体积为 395/（3.15×1000）＝ $0.126m^3$

粗骨料的体积为 1020/（2.64×1000）＝ $0.396m^3$

引入空气的体积由表 14.5 给出，为 0.02×1000 ＝ $0.020m^3$

上述各组分的总体积为 $0.732m^3$

所以，所需要的细骨料的体积为 1.000－0.732 ＝ $0.268m^3$

因此，细骨料的质量为 $0.268 \times 2.58 \times 1000 = 690$kg。

根据上述各步骤，可得出单方混凝土配合比如下，单位（kg/m³）：

水　　　190

水泥　　395

粗骨料，干燥状态 1020

细骨料，干燥状态 690

因此，混凝土的表现密度为2295kg/m³。

14.9.2 零坍落度混凝土配合比设计

ACI 211.1-91[14.5]给出的配合比设计方法适用于坍落度至少为 25mm 的混凝土。对于零坍落度混凝土，则需要进行一些修正，修正办法见ACI 211.3-75（1987年修订，1992年重颁）[14.4]。

主要是对表 14.5 中给出的需水量进行了修正。表中的值适用于坍落度为 75~100mm 混凝土，将其需水量值作为基准 100%，则其他工作性条件下的相对需水量见表 14.7。有三种无坍落度混凝土：极干硬混凝土、很干硬混凝土及干硬混凝土。表 14.7 同样给出了较好工作性条件下的相对需水量。

表 14.7　不同工作性的混凝土对拌合水的需求量[14.4]

描述	工作性				相对用水量（%）
	坍落度		Vebe 时间（s）	压缩系数	
	mm	英寸			
特别干燥	—	—	32～18	—	78
很坚硬	—	—	18～10	0.70	83
坚硬	0～25	0～1	10～5	0.75	88
硬塑料	25～75	1～3	5～3	0.85	92
塑料	75～125	3～5	3～0	0.90	100
流态	125～175	5～7	—	0.95	106

无坍落度混凝土配合比设计修正第二种方法，就是将表 14.8 中给出的系数乘以表 14.6 中的数值，即得出单方混凝土中粗骨料的体积，详见 ACI 211.1-91。另外，无坍落度混凝土的配制过程与前面同一规范所述相同。

表 14.8　对于不同工作性的混合物，根据表 14.6 计算的粗骨料体积时要乘的系数[14.4]

一致性	影响粗骨料最大尺寸的因素				
	10mm（$\frac{3}{8}$ 英寸）	12.5mm（$\frac{1}{2}$ 英寸）	20mm（$\frac{3}{4}$ 英寸）	25mm（1 英寸）	40mm（$1\frac{1}{2}$ 英寸）
特别干燥	1.90	1.70	1.45	1.40	1.30
很坚硬	1.60	1.45	1.30	1.25	1.25
坚硬	1.35	1.30	1.15	1.15	1.20
硬塑料	1.08	1.06	1.04	1.06	1.09

续表

一致性	影响粗骨料最大尺寸的因素				
	10mm（$\frac{3}{8}$ 英寸）	12.5mm（$\frac{1}{2}$ 英寸）	20mm（$\frac{3}{4}$ 英寸）	25mm（1 英寸）	40mm（1$\frac{1}{2}$ 英寸）
塑料	1.00	1.00	1.00	1.00	1.00
流态	0.97	0.98	1.00	1.00	1.00

14.9.3　流态混凝土配合比设计

先对流态混凝土做一下说明。首先，ASTM C1017-07 中描述的流态混凝土是坍落度大于 190mm 且具有黏聚性的混凝土。一般来说，流态混凝土的坍落度为 200mm，或者流动度为 510～620mm，或者密实因数为 0.96～0.98。在配合比设计中，较为简便的做法就是首先制备坍落度为 75mm 的混凝土，然后通过添加高效减水剂提高坍落度。采用合适的配合比，流态混凝土不会出现泌水、离析或不正常的分层。为确保达到这些特性，应避免使用多角、片状或者长条状的粗骨料。至于细骨料，将其用量较常规用量提高 5%（相应降低粗骨料的量），将有助于增加拌合物黏聚性。当细骨料细度模数偏大时，其用量可能要再提高一些。计算新拌混凝土体积时要考虑用水量减少了多少。

为保证流态混凝土的黏聚性，另一种做法就是选择合适的细骨料用量[14.6]，当骨粒最大粒径为 20mm 时，使每立方混凝土中粒径小于 300μm 的细粉总质量加上胶凝材料的质量之和（"细组分含量"）超过 450kg；当骨料最大粒径为 40mm 时，"细组分含量"应该达到 400kg/m³。"细组分含量"不应由拌合物中水泥用量决定，而将其视为骨料最大粒径的函数。根据意大利的标准 UNI 7163-1979[14.34]，当骨料最大粒径为 15mm 时，对于预拌混凝土来说，粒径小于 250μm 的材料总量为 450kg（每立方米混凝土）；当骨料最大粒径为 20mm 时，该值为 430kg/m³。

流态混凝土很适合用于泵送，其泵送阻力要比常态坍落度混凝土小，所以泵送速度快，泵送距离也能更长。流态混凝土也适用浇筑量大的工程，通过使用高效减水剂，拌和物中水泥用量及用水量较低，可以保证较低的水化热和较小的收缩。使用缓凝高效减水剂（ASTM C494-10 的 G 类）也对此类工程有利。

14.10　高性能混凝土配合比设计

上一章的表 13.5 中给出了几个高性能混凝土的配合比。不过目前还没有形成高性能混凝土的配合比通用设计方法。原因在于：采用高性能混凝土修建的建筑很少，并且每个工程指定和选用的材料都不一样。为了将来用好高性能混凝土，第 13 章曾讨论过水泥和高效减水剂的相容性，以及各种辅助胶凝材料特别是硅灰对配制混凝土的性能的影响探讨。

尽管还没有一种广泛认可的高性能混凝土配合比设计方法，但已经有一些要点。首先，由于工作性受到高效减水剂掺量的影响，可从强度要求出发，基于水灰比来选择用水量。应避免胶凝材料用量过大，以控制收缩，最大用量可取 500～550kg/m³，包括内掺的硅灰，其最大掺量为 10%。一般会选用较高细度的硅酸盐水泥。注意必须保证硅酸盐水泥与高效减水剂相容。如果需要引气，则应进行试拌调整[14.15]。

ACI 211.4 4R-93[14.16]中也有一些有关高性能混凝土配合比设计方面的内容，该规范本来是适用于抗压强度（圆柱试件）介于40～80MPa之间的混凝土，即使80MPa也低于某些高性能混凝土，但该规范中的一些观点仍有参考价值。

首先，有时要求高性能混凝土的强度验收评定时的龄期远超过28d，这在指定混凝土强度等级时需慎重考虑。其次，在某些情况下，特别要求高性能混凝土具有高弹性模量。为此，必须使用具有高弹性模量的粗骨料，但是选择胶凝材料也同样重要，以保证粗骨料与水泥砂浆黏结良好。

至于粗骨料用量，ACI 211.4R-93[14.16]给出的推荐值为：粗料最大粒径为10mm时，每立方米混凝土中烘干粗骨料的体积比例为0.68；粗料最大粒径为12mm时，粗骨料的体积比例为0.65（见表14.6）。这点与普通混凝土不同，粗骨料体积并不受细骨料细度模数的影响，至少细度模数在2.5～3.2范围内。

虽然ACI211.4R-93的宏观指导作用很有帮助，但仍需指出：高性能混凝土配合比设计需依据试验和经验。

14.11 轻骨料混凝土配合比设计

轻骨料混凝土的抗压强度与水灰比之间的关系与普通混凝土相同，当采用轻骨料配制混凝土时，可遵循相同的配合比设计步骤。但是，很难确定拌合水中多少被骨料吸收了，多少用于水泥水化了。这是因为轻骨料不但吸水量较大，而且吸水速率变化也大，有些骨料可能会持续快速吸水好几天。因此，很难准确测定饱和状态和表干状态时骨料的表观密度。详见第13章。

轻骨料混凝土的自由水灰比不仅与骨料的含水量有关，还与搅拌时骨料的吸水速率有关。因此，在配合比计算过程中选用水灰比比较困难。鉴于此，应优先根据水泥用量来确定配合比，不过对于具有包裹层或封闭表面，并且吸水性相对较低的圆形轻骨料，选用标准配合比设计方法是可行的。

人造轻骨料通常都是干燥的，不会发生离析。如果拌合前骨料处于饱水状态，那么在水泥用量、工作性都相同时，配制混凝土的强度会比干骨料混凝土低5%～10%。这是因为，对于后面一种情况，在混凝土凝结前部分拌合水被吸收，而这一部分水在浇筑时又有助于改善拌合物的工作性；这种特性有点类似于真空脱水混凝土。另外，用饱水骨料制备的混凝土表观密度更高，且其抗冻融性能降低。此外，当所有用骨料吸水率高时，很难得到具有足够工作性且黏聚性良好的拌合物，一般当骨料吸水率超过10%时就应该提前浸泡预湿。

有一点很有意思，经过相同较短时间浸泡，初始润湿轻骨料在水中浸泡后的吸水量大于干燥骨料的吸水量。可能是因为初始润湿骨料的少量水分并不一直存在于表面空隙中，而是向里扩散并填充内部小的空隙。根据Hanson[14.33]的观点，这就使较大毛孔的表面暴露出来，一旦浸泡，这些毛孔又开始吸收水分，且吸水量几乎与起初未吸附水的骨料一样大。

前面的讨论说明，轻骨料混凝土配合比设计的前提是：在给定骨料、给定含气量及坍落度条件下，混凝土的抗压强度与拌合物中水泥用量直接相关。但是，当骨料来源不同时，这种关系变化很大。图14.11所示的是全部采用轻骨料配制的混凝土和采用普通细骨料配制的轻骨料混凝土的关系曲线示例。实际配合比设计要简便得多，这是因为考虑到轻骨料是人造骨料，性质变化很小，开始时可以采纳骨料制造商提供的配合比推荐方案。

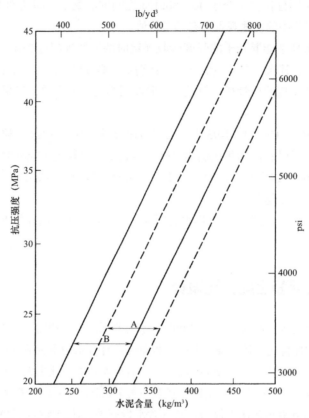

图14.11　抗压强度与混凝土水泥用量之间的一般关系（混凝土使用不同骨料）

（A）全轻质骨料；（B）普通细骨料和轻质粗骨料（基于参考文献［14.19］）

　　如果没有合适的推荐值或者缺乏相关的经验，可以采用ACI 211.2-91[14.19]标准。ACI 211.2-91采纳的方法是所谓的体积法，既适用于全轻骨料混凝土，也适用于含普通细骨料的轻骨料混凝土。在该方法中，需要根据润湿骨料的松堆体积将其转换成质量。骨料的总体积是各粒径骨料的体积之和，骨料总的松堆体积与混凝土体积之比，一般介于1.05～1.25。在骨料体积中，细骨料一般占40%～60%，这与所用骨料特性和要求的混凝土性能有关。当骨料最大粒径为20mm时，采用相同体积的粗、细骨料以及根据强度对应的水泥用量进行试拌，十分简便。依据拌和物工作性要求确定用水量。由于存在不确定因素，通常要试拌三次，每次都要稍微调整水泥用量，但每次都要满足工作性要求。因此，对于给定的工作性，在较小范围内可以获得水泥用量与强度的关系曲线。

14.11.1　示例

　　本例将使用与ACI 211.2-91类似的数据。要求用普通细骨料配制出抗压强度（标准圆柱试件）为30MPa、最大风干表观密度为1700kg/m³的轻骨料混凝土，采用ASTM C 567-05a的标准检验是否符合表观密度要求。要求坍落度为100mm。润湿的粗、细骨料堆积密度分别为 750kg/m³ 和 880kg/m³。普通细骨料的饱和面干密度为 1630kg/m³。

根据过去的经验，如图 14.11 所示，试拌的水泥用量可以取 350kg/m³。每立方米混凝土中骨料的体积根据经验分别取为：轻质粗骨料 0.60、轻质细骨料 0.19、普通细骨料 0.34。因此，第一盘试拌，每立方混凝土中各组成的量为：

水泥　　　　　350kg

轻质粗骨料 = 0.63×750 = 473kg

轻质细骨料 = 0.19×880 = 168kg

普通细骨料 = 0.34×1630 = 550kg

满足坍落度要求的用水量为 180kg

总量 = 1676kg/m³

现在可以用 ASTM C138-09 标准来测定新拌混凝土的实际密度，包括截留气体在内。假定实际表观密度为 1660kg/m³，则富余系数为 1676/1660 = 1.01。这意味着如果采用上述各量，要制备出多 1% 的混凝土。为此，每立方米混凝土各组成材料的量都应该除以 1.01；如水泥用量变为 350/1.01 = 346kg/m³。

混凝土表观密度 1660kg/m³ 已经低于开始要求的 1700，不过很接近，此时仍有必要根据试验来测定混凝土的实际强度。

若需要调整配合比，ACI 211.2-91[14.19] 中有些经验值可供选用。例如，如果细骨料的质量（以占骨料总量的百分比来表示）增加 1%，那么为了保持一定的坍落度，用水量应该增加 2kg/m³。为了保持强度不变，水泥用量应该约增加 1%。为了保证一定的富余度，应减少粗骨料用量。

ACI 211.2-91 "经验值" 另一个例子是，如果坍落度需要增加 25mm，用水量应该增加 6kg/m³。为了保持强度不变，水泥用量应该相应增加 3%。为了保证一定的富余度，应减少细骨料用量。

关于中等强度轻骨料混凝土的配合比设计可参考 ACI 523.3R-93 规范[14.20]。此规范中也有关于多孔混凝土配合比设计的建议。

此处再次强调，轻骨料混凝土配合比设计所用的各种数据无非是一些具有代表性的图表，骨料不同，其表观密度、需水量也各异。另外，同一来源的轻骨料具有很好的匀质性。鉴于此，在一个性能要求变化不大的范围内，设计轻骨料混凝土并不难。

14.12 英国配合比设计方法

现行方法是英国环境部于 1997 年修订的[14.11]。与 ACI 方法类似，英国在进行配合比设计时明确考虑了混凝土的耐久性。这种方法仅适用于普通硅酸盐水泥混凝土和那些掺矿渣粉或者粉煤灰的混凝土，但它并不适用于流态混凝土或者泵送混凝土，也不适用于轻骨料混凝土。该方法中规定的骨料最大粒径分别为：40mm、20mm、10mm。

英国配合比设计方法由下列五个步骤组成：

第一步：根据抗压强度确定水灰比。这里引入 "目标平均强度" 的概念，即等于指定的特征强度再加上一个富余量以应对离散性。因此，从概念上讲，目标平均强度就类似于 ACI

318R-02 规范（见第 14.4 节）中的平均抗压强度[14.8]。

这样就巧妙地解决了混凝土强度与水灰比之间的相关关系。对于不同品质的水泥和不同种类的骨料，水灰比为 0.5 时混凝土的强度的估计值见表 14.9。骨料种类对强度影响十分显著。表 14.9 中的数据适用于 20℃水中养护、具有中等强度的混凝土；而富集度更高的拌合物早期强度则相对更高，因为其强度增长更快。

表 14.9　根据 1997 年英国试验方法水灰比 0.5 制备的混凝土近似抗压强度[14.11]

水泥种类	粗骨料类型	各龄期抗压强度 *［MPa（psi）］			
		3d	7d	28d	91d
普通硅酸盐水泥（Ⅰ型）	未破碎	22（3200）	30（4400）	42（6100）	49（7100）
抗硫酸盐水泥（Ⅴ型）	破碎	27（3900）	36（5200）	49（7100）	56（8100）
快硬性硅酸盐水泥（Ⅲ型）	未破碎	29（4200）	37（5400）	48（7000）	54（7800）
	破碎	34（4900）	43（6200）	55（8000）	61（8900）

* 立方体试件（Crown copyright）。

从表 14.9，可以找到与所用水泥品种、骨料类型和龄期相对应的合适强度值（水灰比为 0.5）。转到图 14.12，在表示水灰比为 0.5 的竖向直线上标一个点，经过该点，画一条与邻近曲线相平行的曲线（或者严格的说是仿射曲线）。利用这条新的曲线，就可读出与指定目标平均强度（纵坐标）相对应的水灰比（横坐标）。注意，为了满足耐久性要求可能需要降低水灰比。

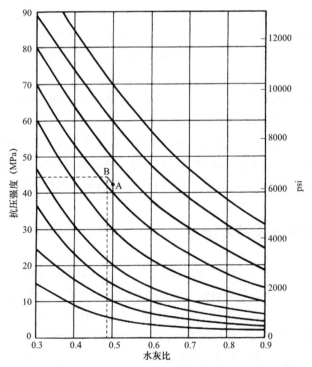

图 14.12　英国配合比设计方法采用的抗压强度与
自由水灰比的关系曲线[14.11]（见表 4.19）（Crown copyright）

第二步：根据要求的工作性确定用水量，可以用坍落度或维勃稠度仪来表示，注意骨料最大粒径、种类（即破碎或未破碎骨料）对用水量的影响。相关数据见表14.10。

表14.10 根据1997年英国方法确定的满足不同工作性等级的近似自由水用量[14.11]（Crown copyright）

骨料		含水量				
最大尺寸 [mm（英寸）]	类型	坍落度 [mm（英寸）]	$0 \sim 10 \ (0 \sim \frac{1}{2})$	$10 \sim 30 \ (\frac{1}{2} \sim 1)$	$30 \sim 60 \ (1 \sim 2\frac{1}{2})$	$60 \sim 180 \ (2\frac{1}{2} \sim 7)$
		Vebe 时间（s）	> 12	6 ~ 12	3 ~ 6	0 ~ 3
$10 \ (\frac{3}{8})$	未破碎的		150（255）	180（305）	205（345）	225（380）
	破碎的		180（305）	205（345）	230（390）	250（420）
$20 \ (\frac{3}{4})$	未破碎的		135（230）	160（270）	180（305）	195（330）
	破碎的		170（285）	190（320）	210（355）	225（380）
$40 \ (1\frac{1}{2})$	未破碎的		115（195）	140（235）	160（270）	175（295）
	破碎的		155（260）	175（295）	190（320）	205（345）

注意，本配合比设计过程中并没有考虑密实因数的影响，尽管可用它来进行质量控制。

第三步：确定水泥用量，用水量除以水灰比即可。水泥用量既不能小于根据耐久性要求建议的最小值，也不能超过根据水化热要求设定的最大值。

第四步：确定总的骨料用量。此时需要预估完全密实新拌混凝土的表观密度，可依据用水量（由第二步确定）和骨料密度，从图14.13中找到。如果不知道骨料密度，一般假定未破碎骨料的密度值为2.6，破碎骨料为2.7。从新拌混凝土表观密度中减去水泥用量和用水量就可得出骨料用量。

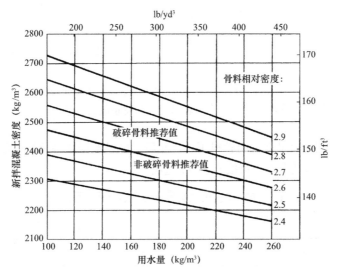

图14.13 充分密实混凝土（饱和面干骨料密度给定）的
湿表观密度估计值[14.11]（Crown copyright）

第五步：根据图14.14中的推荐值，确定骨料总量中的细骨料含量；图中仅给出了骨料最大粒径分别为20mm和40mm的相关数据。影响因素包括：骨料的最大粒径、坍落度等级、水灰比和通过 600μm 筛的细骨料的百分数。未考虑细骨料其他粒级的影响，粗骨料的级配也忽略不计。有了细骨料的比例，将其乘以骨料总量就可以得到细骨料的量。

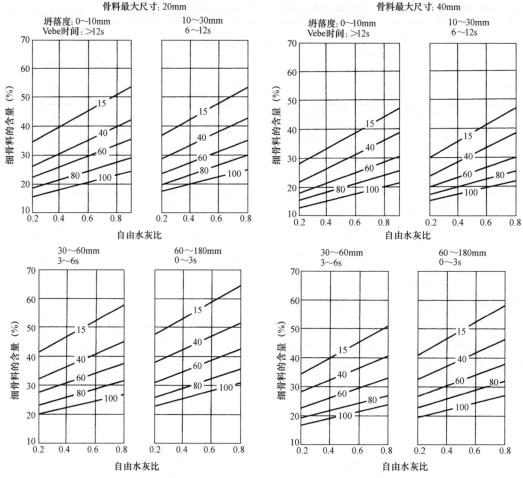

图 14.14　对于不同工作性和骨料最大粒径（数量是指通过 600μm 筛的细骨料百分数），视为自由水灰比函数的细骨料比例推荐值（表示为骨料总量的百分数）[14.11]（Crown copyright）

骨料总量减去细骨料量即为粗骨料用量。然后，可以根据骨料形状将粗骨料用量划分到不同的粒径范围。一般情况下，可按表 14.11 选用。

表 14.11　1997 年英国试验方法给出的粗骨料百分数[14.11]

粗骨料总量	5～10mm	10～20mm	20～40mm
100	33	67	—
100	18	27	55

经上述计算后，必须进行试拌。鉴于上述配合比设计方法是基于英国材料使用经验提出来的，因此，图和表中给出的数据在世界其他地方可能并不适用。

以前英国配合比设计方法中，要求设计制备出的混凝土应能满足一定的劈裂抗拉强度，现在已经不再这样要求。虽然对于某些结构而言，如高速公路路面，抗折强度可能才是设计中主要关注的参数，但英国实际上根据抗折强度来设计配合比的做法却很少见。原因就在于：很难用断裂模量作为试验的控制指标（见第 12 章）。因此，通常情况下，是根据抗压强度和抗拉强度进行配合比设计。如果抗拉强度够了，就要基于抗压强度来设计和调整配合比。

当标准 BS EN 206-1:2000 被广泛应用时，就可能要对英国配合比设计方法进行修改了。不过欧盟标准目前还没有在英国普及，并且该标准可能被修订。

14.12.1 示例

本例提出的要求，与前述美国配合比设计实例中要求类似，即：28d 平均抗压强度（标准立方体试件）为 44MPa（等同于圆柱体试件强度 35MPa）；坍落度为 50mm；非破碎骨料的最大粒径为 20mm；骨料密度为 2.64；通过 600μm 筛的细骨料百分数为 60%；无需引气；采用普通硅酸盐水泥。

第一步：查表 14.9，采用普通硅酸盐水泥和非破碎骨料，可预估 28d 强度为 42MPa，接近目标值。将该值放到图 14.12 中表示水灰比为 0.5 的直线上，该点记为 A。通过 A 点，作一条与最近曲线平行的曲线，找到该曲线上对应纵轴表示强度为 44MPa 的点，记为 B 点，其对应的水灰比为 0.48。

第二步：对应于最大粒径 20mm 骨料、50mm 坍落度，根据表 14.10 可知用水量为 180kg/m³。

第三步：水泥用量为 180/0.48 = 375kg/m³。

第四步：根据图 14.13，对应于 180kg/m³ 的用水量和 2.64 的骨料密度，可以读出新拌制混凝土的表观密度为 2400kg/m³。

因此，骨料总量为：

2400−375−180 = 1845kg/m³。

第五步：检索图 14.14，已知骨料最大粒径为 20mm、坍落度 50mm，在代表通过 600μm 筛细骨料的百分数为 60% 的线上，水灰比为 0.48 时，对应细骨料的比例为骨料总量的 32%。因此，细骨料的量为：

32%×1845 = 590kg/m³。

粗骨料的量为：1845−590 = 1255kg/m³。

14.13 其他配合比设计方法

并不是说每次配合比设计时都要完全按前述方法进行。其实不同的人都有自己的方法。这些"方法"的共同点就是基于各自的经验，试配者或者走了捷径，或者遵循了"经验规律"。只要这些"方法"的使用者都是同一个人，且用到的材料和过去不存在本质区别，那么，配合比设计就没问题。但是，倘若一个人使用并不熟悉的材料来进行配合比设计，那么本章提供设计步骤就有很好的参考价值。即便如此，配合比设计也不仅仅是"照方抓药"。

这些年来，业界做了很多尝试，试图基于各种因素建立一套配合比设计公式。显然这种关系或者模型代表的都只是平均值的情况。在各种特定情况下，混凝土性能还受各组分特性的影响，而这些特性不能或者说到目前为止还不能用数学方式表达出来。例如骨料的形状、骨料的质地等特性，现在还只能用"棱角状"或"质地光滑"等来表述。同样，骨料级配也仅仅只是用几种筛孔来衡量，介于任何两种筛孔之间的骨料与实际骨料尺寸可能存在差异。在不久的将来，仍然很难将这些特性量化。而设想每盘混凝土都能确定骨料的特性，从而能立即调整加水量，似乎更为遥远。

水泥的很多特性也没有很好地反应到各种模型中，因为给定拌合物（跟平均性能显著不同时）中所用水泥的实际特性是不知道的或者是没法确定的。

这些基于平均值的关系从"普遍"意义上说是适用的，但是试着将其应用到一系列特定材料时，一定会造成严重的错误。因此，采用计算机计算配合比的设计方法难以实现。但这并不是说这种方法在将来也行不通，只有当所有材料的特性都能用数学公式进行描述，且每盘混凝土配料时这些性能也能进行控制或测定时，就可能实现完全自动化[14.35]。

还有一点，统计模型充其量也只能在变量一定范围内适用。如果这个范围没有弄清楚，而毫无根据地将其外推可能严重错误。另外，有些精细设计方法涉及很多相互影响的因素，但是将这些施工中不可预见的影响因素包括在设计过程中意义不大。因此，"全自动"计算机软件进行配合比设计不太现实。应该先用本章中提到的步骤进行计算，然后试拌，才能确定最终配合比。配合比设计不仅是一门科学，还是一门艺术。

14.14　结语

前述各种配合比设计方法看起来似乎很简单，步骤里也未涉及任何复杂的计算。但是，做好配合比设计不仅需要经验，还要充分"认识"各因素对混凝土性能的影响；而"认识"的前提是基于对混凝土特性的全面"了解"。只有经验、认识、了解这三方面都到位时，第一次试拌才可能比较令人满意，并能又快又好地进行调整，得到要求的混凝土配合比。

单纯做好混凝土配合比还不够，还需要在施工时精心操作所有工序。这就要求施工人员具备相应能力和水平。如果有这种错误认识——傻瓜也能配好混凝土——的确有人这么想，那么由此造成的不良后果很快就能显现出来。无需多言，如果使用得当，混凝土是一种优良的建筑材料。但混凝土可是"混"字当头，也并非万无一失。

本书第一版及随后两版，我都用了一句玩笑话结束——"如果读者做不好混凝土配合比设计，那他只能考虑换成钢结构了。"时代变了。首先，现在投身混凝土行业不仅有男士，还有女士；其次，对于很多现代建筑来说，钢结构并非能随意取代混凝土结构，也可能并不合适；最后，在这第五版，也是真正的最后一版付梓之时，人类社会已进入第三个千禧年，对混凝土这种应用无所不在的重要材料，应该慎重对待。本书的目的就是帮助读者真正了解混凝土性能——因为在可预见的将来，混凝土仍然是一种性能优异的建筑材料。若能达到这个目的，您就不需要在灰心失望中"把混凝土换成钢结构"了。

参考文献

14.1　G. M. CAMPBELL and R. J. DETWILER, Development of mix designs for strength and durability of steam-cured concrete,

Concrete International, **15**, No. 7, pp. 37–9 (1993).

14.2　W. C. Greer, Jr, Variation of laboratory concrete flexural strength tests, *Cement, Concrete and Aggregates*, **5**, No. 2, pp. 111–22 (Winter 1983).

14.3　D. S. Lane, Flexural strength data summary, *NRMCA Technical Information Letter*, No. 451, 5 pp. (Silver Spring, Maryland, 1987).

14.4　ACI 211.3-75, Revised 1987, Reapproved 1992, Standard practice for selecting proportions for no-slump concrete, *ACI Manual of Concrete Practice, Part 1: Materials and General Properties of Concrete*, 11 pp. (Detroit, Michigan, 1994).

14.5　ACI 211.1-91, Standard practice for selecting proportions for normal, heavyweight, and mass concrete, *ACI Manual of Concrete Practice, Part 1: Materials and General Properties of Concrete*, 38 pp. (Detroit, Michigan, 1994).

14.6　P. C. Hewlett, Superplasticised concrete: Part 1, *Concrete*, **18**, No. 4, pp. 31–2 (London, 1984).

14.7　ACI 1 1R-85, Quality assurance systems for concrete construction, *ACI Manual of Concrete Practice, Part 2: Construction Practices and Inspection Pavements*, 7 pp. (Detroit, Michigan, 1994).

14.8　ACI 318-02, Building code requirements for structural concrete, *ACI Manual of Concrete Practice, Part 3: Use of Concrete in Buildings – Design, Specifications, and Related Topics*, 443 pp.

14.9　J. Krell and G. Wischers, The influence of fines in concrete on consistency, strength and durability, *Beton*, **38**, No. 9, pp. 356–9 and No. 10, pp. 401–4 (1988) (British Cement Association translation).

14.10　CP 114 : 1969, *The Structural Use of Reinforced Concrete in Buildings*, British Standards Institution, 94 pp. (London, 1969).

14.11　D. C. Teychenne, R. E. Franklin and H. C. Erntroy, *Design of Normal Concrete Mixes*, 42 pp. (Watford, U.K., Building Research Establishment, 1997).

14.12　CP 114 (1948), *The Structural Use of Reinforced Concrete in Buildings*, British Standards Institution, 54 pp. (London, 1948).

14.13　R. D. Gaynor, Ready mixed concrete, in *Concrete and Concrete-making Materials*, Eds P. Klieger and J. F. Lamond, *ASTM Sp. Tech. Publ. No. 169C*, pp. 511–21 (Philadelphia, Pa, 1994).

14.14　Strategic Highway Research Program, SHRP-C/FR-91-103, *High Performance Concretes: A State-of-the-Art Report*, 233 pp. (Washington DC, NRC, 1991).

14.15　M. Lessard *et al.*, Formulation d' un béton à hautes performances à air entrainé, *Bulletin Liaison Laboratoires des Ponts et Chaussées*, **189**, pp. 41–51 (Nov.–Dec. 1993).

14.16　ACI 221.4R-93, Guide for selecting proportions for high-strength concrete with portland cement and fly ash, *ACI Manual of Concrete Practice, Part 1: Materials and General Properties of Concrete*, 13 pp. (Detroit, Michigan, 1994).

14.17　ACI 225.R-92, Guide to the selection and use of hydraulic cements, *ACI Manual of Concrete Practice, Part 1: Materials and General Properties of Concrete*, 29 pp. (Detroit, Michigan, 1994).

14.18　ACI 214-77 (Reapproved 1989), Recommended practice for evaluation of strength test results of concrete, *ACI Manual of Concrete Practice, Part 2: Construction Practices and Inspection Pavements*, 14 pp. (Detroit, Michigan, 1994).

14.19　ACI 211.2-92, Standard practice for selecting proportions for structural lightweight concrete, *ACI Manual of Concrete Practice, Part 1: Materials and General Properties of Concrete*, 14 pp. (Detroit, Michigan, 1994).

14.20　ACI 523.3R-93, Guide for cellular concretes above 50 pfc, and for aggregate concretes above 50 pfc with compressive strengths less than 2500 psi, *ACI Manual of Concrete Practice, Part 5: Masonry, Precast Concrete, Special Purposes*, 16 pp. (Detroit, Michigan, 1994).

14.21　R. Hegner, Les résistances du béton selon la norme SIA 162 (1989), *Bulletin du Ciment*, **57**, No. 21, 12 pp. (Wildegg, Switzerland, 1989).

14.22　ACI 363R-92, State-of-the-art report on high-strength concrete, *Manual of Concrete Practice, Part 1: Materials and General Properties of Concrete*, 55 pp. (Detroit, Michigan, 1994).

14.23　D. P. McNicholl and B. Wong, Investigation appraisal and repair of large reinforced concrete buildings in Hong Kong, in *Deterioration and Repair of Reinforced Concrete in Arabian Gulf*, Vol. 1, Bahrain Society of Engineers, pp. 327–40 (Bahrain, 1987).

14.24　J. E. Cook, 10,000 psi concrete, *Concrete International*, **11**, No. 10, pp. 67–75 (1989).

14.25　P. N. Balaguru and V. Ramakrishnan, Authors' closure to paper in *ACI Materials Journal*, **84**, No. 1, 1987, *ACI Materials Journal*, **85**, No. 1, p. 60 (1988).

14.26　A. M. Neville, The relation between standard deviation and mean strength of concrete test cubes, *Mag. Concr. Res.*, **11**, No. 32, pp. 75–84 (July 1959).

14.27　H. C. Erntroy, The variation of works test cubes, *Cement Concr. Assoc. Research Report No. 10* (London, Nov. 1960).

14.28　H. Rüsch, Zur statistischen Qualitätskontrolle des Betons (On the statistical quality control of concrete), *MaterialpuRfung*, **6**, No. 11, pp. 387–94 (1964).

14.29　ACI Committee 214, Recommended practice for evaluation of strength test results of concrete, (ACI 214-77), and

Commentary, *J. Amer. Concr. Inst.*, **73**, No. 5, pp. 265–78 (1976).

14.30 H. H. NEWLON, Variability of portland cement concrete, *Proceedings, National Conf. on Statistical Quality Control Methodology in Highway and Airfield Construction,* pp. 259–84 (Univ. of Virginia School of General Studies, Charlottesville, 1966).

14.31 J. B. KENNEDY and A. M. NEVILLE, *Basic Statistical Methods for Engineers and Scientists*, 3rd Edn, 613 pp. (New York and London, Harper and Row, 1986).

14.32 N. PETERSONS, Ready mixed concrete in Sweden, *CBI Reports* 5:77, 15 pp. (Swedish Cement and Concrete Research Inst., 1977).

14.33 J. A. HANSON, American practice in proportioning lightweight-aggregate concrete, *Proc. 1st Int. Congress on Lightweight Concrete*, Vol. 1: *Papers*, pp. 39–54 (London, Cement and Concrete Assoc., May 1968).

14.34 M. A. ALI, *A Review of Italian Concreting Practice*, Building Research Establishment Occasional Paper, 25 pp. (July 1992).

14.35 A. M. NEVILLE, Is our research likely to improve concrete?, *Concrete International*, **17**, No. 3, pp. 45–7 (1995).

引用的美国测试与材料协会标准

短线号后的两位数字表示出版年份：a 表示修订；括号内的数字表示标准最后一次被重新批准的年份，而不作任何更改。

C 29-09	Test Method for Bulk Density ('Unit Weight') and Voids in Aggregate
C 31-09	Practice for Making and Curing Concrete Test Specimens in the Field
C 33-08	Specification for Concrete Aggregates
C 39-09a	Test Method for Compressive Strength of Cylindrical Concrete Specimens
C 40-04	Test Method for Organic Impurities in Fine Aggregates for Concrete
C 42-04	Test Method for Obtaining and Testing Drilled Cores and Sawed Beams of Concrete
C 70-06	Test Method for Surface Moisture in Fine Aggregate
C 78-09	Test Method for Flexural Strength of Concrete (Using Simple Beam with Third-Point Loading)
C 87-05	Test Method for Effect of Organic Impurities in Fine Aggregate on Strength of Mortar
C 88-05	Test Method for Soundness of Aggregates by Use of Sodium Sulfate or Magnesium Sulfate
C 91-05	Specification for Masonry Cement
C 94-09a	Specification for Ready-Mixed Concrete
C 109-08	Test Method for Compressive Strength of Hydraulic Cement Mortars (Using 2-in. or [5O-mm] Cube Specimens)
C 117-04	Test Method for Materials Finer than 75-μm (No. 200) Sieve in Mineral Aggregates by Washing
C 123-04	Test Method for Lightweight Particles in Aggregate
C 125-09a	Terminology Relating to Concrete and Concrete Aggregates
C 138-09	Test Method for Density (Unit Weight), Yield, and Air Content (Gravimetric) of Concrete
C 143-10	Test Method for Slump of Hydraulic-Cement Concrete
C 150-09	Specification for Portland Cement
C 151-09	Test Method for Autoclave Expansion of Hydraulic Cement
C 156-09a	Test Method for Water Loss [from a Mortar Specimen] Through Liquid Membrane-Forming Curing Compounds for Concrete
C 171-07	Specification for Sheet Materials for Curing Concrete
C 173-10	Test Method for Air Content of Freshly Mixed Concrete by the Volumetric Method
C 186-05	Test Method for Heat of Hydration of Hydraulic Cement
C 191-08	Test Methods for Time of Setting of Hydraulic Cement by Vicat Needle
C 192-07	Practice for Making and Curing Concrete Test Specimens in the

	Laboratory
C 204-07	Test Methods for Fineness of Hydraulic Cement by Air-Permeability Apparatus
C 215-08	Test Method for Fundamental Transverse, Longitudinal, and Torsional Resonant Frequencies of Concrete Specimens
C 227-10	Test Method for Potential Alkali Reactivity of Cement-Aggregate Combinations (Mortar- Bar Method)
C 230-08	Specification for Flow Table for Use in Tests of Hydraulic Cement
C 231-09b	Test Method for Air Content of Freshly Mixed Concrete by the Pressure Method
C 232-09	Test Methods for Bleeding of Concrete
C 260-06	Specification for Air-Entraining Admixtures for Concrete
C 266-08	Test Method for Time of Setting of Hydraulic Cement Paste by Gillmore Needles
C 289-07	Test Method for Potential Alkali-Silica Reactivity of Aggregates (Chemical Method)
C 293-08	Test Method for Flexural Strength of Concrete (Using Simple Beam With Center-Point Loading)
C 294-05	Descriptive Nomenclature for Constituents of Concrete Aggregates
C 295-08	Guide for Petrographic Examination of Aggregates for Concrete
C 309-07	Specification for Liquid Membrane-Forming Compounds for Curing Concrete
C 311-07	Test Methods for Sampling and Testing Fly Ash or Natural Pozzolans for Use in Portland-Cement Concrete
C 330-09	Specification for Lightweight Aggregates for Structural Concrete
C 331-05	Specification for Lightweight Aggregates for Concrete Masonry Units
C 332-09	Specification for Lightweight Aggregates for Insulating Concrete
C 403-08	Test Method for Time of Setting of Concrete Mixtures by Penetration Resistance
C 418-05	Test Method for Abrasion Resistance of Concrete by Sandblasting
C 441-05	Test Method for Effectiveness of Pozzolans or Ground Blast-Furnace Slag in Preventing Excessive Expansion of Concrete Due to the Alkali-Silica Reaction
C 452-06	Test Method for Potential Expansion of Portland-Cement Mortars Exposed to Sulfate
C 457-10a	Test Method for Microscopical Determination of Parameters of the Air-Void System in Hardened Concrete
C 469-02	Test Method for Static Modulus of Elasticity and Poisson's Ratio of Concrete in Compression
C 470-09	Specification for Molds for Forming Concrete Test Cylinders Vertically
C 494-10	Specification for Chemical Admixtures for Concrete
C 496-04	Test Method for Splitting Tensile Strength of Cylindrical Concrete Specimens
C 512-02	Test Method for Creep of Concrete in Compression
C 531-00 (2005)	Test for Linear Shrinkage and Coefficient of Thermal Expansion of Chemical-Resistant Mortars, Grouts, Monolithic Surfacings, and Polymer Concretes

C 566-97 (2004)	Test Method for Total Evaporable Moisture Content of Aggregate by Drying
C 567-05a	Test Method for Determining Density of Structural Lightweight Concrete
C 586-05	Test Method for Potential Alkali Reactivity of Carbonate Rocks as Concrete Aggregates (Rock-Cylinder Method)
C 595-10	Specification for Blended Hydraulic Cements
C 597-09	Test Method for Pulse Velocity Through Concrete
C 617-09a	Practice for Capping Cylindrical Concrete Specimens
C 618-08a	Specification for Coal Fly Ash and Raw or Calcined Natural Pozzolan for Use in Concrete
C 642-06	Test Method for Density, Absorption, and Voids in Hardened Concrete
C 666-03 (2008)	Test Method for Resistance of Concrete to Rapid Freezing and Thawing
C 672-03	Test Method for Scaling Resistance of Concrete Surfaces Exposed to De-icing Chemicals
C 684-99 (2003)	Test Method for Making, Accelerated Curing, and Testing Concrete Compression Test Specimens
C 685-10	Specification for Concrete Made by Volumetric Batching and Continuous Mixing
C 779-05	Test Method for Abrasion Resistance of Horizontal Concrete Surfaces
C 803-03	Test Method for Penetration Resistance of Hardened Concrete
C 805-08	Test Method for Rebound Number of Hardened Concrete
C 845-04	Specification for Expansive Hydraulic Cement
C 856-04	Practice for Petrographic Examination of Hardened Concrete
C 873-04	Test Method for Compressive Strength of Concrete Cylinders Cast in Place in Cylindrical Molds
C 878-09	Test Method for Restrained Expansion of Shrinkage-Compensating Concrete
C 900-06	Test Method for Pullout Strength of Hardened Concrete
C 917-05	Test Method for Evaluation of Cement Strength Uniformity From a Single Source
C 918-07	Test Method for Measuring Early-Age Compressive Strength and Projecting Later-Age Strength
C 944-99 (2005)	Test Method for Abrasion Resistance of Concrete or Mortar Surfaces by the Rotating-Cutter Method
C 979-05	Specification for Pigments for Integrally Colored Concrete
C 989-09a	Specification for Slag Cement for Use in Concrete and Mortars
C 1012-09	Test Method for Length Change of Hydraulic-Cement Mortars Exposed to a Sulfate Solution
C 1017-07	Specification for Chemical Admixtures for Use in Producing Flowing Concrete
C 1038-04	Test Method for Expansion of Hydraulic Cement Mortar Bars Stored in Water
C 1074-04	Practice for Estimating Concrete Strength by the Maturity Method
C 1084-10	Test Method for Portland-Cement Content of Hardened Hydraulic-Cement Concrete

C 1105-08a	Test Method for Length Change of Concrete Due to Alkali-Carbonate Rock Reaction
C 1138-05	Test Method for Abrasion Resistance of Concrete (Underwater Method)
C 1152-04	Test Method for Acid-Soluble Chloride in Mortar and Concrete
C 1157-10	Performance Specification for Hydraulic Cement
C 1202-10	Test Method for Electrical Indication of Concrete's Ability to Resist Chloride Ion Penetration
C 1240-05	Specification for Silica Fume Used in Cementitious Mixtures
C 1602-06	Specification for Mixing Water Used in the Production of Hydraulic Cement Concrete
C 1712-09	Test Method for Rapid Assessment of Static Segregation Resistance of Self-Consolidating Concrete Using Penetration Test
E 11-2009	Specification for Wire-Cloth Sieves for Testing Purposes

引用的英国与欧洲标准

BS 指的是在英国制定的"旧式"英国标准。

BS EN 是指作为英国标准采用的欧洲标准，与欧盟所有国家以及冰岛、挪威和瑞士的国家标准相同。

PD 不是英国标准，而是由英国标准协会发布的指导性文件，这个协会对 BS EN 的使用提供指导和推广。

w／d 表明撤销。括号中的数字是重新确认标准的年份。

BS 12: 1996 (w/d)	Portland cement.
BS CP 110-1: 1972	The structural use of concrete.
BS 146-1: 1996 (w/d)	Portland blastfurnace cement.
BS EN 196-1: 2005	Methods of testing cement. Determination of strength.
BS EN 196-2: 2005	Methods of testing cement. Chemical analysis of cement.
BS EN 196-3: 2005	Determination of setting time and soundness.
BS EN 196-5: 2005	Pozzolanicity test for pozzolanic cements.
BS EN 196-6: 2010	Methods of testing cement. Determination of fineness.
BS EN 197-1: 2000	Cement. Composition, specifications and conformity criteria for common cements.
BS EN 197-2: 2000	Cement. Conformity evaluation.
BS EN 197-4: 2004	Cement. Composition, specifications and conformity criteria for low early strength blastfurnace cements.
BS EN 206-1: 2000	Concrete. Specification, performance, production and conformity.
BS EN 206-9: 2010	Concrete. Additional rules for self-compacting concrete (SCC).
BS 410-1: 2000	Test sieves. Technical requirements and testing. Test sieves of metal wire cloth.
BS 410-2: 2000	Test sieves. Technical requirements and testing. Test sieves of perforated metal plate.
BS EN 450-1: 2005	Fly ash for concrete. Definition, specification and conformity criteria.
BS EN 480-1: 2006	Admixtures for concrete, mortar and grout. Test methods. Reference concrete and reference mortar for testing.
BS ISO 565 – 1990	Test sieves – metal wire cloth, perforated metal plate and electroformed sheet – nominal side openings.
BS EN 678: 1994	Determination of the dry density of autoclaved aerated concrete.
BS EN 679: 2009	Determination of the compressive strength of autoclaved aerated concrete.
BS EN 680: 2005	Determination of the drying shrinkage of autoclaved aerated concrete.
BS 812-1: 1975(w/d)	Testing aggregates. Methods for determination of particle

	size and shape.
BS 812-2: 1995	Testing aggregates. Methods of determination of density.
BS 812-102: 1989(w/d)	Testing aggregates. Methods for sampling.
BS 812-103.1: 1985 (2000)	Testing aggregates. Method for determination of particle size distribution. Sieve tests.
BS 812-103.2: 1989 (2006)	Testing aggregates. Method of determination of particle size distribution. Sedimentation test.
BS 812-104: 1994 (2000)	Testing aggregates. Method for qualitative and quantitative petrographic examination of coarse aggregate.
BS 812-105.2: 1990	Testing aggregates. Methods for determination of shape. Elongation index of coarse aggregate (obsolescent).
BS 812-106: 1985	Testing aggregates. Method for determination of shell content in coarse aggregate.
BS 812-109: 1990	Testing aggregates. Methods for determination of moisture content.
BS 812-110: 1990	Testing aggregates. Methods for determination of aggregate crushing value (ACV).
BS 812-111: 1990	Testing aggregates. Methods for determination of ten per cent fines value (TFV).
BS 812-112: 1990 (2000)	Testing aggregates. Method for determination of aggregate impact value (AIV).
BS 812-113: 1990	Testing aggregates. Method for determination of aggregate abrasion value (AAV).
BS 812-117: 1988 (2000)	Testing aggregates. Method for determination of water-soluble chloride salts.
BS 812-118: 1988 (2000)	Testing aggregates. Method for determination of sulfate content.
BS 812-121: 1989 (2000)	Testing aggregates. Method for determination of soundness.
BS 812-123: 1999	Testing aggregates. Method for determination of alkali-silica reactivity. Concrete prism method.
BS 812-124: 2009	Testing aggregates. Method for determination of frost-heave.
BS 882-1992 (w/d)	Specification for aggregates from natural sources for concrete.
BS EN 932-1: 1997	Tests for general properties of aggregates. Methods for sampling.
BS EN 932-2: 1999	Tests for general properties of aggregates. Methods for reducing laboratory samples.
BS EN-932-3: 1997	Tests for general properties of aggregates. Procedure and terminology for simplified petrographic description.
BS EN 932-5: 2000	Tests for general properties of aggregates. Common equipment and calibration.
BS EN 932-6: 1999	Tests for general properties of aggregates. Definitions of repeatability and reproducibility.
BS EN 933-1: 1997	Tests for geometrical properties of aggregates. Determination of particle size distribution. Sieving method.
BS EN 933-2: 1996	Tests for geometrical properties of aggregates. Determination of particle size distribution. Test sieves, nominal size of apertures.

BS EN 933-3: 1997	Tests for geometrical properties of aggregates. Determination of particle shape. Flakiness index.
BS EN 933-4: 2008	Tests for geometrical properties of aggregates. Determination of particle shape. Shape index.
BS EN 933-5: 1998	Tests for geometrical properties of aggregates. Determination of percentage of crushed and broken surfaces in coarse aggregate particles.
BS EN 933-6: 2001	Tests for geometrical properties of aggregates. Assessment of surface characteristics. Flow coefficient of aggregates.
BS EN 933-7: 1998	Tests for geometrical properties of aggregates. Determination of shell content. Percentage of shells in coarse aggregates.
BS EN 933-8: 1999	Tests for geometrical properties of aggregates. Assessment of fines. Sand equivalent test.
BS EN 933-9: 2009	Tests for geometrical properties of aggregates. Assessment of fines. Methylene blue test.
BS EN 933-10: 2009	Tests for geometrical properties of aggregates. Assessment of fines. Grading of filler aggregates (air jet sieving).
BS EN 933-11: 2009	Tests for geometrical properties of aggregates. Classification test for the constituents of coarse recycled aggregate particle size distribution. Sieving method.
BS EN 934-2: 2009	Admixtures for concrete, mortar and grout. Concrete admixtures. Definitions, requirements, conformity, marking and labelling.
BS EN 934-5: 2007	Admixtures for concrete, mortar and grout. Admixtures for sprayed concrete. Definitions, requirements, conformity, marketing and labelling.
BS EN 934-6: 2001	Admixtures for concrete, mortar and grout. Sampling, conformity control and evaluation of conformity.
BS EN 1008: 2002	Mixing water for concrete. Specification for sampling, testing and assessing the suitability of water, including water recovered from processes in the concrete industry, as mixing water for concrete.
BS 1305: 1974	Specification for batch type concrete mixers.
BS 1370: 1979	Specification for low heat Portland cement.
BS EN 1744-1: 2009	Tests for chemical properties of aggregates. Chemical analysis.
BS 1881-5: 1984 (w/d)	Testing concrete. Methods of testing hardened concrete for other than strength.
BS 1881-103: 1993	Testing concrete. Method of determination of compacting concrete.
BS 1881-105: 1984 (w/d)	Testing concrete. Method for determination of flow.
BS 1881-108: 1993 (w/d)	Testing concrete. Method for making test cubes from fresh concrete.
BS 1881-110: 1983 (w/d)	Testing concrete. Method for making test cylinders from fresh concrete.
BS 1881-112: 1983	Testing concrete. Methods of accelerated curing of test cubes.

BS 1881-113: 1983	Testing of concrete. Method for making and curing no-fines test cubes.
BS 1881-115: 1986 (w/d)	Testing concrete. Specification for compression testing machines for concrete.
BS 1881-119: 1983	Testing concrete. Method for determination of compressive strength using portions of beam broken in flexure (equivalent cube method).
BS 1881-120: 1983 (w/d)	Testing concrete. Method for determination of the compressive strength of concrete cores.
BS 1881-121: 1983	Testing concrete. Method for determination of static modulus of elasticity in compression.
BS 1881-122: 1983	Testing concrete. Method for determination of water absorption.
BS 1881-124: 1988	Testing concrete. Methods of analysis of hardened concrete.
BS 1881-131: 1998	Testing concrete. Methods for testing cement in a reference concrete.
BS 1881-201: 1986	Testing concrete. Guide to the use of non-destructive methods of test for hardened concrete.
BS 1881-207: 1992	Testing concrete. Recommendations for the assessment of concrete strength by near-to-surface tests.
BS 1881-209: 1990	Testing concrete. Recommendations for the measurement of dynamic modulus of elasticity.
BS ISO 1920-8: 2009	Testing of concrete – Part 8: Determination of drying shrinkage of concrete for samples prepared in the field or laboratory.
BS EN: 1992-1-1: 2004	Eurocode 2: Design of concrete structures. General rules and rules for buildings.
BS EN 1992-3: 2006	Eurocode 2: Design of concrete structures. Liquid retaining and containing structures.
BS 3148: 1986	Methods of test for water for making concrete.
BS 3892-1: 1997	Pulverized-fuel ash. Specification for pulverized fuel ash for use with Portland cement.
BS 3892-2: 1996	Pulverized-fuel ash to be used as a Type I addition.
BS 3963: 1974 (1980)	Method for testing the mixing performance of concrete mixers.
BS 4550-3: 1978	Methods of testing cement. Physical tests. Introduction.
BS 5075-2: 1982 (w/d)	Concrete admixtures. Specification for air-entraining admixtures.
BS 5328-1: 1997 (w/d)	Concrete. Guide to specifying concrete.
BS 5328-2: 2002 (w/d)	Concrete. Methods for specifying concrete mixes.
BS 5328-4: 1990 (w/d)	Concrete. Specification for the procedures to be used in sampling, testing and assessing compliance of concrete.
BS ISO 5725-1: 1994	Accuracy (trueness and precision) of measurement methods and results.
BS 6089: 2010	Assessment of in situ compressive strength in structures and precast concrete components. Complementary guidance to that is given in BS EN 1379.
PD 6682-1: 2009	Aggregates. Aggregates for concrete. Guidance on the use

	of BS EN 12620.
BS 7542: 1992	Method of test for curing compounds for concrete.
BS 8110-1: 1997	Structural use of concrete. Code of practice for design and construction.
BS 8500-1: 2006	Concrete. Complementary British Standard to BS EN 206-1. Method of specifying and guidance for the specifier.
BS 8500-2: 2006	Concrete. Complementary British Standard to BS EN 206-1. Specification for constituent materials and concrete.
BS EN 12350-1,2,3,4,5,6,7: 2009	Testing fresh concrete. Various tests.
BS EN 12350-8,9,10,11,12: 2010	Testing fresh concrete. Self-compacting.
BS EN 12390-1: 2000	Testing hardened concrete. Shape, dimensions and other requirements for specimens and moulds.
BS EN 12390-2: 2009	Testing hardened concrete. Making and curing specimens for strength tests.
BS EN 12390-3: 2009	Testing hardened concrete. Compressive strength of test specimens.
BS EN 12390-4: 2000	Testing hardened concrete. Compressive strength. Specification for testing machines.
BS EN 12390-5: 2009	Testing hardened concrete. Flexural strength of test specimens.
BS EN 12390-6: 2009	Testing hardened concrete. Tensile splitting strength of test specimens.
BS EN 12390-7: 2009	Testing hardened concrete. Density of hardened concrete.
BS EN 12504-1: 2009	Testing concrete in structures. Cored specimens. Taking, examining and testing in compression.
BS EN 12504-4: 2004	Testing concrete. Determination of ultrasonic pulse velocity.
BS EN 12620: 2002	Aggregates for concrete.
BS EN 12878: 2005	Pigments for the colouring of building materials based on cement and/or lime. Specifications and methods of test.
BS EN 13055-1: 2002	Lightweight aggregates. Lightweight aggregates for concrete mortar and grout.
BS EN 13670: 2009	Execution of concrete structures.
BS EN 14487-2: 2006	Sprayed concrete. Execution.
BS EN 14647: 2005	Calcium aluminate cement. Composition, specifications and conformity criteria.
BS 15743: 2010	Supersulfated cement – Composition, specifications and conformity criteria.

译者简介

郝挺宇，博士，教授级高工，长期从事土木工程材料及混凝土结构耐久性研究，主持了863计划、国家重点研发计划等多项国家级科研项目，成果应用广泛；曾负责京沪高速铁路南段（徐州－上海段）、连霍高速郑洛段改扩建等国家重点工程的高性能混凝土及外加剂的技术咨询工作；在结构病害诊治方面，先后负责30余项铁路桥梁、工业厂房、大型体育场馆、地铁隧道、核电站安全壳等重要建、构筑物的结构混凝土耐久性鉴定及病害分析，并提供科学的治理方案。

译者与作者内维尔教授的一次见面

2007年4月19日，在英国贝尔法斯特的混凝土论坛上，笔者有幸见到本书作者。老先生精神矍铄。记得当时笔者向其请教对耐久性问题看法时，先生甚为健谈。

2016年10月6日，内维尔（Adam Neville）先生在伦敦家中平静离世，享年93岁。教授生前具有世界影响的《混凝土性能》（第五版），能够以中文出版，并服务于世界上混凝土用量最大的国家，我想这是对他最好的纪念。

郝挺宇